현대인문지리학사전

존스톤·그레고리·스미스 엮음
한국지리연구회 옮김

한울
아카데미

차례

옮긴이 서문	iv
개정판 편집자 서문	vi
초판 편집자 서문	vii
집필자 명단	ix
인문지리학에서 사용되는 약어	x
현대인문지리학사전	1
찾아보기	573

옮긴이 서문

우리나라 지리학의 내실 있는 출발은 조선 초기의 지도와 지리지의 편찬에서 비롯되었다고 할 수 있다. 조선시대에는 『동국여지승람』과 각 지방지가 활발히 간행되었는데, 특히 실학자들이 편찬한 지리서와 이중환의 『擇里志』, 김정호의 『大東輿地圖』 등은 우리나라 전통지리학이 이룩한 커다란 성과이다. 그러나 일제 강점기간 동안에 우리의 전통지리학은 단절되었고, 국토를 바로 알고자 하는 노력으로서의 체계적인 지리학은 발달하지 못하였다.

해방 이후 대학교에 지리학과가 설치되면서 비로소 현대적 의미의 지리학이 교수되었으며, 다양한 분야에 걸쳐 지리학이 심도 있게 연구되고 있다. 그간 지리학의 내실화에 심혈을 기울인 결과 지리학 연구자의 양적인 팽창이 이루어졌을 뿐만 아니라, 지역과 관련된 제분야에서 지리학자들이 의미 있는 공헌을 하고 있다.

그러나 지리학이 지역성에 기초한 학문이고, 이 지역성은 세계 공통의 보편성과 각 나라 각 지역의 고유성을 지니고 있으며, 이러한 지역적 고유성은 그 사회의 변화·발전과 밀접히 관련되어 있음이 사실이다. 따라서 우리의 지리학을 연구하기 위해서는 첫째로 지리학의 제반이론을 주체적으로 정확히 이해해야 하고, 둘째로 여타 학문에서 사용하는 인식의 틀을 발전적으로 수용하여 학문적 연구방법론을 공유해야 하며, 셋째로 우리의 공간적 갈등현상을 객관적으로 진단하여 대안을 마련해야 한다는 자각이다.

이러한 인식이 이심전심으로 전해져 이루어진 연구모임이 1988년 8월에 결성된 한국지리연구회이다. 한국지리연구회가 우선적으로 함께 토론하고 있는 내용은 현대지리학의 제이론과 쟁점들이다. 이러한 토론은 궁극적으로 한국의 사회변화와 상응해서 변용되는 제반 지리적 현상을 한국인의 시각에 입각하여 연구하고 대안을 제시해 보자는 데 그 목적이 있다.

접근방법면에서 1950년 이전의 인문지리학은 개성기술적 측면을 중시하는 전통지리학으로, 1950년 이후는 법칙추구적 측면을 강조하는 현대지리학으로 구분할 수 있다. 그리고 현대지리학은 공간론, 체계론, 행태론 등을 연구하는 실증주의 지리학과 이를 비판하는 대안간의 공존관계 속에 있다. 이러한 대안들은 인간의 주관적 인식이나 장소의 의미성을 강조하는 인간주의 지리학과, 개별 공간현상의 총체적 구조와 이의 논리적 정형화를 중시하는 구조주의 지리학으로 대별되며, 최근에는 정치경제학적 공간이론이 대두되고 있다. 현대지리학의 각 패러다임은 각각의 연구영역과 접근방법을 고수하면서 상호병존 또는 상호보완하고 있는 형국이다.

현대지리학에서 논의될 수 있는 주요한 개념은 존스톤(R.J.Johnston)을 위시한 36명의 지리학자가 1986년에 개정편찬한 『The Dictionary of Human Geography』에 수록되어 있다. 번역대상 원본으로 선정한 이 개정판은 현대지리학의 각 패러다임에서 거론하고 있는 다양한 내용을 주제별로 밀도

옮긴이 서문

있게 다루고 있을 뿐만 아니라, 각 주제별로 변화·발전되어 온 쟁점과 접근방법론까지도 소상하게 취급하고 있어, 현대지리학의 제반 개념과 이론을 파악할 수 있는 최적의 저작물이라고 평가된다.

이 책의 번역에는 각기 전공을 달리하는 15명의 지리학 전공자가 참여하였다. 각 전공자가 번역한 지리학 분야와 주제는 도시지리학·지리학사(성신여대 권용우 교수), 정치경제지리학(서울사대 권정화 강사), 인구지리학(부산대 김기혁 교수), 문화경관·정치지리학(경상대 김덕현 교수), 경제지리학·계량지리학(육사 김두일 교수), 사회지리학·여가지리학(고려대 김부성 교수), 자연지리학·환경지리학(경상대 손일 교수), 역사지리학·문화지리학(서울대 규장각 양보경 박사), 농업지리학·촌락지리학(강원대 옥한석 교수), 교통지리학·계량지리학(성신여대 이금숙 박사), 경제지리학(서원대 이재덕 교수), 문화지리학·역사지리학(경상대 이전 교수), 사회지리학·지역개발론(전남대 이정록 교수), 계량지리학(공주대 정환영 박사), 정치경제지리학·지리학방법론(대구대 최병두 교수) 등이다.

번역은 주제별로 항목을 나누어 각 전공자가 번역한 후, 유사한 전공자끼리 다시 회동하여 토론과 논의를 통해 교정하였다. 최종교정 및 편집과정은 김두일 교수, 김부성 교수, 양보경 박사, 이전 교수, 정환영 박사, 최병두 교수 등에 의해 이루어졌다.

새로운 연구관점과 방법론이 결코 기존의 연구성과를 소홀히 한 채 이루어질 수 없으며, 우리의 학문적 발전을 위해서는 특히 외국의 방법론을 비판적으로 극복해야 한다는 사실 또한 자명하다. 최근 제연구분야에서 주체적 관점을 강조하는 것도 기실은 학문적 실상에 대한 자기반성에서 출발한 것이라고 본다면, 이 책의 번역은 최근에 전개되는 우리나라 지리학계의 자구적 발전노력의 한 과정으로 이해해 주었으면 하는 것이 우리의 바람이다. 번역상에서 나타난 오류는 전적으로 번역자의 책임이다. 독자들의 아낌없는 비판과 충고를 기다린다.

이 책의 출판을 기꺼이 맡아준 도서출판 한울의 김종수 사장에게 깊이 감사드리며 한울 편집부 여러분에게 고마운 뜻을 전한다. 표지제작과정에서 한국브리태니커사 이문숙 차장의 귀중한 조언이 있었으며, 원고의 정리과정에서 한국지리연구회 이영애 간사의 도움이 있었다. 특히 토론장소를 제공해 주고 활기찬 연구를 할 수 있도록 시종일관 물심양면으로 지원해 준 대우재단에 심심한 사의를 표한다.

1992년 봄
한국지리연구회
회장 권용우

개정판 편집자 서문

『인문지리학사전』의 초판은 크게 갈채를 받았으며, 실질적인 여러 요구에 부응한 사전이었다. 우리 편집자들은 이번에 낸 개정판이 1980년대 전반까지의 지리학의 발전내용을 충분히 반영한 최신의 사전임을 보증할 수 있다. 초판에 있었던 거의 대부분의 표제어가 재조정되었고, 새로운 표제어가 많이 추가되었다. 다행히 각 분야에 걸친 여러 전문가들이 흔쾌히 표제어를 제공해 주었다. 그 결과 개정판 사전은 인문지리학의 전분야에 걸쳐 권위 있는 내용을 수록할 수 있게 되었다. 이 『인문지리학사전』은 영어로 지리학을 연구하는 인문지리학도를 위한 가장 기본적인 참고서적이 되고 있다고 확신한다. 지리학자들에게 있어서 이 사전은 지도책과 마찬가지로 없어서는 안될 필수서적이 될 것이다.

존스톤(R. J. Johnston)
그레고리(D. Gergory)
스미스(D. M. Smith)

초판 편집자 서문

어떤 학문의 주요 관심사와 철학 및 방법론의 변화는 학술용어상의 변화를 수반한다. 새로운 단어·어휘·개념이 만들어지고, 제용어에 대한 기존의 정의 대신에 새로운 정의가 내려지며, 다른 학문분야로부터 새로운 용어가 도입되기도 한다. 학문용어상의 이러한 변화에 대해서는 정확한 내용해설과 개념설명이 이루어져야 한다. 만일 정확한 정의나 개념규정이 행해지지 않으면, 그 학문은 발전될 수도 이해될 수도 없게 된다.

중요한 학문적 변화는 언어의 쇄신과 관련되어 있기 때문에, 사전에는 현재 사용되고 있는 관행어가 조목별로 수록될 필요가 있다. 인문지리학 분야의 경우, 지난 수십년간 지리학의 주요 관심사와 철학적 견해 및 접근방법론 등의 내용이 심화·확대되어왔음은 주지의 사실이다. 1980년대의 지리학 연구논문과 교과서에서 사용하는 개념들은 1940년대의 개념과는 현격한 차이가 있다. 초기의 인문지리학은 자연 및 인문경관의 묘사를 중시하는 다분히 자기중심적 속성이 두드러졌다. 그러나 1950년대와 1960년대를 거치면서 인문지리학은 자연과학의 법칙추구적·실증주의적 철학을 적극 수용하려는 제사회과학의 한 분야로 변모되었다. 인간사의 여러 공간적 질서를 법칙화하는 데 사용되는 개념은 경관묘사의 개념과는 일치하지 않는다. 1970년대에 이르러 인문지리학은 좀더 다변화되었다. 많은 사람들이 실증주의적 연구방법 위주의 '신지리학' 연구를 계속하는 동안, 인문지리학 분야에 인간주의적인 연구방법과 구조주의적인 연구방법이 도입된 것이다. 이와 같은 다양한 연구방법론의 등장으로 인문지리학에는 '어휘폭증현상'이 야기되었다. 이 책은 이러한 폭증현상에 대한 대응서라고 할 수 있다. 우리는 현재 인문지리학에서 사용되는 관행어들이 현실에 맞게 정의되고 설명되어져야 할 필요성을 절감하게 된 것이다.

이 책은 지리학 전공자, 대학생, 인문 및 사회과학자, 교사, 그리고 현재 통용되고 있는 지리용어 및 개념에 대해 최신의 정의를 필요로 하는 사람들을 위하여 마련되었다. 각 표제어의 개념규정에 있어서 가급적 모든 내용을 포괄할 수 있는 정의가 될 수 있도록 배려하였다. 따라서 이 사전은 지리학 연구논문이나 전공서적을 읽어야 할 사람들의 값진 지침서가 되리라고 믿는다. 이 책은 또한 특별한 주제에 대해 심도 있는 정보를 얻을 수 있도록 내실을 기했기 때문에 지리학 관련문헌의 길잡이 역할을 할 것이다. 나아가서 이 사전은 지리학과 관련된 글을 쓸 때 또는 지리학의 깊이와 넓이를 탐구하고자 할 때에 훌륭한 도움을 줄 수 있을 것이다.

이 사전에 수록된 단어·용어·개념은 문맥의 흐름 가운데 내용이 정의되고 이해될 수 있도록 배열되어 있다. 또한 이 책에는 지리학 내지 인문지리학의 각 분야에 대한 일련의 소론이 포함되어 있다. 이것은 개념정의과정에서 드러나는 용어의 여러 의미를 이해하도록 해준다. 곧 각 용어의 개별적 의미를 파악하기보다는 문맥상에서 나타나는 각 용어의 의미를 파악하도록 유도하고 있는 것

초판 편집자 서문

이다.

사전이용을 보다 쓸모 있도록 하기 위해 두 가지 연계방법이 채택되었다. 첫째는 상호참조방법이다. 어떤 표제어의 내용설명 안에 있는 밑줄표시된 용어는 또다른 표제어를 나타낸다. 밑줄표시한 표제어를 보게 되면, 그 표제어의 원래 의미를 보다 폭넓게 이해할 수 있을 뿐만 아니라, 타학문 분야나 지리학의 세부 분야에서 쓰이는 다른 의미까지도 인지할 수 있을 것이다. 둘째는 색인방법이다. 독자는 색인으로부터 표제어를 확인할 수 있다. 이에 따라 그 용어의 보다 넓은 의미를 파악할 수 있다. 이 사전은 상호참조방법과 색인방법을 함께 사용함으로써 인문지리학과 인문지리학 용어 및 문헌에 대한 이해를 폭넓게 제고시키고 있다. 따라서 이 사전은 부분적으로 백과사전의 성격을 지니고 있다고 할 수 있다.

학문적 사고의 많은 측면이 그 학문분야의 이론가들과 긴밀하게 연결되어 있는 것이 사실이다.

그러나 본 사전에서는 각 이론가별로 인명표제어를 취급하지 않았다. 그대신 각 이론가와 연관된 표제어의 설명과정에서 각 분야별로 해당 이론가들의 연구업적과 주장이 소개되어 있다. 특히 색인은 그러한 내용이 다루어져 있는 표제어의 위치를 확인할 수 있게 해준다.

사회과학의 몇개 분야에서는 많은 용어들을 공통으로 사용하고 있다. 본사전에서는 인문지리학과 특별히 관계된 자료에 초점을 맞추기 위하여, 다른 학문분야에서 유래되어 널리 사용되고 있는 용어는 표제어로 선정하지 않았다. 그 대신에 인문지리학과 연관된 분야와 용어를 소개하는 한편, 연관분야의 기본서적과 참고문헌을 나타낸 일반적 소론(특히 마르크스주의자와 신고전경제학의)을 취급하였다. 이러한 과정을 통해 우리 편집자들은 여타 사회과학과 상호의존적 관계를 도모하면서, 현재 인문지리학에서 사용하는 여러 관행어를 다룬 용례사전을 만들고자 하였다.

이 사전은 현대인문지리학에서 사용되는 제용어 가운데 영어로 된 단어와 용어를 다루고 있다. 이 사전은 인문지리학도를 위한 가장 기본적인 참고서적으로 활용될 수 있도록 만들어졌다. 지도책이 지도를 통해 많은 지리학적 주제를 알 수 있게 해주는 것처럼, 우리 편집자들은 이 사전이 여러 지리학 문헌의 길잡이 역할을 해줄 수 있을 것이라고 확신한다.

존스톤(R. J. Johnston)
그레고리(D. Gergory)
하게트(P. Haggett)
스미스(D. M. Smith)
스토다트(D. R. Stoddart)

집필자 명단

Alan R. H. Baker **ARHB**
University of Cambridge

Trevor Barnes **TJB**
University of British Columbia

Mark Billinge **MDB**
University of Cambridge

Mark Blacksell **MB**
University of Exeter

Michael Blakemore **MJB**
University of Durham

Brian Blouet **BWB**
Texas A & M University

Denis E. Cosgrove **DEC**
University of Technology, Loughborough

Michael Dear **MJD**
University of Southern California

John Eyles **JE**
Queen Mary College London

Andrew Goudie **ASG**
University of Oxford

Peter Gould **PG**
Pennsylvania State University

Derek Gregory **DG**
University of Cambridge

Peter Haggett **PH**
University of Bristol

David Harvey **DH**
University of Oxford

Alan Hay **AMH**
University of Sheffield

Leslie Hepple **LWH**
University of Bristol

Anthony Hoare **AGH**
University of Bristol

R. J. Johnston **RJJ**
University of Sheffield

Roger Lee **RL**
Queen Mary College London

David N. Livingstone **DNL**
The Queen's University of Belfast

Linda McDowell **LMcD**
The Open University

Philip E. Ogden **PEO**
Queen Mary College London

Stan Openshaw **SO**
University of Newcastle Upon Tyne

Mark Overton **MO**
University of Newcastle upon Tyne

Hugh Prince **HCP**
University College London

Judith A. Rees **JAR**
London School of Economics

I. G. Simmons **IGS**
University of Durham

David M. Smith **DMS**
Queen Mary College London

Graham Smith **GES**
University of Cambridge

Richard Smith **RMS**
All Souls College, Oxford

Susan Smith **SJS**
University of Glasgow

Peter Taylor **PJT**
University of Newcastle Upon Tyne

Rex Walford **RW**
University of Cambridge

Paul White **PEW**
University of Sheffield

Alan Wilson **AGW**
University of Leeds

Charles W. J. Withers **CWJW**
College of St Paul and St Mary, Cheltenham

인문지리학에서 사용되는 약어

일찍이 로마에서 'Senatus Populusque Romanus(원로원과 로마시민들)'을 'SPQR'의 약어로 비문에 새겨 넣은 이후로, 긴 단어를 줄여 약어(abbreviations)나 두문자(acronyms)로 사용하는 방법은 급속히 발전되어왔다. 약어에 관한 최근의 참고문헌(E.T.Crowly, ed., 『Acronyms, initials and abbreviations dictionary』, Gale, Detroit, 1978)에는 178,000개의 표제어가 수록되어 있다. 완전한 표제어를 쓰는 대신에 약어로 쓰거나 두문자로 간단히 나타내는 이러한 추세는 지면을 절약한다는 점에서 충분히 정당성을 지닐 수 있다. 그러나 저자나 편집자가 약어의 완전한 의미를 적어도 한번이라고 적시해주지 않게 되면 독자는 그 약어의 의미를 확인해야 하는 번거로움을 겪게 된다. 현재 사용하고 있는 약어의 수는 매우 많다. 여기에 제시한 간단한 약어일람표는 1980년대초의 인문지리학 문헌과 『인문지리학사전』에서 가장 보편적으로 사용하고 있는 약어목록이다. 주요 지리학 정기간행물의 표준약어는 이탤릭체로 표기되어 있으며, 『세계과학정기간행물목록(World list of scientific periodicals)』의 추천기준에 의거했다. 단체에 관한 약어는 『세계단체약어목록안내(World quide to abbreviation of organizations)』에 준하였다(fifth edition ed., F.A.Buttress, London, Leonard Hill, 1974).

AAG	Association of American Geographers
ABS	*American Behavioral Scientist*, Beverly Hills and London, 1957–
ACSM	American Congress on Surveying and Mapping
Acta Sociol.	*Acta Sociologica*, Oslo, 1955–
Afric. Stud. R.	*African Studies Review*, Los Angeles, 1958–
Ag. Hist.	*Agricultural History*, California, 1927–
Ag. hist. R.	*Agricultural History Review*, Reading, 1953–
AGS	American Geographical Society
Am. Anthr.	*American Anthropologist*, Washington, 1888–
Am. Cartogr.	*American Cartographer*, Falls Church, Virginia, 1974–
Am. hist. Rev.	*American Historical Review*, Washington, D.C., 1895–
Am. J. Soc.	*American Journal of Sociology*, Chigaco, 1895–
Am. pol. Sc. Rev.	*American Political Science Review*, Baltimore, 1906–

Am. Soc. R.	*American Sociological Review*, Washington, D.C., 1936–
AMTRACK	American Track (US National Railroad Passenger Corporation)
Ann. Am. Acad. Pol. Soc. Sci.	*Annals of the American Academy of Political and Social Science*, Beverly Hills, 1891–
Ann. Ass. Am. Geogr.	*Annals of the Association of American Geographers*, Washington, D.C., 1911–
Annls dem. Hist.	*Annales de Démographie Historique*, Paris 1965–
Annls Géogr.	*Annales de Géographie*, Paris, 1891–
ANOVA	analysis of variance (statistics)
AONB	area of outstanding natural beauty (UK)
Aust. Geogr.	*Australian Geographer*, Sydney, 1928–
Aust. geogr. Stud.	*Australian Geographical Studies*, Sydney, 1963–
Aust. and NZ J. Sociol.	*Australian and New Zealand Journal of Sociology*, St Lucia, Queensland, 1965–
BMD	biomedical computer programs (developed at the University of California at Los Angeles)
Brit. J. Polit. Sci.	*British Journal of Political Science*, Cambridge, 1971–
Br. J. Soc.	*British Journal of Sociology*, London 1950–
CACM	Central American Common Market
CAG	Canadian Association of Geographers
CARIFTA	Caribbean Free Trade Agreement
CBD	central business district
Can. Cartogr.	*Canadian Cartographer*, Toronto, 1964–
Can. Geogr.	*Canadian Geographer*, Montreal, 1951–
Cartogr. J.	*Cartographic Journal*, London, 1964–
COMECON	Council for Mutual Economic Aid
DUS	daily urban system
ECA	United Nations Economic Commission for Africa
Ec. Dev. cult. Ch.	*Economic Development and Cultural Change*, Chicago, 1952–
ECE	United Nations Economic Commission for Europe
ECLA	United Nations Economic Commission for Latin America
Ecol.	*Ecology*, Durham, North Carolina, 1920–
Econ. Geogr.	*Economic Geography*, Worcester, Massachusetts, 1925–
Econ. Hist. R.	*Economic History Review*, London, 1927–
Econ. Societ.	*Economy and Society*, London, 1927–
ECSC	European Coal and Steel Community
EEC	European Economic Community

약어

EFTA	European Free Trade Association
EIA	Environmental Impact Assessment
Environ. Plann.	*Environment and Planning*, London, 1969–
EPNS	English Place-Name Society
ERDF	European Regional Development Fund
Erdkunde	*Erdkunde: Archiv für wissenschaftliche Geographie*, Bonn, 1947–
ESCAP	United Nations Economic and Social Commission for Asia and the Pacific
ESRC	Economic and Social Research Council (UK)
Eur. J. Sociol.	*European Journal of Sociology*, Cambridge. 1960–
FAO	United Nations Food and Agriculture Organization
GATT	General Agreement on Trade and Tariffs
GENSTAT	general statistics computer programs (developed at Rothamsted Experimental Station)
Geogr.	*Geography*, Sheffield, 1901–
Geogr. Abs.	*Geographical Abstracts*, Norwich, 1966–
Geogr. Anal.	*Geographical Analysis*, Columbus, Ohio, 1969–
Geogr. Annlr.	*Geografiska Annaler*, Stockholm, 1919–
Geographica helv.	*Geographical helvetica*, Zurich, 1946–
Geogrl. J.	*Geographical Journal*, London, 1893–
Geogrl. Mag.	*Geographical Magazine*, London, 1935–
Geogrl. Rev.	*Geographical Review*, New York, 1916–
Geogrl. Stud.	*Geographical Studies*, London, 1954–59
Geogr. *Z(s)*.	*Geographische Zeitschrift*, Wiesbaden, 1963–
GLIM	general linear interactive modelling (computer software package)
GNP	gross national product
Hist. J.	*Historical Journal*, Cambridge, 1958–
Hist. Theor.	*History and Theory*, Connecticut, 1960–
Hist. Workshop J.	*History Workshop Journal*, Oxford, 1976–
IBG	Institute of British Geographers
IBGE	Instituto Brasileiro de Geografia e Estatistica
ICA	International Cartographic Association
ICC	US Interstate Commerce Commission
IGN	Institut Géographique National
IGU	International Geographical Union
IIASA	International Institute for Applied Systems Analysis
Int. Aff.	*International Affairs*, Moscow, 1955–
Int. J. Man-M.	*International Journal of Man-Machine Studies*, London 1969–
Int. J. urban and reg. Res.	*International Journal of Urban and Regional Research*, London, 1977–

Int. reg. Sci. Rev.	*International Regional Science Review*, Philadelphia, 1975–
Int. Yearbook Cartogr.	*International Yearbook of Cartography*, Bonn-Bad Godesberg, 1961–
ITC	International Training Centre, Delft, Netherlands
Izv. ser. geogr.	*Izvestiia: Seriia geograficheskaia*, Moscow, 1951–
J. agric. Econ.	*Journal of Agricultural Economics*, Reading, 1954–
J. contemp. Hist.	*Journal of Contemporary History*, London, 1966–
J. econ. Hist.	*Journal of Economic History*, New York, 1941–
J. Eur. econ. Hist.	*Journal of European Economic History*, Rome, 1972–
J. Forest.	*Journal of Forestry*, Bethesda, Maryland, 1902–
J. Geogr.	*Journal of Geography*, Chicago, 1902–
J. hist. Geogr.	*Journal of Historical Geography*, London, 1975–
Jnl. Polit. Econ.	*Journal of Political Economy*, Chicago, 1892–
J. reg. Sci.	*Journal of Regional Science*, Philadelphia, 1958–
J. soc. Hist.	*Journal of Social History*, Pittsburgh, 1967–
J. trop. Geogr.	*Journal of Tropical Geography*, Singapore, 1958–80
J. T. S. Behav.	*Journal for the Theory of Social Behaviour*, Oxford 1971–
LAFTA	Latin American Free Trade Association
Landsat	land satellite – launched by NASA for imaging the earth's surface
LDC	less developed country
L'espace géogr.	*L'espace géographique*, Paris, 1972–
L. Soc.	*Language in Society*, Cambridge, 1972–
MAB	UN programme on Man and the Biosphere
Manchester Sch. Econ. Soc. Stud.	*Manchester School of Economics and Social Studies*, Manchester, 1930–
MDS	multi-dimensional scaling (statistics)
MELA	Metropolitan Economic Labour Area
MIF	mean information field
MINITAB	minicomputer tabulation (a computer program package)
MPC	marginal propensity to consume (economics)
MPS	marginal propensity to save (economics)
MSY	maximum sustained yield (biology)
NASA	US National Aeronautics and Space Administration
NATO	North Atlantic Treaty Organization
NERC	Natural Environment Research Council (UK)
NGS	National Geographical Society (New York)
New Soc.	*New Society*, London, 1962–
NIDL	New International Division of Labour

약어

NNP	net national product (economics)
NORDEK	Nordic Economic Community
NPP	net primary production (biology)
N.Z. Geogr.	*New Zealand Geographer*, Christchurch, 1945–
ODECA	Organization of Central American States
OECD	Organization for Economic Co-operation and Development
OLS	ordinary least squares (statistics)
OPCS	UK Office of Population Censuses and Surveys
OPEC	Organization of Petroleum Exporting Countries
Pap. Mich. Acad. Sci.	*Papers of the Michigan Academy of Science, Arts and Letters*, Ann Arbor
Pap. reg. Sci. Assoc.	*Papers [and Proceedings] of the Regional Science Association*, Philadelphia, 1955–
Past and Present	*Past and Present: A Journal of Historical Studies*, Oxford, 1952–
Petermanns geogr. Mitt.	*Petermanns geographische Mitteilungen*, Gotha, 1855–
Phil. Soc. Sci.	*Philosophy of the Social Sciences*, Waterloo, Ontario, 1971–
Philipp. Stud.	*Philippine Studies*, Manila, 1953–
Pol. Geogr. Q.	*Political Geography Quarterly*, London, 1982–
Proc. Amer. Phil. Soc.	*Proceedings of the American Philosophical Society*, Philadelphia, 1838–
Proc. roy. Geogr. Soc.	*Proceedings of the Royal Geographical Society*, London, 1855–1892
Prof. Geogr.	*Professional Geographer*, Washington, D.C., 1949–
Prog. Geog.	*Progress in Geography*, London, 1969–76
Progr. hum. Geogr.	*Progress in Human Geography*, London, 1977–
Progr. phys. Geogr.	*Progress in Physical Geography*, London, 1977–
Progr. Plann.	*Progress in Planning*, Oxford, 1973–
Q.J. Econ.	*Quarterly Journal of Economics*, New York, 1886–
Reg. Stud.	*Regional Studies*, Cambridge, 1967–
Rev. Econ. St.	*Review of Economics and Statistics*, Cambridge, Massachusetts, 1976–
Rev. Fr. Soc.	*Revue Française de Sociologie*, Paris, 1960–
RGS	Royal Geographical Society
RSA	Regional Science Association
Rural Sociol.	*Rural Sociology*, New York, 1958–
S. Afr. geogr. J.	*South African Geographical Journal*, Braamfontein, 1917–
Sci.	*Science*, Washington, D.C., 1883–
Sci. Soc.	*Science and Society*, New York, 1936–
Sci. Stud.	*Science Studies*, Texas, 1920–

Scott. geogr. Mag.	*Scottish Geographical Magazine*, Edinburgh, 1885–
SEATO	Southeast Asia Treaty Organization
SMLA	Standard Metropolitan Labour Area
SMSA	Standard Metropolitan Statistical Area (US)
Soc. Hist.	*Social History*, London, 1976–
Soc. Rev.	*Sociological Review*, Keele, 1953–
Soc. Sci. Q.	*Social Science Quarterly*, Texas, 1920–
Sociol. Rur.	*Sociologica Ruralis*, Assen, 1960–
Soviet Geogr.	*Soviet Geography: Review and Translation*, New York, 1966–
SPSS	statistical package for the social sciences (computer programs)
SSRC	Social Science Research Council (UK)
Svensk Geogr. Arsbok	*Svensk Geografisk Arsbok*, Lund, 1925–
SYMAP	computer mapping program using line printer originally developed at Harvard University
Tech. R.	*Technology Review*, Cambridge, Mass., 1899–
Tijdschr. econ. soc. Geogr.	*Tijdschrift voor Economische en Sociale Geografie*, Rotterdam, 1910–
Town Plan. Rev.	*Town Planning Review*, Liverpool, 1910–
Trans. Inst. Br. Geogr.	*Transactions of the Institute of British Geographers*, London, 1935–
Trans. roy. Hist. Soc.	*Transactions of the Royal Historical Society*, London, 1872–
TVA	Tennessee Valley Authority
UNESCO	United Nations Educational Scientific and Cultural Organization
Urban Stud.	*Urban Studies*, Edinburgh, 1964–
Welsh H. R.	*Welsh History Review*, Cardiff, 1960–
WEU	Western European Union
WHO	United Nations World Health Organization
Wld. Cartogr.	*World Cartography*, New York, 1951–
World Pol.	*World Politics*, Princeton, 1948–

ㄱ

가격정책 pricing policies

상품을 소비자에게 제공하는 가격을 결정하는 장치. 공간경제분석에서 가격정책이 가지는 뚜렷한 특징은 상품의 기원지, 즉 생산지로부터 거리가 증가함에 따라 가격이 어느 정도 범위로 변화하는가라는 점이다. 여기에는 두 가지의 중요한 대안적 정책이 있다. 첫째는 본선인도가격(f.o.b.; free on board) 체계로 이 체계에서는 기원지의 기본가격이 있고 상품이 구매지점에 도달하는 데 따르는 교통비는 소비자들이 지불한다. 두번째는 균일배달가격(c.i.f.;cost, insurance, freight) 체계로 이 체계에서는 생산자가 보험료와 운송비를 생산비에 합하며 기원지로부터의 거리에 관계 없이 균일한 배달가격으로 상품을 제공한다. 이 두 정책간의 구분은 중요하다. 왜냐하면 균일배달가격으로 판매되는 상품은 이들을 투입으로 필요로 하는 생산활동에 대해서 비교입지이익에 관한 영향을 미칠 수 없다; 이와 비슷하게 기원지로부터의 거리가 균일배달가격으로 제공되는 재화에 대해서는 수요 수준에(다른 조건이 같다면) 영향을 미치지 않는다. 상품이 균일한 배달가격으로 판매되는 경향이 점차 커지고 있다.

이외에도 다양한 대안적 가격정책들이 있다. 본선인도가격 체계라 하더라도 반드시 거리가 조금만 늘어나도 가격이 비례해서 상승하는 것은 아니다. 대개 배달가격이 기초를 두고 있는 일반적 운임률이 넓은 지대에 걸쳐 일정하게 주어진다. 공간적 가격차별의 형태도 있을 수 있는데, 이런 상황에서는 일부 지역의 소비자들은 (아마도 공급자가 지방적 독점을 가지기 때문에) 보다 경쟁적인 시장에서 책정되는 가격을 보조하기 위해 높은 가격을 부담한다. 잘 알려진 변종으로 기본점 가격정책이 있는데 여기서는 소비자들이 마치 상품이 어떤 (기본)점에서 제공되는 것처럼 가격을 부담한다. 이것은 기본점 입지에 있는 생산자를 보호하기 위해 사용될 수 있는데 왜냐하면 실제로 다른 곳에서 생산되는 상품은 보다 많은 비용이 소요될 것이기 때문이다. 일부 가격정책은 그 운영에 따라 산업 전반에 걸쳐 인위적으로 높은 가격을 유지하기 위하여 일부 생산자들이 담합을 할 수 있다—선진자본주의 세계에서 이러한 경향이 커지고 있다(독점, 과점 참조).

사회주의에서는 가격이 중앙에서 결정되며 공간적 변이가 있을 가능성이 작다. 그러나 운송비를 반영하기 위하여 산업의 투입에 대해 차별적으로 가격을 매김으로써 자원배분의 효율성이 촉진될 수 있다. DMS

가구재구성 family reconstitution

정기적인 센서스가 없고 '인구수'를 모르는 상황에서 오직 교구장부에 세례, 결혼, 매장 등의 인구 '동태' 자료만이 있을 때 인구에 대한 수치를 추계해내는 분석기법. 이 기법은 동일한 개인이나 동일한 가구에게 발생한 사건들 사이의 연계성을 정립해야 하는데, 이를 위해서는

1

가능론

'개인'과 다른 사람과 구별할 수 있는 충분한 정보가 정확한 이름에 귀속되어 있어야 한다. 예를 들어 교회성직자가 단순히 로버트 베이커가 매장되었다고 기록한 것보다는 어느 날짜에 윌리엄 베이커의 아들 로버트가 매장되었다는 기록이 있을 때 가구재구성이 가능해진다. 이들의 확인이 확실하더라도 1538년 이후 교구등록기간 동안의 잉글랜드 전(前)산업사회에서는 국지적인 인구이동이 활발했기 때문에 어떤 개인의 생애기록을 완벽하게 해놓은 것은 드물다. 이러한 문제점을 보완하기 위해 앙리(Louis Henry, 1967)는 프랑스의 교구등록부를 이용하여 개인의 '관찰기간'을 설정하는 정교한 법칙을 고안했는데, 후에 리글리(E.A. Wrigley, 1967)가 덜 충실하지만 프랑스보다 더 일찍 시작된 영국 교구대장을 사용하기 위해 수정하였다. 관찰기간은 수집될 수 있는 정보와 확인가능한 마지막 일시에 따라 서로 다른 방법으로 이루어진다. 가장 단순한 예가 결혼이 시작되어 끝난 날짜를 알 수 있는 것인데, 이때 관찰기간은 결혼과 일치하며, 즉 이는 결혼일로부터 두 배우자 중 먼저 한 사람이 죽는 날짜까지가 된다. 만약 끝의 날짜가 확인될 수 없으면 관찰이 끝나는 시기는 가장 어린아이의 세례날짜가 될 것이다. 이 경우 관찰의 목적은 어린이의 사망력이 된다.

지리적 이동성이 높은 상황에서, 이렇게 관찰하기에 충분할 만큼 비이동적이었던 소수의 재구성이 과연 대표성을 지닐 수 있을지 의문이 제기된다(Hollingsworth, 1969). 그 대표성은 실제로 매우 가변적이다. 오늘날 잉글랜드의 교구등록부를 이용한 가구재구성으로 산출된 유아사망률은 합법적인 출생의 80%를 바탕으로 하는 반면, 연령별 출산력은 합법적인 출생의 16%에 기초하여 산출된다. 왜냐하면 후자의 경우 그들의 모(母)가 반드시 그 지방에서 출생하여야 하며, 따라서 유아출산시의 그들의 나이를 계산할 수 있어야 하기 때문이다(Schofield, 1972; Wrigley and Schofield, 1983). 교구인구의 이동성 때문에 생기는 어려움은 인구이동의 효과적인 연구에 이용될 수 있으며, 여기에선 지역공동체가 그 주민이 세례, 결혼, 매장 중에서 하나, 또는 둘이나 셋 모두를 기록했느냐에 따라 분화될 수 있다(Souden, 1984). 컴퓨터화된 가구재구성 수단이 영국의 인구 및 사회 구조사 연구그룹인 캠브리지학파의 데이비스(R.Davies)에 의해 개발되었다.

국가적 센서스를 통해 하나의 연령구조가 알려질 경우 '역예측'의 기법을 사용하여 동태사상만 가지고도 연령에 관련된 비율이나 연령구조 등의 인구학적 지표를 산출해낼 수 있음이 증명되었다. 그러한 기법은 세분된 실제 사망의 연령별 유형과 가상된 연령별 전출계획을 사용하고 있다(Wrigley and Schofield, 1981). 이 기법이 지역별, 도시 또는 마을별 인구단위에서도 사용될 수 있을지는 아직 미지수이다. RMS

가능론 possibilism

자연환경이 가능한 인간반응의 범위에 대한 기회를 제공하고, 인간은 가능한 범위 내에서 선택할 수 있는 재량을 가진다는 관점. 가능론의 요소는 많은 지리학자(예:I. Bowman, C. Sauer)의 작업에서 발견될 수 있지만, 가능론을 정식으로 명쾌하게 설명한 것은 대개 프랑스의 인문지리학파라고 할 수 있다. 특히 20세기에 접어들 무렵의 뒤르켕(Durkheim), 라첼(Ratzel), 그리고 비달 드 라 블라쉬(Vidal de la Blache) 등의 학자와 밀접한 관련을 갖는다. 사실 비달은 그 두 제창자 사이에서 숙고하였다. 뒤르켕이 지리학을 사회형태학이라고 단순화한 데 대하여 비달은 반대하였다. 그는 인간은 '자연의 게임에 참여하며' 외부환경(milieu externe)은 '인간활동의 노예가 아니라 동반자'라고 주장하였다. 그는 사회를 '허공에 매단 채로' 놓아두어서는 안된다는 라첼의 신념에는 동조했으나, 어떤 그럴듯한 결정론도 받아들이지 않았다. 비달은 '자연은 단지 충고자일 뿐이다'라고 했으며, 내부환경(milieu interne)은 인간을 능동적이면서도 수동적이게 한다고 주장하였다. 이런 숙고는 매우 중요하다. 왜냐하면 비달의 사고는 지나친 가능론이나 환경결정론으로 이끌지 않았을 뿐더러 본질적으로 신칸트철학(칸트학파 참조), 즉 '자연 영역의 메카니즘의 실체에 한계지워지는 인간의 조직적 자유'를 포함하는 철학이기 때문이다(Kirk의 행태적 환경과 현상적 환경 참고). 비달은 사회와 자연이 '결투하는 두 적대자'로 대개 표현되지만 사실 인간은 '살아있는 창조물의 부분'이며 또한 '자연을 통하여, 자연에 의하여, 자연의 위에서 활동하는 가장 활발한 협력자'라고 믿었다. 그리고 그가 생활양식의 개념에 포섭하였던 것이 반복적인 창조력의 요소들이 강력한 지리적 요인이 될 수도 있으며, 또 인간형성의 필수불가결한 인자가 될 수도 있다는 바로 이 변증법이었다(Buttimer, 1971 참조).

비달의 프로그램은 역사가 페브르(Lucien Febvre)의 명구, 즉 '필연성이 있는 것이 아니고 어느 곳에든 가능성이 있는 것인데, 이런 가능성을 지배하는 인간은 그 가능성의 용도를 판단하는 심판관이다'라는 구절에서 뒷받침되었다(Febvre, 1932). 페브르의 해석은 비달 사고의 전체성을 잘못 표현한 경우였다(Lacoste, 1985). 페브르의 논평은 인간행동의 힘에 관한 비달의 관점을 확대시키지만, 그는 지리학을 사회과학이라기보다는 자연과학으로 간주하였다. 그래서 페브르의 가능론은 아직도 환경결정론을 부정하는 것이라기보다는 정당화하는 것으로 볼 수 있었다. 그러나 가능론은 너무 왜곡되어 1950년대에 이르러서는 독자적 학문으로서의 지리학의 과학적 지위에 대한 위협으로 간주될 수 있었다. 첫째, 그 원리는 결정론에 의존하여 과학을 유지하고 있었고, 그래서 '자연과학의 법칙과 엄밀하게 유사한' 법칙을 요구하는 인문지리학이 나온다는 것이다(Martin, 1951); 그러나 이것은 우연성(contingence)과 확률(probabilité)에 대한 전통적인 강조가 현대물리학과 일치한다는 인식에 의하여 충족될 수 있었다(Jones, 1956; 또한 Lukermann, 1965 참조). 둘째, 사회와 자연간의 관계에서 자연적 '토대가 주로 상부구조를 통제한다'는 논리하에 지리학의 독특성이 유지되었다. 즉 '가능론의 논리적 결말은 분산된 지명을 가진 경제지리학'이라는 것이다(Spate, 1957). 그러나 이러한 지리학은 신결정론(확률론)과 만나서 계량혁명을 겪으면서 공간과학으로서 재정의되었다. 근래 이런 재정의 자체가 인간주의 지리학의 등장을 통한 비달식 전통의 복고에 의하여 도전을 받았다. 그러나 인간주의 지리학은 비달식 유물론을 종종 중시하지 않으며, 사회-자연 관계에서 자연환경을 가능론에서처럼 동등한 역할로 보지 않고 부차적 역할로 무시한다(그러나 Pred, 1984 참조). DG

가변비용 variable costs

산출량에 따라 변화하는 비용. 전형적으로 원료와 노동의 필요량은 산출이 증가함에 따라 늘어난다. 공간경제분석에서 가변비용의 개념은 공간적 변이에 종속되는 비용을 지칭하는 의미를 가지기도 한다. 본질적으로 공간적 비용 변이를 가지는 투입은 입지선택에 중요한 영향을 미치기 쉽다. 이러한 변이는 비용면으로 확인될 수 있다(고정비용과 비교할 것). DMS

가변비용분석 variable cost analysis

생산비의 공간적 변이와 연관된 공업입지(혹은 일반적인 시설의 입지)에 대한 접근방법. 이것은 고전적 전통에서의 공업입지론의 두 가지 중요한 대안적 접근 중 하나이며 나머지 하나는 가변수입분석이다. 보다 최근에는 양자 모두 의사결정 관점에 의해 보충되어왔다.

가장 단순한 형태의 가변비용모형은 다음과 같이 표현된다:

$$TC_i = \sum_{j=1}^{n} Q_j U_{ij}$$

여기서 TC_i는 i입지에서 주어진 양의 산출을 생산하는 데 소요되는 총비용, Q_j는 투입계수,

가변비용분석

즉 j투입의 필요량, U_{ij}는 i입지에서의 고려대상이 되는 투입의 단위비용이다. 총비용은 필요량에 단위비용을 곱한 값을 단순히 n투입에 대해 더한 것이다. 투입의 공간상 가변비용과 고정된 비용을 구분하는 또다른 공식은 다음과 같다:

$$TC_i = \sum_{j=1}^{n} Q_j (B_j + L_j d_{ij})$$

여기서 B_j는 공장입지에 따라 변화하지 않는 한 단위의 투입 j의 고정비용, L_j는 입지비용 또는 가변비용이고, d_{ij}는 i입지로부터 투입 j의 공급지까지의 거리이다. L_j는 이것이 어떤 거리함수로 확인될 수 있을 만큼 충분히 규칙적이라면, 단위거리당 단위입지비용을 표시한다. 두번째 공식은 실제적 가치보다는 오히려 개념적 가치를 가지는데, 이는 운송비에서 비롯되는 것 이외의 투입비용의 가변요소가 보통 기원지나 최소비용지점으로부터의 거리의 함수로 표시되기에는 너무나 복잡하기 때문이다.

위에서 알 수 있듯이 (주어진 산출량에 대한) 총비용은 두 가지 주요한 고려사항에 따라 좌우된다: 즉 투입계수와 투입비용의 공간적 변이이다. 투입계수는 고려대상의 재화를 제조하는 데 채택된 기술에서 발생한다. 다양한 투입요소들의 상대적 중요성은 투입요소의 조합도 산출규모에 따라 달라진다는 사실과 함께, 일정 최소량을 필요로 하는 기술적 제약 내에서 투입요소들간의 대체가 발생함에 따라 달라질 수가 있다. 따라서 사용된 특정 투입요소의 양은 그 비용이 다른 투입요소의 비용에 비해 낮을 경우 증가할 수 있다. 투입요소들간의 대체능력은 그 조합도 산출규모에 따라 달라진다는 사실과 함께 이론과 실제 양면에서 가변비용분석을 더욱 복잡하게 만든다.

요구되는 투입의 단위비용은 지리적 공간상에서 명백하게 달라지게 될 것이다. 대부분의 원료의 경우에는 교통비가 반영될 수 있고 또 다른 투입에 대해서는 여러가지 복잡한 내용이 공간적 비용 패턴에 영향을 미칠 수 있다. 예를 들면 단위산출당 실제 노동비는 노동생산성에 따라 달라질 뿐 아니라 실제임금률, 지불된 특별급여, 훈련비, 기업이 제공한 복지시설 등에 따라서도 달라질 수 있다. 제조과정이 기술적으로 더욱 정교해짐에 따라 근대적 투입-산출 연계체계가 복잡해진 것이 투입비용의 계산을 까다롭게 하는 주요 원인이다. 여기에 추가해서 보다 일반적인 외부경제와 집적에서 발생하는 이익을 통합하는 데도 개념적이고 실제적인 어려움이 있다.

가변비용분석은 대안적 입지와 관련된 두 가지 전제 중의 어느 한 전제하에서 진행된다: 두 가지 전제는 대안적 입지들이 불연속적 점이거나 연속된 면이라는 것이다. 실제의 입지선정과정은 일반적으로 소수의 대안들에 대하여 평가한다는 점에서 비교적 소수의 불연속적 점이라는 전제가 보다 실제적이다. 이것이 비교비용분석의 일반적 틀이다. 그러나 공업입지론은 종종 무한히 많은 가능입지들 중에서 실제로 고려대상이 되고 비용이 계산된 입지들이 선정된다는 함축적 전제에서 진행된다. 따라서 총비용은 연속적 공간변수로 인식된다.

연속적 비용면의 개념은 공업입지론의 접근방법으로서의 가변비용분석에서 중심적인 개념이다. 비용면이란 생산비의 변이를 나타내주는 곡면으로서 이의 단면은 공간비용곡선으로 표시될 수 있다. 수입면의 형태에 관한 적절한 가정이 함께 전제된다면, 입지선택의 자유를 제약하는 이윤의 공간한계와 최적 또는 이윤극대화 입지가 확인될 수 있다.

수입이 공간적으로 일정하다고 전제한다면, 이윤극대화를 추구하는 기업의 최적입지는 총비용이 최소가 되는 점, 즉 총비용면상의 최저지점이 될 것이다. 이 지점이 어떻게 발생하며 어떻게 확인될 수 있는가 하는 것이 베버(Alfred Weber)가 공업입지론에 대한 그의 고전적 접근에서 제기한 문제이다. 베버는 단순한 상황에서 최소운송비 지점이 어떻게 발생하는가를 알기 위해 입지삼각형을 사용하였고, 공간적 비용변이를 나타내기 위하여 등총운송비선을 사용하였다. 모서리가 n개인 입지점에서 최소비용지점(즉 최소총이동지점)을 경험적으로 확인하는 것이 베버모형 이후의 발달에서 중요한 조작적 문제였다.

팔란더(T. Palander)와 후버(E.M. Hoover) 같은 가변비용접근의 후기 연구자들의 많은 연구업적은 베버이론의 영향을 크게 받았다. 거의 반세기에 걸쳐 가변비용모형은 공업입지론의 핵심을 이루었으나 모형의 현실성 결여로 후기 연구는 수입과 의사결정에 대한 고려에 더 많은 주의를 기울이는 관점에로의 확장을 가져왔다. 그럼에도 불구하고 소규모 생산단위로부터 다국적기업에 이르기까지 가변비용분석은 여전히 실제 입지선정에 아주 적절하다. 생산비는 아직도 입지의 생존성에 중요한 요소이다. 그리고 산업발전계획 분야에서 가변비용분석은 여전히 공간전략의 설계를 위한 유용한 틀을 제공한다. DMS

가변수입분석 variable revenue analysis

수입의 공간적 변이와 관계되는 공업입지론의 한 접근. 가변비용분석에서는 비용의 측면을 강조하는 데 반하여 이것은 공업입지문제의 수요측면에 관심을 집중한다.

총수입은 재화의 판매량과 거기에서 얻어지는 가격을 곱한 값으로 정의될 수 있다. 따라서 여러 대안적 입지들의 수입은 다음과 같다:

$$TR_i = \sum_{j=1}^{n} Q_j P_j$$

여기서 TR_i는 i에 입지한 공장이 얻을 수 있는 수입, Q_j는 시장 j에서 판매될 수 있는 재화의 양, P_j는 j에서의 가격이다. 이 단순한 표현이 각각 판매된 양과 부가된 가격을 통해 작용하는, 다양한 수입의 결정요인들을 결정하는 첫단계이다.

양(수요)의 측면에서, 어떤 시장 j에서의 판매기대량은 다수의 변수들의 영향을 받을 것이다. 가장 명백한 것은 인구이다: 다른 조건이 같다면 사람이 많을수록 수요도 커질 것이다. 다른 조건들(같은 경우가 거의 없는) 중에는 소비성향에 영향을 미치는 인구의 소득과 그들의 취향 혹은 선호 등이 있다. 일반적으로 수요는 소득증가와 더불어 늘어나지만 줄어들 수도 있다(사람들이 부유해짐에 따라 보다 작은 양을 구입하는 경향이 나타나는 소위 열등재의 경우에서처럼). 따라서 고소득지역에서는 보다 많은 캐비아와 샴페인이 판매될지도 모르나 빈곤한 지역에 비하여 1인당 빵과 맥주의 소비량은 더 적게 된다. 취향과 선호는 소득에 따라 달라질 수도 있으나 문화, 관습 등에 따라 공간적으로도 달라진다. 지방적 수요수준에 영향을 미치는 다른 요인으로는 대체재의 가용성 및 가격이 있다.

위의 식의 또 다른 변수—가격—는 가격정책에서 논의된다. 재화에 가격을 매기는 방법에는 여러가지가 있으며 이 중 어느 것을 선택하는가에 의해 장소에 따라 가격이 달라질 것인가의 여부와 이러한 변이가 취하는 유형이 결정된다. 소비능력의 한계와 가격상승에 따른 추가판매를 유인할 수 있는 일부 재화, 예를 들면 값비싼 물건의 구입으로 지위를 얻을 수 있는 그러한 재화 능력의 한계내에서, 가격이 하락하면 보다 많은 재화가 소비되어야 한다. 따라서 가격과 양은 총수입을 결정하는 데 서로 관련되어 있다.

시장지역분석은 가변수입 분석의 접근방법에서 중요한 부분을 이룬다. 일정한 전제하에서 기업이 얻을 수 있는 수입은 시장규모, 즉 통제가 발휘될 수 있는 영역의 범위에 비례한다고 할 수 있다. 그러나 지방인구의 양상과 그 수요 특성의 성질과 관련된, 위에서 언급한 변수들의 작용 때문에 동일한 면적이라도 수입수준이 다르게 형성될 수도 있다.

시장지역의 분석은 입지의 상호의존성과 밀접한 관계를 가진다. 생산단위의 입지는 즉 시장지역에 대한 공간독점·통제를 추구하는 경쟁자들의 전략에 따라 좌우된다고 간주된다. 가변비용 상황에서 기업이 서로 경쟁하는 가운데 어떻

가설

게 입지하는가에 대한 구체적 분석에는 호텔링모형과 수요탄력성에 관한 대안적 전제를 통합한 그 연장모형들이 포함된다. 가변수입 접근방법은 공장입지에 미치는 시장의 영향이 분배비용의 영향을 능가한다는 인식에서 비롯된 것과 마찬가지로 경제학의 불완전 경쟁이론의 발달에서도 생성되었다(집합적 통행모형을 통한 접근에서처럼).

가변수입 접근방법은 개념적으로나 실제적으로 모두 어렵다. 여러 대안적 입지들간의 비용변이가 완전히 무시되지 않는다 하더라도(예를 들면 여러 대안적 공급자들로부터의 배달가격에 포함될 수도 있다) 규모의 경제를 통한 단위비용과 가격의 상호관련성은 다루기가 아주 힘들다. 단위비용이 판매량에 따라 달라진다면, 그리고 판매량은 다시 단위비용의 영향을 받는 가격에 따라 좌우된다면 최적입지의 문제는 해결이 불가능하다. 이것이 공업입지론이 비용이나 수요 중의 하나에 엄격한 전제를 두는 이유이다. 실제적인 면에서 보면, 소비자의 수요스케줄을 확인하기가 어렵기 때문에 가변수입분석은 가변비용분석보다 적용하기가 좀더 힘들다. 따라서 다른 대안 특히 시장잠재력 모형을 채택하게 된다. 또다른 복잡한 문제는 실제 시장경쟁의 특징인 불확실성의 조건하에서 이루어지는 실제 의사결정과정에서 나타난다. 어떤 상점을 이용할 것인가를 선택하는 소비자행태를 예견할 수 없다는 것은 더욱 복잡한 문제이다. DMS

가설 hypothesis

여러 과학적 인식론에서 경험적 작업을 인도하는 잠정적인 설정.

실증주의 범위에서 하나의 가설은 아직 진리로 수용되지 않은 하나의 설이다; 실증주의 방법론의 목적은 그 진실성을 검증하는 것이다. 그 목적은 경험적인 자료에 근거하여 그 설의 진실성을 구축하는 것이다. 수용된 이론으로부터 연역된 가설은 일반적이어야 하며 특정 장소나 특정 사건에만 속해서는 안된다. 따라서 가설은 경험적 연구를 구축한다. 가설검증은 지리학의 계량혁명 시기에 지식에 대한 통로로 장려되었다.

가설은 또한 다른 인식론에서도 사용되어왔다. 예를 들면 비판적 합리주의에서 연구도구는 가설의 허위성의 검증으로서 고안되었다. 그리고 사실주의의 어떤 변형에서는 가설은 보편적인 일반론이 되지 못하는 지식획득의 누적적인 과정에 사용되었다. RJJ

가치 values

가치로움(worthiness)에 대한 평가를 인도하는 일련의 믿음과 생각들. 가치는 사회마다 독특하며, 우리가 사회를 정당화시키기 위해 사용하는 개념들로부터 도출된다. 따라서 상이한 유형의 사회마다 서로 다른 방식으로 가치를 규정한다. 이는 단순히 똑같은 환경에 대해 서로 다른 관점을 제시하는 문제가(원자력발전이 좋은가, 나쁜가?) 아니며, 대안적 환경들을 평가하는 문제도(이같은 분배결과가 저 방식보다 좋은가, 나쁜가?) 아니다. 오히려 문제는 그 자체적으로 완전히 유의한 평가들을, 가치의 측정이 규정되는 척도들을 최소한 부분적으로라도 설정하는 보다 광범위한 사회적 틀과 관련시키는 것이다. RL

갈등 conflict

둘 또는 그 이상의 주도자들간의 투쟁을 수반하는 상황.

지리학에서 갈등연구는 환경과 토지의 이용 및 공간구조의 창출과 재창출의 기초가 되는 계급간의 갈등에 중점을 둔다. 예를 들면, 도시지역에서는 한 지역의 거주자와 어떤 식으로든 그 지역의 특성을 바꾸려는 사람들간의 갈등에 대한 연구들이 있다(Cox and Johnston, 1982); 여기에서의 대립은 의도된 변화에 따라 일어날 수 있는 잠재적 외부효과에 초점이 맞추어진다. 농촌지역에서는 한 지역에서 발달되는 농업의 유형이 자연자원의 개발과 더불어 주목을 받아왔다(Powell, 1970) ; 보전과 보존의 문제가 많은 환경갈등의 중심이 된다. 더욱 넓은 규모에서는 발전과 저개발(불균등 발전도 참조)이 세계경제의 다양한 부분간의 갈등과 관련된다(중심-주변 모형, 세계체제분석도 참조).

많은 갈등연구가 국가의 행위에 초점을 맞춘다. 첫째, 국가는 널리 알려진 대로 '치안권력'으로 작용한다 ; 국가는 도시토지 이용에서의 지구제와 같이 '공익'(Johnston, 1984)으로 규정한 것을 증진시키기 위해 개인의 자유를 제한한다(공공목장의 비극 참조). 둘째, 국가는 다양한 사법적 기능을 통해 많은 갈등에서 중립적 중재인으로 나타난다(국가장치 참조). 마지막으로 국가는 외부의 공격자에 대항해서 영토를 방어해야 하며, 경우에 따라서는 무력 또는 기타 수단을 통해 영토를 확장시키려 한다 ; 지정학 연구가 이같은 국가의 행위를 주된 주제로 다룬다.

갈등에 대한 경험적 연구는 갈등의 외부적 표출에만 관심을 갖고, 종종 그것을 더 깊은 맥락 속에서 관찰하지 못한다. 후자의 경우, 갈등은 자본주의에 고유한 것이라고 주장된다. 근본적인 갈등은 두 개의 주요 경제적 계급—무산계급과 유산계급—사이에 나타나지만, 이는 다시 많은 부분적 갈등으로 나뉘어서, 두 계급의 분파들 사이에서 심지어는 같은 계급내의 분파들 사이에서의 갈등이 나타난다(몇몇 국제적 갈등에서 같이). 그러한 갈등은 매우 다양한 형태를 취하고 여러 종류의 투쟁 장소에서 나타난다. 도시의 토지이용을 둘러싼 갈등처럼 지리학자들에 의해 연구되는 갈등도 단지 세부적인 면에서 다른 갈등과 차이가 날 뿐이다 ; 즉 그것들은 모두 생산양식을 증진시키기 위해 사회를 조작하는 사례들이며, 이 경우는 공간과 환경에 대한 조작이다. 따라서 그레고리(Gregory, 1982)는 예를 들어 서부 요크셔에서의 모직공업의 변화에 따른 계급투쟁의 지리학을 연구하였고, 매시(Massey, 1984)는 오늘날 영국에서의 산업변화에 수반되는 투쟁을 보여주었다.

대부분의 변화는 갈등의 결과이고, 따라서 변화와 갈등의 지리학은 공간적인 측면에서 매우 연관성이 높다. 그러한 지리학의 분석은 점차 광범위한 맥락에서 이루어지며, 따라서 전반적인 사회내에서의 변화과정에 대한 이해를 증진시킨다. RJJ

갈래치기 bifurcation

미분방정식(differential equation)이나 차분방정식(difference equation)으로 이루어진 모형에서 매개변수(parameter)가 임계치에 도달할 때 나타나며, 해(solution)의 성격이 변하는 현상이다. 이 변화는 하나의 평형상태에서 다른 평형상태로 '건너뜀'일 수도 있고, 또는 평형 무작위 상태에서 주기적 상태로의 변화일 수도

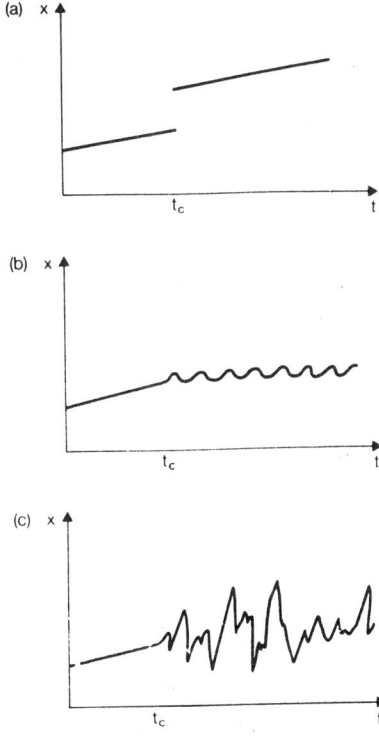

갈래치기 세 가지 유형

개발제한구역

있고, 또는 평형상태나 주기적 해에서 '혼돈'—주기적인 구조를 지니지 않은 진동적인 해—으로 변하는 경우일 수도 있다. 이들 세 가지 가능성은 상태변수 x와 시간 t가 표시되어 있는 그림으로 나타낼 수 있다. 각 경우마다 내재된 매개변수는 시간 t_c에서 임계치를 지니고 있고, 해의 성격이 변화된다. (a)는 건너뜀, (b)는 주기성으로의 변화, (c)는 혼돈적 진동으로의 전환이다. 이는 <u>동태체계 이론</u> 내의 하나의 개념으로 봐야 한다. <u>카타스트로피이론</u>은 <u>최적화모형</u>에 대한 해가 평형상태로 나타날 때 발생하는 특수한 경우이다.

일반적으로 갈래치기 점은 체계변수들간의 상호의존성이나 비선형관계들을 포함하는 복잡한 체계의 수리모형 어디에서나 존재한다. 이들 모형은 주어진 매개변수값에 대해서 가끔 여러 개의 평형해를 지닌다. 뿐만 아니라 매개변수의 임계치에서 해가 부분적으로 또는 모두 사라질 가능성을 지니며 따라서 매개변수값이 변하면서 갈래치기를 일으킨다.

이같은 생각을 지리모형화에 적용할 수 있는 많은 잠재가능성이 있다 : 모형으로 정립될 체계는 고도로 상호의존적인 요소를 지닌 복합체이고, <u>규모의 경제</u>나 <u>외부효과</u>를 통해서 비선형적 성격이 가끔 존재한다. 전형적인 예는 해리스와 윌슨(Harris and Wilson, 1978)인데, 클라크와 윌슨(Clark and Wilson, 1983)의 예와 함께 소비자의 <u>규모의 경제</u>와 관련된 소매업자의 경쟁과정에서 발생하는 소매업 분포 유형에 대한 연구이다.   AGW

개발제한구역 green belt

도시팽창이 엄격하게 통제되고 있는 현존의 중심취락 주변지역에 설치된 공지와 저밀도 토지이용지대. 개발제한구역의 용어는 하워드(Ebenezer Howard)의 <u>전원도시</u> 개념에서 최초로 공식 거론되었다. 전원도시에서의 개발제한구역은 전원도시의 무제한적 팽창을 막아주는 보호망이며, 위락과 농업의 제공처로서 도시생활과 균형을 위해 필요한 촌락생활의 접촉장소로 설명되고 있다. 1890년대 이래 런던 주변지역을 대상으로 다양한 개발제한구역 구상이 주장되었으나, 1947년 도시 및 농촌계획법이 마련될 때까지 런던 도시당국으로서는 너무나 비싼 토지가격 때문에 개발제한구역의 토지수용을 시행하지 못하였다. 제1차 런던 지역개발계획에 개발제한구역에 대한 규정이 포함되었고, 이것이 공식적으로 중앙정부에 의해 받아들여졌다. 1955년 이후 다른 도시계획 당국에서도 개발 및 <u>구조계획</u>안에 개발제한구역을 포함시키기는 하였으나, 공식적으로 인정된 것은 아니며, 개발제한구역의 개념 자체에 대해 중앙정부와 주택건설업자들은 점차 회의적인 반응을 보이고 있다.   AGH

개발지역 development areas

오늘날 영국의 지역간 계획정책에서 <u>적극적 차별</u>을 통해 원조가 필요한 지역. 개발지역은 평균 이하의 경제적·사회적 상태의 지역을 지원하는 일련의 <u>지역단위정책</u>에서 가장 최근의 형태이다. 공장이 있는 곳으로 노동자를 이동시켜 심각한 지역적 실업문제를 해결하려고 하였던 1920년대 후반의 정책적 기대는 1934년에 <u>침체지역</u>으로 공장을 유치하려는 노력으로 대체되었고, 이를 '특별지역'이라고 하였다. 재정 및 하부구조의 지원수준과 유형에서, 용어상에서 그리고 지정지역의 범위에서 중요한 변화가 나타났다. 1947년에서 1981년 사이에는 적극적 공장유치정책을 위해 개발지역이 아닌 곳에서는 공업개발허가증을 받아야 하고 특히 1965년에의 1979년 사이의 사무실 개발허가를 득해야 하는 개발통제정책의 시행으로 제조업 및 사무실 개발계획이 상당히 진전되었다.   AGH

개발통제 development control

영국에서 계획당국이 토지이용과 개발을 통제하기 위하여 법적 의무를 행사하는 과정. 1947년 제정된 도시 및 농촌 계획법과 많은 대안적 법령하에서 토지나 건물의 용도를 변경·확장하거나 철거·신축하려는 개발업자는 관련 계획당국으로부터 계획허가를 얻어야 한다. 개발업자는 기본적으로 관계당국에 계획허가 여부를 심사받기 위하여 '기본계획' 신청서를 제출하는데, 정확한 개발형태를 규정하는 '세부계획'이 승인되기전에는 개발사업을 할 수 없다. 개발신청에 대한 결정은 자동으로 되는 것이 아니고, 실시중인 승인된 계획전략을 고려하여 이루어진다(구조계획 참조). 개발통제로 인하여 피해를 입게 되면 피해 당사자에게 피해보상을 하게 된다.

AGH

개별통행수요 모형화
disaggregate travel demand modelling

개별통행수요 모형화는 통행선택권이 있는 한 개인의 인식과 평가의 측면에서 교통행태를 설명하려는 것이다. 이것은 원래 교통수단선택에 적용되었다(교통분담과 비교). 그리고 주어진 출발지로부터 모든 통행이 이루어지는 의사결정의 비율보다는 한 개인의 선택결과의 확률을 찾는 모형이다(따라서 이것은 중력모형과 같은 집합적인 방법들과는 대조된다). 이 접근방법은 세 가지의 주요 구성요소로 이루어진다.

(a) 선택의 대상이 되는 대안들(수단, 목적지, 통행로)의 집합을 규정하는 것: 따라서 심상지도도 포함될 수 있다.

(b) 응답자들에 의해 인지된 각 대안들의 상대적 유용성을 측정하는 것(이것은 응답자들에게 우선순위를 표시하도록 하거나 실제행위가 우선순위를 반영한다고 가정하여 얻어질 수 있다).

(c) 자료로부터 측정될 수 있는 선택모형을 밝혀내는 것; 명목자료분석의 방법 중 어떤 것은(특히 이원 혹은 다원 로짓모형) 선택이론의 측면에서 설명될 수 있는 수학적 형태를 갖는다고 여겨져왔다. 이런 수학공식 중 몇몇은 상당히 다른 이유로 교통계획에 이미 적용되어왔다.

분산방법들이 적은 규모의 순수학문 혹은 응용 연구에 성공적으로 이용되어왔지만 규모가 큰 문제에 적용하는 것은 자료수집의 복잡성과 이질적 모집단으로부터 나오는 총수요의 예측을 위해 재집결시키는 문제 때문에 방해를 받아왔다.

AME

개성기술적 (방법) idiographic

독특하고 특수한 것에 관심을 가지는 것(법칙정립적 참조). 이러한 명칭은 19세기말 빈델반트(W. Windelband)와 리커트(H. Rickert)가 법칙정립적 과학과 개성기술적 과학을 구별하면서 붙여졌다. 그들에 의하면 역사란 지식추구형태의 다른 학문과는 매우 달라서 개성기술적이라는 것이다(칸트학파 참조). 그들의 주장은 역사학자 및 다른 과학철학자들의 반론을 받았으나, 지리학분야에서는 전통적인 지역지리학은 본질적으로 개성기술적이고 따라서 효과적인 일반화에 기여할 수 없다는 하트숀-쉐퍼(Hartshorne-Schaefer)간의 예외주의 논쟁과정에서 도입되었다. 이러한 주장은 계량혁명 기간에도 재현되었다. 번지(W. Bunge, 1962)와 하게트(P. Haggett, 1965)는 "독특한 것으로는 독특함 그 자체만을 추구할 뿐이다"라고 하였고, 비록 촐리(R. Chorley)와 하게트의 『지리학에서의 모형(Models in geography, 1967)』이 '지리학의 목표에 관해서 하트숀과 동일한 정의를 내리고 있지만', 곳곳에서 법칙정립적 지리학의 재등장으로 특징지어지는 모형에 기초한 패러다임을 수립하려고 노력하고 있다 (Burton, 1963). 일부 지리학자들은 추상적 모형에 집착하는 것은 실제적인 면에서의 퇴보라는 신념을 갖고 이러한 경향을 반전시키려 시도하기도 한다. 지리학에서 관념론의 등장은 확실히 "인문지리학자는 자체의 고유한 이론을 필요로 하지 않는다"(Guelke, 1974)는 문제성 있는 주장을 수반하였다. 굴케의 구체적 제안의 내용이 무엇이든간에 그의 철학에 의문을 제기하는 다수의 전통은 그럼에도 불구하고 "독특한 것을 회피하는 것이 과학의 전제조건은 아니다"라는 점에는 의견이 일치하고 있다 (Guelke, 1977). 예를 들면, 역사적 유물론

개입가격

의 관점에서 매시(Massey, 1984)는 다음과 같이 주장하였다: "다양성을 어떤 기대치로부터의 편기로 보아서는 안되며 또한 독특함을 문제시하여서도 안된다. 일반적 과정은 결코 순수한 형태로 나타나지 않는다. 언제나 구체적 환경, 특별한 역사, 특유의 장소나 위치가 있는 것이다. 문제는 이질적 장소에서 질적으로 다른 결과를 만들어내려고 일반적인 것과 특수한 것을 인위적으로 구분하는 것이다."

지역분화에 대한 관심의 부활과 이론지향적 지역지리학의 재건에서 추구하는 것이 바로 이 점이다. 존스톤(Johnston, 1985)은 다음과 같이 주장하였다: "지역지리학은 연구대상이 되는 장소의 독특한(unique) 특성에 그 초점을 두어야 한다. 그러나 이러한 독특한 성격이 유일한(singular) 것처럼 주장되어서는 안된다. 이것은 지역이 서로 분리된 개별적 실체로 취급되어서는 안되며 보다 큰 전체의 일부분으로 파악되어야 함을 의미한다. …지역지리학은 한편으로는 개인의 행위에서 실제적인 자유를 허용치 않는 일반화된 접근방법(generalising approach)과 다른 한편으로는 모든 행위가 자유롭다고 주장하는 일원적 접근방법(singular approach)에서 그 중간을 선택하여야 한다"(맥락적 이론과 구조화 이론 비교).

이러한 주장은 물론 매우 단순화된 것이며, 문제는 일반적인 것과 특수한 것을 연결시키는 것보다는 내포된 개념의 계층성을 인식하는 것이다(실재론 참조). 그러나 결과가 무엇이든, 이러한 모든 주장은 법칙정립적 방법과 개성기술적 방법간의 논쟁을 진일보시키는 것이다.DG

개입가격 intervention prices

자유시장의 활동보다는 정부가격조절과 같은 것에 의하여 결정되는 농산물가격. 정부개입은 모든 가격이 국가적 수준에서 정해지는 사회주의 국가들의 국가통제 농경시스템에서 가장 크다. 정부개입의 다른 경우는 다양한 가격보장시스템을 통한 특정 농산품의 판매위원회에 의하여 이루어진다. 이러한 시스템에 의하여 농부들은 농산품의 최소가격을 인정받고, 만일 시장가격이 그 이하로 떨어지면 중앙정부 재원으로 직접 또는 간접적으로 손실분을 보충받게 된다. 그러한 가격지원시스템은 미국과 영국에서 시행되었다. 수출지향의 농업시스템과 관계 있는, 가격을 보증해주는 다른 형태는 뉴질랜드에서 이루어졌는데, 공식적인 판매위원회가 매년 정해진 가격으로 구입하여 세계적으로 형성되어 있는 가격으로 수출시장에 내다 팔게 된다. 차익에 따른 이윤은 세계시장가격이 농부들에게 보장한 가격 이하로 떨어져 손실이 생기는 해에 대비하여 위원회가 회계를 맡고 있다.

유럽경제공동체의 일반농업정책에서는 개입가격이 특별한 의미를 지니며 대단히 중요한 구실을 한다. 개입가격은 미리 정해놓은 상품가격인데, 유럽농업후원기금(European Agricultural Guidance and Guarantee Fund)의 재정지원을 받는 개입기구가 모든 공동체회원국에서 생산된 상품을 구입하게 되어 있다. 개입가격은 일반적으로 '목표'가격의 일정비율로 정해지게 마련이다. 목표가격은 농부가 공개시장에서 받을 수 있고, 만족할 만한 이윤을 주는 가격이다. 이 시스템의 목적은 유럽공동체내에서 농산품의 안정적 공급을 보장하는 최소가격을 유지하는 것이다. 또한 농업의 구조적 변화를 고무하면서 상품생산수준의 변화를 낳을 수 있는 방법으로 가격수준을 매기려는 시도인 셈이다. 목표가격과 개입가격은 농업의 효율성을 권장하려는 관점에서 소농부문보다는 현대화된 농장의 생산성수준에 맞추어 점차 정해져왔다. 이러한 시도는 부분적으로 성공을 거두고 있기는 하나 개입가격제도가 과잉생산을 유발하게 되었다고 꼬집기도 한다. 즉, 분유나 버터 및 포도주와 같은 생산품은 과잉생산되어 개입가격기구의 상점에 쌓여 있다. EEC 가격이 세계시장가격보다 더 높아지면, 회원국 외부로 그 잉여물을 팔기가 수출보조금 없이는 불가능하다.

농업발전과 변화를 다루는 방법으로서 정부가 개입하여 농산품가격을 매기는 모든 형태는 가

격변화에 상응하는 농산물공급의 단기탄력성이 낮은 데서 방해를 받는다. PEW

개입기회 intervening opportunities
미국 사회학자 스토퍼(S.A. Stouffer)가 인간이동의 공간적 패턴을 설명하기 위해 개발한 개념이다. 그러나 그 이후로는 상품수송, 여객이동, 교통이동 등의 연구에 적용되어왔다. 그 개념은 어떤 시점에서 종점까지의 이동수는 그 종점에서의 기회의 수에 비례하고 시점과 종점 사이의 간섭기회의 수에 반비례한다는 것이다. 스토퍼는 또한 거리 그 자체는 차등의 효과가 없으며 거리에 따른 이동의 감소(거리조락)는 간섭기회의 수의 증가에 기인하는 것이라고 주장했다. AMH

거래흐름분석 transaction flow analysis
통신과 정보교환에 기초하여 공간적으로 분리되어 있는 점들 사이의 결합도를 측정하기 위해 사용되어온 기법. 상대적 수용지표(RA_{ij})는 그 체계내에 있는 어느 두 점 사이에서의 거래(A_{ij})로부터 무차등모형에 의해서 예측된 값(E_{ij})을 뺀 값을 그 예측치(E_{ij})에 의해서 나누어줌으로써 도출된다.

$$RA_{ij} = \frac{A_{ij} - E_{ij}}{E_{ij}}$$

무차등모형은 점 A로부터 점 B로의 거래수가 B에의 거래수를 그 체계내에서의 총거래수로 나눈 값에서 A에서 받은 수를 뺀 것과 같다고 가정한다. 이 기법은 1960년대초에 동아프리카연방과 케냐, 탄자니아와 우간다의 분리 후에 국가간 통신의 감소를 측정하기 위해 사용되었고 프랑스계 캐나다인이 캐나다의 다른 부분과 미국으로부터의 분리도를 계량화하기 위해서 사용되었다. MB

거리마찰 friction of distance
인간상호작용, 예를 들면 인구이동과 관광객의 흐름, 부피가 큰 상품의 이동, 정보교환 등등에 대한 거리의 마찰이나 방해효과의 크기. 이것은 수송가능성에 직접 관련된다. 거리의 마찰효과는 종종 단순 중력모형에서 지수 a에 의해 측정된다. $a=0$, $D=1$일 때 거리는 전혀 방해효과를 갖지 않으며 지리적 공간은 마찰이 없게 된다. 역사적으로 교통의 혁신으로 거리의 마찰은 감소되어왔다(시-공간적 수렴 참조). PG

거리조락 distance decay
거리에 의한 패턴과 프로세스의 감소화. 거리는 나이스첸(J. D. Nystuen[Berry and Marble, 1968])에 의해 밝혀진 '기본적인 공간개념'의 하나이고, 거리조락(일명 거리저하율이라고 함)의 중요성은 토블러(W. Tobler)의 유명한 '지리학의 제1법칙: 모든 것은 다른 모든 것과 관련되어 있으나, 가까운 것은 먼 것보다 더 관계가 깊다'는 말로 잘 표현된다(Tobler, 1970). 거리조락에 대한 경험적 중요성은 사회물리학의 초기 이론화에서 확인되었으나, 공간조직의 일반적 이론화를 위한 연구의 출현으로 지리학에서 매우 중요한 의미를 차지하게 되었다. 크리스탈러(W. Christaller)와 뢰쉬(A. Lösch)의 중심지모형, 헤거스트란트(T. Hägerstrand)의 확산모형 등 공간구조에 관한 많은 고전적 모형의 기본은 일련의 수학적 표현이 가능하고(그림 참조), 대표적으로는 중력모형으로 표현되는, 역'거리효과'를 가정한 공간적 상호작용에 관한 가정이다. 이들 여러 형태의 변형은 거리저하율에 상당한 영향을 미쳐서 거리조락의 확인은 "내가 말하고 있는 현상에서와 마찬가지로 내가 말하고 있는 언어에서도 확연히 드러난다"라고 올슨(G. Olsson, 1980)은 주장하였다. 그러나 어떤 경우에는 저하율은 상호작용이 발생한 시스템의 기하학적 패턴과 밀접하게 관련되어 있으며, 이러한 점은 농업적 토지이용을 다룬 튀넨모형이나 전통적인 도시 토지이용모형에서

거리화

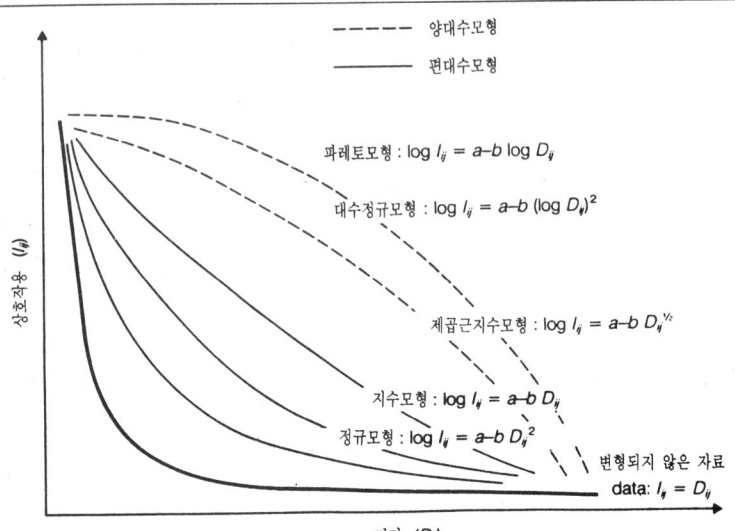

거리조락 거리조락곡선과 변형 (Tayior, 1971)

의 밀도경사와 같은 일부의 입지모델에서, 특정의 가설적 중심점 주위에 형성되는 이동면(또는 네트워크)에 배열되어 있는 점들의 접근성에 대한 논의에서 일부가 확인되었다. 상호작용과 기하학의 이러한 논리적 연결성 때문에 번지(Bunge, 1962)는 양자를 "지리학이론에서 나타나는 불가분의 양면성"이라고 표현하였다. 그러나 그러한 상호의존성에 대한 설명에는 많은 어려움이 뒤따르기 때문에 문제는 거기에서 끝나지 않는다(Cliff et al., 1975, 1976: Curry; 1972 참조). 그러므로 거리조락곡선은 경험적으로 확인될 수 있지만, 곡선의 형태는 모델구조에 따라 어느 정도 달라지며, 그 변수들이 얼마나 실질적인 의미를 갖는가 하는 점은 분명하지 않다.

DG

거리화 distancing

사람들이 물리적인 방법에 의해 부정적 외부효과와 자신들을 격리시키는 과정. 대체로 이 개념은 도시거주지역 연구에 적용된다. 거리화의 결과로 연령, 사회경제적 지위, 인종 등의 특성이 유사한 가구들은 결집되며, 유사한 특성을

가지지 못한 가구들은 분리된다(사회지역분석 참조).

RJJ

거시지리학 macrogeography

공간분포에서의 경험적 규칙성을 파악하거나 공간점유체계에 관한 추상적 일반화를 이끌어내기 위해 중심측정법의 기법을 사용하는 것. 거시지리학은 스튜어트(John Q. Stewart)의 선구적 저작에 많이 의존하며 초기에 토대로 삼았던 사회물리학으로부터 일반체계이론으로 보다 명시적으로 파악되는 쪽으로 변화되었다. 그러나 처음부터 스튜어트와 그 동료들은 거시지리학의 특징은 대상규모라기보다는 추상화라고 주장하였다.

지도로 표시되는 지역의 크기로는 그 접근방법이 미시적인지 또는 우리가 그렇게 부르고자 하는 것처럼 '거시적'인지 알 수 없다. 보다 많은 지역으로부터의 자료 수집은 비록 더욱 상세해지긴 하겠지만, 그 자체가 미시적 관점에서 거시적 관점으로의

이행을 뜻하지는 않는다. 추상화 수준을 높이는 것이 중요해서 전체의 기능적 조화와 유기적 통일을 주장하는 것이며, 체계의 부분은 전체를 참조하지 않고는 진정으로 이해할 수 없음을 인정하는 것이다(Stewart and Warntz, 1958).

따라서 거시지리학의 핵심은 인구잠재력의 개념이었다. 이로부터 계산되어 나올 수 있는 지도의 면은 자연적 영역이나 사회적 영역 모두에서 체계를 설명하는 데 초보적인 공간개념이 중요하다는 신념을 나타낸다. 따라서 몇가지 기본적 사고는 열역학으로부터 이끌어냈다 하더라도 정말로 유추를 의도하진 않는다 ; 그보다는 원츠가 주장하듯이 "유형들의 구조에 있어 유사성은 선험적(a priori)인 결정으로부터 도출되지 않는다. 오히려 이러한 결과는 두 종류의 추상화 양자가 논리적으로 서로 관련되기 때문에 획득된다"(Warntz, 1973). 이 토대 위에서, 거시지리학은 '차원적 사회과학'을 예시하는 것으로 이해되었으며, 스튜어트와 원츠는 "모두 사회과학 발전이 지체되는 것은" 시공적 규칙성을 이해하기 전에 "보다 더 어려운 문제들[이들은 '보다 더 고상한 인간특성'이라고 부른다] 이해하려는 성급한 시도에 연유한다"고 믿었다. 이 주장은 (적어도 부분적으로는) 시간지리학으로 재등장한다. 비록 미국지리학회의 거시지리학 연구계획이 공간분석에 수많은 중요한 공헌을 했고(Neft, 1966), 그리고 원츠의 소위 소득면(income fronts)에 관한 실제 경험적 연구도 시사하는 바가 매우 큼에도 불구하고(Warntz, 1965), 결국 거시지리학의 성공은 보다 제한적이었다. DG

건강과 보건 health and health care

의료지리학이 담당한 과제 중 중요한 측면으로 의료지리학은 어느 정도까지는 건강과 보건 지리학에 대치될 수 있는 용어이다. 오늘날의 건강과 보건 분야 연구는 건강과 질병에 대한 경험, 치료를 구하고 받은 경험, 그리고 또 질병이 발생되고 의료서비스가 조직, 작동되는 보다 광범위한 사회적 맥락을 강조한다. 이 관점은 '의료지리학'이 종종 내포하는 것보다 약간 광범위하다. DMS

건조농법 dry farming

강수량이 적은 지역에서 관개를 하지 않고 경작하는 조방적 농업시스템. 땅을 자주 휴경하고, 비온 후 반복해서 토양을 이용하거나 쟁기질을 하여 토양수분을 보존하고 토양침식을 조절하는 것이 건조농법이다. 건조농법으로 19세기 후반에는 미국 중서부와 캐나다, 오스트레일리아의 일부가, 최근에는 소련의 '처녀지'의 경작가능 면적이 확장되었다. 하지만 1930년대 북아메리카에서 나타났던 바와 같이 혹독한 한발이 있을 때 이러한 농법은 취약하다. PEW

게리맨더 gerrymander

선거상의 이익을 얻기 위해서 의도적으로 선거구역을 재조정하는 행위. 이 용어는 자기 당에 유리하도록 선거구역을 재조정했던 미국의 정치가 엘브리지 게리(Elbridge Gerry)의 반대자들에 의해 만들어졌다. 게리맨더링은 부당한 선거를 위해 고안된 것인데, 왜냐하면 게리맨더링을 한 정당이 실제투표에서 얻을 수 있는 것보다 훨씬 더 많은 의석수를 차지할 수 있기 때문이다. 또 게리맨더링에 의해 반대당 현직후보의 재당선 가능성이 박탈될 수가 있다. 부당한 선거는 꼭 엄격한 의미의 게리맨더(일방체법칙 참조)가 아니라도 이루어지며, 게리맨더는 종종 부당한 선거와 관련하여 거론되는 선거구역을 설명할 때 사용되기도 한다. RJJ

게임시행 gaming

이 용어는 일반적으로 게임이론과는 다르게 모의실험과 경쟁요소들을 포함하는 교육책략들에 적용되었다.

지리학에서 모의실험요소는 특수한 역할연기 (자신을 정치가나 계획가 등의 자리에 놓는 것)에서 일지향적 활동들(만일 당신이 5만 파운드를 일련의 개발계획에 공동부담하려 한다면 어떻게 할당하겠습니까?)까지 다양하다. 경쟁요소는 인간과 환경, 예를 들면 농부와 기후의 변동 사이; 혹은 집단들 사이, 예를 들면 경쟁관계에 있는 제조업체들, 한 사회집단내에 있는 각기 다른 압력집단들 사이에 존재할 것이다; 많은 예에서 '이기는' 것이 살아남는 것이다.

이 기법은 1960년대에 지리학에 출현하였고 뒤이어 다른 관련분야들에 적용되었다. 경험적 학습접근법을 사용하고자 하는 욕구가 다음 네 가지 주요한 이유들로부터 부상했다: (a) 교훈적 교육방법의 양식과 효과에 대한 불만족; (b) 다른 집단과 국가 등의 견해를 통해 학생들에게 더 큰 감정이입을 주는 것에 대한 관심; (c) 인간과 환경체계의 동적 요소들을 보다 적절히 표현하고자 하는 바람; 그리고 (d) 자극이 된 학생들에게 나타나는 내기나 모의실험의 뚜렷한 잠재력. 게임시행은 사회적이고 환경적인 문제의 분야 상호의 성격을 나타내는 데에 중요한 도구임이 증명되어왔다.

국가간 모의실험(에반스톤의 노스 웨스턴 대학에서 구에츠코프[Harold Guetzkow]에 의해서 개발)과 지역사회 토지이용게임(코넬 대학에서 알렌 휄트[Allan Feldt]에 의해서 개발)과 같은 대규모의 정교하게 짜인 게임들이 초기에 자극을 주었으나 그 이후로 기법의 다양성과 유연성이 여러 방법으로 개발되었다(Walford, 1981). 많은 교재들이 그들의 작업활동에 모의실험과 게임시행을 결합시키고 있는 중학교 지리에서 게임시행은 눈에 띄게 성장하였다(지리교육 참조). 인문지리학에서 가장 빈번히 사용되는 게임 주제들은 시설물(공장, 수원지, 공원 등등)의 최적입지를 선정하는 것, 도로망과 노선을 구축하는 것, 자원의 탐사와 채굴, 토지표면 개발(경작이나 도시개발 등등), 환경에서의 갈등 문제들이다.

두드러진 게임의 부분집합은 실제의 지식을 가르치기보다는 태도를 변화시키거나 통찰력을 제공하는 것에 주목적이 있는 것들이다. 성장하는 연구의 집성은 게임이 실제지식을 가르치는 데 다른 방법만큼 효과적이며 개념과 체계의 장기적 기억을 돕는 데는 더욱 효과적이라는 것을 보여주고 있다(Pate and Mateja, 1979). 게임이용자들의 모여진 지혜는 SAGSET(교육과 훈련에서 게임과 모의시험의 진보를 위한 조직)과 영국 로그보로 대학의 공개학습을 위한 공동센터(co-Centre for Extension studies, University of Laughborough)에 의해 감시된다. SAGSET는 지리학에 대한 사항이 포함된 주제별 목록을 발행한다. RW

게임이론 game theory

의사결정자가 둘 이상 되는 상황에서 최적의 <u>의사결정</u> 이론. 여기서 책략은 대안의 결과에 따라 비용과 편익에 대한 정보는 가지지만 상대방의 선택에 대해서는 모르는 상태에서 선택되어야 한다. 표본적인 정책은 최대최소 책략으로 최소 이득을 최대화하는 책략을 선택하는 것이다.

게임이론은 최적의 상점위치에 대한 경쟁과 같은 입지결정에의 갈등 등에 적용되어왔다. 그 고전적인 예가 긴 해변에서 같은 인구를 대상으로 하는 두 아이스크림 판매자에 대한 호텔링 모형이다. 판매자 A는 해변의 중앙이나 남쪽으로 중간지점에 위치해 있고 판매자 B는 중앙이나 북쪽으로 중간지점에 위치하고 있다고 가정하자. 모든 사람이 가장 가까이 있는 판매자에게서 아이스크림을 산다면 한 판매자의 이득은 상대방의 손실을 의미하기 때문에 이것은 합이 0인 게임이다. 예측되는 판매의 차로 나타나는 A의 이득표는 다음과 같다.

(B에 대한 이득은 표에 있는 값에 단순히 -1을 곱한 것이다). A의 최대최소 입지는 중앙이며 이것은 개선될 수 없으므로 이것이 <u>평형의 해</u>이다(A와 B가 각각 남쪽과 북쪽에 입지하는

		판매자 B의 위치	
		중앙	북쪽
판매자 A의	중앙	0	20
위치	남쪽	-20	0

것보다 평균적으로 더 멀리 움직여야 하는 구매자에게는 이것이 최상의 상태가 아니라는 점을 주목하라).

좀더 복잡한 적용에서는 게임자들 사이에 조합이나 연합의 가능성을 고려한다. 로저스(P. Rogers, 1969)에 의해 행해진 인디아와 방글라데쉬에 의한 수자원개발 전략에의 적용이 좋은 경험적 예이다. 그는 두 사람의 제로-섬 게임에서 최대최소 책략은 둘 다 범람예방을 택하는 곳에서 평형점에 도달되지만, 그 해는 협동적 책략보다 불리하다는 것을 보여주었다.

게임이론이란 용어는 다른 게임자가 자연이나 환경이어서 불확실한 상황에서 의사결정을 하는 경우에도 사용된다. 따라서 불확실한 기후조건에서 경작할 작물을 선택하는 것을 농부와 자연이라는 두 사람의 게임으로 모형화할 수 있다. 예를 들면 자연은 가뭄이나 충분한 강우의 책략을 선택할 수 있다(죄수의 선택, 공공목장의 비극 참조).   LWH

게토 ghetto

거의 배타적으로 하나의 인종 또는 문화집단의 영역으로 되어 있는 거주지역. 역사적으로는 유태인을 위해 법적으로 보장된 중세도시의 한 구역이었다. 이러한 구역은 또한 이익의 공동체로 묘사될 수도 있는데, 그 속에서 그들의 종교를 보존해야 할 필요성과 그들 특유의 집단 및 가족생활을 보호하고자 하는 욕구에 의해 유태인의 배타성이 유발되었다. 19세기경에 이르러 합법화된 게토의 형태는 사라졌지만, 남아공화국 같은 아파르트헤이트 국가의 도시 및 집단지역에 재현되어 있기도 하다. 오늘날의 '게토'라는 용어는 소수집단의 이러한 심리적·정치적 욕망과 그 지역사회의 편견, 차별 및 경제적 제재에서 유래한다.

분리에 대한 이러한 내적·외적인 압박을 서로 떼어서 생각하기는 힘들지만 볼(Boal, 1976)은 '게토'는 일반적으로 주인사회의 차별에 기반을 두고 계속 존속되는 인종지역으로 보전되었다고 시사한다. '엔크레이브(Enclave)'는 일반적으로 소수민족 자신의 선택으로 오랫동안 존속되어온 인종적인 집중에 대한 서술적인 용어로 주장된다. 이 둘은 모두 영구적인 실체이며 '거류지구(colony)'와 구별되는데, 거류지구는 성격상 임시적이며 동화하는 데 그다지 오래 걸리지 않을 소수집단을 위한 첫번째 발판을 제공해준다.

교육방법상으로는 유용할지 모르나 현실적으로는 이와 같은 구분은 어렵다. 실제로 일반적 관점에서의 게토의 정의는 분석의 규모에 많이 의존되며 하나의 게토가 성립되려면 어느 정도의 분리가 필요한지에 대해서는 논란이 있다. 이것은 전차나 또는 전철노선으로 그 도시의 이웃구역과 공간적으로 경계지워지는 어떤 지역의 고도의 분리 정도를 내포한다. 그러나 게토가 지리적인 지역일지라도, 그 안의 독특한 생활양식까지를 포함하게 된다. 그러므로 워스(Wirth, 1928)는 게토라는 하나의 지리적인 지역에서 또한 '한 제도의 자연적 역사와 한 집단의 심리'를 발견하게 된다. 더욱이 게토는 대부분 사회적으로 동질적이지 않으며 그 내부에 일련의 사회경제적 집단이 있다. 게토가 반드시 슬럼이라고는 할 수 없다. 인종집단들이 사회적으로 지위가 상승함에 따라 거주지를 집단적으로(en masse) 이동하여 '상류층의 게토' 즉 우수한 주거환경을 지닌 인종집중지역을 형성할 수도 있다(의존지역도 참조).   JE

격자 quadrat

표본추출을 위해 사용되는 주로 정방형의 소규모 구역. 격자는 생태학에서 일정 지역의 식물 및 동물의 특성을 연구하는 데 널리 사용된다.

일정 지역을 격자로 나누어 그 통계적 유형 및 과정을 밝히는 다수의 통계적 모형이 있다(격자분석 참조).　　　　　　　　　　RJJ

격자분석 quadrat analysis
점유형의 구역을 일정한 크기의 격자로 나누고 각 격자내 점의 빈도분포를 계산하여 측정된 빈도분포를 이론적인 빈도분포에 대하여 검증하는 통계적 기법. 예를 들면 이론적인(또는 기대되는) 유형은 균일(uniform), 규칙적(regular) 또는 무작위(random)일 수 있다. 무작위 분포유형은 포아송 분포에 대비되며 최적통계검증으로 그 관계를 평가할 수 있다. 격자분석의 결과는 주어진 격자의 크기에 따라 달라지며, 이것은 서로 다른 공간축척에서는 그 공간과정이 다르다는 것을 의미한다(부의 이항분포, 유형, 티센 다각형 참조).　　　　　　　　MJB

결집 congregation
특별한 도시거주지역내에 유사한 특성을 지닌 가구들이 함께 모이는 현상(거리화 참조). RJJ

경계 boundary
일정한 단위영역의 한계(영역 참조)로, 정치적, 경제적, 사회적 혹은 자연적이다. 플래트(Platt, 1969)는 서로 다른 종류의 많은 경계들이 다수의 공통적인 특색을 가진다고 주장한다. 경계들은 보통 높고 낮게 상호작용을 하는 지역들 사이에 가로놓여 있다. 한 체계 속에서 다양한 유형의 경계간에는 종종 높은 정도의 일치점이 있다. 그리고 경계는 보통 그들을 둘러싸는 체계 바깥과 의사소통하는 문을 가진다. 문화경관에 있어, 정치적 단위나 주택대지를 구획하는 선과 같은 많은 경계는 매우 특별하고 제한적으로 규정된 반면, 도시 내부의 게토나 다른 사회지역의 경계는 법적으로 공식적 지위를 갖지 못하며 관습으로부터 기인한다.

국가정치에서 경계는 국가의 주권의 한계를 구획하는 점에서 중요하다. 경계는 주권국가의 영역이 다른 국가와 접촉하는 곳이거나 혹은 그 영해의 가장 먼 범위에까지 그어진다. 일부는 경계가 더욱 확장되어 가장 먼 대륙붕의 표면에까지 관할이 확대되기도 하지만 해면 위는 해당되지 않는다. 국제협약에 따라서는 경계가 지구의 중심쪽으로 확대되기도 하여 모든 지하자원에 대한 권리도 할당한다. 그러나 대기공간으로는 주권이 팽창되지 않았다. 왜냐하면 높이 한도에 관한 합의가 어렵기 때문이다.

경계의 여러가지 유형이 가지는 이점과 난점에 관한 많은 글이 있지만 결코 세계적 차원에서 이상적 해결책이 있을 수 없다는 점에는 일반적으로 동의한다. 모든 경계는 어떤 경우에는 적절한 것이 서로 다른 사회경제적 조건 때문에 다른 경우는 전혀 부적절할 수 있다는 점에서 인위적이다. 하천유역은 일본에서 유용하고도 지속적인 내부경계를 제공하였지만, 미국에서는 T.V.A.의 경험에도 불구하고 훨씬 성공적이지 못했다. 강은 보통 가장 쉽게 인식할 수 있고 자연적 형태를 잘 측정할 수 있으므로 흔히 선호되지만 역설적으로 강은 분리보다는 접촉에 편리한 자연지대이다. 산맥에 관하여도 비슷한 불일치가 있다. 안데스산맥은 칠레와 아르헨티나를 나누는 안정된 경계이지만 더 북쪽에 있는 페루와 에쿠아도르 양국은 한 산맥에 함께 잘 걸터앉아 있다.

경계의 분류를 시도할 때, 하트숀(R. Hartshorne, 1936)은 경계가 이루어진 시기의 주위 문화경관과 경계간의 관련성에서 기인한 본질적으로 이중적 구분을 제안하였다. 그는 오대호 서쪽에 있는 미국과 캐나다간의 경계는 정착과 개발 이전에 결정된 것으로 선행경계(antecedent boundaries)라 정의했다. 그는 또한 소유형으로서 개척경계도 인식하였는데 이는 북미 서부에서의 유럽인 수렵꾼 탐험 이전에 결정된 것이다. 남극대륙에서의 현경계는 이 범주에 속한다. 다른 주요구분인 후속경계(subsequent boundaries)에 대하여 그는 초기 정착과 개발 이후에 설정되고 문화적·경제적 차이에 부합하도록 그어진 것이라고 정의했다. 에이레와 북아일랜드간의 경계가 고전적 예이다. 아주 흔히 후속경계들이 이스라엘과 주위 아랍국가간의 현재 구분선의 경우에서와 같은 휴전선에 근거하기도 한다.

경계개념은 사회가 더욱 정교해지고 더욱 예민한 공간경쟁이 강요됨에 따라 진보되었다. 로마의 지배자들이나 초기 중국황제들은 영역에 대한 경계개념을 고정적으로 생각하지 않았고 그들의 영향력의 최대한도가 문명의 사실상의 한계를 나타낸다고 단순히 가정했다. 오늘날 경계는 보통 세밀하게 구체화되며(중립지대 참조) 국제적 비난을 감수할 수 있을 때만이 교란된다 (변경 참조).   MB

경관 landschaft
문자상으로 그리고 일반적으로는 영어의 '경관(landscape)'을 의미한다. 그러나 이 개념은 유럽의 경관지리학(Landschaftsgeographie) 학파와 훨씬 특별한 관련이 있다. 경관지리학 학파의 전통은 독일의 지리학자들이 지리학을 '경관과학'으로 규정하기 시작하던 19세기말까지 소급될 수 있다. 이러한 용어들에서 보이듯이 지리학은 근본적으로 특정 지역의 경관형태와 연관되어 있으며, 경관과 경관요소들을 분류하고 분석의 형식적인 절차를 마련하기 위해 많은 계획들이 제안되었다(개관을 위해서는 Hartshorne, 1939 참조). 이들 중의 몇몇은 문화경관(Kulturlandschaft)으로부터 자연경관(Naturlandschaft)을 구분하였으며, 인간행동의 중요성을 인식하였다. 예를 들면 파사르게(S. Passarge)는 자연경관을 변형시키는 원인이 되는 네 개의 '공간적 힘'을 확인하였다: 공간(Raum), 인간(Mensch), 문화(Kultur, 문화 참조), 역사(Geschichte). 그러나 다른 많은 계획들은 발생적(genetic) 형태학에 위임함으로써 그 범위가 제한되었으며, 발생적 형태학은 이들을 점차 인문지리학으로부터 멀어지게 하였다.

과정의 기반에 대한 분류와 형태를 소급하여 근원적인 형태를 추적하는 경향이 점차 증가하였다.…그리고 마지막 단계는 이 전문가들이 완전히 실제의 지표형태를 시야에서 잊어버리고 개별적인 자연적(physical) 과정에서 추론한 이론적인 형태를 조직하는 데 전념하는 것이다. 그럼으로써 지리학의 역할의 패배가 거의 완료되고 그러한 지형학은 일반지구과학의 한 부분이 되어버렸다(Sauer, 1963).

이것은 영국의 지리학에 대해서는 정확한 지적은 아니다. 영국에서는 지리학의 '자연적 기초'로 지형학에 대하여 강한 관심이 유지되었다. 미국—사우어의 버클리학파는 역사지리학을 '문화의 공간적 변이'의 '기원과 과정에 관한 분석'으로 계획함으로써 파사르게가 예정했던 경관학(Landschaftskünde)에서 발견되는 보다 인간적인 관점을 회복하려고 많은 노력을 하였다—에서조차도 경관의 자연적 형상에 대한 관심이 유지되었다: '아메리카의 지리학은 거대한 자연지리학 분야에서 분리될 수 없다'(Sauer, 1963). 그러나 실제로 그 관계는 영국에서 더욱 밀접하다. 영국에서는 역사지리학의 '경관학파'가 지형학과 함께 지리학의 다른 분야에 대한 쌍둥이 '주춧돌'이었다(Darby, 1953). 그렇지만 여기서는 연구가 너무 '인공물의 집합'으로 취급되는 과거 경관형태학에 한정되어 있었으며(Langton, 1972), 과정들이 복원되는 경우에도 이들은 흔히 경관 속에 위치한 수직적 주제들이었다: '삼림의 개척' '습지의 배수' 등(Darby, 1951 참조). 더 정확하게 말하면 이러한 제한은 종종 인정받지 못한 현상학과 사우어가 지지하였던 일종의 반이론적 경험주의와 연관되어 있었으며, 따라서 이들 제한은 '경관은 그 자신 속에 우리가 그를 이해할 수 있는 열쇠를 지니고 있지 않다'고 인식하는 다른 관점들의 발달로 도전받았다(Gregory, 1976). 물론 그렇다고 해서 연구의 합법적인 대상으로서 경관을 포기하는 것은 아니다.   경관지리학(Landschaftsgeographie)의 다양한 시각의 끊임없는 생명력이 농촌경관의 연구를 위한 항구적 유럽회의(Permanent European Conference for the Study of the Rural Landscape)의 회합과 회보에 의해서, 그리고 역사지리학에서의 수많은 출판물로 증명되고 있다(또한 도상학 참조).　　　　DG

경관수려지역
Areas of Outstanding Natural Beauty(AONB)

비록 국립공원에서 시행되는 형태의 '적극적인 관리'는 필요치 않지만, 광범위하게 농촌을 향유하는 데 공헌한 바가 커서 그 자연적 흥미와 아름다움을 보존하기 위해 특별한 조치가 취해질 필요가 있는 영국의 지역들. 일반적으로 이 지역들은 국립공원보다 작고, 국립공원 계획당국의 권한과 유사한 권한을 소유한 지방계획당국이 책임지고 있다.　　　　　　　　　ASG

경관평가 landscape evaluation

경관이나 풍경의 질의 측정. 경관평가는 환경연구에서 아주 최근에 발달한 분야로, 광범위한 측정기술의 창조와 실험적 이용을 통하여 매우 급속히 발전하였다. 최초의 자극은 파인즈(K. D. Fines, 1968)와 린톤(D. L. Linton, 1968)이 마련하였다. 파인즈의 연구는 야외에서 조사된 특정한 장소에 가치를 할당하기 위한 조정장치로서 한 무리의 응답자들이 평가한 사진을 이용하였다. 린톤은 연구의 기초로 풍경의 아름다움에서 기복의 중요성을 가정하였다; 조사작업은 평가적이라기보다 사실적이었으며 훈련된 독도자들(map readers)에 의해 주로 달성될 수 있었다.

더 최근에는 많은 조사들이 기복, 건물, 토지이용, 물 등과 같은 경관의 개별적인 구성요소들과 관련되어서 행해지며, 때로는 경관내용(landscape inventory)의 맥락에서 이루어진다. 경관의 구성요소들간의 조합을 다루는 데는 보다 복잡한 다변수분석법이 사용되기도 하지만, 성분접근법(components approach)의 평가는 기본적으로 각 구성요소가 어떤 지역 단위에 존재하는가 혹은 결여되었는가에 주어진 가중치에 따라 좌우된다. 성분접근법은 일반적으로 정방형 방안 단위로 수집된 자료를 토대로 하고 있으나, 파인즈의 연구에서 발달되어온 야외평가방법(field evaluative methods)은 흔히 더 불규칙한 '구역(tracts)'에 기초하고 있다.

총계점수를 특별한 지역단위에 배치할 때에 모든 기술과 접근법들이 안고 있는 주요한 문제점은 관점의 평가에서 발생한다: 어떤 특정한 정방형 방안이나 지역에 대한 평가점수는 그 지역 내부의 관점과 외부적인 관점에 따라 매우 달라질 수 있기 때문이다. 이 문제를 완전하게 성공적으로 처리할 수 있는 어떠한 방법도 고안되지 못하였다.

경관을 구성하는 요소들의 측정이 명백히 객관성을 지님에도 불구하고 성분접근법을 통하든 혹은 소비자 선호도 표현법을 통하든간에 매력성의 평가는 모두 주관적일 수밖에 없다는 것이 일반적으로 인정되고 있다. 조사가 오로지 풍경 미관지역을 설계하는 것과 관련된 곳에서의 목적은 가능한 한 합의된 관점에 근접하도록 묘사할 수 있는 단순한 기법을 고안하는 것이다. 보다 최근에는 경관평가가 여가계획(Coppock and Duffield, 1975)과 같은 총체적인 자원평가에 통합되어왔다. 이러한 경우 삼림개발과 여가시설의 설비, 풍경의 매력을 보호하는 것과 수자원 경영 등과 같은 경쟁적인 목적들이 함께 고려됨으로써 평가실행의 목적은 보다 복잡해진다. 경관의 구성요소에 기초한 평가기법은 이러한 보다 복합적인 문제들에 특히 유용하다.　PEW

경제기반이론 economic base theory

고용을 '기반'부문과 '비기반'부문으로 나누어 도시 및 지역성장을 설명하는 이론. 기반부문(B)은 외부, 즉 수출수요를 충족시키는 산업으로 구성되며 기반부문의 입지와 성장은 국가적 및 국제적 힘의 함수로 간주된다. 비기반부문(S)은 국지지향적 고용으로 총인구(P)를 급양한다. 총인구는 총고용(E)의 함수이며 경제기반과의 관련성은 다음과 같다.

$$E = S+B$$
$$P = \alpha E$$
$$S = \beta P$$

계수 α 와 β 는 여러 시기에 걸쳐 표본도시들 혹은 한 도시에서 얻은 관찰치를 이용해서 회귀분석을 함으로써 구할 수 있다. 지역의 인구 및 고용의 증가(와 감소)는 기반부문의 변화로 통제되며 이러한 변화의 효과(승수효과)는 경제기반 함수식으로 계산된다:

$$E = (1-\alpha\beta)^{-1}B$$
$$p = \alpha(1-\alpha\beta)^{-1}B$$
$$S = \alpha\beta(1-\alpha\beta)^{-1}B$$

B가 한 단위 증가함에 따라 $\alpha/(1-\alpha\beta)$ 단위의 추가인구가 발생한다.

경제기반이론은 예를 들면 산업간 연계를 고려하지 않는 등 그 전제가 아주 단순함에도 많은 지역경제분석의 기초가 되어왔다. 예를 들어 활동배분모형과 라우리모형들이 이를 이용하였다. 기반부문을 정확하게 확인하는 것이 아주 중요하며 이를 위해 입지계수가 자주 사용되었다. 또 전문화지수가 높은 산업을 기반산업으로 정의하기도 하고, 입지계수를 기반산업의 고용비율을 정의하는 데 이용하여 예를 들면 계수가 1.5인 산업의 경우 고용의 1/3을 기반고용으로 할당하였다. 보다 정교한 접근은 산업간 투입-산출조사를 이용해서 외부연계를 주로 가지는 산업을 기반부문으로 정의하는 것이다. 경제기반이론의 주요 한계점은 이것의 통합성에서 비롯된다: 즉 부문을 정의하기 어려운 점; 통합된 승수의 크기가 일정하리라는 애매한 전제; 원유수출의 증가와 같은 특정 기반부문의 변이가 지방경제의 특정부문에 미치는 영향을 추적하기 힘들다는 점 등이다. LWH

경제인 economic man(*sic*)
예를 들면 이윤의 극대화와 같이 일정 효용함수의 극대화 혹은 최적화를 가정하는 인간행태의 모형(혹은 합리적 경제인이라 한다). 완전한 지식과 또 합리적으로 이러한 정보를 이용할 수 있는 완전한 능력이 주어진다면, 경제인은 수입을 극대화하고 비용을 극소화한다(행태행렬, 만족적 행태 참조).

이 개념은 특히 고전경제학과 신고전경제학에서 오랫동안 사용되어왔는데 이 분야들에서는 행태와 무관하게 결과를 예측할 수 있는 능력이 추상적 경제작용을 분석하는 데 대단히 중요하다는 것이 입증되었다. 인간의 경제적 합리성이 전제된다면, 일정상황에서의 가용선택을 연구하고, 수반되는 기회비용을 계산하여 최적의 해결책을 찾아내기만 하면 된다. 이러한 방식으로 경제인을 사용하는 분석은 무엇보다도 인간행동의 실제 파라미터의 복잡성이 배제된 일관된 활동의 분석에 관심을 가진다.

지리학에 경제인이 도입되면서 고도의 기계론적 성질을 지니는 규범적 전체모형이 만들어졌으나 그때부터 보다 행태주의적인, 즉 만족적 연구는 지리적 공간에서의 인간의 활동을 보다 정확하게 모형화하는 방법을 추구하여왔다(행태지리학 참조). 마찬가지로 대부분의 대안들이 아직 널리 쓰이지 못하고 있다 하더라도 이 개념을 대체할 것을 성가신 일이지만 찾아야 한다(의사결정, 규범적 이론 참조). MDB

경제지대 economic rent
노동, 토지, 자본의 생산요소에 지불되는 순잉여이며, 이들을 유지하는 데 필요한 총액의 이상이다. 생산요소를 다른 방식으로 사용함으로써 얻는 수입(소위 '전환수익'), 즉 '기회비용'을 고려할 때 얻는 순수익과 구별된다. 예를 들면, 마차 운전자는 마차를 개인임대용으로나 정기운행용으로 사용하는 두 방식 중 하나를 선택하게 된다. 개인임대로는 1년간 45,000단위를, 정기운행으로는 25,000단위를 벌 수 있다. 마차

경제지리학

를 유지하고 운행하는 데 드는 비용은 두 경우 똑같이 15,000단위이다. 개인임대로 버는 순수입은 30,000단위이지만 다르게 사용할 때의 기회비용을 고려하면, 경제지대는 오직 20,000단위이다.

그러므로 경제지대의 개념은 자원을 사용하는 여러 대안의 선택을 검토할 때 유익하며, 특히 토지이용 경쟁의 결과를 설명하는 농업지리학에서 사용된다. 농부는 모든 가능한 토지이용이나 토지이용의 결합을 고려할 때 '최고' 혹은 '최선'의 경제지대를 가져오는 대안을 선택한다.

그러나 경제지대의 개념은 다른 방식의 농업입지연구에도 적용되고, 경쟁적인 토지이용을 구별해내는 일 대신에 토지이용 방식을 설명하는 데에도 이용된다. 이러한 경우 최저의 순수입을 넘어서는 수입을 농업생산자에게 가져오는 순수입을 경제지대라고 정의한다. 보통 이러한 이익은 시장에서 거리가 멀어짐에 따라 판매에 포함되는 추가 운송비에 의해 결정된다(튀넨모형 참조). 경계선에서는 토지생산을 할 수 있는 순수입은 충분하지만 경제지대는 없다. 시장이 가까울수록 경제지대는 늘어나게 된다. 이때 기회비용이란 말의 사용이 무시되는데, 경작가능한 모든 토지가 분류되고 복합적으로 이용된다면 대체이용의 가능성은 없어지기 때문이다. 결국 기회비용은 없게 된다. 19세기의 경제학자 리카도(D. Ricardo)는 생산의 한계를 토양의 비옥도로 고려하였지만 경제지대를 이러한 방식으로 취급하였다.

더욱 중요하게는 토지이용 경쟁을 분석하는 데도 경제지대의 개념을 사용한다. 운송비와 농장에서 시장까지의 거리에서 생기는 총생산비용의 변이 때문에 특정작물을 생산한 데서 얻는 순소득은 장소에 따라 다양하고, 그 결과 (모든 다른 대안보다 높은 경제지대를 가져오는) 최상의 토지이용은 공간적으로 다양하다는 사실을 알 수 있게 된다. 튀넨의 작업은 토지이용지대가 그러한 상황에서 어떻게 결정되는가를 보여주고 있다는 점에서 중요하다. 많은 작물들을 조방적 농업이나 집약적 농업시스템으로 생산할 수 있기 때문에, 최고의 경제지대를 올리고자 하는 생각이 최고의 경작시스템으로 확장된다. 즉 조방적 농업과 집약적 농업의 생산비용이 서로 다르고 단위 면적당 생산액도 또한 다양하므로, 조방적 농업이 어떤 곳에서는 최고의 토지이용이 되며 집약적 농업이 다른 곳에서는 최고의 토지이용을 담당하게 된다.

실제로 특정하게 선정된 생산의 정확한 기회비용을 측정하는 데는 문제들이 내포되기 때문에 경제지대를 계량화하기는 대단히 어렵다. 이 때문에 경제지대란 용어는 때로는 순이윤 혹은 '토지지대'라는 말과 동의어로 대충 사용된다(튀넨모형 참조). 그러나 모든 토지이용이 유일한 자원 이용형태로 취급되는 위에서 언급했던 특별한 경우를 제외하면 경제지대와 토지지대는 전혀 다른 개념이다. 아무튼 경제지대의 개념은 농업생산의 공간적 패턴을 일반적으로 설명하기 위한 시도로 가치 있다고 입증되었다.   PEW

경제지리학 economic geography

인간의 생계활동에 관한 지리학. 따라서 경제지리학은 인간생존의 사회적·물질적 조건의 생산, 이용 및 재생산과 연관되어야만 한다. 실제로 경제지리학은 확실히 비사회적이며 전통적으로 생존의 환경적·기술적 조건의 생산과 이용에 중점을 두어왔다.

패터슨(J. H. Paterson, 1976)은 경제지리학은 "지구현상의 인간에 대한 유용성, 지표현상이 인간에게 제공할 수 있는 지자량, 인간이 현상을 이용할 수 있는 수단 등과 관계된다"고 주장하였다. '우주선 지구(space-ship Earth)'가 생활지지체계를 유지하여야 한다면 이러한 강조는 아주 중요하다. 그러나 이미 알려진 천연자원을 현재 어떻게 이용하는가에 대한 이해(Manners, 1971)에 대해서는 중요성이 감소되고 있다. 대신 성장의 생태학적 한계를 인식하고 이에 상응하여 이용상 보전의 상대적 중요성을 증대할 필요성과, 이를 이용하는 기술적 조건의 설계와 효율성에 대한 비판적 평가의 필요성을 인식하는 조건에서, 자원이용에 대한 상상적인 그러나 실제적인 분석의 중요성이 커지고 있다. 에너지자원, 에너지자원의 전환 및 에너지의 이용 등은 분명 물질적 생존에 꼭 필요한 것인데 여러 대안적 에너지분포에 관한 호어(Hoare)의 개괄적 연구(1979)가 이러한 문제에 대한 아주 희소한 공헌의 전부이다. 그러나 인간과 자연과의 관련성에 대한 어떤 중요한 수정도 필연적으로 사회적 관계—인간 자신들간의 관계의 전환을 수반하게 될 것이다.

인간과 자연간의 관련성은 단순하지도 일정하지도 않다(Sayer, 1979). 그것은 사회적으로 또 역사적으로 서로 다르며 본질적으로 변증법적이다(변증법 참조). 생산을 통해 인간은 주변의 외부성질을 변화시킨다. 이 과정에서 인간은 아주 의도적으로 인간생존 자체의 물질적 조건을 변화시키고 이를 통해 인간과 자연간의 새로운 관련성을 수립함으로써 인간 내부의 성질을 수정한다. 이러한 변증법적 관련성—생산의 한정된 사회적 관계내에서만 성립할 수도 있다(Lee, 1986)—에도 불구하고, 지리학자들은 인간과 자연과의 관계를 환경결정론, 더 최근에는 경제결정론에 의존하는 비사회적인 방법론으로 해석해 왔다. 그러나 이미 1935년에 『뉴질랜드의 목축업(The pastoral industries of New Zealand)』이라는 연구에서 부캐넌(R. O. Buchanan)은 "지리적 조건은 … 경제적 조건이 가지는 바로 그 성질에 따라 좌우된다"고 지적하였다. 나아가 그는 이러한 관련성이 "지리적 가치는 절대적이지 않으며 인간행위자에 의해 성취된 문화단계(문화, 문화경관 참조)에 따라 상대적이라는, 일반적으로 인정되는 견해의 단지 특수한 한 형으로 인식될 것"이라고 시사하였다. 이러한 견해는 경제지리학 외부에서는 '일반적으로 인정될'지도 모르나 경제지리학내에서는 거의 수용되지 않는다. 그럼에도 불구하고 이러한 해석은 환경적, 문화적 관계가 변증법적 방식으로 해석되지 않는다면 왜곡되어 이해될 것이라는 함축적 의미를 가진다. 이러한 왜곡이 생기고, 이런 점에서 경제지리학이 약점을 가지는 이유는 노동과정에 대한 관심이 부족하다는 데서 찾아볼 수 있을 것이다.

자연의 이용에는 생산력의 개발이 필요하다. 생산력은 물질적·지적 수단이며 자연의 이용가치(단순히 인간에 대한 이용항목)로 변형되고 사회화되는 노동과정에서 함께 결합된다. 물질적 생산에서는 대단히 중요함에도 불구하고, 경제지리학에서는 노동과정(그리고 그의 사회적 파라미터)을 소수의 중요한 예(Dunford and Perrons, 1983 ; Franklin, 1969)를 제외하면, 그렇게 중요하게 여기지 않았다. 오히려 생산된 상품이 가지는 지리적으로 독특한 특성을 강조했고, 다음으로는 특정 장소의 생산능력에 중점을 두었다.

따라서 초기의 경제지리학은 서로 다른 세 부분에서의 생산에 관한 구체적인 사실을 축적하는 데 힘썼다. 그러나 치솜(G. G. Chisholm)의 『상업지리학 편람(Handbook of commercial geography)』—1889년 초판이 발행되었고 현재 19판(1975) 발행—에서 알 수 있듯이, 사실들을 모은 편집물이라 하더라도 경제적 본질을 전적으로 도외시하지는 않았다. 더구나, 19세기에 식민지배세력에게는 이처럼 체계적으로 편집된 자료를 얻을 수 있다는 것이 전략적으로 중요하였다. 식민주의자들은 식민투자, 상업, 교역, 이주정착 등의 확대 및 중요한 전략적 자원을 통제하는 데 도움이 되는 정보를 지리학과 지리학자를 이용해서 얻을 수 있었다(식민주의 참조). 경제지리학이 경제적으로는 나이브한 것이었다 하더라도 이를 경제적·정치적으로 이용하는 것은 고도로 정교하였다.

상품과 상품생산의 지리적 조건 및 물질적 수단을 강조하면서 경제지리학은 세분되었고 경제지리학의 구성분야는 전통적으로 경제부문에 따라 구분되었다(농업지리학, 공업지리학, 교통지리학 참조). 이러한 분열은 기술에서 분석으로, 그리고 환경결정론에서 경제결정론으로 이행함에 따라 더욱 뚜렷이 진전되었다.

이러한 전환은 신고전경제학이 경제지리학으로 서서히 도입되면서 이루어졌다. 마이클 치솜

(Michael Chisholm, 1966)은 지리학과 경제학간의 일부 관련성을 탐구하였다. 이러한 관련성은 직접적으로 신고전주의 경제이론에서 얻어진 정의적 범주를 이용하여 인과메카니즘을 분석한, 특정 경제활동에 관한 많은 구체적 연구에서 명백하게 드러났다. 그러나 신고전주의 이론에 의해 만들어진 경제인에 관한 기계론적이고 비인간적인 전제들은 행태주의적 관점의 반동을 유발하였다(행태지리학 참조). 행태주의 관점은 개인주의의 전제에 기초를 두고 있다는 점에서는 신고전주의 분석과 본질적으로 유사하다. 개인이 경제활동의 기본적 동인력으로 정의되며, 일련의 조직적 시장의 맥락에서 활성화되기는 하지만, 주로 개인 자신의 내부적 상황에 의해 행위가 제약을 받는다. 따라서 행태주의적 연구는 신고전주의 이론에 비하여 단지 보다 폭넓게 개인행위에 대한 자극과 제약을 허용할 뿐이다. 그러나 행태주의적 연구는 그들의 존재조건이 되는 개인, 사회 및 자연간의 관련성에 대한 완전히 발전된 견해를 받아들이지는 않는다.

이와 같은 학문의 발달은 학문이 존재하는 현실세계를 반영한다. 독특하고 독립적인 학문분야로서의 경제학의 출현은 자본주의의 성장과 밀접한 관계가 있다. 자본주의적 사회관계는 다른 형태의 사회적 관계틀에서 경제를 효율적으로 풀어낸다(물론 이들을 분리시키지 않은 가운데). 게다가 사실에 대한 지식은 증가하여왔고 지식을 얻는 수단은 보다 정교해졌다. 자본주의적 및 사회주의적 생산관계(생산양식 참조)가 출현함에 따라 경제가 팽창하여왔고 또 보다 복잡해졌다. 따라서 오늘날은 사실에 대한 정보의 필요성보다는 경제과정을 이해해야 할 필요성이 더 커졌다. 경제학은 본질적으로 과정에 관계되며, 혹은 오히려 갤브레이스(J. K. Galbraith, 1974)가 이야기했듯이 이념적으로 수용할 수 있는 과정의 이미지를 고안하는 것과 관계된다. 신고전경제학은 역사적으로 서로 다른 사회보다는 비사회적인 시장의 조합에 분석기반을 두기 때문에 계급에 기초한 부의 생성체계에서 발생하는 계급갈등의 문제를 회피한다. 따라서 신고전주의 이론이 공간경제분석을 위해, 보편적인 기하학 개념과 물리적 과정을 사용하는 입지론과 지역과학(중심지이론, 도시체계, 무역 참조)의 주류에 개념적 통로를 제공한다는 것은 놀라운 일은 아니다.

이같은 발달의 결과, 경제지리학과 경제학을 구분하는 것은 점차 어려워졌다. 지리학자 마이클 치솜(1966)이 '경제학의 일부가 지니는 공간적 함축의미'를 개관하고자 했던 때와 거의 비슷한 시기에 경제학자 리차드슨(H. W. Richardson, 1969)은 '공간적 차원이 지니는 경제학적 함축의미'에 관심을 두고 있었다. 보다 최근에, 매시(Doreen Massey, 1984)는 "공간적인 것과 사회적인 것을 이원론적으로 생각하는 것은 불가능하며 ; 서로를 다른 것과 분리해서 분석하거나 이해할 수 없다"고 주장하였다.

이러한 수렴에도 불구하고, 학문분야간의 구분은 여전히 주장되었다. 로이드와 디킨(Lloyd and Dicken, 1977)은 "경제체계는 공간적 차원을 가지며 경제지리학자의 일차적 관심사는 바로 이것"이라고 말했다. 여기에 함축된 의미는 신고전경제학이 올바른 것은 아니지만 사회에서 경제의 자율성을 주장하는 것과 꼭 마찬가지로 경제지리학이 '공간적 차원'의 자율성을 주장한다는 것이다. 이러한 논의 절차에서 초래된 공간물신론에도 불구하고 '지리적 공간'은 '새로운 차원의 공공관심사와 정책'으로 강조되어왔다(Chisholm and Manners, 1971).

외부세계에서의 '문제들'에 대응하여 응용경제지리학이 잇따라 발달하면서 이러한 관점은 계속 발전하여왔다(예를 들면 Coppock and Sewell, 1976 ; Cox, 1979). 응용경제지리학이 실세계에 대한 그리고 현실세계에서의 적실성을 추구해오면서 이러한 접근방법이 내재한 약점—공간적 '문제들'은 보다 깊은 사회적·경제적 모순의 표현이라는 사실에서 비롯된 약점(Lee, 1979)—에도 불구하고 문제지향적 접근방법(예: Coates et al., 1977)의 발달이 저해되지는 않았다.

여기서 결정적 어려움은 적실성 분석이 가지

는 목적이다. 누구를 위해 현실세계가 전유되는가? 경제지리학의 주류에 관한한 그 답은 명백하다. 경제지리학은 여전히 경제활동의 생산적 측면의 '공간적 차원'에 일차적인 관심을 가지고 있다. 이런 면에서 경제지리학은 응용경제지리학과 마찬가지로 경제적 과정에 대한 이미 확립된 통제에 관한 이해와 확장을 진전시키는 데 기여한다. 그러나 경제운용에서 비롯된 국제적 및 국내적 모순이 출현함에 따라 경제학, 따라서 경제지리학은 경제적 과정의 일부 결과에 대해 관심을 가지게 되었다. 이러한 관심사에 대한 지리학의 대응을 대표하는 것이 복지지리학의 출현이다. 그러나 이러한 발달을 뒷받침해주는 방법론은 비역사적 시장경제의 전통적 이미지—경제는 개인을 급양하기 위해 존재하며 이러한 목표달성을 위해서 보다 효율적으로 조작될 수 있다는 것—의 수용을 함축하고 있다. 그 결과 이러한 방법론으로는 역사적으로는 서로 다르고 사회적으로는 재생산적인 경제의 성질에 대한 철저한 이해와 비판이 힘들게 된다. 연구의 목표는 재생산보다는 분배의 측면에서 정의되고 따라서 경제와 사회가 스스로를 유지하거나 재생산하는 수단과 갈등을 일으키지 않아야 한다. 따라서 국가는 사회적 재생산의 의미가 함축된 수단이라기보다는 재분배의 자율적 수단으로 해석된다.

그러므로 경제지리학에서 전체로 다루어지는 경제에 대한 연구가 그다지 발달하지 못했다는 것이 그리 놀라운 일은 아니다. 요즈음 볼 수 있는 바와 같은 이러한 연구들—예를 들면 국가들과 국제적 집단화, 그리고 지역들과 도시들에 관한 연구들—은 그 연구목표를 보통 정치적 혹은 제도적·행정적 기준에 근거한 공간적 측면에서 정의한다. 여기서도 공간의 한 부분내에서 인간이 만든 경제활동의 조건 그리고 경제활동의 자연적·물질적 조건을 강조한다. 공간적으로 정의된 이러한 실체들이 각각 국가적·지역적 혹은 도시의 사회구성체로 간주될 수 있다는 관점(예: Massey, 1978)에서, 어떠한 사회경제적 중요성을 어느 정도까지 가지는가에 대해서

는 거의 주의를 기울이지 않았다. 마이클 던포드(Michael Dunford)의 전후 프랑스에 대한 연구는 몇 안되는 예외 중의 하나이다. 실제로 생산의 사회적 관계가 생산력 및 그 성질과 함께 경제활동의 근본적 조건이라 하더라도 경제지리학은 그 발달의 주류를 신고전경제학에서 취하면서, 이들의 결정적 중요성을 알지 못한 상태로 지내왔다. 아주 최근에 마르크스주의에 대해 관심을 가지게 된 것은 이러한 상태를 개선하는 데 뿐 아니라 오랫동안 지체되어왔던 경제적·사회적 과정에서 가지는 지리학의 중심성에 대한 인식을 자극하는 데도 도움이 된다(Gregory, 1985; Harvey, 1982; Johnston, 1985; Lee, 1985, 1986; Massey, 1984 참조).

명확한 사회적 관계는 물질적 생산에 없어서는 안될 전제조건이다. 사회적 관계는 잉여물의 생산과 순환을 통제함으로써 생산의 목적을 설정한다. 생산수단에 대한 접근을 정의하는 가운데 사회적 관계는 노동과정내에서의 노동의 배분에 대한, 그리고 노동과정의 동태에 대한 제한적 조건을 부과한다. 1973년 데이비드 하비(David Harvey)의 『사회정의와 도시(Social justice and the city)』가 출간되면서—문화와 경제간의 명확한 관계에 관한 부캐넌(R. O. Buchanan)의 언급 이후 거의 40년 후—이러한 기본적 문제와 이들을 다룰 인식론이 제기되어 지리학자의 관심을 끌게 되었다. 하비의 저서의 후반부는 문화적·사회적·역사적 실체로서의 경제의 구조와 기능화를 해석하려는 최초의 시도를 대표하며 그의 『자본의 한계(The limits to capital, 1982)』는 마르크스주의 경제이론의 비판에 대한 논평과 그에 대한 뚜렷한 대응을 제시해준다(마르크스경제학, 마르크스주의 지리학 참조).

경제적 과정이 문화적·사회적 구조와 분리될 수 없다는 인식에 따라, 발전과 저개발의 본질에 대한 재평가가 이루어졌다. 경제지리학에서는 전통적으로 성장의 자연적 조건 및 인간이 만든 물질적 조건과, 성장에 대한 비사회적인 인간의 제약을 중시해왔다(Keeble, 1967 참조).

그러나 생산의 사회적 관계가 사회적 이해에 중심이 된다고 주장하는 방법론이 출현하면서, 생산양식 내부 및 생산양식과 사회구성체간에서의 발전의 과정과 저개발의 과정간의 인과론 연결이 드러났고 또 보다 충분히 분석되었다(Brookfield, 1975 ; Slater, 1973, 1977). 동시에 성장에 대한 편협한 관심은 현재의 발전과 저개발이 자본주의 사회 및 국가사회주의 사회의 역동성의 주요 구성부분이며 또 이러한 사회들에 의해 생성된 모순에 대한 반응의 주요 구성부분이라는 인식으로 대체되었다. 사회의 개념이 보다 총체적으로 바뀌는 것은, 한 개인의 발전은 점차 전체의 발전에 의존한다는 일반적 인식과, 전세계에 걸친 자본주의나 국가사회주의의 사회적 관계의 확산이 단순히 국지적 모순을 발생시킬 뿐 아니라 전체 세계체계의 안정성에도 위협이 된다는 일반적 인식이 증대되는 것과 관계가 깊다(Johnston, 1985 참조).

1960년대 후반 중국 사회발전의 전망에 대해 내린 평가에서 부캐넌(K. Buchanan, 1970)은 경제지리학에서의 진보의 결핍과 우리가 알게 되리라 주장하는 세계에 대해 적절히 포괄적이면서 동시에 비판적인 언급과 미래에 대한 낙관적(특히 모택동 사후의 발전의 관점에서) 지적을 하고 있다. 그는 '인간관계와 경제관계가 물질적 이득에 대한 고려에서가 아니라 도덕적 동기에 의해 이루어지는' 사회를 말하고 있다. 또 그는 국가사회주의 사회나 자본주의 사회 양쪽 모두에서 현재 지배적인 규범과는 반대가 되는 이러한 사실이 '전체 인류에 결정적으로 중요' 하다고 시사하였다. 이것은 '기술의 발달이 사회의 점진적인 비인간화를 초래했고 또 많은 사람의 고통을 덜어주는 데 기여한 바는 보잘것 없는 기술이 이룩한 모든 업적보다는' 나은 좀 더 인간적인 세계를 창조하는 데 보다 큰 공헌을 할 수 있다. RL

경제통합형태 form of economic integration
경제가 '통일성과 안정성, 즉 그 부분들의 상호 의존성과 순환을 획득하는' 수단을 서술하기 위해 폴라니(Karl Polanyi)에 의해 제안된 개념 (체계 참조). 폴라니는 경제통합의 세 가지 주요 형태들, 호혜성, 재분배, 시장교환을 구분했다. "이들은 경제의 상이한 수준들과 상이한 부문들에서 병렬적으로 발생하기 때문에, 이들 중 지배적인 것을 하나 선정하여 전체 경제들의 분류에 이들을 사용할 수 있다"고 폴라니는 주장했다. 그 지배는 이들 중 어느 하나가 "한 사회의 토지와 노동을 포괄하는" 정도에 따라 확인된다(Polanyi: in Dalton, 1971). 따라서 폴라니의 제안은 경제를 제도화된 과정(instituted process)으로 다루는 것이었다. 여기서 '제도화된' 것이라는 점은 일관된 구조들이 역사적으로 특정한 제도들을 통해 경제에 부여되었기 때문이며, '과정'이라는 점은 이러한 여러가지 구조

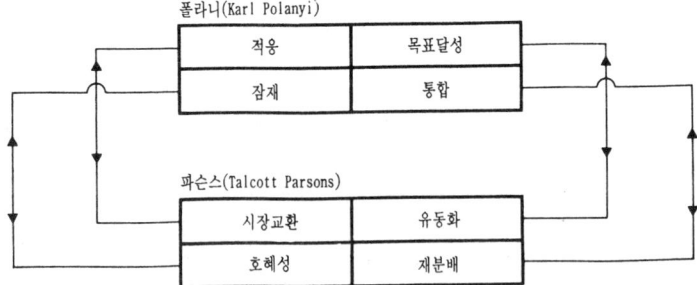

경제통합형태 1 경제통합형태들의 도해(출처: Wheatley, 1973)

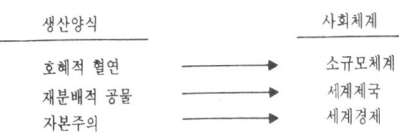

경제통합형태 2 생산양식과 사회체계

들이 공간과 시간상의 상호교호를 통해 재생산되기 때문이다.

이 접근법은 폴라니가 명명한 실질주의적(substantivist) 인류학의 초석이 되었다. 경제통합의 서로 다른 형태들의 역사적 특이성에 초점을 두는 이 접근법은 보편적 경제메카니즘으로 가격-결정시장을 가정하여 일반화를 추구하는 '형식주의적' 접근법과 첨예하게 대비되었다(신고전경제학 참조). "인간경제 일반을 그 시장형태와 등치시키고, 모든 노동분업이 시장교환의 존재를 함축한다고 가정하는 것은 잘못이다"라고 폴라니는 기술했다. 따라서 그는 이러한 형식주의가 "사회내 경제가 접하는 위상 이행"을 무시하고, 전(前)자본주의적 경제가 특정한 사회적 관계들에 '각인된' 여러가지 방법들에 관한 이해를 불가능하게 했다고 주장했다(Polanyi in Pearson, 1977).

폴라니의 사고들은 인류학과 역사학에서 상당한 (그리고 때로 비판적인) 관심을 끌었다(Humphreys, 1969 ; North, 1977 참조). 지리학에서, 이 사고들은 호혜성에서 재분배로의 이행에 초점을 둔 휘틀리(Paul Wheatley)의 도시기원에 관한 토대적 연구에 이용되었다(Wheatley, 1971). 휘틀리는 그후 폴라니의 경제적 도해와 그리고—그가 비교되는 것으로 간주된—파슨스(Talcott Parsons)의 구조기능주의에 관한 견해에 내포된 사회적 도해간의 일련의 연계를 개발했다(Wheatley, 1975)(〈그림 1〉 참조). 휘틀리의 독창적 주장들은 도시화에 관한 하비(David Harvey)의 유사한 연구에서 다른 방향으로 확대되었다. 비록 그의 첫번째 관심은 현대자본주의의 시장교환이지만, 그는 '호혜성, 재분배, 시장교환' 세 개념 모두를 '사회들과 그리고 그들 내에서 나타나는 도시형태들간의 관련성을 해부

하는 데 간단하고 효과적인 도구들로' 간주했다. 사실 이 개념들은 그 당시 하비가 그의 목적에는 '지나치게 광의적이며 포괄적'이라고 생각한 마르크스의 생산양식 개념보다도 우월하면서 또 마르크스의 견해들과 근본적으로 병존할 수 있는 것으로 다루어졌다. 이 개념들은 "사회경제적 구성체를 성격지우는 개념적 수단"을 제시하며, 한 생산양식에서 다른 생산양식으로의 전환을 추적하는 데 일관된 단서들을 제공했다(Harvey, 1973). 그러나 마르크스와 폴라니간에는 주요한 차이점들이 있는데, 폴라니는 형식주의적 인류학과 사적유물론 모두에 공통된 것으로 고려한 '경제주의적 오류'를 일관성 있게 비판했다(Block and Somers, 1984). 하비는 그의 후기 저술들에서 분명 관심을 폴라니에 거의 두지 않는 반면 마르크스에 집중시켰다(예:Harvey, 1982). 비록 그렇다고 할지라도, 세계체제분석의 등장은 폴라니의 사고들에 대한 마르크스주의적 독자들의 관심을 다시 불러일으켰다. 특히 월러스타인(Wallerstein, 1978, 1984)의 세 가지 특정 '사회체계들'에 관한 규명은 "이들 세 가지내의 노동분업의 존재에 의존하며, 이들 각각의 다양한 부문들이나 지역들은 그 지역의 필요들을 유연하고 지속적으로 충족시키는 경제적 교환에 좌우된다." 월러스타인은 이러한 노동분업과 교환체계들을 '생산의 양식들'이라고 불렀지만, 〈그림 2〉에서 볼 수 있는 바와 같이 이들은 사실 폴라니의 경제통합형태들과 형식적으로 동일하며, 기능주의적 구상에 유사한 강조를 두고 있다(Aronowitz, 1981). DG

경지체계 field system

타운쉽(township)의 주민이 그들의 경작지, 목

장, 방목지를 세분하고 경작하는 방식(Gray, 1915). (특히 중세의) 경지체계의 복원과 분석은 영국 역사지리학의 중심적인 관심사 중의 하나였다(Rowley, 1981). 그레이가 그의 고전적인 연구에서 영국 경지체계의 복수성과 지역적 특수성은 서로 다른 유형의 식민화와 정복의 결과라고 할 수 있다고 제시한 이후, 역사지리학자들과 경제사학자들은 이들의 기원과 진화를 설명하기 위한 일련의 모형들을 마련하였다. 최근의 업적들은 대부분 공공적으로 경작계획(cropping scheme)을 조직하지 않는 세분된 경지체계(개방경지)와 공동으로 조직하는 경지체계(공동경지)로 나누었던 서스크(Joan Thirsk, 1964, 1966) 의 구분의 중요성을 인정하였다. 이후 공동경지는 집약적인 경작농경이 행해지는 인구가 조밀한 지역에서 전형적으로 나타나는 보다 복잡한 형태라고 여겨졌다. 이러한 다양성과 구분에 대한 가장 포괄적인 조사는 베이커(A. R. H. Baker)와 부틀린(R. A. Butlin)에 의한 『영국 경지체계의 연구(Studies of field systems in the British Isles, 1973)』에서 나타난다. 여기에서 편집자들은 보다 정밀한 접근, 그리고 무엇보다도 완전히 통합적이고 비교적인 접근을 확보하기 위하여 체계분석에서 이끌어낸 개념들을 발전시킬 것을 주장하였는데 다음과 같이 명시될 수 있다: (a) 경지체계의 계층구조 ; (b) 경지체계의 기능상의 교대, 즉 윤작을 지배하는 법칙과 규정 ; (c) 변형을 이루기 위하여 토지시장, 상품시장을 통하여 작동되는 기제. 가장 중요한 변수는 인구압이다. 이것은 분명히 서스크의 주장을 상기시키지만 또한 도지손(Dodgshon, 1979)의 다음과 같은 논의를 촉구시키기도 하였다. 즉 그는 만약 경지체계를 '의식적으로 설계된 체계'로 취급한다면 그것의 이론적 수용은 잘못이라고 주장하였다. 그 이유는 "경지체계가 지닌 조직의 생생한 모습은 대부분 농업의 기본적 과제와는 관계없는 문제들에 임시변통적으로 대응한 것이어서 우리가 지금까지 동의한 통합성과 결합성을 결여하고 있기 때문이다." 그리하여 도지손의 대안적 설명(1980)

은 경지체계의 불안정성(그리고 더 일반적으로는 농촌취락유형의 계속적인 분열) 및 토지소유관계와 토지법의 본질에 주기적으로 일어나는 불안정성에 유의하였다. 그가 명료하게 강조하였던 제도적 구조(institutional structure)의 내용은 달만(Dahlman, 1980)에 의해 보강되었는데, 달만은 추정된 '거래비용(transaction costs)'의 분석을 통하여 소유권의 중요성을 인정하는 한편 신중하면서도 진보적인 의사결정과정의 역할을 재강조하였다(또한 종획, 상속체계 참조). DG

경향면분석 trend surface analysis

통계적 면(surface)을 수학적 역함수를 이용하여 일련의 자료의 공간분포에 끼워맞추기 위해 사용되는 기법. 이 방법은 회귀분석의 한 연장이다. 종속변수의 관측대상들은 지도에 있는 표본점의 계열에 속하는 것으로 한다 ; 독립변수는 그러한 점들의 위도·경도 좌표가 제공된 표면에 의해서 기술된다. 그 면을 정확히 묘사하기 위해서는 그러한 좌표들의 변형을 필요로 한다. 예를 들면 돔(dome)형은 경도·위도 좌표 모두가 제공된 면에 의해 묘사된다. MJB

경험주의 empiricism

이론적 언명보다는 경험적 관찰에 중요성을 두는 과학철학. 특히 관찰된 언명이 현실세계의 현상에 직접적으로 관련된 유일한 언명이며(존재론적 특권 ; 존재론 참조) 이들은 이론적 언명의 진위 여부에 관계없이 진위가 판명될 수 있다(인식론적 특권 ; 인식론 참조). 경험주의는 실증주의의 본질적 기초가 되는 가정이기는 하나, 다양한 수준의 이론적 (상호)결정을 허용하는 관점에서 이론적 언어와 관찰언어간의 연관을 허용하는 대부분의 현대의 과학철학의 도전을 받고 있다(실재론, 구조주의 참조). 따라서 경험주의 지리학은 사실 그 자체를 자명한 것으로 받아들이며 필연적으로 그러한 관찰을 제공하는 이론적 개념을 절제한다(이데올로기 참조). 경험주의 지리학은 존재론적 및 인식론적 특권의 가정을 내포하지 않는 실질적 연구인 **경험적 지리학**과 혼동되어서는 안 된다. DG

계급 class

노동분업에서 동일한 위상을 광범위하게 공유하는 유사한 지위, 소득, 문화를 가진 개인들의 대규모 집단. 계급은 원래 자본주의의 발달에서 유래하는 경제적 현상이며, 신분(카스트)이나 토지에 의한 법적 또는 종교적 제재를 포함하지 않는다. 마르크스에 의하면, 한 계급은 소유(생산수단)와 권력에 대해 공통된 관계를 공유하며, 공통된 행태적 유형의 경향을 가지는 개인들로 구성된다. 그는 소유권과 재산의 통제에 따라 사회를 두 계급—부르주아와 프롤레타리아—으로 구분했다. 소유권 문제를 능가하여, 두 집단화의 주요분화는 존재하지 않는다. 그는 전이적 집단들을 과거 열등한 생산양식의 유물로 간주했으며, 이들은 곧 주요 범주들 중 하나의 일부가 될 것이라고 보았다. 이와 같이 마르크스는 계급갈등과 역사변화의 중요성을 강조하는 이분법적 계급모형을 제시한다. 즉 계급사회는 그 자체내 그 자신의 파멸의 씨앗을 담고 있는 각 사회체제를 가진 역사적 변화들의 결정적 연속들의 산물이다. 그러나 자본주의 사회에서 계급갈등은 두 경쟁적 형태들간의 투쟁이 아니라, 자본주의 그 자체의 병존불가능한 요소들, 즉 제조업 생산과 자본주의적 시장조직간의 투쟁이다. 자본주의의 가장 내재적인 특성을 이해하는 맥락에서만, 계급은 마르크스에게 어떤 실질적 유의성을 가진다.

계급사회는 경제적 지배의 일종으로, 이는 정치적 지배를 허용하며 이것이 다시 경제적 구조를 정당화시키고 합법화시킨다. 따라서 계급관계의 본연적 불안정성은 무산자들에게 그들 자신의 세계관(통치계급과 공유하는) 또는 상식으로 전화하게 되는 합법적 이데올로기를 선전하는 지배계급 또는 통치계급에 의해서 안정된다. 의식과 정치활동 영역에서 이러한 통제를 통해 통치계급은 권력의 헤게모니를 장악하고 그 자신의 이해를 실현시킬 수 있다(헤게모니 참조). 인문지리학에 있어 계급과 이데올로기간 관계가 적실하게 드러나는 점으로서, 영미 자본주의 사회들에서 소규모 사회의 세계관과 이상적 주거 및 생활배열들에 관한 가시적 합의는 어떤 동질적 집단에 의해 만들어진 현실에 관한 필수적으로 '무계급적인' 사고들이 아니라, 계급사회의 산물들이라는 점이다.

계급에 관한 마르크스의 개념화에서 주요 문제는 경제적 계급을 다른 사회적 형태, 과정들과의 관련성을 반영하는 사회적 계급으로 전환시킬 필요가 있다는 점이다. 이 문제는 자본주의가 발달하고 두 계급 특히 무산계급이 내적으로 분화하면서 더 분명해졌다. 베버(M. Weber)는 주요한 재해석을 시도했다. 그 역시 계급의 우선적 결정자는 경제적인 것이라고 이해했지만, 그의 유산계급(besitzklassen)과 근로계급(erwerbsklassen)은 생산수단의 소유권이라는 기준을 유지하면서 또한 판매가능한 기능을 추가적 요소로서 첨부했다. 이에 따라 계급위상은 (a) 재화; (b) 생활조건; (c) 개인적 경험을 획득할 수 있는 기회에 의해 결정되며, 따라서 재화와 기능을 소득으로 대체시킬 수 있는 권력보유에 좌우된다. 베버와 마르크스 양자는 모두 동일한 힘이 상품시장에서와 마찬가지로 노동시장에도 적용된다고 인식하고, 시장을 상대적으로 교섭적인 상이한 집단들의 힘에 바탕을 둔 경제적 관계의 체계로 이해했다. 기능의 차이는 무산자들간 계급의 차이를 유발한다. 이러한 점에서 사실 무산자(the propertyless)는 잘못된 말이다. 왜냐하면 만약에 재산이 시장에서 활동할 수 있는 일단의 능력을 의미한다면, 임금노동자들은 그들의 집단적 행동에 의해 전환될 수 있거나 또는 교섭적 배경에서 집단들의 시장능력에 영향을 미친다고 인식되는 기능과 자질에 의해 향상될 수 있는 노동력이라는 '재산'을 가지기 때문이다.

베버는 많은 시장관계들과 계급관계들을 분석

했지만, 이러한 관계들을 구조화된 집단화로 전환시키는 데는 실패했다. 기덴스(A. Giddens, 1973)는 계급관계의 구조화에 관한 설명을 통해 이를 추구했다. 그는 '경제적' 관계(시장능력)가 '비경제적' 사회구조(그가 계급관계의 구조화라고 지칭한 것)로 변하는 방법들에 관심을 모았다(기덴스[1981]는 그 후 구조화이론에 관한 그의 연구에서 이러한 사고들을 세련시키고 확대시켰다). 세 가지 주요 시장능력에는 재산소유권(상위계급), 기술적 또는 교육적 자질의 보유(중간계급), 그리고 육체적 노동력의 보유(노동계급)가 있다. 그리고 기덴스는 매개적(mediate) 구조화와 근접적(proximate) 구조화를 구분한다. 매개적 구조화는 시장과 계급간의 관련성에 영향을 미치는 요소들, 특히 사회적 이동성을 위한 기회(이의 결여는 세대들에 걸쳐 공통된 생활경험들의 재생산을 유도한다)와 관련된다. 근접적 구조화는 계급형성을 규정하는 국지적 요소들과 관련된다. 이러한 요소들은: (a) 매개적 구조화에 의해 이미 조성된 노선들을 따라 모이는 노동조합과 같은 동질적 집단화를 창출하는, 생산기업내 노동의 분업; (b) 재산소유자의 권력을 강화시키는 기업내 권위관계; (c) 생산영역이라기보다 소비영역에서 유발된 분배집단화 등이다. 이러한 집단화와 소비유형들(지위들)에 관한 평가는 세 가지 유형들의 시장능력들간 차이를 강화시킨다. 가장 중요한 집단화는 소득차이, 신용에의 접근, 관료적 지배 등에 기반을 두고 근린적 분리에 의해 형성된 집단화이다. 인문지리학자들은 흔히 사회경제적 지위로 지칭되는 계급에 관해 논의할 때 이러한 집단화를 주로 다룬다. 이에 따라 주택의 분배, 임대유형들, 주택계층들 그리고 요인생태학에 관한 분석들은 상위지위와 하위지위 주거지역들을 규명하고자 한다. 그러나 이러한 분석들에서 계급은 단지 소비라는 점에서 도시지역들의 분화를 위한 서술적 도구로 이해된다. 이러한 분석들은 부분적으로 생산과 계급의 경제적 속성을 무시하고 있다. 서로 다른 지역들의 상태는 시장능력에 의해 결정되는 사회적 위상을 단지 강화시키는 계급의 한 측면이다.

따라서 지리학자들은 일반적으로 계급에 관한 두 가지 정의들을 채택한다. 하나는 마르크스로부터 도출된 것으로, 자본가(부르주아)와 노동자(프롤레타리아)를 분리시키는 소유관계에 기반을 두고 있다. 다른 하나는 베버의 연구에 기반을 둔 것으로, 주로 경제적 기준에 따라 시장에서 재화와 서비스를 구입할 수 있는 능력을 반영하여 마르크스의 양대계급내 차이들에 초점을 둔다. 가내(domestic) 재산시장과 관련시켜 이들 두 유형을 결합시키고자 하는 시도들이 있었는데(예: Ball, 1984), 여기에서는 토지보유권이 중요하며 재산이득을 실현시키는 소유자-점유는 주택계층이 된다. JE

계량방법 quantitative methods

지리학에서 버튼(Burton, 1963)에 의해 명명된 계량혁명이란 주로 관심의 대상이 되는 지리적 체계에 통계적 방법론을 적용하려는 것이었다. 그러나 지리학에서는 상대적으로 낙후되기는 하였으나 수학적 모형에 대한 관심이 과거부터 있어왔으며 그 대표적인 예가 중력모형이다. 1960년대 중반 이후 이러한 사고는 엔트로피 개념을 경제의 모형화에까지 적용하는 등 더욱 체계적으로 발달되기 시작하였다. 따라서 모형수립에는 통계적 방법과 수학적 방법이라는 두 가지 가능한 접근방법이 있다. 이 둘은 모수추정법 분야에서 공통점을 갖는데 통계적 방법은 수학적 모형의 지수를 추정하고 그 중요도를 검증하는 데 사용된다. 반면 둘의 차이는 그 분석방법이 귀납적인가 가설-연역적인가 하는 점으로(실증주의 참조), 일반적으로 통계적 방법은 많은 양의 자료가 있는 경우 예비적 가설검증에 유용하고, 수학적 방법은 비선형모형과 같이 복잡한 문제를 해결하는 데 적합하다. 통계적 방법에는 빈도분포 이론(이항분포, 정규분포, 포아송분포 참조), 가설검증을 위한 베이지안 이론(카이자승, 유의도검증 참조), 일반선형모형(예를 들면 주성분분석, 회귀모형 및 대수-선형모형, 경향면분석), 비선형 및 동적모형(예를 들면 푸리에 급수분석), 비모수통계기법, 그리고 다차원척도법이 있다.
 수학적 모형에는 엔트로피 극대화 모형, 회계기법(투입-산출 참조), 최적화모형, 그래프이론, 그리고 동태체계이론(갈래치기, 카타스트로피이론 참조)이 있다.   AGW

계량지도분석 cartometry
지도로부터 측정해내는 기술 및 그 결과의 분석. 계량지도분석은 여러 형태의 오차를 수반한다. 첫째, 구적계와 같은 측정도구의 문제이다(Maling, 1977). 이것은 계수형 지도 데이타베이스(컴퓨터 지도학 참조)를 이용할 수 있게 되면서 외형적으로 조금은 그 오차가 줄어들었다. 둘째는, 제도용 매체들, 예를 들면 환경에 따라서 수축하고 팽창하는 용지의 치수불안정에서 오는 오차이다(Kishimoto, 1986 참조). 셋째는, 지도 그 자체가 일반화 및 축척의 결과로 만들어진 '지도 이미지'라는 것이다(지도 이미지 참조). 즉 선 주위에 존재하는 오차와, 선의 '후랙탈 차원(fractal dimensionality)'의 평가에 존재하는 오차를 포함하고 있다(Goodchild, 1980 참조).   MJB

계량혁명 quantitative revolution
앵글로-아메리카 지리학에서 1950년대 및 1960년대에 일어난 사조(思潮)와 목적의 급격한 변환을 의미하는데(Burton, 1963), 주요 내용은 과거의 지역분화에 관심을 둔 개성기술적 지리학이 공간구조의 모형을 수립하려는 법칙정립적 지리학으로 대치된 것이다. 간단하게 계량혁명이라고 불리나 그렇게 분명하게 정의될 수 있는 것은 아니어서 대부분 그 용어에 '소위'라는 접두어를 붙인다. 이 용어는 두 가지 점에서 잘못 인식되고 있다. 첫째는 계량혁명이란 통계적 및 수학적 방법의 적용에만 제한된 것이 아니라 공간조직에 관한 형태적 이론을 수립하려는 것까지 포함하는 것이며, 둘째는 이러한 변화가 혁명적이라기보다는 점진적이며(Chisholm, 1975) 기존의 잘못 정의된 실증주의와 연결된다는 점이다. 보다 보편적인 의미에서의 이 용어는 쿤(T. S. Kuhn)의 패러다임 변화라는 개념에서 유도되었으며, 따라서 패러다임이라는 용어에 가해진 것과 동일한 비평에 직면하게 된다.   DG

계수화 digitizing
연속선을 불연속의 계수좌표로 변환하는 것. 그 결과로 나타나는 좌표선들은 컴퓨터 지도학에 적당하다. 이 과정은 일반적으로 사용되는 계수화 테이블의 영향을 받으며 종종 컴퓨터에 관련되고 시간을 소비하고 과오를 범하기 쉽다. 다른 기법들은 반자동선로 후속기와 자동 래스터 스캐너(raster scanner)를 사용한다.
 사람과 기계의 비정밀성 (때문에) 계수화를 시작하기 전에 지도기반을 조심스럽게 준비해야 한다. 정보가 지도에 이용될 만큼 충분히 '정화'되기까지 상당한 사후과정이 필요하다.   MJB

계획경제 command economy
국가가 생산수단을 소유하고 통제하며 생산물 산출의 구조와 양이 중앙계획에 의해 지배되는 경제. 이 용어는 동유럽의 경제를 자본주의나 혼합경제와 구분하는 데 사용된다.   DMS

고용변화의 구성요소 components of change
산업의 고용패턴에서 일어나는 변화를 연구하기 위한 계산과정. 정해진 기간에 한 지역에서 일어나는 고용변화는 다음과 같은 구성요소들로 구분할 수 있다:
 (a) 지역 소재 각 공장들의 고용증가 내지 감소로 일어나는 그 지점에서의 변화;
 (b) 새로운 공장들의 개설 및 폐업으로 생기는 탄생과 소멸의 변화;
 (c) 공장의 유입과 유출에 따라 생기는 이동

의 변화.
 그러므로 지역내 고용의 순변화는 다음 공식으로 계산할 수 있다:
 고용의 순변화 = (기간내 신설공장의 고용) - (기간내 패쇄공장의 고용) + (전기간중 가동한 공장내 고용의 순변화) + (타지역에서 이동해 온 공장의 고용) - (그 지역에서 타지역으로 이동해 간 공장의 고용)
 한 지역을 넘어 여러 지역의 변화를 연구할 때에는, 이동의 변화요소는 이동중 고용이 증가한 공장, 고용이 감소한 공장, 그리고 변화를 겪지 않은 공장으로 세분되어야 할 것이다.

DMS

고정비용 fixed costs

일정 범위에서는 산출량에 따라 변화하지 않는 비용. 따라서 지대나 기타 간접비용과 함께 공장이나 기계에 대한 자본투자는 어느 정도의 제품이 생산되는가와는 관계없이 충족되어야 한다. 공간경제분석에서는 고정비용이 공간상에서 일정하게 나타나는 비용을 뜻할 수 있다. 이는 재정자본비용; 합의된 비율이 고려대상영역 전체를 통하여 작용할 경우의 노동비; 그리고 일정 배달가격으로 판매되는 원료나 부품 등에 적용된다. 공간상에서 고정된 비용은 비교입지이익과는 전혀 무관하다(가변비용과 비교할 것).

DMS

공간 space

인문지리학은 절대적·상대적 그리고 관계적 공간개념을 사용해왔다.
 하트손(R. Hartshorne)이 『지리학의 본질(The nature of geography, 1939)』에 대한 맹아적 탐구에서 지리학은 '분포의 과학'이라기보다는 지역지(chorology)로 정의되어야 하며 입지론에 대한 연구는 '지리학보다 경제학에 대한 훈련'이 필요하다고 결론지었다. 그럼에도 불구하고 공간의 개념은 그의 논제 속에서 근본적 기능을 가지고 있다(Hartshorne, 1958 참조). 실제로 공간에서 전개되는 '현상의 기능적 통합'을 밝히기 위하여 지도비교를 이용하는 '상관적 학문'으로서 그의 관점은 형태적 공간과학(지역지리학 참조)의 발전을 위한 길을 준비한 것이라고 주장될 수 있다. 그러나 공간개념이 근대지리학에서 '인식가능한 탐구전통'이 된 것은 1940년대말에서 50년대초에 불과하다(Pooler, 1977). 이때 쉐퍼(F. K. Schaefer, 1953)가 하트손 전통의 예외주의에 반대하고 '공간적 관계는 다름아닌 바로 지리학에서 문제가 되는 것'이라고 선언하였다. 휘틀지(D. Whittlesey; James and Jones, 1954 참조)는 공간을 '지리학자의 기본적인 조직개념'으로 제안하였으나 이것은 아무 것도 해결하지 못하였다. 블라우트(J. Blaut, 1961)가 재빨리 지적한 것처럼 '공간은 난삽한 철학적 단어'이지 분명히 단일한 개념은 아니다. 그는 절대적(absolute) 공간개념(공간이 뚜렷하고 물리적이며 그 자체로서 매우 사실적·경험적 실체)과 상대적(relative) 공간개념(공간은 단지 사건이나 사건의 외면간의 관계에 지나지 않고 따라서 시간과 프로세스에 매여 있다)을 구분하였다. 이 구분 자체가 공간조직의 일반원리를 발전시키는 데 중요한 의미를 가지는데 그것은 '만약 지리학이 공간을 일반화한다면 그것은 반드시 반복되는 경우가 가능하여야 할 것이고 그것은 상대적 공간을 사용하여야 할 것이다.' 이 구분은 따라서 또다른 공간관을 공격하기 위한 것이다. 블라우트는 공간구조와 과정의 구별은 본질적으로 칸트적(칸트주의 참조)이라고 주장했다. 칸트주의는 절대적 공간개념에 의존한다. 그러나 현실에서 공간구조와 과정은 불가분으로 간주되어야 한다는 것이다: 현실세계의 구조는 단지 오래 지속되고 있는 완만한 과정에 불과하다. 이것은 하트손과 쉐퍼의 논쟁에 이어 지리학을 본질적으로 형태학적 개념으로 취급하는 사람들에게 중요한 도전이 되었다(특히 Bunge, 1962 참조). 그리고 색(R. D. Sack, 1974)이 나중에 멋진 역설로 밝힌 '공간분리주의 주제'로 계속되었다. 사실 여러 논평가들은 이미 지리학이 기하학으로 환원될 수 없다고 강조한 바 있다(Harris, 1971 참조). 색도 입지의 기하학은 원칙의 문제가 아니라 사실의 문제라고 고찰하였다. 지리학자에 의해 연구되는 물리적 과학 또는 순수한 물리적 과정으로서 입지의 기하학은 역시 설명의 기하학이다 ; 그러나 인간행태 설명을 위하여 공간의 기하학적 속성이 얼마나 유용한가 하는 데 관한 사실은 전혀 분명치 않다(거리조락, 확산 참조). 그리고 공간분석방법에서의 진보가 공간조직 모델로부터 떨어져 나오기 시작한 시기가 대개 이때였다. 많은 기법들이 유형 인식을 위하여, 궁극적으로는 시-공간예측을 위하여 개발되었다. 그리고 굴드(P. Gould, 1970)가 깨달은 것처럼 이러한 규칙성은 자기상관 구조에 형식상 대응한다. 그러나 이러한 구조에 대한 어떠한 설명도 비기하학적 용어로 표현되어야 했다(과정 참조 ; 여러 지리학자들이 이것을 실증주의에서 실체주의에로의 전환을 일으켰다는 점에 주목했다; Johnston, 1980 참조). 모스(Moss, 1970)에 의하면 "기하학적 관련성은 그것이 어떤 의미에서든지 설명적인 것이 되기 전에 경제적·사회적 혹은 생물학적 의미가 부여되어야 한다. … 기하학이 지리학적 연구와 조사에 중요한 수단이 될지라도 지리학적 현상에 관한 기하학적 유추는 특수한 논리적 구조에 지나지 않으며 설명적 추론을 거치지 않았기 때문에 이론의 원천이 될 수 없다." 확실히 이들 논리적 구조는 역시 사회적 구성이다. 색은 스스로 『사회적 사상에서의 공간의 개념(Conceptions of space in social thought, 1980)』에 관한 계몽적 연구를 제공하였다. 그러나 하비(D. Harvey, 1973)에 의하면, "공간을 적절하게 개념화하는 문제는 그것에 관련된 인간적 실천을 통하여 해결된다. 달리 말하면 공간의 본질에 관한 철학적 질문에 철학적 해답은 없는 것이다. 답은 인간적 실천에 있다. '공간은 무엇인가'에 대한 답은 따라서 '어떻게 서로 다른 인간실천이 특징적 공간개념화를 창조하고 이용하는가'로 대체된다." 여기에는 하비가 공간에 관한 관계적 관점이라 부른 것이 필요한데 공간은 '대상이 그 자신 속에서 다른 것과의 관련성을 포함하고 대표하는 한에서만 존재할 수 있다는 의미에서, 공간은 대상 속에 포함된다'; 따라서 사실상 공간분석은 사회적 분석이 되며 또 그 반대가 된다 ; 그 결과 '공간의 생산'이라고 말할 수 있게 된다(Smith, 1984). 이는 확실히 다양한 공간성 개념(공간경제, 공간구조 참조)을 구축하도록 촉진하는 효과가 있었다. DG

공간경제 space-economy

경제의 공간구조. 이 용어는 때로 경제지리학에서 경제적 경관과 관련된 경험적 연구에서 사용되지만(예: Smith, 1977) 보다 일반적으로는 그 정확한 정의가 문제의 문제성에 달려 있는 이론적 개념이다. 초기 용례들은 공간경제를 입지론의 대상으로 표현했었다. 이 용례들은 신고전 경제학의 기본틀내에 함의되어 있었으며, 이에 따라 자원과 인구의 특정한 배열과 특정한 생산 및 이전기술과 어떻게든 '상응하는 경제활동들의 공간적 유형'으로 공간경제를 인식하는 경험적 견해(경험주의 참조)를 채택했다(예: W. Isard의 고전 『입지와 공간경제(Location and space-economy, 1956)』). 일반균형이론과 관련되어 있었기 때문에(이 점은 뢰쉬[A. Lösch])의 선구적 연구에서 도출된다), 원래 개념은 체계 용어들로 다루어질 수 있는 기능주의적인 것이었다(기능주의 참조). "총합적이거나 원자적인 모든 경제적 요인들의 상호관계와 의존성은 근본적으로 중요할 뿐만 아니라, 상호관련된 과정들의 시간적 (역동적) 성격은 가시화되어야 한다"(Isard, 1956). 따라서 아이자드에 따르면 공간경제이론은 "투입과 산출의 지리적 배분 및 가격과 비용의 지리적 차이에 관심"을 두고, "경제활동들의 전체 공간적 배열"을 다루어야 한다.

이 개념은 마르크스주의에서 도출된 비판의 등장으로 재정립되었다. 입지이론의 자율성은 도전을 받았으며, 공간조직에 관한 그 관심은 광의적인 정치경제학에 통합되었다. 두 가지 주요 개념들이 제시되었다. 한 개념은 마르크스의 알튀세적 해석에서 명시적으로 도출된 것으로서

(구조주의 참조), 상이한 '공간-시간'을 생산양식의 상이한 경제적·정치적·이데올로기적 층위들과 관련시킨다. 예를 들면 리피에츠(Lipietz, 1977)에게 있어 공간경제는 '사회구성체를 구조지우는 사회경제적 관계의 물질적 존재형태'로서, 이 정형화는 가설화된 경제결정화에 관심을 기울인다. 따라서 공간경제는 사회구성체내에서 '행렬적 역할'을 한다(공간성 참조). 또 다른 개념은 보다 전형적으로 마르크스 경제학에서 도출된 것으로서, 공간경제는 그 '공간구조가 생산력과 생산관계에 의해 결정되는 지배적 생산양식의 공간적 표현'으로 간주된다(R. Lee, in Lee and Ogden, 1976). 이 정형화는 생산양식 그 자체내 생산력과 생산관계의 변증법에 더 많은 관심을 기울인다. 이 두 용례들은 밀접하게 관련되어 있으며, 공간을 '자본주의 발전법칙에 따라 지속적으로 생산되고 재생산되는 일단의 구체적 관계'로 이해하는 불균등발전 연구와 관련된다(Smith, 1979). 이런 류의 진술은 공간경제에 관한 첫번째 정의(신고전적 정의와 마르크스적 정의 모두)에서 분명 그러한 것과는 달리 경제로부터 공간이 소실되지 않도록 하기 때문에 주요한 발전이라 할 수 있다. 대신 이는 공간과 경제간의 변증법적 함의를 인식하고, 이 용어 자체적으로 이러한 함의를 제시해야만 한다. DG

공간과학 spatial science

인문지리학을 사회의 조직과 운영 및 개인의 행위에 영향을 미치는 가장 근본적인 변수로서의 공간이 하는 역할에 초점을 맞춘 사회과학의 한 분야로 파악하는 것. 이러한 견해는 계량혁명 기간에 형성되었으며 실증주의 철학과 밀접히 연관된다(입지분석 참조).

연구의 초점은 베리(Berry)와 마블(Marble, 1968)이 언급하듯이 '공간분포, 공간구조 및 조직 그리고 공간관계를 계량적으로 정확히 기술함으로써 예측으로 정확한 일반화를 기하는 것'이다. 나이스췐(Nystuen, 1968)에 의하면, 공간과학의 발달은 '공간적 관점'을 분명히 나타내는 일련의 개념을 도출해내는 데 달려 있다. 그 개념이란 방향(direction or orientation), 거리(distance) 및 연결(connection or relative position)이다.

후기에 공간과학에 대한 비평은 실증주의에 대한 일반적 비평과 연계되어 (a) 그것이 묵시적으로 내포하는 공간적 결정주의; 그리고 (b) 공간적 변수를 그것들이 작용하고 있는 배경과는 독립적인 별개의 것으로 정의하기가 논리적으로 불가능하다는 점에 모아졌다(Sack, 1973) (공간구조 참조). RJJ

공간구조 spatial structure

공간이 사회적 또는 자연적 과정의 작동과 산물로 조직되고 이에 내포되는 양식. 공간구조의 근대적 개념이 발달한 과정에서 세 가지 주요단계들을 확인해볼 수 있다(그림 참조). 첫번째 단계에서, '공간적 관계들'은 '유일하게 중요한 것'으로 간주되었으며, 한때 여러 학자들은 지리학을 형태론(morphology), 그리고 '형태론적 법칙들' 또는 보다 간단히 유형이라는 점에서 정의된 '공간적 질서'에 관한 연구로 국한시키고자 했다(Schaefer, 1953). 그러나 『이론지리학(Theoretical Geography, 1962)』에서 번지(Bunge, W)는 '공간적 과정'과 '공간적 구조'간, 즉 '지표상의 이동'과 '지표상 현상들의 결과적 배열'간의 이원론을 제시했다. 비록 그렇다 해도 번지는 쉐퍼와 같이 공간구조는 '구조'를 '기하학적으로' 해석해야 가장 잘 정의될 수 있으며, 따라서 공간과학[지리학]은 공간의 논리[기하학]를 주요도구로 발견하는 것임을 받아들였다. 이러한 고전기하학적 전통의 부활은 지리학의 계량혁명과, 공간과학으로서의 재구성에 중심이 되었다. 이러한 견해로부터 공간구조는 흔히 '공간적 과정'의 순수하게 형식적인 개념으로, 따라서 인과적 메카니즘의 구체적 산물이라기보다 수학적 공간의 추상적 연속으로 이해되었다(과정 참조).

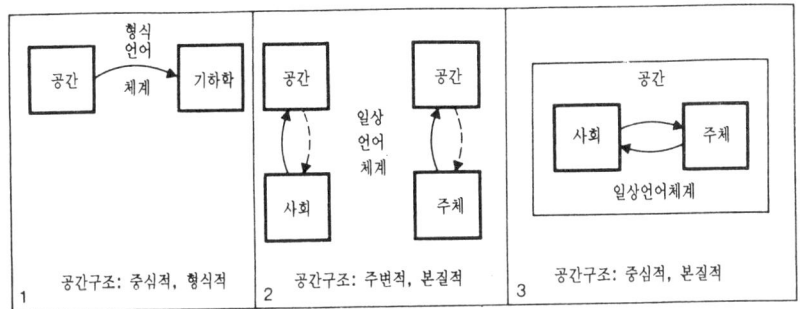

공간구조 공간구조와 인문지리학

그러나 두번째 단계에서 특정한 공간구조의 생산과 재생산에 대해 대용적 과정이라기보다 본질적인 과정을 부여하려는 노력들이 있었다. 그러나 이러한 지적 전환과정에서 공간구조는 여하튼 '부수현상적'인 것, 즉 인간주체에 의한 '편성'(행태지리학 참조) 또는 인간사회의 '반영'(구조주의 참조)으로 이해되었다. 공간구조에 관한 어떠한 설명도 비공간적 인문 및 사회과학(심리학, 문화인류학, 정치경제학, 또는 사회학)내에서 추구된 것이었다(구성적 이론 참조). 따라서 인문지리학의 논쟁들 대부분은 사회생활은 인간주체라는 측면에서 고려되어야 하는가 또는 인간사회라는 측면에서 고려되어야 하는가를 둘러싸고 전개되었다. 그 결과로 의도나 의미로 전제가정된 하나의 지리학과, 체계와 구조로 전제가정된 또 다른 지리학이 존재했다. 공간의 구조화에 관한 문제성은 기껏해야 이러한 논쟁들에 부수적인 것이었으며, 최악의 경우 부적절한 혼란이라고까지 비난받았다.

그러나 그림에서 제시된 것처럼, 구조화이론의 여러 견해들내에서 이러한 양극적 위상들의 상호결합은 사회관계와 공간구조 사이의 본질적(substantive) 상호관계를 인문 및 사회과학의 전범위에서 연구의 중심초점이 되도록 했다 (Gregory and Urry, 1985). 사실 기덴스(Giddens, 1984)는 '질서의 문제'—사회과학의 고전적 존재이유—는 다음과 같이 재이론화되어야 한다고 주장했다:

···문제는 사회체계들이 출현과 부재를 혼합시키면서 시간과 공간을 어떻게 '묶어'주는가이다(시간지리학 참조). 이 점은 다시 시-공간적 거리화, 즉 시간과 공간상 사회체계들의 '뻗침'에 관한 문제성과 밀접하게 결부된다.

구조화이론은 때로 이론적 실재론의 철학과 관련되며, 여기서도 다시 사회생활의 시-공간적 구성에 관한 유사한 관심을 찾아볼 수 있다(Urry, 1985). 구조화이론은 또한 여러가지 방법으로 사적유물론과 연관된다. 사적유물론의 근대적 변형들은 현대자본주의의 불균등발전이 경관상의 외형적 부호들을 기입하는 어떤 '내적 논거'로 환원될 수 있는 것이 아니라는 점, 즉 사회적 과정들은 문자 그대로 공간상에 자리를 잡으면서, 그리고 지리적으로 분화된 세계 속에서 그들의 작동과 그 결과에 물질적 영향을 미친다는 사실을 주장한다(Massey, 1984; 마르크스주의 지리학 참조). 따라서 이러한 방법들에서 공간구조는 사회적이며 또한 동시에 공간적인 공간성의 개념으로 재해석되며(Soja, 1985), 이 공간성의 개념은 '구조'와 '과정'간의 시원적 이원성에 함의된 칸트주의를 초월하고자 한다 (Blaut, 1961). 궁극적인 목적은 참된 맥락적 이론을 정립하는 것으로, 이 이론에서 공간구조는 그 속에서 사회적 생활이 전개되는 장소로서 뿐만 아니라 그를 통해 사회생활이 생산되고 재

공간독점

생산되는 매체로서 이해된다. DG

공간독점 spatial monopoly

입지의 특성에 의해 시장을 독점적으로 통제하는 것. 독점의 일반적 의미는 하나의 기업 혹은 개인이 어떤 상품이나 서비스의 전체 산물을 판매하는 것이다. 이것은 정상적으로는 자본주의 시장조건에서 발생하는 경쟁과정의 최종결과로서, 여기서는 하나의 공급자가 다른 공급자를 배제하기에 충분할 만큼 소비자에게 유리한 조건으로 상품을 생산하고 판매할 수 있는 것이다. 공간독점은 경쟁자로부터의 거리에 의해 생산자가 시장의 한 부분을 독점적으로 통제하는 특수한 경우이다.

공간독점은 생산자가 그 기원지점에서 상품을 분배하고 있을 때, 그리고 소비자가 기원지점으로 이동할 때의 두 경우에서 발생될 수 있다. 전자의 경우, 운송비가 소비자에게 전가되는 본선인도가격(f.o.b.)정책의 시행으로(가격정책 참조), 생산지점으로부터의 거리가 멀어지게 되면 배달가격이 높아지고 따라서 생산지점에 가까운 소비자는 상대적으로 싼 값으로, 즉 다른 공급자에게서 사는 것보다 싼 값으로 상품을 구입할 수 있다. 독점통제가 존재할 수 있는 지역(소비자는 가장 값이 싼 곳에서 구입한다고 전제하고)은 고려대상 공급자의 배달가격이 경쟁자에 의해 부가된 가격과 동일한 점을 연결한 선에 의해 경계가 설정된다(시장지역분석 참조). 후자의 경우, 소비자들은 시간, 노력, 혹은 비용의 면에서 가장 유리한 생산지점으로 이동하려는 경향이 있다. 이 경우에도 독점통제가 가능한 구역은 소비자가 어느 곳에서 구입하든 차이가 없는 지점인 소비자 무차별지점의 연결에 의해 경계가 설정된다.

공간독점은 경쟁적인 기업들이 시장의 '분할'에 서로 동의하고 담합을 했을 경우에도 발생할 수 있다. 다른 공간독점과 마찬가지로, 공간독점을 통해 공급자는 배타적 통제를 행사하는 지역에서 가격을 상승시키고 정상이윤을 초과하는 이윤을 강요할 수 있게 된다. 그러나 일부 소비자들은 선호, 무지, 기타 행태적 요인에 의해 보다 비싼 곳에서 구입하거나 혹은 보다 먼 곳으로 이동할 수도 있기 때문에 거리가 시장을 절대적으로 보호하지는 못한다. DMS

공간물신론 spatial fetishism

인문지리학의 입지분석 접근과 관련된 비판적 용어. 그 비판가들에 따르면 입지분석 접근은 공간(특히 거리)에 거리독점과 같은 인과력(casual power)을 부여하지만, 공간 그 자체는 내용이 없으며, 인간행동자들에 의해 상태가 주어질 때만 중요하다고 주장된다(환경이 그러한 것과 같은 방법으로)(자연 참조). RJJ

공간분석 spatial analysis

보통 입지분석과 동의어로 사용되며, 인간행위의 공간질서를 확인하는 데 실증주의적으로 접근하는 것을 말한다.

보다 특수하게는 공간분석은 비록 이러한 절차와 기법이 실증주의 철학에 특별한 것은 아닐지라도 입지분석연구에 적용된 계량적(주로 통계학적) 절차와 기법을 가리킨다. 따라서 언윈(Unwin, 1981)은 공간분석이 지도상에 표현된 네 가지 형태의 자료―점, 선, 면적, 면―의 지도상 배열을 연구하는 것과 연관된다고 생각하였다. 이러한 기법을 통해 개별지도상의 배열을 기술(유형참조)하는 것이나 둘 이상의 지도를 비교하는 것 모두가 가능하다. RJJ

공간비용곡선 space cost curve

거리에 따른 생산비의 공간적 변이를 나타낸 것으로, 비용면의 한 단면이다. 이 곡선은 경제학의 전통적 생산이론에서 사용하는 비용곡선을 공간적으로 유추한 것인데 일정 규모에서 단일 투입비용 혹은 총비용을 나타낼 수 있다. 공간비용곡선의 형태―가파르든 완만하든간에―를 통해 공장의 생존가능성을 얻으려 할 때 입지선택에 부가될 수 있는 제약을 어느 정도 암시받을 수 있다(공간한계, 가변비용분석도 참조).

DMS

공간사회지표 territorial social indicator
사회복지의 지역적 차이를 측정해보려는 것으로, 사회문제가 중요한 쟁점으로 부각되었던 1960년대에 발전되었고, 특히 케네디 및 존슨 대통령 당시 '위대한 사회'를 둘러싸고 논쟁이 벌어졌던 미국에서 발전하였다. 스미스(Smith, 1973)는 미국 후생성의 사회지표 정의를 인용하는데, "사회지표는 한 사회의 주요부문의 상태를 간결하고 폭넓게 그리고 객관적으로 판단할 수 있게 도와주는 직접적으로 규범적인 관심사를 다루는 통계"라는 것이다. 그것은 모든 경우에 복지에 대한 직접적인 척도이며 따라서 다음과 같은 해석이 내려질 수 있다. 즉 만약 다른 것이 불변하고, 사회지표가 '정'의 방향으로 변한다면, 상태는 나아진 것이며 사람들은 '더 잘살게 된 것'이다. 이상적으로 볼 때 일련의 이와 같은 지표들은 '사회적 모형 속에 포함되어 있는 종합적이며 서로 관련된 일련의 그러한 척도들의 집합으로서, 규범적으로 판단될 수 있는 사회적 조건의 주요측면이나 차원에 대해 현상태 및 시간의 흐름에 따른 변화'를 측정한다.

필연적으로 사회지표는 복지를 측정하게 되는데, 사회복지는 집단, 기간, 지역에 따라 다르게 나타난다. 공간 사회지표에는 자료획득 여부 및 총체적 지역특성을 그 지역에 사는 개개인에게 부속시키는 문제 등이 있다(생태적 오류 참조). 이것은 상이한 공간규모에서 적용되어왔다ㅡ국가, 군, 구, 센서스 표준구역 및 조사집계 구역. 스미스는 일곱 종류로 이러한 지표들을 분류하였다:

(a) 소득, 부 및 고용 ; (b) 주택과 이웃을 포함한 생활환경 ; (c) 신체적·정신적 건강 ; (d) 교육의 성취도 및 질을 포함하는 교육 ; (e) 개인적·가족적 문제 및 범죄와 공중질서를 포함하는 사회적 질서 ; (f) 민주적 참여 및 분리로 이루어지는 사회적 소속감 ; (g) 레크레이션 및 여가

수치적인 지표를 선정할 때는 타협이 이루어지며 대표적인 것이 사용된다. 지역의 상대적인 지위는 사용된 자료에 크게 의존된다. 보통의 도시요인생태학에서 제시되었던 자료보다 훨씬 사회문제 지향적인 자료를 이용했던 탬파시(플로리다)의 연구는 도시의 사회 및 공간구조에 대해 상당히 다른 모습을 만들어내었다. 이와 같은 자료 및 생태적인 문제에도 불구하고 공간사회지표는 사회적 호재 및 악재의 지역간의 분포를 측정하는 계량적인 방법을 제공한다(복지지리학 참조).

JE

공간선호 spatial preference
공간 현상의 매력이나 바람직한 공간의 선택(예를 들면 거주지의 매력성, 이주전략 또는 경관의 애호)에 관한 개인적 혹은 집단적 평가. 종종 순위된 선호의 형태로 표출되거나 지역에 관한 심상지도, 또는 공간설계를 달성하기 위해 훌륭히 공식화된 시나리오로 결과가 나타난다.

이론적 연구로 다음과 같은 공간선호의 유형이 밝혀졌다 : (a) 억압된 선호(repressed preferences, 이용이 불가능한 기회들이다) ; (b) 노출된 선호(reavealed preferences), 이것은 절대적 선호(absolute preferences, 행위자가 선택을 하지 않거나 선택의 필요성을 느끼지 않는 것으로 지각한다)이거나 상대적 선호(relative preferences, 행위자가 선택을 하거나 선택의 필요성을 지각한다)이다. 후자는 명시된 선호(manifest preferences, 기회의 구조들이 유리하기 때문에 행위의 방향이 추구된다)와 잠재적 선호(latent preferences, 행위는 가능하다고 지각되지만 욕구가 일어날 때까지 또는 지식의 변화가 일어날 때까지 잠복해 있다)로 세분되기도 한다(만족적 행태 참조).

MDB

공간성

공간성 spatiality

인문지리학에서 사용되는 '공간성'이라는 용어에는 세 가지 주요 의미들이 있다. 이들은 모두 공간의 인문적·사회적 함의와 관련되며, 이들은 각각 특정한 지적 전통에서 도출된다.

(a) 현상학, 특히 하이데거(Heidegger)와 훗설(Husserl)의 저술들에서 도출된 것으로, 피클스(Pickles, 1985)는 인문적 공간성(human spatiality)을 '세계에 관한 인문과학으로서 지리학적 연구가 명시적으로 구축될 수 있는' 근본적 기반으로서 제시했다. 피클스의 우선적 관심은 존재론, 즉 '장소와 공간 그 자체에 관한 이해를 위해 전제조건으로서 [인문적] 공간성을 특정지우는 보편적 구조들'에 관한 이해이다. 특히 피클스는 "물리학에서 물리적 공간을 유일하게 진정한 공간"으로 간주하는 견해에 반대했다. 이런 류의 사고는 공간과학에서 전형적이지만, 피클스에 의하면 진정한 인문지리학을 위해서는 전적으로 부적절한 것이다. 그는 대신 "어떠한 과학적 활동", 즉 공간과학에서 가정된 당연적 세계의 엄격한 해명, "에 의해 주제화되기 이전의 시원적 경험들"의 회복을 주장한다. 이의 가장 본질적 성격들 중 하나는 피클스가 '하기 위하여(in-order-to)'의 구조적 통일체라고 부른 것이다. 우리의 가장 즉각적인 경험은 분리된 객체들의 인위적 추상화가 아니라 우리가 일상생활에서 마주치고—하이데거가 '장치(equipment)'라고 한 것—또 '즉각적으로 준비된(ready-to-hand)' 일군의 관계들과 의미임을 피클스는 주장한다. 이러한 견해는 맥락성의 인문적 유의성을 드러낸다. 왜냐하면 인문적 공간성은 "여러가지 동시적 그리고 비동시적·장치적 맥락"과 관련되며, 또한 "이를 조직하는 존재들과 무관하게 이해될 수 없기" 때문이다. 따라서 공간성은 우리가 그 속에서 일단의 장치를 "위해 자리를 만들고" 또 이에 "공간을 부여하는" '처해진' 사업의 성격을 가진다. 이렇게 볼 때, 이는 시간지리학의 먼 반향으로 간주될 수 있다. 그러나 피클스는 헤거스트란트의 초기 저술들의 물리주의에 반대되는 지적 전통을 고취시키고 있다(그러나 Hägerstrand, 1984참조); (b) 구조주의, 특히 알튀세(Althusser)와 발리바(Balibar)의 구조주의적 마르크스주의에서 도출된 것으로, 많은 프랑스 마르크스주의자들은 공간성의 개념이 사회구조들(생산양식 또는 사회구성체)과 공간구조들간의 연계와 조응을 확인하는 데 기여했다고 시사했다(또한 공간경제 참조). 알튀세는 상이한 시간 개념들(또한 '시간성들')은 생산양식의 상이한 수준들에 부여될 수 있으며—'경제적 시간''정치적 시간''이데올

충위	사회적 실천	공간적 실현
이데올로기적	정당화 의사소통	상징적 공간
정치적-법적	통합-억압 지배-규제	제도적 공간
경제적	소비: 노동력재생산 유통 생산: 상품생산	소비공간:'도시' 이전(유통) 생산공간:'지역'

공간성 사회적 실천과 공간적 실현(출처: Castells, 1977).

로기적 시간'—또한 이들은 상이한 사회적 실천들의 개념들로부터 구성되어야 한다고 주장했다. 그러나 만약 알튀세가 주장한 것처럼 이러한 시간성들간의 구분이 이론적 역사를 위해 기본적이라면, 한 역사학자가 그에게 제시한 것과 같이, 역사는 시간들뿐만 아니라 공간들의 상호교직이다(Vilar, 1973). 따라서 동일한 방법으로, 공간(또는 '공간성')의 상이한 개념들은 상이한 층위로 구분될 수 있다고 주장된다. 예를 들어 리피에츠(Lipietz, 1977)에 따르면, 공간구조 개념들은 사회구조 개념에 의존하며 또한 여기에서 도출된다. 그의 견해에 의하면, 공간성은 공간상의 '출현-부재'와 그리고 각 층위에 함의된 사회적 실천들의 특정 체계에의 '참여-배제'간의 상응으로 구성된다. 이러한 상응들 각각은 그 자체의 '위상학'을 가진다고 가정되며, 이에 따라 "예를 들면, 자본주의적 생산양식의 **경제적 공간** 또는 이 위에 부가된 **법적** 공간에 관해 논할 수 있다." 그러면 공간구조는 이러한 상이한 층위들의 공간성들의 집합으로 이루어지고, 또한 사회적 실천의 상의한 체계들의 '반영'이며 이들에 대한 '제약'이 된다. 카스텔(Castells, 1977)은 그의 초기 저작들에서 이러한 관점에 입각하여 공간구조에 관한 매우 상세한 분석틀을 제시했다(표 참조).

그러나 그는 공간성의 개념들과 시간성의 개념들을 결합시켜 이론화하는 것이 보다 바람직하다고 결론지으며, 공간-시간에 관해 다음과 같이 언급했다:

> 사회적 관점에서 공간(물리적 양이지만 추상적 실재)이란 없으며… [단지] 역사적으로 특정한 **공간-시간**, 즉 사회적 관계들에 의해 형성되고 변하며 실행되는 공간만이 존재한다. 사회적으로 말하면, 시간과 마찬가지로 공간은 정황(conjuncture), 즉 구체적인 역사적 실천들의 접합이다"(Castells, 1977, pp.442-3).

(c) 비판적 마르크스주의에 관한 르페브르(Lefebvre)의 견해에 따라, 소야(Soja, 1985)는 '공간성이라는 용어를 특히 사회적으로 생산된 공간, 즉 넓은 의미에서 정의된 인문지리의 창출된 형태들과 관련시켜서' 사용했다. 그에 따르면, "모든 공간이 사회적으로 생산된 것은 아니지만, 모든 공간성은 … 사회적으로 생산된 것이다." 르페브르가 <u>실존주의</u>와 현상학 그리고 구조주의에 대한 비판을 제시한 것처럼, 소야는 그의 '공간성에 관한 유물론적 해석'은 위에서 요약한 두 전통 중 어떠한 것과도 유사하지 않다고 주장한다. 왜냐하면 '공간의 생산'(Lefebvre, 1974; Smith 1984 참조)을 논하는 것은 공간성을 <u>인간행동</u>과 사회적 실천체계의 매체이자 산물로 강조하는 것이기 때문이다. 이는 <u>구조화이론</u>과 대체로 공감하는 방법이다. 따라서:

> 공간성과 시간성, 인문지리와 인문역사는 일정하게 진화하는 공간성의 연속, 즉 사회생활의 공간적-시간적 구조화를 창출하는 복합적 사회과정 속에서 서로 교차하며, 이러한 구조화는 사회적 발전의 거대한 운동뿐만 아니라 일상적인 활동의 반복적 실천들에 어떤 형태를 부여한다(Soja, 1985, p. 94).

'사회-공간적 변증법'(Soja, 1980)이라는 그의 초기 주장들을 능가하여, 그는 "공간성이란 규정적 또는 논리적 상응에서가 아니라 구체화, 즉 형성적 **구성**으로서 사회"라 결론지었다. 또 다른 학자들도 유사한 주장을 제시했는데 예를 들면 카스텔은 그의 후기 저술(1983)에서 그의 앞선 정식화에서 일방적 구조주의를 논박하고, "공간은 사회의 '투영'이 아니라 사회 그 자체"라고 선언한다. 기덴스(1984) 역시 "공간은 그 자신의 본연적 속성을 가진다"는 신념에서 도출된 특수한 '공간과학'의 가능성을 부정한다. "인문지리학에서 공간적 형태들은 항상 사회적 형태들이며", 그리고 "사회생활의 공간적 배열들―공간성―은 사회이론에서 시간성의 차원들만큼이나 기본적으로 중요한 사항이다."

공간수입곡선

(a), (b) 그리고 (c)간의 상이성들은 이들이 '공간'과 '사회'의 전통적 분리(이는 오늘날까지 지속되고 있는 칸트주의에까지 소급될 수 있다)에 대하여 모두 반대한다는 점에서 통합된다. 또한 이들은 이러한 점에서 맥락적 이론을 향한 현대적 경향의 세 조류들이다.   DG

공간수입곡선 space revenue curve

일정량의 판매에서 얻을 수 있는 수입을 하나의 거리차원(즉 수입면을 통한 한 부분)에 표시한 선. 이들은 경험적으로 확인하기는 아주 힘들지만 곡선의 가능한 형태에 관한 증거나 고찰을 통해 수입, 수요 혹은 시장에 대한 고려가 입지선택에 어느 정도의 제약을 부가할 수 있는가에 대한 실마리를 찾을 수 있다(공간한계, 가변수입분석도 참조).   DMS

공간적 상호작용 spatial interaction

지리적 지역들간의 상호의존성을 지칭하기 위하여 울만(E. L. Ullman, 1954)이 만든 용어. 그는 이 상호의존성을 단일지역내에서의 사회-환경 상호의존성에 대해 보완적인 것으로 보았다; 따라서 그는 이것을 지리적 연구의 주요한 초점으로 보았다. 이것은 지역간의 재화, 여객, 이민자, 화폐, 정보, 아이디어 등등의 지리적 이동들을 포함한다. 그 개념은 20세기 전반(1925년까지)에 프랑스 지리학에서 유행하던 '순환지리학'과 유사하다. 그 아이디어의 설명은 모릴(Morrill, 1974)에서 명료해진다.

울만은 두 지역간 상품의 흐름에서 나타나는 공간적 상호작용에 대해 다음 세 가지 기본원리를 정의하였다: (a) 상호보완성(지역의 특성에 관계되는 것); (b) 수송가능성(transferability; 상품들의 특성에 관련되는 것); (c) 개입기회(intervening opportunities; 더 가까운 공급원이나 근원의 존재). 본래 개념의 강점은 상호작용의 여러 형태들은 그들 자신에 상호의존적이라는 것이다. 예를 들면 이주자의 흐름은 종종 무역, 여객, 화폐와 정보의 역유동이나 후속적 유동을 자극할 것이다. 게다가 본래 상품의 유통에 적용되긴 했지만 상호작용의 기본원리들은 사람과 아이디어의 이동을 설명하는 데 이용될 수 있다.

이러한 일치성은 상품, 전화소통, 이주자와 여객의 흐름에 대한 유사한 모형들, 예를 들어 중력모형의 적용에 의해 강조되었다. 울만은 이러한 내용의 일치성이 공간적 상호작용으로써 지리학에 광범위하게 적용되기를 분명히 기대했지만 그렇게 되진 못하였다: 교통지리학은 하나의 분야로 분리되었고, 인구이동 연구는 인구지리학의 한 부분이 되었으며, 아이디어 확산은 문화지리학에 결합되었다.

요즈음에 이 용어는 더욱 제한된 감각으로 이용되었다: 첫째, 어떤 저자들은 그(용어)를 공간적 흐름현상(특히 중력모형화)의 연구를 기술하는 것에 제한한다; 둘째, 몇몇 저자들은 사회적 상호작용의 사회학적 개념과 이 용어를 연결시켜 공간적 상호작용을 사회적 접촉의 공간적 형태로 정의하였다. 마지막으로 몇몇 지리학자들은 공간적 상호작용을 사용하는 데 입지 A의 변수 x의 주변지역의 x값에 대한 종속성을 (공간적 자기상관 참조) 나타내기 위하여 통계학자나 수학자들을 따랐다는 것을 주목해야 할 것이다. 이러한 사용은 본래의 지리적 개념과는 상당히 독립적인 것이다.   AMH

공간적 자기상관 spatial autocorrelation

지도화된 한 변수에 공간유형이 존재하는 것은 지리적 유사성 때문이다. 공간적 자기상관의 가장 일반적인 형태는 한 변수에 대한 유사치들이 인접한 관측대상에 함께 응집되는 경향이 있는 곳으로 지도를 가로질러 이웃에 대한 값들이 관측대상지역들에 순수하게 무작위 기제의 결과로 할당할 때 발생하는 것보다 좀더 평균에 유사하다. 이러한 유형의 자기상관은 바로 인접한 이웃들 사이에 있기 때문에 '1차'이다. 자기상관의 정의는 바로 붙어 있는 이웃이 아니고 하나

이상의 중간지역('고차위의 연계')을 갖고 있는 관측대상(지역)들 사이의 관계를 검증하고 관측대상(지역)들 사이에 연결의 가중치를 주는 것을 허용하도록 일반화될 수 있다. 원자료와 회귀오차에 있는 공간적 자기상관에 대한 다양한 검증이 가능하다. 공간적 자기상관의 출현은 광범위하게 퍼져 있고 그래서 많은 표준통계검증의 기본가정(관측대상들은 독립적 혹은 자기상관되지 않는다는)을 침해한다. LWH

공간적 정의 territorial justice

사회정의의 원칙들(복지지리학 참조)을 지역단위에 적용시키는 것. 사회정의에 대한 모든 견해와 마찬가지로 공간적 정의는 한 사회의 부가 생산되고 배분되는 수단 및 그 부의 지역간 최종적 배분을 함께 고려해야 한다. 그러므로 이것은 보편적으로 적용될 수 없으며 특정한 생산양식과 사회구성체라는 맥락에서만 의미가 있는 상대적 개념이다. 필요는 공간적 정의를 결정하는 데 일차 변수가 되어야 하며 공공이익에 대한 공헌도와 메리트(메리트재 참조)에 의해 보충될 수 있다. 그러나 공간적 정의의 맥락에서 그러한 변수를 측정하는 문제는 소위 생태적 오류로 복잡해지는데, 이 오류는 어떤 지역단위에 상당히 상이한 개인의 집단이 거주하고 근무할지도 모른다는 사실에서 생겨난다. 이런 상황에서는 공간적 또는 지역적 재분배 단위를 이용하여 사회정의에 기초한 정책을 수행하기가 매우 어렵다. 궁극적으로 계급구조가 소유, 통제 및 권력 재분배에 대한 기초를 제공해주어야만 한다. RL

공간한계 spatial margin

주어진 산출량을 생산하는 데 드는 총비용과 그 산출을 판매함으로써 얻을 수 있는 총수입이 같은 점을 연결한 선. 이것은 이윤이 발생하는 운영이 가능한 지역범위를 정의한다. 이윤의 공간한계의 개념은 로우스트론(E. M. Rawstron, 19 58)이 도입하였는데, 이것은 지리학자가 처음으로 고안한 몇 안되는 공간경제 개념 중 하나이다. 공간한계는 현재 공업입지론의 중요한 특색이 되고 있다.

이윤의 공간한계를 유도하는 것이 그림에 표시되어 있다. 공간비용곡선과 공간수입곡선이 수평축의 거리차원 d_1을 따라 나타나 있다. X와 X´지점은 총비용과 총수입이 동일한 지점을 표시한다. 이들을 거리축에 투영했을 때 이윤의 공간한계로서 M과 M´지점을 확인할 수 있다; 이 두 점 사이에서는 총수입이 총비용을 초과하므로 이윤이 발생하지만, 이들을 넘어선 범위에서는 총비용이 총수입을 초과하게 되어 기업은 적자운영을 하게 된다. 제2의 거리차원(d_2)을 도입하면, 공간한계는 흑자운영이 가능한 지역을 정의한다.

공간한계 개념의 개념적 중요성은 이를 통해 이전에 단 하나의 최적의 이윤극대화 입지(그림에서 O)를 추구하던 이론적 틀에 준최적 결정을 통합할 수 있게 되었다는 점에 있다. 한계내에서는 어디에서나 어느 정도 이윤이 발생하며 따라서 기업은 이 한계내에서는 개인적 고려사항 때문에 이윤이 줄더라도 선택의 자유를 가질 수 있게 된다. 이러한 한계내에서는 기업이 이러한 개념을 완전히 모른 채 입지해도 존속할 수 있다.

공간한계의 형태와 범위는 주도적인 비용면과 수입면에 따라 달라질 것이다. 어떤 산업은 넓은 한계내에서 운영될 것이며 반면 다른 산업은

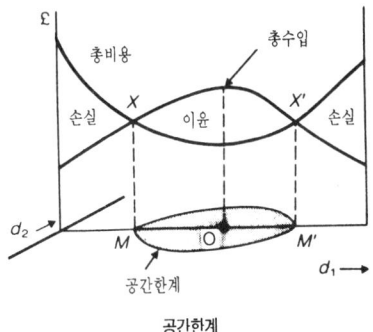

공간한계

공공목장의 비극

좁고 국지화된 생존의 한계로 한정될 것이다. 공간한계는 산업조직의 성질에 따라서도 달라질 수 있다—예를 들면 고도로 숙련된 기업가에 해당되는 한계는 그렇지 못한 기업가에서보다 넓어질 것이다.

공간한계의 경험적 확인은 어렵지만 불가능한 것은 아니다. 한계를 실제로 발견할 수는 없다 하더라도 그 범위와 부가된 제약의 정도에 대한 고찰은 산업입지와 변동에 관한 해석에 유용한 도움이 된다. DMS

공공목장의 비극 tragedy of the commons

개인과 집단의 관심이 일치하지 않기 때문에 나타나는 천연자원의 고갈. 하딘(Hardin, 1968)의 예를 통해 보면 공공토지에서 방목하는 방목자들은 추가되는 가축에서 나오는 한계수익이 양적인 한, 비록 자원이 고갈됨을 의미하여도, 그들의 가축의 수를 늘려갈 것이다; 실제로 방목자들은 전체적인 수익을 유지하기 위해서 그들의 가축수를 늘려갈 것이며 가축수의 규모가 증가하면서 다른 방목자들의 평균산출은 하락될 것이다. 자원의 효율적 이용은 각 방목자당 최대 가축수에 대하여 강화된 집단적 합의를 요구한다. 토지이용의 모든 문제에 일반화시킬 경우 하딘의 예는 그러한 집단적 합의를 강화하는 권력의 유일한 몸체로서의 국가에 대한 강한 논쟁을 제공한다(죄수의 선택과 비교). RJJ

공공선택이론 public choice theory

원래 신고전경제학에서 유래되어, 투표행태, 행정활동, 정당활동 등에서 효율성을 최대화하려는 합리적인 의사결정의 역할을 중시하는 정치학에 적용된 이론. 이 연구는 국가를 공공재의 합리적인 제공자로 설장함으로써 지리학자의 관심을 유도하였으며 공공재정의 지리학을 연구하는 데 하나의 규범적인 체계를 제공하고 있다.
RJJ

공공재 public goods

공기와 같이 모든 사람이 마음대로 이용할 수 있는 재화 또는 특정 영역의 모든 시민들에게 균등하게 제공되는 재화. 공공재는 일반적으로 국가가 공급하며, 다음과 같은 세 가지 유형이 있다.

(a) 모든 시민이 마음대로 그리고 균등하게 이용할 수 있는 순수공공재. 이상적으로는 모든 공공재가 이 범주에 속해야 하나 한 사회에서, 예를 들면 연령을 기준으로 한 특정집단과 같은 경우를 제외하고는 그러한 균등한 혜택을 누리는 사람들은 매우 적다. 가장 확실한 공공재는 국가방위이다. 왜냐하면 국가의 군대는 모든 사람에게 동일한 서비스를 제공하기 때문이다. 국가방송 서비스 역시 방송서비스가 전지역에 전달되고 모든 시민들이 수신기를 가지고 있기 때문에, 대부분의 사회에서 순수공공재에 속한다. 이러한 경우를 제외한 대부분의 공공재는 다음 두 범주 중 하나에 해당된다.

(b) 비순수공공재. 특정 위치에서 제공되기 때문에 일부 시민들만이 이용할 수 있는 공공재. 특정 서비스의 입지와 멀리 떨어진 사람들은 서비스를 이용하기 위하여 이동하는 데 많은 시간과 비용이 들기 때문에 이용이 줄어들지만(거리조락 참조), 가까이 거주하는 사람들은 상대적으로 많은 이익을 볼 것이다. 이러한 결과에 의해 서비스 지점의 입지에 따라 사회적·정치적 갈등이 발생할 수 있다;

(c) 의도적으로 배치된 순수공공재. 공공서비스의 공급량을 결정하면서 관련부서는 특정지역의 필요증가(범죄율이 평균 이상인 지역에 경찰력을 증가시키는 것처럼) 또는 정치적 요구에 따라 다른 지역보다는 더 많은 서비스를 제공할 수 있다. 대부분의 많은 서비스가 지방정부에 의해 제공되므로, 한 지역에서는 다른 지역에 비해 (재정자금의 이동 등에 의해) 더 많은 서비스를 제공할 수도 있다.

공공재에 관한 최근의 지리학적 연구는 보건의료시설과 같이 둘째 및 셋째 유형에 나타난 서비스 공급의 유형분석과 서비스 시설의 적정

입지를 설명하기 위한 알고리즘의 개발에 관심을 가지고 있다. RJJ

공공정책과 지리학
public policy, geography and
정부정책을 기획·실행하고 평가·조정하는 데 관련된 지리학적 연구. 응용지리학의 한 분야로 최근에 자본주의 국가에서 활발히 연구되고 있으며, 최근 경제 및 사회문제에서 국가의 중요성의 증대, 환경 및 공간문제에 관한 국가의 인식 증대, 이러한 문제를 해결하려는 지리학자들의 욕망, 전문지식의 적실성을 주장하려는 필요 인식, 학문세계에서 지리학의 미래를 보호하려는 학자들에 의해 많은 연구성과가 발표되었다. 사회주의 국가에서는 학자들의 개인적 이익을 추구하는 학문의 자유는 그렇게 많지 않고, 대부분의 지리학 연구는 공공정책의 입안에 공헌하려는 목적으로 행해지고 있다(Johnston and Claval, 1984).

공공정책에 대한 지리학적 공헌의 특징은 가용한 기회와 개별 지리학자들의 능력을 반영하여 실용적으로 결정되었다. 그러나 지리학자들 사이에서 공공정책은 불균등을 심화시키는 생산양식(자본주의)만을 지지한다는 신랄한 비판이 가해졌다. 예를 들어 하비(Harvey, 1974)는 '어떤 종류의 공공정책을 위하여 지리학은 어떤 연구를 해야 하는가'라고 물었고, 다른 공공목표를 증진시키는 '민중의 지리학'에 대한 사례를 제시하였다(Harvey, 1984). RJJ

공공정책참여 public participation
정치적 의사결정, 특히 자기에게 직접적으로 영향을 미칠 것으로 보이는 정책분야에의 참여. 토지이용계획은 근본적인 공공정책참여가 특히 필요하고 또한 적절하다고 생각되는 정책결정의 한 형태이다. 실제로 공공정책참여는 지방 및 국가의 의사결정자를 정기적으로 선출하여 자기들의 의사를 대변시키는 대리적 참여(low participation)에서 시민들이 직접 정책방향을 완전히 관장하는 전면적 참여(full participation)에 이르기까지 그 정도와 범위는 매우 다양하다 (Hambleton, 1978). 공공정책참여를 증대시켜야 한다는 입장에서는 공공정책참여가 도덕적 조처이며, 정책입안자로 하여금 가치 있는 지역적 경험을 얻을 수 있게 할 뿐만 아니라, 선거인과 피선거인 사이의 거리를 좁히는 결과를 가져온다고 지적한다. 공공정책참여가 갖는 최종결과는 도시재개발 프로그램에서와 같이 언젠가는 채택될 정책결정의 효율성을 제고시키는 것이어야 한다. AGH

공급곡선 supply curve
가격과의 관계하에서 생산품의 공급수준을 표시한 선. 공급곡선은 전형적으로 수평축에 공급, 수직축에 가격을 표시한 도표에서 오른쪽으로 상승하는 모양을 가진다. 이것은 생산자가 기대할 수 있는 가격이 상승함에 따라 공급이 증가하는 경향이 있기 때문이다. 비록 오늘날 실제로는 대기업이 처음부터 가격을 결정하고 그 가격에서의 소비자수요가 공급수준을 결정한다고 주장되기도 하나, 전통적 경제이론에서는 공급곡선과 수요곡선의 상호작용으로 시장가격이 결정된다. DMS

공동시장 common market
여러 국가, 보통은 인접한 국가들간의 협정으로 그들의 결합된 영토내에서 단일시장을 창출해내는 것을 그 목적으로 한다. 이 지역에서는 재화, 사람, 용역 또는 자본의 이동 등에 어떠한 정부의 제재도 가해질 수 없다. 공동시장은 또한 다른 나라들에 대한 단일무역정책을 내포하고 있는데, 이를 통해 모든 수출장려제도에서와 같이 회원국들의 외부적인 관세가 조정되어야만 한다. 공동시장을 창출하고자 하는 가장 야심적인 시도가 유럽공동체(EEC, ECSC 및 Euratom)로, 1958년 6개의 회원국—벨기에, 프랑스, 이탈리아,

공동체

룩셈부르크, 네덜란드, 서독—으로 시작하여 1973년에 덴마크, 에이레, 영국을 포함시켜 확대되었고, 다시 1981년에 그리스, 1986년에 스페인과 포르투갈이 회원국이 되었다. 공동시장을 설립코자 하는 다른 시도는 별로 성공적이지 못했다. 볼리비아, 칠레, 콜롬비아, 페루, 에쿠아도르, 베네주엘라를 포함했던 안데스 공동시장은 1969년에 형성되었는데 불과 몇년만에 실패로 돌아갔다(자유무역지구와 비교). MB

공동체 ommunity

공간적으로 제한된 일련의 상호작용의 대면집단체. 일상회화에서—거리공동체, 세계공동체 등의 일상적인 대화에서—나타나는 범위의 문제는 그것에 대한 정의를 어렵게 하지만, 지역·공동적 유대 및 사회적 상호작용과 같은 공통요소들은 한 장소에서의 일상생활의 많은 부분이 공유된 가치로 뒷받침된다는 것을 암시한다. 그러나 몇몇 가치는 공유되는 반면 일부는 대립되는데, 이것은 도시 및 촌락지역 모두에 적용된다.

비교적 작은 규모 때문에, 특히 농촌지역과 촌락이 언뜻 보기에 공동체로 생각될 수도 있다. 실제로 많은 사람들이 공동체를 추구하면서 그런 장소로 이동한다는 것이 조사에 나타난다. 이같은 추구에서 공동체라는 용어와 관련된 문제점을 볼 수 있다. 그것은 다양한 규모의 영역적인 총체를 의미할 뿐만 아니라, 점차 개인화되는 경쟁적인 세계에서 평화, 도피 및 조화의 장소 또는 감정과 연관되어 사용되는 하나의 초혼적인 개념이다. 이와 같은 공동체는, 니스벳(Nisbet, 1966)이 지적한 대로, 사회생활에서 가장 기본적이며 지대한 영향력을 지닌 '단위개념'이다. 촌락공동체는 촌락공동체와 길드의 사라진 유대성을 이 시대의 이기주의와 탐욕에 대항하는 것으로 내세우며 안정된 사회관계의 하나의 모형이 되고 있다. 이러한 안정성, 지속성 및 조화에 대한 호소는 보수적이고 이데올로기적인 효과가 있을지도 모른다. 따라서 촌락공동체에 내포된 향토애는 그 지방에 대한 충성심이나 애착을 고무시키고, 개인적인 상호작용의 형태를 강조하며, 자아확인의 감정을 불러일으키지만, 한편으로 그것은 지배층과 종속자와 같은 것을 일반적으로 고수하게 할 수도 있다. 이데올로기로서의 공동체는 사회체계로서의 촌락의 현실에 겹쳐지며, 이 둘을 분리하기는 어렵다. 이 현실은 특히 합의적이거나 조화로운 것은 아니다. 농촌공동체에 대한 연구는 전통적 촌락거주자와 신이입자간의 분열(과 갈등)을 지적해왔는데, 후자는 종종 중산층에 속하는 통근자들이다. 우리는 또한 농부와 농업노동자들간의 촌락에서의 경제적 분열을 지적해야만 하는데 '공동체'는 겉으로 나타나는 공통된 이해관계와 상호 관심사라는 것을 통해 이러한 계층간의 대립을 딴 방향으로 돌리는 한 방법이 되고 있다.

도시 및 교외지역에서 직접 대면적인 상호작용은 아직까지 남아 있는데 사회적 유대에서 농촌지역보다 훨씬 더 큰 잠재적 다양성을 갖고 있다. 지리적·사회적 이동성, 매스미디어와 다양한 생활의 형태가 점차 개인의 삶에 더 많은 영향을 미침에 따라서, 결과적으로 장소애라는 것이 사회생활에서 별로 중요하지 않은 영역으로 될지도 모른다. 그러나 몇몇은 장소지향적으로 될 가능성도 있고 국가적 영향력에도 불구하고 많은 사람들의 행동이 간혹 그렇게 될 가능성도 있다.

도시적 배경이건 농촌적 배경이건간에 '공동체'라는 것은 두 가지 중요한 논쟁의 초점이 된다. 첫째 현대사회에서 아직도 향토애라는 것이 중요한 사회조직 원리가 되는가? 이 질문에 답하기 위해 스테이시(Stacey, 1969)는 '국지적 사회체계'가 국지적 상호작용을 위한 국지적 제도의 중요성과 또한 국가권력 분할의 필요성을 전달할 수 있다고 주장한다. 그렇기 때문에 사회적 관계와 제도는 서로 관련되어서 그리고 시간과 공간과의 관련 속에서 분석될 수 있다. 두번째 논쟁은 개개인을 위해 의미 있는 사회적·심리적 실체로서의 공동체와 이데올로기적 힘으로서의 공동체의 잠재적 역할에 관심을 갖는다. 공동체는 위의 두 가지 기능 모두에 봉사한다고 주장할 수도 있다. 그것은 지역적 사회체계로 작용할 뿐만 아니라, 주체확인과 기질을 강조함으로써 특정한 사회적 목적에 봉사하는 일종의 관계가 된다. 이러한 목적은 연속성의 강조가 현존의 사회적 관계의 재생산을 고수한다는 점에서는 종종 보수적이다. 그러나 이러한 목적은 또한 핍박받거나 노동자계층인 이웃에 대한 이해의 공감성이 하나의 대체적인 집단의식과 결국은 하나의 도시사회운동으로 이끌어질 수도 있다는 점에서 급진적일 수도 있다. 그러나 공동체는 사회적인 세력을 심리적으로 멀리하게 하면서, 우리의 시야를 편협한 관심에만 국한시킬 수도 있다. 그러나 여러 논쟁들은 '공동체'가 현대세계의 인간적 조건을 논의하는 데 절대적으로 필요한 영역이라는 것을 보여준다(촌락공동체 참조). JE

공산주의 communism

모든 재산의 공동소유를 핵심으로 하는 공통의 이데올로기적 전통에 의하여 통합된 사상체계로 현재의 형태에서 마르크스의 저작에까지 소급될 수 있다. 마르크스는 두 계급의 사회를 확인했다(계급 참조): '원시적 공산주의'에서는, 보통 부족사회와 관련되는, 기본적인 경제자원(토지, 단순한 기술)이 공동소유되었다: 한편 완전한 공산주의는 생산수단의 공동소유에 기초하고 상품이 전혀 부족하지 않은 충분히 산업화된 사회에서만 나타날 수 있다. 마르크스와 그의 지지자들에 의하면, 그러한 마지막 단계의 사회는 소위 '산업프롤레타리아 독재'로 특징지워진 사회주의라는 과도기 다음에 나타난다. 완전한 공산주의에서는 국가는 쇠퇴할 것이며, 한편 도시와 농촌, 정신노동과 육체노동, 국민간의, 국가와 집단재산간의 차이는 사라질 것이다. 사회적 관계는 '그의 능력에 따라서'가 아니라 '그의 필요에 따르는' 원칙에 의하여 규제될 것이다. 19세기 마르크스주의자들만 사회주의 단계의 필요성에 동의한 것은 아니었다. 예를 들면, 러시아 무정부주의자(무정부주의 참조)이며 지리학자인 피터 크로포트킨(Peter Kropotkin)은 역사의 동력을 경쟁과 협동의 관점에서 파악하고 그것들은 자연의 법칙과 유사하다고 믿었다. 그러나 그는 그 목적이나 사회적 구성을 막론하고 혁명 이후에는 어떤 국가도 필요 없다고 보았다. 왜냐하면 어떤 생산양식에서도 국가는 항상 착취의 일차적 원천이 될 것이기 때문이다. 이러한 견해를 제쳐놓고 오늘날 국가사회주의 나라들은 모두 그들의 지지와 정통성을 그들이 공산주의 이상을 실현하고 있다는 주장에서 도출하고 있다. GES

공선성 collinearity

중회귀분석에서 나타나는 통계학적인 문제. 두 독립변수가 내재적으로 서로 밀접하게 관련되어 있을 때, 회귀계수는 정확한 관련성을 나타내지 못하고 편기된다. 이러한 문제는 셋 이상의 변수가 다중공선성의 관계에 있을 경우 더욱 심해진다. RJJ

공시적 분석 synchronic analysis

특정 시점에서 체계가 갖는 내적 연계구조에 관한 연구. 공시적 분석은 전통적인 역사지리학에서 횡단면법의 가장 뚜렷한 특징이라 할 수 있다. 그러나 공시적 분석은 (보다 일반적으로) 기능주의와 중요한 연관을 가진다. 예를 들면 '하나의 (경제)체계가 진전해나가는 과정의 어떤 특정한 순간에서 생산, 분배, 소비구조의 기능을 재구성'하는 것 등이다(Godelier, 1972). 변화가 다소라도 언급되는 경우에는 소위 '정태비교(comparative statics)'가 사용되는데 이 경우 연속적인 체계평형의 구조적 특성이 비교된다; 그러나 고들리어(Godelier)가 그러한 '체계의 일련의 공시적 형상'을 통시적 분석이라고 간주한 데 반하여, 대부분의 주석자들은 그러한 해석을 거부하는 대신에 이 방법들이 모두 시간을 '거부'하거나 '회피'한다고 주장한다(Martin, Thrift and Bennett, in Martin et al., 1978

참조). DG 자의 층 참조). DMS

공업단지분석 industrial complex analysis

공업단지내의 산업들간의 연계를 분석하는 방법이며, 기술적 목적 혹은 계획목적으로 이용될 수 있다.

공업단지를 분석하는 가장 명확한 방법은 투입-산출표를 이용하는 것이다. 그러나 이 표는 산업간 흐름에 관한 방대한 양의 자료가 필요하며, 또 규모의 경제, 집적경제 등에 기인하는 산업간 계수의 변이를 반영할 수 없기 때문에 어떤 경우에도 만족스럽지 못하다 ; 또 투입-산출표는 현금의 이동을 통해서는 나타나지 않는, 예를 들면 정보의 흐름과 같은 중요한 연계를 반영할 수 없다. 그러므로 아이자드(W. Isard)와 그의 동료들은 경제발전계획의 결과로 설립될 수 있는 공업단지의 내용을 확인하는 혼성적 방법으로 특별히 공업단지분석을 도입하였다. 그들의 주요연구는 푸에르토리코에서의 인조섬유, 비료 및 석유제품을 생산하는 석유화학단지의 설립가능성에 초점을 맞추고 있다. 이 분석은 관련제조과정들의 연계가 잘 정의된 산업(석유화학공업같은)을 분석하는 데는 성공적이었다 하더라도 기업간, 산업간 원료의 흐름이 극도로 복잡한 유형을 보이는 보다 오래된 공업단지를 고찰하는 데는 별로 유용하지 못하다고 판명되었다. AMH

공업입지론 industrial location theory

제조업과 관련된 입지론의 한 분파로서 공업지리학의 이론적 기초를 제공한다. 고전적 공업입지론은 알프레드 베버(Alfred Weber)의 기초에 바탕을 둔 가변비용분석과 연관되며 여기에 가변수입분석이 추가되면서 수요와 시장의 효과를 수용하였다. 보다 최근에 이루어진 발전은 산업조직 및 의사결정, 그리고 더 폭넓은 지역적·국가적 및 국제적 경제과정의 구조내에서 산업입지와 변동을 해석하는 것에 관심을 가진다(투

공업지리학 industrial geography

공업활동의 공간적 배열에 관한 연구. 공업지리학은 경제지리학의 한 분과이며 제조업이나 2차활동을 다룬다. 공업지리학은 산업입지에 관한 연구가 지리학의 어떤 다른 분야보다도 지리학과 경제학이 보다 밀접한 관계를 가지게 했다는 사실 때문에 중요한 위치를 차지한다.

1950년대 후반 계량적이고 모형정립적인 사조가 우세하기 전까지 공업지리학 연구는 주로 개별 제조업활동의 분포를 기술하는 데 한정되었다. 설명은 유형의 역사적 전개를 강조하는 경향이 있었고, 원료의 가용성과 천연적 동력원과 같은 자연적·환경적 요인을 아주 강조하는 경향이 두드러졌다. 사례연구들을 일반화하려는 시도는 거의 없었다 ; 뚜렷한 이론적 틀도 없었고 경제적 분석도 거의 없었다.

인문지리학이 이론과 모형에 더욱 관심을 가지게 되면서 공업지리학은 기존 경제학연구의 많은 도움을 받을 수 있었다. 근대입지론의 출발은 독일의 경제학자 베버(A. Weber)가 『공업의 입지에 관하여(Über den Standort der Industrien)』[1929년 「알프레드 베버의 공업입지론」(Alfred Weber's theory of industrial location)이란 제목으로 영어로 번역됨]란 책을 출판한 1909년으로 거슬러올라간다. 이 책은 입지론에 대한 가변비용분석 접근의 기초를 제공하였는데 가변비용분석은 1930년대말 팔란더(T. Palander)와 후버(E. M. Hoover)가 더욱 발전시켰다. 이와 병행해서 입지의 상호의존성에 관한 이론이 발전되었는데, 이것은 가변수입분석의 기초가 되었다. 이 접근은 경제이론에서 완전경쟁모형을 가정하는 데 반하여, 기업이 입지로부터 공간독점이익을 얻을 수 있다는 인식에서 출발하였다.

1960년대에는 전반적으로 가변비용분석 접근방법이 공업지리학의 이론을 지배하였다. 주로 시장지역분석을 통한 수입측면에서의 발달은 중

심지이론의 맥락에서 가장 뚜렷한 성과를 보여준다. 가변비용 및 가변수입접근의 결합은 이론적으로 아주 힘들다고 판명되었다. 공간경제분석의 전통에서 종합을 시도한 것은 뢰쉬(A. Lösch ; The economics of location, 1954)와 그린허트(M.L. Greenhut ; Plant location in theory and in practice, 1956)이다. 이 시기의 공업입지분석의 발달과정에서 독창적으로 공헌한 지리학자들은 매우 적으며 예외적으로 로스트론(E. M. Rawstron)의 공간한계의 개념이 있다.

1960년대 말엽, 행태주의 학파가 세력을 떨치면서 전통적 입지론이 공격을 받을 때 지리학의 공헌은 더욱 두드러졌다(행태지리학 참조). 의사결정자를 위하여 목표와 능력의 최적화를 가정하는 것에 근거한 추상적 모형에서 실제 입지관행을 관찰하는 것으로의 변이는 지리학자들이 전통적으로 보다 경험적인 것을 좋아하는 것과 일치하였다. 따라서 사례연구가 거듭 강조되었다. 가변비용 및 가변수입모형은 많은 자료들이 필요하기 때문에 공간경제분석의 전통에 입지론을 실제 적용하는 것은 매우 어려웠으며 입지의 사결정을 경험적으로 확인하는 것을 다루기가 더 쉬웠다.

1970년대에는 보다 행태주의 지향적인 공업지리학에 두 개의 뚜렷이 구분되는 그러나 상호연관된 주제가 등장하였다. 하나는 입지의사결정 과정에 초점을 맞추는 것으로 대개 조사방법을 사용하여 입지선택과 관련되는 고려사항들과 최종결정이 어떻게 이루어지는가 하는 것을 개인에게서 끌어낸다. 두번째 주제는 입지결정과 일반적 산업활동의 공간조직에서 산업조직의 역할을 강조한다. 이 관점은 단일공장기업과 관련된 것에서 시작하여 거대한 다공장 및 다품목생산 기업의 복합체, 나아가 전체적 공간산업체계와 관련된 것에 이르기까지 점차 확장된다. 이러한 발전에도 불구하고 아직도 공간경제학적 전통의 입지론을 지지하는 사람들이 많으며, 비용의 극소화와 같은 고려사항이, 특히 경쟁적 자본주의 경제에서의 주요 다국적기업에게는 여전히 중요하다는 것이 인식되면서 오히려 새로운 관심을 불러일으키는 징조까지도 있다.

공업지리학에 입지론이 도입된 이래 산업발전 계획의 문제에 대한 관심은 항상 있어왔다. 선진자본주의 세계에서는 보다 오래된 공업지역의 경제적 쇠퇴문제와 번영하는 대도시지역 중심부에서 주변부로 제조업의 분산을 촉진하는 계획에 일차적 초점을 맞추어왔다. 더 최근에는 내부도시의 공업쇠퇴로 관심이 옮겨졌다. 저개발 국가에서는 선진자본주의 세계에의 종속이라는 일반적 맥락에서, 자원, 자본, 기술이 제약된 상황에서 산업개발을 어떻게 촉진할 것인가 하는 것이 문제이다. 소련의 지역생산단지 개념에서 볼 수 있는 것처럼, 사회주의 중앙계획에서의 산업개발과정에 대한 관심이 점점 높아지고 있다.

경제(및 인문)지리학의 다른 전문화된 분야와 마찬가지로 공업지리학도 그 독립적 존재가 주제의 통합경향과 점차 모순되고 있는데, 이러한 주제의 통합경향은 계량적·모형정립적 조류가 최초의 자극이 되었고, 지역경제학 및 지역과학이 출현함에 따라 더욱 촉진되었으며, 총체론적 사회관을 추구하는 현재의 정치경제학적 관점의 중요 현상이다(정치지리학 참조). DMS

공유영역 interface

두 개 체계간의 경계를 경우에 따라 공유영역이라고 부른다. 지리학에서 이 용어는 두 가지 측면에서 적용된다: 첫째로는 '학문적 연구'와 '현실세계'간의 접촉을 지칭하는 것이며, 둘째로는 통합된 도시 및 지역시스템 모형을 수립할 때 주거모형과 고용모형과 같이 두 가지 하부 모형간의 접촉을 지칭한다(활동배분모형 참조).
AMH

과도시화 overurbanization

서유럽과 북미의 도시화와 제3세계의 도시화를 비교할 때 자주 사용되는 용어.

제3세계는 서유럽 및 북미에 비해 산업화의 수준에 걸맞지 않게 도시인구가 과중하다. 이에

과소소비

대해 일부에서는 제3세계가 경제발달수준에 비해 도시인구가 너무 많기 때문에 미래의 경제성장에 위해가 된다고 주장한다. 여러 통계분석은 그러한 비교 자체에 대해 회의적이다. 과도시화 개념에 대한 비판에서는 능률적인 농업체계가 인구의 도시화를 요구하지만, 자본집약적 산업화는 농업에서 해방된 유휴노동력을 흡수할 수 없기 때문에, 20세기의 제3세계와 19세기의 서유럽과의 비교는 무의미하다고 지적한다.   RJJ

과소소비 underconsumption

흔히 부적절한 구매력이라는 면에서 설명되는, 수요의 지속적 부족. 자본주의 사회에서 노동(V)에 의한 재화의 총량적 소비는 경제(C+V+S)의 총산출(잉여가치 S를 포함)을 위하여 불변자본(C)을 포함한 총량적 수요의 주요 성분을 구성한다(마르크스경제학 참조)는 점에서 자본주의에는 기본적인 모순이 있다(자본주의 참조). 그러나 노동력이 재생산되어야 하는 것처럼, 노동의 소비는 부분적으로 생산과정에서 단지 한 모멘트이다. 따라서 임금은 노동의 재생산을 보장하는 유효수요의 수준이 가능하도록 충분히 높게 설정되어야 한다. 동시에 자본가들간 경쟁은 지불된 임금수준을 하락시키는 경향이 있으며, 이에 따라 수요를 감소시킨다. 국가는 집합적 소비수단을 제공함으로써 이러한 모순에 대응한다. 마찬가지로, 광고는 양적·질적 측면에서 노동에 의한 소비를 실현시킬 수 있으며, 이를 통해 축적의 지속적 과정이라는 점에서 소비를 보다 합리화하는 데 도움을 준다.

엄격하게 말해서, 과소소비는 단지 소비재들에만 관련된다. 그러나 위에서 지적된 것처럼, 경제에는 수요의 다른 관련 성분들이 있다. 불변자본(C)의 소비는 가변자본(V)의 소비에 비해 보다 직접적으로 자본에 의해 통제된다. 그러나 불변자본이 특히 불안정하거나 또는 주요한 외부효과들에 의해 성격지워질 때, 투자는 흔히 국가에 의해 수행된다. 그렇다고 국가가 과소소비의 문제를 해결할 수 있음을 의미하는 것은 아니다. 왜냐하면 국가의 투자 역시 그 재원은 자본주의 경제에 의존하기 때문이다.

아직 교환을 통해 실현되지 않은 잉여가치에 대한 요구가 어디서 유발되는가의 문제가 남아 있다. 이 문제에 대한 해결책으로서의 사치적 소비능력은 자체 한계를 가진다. 또 다른 해결책은 제국주의와 밀접하게 관련된 과정으로 시장의 지리적 팽창이다. 이 가능성 역시 분명 한계를 가진다. 그러나 지리적 확대는 노동력의 추가적 착취를 통한 자본에의 화폐집중만큼 시장의 팽창에 기여하지는 않는다(축적 참조). 따라서 교환을 통한 잉여가치의 실현에 관한 문제는 생산에서 노동력의 추가적 착취에 의해 해결된다(Harvey, 1982). 지속적 축적은 해결책을 제시하며, 물론 이에 따라 문제는 심화된다.RL

과잉인구 overpopulation

한 지역에서 자원이나 넓은 의미의 경제적·사회적인 기준으로 보았을 때 인구수가 초과된 상태. 맬더스(Malthus)가 인구에 대한 그의 사고를 제기했을 때 경제학자들과 인구학자들은 과잉인구, 과소인구 및 적정인구의 개념을 정확하게 하려고 하였으나 큰 성과는 거두지 못하였다. 과잉인구는 촌락·지역·국가의 차원에서 나타난다. 오늘날에는 특히 인구성장이 자원을 능가하여 영양부족과 실업이 나타나는 저개발 촌락지역에서 나타나고 있다. 마르크스주의 학자들은 사회주의사회에서의 과잉인구의 가능성을 부정하는데 그들은 인구성장률 자체보다는 인구내에서의 자원의 분배에 더 중요성을 부여한다(부양력, 맬더스모형 참조).   PEO

과점 oligopoly

소수의 공급자가 재화나 서비스 제공을 통제하는 것. 공급자의 수가 적기 때문에 어느 한 공급자의 행위(예를 들면 가격할인)가 경쟁자들에게 심각한 영향을 줄 수 있다. 이러한 행위의 잠재적 위험을 피하기 위해 과점자들은 종종 가격동결이나 공간적 분할을 포함한 시장분할을 공모함으로써 독점자들과 동일한 방식으로 행동한다(복점, 독점, 가격정책참조). RJJ

과정 process

체계나 구조를 생산, 재생산 또는 변화시키는 사건이나 행위의 흐름. 현대지리학은 1960년대 들어서야 과정이라는 용어가 내포하는 개념의 복잡성을 인식하였다. 블라우트(Blaut, 1961)는 공간구조와 시간적 과정의 뚜렷한 구별은 그가 '상대주의적 혁명'이라 명명하는 칸트학파에서 유래한 것이며 "현실세계에는 순수하게 공간적인 것도 순수하게 시간적인 것도 존재하지 않는다. 모든 것은 과정이다"라고 주장하였다. 블라우트의 견해에 의하면 '현실세계의 구조'는 '오랜 기간에 걸쳐 나타나는 점진적 과정'에 불과하다. 비록 지리학을 공간과학으로 구성하는 대부분의 조류는 이러한 주장을 받아들였으나—골리지와 아메데오(Golledge and Amedeo, 1968) 그리고 하비(Harvey, 1969)는 지리학의 설명에서 '과정법칙'에 중점을 두었다—실제적으로는 대부분의 연구가 거리를 과정(따라서 '공간과정')의 대치요소로 사용하였으며, 그 결과 대부분의 입지분석과 공간분석에서의 기하학적 유형을 확인하였다(거리조락 참조).

이러한 모형의 대부분은 형식적 언어체계 (formal language system), 즉 그 요소가 할당되지 않은 의미(unassigned meanings)를 가진 언어체계에 의존하고 있다. 방정식에서 x 또는 y 변수, 도표에서 점이나 선은 구체적 대상을 지칭하는 것이 아니라 어느 것이나 지칭될 수 있고, 따라서 분석은 언어체계 자체의 이러한 추상적 요소간의 관계에 따라 달라진다. 즉 (이 언어체계에서는) 우리가 얘기하고자 하는 대상 (about)보다는 기하학의 법칙, 확률이론의 미적

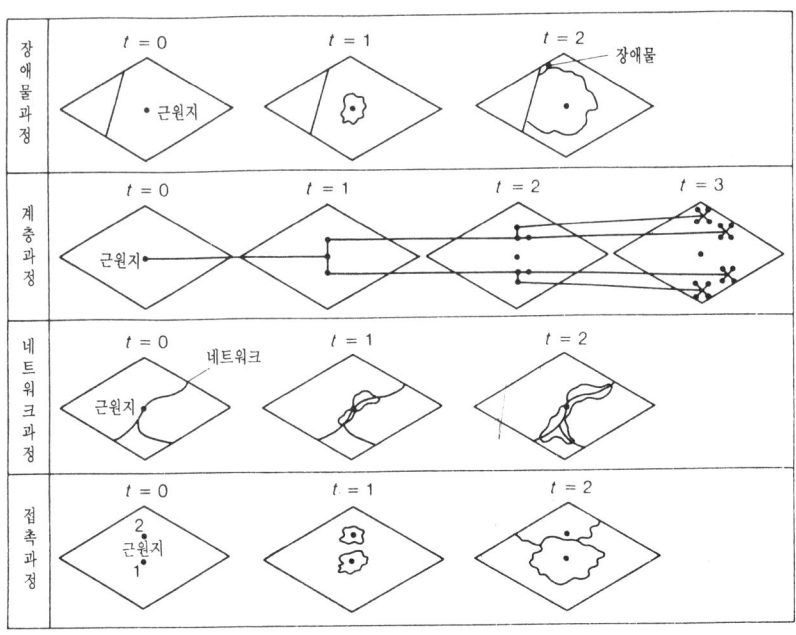

과정 장애물, 계층, 네트워크, 접촉과정에 의해 시간에 따라 형성된 공간적 패턴

분학 또는 확률과정의 수학적 이론 등에 의해 분석이 달라진다(Olsson, 1974). 이러한 모형은 클리프와 오드(Cliff and Ord, 1981)의 저서에 잘 설명되어 있다.

그러나 과거 15년간은 그 요소가 할당된 의미를 가지는 보편적 언어체계(ordinary language system)에 기초한 지리학이 재등장하는 시기였다. 이러한 경향은 행태지리학의 인식과정 및 의사결정 과정, 경제지리학의 노동과정 및 자본축적의 역동성, 사회지리학의 구조화 과정이 보여주는 예와 같이 사용되는 과정이 훨씬 더 실체적인(substantive) 개념화를 이루도록 하였으며, 다른 한편으로는 인접 인문사회과학에서 가장 기본적으로 사용되는 일부 정리를 주의깊게 재분석하도록 하였다(Gregory, 1985 참조). 하비(1973)가 주장하듯이, "공간의 복잡성을 이해하는 것은 사회적 과정을 이해하느냐에 달려 있다.… 그리고 사회적 과정의 복잡성을 이해하는 것은 공간적 형태를 이해하느냐에 달려 있다." 그러므로 하비에게 가장 큰 관심의 하나는 사회학적 상상력과 지리학적 상상력간의 벽을 허무는 것이었다(맥락적 이론 참조).

과정의 '형식적' 정의와 '실체적' 정의를 구별하는 것은 헤이와 존스톤(Hay and Johnston, 1983)의 다음 두 구별에서 잘 나타난다.

(a) 첫째는, 과정을 공간이나 시간에서의 차례(sequence)로 보는 것이다. 이러한 견해는 전통적인 역사지리학에서의 수직적 주제 및 현대의 시-공예측모형에서 나타나는 특징이다. 두 경우 모두 그 설명은 매우 기술적(記述的)이다. 다비(Darby, 1951)가 영국의 경관을 변화시킨 과정으로 든 것(삼림의 제거, 습지의 배수 등)과 베넷(Bennett, 1978)이 과정을 장애물, 계층, 망 및 연속성 과정의 형태로 구분한 것을 비교하면 알 수 있다(그림 참조);

(b) 둘째는, 과정을 메커니즘(mechanism)으로 보는 것이다. 이러한 견해는 체계분석 및 보다 최근의 실재론 철학의 영향을 받은 지리학 분야와 밀접히 관련되어 있다. 체계분석에서 통시적 분석의 중심개념은 '과정'이다(Langton, 1972).

실재론의 영향을 받은 지리학은 구조의 '인과관계적 설명력(causal power)'과 그것의 현실화간의 관계를 구별한다(Sayer, 1984). 두 경우 모두에서 설명은 어떻게—어떠한 수단에 의해—사건이 일어나는가를 보여주려는 설명인 형태이다.

헤이와 존스톤(1983)은 첫째(a)와 둘째(b)의 정의를 다음과 같이 종합하였다:

과정의 연구는 시-공간적 순서를 지배하는 규칙을 그러한 순서의 결과의 관점에서, 순서에 영향을 미치는 외부변수의 관점에서, 그리고 외부적 및 내부적 영향이 결과에 영향을 미치는 메커니즘의 관점에서 파악하는 것이다.

비록 이러한 체계화가 인문지리학에서는 계량적 연구에 국한된다 할지라도 해석(interpretation)을 중시하는 것은 초기의 대부분의 공간모형(특히 반복 및 모의실험에 관련된 모형)보다는 대단한 진보이며 위에서 살펴본 두 가지 구별간의 중계역할(translation)을 할 수 있는 계기를 마련하였다. DG

과학기술단지 science park

첨단기술산업에 대한 투자를 촉진하기 위하여 설립된 성장극의 특별한 한 형태. 많은 과학기술단지는 대학이나 관련 연구소와 공동협력하여 지방정부 기관 및 사기업 단독이나 공동으로 설립된다. 이러한 단지의 목표는 성장산업에서 고용을 창출하고, 연구기관의 연구비용을 제공하여 기술이 계속 혁신되도록 함으로써, 이들 연구기관에서 이룩하는 과학적·기술적 발전을 이용하려는 데 있다. RJJ

관광 tourism

통상적인 거주지를 떠나서 이루어지는 휴가활동. 자료수집의 편의를 위해 이 정의는 보통 확대되어, 관광객은 통상적으로 거주하는 장소 이외의 곳을 방문하여 하룻밤 이상 머무르고, 방문지에서 영리적인 활동이 아닌 다른 이유를 가져야 한다고 정의된다. 이 조작적인 정의는 따라서 휴가 이외의 목적으로 여행하는 몇몇(예를 들어 회의참석자, 순례자)을 포함하게 되지만, 일단 자료가 수집되면 그들을 제외시키는 것은 일반적으로 불가능하다. 레크레이션과 관광은, 레크레이션은 집을 떠나 24시간 이내에 이루어지는 여가활동을 말하고, 반면에 관광은 보다 긴 시간을 수반하고 따라서 숙박시설 제공이라는 형태로 보다 많은 기반시설이 필요하다는 데 차이가 있다.

관광경제의 진수는 선택된 휴가지역에서 다른 곳에서 벌어들인 돈을 지출한다는 데에 있다. 크리스탈러(W. Christaller, 1964)는 관광이 부의 공간적 재분배에 매우 중요한 자유시장 매개체라는 것을 지적했다. 관광활동에 영향을 받은 어떤 경제에서든, 관광은 하나의 수출부문으로 작용하여(경제기반이론 참조), 즉 부를 창출하는 소득승수와 일자리를 창출하는 고용승수 모두를 만들어내어 그 지역에 돈을 벌어들인다. 투입-산출모형들과 비용-편익분석은 관광발달의 이와 같은 경제적 결과를 추정하는 데에 이용된다.

도시체계내에서 관광객 이동은 두 가지 형태로 나타난다:

(a) 중앙집권적인 영향력의 결과로 특정한 문화적·역사적·종교적 또는 사회적인 흡인력을 가지는 대규모 도시중심지로의 이동(예를 들어 수도에서의 관광);

(b) 도시거주자들이 도시에서의 일상생활 환경과 대조적인 휴가배경을 갈구하는 중심부-주변부 이동(예를 들어 해안, 산 또는 농촌지역으로의 이동, 또는 선진국에서 제3세계로의 이동)

도시관광은 대도시에서의 상품과 용역에 대한 더 많은 수요를 창출함으로써 중심성의 유형을 더욱 강화시키는 경향이 있다. 주변부에서 관광은 주요한 경제발전을 가져올 수 있는 잠재력을 지닌다. 그러나 그러한 지역에서의 관광활동은 계절성의 문제로 자주 시달려, 관광 종사자들은 그 지방 거주자들이기보다는 외래인들이고 지방재정이 부족하면 외부자본이 성장을 지원할 수 있다 ; 극단적으로는 그 지방경제가 관광 발달의 영향을 받지 않는 이중경제가 나타날 수도 있다. 변두리지역에서 관광은 경제적 분화를 만들어내고, 지역생활의 상업적 지향성을 향상시키며, 지역사회를 새롭게 성층화시킴으로써 사회변화에 활력을 주는 역할을 할 수도 있다. PEW

관념론 idealism

실재란 마음에 존재하거나 마음에 의해 구성되는 것으로 간주하는 철학적 입장('형이상학적 관념론'), 또는 인간의 이해를 외부대상의 지각에 국한시키는 철학적 입장('인식론적 관념론') (마르크스주의 지리학의 유물론과 비교). 그러나 인문지리학에서는 "대지의 문화경관 배후에 내재된 사고를 밝힘으로써 그 발전과정을 이해하고자(Guelke,1974 ; 또한 Guelke, 1982 참조)" 추구하는 '비이론적' 관점도 또한 뜻하게 되었다. 굴케(Guelke)가 자신의 연구계획을 관념론적(Lowther, 1959과 비교)이라고 내세우는 것은 이처럼 마음을 즉 "지리적 행위자의 사고를 재고함"을 강조하기 때문이다. 이 점에서 "인문지리학자는 연구대상인 개인의 행위에 나타난 이론들에 관심을 갖기 때문에 자신들의 이론을 필요로 하지 않는다." 실제로 "인간행동을 이론적 용어로 기술하고자 하는 시도는 어떤 것이든지" 굴케에게는 "파산될 것처럼 보인다." 왜냐하면 지리학자는 인간의 이론적 행동이 지닌 특수한 성격을 완벽히 설명해야만 하기" 때문이다(Guelke, 1974 ; 1976). 채플(J. E. Chappell, 1976)이 이 논리를 접하고서는 다음처럼 불평을 터뜨릴 수밖에 없었던 것은 별로 놀라운 일이 아니다. 즉 굴케는 "인간사고의 특성이 이론적이라는 바로 그 이유 때문에 건전한 일반이론을 구성할 수 없다고 주장하기 때문에, 논리적 조정(handle)을 더듬어 나갈 수밖에 없다." 채플에 따르면, 이처럼 유달리 이론적 태도를 억압

관념론

하는 것은 전혀 관념론적이 아니며 <u>개성기술적</u>이다. 반면에 해리슨과 리빙스턴(R. H. Harrison and D. N. Livingstone, 1979)에 따르면 관념론은 굴케가 의도한 바와 같은 <u>실증주의</u>에 대한 담론적(telling) 비판이라기보다는 단순히 <u>경험주의</u>의 일종이다(Guelke, 1971). 그러나 사실 이러한 두 가지 비판적 해석으로부터(다른 비판은 차치하고라도) 굴케의 연구계획을 멀리 떼어놓는 '논리적 조정'이 구성될 수 있다. 이는 두 가지 요소를 가진다:

(a) 해석적 사회학(interpretative sociology); 굴케에 따르면, '인간의 이론적 행동의 독특한 성격'은 그 합리성과 의도성이며, 사회적 삶을 올바로 이해함은 이해(verstehen), 즉 주체의 '경험적 맥락'에서 관찰자가 상상력을 발휘하여 '몰입(immersion)'함에 달려 있다(Hufferd, 1980). 그러나 행위의 배후에 존재하는 행위동기에 대한 경험적 타당화는 이러한 주관적 의미의 영역 안에서 이루어질 수 없으므로, 굴케의 관념론적 지리학은 "우리의 합리적 행동 경로를 상세히 표시하고", 따라서 검증이 가능한 객관적 행위의 영역에로 들어갈 수 있게끔 해주는 '이념적 모형(ideal models)'을 구성해냄으로써 진전해나가야만 한다(Guelke, 1974). 이는 의도를 행위에로 투사하는 '이념형'을 사용함으로써, 이해(verstehen)를 경험적으로 검증가능한 설명(erklären)과 결합시키려는 베버(Max Weber)의 시도와 형식적으로 유사하다 (Outhwaite, 1975 참조);

(b) 구성적 현상학(constitutive phenomenology); 의도(intention)와 행위간의 연결은 적합성(adequacy)의 준거에 달려 있으며, 슈츠(Alfred Schutz)는 다음처럼 논리적 체계를 세웠다. "인간행위에 관한 과학적 모형에서 각 용어는 개별 행위자가 생활세계 안에서 수행하는 인간행위가 행위자 자신에게뿐만 아니라, 일상적 삶에 대한 상식적 이해를 통해서 동료들에게도 이해가능한 방식으로 구성되어야만 한다" (Schutz, 1962). 이로부터 온갖 종류의 난점이 야기되지만(Gregory, 1978 논의 참조), 굴케가 수긍할 수 없는 독특한 이론적 구성과 상승화에 대한 일반공리를 만들도록 하는 것은 행위자의 설명과 관찰자의 설명이 일치해야 한다는 점 때문이다.

굴케는 위의 두 가지 원천에 기초해서 이들보다 상세히 검토하기보다는 차라리 콜링우드(R. G. Collingwood)의 『역사의 이념(The Idea of History, 1946)』, 특히 '모든 역사는 사상의 역사'라는 콜링우드의 '핵심적' 주장에 기초하고 있다. 그러나 많은 논평가들에게 이는 굴케가 요구하는 만큼 제대로 발전되지도 못한 것이고, 보다 제한적인 것이다. 마음에 관한 콜링우드의 개념은 "즉각적인 경험과 무의식적 행위를" 배제시키며(Watts and Watts, 1978), 예를 들어 베버가 '합리적인' 행위를 파악하는 상이한 방식들을 탐색할 수도 없다. 실제 굴케가 관념론적 해석은 행위자의 의도를 "행위자가 자기 상황을 이해하는 것처럼 이들의 행위가 자기 상황에 대한 합리적인 반응으로서 이해될 수 있는 방식으로" 분류하게 된다고 주장할 때, 그는 누가 이들을 합리적이라고 판단해야 하며, 또 어떤 근거에서 해야 하는가에 대해 얼버무린다. 이러한 의문은 어떠한 비교연구 또는 역사연구 —이것은 굴케의 주요관심사 중 하나이다(Guelke, 1982 참조)—에 있어서도 중요한 것이다. 나아가 커리(M. Curry, 1982)가 주장한 대로 이유(reason)에 대한 굴케의 탐색은 본질주의(essentialism)—행위의 '배후에는' 사고가 있다고 가정한다—를 내포하는데, 반면에 모든 행위가 의식적으로 마음에 품고 있는 동기를 수반하는 것은 아니다. 굴케가 자기 원리와 절차에 대해 보다 엄밀히 설명하지 않고는, 그리고 실제 결과를 신빙성 있게 제시하지 않고는, 그의 연구계획이 어떻게 기존의 인문지리학과 사회이론 내 기존의 해석적 전통에 대해서 참신한 진보를 이룩할 수 있는지 알기 어렵다(Giddens, 1976; Gregory, 1978 참조; 또한 <u>인간주의 지리학</u>, <u>정성적 방법</u> 참조).

DG

관문도시 gateway city
한 지역과 다른 지역을 연결시켜주는 도시취락. 예를 들어 세인트루이스 같은 도시는 배후지역과의 출입에 유리한 좋은 자연조건을 지니고 있다. 통제 중심지로서 관문도시는 종종 종주도시로 발전한다(상업모형 참조). RJJ

관세 tariff
수입상품에 부과되는 세금. 관세는 일반적으로 국가정책상의 여러가지 이유로 수입을 줄이기 위하여 제정된다. 관세의 목적은 국제수지의 균형 또는 수입으로 경쟁력이 약화될 사업부문 및 전략산업과 미성장의 유치산업을 보호하는 데 있다. 관세는 선별적인 측면(다른 수입업자 중에서 특정 수입업자들을 선호하는)도 있고, 비선별적인 측면(모든 수입업자들에게 동등한 혜택을 제공하는)도 있다(무역 참조). RL

교역조건 terms of trade
수출품과 수입품이 교환되는 가격의 비율. 만약 수출가격이 수입가격에 비해 상대적으로 높으면 교역조건은 호전되었다고 말한다. 비용의 변화에서 야기된 가격변화와 수요의 변화를 구별하는 지수, 그리고 국민소득에 영향을 미치는 무역량의 효과를 나타내는 지수를 나타내기 위해 수정된 지표가 된다. 장기 교역조건은 비록 원유가의 상승으로 어느 정도 손실이 상쇄되긴 했지만 1차산업 생산자들에게 불리하게 작용하는 경향이 있다. 천연석유자원이 없는 저개발경제는(저개발 참조) 원유가의 상승으로 교역조건이 더욱 악화되었다. 교역조건의 이러한 장기적 경향은 공업화에 의해 수입대체를 중시하는 일련의 경제개발정책을 실시하는 원인이 된다. RL

교외지역 suburb
도시지역에 있는 사회적으로 동질적인 거주지역. 미국에서 교외지역은 통근권에 위치하면서, 중심도시의 법적 한계 밖에 지방행정영역으로 분리되어 있다. 교외지역은 직업, 쇼핑, 위락시설 등을 중심도시에 의존하며 일반적으로 거주 내지 기숙지역의 성격을 지닌다. 사회적 측면에서 교외지역은 다수의 가족과 여가에 대한 욕구를 만족시키는 생활방식을 제공해주는 곳으로 간주되고 있다. 또한 교외지역은 저당권을 지불하는 주거양식 지역으로, 어린 자녀를 가진 중산층 부부들의 동질적 집합체가 위치한 지역으로, 개성과 인간미가 거의 없는 지역으로, 단지 자본주의의 재화와 용역의 소비를 위해 만들어진 지역으로 종종 간주되기도 한다. 그러나 후자의 특성은 교외지역의 발달형태와 목적에 따라 다양한 양상으로 나타날 수 있다.

원래 교외지역은 길드조직의 규제를 피하려는 장인들이나 점차로 사람이 거주하기에 바람직하지 않은 장소로 변화되는 도시로부터 탈출하려는 부유층에 의해 발전되었다. 19세기에 개발업자들에 의해 이루어진 대규모의 교외지역은 교통의 발달, 재정기관, 토지획득가능성 등에 의존하면서 발달한 것으로, 도시과밀에 대한 해답이자 촌락적 이상의 재발견이었다: 중산층은 공업 및 상업지구 밖에 거주하였으며 번빌과 솔테어 같은 교외지역은 자기회사의 근로자들을 위해 인정 많은 사용주가 건설한 모형적인 교외지역이었다. 20세기에 대두된 저소득 중산층의 교외지역과 근로자를 위한 주변지역의 공영주택단지는 이제까지의 교외지역 이상향과 거리가 있는 것이었다. 멈포드(Mumford)는 "도시로부터의 탈출구를 제공하기 위하여 만들어졌던 환경이 교외인데, 이제는 더이상 그 환경으로부터 탈출구를 찾을 수 없는 상태가 되었다"라고 결론지었다. 그러나 교외지역은 역동적인 실체임에 틀림없으나, 그 생명력과 다양성은 교외지역 발달의 분류작업을 어렵게 하고 있다. JE

교육의 지리학 education, geography of
교육의 지리학에 대한 연구는 1970년대까지는 중요하지 않았고, 서로 잘 통합되지 못했다

(교육사의 현저한 발전과는 대조적으로). 몇몇 개별적 연구들이 발표되어왔지만(Gautier, 1964 ; Philbrick, 1949 ; Yeates, 1963), 로버트 가이펠(Robert Geipel, 1968)의 연구만이 정부 정책에 실질적으로 시사할 수 있는 구조화되고 종합적인 접근방법을 제시해주었다. 「교육지리학을 합시다(Hones and Ryba, 1972)」라는 논문에 뒤이어, 퀘벡시에서 22차 IGU 총회의 한 분과로 심포지움이 개최되었다. 로스트론(E. M. Rawstron, 1976)은 '교육기회의 요인으로서의 입지'에 관한 독창적인 논문을 기고했는데, 이는 코츠(B. E. Coates)와 공동으로 행한 그 이전의 영국의 지역적 불평등에 관한 연구를 발전시킨 것이었다. 혼즈와 리바(Hones and Ryba) 또한 심포지움의 공헌자였고 연락망과 국제적 회보를 발전시키는 데 중심인물이 되었다.

이 주제에 대한 초기연구는 공간분석기법의 증가하는 영향력과 현행교육의 실제적 문제, 예를 들어 학교버스 운행거리의 최소화, 교육시설의 최적입지 등에 이론적 모형을 적용시키는 것에 의해 주도된다. 교육사도 연구했던 마스덴(W. E. Marsden)은 많은 역사적 연구에서 지리적 요소가 갖는 중요성에 주목하였고, 주요 참고문헌 목록을 제시하였다(Marsden, 1978). 리바(1976)와 브록(C. Brock, 1985)도 비교교육에서 지리적 주제를 강조하였다. 세계은행과 유네스코를 위해서 일했던 굴드(W. T. S. Gould, 1974)는 동아프리카 국가들의 학교체제를 계획하는 데 공간개념과 기법을 적용하였다. 다른 국가에서도 교육지리학에 대한 중요한 논문이 백클러(Backler, 1977, 미국), 호페(Hoppe, 19 80, 스웨덴), 워커(Walker, 1981, 호주)와 모이스베르거(Meusberger, 1974, 오스트리아)에 의해 발표되었다. 몇가지 주요 연구방향이 나오게 되었다:

(a) 전세계에서 국지적 지역에 이르기까지 다양한 차원에서 교육현상의 분포와 변화를 연구하는 것 ;

(b) 교육설비의 성장과 확산, 그리고 이것에 영향을 주는 요인들에 관한 역사적 연구 ;

(c) 학교입지의 원리와 통학권의 설정에 대한 연구.

좀더 최근에, 교육과정 쇄신의 공간적 측면, 교육성취도(대표적으로는 읽고 쓸 수 있는 능력)의 공간적 차이 그리고 교육에 대한 불균형한 공공자원 공급에 관심이 높아지고 있다. 교육의 합리화와 재조직화는 영국과 미국에서 현재 매우 중요시되고 있다(지리교육 참조). 이것의 계속적인 확대는 많은 저개발국가에서 정부정책이 여기에 우선순위를 둔다는 사실을 말한다. 그러나 교육지리학에 대한 학문적 연구가 아직은 별로 계획이나 정책결정에 공헌을 하지 못하고 있다. 영국에서 거주지 입지에 대한 교육의 영향력, 다문화사회의 발전과 관련된 여러 문제들은 지리학자들에게 많은 연구잠재력을 제공하는 영역이다. 그러나 교육지리학에서 인간주의 지리학의 의미는 더 연구되어야 하며, 연구발전을 위해 유망한 여러 경향을 총괄하는 주요교재가 시급하다. RW

교차표 contingency table
명목수준에서 측정된 둘 또는 그 이상의 교차분류표(대수-선형모형화, 비모수통계기법 참조). RJJ

교통분담 modal split
경쟁관계에 있는 교통수단들로 수송되는 전체 화물과 여객에 대한 각기 다른 비율. 이 비율은 수송된 총규모에 대하여 표현되거나(여객교통에 대한 백분율, [전체] 톤수에 대한 백분율), 혹은 수행된 총수송에 대하여(여객-킬로미터에 대한 백분율, 톤-킬로미터에 대한 백분율) 표현된다. 교통분담의 공간적 패턴은 그 자체가 흥미로울 뿐만 아니라(그래서 기술적·설명적 연구에 매력적임) 많은 교통문제들이, 예를 들면 도시교통혼잡과 같은 문제, 그 교통량이 대치되는 수단에 이전된다면 해결될 수도 있기 때문에 중요한 계획적 적용을 갖는다. 이러한 계획적 적용 때문에 많은 정부들(중앙과 지방)은 수단분담 패턴을 변화시키기 위하여 관여해왔다. 그러한 패턴을 설명하려 할 때 이 사실을 명심해야 한다.

여객수송의 교통분담은 도시내 이동과 도시간 이동에 중요하다. 도시내 규모에서 공공수송수단(때때로 대중교통수단으로 불림)과 개인자가용차 사이에는 경쟁이 있다. 이러한 대안들을 이용하는 비율은 자동차 소유의 정도와 밀접하게 상호관련되어 있으며 많은 도시내 교통에 대해서 시간과 안락함이 상대적 화폐비용보다 훨씬 더 중요하다고 알려져왔다. 도시간 거리가 상당히 길어서(150km 이상) 고속철도나 항공의 이용으로 시간을 절약할 수 있다는 사실을 인식할 만한 거리를 제외하고는 자가용차가 경쟁력이 있다. 총계적모형(엔트로피 극대화모형과 비교)이 잘 맞아들기는 하지만 요즈음의 연구들은 가구나 개인의 수준에서 수단을 결정케 하는 요소에 집중되고 있다. 그런 연구는 또한 교통수단의 선택은 목적지의 선택과 상호종속적이라는 것을 보여주었다(개별통행수요 모형화 참조).

화물연구에서는 전통적으로 경쟁하는 수송수단별 교통비에 관심이 집중되어왔으며 이들이 운송거리와 운송규모에 의해 결정된다는 것이 일반적으로 사실이다. 장거리와 부피가 많은 경우에 일반적으로 수상교통이 선호되었고 ; 단거리에 부피가 적을 경우에 도로교통이 선호되었다. 그러나 여기서도 역시 다른 비용이(시간, 지체, 유실, 요구되는 포장 등등) 가장 싼 수송수단에(부과된 운임면에서) 반하여 그 균형을 깨뜨릴 수도 있을 것이다.

교통분담률에 대한 정부의 관여는 몇가지 이유에서 역설될 것이다. 어떤 경우에는 설치된 수송수단은 예를 들어 운하, 철로와 궤도전차, 새로운 기술(특히 도로교통)에 대항하는 보호가 필요하다. 또다른 경우에는 한 운송수단에 의해서 부과되는 외생성들이 그 전체비용을 부담하지 않기 때문에 사회에 손해가 되도록 불공정하게 경쟁하는 증거도 보이고 있다. 정부는 재정적 혹은 물리적으로 간섭할 것이다. 재정적 수단은 보조금이나 차등조세를 포함한다. 물리적 수단은 항상 어떤 지역이나 도로에는 허가용량의 재화나 사람을 운송하도록 제한한다.   AMH

교통비 transport costs
상품을 이동하는 데 소요되는 운송비용으로 서류작성비, 포장비, 상품수송의 보험과 보관비를 모두 포함한다. 많은 상품들의 주요 구성요소는 특히 장거리에서 운임이다. 고전 입지론에서는 교통비가 농작물의 입지와 공업입지의 1차적 결정자로 여겨졌다(튀넨모형 참조). 19세기에는 총생산비에서 교통비가 주요소였지만 교통에서의 기술변화(파이프라인, 대규모 수송선과 도로교통)로 이들의 중요성이 감소되었다(가격정책 참조).   AMH

교통지리학 transport geography
지리학에서 교통이 담당하는 역할에 대한 연구. 여기에는 교통의 수단과 패턴, 상품과 사람의 이동에 대한 연구, 교통과 다른 지리적 인자들과의 관계들이 포함된다. 19세기 지리학자들은 (예를 들면 F. Ratzel과 A. Hettner) 경관의 형태를 제공하는 것으로서, 그리고 지리적 변화의 한 요인으로서 교통의 중요성을 인식하였다. 20세기초의 뛰어난 프랑스 지리학자들은(Vidal de la Blache, J.Brunhes) 교통지리학을 감지할 수 있는 경관의 형태뿐만 아니라 비교적 감지하기 어려운 상품과 사람의 이동을 연구하는 소위 순환지리학의 한 부문으로 발전시켰다. 이 분야의 하위구분은 1950년대까지는 거의 발달되지 못하였다. 계량지리학의 기법들이 적용될 수 있는 가능성들이 증명되던 1960년대에 북미 지리학자들(E. L. Ullman, W. L. Garrison, E. J. Taaffe와 그 밖의 사람들에 의해 주도되던)에 의해서 특수한 교통수단(해운항공교통, 철도)에 대한 연구가 시작되었다. 그 결과로 종종 계획에 직간접적으로 적용하는 문제와 더불어 교통지리학에 대한 연구가 급속히 팽창하였다. 1970년 이래로 교통지리학에서의 실증주의의 지배가 비판되어왔다. 왜냐하면 그것이 교통체계의 결정적인 연구를 방해한다고 생각되었기 때문이다.

교통지리학에서 가장 먼저 시작되었고 또 가장 많이 계속 연구되는 것은 교통현상이다. 이 것은 네 유형의 주제로 구분된다:

(a) 네트워크 연구에서는 교통망(도로, 철도, 운하)의 지리적 형상을 기술하고 설명하려 한다. 이 연구에는 그래프이론과 다른 기법들이 이용되었다. 네트워크의 형상과 다른 지리적 변수들 (예를 들어 인구밀도, 경제발전, 자연환경) 사이의 공간적 결합을 설명하려는 데 초점이 모아지고 있다;

(b) 교통터미널에 대한 연구는 항만과 공항에 집중되었으며 이들은 개개 터미널이나 그 체계의 역사적 진화과정을 추적한다. 어떤 저자들은 항구나 항구체계의 발전과정의 바람직한 연속차례를 제시하기도 하였다;

(c) 상품의 이동에 관한 연구는 거래흐름분석과 인자분석과 같은 기술적 기법들을 이용해왔다. 장소의 지리적 속성에 대한 해석에는 공간적 상호작용에 대한 울만(Ullman)의 기초개념이 사용되었다. 조작적인 모형들은 선형계획, 투입-산출, 중력모형에 기초를 두었다. 또한 교통분담의 기술과 설명에도 관심이 주어졌다;

(d) 사람의 이동은 모든 지리적 규모(도시내와 도시간, 지역간과 국제적인)에서 연구되었다. 초기의 기술적인 연구에서는 첫째로 지리적 권역(zone)내에서 시작하여 끝나는 통행의 수를 알아내고, 둘째로 권역들 사이의 흐름의 구조를 알아내고, 셋째로 이동하는 여객을 특정한 교통수단과 통로에 할당하는 설명적인 연구로 대치되었다. 중력모형, 특히 그의 엔트로피 극대화 공식들(엔트로피 극대화모형 참조)은 이 목적에 가장 효과적인 집합적 모형이다. 그러나 다른 모형들이(예를 들면 개입기회) 그보다 우수한 모형이 되었다. 보다 최근에는 이러한 집합적이고 결정론적인 유형의 모형들이 개인이나 가구의 왕래패턴을 대치되는 종착지의 감지되는 효용에 대한 참고자료들에 의해서 설명하는 분산 모형들에 관심이 높아지고 있다. 가구의 공간-시간예산에 강조점을 둔 시간지리학에 대치되는 분산적 접근법이 출현되었다. 교통분담률 연구는 집합적 및 분산적 수준에서 꾸준히 계속되었다.

두번째 일반적인 주제는 지리적 변화의 동인으로 교통이 담당하는 역할이다. 교통망의 지리적 형태는 서로 관련될 수 있다. 이러한 공간적 결합은 교통의 혁신이 지리적 변화를 유도한다는 인과의 증거로 이용되었다. 그러나 이 가설을 정당화하려는 시도는 다음의 두 가지 문제에 당면하게 된다. 첫번째는 순환적 인과관계의 문제이다. 예를 들면 교통이 비록 도시성장의 원인이 된다 할지라도 도시성장은 반대로 교통시설의 확장을 유도한다. 두번째는 교통으로 유발된 효과들이 다른 원인들에 의하거나 동시적인 변화와 구별하기 어렵다는 것이다. 현재 대부분의 지리학자들이 연구하려는 체계에 대하여 하나의 완전한 모형이 정립될 수 있다면 교통과 다른 현상들 사이의 관계를 명확히 세울 수 있음을 인식하고 있다.

세번째 관심있는 분야는 교통서비스 설비들이다. 특히 최근 몇년 동안 어떤 저자들은 교통이 사회적 필요악이며 따라서 지리학자들은 하나의 결정적이고 규범적인 접근법(교통망의 불균등, 부적절성을 조사하고 추가되어야 할 설비에 대한 정책을 제안하는 것)을 수용해야 한다고 주장해왔다. 교통의 결핍이 어떤 경우에는 지리적으로 특정지역(특수지역, 촌락지역, 혹은 도시의 내부)에 영향을 주며 어떤 경우에는 사회적 집단(노년, 유년, 신체부자유자, 소수 인종집단 등등)에 영향을 준다. 이러한 연구에서 접근성(특정 목적지까지 이동할 수 있는 능력)과 이동성(지리적 공간을 자유로이 이용할 수 있는 능력) 사이에 중요한 구분이 만들어졌다. 분명히 접근성은 잘 계획된 서비스를 통해 부여될 수 있지만 이동성은 주로 자동차 소유권의 한 산물이다.

사회적 접근법과 상반되는 경제적 접근법은 교통망의 최적형태 및 네트워크에 첨가하기 위한 최적순서를 규명하려는 시도이다. 이러한 연구는 선형계획법을 이용한다.

교통지리학의 이러한 개념들은 교통시설과 서비스의 공급계획에 잠재적인 중요성을 갖는다. 사회적 필요로서 교통흐름의 연구와 결합된 교통연구는 교통시설에 대한 수요를 예측하여왔다. 지리적 변화의 동인으로서 교통연구는 계획자들에게 교통변화의 결과를 예측할 수 있도록 도와준다. 그러므로 교통지리학은 교통계획과 교통공학에 밀접히 연관되어왔다. AMH

교통체증 congestion
어떤 시설을 유지하거나 수행할 수 있는 능력 이상으로 계속 과도하게 사용하여온 결과를 의미하며, 그 예로 대다수 도시지역에서의 교통문제를 들 수 있다. 교통체증의 정도는 교통량, 교통분담, 교통망의 특징 그리고 널리 보급된 대중교통수단의 수용 등에 달려 있다. 이러한 교통체증의 영향으로, 도시 통행인의 시간과 비용을 낭비되고, 교통사고 및 환경오염(소음 및 매연) 등을 가져온다. 교통체증에 대한 전체 사회비용이 교통시설 이용자들에게서 나오지 않기 때문에 교통체증은 도시경제의 외부효과로 나타난다. AGH

구성적 이론 compositional theory
인간활동을 '유사성'(예: 계급)의 원리에 기초한 발생적·구조적 범주들로 해체시킨 후, 사회생활(의 일부)에 대한 설명을 구성하기 위해 이들을 재결합시키는 접근법(칸트주의 참조). 이 용어는 헤거스트란트(Hägerstrand, 1974)에서 유래한다. 그는 자연 및 사회과학의 주류를 특징지운다고 가정되는 이러한 류의 접근방법들과 맥락적 이론으로 표현되는 그 자신의 시간지리학을 구분하려고 이 용어를 사용했다.

트리프트(Thrift, 1983)는 구성적 접근방법들은 (a) '추상화 도구에 기반을 둔 형식적-논리적 방법'에 의존하며 (b) 자연과학의 소위 '내재적' 설명들에 상응한다고 제시했다(Kennedy, 1979 참조). 두 주장은 모두 문제가 있다. 추상화는 여러가지 다양한 의미들을 가지며, 실재론 철학에서 이는 분명 '유사성'보다 '관련성'에 바탕을 둔 내적 관계들의 규명을 뜻한다. 그리고 만약 내재적 설명들이 근본적으로 불변적인 속성 및 과정들과 관련된다면, 관례적 인문지리학이 의존하는 여러 이론적 기반들은 분명 트리프트가 의미하는 것보다도 더 역사적이고 지리적으로 성격지워진 범주들을 제공했을 것이다 (또한 분류와 지역화 참조). DG

구조계획 structure plan
영국에서 법적으로 요구되는 기본적인 법적 계획문서. 구조계획은 관련된 지역의 개발이 앞으로 시행될 개요를 나타낸다. 이 계획은 토지이용, 교통운용, 환경개선 및 기타 관련된 지역문제를 위한 전반적인 정책을 제시하고 있다. 지방계획당국은 미래의 발전에 영향을 주는 전반적인 자연적·경제적·사회적 영향력을 확인하기 위해, 그 지역에 대한 조사를 필히 실시해야 하며(지방당국이 반드시 직접 하는 것은 아니다), 이러한 요구를 수용하기 위한 미래의 전략을 수용하여야 한다. 그 결과 입안된 구조계획 신청안은 승인·거부·수정의 여부를 심사받기 위하여 국무성에 제출된다. 이 계획은 여러 단계를 거쳐 공공참여를 위한 명확한 규정이 만들어진다. 일단 승인된 구조계획은 5년마다 재검토되지만, 꼭 그대로 적용되는 것은 아니다.

개발여부는 전체 개발형태를 고려하며 신중히 결정되지만, 구조계획은 개발통제 결정을 할 수 있는 중요한 정책보고서이다. 그리고 구조계획은 하위의 지방당국에 의해 입안될 수 있는 매우 상세한 '지방계획' 같은 작은 지역에 관한 계획도 수행한다. AGH

구조기능주의 structural functionalism
파슨스(Talcott Parsons)의 저술과 대체로 관련

구조기능주의

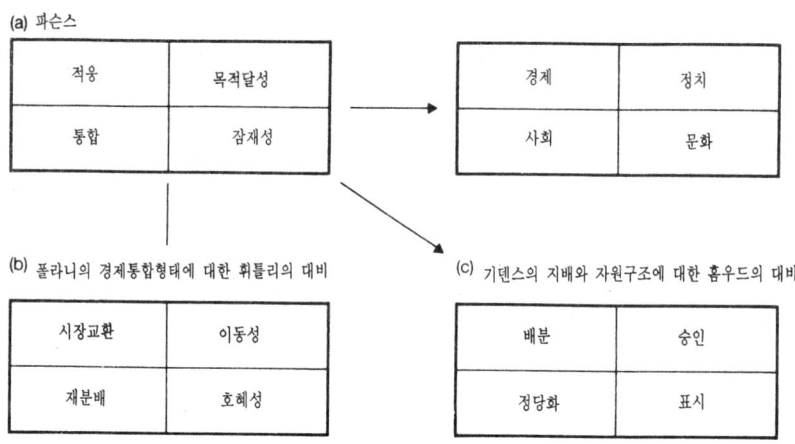

구조기능주의 1: 사회행동의 체계

된 사회이론의 한 전통으로 그 중심전제는 다음과 같다. 어떤 사회체계의 구조도 '행위자의 관점'에서는 끌어낼 수 없고, 대신에 체계의 존립을 위해 필수적인 4개의 기능요건이 충족되는 방식으로 설명되어야만 한다. 이 기능들은:

적응(adaptation)은 체계의 외부환경으로부터 충분한 자원이나 시설들을 획득하는 문제와 그에 따른 체계에서의 배분과 관련된다.

목표달성(goal-attainment)은 체계의 목표를 수립하고, 체계내 노력과 에너지를 그 달성을 향해서 동기화하고 유동화시키는 데 기여하는 행위체계의 양상들과 관련된다.

통합(integration)이란 일관성 내지 연대성을 유지하는 문제와 관련되며, 통제를 수립하고 하위체계의 조정을 유지하고 체계내 교란을 방지하는 요소들을 포함한다.

잠재성(latency)이란 동기화 에너지가 체계 내에 축적되고 분배되는 과정과 관련되며, 두 가지 상호연계된 문제들, 즉 유형유지(문화체계로부터 상징, 사고, 기호도 그리고 판단의 제공)와 긴장조절(내적 긴장과 행위자의 긴장해소)이 포함된다(Hamilton,

1983).

이들 기능은 사회행위의 특정체계로 할당될 수 있다(그림 1a). 그리고 〈그림 1b〉, 〈그림 1c〉에서 보듯이 이러한 'A-G-I-L' 도식과 폴라니(Polanyi)의 통합의 형태간에 유사점이 있다고 지적되기도 한다(Parsons and Smelser, 1956; Wheatley, 1971). 기덴스(Giddens)의 구조화이론과 유사하다는 지적도 있지만(Holmwood and Stewart, 1983) 별로 설득력이 없다. 이 도식은 파슨스의 『사회체계(The Social System, 1951)』에서 상세히 설명되었으며, 아마도 이 모형은 스멜서(Smelser)의 랭카셔 면화산업(1959)의 구조해명에서 가장 포괄적으로 적용되고 있다. 후자의 연구에서 왜 크레이브(Craib, 1984)가 파슨스를 보면 자기 직업에 걸맞지 않게 너무 지적인 서류정리 사무원을 떠올리게 된다고 말했는지 확실히 알게 될 것이다.

파슨스의 'A-G-I-L' 도식은 초기 저작 『사회행위의 구조(The Structure of Social Action, 1937)』와 가끔 대비된다. 이 저작은 마샬(Mashall), 파레토(Pareto), 베버(Weber), 뒤르켕(Durkheim)의 저술에 대한 비판적 검토로서, 소위 '단위행위'를 둘러싼 '행위이론'을 개발하는

적응: 자본조달		목표달성: 생산통제	
유동기금 통제	자본통제	예산수립	생산결정
자본화 평가	자본의 구조적 배치	생산평가	생산조정

잠재성: 생산의 기술적 과정		통합: 산업조직의 통제	
지식과 기능	기술적 생산과정	새로운 생산기술	제품개선 통제
생산수행 평가	경영적 조정	쇄신평가	생산요소들의 재조합

구조기능주의 2: 기능적 차원들(출처: Smelser, 1959).

데 압도적으로 관심을 쏟고 있었다는 점에서 대개 개인의지설(voluntarism)이라고 가정한다. 그러나 두 정식화간에 몇가지 기본적 연속성이 존재함을 발견할 수 있으며(Bauman, 1978; Holmwood, 1983), 그리고 파슨스 자신은 계속해서 자기 연구가 '구조기능주의'라고 불리는 것을 거부하고 초기 용어 '행위이론'을 복원시키곤 했다. 이 과업의 장점이 무엇이든간에, 파슨스는 어떤 체계에 대해 분석하든지 정적인 요소('구조')와 동적인 요소('기능')를 함께 결합시켜야만 한다고 주장한다. 그는 계속해서 사회체계의 역동성을 파악해야 한다고 강조했다. 따라서 그는 체계와 하위체계간의 상호교환에 결정적 중요성을 부여하며, 초점을 더욱 날카롭게 하기 위해 후기 정식화에서 보다 더 형식을 갖춘 사이버네틱(cybernetic) 사회모형을 개발했다. 이 모형은 고전사회학 이론에서만큼 생물학과 (일반)체계이론에 의존했으며, 무엇보다도 정보와 에너지의 상호교환 그리고 '생물학적 진화의 연장'으로서 사회진화의 모형화에 지대한 관심을 두었다(Giddens, 1984; Parsons, 1971).

비록 파슨스의 견해가 지속적이고 때로는 파괴적인 비판을 받아왔지만, 그가 근대 사회이론에 미친 영향은 엄청나다. 체계이론에서 일련의 놀라운 발전이 있었을 뿐만 아니라—쿠퍼(Cooper, 1981)가 세계적 차원에서의 파슨스주의라고 불렀던 월러스타인의 세계체제분석을 포함하여(또한 Aronowitz, 1981 참조), 루만(Luhmann)이 파슨스의 원래 도식을 확장시킨 것은 주목할 만하다(Luhmann, 1979에서 Poggi 참조; Luhmann, 1981; Ray, 1983)—파슨스로부터 멀리 떨어져 있는 듯 보이는 사람들조차 가끔 그의 사고를 비판적으로 흡수하며 일련의 연구를 제시하고 있다(예: Giddens, 1977; Habermas, 근간 참조). 그럼에도 불구하고 인문지리학에 드리워진 파슨스의 그림자는 훨씬 미미하였다. 이는 부분적으로 전통적 사회지리학의 비이론적 성향의 결과이다—파슨스는 자기 스스로 구제할 수 없는 이론편향자라고 묘사한다. 그러나 보다 최근의 과감한 이론적 정식화도 파슨스에 의한 사회체계이론의 특수한 변형보다는 체계이론 자체에 보다 관심을 갖는다(여기서 이들은 이런 문제를 일단 제기하지만). 흥미롭게도 지리학내에서 구조주의적 마르크스주의에 대한 많은 비평들(예, Duncan and Ley, 1982)은 매우 자주 구조기능주의에 반대해서 제기되는 비판들과 아주 유사하다(DiTomaso, 1982 ; Gregory, 1980 : 또한 기능주의 참조).   DG

구조주의 structuralism

언어학과 언어철학에서 처음으로 유래된 일단의 원리들과 절차들. 이들은 활동적 인간주체들이 갖는 가시적이고 의식적인 의도의 이면으로 파고들어, 전적으로 지적인 일련의 작업으로 해부될 수 있는 내적 **구조**들 속에 이러한 의도들을 함께 묶어준다고 가정되는 근본적 논리를 밝히고자 한다. 구조주의는 인류학에서 레비스트로스(Claude Levi-Strauss)와 심리학에서 피아제(Jean Piaget)의 선구적 공헌들에 많은 영향을 받은 전후 프랑스철학에서 지배적인 조류였다. 1970년대에 그 방법들은 실증주의 특히 경험주의에의 속박에 대한 비판의 일부로 영미 인문지리학에로 확대되었다. 그러나 구조주의가 단일 집단의 개념들을 제공하는 것은 아니다. 구조들을 그 제한적 논리가 인간의 심상에 내재하는 지적 고안물로 보는 견해와, 구조들을 인간사회에 위치지우는 견해들을 중요하게 구분해야 한다. 이에 따라 인문지리학에 있어 구조주의의 원용들은 다양하지만, 일반적으로 구조들의 지적 해부에 대한 관심은 유지되고 있다. 구조주의적 지리학자들은 경험적 연구에서 전개된 고안물들의 이론적 위상을 규명하고, 또 사회생활의 외적 형태들의 이면을 파고들어가는 작업의 중요성을 인식한다. 이들은 '언어적 성향'—모든 사회생활은 언어와 같다는 견해—에 대해 거부하는 경향이 있으며, 이에 따라 상징적 영역의 경계들을 보다 신중하게 정의하고자 한다. 논의를 더 진전시키기 위해, 구조주의가 중요성을 가지는 두 영역을 구분해볼 수 있다. 이 구분은 비록 구조를 지적 고안물로 보거나 또는 사회적 구성물로 보는 구분과 상응하지는 않지만, 실제 이 두 영역은 이들과 흔히 조응하는 경향이 있다:

(a) 문화지리학: 의도성과 상상에 관한 오랜 관심은 부분적으로 현상학에 의해 수용(그리고 심지어 고무)되었다. 기원적 형태로서 현상학은 초월적 구조들의 해명과 관련되며, 이에 따라 원칙적으로 이러한 관심들은 '어떤 추상수준에서 모든 주체들에서 공통되는 인식적 신경학'의 규명이 가능하도록 확대되고 심화될 수 있었다 (Tuan, 1972 ; Gregory, 1978a).

그러나 이러한 '신경구조적' 고려는 아마 행태지리학에서 보다 특징적이며, 분명 레비스트로스나 피아제에 의해 확대된 깊이에까지 파고들 필요가 없을 것이다. 오히려 서로 다른 추상수준들의 전체 연계들이 (말하자면) 심상지도와 심상간에 개재될 수 있다. 비록 그렇다고 할지라도, 이러한 구조들의 규명은 레비스트로스가 허용했을 것 같은 기호학적 분석에 흔히 의존했으며, 여기서 문화경관은 그 '내적 의미'가 일련의 논리적 작동과 전환들을 통해 '해독될' 수 있는 '기호체계'로 간주된다(예로 Marchand, 1974 참조, 또한 도상학 참조).

(b) 경제지리학 : 마르크스경제학에서 유래된 관점이 등장하면서 한 생산양식에서 다른 생산양식으로의 전환에 관한 다양한 '구조주의적' 설명을 동반했다(또는 이에 의해 이루어졌다). 위의 인용부호는 필수적이다. 왜냐하면 어떤 지리학자들은 사회구성체들—각 구성체는 그 자체 전환법칙들의 작동에 의해 구조되는 과정 속에 있는 내적 관계들의 체계(로 이해된다)—내 구조들의 계층을 규명하기 위하여 피아제는 '작동적' 또는 '발생적' 구조주의에 의존하는 반면 (Harvey, 1973 ; Brookfield, 1975 ; Sayer, 1976), 또 다른 학자들은 마르크스에 관한 알튀세(Louis Althusser)의 '징후적(symptomatic)' 해석에서 제시된 개념들의 체계를 고찰했으며 그 자신을 구조주의로부터 분리시키고자—비록 성

공적이지 못했지만—했다(Althusser and Balibar, 1977; Benton, 1974 참조). 두번째 견해에 따르면, 사회구성체는 경제적·정치적·이데올로기적 층위들의 복합통일체이며, 각 층위들의 지배는 알튀세가 '구조적 인과성'의 원리라고 명명한 경제적 층위의 결정에 의해 보장된다. 이 견해의 공간적 특성들에 관한 예는 카스텔(Castells, 1977)과 그레고리(Gregory, 1978b)에서 제시되고 있다(공간성 참조).

구조주의에 대한 비판은 이러한 사고들에 강력한 반주류를 형성한다. 그 비판들은 광범위하고 때로 중복되는 세 동향을 이룬다:

(a) 인간주의적 반응은 구조주의와 구조주의적 마르크스주의가 인간행동을 인간의 역사로부터 배제시킨다고, 즉 인간을 구조적 결정력의 수동적 '담지자들'로 전락시킨다고 반대하고 있다. 특히 톰슨(E. P. Thompson, 1978)은 알튀세에 대하여 맹렬히 비판했으며, 이에 따른 격렬한 논쟁은 인문과학과 사회과학 전반에 반영되었고(Johnson, 1978; McLennan, 1979; Benton, 1984; Holton, 1981 참조), 지리학도 이에 영향을 받았다(Chouinard and Fincher, 1983; Duncan and Ley, 1982; 인간주의(적) 지리학 참조);

(b) 그러나 톰슨에 대한 주요한 반대들 중 하나는 그가 이론적 작업을 구조적 결정론과 융합시켰으며, 양자를 지적 탐구로부터 배제시켜버렸다는 점이다(Anderson, 1980; Hirst, 1979; Warde, 1982). 구조화이론의 주요목적들 중의 하나는 앤더슨(Anderson)이 톰슨에 대해 주장한 '상호결정'의 의미를 정확히 회복시키는 것이었다(Gregory, 1981). 구조화이론은 '자유롭고 능력있는 인간주체의 중요성을 인식하지만, 또한 동시에 인간행동의 매개물이며 산물인 구조들의 생산과 재생산을 고찰하고자' 한다. 이 이론은 구조주의 유의성을 인정하지만(Giddens, 1979), 구조주의의 주장에 대해 상당히 비판적이다. 구조화이론에서 '구조'의 개념들은 아마 (이론적) 실재론에 보다 적절히 연계될 수 있을 것이다 (Thrift, 1983 참조);

(c) 구조주의는 어떠한 비판에도 아직 대응하지 않았지만, 특히 데리다(J. Derrida)와 푸코(M. Foucault)의 저술들과 관련된 다양한 '탈구조주의들'은 논쟁을 부활시켰으며, 완전히 새로운 관점들을 열어놓았다(예로, Dreyfus and Rabinow, 1982; Ryan, 1982 참조). 다른 운동들과 마찬가지로 이 운동 역시 인문지리학의 활동과 내용에 영향을 미칠 조짐을 이미 보이고 있다 (Claval, 1981; Driver, 1985; Gregory, 근간 참조).

DG

구조화이론 structuration theory

지혜롭고 능력있는 인간행동자들과 그리고 이들이 필수적으로 내포된 보다 광범위한 사회체계들과 사회구조들간의 상호교호들에 관한 사회이론의 한 접근방법. 여러 평론가들은 구조화이론을 '사회이론에 있어 부상되는 합의'로 규정했으며(Pred, 1981), 버거(P. Berger)와 루크만(T. Luckman; 상징적 상호작용론 참조), 브르듀(P. Bordieu; Bordieu, 1977; Sulkunen, 1982 참조), 기덴스(A. Giddens; 아래 참조), 그리고 토레인(A. Touraine; Touraine, 1977) 등을 포함하여 '구조화주의학파'라고 칭했다(Thrift, 1983). 이러한 저술가들 모두는 사회이론과 사회생활에서 중심이 되는 '행동'과 '구조' 간의 이원론을 여러 방법들로 극복하고자 했다:

> 인간은 그들 자신의 역사를 만든다—그러나 단지 일정한 상황들과 조건들에서만 그러하다. 우리는 우리의 행동이 만들고 파괴하고 다시 만드는 규칙들의 세계를 통해 행동한다. 우리는 규칙들의 창조물이며 규칙들은 우리의 창조물들이다. 우리는 우리 자신의 세계를 만든다. 세계는 우리들에 대한 사회적 사실들의 불가피한 질서로서 우리들과 대면한다. 이러한 주제의 변형들은 무수히 많다. 그리고 인문과학이 이 주제를 만족스러운 결론으로 이끌지 못했음이 이들 문헌 도처에서 나타난다. (행동)과 구조의

구조화이론

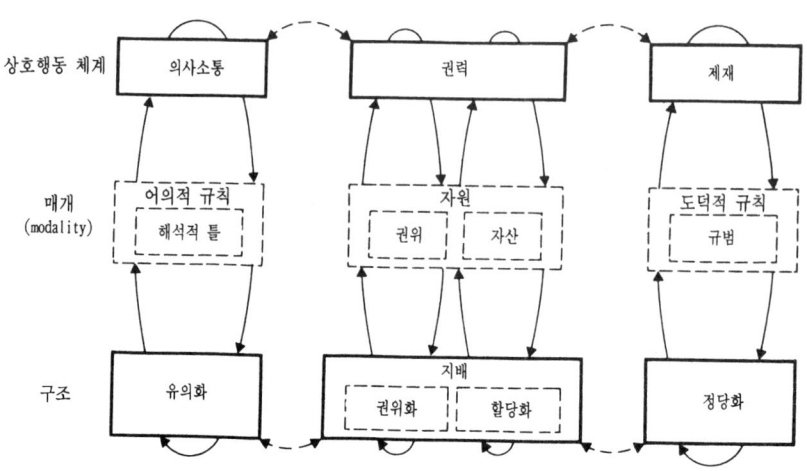

구조화이론 1: 체계와 구조

어설픈 병존은 일상생활에서 흔히 일어나는 일이며, 사회분석의 흔한 받침점이다 (Abrams, 1980).

사실 다위(Dawe, 1978)는 이러한 근대 사회적 경험의 기본적 이원론에 상응하는 '두 가지 사회학'을 구분했으며, '두 가지 인류학' '두 가지 인문지리학' 등도 동일한 근거에서 고려될 수 있다. 그러나 만약 이러한 대립이 현대 인문사회과학의 상식이라면, (프레드[Pred]와 트리프트[Thrift]가 구분한 것처럼) 이들에 대한 반응들도 근본적 차이점들이 있다. 따라서 다음의 논의는 기덴스에 의해 제안된 구조화이론에 국한된다. 이 이론은 완전한 일련의 명제(로 구성된 것)가 아니라, 발전하고 있는 프로그램이다. 트리프트(1986)는 기덴스가 구조화이론을 '특정 역사적 상황들에 관한 이론'일 뿐만 아니라(또는 이라기보다) '사회적 분석에 관한 일단의 기본원리들'로 간주한다고 주장한다. 그렇지만 이 이론의 구성은 주요한 두 단계로 구분해볼 수 있다.

단계 I. 기덴스의 계획은 유럽 사회이론의 몇 가지 주요 전통들에 대한 비판에 기반하고 있다.

물론 현대 사회과학들은 마르크스, 베버 그리고 뒤르켐의 그늘 아래서 형성되지만(Giddens, 1971 참조), 그들의 사상을 전용하는 것은 아무리 현대적 전용이라 할지라도 철저히 비판적이어야 한다고 기덴스는 주장한다. 먼저 그는 두 가지 광범위한 지적 정식화들에 초점을 맞추었다:

(a) "'인간행동의 해석적 이해'와 관련된 언어와 의미의 문제들"에 관한 '해석적' 사회학들. 이에 관한 고찰은 기덴스의 『사회학적 방법의 새로운 규칙들(New rules of sociological method, 1976)』에서 이루어졌으며, 여기서 그는 베버의 해석적 사회학의 고전적 토대와 함께 민속방법론, 해석학, 그리고 현상학 등을 면밀히 분석했다;

(b) 행동에 대해 '체계'나 '구조'의 우선성과 관련된 '구조적' 사회학들. 이에 관한 고찰은 기덴스의 『사회 및 정치이론에 관한 연구(Studies in social and political theory, 1977)』에서 이루어졌으며, 여기서 그는 뒤르켐의 구조적 사회학의 기본논제들과 함께 (구조)기능주의와 실증주의의 여러 변형들을 다뤘다. 또한 이 주제는 구조주의와 후기 구조주의를 다룬 『사회이론의 중심과제들(Central problems in social theory, 1979)』에서도 논의된다.

기덴스의 결론들은 다음과 같이 요약될 수 있다(아래의 구분은 위의 구분에 상응한다) :

(a) '사회이론은 인간행동자들에 의해 반성적으로 질서화된 합리적 수행으로서 행동에 관한 고찰을 포함해야 하며, 이것을 가능하게 하는 실천적 매체로서 언어의 유의성을 파악해야 한다.' 요컨대 사회이론은 사회생활의 생산과 재생산이 어떤 초월적 또는 초역사적 '논리'나 '기능적 규정력'에의 자동적 반응으로서가 아니라 지혜롭고 능력있는 주체들의 입장에서 능숙하게 달성된 것으로 다루어지도록 반성성(reflexivity)의 개념을 요청한다. 따라서 구조화의 첫번째 정리(theorem)로서, 모든 사회적 행동자는 그 자신이 한 구성원인 사회의 재생산 조건들에 관해 상당히 알고 있다;

(b) 사회이론은 사회생활의 통합적 양상들로서 '제도적 조직·권력·투쟁'에 관한 고찰을 포함해야 하며, 따라서 사회생활이 그 생산과 재생산에 필수적으로 암시된, 그러나 사회행동자들에 의해 결코 '완전히 이해되거나' 또는 '완전히 의도되지' 아니하는 조건들하에서 진행되는 방법들을 규명해야 한다. 요컨대 사회이론은 '사회체계들의 구조적 속성들'이 체계들을 구성하는 사회적 실천의 '매체이며 또한 산물'로서 다루어지도록 순환성(recursiveness)의 개념을 요청한다. 따라서 구조화의 두번째 정리로서, 구조는 행동에 대한 방해자로서가 아니라 행동의 생산에 근본적으로 내포된 것으로 개념화되어야 한다.

이러한 두 가지 결론들은 〈그림 1〉에서처럼 기덴스의 '충화모형'(인간행동 참조)과 '구조의 이원성' 모형을 위한 기본틀을 제공한다. 여기서 기덴스는 (a) 체계와 (b) 구조간의 '외적' 차원들을 기본적으로 구분한다 :

(a) "사회체계들은 개인들이나 집단들간의 상호의존하는 규제된 관계들을 내포하며, 전형적으로 순환적인 사회적 실천들로서 분석될 수 있다. 사회체계들은 사회적 상호행동의 체계들이며, 그 자체로서 인간주체들의 처해진 활동들을 내포한다."

(b) "이러한 용법에서 체계들은 구조들을 가지며 … (그러나) 그 자체로서 구조들은 아니다. 구조들은 필수적으로 (논리적으로) 체계들 또는 집합체들의 구성들이며 '주체의 부재'로서 특징 지워진다."

체계들(그리고 주체들)을 구조들에 연결시키는 '내적' 차원들, 즉 '매개(modality)들'은 규칙들과 자원들로 구성되며, 이들은 지혜롭고 능력있는 인간주체들에 의해 사회적 상호행동의 체계들에서 즉시화되고, 또한 이러한 순환적 사회적 실체들을 통해 재구성된 구조적 행렬들로부터 도출된다.

이러한 모형에서 세 가지 주요특징들이 강조된다 :

(1) 모든 사회적 상호행동의 체계들은 의사소통, 권력, 제재를 함의하며, 따라서 유의화(signification), 지배(domination), 정당화(legitimation)의 구조들에 좌우된다.

(2) 사회적 실천의 생산과 사회적 구조의 재생산간의 대칭은 '일상적 생활에서 개인적·일시적 만남들'이 사회제도들의 장기적 침착 또는 발전과 연관됨을 보장한다.

(3) 사회생활의 생산과 재생산은 개연적이다: "변화의 씨앗은 사회체계들의 구성에 있어 어떠한 순간에서도 나타난다." 특히 중요한 점은 개인들이나 집단들간의 갈등과 '구조적 원리들' 간의 모순들이다.

이러한 정식화는 세 가지 주요비평들을 맞게 된다. 첫째, 기덴스는 절충주의라고 비난을 받게 된다. 매우 상이한 이론적 전통들을 함께 묶어서 어떤 새로운 종합으로 '재구성'하는 것은 불가능하다고 허스트(Hirst, 1982)와 다른 비평가들은 주장했다. 허스트는 "나는 차라리 이론적 상이성과 다양성을 받아들이고 … 생산적인 비경쟁성 속에서 살 수 있는 전략"을 선호한다고 말했다. 둘째, 기덴스는 이러한 극단적 '상이성들'과 '다양성들'을 구조화의 건축물 그 자체에 종합한, 즉 그가 극복하고자 한 바로 그 이원론을 존속시키기 위한 것으로 이해된다. 아

구조화이론

처(Archer, 1982)에 따르면:

구조화이론은, 그것이 극복하고자 하는 두 가지 상이한 이미지들, 즉 (a) 사회의 본연적 변덕성(volatility)을 유발하는 행동의 초월적 활동과, (b) 사회적 활동의 근본적 반복성과 관련된 구조적 속성들의 엄격한 일관성간을 진동하고 있다.

어떤 해석들에 따르면, 이러한 진동들은 기덴스 사고들의 발달에 따라 만들어진 것이다. 따라서 클레(Clegg, 1979)은 『사회학적 방법의 새로운 규칙들』에서 '전체 도해의 기본'을 '개인주의적이며 자발주의적'이라고 서술한 반면, 가너(Gane, 1983)는 『사회이론의 중심문제들』에서 '반(反)인간주의 방향으로의 거대한' 변화를 추적했다(또한 Bertilsson, 1984 참조). 그러나 그의 저술 전반을 통해, 기덴스는 전략적 행위의 분석 또는 제도들의 분석을 가능하게 하는 '방법론적 괄호묶음(bracketing)'을 일관되게 주장했다. 그리고 이 점은 바로 문제의 근원이 되고 있다. 왜냐하면, '행동'과 '구조'간의 이원론은 이에 의해 이론적 수준에서 방법론적 수준으로 변환되기 때문이다(Archer,1982). 셋째, '행동'과 '구조' 모두에 관한 기덴스의 개념화는 공격을 받았다. 즉 행동에 관한 그의 개념화는 '행동(agency)'을 '활동(activity)' 또는 '행함(doing)'으로 이해될 수 있는 일상적 수행과 (지나치게) 유사한 것을 간주함으로써, 행동을 행위로 (개념적으로) 환원시켰으며(Dallmayr, 1982), 상이한 '행동-주장들'의 합리화에 관한 설명을 제시하지 못했다(Bertilsson, 1984). 그리고 구조에 관한 그의 개념화는 "구조의 개념을 주어진 것, 구체적인 것, '모든 만남에서 창조되고 재창조되는 것'으로 간주함으로써 구조를 규칙들과 자원들로(개념적으로) 환원시켰으며, 이로 인해 행동자들의 창조적·구성적 능력과 아주 무관하게 행위를 지배하는 … 자동적 (객관적) 종류나 '층위들'의 통합성을 인식하는 데 실패했다"(Layder, 1981 ; 또한 Thompson, 19 84a 참조).

기덴스는 대응이나 논평들(예: Giddens, 19 82a 참조)과 그리고 구조화이론에 관한 그의 연속된 발전에서 이러한 비평들의 많은 부분들에 반응을 보였다. 이에 따라, 스토퍼(Storper, 19 85)는 '허약한 행동이론'이며 '구조의 급진적 부정'이라는 앞선 비난들을 역전시키고자 했다.

단계 Ⅱ. 기덴스는 그의 후기 정식화를 사적유물론의 '탈구성(deconstrnction)'으로 기술한다. 비록 그는 마르크스의 저작들, 특히 『요강(Grundrisse)』을 "행동과 구조의 문제들을 예시하고자 하는 데서 도출될 수 있는 가장 유의하고 유일한 사고들의 기반"으로 간주했으며(Giddens, 1979), 또한 비록 그는 "마르크스의 저작들과 … 그후의 마르크스주의적 사상의 주요 측면들"을 계속 이용하고 있지만(Gregory, 1984), 그의 『사적 유물론의 현대적 비판(A contemporary critique of historical materialism, 1981)』의 첫권은 마르크스의 기본관점들에 대해 세 가지 근본적인 반대들을 제시했다. 그의 주장에 따르면, 사적유물론은 다음과 같은 사항들과 연관되어 있다 :

(a) 기능주의. '기능주의적 사고들'이 마르크스주의에서 상당히 주요하게 드러나지만, 구조화이론은 전적으로 비기능주의적으로 인식된다고 기덴스는 주장한다(또한 Elster, 1982 ; Giddens, 1982b ; Storper, 1985 참조) ;

(b) 진화론적 성향. "마르크스주의적 저자들은 어디서나 명목상으로 진화론에 빠져 있지만" 반면 구조화이론은 '반진화론적'이라고 기덴스는 주장한다(또한 Ashley, 1982 ; Thompson, 19 84b ; Wrihgt, 1983 참조) ;

(c) 생산력을 인간사회의 역사에서 관건으로 보는 견해. 이는 비자본주의 사회들에서는 적용될 수 없으며, 심지어 자본주의 사회들에 관한 마르크스의 분석은 국민국가, 군사력 그리고 폭력수단(에 관한 분석)을 무시하고 있기 때문에 불완전하다(또한 Giddens, 1985a 참조).

기덴스의 비평가들 대부분은 『현대적 비판』이 '마르크스주의와의 주요한 관련성'을 나타내고 있음에 동의하지만, 이들은 또한 "마르크스 이후 마르크스주의의 이론이나 역사에 관한 주요한 고찰을 거의 완전히 무시한 데" 대해 대체로 반대하며(Gane, 1983), 또한 "왜 (사회변화에 관한 기덴스 자신의 설명이) 잉여추출의 양식변화들에 관한 강조와 더불어 마르크스주의에 대한 비판 또는 대안으로서 간주되어야 하는가에 대해 당혹해"한다(Callinicos, 1985). 사실 라이트(Wright, 1983)는 기덴스의 제안들이 "고전적 및 현대적 마르크스주의들의 본질적 주장들 대부분과 대체로 양립할 수 있다"고 결론지었다. 이런 논의의 대부분은 다음과 같은 의문들과 관련하여 좁은 의미에서 해석적인 것이었다. 즉 마르크스는 진정하게 무엇을 말했는가? 마르크스는 진정하게 무엇을 의미했는가? 논의는 기덴스와 마르크스만의 유사성들(매우 일반화된 의미일 경우를 제외하고, 기덴스는 이를 항상 부정한다)뿐만 아니라, 기덴스와 베버간의 유사성들(자본주의와 도시, 국민국가, 군사력간의 연관성에 관한 공통된 관심의 경우 외에, 기덴스는 이 또한 부정한다)을 확인하고자 했다 (Gregory, 1984 ; Giddens, 1982 참조).

이러한 논쟁들의 진위와 상관없이, 기덴스가 고전적 사회이론의 (어떠한) 변형과도 근본적으로 다르게 출발하는 한 방향이 있다. 즉 기덴스는 후기 저작들에서 시·공간관계들을 사회이론의 중심에 두었다(특히 Giddens, 1981, 1984 참조). 이 점에서 소야(Soja, 1985)는 기덴스가 프랑스 마르크스주의자 르페브르(Henri Lefebvre)의 보이지 않는 손을 이해하고 있다고 생각한다. 분명 공간에 관한 마르크스의 침묵을 새로운 '역사-지리적 유물론'의 구성을 통해 충족시키고자 하는 독특한 마르크스주의적 지리학 (Harvey, 1985)은 구조화이론에 중요한 자극을 줄 수 있었다(또한 Thrift, 1983 참조). 그러나 기덴스는 그가 '매우 우회적인 길'을 통해 인문지리학(마르크스주의적이든 아니든간에)에 접근했음을 인정한다. 그의 관심은 현상학 일반, 그리고 특히 시-공간을 '출현함(presencing)'으로 본 하이데거(Heidegger)의 밀도있는 논의를 통

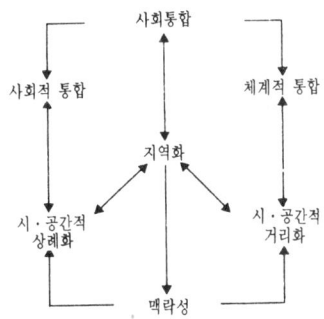

구조화이론 2: 시·공간적 관계

해 먼저 형성되었으며(Gregory, 1984), 이 점은 그의 정식화에서 어떤 추상적이고 공리적인 성격에 관해 설명해준다.

〈그림 2〉는 (구조화이론의) 기본틀을 요약한 것이다. '행동'과 '구조'의 문제는 이제 사회통합이 시간과 공간상에서 어떻게 이루어지는가, 즉 사회체계들이 시간과 공간을 어떻게 '묶는가'라는 점으로 인식된다. 기덴스는 이 점이 다음과 같은 두 가지 유형의 통합들간의 분석적 구분을 가능하게 한다고 주장한다:

(a) 사회적 통합(social integration) : 나날의 생활의 지속성은 대체로 시간과 공간상에서 동시출현하는(co-present) 행동자들간의 반복된 상호행동들에 의해 좌우된다. 기덴스는 (재구성된) 시간지리학이 이러한 순환적·사회적 실천체계들의 '시-공간적 구성'을 규명할 수 있도록 해준다고 제안한다 ;

(b) 체계적 통합(system integration) : 규제된 사회적 실천들이 시간과 공간의 다양한 범위에서 인식가능할 정도로 '동일할' 경우, 이들은 '여기 그리고 지금'을 능가해서 시간과 공간상에 부재한 타인들과의 상호행동들을 규정하는 구조적 관계들과 교류하게 된다. 따라서 구조화이론의 기본과제는 개별적 '출현(presence)'의 제약이 시간과 공간을 가로지르는 사회적 관계들의 '뻗침(stretching)'—기덴스는 이를 시-공간적 거리화라고 부른다—에 의해 어떻게 극복되는가를 보이는 것이다.

(a)와 (b)의 접합에서—'비연속성에 의한 연속성'의 생산—중심축은 다음에 의해 제시된다;
  (c) 지역화(regionalization): 기덴스에 의하면, 사회적 통합과 체계적 통합 간의 연계는 현장들(locales)의 시-공간적 조직을 통해, "즉 어떤 공동체 또는 사회의 구성원들이 그들의 나날의 활동들에서 따르게 되는 시-공간 경로(path)들을 만들어내고 또 이들에 의해 만들어지는 지역화의 양식을 고찰함으로써" 예시될 수 있다. 이들이 현상들의 계층에 의해 형성됨에 따라(헤거스트란트[Hägerstrand]의 '지배적 설계[project]들'과 영역들 참조), 이러한 경로들은 "이들이 함의된 사회체계들의 기본제도적 매개변수들에 의해 강하게 영향을 받으며, 또한 이들을 재생산하게" 된다(Giddens, 1984).

  이러한 방법으로, 행동자들이나 행동자들의 집단들간 상례화되고 반복적인 전략적 수행과, 그리고 장기적이고 대규모적인 제도적 발전간의 상호관련—이는 전통적 사회이론뿐만 아니라 사적유물론에서도 부정되고 있다—을 규명할 수 있다고 기덴스는 주장한다. 그러나 여러 논평가들은 현장들의 계층이 결코 만족스럽게 묘사될 수 없다고 반대하고 있다(이 점은 기덴스가 구조의 상이한 '층위들'의 통합성을 인식하는 데 실패한 결과이다). 비록 기덴스는 '미시적 규모'와 '거시적 규모'간의 일반적 구분을 강력히 논박했지만, 『사회구성(The constitution of society, 1984)』에서 그의 설명은 "모두 미시적 세계와 [거시적] 세계(체계들)뿐이다"(Thrift, 1986). 중간규모에 대한 이러한 무시는 또한 최소 부분적으로 왜 기덴스가 공간의 생산—공간성의 생산—에 관한 어떤 근본적 논의를 제시할 수 없었으며, 또한 왜 그가 엄격한 맥락적 이론의 완전한 함의들로부터 물러서는 것처럼 보이는가를 설명해준다. 그러나 『국민국가와 폭력(The nation-state and violence, 1985)』에서 기덴스는 이러한 반대들을 해소하는 방향으로 국가의 영역성에 관해 보다 확고한 설명을 제시했다.

  구조화이론에서 미개발된 점들은 아마 (다음과 같은 사항들을) 포함할 것이다:
  (a) 구조화이론과 이론적 실재론 철학과의—비판적 분석을 통한—긴밀한 연계(또한 존재론 참조, Bhaskar, 1979);
  (b) 사회세계의 '중층적' 성격과 그의 '공간적 배열'에 관해 보다 명확하고 포괄적인 서술(규모 참조);
  (c) 구조화에 관하여, 그 이론적 접합으로 되돌아갈 수 있도록, 보다 확신할 수 있는 일련의 구체적 연구들(또한 맥락적 이론, 현장, 시간지리학, 시-공간적 거리화 참조). DG

국가 state

전통적으로 비교적 잘 정의되고 국제적으로 인정된 경계를 가지는 토지(또는 토지와 물)의 지역으로 간주된다. 이 영역 속에서 한 인민은 보통 민족주의라고 하는 독자적인 정치적 정체성을 가지고 거주한다. 국가라는 용어는 전통적으로 국민국가 개념에 보다 적절히 한정될 것이다. 이렇게 유보하는 이유는 국가론에 관련하여 국가개념을 새롭게 사용하는 것이 문헌으로 도입되었기 때문이다.

국민국가는 항상 정치지리학의 주요초점이 되었다. 그리스 철학자 아리스토텔레스는 기원전 3세기에 이상국가에 관하여 썼는데 지리학에 관련된 것은 19세기 리터(C. Ritter)와 라첼(F. Ratzel)의 저작을 통하여 계승되었다.

국민국가의 진화는 폭넓은 네 단계의 과정을 통하여 추적해볼 수 있다: 농업이전 시대, 농업, 산업, 그리고 후기 산업시대이다. 농업이전 시대에는 부족적 충성과 애국심이 지배적이었다. 수렵과 채집을 하는 집단은 전형적으로 작고 고립되었기 때문에 독립된 정치적 제도의 존재를 허용하거나 요구하지 않았다. 농업사회는 대조적으로 대부분 국가를 부여받았다. 문자와 전문화된 사제계급의 대두는 집중화된 조직과 기록, 규칙 그리고 문화의 저장을 가능하게 했다. 그러나 공동체는 여전히 고립된 채였고 사제들은 지방적 영역을 넘어 지배할 수 없었다. 산업사회는 전문화된 노동의 분화와 고급문화의 대두를 허용하였다. 이러한 복합적 사회 속에서 중앙화된 국가는 사회화와 교육 그리고 권위를 담당하였다. 후기 산업사회에서 국가는 사회적 관계에서 지배적인 역할을 수행할 수 있도록 성장하였다. 새로운 세계조직이 무역과 방위조약 같은 것에 기초한 초국민국가(supranation-state)의 발전으로 증명되었다.

국가이론은 사회의 보호와 유지를 위한 일련의 제도로서의 국가에 관한 것이다. 일련의 제도는 정부, 정치, 법원, 그리고 무장군대 등을 포괄한다. 이러한 제도는 어떠한 사적 사회집단도 할 수 없는 측면에서 사회적 관계의 재생산을 보장한다. 국가에 대한 분석은 전형적으로 국가형태, 국가기능, 국가장치간의 구분을 이끌어낸다. 형태에 관한 문제는 주어진 한 특정국가의 구조가 어떻게 주어진 사회구성체에 의해서 구성되고 그 속에서 발전하는가 하는 것이다(자본주의 사회는 원칙적으로 특정적인 자본주의 국가를 출현시킨다). 기능의 문제는 국가의 이름으로 취해지는 그러한 활동에 관한 것이다. 곧 국가가 실제로 하는 일이다. 마지막으로 국가장치는 국가기능이 실행되는 사실상의 메커니즘에 관한 것이다. 여기서는 형태의 문제만을 다루고 자본주의에서의 국가에 초점을 둔다.

가장 단순한 수준에서 분석가들은 국가이론을 그 기능에 대한 고려를 통하여 검토한다. 이는 국가에 대한 다음 견해를 포함한다: (a) 공공재와 서비스 공급자; (b) 경제의 조정자이며 촉진자; (c) 그 자신의 계획을 가진 사회공학자; 그리고 (d) 사회를 구성하는 많은 집단간의 조정자(예: 다원주의). 보다 복합적 논쟁이 '왜 사회에 국가라고 불리는 기관이 구성될 필요가 있는가'라는 의문으로 시작된 네오마르크스주의 문헌 속에서 주도되었다. 이 질문에 대한 답변을 추구하면서 광범한 논쟁이 촉발되었다. 가장 공통적인 두 답변은 도구주의와 구조주의 관점에 집중되었다. 전자는 국가엘리트와 지배계급에 연결을 추구한다. 후자는 어떻게 그리고 왜 국가가 사회체제에 내재하는 모순과 갈등에 관하여 작용하는가를 검토한다. 요즘의 논쟁은 국가를 투입-산출의 메커니즘으로 검토한다. 그 산출은 다양한 사회집단의 이해 속에 취해진 행정적 결정으로 구성된다; 그 투입은 구성요구와 대중충성이다. 만약 산출이 다양한 구성요소를 만족시키지 못할 때 '합리성의 위기'가 발생하는데, 이 경우 국가의 발전능력은 의문시된다. 만약 국가에 대한 대중충성이 취소되면 '정당성 위기'가 초래될 수 있다(비판이론을 참조).

따라서 국가에 대한 매우 일반적 견해는 '위기관리자'이다. 국가는 사회경제적 체제에 대한 정치적 반향을 수용하기 위해서 활동한다. 지방정부는 최근의 경향이 협동조합주의(corporatism)를 지향함에 따라 위기관리의 핵심수단이다. 협동조합주의는 집단과 계급갈등이 제도화된 형태에 관련된다. 그 속에서 예측 불가능한 위기의 위험을 최소화시키기 위하여 갈등과 타협의 해결방법이 달성되고 지속된다. 국가장치의 팽창은 현대의 협동조합주의적 관계의 중요한 표현이다.

국가문제는 정치지리학의 부활에 결정적 중요성을 가진다. 일부 분석가들이 국가이론의 필요성 여부에 의문을 제기하지만, 다른 사람들은 국가이론이 정치지리학에 적절한 이론을 제공하는 데 근본적이고 중심적 의의를 가진다고 주장한다.

MJD

국가군 international region
일반적으로 한 개 이상의 주요한 특징을 갖는 국가들을 집단화하는 것. 그러한 집단의 정의는 지리학자들과 더욱 좁은 의미로 정치학자에게는 끊임없는 매력의 원천이기도 하였다. 중부유럽에서의 핵심지역이라고 많은 필자들이 정의하는 중앙유럽(Mitteleuropa)이라고 하는 용어가 이러한 예의 전형적 산물이다. 코헨(S. B. Cohen, 1973)은 세계를 전략적 지역으로 세분할 것을 고안하였다. 여기에는 대부분의 자유무역국가를 포함하는 무역해양국가군; 소련·중국·그의 위성국으로 구성되는 유라시아 대륙국가군 ; 그 사이의 중동과 동남아시아의 두 개의 국가군 및 남부아시아의 독립국가군 등이 포함된다. MB

국가연합 league

특수하고 때로는 일시적인 목적을 위하여 일단의 국가가 조직한 국제조직체. 국가연합은 결코 중앙정부의 관료제와 같은 기본적 형태를 갖지 않는다. 아메리카 국가조직체, 영연방, 아랍연합, 석유수출국기구 및 아프리카연합체 등이 현대의 주요한 예이다. 연합의 비공식적인 성격은 그 중요성이 상황에 따라서 변화함을 의미하는 것이다. 아랍세계의 문화적인 통합을 위해 1945년에 결속된 아랍연합은 그 후 폐지되었다. 한편으로는 석유수출국기구가 지난 10년간 강한 정치적 힘을 행사하였다. MB

국가장치 state apparatus

국가권력이 행사되는 일련의 제도와 조직. 국가장치 분석이 중요한 까닭은: (a) 장치는 변화하는 사회관계의 불완전하고 때로는 불분명한 표출이다 ; (b) 장치는 국가권력이 '여과'되고 불가피하게 변용되는 매개로 작용한다 ; 또한 (c) 그것이 일련의 구체적 제도로 표출되기 때문에 이 장치는 강력한 사회집단에 의한 전략적 개입에 잠재력을 제공한다. 국가장치는 많은 하위장치로 구성된다. 이들은:

(a) 정치. 일련의 정당, 선거, 정부와 헌법 ;
(b) 법. 갈등하는 사회집단들을 평화적으로 중재할 수 있도록 하는 메커니즘 ;
(c) 강제력. 내부적(국내적) 그리고 외부적(국제적) 국가권력의 강제로서 경찰과 무장군대를 포함한다 ;
(d) 생산. 국가에서 생산하고 국가가 분배하는 상품과 서비스 범위 ;
(e) 규정. 상품과 서비스의 생산과 분배를 위하여 국가가 다른 기관과 체결한 것 ;
(f) 국고. 재정적 그리고 금융적 준비로서 내적・외적 경제관계를 규제하기 위한 것이다 ;
(g) 보건, 교육, 복지 ;
(h) 정보. 정보선전을 위한 국가후원 혹은 국가통제 메커니즘 ;
(i) 통신과 매체. 장거리통신과 인쇄를 포함하는 일반적으로 비교적 자율적이지만 인가받고 규제되는 정보보급 채널 ;
(j) 행정. 모든 다양한 하위 국가장치의 전체적 적절성과 작동을 확보하기 위하여 기획된 하위장치 ;
(k) 통제기관. 특히 산업관계와 같은 비국가적 활동에 대한 국가개입을 조직하고 확대하기 위하여 창조된다.

다양한 국가장치는 근대 자본주의국가의 3가지 기능을 성취하는 데 결정적으로 중요하다: (a) 사회의 모든 집단에 의한 지배적 사회계약에 대한 수용을 보증함으로써 사회적 합의를 확보하기 위하여 ; (b) 공적・사적 부문에서 생산을 증진하기 위한 사회적 투자와 생산과 노동력 재생산을 확보하기 위한 사회적 소비를 조절함으로써, 생산의 조건을 확보하기 위하여 ; 그리고 (c) 사회내 모든 집단의 복지를 보장함으로써 사회적 통합을 확보하기 위하여(지방정부 참조). MJD

국내총생산 gross domestic product(GDP)

일정 기간, 보통 1년간 국가경제에 의해 생산된 상품의 시장가치의 척도. 다른 재화의 생산에 사용되는 중간재의 가치는 제외되며 이는 최종 생산품의 시장가격에 통합된다. 자본재 대체에 대한 지출은 공제하지 않으며 시장가격을 사용함으로써 간접세와 보조금의 가격은 통합된다. 간접세를 빼고 보조금을 더하면 요소비용에 의한 국내총생산이 된다(국민총생산 참조). RL

국립공원 national parks

일반적으로 레크레이션이나 풍치를 위해 특별한 법령이나 규제로 묶어둔 보호・보존할 가치가 있는 경관. 법령은 부득이 강력해질 수밖에 없는데, 왜냐하면 경관의 가치를 유지할 수 없게 하는 모든 변화와 조작을 배제할 수 있는 권한을 관리자(보통 정부)에게 부여하여야 하기 때문이다. 자연 및 천연자원의 보존을 위한 국제연맹(IUCN, 1975)이 국립공원에 대해 정의한 바에 의하면: "… 비교적 광대한 지역으로 (a) 하나 또는 몇몇 생태계가 인간의 착취나 점유로 물질적으로 손상받지 않은 지역. 그리고 동식물종, 지형, 서식지 등이 특별히 과학적·교육적·레크레이션적 가치가 있거나 아주 아름다운 자연경관미를 지닌 곳; (b) 한 국가의 최고위 당국이 가능한 한 오래 전부터 전체 지역 중에서 인간의 착취나 점유를 막거나 배제하려 했으며, 국립공원 설립을 위해 생태적·지형학적·풍치적 특성의 중요성을 효과적으로 강조해왔던 곳; 그리고 (c) 특별한 조건에서 영감을 얻거나 문화적·레크레이션적 목적을 위해 관광객의 입장을 허용하는 지역."

최초의 국립공원인 옐로우스톤은 1872년에 지정되었다. 1970년까지 미국 전역에 35군데의 국립공원이 지정되었으며, 전체 면적은 약 60,000 Km^2 이고 그 중 90%가 연방정부 소유이다.

영국의 경우 경제적 그리고 그밖의 이유로 농업, 임업, 그밖의 상업적 이용을 배제하기 위해 개개 지역을 통제하기란 불가능하다. 그럼에도 불구하고 토지이용과 경관이 지닌 고유한 아름다움이 상치되는 것을 가능한 한 줄이기 위해 개발제한을 시도했었다. 따라서 국립공원 및 전원개발법(1949)의 주된 목적 중의 하나는, 국립공원으로 지정된 지역에서 야영장이나 비농업적 건물 등 대부분의 개발을 통제하기 위한 것이지, 모든 개발이 법의 통제대상은 아니었다. 침엽수에 의한 대규모 조림은 허용되어왔으며, 어떤 경우에 이는 경관의 질을 떨어뜨리기도 한다. 1972년까지 잉글랜드와 웨일즈에 10군데의 국립공원이 지정되었으며, 이보다 한 급 떨어지는 지역은 경관수려지역으로 지정되었다. ASG

국민총생산 gross national product(GNP)
국내총생산에 해외투자로부터 얻은 국내주민에 귀속되는 소득을 더하고 국가경제에 의해 창출되었으나 해외 외국인에 귀속되는 소득을 뺀 것. 요소비용에 의한 국민총생산은 간접세와 보조금을 제한 국민총생산의 시장가치이다. RL

국제지리학연합
International Geographical Union(IGU)
각국의 지리학 위원회(Committees for Geography)를 통해 거의 모든 나라들이 망라되어 있는 국제적 단체. IGU(국제지리학연합)은 다음의 두 가지 주된 기능을 가진다. 하나는 4년마다 열리는 국제지리학회의(International geographical congress)와 다양한 지역회의를 조직하는 것이며 또 하나는 일련의 위원회를, 학술모임, 특별위원회를 거쳐 지리학 연구의 발전을 돕는 것이다. 이 위원회와 단체는(위원회들은 8년 이상 존속하지 못한다) 폭넓은 국제적 회원들이 가입되어 있는 본회의에서 임명된 위원들로 구성된다. 대부분 6명의 회원들이 소속되어 있으며 객원으로 약간의 신규회원을 모집한다. 많은 회원들이 특별한 독립주제들—의료지리학, 촌락개발, 사막화, 시장교환체계—에 관련되어 있으며 몇몇은 좀더 폭넓은 임무를 맡고 있다(예를 들어 지리학 용어, 지리학사상사). 대부분의 모임들은 국제심포지움에서 후원을 받고 다양한 출판물들을 펴냄으로써 운영이 된다. 예를 들어 지리학사위원회(the Commission on the History of Geographical Thought)는 『지리학자들: 전기적 연구(Geographers; biobibliographical studies)』라는 간행물을 후원하고 있다. IGU는 정기적으로 『소식지(Newsletter)』를 발행한다.
RJJ

국제지리학회의
International Geographical Congresses
국제지리학연합(IGU: International Geographical Union)에 의해 조직된 주요한 국제회의. 앙

베르(Anvers)에서 1871년에 처음으로 개최되었고, 두번째는 1875년 파리에서 개최되었다. 이 학회는 현재 4년마다 1번씩 개최되며, 최근의 회의는 1972년 몬트리올, 1976년 모스크바, 1980년 동경에서 개최되었고, 1984년 파리, 1988년 시드니에 이어 1992년에는 워싱턴에서 개최될 예정이다. 본회의 이외에도 지역모임이 개최되는데 1974년 뉴질랜드, 1978년 나이지리아, 1990년은 베이징에서 개최될 것이다.

IGC의 본회의는 보통 일주일 정도 열리며 여러 학술주제들에 대한 회의들과 IGU의 운영 모임으로 구성되어 있다. 현장답사와 심포지움은 본회의를 전후로 하여 열리는데, 여러 개의 전문위원회와 IGU의 특별조사위원회에 의해 조직된 것들이 그에 포함된다. 최근 몇십년간 이 학회는 4년마다 열리는 국제지도학협회회의(Congress of the International Cartographic Association)와 같은 장소에서 항상 개최되어왔다. 국제지도학협회회의는 IGC 회의를 전후해서 열리는데, 1984년에 열렸었다. RJJ

권력 power
어떤 목적을 성취할 수 있는 능력; 흔히 능력, 기술, 재능과 같은 특징을 나타내는 말의 동의어로 사용된다.

엄격히 말하면 권력은 하나의 절대적 개념이다. 그러나 보통 그것은 영향력과 동의어로 취급된다; 이것은 직접적(어떤 것을 할 수 있는 힘)이거나 간접적(어떤 것에 대한 힘)일 수 있다. 그것은 개인(혹은 집단)과 자연세계간의 관련성에 관한 것일 수 있다. 그러나 그것은 보다 자주 사람간의, 그리고 집단간의 관련성에 적용된다.

권력은 다양한 방법으로 달성되고 유지될 수 있다: 강요(물리적 폭력이나 비폭력; 심리적)를 통해서; 조작에 의해서; 설득과 합의의 창조를 통해서; 그리고 권위에 의해서. 권력은 거기에 복종하는 사람들에 의해서 정당하게 생각된다면 가장 잘 실현될 수 있다. 그러한 정당성은 전통에의 호소에 의해서, 카리스마를 통해서, 혹은 국가적 차원의 구조 속에서 그것을 제도화함으로써 달성될 수 있다.

권력은 사회내 모든 수준과 규모에서 작동하는 사회적 관계이다(개인적 가구/가족에서부터 전체 세계경제에까지). 그것은 균형적인 것이 되기 어렵다; y에 작용하는 x의 권력은 보통 x에 대한 y의 그것보다 크다. 그러한 비대칭은 대부분의 생산양식의 기초이다. 자본주의하에서 예를 들면, 권력은 불공평하게 분포한다. 왜냐하면 생산수단의 소유가 불균등하게 분포하고 그래서 재화와 용역의 가격에 대한 거래계약이 불공평하기 때문이다. 가장 큰 권력을 가진 자들이 생산의 조직(공간조직을 포함하여)과 그 이익의 배분에 가장 큰 영향을 미친다; 이 경제적 권력은 사회적 관계에 반영된다(예: 계급). 불평등에 대한 정당성이 클수록(헤게모니, 이데올로기 참조), 외면적 강제의 필요성은 적어진다: 만약 최소의 이익을 받는 사람들이 생산양식이 모두의 최대 이해 속에 있다고 설득된다면, 곧 노동의 특정분업이 이데올로기적으로 정당화된다면 계급적 권력은 절대적으로 행사될 수 있다.

한 사회 속에서 권력의 행사는 경제적·사회적 생활의 대부분의 측면에 대한 통제를 포함한다. 자본주의사회에서는, 예를 들면 사람들은 그들이 일부로 되어 있는 체제의 서비스 가운데 어떤 것을 하거나 담당할 수 있는 권력을 가져야 한다. 이 권력은 그들을 지배하는 권력을 가진 다른 사람들에 의해서 그들에게 배분된다. 그들의 사업은 특정 장소와 시간에서만 행해질 수 있다. 그래서 체제의 성공은 적정한 시간에 적당한 기술을 가진 사람이, 적당한 장소에 적당한 수로 있는가에 의존한다. 따라서 사람들에 대한 권력의 행사는 필연적으로 지리학의 창조를 포함한다(시간지리학이란 전문용어 속에는 권력이 개인의 시-공간 통로를 조종하는 것을 포함한다; Pred, 1981 참조).

사회에서 권력의 주요초점은 국가이다. 국가는 생산양식의 작동에 근본적인 경제적·사회적 관계를 유지하고 진보시키기 위하여 창조된 별도의 제도이다. 따라서 자본주의의 계급에 기초한 체제에서는 개인에 대한 어떤 권력은 부르주아로부터 국가장치에로 '이전된' 것이다 ; 국가는 권력을 행사한다. 즉 광범위한 작업장 실행에, 그리고 또한 그 이데올로기적 기능을 통하여 생산양식의 추진과 정당화에 권력을 행사한다. 이 국가권력의 성격은 몇가지 상이한 방법으로 이론화된다. 예를 들어 민주주의에 대한 자유주의적 이론에 의하면, 권력은 선거권이 부여된 유권자들간에 평등하게 분포되며 어떤 집단도 다수의 지지를 가지지 못하는 한 국가를 통솔할 수 없다는 것이다(다원주의 참조). 다른 한편 마르크스주의 이론에 의하면 비록 국가가 자율적으로 행동할 수 있다 하더라도 국가권력은 계급적 권력으로부터 독립적으로 존재할 수 없다는 것이다. 이 견해에 의하면 자본주의사회에서 국가는 생산양식 추진을 위하여 활동하고 따라서 지방적 사회구성체에 있어서 지배적 권력의 이해를 증진시키는 데 봉사한다는 것이다. 국가는 정당화 행위의 하나로 다수인구에게 참정권, 즉 자유민주주의를 허용할 수 있으며 이것을 이데올로기적 방벽의 일부로 사용한다. 그러나 대부분 자본주의국가는 이러한 최소한의 권력배분조차 결여하고 있다(Johnston, 1986).

국가에 배치된 권력의 주요측면은 그 영역적 표현이다. 주권의 개념은 규정된 영역 속에서 권위의 초점으로서 인정받으며 그리고 강제력(군대와 경찰)의 유일한 저장고로서 인정되는 것을 포함한다. 만(Mann, 1984)에 의하면 국가는 두 가지 유형의 권력을 가지고 있는데, 독재권력은 타협을 배제한 국가엘리트에 의해 취해진 행동을 포함한다. 하부구조적 권력은 시민사회의 모든 분야에 대한 국가침투를 포함한다(조세, 경제통제, 생존소득의 제공 등을 통하여). 자본주의사회는 하부구조적 권력의 수준이 높으나 독재적 권력의 수준은 낮은 곳이며, 제국주의사회는 독재권력에서는 높지만 하부구조적 권력에서는 낮고 봉건사회(봉건주의 참조)는 양쪽 다 낮다. 그리고 전체주의적 사회는 양쪽 다 높

다.

만은 국가가 원시사회와는 다른 어떤 것을 위하여 필수적이며 그리고 자본주의 촉진을 위하여 광범위한 하부구조적 권력이 필요하다고 주장한다. 나아가 그는 지리학은 국가의 작동과 국가권력의 행사에 필요하다고 주장한다. 국가는 3가지 종류의 기법―군사적, 경제적, 그리고 이데올로기적―을 사용하며 중심지에서부터 통합된 영역 범위에 걸쳐 작동한다. 이 때문에 국가영역의 정의는 근본적이다. 국가내에서 경제적, 군사적, 그리고 이데올로기적 이해가 모두 한정된 영역에 대한 그들의 규제된 행동을 요구한다. 경제적 이해는 단일통화와 균일한 계약법률을 제공받고, 군사적 이해는 방어를 위한 명확히 설정된 경계를 제공받으며 그리고 이데올로기적 이해는 영역과 사회와의 연관을 통하여 증진된다(예: 민족국가). 그리하여 만은 국가를 표현하기를 "국가는 단지 그리고 본질적으로 하나의 투기장, 하나의 장소"라 하였다.

권력의 경험적 분석은 채택된 인식론을 반영한다. 예를 들면 자유민주주의의 다원주의 모델에서 설정된 많은 연구는 다양한 선거와 입법적 맥락 속에서 득표를 위한 경쟁에 초점을 둔다. 그것은 이제 정교한 수학적 분석의 주제이다 (Coleman, 1973 ; Johnston, 1985). 유사하게 권력의 행사는 행태주의적 관점에서 분석된다. 국가권력은 군사력과 같은 방법으로 지수화된다. 이러한 경험적 연구는, 그 대부분이 실증주의 틀 안에 있는데 피상적 표출에만 초점을 둔다 ; 그것은 실체주의 분석에서처럼 사회의 구조 속에 있는 하나의 통합된 요소로서 권력의 개념을 분석하지 않는다. 또한 권력행사의 결정적·지리학적 특징을 탐구하지도 않는다. 실체주의 견해에 의하면 사람에 대한 권력은 다양한 방법으로 영역에 대한 권력을 통하여 달성된다(Sack, 1983 참조).　　　　　　　　　　　　RJJ

규모의 경제 economies of scale
대량생산으로 얻어지는 비용절감 ; 이는 산출이

규범적 이론

증가함에 따라 평균생산비용이 감소함으로써 발생한다. 다시 말하면, 총생산비용의 증가는 규모의 불경제(비용증대)가 발생하는 점까지는 산출에 비례한 증가분보다 작다(비용곡선 참조).

규모의 경제는 일반적으로 공장운영의 내적 조건에서 발생한다. 몇몇 중요한 규모경제의 내적 원천은 다음과 같다: (a) 불가분성: 공장의 규모를 보다 작게 하면 평균생산비가 높아짐으로 인하여 일정규모의 공장을 건설하여야 하고 이것의 일부의 가동은 전체의 가동보다는 효율이 낮아진다; (b) 규모의 확장과 결부된 전문화와 분업: 이는 효율성을 높일 수 있고 따라서 비용을 줄일 수 있다; (c) 생산품의 설계와 같은 간접과정: 이는 규모와 무관하게 이루어지고 비용이 지불되므로 산출이 많으면 많을수록 단위당 간접비용은 낮아진다. 예를 들면 전체산업의 성장이 각 개별기업의 비용을 절감하는 경우에서처럼 일부 외부경제도 산출규모의 확장과 결부된다.

규모의 경제가 존재함으로 해서 생산능력은 불경제에 의해 추가(한계)단위의 비용이 결국 가격을 넘어서는 점까지 계속 확장된다. 근대산업에서는 산출량이 아주 많을 경우에만 불경제가 발생하는 지점에까지 이르게 된다. 다시 말하면 평균비용은 불경제가 발생할 것으로 생각되는 수준을 넘어서까지도 산출이 늘어남에 따라 계속 낮아진다. 사실상 산업활동의 규모가 계속 커가는 상황에서 규모의 불경제가 작용한다라는 점은 점차 의문이 제기되고 있다. 이는 산업의 분포에 중요한 함축적 의미를 지니는데, 규모의 증가가 집적과 집중을 고무하는 경향이 있기 때문이다. DMS

규범적 이론 normative theory

'마땅히 되어야 할 것에 관심을 갖는' 이론. '있거나, 있었으며 이루어질 것에 관심을 갖는', '실증적 이론'과 달리 규범적 이론은 '사실들에 호소하는 것으로' 정당화될 수 없으나 대신 경쟁적인 가치체계를 드러내거나 의문을 갖는 것에 의존한다(Lipsey, 1966). 이러한 구분은 전통적인 경제지리학에 상당히 중요하였는데, 치솜(M. Chisholm)은 립세(Lipsey)의 신고전경제학과 그 전의 실증주의에 바탕을 두고서, 계량혁명의 '최대재난'은 '실증적 이론이 규범적 통찰력을 이끌어낼 수 있을 것'이라는 '잘못된 신념'에 있다고 논박하였다(Chisholm, 1975). 또한 그에 따르면 '규범적 이론이 실증적 결과를 가져오지 못하므로 실패라고 비판하는 것은 근거 없는 것'이다. 때문에, 고전파 입지론의 경험적 타당성을 시도하는 일은 옳지 못한 것이다. 왜냐하면, '최적입지에 대한 질문은 실질적인 입지결정 이상의 고귀한 것'이라는 말과 같이 이 이론(Lösch, 1954)의 구성은 대부분 명백하게도 규범적이기 때문이다. 그리고 치솜은 그 자신의 저작 『지리학과 경제학(Geography and economics, 1966)』에서 '실증적' 경제지리학의 개요를 진술하기 위하여 고전파와 신고전파 개념을 사용하고, 입지이론의 '규범적' 기초를 제시하기 위하여 복지경제학으로 전환하였다. 그러나 스미스(D. M. Smith, 1977)는 '그러한 구분은 지리학에서의 참여의 혁명을 상당히 흐리게 한다'고 주장하였다. 즉 실증주의에 대한 비판과 이데올로기의 논리적 분석은 '가치중립적 지리학'의 주장과 '사실에의 호소'가 경험주의에서의 제안만큼이나 솔직한 것이라는 신념을 무너뜨렸다(Gregory, 1978). DG

균형 equilibrium

변화를 일으키는 힘들이 평형을 이루는 상태. 신고전경제학의 핵심을 이루는 개념으로, 이에서는 완전하게 작용하는 자유시장은 상반되는 힘들의 평형이 현상을 유지하게 되는 균형상태로 나아가는 경향이 있음을 가정한다. 따라서 한번 균형상태가 이루어지면, 어떠한 변화는 다른 변화를 가져오면서 궁극에는 새로운 균형을 이루게 된다. 모든 재화와 서비스에 대한 수요, 공급의 힘과 모든 생산요소가 이러한 방식으로 평형을 이루어 모든 공급은 소비되고 모든 수요는 충족되며, 경제의 어떤 참여자(들)도 현재 이루어지고 있는 것 외의 어떤 다른 것으로부터도 추가의 소득이나 만족을 얻을 수 없다면, 이것이 균형상태이며 이 상태는 다른 변화가 발생할 때까지 유지될 것이다. 그러한 변화는 자원고갈에 따른 가격상승과 같은 경제 내부적인 것일 수도 있고 해외시장에서의 수요변화와 같은 외부적인 것일 수도 있다.

균형을 이룬 완전경쟁경제에서 채탄이 어려워지거나 자원이 고갈되어 광산소유자가 채탄비 상승을 보충하기 위해 석탄가격을 올렸다고 가정해보자. 어느 정도까지는 석탄소비가 가격의 영향을 받으므로 석탄수요가 줄어들 것이다. 그러면 팔리지 않은 석탄이 남게 될 것이고 이를 피하기 위해 광산소유자는 값을 조금 내릴 것이다. 그러면 공급되는 석탄이 완전히 소화될 수 있는 가격이 형성되는 시장조절에 의해 수요와 공급의 힘이 결국 다시 평형을 찾게 되며 다시 균형이 이루어진다. 물론 이 과정을 통해 석탄시장의 변동에 의해 교란된 경제의 다른 요소를 평형에 포함할 수도 있다. 예를 들면 새로운 균형상태에서 석탄생산량이 전보다 줄었다면, 이는 광업, 석탄수송 등에서의 고용에 영향을 미칠 수 있으며, 새로운 시장가격이 상승했다면, 일부 고객은 석탄을 다른 연료원으로 대체할 수도 있다.

사실상 완전하게 작용하는 완전자유시장경제도 변화를 지속적으로 조절하는 과정에 있다. 균형은 실제로는 결코 달성될 수 없는 이상상태이기는 하나 시장에 규제되는 경제를 이해하는 데 유용한 개념이다. 이것은 정부정책안과 같은 있을 수 있는 변화의 충격을 검증하는 데 예견적으로 이용할 수도 있다. 전체경제와 관계가 있는 '일반균형분석'과 단일시장이나 제한된 혹은 연관활동에 대한 변화의 효과를 고려하는 '부분균형분석'을 구분하는 경우도 간혹 있다.

'공간적 균형'은 위에서 언급된 그러나 공간적으로 분할된 경제에서의 평형상태를 뜻한다. 이러한 체계에서의 변화는 공간적으로 선택적일 수 있다 ; 석탄가격의 상승은 특정지역에 한정될 수 있으며 시장에 따라서뿐만 아니라 장소에 따라서 스스로 작용하는 변화와 그 영향에 의해 균형이 회복된다. 공간적인 면에서의 신고전경제학은 소득의 평등화를 공간적 균형현상으로 가정하는데, 이는 임금의 지역적 격차 때문에 평등이 이루어져 더 이상 이동을 해도 이익을 얻을 수 없을 때까지 노동력은 임금이 가장 높은 지역으로 이동하고(이동하거나) 자본은 임금이 가장 낮은 지역으로 이동하는 것이 촉진되기 때문이다. 시장 메커니즘이 불완전하기 때문에 일반적인 균형의 달성이 어려워지는 것과 꼭 마찬가지로, 지리적 공간에서 노동, 자본 등의 자유로운 이동이 방해받기 때문에 임금과 가격의 차이를 조절하는 것이 어려워진다.

공간적 균형의 개념은 지역개발이론과 계획의 시행에 있어 현재의 일부 잘못된 개념화에 부분적인 책임이 있다. 균형과 평형이라는 용어는 바람직한 뜻을 가지고 있으며, 소득의 평등화를 지향하는 경향이 있는 자동조절적 공간경제의 사고는 계획가가 공공목적에 어떻게 해서든지 장치를 하기만 하면 시장 메커니즘이 보다 균등한 개발을 촉진할 수 있다는 견해를 뒷받침한다. 그러나 자본주의의 시장경제는, 특히 저개발세계에서 불균등발전과 생활수준의 불평등으로 특징되는 집적과 집중의 경향이 더욱 크다. 생활수준의 지역적 평등에 접근하는 일반적 공간균형에 가장 가까운 상태는 선진자본주의 경제(아마 미국)에서 발견되는데, 이것은 바로 현실이 이러한 이상상태와 얼마나 동떨어진 것인가를 보여주는 지표가 되기도 한다.   DMS

균형근린 balanced neighbourhood
도시 거주지역에서 자연지역을 창출하는 분리와 결집과정에 대응하기 위해 고안된 계획 개념.

도시사회의 각 집단이 각각 분리된 거주지역을 점유하는 것이 아니라, 도시의 모든 집단이 모든 지역에서 동등하게 나타나기 때문에, 각 근린은 전체 도시사회의 하나의 균형된 소우주를 형성하게 된다는 개념이다. 이러한 사회적

그래프이론

혼합은 통솔의 이점을 가져다주고, 도시내 어떤 집단이 보다 '사회적으로 우월한 집단'과 접촉할 수 있게 하며, <u>침입과 천이</u>를 방지하기 때문에, 근린집단의 안정성을 증진시킬 수 있다는 것이다. 그러나 균형근린에 대한 반론에서는, (비록 제약은 있지만) 자유경제체제의 주택시장에서는 균형근린이 유지될 수 없고, (소련과 같이 계획경제를 보여주듯이) 어떤 경우에도 공간적 근접성으로 인해 서로 다른 개인이 공동체를 창조하지는 못하며, 오히려 근접성이 상대적인 결핍감으로 유도될 수도 있기 때문에, 균형근린이 이루어질 수 없다고 지적한다. RJJ

그래프이론 graph theory

많은 지리적 네트워크를 표현하기 위해 그려질 수 있는 단순한 위상학적인 다이아그램('그래프'로 알려진)의 속성을 알아내는 수학의 한 분야. 이러한 다이아그램들은 네트워크의 종점 및 교차점들과 그들 사이의 연결선으로 구성된다. 사용되는 용어는 다양하지만 그래프의 구성요소는 결절점과 그들을 연결하는 연결선이다. 그래프는 방향성을 갖거나 무방향일 수 있다. 대부분의 도로망은 무방향성 그래프로 표현되지만 일방통행로를 가지는 도시체계는 하나의 방향성 그래프로 표현될 수 있다. 대부분의 지리적 적용에서는 단순히 연결선만이 기록된 이원그래프를 주로 이용해왔으나 값이 주어진 그래프도 이용되어왔다.

또다른 중요한 구분은 결절점을 제외하고는 연결선들이 교차할 수 없는 단일평면에 위상학적으로 그려질 수 있는 평면그래프와 그렇게 그리는 것이 불가능한 비평면그래프(비행로의 네트워크는 일반적으로 비평면그래프이다) 사이의 구분이다.

마지막으로 모든 결절점이 직접은 아니더라도 다른 모든 결절점에 연결되는 단일그래프와 연결되지 않는 몇 개의 부분그래프가 존재하는 분리그래프의 구분이다.

그래프이론은 개리슨(W. L. Garrison)과 마블

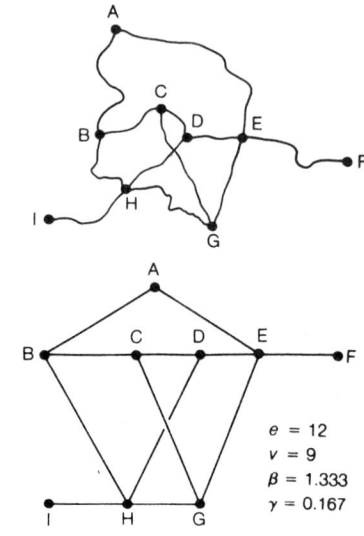

(a) 그래프

(b) 이항 연결도 행렬

그래프 이론 그래프를 통한 철도망 분석 (a) 그래프; (b) 이항 연결도 행렬

(D. F. Marble), 그리고 그의 동료들에 의해서 교통지리학에서 처음 강조되었다.

가장 단순한 측정은 결절점의 수(v), 연결선(e), 부분 그래프의 수(p)에 기초를 두고 있다.

$$\beta = \frac{e}{v}$$

그리고 $\gamma = \dfrac{e}{\beta(v-2)}$ (평면)

또는 $\dfrac{e}{v(v-1)}$ (비평면)

β(베타)는 각 결절점을 공급하는 연결선의 평균을 묘사할 뿐만 아니라 그 값이 보다 작을 경우는 나무모양의 그래프임을 나타내주는 반면 그 값이 보다 크다는 것은 순환회로가 하나 이상 있음을 나타내준다. γ(감마)는 주어진 v에 대해서 가능한 최대의 연결선의 수에 대해 실제의 연결선의 수를 비교한다. 그래서 γ가 보다 더 가깝게 접근할수록 최적연결성에 접근한다. 그 밖에도 e, v, p와 네트워크의 지름(최단경로에 나타나는 연결선이 가장 많은 것)의 조합으로 만들어진 다른 것들도 이 독립변수들과 상관될 수 있음을 지적하였다. 단순한 그래프는 또한 각 결절점의 특성을 나타내는 데에도 이용될 수 있다. 한 결절점에 입사하는 연결선의 수로 그 결절점의 차수를 나타내며 그것은 하나의 연결선으로 연결될 수 있는 다른 결절점수도 의미한다. 한 결절점의 중심성, 혹은 결합수는 가장 멀리 떨어진(연결선으로도) 결절점에 대한 최단경로의 연결선의 수이다.

그래프는 이원연결행렬(C)로 나타낼 수 있는데, 거기서 각 행과 열은 한 결절점을 구성하며 그 셀 값 1은 연결선이 있음을, 셀 값 0은 연결선이 없음을 나타낸다(그림 참조, 발생행렬 참조). 이 행렬은 행렬대수와 컴퓨터로 분석하기에 알맞으며 가장 흔히는 네트워크내에 있는 각 결절점의 접근성을 검증하기 위해 이용되는데 행(혹은 열)의 합계는 각 결절점의 접근성의 정도를 나타낸다. 이 행렬은 거듭제곱수열 즉

$$C\ C^2\ C^3\ C^4\ \dots\ C^n$$

을 세우는 데도 이용할 수 있다.

C의 n번째 제곱의 ij번째 셀의 수치는 정확히 n단계에서 i부터 j까지 이동할 수 있는 방법의 숫자를 제시한다. 그러므로 그 수열의 합을 나타내는 셀, 즉

$$C + C^2 + C^3 + C^4 \dots C^n$$

은 지역들간의 직접, 간접 연결선의 총수가 될 것이다. 다른 학자들은 그 수열에 가중치, 즉

$$SC + S^2C^2 + S^3C^3 + S^4C^4 \dots S^nC^n$$

을 첨부하는 것에 찬성하였다.

왜냐하면 스칼라(s)가 1보다 적게 주어지면 그 거듭제곱절차에 의해서 간접적 연결이 좀더 할인될 수 있기 때문이다. 또한 C의 몇 거듭제곱에서 이 수열을 끝내야 할 것인가에 대해서도 의문이 있다.

이 방법의 가장 큰 결점은 정보의 손실과 아주 다양한 연결선들이 단순한 하나의 연결(있다, 없다)로 표현된다는 임의성에 있다. 그래프 이론의 적용과 그에 관련된 대수학들은 교통지리에 포함된 문제들이 인문지리학의 다른 분야(예를 들면 한 지역사회에서의 사회적 접촉의 패턴)와 자연지리학 분야(예로 강의 삼각주내에 있는 지류들을 서로 연결시키는 것)들과 공유한다는 인식을 이끌어왔다.　　　　AMH

극화 polarization

지역적으로 불균등발전이 심화되는 것. 뮈르달(G. Myrdal, 1957)은 지역간의 불균등발전은 우리가 알고 있는 균형이론(신고전경제학 참조)처럼 시간이 경과함에 따라 자동적으로 균형 있게 성장하지는 않으며, 시장교환에 기초한 순환적·누적적 인과관계의 과정에 의해 초기에는 불균형이 더욱 심화될 것이라고 하였다. 생산과정에서 초기에 선호된 입지의 상대적 이익이 강화되며, 동시에 선호되지 않은 입지는 점차 약화되어 자본과 노동이 유출되고 수입량은 증가하게 된다. 뮈르달의 '역류효과', 허쉬만(Hirschman, 1958)의 '극화효과' 개념으로 설명된 이 교환과정은 교역조건에서 비선호지역을 더욱 불리하게 만들어 불균등을 야기시킬 뿐만 아니라, 장기적인 생산잠재력을 약화시켜서 극화현상을 더욱 심화시킨다. 그러나 역류 또는 극화효과는 전파효과(뮈르달의 용어)와 누적효과(허쉬만의 용어)에 의해 상쇄될 수 있다. 급속하게 성장하고 있는 지역에서 발생된 비경제 및 불리한 조건이 초기의 선발이익을 능가할 수 있다. 자본

근대화

은 저렴하면서도 노조의 결성이 약한 노동력, 새로운 시장 또는 원료를 안정적으로 획득할 수 있는 지역을 찾아 이동하게 된다. 이러한 재배치의 결과로 생산이 분산되고 성장은 공간경제상으로 훨씬 더 균등하게 전파될 것이다. 전파 및 역류효과가 동시적으로 나타나는 순효과(또는 '순전파효과'; Richardson, 1978)는 극화의 정도를 결정하는 중요한 인자이다. 최초 선호입지가 출현한 후, 초기에는 극화의 정도가 증대되지만 시간이 경과함에 따라 점차 둔화된다.

극화현상의 개념이 지역발전의 불균등한 특성을 강조하고 있지만 극화현상은 다음과 같은 두 가지의 설명으로 한정된다. 첫째, 극화현상은 불균등발전을 야기시키는 요인을 배타적으로 교환관계에 두었고, 둘째 극화현상은 생산이론을 내포하고 있지 않다는 점이다. 결과적으로 극화현상은 지역에 상당한 정도로 자율성을 부여하고 있다. 따라서 지역 자체가 불균등과 극화의 원인이다. 대안적 해석은 불균등한 지역발전을 자본과 노동간의 생산관계에서 그리고 오늘날의 생산수요와 이러한 수요를 창출하기 위해 역사적으로 형성된 지리적 경관간의 항상적 발전관계에서 찾으려는 노력이다. RL

근대화 modernization

발전력 있는 특성의 수용과 확산의 결과로 나타난 사회적 변화과정. 그리고 저발전된 사회가 이 과정을 밟아 발전된 사회로 변화하는 과정. 근대화는 사회적 이동성, 효과적이고 집중된 사회적·정치적 통제기구의 성장, 과학적이고 합리적인 규범의 수용, 사회관계들의 변화 등을 수반한다(생산양식 참조). 생계의 위기로부터 많이 해방되었음에도 불구하고, 역사적으로 보면 근대화는 인간이 인간을 위한 생산보다는 생산을 위해 존재해왔다는 것을 의미한다. 근대화와 관련된 일련의 변화는 로스토우(Rostow)의 성장단계에서 도약을 위한 준비단계와 매우 유사하다. 근대화에 따른 변화들은 서로 밀접하게 상호관련되어 있으며, 비록 변화에 대비한 성공적 사회계획은 거의 없다고 하여도, 근대화는 사회계획과 관련되어 있다. 실제로 근대화 그 자체는 변화를 가속시키기 때문에 변화의 모순은 저개발사회나 선진사회가 똑같이 직면하게 된다.

시간적 변화과정으로서 근대화는 필연적으로 공간적 확산과정을 수반한다. 근대화는 국제적·사회적 팽창에 의해 만들어지고 활성화된다. 근대화의 과정은 고립된 소수의 초기접촉의 중심지에서 생성되어 근대화를 위해 계획된 도시계층(중심지이론 참조) 및 커뮤니케이션체계를 통하여 주변으로 확산된다. 근대화에 의해 초래된 사회적·환경적 변화가 장차 발생할 형태를 재규정하기 때문에 근대화란 반복적인 과정이며 이 과정은 근대화에 의해 추진된 변화의 가속화의 한 측면이다.

변화에 관한 많은 모델들이 성장의 단계에 기초를 두고 있는 것과 같이, 근대화는 사회변화의 복잡성과 불균등적 특성을 강조하였다. 그러나 근대화의 개념은 역시 단선적이고 목적론적인 변화의 과정을 의미한다(목적론 참조). 변화란 일련의 계급관계에서 사회적 투쟁에 기반을 둔 과정이 아니라, 전체사회를 통한 사회적 수용의 과정에 기반을 둔다. 근대화는 단순히 일련의 지표변화를 의미하며 근대화의 결과는 그 과정이 시작되기 전에 이미 알려졌다. 즉 근대화는 유럽 중심의 용어이기 때문에 변화의 과정과 방향은 예정된 것이었다. 분명히 근대화 사회는 대단히 융통성이 있으며 근대사회의 파라메타와 같아지도록 당기고 늘이고 할 것이다. 따라서 근대화 사회가 의미하는 것은 계급관계의 역사·문화 또는 발전된 환경을 가지고 있지 않다는 점이다.

또한 근대화는 사회관계의 확대에 따른 한 사회의 분해 및 재구조화의 산물이라기보다는 접촉에 의한 자발적인 변화과정으로 이해되고 있다. 간단히 말해서 근대화란 현실의 사회구성체에서 경쟁과 변화의 구체적 과정을 부정하는 추상적이고 '기분좋은 신화'(Brook-field, 1975)이다. RL

근린 neighbourhood

보통 도시지역의 한 구역으로, 직접적인 면식관계가 지배적인 곳이다. 공간적으로 한정된 공동체를 말하는데 이러한 공동체는 종종 그곳 주민들보다는 외부인들에 의해 즉각적으로 인식된다. 여기에서는 특정한 지역에 개별적인 소문화들이 존재하며 이것들이 그곳에 살고 있는 사람들의 사상과 활동을 형성한다는 점이 전제된다(근린효과 참조). 이러한 자발적인 이웃감정에 대한 증거는 현대도시에서는 희박하다. 직장, 점포, 친구들은 종종 근린의 범위를 넘어서 위치하며 근린에의 애착은 사람들이 잠재적으로 사회적 교류를 할 수 있는 비슷한 배경을 지닌 사람들끼리 마음이 편하다는 것을 반영한다. 정확한 지리적 경계설정은 어렵지만 그 경계설정이 주민들에게는 별로 중요하지 않다(균형근린 참조).
JE

근린거주단위 neighbourhood unit

상대적으로 자족적인 소규모의 거주단위. 이것으로부터 교외지역과 전체도시는 하나의 세포형태로 구성되어 있다고 할 수 있다. 근린거주단위의 논리는 사회학적 논리와 각종 서비스의 효율적 공급논리에 기초하고 있다. 근린거주단위에 대한 사회학적 신념은 거주자들이 편안하게 느낄 수 있는 지리적 공간규모에 따라 도시를 계획하는 것이 바람직하다는 것이다(영역성 참조). 따라서 근린거주단위는 공동체적 연대의식을 지녀야 하며, 근린거주단위에는 공동체적 삶의 일상적 수요, 특히 국민학교나 기타 저차위의 중심지기능이 제공되어야 한다(중심지이론 참조). 각종 서비스는 적절한 교통체계와 시설에 의해 효율적으로 공급되어야 하며, 과중한 외부교통은 근린거주단위의 도로교통체계로부터 배제될 수 있어야 한다.

최초의 근린거주단위는 1916년에 시카고에서 나타났다. 1920년대에 이르러 미국의 여러 도시에서 수립한 자족적인 거주지역으로 세분하기 위한 몇몇 계획에서 근린거주단위 인구규모를 2,500명에서 15,000명까지로 설정한 바 있다.

근린거주단위 개념 자체에 대한 최초의 종합적인 해석은 1929년 클래런스 페리(Clarence Perry)에 의해 이루어졌다. 그의 주장은 미국에서 국지적인 도시내부계획을 수립할 때 특히 국지적인 규제를 통해 지대한 영향을 미쳤다.

영국에서의 근린거주단위의 개념은 전원도시 모형의 개별구에서 유래되었다고 할 수 있는데, 여기에는 약 5,000명의 주민을 위한 주택이 있으며 집에서 걸어갈 수 있는 위치에 서비스 공급기능이 있다고 설명되었다. 근린거주단위는 최초의 신도시종합계획에서 채택되었다.

최근에 이르러 근린거주단위 개념을 뒷받침하고 있는 사회공학적 개념이 비판받고 있다. 근린거주단위는 확실한 실증적 검증을 통해 얻어진 결과로 도출된 것이 아니고 신념에 의해 발전된 개념이며, 그 후에 진행된 일들은 모두 초기의 전제를 뒤집고 있다. 실증적 연구에서는 사람들이 어떻게 꼭 근린거주단위 개념의 세포적이고 계층적인 형태에 맞추어서 행동할 수 있겠는가라고 반문하고 있다. 게다가 근린거주단위의 실제 수행과정에서도 설계나 주택의 질이 그들의 이상에는 미치지 못했다.
AGH

근린효과 neighbourhood effect

국지적으로 나타나는 사회적 영향력의 형태를 표현한 것. 인간의 사회적 환경의 특성들은 그들이 생각하고 행동하는 방식에 영향을 준다고 믿어진다. 지리학에서 환경적 특성은 종종 국지적 거주지역인 근린과 동일하게 다루어졌다. 근린효과는 따라서 인지된 자기자신의 이해와 실제적인 행동 사이에 개입해 들어가 개인들로 하여금 그들 자신의 최상의 이익에 따라 행동케 할 뿐만 아니라 아울러 그들이 교류하는 이웃집단의 견해와 이미지에 부합하도록 한다. 근린효과는 다음을 분석하는 데 사용되었다: 쇄신을 수용할 확률이 수용자로부터 거리가 멀어질수록 감소하는 쇄신의 확산연구; 범죄소문화의 구성원을 결정한다는 점에서 범죄유형연구; 지역공동체의 가치가 개인의 열망과 기대에 영향을 주는 교육적 태도 및 성취도 연구 ; 그리고 선거행태연구(맥락적 효과 참조).

이 개념은 몇가지 이유에서 비판받는다. 의사결정과 행위가 주거지역의 정보의 흐름이나 또는 그것의 정치적 양상에 의해 합리화될 수 있는 경우는 거의 없다. 합의는 갈등이 배제될 정도로 강조된다 ; 그리고 그 지방을 넘어서는 준거집단(reference group)—국가적 계급분류, 노동관계 등등—은 무시되었다. 근린효과는 또한 생태적 구조와 사회적 행동 사이의 몇몇 인과관계를 전제하는데, 그 이유는 유사한 사회경제적 속성이 사람들로 하여금 같은 이웃에 살게 한다는 사실보다는 같은 지역에서 살고 있다는 사실의 중요성을 강조하기 때문이다. 특히 대중적, 국가적 의사소통체계가 지배적인 사회에서 근린효과는 그러한 행태나 태도의 근본적 원인이 되지 못한다. 근본적 원인은 아마도 그러한 이웃 자체를 규정짓고 형성하는 사회경제적 변수일 것이다(평균정보장 참조). JE

급간(級間) class interval
지도학에서 지도 이미지에 적합하도록 행하는 공간데이타의 통계학적 일반화(지도이미지 참조). 단계구분도에서는 특히 급간 선정과정에서 정보의 손실을 가져오게 된다. 급간의 분류방법으로는, 똑같은 값의 범위로 데이타값을 나누는 방법, 데이타의 자체 변환점을 찾고 급내(級內) 편차를 최소화하기 위하여 통계학적 분포를 조사하는 방법 등 다양한 방법이 제안되어 있다(분류와 지역화 참조). 또한 컴퓨터를 이용하여 연속적인 일련의 음영으로 분류를 행하는 방법도 있다(컴퓨터지도학 참조). MJB

급진지리학 radical geography
인문지리학에서 공간과학, 입지분석, 실증주의의 이용에 대한 여러가지 비판들을 서술하기 위해 1970년대 개발된 일반적 용어. 이러한 비판들에 공통된 연계는 이론과 실천 모두에 혁명이 필요하다는 믿음이었다. 대부분의 비판들은 매우 강력한 마르크스주의적 기반을 가지며(마르크스주경제학, 마르크스주의 지리학 참조), 경제·사회·정치의 전체론적 견해를 강조했다.

급진지리학 운동의 기원은 1960년대 후반 현대 세계적 사건들에 대해—특히 학생들 사이에—점증하는 환멸로까지 소급된다. 베트남 전쟁은 그들의 즉각적 목표물이었지만, 곧 자본주의 사회의 일반적 재구성이 그들의 보다 큰 목적이 되었다. 따라서 피트(Peet, 1977)에 따르면, 급진지리학은 대체로 "기성학문에 대한 부정적 반동"—처음에는 그 당시 채택된 실증주의적 방법들내에서 성립된 반동—에서 발전했다. 그러나 1970년대초, 비판은 강력한 마르크스주의적 기반을 발전시켰으며, "무엇이 일어나고 있는가를 설명할 뿐만 아니라 혁명적 전환을 예측할 수 있는 급진적 과학"을 창출하는 것을 목적으로 했다. 급진지리학 잡지 『안티포드(Antipode)』가 1969년 클라크 대학에서 발간되었다.

급진지리학에 관여한 학자들은 매우 적극적이었지만, 부분적으로 그들의 혁명적 목표, 명백한 정치적 목적 그리고 현상태에 대한 그들의 위협 때문에 학문적 업적에는 크게 기여하지 못했다. 그럼에도 불구하고, 비록 다른 많은 학자들이 혁명적 결론들을 받아들일 준비가 되어 있지 않았다고 할지라도, 인문지리학에서 (사회적) 과정(프로세스)의 이해에 관한 주장의 힘을 깨닫게 되었으며, 이는 실증주의적 접근을 재평가하게 했다(또한 비판이론, 마르크스주의 지리학 참조). RJJ

기근 famine
굶주림으로 영양실조를 일으키거나 아사하는 장기간에 걸친 식량결핍. 자연적 요인으로 일어나는 수확감소와 현대에 들어 일반적으로 사회, 경제, 정치체계의 전부 혹은 일부 붕괴로 말미암아 나타나는 기근은 구분되어야 한다. 지난 30년 동안 아프리카의 일부지역을 제외한 대부분 지역에서 식량생산증가가 인구증가와 균형을 이루어왔다. 그러나 식량결핍은 아직까지도 사라지지 않고 있으며, 센(Sen, 1981)은 "굶주림이란 그렇게 이름붙이기 나름이지, 식량의 이용여부와는 무관하다"라고 주장했다. 또한 그는 몇몇 심각한 기근현상은, "일인당 식량사용량의 뚜렷한 감소 없이도" 나타났었다고 지적한다.

BWB

기능주의 functionalism

세계를 일단의 분화된 상호의존적 체계들로 간주하는 견해. 체계들의 집합적 행동들과 상호작용들은 "형태와 기능간의 상호관련성을 가정할 수 있는 반복가능하고 예측가능한 규칙성들의 예시"(Bennett and Chorley, 1978)이며, 이는 체계(들)의 지속성을 유지하는 그들의 역할이라는 점에서 형태-기능 관계들을 설명한다. 현대 기능주의는 일반적으로 19세기 진화론적 생물학의 발달에까지 소급된다(다윈주의, 라마르크주의 참조). 그러나 지리학에서 지구와 각 지역들 및 국가들에 관해 '유기체적'이고 기본적으로 기능주의적인 유추는 "다윈의 진화이론을 훨씬 앞선다"(Stoddart, 1967). 물론 다윈이 여러 사회과학들에 기능주의와의 형식적 접합을 가져왔다고 할지라도, 인문지리학에 대한 그의 영향은 그렇게 중요하지 않다(Stoddart, 1966 참조). 지리학은 "인류학이나 사회학에서와 같은 방식으로 기능주의 철학을 주장할 수 없으며", 또한 지리학에서 경험적 연구의 대부분은 그 형식에 있어 기능주의적으로 구성될 수 있지만 "그 영향은 전통적 지리학의 사고에 있어 명시적이라기보다 묵시적인 경향이 있었다"(Harvey, 1969).

2차 세계대전 이전, 기능주의에 관해 가장 명시적인 논의들은 아마 라첼(Ratzel)의 인류지리학과 그리고 『인문지리학(La geographie humaine)』에 관한 프랑스학파의 저술들(특히 비달[P. Vidal de la Blache]과 브륀느[J. Brunhes])에 의해 제시된 '영역적 통일'이라는 사고)에서 찾아진다(가능론 참조). 그러나 이는 거의 놀라운 일이 아니다. 왜냐하면 비달은 '20세기 기능주의의 발달에 가장 중요한 영향을 미쳤음에 틀림없는' 뒤르켕(E. Durkheim)의 사회학(Giddens, 1977 ; Berdoulay, 1978 참조)에서 영향을 받았기 때문이다. 사우어(C. Sauer)의 문화지리학 역시 상당히 기능주의적이었다. 이점은 경관을 "분리된 구성부분들에 관한 고려로서는 표현될 수 없으며", "한 체계내에서 형태, 구조, 기능 그리고 위치를 가지며, 발전, 변화, 완결을 지향하는" 전체로서의 어떤 실체로 본 견해와, 그리고 미국의 문화지리학에 있어 이른바 '초유기체적(superorganic)'인 것(Duncan, 1980)을 도입시키는 데 주요책임이 있는 크뢰버(A. L. Kroeber)의 기능주의적 인류학에 많이 영향을 받은 그의 문화 개념에서 특히 분명하다(Gregory, 근간 참조).

그러나 1970년대까지 전후 인문지리학의 대부분은 사회이론과 사회과학에 거의 관심을 보이지 않았으며(심지어 불신했으며), 대신 물리적 과학들로부터 제시된 모형들에 훨씬 더 의존했다. 이들은 기능주의가 도입될 수 있는 두 경로를 제공했다. 간접적 경로는 신고전경제학이 경제지리학에 침투함으로써 이루어졌다. 제본스(Jevones)와 왈라스(Walras)의 소위 '한계(효용) 혁명'은 상호의존적 시장들간의 균형유지에 관한 핵심적 관심과 함께 주로 통계적 기계론에 대한 신중한 유추에 의존했다(Deane, 1978 참조). 보다 직접적인 경로는 체계분석을 통해서였다. 체계분석의 원리와 절차들은 통제공학과 열역학으로부터 유래되었으며, 이는 (동태적) 균형유지에 대해 유사한 관심을 흔히 보였다 (Bennett and Chorley, 1978 참조). 이러한 이중적 역사 때문에, 전후 인문지리학에서 기능주의는 사회이론에서 기능주의가 병행해서 발전하고 있다는 것을 별로 인식하지 못한 채 전개되었다. 심지어 사회지리학에서조차도 파슨스(T. Parsons)와 여러 학자들에 의해 제안된 정교한 구조기능주의에 대한 연구조사는 거의 없었다. 그렇지만 구조기능주의의 정식화들과 그리고 지리학을 엿보고 있었던 (보다 일반적인) 체계이론들의 정식화들간에는 분명한 유사점들이 있었다.

기대수명

1970년대, 인문지리학이 또다시 다른 사회과학들과 가까워지면서 기능주의는 훨씬 광범위하게 퍼져나갔다. 특히 중요한 점은 고전적·구조적 마르크스주의(마르크스주의 지리학 참조)와 다소 오용된 구조주의로부터 사고들이 급속히 편입되었다. 그러나 1980년대 이러한 확산은 대부분 중단되었고, 때로 반전되었다. 사회이론에서 한때 사회학적 성숙으로 나아가는 성인식으로 간주되었던 기능주의에 대한 비판은 기능주의와 마르크스주의간의 관계에 대한 일련의 주요논쟁들을 통해 다시 부활되었다(Cohen, 1978, 1982; Elster, 1980, 1982; Giddens, 1979, 1981, 1982). 기능주의에 대한 반대는 논리적 측면들에서 가장 빈번히 일어났다. 예를 들면, 사회적 행동의 의도되지 아니한, 또는 예상되지 아니한 결과들은 그 원초적 존재를 설명하는 데 사후적으로 이용될 수 없다. 그리고 또 다른 예로, 기능주의는 특징적으로 목적적 행위 없이 어떤 목적('필요' 또는 '목표')을 가정한다. 그리고 사실 이러한 비판적 언급들을 통합시켜주는 것은 인간행동에 대한 관심이다. 이들의 대부분은 방법론적 개인주의의 중요성을 주장하고, 이에 따라 '구조적' 설명의 모든 형태들을 거부한다(Duncan and Ley, 1982; Elster, 1982 참조). 또 다른 논의들은 (구조)기능주의와 구조주의의 주장들 중 일부에 대해 덜 회의적이며, 대신 보다 내포적인 구조화이론(이는 흔히 '전적으로 반기능주의적 선언'으로 표현된다)에서 제한된 인간행동의 개념을 주장한다(예: Giddens, 1981; Thrift, 1983 참조). 또한 동시에 사회이론내에서 구조기능주의와 루만(N. Luhman)의 소위 '신기능주의'에 대한 관심이 다시 시작되고 있다(Luhman, 1981; Ray, 1983 참조). 그러나 인문지리학에 이러한 관심이 나타난 경우는 거의 없다. 따라서 "기능주의적 모형은 사회이론에서 단순한 기능주의에 대한 보다 일반적 비판에서 살아남기 위해서는 새로운 수준의 정교함이 필요하다"고 결론짓는 것이 합당할 것 같다(Driver, 1985). DG

기대수명 life expectancy

출생시 혹은 특정연령으로부터 살 수 있는 평균년수로 일반적으로 생명표에서 추출되며 보통 e_x로 표현된다(x는 연령). 출생시부터의 기대수명(e_0)은 전체인구의 사망력에 대한 요약적인 지표로도 사용된다. 출생시의 평균기대수명은 유아사망력 때문에 1세의 평균기대수명보다 낮고 그 이후에는 지속적으로 감소된다. 평균기대수명은 최근 20~30년 새에 대부분의 국가에서 급격히 증가하여 현재 유럽에서 남성의 e_0는 60대 후반, 여성은 70대로 스웨덴의 경우에는 1982년 여성은 79.4세, 남성은 75.4세로 나타나고 있다. PEO

기업농 agribusiness

최종이윤을 최대화할 목적으로 현대적 경영기술과 회계방법을 농업생산과정에 적용시킨 농업조직.

기업농의 개념은 미국과 서부 유럽에서 다르게 적용된다. 미국에서는 식품가공회사들이 그들의 투입원료에의 실제생산에 참여함으로써 기업농이 성장하였다. 그러한 회사들이 농장을 매입하고 그들의 전체 생산체계 속에서 보조적인 요소로서 기업농을 경영하였다. 서부유럽에서는 농장에서 생산과 가공을 통합시키는 것이 그리 보편적이지는 않다. 비록 양자 사이에 계약관계에 의한 연결이 강하긴 하지만 기업농은 식품가공업자들과는 무관한 대규모 농업회사들이다. 영국의 일부 기업농은 대기업이나 금융기관의 부속체로 경영되기도 한다.

모든 기업농에 공통적인 것은 위계적 경영체계이다. 즉 재정관리자와 회계사로 구성된 최고계층은 농장경영자를 고용하여 매일의 작업과정을 통제한다. 농장들은 엄청나게 거대하며 농업과정은 상당한 크기의 생산단위들로 조직되어 있다. 기업농의 성장으로 인하여 법인조직이 농촌지역에서 소유하는 토지의 수준에 대한 관심을 갖게 되었다. 또한 기업농에서 볼 수 있는 노동장소관계에서의 변화는 촌락공동체에서 농업의 사회적 중요성과 농업의 맥락에서의 변화를 초래하는 결과를 가져왔다.

식품생산, 가공, 판매의 통합에 따라 기업농은 열대의 재식농업 체계가 온대의 농업 속으로 확장됨을 의미한다. 기업농의 성장과 농업경영의 규모화대는 미래의 농업구조에 영향을 미치는 상당히 중요한 과정을 포함하고 있다. PEW

기업유치지구 enterprise zone
사기업을 촉진시키기 위해 계획된 조건에서 산업 혹은 경제 발전을 위해 지정된 지역. 이 조건에는 세금 및 다른 형태의 지방세 과세의 보류, 개발통제 및 기타 전통적 토지이용계획수단의 부분적 완화 등이 포함될 수 있다. 기업유치지구에는 입지조성, 도로 및 기타 하부구조의 여러 요소들에 대한 국가의 투자가 있을 수도 있다. 목표는 개발에 대한 제도적 제약이나 비용을 예외적인 범위까지 줄여서 지방기업을 지원하거나 외부로부터 자본을 끌어들이려는 것이다. 1980년대 초반 영국에서는 런던의 도크랜드(Docklands)를 포함하여 다수의 기업유치지구가 지정되었다. 기업유치지구를 지지하는 사람들은 이것을 지방고용창출의 효율적 도구로 간주하는 반면, 비판자들은 기업유치지구가 다른 곳에서부터 기존의 자본과 고용을 끌어들이는 것이라고 주장한다. DMS

기호화 symbolization
일반화나 정밀화된 공간적 객체나 자료를 그래프의 기호로 바꾸기 위한 지도학적 언어. 전통적으로는 부정확한 협약이 따라왔다. 국지화된 자료는 그 위치가 지도투영법에 의해 맞추어진 점들을 필요조건과 축척(scale)에 따라 단순화될 수 있는 선들에 의해서 기호화될 것이다. 양적 자료는 크기가 자료값과 관련되는 기호들을 이용하며(점기호 참조) 밀도자료는 면적기호들로 묘사된다(단계구분도 참조).

지형도는 표현하고자 하는 객체들을 본뜬 기호들을 이용하여서 실재를 어느 정도는 되살릴 수 있다 ; 인문지리학자에게 중요한 기술은 그러한 기호들을 인지하는 것이다. 시각적인 인지를 높이기 위해 지도기호화에 대한 국제적 표준화가 진행되었으며 그 예로 국제공항의 기호들 들 수 있다. 지도제작자들은 문화 사이에 '최소의 실제적 차이'를 갖는 기호들을 결정하도록 해야 한다(Morrison, 1974).

사실적 기호들은 단순화된 형상으로 지상조사에 의해 진상을 기술하지만, 철강제조단지에서 교대제 근무시간당 산출을 도해하는 것과 같은 주제도에는 잘 맞지 않는다. 지상에서 직접 확인할 수 없는 자료의 상징화는 임의의 기호들을 이용한다 ; 이러한 유형의 특징은 자료값에 비례하여 크기로 축척된 원, 사각형, 입방체이다.

임의의 기호들을 효과적으로 해석하는 데에는 몇가지 어려움이 있다. 첫째는 그 기호들이 나타내는 자료를 형상의 유사성으로는 직접 확인할 수 없는 가능한 유형의 범주가 방대하다는 것이다(Bertin, 1983 참조). 둘째는 자료값에 대한 기호크기의 관계이다. 여기서 중요한 것은 원은 면적에 따라 크기가 변화하며 입방체는 부피에 따라 크기가 변화하는데, 지도를 읽는 사람들은 아직까지 1차원적 크기변화(예: 선형변화)를 가장 잘 해석할 수 있는 것처럼 보인다. 점기호의 사용에 대한 연구들은 해석의 모순을 극복하려고 시도하였다(Cox, 1976 ; Monmonier, 1977 ; Muehrcke, 1972 참조). 컴퓨터지도학과 지리정보의 영향을 받으면서 점도, 지지도, 주제도와 위상도들 사이의 구분이 없어지고 있다. 모든 유형의 자료들이 디지탈 데이타베이스에 저장되어 있으며 특정한 적용에 따라 묶인다. 컴퓨터로 가능한 색채표시의 새로운 유형이 발전되어 모든 유형의 상징적 표현에 대하여 지도학적인 것과 예술적인 면에서 훨씬 더 효과적인 실험작업을 가능하게 해야 한다. MJB

기회비용 opportunity cost
포기되는 기회에 대한 비용(이 비용을 부담하기

기회비용

위해 돈이 지불되든 안되든간에)을 표현하기 위한 신고전주의 경제학자들의 용어. 예를 들어 만약에 농촌토지가 개방된 저습지상태라면 토지 소유자 및 사회에게는 생산되지 않는 농업생산품만큼의 비용이 있게 되는 것이다. 이 개념은 다양한 생산형태들간에서의 생산자원(토지, 노동, 자본)의 할당을 설명하기 위해 지리학자들이 사용했으며 비교우위이론 및 선형계획에서 중요한 역할을 한다.

AMH

ㄴ

내륙국 land-locked state
바다와 접하고 있지 않아서 직접 국제무역을 할 수 없는 국가. 세계적으로 현재 그러한 나라가 26개국이 있는데 그 중 아프가니스탄, 체코슬로바키아, 헝가리, 오스트리아, 몽고, 잠비아, 짐바브웨, 말라위, 볼리비아 그리고 파라과이가 중요하다. 이스트(W.G. East)는 이 나라들은 정치적·경제적으로 취약하며 보다 강력한 이웃 해양국 사이의 완충위치에 생존을 의존하는 경향이 있다고 지적하였다(완충국 참조). 당연히 내륙국가들은 주요 하천수로를 이용하거나 접근회랑을 따라 자유통행을 협상함으로써 바다에 접근할 수 있는 통로를 확보키 위해 항상 노력하여왔다. MB

내부도시 inner city
도시 중심부 가까이에 위치한 경계가 분명치 않은 지역으로 보통은 기본편의시설이 거의 없는 다세대의 노후주택지역과 연관되어 있다. 이곳은 종종 저임금의 서비스나 상업적 조직에 고용되어 비싼 임대료를 지불할 능력이 없는 외국인 이주자를 수용하는 지역이 된다. 주민들은 대부분 사회적·공간적으로 비이동적이고 임시로 거쳐가는 사람들로 대표된다. 공공시설 및 상업시설은 매우 적고 그 질도 빈약하다. 사실 내부도시는 점이지대(동심원모형 참조)에 대한 현대적 명칭이며, 부가적으로 이 지역은 고립된 곳이 아니라 좀더 폭넓은 사회의 통합적 부분이라는 인식이 추가된 것이다. JE

내적 관계들 internal relations
객체들 또는 실천들 사이의 필수적 관계들. 형식적으로 "어떤 관계 R_{AB}에서, B가 그러한 방법으로 관계되지 아니할 경우 A가 근본적으로 그러한 것이 될 수 없다면, 이 관계는 내적이라고 정의된다"(Bhaskar, 1979). 예를 들면 지주와 소작농은 내적 관계에 있다. 이 경우 각각은 상대방을 전제가정하며, 따라서 그 관계는 대칭적(symmetrical)이다. 국가와 지방주택공사(의 관계)도 역시 내적이다. 그러나 이 예에서, 후자는 전자를 전제가정하지만, 전자는 후자를 전제가정하지 아니하며, 따라서 그 관계는 비대칭적(asymmetrical)이다. 이러한 구분들은 실재론 철학의 주안점이 되는 합리적 추상화과정에서 매우 중요하며, 여기서 그들은 '비관련적인 것을 결합시키고' 또한 '분리될 수 없는 것을 분리시키는' 소위 혼돈적 개념화를 방지해준다 (Sayer, 1982).

내적 관계들의 집합은 구조라고 할 수 있다. 그림은 이 사례를 보여준다(Sayer, 1984). 지리학에서 이러한 용어들은 하비(D. Harvey, 1973)에 의해 처음으로 사용되었다. 올만(Ollman, 1971)에 의한 마르크스 저술들의 압축 그리고 피아제(Piaget)의 작동적 또는 발생적 구조주의에 의존하여, 하비는 다음과 같이 제안했다. 즉 "구조는 그 자체가 전환법칙들의 활용을 통해

내적 관계들

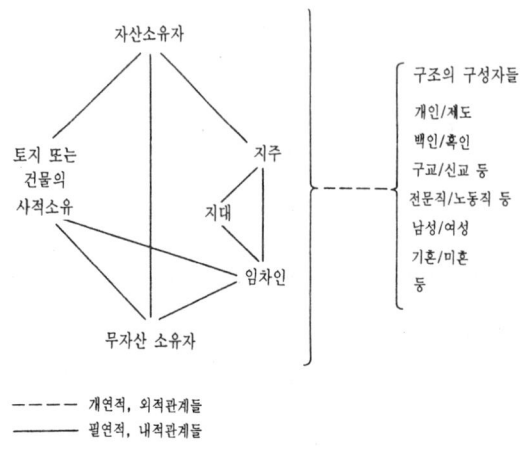

내적관계들 내적관계들과 구조(출처: Sayer, 1984).

구조화되는 과정에 있는 내적 관계들이 갖는 체계로 … 정의되어야 한다." 이러한 정의는 하비 스스로가 존재론에 관한 근본적 의문들을 제기하도록 했으며, 도시화, 자본주의, 그리고 생산양식 등의 성질에 관한 우리들의 가장 기본적 이해와 관련을 갖도록 했다. 이에 따라 다음과 같은 의문이 제기된다: "우리는 도시화를 전환 방법에 의해 사회의 경제적 토대(또는 상부구조적 요소 등)로부터 도출될 수 있는 어떤 구조로 간주해야 할 것인가?" 또는 "우리는 도시화를 다른 구조들과 상호작용하는 어떤 분리된 구조로 간주해야 할 것인가?" 그의 대답은 사실 후자를 더 선호했다. 즉 "도시화는 그 자체의 역동성을 가진 분리된 구조를 가진다. 즉 도시화는 분리된 실체로 인식될 수 있다. 그러나 이 역동성은 다른 구조들과의 상호작용과 모순에 의해 조절된다." 하비가 분명 어떤 한 구조와 다른 구조들을 구분하고자 한다는 점에서ㅡ"구조들은 하나의 구조가 다른 구조로부터 도출될 수 있는 어떤 전환이 존재하지 아니할 경우, 분리된 또는 분화가능한 실체로 간주될 수 있다"ㅡ'외적(또는 개연적) 관계들의 희생하에' 내적 관계들을 어떻게해서든 보편화시켰다고 말하는 것은 결코 옳지 않다(Sayer, 1982). 세이어의 견해에 의하면, 그렇게 하는 것은 내적 관계들이라는 개념의 힘을 '무력하게' 하는 것이다. "만약 모든 것이 그외 모든 것과 내적으로 관련된다면, 내적 관계라는 개념은 **특수한 구조들의 특정한** 사항을 말하는 데 도움을 주지 못한다"(강조 첨부). 이 점은 분명하지만, 이러한 비난은 하비에게는 해당되지 않는다.

그러나 이 개념은 '사고-행동(thought-and-action)'에 관한 올손(Olsson)의 연구(1980)에 의존할 경우 더 큰 힘을 가질 수 있다. 하비와 마찬가지로, 올손은 마르크스에 관한 올만의 '관계적' 해석에 대해 논평했다. 그러나 그는 세이어가 비난하는 내적 관계들의 '보편화'에 더 근접하는 것처럼 보인다. 올손에 의하면, 사고, 언어, 그리고 행동은 내적으로 관계된다:

> 내적 관계들의 철학에서 사고는 존재로서, 또한 존재의 지식으로 인식된다. … 여기서 내적 관계들은 그 부분들에서 존재론적이라는 점이 도출된다. 이의 함의는 진리란 각 성분들이 그 특정장소를 가지는 단일 총괄적 실체라는 점이다. 어떠한 성분일지라도 다른 어떠한 부분으로부터 분리될 수 없다.

"이러한 태도의 중심교리는" 바로 "세계와 우리들의 사고들은 서로 얽혀 있어서 분리될 수 없다"는 점(광의적으로 헤겔적인 철학)이라고 올손은 계속해서 말했다. 이에 따라 "사람들간 사회적 관계들은 명제들의 논리적 관계들과 같으며" 또한 "명제들의 논리적 관계들은 사람들간 사회적 관계들과 같다"고 그는 주장한다. 따라서 이러한 모든 관계들은 내적 관계들이다. 물론 이러한 이유에서 올손은 소위 '언어적 성향(turn)'을 다루며(이데올로기 참조), 그를 초사실주의(surrealism)의 영역으로 안내하는 일련의 언어적 실험들을 수행했다. 그에 의하면 "우리는 새로운 언어를 습득함으로써 새로운 세계에 들어간다." 그러나 이러한 주장에 대해 어떻게 생각되든지간에, 이러한 언어의 중심성은 세이어의 반대에 대한 일련의 변론을 제시한다. 왜냐하면 아마 올손은 내적 관계들의 보편화에 대한 세이어의 비판이 단지 우리들의 특정한 '언어게임'의 틀내에서만 '의미가 있다'고 주장할 것이기 때문이다(Gregory, 근간 ; Philo, 1984 참조). DG

네트워크(연결망) network

인문지리학에서 네트워크는 주로 도로, 철도, 운하 등의 영구적인 시설물이나 예정된 시각표를 갖는 서비스(버스, 기차, 항공)의 교통망을 지칭해왔다. 이것은 또한 경제·사회적 접촉 및 전화통화수를 포함하는 여러 형태의 선형구조를 망라하는 것으로 확장되었다.

대부분 한 네트워크의 요소들은 결절점과 그들을 잇는 연결선의 두 범주로 나누어진다. 교통연구에서 결절점은 일반적으로 주요 터미널이나 교차지점을 의미하지만 이런 교차지점이나 터미널이 아니더라도 중요한 교통유발의 역할을 하는 지점은 결절점으로 취급되어야 한다는 주장도 있다. 어떤 학자들은 그런 지점에 '접근점'이라는 용어를 사용하기도 하지만 이는 오히려 개념을 더 혼돈케 한다. 왜냐하면 교차지가 교통유발지도 접근지점도 아닐 수 있기 때문이다.

직관적으로는 밀집도, 연결성, 방위 등의 특성으로 네트워크의 형태를 규명할 수 있다. 이들중 어떤 것들은 그래프이론을 이용하여 측정할 수 있으며 그 밖의 방법으로도 측정할 수 있다. 단위면적당 네트워크의 길이로 나타내는 네트워크의 밀집도는 가장 가까운 도로나 접근점으로부터 그 지역내에 있는 다른 지점들까지의 최대 혹은 평균거리에 대한 수학적·통계적 관계식을 포함하고 있기 때문에 중요하며 접근도에 대한 함축된 의미를 갖는다.

연결성의 개념은 망상조직의 다른 부분 사이에 이동이 가능한가 그리고 그러한 이동이 얼마나 직접적으로 이루어지는가 하는 것을 나타낸다. 후자의 속성을 측정하기 위해서 도로거리와 기하학적 거리 사이의 비율을 사용한다. 이 비율은 '노선인자', '순환지표' 등 다양하게 불린다. 이 비율이 높으면 연결성이 낮은 망상조직을 의미하며 개개 연결선의 간접성을 반영하기도 한다. 예로 울퉁불퉁한 지역에 대한 경험적 증거로 철도망의 노선인자는 약 1.8인 데 반하여 도로망은 1.4를 나타내는 등 대조를 보이고 있으나 거기에는 또한 국제적 대조도 나타난다. 노선인자는 또한 동서노선 혹은 수도로부터와 같이 특정유형의 이동에 알맞는 네트워크와 같이 방위를 나타낼 수도 있다.

서술적 연구에 부가하여 지리학자들은 개개 네트워크의 요소들(항만, 공항, 수로, 선로, 도로)의 존재와 입지와 전체 네트워크의 유형에 관해서 설명하려는 시도를 하여왔다. 네트워크의 형태와 다른 지리적 변수들(지형, 인구밀도, 경제발전 등등) 사이에 어떤 관계식이 나타날지라도 완전한 설명은 의사결정자의 변화하는 역사적 배경(경제, 사회, 정치적)에 대한 언급을 포함해야만 한다고 인식되고 있다(사회적 관계망도 참조). AMH

노동가치론 labour theory of value

마르크스 경제학의 중심개념으로 재화의 가치는 평균조건들에서 그 생산에 내포된 노동시간의

노동과정

양을 반영한다는 것이다. 노동력에 지불된 가격(임금)이 그의 적용에 의해 창출된 가치보다 적기 때문에, 자본가는 잉여가치를 획득한다(자본주의 참조). 자본주의사회에서 계급갈등은 잉여가치의 전유, 즉 자본가에 의한 노동력의 착취에 초점을 둔다(갈등 참조). 신고전경제학에서, 잉여가치는 위험과 불확실성의 상황에서 자본의 투자를 위해 기업에 지불되는 대가로 해석한다.

RJJ

노동과정 labour process

"인간이 자신의 행위를 통하여 자신과 자연간의 신진대사를 조정·통제·규제하는 과정"(Marx, 1976). 노동과정의 보편적인 특징은 노동과 노동이 가해지는 대상 및 노동도구를 포함한다. 인간노동은 특히 사고에 의해 특징지어진다.

> 꿀벌의 벌집은 많은 인간 건축가들을 부끄럽게 한다. 그러나 아무리 미숙한 건축가라도 가장 훌륭한 꿀벌보다 뛰어난 점은 그는 집을 짓기 전에 이미 머리 속에서 그것을 짓고 있다는 것이다. …노동자는 자연물의 형태를 변화시킬 뿐만 아니라 자연물에 자기가 의식하고 있는 목적을 실현시킨다 (Marx, 1976).

이것이 바로 자본주의 생산에서 가장 심하게 수정된 노동과정의 한 측면이다.

마르크스는 인간이 생존하기 위하여 자신의 노동력을 자본에 판매하는, 즉 단순히 노동이 자본에 의해 지배되는 자본에 의한 노동의 형식적 포섭(formal subsumption of labour)과 자본이 노동과정 그 자체를 재조직하는 자본에 의한 노동의 실질적 포섭(real subsumption of labour)을 구별하였다. 전자의 상황에서 자본이 노동을 찾는 것과 같이 자본은 노동을 받아들여야 하며 따라서 노동자의 협상기술과 기능에 의존하게 된다. 이러한 조건에서 자본이 획득할 수 있는 최선의 조건은 작업일의 확대를 포함한 절대적 잉여가치의 생산이다(마르크스 경제학 참조). 노동과정이 자본주의적으로 변형되면서 사고와 기술은 생산력과 생산관계간의 변증법적 관계와 관련되는 복잡한 변화 속에서 노동에서부터 점차 분리된다.

숙련노동자들간의 협업이라는 자본주의 조직을 시작으로 자본은 공장조직의 출현, 대규모 산업의 성장, 기계의 도입, 그리고 제조업과 노동분업 등을 통하여 노동과정에 대해 더 엄격한 통제를 가하게 된다. 이러한 발달에 힘입어 생산성을 증대시키고 상대적 잉여가치를 생산하기 위하여 노동과정을 변화시키는 능력이 발생한다(마르크스 경제학 참조). 이들 변화와 관련하여 생산에서 대단히 커다란 물리적·지리적 혁명이 나타난다. 이 변화에 기본이 되는 것은 노동으로부터 생산에서의 사고와 기술의 분리이다(탈숙련화 참조).

테일러(F. W. Taylor)의 원리와 헨리 포드(Henry Ford)의 실천에서 발전된 과학적 관리가 노동의 모든 측면에서 사전계획과 완전한 규정화를 실현시키면서 이 과정은 더욱 진전되었다. 과학적 관리는 노동의 정신적 측면과 육체적 측면을 더욱 분리시키고, 관리자와 엔지니어 그리고 디자인전문가에 대한 수요를 확대시키며, 숙련 및 반숙련 노동의 전문화를 증대시키고, 기계를 통제하는 것이 아니라 조작하는 노동수요를 증가시킨다(Massey, 1984 참조).

미래는 컴퓨터에 의한 설계 및 제조, 로보트의 도입 등으로 노동과정과 노동과정의 잠재적인 지리적 형태가 변형될 것이므로 불확실하다. 오늘날 첨단 전자기술이 기업의 수준에서 원료와 정보처리(과거 노동에 의해 통합되었던)를 완전히 재통합할 수 있게 함에 따라, 자본에 의한 노동의 종속은 심화된다. 이것은 노동에 대한 수요를 변화시키고 지리적 재구조화를 더욱 자극할지 모른다.

이러한 설명이 노동이 노동과정의 발달에서 수동적인 요소였다는 것을 의미한다고 봐서는 안된다. 마르크스가 설명한 산업혁명의 과정은 바로 이 점을 강조한다. 즉 자본주의 생산발전은 노동이 다양한 방식으로 반응을 보인 특징에 따라 나타나며, 역설적으로 많은 다양한 방법들이 자본주의 생산의 재생산을 보장하고 안정화하는 경향이 있다. 마찬가지로 현대 소련의 발달에서 경험했던 어려움들은 기술이 계급중립적이지 않다는 것을 나타낸다. 즉, 생산력의 변화는 자동적으로 적절한 생산관계의 변화를 가져오지 않으며 노동력이 생산기술의 효율에 그대로 영향을 미쳤다는 점이다.

마지막으로 이것은 지리학은 수동적이지 않고 오히려 그 반대로 중요하다는 것을 의미하는 것이 되어야 한다(Massey, 1984). 지리학은 생산전략을 결정하는 생산조건의 다양한 범위를 제시하고, 국지적인 사회구조와 문화를 통해 특정 생산과정의 세부적 작용에 영향을 줌으로써, 노동과정을 형성시키는 적극적인 요소이다. RL

노동분업 division of labour

노동자, 성, 공장, 경제, 다양한 규모의 지리적 지역간에 일어나는 노동의 분화와 결과적 특화. 공장에서 면밀히 계획되고 통제된(반드시 쉽게 실행되는 것만은 아니지만) 노동분업과 사회에서 통제되지 않은 노동분업에는 차이가 있다. 이 구분은 위의 정의가 함축하는 바로서는 부적절하고 시대에 뒤떨어진 것이다.

신국제노동분업의 출현은 개별 생산단위에서 진행되는 노동과정의 조직화가 세계적 규모로까지 노동의 사회적 분업을 결정하는 요인이 된다는 것을 보여준다. 그러나 노동의 분업은 단순히 생산수단의 소유자나 관리자에 의한 의사결정의 결과는 아니다(마르크스 경제학 참조). 그들은 어느 정도 저항적인 노동자들, 노동조합운동, 다양한 국민국가의 조직과 분화된 생산경관(투자의 층, 불균등발전 참조)에 직면하게 되며 이 모든 것은 생산의 발전에 능동적으로 영향을 미친다. 따라서 노동분업이 가능한 범위와 그것이 가져온 형태는 노동자와 생산수단 관리자간의 투쟁의 결과이며, 노동분업에서 여러가지 전문화된 집단간의 적절한 커뮤니케이션 수단의 존재를 전제로 한다. RL

노동시장 labour market

노동력 재생산의 물적 조건을 위해 노동력이 교환되는 메커니즘. 자본주의사회에서 이것은 노동력의 가변자본으로의 변형을 수반한다(마르크스 경제학 참조). 노동시장에 대한 신고전이론은 인류(Homo sapiens)를 경제인(Homo economicus)으로 환원시켰다. 시장은 연속적이며 균형을 원만하게 작동하는 것으로 간주되었다. 현실적으로 노동시장의 다른 부분들이 융합적으로 서로 봉합될 수 없는 한, 균형의 단절이 성, 인종, 지역에 의해 나타나는 것과 마찬가지로 노동시장내에서도 나타난다. 그러나 이같은 차이들은 이미 주어져 존재하는 것으로 가정되는 본질적 차이와 마찬가지로 시장에 참여하는 사람에 의해서도 만들어질 것이다.

노동시장에 대한 이원론(Dualist); (이중경제 참조)은 노동시장을 대규모의 잘 조직된 자본에 의해 지배되고 흔히 그 자체의 일차적(primary) 부문과 많은 소자본들이 더 경쟁적이고 상대적으로 더 낮은 임금과 불안정한 노동환경을 만들어내는 이차적(secondary) 부문으로 구분한다. 그러나 이같은 이론은 노동시장에서 불평등이 단지 자본의 불균등발전으로부터 도출된다는 의미를 함축함으로써, 복잡한 사회적 현실을 지나치게 단순화시키려는 경향이 있다.

노동시장의 분할(segmentation)에 대한 견해는 종속적인 직업과 독립적인 일차적 직업간에 격차를 인정함으로써 이원론을 상세히 설명하고 있다(노동시장의 분할 참조). 그럼에도 근본적인 단절들은 여전히 자본의 구조로부터 파생되는 것으로 간주되었다. 그러나 사실 노동조합의 정책, 교육과 훈련, 그리고 특정노동자의 배제나 분리와 같은 다수의 조직된 노동의 사회적 실행에 의해 지지를 받는, 성이나 인종에 기초한 차별은 노동단절의 정도를 변형시키고 노동시장에서 단절의 근원을 복잡하게 만든다. 부가적으로 노동시장에 대한 불균등한 국가 개입, 국가고용이나 자영업의 정도, 시간에 따른 자본주의의 불균등 발전은 노동시장의 단절에 대하여 보편적으로 적용될 수 있는 모델을 만드는

노동시장의 분할

것을 불가능하게 한다.

노동시장에서 결정적 단절은 지리에 기초한 것이다. 일상적인 통근권에 의해 구분되는 노동시장의 복잡한 구성은 지리적으로 불균등한 투자의 층에 의해 발생한다. 이러한 분화는 자본이 노동과정을 변화시키고 다양화시키는 기회를 제공하나 노동의 측면에서는 또한 저항의 분화를 나타낸다. 여기서 중요한 점은 자본-노동관계의 역동성은 생산에서 변화의 영속적 과정을 의미한다는 것이다; 즉 자본이나 노동에 의해 특정한 반응을 유도하는 이미 주어진 그리고 합리적인 공간구조가 반드시 존재하는 것은 아니라는 점이며, 오히려 지리는 노동시장을 분화시키는 끊임없는 투쟁의 총체적 부분인 것이다.

RL

노동시장의 분할 segmented labour market

둘 또는 그 이상의 분할된 부문으로 구성된 노동시장으로, 이 경우 노동시장간의 이동은 어렵다. 일반적으로 노동시장의 분할은 다양한 규모에서 발생할 수 있는데, 예를 들어 하나의 이중 노동시장은 숙련노동과 비숙련노동으로 구분되며, 숙련노동은 요구되는 숙련의 유형에 따라 다시 여러 유형으로 구분된다. 이러한 노동시장의 분할은 이용가능한 노동공급과 수요의 불일치가 나타나는 재구조화기간 동안에 어려움을 겪는다. 이러한 노동시장의 분할 외에 인종(아파르트헤이트 참조), 성, 장소 등에 따라서 노동의 분할이 있을 수 있다.

RJJ

녹색혁명 green revolution

밀이나 특히 쌀의 신품종의 출현과 이러한 곡물을 재배하게 됨에 따라 나타나는 영향을 기술하기 위해 고안된 용어. 새로운 곡물 품종은 다수확품종 개발을 위하여 연구실에서 교배, 개량시킨 산물이며 제3세계의 농업에서 재배되었다. 새로운 밀 변종은 1950년대 멕시코에서 최초로 개량되었으며 쌀(특히 IR-8 즉, '기적의 벼')은 1960년대말 필리핀의 국제미작연구소에서 개량

되었다. 신품종의 수확량은 경이적으로 증대되어 어떤 경우에는 재래종의 2배 이상이 되었다. 게다가 어떤 지역은 2모작 가능지역으로 바뀌게 되었다.

신품종의 개발만으로는 성공은 쉽게 성취되지는 않는다. 높은 수확량을 유지하기 위해서는 대량의 질소비료가 필요하며 재래종보다 환경적 응능력이 크다고 할지라도, 대개 주의깊은 관개관리와 용수조절을 해야 한다. 그러므로 밀이나 벼를 신품종으로 전환하는 데 드는 하부구조 및 비료투입비용은 상당하며 증대된 수확량은 반드시 비용을 상쇄할 정도로 충분한 수입을 가져오지는 않는다. 특히 시장가격이 공급증대로 말미암아 정체되거나 폭락한다면 그렇게 된다.

녹색혁명은 많은 문제를 안고 있다. 즉, 공급이 달리는 비료수요, 판매의 애로, 곡물자급을 성취하려는 국가와 국제무역 마찰, 제3세계국가들에서 지배적인 현물소작제 체계 아래서 새 품종을 채택하도록 권유하는 문제, 새로운 벼품종을 꺼리는 성향 등의 문제이다. 수확량이 증대되어 토지로부터 노동력을 방출하게 되면서 농업구조에 대변동이 이루어졌다. 실제로 옥수와 비료공급의 어려움 때문에 녹색혁명은 한때 기대하였던 만큼 성공을 거두지 못하였다. 많은 제3세계국가들에서 인구증가는 한때 녹색혁명이 가져다준 식량생산의 작은 잉여로 가능했던 식량공급을 다시 추월하게 되었다.

PEW

논리실증주의 logical positivism

1920년대 및 1930년대의 비엔나학파에 의해 형성되고 주로 에이어(A. J. Ayer), 헴펠(C. G. Hempel) 및 나겔(E. Nagel)의 저작물을 통해 현대적으로 발전된 실증주의의 한 분파. 초기 실증주의 견해와는 달리 논리실증주의는 오직 두 명제만을 과학적으로 의미가 있다고 여긴다. 첫째는 경험적(또는 종합적) 명제로서, 그 진위여부는 증명으로 결정된다. 둘째는 논리와 수학의 분석적 명제로서, 이 명제는 정의에 의해 진위여부가 판단된다. 실증주의에 대한 보편적 비평

과는 반대로 논리실증주의에 대한 대부분의 구체적 비평은 '증명의 원리'라는 문제와 그것이 내포하는 물리주의에 집중되어 있다. 실제로 포퍼(K. Popper, 1976)는 "오늘날 모든 사람은 논리실증주의가 종말을 고하였음을 알고 있다"고 주장하며 "나도 (그에) 책임을 져야 한다"고 선언하였다. 1930년대 그가 제창한 비판적 합리주의, 그 중에서도 특히 '반증의 원리'는 논리실증주의의 주장을 결정적으로 불신하게 만들었다고 생각하였다. 수페(F. Suppe, 1977)는 보다 보편적인 관점에서, "사실상 모든 실증주의적 과학철학은 현대의 과학철학에 의해 거부되었으며 오늘날 그 영향은 매우 변화한 현대 과학철학의 조류를 형성하는 데 역사적으로 중요한 이행단계였다"고 추론하였다. 더욱이 굴케(Guelke, 1978)에 따르면, "하트손(Hartshorne)에서부터 하비(Harvey)에 이르기까지 지리학의 철학과 방법론에 관한 연구는 다소간 논리실증주의의 영향을 받았음을 보여주고 있다." 그 전형적인 응용의 예는 계량혁명 기간에 나타난 연구들이다. 1950년대와 1960년대의 경험적 연구에서 법칙, 이론, 예측의 중요성을 강조한 여러 지리학자들은 과학과 과학적 설명을 하는 데 논리실증주의의 견해를 묵시적으로 받아들인 것이다. 지리학과 논리실증주의의 분명한 결합은 지리학의 설명에서 철저히 논리실증주의를 따른 하비의 저서『지리학에서 설명(Explanation in Geography, 1969)』에서 나타난다.

하비의 저서를 인문지리학의 전형으로 보느냐의 문제는 차치하고라도, 오늘날 논리실증주의에 대한 비평이 널리 확산됨에 따라 논리실증주의를 달갑게 여기지 않으며, 논리실증주의만이 유일한 과학적 방법이라는 데 대해 많은 사람이 거부감을 느끼고 있다.   DG

농업답보 agricultural involution
기어츠(C. Geertz, 1963)가 농업생산의 노동집약적 방법을 대단히 정교하게 기술하기 위하여 고안해낸 용어. 인구압이 있을 때에는, 농업생산은 노동력의 투입을 계속 증대시킴으로써 유지되며, 결국 헥타르당 생산량은 늘어도 1인당 생산량은 똑같아진다는 것이다. 기존의 생산방법이 끊임없이 다듬어지고 집약화되어갈지라도 새로운 방법이 도입되지 않으면 사회경제구조는 변하지 않는다. 1인당 생산량을 증대시키기 위한 농업부문에서의 기술혁신이란 유인이 거의 없기 때문에 악순환이 계속된다는 것이다.

기어츠는 이 모형을 그가 이중경제로 파악한 자바에서의 식민주의의 영향을 연구하면서 발전시켰다: 농업부문은 농업답보로 말미암아 빈곤해지는 반면, 공업부문에서는 자본투여만큼 노동생산성이 계속 성장하는 것이 이중경제이다. 그는 토지에 대한 접근과 임금노동을 할 수 있는 기회가 분배되기는 하지만 공업부문에서는 불균형이 증대되는 한편, 농업부문에서는 '빈곤을 공유되는' 것으로 보았다.

"기어츠가 정의한 농업답보와 빈곤의 공유가 자바 촌락생활의 정치경제를 적절하게 특징짓는 것인지에 관해서는 의심의 여지가 있다"고 화이트(White, 1982)가 주장했지만, 농업답보란 일반화된 개념은 인구증가와 농업변화와의 관계를 낙관적으로 본 보스럽명제와는 상반되는 생태모형으로 유익하다(원산업화 참조).   MO

농업도시 agro-town
지중해 유럽의 일부에서 나타나는 촌락(rural settlement)의 한 유형. 농업도시에서는 대부분의 인구가 농업에 종사하며 빽빽하고 조밀한 인구분포를 나타내는데, 종종 인구가 2만 명이 넘기도 한다. 그러므로 농업의 효율성을 달성하기에는 거주장소로부터 농경지까지의 거리가 너무 먼 경우가 흔히 있다. 농업도시는 도시체계의 일부분을 구성하지 않는다. 그 대신 각각의 지역이 독립적이며 자급적이고, 많은 경우 취락의 다른 중요한 결속(tier)이 없다. 농업도시의 형성과 존속에 관한 설명들은 일반적으로 과거의 정치적 불안정과 끊임없는 봉건적 혹은 반봉건적 사회지배(봉건제 참조)에 중점을 두고 있다.

농업유형

일반적으로 대부분의 농경지는 일일 고용노동에 의존하는 대토지이며 자작농이 소유한 소수의 농경지는 극단적으로 분할되어 있는 경향이 있다(토지소유관계 참조).　　　　　　　　　PEW

농업유형 type of farming

농경시스템의 여러 측면을 기초로 농업지역을 분류하는 것. 이 분야에서 근대적인 기법을 구사한 선구자는 휘틀지(D. Whittlesey, 1936)이다. 그는 토지이용 집약도, 작물과 가축의 관계, 기계화를 포함한 다섯 가지 특징을 정량적으로 분석하여 13개의 세계농업지역 유형을 규정하였다.

치솜(M. Chisholm, 1964)은 농업유형을 분석하는 최근의 경향을 요약하고 있다. 이상적으로는 개별농장을 자료의 기초로 삼아야 하는데, 농업유형은 보통 다음의 두 자료세트 중 하나를 기초로 결정된다:

(a) 표준 '1인 1일간의 작업량'. 여기에서는 모든 농장 생산물이 일정한 생산수준을 유지하기 위하여 요구되는, 지역적으로 또는 국가적으로 표준화된 노동력 투입으로 전환되어 계산된다;

(b) 농장 생산물의 각 측면에서 파생된 현금산출의 비율.

두번째 방법은 수입을 벌어들이는 활동을 확인하므로 상당히 유용하지만, 이러한 형태의 자료는 자주 얻기가 힘들며 매년의 가격변동이 그 결과의 중요성을 감소시킨다. 결국 1인 1일 작업량을 일반적으로 더욱 채택하게 되는데 예를 들어 영국의 농수산·식량성(Fish and Food, 1969)을 들 수 있다. 코포크(J. T. Coppock, 1976)는 작물결합 기법을 변형시켜 채택하기도 하였다. 이는 개별기업이나 농장경영에 투여되는 표준인력을 기초로 기업결합을 규정한다. 결과를 지도로 나타낼 때는 비록 개별농가를 표시하면서 제작되지만 일반적으로 행정단위나 그리드 방안이 토대를 이룬다.

개별농장 자료를 얻을 수 없을 때 농업유형 분석에서 부딪치는 일반적인 문제는 농장 표본추출의 필요성 또는 행정지역별로 일반화된 자료를 사용하는 문제이며, 이는 공간의 표준성이라는 문제를 제기한다. 분석된 결과는 농가 또는 지역에 따른 생산의 효율성 혹은 노동력요구비율의 불변성을 강하게 가정한다. 현대적인 농업유형 분류에 대한 비판은 토지소유나 농가규모와 같은 농업의 잠재적인 중요한 측면을 무시하는 데에 있다. 그럼에도 불구하고 이러한 분류는 농업지역을 구분하기에 일반적으로 가장 유용하다(토지이용분류 참조).　　　　　PEW

농업지리학 agricultural geography

농업활동의 공간적 변이를 기술하고 설명하려는 시도 및 연구.

현대 농업지리학의 성과는 전후에 이루어졌다. 이전의 농업에 관한 조사는 다음과 같이 접근하였다:

(a) 지역지리학에서 뚜렷하게 기술하거나;

(b) 세계의 주요 농업지역을 구분하려는 시도를 통해 지역지리학 저작의 기초가 되도록 하며 (Whittlesey, 1936);

(c) 상품지리학을 연구하는 일환으로서 작물별로 기술하고;

(d) 역사적으로 작물의 대규모 확산과 농경방법의 진화를 연구하며;

(e) 농업생산을 하기 위한 자연자원을 다루려는 연구가 진행되었다(토지가용력, 토지분류 참조).

현대농업지리학의 주된 관심은 농업활동의 공간적 변이를 다양한 측면에서 조사하는 것에 있다. 토지이용은 가장 뚜렷한 공간적 변수이며 토지이용을 기술하고 분류하기 위하여 많은 노력이 이루어졌다(작물결합, 토지이용조사 참조). 농업생산에 드는 비용과 농산물의 가격이라는 경제적 변수와 함께 토지소유관계나 노동력의 공급, 농지분할 및 농지규모 등의 영농변수를 고려해야 토지이용을 설명할 수 있다. 그러나, 최근 선진국에서 점차 기업농을 상당히 중요한 진화현상으로 인식하게 되기는 하나 농업의 구조적 특징에 관하여 별 관심을 기울이지 않는다고 주장한다. 제3세계에서의 농업조사는 농업생산의 전체 시스템을 고려하여 더욱 통합적인 접근방법을 일반적으로 채택하고 있다(Morgan, 1978).

최근 선진국에서 농업지리학에 대한 지배적인 분석적 접근방법은 규범적이고 경제적인 것이었다. 모형정립방법론이 진전되었으며(Found, 1974; Harvey, 1966) 튀넨모형이나 비교우위 및 경제지대 이론이 발달하여 어떤 규모상에서 토지이용 패턴을 설명하는 데 성과가 있음이 입증되었다. 그렇지만 모형만을 이용하여 설명하는 일에 만족치 않고, 농부의 의사결정에 영향을 주는 행태환경이나(Ilbery, 1978; 행태지리학 참조) 개별농가의 수준에서 농업혁신의 확산과정과 메커니즘(Jones, 1963)에 점점 더 관심이 높아지고 있다. 이러한 경우 농업지리학자들은 농가구조나 활동을 알 수 있거나, 다른 변수의 경우 이를 적합한 축척에서 이용할 수 있도록 하는 농업자료를 획득하는 일이 어렵다.

행태주의적 설명에 흥미를 가지면서도 농업지리학자들은 정부가 농산물시장을 조작하는 행위를 상당히 중요하게 인식하게 되었다(Bowler, 1979); 유럽공동체에서 그러한 조작이 어떠한 영향을 주는지 자세히 연구했지만, 농업에 영향을 주는 정부정책이 집단농장의 창출과 토지개혁에 대단히 중요하다고 보았다.

농업에서의 정부 역할에 대한 이러한 관심은 농업근대화를 통해 식량생산(녹색혁명 참조)을 최대화하거나 농업에 기초를 둔 산업을 발전시켜 경제성장을 꾀하려는 경제개발에 있어서 농업변화의 역할, 특히 제3세계에서 꾸준한 흥미를 수반하게 되었다. 그러나, 최근에 세계의 특정지역에서 기근이 주기적으로 나타남으로써 농업지리학자들은 세계의 식량공급문제를 큰 규모로 고려하기에 이르렀다(Dando, 1980; Grigg, 1985). 이러한 고려는 농업의 향상과 인구변동 사이에 관계가 있다는 것과 결부되어 인구압력이 농업의 진보를 가져오게 한다는 보스럽명제를 중요시하게 되었다.

농업지리학에서 더욱 중요한 최근의 발달은 영농관행과 이들이 토대를 두고 있는 환경간의 관계를 더욱 통합적으로 토론하기 위한 다양한 체계 접근방법을 채택하고 있다는 것이다. 이는 때때로 '농업에코시스템' 접근방법(Simmons, 1980)으로도 알려져 있다. 최근에는 생물의 총량과 체계내의 자연적 에너지 흐름에 초점과 관심을 두어 종종 근대화된 농업의 비효율성을 제시하기도 하였다. 경영의 의사결정 토대로서 체계모형을 크게 이용하는 일이 상당히 고려되어(Dalton, 1975), 가정과 대상을 지배하는 상이한 세트를 지닌 농업지리학의 규범적 접근방법으로 주로 돌아가게도 되었다(농업답보, 농업혁명 참조).
PEW

농업혁명 agricultural revolution
중요한 의미를 지니는 농업변화의 시기에 적용되는 용어. 흔히 1750년 이후 1세기 동안에 영국에서 일어난 제도 및 기술에서의 변화를 기술하는 데 사용된다. 기술의 변화는 혼합농업을 확대시켜 새로운 사료작물, 즉 뿌리작물인 순무, 풀 대신 클로버와 같은 작물을 윤작에 결합시키게 되었다. 새로운 작물들은 더 많은 가축을 사육할 수 있는 사료를 공급했으며, 가축들의 분뇨는 땅을 기름지게 하여 같은 면적에서의 곡물생산량을 증대시켰다. 두 작물은 휴경의 필요성을 감소시켰으며, 더우이 클로버는 공기중의 질소를 고정시켜 비옥도를 높이고 순무는 푸석푸석한 땅에서 잡초를 잘 자라지 못하게 하여 개간을 도와주었다. 1750년과 1850년 사이의 북부유럽의 토지생산성 증대의 1/3이 클로버와 같은 콩과식물에 힘입었다는 사실이 최근에 제시되었다.

제도의 변화란 의회조례에 의한 종획을 말하는데, 종획운동으로 중부 잉글랜드의 세분된 경작지가 더욱 작은 규칙적인 경지로 대체되었다. 반면 북서부에서는 먼저 초지와 황무지가 물리적으로 종획되었다. 공동재산권이 사유재산권으

농지분할

로 대체되어 방목을 하는 사람들, 즉 실제로 소유자가 아닌 이들이 경지를 이용할 수 없게 되었다. 또다른 제도의 변화는 노동력을 고용하는 자본가적 소작농이 지주로부터 땅을 임차하여 대규모 농지를 성립시키게 된 것이다.

기술의 변화가 종회으로 더 쉬워지는 등 일련의 변화들이 상호관련을 맺으면서 생산을 증대시켰을 뿐만 아니라 경작면적을 확대시켜 식량생산을 증대시켰다. 이러한 변화는 노동생산성을 증대시켜 새로운 수공 농기구와 농기계의 도입이 일어나는 1830년대까지 가속되었다. 1700년에는 한 사람의 농부가 겨우 두 명을 부양할 수 있었으나 1850년에는 거의 다섯 명을 부양할 수 있었다. 이러한 생산성의 변화는 산업화와 산업혁명 기간 동안의 도시화를 가능하게 하였다.

농업혁명에 대한 이러한 정설은 특히 챔버스와 밍게이(J. D. Chambers and G. E. Mingay, 1966)와 관련 있으나 다수가 반론을 제기하였다. 케리지(E. Kerridge, 1967)는 농업혁명이 1560년과 1767년 사이에 일어나 1673년 이전에 거의 성취되었으며 관례적인 혁명의 양상과 무관하거나 더 일찍 발생하였다고 주장한다. 그가 농업혁명을 보는 기준은 기술적인 것으로 새로운 작물 및 강물의 범람으로 목초지가 비옥하게 유지되는 것을 말하며, 또한 가장 중요한 것은 목초 농업의 확대라고 하였다. 존스(E. L. Jones, 1974)는 '농업혁명'이란 용어를 피하고 그 대신 1650년 이후의 1세기를 '혁명적 상황'으로 강조하면서, 이는 사료작물의 혁신과 농업산출량의 증대에 기초를 두고 있다고 하였다. 19세기 농업혁명에 대한 양자의 토론은 나름대로 한계가 있다. 스터제스(R. W. Sturgess, 1966)는 점토질토지의 배수를 혁명적인 것으로 간주하였는데, 관개로 인해 푸석푸석한 땅이 점토질의 차진 땅으로 확산될 수 있었기 때문에 농업혁명이 가능했다는 것이다. 톰슨(F. M. L. Thompson, 1968)은 영국의 농부들이 자국에서 생산되는 비료만으로는 더 이상 곡물생산을 증대시킬 수 없었기 때문에 해외로부터의 사료 및 비료의 수입이

'제2의 농업혁명'을 이루었다고 주장한다.

'농업혁명'이란 말은 다양하게 사용되기 때문에 본래의 의미를 잃을 위험이 있다(Overton, 1984). 농업혁명의 시기에 관한 대립적인 주장을 평가하는 것은 경작지, 수확량에 관한 믿을 만한 정보인 경험적 자료가 부족하여 장애가 되고 있으며, 산출량은 1850년이 되어서야 이용할 수 있었다(Overton, 1985). 농업생산량은 인구수를 가지고 간접적으로 측정할 수 있는데(일인당 소비량이 일정하고 수출과 수입을 고려한다는 전제 아래), 영국에서의 전통적 농업혁명(1750~1850)기간 동안 3배에 가까운 1천만 명 이상의 인구가 늘어난 반면, 케리지가 주장하는 혁명기간인 1560~1673년의 동안에는 1.7배인 거의 2백만 명이 늘어났다. 이러한 논의를 따른다면 농업혁명의 문제는 인구성장과 농업변화라는 일반이론과 관계가 깊어지게 된다(보스럽명제, 맬더스모형 참조). 다른 견해는 농업생산에 포함되는 것들이 사회적 관계를 변화시킨다는 것을 강조하여 농업혁명을 농업자본주의의 확립으로 보았다(자본주의 참조). MO

농지분할 farm fragmentation

농가의 경지가 흩어져 있어 소유토지가 하나의 단위로 이루어져 있지 않은 것. 분할은 오래된 개방경작시스템이 남아 있거나 균등상속관행, 부분적인 토지개간 혹은 비연속적인 농경지를 상업적으로 통합한 결과로 나타난다. 치솜(M. Chisholm, 1979)은 분할의 비효율을 주장하였다. 농장 혹은 인접한 경지로 작은 농지들을 통합하는 것은(프랑스어로 remembrement으로 흔히 알려져 있다) 보통 정부가 보증하거나 지도하여 이루어졌다. 이러한 통합의 역사적 형태가 종획이다. 농지의 분할은 흔히 집촌을 이루며, 반면 농지의 통합은 산촌을 형성해 농장은 토지의 한 가운데 서게 된다(취락유형 참조). PEW

농지임차료 farm rent

농지사용의 대가로 소작인이 지주에게 주기적으로 지불하는 모든 것으로, 미국에서는 이를 '계약지대'라고 한다. 토지사용을 위하여 소작인이 입찰을 하는 공개시장에서 임차료가 결정되지만, 이는 통상 토지의 질이나 규모, 입지에 따라 달라지며 '토지지대' 혹은 튀넨모형이 암시하는 토지이용의 순이윤을 측정할 때 합산된다. 평균 임차료는 지가라는 일반화된 측정으로 인정된다 (Grigg, 1965). 또한 임차기간이나, 지주자본과 임차자본간의 균형을 동의하는 것 등 소작계약서의 자세한 내용에 따라 달라진다(토지소유관계, 현물소작 참조). PEW

ㄷ

다국적기업
multinational corporation (MNC)
다수의 국가경제에서 행해지는 거대한 기업조직. 세계경제는 이제 단순한 상업자본의 흐름과 무역, 금융자본과 간접투자, 또는 산업자본의 국제화에 의해서만 통합되는 것이 아니라[통합(경제적) 참조], 세계적 규모에서 행해지는 거대한 기업의 통합조직에 의해 점차 결합된다.

 다국적기업의 성장은 순수한 공간적 확대를 넘어서 지구 전체라는 환경에서 기업통제의 강화로 나타났다. 전자통신과 경영체제는 정보의 집중화와 생산의 분산화를 가능케 한 반면 금융자본의 국제적 이동에 대한 국가통제의 완화, 국제적 화폐시장 및 금융체계의 설립은 자본의 세계적 이동성을 증대시켰다. 기업의 전략이 국가보조금과 일시적인 분공장을 이용하여 조직 전체의 불안정 없이 세계경제의 변화에 신속히 대응할 수 있는 것처럼, 이러한 집중화 및 분산화 그리고 세계적 구조의 결합은 기업에게 입지적 융통성과 위험의 감소를 가져왔다. 그러나 그러한 투자가 아무리 일시적이라도, 다국적기업이 진출한 나라의 국가경제에 중요한 부분을 차지한다. 그리고 여기에 대해 해당지역의 이익은 별로 통제력을 갖지 못한다.

 다국적기업들은 오늘날에는 그 기원지뿐만 아니라 목적지에서도 다국적이 되었다; 즉 일본이나 서구유럽의 다국적기업이 다수의 미국기업들을 규모면에서 능가하였다. 그 결과, 세계 각지에서 특정국가에서의 자생적 발달의 가능성을 와해시키는 자본침투가 증가되고 있다. 게다가 중간 규모의 국가 및 저개발 국가경제와 경쟁할 수 있는 다국적기업의 거대한 규모, 그리고 다국적기업은 다국적 금융기업을 통해 국가통화 차이에서 나타나는 이윤추구의 행위로서 보이지 않는 대규모 이전가격의 실시 등과 같은 방법으로 국가경제를 해체시킬 수도 있게 되었다. 이 전가격(transfer pricing)은 비용, 가격 또는 배당을 따지지 않고 이윤이 가장 최대가 되도록 기업내에서 재화의 가격과 비용을 할당하는 회계업무이다.

 그리고 다국적 금융자본은 많은 저개발국가에 투자하는 것보다 대규모의 자본투자가 위험부담이 없다고 생각하기 때문에 투자재원을 원하는 특정국가들을 거부할 수 있다. 이러한 대규모의 경쟁 때문에 재원이 부족한 국가들은 다국적기업의 투자로 국제수지의 적자를 면하기 어려움에도 불구하고, 유입되는 다국적 기업의 투자에 더욱 의존하게 된다. RL

다목적 토지이용 multiple land use
둘 이상의 목적으로 토지를 이용하는 것. 그 중 하나는 일반적으로 레크레이션 활동이 된다. 다목적 토지이용이 성공하려면 서로 다른 토지이용이 조화를 이루어야 하며 자원경영의 수준이나 질도 중요하다. 임업과 레크레이션의 결합을 보통 성공적이라고 하지만, 다른 많은 경우 토지이용의 결합이 갈등을 내포하고 있다. 즉 자연보전과 캠핑, 군사적 이용과 산책, 농업과 소풍 등이 그러하다. 다목적이용의 개념은 보트놀이, 수영과 고기잡이를 위한 수자원으로도 확대된다. 잉글랜드와 웨일즈 지방의 국립공원시스템은 레크레이션 시설을 위한 다목적 토지이용에 강하게 의존한다.　　　　　　　　PEW

다민족국가 multinational state
인구 가운데 하나 이상의 구별가능한 소수민족을 포함하는 국가. 소수민족을 구별하는 특징은 보통 피부색, 언어, 그리고 종교적 교의였다(다원주의 참조).

수많은 공간적 요인이 민족적 정부와 소수민족간의 상호관련성에 영향을 미칠 수 있다(민족주의 참조). 인구에서 분산의 정도는 대체로 매우 중요하다. 왜냐하면 소수민족이 특정지역에 집중되어 있다면, 분리독립을 위한 압력의 가능성이 매우 높아지기 때문이다. 이 압력은 소수민족이 역사상 조국을 가진 적이 있는 경우—보다 큰 나라에 병합되거나, 이주를 강제당한 경우—더욱 높아진다. 소수민족의 정치적 소요는 그들의 동포가 인접국에서 다수를 점하고 있는 경우 흔히 격화된다(미수복지 병합주의 참조).

소수민족의 태도와 열망은 매우 광범위하지만, 그들의 정체성을 유지시키는 공통의 응집력은 언어이다. 서구의 소수민족, 즉 웨일즈, 바스크, 플레밍족은 최근 보다 많은 자치를 요구하는 운동을 벌였다. 많은 다민족국가의 사회구조의 한 특징은 분리이다. 그 효과는 항상 소수민족을 고립시키고 불이익을 주는 것이지만, 그것은 여러가지 다른 형태를 취할 수도 있다. 프랑스인이 주로 거주하는 캐나다의 지역에서 발견되는 역사적 분리는 초기의 정치적 사건의 유물이다. 현재 북아일랜드에서 볼 수 있는 공동체 갈등 분리는 자기방어를 위해 함께 남기를 원하는 소수민족의 문제이다. 영국의 도시내부에 유색이주민이 집중하는 것과 같이 특정지역에 거주하도록 소수민족을 강제하는 사회경제적 분리는 경제력으로부터 기인한 것이다. 남아연방에서처럼 제도적 분리는 교묘한 정부정책의 결과이다(아파르테이트 참조). 마지막으로 분리만으로 충분치 못하여 다수민족이 소수민족을 추방하고 절멸하고자 하는 것이 우간다의 이디아민 정부 아래에서 인도인에게 일어났다.　MB

다원사회 plural society
인종, 문화, 계급이 복합되어 있고 권력이 분열된 사회. 퍼니발(Furnivall, 1939, 1956)에 의해 최초로 사용된 용어로 토착의 다수민족을 외부로부터 온 소수민족이 지배하는 식민사회를 의미하며 본질적으로 불안정한 사회를 구성하게 된다. 최근들어 이 용어는 독특한 집단생활양식을 보여주는 다양한 공동체들을 하나의 사회로 통합하기 위하여 확대사용되었다(다원주의도 참조).　　　　　　　　　　　　　　　RJJ

다원주의 pluralism
다원주의의 개념에는 다음과 같은 서로 다른 두 의미가 있다:

(a) 하나의 사회에서 문화적 다양성(다원사회로 명명될)을 의미하는 기술적인 용어로서, 인종·언어·종교 등이 가장 일반적인 준거로 사용됨. 다원사회에 관한 관심은 중요한 문화적 다양성이 거의 토착적인 제3세계의 학자들 사이에서 강하게 나타나고 있다. 문화적 다양성이 사회적 갈등과 종종 관계가 있기 때문에 달(Robert Dahl)은 이것을 '갈등적 다원주의'라 불렀고, 이 개념은 문화지리학과 사회지리학(Clarke et al, 1984) 및 정치지리학(Kliot and Waterman, 1983)의 주요주제가 되었다;

(b) 달의 연구에서 나타나는 사회에서의 권력이론. 그는 이를 '조직적 다원주의'라 칭하였다. 그의 이론에 의하면, 현대사회에서 권력은 분산되고 균형을 유지하기 때문에 정부에서의 의사결정을 독점할 수 있는 하나의 집단이나 계층은 존재하지 않는다는 것이다. '갈등'은 기본적으로 존재하는 것이 아니고 정치권에서 실제

다윈주의

적으로 취급될 수 있다고 가정하여, 결정은 선거과정을 통해 궁극적으로 합법화된다고 주장하였다. 그러므로 국가기관들은 경쟁하는 이익집단 사이를 조정·판정하는 심판자의 역할만을 수행한다. 이 이론은 미국의 도시들에서 지방엘리트들에 의해 유지된다는 지역사회 권력연구의 결론을 부정하기 위해서 달에 의해 도시지역연구에 적용되었다(1961). 이러한 연구에서의 논쟁은 도시지리학에서 매우 중요하며, 그 결과가 손더스 (Saunders, 1979)와 던리비(Dunleavy, 1980)의 연구에 잘 나타나 있다. 그러나 다원주의를 비판하는 대표적인 학자인 밀리반트(Miliband, 1969)는 자본주의사회에서 정치권력의 본질에 관한 많은 문제들은 다원주의적 관점으로는 해결할 수 없다고 역설하였다. 특히 그는 국가의 계급독점을 주장하였고, "다원주의는 현실에 대한 실질적인 측면을 제시하지 못하고 오히려 혼돈만을 조장하고 있다"고 강조하였다. 권력에 대한 다원주의 이론은 1945~1965년대 미국의 낙천적인 사회과학에서 이데올로기의 종말을 선언한 정치학의 중요한 공헌 중의 하나로 간주되고 있다. PJT

다윈주의 Darwinism

찰스 다윈(Charles Darwin, 1809~1882)으로부터 유래된 진화론의 변형. 다윈은 그의 『종의 기원(Origin of species, 1859)』에서 종의 변이가 나타날 수 있는 과정, 즉 자연도태를 구체적으로 기술했다(이 이론은 알프레드 러셀 왈라스[(Alfred Russel Wallace, 1823~1913)에 의해 동시에 주장되었다). 다윈은 지구상의 많은 생명체가 어떻게 환경에 절묘하게 적응하면서, 신의 기본계획에 의하지 않고 단순하게 인과론적이며 자연법칙적인 방법으로 등장하게 되었는지를 보여주었다. 다윈은 유기체 사이의 유전과 변동에 관한 자명한 사실들을 제시하고 인구증가에 관한 맬더스의 계수를 소개하면서, 생존경쟁―다시 말해서 살아남은 종은 경쟁종에 비해 환경에 보다 잘 적응한 결과이다―이 반드시 나타나게 된다고 주장했다. 상대적으로 적응을 잘 한 것은 증가하며, 상대적으로 열등한 것은 서서히 제거된다. 굴드(Gould, 1980)는 다윈의 견해를 다음과 같이 요약했다:

(a) 유기체들은 변화하며, 이 변종은 자손에 (적어도 부분적으로는) 유전된다;

(b) 유기체들은 살아남을 수 있는 자손보다 더 많이 생산한다;

(c) 평균적으로, 환경에 유리한 방향으로 가장 많이 변화한 자손은 살아남아 번식하게 된다. 따라서 우량변종은 자연도태의 과정에서 개체수가 증가하게 된다.

다윈이론의 의미는 심오하다. 예를 들면 유기체 변화에 관한 비진보주의적 설명이 그렇다. 이 이론은 동물의 변화는 지극히 불규칙적(적어도 지금까지 알려지지 않은 법칙에 지배받는)이어서 궁극적 목표를 향한 진화역사의 필연적 전개란 있을 수 없음을 가정하고 있다. 게다가 다윈은 동물행태의 실제 단위가 유형, 즉 종이 아니라 개체군이라는 사실을 인식하게 되었다. 새로운 종으로의 변화는 단지 특별한 개체군이 자신의 특정환경에 보다 잘 적응하는 과정의 부산물인 것이다. 다른 말로 자연도태는 개체군 변화의 이론이며, 동물집단의 차별적인 재생산적 천이를 설명하기 위한 모델인 것이다.

물론 다윈주의는 생물학, 생물지리학 이외의 학문에도 영향을 끼쳤다. 비록 진화 개념이 다윈의 저서 이전에 이미 성행하고 있기는 했으나 인류학에서 동물학에 이르기까지, 이 학문들의 학설들이 다윈주의의 조류에 편승하게 되었다. 보다 일반적으로 말해, 비록 문화적 혁명의 의미를 해석한다는 것이 지극히 어려운 작업이라 판명되었지만(사회적 다원주의 참조), 다윈주의는 문화적으로도 막대한 영향을 끼쳤다. 다윈주의의 의미를 종교에 대한 과학의 승리, 즉 자연법칙이 자연신학을 대신하게 되었다고 보는 학자들도 있다. 또한 마르크스주의자 영(R. M. Young)과 같은 학자들은 종교와 과학을 사회적으로 인가된 이데올로기로 간주하면서, 둘 사이의 이념적 연계를 강조하였다.

다원주의의 주제들이 어떤 체계적인 방법으로 지리학에 스며든 것은 아니다. 시간을 통한 변화, 유기체와 환경과의 상호관련성, 유기체 유사, 자연도태와 생존경쟁과 같은 사고들은 확실히 지리학 문헌에서 일반화되었다. 그러나 보통 이러한 사고는, 유기체가 의식적으로 스스로를 환경에 적응시킬 수 있으며 획득된 특성이 자손에게 유전될 수 있다는 점을 강조하는 라마르크적 진화학설에서 유래된 것이다. 그 근원이 어디든간에, 지리학의 거의 모든 세부분야에서 여전히 진화론적 패러다임의 특성을 볼 수 있다. 예를 들면 데이비스(Davis)의 지형학, 클레멘츠(Clements)의 식물지리학, 라첼(Ratzel)의 국가유기체설, 셈플(Semple), 헌팅톤(Huntington), 테일러(Taylor)의 환경결정론 허버트슨(Herbertson)의 지역지리학, 휘틀지(Whittlesey)의 연속적 점유이론, 그리고 플레어(Fleure)의 인류학적 인문지리학 등이 있다.   DNL

다차원척도법
multi-dimensional scaling (MDS)

점들의 집합(n)에서 각 점 사이의 거리를 나타내는 행렬의 순서를 단순화시키고 복제하는 절차. 다차원척도법은 점들을 n보다 작은 수의 차원에 위치시키기 때문에 거리 순위결정이 비교

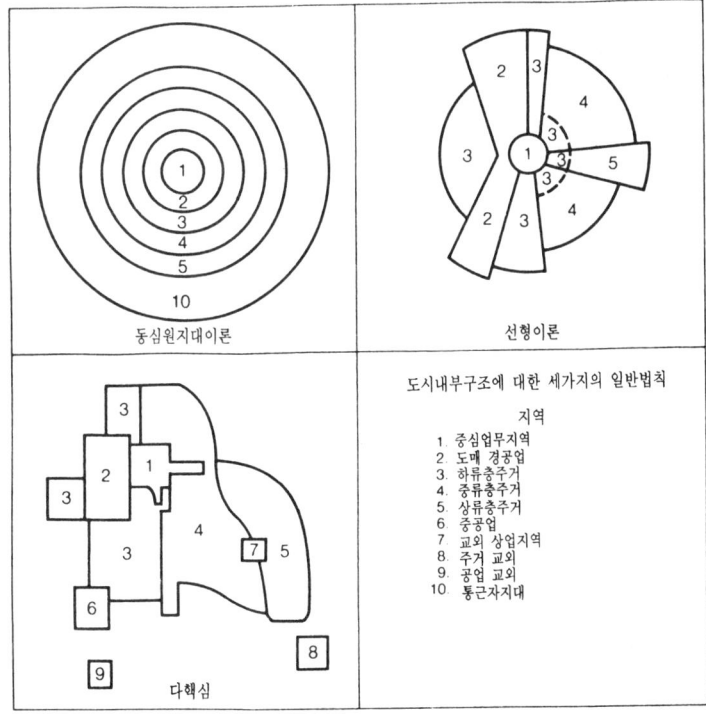

다핵심모형 도시내부구조의 일반화. 동심원지대이론은 모든 도시에 대한 법칙이다. 선형이론에서 각 지대의 배열은 도시에 따라 다양하다. 다핵심에 대한 도형은 수많은 변형 중에서 가능한 하나의 형태를 보여준다 (Harris and Ullman, 1959).

적 적게 방해받는다(측정 참조). 다차원척도법은 자극에 반응을 하는 사람들 사이의 차이(거리)를 연구하기 위해서 심리학자에 의해 개발되었으며, 그것이 분류의 범위와 다른 작업을 위해서 지리학자들에 의해서 적용되어왔다. RJJ

다핵심모형 multiple nuclei model

해리스와 울만(C. D. Harris and E. L. Ullman, 1959)이 제안한 도시토지 이용모형. 그들은 도시지역은 단일한 중심업무지구를 핵으로 하여 발달하는 것이 아니고, 몇 개의 개별 핵이 점진적으로 도시구조에 통합되면서 이루어진다고 주장하였다. 시간이 지나면서 이 핵들은 특화되는데, 그곳에서의 활동의 입지와 성장은 일반화된 동심원 또는 선형적 기준에 의존하는 것이 아니고(동심원모형, 선형모형), 그들의 상대적 매력도, 전문설비에 대한 필요성, 지대지불능력에 달려 있다. 거주구역은 이러한 핵과 관련을 맺으면서 발전하는데, 시간이 지나면서 이들은 연합하여 독립된 결절에 의해 지배되는 하나의 도시지역을 형성하게 된다(95쪽 그림 참조). JE

단계구분도 choropleth map

지역에 기초한 자료를 이용하여 작성하는 주제도를 의미. 지역단위별로 그 밀도에 비례하는 음영으로 나타낸다(기호화 참조). MJB

답사 fieldwork

전통적으로 지리학에서 이용되었으며 일차적 자료를 얻기 위한 방법들을 포괄하여 사용되는 용어. 그 방법들에는 지도를 만들거나 현장스케치를 하는 것과 토지이용, 도시형태, 주민들을 관찰하고 조사하는 것들이 포함된다. 답사는 교수 보조수단으로서 중요하지만 지리학자들에게 그 중요성은 과거에 비해 많이 감소되었다. 왜냐하면 계량적 방법의 발전과 더불어 지리학자들이 정부센서스나 다른 간행물과 같은 이차적 자료를 점점 많이 이용하게 되었기 때문이다. 아직도 답사는 그 전통적인 핵심은 남아 있는데 그것은 이제 민속지나 정성적 방법과 동의어로서 사용된다. 이 점에 있어서 답사는 아직도 관찰과 일차적 자료로서의 중요성을 유지하고 있지만 주로 사회연구에 치중한다. 답사자가 직접적으로 주민에 대하여 학습하고 행태, 사건, 활동을 있는 그대로 연구하면서 일상생활을 관찰하고 분석한다. 이러한 이해를 달성하기 위해서는 풀려고 하는 문제에 따라서 채택된 전략을 가지고, 문헌 및 통계적 증거 그리고 대화나 면담을 통해 관찰이 보충되어야 한다. JE

당연적 세계 taken-for-granted world

흔히 생활세계와 동의어로 쓰이며, 레이(Ley, 1977)의 논문이 큰 영향을 미치면서 현대 인문지리학계에 널리 통용되기에 이르렀다. 이 논문에서 그는 일상적이고 '세속적인 경험'의 중심성을 인정해야 하며, 특히 진정한 인간주의 지리학이라면 반드시 '생활세계의 등고선'에 형태와 방위를 부여하는 상호주관적 의미와 의도들을 포함해야 한다고 주장하였다. 레이는 적합한 방법론은 현상학으로부터 끌어올 수 있다고 주장하며—현상학의 방법은 생활세계를 이해하는 논리를 제시한다—이 점에서 그는 (특히) 슈츠(Schutz)와 메를로퐁티(Merleau-Ponty)를 따른다. 그런 당연적 세계는 훗설(Husserl)의 현상학에서는 훨씬 더 심오한 의미를 지니며, 피클즈(Pickles, 1985)는 "모든 과학과 관련해서 생활세계가 지닌 선이론적(pre-theoretical) 성격과 미리 주어짐(pre-givenness)", 즉 생활세계의 근본적(fundamental) 역할을 명료히 하기 위해 훗설의 저작을 빌어왔다. 소위 '지리학적 현상학'을 '삶 그대로의 일상적 생활세계의 포착'에 한정지우려는 사람들에게, 그는 중요한 수정안을 제시한 것이다. DG

다원주의의 주제들이 어떤 체계적인 방법으로 지리학에 스며든 것은 아니다. 시간을 통한 변화, 유기체와 환경과의 상호관련성, 유기체 유사, 자연도태와 생존경쟁과 같은 사고들은 확실히 지리학 문헌에서 일반화되었다. 그러나 보통 이러한 사고는, 유기체가 의식적으로 스스로를 환경에 적응시킬 수 있으며 획득된 특성이 자손에게 유전될 수 있다는 점을 강조하는 라마르크적 진화학설에서 유래된 것이다. 그 근원이 어디든간에, 지리학의 거의 모든 세부분야에서 여전히 진화론적 패러다임의 특성을 볼 수 있다. 예를 들면 데이비스(Davis)의 지형학, 클레멘츠(Clements)의 식물지리학, 라첼(Ratzel)의 국가유기체설, 셈플(Semple), 헌팅톤(Huntington), 테일러(Taylor)의 환경결정론 허버트슨(Herbertson)의 지역지리학, 휘틀지(Whittlesey)의 연속적 점유이론, 그리고 플레어(Fleure)의 인류학적 인문지리학 등이 있다. DNL

다차원척도법
multi-dimensional scaling (MDS)

점들의 집합(n)에서 각 점 사이의 거리를 나타내는 행렬의 순서를 단순화시키고 복제하는 절차. 다차원척도법은 점들을 n보다 작은 수의 차원에 위치시키기 때문에 거리 순위결정이 비교

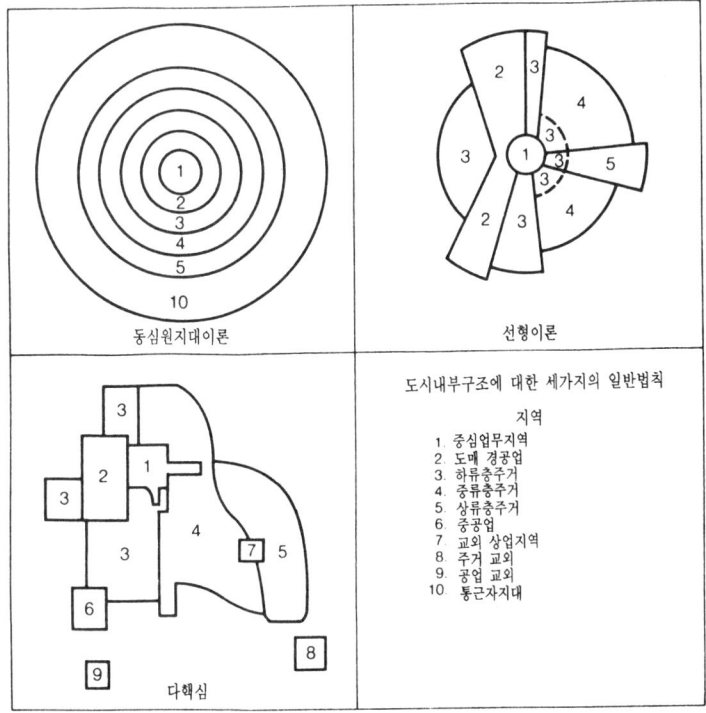

다핵심모형 도시내부구조의 일반화. 동심원지대이론은 모든 도시에 대한 법칙이다. 선형이론에서 각 지대의 배열은 도시에 따라 다양하다. 다핵심에 대한 도형은 수많은 변형 중에서 가능한 하나의 형태를 보여준다 (Harris and Ullman, 1959).

적 적게 방해받는다(측정 참조). 다차원척도법은 자극에 반응을 하는 사람들 사이의 차이(거리)를 연구하기 위해서 심리학자에 의해 개발되었으며, 그것이 분류의 범위와 다른 작업을 위해서 지리학자들에 의해서 적용되어왔다. RJJ

다핵심모형 multiple nuclei model

해리스와 울만(C. D. Harris and E. L. Ullman, 1959)이 제안한 도시토지 이용모형. 그들은 도시지역은 단일한 중심업무지구를 핵으로 하여 발달하는 것이 아니고, 몇 개의 개별 핵이 점진적으로 도시구조에 통합되면서 이루어진다고 주장하였다. 시간이 지나면서 이 핵들은 특화되는데, 그곳에서의 활동의 입지와 성장은 일반화된 동심원 또는 선형적 기준에 의존하는 것이 아니고(동심원모형, 선형모형), 그들의 상대적 매력도, 전문설비에 대한 필요성, 지대지불능력에 달려 있다. 거주구역은 이러한 핵과 관련을 맺으면서 발전하는데, 시간이 지나면서 이들은 연합하여 독립된 결절에 의해 지배되는 하나의 도시지역을 형성하게 된다(95쪽 그림 참조). JE

단계구분도 choropleth map

지역에 기초한 자료를 이용하여 작성하는 주제도를 의미. 지역단위별로 그 밀도에 비례하는 음영으로 나타낸다(기호화 참조). MJB

답사 fieldwork

전통적으로 지리학에서 이용되었으며 일차적 자료를 얻기 위한 방법들을 포괄하여 사용되는 용어. 그 방법들에는 지도를 만들거나 현장스케치를 하는 것과 토지이용, 도시형태, 주민들을 관찰하고 조사하는 것들이 포함된다. 답사는 교수보조수단으로서 중요하지만 지리학자들에게 그 중요성은 과거에 비해 많이 감소되었다. 왜냐하면 계량적 방법의 발전과 더불어 지리학자들이 정부센서스나 다른 간행물과 같은 이차적 자료를 점점 많이 이용하게 되었기 때문이다. 아직도 답사는 그 전통적인 핵심은 남아 있는데 그것은 이제 민속지나 정성적 방법과 동의어로서 사용된다. 이 점에 있어서 답사는 아직도 관찰과 일차적 자료로서의 중요성을 유지하고 있지만 주로 사회연구에 치중한다. 답사자가 직접적으로 주민에 대하여 학습하고 행태, 사건, 활동을 있는 그대로 연구하면서 일상생활을 관찰하고 분석한다. 이러한 이해를 달성하기 위해서는 풀려고 하는 문제에 따라서 채택된 전략을 가지고, 문헌 및 통계적 증거 그리고 대화나 면담을 통해 관찰이 보충되어야 한다. JE

당연적 세계 taken-for-granted world

흔히 생활세계와 동의어로 쓰이며, 레이(Ley, 1977)의 논문이 큰 영향을 미치면서 현대 인문지리학계에 널리 통용되기에 이르렀다. 이 논문에서 그는 일상적이고 '세속적인 경험'의 중심성을 인정해야 하며, 특히 진정한 인간주의 지리학이라면 반드시 '생활세계의 등고선'에 형태와 방위를 부여하는 상호주관적 의미와 의도들을 포함해야 한다고 주장하였다. 레이는 적합한 방법론은 현상학으로부터 끌어올 수 있다고 주장하며—현상학의 방법은 생활세계를 이해하는 논리를 제시한다—이 점에서 그는 (특히) 슈츠(Schutz)와 메를로퐁티(Merleau-Ponty)를 따른다. 그런 당연적 세계는 훗설(Husserl)의 현상학에서는 훨씬 더 심오한 의미를 지니며, 피클즈(Pickles, 1985)는 "모든 과학과 관련해서 생활세계가 지닌 선이론적(pre-theoretical) 성격과 미리 주어짐(pre-givenness)", 즉 생활세계의 근본적(fundamental) 역할을 명료히 하기 위해 훗설의 저작을 빌어왔다. 소위 '지리학적 현상학'을 '삶 그대로의 일상적 생활세계의 포착'에 한정지우려는 사람들에게, 그는 중요한 수정안을 제시한 것이다. DG

대도시 노동지역 metropolitan labour area

대도시지역의 통근배후지역. 이 개념은 또한 그 지역 각 부분들간의 상호의존성을 표현하기 위해 '일상도시생활권(Daily Urban System)'의 개념을 사용했던 베리(B. J. L. Berry)에 의해 도입되었다. 베리는 1960년 미국의 경우 거의 대부분의 카운티(역주:군 정도의 행정구획)가 적어도 5% 이상의 노동력을 대도시지역으로 내보내고 있음을 확인하고, 따라서 각 카운티가 대도시 노동지역이 되고 있음을 지도로 나타내보였다. 대도시 노동지역의 개념은 이제 광범위하게 사용되고 있으며 센서스 자료조사에서도 채택되고 있다. RJJ

대도시지역 metropolitan area

대규모의 도시지역을 설명하는 미국식 용어. 1910년 미국의 센서스에서는 행정개념상의 대도시와 대도시에 연계된 교외지역을 합쳐 단일한 자료조사 단위지역으로 설정하고 이것을 대도시 지구라고 정의하였다. 이 개념은 1950년에 표준대도시지역으로 변화되었고, 1960년에는 표준대도시통계지역(Standard Metropolitan Statistical Area, 그 당시 219개의 SMSA가 있었음)으로 바뀌었다. 1980년에 이르러 SMSA는 인구규모, 인구밀도, 직업적인 기준을 충족시키는 하나 또는 그 이상의 카운티를 포함하는 지역으로 설명되었다. 대도시지역이란 개념에는 연속적으로 기성 시가지화된 '도시화된 지역(Urbanized Area)'의 내용이 포함되어 있다. 현재 많은 나라가 대도시지역을 공식적으로 지정하고 있다.
RJJ

대륙붕 continental shelf

많은 대륙의 해안에서 나타나는 비교적 평탄한 세계육괴가 해양방향으로 연장된 것. 그 바깥쪽 한계는 대륙붕과 해양 심해 사이의 점이지대인 수심 200m의 대륙사면이다. 대륙붕이 정치적 중요성을 가지게 된 것은 어업과는 다른 해저자원의 이용이 현실적 전망을 가지게 된 최근에 이르러서이다. 최초의 주장은 1944년 아르헨티나의 해양광물자원에 대한 권리확인으로 제기되었다. 1년 후 미국의 트루만 대통령이 해수(海水)가 아닌 대륙붕의 바다 밑바닥과 하층토양에 관한 미국의 주권을 '선언 2667'로 발표하였다. 다른 국가들도 곧바로 뒤따랐으나, 대륙붕에 관한 명확한 정의가 없는 상황에서 많은 혼동이 계속되었다. 이것을 해결하기 위하여, UN은 1958년 해양법에 관한 제네바회의에서 대륙붕협약을 만들었다. 이에 따라 국가는 그들 해안 수심 200m 혹은 개발이 기술적으로 가능하다면 그 이상까지 광물자원을 이용할 권리를 가진다. 그러한 개발을 촉진하기 위하여, 국가는 도서를 자신의 영해라 주장하지 않고 항해에 부당한 위협을 가하지 않는 한, 유전과 같은 영구적 구조물을 설치할 수 있게 되었다. 또한 협약은 물고기가 아닌 조개나 갑각류와 같은 착생생물에 관한 권리를 부여했다. 몇가지 어려움이 나타났지만 이 협약은 대체로 잘 지켜졌다. 북해와 같이 수심이 얕고 국경의 반쯤만을 바다가 둘러싸는 곳에서는 바다를 중심으로 한 인접국가들의 주장이 겹치기 때문에 구분선이 합의되어야 한다. 또한 협약에서 정의한 것처럼 대륙붕의 바깥 영역 한계는 유일하게 정의된 경계라기보다는 그 자원을 이용하는 기술적 능력에 따른다. 결과적으로 지금 대륙붕협약은 점차 해저자원과 어류를 포함한 200마일(322Km)의 독점적 경제수역으로 대치되고 있다. 이 새로운 개념은 1977년 해양법에 관한 UN회의에서 승인되었다(영해참조).
MB

대수-선형 모형화 log-linear modelling

측정의 단위가 명목척도일 경우 교차표를 분석하는 절차를 말한다. 분류변수 중의 하나가 종속변수가 되며 회귀분석에서와 마찬가지로 모델의 목적은 다른 변수, 즉 독립변수에 의해 값을 예측할 수 있는 최적방정식을 구하는 것이다. 방정식의 형태는 대수함수로 나타나며 각 항의 값은 통상 모집단의 평균을 사용하는 통제값으로부터의 편기를 나타낸다.
RJJ

대체율 replacement rates

일정한 인구가 그 자체를 대체하는 정도를 나타내는 지표. 출생과 사망으로 결정되는 자연증가는 연령구조의 영향을 지나치게 받기 때문에 세대대체율의 정확한 지표가 되지 못한다. 그 대신에 3가지 지표, 총출산율, 총재생산율, 순재생산율(출산력 참조)이 사용되며 그 중 순재생산율(NRR)이 가장 많이 사용된다. 1930년대 쿠진스키(R. R. Kuczynski)에 의해 고안된 이 지표는 여성이 가임기간 동안 생산한 여아의 수에서 가임기간까지의 사망률을 고려한 수치이다. 이 수치가 1보다 적으면 인구수는 궁극적으로 감소하고 1이면 정체된다. PEO

도구주의 instrumentalism

환경에 대한 기술적 통제의 확립에 초점을 두는 과학철학. 도구주의에서 중요한 것은 최종결과이기 때문에 그 바탕이 되는 이론적 언명은 그 진위가 문제되지 않으며(실증주의 참조), 관측된 것을 성공적으로 예측하기 위한 계산기적 도구로서 오직 그 실제적 효용성에 의해서만 판단되는 문자 그대로의 도구(instrument)일 뿐이다 (Keat and Urry, 1975). 도구주의는 지리학의 계량혁명 기간에 과학적 설명의 형태를 유지하고 공간과학으로서 법칙의 지위를 획득하는 수단으로서 매우 중요한 역할을 하였다. 그러므로 하비(D. Harvey, 1969)는 "지리학에서 법칙을 인식하는 것은 부분적으로는 지리적 현상이, 실제적으로는 명백하게 그러한 법칙을 따르지 않는다 하더라도, 마치 그들이 보편적 법칙을 따르는 것으로 여기는가에 달려 있다"고 주장하였다. 이처럼 보다 제한된 의미에서의 법칙정립적 명제를 추구하려는 지리학의 능력은 공간적 유형을 형성한 과정(예를 들면 모의실험 또는 시-공간예측)을 밝히려 하기보다는 공간유형간의 일치성의 문제를 추구하는 경험적 연구로 이어졌다. 다수의 이러한 모형은 일련의 정책적 대안과 그에 연관된 결과를 용이하게 비교할 수 있기 때문에 이 둘을 연결시키는 메커니즘에 대한 명확한 규명 없이도 공공정책의 수립에 직접 이용될 수 있었다. 이들이 남긴 적실성에 대한 개념화는 매우 실용적인 것이었으나 곧 실재론과 같은 다른 과학철학의 등장으로 인하여 논쟁에 휩말려들게 되었다. DG

도미노이론 domino theory

1940년대 미국정부에 의하여 개발된 지정학 이론이며 정치적·군사적 개입정책을 정당화하기 위해 사용되었다. 지중해 지역에 관련되어 처음 개발되었는데, 한 국가가 소련블럭으로 넘어가면 도미노의 선들이 전복되어 발생하는 것과 유사한 파급효과를 일으켜 다른 나라들도 이에 따를 것이라고 주장되었다. 이 이론은 1953년 아이젠하워에 의하여 제출된 미국의 동남아개입을 정당화하기 위하여 주로 사용되었다. 일반적 주장은 특히 동남아시아와 중앙아메리카에서 여전히 미국의 지정학적 전략을 뒷받침한다. RJJ

도상학 iconography

물질경관을 상징의미의 운반자, 그리고 저장고로 해석하는 것으로 도상학이 지닌 전통적인 개념—한 시대에 성행하는 미학을 표출하는 것으로서 초상화를 연구하고 묘사하고 목록화하며 집합적으로 설명하는—을 확대시켜 특히 경관을 포함시킨다. 지리학에서 쓰인 도상학의 시론(試論)들은 연구에 중요한 수단들을 도입하고, 의도적이든 그렇지 않든 인간화된 경관의 형성과 설계를 통하여 미술사가들과 기호학자(記號學者)들이 경관의 진화와 상징적 가치의 제공에 관한 문제에 관계하는 전통을 도입할 것을 추구하였다. 코스그로브(Cosgrove, 1985)에 의하면, 도상학적 접근은 "경관이 역사적 질문을 받지 않으면, 지리학적 개념으로서의 경관은 가시적 개념으로 경관이 지닌 역사의 이념적인 덮개로부터 자유로울 수 없다"는 것을 인식하게 된다는 것이다(이념 참조). 또한 이 접근들의 기본적인 과제는 "경관을 관찰함으로써 얻어진 가시적인 힘(visual power)은 인간이 토지에 대하여 자산으로서 행사하는 실질적인 힘(real power)과 보충적이라는 것"을 인식하는 것이다(Cosgrove, 1984 참조). 그러므로 그러한 계획들은 미적 취향만을 가지고 또는 특정한 문화경관을 형성하는 데 유효한 물질적 가치에 대한 관련을 가지고 경관의 진화를 해석하려는 이전의 시도에서 나타난 특징적인 결점들로부터 경관의 연구를 해방시킬 것을 추구한다(행태적 환경, 버클리학파 참조). MDB

도시 urban

시와 도회의 개념과 관련된다. 도시화를 인구학적 과정으로만 간주한다면, 도시지역은 일정 인구규모 내지 인구밀도를 초과한 지역으로 규정할 수 있다. 흔히 인구규모와 인구밀도는 센서스와 다른 도시지역을 정의할 때 지표로 사용된다. 그러나 도시와 촌락을 나누는 특별한 구분은 임의적이라고 할 수 있다.

도시지역에 대한 연구는 인구분포와 생산·분배·교환의 조직면에서 차지하는 학문적 중요성 때문에 지리학을 포함한 몇몇 사회과학분야에서 중심적인 주제가 되어왔다. 그러나 대부분의 연구에서는 도시의 개념을 인구집중의 의미 이상으로 사용하고 있다. 도시인구와 사회경제조직상의 특성들은 도시생활과 관련이 있으며, 대개는 인구집중과정에서 이러한 특성들이 생성된다. 이에 도시를 다루는 여러 학문분야가 이루어지면서 도시사회학·도시정치학·도시지리학 등의 분야가 사회과학 가운데 중요한 몫을 차지하게 되었으며, 2차대전 이후 그 중요성이 더욱 부각되었다.

이런 관점에서 볼 때 도시와 촌락지역은 다양한 기준으로 설명될 수 있다. 사회과학자들은 도촌연속론의 개념으로 도시와 촌락과의 관계를 설명하게 되었고, 특히 1938년 워스(Wirth)는 도시성에 관한 고전적 논문에서 도시지역의 특징적 양상을 제시한 바 있다. 최근에 이르러서는 북미 도시지역 내부에 촌락적 거주공동체가 형성되거나(도회촌 참조), 역도시화의 과정에 의해 아주 먼 촌락지역을 제외한 모든 촌락에 도시적 생활양식이 옮겨지게 되면서, 그 개념이 무효화되고 있다.

사회과학에서 독립적인 도시영역이라는 개념의 설정과 전문분과들에서 도시를 연구해야 하는 필요성에 관해 많은 논란이 있어왔다. 특히 뒤르켕(Durkeim)과 마르크스(Marx) 같은 19세기 사회이론가들은 도시와 도회가 자본주의로의 전환 내지 발전과정에서 뚜렷한 역할을 했으면서도, 독자적인 주체성도 없이 그 보편적인 조직양식의 일부가 되어버렸다고 주장했다. 도시지역을 분리해서 연구하는 것은 합리적 추상화보다 혼돈적 개념화에 기초하는 것이다.

이러한 논쟁은 1970년대 영미 사회과학에 재도입되었는데, 특별하게는 도시연구에 대한 비판 및 일반적으로는 각 학문분야에서 사회를 임의적으로 구분하는 데에 대한 비판의 일부로서 재론되었다. 논쟁이 도입된 주요동기는 1977년 프랑스 마르크스주의학자인 마뉴엘 카스텔(Manuel Castells)이 쓴 『도시문제(The urban question)』를 영어로 번역하면서 발생했다(공간성 참조). 카스텔이 도시지역을 집합적 소비의 중심지로 특별히 정의한 데 대해 일부에서 강력하게 반발함으로써 보다 많은 논쟁이 전개되었다(논쟁요약, Dunleavy, 1982; Saunders, 1981). 이러한 경우에 논쟁의 핵심은 사회·경제·정치화 과정은 (임의적) 공간적 경계에 의해 구속받지 않는다는 것이다. 진행과정은 일반적인데, 후기 자본주의의 경제성향은 제조업과 마찬가지로 농업의 조직에도 명백하게 나타나며, 이념과 특성은 그들의 공간적 입지가 어떻든지간에, 동일한 사회경제적 위치에 있는 사람들에 의해 공유된다는 것이다. 이런 과정에 대한 통찰력을 얻는 데 (어떻게 정의되든간에) 도시지역에 대한 연구가 가치 있는 많은 것을 제공해주지만, 도시에서 관찰되는 것은 도시지역에만 특별히 국한된 것이라고 전제되어서는 안된다. 그것은 공간물신론에 빠지는 일이 된다.

도시개념은 일반 언어에도 널리 사용되고 있

으며, 그러한 일상적 도시개념도 연구의 뚜렷한 주제가 된다 ; 그리고 도시가 아직도 많은 사람들에 의해 의미있는 학문적 개념으로 간주되는데, 특히 (a) 도시지역이 자본주의발달에 있어서 원동력이 되고 있는 시점에 관한 역사적인 성찰(Sutcliffe, 1983)에서나, (b) 자본주의가 모든 생활양식(특히 촌락지역에서의)에 완전히 침투해 들어가지 않았고 도시와 도회가 어떤 측면에서 독특한 것으로 부각되어 있는 세계 여러 지역들에서의 도시연구의 의미는 매우 크다. 그러나 영국과 미국에서 지난 10여년간 도시지리학의 연구가 상대적으로 쇠퇴한 것은 혼돈적 개념화으로서의 도시를 공격한 것과 관련이 있다 (현장 참조). RJJ

도시 및 지역계획 urban and regional planning
(지역정책 참조)

순수한 기술적(技術的) 측면에서 도시 및 지역계획의 의미는 매우 간단하다. 피터 홀(Peter Hall)은 계획이란 "정해진 목표를 달성하기 위하여 관련된 활동을 체계화시키는 일반적인 작업"이라고 규정하였다. 이 점에서 계획은 비역사적이고 모든 사회에 공통적으로 존재하는 일반적인 과정이며 하나의 기술이다. 홀에 의하면, 계획의 '주요기법(技法)'은 서로 다른 여러 계획의 관계를 설명하는 도표, 계량적 평가, 수학적 설명, 통계적 추정 등에 의해 보완된다. 그러므로 계획이란 꼭 그런 것은 아니지만 특정 목적을 위한 정확한 외형적 청사진을 포함하게 된다.' 따라서 도시 및 지역계획은 '공간적 표현'을 내포하는 '일반적인 계획 중 특별한 경우'이다(Hall, 1975).

이러한 관점에서 도시 및 지역계획은 도시 지역문제를 해결하기 위한 필요에서 만들어진 합리적인 예측과정으로 간주된다. 예를 들어 홀(1975)은 1800년부터 1940년까지 영국의 도시성장에서 도시계획의 기원을 찾아냈다. 도시계획은 처음에는 "실무적인 사람들에 의해 행해졌지만, 그들 역시 도시문제 연구자의 영향을 받았다." 홀에 의하면 지역계획 역시 1930년대에 지역의 경제문제를 해결하기 위하여 시작되었다. 그러나 전후(戰後)계획은 '전후계획시스템'에 의해 입안되었기 때문에 전전(戰前)의 계획과는 매우 달랐으며 도시나 지역의 경제문제를 한 문제의 두 측면으로 파악한 1940년에 작성된 바로우(Barlow) 보고서의 영향을 많이 받았다.

일련의 이념, 절차 및 반응으로서 도시 및 지역계획에 관한 이러한 관점은 계획과 계획을 시행하려는 사회 사이의 관계를 설명하지는 못하였다. 도시 및 지역계획은 기술적인 측면에서 일련의 문제에 대한 합리적인 대응으로 이해되었다. 어떤 문제 자체의 양상에 대한 정의가 문제시되지 않듯이 계획의 목적 또는 목표는, 합리적인 정의이므로, 문제가 없는 것으로 간주되었고 도시 및 지역계획을 수행하는 국가기관의 본질조차도 연구되지 않았다.

계획법이 국가에 의해 제정되었고, 국가기관은 계획의 집행에 대해 1차적인 책임이 있다. 그러나 자본주의 및 사회주의 체제에서, 국가는 보다 광범위한 사회의 하나의 통합된 부분이며 (Held et al., 1983) 계획은 사회적 생산 및 재생산의 특징적 과정에서 성장하고 이의 성장에 공헌한다. 이러한 관점에서 보면, 도시 및 지역계획은 단순한 기술적 과정이 아니라 물질적·정치적·경제적 활동이다. 쿠크(Cooke, 1983)에 따르면 도시 및 지역계획은 발전된 사회관계의 형태를 유지시키고, 생산의 외적·물리적 배치 상태를 합리화하기 위해 법에 의하여 국가가 시행하는 '문명화과정'의 일부라 말할 수 있다(자본주의 참조).

그러므로 도시 및 지역계획은 단순히 그 내용만으로는 이해할 수 없으며 그 계획이 시행되는 특정사회에 특징적인 발전과정과 관련시켜야 이해할 수 있다. 전후의 영국을 비롯한 선진자본주의에서 도시 및 지역계획의 주요관심은 노동력의 재생산에 있었지만, 1970년대초 경제적 위기가 시작된 후에는 자본의 재생산과 순환에 관심이 집중되었다(Cooke, 1983).

일반적으로 자본주의사회에서, 도시 및 지역

계획의 시행을 위한 국가의 개입은 자본과 노동 간의 갈등으로부터 야기되었다. 이러한 갈등의 해결은 자본의 재구조화 및 그의 영향을 받는 국지적인 노동분업을 수반하게 된다. 이러한 상황에서 도시 및 지역계획은 사회안정과 같은 순환적 형태로 나타난다. 자본은 축적의 가능성을 제고시키거나 재구조화의 위기를 해결하기 위해서 도시재개발계획에의 참여와 같은 직접적인 수단 또는 포상금, 보조금 또는 하부구조 및 생산수단의 제공과 같은 간접적 수단을 사용한다.

마찬가지로 국가는 교육 및 공공주택의 설립을 통하여 노동의 재생산 부문이나 영국의 신도시망, 프랑스의 대도시 균형정책, 그리고 선진 자본주의에서 공간적 생산조건 등에서 나타난 것과 같이 취락체계에서 노동의 모집 및 공간적 배치에 적극적인 관심을 보였다.

그러나 도시 및 지역계획은 단순히 자본을 지원하는 것만은 아니다; 도시 및 지역계획은 상부구조에서 행해지며 상부구조내에서 행해지는 투쟁에 달려 있다. 그리고 그러한 투쟁은 지역의 특성과 과거의 투자의 층에 의해 나타난 사회적·정치적 결과에 따라 지리적으로 독특한 특색을 갖는다. 그러므로 이러한 사실에 비추어 볼 때, 1930년대 이전 약 50년간 현저한 지역간 불평등이 존재하였음에도 불구하고 지역계획이 1·2차대전 사이에야 늦게 나타났는가는 1930년대 영국에서의 지역간 실업의 차이에 반대하는 효과적인 정치적 투쟁으로 설명할 수 있다(Southall, 1983).

사회주의 국가에서 도시 및 지역계획은 국가통제기관의 직접적이고 통합적인 작업이다. 인구 및 경제활동의 지역적 분포는 사회주의 사회를 재생산하기 위한 전략적·이념적·경제적 목적에 부합되는 생산의 지리학을 만들고자 하는 국가의 노력의 직접적인 영향을 받는다.

도시 및 지역계획의 활동과 존재는 사회의 변화특성, 불균등발전의 역할과 중앙과 지방에서 정치와 경제간의 관계에 관한 지리적 문제에 심각한 의문을 던져주고 있다. 그 결과, 도시 및 지역계획은 단순한 수용가능성이나 기술의 시행 문제가 아니라 도시 및 지역발전에서의 대안을 개발하는 데 계획의 역할과 잠재력에 관련된 중요한 문제를 노정시키고 있다. RL

도시경관 townscape

경관에서 유추된 개념으로, 도시건물·가로·장소 등의 집합체에 의미와 조직을 부여한 개념.

도시경관은 건축가, 디자이너, 계획가 등 실무작업 종사자들에게 통합적 주제를 제공한다. 도시경관을 창출하는 과정에서 도시스타일과 규모, 구성과 색상, 특성과 개성의 뉘앙스들이 조작되어진다. 따라서 도시경관은 도시민의 환경이미지와 간접적으로 관련된 강요된 물리적 실체이다. JE

도시관리자 및 수문장
urban managers and gatekeepers

희소자원, 특히 주택을 확보하려 경쟁하는 개인과 집단들에 대해 할당권을 지닌 전문가 및 관리—주택 및 복지 공무원, 지방정부 의원 및 계획가(이상 관리자), 그리고 부동산 중개업자, 법무가 및 재정인(이상 수문장).

예를 들어, 집을 구입하기 위해 한 개인은 자금 또는 대부를 필요로 한다; 이것에 대한 접근 가능성은 신청자의 재정상태와 대부상환능력을 평가하는 은행 및 주택금융조합의 직원에게 달려 있다. 이들은 자격이 있는 사람에게는 문을 열어주고 없는 사람에게는 문을 닫는 수문장 역할을 한다. 미국에서 부동산 중개업자(공인 부동산 중개업자)는 중요한 수문장으로, 예를 들어 미래의 혹인 주택구매자들을 특정지역으로 유도하여 다른 지역에 접근하지 않도록 한다. 민간 임대부동산의 소유자들은 많은 도시지역의 특정부분에서 그리고 특정형태의 재산에 대해 주요 수문장 역할을 한다.

도시관리자들은 주로 공공부문에서 활동한다. 복잡하면서도 종종 급속하게 변화·성장하는 도시지역을 통제할 필요성은 선거로 선출된 국민의 대표자 및 공무원 모두의 손에 커다란 권력을 쥐어준다. 물론 이들은 보다 상위의 정부기관 및 사유자본의 활동에 의해 설정되는 테두리 안에서 일해야만 한다. 관리자 및 수문장의 활동에 주목하면 도시문제가 국지적으로 해결될 수 있다는 것을 알게 된다. 즉 도시문제가 일어나는 과정이 보다 일반적인 사회·경제적 맥락에 뿌리내리고 있음을 인식하기보다는 차라리 정책을 가변화시킴으로써 국지적으로 해결될 수 있다는 것이다(주택연구 참조). JE

도시규모분포 city-size distribution
취락을 규모에 따라 여러 범주로 나누어 그 빈도분포를 비교하는 것.

관찰된 도시체계의 분포는 이론적·경험적 모형인 중심지이론, 순위규모법칙, 종주도시의 법칙, 상업모형 등과 비교된다. 도시규모분포와 관련된 조사는 또한 각기 다른 도시체계가 각기 다른 모형에 왜 적합한가에 대해 연구하고 있다. RJJ

도시기능분류
functional classification of cities
도시의 경제적 기능, 곧 도시체계에서 도시의 역할을 인식시켜줄 수 있는 기능으로 도시를 분류하려는 시도. 대부분의 도시기능분류는 고용 및 직업자료를 활용하며, 경제기반이론, 중심지이론 등의 모형에 그 근거를 두고 있다. 방대한 자료 매트릭스를 활용하여 일반적 패턴을 규명하기 위해서는 대부분 주성분분석 등의 계량기법을 사용한다. RJJ

도시사회운동 urban social movement
도시사회운동은 도시재개발 및 다른 지역적 또는 환경적 위협에 대한 반발로 출발하여 지배적인 경제 및 국가장치에 대항하기 위해 상이한 집단과 계층의 이해를 통일시킨다. 이것은 특정 목표를 강조하면서 변화와 변형에 대한 요구를 집약시키는 집단행동의 한 형태이다. 분석가들은 노동자계급의 요구에 주목하면서 도시사회운동을 지역에 기반을 둔 활동을 통해 급진적 정책을 활성화시키는 수단으로 간주한다. 노동자들이 반대를 위한 사상적 기반을 확립했던 프랑스나 스페인에는 위와 같은 분석이 적용될 수 있지만, 영국에서의 지방정책은 편협하고 계급보다는 집단지향적인 것으로 간주되기 때문에 분석의 적용에는 의문이 제기된다. JE

도시생태학 urban ecology
시카고학파의 개념을 사용하여 도시의 내부구조를 분석하는 도시지리학 및 사회학의 분파. 어떤 학자들은 도시생태학을 인간생태학으로 간주한다. 주로 1945년 이후에 발전한 도시생태학은 초기의 업적을 더 보강하기는 했지만 아직도 도시의 정수를 많은 사람들이 비교적 좁은 지역에 집중되는 현상으로 간주하고 있다. 이것은 전체 도시환경을 인간을 위한 생활유지체계로 연구하며, 따라서 핵심과제는 끊임없이 변화하며 여전히 제한을 가하는 환경에 적응하기 위해 인구집단이 어떻게 그 자신을 조직하는가를 이해하는 것이다. 적응은 집합적 현상이고 경쟁보다는 상호의존이 생존의 핵심이 된다. 도시 공간구조는 4개의 서로 호혜적이며 기능적으로 의존된 요인들로 구성된 생태학적 복합개념을 통해 분석된다: 인구(기능적으로 통합된 집단) ; 조직 (집단에서의 사회경제적 관계) ; 환경(자연적 환경이 집단에 주는 영향) ; 그리고 기술(자기자신을 유지하고 조직하기 위해 집단이 사용하는 가공품과 테크닉). 이 개념화는 그것을 구성하는 요소들을 적절하게 정의하지 못했다는 점과 인구집단의 가치, 감상, 태도 및 선택을 충분히 허용하지 못했다는 점 때문에 비판을 받아왔다. JE

도시성 urbanism
도시지역 거주자와 관련된 생활양식. 이 개념은 시카고학파의 사회학자인 루이스 워스(Louis

Wirth)의 '생활양식으로서의 도시성'(1938) 이라는 논문에서 처음으로 등장하였다. 시카고학파의 다른 학자와 마찬가지로 워스도 지도로 만들어져 분석될 수 있는 도시사회문제의 도덕적 논제에 관심을 가졌으며, 도시화를 공동체가 해체되어 도덕적 질서가 붕괴되어가는 과정으로 파악하였다. 도시지역에서는 경제와 사회조직의 복잡성 및 노동의 분화로 개인생활이 분절되어 농촌지역에서 나타나는 가족, 친족 및 공동체에서의 확고한 결속이 잠정적이고 피상적인 상호관계로 대치된다. 따라서 그가 도시에서 파악한 사회의 해체는 도시의 크기와 밀도 및 도시사회의 이질성의 결과인 것이다. 워스의 논제는 도시 자체를 개인에게 영향을 미치는 독립적 인간환경으로 파악한 대표적 연구이다(도시 참조). 이것은 도시지역에서 강력한 공동체를 확인한 시카고학파 대부분의 다른 연구와 상반되며(도회촌 참조), 도시화의 과정을 자본주의의 정치경제학적인 범주에서 파악하는 데 실패하였다 (도촌연속론 참조). RJJ

도시의 기원 urban origins

도시성의 기원은 그 정의만큼이나 문제가 많은데 이에 관하여 네 가지 광범위한 설명들이 제안되어 있다:

(a) 생태적 모형(ecological models). 전형적으로 대규모 관개체계의 건설과 같은 어떤 종류의 '잉여'의 산출과 집중을 도시와 관련시킨다 (수리사회 참조);

(b) 경제적 모형(economic models). 이들은 비록 전형적으로 경제적 통합형태의 변화와 특히 호혜성으로부터 재분배로의 전이에 초점을 두지만, 그러한 교환체계가 비경제적 제도 속으로 '끼어드는' 방식에 특별한 관심을 기울인다. 대부분의 이들 모형들은 칼 폴라니(K. Polanyi)의 실재론적 인류학에 빚을 지고 있으나, 하비 (D. Harvey, 1973)는 여기에 마르크스주의적인 설명을 시도하여, 노동가치론을 통해 규정된 사회적으로 지정된 잉여생산물이 '소수의 손에 그리고 소수의 장소로' 집중됨을 밝히고자 시도하였다. 그의 견해에 의하면 도시는 재분배의 출현과 함께 발생하기도 하지만, 시장교환이 등장

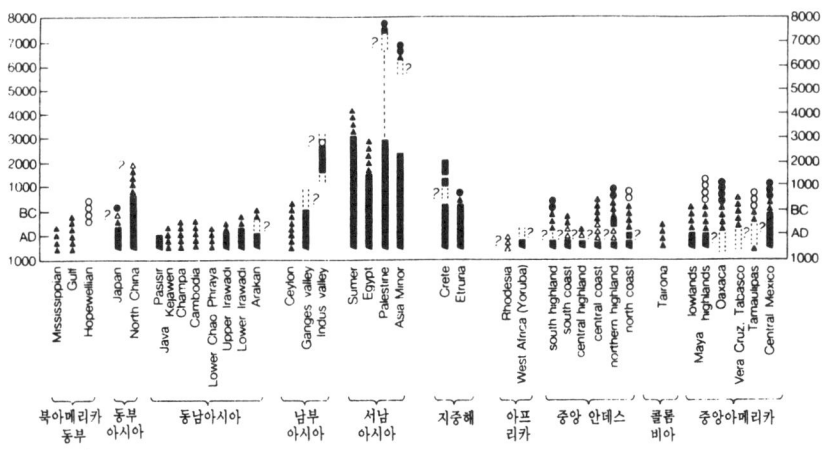

도시의 기원 1: 도시의 발생 지역과 시기(출처: Carter 1983; Wheatley, 1971)

도시의 기원

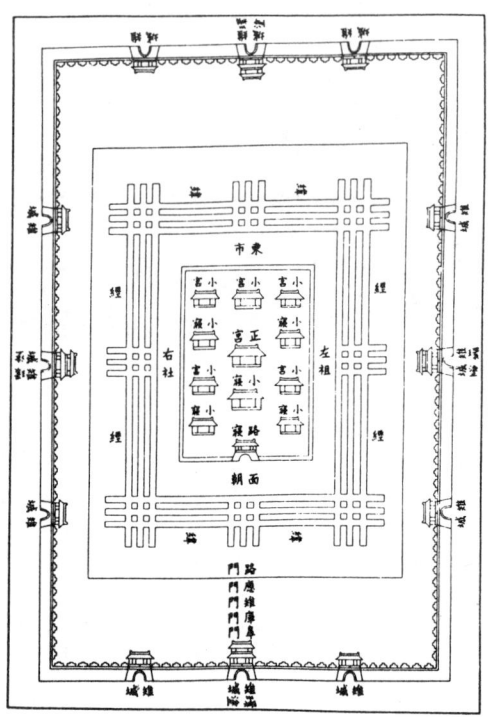

도시의 기원 2: 중국의 고대 도시; 세계(四方位)의 축을 상징함 (출처: Wheatley, 1971)

하면서 반드시 발생하는데, 양자의 경우 모두 원인으로서 잉여의 소외가 관련된다;

(c) 문화적 모형(cultural models). 전형적으로 도시발생에 종교가 미친 형성적 영향력을 검토한다. 휘틀리(Wheatley, 1971)는 "핵상으로 발달한 몇몇 도시영역에(그림 1 참조) 잔존하는 물질적 자취들이 다소 연속적으로 계승되어 … 완전히 발달된 도시생활에 이르기까지 항상 종교적인 요소만이 홀로 존재한다"고 주장하였다. 그의 견해에 의하면 '권력과 권위의 최초의 중심점은 의례상의 중심지'—그들의 형상에는 종교적인 상징성이 깊이 각인되어 있으며 그들의 작용은 조직화된 사제들의 수중에 맡겨져 있는 —의 형태를 취하였다는 것이다. 휘틀리는 고대 도시의 우주-마술적 상징주의나 도상학에 관

해 많은 연구를 하였는데, 이들은 "우주적 질서가 인간의 경험면(plane)에 투영된 이미지로 인간의 사회적 행위 그리고 행위의 합법성을 위한 기본틀을 제공할 수 있었다"고 주장하였다(또한 Sack, 1980 참조; 그림 2 참조).

(d) 정치-군사적 모형(politico-military models): 전형적으로 최초의 도시를 요새와 피난처로 간주한다. 물론 모형의 대부분은 앞의 주장들과 양립한다. 예를 들면 '수리사회'와 '동양적 전제주의' 사이에 가정되어 있는 결합 또는 "정치적 그리고 군사적 권력이 … 최초에는 신권통치로 후에는 군주적 통치"로 집중한다 (Giddens, 1981; 또한 Giddens, 1985 참조). 그러나 이 모형의 설명들은 보통 그러한 주장을 넘어서, 제국을 형성하는 데 도시들의 망(grid)

을 통해 행사된 군사적 권력의 결정적인 중요성을 강조한다.
　대부분의 현대의 논쟁들은, 적어도 지리학에서는, (b)와 (c) 사이의 관계에 주의를 기울이고 있으나, 도시와 국가의 기원 사이의 관계를 연구하는 학자들은 (d)를 흥미깊게 주목한다.
DG

도시재개발 urban renewal
공공적 수용수준 이하로 평가되는 도시지역의 일부를 새롭게 재건하는 행위. 도시재개발은 대개 주택부족, 서로 대립적이며 양립될 수 없는 토지이용의 혼재, 교통혼잡, 환경파괴, 사회병폐, 누적되는 심리적 절망감 등의 문제가 야기되는 내부도시 지역에 국한되어 이루어진다(빈곤의 악순환 참조). 도시재개발의 해결책은 공간규모, 영역, 실행수단 등의 면에서 다양하게 제시될 수 있다.
　도시재개발은 대체로 개인집단보다 공공집단에 의해 수행된다. 그것은 소규모의 수많은 소규모의 도시용지를 취급해야 하고, 개인의 상업적 자금으로는 감당하기 힘든 비싼 토지수용비를 지불해야 하며, 열악한 환경이 개인차원의 개발에 매력을 주지 못하고, 도시지역지구제와 같이 공기관들의 제약이 가해지며, 토지자유경쟁시장에 상응할 수 없을 정도로 현지주민이 저소득·저계층에 속하기 때문이다.
　베리와 카사다(Berry and Kasarda, 1977)는 미국 대도시의 재개발 프로그램을 중심으로 초기의 재개발주택에 관한 단순한 관심으로부터 지역사회재개발, 녹지대, 교통설비 등의 폭넓은 관심사에 이르는 도시재개발 내용을 예시하였다. 영국에서는 1930년의 주택법에 처음으로 지방행정당국에 의한 슬럼철거와 재입주계획이 거론되었으나, 이러한 의무에 대한 해석이 지방행정당국내에서도 구구했다. 제2차 세계대전 이후 전쟁피해를 복구하기 위해서, 또 새로운 도시계획의 견해가 대두되면서, 도시재개발은 방향이 재정립되었고 영역과 규모도 커졌다. 개발계획을 세우면서 행정당국은 주택에만 집착하던 과거의 계획에 덧붙여, 환경적 이익을 도모할 수 있는 상호보완계획에 역점을 두어 종합개발지역(Comprehensive Development Areas)을 설치하였다. 재개발이 흔히 저인구밀도를 이루기 때문에 도시재개발의 이 단계에서의 부수적인 특징은 신도시와 같은 계획된 분산의 양상을 나타낸다는 것이다.
　영국에서는 1949년부터 현존하는 도시건조물을 개선하는 데 필요한 보조금을 이용할 수 있게 되었다. 그 결과 철거 및 재개발을 강조하던 종래의 방향에서 점차로 보수·개선의 방향으로 개발이 전환되었다. 이것은 부분적으로 철거 및 재개발에 소요되는 비용, 사회적 분열, 계획의 어려움 등 때문이었다. 이러한 변화는 1969년과 1974년의 주택법으로 촉진되었는데 이 법은 해당지역 주민이 주택개량보조금을 받을 수 있는 일반개선지역(General Improvement Area)과 주택착수지역(Housing Action Areas)을 각각 설정하였다. 아울러 이 법과 더불어 지방정부에 의해 물리적 환경개선계획이 마련되어 이러한 변화를 뒷받침하였다. 또한 이러한 새로운 지역개발계획에 대한 공공의 참여도 크게 촉진되었다.
AGH

도시지리학 urban geography
도시지역에 관한 지리학적 연구. 1950년대까지만 해도 도시지리 분야에 대한 연구저작물이 거의 없었다. 이런 경향은 특히 영어권 지리학자들에게 두드러져 영어로 쓰인 최초의 도시지리학 교재가 1940년대에 이르러야 비로소 출판되었다(Taylor, 1946 참조). 그 이후 '도시'라는 주제는 지리학의 주요 연구대상으로 부상하였고, 아마도 1960년대에는 인문지리학 분야 가운데 가장 인기있는 세부분야였다.
　초기의 도시지리학연구는 대체로 당대에 유행하는 지배적인 패러다임의 접근법을 따랐다. 최근에 이르러 도시지리학자들은 대안적인 지리철학과 방법론을 제시하는 데 있어 지도자적 위치를 차지하게 되었다. 환경결정론이 중요하게 여

도시지리학

겨지던 1920년대에는 도시입지와 성장의 결정요소로 절대적, 상대적 위치 등 자연적 요소의 역할이 강조되었다. 1930년대와 1940년대 지역지리학이 풍미했을 때, 도시지리학의 관심방향은 도시간의 지역적 관계나 도시지역의 형태학적 연구에 집중되었다. 1950~1960년대에는 이러한 연구사조와 함께 새로운 도시지리학 세대들이 입지론에 입각한 도시연구를 진행하였다. 또한 도시지역에 대한 경험적 연구는 지리철학으로는 실증주의를, 방법론으로는 계량화를 채택함으로써 새롭게 재구성되었다. 동시에 도시지리학자들은 1960년대 후반에 이르러 지리학에 행태주의적 방법을 도입한 지리학자들 그룹의 일원이 되었고, 1970년대의 구조주의 중에는 도시연구가들도 포함된다.

공간적 척도로 분류해볼 때 도시지리학에는 두 개의 주요영역이 있다. 1960년대 들어 연구가 증가하면서 이 두 분야는 도시지리학의 각기 독립된 영역의 핵심이 되었다. 첫째는 한 국가 또는 보다 큰 지역에서의 도시유형에 관한 연구이다. 이때의 도시는 도시지역 자체로보다는 한 지역의 중심지로서 곧 지도상에서 점으로 취급된다. 둘째는 도시 지역내의 유형에 관한 연구이다. 이때의 도시는 점으로 다루어지기보다는 면으로 취급된다. 그러나 두 접근 모두 모형과 이론설정 등에서 공통적이고 아울러 유사한 철학·방법론·기법 등을 채택하고 있어 큰 차이가 없다. 두 접근방법의 목표는 모두 다양한 도시현상의 공간배열을 지배하고 있는 법칙을 규명하는 것이었다.

도시간의 공간유형에 관한 연구가 먼저 세심한 주목을 받았다. 도시와 배후지역의 관계에 초점을 맞춘 (미국의 농촌사회학에서 진행된 연구로부터 파생된) 지역주의 패러다임의 경험주의적 접근방법이, 지리학자겸 경제학자인 크리스탈러(Walter Christaller)와 뢰쉬(August Lösch) 등의 취락패턴 입지론을 검증하는 데 활용되었다(중심지이론 참조). 이 이론은 조건이 갖추어질 경우 특정한 취락공간조직을 창출하게 될 입지의사결정과 관련된 일련의 전제에 기초

한다. 자료는 경험적으로 수집되고, 추론적 통계에 의해 실제 관찰된 도시패턴과 이론으로 도출된 모형이 유사한지의 여부가 검증된다. 그러한 취락계층내의 중심지로서의 도시는 단연 가장 인기가 있는 연구주제였다; 도시체계에 대해 보다 일반적인 진술을 도출해내려는 그 후의 시도는 다른 도시기능으로도 일부 관심을 돌리게 하였다.

도시내에서 이루어지는 공간유형, 곧 도시구조에 대한 연구가 두번째 접근방법의 내용이다. 이때에도 도시체계 연구에서처럼 실증주의적 접근, 경험주의적 관찰, 각종 통계치 등이 활용된다. 처음에는 도시지역내에서의 중심지에 대해 연구했으나, 곧 연구의 방향이 도시거주지역의 공간적 패턴을 규명하는 내용으로 전환되었다. 이러한 관심방향 전환은 시카고학파 사회학자들에 의해 개발된 인간생태학 특히 토지이용형태에 관한 모형의 영향을 받아 이루어졌다. 여기에서의 주장은 사회집단의 분리가 특별한 공간적 질서를 나타낸다는 것이었으므로 분리의 정도를 가늠하고 공간적 질서를 확인하기 위해 자료가 수집되고 분석되었다(요인생태학, 사회지역분석 참조).

1960년대 중반에 이르러 이상의 두 가지 접근방법에 의해 축적된 경험적 연구에서, 관찰된 유형과 예견된 유형 사이에 상당한 불일치가 나타나고 있음이 확인되었다. 곧 모형이라는 것이 제대로 (현실분석의) 역할을 못한 것이다. 입지론의 비현실적인 가설은 공격의 대상이 되었고, 이에 따라 행태주의적 접근이 대두되었다.

행태주의적 접근은 이론전개를 위해 귀납적 방법을 추구하면서, 사람들이 실제로 어떻게 의사결정을 하고 있느냐라는 연구결과를 토대로 이론을 세웠다(어떤 상점에 가느냐, 어느 도시로 이주하느냐, 어떤 집을 사느냐 등등). 이 접근은 특히 사회심리학으로부터 영향을 받았으며 연구의 초점은 개인의 행태유형에 맞추어졌다. 물론 실증주의적 목표와 계량적 방법 등의 내용은 견지되었다. 행태주의적 연구의 목표는 공간행태의 일반적 법칙과 공간패턴 연구를 위한 그

들의 관련성을 규명하는 데 있었다.

1950~1960년대 도시지리학의 발달은 도시계획의 발달과 맥을 같이했다. 그러나 1960년대말에 이르러 도시계획이 도시인구문제 특히 불평등과 관련된 문제들을 제대로 해결하지 못하면서, 계획의 이론적 근거에 대한 학문적인 회의가 일어났다. 이것은 자연스럽게 도시계획과 밀착되어 있는 도시지리학의 이론적 근거에 대한 회의로 이어졌다. 기존의 입지론은 경제적 의사결정을 지배하고 개인적 행동에 제약을 가하는 자본주의법칙을 도외시해왔다는 점에서 비판되었다. 아울러 사회유형에 관한 연구도 자본주의 사회의 계층간의 갈등에 초점을 맞추지 않았다는 면에서 공격을 받았다. 행태주의 연구는 각 개인의 선택에 가해지는 환경적·사회적 제약을 무시한 채, 진공상태에서 이루어지는 각 개인의 선택을 연구하는 것으로 평가되었다. 사회의 총체적 매트릭스로부터 도시현상만을 분리시키는 것과 행위의 결정요인으로 공간변수에만 초점을 맞추는 것이, 총체로부터 부분을 떼어낸 것이라 하여 비판받았다. 그 대신에 사회과학에 대한 통합적 관점이 정립되어야 하며, 도시지리학자들은 특정한 패턴연구에만 연연해 하지 말고, 그 유형의 창출에 제약을 가하는 일반적 과정에 좀더 많은 관심을 가져야 한다는 주장이 대두되었다. 다시 말해서 유형에 관한 연구는 과정연구내에 통합되어야 하고, 특별하게 독특한 도시과정이란 별로 없다는 주장이다(Harvey, 1973 참조).

행태주의적 접근과 특히 구조주의적 접근은 1950~1960년대에 도시지리학내에서 지지를 받았던 실증주의적 접근에 대한 대안을 제시한 셈이다. 그러나 행태주의 및 구조주의적 접근이 실증주의적 접근을 대신하지는 못했고 실증주의적 접근에 입각하여 많은 연구가 계속해서 진행되고 있다. 도시공간유형을 완전히 이해하기 위해 세 접근방법을 통합하려는 시도가 있기도 하지만, 도시지리학이라는 방대한 분과의 일반적 특성은 현재까지는 그 접근방법의 다양성에 있다고 하겠다. RJJ

도시지원계획 urban programme

도시의 상태를 개선하는 방법을 모색하기 위해 중앙정부의 재정으로 지원된 계획. 영국정부의 도시원조계획은 사회설비조달에 대한 본계획의 일환으로 1968년에 설정되었고, 선별된 집단과 지역을 겨냥하는 적극적 차별의 형태를 취한다. 대체적으로 재정지원의 수준은 낮고, 그 계획들은 예를 들어 휴일설계, 일일탁아소 및 상담소와 같이 소규모이다. 지원적용과 계획발표 사이에는 상당한 시간적 지체가 존재하며, 이것은 종종 에너지와 추진력의 낭비를 초래한다. 도시원조는 영국정부의 빈곤정책 중에서 가장 비용이 많이 들고 규모가 큰 것이었다. 미국 도시지원계획에서와 같이 빈곤, 낙오 및 청소년범죄를 제거해보려는 자조를 격려하고 시험적으로 실시하는 데 기반을 둔다. 시험적 실시는 이 계획의 효율성이 평가되는 동안 비용을 최소한으로 유지한다는 것을 의미하며 아울러 자조의 발전은 빈곤의 악순환을 제거시키고 지역활동에 대한 참여를 증진시킬 수 있다고 전제된다. 도시지원계획은 또한 서비스의 배합과 효율적 관리를 강조하며, 즉각적인 결과를 창출할 수 있는 요소에 집중한다. 개선된 교육자원, 임시직업, 언어교육, 회색지대, 지역사회 주도운동(이상 미국)과 교육투자 우선지역, 지역사회 발전계획 및 지역사회 종합계획(이상 영국)은 도시지원계획의 사례들이며, 이같은 도시지원계획은 내부도시에서 나타나는 사회질서에의 도전—범죄, 인종적인 긴장감, 교육 및 직업기회의 결핍 등—에 대한 대응책으로 개발되었다. 이러한 대응책은 실험적이었고 결핍은 개별적인 측면들을 변화시킴으로써 제거될 수 있다고 가정하였다. 빈곤의 본질 및 원인과 관련된 전제, 그리고 기저에 깔린 정치·사회적 요소와 대항하는 데 실패한 점이 여기에서 비판된다. 이 계획은 사회공학과 사회통제의 실험실이 되는 선별된 지역에 최소한의 재정지원을 제공해주는 시험적인 변통책으로 해석될 수 있다. JE

도시체계 urban system

상호의존적인 일련의 도시집합. 이 용어는 베리(Berry)가 체계분석과 일반체계이론을 중심지이론의 연구에 적용하는 과정에서 소개되었다(종주도시, 순위규모법칙 참조).

도시체계라는 개념은 일정구역(통상적으로 국가)이 일련의 도시를 중심으로 하여 하나의 지역—도시 및 그 배후지—으로 조직된다는 것이다. 경제적 기능은 경제, 사회 및 정치적 기준에 따라 이러한 지역간에 적절히 분포되는데, 어떤 기능은 보편적이어서 중심지체계의 하위계층도시에서도 나타나는 반면 또 다른 기능은 특정지점, 대부분의 경우 특정목적을 위해 존재하는 대도시에 집중되어 있다. 각 도시 및 그 배후지는 재화와 용역을 매개로 하여 (직·간접으로) 서로 연관되어 있으며 이러한 체계는 재화, 용역, 사상, 자본, 노동 등이 흐르는 일련의 망을 형성한다. 따라서 지역 전체는 각 지역이 그 내부에서 일정한 역할을 담당하는 통합적 체계이며 이 역할은 시간에 따라 변한다.

도시체계의 조직, 운영 및 변화를 기술하려면 많은 자료가 필요하다. 이를 위한 기술적 또는 분석적 틀이 제시되어 있으나 대부분의 경험적 연구는 (예를 들면 취락의 역할에 대한 것과 같이) 체계의 일부분만을 다룬다(도시기능분류 참조). RJJ

도시화 urbanization

도시성을 획득하는 과정. 일반적으로 도시화라는 용어는 인구가 도시에 집중되는 현상을 말하나, 사회과학적 연구에서는 흔히 다음의 세 가지 관련된 개념을 사용한다:

첫째는 인구학적 현상으로 도시화란 통상 국가와 같은 일정한 지역에서(왜냐하면 센서스와 같은 자료이용의 제약으로 이러한 공간단위를 설정한다) 도시가 절대적·상대적으로 성장하는 과정으로 해석된다. 이러한 과정은 통상 도시지역에 거주하는 인구비율이 증가하는 단계와 대도시에 거주하는 인구비율이 증가하는 두 단계로 나타난다. 도시화의 결과로 인구의 대부분은 대도시에 집중하게 된다.

둘째는 인구학적 과정과 관련되어, 산업자본주의가 발달하여 사회가 구조적으로 변화하는 것이다. 도시는 자본주의 생산양식에서 가장 핵심이 되는 교환과정의 결절점이 되며 따라서 생산기능의 최적입지가 된다. 후자와 관련하여, 생산성 증가를 위한 규모의 경제를 달성하기 위해 도시에서 공장이 발달하게 되며 그 이익은 집적과 집중의 과정을 통하여 얻어진다.

셋째는 도시화를 행태적 과정으로 보는 것이다. 도시지역, 특히 대도시는 사회변화의 중심지로 이해되며 태도, 가치 및 행동패턴은 도시규모와 밀도 및 그 주민의 이질성에 따른 특정 도시환경에서 형성되고(도시성 참조) 도시체계를 통한 확산과정을 통하여 다른 인구집단으로 전파된다.

도시화과정을 넓은 의미에서 보면, 인구학적 요인은 경제과정의 결과로 나타나는 종속변수가 된다. 도시가 경제발전을 추구하는 데 필요한 규모의 경제를 추구하기 때문에 구조적 요인은 도시화의 원동력이 된다. 사회변화는 대도시 형성의 결과로 나타나기 때문에 행태적 요인 역시 이 모형에서는 종속적 위치를 차지한다. 그러나 위의 세 요인은 상호관련되어 있다고 볼 수 있다. 예를 들면 인구성장은 승수효과를 통하여 구조적 변화를 유도하고 행태적 변화는 인구의 도시유입을 촉진한다. 그러나 도시화의 기초요인은 경제변화, 특히 대규모 생산공장의 증가이다.

이러한 도시화모형은 주로 공장생산 증가의 역할과 관련된 점에 대해서 최근 여러 분야로부터 도전을 받고 있다. 첫째, 산업혁명이나 북서유럽에서 인구가 급격히 도시화되기 오래 전부터 세계의 다른 대륙, 특히 아시아에서는 대도시가 존재하였으며 이로 미루어보아 도시성장은 공장이라는 하나의 요소에만 의존하는 것이 아니다(Johnston, 1984 ; Taylor, 1986). 둘째, 대부분의 선진국에서 인구학적 도시화는 정지상태에 있으며 대도시는 오히려 인구가 감소하고 있다(역도시화 참조). 따라서 후기자본주의에서의 도시화는 인구의 연속적 집중을 반드시 요구하는 것은 아니다(이러한 결과의 하나는 도시지역에 대해 새로운 정의를 내리게 한다. 일상도시 생활권 참조). 셋째, 자본주의를 채택한 대부분의 개발도상국에서 인구학적 도시화의 속도는 산업화의 속도를 훨씬 능가하고 있다(이중경제, 과도시화 참조). 따라서 도시성장은 공장의 중심적인 역할 없이도 발생될 수 있다.

이러한 비평에서 공통 요소는 특정한 형태의 경제조직과 인구분포간의 결정론적 연관성이다. 인구학적 도시화와 공업화간의 연결은 19세기 및 20세기초 서구 및 북미 국가에서 나타나는 현상이었다. 그러나 이러한 연결이 인구집중의 유일한 자극제는 아니며, 인구집중이 유발되는 곳이라 하여 그러한 연결이 항상 존재한다고 생각할 수는 없다. 인구학적 도시화는 사회구성체라는 범주내에서 공간구조화의 일부로 여러가지 이유에 의해 나타난다. 그러므로 한 시대와 장소에 전형적인 것이 나타났다고 해서 다른 곳에서도 반드시 전형적으로 나타날 이유는 없는 것이다. RJJ

도촌연속론 rural-urban continuum
소규모취락으로부터 도시에 이르는 취락규모의 연속체는 마찬가지로 순수한 촌락공동체로부터 명백한 도시사회에 이르는 생활양식 연속체에 반영된다고 보는 개념. 가장 직접적인 형태로 도촌연속론에서는 취락의 인규규모·밀도·환경이 그 취락의 사회형태를 결정짓는 요소이며, 가장 의미있는 생활양식의 묘사는 생활양식이 투영된 취락과 결부시켜 설명할 때 나타난다고 제시하고 있다. 도촌연속론의 개념은 도시의 사회적 특성을 다룬 워스(L. Wirth, 1938)의 저작에서 유래되었다. 도촌연속체의 한 끝인 촌락사회는 긴밀하게 연결되어 있으며 엄격하게 계층화되어 있고 아주 안정적일 뿐만 아니라, 사회구성상 결합적이고 동질적인 것으로 형상화되어 있다. 이에 비해 도시사회는 결합이 느슨하고 친교의식이 불안정하며 사회적 이동성이 클 뿐만 아니라, 개인간 접촉이 하나의 상황적 맥락(예: 직장, 동류집단, 레크레이션 등) 아래에서만 일어나는 것으로 설명되어 있다. 반면에 농촌사회에서는 접촉이 여러 다양한 맥락 속에서 일어난다.

연속론은 분류의 개념이기도 하지만 사회변화과정을 표현하는 개념이기도 하다. 프랑켄베르그(R. Frankenberg, 1966)는 연속체상에서 다양한 위치에 있는 9개의 취락연구사례를 제시한 바 있다. 변화과정을 표현하는 개념으로서의 연속론에 대해서는 의문이 제기되고 있다. 그것은 통근자들에 의해 촌락원주민이 대체되는 예에서와 같이, 반드시 취락의 성장이나 인구증가에 의하지 않고서도 사회변화가 나타날 수 있기 때문이다(분산형도시 참조).

연속론에 대한 좀더 심각한 비판은 도시적 환경 안에 '촌락'사회가 존재하며 촌락 안에 '도시'사회가 나타나고 있다는 데 있다. 따라서 연속론이 아직도 몇가지의 일반적인 타당성을 지니고 있기는 하나, 취락규모와 사회형태의 관계는 완전하지 못한 것으로 보인다.

생활양식에 대한 가장 유용한 묘사로서의 도촌연속론에 대한 여러 대안들이 제시된다. 그 중 가장 흥미있는 것이 팔(R. E. Pahl, 1966)에 의해 제안되었다. 즉 어떤 지역 또는 인구집단이든 그 속에는 국가적으로 지향된 개인 및 집단이 있고 마찬가지로 국지적으로 지향된 개인 및 집단도 있다는 것이다. 그리고 이들의 비율은 장소마다 다르다. 이러한 논지는 침상도시나 관광에서와 같이, 지역사회체계에 미치는 국가적 발전의 영향에 대한 연구를 촉진시킨다.

도촌연속론은 종교와 정치적 성향, 출산율 조절과 사회행태 등의 측면에서 도시와 촌락간에 차이가 있음을 보여주는 여러 연구에 의해 뒷받침되어왔다. 그러나 이러한 연구는 연속론의 수정된 견해만을 인정한다. 즉 여기에서 사회에 대한 통제요인은 원래의 취락형태라기보다는 도시중심부로부터의 사회적 확산거리 또는 직업적 특성들이다. PEW

도촌접변지역 rural-urban fringe

촌락 및 도시적 토지이용이 혼동되어 나타나는 대도시주변의 점이지대.

농업과 임업활동이 주거지개발과 기타 다른 토지이용 형태와 혼재된다. 다른 토지이용이란 도시의 수요에 부응해야 하나 기성 시가지에는 너무 많은 토지가 필요하여 쉽게 설치할 수 없는 시설물들(예: 공항, 병원, 오물처리장, 초대형 슈퍼마켓, 광업제품처리장, 운동장 등)을 입지시키기 위한 토지이용을 의미한다. 도촌접변지역은 잠재적 갈등의 지대이다. 이것은 다목적 토지이용을 통해 해결될 수도 있지만, 도시성장을 제한하는 개발제한구역 같은 엄격한 관리를 종종 필요로 한다(주변지대, 스프롤 참조). PEW

도해성 graphicacy

인간지능에서의 시·공간적 요소로서, 어휘력, 수리능력 및 표현력을 보완한다. 이것은 발친(Balchin, 1972)이 사용한 용어로서 언어적 또는 수리적 수단으로는 적절히 전달될 수 없는 공간정보의 의사소통을 의미한다. 따라서 도해성에서는 지도가 주요 수단이며 사진과 기타 예술적 수단도 사용된다. 도해성을 증진시키는 것이 지리학 교육의 주목적의 하나이기도 하다.

RJJ

도회 town

도시지역을 의미하는 일반 명칭. 흔히 규정된 최소인구 요구치를 보유하는 취락을 뜻한다. 그러나 도회와 시를 구분할 수 있는 특정한 인구 규모범위가 설정되어 있는 것은 아니다. 예를 들면 미국과 같은 국가에서는, 도회가 지방정부의 행정구조에서 특별한 지위를 차지하기도 한다(신도시 참조). RJJ

도회촌 urban village

주로 내부도시 또는 점이지대에서 문화 또는 인종적으로 유사한 특색을 지닌 상당한 규모의 집단이 입지하는 거주구역. 이러한 지역은 종종 이주행태에서 그 주민이 정보와 소득을 원래의 출발지로 보내 연쇄이동을 유발시키는 도시내 이주자 대상구역이기도 하다. 여러 가구가 집합적으로 거주하기 때문에 특별한 식료품점, 종교적 장소와 같은 문화적 요구가 제공되거나 이주자가 새로운 환경에 적응할 수 있도록 정치적 집단을 형성할 수 있기 때문에 심리적이나 경제적 측면에서 도시생활에의 동화를 쉽게 한다. 도회촌에는 워스(L. Wirth)가 말하는 도시생활에서의 익명성, 합리성 및 비인간성이 나타나지 않는다(도시성 참고). JE

독도법 map reading

지도이미지를 해석하는 인지적·물리적 과정들(지도이미지 참조). 그러한 과정들을 결정하고 평가하는 것은 지도학적 전달을 증진하는 데 중요한 역할을 한다. 이들에는 초기에 대충 훑어보기와 그후에 뒤따르는 상세한 검증사이에 차이가 나는 장·단기 기억과 세세한 것을 관측할 때 눈의 심리적·신체적 이동을 포함한다. 보드(Board, 1978)는 독도의 이해를 돕고 상세함의 논리적 형식과 잘 구조된 정보내용에 의해 독해하는 행위로 만들어지는 지도이미지를 허용하는 검증절차의 개요를 서술하였다. MJB

독일지정학 Geopolitik

정치지리학의 접근방법으로, 스웨덴의 정치사회학자인 크첼렌(Rudolf Kjellen)과 라첼(Friedrich Ratzel)의 사고에 바탕을 두고 1920년대에 독일의 하우스호퍼(Karl Haushofer)에 의해 개발되었다(인류지리학 참조). 독일지정학에 의하면, 국가는 하나의 유기체이며 개인은 이에 종속되어 있고 그 밀도에 맞게끔 새로운 영역(생활권)을 확장할 필요가 있는 것으로 이해되고 있다. 하우스호퍼의 아이디어는 나찌당 특히 헤스(Rudolph Hess) 등에 의해 그들의 영토를 설계하는 데 과학적인 지지기반으로 이용되었다.

등충운송비선

이로 인해 정치지리학의 모든 분야는 동유럽에서는 독일지정학과 깊은 관련을 가지게 되었고, 따라서 이를 재건하는 데에는 오랜 시간이 걸렸다(지정학 참조).　　　　　　　　　RJJ

독점 monopoly
단일공급자가 재화나 서비스를 배타적으로 공급하는 것. 독점은 보통 단일공급자가 재화나 서비스의 가격을 통제할 수 있을 만큼 충분한 비율의 시장을 통제할 때 존재하는 것으로 간주된다. 공간독점은 한 공급자가 (경쟁의 결과이든 법적 규정을 통한 것이든) 일정 시장영역을 배타적으로 통제할 때 존재한다.　　　RJJ

동시발생집단 cohort
생애주기에서 일정 단계에 동시에 속하게 되어 그들의 생애 동안 동일한 분석단위가 되는 개인들의 집합. 예를 들면 같은 해에 출생한 천 명의 어린이들은 출생의 동시발생집단이 되며 같은 해에 결혼한 천 쌍의 남녀는 결혼의 동시발생집단이 된다. 동시발생집단, 또는 종단적인 분석은 서로 다른 세대에서 출산력 행태를 비교하는 등 인구학에서 자주 사용된다. 만약 동시발생집단이 대상이 아니고 특정 시대가 고려될 때는 '횡단적인 분석'이 가끔 이용되기도 한다.
　　　　　　　　　　　　　　　PEO

동심원모형 zonal model
일련의 동심원지대로 표현되는 도시공간구조 및 성장모형(112쪽 그림참조). 시카고의 연구를 바탕으로 버제스(E.W.Burgess)는 5개의 지대로 분류했다 : 중심업무지구 ; 점이지대 ; 노동자 주택지대(이민 제2세대의 정착지) ; 양호한 주택지대(중산층 주거지역) ; 그리고 통근자지대(상류층 주거지역). 성장은 이입민에 의해 시작된다 ; 새로운 거주자들은 제2지대로 이동해오고 침입과 천이의 과정을 주도하는데, 모든 집단들은 침입해오는 부정적 외부효과를 피하기 위해 도시 변두리를 향해 이동해나간다(알론소모형, 선형모형, 시카고학파 참조).　　　　　　JE

동태체계이론 dynamical systems theory
급속히 발전하고 있는 체계분석의 한 분야로, 변화 및 그와 관련된 과정들에 관심을 집중시킨다. 이 과정들은 지리학이론으로 하여금 단순히 평형상태에 관한 관심을 넘어서 전적으로 역동성을 연구하도록 이끌며, 많은 경우에 이 과정에 관한 모형들이 개발될 수 있다. 비교적 최근의 수학발전으로, 갈래치기(특수한 경우로서 카타스트로피 이론을 포함해서)에 의해 표현되는 현상들을 분석하고 해석하기 위해 발전된 모형 방정식을 푸는 것이 가능해졌다.　　AGW

동화 assimilation
민족 또는 공동체와 그 안에 사는 부분적 민족집단 또는 소수민족집단이 혼합되어 보다 비슷해지는 과정. 이것과 대체로 비교할 만한 뜻을 가진 용어로는 문화접변, 적응과 통합이 있다. 동화의 정도는 거주지의 분리수준에 커다란 영향을 주며 지리학자들은 이 두 과정을 도시이주자들과 관련시켜 연구하였다. 동화율에 영향을 주는 요인에는 인종, 종교, 경제적 지위, 태도, 교육 및 상이한 집단간의 결혼 등이 있다. 동화는 행태적 동화(behavioural assimilation)와 구조적 동화(structural assimilation)로 구분될 수 있는데, 전자는 한 집단의 구성원이 다른 집단의 기억, 감상 및 태도 등을 획득하고 그들과 함께 경험과 역사를 공유하면서 일상의 문화생활에 통합되는 과정을 의미한다 ; 그리고 후자는 이주해온 민족집단이 직업적 계층화의 체계를 포함해서 한 사회의 집단 및 사회적 체제 속으로 분포해 들어가는 것과 관련된다.　　PEO

등충운송비선 isodapane
최소운송비 지점을 중심으로 추가운송비가 같은

등치선

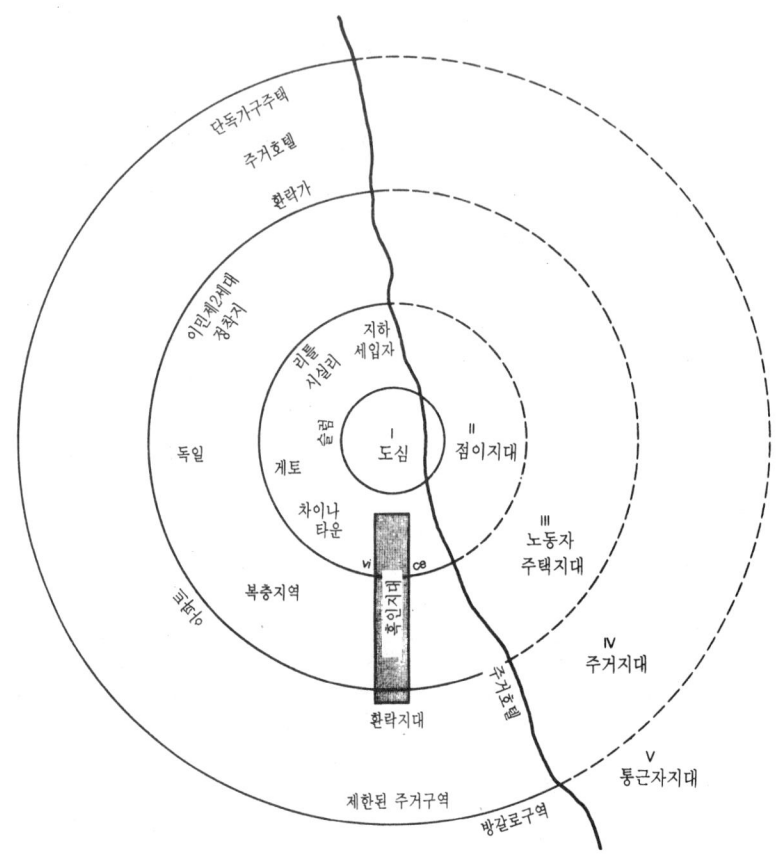

동심원모형 버제스의 동심원모형(Park, Burgess, McKenzie, 1925)

지점을 연결한 선. 이 개념은 베버(Alfred Weber)의 저서에서 처음 사용되었다(입지삼각형, 가변비용분석 참조). 등총운송비라는 용어는 (정확하지는 않지만) 어떤 것이든 등운송비선 혹은 등비용선을 나타내는 데 사용되기도 한다. 등총운송비선의 지도는 비용면의 한 형태이다. 베버의 등총운송비선의 개념은 입지론에서 사용하는 다양한 형태의 지도화분석의 출발점이다.

DMS

등치선 isolines

동일한 자료값의 장소들을 연결한 지도상의 선들. 그들은 X, Y입지와 Z의 자료값의 3차원의 실질에 대한 2차원적 표현이다. 사용에 관련된 중요문제에는 다음과 같은 것이 있다: (a) 등치선 값의 간격: 중요한 현상들이 이들을 잘못 선택해서 일반화될 수도 있다. (b) 표본점들로부터 보간에 관련된 선들을 작성하는 것.

국지적 접합방법은 그들의 값이 인접한 값들에 따라 결정되는 정상적인 조정점에 관련되어 조정점들 사이의 사각에 등치선을 위치시키는 방법이다. 많은 연산법이 이 작업을 위해 개발되었으며 램(Lam, 1983)에 의해 문헌이 정리되었다.

MJB

ㄹ

라마르크설 Lamarck(ian)ism

프랑스 박물학자 라마르크(Jean Baptiste de Lamarck)와 관련된 주장들로서, "유전형질의 변화는 유기체 스스로가 변화된 자신의 환경조건에 적응하려는 노력으로 나타난다"는 것이다. 따라서 라마르크설은 다윈(Darwin)식 사고의 기본교리에 강력히 도전한다(다윈주의 참조). 특히 "만약 유기체의 변화가 환경압력에서 (직접) 기인한다면 자연도태는 진화에서 보조적 역할로 그 역할이 줄어들게 된다." 그리고 다윈 그 자신은 공공연한 반대와 조심스러운 인정 사이에서 갈피를 잡지 못했다(Jones, 1980, 또한 Campbell과 Livingstone, 1983 참조). 라마르크설이 다윈주의를 대신하기보다는 보완하게 되면 이를 신라마르크설이라고도 하는데, 이것보다 더 알려진 라마르크설처럼 사회진화이론의 발달에 큰 영향을 끼쳤다(Jones, 1980 참조). 19세기말과 20세기초 라마르크설 교리가 재등장하여 환경결정론의 새로운 모습에 심오한 영향을 끼쳤다는 사실은 놀라운 바가 아니며 이들의 지리학에 대한 영향은 헌팅톤(Hungtinton), 셈플(Semple), 그 밖의 사람들의 저작에만 국한된 것이 아니다. 신라마르크설은 터너(Turner)의 변경논제의 체제형성에 영향을 주었다. 그리고 신라마르크설은 기스(Geddes) 그리고 크로포트킨(Kropotkin)—그는 "사회제도의 변화에 의한 (사회적 환경조건의 변화에 의한) 인간본성의 급격한 변화"라는 입장을 수용하려는 의도에서 신라마르크설을 솔직히 옹호했다(Rose, 1980, 무정부주의 참조)—을 포함한 기스(Geddes)의 친구 및 동료들, 그리고 허버트슨(Herbertson)과 플레어(Fleure)—이들은 인문지리학에 신라마르크설의 전통을 구축하였다(Campbell and Livingstone, 1983)—에 의해 계속 지지받았다. 따라서 이처럼 폭넓은 영향 때문에, 신라마르크설은 대서양 양편에서 학문적 지리학의 발달에 실증주의 및 다윈주의만큼이나 중요한 영향을 끼친 것으로 판단된다(Campbell and Livingston, 1983).　　　　　　　　　　　DG

라우리모형 Lowry model

도시활동과 토지이용의 발생 및 공간배분의 모형. 1964년 라우리(I. S. Lowry)에 의해 피츠버그 도시지역에 대하여 개발되었다. 도시활동은 총인구, 기반고용자수(제조업과 1차 산업)와 서비스고용자수이며, 그에 상응하는 토지이용은 주거, 산업, 서비스 등이다.

라우리 모형은 전반적인 활동수준을 만들어내기 위해 경제기반이론을 이용한다: 기반고용자수는 외생적이며 그것으로부터 전체인구와 서비스 고용자수가 예측된다. 그러면 인구잠재력의 개념을 사용하여 그 활동들이 도시지역의 권역들에 배분된다. 인구는 각 권역의 서비스, 고용자수는 시장잠재력, 혹은 고용잠재력에 비례하여 배분된다. 라우리모형은 또한 그 권역들내에서의 토지이용에 대한 제약조건을 포함한다. 주거지의 최대밀도와 서비스들의 응집에 대한 최

113

소규모에 주목하여 근린, 구(district), 광역도시권(metropolitan)으로 구분한다. 그 배분절차도 토지이용제약 조건이 만족될 때까지 반복적으로 재배분되고 또한 최종적인 인구분포가 잠재력을 산출하는 데 사용된 분포와 일치할 때까지 반복된다.

이 모형은 비교적 정적이며 활동과 토지이용의 초기구조가 주어지면 기반고용자수가 방출되어 모형이 평형을 이룬다. 라우리모형은 도시와 하위지역적(subregional) 계획모형 중 초기의 것 중 하나이다. 나중의 모형들에서는 경제기반 기제가 수정, 분산되었으며 인구잠재력에 의한 배분이 중력모형이나 엔트로피 극대화모형의 함수식들로 대치되었다(활동배분모형 참조). LWH

레일리의 법칙 Reilly's law

한 지점으로부터 다른 두 도시로 운반되는 교역의 상대적 흐름을 추정하는 방법으로, 미국의 시장조사가에 의하여 개발되었다. 중력모형과 동일한 기초 위에서 정립되었는데, 그 내용은 "각 도시 배후지의 경계에 위치하는 중간의 한 도시로부터 서로 다른 두 도시로의 흐름은 대략 각 도시의 인구에 비례하고 중간도시에서 각 도시까지의 거리의 제곱에 반비례한다"는 것이다. 수학적으로 표현하면 다음과 같다:

$$\frac{T_a}{T_b} = \frac{P_a}{P_b} \left(\frac{D_b}{D_a}\right)^2$$

여기서 Ta, Tb는 각 도시 a 및 b로의 교역량, Pa, Pb는 a 및 b의 인구 그리고 Da, Db는 중간 도시로부터 각각 a 및 b 까지의 거리이다. 만약 다른 조건이 같다면, 큰 도시일수록 교역의 상대적 비중은 높아진다(중심지이론 참조). RJJ

레크레이션 recreation

집 밖에서 행해지는 여가활동. 어느 정도의 장소이동은 모든 레크레이션 활동이 지니는 속성이다. 그러나 보통 그와 같은 장소이동에 시간 척도를 적용하여 레크레이션은 하루 미만의 여행을 포함하고, 반면에 관광은 집을 떠나 하루 이상 머무는 것을 의미한다.

레크레이션 연구의 첫번째 주요분야는 수요와 레크레이션 여행의 유형을 모형화하고 설명하는 것에 관심을 갖고 있다(Lavery, 1975). 수요라는 것은 가처분 소득, 여가시간, 연령, 교육 그리고 교통수단에로의 접근성 등 같은 변수들과 관련되어 있지만 레크레이션 수요의 상당한 부분이 보통 공급형태에 대한 반응으로 나타나기 때문에 수요의 일반적인 예측모델을 정립하는 것은 거의 성공하지 못했다.

레크레이션 연구의 두번째 분야는 레크레이션 지출을 통한 레크레이션의 영향력(특히 시골에서의)에 집중되어왔다(예를 들어 Burton, 1967). 비록 레크레이션의 경제적 영향력의 범위에는— 레크레이션을 위한 장소이동 자체에 드는 비용을 제외하고는 평균 지출수준이 낮기 때문에— 한계가 있을지도 모르지만, 관광과 마찬가지로 레크레이션은 소득과 고용의 잠재적 생성원으로 간주된다.

레크레이션 활동의 서술적인 연구에서 여러 분류가 이루어져왔다. 소극적/적극적, 공식적/비공식적, 자원기반적/이용자지향적 등의 분류가 모두 제시되었다(예를 들어 Coppock, 1966). 이용자지향적인 레크레이션은 많은 인구를 위한 양호한 접근성에 의존되어 있고, 따라서 도시적인 레크레이션이나 또는 농촌-도시 주변지역에서의 활동에 특징적이다. 도시적 레크레이션은 농촌 레크레이션에 비해 훨씬 주목을 받지 못했는데, 후자는 보다 자원기반적이고 거기에서는 토지나 경관의 몇 측면이 레크레이션의 목표를 형성한다.

농촌에서의 레크레이션 활동의 증가로 토지에 대한 접근성, 레크레이션과 다른 토지이용과의 양립성 그리고 생태파괴를 예방하기 위한 경관의 관리 등과 같은 명백한 문제들이 생겨나고 있다. 부양력에 대한 관심과 다목적 토지이용의 적절성 여부가 현재 레크레이션 계획에서 커다란 부분을 차지하고 있으며, 레크레이션의 잠재력을 지닌 지역들을 평가해보려는 시도들이 이루어지고 있다(Coppock and Duffield, 1975). 농촌 레크레이션 계획은 농촌계획의 빠뜨릴 수 없는 한 부분이다(여가의 지리학 참조).   PEW

르쁠레협회 le Play Society
사회학과 지리학에서 야외답사와 지역조사를 진척시키기 위하여 1930년대에 영국에서 창립된 협회로, 그 명칭은 19세기 프랑스의 엔지니어인 프레데릭 르 쁠레(Frederic le Play)의 이름을 땄다. 르 쁠레는 그가 방문했던 장소들에 관한 보고서들을 출판했으며(예를 들면 Les Ouvriers Européens, 1855) 지방사회를 결정하는 주요한 요소를 요약하여 장소-노동-가족의 단순한 도식(환경결정론의 색조가 강한)을 개발하였다. 그의 아이디어는 기스(Sir Patrick Geddes)가 받아들였으며, 사회학협회(Sociological Society)와 이 협회의 국제시찰연합(International Visits Association)을 통하여 촉진되었다. 1930년대에 형성된 르쁠레협회는 주로 야외답사와 교육에 관심을 둔 이탈된 집단이었으며 많은 지도적 지리학자들이 참가하였다. 1960년 해체될 때까지 이 협회는 71회의 해외 야외조사(주로 유럽)를 조직하였고 실시된 조사결과로 8편의 논문집이 탄생되었다.   RJJ

ㅁ

마르코프과정 Markov processes
(마르코프연쇄 참조)

확률과정의 한 유형 : 만일 시간 t 에 상태 A에 있을 확률이 완전히 앞선 시기(들)에서의 상태에 종속된다면 그것은 마르코프과정에 있다고 한다. 그러나 더 높은 차수의 과정들도 모형화 될 수 있다. 그 과정은 빈번히 행과 열은 상태를 나타내고 각 칸은 상태간의 이동의 확률을 나타내는 전이 확률행렬로 표현된다. 예를 들면 주거용, 상업용, 산업용으로 구분되는 토지이용의 변화가 그 행렬에 의해 모형화될 수 있다 ;

		t+1 시간의 상태		
		주거용	상업용	산업용
t시간의	주거용	0.90	0.06	0.04
상태	상업용	0.02	0.85	0.13
	산업용	0.00	0.10	0.90

이 행렬은 다음과 같이 해석된다: 시간 t와 t+1 사이에 거주용 토지의 90%는 변화되지 않았고, 6%는 상업용이 되었으며 4%는 산업용이 되었다. 두번째, 세번째 행도 유사하게 해석된다: 모든 행렬은 합이 1이 된다(전환과정에서 토지가 유실되거나 창출되지 않는다). 이러한 행렬의 반복되는 작동은 (일반적으로) 초기분포에 관계없는 세 상태 사이에 안정된 분포로 귀착된다. 마르코프모형은 회사의 성장(규모 범주 사이의 이동)과 회사와 가구의 이전(지리적 입지 사이의 이동) 연구에 사용되어왔다. **AMH**

마르크스경제학 Marxian economics

경제가 어떻게 기능하는가에 관한 설명을 제공하기 위해, 마르크스(Karl Marx, 1818~1883)의 정치경제학과 엥겔스(Friedrich Engels, 1820~1895)에 의한 이의 세련, 확대작업으로 성립된 일단의 이론. 이의 대안적 이론은 신고전경제학으로, 서구 또는 자본주의세계에서 일반적으로 채택되는 분석의 기초를 형성한다.

과거 20여년간 마르크스경제학에 관한 관심이 부활되었다. 서구의 정부와 경제관료들이 경제위기들을 통제하는 데 실패했음이 분명해짐에 따라, 마르크스주의자들이 지칭하는 '부르주아' 경제학은 자본주의 경제가 실제 어떻게 기능하는가에 대한 이해의 기반이 되기에는 점점 부적절해졌다. 마르크스경제학은 자본주의가 어떻게 작동하는가에 대한 대안적 그리고 (마르크스주의자들에게는) 보다 설득력 있는 해석을 제공한다.

마르크스경제학은 자본주의세계에서 관례적 경제학 교재나 강의들에서는 주요한 부분이 되지 못한다. 비록 최근에 사무엘슨(Paul Samuelson)은 그의 유명한 교재 『경제학(Economics, 1976)』에서 마르크스경제학에 상당한 지면을 할애했지만, 마르크스를 '하찮은 후기 리카도주의자'로 서술했다. 마르크스경제학에 관한 의도적으로 잘못된 표현과 상대적 무시는 마르크스가 경제적 문제들에 관한 논의에서 실제 무엇을 하고자 했는지에 대해 상당한 오해를 빚어냈다. 마르크스가 자본주의의 해체에 관한 어떤 예견

마르크스경제학

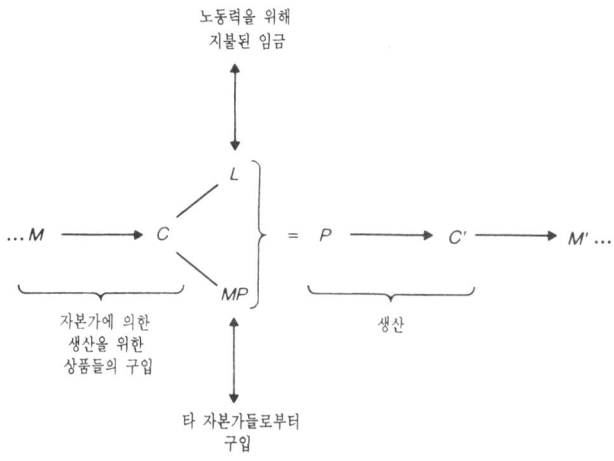

마르크스경제학

을 제시했다고 할지라도, 보편적 믿음과는 달리 마르크스주의가 단순히 혁명적 실천의 길잡이인 것만은 아니다. 마찬가지로 소련이 이에 대한 오류를 범한 것처럼, 마르크스적 분석은 중앙계획적 사회주의 경제의 작동에 청사진을 제공하지 않는다. 마르크스적 분석의 목적은 경제적 사건들에 관한 일반적·역사적 관점을 제공하기 위한 것으로, 특히 자본주의체제의 작동을 밝히는 데 초점을 둔다.

마르크스경제학과 신고전이론은 18세기 후반과 19세기초의 소위 고전경제학에 공통적으로 기반을 둔다. 마르크스와 고전적 전통간의 가장 강력한 연계는 경제학자 리카도(David Ricardo)와 관련되고 마르크스적 이론에서 중심이 되는 노동가치론에 있다. 즉 마르크스경제학과 대안적 관점간의 근본적인 차이는 바로 이러한 가치의 분석에서 찾아진다. 고전적 노동가치론에서 모든 재화의 가격은 직접적 노동투입과 생산소재들에 구현된 노동투입으로부터 나온다고 이해된다. 신고전경제학에서, 가치이론은 유사하게 상대적 가격을 설명하는 역할을 하지만, 노동뿐만 아니라 자본과 토지도 기여를 하며, 어떤 대가를 요구할 권리를 가진다. 마르크스에게 가치이론은 역사적으로 특정한 경제조직 형태로 자본주의사회의 성격을 이해하는 관건이었다. 신고전적 분석은 가치(가격과 소득배분에 반영된 가치)를 거의 기계적인 시장결정과정에서 생성된다고 보는 반면, 마르크스경제학은 자본주의에서 노정되는 불평등의 근원으로 사회적(계급) 관계를 밝히기 위해서 가치의 개념을 사용한다.

따라서 마르크스적 분석은 경제학의 한 접근법이라기보다 사회에 관한 일반이론이다. 사실 '경제적'이라고 할 수 있는 사고들을 마르크스 저작의 다른 부분으로부터 분리시키는 것은 정치경제학의 전체론적 견해를 강조하는 마르크스주의 정신에 위배된다. 따라서 아래 서술은 불가피하게 마르크스적 분석의 기반들 중 경제적 과정들에 응용될 수 있는 것들만을 극히 선별적으로 요약한 것이라 할 수 있다. 부가적 통찰력을 얻고자 하는 사람들은 마르크스의 『자본』및 다른 저술들과 함께 이 항목의 끝에 목록된 참고문헌을 참조하라.

마르크스주의의 일반적 견해는 때로 사적유물론으로 고려된다. 역사에서 전개되는 바와 같이 사회체제의 운동과 변화의 전반적 방향을 결정함에 있어 근본적으로 중요한 관련성들을 규명

117

할 것이 강조된다. 경제적 토대 또는 생산양식은 사회를 형성하는 제도들, 행동유형들, 신념들 등을 포함한 상호연계의 복잡한 망을 이해하는 데 관건이 된다. 생산양식은 생산력 또는 생산할 수 있는 역량(이는 노동, 자원 및 노동의 도구로 이루어진다)과 그리고 생산과정에 사람들이 참여하도록 하는 생산관계로 구성된다. 사회적 관계는 예를 들면 지주와 소농 또는 자본가와 노동자와 같은 계급분화를 내포한다. 생산양식의 토대 또는 하부구조는 종교, 윤리, 법, 도덕과 제도들의 상부구조와 상호적 원인-결과 관계로 연계되지만, 상부구조에 대한 경제적 토대의 효과가 지배적이라고 주장된다.

역사적으로 사회주의의 도래 이전까지 연계적인 네 생산양식들, 즉 원시적 공산주의, 노예(초기문명), 봉건주의, 자본주의가 인식된다. 생산력이 생산능력을 증가시키도록 발달하게 됨에 따라, 탁월한 생산관계내에 자기영속적 경향성을 위협하는 갈등과 긴장이 발생한다. 예를 들면, 봉건적 사회관계가 잔존하는 한 산업혁명에 앞서 등장한 기술향상의 이점이 완전히 발휘되는 것은 불가능하다. 장인에 대한 도제, 지주에 대한 소농의 결합은 급속한 경제성장에 필요한 노동의 전환을 저해한다. 노동이 과거부터 내려오던 의무에서 점점 자유롭게 되는 봉건주의에서 자본주의로의 전환에서처럼, 이러한 유형의 모순을 해결하는 과정은 한 생산양식이 다른 생산양식으로 전환할 수 있는 변화의 계기적 힘이 된다. 노동과 자본간의 구분을 내포하는 자본주의적 사회관계는 주요 기술변화의 시대에 생산력의 완전한 발전을 도모했다. 이는 생산의 급격한 증가와 그리고 봉건주의에서는 좌절되었을 일반 생활수준의 향상을 가능하게 했다. 그러나 마르크스가 주장하고자 했던 것처럼, 자본주의는 그 자체 모순을 유발했다. 생산력과 사회적 생산관계간의 모순을 해결하는 데 중요한 것은 계급투쟁으로, 여기서 생산수단을 통제하는 계급(즉 노예소유자, 봉건지주, 자본가들)은 노동대중('프롤레타리아')과 대립된다. 마르크스의 분석에서 프롤레타리아는 종국적으로 자본주의의 지배계급을 전복시키고 사회주의로 나아가 계급없는 공산주의사회를 창조한다고 가정된다(공산주의 참조).

자본주의의 등장은 노동의 지위를 변화시켰을 뿐만 아니라, 많은 봉건 기능공들과 소농들이 직접 통제하고 있었던 생산수단(도구와 토지의 형태로 있던)을 노동으로부터 박탈했다. 그 자신을 유지하기 위해 이 '자유로운' 노동은 새로운 생산수단을 소유한 자들, 즉 자본가들에게 그들의 서비스를 제공해야만 했다. 관례적 경제학이 노동력의 판매를 다른 상품들의 판매와 마찬가지로 교환관계의 체계의 일부로 본 반면, 마르크스적 분석은 자본주의의 착취적 사회관계—상품거래의 이면에 은폐된 계급관계—를 폭로하기 위해 가치이론을 이용한다.

이 과정은 마르크스경제학에서의 몇가지 기본 범주들과 관련성들을 고려하면 설명될 수 있다. 가치의 두 가지 개념, 즉 교환가치(한 상품이 다른 상품과 교환될 때의 가치)와 사용가치(그들의 소유자에게 있어 상품의 유용성)를 구분하는 것이 우선 필수적이다. 모든 경제체제들도 인간욕구를 만족시키기 위해 사용가치를 가진 사물을 생산하지만, 자본주의는 교환과 이윤을 위한 생산을 강조한다는 점에서 구분된다. 마르크스는 상품의 교환가치의 결정에 관한 분석에 주력했다. 노동가치론에 따르면 상품교환의 기반(즉 그 가격)은 정상적으로 유지되는 조건에서 그것을 생산하는 데 필요한 노동시간의 양이다. 따라서 요구된 노동은 사회적으로 필수적 노동이라고 불린다. 이 이론은 다른 상품들과 마찬가지로 노동에도 적용된다. 즉 노동력(노동자가 판매하는 상품)의 교환가치는 생존을 위해 요구되는 사회적 필수노동—즉 노동 그 자체의 생산(과 재생산)비용—에 의해 결정된다. 따라서 노동의 교환가치는 (이론적으로) 그 노동자가 행하는 특정작업과 무관하게 결정된다. 일단 자본에 판매된 노동력은 가격상 지불된 임금의 형태로 반영된 노동비용보다도 더 높은 가격에 판매될 수 있는 무엇을 생산하는 데 고용된다.

따라서 자본가에게 노동의 사용가치는 그 교

환가치를 능가한다. 이 차이는 잉여가치로 자본가에게 귀속되어 이윤의 기반을 형성한다. 자본가로 하여금 착취—이에 의해 노동생산물의 가치의 일부는 자본가가 전유한다—할 수 있도록 하는 것은 바로 생산수단의 소유권이다. 따라서 가치와 계급관계들은 자본주의에서 생산의 사회적 실천에 불가분의 요소들이다.

노동은 생산과정에 두 형태로 투입된다. 한 형태는 마르크스적 용어에서 가변자본(V)으로, 소비되며 직접적이고도 살아있는 노동이다. 또 다른 형태는 불변자본(C)으로 알려진, 생산수단(원료와 기계 등)에 구현된 과거 또는 '죽은' 노동이다. 잉여가치를 S라고 하면, 상품의 총가치(Y)는 다음과 같다:

$$Y = C + V + S$$

잉여가치에 대한 가변자본의 비율은 잉여가치율(r) 또는 착취율을 결정하며 다음과 같다:

$$r = S / V$$

즉, 교환가치(또는 지불된 임금)와의 관계에서 잉여가치가 클수록(즉 노동의 교환가치와 사용가치간의 차이가 클수록), 착취율은 높아진다. 이윤율(p)은 다음과 같다:

$$p = S / (C + V)$$

이는 자본가가 이윤을 추구하는 데 있어 잉여가치의 중요성을 나타낸다. 마르크스경제학에서 마지막으로 중요한 관계는 자본의 유기적 구성(q)이다:

$$q = C / (C + V)$$

이는 관례적 용어로 생산의 자본집약도를 나타낸다.

화폐는 잉여가치의 창출에서 주요한 역할을 하며, 이 점은 기호로 표시될 수 있는 간단한 관계로 설명된다. 자본가는 원료, 기계, 노동력이라는 상품들(C)을 위해 화폐(M)를 선불하고, 보다 많은 화폐(M')를 얻기 위해 최종생산물을 판매한다. 이 과정은 간단한 순환 M-C-M' 로 표현된다. 상품(C)은 임금이 지불되어야 하는 노동력(L)과 다른 자본가들로부터 매입하거나 임대해야 하는 생산수단(MP)으로 세분되며, 총지출(M)은 생산자본(P)으로 정의된다. 이제 생산과정은 처음의 투입량보다 더 많은 화폐로 판매될 수 있는 새로운 상품(C')을 창출한다. M과 M' 간 차이의 근원은 단지 노동에 의해 창출된 잉여가치이다. 자본에 귀속된 부가적 화폐나 이윤은 다시 그 다음의 생산순환으로 투입될 수 있다(그림 참조). 각 순환의 결과로 노동자는 그 자신을 '재생산'하고, 자본가는 부를 축적한다. 이 구분은 노동력을 사고팔고 하는 과정에서 드러나는 자본주의적 계급관계에 있어, 힘의 불평등에서 발생한다. 따라서 마르크스는 가치를 단순히 교환관계와 관련된 어떤 것이라기보다 사회적 관계로서 강조한다. 관례적(신고전) 경제학에 대한 마르크스주의적 비판에 의하면 사회적 실체를 모호하게 하는 수학의 형식적 추상화로, 착취적 계급관계는 시장가격결정, 자원할당, 생산기능 등의 이면에 은폐된다.

자본주의체계를 분석하는 이러한 틀은 모든 경제의 어떤 규정력을 밝히는 데도 도움이 된다. 물질적 생산과정은 이와 함께 생산자 자신들의 형태에서의 생산적 힘, 즉 노동력(임금에 의해 충족)과 생산수단(가치감소를 보조하는 기금에 의해 충족)을 유지하기 위해 요청되는 어떤 필수적 소비를 동반한다. 그러나 자본주의에서 사적 이윤으로 증식되는 잔여 잉여의 처분에 재량이 존재한다. 이 잉여는 보다 높은 생활수준을 유지하기 위해 보다 높은 임금의 형태로 노동에게 돌아갈 수도 있다. 이 잉여는 또한 과소비적 자본가나 토지소유 엘리트에 의해 사치적 소비로 낭비될 수도 있다. 대안적으로 이 잉여는 노동생산력을 향상시켜 생산력을 발전시킬 수 있도록 새로운 생산수단이나 조치에 투입될 수도 있다. 재투자되는 비율(즉 그림에서 그 다음 생산순환에 들어가는 M' 의 양)은 경제성장률을 좌우한다. 확대재생산—이에 의해 사회의 생산능력이 재투자를 통해 증가한다—에 관한 마르크스의 분석은 거의 1세기간 오늘날의 관례적 경제학에 영향을 미친 투입-산출 성장모형에 의해 예상되었다. 투입-산출분석의 완전한 개발은 (역설적으로) 미국에서 이루어졌지만, 이의 특정 기여는 사회주의 경제계획에 커다란 실질적 가치가 있음이 입증되었다.

마르크스경제학에서 주요한 교리는 자본주의가 그 자신의 내적 모순에 의해 결국 붕괴될 것이라는 점이다. 마르크스의 예견능력은 어떤 의미에서는 이미 잘못되었음이 입증되었지만, 자본주의에 관한 그의 일반분석은 아직도 완수되지 아니한 자본주의의 궁극적 와해에 관한 그의 예견을 위해 분명한 장점을 가지고 있다. 노동으로부터 잉여가치를 추출하는 것은 자본축적과정의 시작이며, 이를 통해 부(富)는 자본계급의 손에서 그 양이 증가하여 누적되는 반면, 노동계급은 최저 생존수준의 생활을 영위한다. 잉여자본은 어떻게든 사용되어야 하며 자본계급의 사치적 소비의 자기탐닉을 위한 능력에도 한계가 있다. 자본은 새로운 생산 속에 재순환될 수 있지만, 대중은 생산된 것을 소비할 수 있는 구매력이 있어야 한다. 상품이 팔려야만 자본가는 잉여가치를 화폐의 형태로 실현시킬 수 있다.

따라서 자본주의에서는 저임금을 유지하여 잉여가치를 증가시키고자 하는 압력과, 그리고 잉여가치가 실현될 수 있도록 사람들이 그들의 임금으로 상품을 구매해야 하는 필요간에 기본모순이 존재한다. 자본은 살아있는 노동을 대체하기 위해 더 많은 기계를 생산하는 데 사용될 수 있지만, 이러한 생산은 프롤레타리아의 실업과 빈곤을 조장한다. 본연적으로 경쟁적인 자본주의의 속성은 이윤을 압착하고, 노동비용의 절감이나 기계에 의한 노동의 대체에 대한 가중된 압력을 창출한다. 가장 성공한 기업들이 성장하고 약한 기업들은 도태하게 됨에 따라, 자본은 주요독점들이 빈민화된 노동계급과 대립하게 될 때까지 점점 더 집중하게 된다. 착취받는 대중들은 결국 자본주의의 혁명적 전복으로 추동된다. 마르크스에 의해 규명된 모순들은 분명 자본주의 역동성의 주요특성들이지만, 선진산업사회에서 최종의 혁명적 결과는 이제까지는 실현되지 못했다. 이의 명확한 이유들 중 하나는 실질임금을 증가시키기 위해 자본과 타협할 수 있는 조직된 노동의 힘의 증가인데, 자본은 생산능력을 확대함에 있어 자본주의체계의 커다란 성공의 덕택으로 이를 상당한 정도 양보할 수 있었다. 또한 최소한 선진자본주의 세계에서 풍요로움은 노동계급의식의 무산을 조장했으며, 이러한 경향은 물질주의적 가치들을 자극하고 자본주의의 만연한 이데올로기를 강화하기 위한 대중매체의 이용으로 보조되었다.

현대 마르크스주의는 혁명적 변화에 관한 마르크스의 예견의 진실성 여부보다는 현대적 형태의 자본주의의 실제적 작동을 해부하는 데 더 많은 관심을 가진다. 특히 지리학적 관심들 중 하나는 제국주의에 관한 레닌(Lenin)과 룩셈부르크(Rosa Luxemburg)의 저작들로 그 기원을 추적해볼 수 있는 불균등발전에 관한 일반이론에 있다. 신고전경제학은 생산요소들의 자기조절적 시장을 통해 지역소득 수준들의 평준화를 제시한 반면, 마르크스적 분석은 자본주의 경제활동의 공간적 집중과 불균등의 지속과 강화경향을 지적한다. 새로운 투자기회, 원료, 시장의 탐색을 위한 자본주의의 공간적 확대는 세계의 대부분을 상호의존의 망 속에 묶어버렸다. 각 국가 또는 지역은 국가적 관심이나 지방적 요구가 아니라, 자본축적과정 그 자체에 의해 결정된 노동의 국가적 (또는 지역적) 분업에서 역할을 담당한다. 수혜자들은 북미와 서구유럽의 선진국가들의 부자들과 여타 자본주의세계의 엘리트들이며, 제3세계 빈민대중과 부유국가에서 덜 풍요로운 주민들은 그 피해자가 된다. 이러한 과정에서 주요도구로서 간주되는 다국적기업은 국가정부의 통제를 능가하지만, 그 자체는 자본주의체제를 작동시키는 규정력에 지배된다. 침체지역이나 도시내부 퇴보지역과 같이 불균등발전의 국지적 표출은 마르크스적 경제분석을 통해 보다 광범위한 국가적 또는 국제적 경제의 구조적 특성들과 관련될 수 있다.

마르크스와 그의 현대 해석가들에 의해 이룩된 정치경제학은 지리학자에게 매우 밀접한, 그러나 역사적, 입지적으로 특정한 사건들이 보다 광범위한 맥락에서 서로 관련될 수 있는 일반이론으로 고안될 수 있는 시각을 제공한다. 마르크스적 분석이 안고 있는 위험은 인간사들이 실제 전개되는 것처럼 그들의 이해를 유의하게 하기 위해 주장되는 일단의 지식의 각 부분들에 관해 유연성을 요구하는 세계변화에 직면하여 무감동하게 교조적 해석을 채택하고자 하는 어떤 집착경향이 있다는 점이다. 마르크스적 분석에 대한 이데올로기적 반대에도 불구하고, 이 접근법은 지리학에서는 그 관심과 적실성을 유지하는 것 같다. 이 방법론이 지리학사에서 그 자체 혁명을 대안적 패러다임으로 끌어나가고자 하는 그 초기의욕을 수행할 수 있는가의 여부는 관례적('부르주아적') 공간과학에 의한 분석과 해결책으로는 풀 수 없다고 입증된 문제들을 통찰할 수 있는 지속적 능력에 따라 좌우된다(마르크스주의 지리학 참조).   DMS

마르크스주의 지리학 Marxist geography

공간, 장소, 경관 등의 생산이 특정 사회구성체의 재생산에 함의되는 방법에 특히 관심을 두는 사적유물론의 한 견해. 영국과 북미에서 이 세 요소들은 세 가지 주요 연구방법들에 초점을 제공한다. '공간'은 자본주의적 축적의 지리학을 직접 논의하는 입지론을 정립하기 위해 마르크스의 정치경제학 비판에서 도출된 (그리고 이를 능가하고자 하는) 접근법들의 초점이 된다. '장소'는 역사적 사건화에 있어 인간행동의 중요성을 규명하기 위해 마르크스의 보다 인간주의적 이해를 강조하는 접근법의 초점을 제공한다. '경관'은 환경적 상상력과 도상학에 관한 의문들을 논의하는 소위 문화적 유물론을 확대시키는 접근법의 초점이 된다.

물론 이러한 전통들 각각과 그들간의 관계들에 관해 논란이 있다. 그러나 이 전통들이 개별적으로 또는 공통적으로 어떤 류의 '마르크스주의 지리학' 그 자체를 수립할 수 있는가는 의문스럽다. 사적유물론이 사회-자연 관계에 관한 이론에 기반을 두고 있는 한, 그 주장들을 심각하게 고려하기 위해 인문지리학을 포괄해야 한다는 점은 놀라운 일일 것이다. 특정하게 '마르크스주의 지리학'을 위한 사례가 피트(Peet, 1978, 1981)에 의해 매우 강력하게 주장되었다. 그는 그가 주장하는 바와 같이 '사회적 과정과 공간적 형태'를 '변증법적 통일체의 두 성분'으로 간주하는 '공간적 변증법'을 제시했다(변증법 참조). 이에 따라 마르크스주의 지리학은 "사회적 과정이 공간적 표출을 창출하고" 공간적 표출은 다시 "지속적인 사회적 과정에의 한 투입물을 형성하는" 과정을 해부하고자 한다. 이에 반대되는 사례가 스미스(Smith, 1981)에 의해 제기되었다. 그는 피트의 구상을 이론적 의미가 없고 기계적으로 정립된 한편의 허튼소리라고 기각했다. 그는 피트의 견해가 "결코 극복할 수 없는 이분법—즉 한편에서 공간, 또 다른 한편에서 사회적 과정—에서 출발한다"고 말했다. 사실 이 견해는 '공간'과 '사회'가 상호작용한다고 가정하는 세속적 '상호작용주의'에 불과하다. 그리고 '마르크스주의 지리학'이 이러한 '공간적 상호작용주의'에 기반을 두고 있다고 가정되는 한 이론적으로도 일관성이 없다. 사실 스미스의 견해에 의하면;

> 마르크스주의는 전체로서의 실체에 대한 통합적 이해를 개발할 수 있는 기회를 우리들에게 제공한다. 이 기회는, 만약 이것이 단순히 개별적 부분들을 정복한다고 주장된다면, 시작도 하기 전에 상실될 것이다. 만약 우리의 목적이 자본주의의 공간을 이해하기 위한 마르크스주의적 이론의 개발과 확대라면—그리고 이러한 지식에 관한 절박한 필요가 있다면—총체로서 자본주의에 관한 일관된 분석에서부터 시작하는 것이 우리의 의무이다.

달리 말해서 '공간'은 지리학이라고 불리는 학문('개별적 부분')의 배타적 영역이 아니라, 광의의 사적유물론에 통합되어야 한다. 이 공격은 허스트(Eliot Hurst, 1980, 1985)에 의해 갱신되었는데, 그는 "우리가 오늘날 알고 있는 것처럼 사회과학의 분과들이 자본주의의 발전에 상응하여 등장했다면, '부르주아 지리학에 대해 투쟁하는 것'뿐만 아니라 관례적 공간과학의 '공간물신론'을 필수적으로 재창출하는 '마르크스주의적 지리학'의 가능성에 이의를 제기하는 것도 매우 중요하다"고 주장한다. 이에 따라 대신 필요한 것은 지리학(그리고 여타 사회과학들)의 '재정의' 또는 '탈구성' 그리고 '인간실천에 관한 유일한 전체론적 과학이론, 즉 사적유물론'으로 이들을 극복하는 것이라고 그는 역설한다.

다른 학자들은 전혀 다른 근거에서 엄격한 '마르크스주의 지리학'에 대해 반대했다. 에일즈(Eyles, 1981)는 "마르크스주의가 지리학의 실행에 많은 활력을 부가"하긴 했지만, 그럼에도 불구하고 "경험을 구조적 과정들의 결정적 산물로 처리하기" 때문에 진정한 인문지리학의 정립에는 불충분한 것으로 간주한다. "어떤 지리학이나 사회과학도 마르크스주의 밖에서 완전해질 수 없지만", 그럼에도 "체험된 경험의 이해를 위해 마르크스주의의 교리들 중 일부는 필수적으로 극복되어야 한다." 물론 에일즈의 반대는 구조적 마르크스주의에 대해서이며(구조주의 참조), 마르크스주의에 관한 다른 견해들도 있다. 그러나 던칸과 레이(Duncan and Ley, 1982)—이들도 역시 구조적 마르크스주의의 "물상화된 범주들이 그들 자신의 생명을 부여받을 뿐만 아니라 어떤 목적을 가지는" 방법에 대하여 반대한다—는 이러한 개념들의 체계를 능가하고자 하는 어떠한 시도도 "철저히 베버적(Weberian) 용어들을 되풀이하게 될 것"이라고 주장한다(Chouinard and Fincher, 1983).

아마 부분적으로 이러한 류의 주장들은 일종의 지적 충실주의(fideism)—마르크스가 '진실로' 의미한 것이 무엇이며, 마르크스주의가 '진실로' 표현하고자 한 것이 무엇인가에 대한 논쟁들에서 느낄 수 있는 것—를 상기시킨다. 그러나 사적유물론은 마르크스의 저술들에 한정된 것이 아니며, 그 가장 진보적인 기여는 하비(Harvey, 1985a, b, c)가 명명한 '역사-지리적 유물론'을 발전시키고자 한 학자들에 의해 이루어졌다. 그의 견해에 의하면 "그렇지 아니할 경우 강력했을 마르크스주의적 전통에서, 특이하고 주요한 실패들 중의 하나"는 이것이 "역사적 전환들에 관한 연구를 보장하지만 반면 자본주의가 어떻게 그 자신의 지리를 창출하는가를 무시하고 있다"는 점이다. 퀘이니(Quaini, 1982)는 "사적유물론에 역사이론이 있는 것과 마찬가지로, 일종의 지리학이 있다"고—공간의 차원은 시간의 차원에 의해 결코 희생되지 아니하며, 양자는 필연적으로 표현된다—주장하지만, 하비는 마르크스가 분명 "공간에 비해 시간에 우선성을 주었으며", 레닌(Lenin)의 후기 정형화들은 "공간이 어떻게 생산되며, 공간생산의 과정이 어떻게 자본주의의 역동성과 그 모순들 속에 통합되는가에 관한 고려 없이 공간 속의 자본주의만을 단지 논술했다"고 생각한다. 따라서, 우리는 "비공간적 마르크스주의 정통성의 사슬들로부터 우리 자신을 해방시켜야"한다(Harvey, 1985).

이러한 맥락에서 저작에 나타나는 주요한 두 흐름들을 구분해볼 수 있다. 그 첫째는 "마르크스적 이론에서 모든 류의 '빈 부분들'을 채우고" 특히 "공간의 생산과 공간적 이론화"를 통합시키고자 한 하비 자신의 시도에 의해 예시된다. 그는 이것을 『자본의 한계(The limits to capital, 1982)』에서 정형화된 위기(또는 공황)이론의 가장 유일한 기여로서 간주하며, 이를 그의 『자본주의적 도시화의 역사와 이론에 관한 연구들(Studies in the history and theory of capitalist urbanization, 1985b, c)』에서 더욱 발전시키고 있다. 여기서 그는 현대 자본주의의 경관에서 두 가지 근본적 긴장들을 확인했다. 한편으로 "장소에 집적시키는 힘과 공간상에 분산시키고자 하는 힘 사이에 만연된 긴장"이 있다고 하비는 제시한다. 자본주의적 생산의 합리화는 경제활동들을 특정 지역들내의 '구조된 응집' 속으로 모이도록 한다(또한 Webber, 1982 참조). 그러나 자본의 순환은 이러한 지역들에 한정되지 않는다. 자본주의는 본연적으로 팽창적이며, 지역들간 "치밀한 시간적·공간적 조직"을 전제로 한다. 요약하면 이러한 두 가지 규정력들은 '자본의 도시화'를 창출하게 한다. "자본의 축적이 진행될 수 있는 '합리적 경관' 으로서의 도시화가 이루어지지 않고" 이들이 어떻게 충족될 수 있었는가를 "상상하는 것은 불가능"하다고 하비는 주장한다(지리학에서 마르크스주의적 연구들의 발전에 대한 추동력의 많은 부분은 카스텔[Castells]이 '도시문제'[urban question]라고 명명한 것에 대한 관심에서 도출되었으며 도출되고 있다. 예로, Harvey, 1973, Dear and Scott eds, 1981 참조). 그러나 이러한 두 가지 규정력들은 또한 하비의 보다 최근 분석들에서 중심을 이루는 주제들 중 하나이다. 그의 지적에 의하면, 이러한 방법으로 고찰해볼 때 자본의 순환은 "상이한 구체적 노동활동들을 일반적 사회관계로 유도하고", 이를 통해 "사회적으로 필요한 노동시간으로서 가치와 연계된 추상적 질을 동질적 노동과정에 부여한다. 이는 자본순환의 주어진 공간과의 관련에서만 특징지어질 수 있다." 이 점의 중요성은 과소평가되어서는 안된다. 이 점은 "공간관계와 지리적 분화에 관한 연구를 마르크스의 이론화의 핵심에 놓게 할 뿐만 아니라 … 지리학적 상상력을 그렇게 오랫동안 고조시켰던 문제─공간의 분명 독특한 특이성들을 어떻게 보편적으로 일반화시킬 것인가─의 해결책을 제시하고 있다." 그 답은 자본순환과정들이 주어진 장소와 시간에서 인간행동의 독특한 성질들을 어떻게 보편적 일반성에 관한 기본틀로 유도하는가에 대한 정확한 연구 속에 놓여 있다고 그는 말한다. 그러나 하비의 계속된 논술에 의하면, 이 기본틀은 본연적으로 불안정하다. 왜냐하면 유통시간을 감소시키고자 하는 항상적 추진력은 마르크스가 확인한 바와 같이 유통체계들상의 변화를 통해 돌발적인 '시간에 의한 공간의 폐기'─그리고 이는 다시 기존 생산배열의 상대적 입지를 변경시킨다─를 창출하기 때문이다(시-

공간적 수렴 참조). 따라서, "고정자본 또는 부동자본으로 구성된 창출된 지리적 경관은 과거 자본주의적 발전의 빛나는 영광일 뿐만 아니라 미래의 축적과정을 제어하는 감옥이 되며, 이는 전에는 결코 볼 수 없었던 공간적 장애물을 창출하기 때문"이라고 하비는 논하고 있다. 그러나 이러한 긴장은 '경제적'인 것일 뿐만 아니라 '정치적'인 것이다. 하비의 견해에 있어, '자본주의는 공간의 생산을 통해서 존립할 뿐만 아니라 공간에 대한 우월한 통제를 통해서' 존립한다. 따라서 또다른 한편으로, 하비는 또한 독점과 경쟁간의 긴장을 강조한다. 그의 제안에 의하면, "자본주의 경관은 축적과는 병존할 수 없는 안정적이고 침체된 고요(즉 정태성)와 그리고 경쟁적 성장의 파국적 역동성을 통한 가치절하와 창조적 파괴의 파국적 과정으로 양분된다." 이 점에서도 그 결과는 장소의 특이성들에 따라 좌우된다. 그러나 이 특이성들은 지정학적 관계들의 복합적 계층을 통해 반영되는 계급투쟁과 (불안정한) 계급연대를 통해 매개된다(Harvey, 1985c). 요약하면 이런 류의 연구들 대부분은 불균등발전, 특히 변화하는 공간적 노동분업내 연속적 투자의 층들의 논리에 의한 특정한 국지성에의 효과에 관심을 가진다(관련된 견해들로서, Massey, 1984; Smith, 1984; Walker, 1978 참조). 미분화된 자본주의의 어떤 획일적 모형에 대한 거부는 자본주의적 생산양식내 전환(Gibson and Horvarth, 1983)과 자본주의와 다른 생산양식들간의 접합에 관한 역사-지리적 연구에 의해 더욱 강화되었다(종속성, 발전 참조).

이러한 여러가지 기여들은 고전 마르크스적 용어에서 명명되는 사회적 생산관계의 유의성을 분명 인정하지만, 이들은 대체로 마르크스경제학(또는 그 개념들)과 밀착되어 있으며, 현대 사회이론의 재구성에 관해서는 비교적 거의 언급하지 못하고 있다. 이와 대조적으로 연구의 두번째 흐름은 마르크스적 사회이론과 비마르크스적 사회이론 양자에서 도출되는 '사회적으로 생산된 공간'─즉 공간성─에 관해 새로운 유물론적 이해의 정립을 요청한다. 따라서 소야(Soja, 1985)는 사회이론의 정형화에서 '획기적 변화'가 일어나고 있으며, 이는 "마르크스주의적 사회과학과 비마르크스주의적 사회과학 양자 모두에서 만연한 전통들과는 유의한 차이를 가질 공간과 공간-시간의 이론화"를 포함할 것이라고 보았다(또한 Soja and Hadjimichalis, 1979 참조).

그 중심된 관심들 중 하나는 인간행동에 관한 고찰, 특히 생산뿐만 아니라 재생산에 관한 고찰을 통해 '마르크스주의적 이론'에 맥락적 차원을 개발하는 것이다. 물론 이러한 주제들은 소위 '서구마르크스주의'에서 실천의 중요성을 강조하는 그람시(Gramsci)와 르페브르(Lefebvre)와 같은 마르크스주의자들에 의해 이미 제시되었다. 사실 트리프트(Thrift, 1983)는 "사회적 행동에 관한 이론의 결여는 마르크스주의를 실천적·이론적으로 불구가 되도록 했으며", 또 이것이 "실제 해방을 위한 힘과 또한 커다란 억압의 힘이 되도록 했다"고 주장한다. 소야와 마찬가지로, 트리프트는 이에 관한 어떤 이론도 사회생활의 구성에 있어 시-공간 관계에 관한 설명을 포함해야만 하며, 이러한 의문들의 해결을 위해 마르크스주의와 구조화이론간의 비판적 접합을 고찰해야 한다고 주장한다(또한 Walker, 1985 참조). 바로 이러한 '절충주의'가 많은 논평가들을 혼란시켰다(Fincher, 1983).

그러나 광의로 볼 때 유사한 주장이 역사지리학(특히 영국)에서도 제시되었다. 사실 퀘이니(Quaini, 1982)에 의하면, "지리학과 마르크스주의적 역사학간의 연계는 어떤 다른 유럽의 국가들과는 비견할 수 없을 정도로 역사지리학 발전을 위한 토대를 형성하고 있다." 분명 예를 들어 제노비스(Genovese)와 톰슨(E. P. Thompson)의 사회사에 감명을 받은 많은 학자들은 자본축적의 구조적 논리로부터 직접 도출되지 아니하며, 의식적이고 집단적인 인간행동의 한정된 능력을 인정하는 계급투쟁의 역사지리에 관한 설명을 제시하고자 했다(예로, Gregory, 1982, 1984 참조). 또 다른 학자들은 또한 톰슨과 특히 윌리암스(R. Williams)에 의존하여, 경관의 상징적 생산이 사회재생산에 의해 규정되는 여러가지 방법들을 정립하고자 했다. "경관은 상징적 힘을 구조하고 또 이에 의해 구조되며", 이러한 '도상적(iconographic)' 프로그램들의 재발견은 사적유물론에 의한 문화지리학 연구에 근본적이라고 코스그로브(Cosgrove, 1983)는 주장한다(또한 Cosgrove 1984 참조). 그러나 이러한 노력들 양자 모두는 하비의 연구발전과 병행되었다—최소한 부분적으로—는 점이 언급되어야 한다. 하비는 이제 '자본의 도시화'뿐만 아니라 '의식의 도시화'에 관해서도 논술하고 있다. 그의 견해에 의하면, 지난 2백년간 자본주의는 그 탁월한 도시화의 형태를 통해 건조환경의 '제2의 속성'뿐만 아니라 도시화된 인간속성을 창출했으며, 이는 사회적 힘으로서 시간, 공간, 화폐에 관한 매우 특이한 의미와 그리고 한 부분에서 이기기 위해 다른 부분에서 잃어버리게 되는 정교한 능력과 전략에 의해 형성되었다. 그리고(특히 19세기 파리에 관한 그의 연구에서) 하비는 바로 이러한 점들에서 인간행동과 상징적 경관들을 고찰했다(Harvey, 1985b)(물론 그가 기능주의와 환원주의를 얼마나 탈피했는가는 여전히 의문스럽지만).

이러한 주장들 모두는 사적유물론에 관한 보다 관례적 견해들과 대응한다. '행동'과 '구조' 그리고 '문화'와 '경제'에 관한 논쟁은 지난 10년간 이러한 관례적 견해들에서 상식이 되었다(예로 Anderson, 1976, 1983; Gouldner, 1980). 그러나 "최종(그리고 가장 구체적인) 분석에 있어, 사회적 과정들은 그 역사적·지리적 배경에서 추출될 수 없다"는 점에 관한 인식에서 차이가 있다(Anderson, 1980). 사실 몇몇 학자들은 더욱 나아가 모든 적절한 유물론적 분석은 그 바로 시발점에서부터 역사적으로 그리고 지리적으로 민감해야 한다고 주장한다(또한 실재론 참조). 지리학을 위한 그 함의는 물론 결코 덜 중요하지는 않으며, 쇼트(Short, 1985)는 "인문지리학의 급진적 재형성과 마르크스주의의 본질적 전환"에 관해 언급하고 있다.

그러나 마르크스주의가 만약 정치에 관한 것이 아니라면 그외 어떠한 것에 관한 것도 아닐 것이다. 따라서 '마르크스주의적 지리학'은 현대 자본주의에 관한 비판적 분석 이상의 어떤 것을 제시해야 한다. 즉 이는 "역사-지리적 용어들로 자본주의에서 사회주의로의 전환을 나타내는 어떤 정치적 설계를 추구해야 한다"(Harvey, 1984). 이 점은 정치지리학의 탐구 및 일관성 있는 정치적 전략들의 수립에 좌우된다. 이 중 첫번째(즉 정치지리학)는 보다 직설적인 것처럼 보이지만, 현대 사적유물론에 조응하는 용어들로 자본주의 국가에 많은 관심을 경주하게 된 것은 단지 최근이다. 많은 정치지리학자들은 고전적 '토대-상부구조' 모형에 관한 어떤 견해를 주장하고 있으며(Johnston, 1984), 심지어 보다 정교한 정형화가 추구될 경우에도 근대국가의 근본적 영토성은 대체로 짧게 언급되고 있다(Clark and Dear, 1984 참조. 그러나 Taylor, 1985도 참조). 두번째(즉 정치적 전략의 수립)는 여러 방법들 특히 대서양의 양편 즉 미국과 서유럽에서 소위 '신우파'의 등장과 관련된 보다 긴급한 것이다. 매우 주요한 제안들은 불균등발전이 사회주의적 전략들에 영향을 미치거나(예: Massey, 1983), 보다 광의의 사회주의적 정책들과 상호관련되는 방법들에 관한 언급들(예: Massey, 1985), 그리고 계급에 관한 논술을 능가하여 인종과 성(gender)에 관한 의문을 고찰하는 관점들에 관한 언급들을 포함한다. 이러한 기여들은 협의적인 학술적 영역 또는 더욱 관례적 사회과학이 순전히 (그리고 적절히) '기술적' 이슈들로 간주하는 영역에 국한된 것이 아니다. 반대로 '마르크스주의 지리학'은 항상 가치자유적 탐구의 신화를 폭로하고, '이론'과 '실천'간의 연계적 규정성을 주장했다(또한 비판이론, 이데올로기 참조). 따라서 『안티포드(Antipode: a radical journal of geography)』와 『도시 및 지역연구(International journal of Urban and Regional Research)』같은 정기간행물은 '역사-지리적 유물론'의 기반을 확대시키고, 또한 이론적 쇄신 및 경험적 결과에 대한 이의 개방성을 확인하는 데 많은 기여를 했다.

DG

만족적 행태 satisficing behaviour

극대화 혹은 최적화 행태의 대안으로 만족적 행태는 주어진 상황에서 최대 혹은 최적의 수입을 얻는 것보다는 행위자를 만족시키는, 예를 들면 최대이윤보다는 사회적 복리를 얻는 전략이다. 의사결정의 분석에 사용되면서, 간혹 '보다 보장될 듯한' 수익률을 추구하는 장기전략을 기술하는 것으로 간주되었다. 하비(Harvey)는 이 용어의 세 가지 (애매모호한) 용도를 강조하였다(Cox and Golledge, 1981):(a) 비경제적·개인적 지표를 사용하는 최적화 행태의 한 형태;(b) 보다 폭넓은 조합 중에서 미리 선정된 몇몇 대안들에 대한 최적화 행태의 한 형태('제한된 합리성' 혹은 불완전한 지식);(c) 의사결정자가 최적의 해결을 추구하지 않는 비최적화 행태(행태행렬, 경제인, 최적화모형, 프로젝트도 참조).

MDB

맥락적 이론 contextual theory

인간활동의 시-공간적 배경들과 연속들을 그 설명의 근본성분으로 간주하는 접근법. 따라서 이 접근법은 '함께 함(togetherness)'의 원리에 기반을 둔 관계들의 재인식에 의존한다(구성적 이론, 칸트주의, 현상학 참조). "구성적 접근법과 대조적으로, 그리고 많은 경우 이에 대한 반작용으로서, 맥락적 이론은 인간행동의 흐름을 공간과 시간상에 처해진 일련의 사건들로 재파악하고자 한다"(Thrift, 1983).

이 용어는 헤거스트란트(Hägerstrand, 1974a)에서 유래된다. 또 다른 논문에서 그는 세계라는 '주머니'에 "그것이 발견된 것처럼 그 혼된 존재들의 분류들로 채우는 접근법"이라고 말했으며, 이러한 접근법은 존재들의 상이한 계층들을 그들의 주소지로부터 "제거해서 어떤 분류체계내에 위치지우는" 보다 관례적인 접근방법과 대조된다(Hägerstrand, 1984). 헤거스트란트의 견해에 의하면, 맥락적 접근법은 현대 지리

맥락적 이론

학의 절대적 중심이다:

> 기본적으로 지리학자가 된다는 것은, 사건들이 공간-시간의 구획상에 함께 입지한 것으로 관찰될 때, 이들은 불가피하게 관계들을 노출하게 됨을 깨닫는 것을 의미한다. 우리가 이러한 사건들을 등급별로 묶어서 구획내 이들의 장소로부터 끌어내어 버리게 되면, 이 관계들은 더 이상 추적될 수 없다(Hägerstrand, 1974b).

시간지리학에 관한 헤거스트란트의 정식화는 따라서 그가 제약된 지역들내 방계적(collateral) 과정들이라고 부른 것, 즉 "자유롭게 전개될 수 없으며 … 지상의 공간과 시간상 그들의 공통된 존재에 의거한 압력들과 기회들하에서 그들 자신을 적응시켜야만 하는 과정들"에 초점을 두었다(Hägerstrand, 1976).

공간을 "거리들로 만들어진 것"이 아니라 "방(room, 스웨덴어로 rum)의 제공자"로 생각하는 것(Hägerstrand, 1973)은 오래된 유럽대륙의 전통이 가지는 특징이며(예로서 헤거스트란트의 rum과 라쉘의 Raum을 비교하라), 그 결과의 일부로 유기체적 유추에서 도출된 터너(Turner)의 변경논제와 같은 '폐쇄공간' 원리들과 어떤 공통점을 가진다(Kearns, 1984 참조). 그러나 이 점도 넓은 의미에서는 자연주의적인 것처럼 보이며, 분명 헤거스트란트 자신의 저작은 정확히 이러한 용어들 때문에 비판을 받았다. 그렇지만 이는 한 가지 주요한 특성에서 물리주의와는 분리된다. 많은 논평가들(Thrift, 1983을 포함해서)은 맥락적 접근법과 소위 '배열적'(configurational) 설명들, 즉 그 요소들을 시간과 공간의 독특한 조건들과 관련시키는 설명들간의 유사성을 도출했다. 그리고 케네디(Kennedy, 1979)는 다음과 같이 주장한다:

> 배열적 요소들은 세계의 과거, 현재, 미래의 행태를 지리학적 의미에서 설명하고자 하는 시도들에서 고려되어야만 한다. 이러한 요소들은 물리학에서 아주 편협되게 도출된 설명적 틀로 다루어지기는 매우 어려우며, 여기서 이러한 고려들은 일반적으로 부적절하다고 규정된다(강조 첨부).

분명 비록 헤거스트란트가 또다른 측면들에서 물리학으로부터 큰 영향을 받았다고 할지라도(Gregory, 1985 참조), 그는 근대과학이 "현상들간 국지적으로 연계되어 있는" 방법들을 어떻게 무시하고 있는가를, 즉 "오늘날 정식화되어 있는 과학의 법칙들로부터 거의 도출될 수 없다고 (그가 믿고 있는) 구조적 유형들과 과정들의 산물들을 주도하는" 어떤 상황을 강조했다(Hägerstrand, 1976).

따라서 별 놀라움 없이, 맥락성은 직접적으로 자연과학을 토대로 하며 인문사회과학들의 모형화에 따른 난점들이 매우 민감한 사회이론들에서 그 중심이 되었다. 이러한 난점들은 헤거스트란트로 하여금 '함께함'에 대한 사고들의 내적 핵심을 밝히기 위해 물리주의의 다른—즉 말하자면 '외적'—층위들을 제거하도록 함으로써 독창적 사고들을 개발하도록 했다. 예를 들면 구조화이론에 관한 기덴스(Giddens)의 견해에 있어, 맥락성은 '사회생활의 무관심한 경계들'이 아니라 '사회구성에서 본연적으로 함의된' 양상들을 언급하는 것이다(Gregory, 1984). 기덴스(1984)는 맥락성을 사회적 통합 및 체계적 통합의 연계에, 즉 대면적(face-to-face) 상호행동과 보다 광범위한 상호행동의 체계들간의 연계에 본연적으로 내포된 것으로 표현되는 일단의 개념들을 제시했다(그림 1 참조).

> 일일 시-공간 경로
> 행위자의 분포
> 현장의 지역화
> 지역의 맥락성
> 현장의 교차

맥락적 이론 1: 구조화이론에서의 시간, 공간 및 맥락(출처: Giddens, 1984, p.132)

맥락적 이론

이들은 상호행동의 즉각적 '여기-지금'의 배경—즉 현장—에서 출발하여, 시간과 공간상 사회적 관계들의 점진적 '뻗침'을 추적해나간다 (시-공간적 거리화 참조; Hägerstrand, 1984). 헤거스트란트와의 연계는 시·공간적 일상화에 관한 공통적 인식 이상으로 직접적이다. 왜냐하면 헤거스트란트(1984)는 또한 다음과 같이 인식하기 때문이다:

> 모든 행동은 시간과 공간상에 처해 있으며, 그 즉각적 산물을 위해, 사건들이 일어나는 장소를 조장하거나 저지하는, 출현한 것과 부재한 것에 의존한다. 사건들의 측면에서 그 부차적 결과들은 일단의 새로운 출현과 부재에 좌우되며, 이에 따라 그 행동은 최초의 행동에서 점점 더 확대되어간다.

프레드(Pred, 1983, 1984)는 "제도적 및 개인적 실행들과 이러한 실행들과 상호교직된 구조적 양상들을 강조하는, 역사적으로 개연적인 과정으로서 장소에 관한 이론"을 제공하기 위해 시간지리학과 구조화이론을 정립하고자 한다 (그림 2 참조).

이 이론은 인간활동이 문자 그대로 장소를 차지하게 되는, 그리고 '장소' 그 자체가 과정이 되는 지역지리학을 재구성하는 이론적 기반들을 마련하는 것으로 가정된다. 이와 유사하게, 트리프트(Thrift, 1983)는 한 지역에서의 인간활동을 '일단의 엇갈리게 공유된 물질적 상황들', 즉 변증법적으로 연계된 기회와 제약, 출현과 부재의 분포가 상호 항상적으로 유발되는 상황에 뿌리를 둔 지속적 언술로 간주했다. 따라서 트리프트에게도 역시, 지역은 중추적 개념이다. 왜냐하면 지역은 사회구조와 인간행동이 만나는 '활성적으로 수동적인', 즉 구조의 창출자이며 수행자이기에 충분하도록 실질적이며 또한 인간존재들의 '창조자적인 측면들'이 무시되지 않도록 본질적인 만남의 장소이기 때문이다 (Thrift, 1983).

이러한 학자들은 모두 '사회적인 것'과 '공간적인 것'의 재해석을 강조하며, 이들에 대한 관

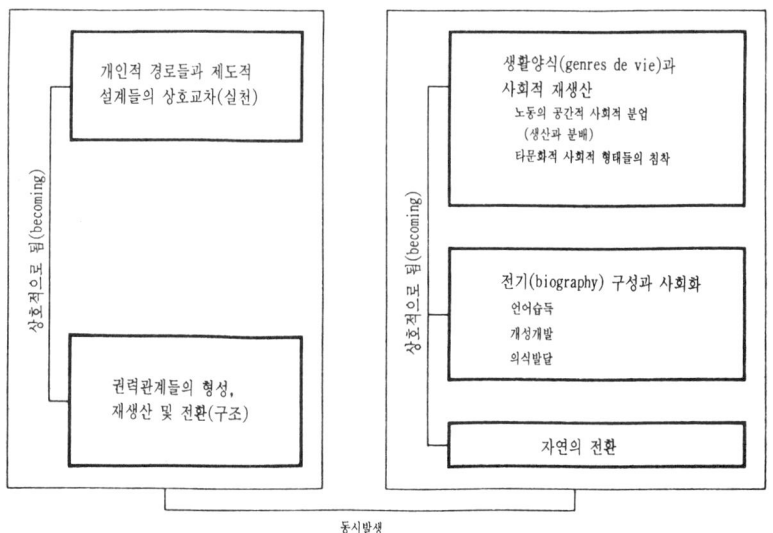

맥락적 이론 2: 역사적으로 개연적인 과정으로서의 장소(출처: Pred, 1984, p. 132).

맥락적 효과

례적 분리는 칸트주의에서 나온 잘못된 이원론으로 거부된다(Gregory and Urry, 1985). 이들의 일반적 견해는 소야(Soja)의 공간성에 관한 논의에 의해 공유되며 (지지된다). 그러나 그는 그의 용어들을 달리 정의하여 사회적으로 기반을 둔 창조된 공간과 물리적으로 기반을 둔 맥락적 공간을 대비시킨다. 그의 견해에 의하면, "공간의 조직, 사용 및 의미는 사회적 변이, 전환 및 경험의 산물이다." 따라서 공간의 사회적 건설은 "산재된 맥락적 공간의 물리적 틀내에서" 이루어지지만, 그럼에도 불구하고 그러한 공간과는 분명 구분될 수 있다. 인문지리학의 용어들은 후자, 즉 그의 용어로 '맥락적' 공간에 관한 분석으로 충만되었기 때문에, "'공간적'이라는 용어는 사회에 의해 창출된 어떤 구조라기보다, 사회적 맥락과 사회적 행동에 외연적이며 물리적인 어떤 것, 즉 '환경'의 일부 또는 사회를 위한 맥락—이의 저장소—이라는 이미지를 전형적으로 고취시킨다"(Soja, 1980). 이 주장은 위에서 언급한 일반적 의미에서 맥락적 접근들이 맥락 및 창조, 즉 인간활동의 '조건'이며 또한 '결과'로서의 공간과 관련되어야만 한다는 사실을 상기시키는 데 중요성을 가진다.

DG

맥락적 효과 contextual effect

선거지리학에서 투표유형의 지역적 변이를 설명하기 위해 사용하는 개념.

투표연구의 가장 기본적인 접근은 개인적 이해에 바탕을 두면서 여러 후보자와 정당이 제시하는 자극에 반응하는 유권자를 관찰하는 것이다. 대부분의 경우 입후보자에 대한 지지호소는 투표자 개개인에 대해 행해지기보다 각 투표자가 관련되어 있는 사회집단에 대해 행해진다. 따라서 선거시의 분할은 사회적 계급에 기초한 집단 사이에서 이루어지는 것이 일반적이다. 그러나 대부분의 투표자는 자기들이 사회적으로 접촉하고 있는 다른 사람들에게서도 영향을 받는다. 투표자 주변의 이러한 타인들은 투표의사 결정(그리고 성향형성의 광범위한 다른 측면)이

이루어지는 일정한 맥락을 형성한다.

맥락적 효과개념을 발전시키는 데 기여한 내용으로는 두 가지 과정이 있다(Cox, 1969): 첫째는 교제범위과정이다. 각 개인은 각자의 접촉범위에서 이루어진 여론의 비중 정도에 영향을 받는다. 따라서 대다수 사람들이 이미 특정한 정치적 견해를 가지고 있는 지역에서는, 그와는 다른 견해를 지녔던 소수 사람들이 자기들의 견해를 바꿔 다수의견에 동조하게 된다. 이때 정보는 질병과 마찬가지로 사회적 네트워크를 통해서 흐르게 된다(확산 참조). 둘째는 장소집착과정이다. 임의의 지역에서 지방정치문화는 정당과 핵심활동가의 활약으로 형성되기 마련이다. 그들은 지방적 계급구조와 경우에 따라서는 지방 특유의 정치적 이슈를 통해 지방정치의 성향을 만든다. 결과적으로 어떤 지방에서는 단일한 정치문화가 형성되고, 이것은 일반적·전국적 경향과 차이가 있는 투표유형을 이룬다. 그러나 유사한 계급구조를 지닌 대부분의 지역에서는 유사한 지방정치문화와 유사한 투표유형을 보인다.

투표행태에 관한 많은 지리적 분석의 연구결과들은 맥락적 효과개념과 맥을 같이한다. 그러나 이러한 연구결과는 총체적 자료만을 사용하기 때문에, 생태적 오류의 여러 문제에 직면하고 있으며 관련된 과정에 대해 명확히 검증하지 못하고 있다.

RJJ

맬더스모형 Malthusian model

경제학자인 맬더스(Thomas Robert Malthus, 1766~1834)가 1798년 『인구론(An Essay on the Principle of Population)』을 출간하면서 인구문제에 대한 경제학적 접근이 구체적으로 이루어지기 시작하였다. 그후에 맬더스가 자신의 의견을 수정하고, 이론의 그후의 발전과정은 복잡하지만 그 기초개념은 다음과 같다. 인구의 증가는 식량생산의 증가를 앞질러 그가 사용한 용어로 '예방적 제한'과 '적극적 제한'을 통해 인구가 통제되지 않으면 인구증가가 경제적인 성

과를 흡수해버린다는 것이다. 그는 인구는 통제되지 않으면 기하급수적 비율(1, 2, 4, 8, 16 …)로 증가하는 반면 식량은 산술급수적(1, 2, 3, 4, 5…)으로 증가하므로 "2세기 안에는 인구와 식량의 비율이 256:9, 3세기 안에는 4096:13으로 되고 2000년 안에는 이들의 차이는 계산조차 할 수 없게 된다"고 주장하였다. 그의 '적극적·예방적 제한'은 인구의 급속한 성장을 막기 위해 출생력과 사망력에 영향을 미치는 일련의 방법들이다. '적극적 제한'은 전쟁, 질병, 빈곤 특히 식량부족 등을 의미하며, '예방적 제한'은 원칙적으로 도덕적 억제 또는 결혼의 연기, 그리고 간통, 낙태, 산아제한 등을 포함하는 죄악을 의미한다. 그는 인구와 자원의 갈등을 인간 불행의 근원으로 보았으며, 피임을 지지하지 않았다. 왜냐하면 이 방법은 결혼의 연기만큼 일을 열심히 하려는 충동을 일으키지 못한다고 보았기 때문이다. 그는 특히 신분과 자녀수와의 역상관관계를 강조하여 중산층에서 볼 수 있는 산아제한과 사회적 책임감을 저소득층에서 유발시키기 위해 이들에게 임금상승과 교육기회 등을 제공할 것을 주장하기도 하였다.

맬더스의 견해는 여러 측면에서 비판을 받았다. 그는 주장하기를 인구수는 급격히 증가하고 있고, 인간은 사회적 존재이면서 성욕과 식량에 따라 행동하는 생물학적인 존재라고 보았다. 그러나 그는 도덕군자와 과학적 방법을 혼동함으로써 미래를 잘못 예측했다는 비판을 받았다. 여러 비판론자 가운데 가장 강하게 비난했던 학자는 마르크스(Marx)였다. 그는 빈곤은 인구수의 증가에 기인하기보다는 자본주의의 불평등한 사회구조에서 기인된다고 보았다. 실제로 아일랜드를 제외한 구미의 어느 국가도 맬더스의 예측이 들어맞지 않고 있다. 19세기에는 경제성장이 인구성장률보다 높아 생활수준이 향상되었으며, 그럼에도 불구하고 프랑스와 스웨덴에서 나타난 출산력의 감소는 이제 일반적인 현상이 되었다. 또한 일부에서는 인구문제에 대한 맬더스와 같은 반동적 견해가 인구학을 과학으로 발달시키는 데 중요한 장애물이 되었다고 주장하기도 한다.   PEO

메갈로폴리스 megalopolis

그리스어의 '큰'과 '도시'라는 말로부터 연유된 용어로 미국의 북동부 해안지역에 형성된 도시유형을 설명하고자 고트만(Jean Gottmann)이 사용한 개념. 고트만은 뉴햄프셔 주의 보스턴 북부로부터 버지니아 주의 노포크에 이르기까지 960km(600miles)에 걸쳐 전개되고 있는 연담도시형의 대규모의 기성 시가지화지역을 메갈로폴리스라고 지칭하였다(물론 아직도 많은 공지를 포함하고 있다).   RJJ

메리트재 merit good

특정한 순수공공재의 한 형태로 국가적 공급수준에 의해 정해진다. 한 영토내의 모든 국민들은, 예를 들면 적어도 일정한 수준의 깨끗한 식수나 치안서비스를 공급을 받아야 하고 공공정책은 영토의 모든 지역에서 일정 수준을 유지하며 공급될 수 있도록 자원을 확보하여야 한다. 한 지역에서 다른 지역에서보다 더 높은 수준의 공공재가 공급된다면 이는 불균등한 공공재의 공급이 된다.   RJJ

면 surface

3차원의 실재에 대한 선택된 국면들을 묘사하는 일반화된 이미지이며, 이것은 재래적 방법(등치선을 이용한 국지적 맞추기)이나 곡면맞추기를 적용하거나 표면의 특성들을 기술하는 수학함수를 이루도록 여과작용이나 매끄럽게 하는 작용에 의해 모든 자료점을 고려하는 기술에 의해 구조될 수 있다(푸리에 급수분석, 스펙트럼 분석, 경향면분석, 확률 참조). 결과로 나타나는 일반화된 표면들은 통상적으로 전시될 수도 있고(예를 들면 수직적 시점을 이용함) 혹은 표면 위에 높이를 고려할 때 보는 거리와 각도가 중요한 사각시계로서 전시될 수도 있다(Monmonier,

면담

1978 참조). MJB

면담 interviewing

답사자가 피설문자와 직접 만나서 그와의 대화 내용이나 그의 대화태도로부터 자료를 얻어내는 방법. 웹(Sydney and Beatrice Webb)이 '어떤 목적을 가진 대화'라고 한 것이 바로 이 면접이다. 어떤 면접이든 구조적 또는 공식적인 한 극단과 비구조적 또는 비공식적 다른 극단 사이의 연속선상의 어느 점에 놓일 수 있다. 구조적 면접은 어떤 지정된 순서에 따라 표준화된 양식에 기록된 일단의 질문(설문지 참조)을 하는 것이다. 이때 분석을 돕기 위해서 몇 개의 지정된 답변을 미리 상정하기도 한다. 그러나 이렇게 표준화된 면접스케줄에 있어서는 그 질문들이 연구주제에 관련된 것이고 문귀는 모호하지 않아야 하며, 선택할 수 있는 답변이어야 하고, 의미있는 것이어야 한다. 면접조사하는 데는 적절한 표본추출(sampling)의 틀이 있어야 하며 잘 훈련되고 의욕이 있으며 잘 구성된 면접조사자 집단이 있어야 한다.

구조적 면접은 신뢰도가 높고 비용이 적게 드는 조사를 많은 수의 응답자에게 실시할 수 있으므로 오늘날 대규모 조사에서는 일반적이다(조사분석 참조). 그러나 이러한 장점들에 반하여 측정시 불가피한 가정과 유효성의 상실이라는 단점도 있다. 구조적 면접시에는 상황을 미리 정의해야 한다는 단점이 있고 또한 조사자가 흥미 있는 착상을 추적해서 연구해볼 수 있는 영역이 거의 없게 된다. 일상생활의 대화나 대화의 여러 측면 역시 기록되지 않는다. 한편 비구조적 면접에서는 면담시의 모든 것을 면담자와 면담대상자에게 맡긴다. 비구조적 면접은 이때조차도 미리 정한 방향이 없거나(정신분석학에서처럼) 또는 대화체이거나(대화기고에서처럼) 혹은 지침이 있을 수 있다(사회조사에서처럼). 지침이 있다고 하더라도 일정하게 정해진 질문이 있는 것이 아니고 모든 면담대상자에게 포괄적인 화제거리의 체크리스트가 있을 뿐이다. 답사자는 숙련된 대화를 할 수 있어야 하며 상당한 지식을 가진 이론가이어야 하고 또한 면접대상자의 관점에서 이해할 수 있고 동조할 수 있는 사람이어야 한다. 비구조적 면접에서는 연구자가 어떤 문제를 깊숙이 조사해볼 수 있고 새로운 단서를 발견해낼 수 있으며, 자료제공자들로부터 그들의 경험에 근거하고 그들의 언어로 표현된 생생한 자료를 얻어낼 수 있다. 비구조적 면접은 그 성격상 소수의 자료제공자를 상대로 하는 사례연구에 적당하며 이때 답사자와 면담대상자간의 관계는 그들의 인지된 역할의 측면에서 볼 때 면담의 성공여부에 매우 중요하다.

JE

명목자료분석 categorical data analysis

명목자료를 분석하기 위하여 사용되는 일련의 통계학적인 방법(측정 참조). 이 방법은 독립변수나 종속변수 또는 둘 모두가 명목수준에서 측정된 것이어야만 한다는 것 이외에는, 회귀분석에서 쓰이는 방법과 유사하다. 통상적인 회귀분석은 급간이나 비율의 수준으로 측정된 자료를 사용한다. 명목자료분석은 명목자료나 명목자료와 비율/계급자료가 혼합된 자료에 적합한 유사(類似)회귀모델을 제공한다. RJJ

모수추정법 calibration

어떤 자료에 이론적 모델을 맞추는 과정. 예를 들면 중력모델은 변수들의 유동유형과 관계가 있다. 이 모수추정법은 (흔히 회귀분석에서 이용되는) 변수에 가중치를 주는 방법을 포함하고 있기 때문에, 가능한 한 정확히 주어진 흐름을 추정해낸다. 일단 성공적으로 모수추정되면 그것은 알려져 있지 않은 종속변수치를 예측하는데 이용된다. RJJ

모의실험 simulation

통상적인 수학적 기법으로 해결하기에는 복잡한 문제를 해결하는 접근방법이다. 모의실험은 디지탈컴퓨터를 사용하거나 유사한 모형을 수집하여 과정을 재현하거나 가능한 여러가지 결과를 얻는 데 사용된다. 모의실험 모델은 컴퓨터알고리즘을 이용하여 특정의 과정을 결정하는 주요 법칙을 찾아내거나 실제상황을 나타낼 수 있는 소규모의 물리적 모델을 설정하는 데 이용된다.

지리학에서는 몬테칼로 모의실험모델이 주로 공간확산의 문제를 분석하기 위해 이용되었다. 모델의 기본적 특성들, 예를 들면 가용한 채택자의 분포, 평균정보장으로 나타나는 거리의 효과, 최초 확산지점, 장애물 등은 주어지나 실제의 확산경로는 일련의 난수에 의해 우연으로 결정되며 따라서 확산과정은 확률적이 된다(확률과정 참조).

이와 유사한 확률적 접근방법이 대기행렬 이론의 문제, 특히 발생사건(예를 들면 고객의 도착, 상품배달, 전화신청 등)이 일련의 체계망에서 무작위로 발생하는 경우와 같은 문제를 해결하기 위해 사용된다. 이러한 복잡한 문제를 해결하기 위한 수학은 존재하지 않으며 따라서 모의실험에 의존할 수밖에 없다. 몬테칼로 방법도 표준화된 분석적 방법으로는 해결하기 어려운 복잡한 통계적 분포를 계산하기 위해서 사용되기도 한다. PG

모험 risk
결정이나 행위과정에서 나타나는 일련의 범위의 가능한 결과의 가능성. 엄격히 말하면 모험은 이러한 결과들에 알려진 확률이 할당될 수 있을 때 존재한다. 따라서 모험은 불확실성과 구별되는데 불확실성하에서는 확률이 성립될 수 없다. 기업은 모험의 계산가능한 성질 때문에 불확실성을 가진 작업보다 모험을 가진 작업을 선호하는 경향이 있다. DMS

모형 model
현실을 이상적·구조적으로 나타낸 것(추상화 참조). 모형수립은 여러 학문분야에서 역사가 깊지만 그 전형을 지리학에 도입한 것은 비교적 최근인 1950년대이며 소위 유추이론에 의해서이다. 이 이론에서 모형이란 현실에서 중요하지 않은 부분들을 제거하고 근본적이며 관련성이 깊거나 관심이 있는 측면만을 일반적인 형태로 나타나게 한(Chorley and Haggett, 1967), 선택적 근사치로 나타낸 것이다. 이러한 절차들은 통계적 및 수학적 용어로 정형화되어 있으며 공간조직의 일반적 정리(定理)를 추구하는 데 결정적 역할을 하였다. 하게트, 클리프 및 프레이 (P. Haggett, A. Cliff and A. Frey, 1977)는 모형수립과 계량혁명간에는 본질적인 연계가 있다고 하였으며 농업토지이용에 관한 튀넨모형과 크리스탈러(Christaller)와 뢰쉬(Lösch)의 중심지모형 등 다수의 제1세대 모형은 접근성과 거리조락과 같은 개념을 이용하여 이상적 경제경관을 추상적인 기하학으로 나타내려고 한 시도이다. 더욱이 이러한 모형을 수립하는 데 이용되는 추상화→일반화→적용의 순환과정은 계속 연장될 수 있기 때문에 새로운 과학적 패러다임의 기초를 형성하는 문제해결 활동에서 필요한 모멘트가 될 수 있다. 따라서 촐리(Chorley)와 하게트가 일찍이 현대지리학에서 '모형에 기초한 패러다임'을 주장한 것이 엄격한 의미에서 쿤의 패러다임과 일치하는 것은 우연이 아니다.

그러나 촐리와 하게트의 주장 이후 그들의 초기 논문에서 나타났던 주장과 개념들은 세 관점에서 재평가되고 있다. 첫째는, 모델 자체가 제한적이나마 변형될 수 있다는 점이다. 『입지분석(Locational analysis)』의 제2판에서 저자들은 현재의 모형이 현실을 충분히 반영하지 못한다는 점을 인정하고 있다. 제2판과 초판본(1965)을 비교하였을 때, 비록 일부 구모형들, 예를 들면 튀넨모형은 선형계획법이나 운송문제의 쌍대(雙對)로 재평가되고 중력모형은 보다 일반적인 엔트로피 극대화모형의 한 예라는 연구 등이 있었으나, (전체적으로 볼 때) 그간에 새로운 입지모형을 수립하려는 노력이 매우 적었음은 사실이다. 이러한 제한적인 진보는 입지론의 독립성이 상실되고 공간경제에 관한 보다 포괄적

131

목장경영

인 모형들이 전통적인 분야 밖에서 수립된 데 원인이 있다. 예를 들면 스코트(A. Scott)는 고전파 및 신고전경제학의 튀넨모형을 신리카도경제학의 범주로 확장시켰으며, 전통적인 중심-주변 모형은 마르크스경제학에 가까운 모형으로 대체되었다. 그리하여 정통적인 범주에서 연구를 계속하는 사람들은, 보편적 공간과학의 정리들을 수립하기보다는 시-공 예측, Q-분석 등과 같이 복잡한 자료구조를 쉽게 해석할 수 있는 통계적 및 수리적 모형을 개발하는 분야로 관심을 전환하였다. 둘째로, 지리적 탐구의 목적으로 모형수립이라는 본래의 주장은 연구방법을 목적보다는 수단으로 연구하는 경향으로 대체되었다. 셋째로, 이것 자체도 일부의 비판에 직면해 있지만, 모형수립과 실증주의의 인식론간에는 분명한 연계가 있다고 주장하는 사람이 있다 (Hindess, 1977). 그러나 비록 주관적인 관념론으로부터 유도된 이러한 비판이 (비계량적) 모형을 가설적 동기와 그 의도를 관측된 행위의 결과에 연결시키기 위한 베버(Weber)의 이념형처럼 사용된다고 할지라도 대부분의 지리학자는 이러한 주장은 지나치게 제한적인 의미를 가진다고 지적한다(Guelke, 1974 참조). 그럼에도 불구하고 이러한 종류의 비평은 매우 중요한 의미를 가지는데, 이것이 현대지리학의 범주를 확장시켰으며 다른 한편으로는 모형이 구성되는 구체적인 이론적 기초와 모형이 작동되고 평가되는 구체적 기법, 그리고 그러한 모형이 지향하는 구체적 영역에 대해서 의문을 제기하였으며, 동시에 모형수립에 내포된 일반적 가정과 실제적 결과에 대해서도 훨씬 더 엄격한 의문을 제기하였기 때문이다(특히 Olsson, 1980을 참조).

DG

목장경영 range management

적정수의 가축수용을 허용하면서 방목지역을 보존하는 수단을 채택하는 것(부양력 참조). 목장경영에 관한 많은 이론과 수단이 미국, 오스트레일리아, 뉴질랜드 등지의 최근에 정착된 방목지역과 관련해서 개발되어왔다. 미국 대평원의 서쪽인 텍사스, 캔사스, 네브라스카, 콜로라도, 와이오밍 등 여러 주의 일부가 포함된 지역은 19세기 후반 주요 소사육지역으로 되었다. 처음에는 소사육에서 얻어지는 재정수입이 아주 높았으나 결국 과잉문제가 발생하였으며, 이 문제는 1880년대에 특히 심각하게 인식되었다. 과잉수용된 목장은 방목가축이 적절하게 먹을 충분한 목초를 제공할 수 없었고, 1886~1887년의 혹한기에 영양이 부실하여 가축의 손실이 엄청났다. 가축의 수는 계속 줄어들었고 철조망(1870년대에 발명)을 이용함으로써 통제된 방목수단의 채택이 가능해졌다. 오늘날 미국 연방정부는 연방토지체계내에 광대한 방목지역을 가지고 있다. 개인경영자가 이 토지에 방목을 하려 하고 있으나 연방기구는 보존적 목장경영 수단을 강요하고 있다(공공목장의 비극 참조).

BWB

목적론 teleology

사건들은 미리 주어진 목적을 향한 운동의 단계들로서만 설명될 수 있다는 견해. 그 목적은 (계획에서 많이 볼 수 있듯이) 사건 자체에 포함된 것에 의해 규정되거나 (종교에서 흔히 보듯이) 외부적으로 규정될 수도 있다(기능주의, 성장단계 참조).

RJJ

목축 pastoralism

초식동물을 기르고 사육하면서 이 동물들로부터 식량, 의복, 주거지 등의 인간욕구를 충족시키는 것. 부정적으로 보면 목축은 농업이 아예 부재한 상태라고 정의될 수 있다. 목축에는 여러 형태가 있는데, 특히 상업적인 목축은 대규모 초지(예를 들어 아르헨티나의 팜파스)에서 세계시장에 판매할 식용육류를 효율적으로 생산토록 하는 것이며, 방랑하는 생계경제, 즉 목축유목 (예를 들어 베두인 족)은 정착농경을 위하여 쇠퇴하고 있다(유목, 이목 참조).

MDB

묘상입지 seed bed location
새로운 기업의 성장과 설립을 촉진하는 특성을 가지고 있는 상업지구. 초기에 이러한 특성을 가지고 있는 지구는 중심업무지구의 주변지로, 다른 지구에 비해 소규모의 토지를 제공할 수 있고 쉽게 변경가능한 건물, 대지와 같은 낡은 부동산을 제공하기 때문에 이상적인 입지조건이라 할 수 있다. 이러한 낡은 건물과 대지에서 기업의 폐업은 비용이 많이 들지 않기 때문에 쉬우며, 성공한 경우 역시 다른 지구로의 이동을 쉽게 한다. 그러므로 도시내부지역은 높은 양도율을 나타낸다. 최근의 도시재개발 계획은 이와 같은 성장과정의 가능성을 제한하고 있는 실정이다.

다른 묘상입지는 최근에 소규모 기업에서 고용창출을 촉진하기 위한 전략으로 장려되었다. 대학, 종합기술대학 그리고 기업간의 연계는 과학기술단지의 설립을 통하여 발전되었고, 과학기술단지는 위험부담자본과 지적 소유권을 가져왔다(기업유치지구, 성장극 참조).   RJJ

무단점유 squatting
선진자본주의 사회에서 주로 내부도시에 있는 주택이 집없는 사람(종종 실업자, 학생 및 저임금고용자)들에 의해 점거되는 현상. 이것은 주택배분절차에서의 결손으로 생겨나는데, 무단점거를 하는 사람들은 담보대부나 공영주택을 이용할 수 있는 자격을 얻지 못했고, 아울러 쇠퇴해가는 민간임대 부문에서도 성공적으로 경쟁할 수 없었던 것이다. 슬럼철거나 재개발계획에 의해서 더욱더 낡은 주택들은 오랫동안 빈집으로 방치된다. 저개발국에서, 급속한 도시화와 저소득은 주택문제를 해결하기 위해 무단점유정착지의 형성을 유도한다.   JE

무단점유 정착지 squatter settlement
소유 또는 임대되지 않은 토지에 무단점유자들에 의해 지어진 집들이 집중되는 현상을 말한다. 이러한 정착지 또는 판자촌은 조직적 침투, 점진적 증가 또는 정부주도에 의해 발달한다. 이것은 중남미, 아시아 및 아프리카의 도시성장을 주도하는데, 심지어 높은 전입비율(전통적 내부도시와 농촌지역으로부터의)을 지닌 무단점유자가 전체 도시인구의 80%를 차지하는 경우도 있고, 이러한 현상은 높은 자연증가율에 의해 더욱 심해지고 있다. 이러한 정착지들은—바리오, 바리아다, 화벨라, 란쵸, 비돈빌, 부스테, 캄퐁 및 바룽-바룽 등 다양한데—종종 하룻밤 사이에 나타나기도 하며 자생적 정착지라 불린다. 비록 대부분이 과거의 중심부가 아니고 주변부에서 발달하고 있지만 이 정착지들은 슬럼과 같이 외관상으로 남루하고 기본편의시설이 부족하며 무질서하게 보인다.

이러한 정착지들은 도시화, 인구이동 및 주택으로 생겨나는 몇몇 문제에 대한 해결책을 제시할 수도 있다. 이것들은 이주자들의 수용지역이 되며 도시생활에의 적응을 도와준다. 따라서 아프리카나 수마트라에서처럼, 어느 정도 농촌적 방식과의 연속성을 제공해주는 점이적 도시정착지로 간주되어야 한다. 더 나아가 시간이 흐르면서 자조와 정부활동을 통해, 싼 값의 주거지와 안정성을 제공하던 원래의 수준을 훨씬 넘어서서 사회적·공동체적 조직과 서비스를 발전시킬 수 있는 교두보가 될 수도 있다. 무단점유정착지는 따라서 절망의 슬럼이기보다는 희망의 슬럼으로 종종 간주된다. 국제연합은 이 정착지들이 유용한 건축으로 격려되어야 한다고 제안했는데, 그 이유는 철거와 공공주택건설계획을 주도하는 것보다는 현상태(in situ)에서 무단점유자들에게 서비스를 제공해주는 편이 비용이 적게 들기 때문이다.   JE

무역 trade
생산자에서 소비자로의 상품의 흐름. 전통적으로 무역은 도시, 지역, 국가, 국가경제—여기에는 도시내와 도시간, 지역내와 지역간, 국가내와 국가간의 무역—간의 상품의 집합적 흐름을 의미한다.

무역의 원인에 대해서는 두 학파의 견해가 있는데, 첫째, 리카도(David Ricardo)의 고전적 분석은 지역간의 자연적·역사적 차이에 근거를 두고 설명하였다. 즉 무역을 비교우위의 법칙으로 설명하는데 기회비용으로 측정된 상대적 이익이란 모든 참여자 및 경제체제에 무역의 이익을 제고하는 데 필수적이라고 주장하였다. 상대적 이익의 추구는 높은 생산비용에서 더 낮은 비용의 생산활동으로 생산력을 전환시키고 따라서 총생산성을 증가시킬 수 있다. 이와 같은 결과는 헥셔-올린(Heckscher-Ohlin)의 원리에 의해 발전된 비교우위론에서 명확하게 밝혀졌다. 즉, 이 원리에 의하면 비교우위는 각 장소에 존재하는 생산요소의 지리적인 차이에 의해 발생된다. 각 장소가 동일한 생산함수(생산에서 투입과 산출간의 양적 관계)를 가진다고 가정하면, 풍부한 생산요소를 집약적으로 사용하는 상품은 수출하고 풍부하지 않은 생산요소를 집약적으로 사용한 상품을 수입하게 된다.

둘째, 무역을 생산양식간 또는 생산양식내의 교환관계로 설명하는 학파가 있다. 그러므로 봉건제도하의 제한된 무역은—총봉건적 생산가격에 비하여 제한된—값싸게 상품을 구입하여 더 높은 가격으로 상품을 판매함으로써 공간적으로 분할된 봉건사회의 통치권을 이용하여 착취할 수 있었던 상인이 이윤을 얻음으로써 가능하였다. 대조적으로 자본주의의 출현은 총생산액과 생산량을 증대시키고, 대량생산을 통해 상품의 단가를 낮춤으로써 상품의 판매시장을 확대시켰다. 더욱이 자본주의에 본질적인 경쟁적 사회관계는 잉여가치를 실현할 새로운 시장과 급원을 확보키 위하여 항상 무역을 추구하였다. 그러므로 자본주의 경제들간 그리고 전자본주의와 자본주의 경제간의 무역의 양과 범위는 크게 증대되었다. 마찬가지로, 국가사회주의 경제의 출현으로 처음 실시되었던 무역의 제한은 생산물에 대한 수요와 판로를 위한 내외적 압력으로 곧 철폐되었다.

이들 두 학파의 견해는 생산양식에 구체화된 생산 및 교환의 통합된 시스템이 일련의 국가경제에 투사됨에 따라 일치하게 된다. 노동의 조합화 및 가용성에서 그리고 생산력의 자본집약도 또는 발전 수준에서 국가간에 차이가 난다면 선진국 경제는 그 가치 이상으로 가격이 책정된 재화를 낙후된 생산시설과 대규모의 조직화되지 않은 노동력으로 인하여 상품의 가격을 낮게 책정할 수밖에 없는 후진국경제의 가치 이하로 책정된 재화와 교환함으로써 대량의 잉여를 창출할 수 있다. 이와 같은 불균등 교환과정은 한정된 상품 또는 시장에 의존함에 따라 더욱 심화될 수 있다. 불균등교환은 저개발경제로부터 가치의 체계적 수탈과 항구적인 기술격차로 인하여 무역으로부터 영원히 이익을 얻지 못하게 할 수도 있다. 이러한 과정은 선진경제로부터의 수입을 증대시키고, 저개발경제의 전통적인 생산양식에 커다란 악영향을 미쳐 기술적 종속의 심화를 가속시키는 요인이 된다. 그러나 이러한 특징은 선진경제가 전통적인 경제에 침투함으로써 나타나는 보다 일반적인 사회적 종속의 한 단면에 불과하다.

실제로 대부분의 세계무역은 선진경제 사이의 기술발달에 의한 노동분업의 결과로 나타난 선진경제간의 유통이다. 그러나 판매와 교환을 통한 잉여가치(마르크스경제학 참조)의 실현은 많은 문제를 안고 있다. 그러므로 소비재에 대한 시장이 아니라 자본재의 시장을 제공하는 저개발국가의 개발에 장기적이고 지속적인 관심을 가져야 한다. 마찬가지로 식량, 원료, 에너지는 아직도 저개발국가에 의해 많은 양이 생산되기 때문에 전략적 및 상업적 수단을 통하여 이들 공급원을 확보하는 것이 선진국 경제의 재생산을 위해서는 결정적인 요인이 된다(신식민주의 참조).

국가간 상품의 유통은 국제기구 및 국가기구 등의 규제를 받지만, 다국적기업에 의한 여러 지점간의 무역이 증가하면서 그러한 규제는 점차 어려워지고 있는 실정이다. 국가간 무역에 관한 규제가 최초로 나타난 것은 1929년에서 1933년까지 그리고 제2차 세계대전 후의 재편성기로, 이 기간에 무역에 대한 장벽이 만들어지기 시작하였다. 관세, 수입쿼터, 그리고 국가표준규격의 적용과 같은 보다 은밀한 방법이 대표적인 무역장벽으로 이용되고 있다. 1948년에 조직되어 정례적인 모임을 갖고 있는 「관세 및 무역에 관한 일반협정(GATT)」은 전후 보호무역주의에 대한 대응으로 설립되었다. 그리고 1964년 최초로 소집된 유엔 무역개발회의(UNCTAD)는 세계무역에 영향을 미치는 제도를 재조직하고 후진국과의 무역 및 후진국의 개발을 촉진하기 위해 선진국의 무역정책을 재편할 목적으로 만들어졌다. 설탕이나 섬유 같은 특정 상품에 대한 무역통제가 국제적 협정에 의해 실시되었고, EEC, LAFTA(라틴아메리카 자유무역연합), ASEAN(동남아시아 국가연합)과 같은 지역적인 조직체가 관련국가간의 무역을 증진하기 위하여 설립되었다. 그러한 협정에 의해 경제성장이 촉진된다면 외부무역도 증가할 것이다. 그러나 자유무역지구, 관세동맹, 공동시장 등이 회원국이 아닌 다른 국가에 대하여 외부관세를 설정하면 세계무역은 이의 영향을 받아 감소하게 된다.

어떤 시점에서 세계무역의 양은 지구전체의 생산 및 이러한 생산물이 교환되는 제약—사회적·지리적·제도적—을 반영한다. 자본주의적 사회관계의 출현은 생산을 촉진하고 무역의 장벽을 축소시켰다. 이러한 자극은 사회주의 국가경제의 급속한 발달과 COMECON(동유럽경제상호원조회의) 내외에서 행해진 무역능력의 증대로 더욱 강화되었다. 국제무역에서 국가간의 차이는 더욱 불균등해졌고, 국제무역의 성장으로 무역에서 저개발국가가 차지하는 비중은 더욱 감소되었다. 국제무역의 특징을 정확하게 이해하고 설명하기 위해서는 무역을 위한 생산양식의 능력차이에 대한 이해와 동시에, 역사적으로 세계적 노동분업을 형성시킨 결합의 불균등관계는 특정 사회구조에 기인한다는 사실에 대한 이해가 필요하다.   RL

무정부주의 anarchism
국가의 파괴와 주로 자족적 집단들의 자발적 조합으로 국가의 대체를 주창하는 정치철학. 두 명의 초기 무정부주의자들, 크로포트킨(Peter Kropotkin)과 레크뤼(Élisée Reclus)는 지리학자로서 연구하고 실천했으며, 그들의 저작들은 최근 재발견되어 급진지리학내의 비판을 위한 토대로 이용되고 있다.   RJJ

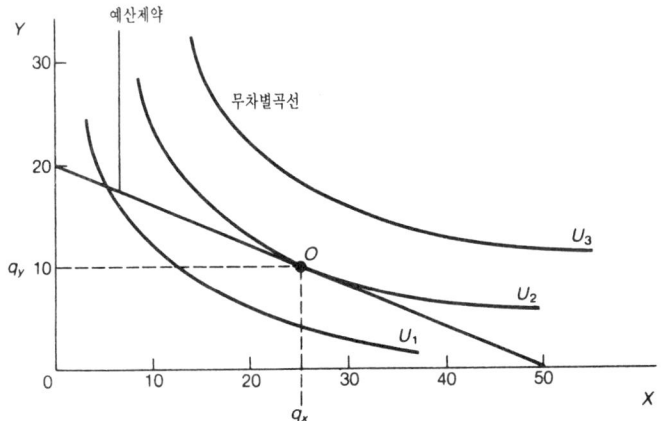

무차별곡선 소비자 만족의 극대화(점 O)는 소비자가 지출가능한 규모를 나타내는 예산제약곡선과 최상의 무차별곡선이 접하는 곳, 10단위의 Y와 25단위의 X인 곳에서 결정한다.

무차별곡선 indifference curves

각 개인은 어떤 조합을 선택하든 무차별적이 되는 방식으로 두 사항의 양의 조합을 연결한 선(135쪽 그림 참조). 무차별곡선은 신고전경제학의 분석적 기하학의 한 부분이다. 일반적 형태에서 무차별곡선은 소비자들에게 같은 수준의 만족 혹은 효용을 제공하는 두 상품의 조합을 보여준다. 소비자들이 곡선을 따라 움직임으로써 한 상품은 다른 상품으로 대체된다 ; 만일 합리적으로 행동한다면, 그들은 비용이 최소가 되는 조합을 선택할 것이다. 도시토지이용에 관한 알론소모형에서 사람들은 통근과 주거에 대한 고정된 양의 금전지출의 조합과 관계되는 무차별곡선을 가지는데 이것은 거주지 선택에 관한 분석에 유용하다. 후생경제학에서 공동체는 개인적 선호의 총체를 반영하는 무차별곡선을 가진다고 가정하는데, 이것은 집합적 소비의 분석에 이용된다. DMS

문제성 problematic

문제들이 언술(discourse)내에서 구명되고 이에 의해 문제들이 인식되는 개념들과 증거들 속에서 '드러나는' 방법들을 결정하는 틀. 이 용어는 마틴(Jacques Martin)에서 유래하지만, 마르크스(Marx)에 관한 알튀세(Althusser)의 '징후적' 독해를 통해 널리 사용되었다. 여기서 그는 다양한 텍스트들의 외형적 형태 이면에서 작동하는 개념들의 체계들을 밝히고, 특히 마르크스가 이데올로기로부터 과학으로의 전환을 이루었다고 가정되는 인식론적 변환점을 규명하고자 했다. 이 개념 자체는 현대 구조주의에 많이 의존하고 있으며, 따라서 이는 패러다임에 관한 쿤적(Kuhnian) 개념과 외형적으로 상당히 유사하지만 사실 이와는 매우 다르다. 비록 이 용어는 관례적 축약어로서 특히 마르크스주의적 이론에서 널리 사용되지만, 알튀세의 특정용례는 여러가지 비판들, 가장 분명한 점으로 언술이 생산되는 외적 과정과 그리고 그 자체 내적 의존과 연계융합에 관한 비판을 받았다(Hindess, 1977 참조). DG

문화 culture

사회과학에서 가장 복합적이고 중요한 개념의 하나인 문화는 역사적으로 가장 잘 접근할 수 있다. 윌리암스(Williams, 1977)는 근대 이후 문화의 의미가 숙련된 인간행동(농업이나 포도재배 등)에 관한 것에서부터 인간집단의 행동 전체(요루바 문화, 부르주아 문화) 그리고 세련된 개인의 정신(문화인이 되는 것)에 관한 것으로 변하다가, 마침내는 그런 정신에 의해서 지칭되고 생산된다고 생각되는 지적이고 예술적인 행동의 집합에 관한 것으로까지 변화했음을 지적하였다. 윌리암스는 변화하는 문화의 의미가 개인적이고 집단적인 인간본성의 이데올로기적 설명 속에 어떻게 반영되어왔으며 어떠한 방식으로 변화를 촉진해왔는가를 문화의 역사로부터 회복해야 한다고 주장했다(이데올로기 참조).

문화지리학에서는 일반적으로 집단적인 지적·정신적 산물의 사회적 전통이나 인간행동의 형태보다는 물질문화에 관심을 집중하였다(Tuan, 1974, 1977 참조). 이 경우 지리학자들은 인류학에서 발달한 문화개념을 따라왔다(문화지리학 참조). 지리학에서 지속되어온 경제주의적 관점에서는 항상 문화를 인간의 공간조직을 설명하기에는 약하고 부수적인 개념으로 취급해왔다. 문화에 관한 가장 영향력 있는 지리학자인 사우어는 인간집단의 경제가 문화로 둘러싸여 있다는 것을 깨닫고 있었다(Sauer, 1941 ; Sahlins, 1976).

의미들과 의미있는 행동들의 공유집합인 문화에서의 초점은 인간행동, 상징력, 의례의 재생산적 의의, 인문지리학적 설명에 있어서 일반적으로 경제적 구조에 두어진 비중의 수정을 불가피하게 강조한다. 그러나 이것은 다른 사회과학에서 문화를 보다 넓은 사회이론에 접합시키는 것과 마찬가지로 인문지리학에서도 쉽지 않다. 그렇지만 최근 비판적 인문지리학내에서 물질생산으로서 문화이론을 발전시키려는 노력이 일어나고 있다(Cosgrove, 1978, 1983 ; Thrift, 1983). 이러한 움직임은 윌리암스(1976, 1977, 1981)와 '현대문화연구를 위한 버밍햄센터'나 '글라스고 매체연구 그룹'(Gold and Burgess, 1985)에 의하여 발전된 이론에 기초하고 있다. 여기에서의 문화는 지배적 이데올로기에 저항하는 전략으로서, 소수집단들이 발전시킬 수 있는 사회적 재생산의 적극적 힘으로 간주되며 따라서 그것은 '하위문화(subcultures)'이다.　　　DEC

문화경관 cultural landscape

"어떤 문화적 선호와 가능성을 구현하는 하나의 주어진 인간공동체와 특정 자연환경의 조합간의 복합적 상호작용의 구체적이고 특징적 산물. 이로서 여러 시대의 자연적 진화와 많은 세대에 걸쳐 이룩된 인간노력의 유산이다"(Wagner and Mikesell, 1962). 이는 특히 버클리학파에 의해 발전되면서 한 지역의 인문화된 지리학적 내용보다 넓은 문화공동체 구성원으로서의 인간인자에 의해 영향 받은 변화와 수용된 전략이 잘 표출된 특정 타입의 지리적 총체를 뜻하게 되었다.

문화의 요람지 개념의 연장으로서 문화경관 연구는 특수한 목적에도 불구하고 여러가지 보충적 역할을 한다. 중요한 것들로는 경관의 전체적 조화에 대한 체계적 기술 ; 문화유형의 지역적 분류(생활양식 참조) ; 자연지역이나 고향과의 인문적 관계연관성 해명(지외경심, 장소애 참조) ; 경관변형에서 인간행동의 고찰(현상적 환경 참조) ; 사회적 혹은 문화적 집단과 그들의 공간조직화의 역동성과 가시적 흔적(문화 참조) 조사연구 등이다. 문화경관에 대한 고찰이 필수적으로 '자연적' 힘에 기인하는 것이 아닌 인간점유에 의한 경관간의 차이의 연구에 초점을 두기 때문에 환경결정론의 교리에 대한 범주적 거부를 전제 자체에 포함한다. 그러나 행태적 환경에 대한 연구에서처럼 문화경관의 진화에 대한 설명이 자연환경의 영향을 부인하는 것은 아니다. 참으로 자연지리는 문화출현의 유형에, 직접적으로는 거주지형성과 간접적으로는 인간주체의 반응과 적응을 불러일으킨다는 점에서, 본질적인 것으로 보인다. 그럼에도 불구하고 자연환경은 인문화된 문화경관의 조건을 설명하는 기본원천이 되기보다는 인자들이 그 위에 자신들의 문화적 구조에 규정된 방법으로 고유한 이상을 조각하는 무대이며 환경적 패턴형성으로 나타난다(도표 참조). 사우어는 이렇게 쓰고

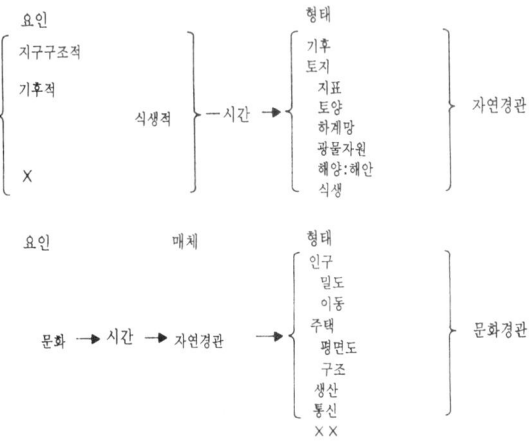

문화경관 자연경관과 문화경관(출처: Sauer, 1925).

문화경관

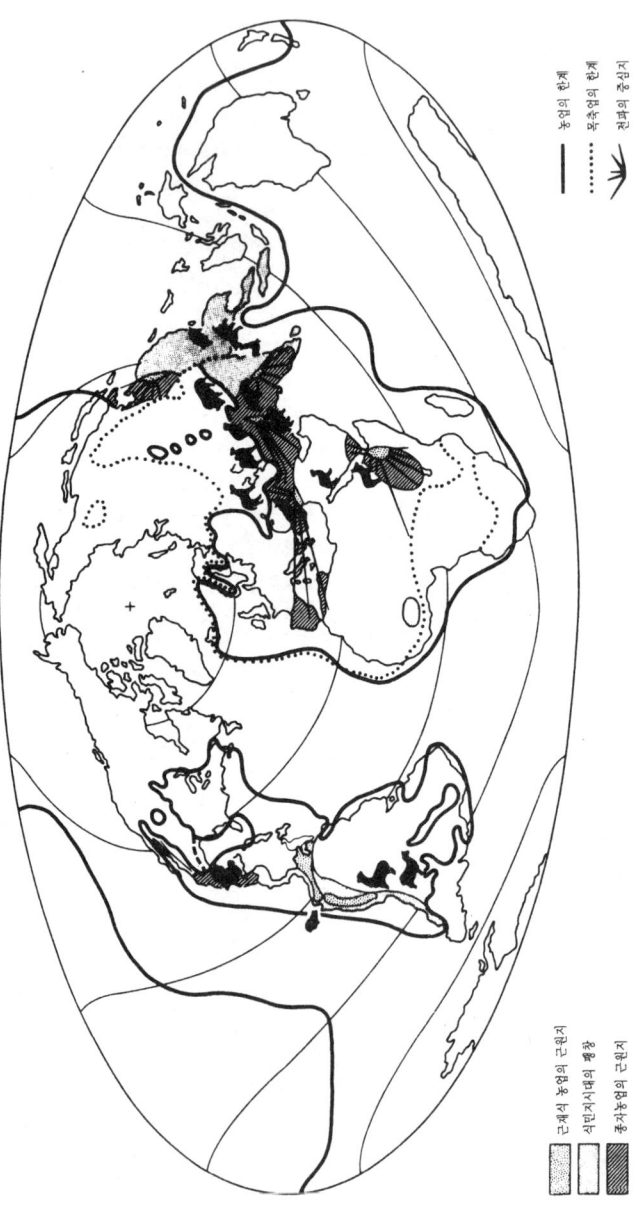

문화의 요람지 작물화와 가축화의 근원지. A.D. 1500년경의 농·목축업의 한계(출처: Sauer, 1925a에 따름).

있다(Sauer, 1925): "문화경관은 문화집단에 의하여 자연경관으로부터 형성된 것이다. 문화는 인자, 자연지역은 매개체, 문화경관은 그 결과가 된다. 시간이 지나면서 스스로 변화하는 주어진 문화의 영향 아래에서 경관은 단계를 거치면서 발전해나가며 그리고 아마도 그 발전윤회의 끝에 결국 도달하게 될 것이다. 상이한 해외 문화를 도입함으로써 문화경관은 회춘에 들어가거나 아니면, 새로운 경관이 과거의 유물 위에 겹쳐진다"(문화접변, 문화지리학, 형태학 참고). MDB

문화생태학 cultural ecology

한 문화집단, 즉 물질적이며 정신적으로 공통의 생활양식을 공유한 집단과 그의 자연환경간의 관련성 연구. 이는 동·식물이 자신의 서식지를 특정방식으로 이용하고 적응하는 생활양식에 관한 생물학적 유추에서 나왔다. 그런데 이론에서 이 개념이 인간집단에 적용될 때는 상호적 관련성을 함축한다. 이 점에서 자연환경은 집단의 요구를 충족시키기 위하여 사실상 그리고 개념적으로 변형된다. 가끔 생물학적 비교가 지나치게 강하게 드러나서 인간의 문화가 자연환경 속에서의 생존전략이란 관점으로 설명되기도 한다. 미국의 구조적 기능주의 인류학(구조기능주의 참조)의 입장에 선 문화지리학자들은 특히 원시적 인간집단들 속에서의 물질문화의 유형(작물결합, 농기구, 건물형태 등)을 흔히 환경적 필요에 대한 적응으로 설명했다.

문화생태학은 인간생태학의 한 분야로서 공유된 행동과 의미(문화 참조)를 강조하는 학문으로 볼 수 있으나, 이 또한 20세기초 30년 동안 특히 미국 사회과학이 이루어낸 경향의 산물이다. 그 속에서 우리는 20세기초 지리학이 라마르크설과 사회적 다원주의 형태의 영향을 크게 받았다는 예를 찾을 수 있다. 그리고 문화를 특정한 생태학적 적소에서 살아남기 위하여 적응·진화하는 유기체와 같은 것으로 구체화하려는 의지를 알 수 있다(Eyre and Jones, 1966 ; Sauer, 1952; Wagner, 1960). DEC

문화의 요람지 cultural hearth

특정의 문화경관과 연관된 문화집단이 기원한 중심이나 장소. 이 용어는 특히 사우어(Sauer)와 버클리학파에 의하여 특징적 농업체계의 기원을 검토하는 데 사용되었다(그림 참조). 요람지는 문화집단과 연관된 체제가 나중에 확산될 수 있는 배양의 터전이다(문화접변, 확산 참조). 사우어(1952)는 부분적으로 라첼(Ratzel)의 자연적 '묘판' 개념을 빌렸다(인류지리학 참조). 이곳은 요람지역의 초기발전에 유리한 몇가지 특징을 가지고 있는데, 그 중에는 집약적 이용을 가능케 하는 제한적이지만 가치 있는 생존기반 ; 몇가지 요소는 풍부하지 않지만 적당한 양의 다양한 원료 ; 계곡지형 ; 쉽게 교체되는 자연식생 ; 뚜렷한 성장과 휴식계절 ; 적당한 연중기후(생활양식 참조) 등이 있다. MDB

문화접변 acculturation

한 인간집단의 관습과 행위를 배우면서 문화를 받아들이는 과정. 지리학에서는 보통 이주해 들어온 집단이 시간이 지나면서 다수 기존 공동체의 문화를 받아들이는 것을 의미하는 데 사용한다. 따라서 이것은 도시내부의 소수 민족집단, 인구이동에 대한 연구에 적용될 수 있다. 도시에서는 문화접변 정도가 거주지나 고용의 분포 혹은 장소의 의례적·상징적 사용과 같은 지리학적 지표로 측정될 수 있다는 것이다(Jackson and Smith, 1981 ; Peach, 1975). 이것은 또한 인구이동에 대한 역사적 연구에도 적용될 수 있는데, 특히 19세기의 미국과 같은 온대거주지로의 인구이동이 그 예이다(Berkhofer, 1964;Meinig, 1971 ; Ward, 1971). 문화접변은 동화와 대비될 수 있는데, 동화는 소수집단에 의한 행동유형 채택이라기보다는 사회적이며 구조적인 통합에 관한 것이다. 이 개념은 문화접촉, 문화충돌, '멜팅포트'(melting pot:인종이 뒤섞인 곳-

역주) 그리고 민족적 관계 등의 문제에 관한 것이다. 오늘날 사회적 실천과 이론에서, 문화접변 개념은 영국에 살고 있는 서인도제도인, 미국의 스페인계 인디언 혹은 캐나다의 프랑스어 사용자들과 같은 소수 문화집단들에 대한 민족적 다양성의 수용과 개별성의 권리허용에 실패했다는 비판을 받기도 한다. 발전 연구에서 식민주의하에서 유럽문화의 수입과 강제의 결과로 나타난 문화적 종속의 개념은 문화접변의 또다른 측면을 나타낸다. 이는 문화집단간의 힘의 불균형을 보다 결정적으로 드러낸 것이다(Bell, 1985 ; Cohen and Daniel, 1981). DEC

문화접촉 culture contact

서로 다른 문화집단이나 생활양식이 이동, 이주, 영토확장 등을 통하여 서로 접촉하거나 섞이는 것을 의미한다. 문화의 요람지 개념의 기본은 세력있는 문화집단이 자원적 기반이나 영토확장을 위해서, 흔히 약소한 문화집단을 희생시키면서 성장, 확장하는 경향을 가진다는 것이다. 여기서 일어나는 문화충돌의 결과는 특정 문화의 완벽성이나 그 세력에 의해 좌우된다. 즉 19세기 식민주의하에서는 서구유럽문화가 다른 지역의 토착문화를 약화시키거나 소멸시켰다. 또한 동등한 세력을 가진 문화가 만나면 새로운 동화된 형태의 문화가 나타나는 경향이 있다. 최근에는 국제적인 이주를 통하여, 소수 문화 또는 소수 민족집단이 거대집단내에서 자급적 사회공동체를 형성하고 있는 경우가 많다. 이들은 생존하기 위하여, 전통적 문화의식을 강화시키거나 분리에 의해 공간적으로 제한된 특정구역이나 게토를 형성한다(엔크레이브, 심장지역, 제국주의, 통합 참조). MDB

문화지리학 cultural geography

물질적・비물질적 인간문화가 자연환경 및 공간의 인문적 조직화에 미치는 영향에 초점을 두는 인문지리학의 한 분야. 이러한 과정에 대한 정의는 문화의 의미에 대한 의문을 불러일으키고, 문화에 대한 이론화는 여러 문화지리학 학파간의 상이한 요소로서 받아들여질 수 있다.

20세기 문화지리학의 주된 전통은 북미에 있었으며 미국과 캐나다에서 공통적인 문화지리학 과정은 영국의 고등교육과 서독 이외의 유럽대학에서는 비교적 드물다. 미국의 전통은 사우어(C.O. Sauer, 1952a, 1966)의 저술과 가르침 그리고 버클리학파에 밀접하게 관련된다. 사우어의 관심은 지표면을 변화시키는 인간간섭의 범위: 작물화와 가축화, 그 확산, 산불생태와 수리기술, 경작양식과 인간의 토지점유에 영향을 주는 모든 종류의 인간행동 그리고 그 지리적 다양성 등에 걸쳐 있다. 사우어는 생태학적으로 인간의 지구이용에 접근하였는데, 그는 라첼(Ratzel)의 제자인 셈플(E. C. Semple)에 의하여 미국에서 대두된 환경결정론 학파에 매우 비판적이었으나, 그 자신은 결국 같은 생물학적 원천을 가진 생태학적 개념에서 강한 영향을 받았다. 사우어의 초기 문화개념은 인류학자이며 아메리카 인디언 문화연구가인 크로버(A. L. Kroeber)로부터 도출되었다. 그러나 문화연구에 가장 적합한 지리학적 개념은 경관(Landschaft)이란 독일어 개념으로부터 도출된 경관에 관한 것이다. 이에 대한 고전적 기술이 바로 사우어의 『경관의 형태론(The morphology of landscape, 1926)』인데 여기에 문화지리학의 방법론이 제시되어 있다: "문화경관은 한 문화집단에 의하여 자연경관으로부터 만들어진다. 문화는 인자, 자연지역은 매개체, 문화경관은 그 결과이다." 문화경관 연구에 적합한 방법은 형태학적 분석과 일반적 경관유형을 추출하기 위한 종합이었다(형태발생론, 형태학 참조). 사우어는 나중에(1952b), 초기 작물화와 확산에 관한 연구뿐 아니라 미국남서부와 스페인령 아메리카에 대한 자신의 연구를 통해서 지표면을 변형시키는 인간간섭의 연류과 복합성이 드러남에 따라, 특히 자연경관과 문화경관을 엄격하게 구분하는 경직된 구도를 수정하였다.

사우어의 문화지리학에 대한 접근은 개념적으

로 폭넓고 방대한 『지표면을 변화시키는 인간의 역할(Man's role in changing the face of earth, Thomas, 1956)』에 대한 극단적 강조를 보이는데, 이 논문집은 사우어가 주도한 회의의 결과로 나온 것이다. 여기에 실린 논문과 토론에는 사우어의 문화지리학 개념의 폭과 전지구적 관점에 대한 그의 관심, 오늘날 소위 '하나의 지구'라는 가치로 불릴 수 있는 것들이 제시되어 있다. 중요하게 다루어야 할 것은 사우어 자신의 문화개념이 결코 분명히 밝혀진 적이 없으며, 그의 문화지리학에 대한 접근은 최근 그의 이론적 취약성, 특히 그의 문화개념이 가진 '초유기체적' 성격(Duncan, 1980) 그리고 문화를 생산적 사회관계와 연결시키는 데 실패한 점(Cosgrove, 1983) 등으로 인하여 비판되고 있다. 문화지리학의 버클리학파는 그럼에도 불구하고 경험적 연구에 관한 한 지극히 활발했다. 와그너(Wagner)가 여러 차례 시리즈로 편집해낸 이들의 저작은 가옥형태, 종교적 기원의 패턴, 미국 문화지리학, 인간의 공간행동 기반으로서 상징적 통신 등 다양한 주제에 걸쳐 광범위하고 풍성하다.

영국에서는 이러한 문화지리학적 접근으로 분류될 수 있는 많은 주제가 <u>역사지리학</u>의 관심분야로 분류된다. 다비(H. C. Darby, 1951)는 인간이 삼림을 제거하고 황무지와 늪지를 개간하는 등의 지구를 변화시키는 행위를 역사지리학에서 연구할 것을 주장했다. 다비가 『지표면을 변화시키는 인간의 역할』의 필자의 한 사람인 것은 놀라운 일이 아니다. 사우어는 문화지리학이 문화사의 일부임을 주장하고 미국 인문지리학자 다수가 취하고 있는 <u>구조기능주의</u> 입장을 비판하면서 문화적 연구의 역사적 측면을 항상 강조하였다.

공간분석과 지리학적 '적실성'의 시대에 문화지리학은 쇠퇴의 길을 걸었다. 그러나 버클리에서는 문화지리학이 잘 확립되어 있었으며 <u>계량혁명</u>이 최고조에 달했을 때 글라켄(Clarence Glacken)의 환경사상의 역사에 관한 위대한 저술인 『로즈섬 연안의 궤적(Traces on the Rhodian Shore, 1967)』은 학계의 뛰어난 업적의 하나로 우뚝 섰다. 급진주의적이고 인간주의적인 비판이 인문지리학에서 발전함에 따라 문화지리학은 어느 정도 관심의 부흥을 보였다. 그러나 그것은 버클리학파와는 다른 이론적 전제, 방법, 그리고 소재를 가진 것이었다. 일부 인간주의 지리학자들은 과거처럼 주로 촌락을 중심으로 하고 전근대적 사회의 물질문화에 주제를 한정하기보다는, 현대적 문제, 도시사회의 문제를 연구하기 시작하였으며 문화에 관한 최신이론 ; 헤게모니, <u>이데올로기</u>(Billinge,1984 ; Cosgrove, 1984 ; Meinig, 1979 ; Pocock, 1982)를 채택할 뿐 아니라 문학, 회화와 예술(문화 참조)과 같은 형식의 비물질문화에 초점을 두기 시작했다. 사우어적 문화지리학의 전통이 조던(Jordan)과 같은 학자에 의해서 유지되고 있지만, 인문지리학내에서 미래의 연구와 교수의 방향에 보다 큰 영향이 기대되는 것은 이러한 이론적으로 정통한 '새로운' 문화지리학이다. 왜냐하면 지리학의 경제주의와 과학주의에 의하여 흔히 잊혀진 관점과 증거를 제공하면서도 지리학 속에서 비판적 접근의 이론적 공간을 공유하기 때문이며 또한 일반적으로 많은 지리학자들 속에 '문화'에 대한 불신이 있기 때문이다.

DEC

문화지역 culture area

<u>문화생태학</u>에서 파생된 개념으로, 인간집단의 문화적 특성이 같다고 여겨지는 지역을 가르킨다. 여러 전통적인 <u>문화지리학</u>의 개념과 마찬가지로, 이 개념은 라첼(Ratzel)의 문화지역(kulturprovinz) 개념에서 만들어졌고, 미국의 인류학자인 크로버(A. L. Kroeber)와 베네딕트(Ruth Benedict) 등이 미국북부 원주민집단과 그들의 공간확장 등을 연구하면서 미국 지리학으로 도입되었다. 흔히 학자들은 문화지역 개념을 연속적인 세 지대로 나누어 사용하고 있다. 즉 (a) 특정문화가 배타적, 준배타적으로 영향을 미치는 중심(core) ; (b) 특정문화가 지배적이기는 하나 배타적이지 않은 영역(domain) ; (c) 특정

미국지리교육학회

문화속성이 나타나기는 하나 다른 문화에 비해 배타적이지 못한 권(圈, realm)이 그것이다. 이 연구의 고전적인 예로, 메이니그(Meinig, 1965)에 의해 행해진 미국 유타 주의 몰몬(Mormon) 문화지역에 관한 연구를 들 수 있다. 이 연구는 자연환경과 인간의 생활양식 사이의 상호작용의 결과로 이루어진 경관의 특징을 설명하는 데 연구의 중점이 주어졌다. 문화지역 개념은 프랑스 지리학의 지역(pays)의 개념을 가지고 있고, 이 개념은 생물학적인 인간-환경 관계에 기초하고 있다(라마르크설 참조). 라첼로부터 나온 독일 정치지리학에서의 문화지역개념은 다윈의 적자생존 개념과 관계되는 유기체적 차원을 가지고 있는데, 이는 각 문화가 생활공간(Lebensraum)을 확장하려 한다는 것과 같은 문화지역간의 확장과 갈등개념을 가져왔다(Dickinson, 1969). 이러한 생각은 터너(F. J. Turner)와 매킨더(H. J. Mackinder) 등의 지역이론에 응용되면서 영·미의 지리학 사상에 도입되었다(Kearns, 1984)(변경논제 참조). DEC

미국지리교육학회
National Council for Geographical Education

영국의 지리학회(Geographical Association)에 상당하는 전반적인 지리교육의 발전을 위한 미국학회. 이 학회는 『지리학잡지(Journal of Geography)』를 매년 7번 발간한다. RJJ

미국지리학회
Association of American Geographers(AAG)

미국 지리학자들의 모임이며 세계의 주도적인 지리학 모임 중의 하나이다. 미국지리학회는 몇 번의 사전모임을 거친 후 1940년 필라델피아에서 창립되었다. 제2차 세계대전까지는 규모가 작고 배타적인 성격이었으며 그 모임에 회원으로 선출된다는 것은 전문가로서의 승인을 얻는 것을 의미하기도 했다 ; 1941년에 회원수는 단지 167명뿐이었다.

교육받고 실무를 담당하고 있는 많은 지리학자들이—미국 연방정부에 소속되어 있던 대다수의 사람을 포함하여—미국지리학회(AAG)에서 제외되었다. 이에 대한 반동으로 AAG로부터 제외된 많은 지리학자들은 '미국전문지리학회'(ASPG : American Society for Professional Geographers)라는 모임을 만들었으며, 회원의 일부는 미국지리학회의 회원이었다. 이 단체는 급격히 성장하였고, 5년만에 천 명 이상의 회원이 가입하였다(같은 시기에 AAG의 회원은 306명이었다). 이 두 모임간의 상호관계를 회복하고자 몇 차례의 시도들이 있었고, 1948년에 이 두 단체는 새로이 설립된 AAG로 합병되었고, AAG는 그 이후 더이상 배타적인 성격을 띠지 않았다. 새로이 창설된 AAG는 "지리학에서의 좀더 전문적인 조사를 진척시키고, 교육, 행정 비지니스 분야에서의 지리학적 발견들의 적용을 고무시키는 것"을 그 목적으로 한다. 회원가입은 그 모임의 목적에 관심이 있는 사람이라면 누구에게든지 개방되었고, 현재 약 6천 명에 이르는 회원들은 미국의 대부분의 교수와 대학원생들, 교육분야 이외의 영역에서 일하는 많은 지리학자들, 그리고 외국인 학자 등으로 구성되어 있다.

창립 때부터 그 학회의 주된 활동들은 다른 대부분의 학문적 모임과 마찬가지로 논문발표회와 출판사업에 집중되었다. 매년 열리는 회합에서는 수백 편의 학술논문이 발표되며 2천 명이 훨씬 넘는 회원들이 참가하고 있다. 또한 그 학회의 분과모임에 의해서 조직된 지역회의도 있으며, 그 회의는 대부분 1년에 1회를 기본으로 하고 있다. 1970년대말에 그 학회는 전문분과제(Specialty Group)를 도입시켰는데, 이는 지리학내에서의 각 영역들을 더욱 발전시키기 위한 것이었다. 현재 35개에 달하는 이 (영역) 모임의 대부분은 매년 열리는 회합에서 특별회의를 개최하고 있다.

『미국지리학회지(The Annals of the Association of Amercan Geographers)』라는 주요잡지가 1911년에 만들어졌으며 년 4회 발간되어 왔다. 이 잡지는 많은 사람들로부터 세계에서 주도적인 영어 지리학잡지로 간주되어왔다(몇몇 지역분과모임도 잡지를 발간하고 있다). ASPG와 합병한 이후 AAG는 『전문지리학(The professional Geographer)』이라는 잡지도 발간하는데, 짧은 연구기록을 담아 연 4회 만들어지고 학문적·전문적 논쟁(토론)의 장으로서 역할을 하고 있다. 또한 월간 『소식지(Newsletter)』와 기타 간행물들도 있다. 규모가 큰 학회에서 다 그러하듯이 회합과 출판 이외의 다른 활동영역들도 있다. 특별위원회들이 대규모의 공동연구 계획을 진전시키고 모든 단계에서의 지리교육에 영향을 주기 위한 몇몇 시도들을 포함하여, 다양한 영역에서의 활동을 추진시키기 위해 설립되었다(후자는 1960년대와 1970년대의 대규모의 '고등학교지리교육계획(High School Geography Project)'을 포함한다). 이 학회의 본부는 워싱턴에 있으며 학회소유의 건물과 5명의 행정 실무진이 있다. RJJ

미국지리협회
American Geographical Society(AGS)

1851년에 설립된 미국 최고의 지리협회. RGS(영국지리협회)와 마찬가지로 이 협회의 설립은 19세기의 신대륙 발견에 대한 깊은 관심을 반영한 것이며 국내외에서 그러한 관심을 촉진시켰다. 회원자격은 미국지리학회(Association of American Geographers)와 같은 학술단체보다 더 개방적이다.

20세기에 미국지리협회(AGS)는 당시대의 학술 연구에 좀더 밀접하게 관여하였으며 연구를 후원하고 책, 특히 지도발행에 활동적이었다. 동시에 탐험도 장려하였다. 이 협회가 가장 활동적이었던 시기 중 하나는 바우만(Isaiah Bowman, 1915~1935)이 협회를 이끌던 시기였는데 그는 자금문제로 그의 연구와 출판계획을 지원하는 데 효율적이지 못했을 때 협회를 사직하였다. 1950년대와 1960년대에 AGS는 거시지리학에 관한 연구팀과 같은 연구팀을 후원했었다. 1970년대에 재정의 어려움으로 위스콘신 대학 밀워키 캠퍼스로 협회의 도서관이 이전해야 했는데 협회의 본부사무실은 지금도 뉴욕에 남아 있다.

미국지리협회의 주요출판물로는 가장 유명한 지리학 정기간행물 중의 하나로 1910년에 창간된 『지리학 리뷰(Geographical Review)』가 있는데 연 4회 발행된다. RJJ

미수복지 병합주의 irredentism

국경을 넘어 인접국에 살고 있는 소수 자국민이 역사적·문화적으로 자신에게 귀속한다는 국가 정부의 주장이다. 이는 선전공세 혹은 그 주장을 정당화하기 위한 전쟁의 선포에까지 이르기도 한다.

최근 가장 심각한 미수복지 병합주의 갈등의 하나는 소말리아에서 있었다. 이 나라의 서부국경이 기하학적으로 구획됨으로써 수많은 아랍어 사용 회교도들의 본거주지가 에디오피아에 고립되어 남게 되었다. 선전전과 국경전초전이 지난 수년 동안 강대국의 재정적, 군사적, 그리고 기술적 지원이라는 제한된 참여 속에 전면전으로 발전되었다. MB

민속방법론 ethnomethodology

사람들이 세상을 이해하고 그것에 질서를 부여하는 일반적이고 보편적인 방법들을 발견하는 여러 절차들. 민속방법론은 참여관찰에 의하거나, 공공기록을 이용 또는 구성하거나 그리고 배경적 가정을 알기 위해 일상의 상황에 끼어들거나 하여서 질서의 표출(apperance)과 공유한 규율에 대한 인상(impression)이 어떻게 유지되는가에 초점을 맞춘다. 슈츠(Schutz)의 현상학적 사회학에 의하면(현상학 참조), 민속방법론의 장점은 통상적인 사회과학을 비평하는 데 있다. 특히 통상적인 사회과학은 의미를 맥락적으로 이해하지 못한다는 것이다. 의미는 세계를 이해하기 위하여 이용되는 지표적 표현을 제공하는 독특한 상황에 전적으로 의존한다. 그래서 민속방법론은 독특하고, 묘사적이고 개성기술적

인 것에 관심을 집중한다. 그것은 요점이나 일반화의 가능성을 보는 것이 아니다.   JE

민속지 ethnography
참여관찰과 정성적 방법과 연관된 연구방법으로서 피관찰자들에게 질문을 하기도 하고, 그들이 말하는 것을 듣기도 하고, 그들에게 일어나는 사건들을 주시하기도 하는 등 피관찰자의 일상생활에 공개적으로 또는 은밀하게 참여하는 것을 요구하는 방법. 그래서 민속지는 일상생활에서 사람들이 세상을 이해하는 방식과 유사하다. 민속지를 통하여 우리는 문화적 지식을 발견할 수 있고, 사회의 상호작용에 대한 상세한 패턴을 밝힐 수 있고, 사회에 대한 총체론적 분석을 할 수 있으며 이론을 개발하고 검증할 수 있게 해준다. 그러나 민속지의 가장 뛰어난 장점은 사회를 있는 그대로 기술할 수 있는 능력에 있다.
   JE

민족 nation
구성원들의 영역에 대한 역사적 애착과 공동의 문화에 뿌리박은 유대의식. 그리고 다른 민족과 다르다는 의식으로 단합된 인간공동체. 비록 민족주의자들은 민족과 국가 중 어느 한쪽이 없이는 어느것도 완전할 수 없기 때문에 서로 동일 운명체로 되어 있다고 일반적으로 주장하지만, 이 용어는 흔히 각 국가와 한 민족이 서로 일치한다는 가정 위에 국가 혹은 민족국가가 서로 교체될 수 있는 것으로 잘못 쓰이고 있다(민족주의 참조). 앤더슨(Anderson, 1983)은 다음 4가지 이유를 들어 '민족'은 다른 무엇보다도 더 '상상된 공동체'에 불과하다고 주장한다: (a) 한 개인활동이 제한된 범위를 가짐에도 불구하고, 민족은 그의 국지적 환경의 범위보다 더 넓은 교류의식과 연결된다; (b) 민족은 한정된 국경을, 탄력적이라면, 넘으면 다른 나라가 존재한다는 사실로 지리적 범위가 제한된다고 상정된다; (c) 민족이 주권으로 상정된다. 그래서 주권국가에서 이상은 자유이다; (d) 민족은 다른 공동체의 분할을 포괄하는 영역적 관련성에 기초하는 공동체로 상정된다.   GES

민족성 ethnicity
공동의 인종적·문화적·종교적 또는 언어적 집단과 연관되는 것. 민족성을 기반으로 민족집단은 보다 큰 인구내에서 독특한 성격의 집단으로 구분된다(또한 민족집단, 인종 참조).   PEO

민족주의 nationalism .
(a) 민족에 대한 소속감; (b) 정치적 이데올로기에 해당하는 것으로서, 영역적 단위와 민족적 단위는 자율적으로 일치하는 연관성 속에서 공존할 수 있도록 허용되어야 한다고 주장한다. 민족주의는 카멜레온처럼 권위주의적 집산주의(예를 들면 파시즘, 우익운동)나 다른 민족, 국가, 혹은 제국에 의한 지배에 대항하는 민주주의적 운동 등 다양한 사회영역적 배경과 대조적 환경에 적용될 수 있다. 민족주의는 민족자결주의에서 나왔는데, 민족은 자신의 일을 스스로 결정할 자연권을 가졌다고 스스로 생각한다.

겔너(Gellner, 1964)에 의하면, 민족주의는 "산업화나 근대화와 관련되었다기보다는 그것의 불균등한 전파와 관련된 현상이다." 그러나 '민족국가'가 대두하면서 서구에서 기원한 민족주의는 19, 20세기 유럽지도를 재조직하는 결과를 가져왔고 제3세계의 정치적 각성에 주된 힘이 되었다. 그러나 민족주의는 민족 그리고 영토자치라는 목적을 달성·유지하기 위한 기회를 결정하는 객관적 조건에 대한 관계가 달라짐에 따라 다양한 형태를 취한다. 한편으로 민족국가 이념을 강화하거나 선양하는 후기-국가 민족주의(post-state nationalism)가 있다. 민족의 신화나 도상 대신에 국가행동은 '민족단결'과 '민족적 이익'(도상학 참조)에 호소함으로써 국내적 그리고 국제적으로 모두 정당화될 수 있다. 다른 한편에는 여러 형태의 소수민족 혹은 아국가민족주의(substate nationalism)가 있다. 이것은 미수복지 병합주의자(인접국에 있는 동일민족과 함께 분리와 단결을 추구하는 변경인민들), 반식민주의(여기서 민족주의자들의 요구는, 예외도 있지만, 종족적으로 이질적인 인민의 식민지지배에 대한 공동대응 및 반대에 우선적으로 기초한다) 그리고 종족(공통적인 경험, 문화, 그리고 가끔은 언어가 영역자치 또는 완전한 분리주의라는 요구를 정당화한다) 등에 기초한다. 마지막 것은 특히 유럽의 경험과 연관된다.

최근까지 보수적인 학술적 입장에서는 종족적 민족주의가 중앙집중화하며 단일적인 국가의 성공적 지방침투와, 대중사회와 연관된 동질화하는 힘 양자의 결과로 근대성이라는 산성 욕조 속에서 용해되어버리고 말 것이라 생각했다. 그러나 소진되기는커녕 유럽, 캐나다, 그리고 소련에서 나타난 수많은 예는, 산업화되었지만 문화적·정치적으로 다양한 사회전역을 통하여 민족에 기초한 영역적 단위와 그 정치화가 존속하여 잘 발전된 국가의 안정을 위협한다는 것이다. 이렇게 민족주의가 존속하고 집착되는 것은 3가지 설명 가운데 하나를 따르는 경향 때문이다 :

(a) 첫째는 전국적인 영역화과정에 일치하기 위한 사회경제적·정치적 압력이라는 조건에서 안전, 생존, 재생을 추구하는 민족적 영역공동체를 위한 자동적 준거점을 제공하는 것으로-언어, 종교, 민족적 배경, 친족유형 등-민족적·문화적 징표의 중요성을 강조한다(Mayo, 1974). 그러나 비록 공동체에 대한 위협과 영국, 프랑스 그리고 소련 등과 같이 점차 중앙화되고 관료적인 국가의 비인간화 경향이 의심할 바 없음에도 불구하고, 이 설명은 변방지역에 대하여 문화적 차이가 그러한 정치화를 야기하는 가장 절대적 기반을 제공한다고 너무 쉽게 가정해버린다 ;

(b) 두번째 접근은 마르크스(Marx)의 저술 속에서 많은 공감을 발견할 수 있는데, 민족적 영역의 정치화를 역사적으로 형성된 변경의 곤경에 대한 반작용으로 본다. 자본주의의 공간적 논리는 소수민족의 영역적 공동체를 한계적 종속적 위치로 몰아넣는 반면, 어떤 지역에 대해서는 유리한 조건을 부여하는, 불연속적이고 교란적인 패턴이나 파동을 생성한다. 예를 들면 헤히터(Hechter, 1975)는 국가의 '핵심' 민족영역이 주변지역으로부터의 자본축적과 이들 지역에의 자본유출을 금지함으로써 보다 발전되고 다양한 경제적 기초를 개발해가는 데 반하여, 소수민족은 문화적으로 낙후되고 경제적으로 착취되는 내국 식민지의 역사적 발전에 의하여 조건지워지는 것으로 보았다. 이러한 중심-주변부 격차는 민족영역 선을 따라 영역적 동원을 위한 기초를 형성함으로써, 같은 넓이의 노동분업 속으로 제도화되어간다. 이러한 견해는, 민족주의의 감정적·문화적 호소 그리고 이익집단 이상의 인간적 욕구와 민족에 봉사하는 민족주의의 능력을 낮게 평가한 것 외에도, 1960년대 서부유럽에서의 민족주의의 부활을 설명하거나 혹은 왜 종족적 민족주의가 상대적으로 번창하는 지역(스페인의 바스크, 크로아티아, 라트비아, 스코틀랜드) 그리고 상대적으로 빈곤한 지역(퀘벡, 브레톤, 웨일즈, 타지크) 양쪽 모두에서 인민들을 정치적 활동으로 나아가게 하는지 설명해낼 수 없다 ;

(c) 제3의 관점은 민족의 '발견'과 정치화 속에서 민족적 중간계급에 의해서 수행되는 선봉적 역할에 초점을 둔다. 즉 물질과 지위 욕망을 충족시킬 수 없게 될지 모르는 국가내에서 변화하는 기대가 그들로 하여금 민족주의를 만들고 발전시키며, 그리고 대중동원하는 선두에 나서게 한다. 이러한 기초 위에서 시간과 특정 장소의 메커니즘 그리고 사건 즉 지역발전을 위한 잠재력, 중심부 경제에 대한 거부, 정부로부터의 격리의 증대 등이 우리로 하여금 왜 민족적 중간계급이 보통 전면에 나서는가뿐만 아니라 후원자들에게 민족주의의 대의를 선전하는 그들의 핵심적 역할을 조명케 해준다. GES

민족집단

민족집단 ethnic group
일반적으로 다른 문화와는 구별되는 문화를 소유하고 있는 특정부류의 인구집단을 말한다. 이러한 집단의 일원들은, 인종, 국적, 종교, 문화와 같은 공동체로 서로 묶여 있거나 그렇게 되어야 한다고 느낀다. 민족집단은 광범위하게 퍼져 있으며 오래 전부터 있어왔다. 최근에 지리학자들은 도시내에서의 민족연구, 특히 민족집단과 주거와 사회분리의 관계에 대하여 관심을 기울여왔다. 동화와 통합의 과정은, 민족적인 유대의 특징 및 그 견실성과 관련이 크다. 민족적 차별이 계속되는 경우에는 소수집단거주지를 형성하기도 한다. 민족성은 도시지역의 요인생태학에서 항상 제기되는 중요한 요소이다.

민족성의 기본 결정요인은 인종이다. 인종이나 일련의 다른 특징에 의해 구분되는 소수민족집단의 존재는 대부분 인구이동 때문에 생겨났다. 예를 들어 미국으로 인구가 계속 이동함으로써, 이곳에는 앵글로색슨계의 신교도와 흑인, 스페인계 등과 더불어 국적·언어·종교 등에서 서로 다른 민족집단이 모여들었다. 그리고 19세기 대영제국으로의 이주는 런던에 에이레인과 유태인의 독특한 사회를 출현시켰으며 오늘날에는 아시아인과 서인도제도의 인종사회를 형성시켰다.

민족집단은 도시내에 있어서의 그들의 경제·사회적 지위, 직업의 종류, 빈곤의 정도, 도시내 입지 등에 따라서 한층 뚜렷이 구별된다. 따라서 민족은 동화되어가고 있는 과정에 있는 일시적 현상이라고 생각해서는 안된다. 때로는 이것이 맞는 경우도 있지만 어떤 민족집단에서는 강하게 결집된 민족기구 등을 통하여 주체성을 창조하고 영구성을 갖는 경우도 있다. PEO

밀도경사 density gradient
알론소모형과 튀넨모형 등에서 제시된 거리조락 패턴과 같이 중심점으로부터의 거리에 따라 토지이용(또는 인구밀도 등)의 집약도가 떨어지는 율.

도시지리학자들이 많은 관심을 갖는 밀도경사는 도시내의 인구분포이다. 오스트레일리아 경제학자 클라크(Colin Clark)는 인구밀도는 중심업무지구로부터의 거리에 따라 지수적으로 감소한다고 주장하였으며, 그의 사례연구에서 제시한 밀도경사 공식은 다른 도시들의 인구자료에서도 확인되었다. 일반적으로 오늘날 도시가 발달하면 할수록 밀도경사의 기울기는 더욱 완만해진다. RJJ

ㅂ

바자경제 bazaar economy
판매장소에 제한을 받지 않고 개인간의 직접거래가 중심이 되며, 서로 관련이 없는 대다수의 사람들에 의해 이루어지는 상업적 교환. 이러한 교환과정은 소매상과 같은 중간상이 발달하지 않거나 부족하기 때문에 나타난다. RL

반사실적 설명 counterfactual explanation
"실제 발생했던 사건기록과는 반대로" 과거에 일어났을 가능성이 있는 사건들의 '가설적 재구성'을 검토하고자 시도하는 비교방법의 한 갈래 (Prince, 1971). 반사실들 그 자체는 특별히 고상한 것은 없지만—실제 코헨(Cohen, 1953)은 "역사적 사실의 중요성은 만약 상황이 달랐다면 무슨 일이 일어났겠는가를 질문함으로써 드러날 수 있다"고 주장한다. 이는 반사실적인 것의 구성이 역사적 방법에 본질적인 것이 되도록 한다—소위 '신경제사학'(또는 수리경제사학)에서 특히 두드러진 역할을 한다. 여기서 이들이 거둔 성공은 역사지리학에서 형식적 전개에 대한 요청을 고무시켰다. 형식적 방법론에 대한 강조는 중요하다. 왜냐하면 수리경제사학에서 반사실적 설명에 관해 특징적인 것은 형식을 갖춘 모형설정과의 연결 때문이었다: 즉 유용한 반사실을 파악함에 있어 이론의 효율성에 대한 지지와, '연구하는 체계의 잠재적 경향'을 나타낼 수 있는 방식으로 이 효율성을 충족시키는 데 있어서 계량기법에 대한 지지(Fishlow and Fogel, 1971) 때문이었다. 두 사람은 사실 이 방법의 고전적인 모범을 제시한다(Fishlow, 1965; Fogel, 1964). 반사실적 설명은 역사적 사건의 전개 및 설명에서 핵심적인 우연성을 회복시킨다. 이들의 중요성은 명백히 적절한 이론체계의 파악에 의존하며, 모의실험이나 시공예측에 대한 강력한 기법의 사용에 의존한다.

그럼에도 불구하고, 역사적 사건 및 전개과정 자체가 맥락적인 것이기 때문에, 그들의 해석은 여러 난점들로 수수께끼와 같다. 이 점은 역사적 사건 및 과정을 분석하면서 '실제의 과거로부터 무엇을 첨삭해야 하는지를 [즉각] 결정할 수 없으며' 따라서 반사실적 구성이 정당한지의 여부를 쉽게 판단할 수 없음을 의미한다(Gould, 1969). 이 난점들은 매우 강력한 것이어서, 많은 역사지리학자들은 포스탄(M. M. Postan)의 주장(Gould, 1969 참조), 즉 역사에서 일어났을 지도 모를 일은 유익한 논의주제가 아니라는 주장에 암묵적으로 찬성하는 것 같다. DG

반증 falsification
비판적 합리주의 철학에 따르면 반증은 경험과학의 주원칙이다. 경험과학에서의 진보는 이론의 명료화를 내포하며 그것을 반박하려고 고안된 검증에 의해서 경험적으로 평가된다. RJJ

발생행렬 incidence matrix

행과 열의 두 집합의 요소가 있는 정사각형 혹은 직사각형의 표이다. 각 행과 열의 접점에 있는 1이나 0은 한 집합의 요소가 또 다른 집합에 있는 요소에 관련되어 있느냐(1) 없느냐(0)를 나타낸다. 이것은 Q-분석에 사용된다(그래프이론도 참조). PG

발전 development

전화(轉化)의 과정 및 전화되려는 잠재적인 상태. 발전적 수준을 성취했다는 것은 그들 자신의 선택적 조건에서 그들의 역사와 지리를 만들 수 있음을 의미한다. 발전과정이란 그러한 인간 존재의 조건을 성취하는 수단이다. 결국 발전은 인간이 자연과의 관계에서 생산적·안정적·비수탈적 관계에 있고 그리고 그들간의 관계에서 압제와 수탈을 제거하기 위한 투쟁이 내포된다.

이러한 기준에서 볼 때, 역사적으로 발전상태를 성취한 사회도 없었고, 발전과정에 있었던 사회도 없었다. 그럼에도 불구하고 발전이라는 용어는 특정사회의 상태나 이들이 경험하는 변화의 과정을 기술하는 데 광범위하게 사용되고 있다. 그렇다면 이런 보편적 사용에서의 발전이란 어떤 의미를 가지는가? 이러한 보편적 사용은 특정관점을 무의식적으로 받아들이고 이것을 마치 보편적인 것처럼 일반화시켜서 사용한다는 데 문제가 있다. 따라서 발전이라는 용어는 통상 특정사회에 나타나는 특성(경제성장, 사회복지 및 근대화와 관련된)을 복합적으로 지칭하는 데 사용된다. 발전을 설명하는 데는 다음과 같은 6개의 상호관련된 요소가 가장 빈번하게 사용된다: 물질의 생산 및 소비수준; 물질의 생산 및 소비수준에서의 변화; 물질 생산 및 소비의 기술; 기술변화; 이와 관련된 사회적·문화적·정치적 변화; 그리고 최근에 사용되는 생산과 소비의 비용과 이익의 분배 등이다.

세계은행에서 매년 발간하는 『세계발전보고서(World development report)』에는 세계발전지표가 제시되어 있는데(Hoogvelt, 1982, 참조), 이 보고서에는 세계 125개국에 대한 생산, 소비와 투자, 수요, 산업화, 에너지 공급과 소비, 무역, 자본의 흐름, 인구성장, 출산력, 노동력, 도시화, 기대수명, 건강, 교육 및 소득분포에 대한 상세한 통계적 자료를 제시하고 있다(1980). 발전의 상태는 위와 같은 변수들에 의해 정의될 수 있고 이들의 정량적·정성적 관계를 통해 발전의 과정이 모델화될 수 있다. 그리고 이 변수들은 각 국가의 발전수준의 변화 및 발전규모를 측정하는 데 이용된다.

발전에 관한 전통적인 의미와 제한된 의미로 사용하는 것에 대해서 몇가지의 반론이 제기되었다. 첫째, 그러한 결과가 만들어진 방법에 관한 설명 및 결과간의 사회적 관계에 관한 명확한 규정없이, 나타난 결과의 특징만을 가지고 발전을 규정하는 것은 문제가 있다는 지적이다. 발전의 의미를 이해하기 위한 대안적 접근방법은 오직 역사적·사회적으로 특정과정을 인식함으로써 가능하고 발전의 의미는 오직 특정사회적 관계의 맥락 속에서 파악될 수 있다는 주장이다. 자본주의의 발전은 17세기부터 세계역사를 지배하였다. 자본주의 계급구조는 물질적 생산과 잉여의 창출 및 재순환이라는 면에서는 고도의 진보를 가져왔다. 그러나 그러한 진보의 지속 및 유지는 자본주의에 필연적인 인간과 인간 사이와 인간과 자연 사이의 자본주의와 비자본주의 사회구성체 사이에 형성된 관계에 근거하고 있다(Corbridge, 1986 참조). 자본주의의 확장—그리고 발전—이 이와 접촉한 사회에 저개발을 가져온 것은 바로 이러한 특성 때문이다. 이러한 모순은 단순히 사회정의의 의미에서만이 아니라(복지지리학 참조) 인간의 생존을 위협하기 때문에 매우 중요한 것이다. 그러한 위협에 대한 대응은 곧 인간으로 하여금 사회적 존재를 유지하는 데 필수적인 창조적 투쟁—발전—을 하게 하였다.

발전에 관한 전통적 의미가 갖는 두번째 어려움은 비변증법적·비역사적 방법으로 발전을 설명하려고 한 점이다(변증법 참조). 발전의 의미가 앞에서는 매우 협의적으로 정의되었으나 실제 적용은 매우 다양한 상황에 그리고 변화하는 인간존재의 조건에 적용되었다. 따라서 특정의 사회구성체가 불가분의 관계에 있는 내·외적 변화의 과정에 반응하고 제한하며 변환시키고 그 자체가 변환되는 특수한 방법이 무시되었다.

발전이란 그 자신의 가변적이고 독특한 특성 때문만이 아니라 독특한 사회적·물리적 조건에서 작용하는 의식적인 인간노동의 산물이기 때문에 역사적 과정이며 본질적으로 지리적인 과정이다. 그러므로 발전이란 보편적인 용어로 한정할 수 있는 과정이 아니다. 발전이란 오히려 갈등적인 변화의 과정이며 독특한 생산의 사회적 관계에서 일어나는 점진적인 변화 내지는 생산수단과 사회적 관계에서의 혁신적인 변화이다.

발전을 위한 투쟁의 성공은 불확실하다. 즉 사회적 혁명은 하루밤 사이에 성취되지 않으며 생산관계의 변화와 관련된 사회변화의 유형이 성취되는 데는 수백년 또는 수십년의 기간이 필요하다. 더욱이 점진적인 변화의 진전은 면밀한 계획으로 이룩될 수 없다. 즉 발전 자체는 국부적인 위기의 환경이 결정적인 중요성을 갖는 모순적인 과정이다. 간단히 말해서, 일차원적이고 보편적인 의미에서 발전의 상태를 규정하고 이와 유사하게 제한적인 변화모델을 만들려는 일반적이고 전통적인 시도는 발전이 성취하는 변화의 사회적 과정과 역사적·지리적 상황에 잘 부합되지 않는다. 발전은 역사적이고 다양하고 복합적이며 모순적이다; 즉 발전은 인간조건의 중요한 특징이다. 발전을 일련의 탈사회적 특징 및 그들의 상호작용으로 환원시키는 것은 실사회에서의 경험을 무의미하게 하는 것이다(세계체제분석 참조). RL

배후지 hinterland
항구의 후배지로서 여기에서 수출품이 수집되고 수입품이 배포된다(보완지역은 전방에 있으며 수로로 항구와 연결된다). 보다 일반적 용법으로는 이제 어떤 취락(혹은 취락 안의 시설물)의 영향권을 가리킨다: 그 지역은 교역기반이 된다. 중심지이론에서 6각형의 교역지역은 도시배후지를 가리킨다. RJJ

버돈법칙 Verdoorn law
노동의 생산성은 정체하거나 하락하는 경제부문들에서보다는 확대되고 있는 경제부문에서 더 빠르게 증가하는 경향이 있다는 주장으로 부분적으로는 연역적 추론에 기반을 두고 있으며 부분적으로는 경험적 연구에 기초한다. 지리학 연구에서 지역생산성변화가 지역경제성장이나 침체와 관련되는가를 보기 위하여 이것이 검증되어왔다. AMH

버클리학파 Berkeley School
사우어(Carl Sauer)가 캘리포니아의 버클리대학교 지리학과장으로 재직할 때 그와 밀접한 관련을 가지며 그의 영향을 받았던 지리학자들의 학파(특히 1930년대에서 1950년대까지 사우어-레일리[Leighly] 시대). 주로 사우어가 지도한 박사학위 배출자들(Aschmann, Clark, Donovan, Glacken, Johannessen, Kniffen, Kramer, Mikesell, Simoons, Stanislawski 등)과 몇 명의 친밀한 동료들—그들 중 몇몇은 이전에 그의 제자였다(예를 들면 L. Hewes, J. Leighly, J. J. Parsons)—로 구성되었다. 광범위하게는 비록 문화적인 초점(문화 참조)에 강하게 연관되어 있긴 하지만, 이 학파에 대한 대중적인 이미지와는 달리 버클리 지리학자들은 접근방법(그들은 하트숀[Richard Hartshorne]의 연구가 가지는 독단적이고 실용적인 측면을 거부하였다)이나 주제에서 어떠한 교조적인 입장도 받아들이지 않았다. 레일리가 표현하였듯이(Leighly and Parsons, 1979) "사우어는 학파를 형성하거나 학생들을 조형(造形)하려는 어떠한 의도도 항상 거부하였다. 그는 각 개인이 그 자신의 호기심의 대상을 발견할 것을 기대하였다." 그렇지만 버클리학파는 인문지리학내에서 보기드문 지적 공동체로 인정받는 독자성을 획득하였으며, 파슨스가 인정하였듯이 "미국 전역에 버클리 박사학위자들의 독특한 집단이 있었으며 다른 학파 출신의 지리학자들과는 1마일이나 되는 장소에 떨어져 있었다"(Leighly and Parsons, 1979).

이 당시 버클리가 창조한 독특함은 두 가지 특별한 기원에서 연유하는 듯이 보인다. 하나는 외부로부터 발생한 것으로, 당시의 수많은 '신지리학'에 대한 버클리 지리학의 순수성과 경제지리학(특히 진전된 산업사회의)에 대한 상대적인 관심의 결여이다. 다른 하나는 내부에서 형성된 것으로, 부분적으로는 사우어의 인성과 그의 비범한 '이해방식(way of seeing)'에서, 그리고 부분적으로는 과거, 보다 전문적으로는 문화적 과거(문화경관과 문화경관을 창조하는 데에서 인간행동이 해내는 역할에 대한 공통적인 몰두)에서 연유하는 정체성이다.

이 학파는 많은 비지리학자—식물학, 지질학, 역사학, 언어학—들과 밀접한 유대를 유지하였지만, 특히 버클리의 인류학자들과 풍성한 연관을 맺었다. 그 가운데 크로버(A. L. Kroeber)는 가장 영향력 있는 학자였다(문화 참조). 이것은 의심할 여지없이 이 학파의 인류학적 연구에 강한 전통적·물질문화적 기반을 제공하였다. 그러나 경관형태의 기초로서 자연지리학(케셀리[John Kesseli]가 지형학을, 레일리가 기상학과 기후학을 가르쳤다)과 결정적인 문화지표로서 식생의 판정과 분류법 연구를 상당히 강조했다.

이 학파에서 선호된 연구수단은 '문화사(culture history)'였다. 이 속에서는 매우 다양한 주제들이 출현했다: 과거 경관의 복원; 생태적인 변화에서 인간의 개입; 작물화와 가축화; 농업의 기원과 전파(확산 참조); 문화계승; 원시적 농업기술; 음식의 금기; 경관의 성격. 유럽, 아프리카와 아시아의 일부 지역들이 다루어지지 않는 것은 아니었지만, 사우어가 멕시코에 관해 영향력 있는 연구를 한 이후 라틴아메리카와 중앙아메리카는 이 학파의 기초 야외실습장이 되었다(이 학파에서 창간한 『이베로-아메리카(Ibero-America)』라는 잡지가 이를 입증한다).

1938년 이후 사우어의 지도 밑에서 완성된 27편의 박사학위 논문 중 한 편을 제외한 모두가 외국(비산업)사회에서 행해졌으며 대부분이 열대(13편이 라틴아메리카), 또는 아메리카 인디언의 문화유물과 관련되었다.

복원의 원천으로서 야외답사—'지적인 창의성, 직접 관찰과 "훌륭하고 정직한 보고작업"'(파슨스)에 대한 강조—에 대한 두드러진 선호는 별도로 치더라도 대체로 버클리학파의 연구들은 연구결과물(통일된 종합을 이루기 위해 역사적·문화적 요소들을 혼합한)에 의해, 적어도 시야의 폭과 지식의 깊이에 있어서 내밀한 연구의 질에 의해 대부분 구별된다. 화폭의 시계가 전형적인 지역지리학보다 더 넓어진다면, 필법의 청순함과 세밀함에 의해 복사품과 진품이 판별될 것이다(또한 문화의 요람지 참조).   MDB

범죄의 지리학 crime, geography of

범죄자, 범죄의 발생, 피해자의 특성 연구에서 공간관련성을 설명하는 학문분과. 비록 현대의 연구수행자들이 1970년대초까지 활발하게 저작활동을 하지 않았지만 범죄지리학이 명시적으로 토의된 것은 코헨(Cohen, 1941)에 의해서였다. 그러나 공간적 전통은 19세기에 유럽의 지도학적 범죄학자들에 의해 확립되었고, 한편 1920년초에 시카고의 생태학자들에 의해 도시구조와 범죄 및 범죄자의 분포 사이에 밀접한 연관성이 있음이 증명되었다(시카고학파, 인간생태학 참조).

최근의 대규모적(도시와 지역적) 연구에는 다음과 같은 것이 있다:

(a) 범죄형태의 지도화와 서술(지역적 분석); 그리고 (b) 범죄 및 범죄자 비율의 분포와 사회경제적 또는 환경적 지표들간의 공간적 차이를 비교하는 것(생태학적 분석). 범죄자 거주의 높은 비율은 내부도시지역(영국에서는)과 몇몇 공영주택단지(명백히 주택시장의 운영과 연결되어 있다)에서 발견된다. 높은 범죄 및 범죄자율과 표준 미달의 주택, 빈곤, 높은 인구유동성, 사

회적 이질성, 그리고(좀더 논쟁의 여지가 있는) 경제적 불평등과 지속적인 연관성이 있음이 나타난다.

더 세분된 차원에서는, 네 가지 양상의 범죄자 행위가 주목을 받는다:

(a) 범죄자의 '범죄여정'. 이것은 범죄자의 사회-경제적, 인구학적 특성 ; 저질러진 범죄의 유형 ; 그리고 서로 상이한 목표지역에서 기대되는 수익에 따라 다양하다 ;

(b) 범죄자의 도시에 대한 이미지(심상지도 참조). 이것은 어떤 범죄목표가 서로 다른 환경배경을 지닌 범죄자들의 행동공간과 활동공간내에서 이루어지는지를 지시해준다 ;

(c) 범죄행위의 경제적 분석. 이것은 합리적 의사결정과정의 결과로서의 재산범죄를 개념화시켜주고, 분석가로 하여금 몇몇 범죄의 분포를 예측할 수 있게 해준다 ;

(d) 소문화집단의 범죄. 이것은 주거의 근접성, 공동범죄, 범죄에 대한 공통된 가치기준과 장소의 집착간에 나타나는 관련성이 표현된 것으로 분석된다.

범죄자에 대한 전통적인 강조가 최근에는 범죄가 발생하는 환경의 분석으로 대치된다. 높은 재산범죄율이 경제적으로 이질적인 지역 그리고 또는 주거지의 '경계지대(이곳에서 범죄자들은 근린지역 내부에서보다 좀더 익명성을 확보할 수 있다)'에서 특징적으로 나타나는지 여부가 연구되고 있다. 공간의 방어성에 대한 연구(잠재적 범죄자에게 범죄기회가 주어질 가능성을 조사하는 것)는 뉴만(Newman, 1972)의 생각을 발전시켰는데, 그것은 비공식적이고 공동체적인 범죄예방책을 강화시키는 데 충분한 영역성이라는 감정이 건조환경의 변형을 통해 고양될 수 있다는 것이다. 지리학자들은 대체로 '건축학적 결정론'을 회피해왔는데, 이는 근린공간을 방어하는 데 있어서 사회조직이 건조환경과 무관하게 작용할 수도 있다는 것을 암시하고 인정한다. 범죄를 감소시킬 것이냐, 시간공간적으로 재배치시킬 것이냐, 다른 목표로 전환시킬 것이냐, 또는 다른 종류의 범죄로 대치시킬 것이냐에 따라, 선별적으로 범죄예방책을 강구하는 것이 대규모의 형태변형보다 선호된다.

최근에 미국과 유럽에서 실시되는 국가적·국지적 범죄조사에 주목하면서, 범죄지리학은 피해에 더 명백하게 초점을 맞추고 있다(Smith, 1984). 그러한 조사는 피해자의 경험이 근거 있음을 인정하면서(이것이 경찰에 알려졌든 아니든간에), 범죄의 정의를 다양화하였다. 피해의 위험은 두 가지 광범위한 지리적 주제로 설명되어왔다: 생활방식 및 활동형태(인구의 가장 활동적인 부분이 가장 취약하다)와 거주장소(도시 특히 내부도시 거주자들은 농촌거주자들보다 더 큰 위험에 직면해 있다). 범죄에 대한 공포도 역시 지리적으로 다양하고, 내부도시에서 절정을 이룬다.

범죄지리학내의 대부분의 연구는 경험적-분석적 전통에 포함되고(경험주의 참조), 종종 정책관련 자료를 찾는다. 역사적-해석학적 전통도 또한 나타나는데(해석학 참조), 예를 들어 필라델피아의 내부도시에서 범죄의 의미에 대해 레이(Ley, 1974)가 설명한 것이 있다. 비판이론의 옹호자들은 범죄의 의미나 측정보다는, 범죄를 규정하는 법률의 구성과 적용에 대한 비판에 관심이 있다. 지리학에서 이러한 관점은 좌익 관념주의의 전통을 촉진시켜왔다. 계급간의 범죄는 부의 분포를 보호하는 법에 대한 거부를 의미하며 과잉지역에서 긴밀지역으로 부가 공간이동을 하게 된다(Peet, 1976). 대안적 급진적 관점인 비판적 개혁주의는 법의 합법성과 효력에 관심을 갖고, 법이 힘없는 사람들을 차별하게끔 허용하는 법집행상 나타나는 결함에 관심이 있다(Lowman, 1982 참조).

범죄지리학은 비교적 새로운 분야지만, 그 주제, 방법론과 철학적 배경으로 볼 때 이미 넓은 범위에 걸쳐 있다. 일관된 주제는 범죄를 그것이 발생하는 사회적·공간적 맥락과 밀접하게 관련시켜보고자 하는 것이다: 분명하게 범죄는 건조환경의 구조, 사회적 관계의 공간적 구조 그리고 권력과 부의 분포를 반영한다. SJS

범지구적 미래 global futures

지구적 규모에서 미래에 투영될 인간의 행위의 경향에 관한 연구. 웰스(H. G. Wells, 1902a)는 미래에 전개될 많은 특징을 과학적으로 접근할 수 있다고 주장하였다. 「기계적 및 과학적 진보가 인간의 생활과 사상에 미치는 반응의 예측(Anticipations of the reaction of mechanical and scientific progress upon human life and thought)」은 정치적·사회적·경제적 문제에서 발전을 예측하려는 시도이다(Wells, 1902b).

미래의 세계를 구조화하는 방법에는 직관적인 방법을 비롯하여 가설에 의한 수학적 모형화 등 다양한 방법이 있다. 메도우스(Meadows)의 관점에 의하면, 미래에 대한 모형은 기본적으로 예언의 도구가 아니다. 지구적 모형이란 "인구, 산업생산물, 천연자원, 공해 등과 같이 지구의 문제에 관한 상호관계의 가설을 수학적으로 나타낸 것이다. 그리고 지구적 모형은 만약 특정 변화가 시작되거나 또는 정책이 현재의 경향을 따라 진행되면 무슨 일이 나타날 것인가를 예측하는 것이다"(1985).

메도우스는 유한시스템인 지구의 활동에 관해 연구하고 인류의 욕구를 충족시키기 위한 의견을 제시하기 위하여 1968년에 설립된 로마클럽에 참여하고 있다. 로마클럽에 의해 수행된 첫번째 과제는 유명한 『성장의 한계(The limits to growth)』라는 책을 발간한 것이었다(Meadows, et al., 1972). 이 책에서는 경제 및 인구성장으로 미래에 직면하게 될 한계를 제시하였다. 이 연구의 결과는 일반적으로 비관적이다. 로마클럽의 보고서에 의하면, 지구의 평형상태를 유지하기 위한 정책이 실시되어도, 현재의 경제체제는 1세기내에 붕괴될 것이다. 그러나 모든 사람들이 그렇게 비관적이지는 않다.

허드슨 연구소의 칸(Herman Kahn, 1982)은 낙관적인 미래를 예측하였다. 칸에 의하면, 인류사회는 세계가 공업화되고 후기 산업적 세계경제로 발전하는 대략 1776년부터 2176년까지 '대과도기'를 맞고 그 결과 인간은 "자연의 힘이 조정하여 거의 모든 곳에서 다수가 부유하게 생활할 것이다." 시몬(Julian Simon, 1981)은 인간의 생활수준은 '역사 이래로 세계인구의 크기에 비례하여 성장하였고', 인간의 재능이 '무한히 풍부'하기 때문에 보다 나은 생활환경과 자원의 저렴한 가격이 지속되지 않을 이유가 없다고 주장하였다. 이러한 유형의 사고를 쿡(Earl Cook)은 '경제적 창조론'이라 불렀다.

홀(Peter Hall, 1981)은 주기적 방법을 이용하여 경제활동의 공간적 분포에 대한 변화를 예측하기 위하여 경제발전의 50년 주기인 콘드라티에프 파동을 적용시켰다. 이 주기는 혁신, 새로운 경제활동의 확장 그리고 침체로 나타나며, 침체의 중반에 혁신이 시작되어 새로운 주기가 시작된다. 홀은 4개의 50년 주기를 확인하였는데, 첫째는 1780년대~1842년, 둘째는 1842~1897년, 셋째는 1898년에 시작되어 제2차 세계대전까지 계속되었고, 항공산업 및 컴퓨터에 기초한 네번째 주기는 1970년대에 침체기에 도달하였으며 현재는 경제성장기로 예측되는 혁신국면이다. 최근의 혁신에는 마이크로프로세서, 에너지, 유전공학 등이 관련되어 있다. 새롭게 출현하는 산업들은 기초연구에 중점을 두고, 기존의 공업지역보다는 주요 연구소와 가까운 혁신지구에 입지하려고 한다. 이러한 입지에는 미국의 선벨트와 영국 잉글랜드 남부 및 동부지역이 해당된다.

『브란트 보고서(Brandt Report)』는 지구의 새로운 미래를 계획하기 위한 정치적인 시도로서 '국제개발문제에 관한 독립위원회'에서 작성되었다. 브란트(Willy Brandt)가 의장인 이 위원회는 1977년에 시작되어 1980년에 최초의 보고서를 발표하였는데, 공산권을 제외한 세계의 많은 나라들이 참여하여 다양한 의견을 수렴하고 있다. 특히 이 위원회에서는 세계사회의 경제적·사회적 불균형이 심화되는 지구적 차원의 문제 및 개발과 관련된 문제를 해결하기 위한 방법을 연구하고 있다.

최초의 보고서에서는 "전반적인 투자의 부족, 장기적인 생산성의 감소 등으로 세계경제는 상당한 기간 동안 침체되어 있다"고 주장하였다.

그리고 이러한 상황을 해결하는 방안으로 '제3세계에 대한 원조 및 공업국가에서 발생되는 경제적 어려움을 완화시키는 계획'을 제안하였다. 특히 이 위원회에서는 기존의 세계적 금융기관의 개선과 더불어 세계개발기금의 창설 및 즉각적인 효력이 발생하는 긴급계획을 제안하였다. 이러한 긴급계획은 (a) 개도국에 대한 금융지원 ; (b) 세계적 에너지 전략 ; (c) 세계식량계획 ; (d) 국제경제체제의 개혁 등이다.

『브란트 보고서』는 세계적 문제를 집중적이고 다양한 관점에서 다룬 첫번째 시도였다. 이것을 찬성하는 측은, 이 보고서가 보다 나은 생활수준과 보다 공정한 부의 분배를 이룰 수 있는 방법을 제시하였다고 보는 반면 비판하는 측은 다음 3가지 측면을 거론하고 있다 : 첫째, 이 보고서는 재원문제에서 취약하여 인플레이션과 통화불안을 조장할 것이다. 둘째, 일부의 주장이지만 그러한 계획은 급진적인 세계경제체제의 재구조화를 유도하지 못하고 현재의 종속관계를 극복시키지도 못할 것이다(종속 참조). 셋째, 환경 및 문화 보호주의자들은 제안된 정책의 영향에 관해 우려를 표시하였다. 즉, 지구의 자연환경체제가 또다른 경제성장단계를 수용할 수 있는가? 서구화된 경제개발형태에 수반되는 상업 및 도시의 성장으로 기존의 전통적인 생활상태가 위협받지는 않을까? 하는 의문이 제기되었다. 이러한 비판에도 불구하고 이 보고서는 물질적으로 빈곤한 국가와 부유한 국가가 경제적으로 상호교류하는 데 있어서 가치있는 새로운 방식을 제안한 것이다. 브란트 위원회에서 1983년 발표한 두번째 보고서는 경제발전과정에서 남과 북 사이의 경제협력의 확대필요성을 제시하였다.

기본적으로 지구의 미래를 계획하는 데는 어려움이 있다. 왜냐하면 모형의 기초가 되는 가정의 선택은 문화적 요인의 영향을 받기 때문이다(Hughes, 1985). 그래서 제3세계에서 만들어진 모형은 서부유럽 및 북미제국에서 나타난 것과는 다른 견해를 반영하고 있다. 특히 지구 미래에 관한 가설은 혁신이나 예견하지 못한 위기는 설명하지 못할 수도 있다. 예를 들면 1970년대에 만들어진 대부분의 모델은 1980년대에 제기된 문제인 국제통화의 흐름에 관한 가설을 포함하고 있지 않으며, 대부분의 1970년대 모델에서는 1980년대에는 완화된 에너지부족에 관한 문제를 중점적으로 취급하고 있다. BWB

법칙 law

과학철학에서 과학이론을 총칭하는 통합적 명제이며 이론의 양상은 사용되는 인식론의 관점에 따라서 다양하게 나타난다. 실증주의에서 법칙이란 시간과 장소에 관계없이 보편적으로 참인 언명이다. 이러한 의미에서 법칙이란, 예를 들면 만약 A이면 B이다라는 형태를 가진 항상 연접되는 언명으로 주어진 전제조건에 따라 특정의 결과가 나타날 수 있다. 이러한 보편성 때문에 법칙이란 특정(시간과 장소에 국한되는) 사건을 나타내는 사실적 언명과는 구별된다. 법칙이란 가설의 경험적 검증으로 만들어지며 이론과 연결된다.

실재론에서 법칙이란 인과관계적 관련성에 대한 언명으로, 필연성을 지칭하며 보편성이나 규칙성을 의미하지는 않는다. 실증주의에서 법칙이란 인과관계와 동일시될 수 있는 규칙성을 파악하는 것이나(그럼으로써 미래의 사건발생이 보편적 규칙성에 따라 예측될 수 있다), 실재론에서 인과관계란 연구대상이 되는 사건의 환경과 그러한 결과를 가져올 필요조건의 분석에 의해서 도출되며 그러한 조건이나 결과가 반복된다고는 할 수 없다.

사회과학에서는 법칙에 대한 실증주의의 개념이 적절한가에 대해서 많은 논란이 제기되어왔다. 실재론자에 따르면, 일정하게 제한된 영역에만 한정되는 법칙을 진술하는 것은 가능하다. 예를 들면 이윤감소율에 관한 마르크스의 법칙(마르크스 경제학 참조)은 오직 자본주의사회에만(비록 자본주의사회를 정의하는 문제가 제기되기는 하지만) 적용된다는 것이다. 따라서 영역을 명확하게 구체화시키고 현실을 합리적으로

법칙정립적 (방법)

추상화한 영역을 선택하는 것이 필요하다(혼돈적 개념화 참조). 외부의 영향을 거의 받지 않는 폐쇄체계로 나타난 영역에서는 항상적 연접으로서의 법칙이 식별될 수 있으며 또한 그러한 법칙은 그것을 형성하는 메카니즘에 대한 연구없이도 경험적 규칙성으로 받아들일 수 있다. 그러나 이러한 폐쇄체계에서의 관찰(또는 창조)은 사회과학에서는 거의 존재하지 않기 때문에, 실재론적 자연과학에서는 항상적 연접법칙의 발견이 적절한 목표가 될 수 있을지 모르나 (인문지리학을 포함한) 사회과학에서는 인과관계적 관련성의 법칙의 추구가 보편적인 연구대상이다. RJJ

법칙정립적 (방법) nomothetic

보편적이고 일반적인 것에 관심을 두는 것(개성기술적, 칸트학파 참조). 예외주의에 대한 하트손(Hartshorne)과 쉐퍼(Schaefer)의 논쟁 이래 '간혹 반대견해가 존재함에도 불구하고' 일반적으로 받아들여진 (주장), 또는 현재까지의 지리학의 기본 패러다임은 지리학이 과학법칙을 (단순히 적용하는 것이 아니라) 정립하는 데 본질적인 관심을 가져야 된다는 주장이며 이것은 곧 법칙정립적 접근방법을 의미한다(Guelke, 1977). 굴케(Guelke)는 이 논쟁이 "지리학의 연구방향을 독특한 현상을 고려하는 것에서 공간관계에 관한 법칙을 추구하고 발전시키는 것"으로 전환시키는 데 중대한 역할을 했다고 평가하였다(Golledge and Amedeo, 1968). 이러한 시도의 대부분은 그 자체가 지리학에서 실증주의를 형성해가는 노력의 일부였으며 기존의 입지론이나 지역과학의 틀 속에서 발생되었다. 그러나 이러한 노력이 급속히 지리학의 중심부에까지 침투하고 전통적인 목표들을 대치해감에 따라 지리학이란 공간구조에 관한 일반이론의 발견을 추구하는 공간과학이라는 일련의 주장이 대두되었다. 이러한 경향의 대두로 하비(Harvey)는 『지리학에서의 설명(Explanation in Geography, 1969)』에서 "우리의 이론으로 (독자는) 우리를 이해하게 될 것"이라고까지 말하였다. 대부분의 이러한 '법칙'은 적절한 것이나(도구주의 참조) 그들의 독립성은 공간적 의문과 공간법칙을 주장하면서 주제(즉, 내용)를 체계과학으로부터 분리하려는 공간적 견해는 적절한 것이 아니라고 주장하는 사람들한테서 도전을 받았다(Sack, 1974a, b). 그러나 이러한 도전에도 불구하고 (법칙정립적) 노력은 시-공예측(모형) 발달에 매우 중요한 요소가 되었으며 지리학에서 이론의 중요성을 인식하는 데 결정적인 역할을 하였다. DG

베버모형 Weber model

베버(Alfred Weber)가 고안하고 입지삼각형으로 다듬어진 공업입지분석을 위한 도구. 베버모형은 오랫동안 공업입지연구를 지배한 가변비용분석의 기초가 된다. 비록 이 모형이 아직도 모형의 전반적 구조에 따른 조건에서 입지의 최적성의 문제를 해결하는 데 사용될 수 있다 하더라도, 산업조직에 관한 낡은 전제와 운송비와 원료에의 접근을 강조함으로써 현대의 산업세계를 이해하는 데 그 가치가 제한된다.

베버는 자신의 예비적 설명에 비판적이었으며 그후 자율적 입지론의 가능성에 대해 큰 의문을 가졌으며, 특히 역사적 특수성의 중요성을 인정하는 데 실패하였다는 점에 대해서도 비판적이었다(Gregory, 1981). DMS

변경 frontier

한 국가 혹은 어떤 정치적 단위에서 통합된 영역의 가장자리에 있는 지역으로 이곳으로 팽창이 일어날 수 있다. 이 개념은 본질적으로 외향적이며 아직 정복되고 이해되며 동화되어야 할 땅이 존재하는 것을 함축한다. 가끔 혼동되기도 하는 형태적 구분선이나 경계로부터 변경을 구분해주는 것이 바로 이 개념이다. 혼동되는 주된 이유는 경계가 흔히 전통적으로 변경지대로 간주되었던 곳에 그어졌기 때문이다. 그러나 경계에 대한 절실한 필요성은 변경이 양국으로부터 압력을 받고 있고 따라서 경계선을 접하는 한쪽이나 다른 쪽의 정당한 미래의 영토로 주장될 수 없을지도 모른다는 점을 자동적으로 함축한다.

현대의 세계지도에서는 경계가 기본이다. 지구는 어느 정도 정확하게 측량되었으며 정확한 선이 국가의 영토를 한정한다. 이것은 최근의 발전이다: 20세기 이전의 세계에 관한 지도는 소유가 주장되지 않은 땅이 광범하게 남아 있다는 것을 보여준다. 변경에 있는 그러한 땅은 급격히 성장하는 국가의 인구를 수용하기 위하여 필요한 '안전판'으로 간주되었다. 북아메리카의 유럽인 정착지 팽창을 설명하기 위한 터너(Turner)의 유명한 변경이론(변경논제 참조)은 이제 지나치게 단순화된 이론으로 설명력을 잃었지만 장래의 성장을 위한 안전판으로서 변경의 역할을 설명하는 것으로는 아직도 널리 지지받고 있다. 캐나다의 노드랜드와 알라스카는 마지막 남은 거대한 변경으로 낭만적으로 일컬어지고, 소련의 시베리아 개척과 호주의 오지를 개간하는 시도에도 비슷한 설명이 적용되었다. 현실적으로 육지와 바다 양쪽에서 경계가 엄격하게 그어진 근대세계에서 그러한 지역에 접근할 수 있는 기회는 몇 안되는 나라에만 허용된 사치이다.

MB

변경논제 frontier thesis
터너(F. J. Turner)는 "주인 없는 토지지역이 존재하고 그것의 계속적 후퇴, 그리고 미국 개척촌의 서방으로의 전진이 미국의 발전을 설명한다"고 주장하였다(1894). 터너에게 "변경은 가장 급속히 그리고 효과적으로 아메리카화하는 선"이었다: 변경이 서쪽으로 이동하는 것과 마찬가지로, 식민자와 야생 사이에서 계속 벌어지는 '원시적' 투쟁은 '유럽의 영향으로부터 점차 벗어나는 운동'을 수반하였다. 이것은 뚜렷한 진화적 '단계'와 조응하는 일련의 정착'물결'을 통하여 추적될 수 있다. "컴버랜드갭(Cumberland Gap)에 우뚝 서라. 그리고 문명의 행렬을 보아라. 샘물에 이르는 오솔길을 따르는 들소떼, 인디언, 모피상인, 수렵자, 소 사육자, 개척농민이 일렬종대를 이루고 행진한다. 그리고 변경을 통과한다. 1세기 후에 록키산맥 남쪽 고갯목에 서서 보다 넓게 간격을 이룬 같은 행진을 보라."

이러한 계속적인 이동을 통하여 변경은 서부 바깥에서 가난을 구제하기 위한 '안전판'을 제공하였으며, 그렇게 함으로써 '민주주의를 촉진하는' 확고한 개인주의를 격려한 것으로 생각되었다. 그리하여 변경의 폐쇄와 함께 '폐쇄된 공간정책'(Mackinder의 심장지역 참조)으로 기술된, 말린(J. Malin)의 주장이기도 한, 미국사의 첫번째 시대를 마감하였다. 그러나 그것의 현대적인 정치적 반향이 무엇이든간에—그리고 이것들은 분명히 중요하다—터너의 논제는 역시 지적으로 형태적이다 : 라첼(Ratzel)은 그것을 중요한 유기체이론으로 생각했다. 그것은 사실상 '사회적 유기체'의 요청으로서 '공간에 대한 투쟁'을 취급하는 생물학과 지리학을 정확하게 접속시키는 것이었다. 사회적 유기체는 대부분 말린의 기술에 책임이 있다(Kearns, 1984 ; 인류지리학, 라마르크설 참조). 지리학에서 보다 분명하게 정의된 공간적 관점의 대두와 더불어, 메이니그(D. W. Meinig, 1960)는 터너의 논제가 '의심할 것 없이 미국학계로부터 나온 가장 영향력 있는 유형인' 4가지 초기적 개념(지역분화, 연결성, 문화계승, 공간적 상호작용)을 포함하였다고 여전히 말할 수 있다고 하였다 ; 그리고 20년 후 블록(R. Block, 1980)은 변경논제를 사색적 역사지리학에 있어서 고전적인 미국 논문이라고 확인하였다.

이 논제는 또한 중요한 비판의 대상이 되었는데, 그 중 가장 주목되는 것은 사우어가 그것을 '안이하고 잘못된' 그리고 사실상 모든 점에서 전도된 결함으로 기각해버린 것이다: 계속되는 변경은 '일련의 2차적 문화의 요람'이었으며 그래서 '변경의 단일한 유형이 존재하지 않았고 균일한 단계의 계열도 존재하지 않았다'는 것이다. 변경발전에 있어서 어떤 수렴이 있었다고

변수의 변형

하는 한, 이것은 '그 국가의 오래된 부문으로부터 방사되는 공통적인 정치적 의식의 성장에'보다 기인된 것이다(Leighly, 1963). 이러한 비판은 보다 최근의 연구에서도 연장되고 있는데, 이들은 변경취락의 '경제적 장벽', 변경에의 '비지속적 이동', 역류이동의 중요성, 인구이동 흐름 등을 주목한다. 그러나 걸리(J. Gulley, 1959)와 마이크셸(M. Mikesell, 1960)이 주목한 것처럼 터너의 시원적 기여를 무시할 수 있는 변경에 관한 근대적 연구는 거의 없다. DG

변수의 변형 transformation of variables

첫번째 수의 집합을 그에 대한 어떤 함수인—대수, 제곱 등등—다른 수에 의해서 대치하는 것을 포함하는 모수적 통계분석에 사용되는 절차. 시험적 자료분석에서 변형은 관계식의 진술의 기술적인 정밀 정도를 개선하기 위하여 사용된다. 모수적 통계분석은 관계식들이 선형임을 가정하므로 한 직선을 곡선관계식에 끼워 맞추는 것은 그것의 비효율적 묘사를 제공한다. 왼쪽의 두 그래프에서 수직축 혹은 y축상에 있는 종속변수의 크고 작은 모든 값은 직선회귀식이 적용된다면 모두 더 적게 예측되거나 더 많이 예측된다. 독립변수의 값의, 수평축 혹은 x축, 변형에 의해서 그 곡선관계식은 위의 경우에는 x의 값을 제곱하여서 그 축적이 꼭대기 부분에서 확장되고, 아래의 경우에는 x값에 제곱근을 취하여서 그 상단에서 그 규모가 축소되는 방법으로 선형화된다.

가설을 검증하기 위해서 이용되고, 통계적 추론의 절차에 적용되는 확정적 자료분석에서는 그 자료가 일반 선형모형의 요구에 미치는지를 확인하는 데 변형이 사용된다(Johnston, 1978). 만일 이것이 행해지지 않으면 예측된 상관계수들은 비효율적이며 타당한 추론들은 끌어낼 수

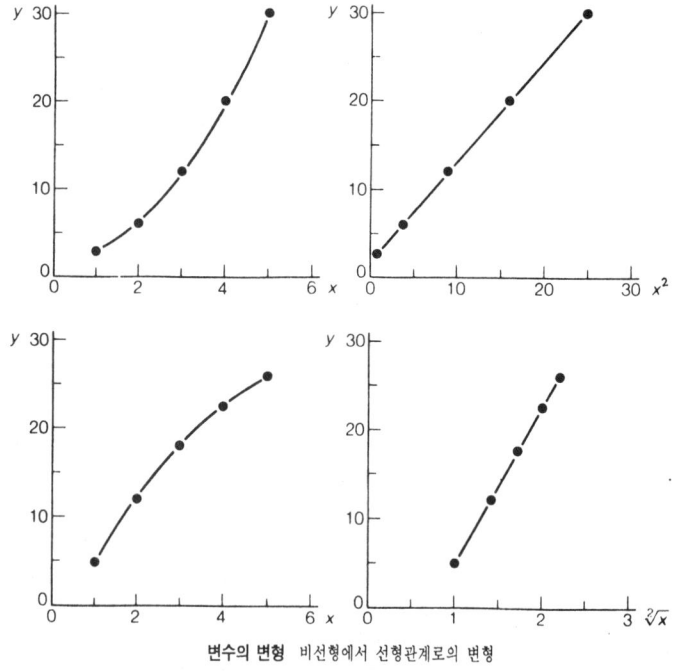

변수의 변형 비선형에서 선형관계로의 변형

없다.　　　　　　　　　　　　RJJ

변이-할당모형 shift-share model

지역고용성장이나 감소에서 다양한 요소의 상대적 중요성을 평가하는 기법. 지역고용성장은 해당지역이 전국적으로 급성장하는 산업(예를 들면 반도체산업)의 집중에 의해 성장할 수도 있고 산업내에서 입지의 변화로 인하여 전국 성장률과는 무관하게 성장할 수도 있다. 변이-할당모형은 이러한 효과를 간단한 수식을 이용하여 몇 개의 요소로 구분하여 측정한다.

E_{ijo}가 초기(0)의 j지역 i산업의 고용이라 하고 E_{ijt}를 말기 (t)의 고용이라 하면,

j지역에서의 총고용: $E_j \, (= \sum_i E_{ij})$이고

i산업의 전국고용: $E_i \, (= \sum_j E_{ij})$이며

전국총고용: $E_t \, (= \sum_i \sum_j E_{ij})$이다.

총변이효과(TS)는 지역의 실제 고용성장분과 해당지역이 전국평균성장률과 같게 성장하였다고 가정할 경우에 나타나는 성장분의 차이이다.

$$TS = E_{jt} - E_{jo} \times (E_t/E_o)$$

총변이효과는 비례성장효과(proportinality shift, 또는 '산업구조 성장효과'[compositional shift])와 차별성장효과(differential shift)로 구분할 수 있다. 비례성장효과(PS)는 지역내 산업의 성장에 의한 고용변화를 측정하며, 각 산업에 지역의 실제 산업성장률과 전국산업성장률의 차이인 성장요소를 적용하여 측정된다. 특정산업 i에 대하여 이 성장요소는 다음과 같다.

$$G_i = E_{it}/E_{io} - E_t/E_o$$

따라서 지역 j에서의 비례성장효과(PS)는

$$PS = \sum_i G_i E_{ijo}$$

차별성장효과(DS)는 산업내에서 입지변화로 인한 전이효과이며 DS=TS-PS이다. 이와 같은 기법을 이용한 것이 영국의 지역고용변화를 측정한 스틸웰(F.J.B. Stilwell, 1969)의 연구이다.

이 기법은 기술적 접근방법으로서 특정산업의 성장 또는 후퇴요인이나 지역적 변화의 요인을 설명하지는 못하나 지역경제변화를 설명하기 위한 출발점으로서는 매우 유용하다. 변이-할당모형은 산업분야간의 통합에 따라 측정치가 매우 달라지거나 연계 또는 승수효과 등은 설명하지 못하는 단점이 있다.　　　　　　　LWH

변증법 dialectic

반대들의 영구적 해결. 이 과정에서 각 해결은 자체 모순을 창출하며 : (a) 이러한 운동이 논쟁의 직접적 발전을 제공하는 언술(예를 들면 근대적 '비판'의 사고 속에 함의된 헤겔의 고전적 정-반-합 과정)내에서 ; 그리고/또는 (b) 이것이 일련의 구조들의 점진적 전개를 제공하는 세계(예를 들면 봉건제에서 자본주의를 거쳐 사회주의로 전환하는 데에 관한 마르크스의 고전적 설계) 속에서 이루어진다. 물론 이러한 두 가지 유형의 전환은 일반적으로 연계된다. 즉 하비(D. Harvey)가 그의 『사회정의와 도시(Social justice and the city, 1973)』의 결론부에서 밝힌 것처럼, "이러한 전환과정을 통한 지식의 재구성은 이것이 전체사회 속에서 작용하여 세계의 전환과정을 반영하도록 인식론과 존재론은 연계되어야 한다." 마찬드(B. Marchand, 1978)는 간단한 예를 제시한다. 즉 뢰쉬(Lösch)는 그의 입지론의 개발과 주장에서 "헤겔을 매우 밀접하게 따르는" 것으로 가정한다. 그의 이론에서, "완전경쟁의 틀 속에서 작용하는 특정 소비자

별장

들로 이루어진 완전동질적 경관은 그 내적 변화법칙에서 부유하고 활성적인 부문과 빈곤하고 침체된 지역들을 가진 이질적 경관으로 변화할 것이다. 지역적 불균등이 나타남에 따라, 동질적 지역체계는 그 자신을 부정하고 모순을 변증법적으로 창출한다." 그러나 일반적으로 변증법은 이러한 신고전경제학의 틀 밖에서 전개되며, 사실 뢰쉬적 체계의 특성은 일단 이질적 경관이 발생하면 이것이 전환을 통해 진동하는 것이 아니라 평형상태에서 '동결된다"는 점이다. 이것은 사실 그 자체가 완전히 변증법적 패러다임이라기보다 범주적 패러다임의 예시이며, 이러한 패러다임에서 이루어지는 변화는 동일하고 계속 나타나며 고정되고 명확한 범주들과 요소들의 만화경적 해체와 재조합이다(Gregory, 1978). 이러한 예의 난점은 "이것이 보편적 이행을 다루기 위해 사고의 정태적 범주들을 사용했다는 점"(Harvey, 1972)뿐만 아니라 보다 일반적으로 공간적 유형들을 분해하고 재구성하는 관례적 양식들이 형태와 과정, 주체와 객체의 근본적 상호침투를 인식하는 데 실패했다는 점이다. 이 점은 그들의 전제가정들이 불가피한 '공간분석의 변증법'을 은폐하고 있음을 의미한다(Olsson, 1974 ; 또한 Olsson, 1980 참조 ; 사회구성체 참조).　　　　　　　　　　　　　　　　DG

별장 second home

통상적인 거주지를 다른 곳에 둔 가구에 의해 소유되거나 오랜 기간 임대되고 있는 집. 그와 같은 집은 보통 농촌지역에 있는데, 레크레이션을 위해 사용되고 '주말산장' '휴가용 집'과 같은 대체적인 명칭을 갖는다. 자료수집에 필요한 국제적으로 인정된 만족할 만한 정의가 없기 때문에 세컨드홈의 출입과 이용에 관한 정확한 정보는 단편적이다. 세컨드홈의 수적인 증가는 종종 인구감소와 연관되지만, 인과관계적인 과정은 두 방향 중의 하나로 나타날 수 있다: 이촌자들이 비워놓고 간 집을 사들여 휴가이용을 위해 개조하거나, 또는 주택시장에서 그 지방사람들에게 시세보다 높은 값을 지불하는 부유한 휴가객들이 안정된 인구지역을 침범할 수 있다.
　　　　　　　　　　　　　　　　PEW

보스럽명제 Boserup thesis

인구성장과 농업발달의 관계는 인구성장이 독립변수로 작용한다는 견해. 이는 보스럽(Ester Boserup, 1965, 1981)의 저작과 관계가 있다. 인류가 생존하는 데 필요한 식량은 본질적으로 비탄력적이며 따라서 탄력성향이 있는 인구성장에 식량이 억제구실을 한다는 주장을 하는 맬더스모형에 대한 반대견해이다. 농업기술의 진보만이 이전의 농업생산이 부양할 수 있는 인구 이상의 증가를 허용한다는 견해가 맬더스(Malthus) 이후에 수립되었다(Wrigley, 1969). 그러나 인구성장이 농업의 집약화를 가져올 수 있다는 주장들도 제시되었다(집약적 농업 참조).

인구밀도가 낮으면 경작면적은 적고 휴경기간이 길어지며 그 극단적인 경우가 이동식 농업이라는 것이 보스럽명제이다. 인구가 늘어남에 따라 휴경기간이 단축되지만, 이는 불가피하게 일어나는 수확량의 자연적인 감소를 보충하기 위하여 노동력과 기술의 투입을 증가시킨다는 것이다. 그러므로 인구증가는 생산을 집약시키고 농업기술사용의 빈도를 늘려 농업변동을 가져온다. 보스럽명제가 자급자족사회에서만 적용된다고 하겠지만 실제로는 그러한 사회조차도 인구성장이 농업변동의 결과인지 아니면 원인인지를 확실히 하기가 어렵다. 농업의 집약화가 인구성장에 대한 반응이라면 그 반응에는 경지개척이나 다수확품종에 의한 변화들도 포함되어야 할 것이다. 비록 증명이 안된 상태이기는 하지만 보스럽명제가 전산업사회의 농업변동과정을 재평가하고, 농업과 인구간의 인과관계를 다시 흥미롭게 일깨우도록 한 점은 아주 중요하다.
　　　　　　　　　　　　　　　　PEW

보전 conservation

파스모어(J. Passmore, 1974)는 보전이란 "나중의 소비를 위해 천연자원을 절약하는 일"이라고 정의했다. 또한 그는 '보존(preservation)'이라는 단어는 원래 무엇을 위해 절약하기보다는 무엇으로부터 지키는 것일 경우에 사용되어야 한다고 주장하였다. 따라서 예를 들어 삼림보전론자는 후손들 역시 목재가 필요할 것이라는 사실에 주목하는 반면, 삼림보존론자는 광범위한 지역의 삼림이 영원히 인간의 손에 닿지 않기를 바란다.

오늘날의 보전운동의 기원은 19세기말 특히 1864년 처음 발간된 마쉬(G. P. Marsh)의 저서 『인간과 자연(Man and Nature, Marsh, 1965 참조)』까지 거슬러올라간다. 그는 당시 미국인의 사고와 행동을 지배하고 있던 무한한 자원에 대한 신화에 도전하였으며 '지표면을 변화시키는 데 인간이 하는 역할'의 중요성에 대해 설명하였다. 미국의 쉐일러(N. S. Shaler)는 마쉬 보전론의 계승자였는데, 그는 자연환경의 변형과 자연자원의 착취에 관한 한 미래세대에 대한 우리사회의 도덕적 그리고 사회적 책임을 강조하였다. 한편 환경적 책임—인간의 환경적 행동은 착취보다는 관리라는 의미에서 통제되어야 한다는 사고—의 절박한 의미를 감명적으로 표현했던 이가 바로 레오폴드(Aldo Leopold)이다. 이 개념은 간혹 '토지윤리'라고 불리기도 한다.

보전이란 반드시 서식지를 '고착'시키거나 다른 방식으로 토지를 이용하지 못하게 하는 것이 아니라는 사실이 위의 정의로부터 명백해진다. 보전을 위한 이런 식의 접근이 적절한 경우도 물론 있지만, 순전히 수동적인 역할보다는 일반적으로 인간에게 능동적인 역할이 요구된다. 예를 들면 만약 많은 초식동물 무리가 좋은 환경에서 보전되고 있고 육식동물이 없다면, 인간은 그 속에 들어가 기꺼이 육식동물의 역할을 해야 하는 것이다.

보전에는 4가지 주요유형이 있다(O'connor, 1974): 첫째, **종의 보전**인데, 이는 현재 어떤 위협을 받고 있는 종을 보호하는 것을 의미한다. 둘째는 서식지의 보전인데, 일정 생태구역내에서 몇몇 유형의 대표서식지를 유지하는 것을 말한다. 이곳에서는 자연생태계에 영향을 미치는 중요한 인간활동을 진행시켜 인간의 영향으로 일어나는 변화를 평가하고 측정할 수 있는 기준을 제공하게 된다. 셋째는 토지이용에 대한 태도로서 보전이라는 측면에서 보전론자들은, 공정한 해결책을 찾아 자연생태계가 붕괴되는 것을 막기 위해 경쟁적인 토지이용으로부터 심각한 압력을 받고 있는 토지를 계획하고 관리하려 한다. 마지막으로 **창조적 보전**이 있는데, 인간에 의해 만들어진 경관(예를 들어 고속도로 가장자리, 쓰레기 하치장 등)을 이용하는 것이 그 목적이다. 이들 경관은 보전이라는 측면에서 상당한 역할을 하게 된다.

소위 '환경혁명' 기간 동안에 대중적 관심은 위협받고 있는 동식물에 집중되었으며, 1973년의 아랍-이스라엘 전쟁으로 광물자원(특히 탄화수소)의 보전에 대한 관심이 되살아났으나, 이러한 맥락에서 현재 가장 심각한 위험 중의 하나는 토양침식에 의한 황폐일 것이다. 마쉬의 학문을 직접 계승한 지리학자 사우어(C. O. Sauer)는 토양침식과 토양보전은 지리학자가 연구해야 하는 가장 중요한 주제 중의 하나라고 주장하였다(버클리학파 참조).

지금까지 자연보존을 지지하는 많은 주장들이 제시되어왔는데 그 주장들에는 다음과 같은 것들이 있다 : 인간에게는 다른 종을 사멸시킬 권리가 없다는 윤리적 주장 ; 다른 종에 대한 심미적 매력 ; 종의 다양성을 유지시킬 필요성 ; 환경적 안정을 유지시키고 의도치 않은 인간영향이 가하는 위험을 줄일 필요성 ; 레크레이션의 필요성 ; 미래에 인간에게 유용하게 쓰일지 모르는 종들을 보존할 필요성 ; 그리고 후세로부터 존경받고 싶은 욕망 등. ASG

보존 preservation
환경 속에 존재하는 자연형상을 보호하는 보전(conservation)과 달리, 보존은 인문경관(전형적인 것으로 건조환경[built environment]) 속에 있는 유물형상을 지키는 것이다. 특정시기에 생성된 본원적인 형태구조로 되돌려놓는 것을 목적으로 하는 복원(restoration)과 달리, 보존은 명백한 연륜의 흔적을 감추지 않고 훌륭하게 수리된 상태로 단지 오래된 구조를 유지하는 것이다. 과거의 양식을 재현함으로써 고대의 형상을 나타나게 하려는 부활(revival)과 달리, 보존은 대체나 모조를 회피한다.

보존, 복원, 부활은 고전건축에 대한 숭배가 나타났던 르네상스기의 유럽에서 시작되었다. 17세기 영국에서는 고고학자들이 그리스, 로마의 유물뿐만 아니라 선사시대 및 화석유물까지 수집하고 보호하기 시작하였다. 18세기에는 보존의 범위가 폐허가 된 사원, 성, 기타 중세의 기념물로까지 확대되었으며, 1882년에는 영국 최초의 고대기념물보호법이 국회에서 통과되었다. 후에 국회법은 근대건축물 및 토공(土工: earthworks)과 같은 비건축물 유적도 포함하였다. 넓은 의미의 보존에는 과거에 있었던 건설적인 그리고 파괴적인 인간활동의 물질적인 증거를 제공하고 인공물을 수집하는 것이 포함된다. 유적은 지표상에, 박물관 속에, 기억 속에, 그리고 이목(移牧) 또는 삼포식농업과 같이 지속되고 있는 전통적인 관습의 형태로 보존되기도 한다. 구조물의 연대가 오래되어 보존비용이 엄청나게 증가하면, 대안으로 철거, 개작, 개조, 또는 재현 등으로 다시 분류되어 우리 손에서 멀어져 '박물관화'된다. HCP

복점 duopoly
단 두 공급자가 재화나 서비스를 배타적으로 제공하는 것. 두 공급자는 서로 가격과 제공수준을 통제한다(독점 참조). RJJ

복지지리학 welfare geography
불평등의 문제를 강조하는 인문지리학의 한 접근방법. 복지적인 접근은 1960년대의 계량 및 모형만들기 강조가 현시대의 문제를 충분히 다루지 못한 데 대한 반작용으로 나타났다(급진지리학 참조). 1970년대에는 인문지리학에서 빈곤, 굶주림, 범죄, 차별과 사회서비스(예로 보건과 교육)의 이용과 같은 '복지'문제로의 주요방향 전환이 있었다. 이것은 사회적 관심에서 나타나는 주요변화와 일치하는데, 즉 발전(development) 또는 진보에 대한 좁은 경제적 기준으로부터 삶의 질(quality of life)에 대한 보다 폭넓은 측면으로 변화하는 것이다. 경제성장이 느리거나 아주 없는 현시점에서 분배의 문제는 또다른 중요성을 지니는데, 가난한 자와 사회적 약자를 도와주는 재분배정책은 단지 한 사회의 부유한 또는 여유 있는 구성원들의 희생에 의해서만 수행될 수 있기 때문이다(파레토 최적성 참조).

복지적 접근의 기본초점은 누가 무엇을, 어디서, 어떻게 얻느냐에 관한 것이다. '누가'는 조사대상지역(도시, 지역 또는 국가, 또는 심지어 전세계)의 인구에 관련된 것으로, 계급, 인종 또는 다른 적당한 특성들을 기준으로 하여 다시 집단으로 나뉜다. '무엇'은 그 인구가 즐겨 선택하고 또는 인내해야 하는 다양한 호재와 악재들에 관련된 것으로, 상품, 서비스, 환경의 질, 사회적 관계 등의 형태로 나타난다. '어디'는 거주지역에 따라 생활수준의 차이가 있다는 사실을 반영한다. '어떻게'는 관찰된 차이를 형성하게 하는 과정과 관련된다.

복지지리학에 의해 설정된 최초의 과제는 기술인 것이다. 누가 무엇을 어디에서라는 관점에서 사회의 현상태는 복지경제의 추상적 공식의 연장으로 제시될 수 있고, 여기에 경험적인 내용을 부여하는 것이 실질적인 목표이다. 공간적으로 나뉜 사회에서 복지의 일반적 수준은 다음과 같이 표현될 수 있다:

$$W = f(S_1 \ldots S_n)$$

여기에서 S는 n개의 지역적 구분에서의 생활 또는 사회복지의 수준이다. 다시 말해 복지는 거주지역을 기준으로 정의된 인구집단의 재화분포의 함수이다. 사회복지는 다음과 같이 사람들이 실제로 얻는 것을 기준으로 정의될 수도

있다:

$$S = f(X_1 \ldots X_m)$$

여기에서 X는 소비되거나 경험된 m개의 재화양을 나타낸다. 사회복지는 또한 문제가 되는 지역내에서의 분배를 기준으로 표현될 수 있다:

$$S = f(U_1 \ldots U_k)$$

여기에서 U는 k개 인구집단 각각의 복리, 만족 또는 '효용성'의 수준이다. 위의 모든 표현법에서 각 항들은 함수에 따라 서로 가중치를 부여받을 수 있고 경우에 따라 서로 결합될 수도 있는데, 이렇게 하여 목표함수를 최대화하는 지역별, 재화별, 집단별 복지의 조합이 이루어진다(W 또는 S).

지역적 분배에서의 불평등에 대한 경험적인 규명은 사회지표의 발달을 가져왔다. 이것은 사회복지의 특정한 요소들을 결합하여 하나의 종합적 척도로 만든다. 여기에 포함되는 조건들로는 소득, 부, 고용, 주택, 환경의 질, 건강, 교육, 사회질서(즉 범죄, 탈선, 기타 사회의 안정과 안전을 위협하는 것들의 부재), 사회적 참여, 레크레이션과 여가 등이 있다. 이 대신에 보건시설 이용에서의 불평등 또는 소음, 대기오염 등 불쾌한 일에 대한 상이한 경험과 같은 사회복지의 개인적 측면에 초점을 맞출 수도 있다.

이와 같은 종류의 기술적인 접근은 지리학에서 여태까지 소홀히 해왔던 생활의 측면에 대한 정보를 제공해준다는 점에 그 의의가 있다. 이것은 또한 평가의 기초를 제공해주는데, 여기서 현상태는 복지증진의 몇가지 기준에 따라 대안적인 것(과거, 예측 또는 계획된 것)과 비교해서 판단된다. 그러므로 시설입지 또는 폐쇄(예를 들어 병원)에 대한 여러 대안의 효과는 연구대상지역의 각 부분에 사는 인구들간에 이익(보건시설의 이용과 같은)이 가장 평등하게 분배되는 척도에 의해 판단될 수 있다. 이것은 분배적 정의의 원칙과 그 원칙이 정치적 과정에서 실제로 적용되는(명시적으로 또는 다른 방법으로) 방법에 대한 문제를 제기한다.

복지지리학의 관심은 초기에는 기술적인 접근에 치중했으나 현재에는 어떻게 불평등이 형성되는가 하는 과정지향적인 작업으로 옮겨가고 있다. 신고전경제학에 기초한 복지문제의 추상적 공식화는 설명적 분석의 기초로서는 무력하다는 것이 발견되었고, 마르크스경제학과 같은 대안들이 유용한 지침의 원천이 되고 있다. 설명을 두 가지의 다른 차원에서 찾는 것 같다 :

(a) 체제운영의 일반적 경향을 밝혀내기 위해서, 통합된 총체로서의 경제-사회-정치체제의 운영을 이해하는 것이 첫번째이다(생산양식, 사회구성체 참조). 따라서 자본주의를 폭넓게 검토하다 보면 불평등의 유발은 불가피하다는 것을 알 수 있는데 이는 자본주의체제 자체의 본래적인 특성에서 유래한다. 사회주의도 실제로 실시되는 과정에서 그 나름대로의 뿌리깊은 불평등 경향을 보이는데, 그것은 공간적인 표현에서 명백히 자본주의에서 관찰되는 것과 유사하지만, 그 기원은 자본주의와는 다르고, 덜 극단적으로 나타난다 ;

(b) 설명의 두번째 측면은 한 경제-사회-정치체제의 특정요소들이 어떻게 작용하는가에 대한 세부적인 사항과 관련되어 있다. 한 도시에서의 공공서비스의 차별적인 분포라든가, 보건시설의 입지가 어떻게 몇몇 장소의 사람들에게는 유리하고 기타 다른 사람들에게는 불리한가 등을 그 사례로 들 수 있다.

원래 인문지리학에 대한 대안적인 틀로 제시되었지만, 복지지리학은 현재 불평등의 근본적인 문제를 지향하는 지리학내의 다른 연구방향들과 점차 합쳐져가고 있다. '복지지리학'에는 문제가 되고 있는 주제들이 단순한 하나의 학문분야를 넘어서고, 실제로 학문적인 경계를 점차 부적당한 것으로 만들고 있다는 인식이 내포되어 있다. 복지적인 접근은 논리적으로 볼 때 총체적 사회과학적 관점을 요구하고 있다.   DMS

봉건제

봉건제 feudalism

마르크스주의자와 일부 비마르크스주의 학자들 사이에 (그리고 마르크스주의 학자들 사이에서 조차도) 서로 다른 의미로 사용하는 개념이다. 비마르크스주의 학자들은(예를 들면 Round, 1895; Vinogradoff, 1908; Stenton, 1931) 봉건질서의 정치적 또는 군사적 특징에 중점을 두는 경향이 있다—봉건제라는 이름을 부여한 '봉토'(fief, 라틴어로 feodum, feudum)제도를 강조한다. 봉토는 군사적인 봉사에 대한 대가로 가신이 영주로부터 받은 약간의 토지자산으로 이것을 가지고 국가와 사회의 군사적 요구에 복무한다. 이러한 정의와 연관되어 봉건영주에게 부여된 통치의 행정적 기능과 사법적 기능이 분할되는 체제로 봉건제를 정의하면 보다 순수하게 정치적인 개념이 된다. 메이틀랜드(Maitland, 1960)는 봉건질서란 '토지가 곧 국가'가 되는 질서라고 정의하였다. 그러한 해석은 봉건사회가 이전의 민족국가나 제국이 몰락하고 성장하였으며, 봉건사회들의 출현은 국가의 기능을 충족시켜주지 못하는 국가의 무능력에 기인한다고 본다.

봉건제에 관한 마르크스주의자들의 개념과 접근은, 비록 정치적 요소들보다는 경제적 요소들을 강조하고 있지만 보다 포괄적이며 총체적이고자 한다. 마르크스의 관심의 초점이 일차적으로 자본주의적 생산양식(또한 자본주의 참조)에 있었기 때문에, 봉건제는 고대세계의 노예제사회와 후대의 자본주의와 무산계급(proletarian) 세계 사이에 낀 중간범주로 간주되었다. 주요한 관심은 주로 농업사회에서 봉건영주가 그들의 농노로부터 거두어들이는 노동생산물인 봉건지대의 착취에 있다. 따라서 일부 마르크스주의 역사가들(Bois, 1984; Hilton, 1978)은 봉건제의 구조를 고찰하려면 언제나 농업적 기반, 특히 소농가족의 보유지로부터 시작해야 한다고 주장한다. 무엇보다도 상부구조를 소농가족경제와 자연과의 관계에 종속적인 것으로 간주하기 때문에 마르크스주의자들은 자본제적 생산양식으로 전환하는 힘을 분석하는 데, 포스탄논제에서 제시하는 것과 같은 인구팽창과 궁핍화라는 자멸적인 순환과정을 향한 동적인 경향이 반드시 존재한다는 것을 인정하지 않는다. 실제로 소농가족 보유지가 전체적으로 전혀 자급자족적이지 못하고, 다양한 종류의 가족간 상호교환과 보다 넓은 장원사회와 촌락사회를 포괄하는 공동체 · 자치적 활동에 의존하는 한, 독립적인 소농경제에 관한 어떠한 견해도 거부한다(Hilton, 1978). 더욱이 힐튼이 강조하였듯이 개별적인 소농가족경제와 촌락공동체가 봉건제에만 고유한 실체는 절대로 아니었다. 그러므로 봉건제의 역학 속에서 이들은 충분조건이 아니라 필요조건으로 간주된다. 따라서 봉건제를 보다 완전하게 정의하기 위해서는 봉토 혹은 영주와 소농보유 사이에 통합적인 변증법이 필요하다. 그럼에도 불구하고 최근의 역사지리학 연구에서는 시간과 공간을 가로지르면서 소농들로부터 지주에게로 잉여노동이나 생산물이 전이되도록 하였던 여러가지 수단들—장원영지의 농토에서 연중 실시된 정례적인 작업으로부터 현물지대와 화폐지대에 이르기까지—을 확인하였다(Dodgshon and Butlin, 1978). 그러나 이러한 소득이 어떤 형태로 발생되었든간에 그것은 사법권으로 정당화되었으며 보호되었다. 다양한 강도를 지니고 있었던 농노제도는 소득전이를 합법화시키는 하나의 수단이라고 생각되기도 한다. 기저에 있는 소농경제에서의 변화는 사회구조의 정상부에도 반사된다고 확신되었다. 지주의 수입은 소농경제의 생산성과 착취 정도에 밀접하게 의존하고 있었기 때문이다. 힐튼(Hilton, 1978, 1983)에 의하면 이러한 의존성은 지주가 상인자본망 속에서 거래되고 있었던 사치품을 구입할 수 있는 소득의 입수가능성으로, 또는 국가가 군사적인 목적을 위하여 조세를 올릴 수 있는 수입의 입수가능성으로 연장된다.

마르크스주의자들은 14세기의 봉건지대의 수확감소와 연관된 봉건제의 '위기'를 확인하였다. 이는 부분적으로는 인구의 감소를 초래하였지만 보다 중요하게는 투자의 형태로 의미 있는 피드백을 형성하지 못한 잉여의 전이과정이 실패한 때문이라고 추정하고 있다. 힐튼(1973)은 위기의 악화를 조장한 요인으로 14세기에 지대삭감 압력을 통한 소농의 저항 역할을 강조하는 봉건제 위기연구자의 한 사람이다. 영국의 경우 이러한 저항의 영향으로 소농보유지에서 잉여가 유지되어 힐튼의 표현대로 '자유로운 소상품생산'을 가능하게 한 많은 수의 소농들이 축적되었다고 추정된다(1980). 이렇게 일차적으로 농촌수준에서의 변화를 강조하는 것은 봉건적 양식을 해체시키는 데 도움을 준 요인으로 장거리무역의 발달 및 그와 관련된 도시화를 찾아내었던 보다 오래된 마르크스주의자들의 관점과는 대조적이다(Sweezy, 1976). 구마르크스주의자의 입장은 마르크스주의 지리학내의 몇몇 초기 저작물들 속에 채택되었다(예를 들면 Harvey, 1973). 그러나 앤더슨(Anderson, 1974)은 주요한 이론들을 종합하면서 비록 유럽에서 자본주의를 계속 발전시키는 데 지중해의 고전적 세계에 존재하는 도시정치적 문화의 특별한 형태로부터 물려받은 중요한 유산을 강조하였지만, 변화의 촉매로서 도회지(towns)와 국제무역의 중요성을 강조하였다. 더비(Duby, 1974)도 매우 독창적인 설명을 통해 단순상품생산의 성장, 영주의 화폐소득의 증가, 국제무역의 증대 및 그에 따른 중세경제를 이끌어간 '원동력'으로서의 소농경제의 중요성 감소에 큰 의미를 부여하였다. 그러나 도회지와 무역을 봉건경제의 필수불가결한 일부분으로서가 아니라 외인적인 요소로 취급하는 것은 있을 수 없다는 데 대한 합의가 점차 증가하고 있다(Langton and Hoppe, 1983; Merrington, 1976). RMS

부가가치 value added

한 기업이 주어진 양의 산출로부터 얻는 총수입과 그 산출을 생산하기 위해 사들인 원료, 부품 및 서비스에 소요된 비용간의 차이. 이것은 생산과정을 통해 투입에 더해진 가치를 의미하며 시장에서 얻을 수 있는 가격과 궁극적으로 이것이 의존하는 조건을 반영한다. 따라서 부가가치는 생산단위 내부조건과 외부환경 요소 모두로부터 발생한다.

전통적으로 부가가치는 세 가지 생산요소—노동(임금을 얻는), 자본(이익배당금을 얻는), 토지(지대를 얻는)—때문에 생기는 것으로 생각되었다. 신고전경제학에서는 효용, 즉 가치가 보다 큰 것으로 원료가 전환되는 과정에서 이 세 요소가 기여하는 바로부터 소득의 분배를 유도하였다. 그러나 자본주의에서 지배적인 생산의 특수한 사회적 관계로 인하여 지주와 자본가는 생산과정에 의해 부가가치의 일부를 전유할 수 있다. 마르크스경제학에서는 자본은 과거에 사용된 인간노동의 산물이며, 토지는 소유주가 있기 때문에 오직 대가만을 지불받을 수 있다고 주장하면서 전체 부가가치를 노동의 공으로 생각한다. 분배문제를 제외한다면, 서로 다른 생산요소가 부가가치에 기여한 부분의 경제적 계산은 자본주의와 사회주의 모두에서 희소자원의 합리적 배분에 도움을 줄 수 있다. DMS

부실구역 설정 redlining

금융기관들이 한 도시의, 일반적으로는 내부도시에 위치한 전체 거주지역을 쇠퇴하여 합리적인 담보투자의 대상이 될 수 없다고 지정하는 것. 이러한 관례는 미국에서 발달했는데, 미국의 경우 담보부 대부를 하는 업체들이 위험을 최소화하려는 기관들이다; 그들은 이러한 지역들을 안전성이 매우 낮다고 평가하였다. 그러한 평가는 영국에서도 특정 주택금융조합에 의해 이루어져왔다. 저가격 주택지역들을 저당받을 수 있는 혜택으로부터 제외시킴으로써, 이 부실구역 설정은 인위적인 주택부족을 창출하고 결과적으로 다른 곳의 주택가격을 상승시킬 수도 있다. 따라서 불량지역의 도시쇠퇴는 심화되고 빈곤층이 주택소유자가 될 수 있는 기회는 적어진다. JE

부양력

부양력 carrying capacity
정해진 토지자원으로 부양할 수 있는 최대 이용자수. 이용자가 식물인 생태연구에서 기원한 개념으로, 비록 더 넓게 사용되기도 하지만 이후에는 가축생산과 관계지어 사용되었으며 이제는 일반적으로 오락활동의 연구에 적용되기도 한다 (예를 들어 Brotherton, 1973). 부양능력은 토지관리의 정도나 토지자원 및 사용자의 특징에 의존하는 상대적 개념이다. 이를 실제로 측정하는 일은 복합적이며, 과도한 이용에 따라 환경의 수정이 바람직하지 않은 정도를 넘는 자의적으로 선택된 최소요구치에 종종 의존한다. PEW

부양인구비 dependency ratio
유소년층(0~14세)과 노년층(65세 이상) 인구수의 장년층(15~64세)에 대한 비율. 부양인구비는 경제활동에 참가하는 인구가 부양하여야 할 인구수를 비교하는 데 유용한 지표이다. 연령층의 그룹은 정년연령 혹은 학업을 마치는 시기 등을 고려하여 어느 정도까지 임의로 조정될 수 있다. 전형적인 서구사회에서 성년층을 15~64세로 정의함에 따라 이들의 수는 실제 경제활동인구보다 많은 것이 일반적이다. PEO

부의 이항분포 negative binomial distribution
절단되고 비대칭인 이론적 빈도분포로서(정규분포 참조), 주어진 어떤 분포가 무작위적 요소를 포함하는 군집과정에 의해 생성되었는가를 평가하는 기준으로 사용된다. 이 분포는 점의 분포가 포아송분포에서와 같이 개별적으로가 아니라 군집의 형태로 나타나는 격자분석에서 사용된다. 부의 이항분포는 군집의 중심이 우측으로 치우친 비대칭분포이며 포아송분포보다 더욱 밀집된 형태를 나타낸다. RJJ

부재곡물농업 suitcase and sidewalk farming
농부가 토지나 토지부속 건물에서 멀리 떨어져 사는 농경시스템. 미국에서 주로 볼 수 있다. 어떤 부재농들은(suitcase farmers) 여러 장소에 토지를 소유하면서 자신의 농기구사용을 극대화하기 위하여 경작기나 수확기에 토지를 따라 이동한다. 또다른 부재농들(sidewalk farmers)은 상당히 멀리 떨어진 도시에 살면서 농기구는 토지의 건물에 보관해놓고 토지를 경작한다. 이 두 종류의 부재농은 매일매일의 관리가 필요치 않은 곡물농업을 하게 된다. PEW

부적합할당 malapportionment
임의의 정당이 투표자수 면에서 현저한 차이가 나도록 선거구를 조정함으로써 자기들의 이득을 도모하려는 선거남용행위. 가장 성공적으로 부적합할당을 실시하는 방법은 자신들의 정당선거구는 작게 할당하고 반대당의 선거구는 크게 할당하는 것이다. 부적합할당은 여러 정당 지지자의 공간적 분리를 전제하고 있다; 많은 나라에서 실시하는 부적합할당은 특히 농촌지역 주민에게 유리하다. RJJ

부족영역 tribal territory
유목부족에 대칭되는 정착부족과 관련된 영토의 원시적 개념. 이 말은 라첼(Ratzel)이 처음 썼고 많은 후대 연구자들이 이러한 영역의 특징적 측면의 하나가 고정되고 분명하게 구획된 경계의 결여라고 가정했다. 그것은 그대신 불확정적 지역으로 성격지어진다고 생각했다. 그러나 세계 다른 많은 곳에서 부족영역은 흔히 아주 자세한 경계가 있다는 진전된 연구가 나타났다. 참으로 소위 원시사회에서의 영역의 개념에 대해 지리학자들은 연구를 깊게 하지 못했으며 지금도 상대적으로 불충분하게 이해되고 있다(변경, 영역성 참조). MB

분리 segregation
전체 인구에서 소집단들의 거주지가 분화되는

것. 만약 한 집단의 구성원들이 나머지 인구에 대해 동일한 비율로 분포되어 있다면 이 집단은 완전히 '비분리'이다. 이러한 동일성으로부터의 이탈이 클수록 분리의 정도는 커진다. 많은 지리학적 연구가 도시지역에서 외국인 이주자들의 분리에 대한 원인 및 특성에 초점을 맞추었고, 분리와 동화의 정도 사이에는 일반적으로 관련성이 있다. 게토는 분리의 극단적 형태이다. 분리지수는 거주지유형을 기술하는 데 널리 사용되어왔다. 분리에 영향을 주는 요소에는 인종, 종교, 언어 및 기타 다른 경제사회적 지위척도 등이 포함된다(결집, 거리화 참조). PEO

분리독립 secession
국가의 영토와 인구의 일부를 새로운 혹은 기존 국가에 양도하는 것. 분리하고자 원하는 집단에 관한 예가 많이 있으나, 이러한 운동은 예외없이 정치적으로 매우 파괴적이고 전쟁이나 게릴라 갈등을 유발한다. 아일랜드에서 1922년 아이레국이 수립된 것은 성공적인 분리주의운동의 한 예이다. 그러나 대부분의 분리주장은 기존 국가의 반대로 좌절된다. 기존 국가는 영토할양을 반대한다. 분리주의운동은 여러 형태를 취할 수 있다: 아(亞)국가 민족주의, 이 경우 소수민족은 분리 독립국가의 수립을 원한다; 통합 민족주의, 여기서 소수민족은 많은 인근국가에 걸친 정치적 단결의 욕구를 전파한다; 그리고 미수복지 병합주의, 여기서는 영토가 한 국가에서 다른 국가로 넘어간다. MB

분리지수 indices of segregation
한 인구집단에서 소집단들의 거주 분리정도를 측정하는 것. 거주분리에 대한 의미있는 지표를 개발하는 것은 도시지역에서의 사회적 계층화와 거주지분화 연구에 중요한 부분이었다. 분리를 보여주는 하나의 단순한 도해적인 방법이 로렌즈 곡선이다. 다음 그림은 1961년 멜버른에서의 몇몇 인종집단에 대한 연구를 나타낸 곡선이다. x축은 각 인종집단의 누적백분율이고 y축은 나머지 인종집단의 누적백분율이다. 대각선은 분리가 전혀 없는 상태, 즉 각 부분지역내의 백분율이 전체 도시인구의 백분율과 완전히 일치하는 경우이다. 일반적으로 분리곡선은 이 대각선으로부터의 거리가 분리의 정도를 나타내주는 곡선이다. 다른 맥락에서 로렌즈 곡선은 분배의 불균형을 재는 일반적인 방법으로 널리 이용되고 있다.

대부분의 분리에 대한 연구는 이종의 공간분포간의 차이를 요약하는 두 가지 단순한 지수 중 하나를 이용해왔다. 이 지수는 0에서 100 사이에 있고 두 집단이 일련의 구역에 균등하게 분포하기 위해 필요한 재분배 백분율을 지시해준다. 첫째, 거주상이지수는 인구의 두 구성집단의 분포차이를 백분율로 나타내준다:

$$Id = \frac{1}{2} \sum_{i=1}^{k} |x_i - y_i|$$

여기서 x_i는 i번째 단위지역에서의 x인구집단의 비율이고, y_i는 역시 i번째 단위지역에서의 y인구집단의 비율이며, 이런 식으로 한 도시와 같이 주어진 영역내에서의 모든 (k개) 단위지역의 총합이 이루어진다. 둘째로, 거주분리지수는 한 집단의 분포와 나머지 인구의 분포간의 차이를 백분율로 보여준다:

$$Is = \frac{Id}{1 - \frac{\Sigma x_{ai}}{\Sigma x_{ni}}}$$

여기서 Id는 소집단과 전체인구(소집단 포함)간의 상이지수이고, Σx_{ai}는 도시내 그 소집단의 전체숫자이며, Σx_{ni}는 그 도시의 전체인구이다. 예를 들어 1950년 시카고에서 노동자에 대비되는 전문직 종사자의 상이지수는 54%이며, 전문직 분리지수는 30%, 노동자 분리지수는 35%였다.

보다 단순한 척도인 입지계수는 어느 한 소지역에서의 특정 인구집단의 상대적인 집중여부를

분산분석

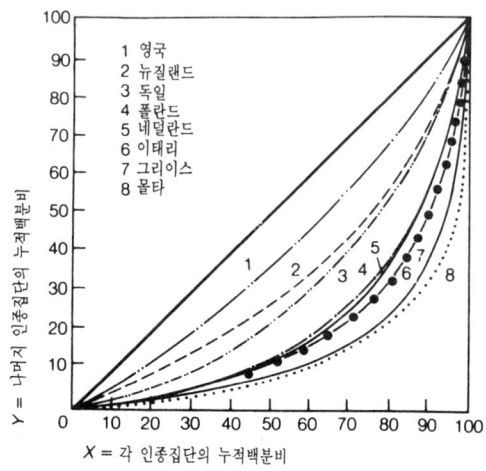

분리지수 1961년 멜버른의 611개 센서스지역을 대상으로 한 인종집단의 거주분포의 집중곡선(Lancaster Jones, 1967).

보여준다. 이것은 주어진 지역(i)내에서의 한 인구집단(x)의 백분비와 그 지역내에서의 다른 인구집단의 백분비간의 비율로 간단히 정의된다:

$$Q = \frac{x_i}{y_i}$$

이와 같은 기본척도에서의 차이, 규모, 소집단의 크기, 지역단위의 성격과 관련된 문제들이 많이 논의되어왔다. 이 지수들은 도시사회지리학에서 특히 유용하다고 입증되었다. PEO

분산분석 analysis of variance
종속변수가 급간 또는 비율로 측정되어 있고, 독립변수가 명목 스케일로서 측정된 것일 때 행해지는 통계적 검증을 말한다. 개개의 조사표본은 몇 개의 카테고리로 나누어지고, 분산분석은 종속변수상의 이들 카테고리들의 평균이 다른 것과 어느 정도 다른지를 검증한다. 이와 관련된 유의성검증은 모집단에서 어느 정도 유의한가를 나타낸다. RJJ

분산의 동질성 homoscedasticity
회귀분석에 관련된 통계적 특징 중의 하나. 관측대상의 분포에 있는 분산을 내포한다. 종속변수의 예측치 주변에서 독립변수의 모든 값에 대하여 동일하게 존재하는데 만일 그렇지 않으면 (분산의 이질성의 조건), 회귀상관계수는 실제값의 재현에 있어 치우친다. RJJ

분산형도시 dispersed city
도시인구 또는 도시생활양식이 농촌지역에 재배치되거나 확산된 상태. 넓은 의미로 보면 분산형도시는 촌락사회의 도시화개념인데 물리적인 도시화현상 없이 촌락사회가 좀더 도시적인 유형으로 변화되어가는 것을 뜻한다. 더 일반적 의미로 보면 분산형도시는 중심도시에 직장을 두고 있는 상당수의 통근자들이 거주하는 촌락지역을 뜻한다. 곧 촌락적 환경을 갖춘 도시인구의 거주지역을 지칭한다. 중심도시로의 접근성과 교통비가 그와 같은 통근자 취락의 확산을 조정하는 데 중요한 관건이 된다(역도시화, 침상도시 참조). PEW

분지적 발달 ribbon development

기성시가지에서 연장되어 주요도로를 따라 전개된 도시스프롤 형태. 분지적 발달이 이루어진 도로에 위치하게 되면 상대적으로 저렴한 토지와 양호한 접근성의 혜택을 누릴 수 있다. 아울러 장사를 할 경우 통행인을 상대로 한 교역을 할 수 있다. 기성시가지내에서의 이 용어는 종종 분지형 발달사업의 의미를 지닌다. 분지형 발달사업이란 도시의 주요 상가중심지로 가는 간선도로를 따라 일정형태의 소매업기능이 집중해 있는 것을 말한다. 물론 이때 집중형태의 사업체에는 접근성, 상대적으로 저렴한 토지, 통행인을 상대로 한 교역의 혜택이 있다. RJJ

분파지역 section

정치적 분할과 관련되어 한 국가의 영토가 분리되는 것. 정당지지의 분열은 한 정당이 특정 쟁점을 둘러싸고 한 지역 선거인의 다수를 동원할 때 나타난다. 쟁점은 경제적인 것일 수 있는데, 이때 분파는 지역간의 경제적 차이를 반영한다. 예컨대 낙농업자와 곡물업자의 경우이다. 혹은 사회적인 것일 수 있다. 미국에서 남북전쟁 뒤 한참 동안 남부의 백인우위정치 때문에 백인 투표인의 압도적 다수가 민주당을 지지한 남부 여러 주가 그 예가 될 수 있다. RJJ

분할 cleavage

정치적 성향과 당파의식의 발전과 관련된 사회의 구분. 각 분할은 사회적 갈등이 정당체계로 전환되는 양상을 반영한다. 립셋과 로칸(Lipset and Rokkan, 1967)은 유럽에서 나타나고 있는 네 가지 분할을 확인하였다. 처음 두 가지는 국민국가의 성장과 관련되는데 예속 대 지배문화, 교회 대 국가의 분할이고, 다른 두 가지는 산업혁명과 관련되는데 1차 대 2차 경제, 노동자와 사용자의 분할이다. 이외에 다른 형태의 분할도 있는데, 미국의 부문별 또는 지역적 분할이 그 예이다. 일정지역의 투표행태의 지리적 특성은 부분적으로 그 지역에서 이루어지는 주요분할의 반영이라고 할 수 있다. RJJ

불균등발전 uneven development

시·공간적으로 불균등한 발전과정. 불균등성은 발전의 우연적인 결과가 아니라 발전에서 필연적으로 나타나는 것이다. 불균등성은 발전과정에서 외부적 요소의 영향이나 발전과정 자체만으로는 설명될 수 없고, 이들 영향간의 관계에 관한 고찰을 통해서만 설명될 수 있다. 그러한 접근방법은 트로츠키(Trotsky)가 제시한 통합된 발전과 불균등발전에 관한 개념에서 확실하게 설명되었다. 여기에서 제시된 것은 발전의 발달과 저발전의 발달이 같은 경제적 과정에서 동시에 존재한다는 점이다. 영국의 제조업은 신국제 노동분업으로 쇠퇴하고 있으나 런던과 같은 세계적 도시에서는 고도의 소매 및 서비스산업이 번창하고 있다. 유사하게 외부지향 자본에 의한 주변부 경제의 침투 또는 '전통'과 '현대'의 결합은 일련의 동일한 과정의 결과로 성장과 침체를 동시에 유발시켰다.

불균등발전은 생산력의 발전과정에서 기업간, 산업간, 전체 산업부문간, 지역간 또는 국가간의 불균등에서 보는 바와 같이 여러가지 방식으로 나타날 수 있다 : 생산수단 또는 사회구성체에서 ; 보다 팽창적인 사회관계가 특정의 사회관계를 침투하는 범위에 따라 ; 대·소규모 자본간에 ; 고정자본의 규모와 내구성의 형태에서 ; 소비재와 자본재 산업간에 ; 산업부문간에 ; 생산력간에 ; 계급간에 ; 지리적 지역간에 ; 또는 위와 같은 것의 결합에 의해 나타난다.

더욱이 이러한 요소간의 불균등한 관계 자체가 불균등하게 발전될 수도 있다. 따라서, 예를 들면, 계급관계의 불균등한 발전이라는 요인으로 생산양식으로서의 자본주의 발전에 대한 국가간의 다양한 대응을 설명할 수 있다(Massey, 1984). 그러한 다양성이 1984년에서 1985년 1년간 영국에서 발생한 석탄광부들의 파업에서 단적으로 나타났다.

불연속선택모형

 자본주의 발전이라는 관점에서 보면 필연적인 것도 불가피한 것도 아닐지라도, 불균등발전은 불가피하며 축적의 경쟁적 조건과 밀접한 관계가 있다. 축적은 계속적으로 경쟁적 우위를 확보할 것을 요구하며, 그 결과 불균등은 지속적으로 발생하며 반복된다. 그러나 불균등은 단순히 자본의 재생산조건의 결과만은 아니다. 노동계급편에서 행해지는 저항은 특수한 형태의 발전을 가져올 수는 있다.

 지리학자들은 특히 지리적인 불균등발전의 생성과 효과에 관심을 가져왔다. 하비(David Harvey, 1982)는 자본주의에서 나타나는 불균등의 원인과 결과에 대해 생생하게 설명하였다 : "자본주의의 역사지리학은 매우 주목할 만하다. 다양한 역사적 경험을 공유하고 다양한 자연환경의 변화 속에서 생활하고 있는 인간은 국제적인 노동분업하에서 복합적인 단일체로 결합되었다. 그러나 이러한 사회관계의 급진적인 변화는 균등하게 진행되지 않았다. 즉 어떤 장소에서는 다른 장소보다도 더 빠르게 사회관계의 변화가 나타났다. 그러한 변화는 저항의 정도에서 지역적인 특징을 보여 어떤 곳에서는 변화가 평화스럽게 진행된 반면에 다른 곳에서는 학살적인 폭동으로 진행되었다. 변화의 의미에서 급진적이고 그 규모에서 놀랄 만한 물리적 변화가 수반되었다. 그렇게 됨에 따라 새로운 생산력이 전세계의 지표공간상에 발생·분포되었다. 세계적인 광범한 교통 및 통신체계의 구축은 재화나 노동력의 이동뿐만 아니라 정보 및 사상의 전달을 상대적으로 쉬워지게 하여 대도시지역에 거대한 규모의 자본 및 노동을 집중시켰다. 즉 공장과 경지, 학교, 교회, 쇼핑센터와 공원, 도로와 철도 등과 같은 경관이 자본주의에 의해 다양하게 형성되었다. 그러나 이러한 물리적 변화는 균등하게 진전되지 못하였다. 특정지역에 거대한 생산력이 집중하여 상대적으로 낙후된 지역과 뚜렷한 차이를 나타냈으며 특정장소에의 경제활동의 집중은 균등한 경제활동을 보유한 지역과 대조를 이루었다. 이러한 모든 현상은 자본주의의 '불균등 지리적 발전'이라 할 수 있다."

 그러나 불균등발전은 자본주의에서만 독특하게 나타나는 현상이 아니다. 사회주의 국가에서도 차별성장정책이 실시되면서 불균등발전이 나타고 있다. 전형적인 예는 소비재를 생산하는 산업과 자본재를 생산하는 산업간의 차이이다 ; 유사하게 농업과 공업간에도 불균등발전이 나타나며, 예를 들면, 소련에서는 해마다 많은 양의 곡물이 부족한 실정이다. 마찬가지로 지리적으로 집중된 지역생산단지에 기반을 두는 중공업 위주의 성장전략은 도시와 농촌간의 불균등발전을 초래하였다. 그러나 많은 사회주의 국가들에서 주목할 만한 생산의 특징으로는 국영생산활동과 사적 생산활동 사이에 나타나는 생산성의 차이이다.

 이점에서는 분명하게 설명할 것이 많이 있다. 그러나 그러한 불균등발전은 세계적 규모의 제국주의의 등장 및 도시내의 소규모정치에 이르기까지 광범위한 사회적 결과를 유발하였다. 이 결과는 지리적 불균등발전이지만 그 결과에 대한 설명은 공간결정론이나 구조적 요인에만 전적으로 의존할 수 없고 '지리적 문제'(Massey and Allen, 1984)를 통해 설명할 수 있음을 보여주었다. 실제로 공간과 사회는 분리될 수 없으므로, 불균등발전에 관한 분석에서는 이러한 상호의존성을 인식해야 한다(공간성 참조). RL

불연속선택모형 discrete choice model
제한된 개개의 대안들 중에서 선택을 예측하기 위하여(대부분의 신고전이론들은 상품들이 나누어질 수 있다고 가정함) 효용이론의 맥락에서 개발된 통계모형의 하나(신고전경제학과 비교). 이동행태 특히, 교통수단의 선택은 많은 모형개발의 초점이 되고 있다(개별통행수요 모형화, 대수-선형 모형화와 비교). RJJ

불확실성 uncertainty
특정 행위과정에서 초래되는 결과가 하나 이상

이 될 가능성으로서, 각 가능결과의 형태는 알 수 있으나 한 특정결과의 확률은 알 수 없다. 모험의 상황에서는 특정결과의 확률을 알 수 있는데 이 점에서 불확실성과 모험은 다르다. 예를 들면 동전을 던질 때 표면이 나올 확률은 50%이며 따라서 동전던지기는 모험이다. 러시아 룰렛놀이는 권총이 장전되어 있다는 것을 알 경우 모험(동시에 '모험적')이다 ; 6개 약실 중의 하나에 총알이 들어 있다면 한 번의 발사는 1/6의 죽음의 확률을 가진다. 그러나 권총이 장전되어 있는지의 여부를 모른다면 이것은 불확실성의 상황이 된다.

불확실성은 그것이 산업입지, 거주선택 혹은 어떤 것과 관련되든간에 실제세계에서 결정이 이루어지는 환경의 한 부분이다. 이것은 완전한 지식을 전제하고 입지의 최적성은 당연히 그것을 완전히 적용한 결과라고 주장하는 이론과 모형들의 실제적 가치를 크게 제한한다. 뢰쉬(August Lösch)가 그의 『입지의 경제학(Economics of location, 1954)』에서 불확실성에 대해 이야기한 바와 같이 '우리가 미래를 알 수 없기 때문에 동태적으로는 최선의 입지란 있을 수 없다.' 예를 들면 새로운 영역에서 새로운 공장이나 서비스업체를 시작한 기업은 경쟁자들의 반응이 어떠할지 알 수가 없다. 그들은 그들 자신의 시설을 가지고 남의 전례를 따를 수도 있고 다른 대안적 경쟁전략을 찾을 수도 있으며 경쟁하지 않겠다고 결정할 수도 있다 ; 각 대안들의 확률을 계산할 방법이 없으며 따라서 이 상황은 모험의 상황은 아니다(경쟁자의 행태를 정확하게 지적해줄 만한 충분한 사전의 예가 있을 경우에만 모험이 될 수 있으나 그럴 가능성은 거의 없다고 본다). 거주선택은 예를 들면, 근린의 안정성 혹은 이웃사람의 사교성과 관련해서는 불확실성의 상황에서 이루어진다.

불확실성이 실제로 의사결정에 어떻게 영향을 미치는가, 또 이것을 어떻게 모형화할 수 있는가 하는 문제가 최근 지리학에서 많은 관심을 끌어왔다. 그러나 이러한 노력이 예견불능에 대응해서 예견가능한 방향으로 많은 진전을 가져올 것인가는 의문시된다. DMS

비공식부문 informal sector

공식적인 관리, 급료체계 그리고 공식적인 승인은 없지만 생산적이고 유용하며 필수적인 노동을 수행하는 부문. 이 용어는 일반적으로 공식적(관리되고, 지불되며, 승인된) 부문과 병행해서 행해지는 경제활동을 의미하며 공식적인 부문과 다소 관계없는 자급자족적 생산활동은 제외된다. 가사노동이 아마도 가장 대표적인 비공식부문의 활동일 것이다. 그러나 자본이 공식적인 작업장에서 노동을 대체하고 무토지 농촌노동과 무직 도시노동이 공식부문의 주변부에서 개별화된 서비스의 공급으로 유입됨에 따라서 공식적인 작업장에서 무급의 사회노동과 신고되지는 않지만 급료를 받는 무토지노동은 증가하는 경향이 있다(바자경제 참조). RL

비교비용분석 comparative cost analysis

생산비용의 관점에서 여러 입지들의 비교우위를 평가하는 방법. 비교비용분석은 기존입지의 효율성을 판단하는 데, 또 새로운 시설의 입지를 선택하는 데 활용될 수 있으며 이것의 이론적 근거는 가변비용분석에 있다.

일반적으로 비교비용분석은 평가대상 입지의 수가 작고 포함된 투입의 수도 작을 때 이용한다. 1차 금속제조업이 이 분석을 이용할 수 있는 좋은 예이다. 그 절차는 복잡하지 않다: 여러 대안적 입지들을 확인하고, 각 입지에서 각 투입의 비용을 산출하며 이들을 총비용으로 합산한다. 산업의 비용구조는 총비용에 대해 어떤 투입이 가장 큰 중요성을 가지는가에 대한 일차적 암시를 줄 수 있다. 일부 고려대상 입지에서 특별히 중요하지만 않다면 일반적인 비용구조에서 별로 중요하지 않은 투입은 생략되도 최종결과에 큰 영향을 미치지는 않는다. 판매량이나 수입이 총생산비용에 민감하다고 생각하는 2차적 분석이 없는 경우, 지리적 공간상에서 고정비용으로 주어지는 투입은 생략될 수 있다.
　비교비용분석은 정보를 가지고 여러 입지들 중에서 선택을 하는 데 가장 보편적인 수단이다. 이 분석의 주요한 결점들은 투입의 수가 많을 때 총비용을 계산하는 것이 어렵고, 연계효과나 기타 외부경제를 평가하는 데 나타나는 문제, 수요요인을 포함할 수 없다는 점 등이다. DMS

비교우위 comparative advantage
두 지역 사이에 자유무역이 존재하다면, 한 지역이 다른 지역에 비해 이익률이 높거나 불이익을 당할 비율이 낮은 품목을 생산하는 경향이 있다는 원리. 비교우위의 개념은 지역특화를 이해하는 데는 기본적이며, 모든 지역은 자국내에서 그들에게 필요한 모든 욕구를 만족시킬 수 있는 능력을 갖추고 있다 할지라도 생산물을 상호교환함으로써 서로 이익을 본다.
　만약 A지역이 B지역의 자동차 생산비용의 50%만으로 자동차를 생산할 수 있거나 A지역이 B지역의 섬유생산비용의 70% 비용으로 섬유를 생산할 수 있다면, A지역은 (더 큰 이익이 생기는) 자동차생산으로 특화되고 B지역은 (불이익이 다소 적은) 섬유를 생산하게 된다.
　때때로 공업생산과 관련되어 사용되기도 하지만, 비교우위의 원리는 농업지리학에 더욱 결부되어 농업생산지역의 실체를 설명한다. 특정지역의 비교우위는 토지자원이 좋든가, 그렇지 않으면 생산하는 데 투입되는 경제적 비용(시장에의 운송비를 포함하여)이 낮은 데에서 생긴다(튀넨모형 참조).　　　　　　　　　PEW

비례대표제 proportional representation
선거에 참여한 각 정당이 투표수에 비례하여 의석수를 배정받아야 된다는 제도. 이러한 기준에서 벗어난 것을 선거편기(electoral bias)라고 부른다.　　　　　　　　　　　　　RJJ

비모수통계기법 non-parametric statistics
측정단위가 명목 또는 서열단위인 자료의 가설검증에 사용되는 일련의 절차를 말한다. 모수적 통계기법과 대비되는 개념으로서, 모수적 통계기법은 금간 또는 비율척도의 자료를 이용하며 자료의 빈도분포가 대략적으로 정규분포를 이룬다고 가정한다. 비모수통계기법은 때로는 분포와 무관한 통계기법으로도 불린다. 이 기법은 다양한 종류의 검정을 위해 고안되었으며 일부는 정교한 실험분석에도 이용될 수 있다. 그러나 널리 사용되는 기법은 대부분 간단한 것이며 다음과 같은 분야에 주로 사용된다 :
(a) 표본을 이상적인 (모델 또는 이론적인) 분포와 비교할 때
(b) 2개 또는 그 이상의 표본을 비교할 때(이 경우에 널리 사용되는 것은 카이자승이 있다).
(c) 순위상관관계　　　　　　　　　　RJJ

비엔나학파 Vienna Circle(Wiener Kreis)
1920년대 및 30년대에 걸쳐 비엔나(Vienna) 대학 귀납과학(Inductive Science)의 철학교수인 슐릭(Moritz Schlick)을 중심으로 형성된 철학자, 수학자 및 자연과학자 집단(Kraft, 1953 참조). 이 집단은 1923년에 처음 형성되었고 1929년에는 '세계의 과학적 개념화: 비엔나 서클' (The scientific conception of the world: The Vienna Circle ; Neurath, 1973의 번역)이라는 강령을 발표하여 논리실증주의의 성립을 가져왔다. 여기에는 3가지 기본주장이 있다 :
(a) "세계의 과학적 개념화는 모든 종류의 사물의 경험적 언명과 논리학 및 수학의 분석적 언명만을 인식한다"(Neurath, 1973). 따라서 이는 하버마스(J. Harbermas)가 그의 비판이론에서 논의한 '경험적-분석적 과학'과 일치한다. 그러나 하버마스가 의미의 명료화에 관심을 가지는 '역사적-해석학적 과학'을 논의한 데 대해서 논리실증주의자는 주장하기를 ;
(b) 정리의 의미는 그것의 검증(verification)의 의미와 동일하다(Schlick, 1959): 따라

서 형이상학은 무의미한 것이 된다 ;
  (c) 이 학파의 일부는 과학의 구체적 사상은 공공적으로 접근가능한 사건, 즉 하나의 공간 및 시간의 좌표체계에 위치하는 물리적 사상이며, 따라서 이러한 물리주의(physicalism)의 원칙은 학파에 참여한 모든 구성원이 동의하는 통일된 과학의 견해를 가능하게 하였다(Bryant, 1985). 학파 참여자는 후에 쉐퍼(Schaefer)의 지리학에서의 예외주의 비평에 직접적인 영향을 준 버그만(G. Bergmann)을 비롯하여 카르납(R. Carnap), 괴델(K. Gödel) 및 노이라트(O. Neurath) 등이며 직접 참여하지는 않았지만 깊은 연관을 가지고 있던 학자로는 포퍼(K. Popper)와 비트겐슈타인(L. Wittgenstein)이 있다. 사실 포퍼의 비판적 합리주의란 적어도 부분적으로는 논리실증주의에 대한 비평에서 출발하였으며 그는 특히 논리실증주의에서 위에 열거된 (b) 및 (c) 항에 대해서 혹평하였다. 그럼에도 불구하고 독일 사회학의 그 유명한 실증주의논쟁에서 비실증주의적인 프랑크프르트학파의 후계자들은 포퍼를 넓은 의미에서의 실증주의학파로 분류하고 있다(Frisby, 1976 참조). DG

비용-편익분석 cost-benefit analysis

주요 공공투자계획을 그 시행에 앞서 종합적으로 평가하는 방법으로 미국에서 하천계획과 항만계획의 평가에 처음으로 적용되었다. 전통적으로 손익계산이 충분히 되고 있는 개인부문에서의 잠재적 투자계획에 대한 평가에 비하여, 비용-편익분석은 사회적 비용과 편익을 포함하여 공공의 지원을 받는 계획에 함축된 보다 폭 넓은 내용을 평가한다.
  비용-편익분석은 본질상 세 단계로 구성된다 : 첫째, 공공계획과 관련된 비용과 편익의 범위를 확인하여야 한다. 여기에 새로운 비행장 활주로 건설로 초래되는 항공기소음공해와 같은 무형의 확산효과도 포함한다. 둘째, 이러한 비용과 편익을 정성적 차원에서 평가한다. 이 요소들은 서로 다른 시기에 인지되므로(비용은 보통 계획연구기간 초기에 발생하며 반면 편익은 보다 오랜 시기에 걸쳐 발생한다) 이들을 비교하려면 일정연도로 재조정한 공통적 기초로 환원하여야만 한다. 마지막으로 결론적으로 얻어진 비용-편익비율을 의사결정단계의 투입으로 이용한다. 이는 계획을 시행할 것인가 말 것인가에 대한 의사결정일 수도 있고, 혹은 제3 런던공항의 경우처럼 가능한 입지 중 어디에 계획을 시행하는 것이 가장 좋은가를 결정하는 것일 수도 있다(Pearce, 1970).
  실제 적용과정에서 어떤 경우든 비용-편익분석은 다음과 같은 많은 문제점을 안고 있다 : 비용과 편익에 포함되는 항목을 정의하는 것이 간단하지 않다 ; 이중계산을 피하면서 종합적이기가 어렵다 ; 모든 비용과 편익이 쉽게 결정할 수 있는 시장가치를 가지는 것은 아니다 ; 정량화된 추정치는 단순히 어림짐작일 뿐이며 할인율을 어떻게 채택하느냐가 결정적으로 중요하다 : 전통적으로 할인율은 현재의 이자율이나 정부가 독단적으로 결정한 수치 중의 하나를 사용하나 둘 다 경제적인 관점이나 도덕적 관점에서 다음 세대의 복지를 과소평가하는 경향이 있다(Layard, 1972). 마지막으로 이 분석은 비용과 편익의 분배적 요소를 무시할 수도 있다—A라는 교통로가 선택되었을 때 빈곤한 주민이 느끼는 1천 파운드의 편익과 B라는 교통로가 선택됨으로써 부유한 주민이 느끼는 1천 파운드의 편익을 같은 것으로 생각해서는 안된다. AGH

비용곡선 cost curve

생산비용과 산출량간의 관계를 나타내는 곡선. 평균비용곡선(average cost curve)은 전형적으로 낮은 산출수준에서 오른쪽으로 낮아지며 최소평균단위비용에 도달한 후 규모의 불경제에 따라 다시 상승한다. 한계비용곡선(marginal cost curve)은 각 추가(즉 한계)단위의 생산비용을 연결한 선이고 총비용곡선(total cost curve)은 일정 산출량의 총비용을 연결한 선이다. DMS

비용구조 cost structure

총생산비용을 그 구성부분, 즉 개별투입의 비용으로 나눈 것. 예를 들면 철강공업의 비용구조는 철광석, 역청탄, 석회석, 노동력, 자본설비 등의 절대(혹은 상대)량을 나타낸다. 따라서 비용구조는 투입들에 대한 지출이 어느 정도인가를 밝힘으로써 특정 활동이 원료집약적인가, 자본집약적인가, 노동집약적인가 등을 알려준다. 이 정보를 통해 고려대상활동의 입지에 가장 큰 영향을 미칠 수 있는 투입이 무엇인가에 대한 일차적 실마리를 알 수 있다. DMS

비용면 cost surface

두 개의 수평축에 거리를, 수직축에 화폐적 단위로 비용을 표시한 3차원의 면으로 표현된 생산비의 공간적 변이. 비용면은 등총운송비선과 같은 등고선으로 표현하는 것이 전형적이다. 이 면은 노동, 토지 혹은 개별원료 등과 같은 단일투입비용의 공간적 변이를 나타낼 수도 있다. 동시에 경험적인 확인은 보다 어렵다 하더라도 일정 규모에서의 총운영비용을 나타낼 수도 있다(수입면, 공간한계, 가변비용분석 참조).
DMS

비전업농 part-time farming

농부가 농사를 지으면서 수입을 올릴 수 있는 다른 정규직업을 가지는 농업구조. 비전업농은 다양한 유형이 있으나 두 종류의 주요집단으로 나눌 수 있다:

(a) 소규모 영농을 병행하면서 제2차 산업에 종사하는 노동자-농부(중부 및 동부 유럽에서 일반적이다). 이들 비전업농은 전업농으로 옮아가는 중간단계이다;

(b) 기존의 비농업(보통 도시) 직종에 종사하면서 취미로 농사짓는 것. 취미농은 때로는 전업농으로의 전환의 시작이 되기도 한다. PEW

비판이론 critical theory

사회적 행동의 역사성을 중심관심으로 하는 사회적·정치적 사상의 한 전통. 특히 자본주의에 존재하고, 자기반성 과정을 통해 인지되며 재구조되는(이 점은 중요하다) 인간행동과 사회구조 간의 관계에 관심을 둔다. 그 초기단계에서부터 사회의 비판이론은 분명 고전적인 마르크스주의에서 고취되었지만, 그 비판적 의도를 견지함에 있어 이러한 영향은 교조주의로 퇴락되지는 않는다. 비판이론의 두 가지 주요 집합들내에 그리고 이들간에 주요한 차이들이 있지만(Held, 1980 참조), 프랑크푸르트학파의 시발적 기여들과 하버마스(J. Habermas)의 후기 기여들은 모두 마르크스의 사적유물론의 재고찰과 '재구성'에 밀접하게 연계되어 있다.

하버마스의 주장들은 아직 발전하고 있는 중이지만, 그 독특한 양상들 중 두 가지 주장들에 관한 개관은 현대 인문지리학에 중요한 점들을 제시해준다:

(a) 인식론에 관한 비판은 단지 사회이론으로서만 가능하다는 그의 주장. 달리 말해서, 지식을 '가능하게' 만드는 조건들은 어떤 방법으로든 근거를 가져야 한다는 주장. 하버마스는 초기 저작들에서 인식적(또는 '지식-구성적') 관심들이라는 개념을 통해 이를 정립하고자 했다; 그 주장에 의하면, 어떠한 사회든지 필수적으로 (i) 도구적 행동의 체계를 통해 조직된 사회적 노동과 (ii) 의사소통적 행동의 체계를 통해 조직된 사회적 상호행동을 포함한다. 이 중 첫번째 것은 기술적 관심의 실현을 내포한다. 왜냐하면 모든 노동과정은 그 재료와 성분들을 통제할 수 있는 수단들을 필요로 하기 때문이다. 반면 두번째 것은 실천적 관심의 실현을 내포한다. 왜냐하면 모든 의사소통적 과정은 참여자들의 상호이해를 보장하는 수단들을 필요로 하기 때문이다. 심층적 또는 '준(quasi)초월적인' 구조적 '규칙들'(하버마스의 여러 정식화 등은 피아제[Jean Piaget]의 구조주의에 상당한 영향을 받았다)로 간주되는 이러한 두 가지 관심들은 그들의 연구영역들을 특정지움으로써 두 가지

비판이론

	인식적 관심	지식의 형태	영역	유의성의 기준	사회조직양식
사회적 노동 → 생산력	기술적	경험적-분석적	'객체세계'	성공적 설명	도구적 행동
생산관계 ↔ 사회적 상호행동	실천적	역사적-해석적	'주체세계'	성공적 해석	의사소통적 행동

준초월적 ----▶ 방법론적 ------▶ 사회학적

비판이론 1: 인식적 관심

상이하지만 의존적인 지식의 형태들, 그리고 이들에 대한 유의한 진술들을 이루는 기준들을 구성한다. 따라서 '경험적-분석적' 과학들은 객체들의 세계를 다루고 이들간의 상호관계 등에 대한 예측을 위해 요청된다. 반면 '역사적-해석학적' 과학들은 주체들의 세계를 다루고 그들간 상호행동들의 해석을 위해 요청된다(Habermas, 1972). 이러한 두 가지 관련성들은 〈그림 1〉과 같이 요약된다(또한 Giddens, 1982 참조).

인문지리학에서 이들이 한 가장 중요한 역할은 실증주의에 대한 지속적 비판을 강화하는 것이었다(Gregory, 1978). 경험적-분석적 과학들의 중요성을 강조한 것은 사실 비엔나학파이지만—그리고 여러 비평가들은 이들에 대한 하버마스의 개념이 논리실증주의와 지나치게 가깝다고 주장했다—경험적-분석적 과학들을 실재론과, 그리고 역사적-해석학적 과학들을 해석학과 동일화시키는 것이 가능하며, 또한 주류지리학의 가정들에 대한 심각한 도전으로서 이들간의 연계들을 고찰할 수 있다. 하버마스가 이러한 지식의 두 가지 형태들이 우리가 적절히 반대할 수 없으며 오히려 '원숙해야만' 하는 관심들의 필수성으로부터 도출된다고 주장하는 바에 따라, 이러한 두 가지 유형의 과학들은 가치자유적 과학에 관한 주류지리학의 주장을 와해시키는 데 도움이 된다(Habermas, 1972). 이들은 지식의 객관성에 대한 제약이 아니라, 그 존재의 조건

들이며, 따라서 이러한 관점에서 지리학은 항상 필수적으로 '응용된' 것이었으며 사회적으로 '적실한' 그리고 '규제된' 것이었다(적실성 참조 ; Sayer, 1981 참조). 또한 비판적 과학은 세 번째, 즉 해방적 관심의 실현을 지향한다고 하버마스는 주장한다. 이러한 해방적 관심은 두 가지 형태의 지식들간의 신중한 접합—즉 이들간 변증법의 창조적 전개—을 내포한다. 하버마스의 이러한 프로그램은 그의 사상에 있어 또 다른 기본적 발판과 연결된다 ;

(b) 비판적 사회이론은 사회진화이론으로서만이 가능하다는 하버마스의 주장. 달리 말해서, 미래의 (해방적) 사회변화의 가능성은 과거 사회변화의 적절한 해명에 달려 있다. 하버마스는 위에서 구분된 두 가지 궤적들로 이루어진 역사적 형태들의 유형학을 통해 이 이론을 정립하고자 했다. 그는 4가지 주요유형의 사회들, 즉 '원시적' '전통적' '초기 자본주의적' '후기 자본주의적' 사회들을 확인했다(Habermas, 1979 참조). 특히 그는 자본주의의 등장이 사회적 노동(소외를 통해)과 사회적 상호작용(그가 '체계적으로 왜곡된 의사소통'이라고 명명한 것을 통해)에의 지배의 침투에 의해 특징지워진다고 제안했다. 이는 현대비판이론이 인식론에 대한 비평일 뿐만 아니라 동시에 이데올로기에 대한 비판이어야 함을 의미한다. 즉 현대 비판이론은 정치경제학에 대한 마르크스의 비판(이는 주로

비판이론

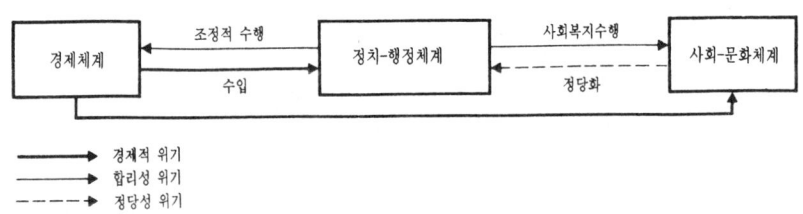

비판이론 2: 후기자본주의의 위기들

사회행동의 영역들에서 그 첫번째, 즉 사회적 노동을 천명했다)을 능가하여야 하며, 이와 똑같이 주요한 해석학적 전통의 주장들(이에 대해서 마르크스는 상대적으로 거의 언급하지 않았다)이 사회행동의 영역들에서 그 두번째, 즉 사회적 의사소통의 점진적 퇴락을 통해 어떻게 억압되었는가를 보여주어야 한다. 여기서 하버마스가 말하고자 하는 바는 현대세계에서 '과학' 일반은 테크놀로지와 밀접하게 연관되어 경험적-분석적 과학과 명목상으로 동의어인 것이 되었으며, 또 다른 동일하게 주요한 차원의 역사적-해석학적 과학은 와해되어 기술적 관심간의 구분이 무너지게 되었다는 점이다. 하버마스에 의하면, 이 점은 현대세계에 있어 '합리화과정들'의 선별성을 의미한다(Bernstein, 1985). 분명 많은 지리학자들은 지역과학(Lewis and Melville, 1978)과 체계이론(Gregory, 1980)에 있어 기술적 관심의 촉진에 대해 이러한 사실들을 지적하기 위해 하버마스를 도입했다. 그러나 하버마스는 더 나아가기를 원한다. 즉 비판이론은 의사소통적 행동의 영역을 편입시키기 위해 고전적 마르크스주의의 본질의 확대를 단순히 의미하지는 않는다. 왜냐하면 하버마스는 마르크스가 도구적 행동의 영역을 규명하기 위해 사용했던 개념들의 체계가 그 자체로서 결함을 가지고 있다고 생각하기 때문이다. '초기' 자본주의에서 경제와 정치간의 상호독립은 '후기' 또는 '선진' 자본주의에서 상호관련으로 대체되었으며, 따라서 선진자본주의의 여러 경제적·정치적·사회문화적 위기들에 있어 국가의 역할을 규명할 수 있도록 새로운 개념들의 체계가 요청된다(그림 2; Habermas, 1975, 또한 McCarthy 1978 참조). 하버마스는 그러나 '위기들'에 관해 경솔하게 논하지 않는다. 위기란 '객관적'일 뿐만 아니라 '주관적'이며 '인과적'일 뿐만 아니라 '경험적'임을 강조하기 위해, 그는 위기라는 용어의 시원적·의학적 의미로 되돌아가고자 한다. 이에 따라, 어떤 적절한 사회이론은 자기 규제적 체계들의 논리를 생활세계의 상징적 영역과 연계시켜야만 한다고 하버마스는 주장한다. 바로 이 작업이 비판이론에 있어 하버마스의 가장 최근의 정식화 즉 '의사소통적 행동이론'의 중심적 관심이다(Habermas, 1984, 근간; 이의 요약을 위해 Thompson, 1983 참조):

『의사소통적 행동이론(The theory of communicative action)』에서 하버마스는 이러한 '경쟁적' 지향들의 변증법적 종합을 설정한다. 그는 생활세계와 사회체계들의 통합성을 정당화시키고, 각각이 어떻게 상호간을 전제로 하는가를 밝히기를 원한다. 우리는 생활세계를 형성하는 사회체계들에 관한 이해없이 생활세계의 성격을 이해할 수 없으며, 또한 우리는 사회체계들이 사회행동자들의 활동들로부터 어떻게 생성되는가를 이해하지 않고서는 사회체계들을 이해할 수 없다(Bernstein, 1985).

이러한 측면에서, 하버마스의 이론설계와 기든스(Giddens)의 구조화이론간에 강력한 공명이 있다. 분명 기든스(1982)는 그가 "어떤 다른 현대적 사회사상가들보다도 하버마스의 저작들로부터 많은 것을 배웠다"고 인정했다. 그러나 그는 "하버마스의 주요개념화의 많은, 아마 대부분에 대해 본질적인 이의"를 제기했으며 그는 '노동'과 '상호행동'간의 구분과 마찬가지로 '체계'와 '생활세계'간의 구분에 대해 불만족했다(Giddens, 1982, 1985a 참조). 게다가 '체계들'과 '생활세계' 그리고 합리화의 양식들에 관한 강조가 함의하는 것처럼, 하버마스의 의사소통적 행동이론이 비록 파슨스(Talcott Parsons, 구조기능주의 참조)와 베버(Max Weber)의 저작들에서 찾아볼 수 있는 가장 기본적 주제들의 일부에 대한 비판적 수용에 많이 의존하지만, 그럼에도 불구하고 기덴스(1985b)는 하버마스가 "우리시대의 마르크스가 되고자 한다"고 여러 증거들을 제시하며 주장하고 있다. DG

비판적 합리주의 critical rationalism

포퍼(Karl Popper)에 의해 발전된 과학철학으로, 원래는 비엔나학파의 논리실증주의에 대한 비판적 대응으로 형성되었다(비엔나학파의 일원이었던 노이라트[Neurath]는 포퍼를 '공식적 반대자'라 하였다)(Popper, 1976 참조). 포퍼의 철학은 매우 광범위하며 그 세부적 논의는 버크(Burke, 1983)와 오히어(O'Hear, 1983)에 잘 나타나 있는데, 인문지리학의 논의에 서로 연결된 아래의 두 요소가 특히 중요하다:

(a) 반증의 원리: 『과학적 발견의 논리(The Logic of Scientific Discovery, 1934: 1958년에 영어로 번역됨)에서 포퍼는 어떤 (이론)체계의 증명가능성(verifiability)이 아니라 반증가능성(falsification)이 경험과학과 수학, 논리학 및 형이상학간의 '구별기준'이 되어야 한다고 주장하면서 논리실증주의의 핵심이던 증명의 원리를 반박하였다. 포퍼가 강조하듯이 이것은 의미의 기준과 동일한 종류의 것이 아니며 '반증가능성은 완전히 의미있는 두 종류의 언명을 분리하는' 것이다. 이런 견해는 포퍼를 형이상학을 무의미한 것으로 여기는 비엔나학파와 대적적 관계에 놓이도록 했다. 인문지리학에서 윌슨(Wilson, 1972)이 주장하는 이론지리학의 프로그램은 분명히 포퍼의 절차에 기초하고 있다.

즉 과학적 방법의 본질은 이론을 수립하고 이 이론을 관찰치와 비교하여 검증하는 것이다:

검증의 요체는 예측에 일치하지 않는 관찰치로서 이론을 반증하려는 시도이다. 이런 의미에서 보면 이론이란 결코 보편적으로 참일 수 없다. 우리가 참이라고 믿는 것은 특정 시간에 진리에 가장 가까운 것을 나타낼 뿐이다.…그러므로, 이론이란 계속적으로 발전하고 세련되며 거짓으로 판명된 이론은 사라지고 때로는 매우 다른 이론이 필요하게 된다(Wilson, 1972).

위의 마지막 문장이 의미하듯이 포퍼의 원칙은 그 논리적 매력이 무엇이든 방법론적으로는 종종 불가능하게 된다. 비록 포퍼 자신이 이것을 인식하고 많은 조건을 명시하려고 시도하였으나 세이어(Sayer, 1984)는 실재론의 관점에서, 반증의 원리를 "원칙적으로 실행하기 불가능한 것"으로 여긴다(Marshall, 1982 참조). 이러한 원리들이 인문지리학에서는 거의 사용되지 않았는데 그 이유는 윌슨이 지적하였듯이 비판적 합리주의에 대한 사려깊은 거부만큼이나 계량혁명의 귀납주의적 편향의 결과인 것이다(이것은 결코 일부 계량지리학자가 포퍼의 논리를 이용하여 마르크스주의를 거부하게 한 것이 아니다. 왜냐하면 포퍼[1945] 자신이 거부하였듯이 이것은 반증될 수 없거나 이미 반증되어서 과학으로서의 지위를 잃어버렸기 때문이다);

(b) 과학의 진보: 포퍼는 윌슨에 의해 설명된 반복적 순서를 '지식의 성장'은 '합리적 비판주의'의 방법에 달려 있다고 주장하는 데 사용하였다. 그가 나타낸 방법은 다음과 같다:

$$P_1 \rightarrow TS \rightarrow EE \rightarrow P_2$$

즉, 우리는 통상적으로 어떤 문제(P_1)로부터 출발하여 시험적 해결책(TS)을 구성하고, '다음으로는 가능한한 가장 엄격한 검증(즉 반증)으로 오류를 제거(EE)하는 과정을 거치며' 그 결과 새로운 문제(P_2)를 창조적으로 형성하게 된다. 따라서 포퍼의 관점에서 보면 과학의 진보는 오류에 대한 창조적 반응에 달려 있으며 그는 이것을 추측과 반박(conjectures and refutations ; 1963)이라 불렀다. 포퍼를 포함한 다수의 논평자는 이러한 규범적 모델과 과학적 지식의 변화구조에 관한 쿤(T. Kuhn)의 설명(패러다임 참조)을 대비시킨다. 예를 들면 "포퍼의 연구로부터 유도되는 지리학의 의미는 토마스 쿤의 연구로부터 나타나는 지리학의 의미와는 매우 다르다"는 버드(Bird, 1975)의 지적은 전적으로 옳은 것이다. 마샬(Marshall, 1982)은, 포퍼(1976)가 거부한 바로 그 방법으로 쿤이 논리실증주의 전통의 주류에 있다고 잘못 판단하기도 하였지만 지리학자는 "학문세계의 사회학" (즉 쿤의 설명)보다는 오히려 "지식의 진보과정에 대한 논리를 이해하는 데 관심을 가져야 한다"(즉 포퍼의 입장)고 주장하였다. 쿤의 목표는 포퍼의 연구에 기초가 된, 반스(Barnes, 1985)의 용어에 따르면, "합리주의의 신화"를 만들어내려는 것이었다. 합리주의가 왜 '신화'로밖에 불릴 수 없는가에 대하여 반스도 몇가지 이유를 제시하였으나 가장 구체적인 반대는 "연역적 이론이 정통적으로 반증되었을 때 우리는 무엇을 배우는가?…단지 우리는 다른 연역적 이론을 찾아야만 된다는 것과 오로지 어떤 것(only something)은 틀리고 어떤 것은 틀리지 않은

것"(임을 배우게 된다)고 주장하는 세이어(Sayer, 1984)에 의해 제시되었다. 세이어가 지적하는 본질적 취약점은 포퍼의 전략이 "이론의 내용을 무시하며 따라서 인과적 설명과 도구주의적 '편기'를 구별하지 못한다"는 점이다(도구주의, 실재론 참조). 따라서 이러한 서로 다른 (철학적) 관점에서 보면, "비판적 합리주의자의 관점"이 인문지리학에서 "새롭고 환영받는 통일성의 기초를 제공"하기는 어렵다(Marshall, 1982 ; 자연지리학을 위해서는 Haines-Young and Petch, 1980, 1985 참조 ; 또한 실용주의 참조).

DG

빈곤의 악순환 cycle of poverty

빈곤과 결핍이 한 세대에서 다음 세대로 이어지면서 자체적으로 지속되는 것(그림 참조). 가난한 부모 밑에 태어난 어린이들은 불리한 조건으로 학교생활을 시작하고 부모로부터 거의 지원을 받지 못할 수도 있다. 특별한 자격도 거의 없고 미래지향적인 전망도 없기 때문에 그들은 일자리를 구해 버젓한 임금을 받는 것이 어렵고 따라서 빈곤하게 된다. 그들은 아마도 다시 그들의 자녀들에게 이와 같은 저임금, 열악한 주택, 무시, 그리고 경우에 따라서 폭력이라는 유산을 물려주게 된다. 빈곤이 존재하게 되는 사회적 제도, 정치적 구조를 관련시키지 않고, 빈곤은 여기에서 가난한 사람들의 특정한 자질의

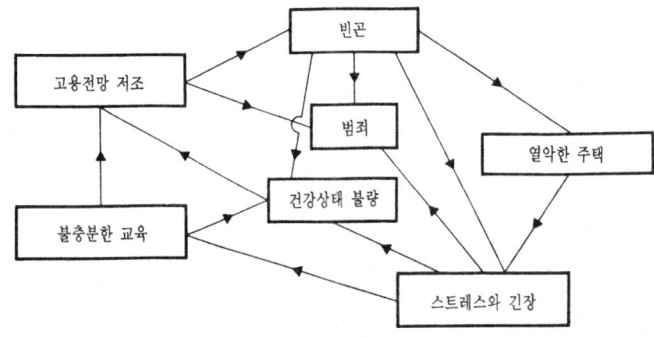

빈곤의 악순환 (출처: Johnston, 1984).

결과로 간주된다. 이러한 설명은 어떤 시점에서는 개입이 가능하며 이러한 개입은 <u>도시지원계획</u>의 중요한 기초가 된다는 것을 암시해준다.

JE

빈도분포 frequency distribution
한 변수값의 등급별 발생수를 표로 작성한 것. 한 경험적 빈도분포는 한 데이타세트의 표이다. 일반적인 서수 스케일의 예를 들면:

거주지별 상점수	거주지수
0	20
1~2	15
3~4	4
5~6	3
7≤	1

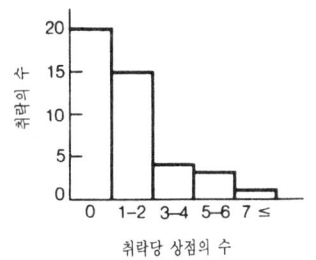

빈도분포

정보는 막대그래프(그림 참조)로 시각적으로 나타낼 수 있다. 정규분포와 같은 이론적 빈도분포는 어떤 대수식에 의해 등급별 발생수를 표로 나타낸 것이다. 대부분의 이론적 분포는 무한대의 인구집단에 기초하고 있어서 매끄럽다.

RJJ

ㅅ

사례연구 case study

사회생활의 패턴에 대해 전형적인 설명을 하거나 아니면 그것을 적극적으로 규명하기 위해 선택된, 그러나 통계적 대표성에 의하여 추출(표본 참조)되지 않은 개인, 가구, 또는 지역에 대한 사회적 연구. 사례연구는 그 사례를 기술할 뿐 아니라 이론적으로 설명하고자 한다. 그것은 종종 참여관찰 형태로 나타나고 아주 자세하고 완벽한 관찰을 가능케 한다. 사례연구는 관찰로부터 출발하여 추상적인 일반 설명원리가 하나의 현실사례에서 어떻게 나타나는가를 보여주는 귀납적인 방법이다. JE

사막화 desertification

인간의 영향이나 기후변화에 의해 건조 혹은 반건조 지역에서 사막과 같은 조건들이 확산되는 과정. 사막화는 최근 가장 논란이 많은 중요한 환경문제의 하나가 되어왔으며, 이집트의 나이로비에서 1977년에 열린 중요 UN회의의 주제였다. 원래 1968년에 시작되어 현재까지 별 중단될 기미를 보이지 않은 채 계속되어온 사헬(Sahel)지방의 가뭄 때문에 사막화에 관심을 보이기 시작했다.

가장 기본적인 논쟁은 원인에 관한 것이다. 또한 때때로 '황폐화'라 불리는 이러한 과정이 일시적인 혹심한 가뭄기간에 의한 것인지, 건조화를 향한 장기적 기후변동(가상된 200년 주기로 나타나는 현상의 하나로 혹은 소위 후빙기의 점진적 건조화라는 장기경향의 하나로), 혹은 인간에 의해 야기된 기후변화에 의한 것인지, 아니면 건조지역에서 인간에 의한 생물학적 환경파괴에 의한 것인지, 그 원인에 관한 의문이 제기되어왔다.

오늘날 일반적으로, 사막화란 증가된 인간의 압력과 우연한 흉년의 지속이 결합된 결과라는 쪽으로 의견의 일치를 보이고 있다.

이 과정은 사막내부보다는 사막주변의 비교적 덜 건조한 주변지역에서 아주 심한 듯하다. 생물학적 생산성이 아주 건조한 사막지역에 비해 대단히 높고, 급속한 토양침식을 일으킬 만한 강수가 빈번하고 집중적이며, 일시적으로 양호한 기후조건하에서의 단기적 경제이익을 장기적 안정으로 착각하기 쉬운 이러한 곳은 사막화대가 쉽게 이루어질 수 있는 조건들이 결합되어 있음을 알 수 있다. 경작지나 땔감을 위한 식생제거, 이와 함께 과목 및 화전은 토양침식, 풍식, 유량증가, 사구재이동 등과 같은 현상을 유발시킨다.

그렇다고 사막화가 반드시 피할 수 없는 것만은 아니다. 회복속도는 악화된 상태, 토양특성, 수자원, 지역식생의 특성에 달려 있다.

그러나 일반적 소문과는 달리 사막과 같은 조건은 파도가 해변에 밀려오는 것처럼 넓은 경계선을 넘어 확산되지는 않는다. 오히려 취락주변에 국지적인 '발진'같은 현상으로 나타난다. 이는 마치 완선—어려운 지역에 나타나는 까다로운 문제—에 비유된다. ASG

사망력 mortality
출산력, 인구이동과 함께 사망은 인구의 구조와 성장을 결정하는 중요한 요소이다. 지리학자들은 인구변화에서 사망력의 역할, 사망력에 영향을 주는 환경의 영향, 특정질병이 공간적으로 확산되는 경로, 사망력의 공간적 분포와 사회경제적 조건과의 관련성 등에 대해 관심을 가져왔다.
사망력의 측정은 여러 방법으로 이루어진다. 가장 간단한 방법이 조사망률로 일정기간중 인구 1천 명당 사망하는 인구수이다. 조출생률과 마찬가지로(출산력 참조), 이 지표는 사망력을 결정하는 가장 중요한 요소인 연령구성의 차이에 의해 편차가 나타난다. 연령층별 사망력은 특정 연령층에서 인구 1천 명당 사망자수를 나타낸 것이다. 연령구조가 다른 것을 고려하여 지역간, 국가간에 사망력을 비교하기 위해 고안해낸 단일화된 지표로 표준화사망률을 사용한다. 사망률은 사망원인과 깊은 관련성이 있어 이는 서로 다른 연령층과 지역에 따른 질병의 발생에 대한 정보를 제공한다. 생명표와 이에 의해 추출된 측정치—예로서 기대수명—는 사망력에 대한 가장 세분된 척도를 제공해주며 인구학의 모델에 폭넓게 사용된다.
지표들 중 중요한 것이 유아사망률로, 이는 이 지표가 사회적·환경적인 조건과 밀접한 연관성을 지니기 때문이다. 유아사망률을 산출하는 데 가장 많이 사용되는 방법이 특정 연도에 살아서 출생하는 1천 명 중 1살 이하에 사망하는 유아수이다. 좀더 정교한 측정치로는 출생 후 4주 이내에 사망하는 수로 계산하는 신생아 사망률과 4주 이후 1년 이내에 사망하는 유아수로 계산하는 후기신생아 사망률이 있다. 유아사망의 원인으로 내인사와 외인사는 중요한 구분이 된다. 전자는 선천적인 기형 혹은 출산과정에서 나타나며 후자는 출생후의 감염과 부주의 등을 들 수 있다. 유아사망률이 급격히 감소하는 것은 현대의학기술의 발달로 외인사가 감소했기 때문이며 이러한 감소는 사망력 감소의 초기단계에서 항상 나타난다. 2, 3세기 전의 선진국가와 현재의 저개발국가에서 유아사망률이 전체사망의 30% 이상을 차지하였으나 오늘날 산업화된 지역에서는 3% 내외만을 차지한다.
선진국에서의 사망력의 감소는 19~20세기에 걸쳐 지속되었기 때문에 거의 인구수의 단기적인 변화를 유발하는 데 사망력은 출생력보다 덜 중요한 변수로 작용하게 되었다. 그러나 개발도상국에서는 사망력이 단기간에 매우 급속하게 감소하여 인구수가 급격하게 증가하였다. 사망력의 감소는 인구변천모델에서 중요한 요소이다. 사망력 감소원인을 찾는 것은 그렇게 간단치 않다. 많은 악성질병 등은 갑자기 사라졌거나 감소되어왔고 기근이나 식량위기는 세계의 사회경제적 환경이 개선되면서 사망력에 큰 영향을 미치지 못한다. 사망의 원인은 급격히 변하고 있다. 흑사병, 천연두, 콜레라, 결핵 등은 이제 인간에게 치명적인 것이 아니고, 선진국에서는 암, 심장병, 교통사고 등이 주요 사망원인이 되고 있다.
사망력 감소의 원인에 대한 토의는 의학기술의 역할과 생활수준의 향상에 집약된다. 공공보건시설의 혜택과 진료와 수술기술의 향상, 예방접종과 의약품 등의 발달이 의심할 바 없이 영향을 주었으며 특히 19세기나 20세기 초반의 유럽에서보다 최근 20~30년간의 제3세계에서의 영향은 더욱 컸을 것이다. 생활수준의 전반적 향상—음식의 질과 양의 개선, 위생과 주택조건의 향상—은 의료기술의 발달과 함께 사망력 감소에 중요한 역할을 하기 때문에 지금은 여러 인구집단간의 질병과 사망에 대한 민감성에 대해서도 다양한 연구가 이루어지고 있다 : 인종과 민족적 배경, 교육, 소득, 사회적 지위, 직업, 성별, 거주지역 등이 사망력에 미치는 영향을 파악하기 위해 이들 집단간의 사망률의 차이가 연구되기도 한다(의료지리학 참조).   PEO

사적유물론 historical materialism
사회생활의 물질적 기반과 사회생활이 조직되는 특정 사회적 관계들의 중심적 유의성을 강조하면서, 사회적 역동성과 인과성을 설명하는 접근방법. 사회연구의 기반으로서 사적유물론에 관한 주장은 마르크스(Karl Marx)의 『정치경제학비판(A contribution to the critique of political economy)』 서문에 매우 확신있게 제시되어 있다(하부구조, 상부구조 참조). 사회생활과 사회역동성의 성격을 밝히는 수단으로서의 사적유물론이 가장 인상적으로 응용된 예들 중 하나는 『자본(Capital)』 제1권에서 마르크스에 의해 상술된 영국 산업혁명에 관한 설명이다. 이 설명에서 생산력과 생산관계의 변증법은 특히 강력한 해설을 제공한다(마르크스경제학 참조).

RL

사회 society
사회는 시간과 공간상에서 재생산되는 사회구성적 제도들과 행위의 관련성들 및 형태들의 집괴이며, 또한 이러한 현상들이 형성되는 조건이다. 인간은 사회를 창출하며, 동시에 인간은 사회에 의해 창출된다. 인간은 이러한 이중적 창조과정에서 지혜로운 참여자이다(구조화이론 참조). 사회는 인간의 의식적 행동들의 결과로서, 항상 됨(becoming)의 과정 속에 있다. 이러한 행동들은 사회 그 자체, 그리고 사회에 관한 이해 및 사회와 그 지혜로운 참여자들간의 관련성에 의해 정보가 주어진다. 이 점은 사회에 관한 연구가 자연과학 또는 물리과학의 단순성으로 환원될 수 없음을 의미한다. 우리는 주체와 객체를 분리시킬 수 없으며, 우리가 이들을 구성하기 위해 어떻게 선택하느냐에 따라 대안적 사회들이 항상 가능하다.

최소한, 세 단계의 의미들이 사회에 부여될 수 있다: 즉 (a) 일반적으로 인간(또는 비인간) 사회; (b) 역사적으로 특정한 유형의 사회, 예를 들면 생산의 사회적 관계들의 특정집합으로 정의된 봉건사회(봉건제 참조), 자본주의사회(자본주의 참조); 그리고 (c) 사회의 특정국면들, 예를 들면 영국사회, 아랍사회, 기독교사회 등. 이러한 의미들간의 관련성은 매우 복잡한 문제를 안고 있다(특정 이해집단으로서의 사회의 개념—예로 영국지리협회—은 여기서 고려되지 않았다).

인간생활은 그것이 사회 밖에서 재생산될 수 없다는 가장 기본적 이유에서도 조직상 필수적으로 사회적이다. 마찬가지로, 인간생활은 필수적으로 자연의 일부이며, 자연과 사회는 노동과정을 통해 결합된다. 그러나 물질적 생산은 단순히 본능적인 것은 아니다. 즉 물질적 생산은 어쨌든 의미나 유의성의 체계에 선행할 수 없다. 의미체계들은 물질적 실행을 주도하고 그에 유의성을 부여한다. 물질이 결핍된 가장 절망적 상황들이라 할지라도, 인간은 자신의 궁핍에 대해 심리적·감정적으로 반응하며, 그 곤궁을 합리화시키든지 또는 그 비합리성에 저항하고자 한다. 사회적 존재는 분명 의식을 결정한다. 그러나 물질적 생산이 사회적 존재를 결정하는가의 여부는 전적으로 또다른 문제이다.

사람들이 고려하는 의미체계들은 그들이 실제 속해 있는 그 사회를 정의하는 데 도움을 준다. 이 점에서 순수한 형태의 사회란 존재할 수 없으며, 또한 특정기준들의 집합들에 기반을 둔 분명하게 구분된 사회적 경계들로 실제 구획될 수 없다는 점이 도출된다(시-공간적 거리화 참조). 심지어 생산관계들이라는 점에서 정의된 사회들이라 할지라도 그 순수한 상태로 결코 존재하지 않는다. 이들은 항상 다른 형태의 사회적 관계들과 혼합되어 있다(사회구성체 참조). 그리고 심지어 자본주의사회들 사이에서도, 문화적·정치적·도덕적·이데올로기적 상이성에 있어 커다란 차이가 있다. 따라서 헤게모니를 위한 투쟁은 인간사회의 근본적 추동력이 된다.

경제, 국가, 사회간에는 구분이 그어질 수 있을 것이다. 그렇게 하는 의도는 자유로운 개인들의 결사에 대한 사고를 경제적 규정력과 국가권력의 강요로부터 분리시키기 위한 것이다. 예를 들면, 어리(John Urry, 1981)는 '시민사회'를 고려하여, 이를 생산관계와 생산력의 바깥에서, 행동자들이 주체들로 구성되며 또한 그들의 존재조건들을 유지하기 위한 투쟁에서 그러한 주체들의 행동을 전제가정하는 사회적 실천들의 집합으로 정의했다. 이 개념은 사회를 형성하고 또 전환시키는 사회적 실천들의 상호의존성과 또한 극단적인 다양성을 인정한다는 점에서 의미가 있다. RL

사회공간 social space
그곳에 거주하는 사람들에 의해 사용되고 인지되는 공간. 원래는 각 지역주민이 동질적이라고 인지하는 개개지역들의 모자이크를 의미한다. 따라서 각각의 사회공간은 그들의 가치, 선호 및 열망이 그 공간에 반영되는 특정 사회집단과 동일시된다. 사회공간은 한 집단의 활동과 가치를 한 장소에 이어주는데, 이는 우리의 행동이 이산적이고 따라서 불연속 단위로 나타난다는 것을 암시한다. 사회공간의 개념적인 가치는 그것이 특정 사회집단에 의해 이루어지는 공간의 이용과 공간의 인지를 결합시켜준다는 데 있다. JE

사회구성체 social formation
특정시대에 특정사회 내부에서 탁월한 하나 또는 그 이상의 생산양식을 성격지우는 계급관계들의 특수한 혼합. 와해와 전환의 시기를 제외하면 단일 생산양식—자본주의 또는 봉건주의와 같은—이 어떤 사회에서나 일반적으로 지배적이다. 그러나 그 가장 발달한 형태에 있어서도, 한 사회는 지난 시대로부터 물려받은 사회적 관계들과 그리고 새로운 시대의 새벽을 알리는 새로운 종류의 사회적 관계들에 의해서 성격지워진다. 예를 들면 지배적으로 봉건제적 사회에서, 원시공산주의의 잔여물들이 발견될 수 있으며 무역, 화폐, 고리대금업 등은 아직도 등장하지 않은 자본주의를 암시할 수 있다. 마찬가지로 자본주의는 심지어 오늘날에도 강력한 봉건적 잔여물(지주, 고리대금업 등)들에 의해 흔히 성격지워지는 한편 신용체계와 국가에 의한 자본순환 대부분의 사회화는 지평선 너머에 있을 사회주의 시작을 알려주는 것이다. 따라서 어떤 시대에 있어서도 한 사회내 계급관계의 실체적 혼합은 특정 생산양식을 성격지우는 지배적 계급관계들과 교차하는 과거 그리고 미래 표식들의 흔적들과 아마 혼동될 수 있을 것이다(헤게모니 참조). '사회구성체'라는 용어는 이러한 상황들에 관심을 기울이고 주어진 정황에서 계급관계들의 실제적 배열들에 관한 자세한 유물론적 분석을 수행할 필요가 있음을 지적하기 위해 마르크스주의자들에 의해 사용되고 있다(사적유물론, 마르크스주의 지리학 참조). DH

사회물리학 social physics
인간사회에 대한 연구에서 물리적 세계로부터의 유추를 통하여 인간행동을 집합적으로 분석하는 접근방법. 19세기 중반 콩트(Auguste Comte)가 처음 제안하였으며, 물리학 특히 역학에서 발견된 원리들이 인간사에도 적용될 수 있다고 가정한다(실증주의 참조). 19세기에 여러 사람들이 이 용어를 사용하였지만, 1940년대 프린스턴 대학의 물리학자 스튜어트(J. Q. Stewart)가 이 용어를 받아들이면서 널리 사용되었다(Stewart, 1950 참조). 스튜어트는 원츠(William Warntz)와 함께 사회물리학을 발전시키면서, 자신들이 거시지리학이라고 이름붙인 분야를 탄생시켰다. 인문지리학 분야에서 이 접근방법이 가장 널리 알려진 예가 중력모형이다. 여기서는 장소간의 상호작용(사람, 재화, 정보 등의 이용)은 질량들(인구, 규모, 경제)의 곱에 정비례하고, 그들간의 거리의 함수에 반비례한다고 가정한다. '소매업 인력법칙'을 포함하여 초기의 연구사례들은 천체역학에서 뉴튼(Newton)의 중력법칙을 직접 유추해왔다. 그후 사례들을 다중회귀분석기법을 사용하여, 인구이동, 항공운항, 전화통화, 출·퇴근 통행에 관한 자료를 모형에 맞춘다. 거리나 비용항에는 대개 거리마찰이라고 풀이되는 지수가 주어진다.

중력모형의 원리는 기타 모형설정식 접근방법, 예를 들면 엔트로피극대화 모형이나 확산모형 (여기서는 평균정보장으로 나타난다)에도 깔려 있다. 사회물리학의 원리들이 나타나는 영역

사회복지

들로는 그밖에 순위규모법칙과 인구잠재력의 개념이 있다.

많은 지리학자들에게 사회물리학은 여러 난점을 제기하였다. 이 모형이 경험적 자료에 매우 정확히 들어맞는다는 사실은 집합적 수준에서 인간행동과 물질입자의 움직임은 매우 비슷하다고 제시한다. 이는 기계론적 사회관을 암시하며, 어떤 패러다임의 입장에서는 용납할 수 없는 것으로, 비기계론적 사회관을 지지하는 지리학자들을 경악케 한다. PG

사회복지 social well-being

인구집단의 필요와 욕구가 충족되는 상태. 복지사회는 사람들이 그들의 기본적 필요를 충족시키기에 충분한 소득을 갖는 사회이며 ; 빈곤이 없는 곳이며 ; 사람들은 사회경제적으로 유동적이고 서로 서로 존엄성을 존중해주는 곳이며 ; 안정되고, 민주적이며 참여적인 환경 속에서 양질의 서비스를 받을 수 있는 곳이다. 이것은 사회가 추구해야 할 이상으로서 일반적으로 인정된다. 공간사회지표법을 사용하여 다양한 장소와 시점에서의 사회복지 수준—호재와 악재의 분포—을 측정하는 데 많은 연구노력이 집중되었다. JE

사회재생산 social reproduction

그 속에서 그리고 그 위에서 사회생활이 보장되는 사회적 관계와 물질적 토대의 재생산. 예를 들면 자본주의에서는 생산관계들, 생산력들(집합적 소비, 과소소비 참조), 그리고 사회의 상부구조내 사회적 실천과 헤게모니의 재생산을 포함한다. 재생산이 없으면, 계급갈등이 초래될 것이며, 투자는 (더이상) 예상되지 않으며 효과적이지도 않고, 축적과정은 침체된다. 궁극적으로 사회재생산의 실패는 사회혁명을 유발한다. RL

사회적 거리 social distance

둘 또는 그 이상의 사회집단이 대부분의 활동에서 서로 분리되는 것. 이 현상은 중세유럽의 유태인과 기독교인의 경우처럼 상호간의 희망에 따라 이루어지기도 하고, 계급사회와 몇몇 미국 도시의 게토처럼 상위집단의 조종으로 나타나기도 한다. 영국도시의 단일계층 주택단지의 사례에 나타나듯이, 종종 거주지의 분리로 강화된다. 예를 들어, 도시재개발 이후 거주지 분화가 약화된 곳에서도 사회적 거리는 보다 엄격하게 유지될 수 있다. JE

사회적 관계망 social network

한 개인이나 가족이, 종종 가치와 목표를 공유함으로써, 유대관계를 맺고 있는 친척, 이웃 및 친구집단으로 공동의 이해, 필요 또는 장소에 기반을 두고 형성될 수도 있다. 이러한 관계망은 예를 들어 농촌지역의 노동필요성과 도시에서의 어린이 양육 등과 같은 호혜성의 법칙에 종종 지배받는다. 이 관계망은 상호작용의 지점들을 연결시켜주는 사회적 조직망이며, 그 밀도는 그 집단의 이동성과 직업구조에 의존할 것이다. 이 관계망이 공간적으로 집중되면, 공동체 또는 도회촌과 같은 형태를 취할 것이다. JE

사회적 다원주의 social Darwinism

사회경제적, 그리고 정치적 문제에 대한 다윈(Darwin)의 진화론의 적용. 호프스타터(Hofstadter, 1959)의 고전적 연구에 영향을 받아, 이 용어는 사회에 관한 거의 모든 진화론적 모델을 설명하는 데 사용되어왔다 ; 그러나 라마르크설의 경우처럼 사회적 진화의 또다른 근원의 하나인 생물학적 근원을 무시하는 경향이 있으며, 또한 생물학과 거의 무관하다고 인식되고 있는 사회진화론의 본질을 무시하는 경향이 있다. 가장 조잡한 형태로서의 사회적 다윈주의는 일반적으로 '생존투쟁이라는 미명 아래 빅토리아시대 자본주의의 경쟁적 사조를 정당화하기 위한'

노력에 투영되어 있다(Bowler, 1984).

이러한 맥락에서 사회적 다원주의는 스펜서(Herbert Spencer)와 그의 후학들에 의해 옹호되었으며, 자유방임 경제정책, 제국주의 침략, 민족우월성의 사고 등을 정당화하는 데 이용될 수 있었다. 이와 동시에, 존스(Jones)에 의해 밝혀졌듯이, 사회적 다원주의의 특정형태는 '업적보다는 가문에 의해 사회적 지위가 주어짐으로써' 사회 속에서 게으르고 비생산적인 사람들을 보호하는 귀족주의의 힘을 억제하려는 전통적 자유주의와 일치된다(Jones, 1980). 다원의 진화론이 인종의 퇴락을 막고 우수한 우생학적 혼혈을 보호하기 위한 인간에 대한 육종계획을 정당화시킨다고 여기는 우생학의 주창자들은, 사회진화론의 자유방임론적 해석을 거부하였다(Haller, 1963; Mackenzie, 1982). 이외에도 사회적 다원주의가 일반적으로 하나의 명시적 경제철학으로 받아들여지고 있다는 가정은 윌리(Wyllie, 1959)와 배니스터(Bannister, 1979)에 의해 의문시되었다. 한편 라마르크 진화론의 사회적 의미가 기업사회 이외에 많은 사람들에게 매력적으로 인식되고 있다. 만약 인간이 자신의 환경에 스스로 적응하여 다음 세대에 이윤을 넘겨줄 수 있다면, 이 모델은 교육적 동기유발 혹은 환경적 개선에 의한 사회적 간섭주의의 논리적 기초를 제공할 수 있다. 따라서 라마르크설이 수많은 개혁가들에게 매력적인 이유는, 바로 사회주의와 라마르크설의 일치에서 비롯되었다는 사실 때문이라는 것은 조금도 놀라운 바가 아니다.

다원주의 혹은 라마르크설에서 비롯된 사회진화 사상의 흐름은 19세기말, 20세기초 수많은 지리학자들의 연구에서도 뚜렷이 나타난다(Livingstone, 1985). 예를 들어, 생활공간(Lebensraum)이라는 부차적 개념과 함께, 라첼(Ratzel)의 정치지리학은 진화적 투쟁의 사고에 근거하고 있다(Stoddart, 1966; 인류지리학 참조). 쉐일러(Shaler), 길만(Gilman), 헌팅톤(Huntington) 그리고 플레어(Fleure)과 같은 인종지리학자들은 진화적 침투를 설명하였다. 또한, 맥킨더(Mackinder)의 초기 지리학의 숙명론적 경향, 그리고 후기에 들어 그가 지닌 자유방임에 대한 불안은 브리검(Brigham), 셈플(Semple), 데이비스(Davis) 그리고 헌팅톤과 같은 이들의 결정론적 지리학과 마찬가지로 사회적 라마르크설의 편린을 보여주고 있다(환경결정론 참조). 보다 급진적 시각을 지닌 지리학자 가운데 크로프트킨(Kropotkin)은, 라마르크설 때문에 스펜서(Spencer)의 개인주의에 반대하여 전체주의를 옹호하게 되었으며(무정부주의 참조), 반면 기데스(Patrick Geddes)는 라마르크설이라는 같은 근원으로부터 계획동기에 관한 영감을 끄집어내었다(Campbell and Libingston, 1983).

따라서 사회진화의 교리는 지리학자들에 의해 다양한 방식으로 사용되었다 : 혹자에게는 자신들의 지리학적 이론화에 활기를 불어넣어주는 투쟁의 사고였으며 ; 역사지리학 저술의 기초를 이루고 있는 것은 인류학에서 비롯된 문화적 진화에 대한 한가지 해석이었으며(Newson, 1976); 허브스트(Herbst, 1961)가 지적했듯이, "환경결정론이란 사회적 다원주의에 대한 지리학적 각색"이기도 했으며 ; 활력론적 진화론에 대한 관념주의적 논쟁은 보다 가능주의적 시각을 견지하고 있다.

최근에 들어 사회생물학이 대두하면서 생물학적 법칙을 사회적 질서로 전이시키는 것이 과연 적합한가에 대한 논쟁이 또다시 비화되고 있다. 인문지리학 분야에서는 사회적 다원주의에 의해 제기된 문제들이 여전히 해결되지 못하고 있다(인간생태학 참조). DNL

사회주의 socialism
가장 일반적으로 이해되는 형태로는, 생산과 분배수단의 공동소유권에 기반을 둔 사회체계를 가상하며, 사회정의와 평등에 관한 일단의 저술과 사고, 믿음에 관한 용어. 공산주의적 저술들에서 사회주의는 완전 공산주의를 달성하는 데 필수적인 전제조건으로 고려된다. 사회주의는 또한 일반적으로 공동소유권과 국가소유권간의

183

사회주의

차이에 관한 강조에 의해 공산주의와 구분된다. 그러나 다른 많은 사회주의적 저술들에서, 사회주의는 생산수단의 단지 유의한 양만이 국가에 소유되고 운영되는 체제로서 간주된다.

19세기 산업자본주의에 대한 반응으로서, 19세기 사회주의는 가장 중요한 유토피아적 사회주의, 마르크스적 사회주의, 민주적 사회주의 등을 비롯하여 수많은 사회주의운동 등을 포괄했다. 이 세 가지 사회주의는 다음과 같은 특성들을 공유한다 : (a) 각각은 그 당시 자본주의의 사회적·공간적 부정의에 대한 경제적·사회적·인간주의적 비판을 담고 있다 ; (b) 각각은 보다 잘 조직되고 보다 정당한 사회에 바탕을 둔 포괄적이고 통합된 프로그램을 가지고 있다 ; 그리고 (c) 각각은 국가활동의 인문지리를 변화시키고자 했다. 그러나 또한 이들간에는 주요한 차이들이 있다. 유토피아적 사회주의자들은 자족적 소규모 공동체를 협업의 원리에 바탕을 둔 미래사회의 이상적 형태로 간주했다. 토지는 공동소유되는 한편, 공동체의 일상적 경제사회 생활은 기본욕구가 집단적으로 충족될 수 있는 잘 계획된 인간적 분배체계의 일부가 된다. 몇몇 유토피아주의자들은 그들의 사고 속에 사라진 과거 농촌생활에 대한 동경을 표현하고 있으며, 물질주의와 경쟁에 바탕을 둔 비인간적 도시생활을 신뢰하는 자들은 거의 없었다. 이러한 사고들의 많은 부분은 19세기 사회개혁가 오웬(Robert Owen)에 의해 설립된 공동체에서, 그리고 그후 전원도시 운동에서 표현되었다(또한 키부츠 참조). 그러나 마르크스적 사회주의는 이러한 사고들을 계급투쟁의 역사적 현실과 자본주의 생산의 구조적 필수성에 기반을 두지 아니한 비현실적·비과학적인 것으로 보았다. 마르크스(Marx)에 따르면, 사회개혁은 사회의 속성과 소유관계들의 체계를 변화시킬 수 없다. 거의 전적으로 도시적이며 프롤레타리아에 의해 유도된 혁명은 사회적 부정의와 그리고 생산력의 추가적 발전에 대한 장애물들을 제거할 수 있을 것이다(마르크스경제학 참조). 단지 생산수단의 집단적 소유에 토대를 둔 중앙계획에 의해서만 도시-농촌 그리고 다른 계급에 기반을 둔 불평등들이 해소될 것이다. 대조적으로 민주적 사회주의자들은 혁명은 불필요하며, 사회주의는 투표함을 통해 달성될 수 있다고 주장한다. 그들에게, 20세기 전환기의 영국과 독일의 부르주아적 국가는 경제적 발전에 기여했으며, 노동자들을 위한 사회복지계획들을 시발시켰다. 이러한 바탕에서, 민주적 사회주의는 근본적으로 개혁적 방법들로 건설되고 번영할 수 있다고 믿었다. 오늘날 민주적 사회주의자들의 대부분은 1945년 이후의 경험으로 의회적 산업사회들이 그들의 노선이 옳으며 마르크스는 틀렸음을 보여주고 있다고 주장할 것이다. 왜냐하면 정부는 자본주의를 개선할 수 있었고, 국가에 관한 도구주의적 이론이 주장하는 것처럼 단순히 자본주의적 지배계급의 대리인이 아니었기 때문이다. 즉 모든 자본주의적 국가들은 동일하지 아니하며, 정책들은 단순히 탁월한 생산양식의 도구가 아니었다.

국가사회주의의 지배적 가치들은 마르크스-레닌주의의 가치들이며, 사회성격은 역사적·변증법적 유물론의 법칙들을 통해 작동하는 계급력들의 결정적 영향에 기반을 두고 있는 사회들을 서술하기 위해 서구에서 흔히 쓰이는 용어이다(사적유물론 참조). 지배적 제도는 공산당이며, 그 영역적 권력은 생산수단의 국가통제를 통해 확보된다. 또한 중앙계획은 국가사회주의의 중요한 증명이다. 이러한 사회들은 물론 경제발전의 수준, 문화, 그리고 정치적 과정의 작동이 다르며, 소련, 중국, 동독, 유고슬라비아, 베트남, 북한 그리고 쿠바 등 다양한 국가들이 있다. 가장 영향력이 있으며 흔히 전형적 경우에 가장 근접한 것으로 고려되는 소련은 현재 그 자신을 '선진사회주의' 단계에 있다고 규정한다. 선진사회주의라는 용어는 완전 공산주의가 달성되기 전의 필수적인 단계를 기술하기 위해 브레즈네프(Leonid Brezhnev)가 만든 것으로, 이 단계는 도시와 농촌간, 소유의 국가형태와 집단적 형태간, 노동유형들과 인종-영토 집단화의 차별성을 제거시키는 과제를 설정한다. 사회주의적 산업국가에 관한 많은 서구이론들이 있으며, 강압의 중요성과 그리고 소수 지배엘리트―그들의 전체주의적 의도는 개인적 이해와는 무관하게 사회를 전환시키는 것이다―의 전능한 권력을 강조하는 전체주의에 관한 이론에서부터, 국가는 그들의 계급이해를 강화하기 위하여 대중을 강제하고 착취하는 지배계급에 의해 운영된다고 주장되는 국가자본주의 논제에 관한 이론에 이르기까지 광범위하다. 정도의 차이는 있지만, 이 양자는 소련과 같은 국가들의 특이성을 감소시키고, 영토적 안정성을 유지하는 복합적 강압-합의 관련성을 지나치게 단순화시킨다. GES

사회지리학 social geography

공간에서의 사회현상의 분석. 사회지리학은 최근에 대두된 분야이다 ; 사회현상에 대한 뚜렷한 관심은 주로 1945년 이후에 발달되어왔다. 그러나 사회지리학의 시작은 19세기말, 20세기초까지 그리고 환경결정론에 대한 가능론의 도전까지 거슬러올라갈 수가 있다. 19세기말에, 환경은 경제, 활동, 사고, 믿음 등을 결정한다고 생각되었다 : 개개인은 그들을 형성시키고 그들의 행동방향을 지시하는 지표의 산물로 여겨졌다. 이러한 결정론적인 사고방식에 대해 가능론자들은 사회와 환경의 관계는 상호적이라고 주장했다. 개개인은 그들이 어떻게 살 것인가에 대해서 상당한 부분을 스스로 결정할 수 있다 ; 자연이 여전히 제한을 가하기는 하지만, 사람들은 기술로 응용되는 창조성을 통해 많은 환경적 결정요소들을 초월할 수 있다. 개개인을 결정하는 자연으로부터 벗어나게 하면서 초기 가능론자들은 그들을 사회적으로 미분화된 상태로 남겨두었다 ; 모든 인간은 그들의 활동과 사상을 선택할 자유가 있다고 전제되었다―이러한 견해는 급진적 학파가 환경적인 관점보다는 사회적인 관점에서 제한과 구속을 강조하는 1960년대말과 1970년대초까지 진지하게 논의되지 않았다(급진지리학 참조).

가능론자들은 환경과 그 속에서의 개인의 장소와의 일체성에 기초한 총체론적인 견해를 채택했다. 비달 드 라 블라쉬(Vidal de la Blache)는 한 지역의 특수한 성격이나 개성을 그 지역주민들의 가능성 속에서 만들어지는 하나의 메달로 보았다. 즉 한 지역의 개별성은 그 지역을 나름의 방식대로 형성해가는 주민들에 의해 나타나게 된다. 이러한 환경과의 관계는 구체적으로는 특정한 삶의 형태(생활양식)로 표현되는데, 이것은 기능적인 사회질서내에서 개개인이 생활의 물질적인 욕구를 충족시키는 데 필요한 기술들의 집합이다. 이것과 유사한 개념이 또한 보벡(H. Bobek)에 의해 발전되었다(생활형태[Lebensformen]). 비달이나 보벡의 연구는 뒤따라 나타나는 사회지리학과 관련이 깊은데, 그 이유는 둘다 지리적 세계의 인간주의적 성격과 (최근의 현상학이 하듯이), 많은 인문지리학 연구들이 지니는 분류적인 성격을 강조하기 때문이고 이는 전통적 지역분석과 잘 들어맞는다. 그러므로 1950년대 왓슨(J. W. Watson, 1957)은 사회지리학자들은 주로 형태에 관심을 두었다고 주장하였고, 그 이유는 형태를 통해 세계에 대한 그들 나름대로의 표상을 설정할 수가 있고 장소간의 차이를 비교·대조할 수 있기 때문이었다. 사회지리학은 전체환경에 적응하면서 나타나는 사회현상의 집합에 따라 서로 상이한 지역들을 규명하는 것으로 간주되었다. 1950년대에 다루었던 이러한 현상들은 주로 인구특성들이었다.

이와 같이 형태의 확인에 초점을 맞추던 지리학은 1960년대 초·중반에 계량적 방법이 적용되면서 많은 자극을 받았다 : "그리하여 1950년대의 다소 조직화되지 않은 경험주의는 보다 많은 자료에 기초한 정밀한 묘사로 전환되었고, 이는 사회지리학의 첫 세대를 주도했던 사람들보다 더 야심있게 개념적 또는 이론적 틀 안에서의 종합을 찾아보려는 몇몇 경향과 동반되었다"(Eyles and Smith, 1978).

도시지역에 초점을 맞추던 까닭에 사회지리학은 도시지리학과 거의 동의어가 되었고, 소규모지역에 기초한 사회경제적 자료의 추출이 주요 연

사회지리학

구초점이었다. 그와 같은 연구의 방법론적 선구는 시카고학파의 중요한 공헌과 더불어 사회지역분석에서 찾을 수 있다. 뒤늦은 감이 있지만 인간생태학에의 의존을 후퇴적인 단계로 해석할 수 있다. 물론 비달의 연구에도, 특히 사회와 환경과의 기능적인 관계와 생활양식 속에 생태학적인 특성이 포함되어 있지만, 생물학적인 유추와 서식지의 역할을 강조하는 것은 환경결정론으로 되돌아가는 것이다. 가치, 의미, 감상 등이 입지활동에 미치는 영향을 과소평가한 데 관한 파이어리(Firey)의 비판은 존스(E. Jones, 1960)의 벨파스트에 대한 초기 사회지리학연구에 통합되었다. 그러나 인간생태학의 이론적인 측면은 그렇게 주목받지 못했다. 기법과 경험주의가 요인생태학(요인분석을 사용한 도시의 생태학적인 조사)에서 강조되었다. 이와 같은 소위 도시구조의 설명이란 것은 인과관계의 설명이 아니라 통계적인 조작이다. 그러므로 요인생태학은 형태확인의 전통에 속하며 시카고학파와 사회지역분석자들에 의해 제시된 과정모형으로부터의 후퇴라 할 수 있다.

사회지리학의 근대적 단계는—1960년대 후반 이후—지리학적 탐구의 성격 및 일련의 사회적 사건들의 결과로 나타난다. 1960년대 후반에는 베트남전쟁이라든가 잔류식민지의 독립전쟁과 같은 빠르고 급진적인 사회변화가 있었다. 1960년대 초반의 경제성장에 대한 낙관적 선입관은 불만족을 야기시켰고, 계속되는 빈곤과 불평등에 관심이 기울여졌다. 몇몇 지리학자들이 이러한 문제에 관심을 가졌는데, 그들은 사회적 책임감을 강조했고 현시대의 사회문제에 대항하기 위해 적극적으로 '적합한' 역할을 찾았다(적실성 참조). 즉각적으로 인종, 건강, 범죄, 빈곤과 같은 현상에 대한 연구가 증가되었다. 이러한 사회문제들에 대한 지리학은 또한 시카고학파로부터 그 근원을 찾을 수 있다 ; 그들도 비슷하게 이러한 사회적 병폐의 분포를 발견하는 것에 중점을 두었다.

현상의 분포를 설명하려는 시도들을 유발시키면서 사회문제에 대한 관심은 과정(프로세스)과 사회적 병폐의 원인 및 결과에 대한 새로운 흥미를 불러일으켰다. 현대 사회지리학에는 세가지 주요한 사상의 조류가 있다. 첫째, 복지지리학은 사회지표를 사용하여 사회적 복지의 수준을 측정하려고 시도한다. 이 접근방법은 규범적인 판단을 하지만, 여전히 지역분화의 기술적인 전통에 머물러 있다. 둘째, 사회문제에 대한 근본적인 원인규명은 자본주의체제의 본질 자체에 대한 과격한 의문을 제기하게끔 하였다. 주로 마르크스주의적인 개념과 이론(마르크스주의 지리학)의 영향으로 예를 들어 몇몇 도시를 착취적 메카니즘으로 간주하는데, 그 이유는 경쟁과 분리의 자연적인 힘 때문이 아니고, 자본주의체제운영의 내적인 논리 때문이다. 도시는 그렇기 때문에 자본, 상품, 정보의 순환을 가장 잘 촉진시킬 수 있는 공간조직이고, 그 내부 공간구조는 경제적으로 기초된 계급관계의 결과이자 나아가 이 계급관계를 강화시킨다. 셋째, 사회적으로 불이익을 받는 사람들은 세계에 대한 나름대로의 의미와 정의를 갖고 있는데, 이는 지배계급이나 직업적인 전문가의 그것과 똑같이 확실한 근거를 갖는다. 이 계통의 연구는 일반적으로 지리적 세계의 모든 의미와 살아있는 경험의 중요성을 강조한다. 현상학적·인간주의적 개념을 사용하면서, 이러한 연구는 현대의 사회적·지리적 세계에서의 그들의 경험보다는 역사적 세계관의 문맥적인 분석—장소와 땅에 대한 유태-기독교적인 개념이라든가 경관의 문학적 평가와 같은—에 집중하여왔다.

사회지리학내에서의 상이성은 전반적인 인문지리학내에서의 상이성을 반영한다. 불평등과 착취의 근본적 원인, 그리고 개개인과 집단의 살아있는 경험을 강조하는 것은 사회지리학을 새로 부각되는 정치경제 속에 소속시키는 것처럼 보인다. 그러나 대부분의 사회지리학자들에게 전통적인 관심—지역분화와 지역의 규명—은 규범적인 관심으로 약해지기는 했지만 계속 지배적인 것같다.

JE

사회지역분석 social area analysis
사회구조와 도시 거주형태를 연결시키기 위해 두 명의 미국 사회학자, 셰브키와 벨(E. Shevky and W. Bell)에 의해 발전된 이론이자 기법.

이 이론의 핵심을 이루는 것은 증가하는 사회규모 개념인데 이는 높아지는 경제적 발전의 수준과 밀접하게 연관되어 있다. 이 개념은 세 구성요소로 나뉜다:

(a) 관계의 범위와 강도의 변화로 이는 기술의 변화하는 분포 및 분업과 연관된다; 이 부분은 셰브키에 의해 '사회적 등급'이라 명명된다(벨에 의하면 '경제적 지위');

(b) 사회와 사회를 구성하는 가구내에서 기능이 점점 분화하는 데 이는 기혼여성이 보수를 받는 고용부문에 더 많이 참여하는 것을 포함해서 새로운 생활방식과 새로운 형태의 가족유형을 발전시킨다: 이 부분은 '도시화'로 명명된다('가족 지위');

(c) 조직이 점점 복잡해지는데 이는 도시지역에의 인구집중과 서로 문화적·인종적 배경을 지닌 집단들의 모임을 포함한다: 이 부분은 '분리'로 명명된다('인종적 지위').

이 기법은 미국 도시지역을 대상으로 센서스 표준구역(소지역) 통계를 사용한다. 변수들은 각각의 구성요소를 대표할 수 있도록 선정되었다: 사회적 등급을 위해서는 직업과 교육정도; 도시화를 위해서는 출산력, 직장여성 및 단독가구; 그리고 분리를 위해서는 특정 민족 및 인종집단의 인구. 변수는 표준화되었고 각 집단은 센서스 표준구역별로 관련된 구성요소에 대한 지표를 산출하도록 조작되었다. 다시금 이 지표들은 센서스 표준구역, 다시 말해 거주지역을 분류하는 데에 사용되었다.

이 접근에 대한 주요비판은 이론과 기법 사이에 명확한 연계가 결여되어 있다는 점에 집중된다; 증가하는 사회규모와 도시지역내에서의 구역별 인구집단 분화 사이의 연관성을 설명하는 합리적 근거가 없다. 후에 연계성을 제시해보려는 시도가 있긴 했다(예를 들어 Timms, 1971).

기법에 대한 비판은 세 구성요소가 거주지역 변이를 기술하기에 충분하며, 선택된 지표들은 일반적으로 유효하다는 전제에 초점을 맞춘다(미국내에서 조차도). 이것은 1960년대에 보다 귀납적 절차인 요인생태학으로 대치되었는데, 요인생태학은 구성요소와 분류를 강요하기보다는 이용가능한 자료로부터 추출해낸다.

그러므로 이론으로서의 사회지역분석은 결함이 있다고 밝혀졌고 기법은 낡은 것이 되었다. 그러나 이것은 도시지리학, 특히 도시 사회지리학연구에 중요한 자극이 되었다. JE

산불생태 fire ecology
생태계에 산불이 미치는 영향을 연구하는 것. 산불은 자연발생적(번개는 하루에 평균 십만 번가량 발생한다)이거나, 고의적이든(아프리카 유목민들은 사냥감을 쉽게 찾으려고 덤불을 불질러 초원으로 만든다) 우연이든 인간에 의해 발생한다. 산불의 영향에 대해서는 의견이 분분하다. 1930년경부터 산불은 이로운 것이라기보다는 해로운 것으로 널리 인식되어왔으나, 최근의 연구에 의하면 일부 동식물은 자신의 유지를 불에 의존하기도 한다. 따라서 산불억제책이 항상 이로운 것만은 아니다. 산불이 생태계 발달에 중요한 요인으로 작용한 것은 의심할 바 없으며, 사바나, 프레이리, 마키, 가리그, 히드 등과 같은 몇몇 식생유형은 산불로 만들어지거나 유지된다. 석기시대 사회에서 광범위하게 이용된 이래, 불은 인간이 지표를 변화시키는 가장 중요한 방법의 하나임에 틀림없다. 중기 신생대의 초기까지 거슬러올라가는 초우코우티엔(Choukoutien)지방의 퇴적물 속에서, 북경인이 불을 사용한 증거가 발견되었으며, 이보다 이전의 것으로는 동아프리카에서 이미 140만년 전에 인위적으로 불을 조작한 증거를 발견했다는 고울레트(Gowlett, 1981) 등의 주장에서 불을 사용한 증거를 찾아볼 수 있다.

산불은 발아를 돕고 씨앗이 흩어지는 것을 도울 수 있으며, 곤충이나 기생충을 억제시킬 수 있다. 또한 광물성 영양분을 이완시키고 관목류

와 초본류의 개화 및 성장을 자극하며, 새로운 서식지를 제공함으로써 변종을 만들어낼 수도 있다. ASG

산업입지정책 industrial location policy
국가가 산업활동의 입지에 영향을 미치고자 하는 방식이며 일반적으로 복지목표를 추구한다는 점에서 정당화된다. 자본주의하에서의 산업입지정책은 보통 북부잉글랜드의 일부지역과 일부 도시중심부지구와 같은 산업쇠퇴지구의 경제적 재생을 추구한다. 저개발세계에서는 산업입지정책이 경제발전, 즉 근대화를 주도하는 쪽으로 지향될 수도 있다.
산업입지정책은 대개 목적, 도구 및 전략으로 구성된다. 그 목적은 새로운 일자리의 창출이나 지방소득의 증대 등과 같은 정책목표를 반영한다. 도구는 고려대상 지역에 산업이 설립되도록 하기 위해 채택되는 특정수단이다. 이러한 도구로는 공장 및 기계 설비비용에 대한 무상원조, 자본투자를 상쇄하는 유리한 과세, 창출된 각 일자리를 위한 재정적 프리미엄, 조세감면 등이 있다. 도구는 또 국가가 제공하는 산업용지, 필수적 시설을 갖춘 산업용 토지, 지방적 혹은 지역적 하부구조에 대한 일반적 투자 등의 형태를 취할 수도 있다. 전략은 채택된 다양한 수단들이 서로 연관을 맺는 방식이다.
어떤 산업입지정책에서도 공간적 전략은 중요한 요소가 된다. 새로운 산업에 대한 재정적 유인은 지리적 공간상에 분산될 수도 있고, 집중될 수도 있다. 집중의 경우, 명백한 성장잠재력을 특별히 고려하여 어떤 장소를 선택해서 일종의 성장극 정책을 채택하는 경우가 많다. 집중의 방향으로 한단계 더 나아간 것이 계획적인 산업단지의 조성이다(공업단지 분석, 지역생산단지 참조).
자본주의에서는 산업의 이윤추구라는 목표 때문에 산업입지정책이 성공할 수 있는 범위가 제약된다. 국가가 제공할 수 있는 유인이 상대적으로 비용이 높은 입지의 불이익을 상쇄하는 데 충분하지 못할 수도 있다. 사회주의에서는, 산업입지정책이 국가의 경제 및 사회계획의 통합적 부분이다. 그러나 여기에서도 복지목표를 추구하는 과정에서 국가가 산업을 자유롭게 입지시키는 데에는 한계가 있다. 비용이 높은 입지로의 분산은 자본주의에서와 마찬가지로 전체적 효율성을 손상시킬 수 있기 때문이다. DMS

산업적 관성 industrial inertia
산업이 일단 설립되면, 경제환경의 변화에 따라 이동하기보다는 기존입지를 유지하려고 하는 경향. 산업적 관성은 많은 산업이 시간이 지나면서 외부경제로서 숙련된 노동력, 보조적 활동 등과 같은 국지적 이익을 얻으면서 나타난다. 기업이 고려대상 활동에 전통적 집중이 이루어진 지역에서 이동을 하면 이러한 이익은 상실될 수도 있다. 산업적 관성은 집적과 연관된 보다 일반적인 경제나, 공장과 기계의 형태로 있는 고정자본의 상대적 비이동성에서도 발생한다.
DMS

산업조직 industrial organization
산업생산의 과정에서 통제와 의사결정의 기능이 발휘되는 구조. 입지론이 발달되는 초기에는 산업조직이 경제활동의 입지에 미치는 영향이 무시되었으나 지금은 주요한 관심사가 되었다. 이러한 경향은 일부는 이론적 관점의 변이로 또 일부는 산업조직의 현저한 변화로 이루어졌다.
근대 산업발달의 초기에는 전형적 생산단위를 한 사람의 소유-경영인이 완전히 통제하는 식으로 아주 단순하게 조직되었다. 경제학에서 기업에 관한 이론은 개별 기업가가 이윤의 극대화라는 한 목적을 위해 모든 중요한 생산결정을 내리는 것을 영속시키는 경향이 있었다. 운영규모가 커짐에 따라 산업조직이 점차 복잡해지는 속도가 경제학이나 입지론에서 이러한 변화를 인식하는 것보다 어느 정도 더 빨랐다. 그러나 입지분석이 조직이론(조직의 일반적 행태에 관한 설명 추구)에서 몇가지 개념을 받아들임에 따라 최근 보다 실제적인 관점이 출현하였다. 개별 소유-경영인에 의해 운영되는 단일 생산단위가 이제는 통제기능이 보다 분산된 다공장, 다입지 기업으로 대체되었다(다국적기업 참조).

이처럼 조직이 보다 복잡해지는 것은 산업생산이 지리적 공간에서 확장되는 것과 중요한 관계를 가진다. 모공장 혹은 본사와 분공장 혹은 지방판매국으로 간단히 구분하는 것은 어느 정도 책임의 분할이 필요하다. 산업생산이 규모면에서나 운영의 공간적 범위면에서 꾸준히 확장되면서 공간조직의 계층구조에 병행해서 통제의 계층구조가 생성되었다. 가장 중요한 통제기능은 주요 대도시 혹은 재정의 중심지에서 이루어질 것이며, 2차적 통제 및 이와 대등한 기능은 보다 작은 소도시에 좀 더 분산될 것이다. 또 생산이나 이에 대한 일상적 통제는 더욱 분산될 것이다. 이러한 구조는 근대 국제기업에 전형적으로 나타난다. 이것은 다른 곳(일반적으로 선진자본주의 세계)으로부터 통제를 받는, 조직계층상 하위기능을 수행하는 주변지역(일반적으로 제3세계) 경제의 발전에 중요한 함축적 의미를 가진다. 사회주의에서의 산업생산의 조직도 유사한 계층구조를 가지는데, 특정분야에 대해 책임을 지는 부서가 어떤 측면에서는 자본주의세계의 기업에 대비된다. DMS

산업혁명 Industrial Revolution

산업자본의 회전에 중심을 둔 (그러나 이에 한정된 것은 아닌) 생산력의 전환. 고전적으로 이 용어는 1750년에서 1850년 사이에 일어났던 영국 경제내의 일련의 변화에 적용되었다. 비록 몇몇 학자들은 기술변화와 대규모 자본주의적 조직성장에 바탕을 둔 16~17세기에 '산업혁명'이 있었다고 주장하며(Nef, 1934~1935; 이에 대한 논평으로 Musson, 1978 참조), 그리고 또 다른 학자들은 첨단기술과 소위 '떠오르는(sun-rise)' 산업의 등장에 바탕을 두고 20세기 후반에 후속적인 '산업혁명'이 있다고 논술하지만, 이 용어는 보통 18세기와 19세기에(일반적 의미라기보다 특정한 의미에서) 적용된다(또한 농업혁명 참조). 사실 대부분의 학자들은 이 용어를 블랑크(A. Blanqui)의 『프랑스 경제정치사(Histoire de l'économie politique en France, 1837)』에서 시작된 것으로 이해한다. 즉 "프랑스 혁명이 지구를 뒤흔들 정도의 거대한 사회적 경험을 가져온 것과 마찬가지로, 영국은 산업의 영역에서 동일한 과정을 겪기 시작했다"(Tribe, 1981 참조). 이러한 비교에 함의된 것처럼, 그 과정은 경제적이었을 뿐만 아니라 사회적·정치적이었다. 그러나 이 과정은 블랑크(그리고 그 후 논평가들)가 가정하듯이 그렇게 '혁명적'인 것은 아니었다. '해방된 프로메테우스'라는 산업혁명의 '시적 표상'(Landes, 1969)은 최근 매우 완화되었다. 즉 이제 우리는 산업성장이 18세기 훨씬 초기에 시작되었고(원산업화 참조), 그 당시 산업부문은 매우 컸으며, 또한 이에 연이은 전환은 관례적 설명에서처럼 그렇게 급격한 것은 아니었다는 사실을 알고 있다(Crafts, 1985 참조).

새로운 산업적 경관의 괄목할 양상들 중 하나는 이의 이질성이었다. 40년 전 돕(M. Dobb, 1946)은 "그 당시 주도적 양상들 중 하나로서 서로 다른 산업들간에 나타난 발전의 불균등"을 서술했으며, 그의 후기 연구들에서 이 견해들을 확인했다. 마르크스(Marx)가 산업자본주의의 등장을 위한 노동과정상 전환의 유의성—특히 수공업에서 기계공업으로의 전환—에 관심을 기울인 점은 분명 옳다(Gregory, 1978 ; Dunford and Perrons, 1983 참조). 그리고 여러 지리학자들—흔히 근본적으로 비마르크스주의적 관점들로부터—은 제조업부문의 전환에 있어 섬유, 석탄, 철강 등 '중공업'이 행한 기여들을 서술했다(Perry, 1975 ; Warren, 1976 참조). 그러나 자본주의가 불균등발전으로 특징지워지는 한, 사무엘(Samuel, 1977)이 기술한 바와 같이 다음과 같은 점은 거의 놀랄 일이 아니다:

만약 경제를 가장 고귀하고 훌륭한 양상들만이 아니라 그 전체로 살펴보면, 보다

산업혁명

무질서한 화면—즉, 현대 추상의 기하학적 규칙성이 아니라 부르겔(Bruegel)이나 심지어 보쉬(Hieronymus Bosch)와 더욱 닮은 그림—이 그려질 것이다. 산업적 경관은 높은 공장 굴뚝과 함께 파헤쳐진 구덩이들로 가득차게 될 것이다. 용광로를 후광으로 한 대장간이, 베틀을 후광으로 한 직물공장이 튀어나올 것이다. 크고 작은 낫들을 든 농업노동자들은 전경(前景)을 메우고, 이들 뒤로 부녀자와 어린이 부대가 들판의 수확될 곡물 너머로 이중으로 늘어설 것이다. ··· 그 중간쯤에 구덩이를 파는 착토기들과 판석을 까는 포석기(鋪石機)들이 위치할 것이다. 건물자리에는 사다리 위의 페인트공과 지붕을 만드는 슬레이트공 등으로 인력에 의한 활동들이 혼잡을 이룰 것이다. 짐꾼들은 마차에 짐을 싣거나 내리고, 시장부녀자들은 머리에 생산물 바구니를 얹어 나르고, 선창노동자들은 짐무게를 잴 것이다. 공장은 덥고 습기차며, 속내의만 걸친 노동자들과 맨발의 어린 일꾼들로 가득찰 것이다. 납공장의 부녀자들은 머리에 위험한 물질을 얹어 나르고, 표백작업장내에서 부녀자들은 천조각들을 가려내는 재생소에서 염소처리된 옷을 재봉할 것이다. 예술가들은 이 그림을 '기계'라고 부르는 대신, '노역(toil)'이라고 부르고자 할 것이다.

베르그(Berg, 1985)는 이러한 "전통적 형태들 또는 조직과 노동집약적 기술들"을 "다양한 부문들과 산업들의 상이한 미시경제" 그리고 "산업화의 지역적 및 순환적 유형"에 기인한 것으로 간주했다. 많은 연구들은 특정 생산체계들이 어떻게 특정 지역경제와 결부되는지를 보이고자 했다(예로 Gregory, 1982; Langton, 1979; Rodgers, 1960; Smith, 1963 참조). 그러나 산업혁명이 생산의 지역적 전문화를 가속시켰다고 주장되기도 한다(Smith, 1949 참조). 이러한 의문에 관해서는 랭톤(Langton, 1984)에 의해 가장 지속적으로 논의되었다. 그는 "그 당시 부상하는 제조업 경제의 근본적 지역구조"를 "이것이 수로망에 따른 운임에 한 세대 이상 토대를 두고 있었던" 방법에 기인한 것으로 보았다. 운하들은 지역적 이익집단들의 생산물일 뿐만 아니라(Ward, 1974 참조), 그들의 관리영역이었다. 운하들은 일관된 체계를 구성한 것이 아니다. 분리된 채 연결되지 않았으며, 이들을 따라 장거리 유통은 그 폭과 깊이 및 한 운반선에서 다른 운반선으로 옮기는 일 등에 의해 중단되었다. 따라서 "선적의 대부분은 주요항구들과 단거리" 수송이었으며, 결과적으로 운하에 토대를 둔 경제들은 "보다 전문화되고, 상호간 보다 분화되었으며, 내적으로는 보다 통합되었다." 이와 같이 증대되는 '지역들간 분열'은 단지 경제적인 것 이상이었다. 랭톤의 견해에 의하면, 이러한 현상은 한때 좁은 지역적 기반으로부터 멀리 뻗쳐 있었던 압력집단들, 사회적 저항, 그리고 노동조합들의 해체 또는 해산에도 반영되었다. 지역경제는 결속된 지역문화 속에서 표현되었다. 철도가 도래한 후에야 "장기적 통합과정이 시작되었다"고 랭톤은 결론지었다. 그후에야 "런던은 운하에 바탕을 둔 지역자본들에게 상실했던 국가적 상업의 장악을 다시 이룩하게 되었다"(Wrigley, 1967 참조). "이러한 상업적 활동과 함께, 이 활동을 업으로 하는 사람들이 몰려들었다. 런던은 모든 지방적 지역들이 겪었던 외적 자극제로부터 모든 지역들을 점점 더 긴밀하게 기능적으로 필수적인 유대로 묶어주는 진정한 국가적·사회경제적 대도시로 그 역할이 변모했다(또한 Sheppard, 1985 참조).

그러나 이러한 점과는 달리, 프리만(Freeman, 1984)은 랭톤이 "산업화의 초기단계에서 경제적 지역주의의 사례를 지나치게 강조했으며, 그 후기단계에서 그 사례를 과소평가했다"고 주장한다. 운하체계의 중요성은 부정할 수 없지만, 그 대부분은 1800년까지는 작동되지 않았다고 프리만은 역설했다. "석탄과 다른 유사한 무겁고 부피가 크며 가치가 낮은 상품들을 운송하는 데 운하들의 유의성을 인정하는 것은 운하들이 산업혁명 동안 내적 교통의 값싼 수단을 제공했다는 점과는 매우 다른 문제이다"(Freeman, 1980 ; Wrigley, 1962 참조). 연안해운과 그리고 적환체계상의 육로운송 양자(Pawson, 1977)는 무역의 영역들이 랭톤이 주장하는 것보다도 훨씬 덜 제한적이도록 했다. 게다가 프리만은 "철도를 획일적으로 일관된 체계로 판단하는 견해를" "관례적이고 널리 알려진 허구"라고 간주했다. 철로망은 "때로 매우 불연속적인 지리적 지역에 봉사하며, 대체로 봉사하는 지역부분에 유리하도록 차별화된 화물운송 가격체계를 가진 다양한 독립적 회사들로 분리되어 있었다." 그 결과로, 랭톤이 내륙수로체계에 부여한 것과 동일한 역할을 철도가 했을 것이라고 프리만(1984)은 주장했다. 대부분의 철도교통은 "소비 또는 생산지역들과 주요항구들간" 단거리 주행이었다. 그리고 비록 이러한 유통체계는 분명 빅토리아시대 경제의 점진적 '통합'의 일부였지만, 이는 공간경제의 체계적 통합을 요청하지도 않았으며, 이를 초래하지도 않았다(Langton, 1978 참조).

반대로, 루빈스타인(Rubinstein, 1977a, b)은 빅토리아시대 경제와 사회에 뿌리깊은 이원성에 관해 언급했다. "주로 런던에 기반을 둔 상업적 부와 지방에 기반을 둔 공업적 부간의 구분은 인위적인 지리적 산물이 아니라 19세기 중간계급 전체내의 기본적 이분화를 나타낸다." 유사하게 리(Lee, 1981, 1984)도 영국남부의 대도시적 경제를 빅토리아시대 경제에서 주요 성장지역으로 확인하고, 이것이 중부나 "영국의 변두리에 입지한 면직, 모직, 중기계, 조선, 석탄 산업 등의 이전이나 파급효과"에 의존했는지는 "결코 명확하지 않음"을 주장했다. 또한 "영국경제에서 가장 선진적인 지역"인 런던의 헤게모니는 18세기 세계경제의 팽창을 통한 대도시적 금융제도와 금융망의 지속적(또는 돌발적) 성장에 소급된다고 리는 주장한다. "19세기 세계 자본주의경제는 단일 자유유통체계로 발달했으며, 그 체계 속에서 자본과 상품의 국제적 이전은 주로 영국인의 손과 영국제도를 통해 대륙간을 영국배에 의해 통행했으며, 영국파운드화로 계산되었다"(Hobsbawn, 1968). 런던은 이 체계의 중심지였다(또한 종속성 참조).

이러한 변화들은 어느 것도 원활하지 않았다. 이들은 일련의 지역적 위기들로 중단되었으며, 이것은 격동적 자본축적 논리의 산물일 뿐만 아니라 사회적 투쟁의 결과였다(Gregory, 1984). 이러한 투쟁들은 자본과 노동간의 대립—즉 톰슨(E. P. Thompson, 1968)이 노동계급의 '형성'이라고 한 것—에 국한된 것이 아니며, 이들은 또한 사회적 관계의 훨씬 광범위한(또한 어떤 의미에서 훨씬 풍부한) 배경을 근본적으로 재구성할 수 있게 했다(Billinge 1984 참조). 그러나 대부분의 역사지리학들은 이러한 변화들을 국지적 배경—전형적으로 지방적 산업도시(예를 들면 Dennis, 1984 ; Pooley, 1984 ; Ward, 1980) —이상의 어떤 것으로 고찰하지 않았으며, 이에 따라 산업혁명의 역사지리와 보다 포괄적인 정치지리간의 연계는 연구되지 않고 남아 있다.

DG

산업화 industrialization
산업활동이 국가나 지역경제에서 주도적인 역할을 하게 되는 과정. 산업화는 자발적으로 발생하기도 하고 발전계획과정의 결과로 발생하기도 한다. 제조업(글자 뜻은 손으로 만드는 것)는 나뭇가지로 쟁기나 창을 처음 만든 이래 항상 꼭 필요한 인간활동이었다. 노동분업의 이익은 궁극적으로 특정형태의 상품을 전문적으로 생산하는 사람이 나타나게 하였다.

자발적 활동으로서의 산업화는 개인적 용도 혹은 제한된 지방시장을 겨냥한 소규모 생산이 보다 대규모의 생산단위와 기계화로 특징지워지는 그런 형의 활동으로 증대 혹은 대체되는 것을 의미한다. 이러한 변화는 기존의 제조업체계로는 적절한 공급을 유지할 수 없을 정도로 시장이 커짐에 따라 유발될 수 있다 ; 그러나 대규모공장에 대한 투자에 소요되는 양의 자본축적과 적절한 기술의 개발 등과 같은 또다른 필요조건도 존재한다.

자본주의에서 산업화과정은 사회적 생산관계

의 중요한 변화를 수반한다. 제조업 발달의 초기단계에서는 이동성과 노동력 판매를 선택할 자유를 강제하는 방식으로 도제가 장인에 예속될 수도 있다. 대규모산업이 성장함에 따라 노동력 공급이 시장의 힘에 대응할 수 있도록 하는 것이 중요하며, 이것이 기존의 조직체계를 파괴하는 데 큰 역할을 한다.

산업화는 저개발세계의 빈곤문제를 해결하는 만병통치약으로 간주되기도 한다. 이 과정은 자본의 부족뿐만 아니라 국제적 분업에서 저개발국가에 할당된 1차 생산자로서의 지배적 역할에 의해서도 압박을 받는다. 이런 경우 산업화는 대부분 외부로부터의 자본, 기술 및 기업조직의 침투에 의존하며 종속의 위험이 따른다. 근대산업의 출현은 기존의 제조업 활동을 파괴할 수도 있으며, 전통부문 고용자와 근대부문 고용자간의 구별을 뚜렷이 함으로써 불평등을 악화시킬 수도 있다. 계획적 산업화는 대부분의 제3세계 국가에서 발전전략의 중요한 요소가 된다. 사회주의 중앙계획에서의 토착적 산업화과정은 외부로부터 유발된 산업화에 따른 많은 문제점을 피할 수도 있으나 대신 외부의 자본과 지식에 대한 접근이 제한된다는 희생이 따른다.

이제는 산업화가 보편적으로 유익한 것으로 간주되지는 않는다. 저개발세계에서 관찰되는 일부 부정적 부수효과에 더해서, 무차별적 자원 채굴과 토지, 해양, 공기의 무제한적 오염이 가지는 생태학적 함축의미도 있다. 산업화가 지속적으로 '진보'하려면 에너지원도 필요한데, 에너지원의 가용성이나 안전성은 더 이상 확신할 수 없다(원산업화도 참조). DMS

삶의 질 quality of life

사회복지의 심리적·개인적 측면. 이것은 사회경제적 지위와 개인적 속성에 관련되어 마음의 상태를 반영한다. 따라서 높은 삶의 질은 현재 지배적인 사물의 질서에 대한 무의식적인 묵인에 기초할 수도 있다. 보다 일반적 의미로, 삶의 질은 환경적 요소―공해, 에너지 그리고 식생활―를 고려한다. 이러한 식으로 삶의 질은 여러 나라의 성취정도를 비교하는 일반적 용어로 사용될 수 있다. JE

상관관계 correlation

둘 또는 그 이상 변수간의 관련정도로, 특히 급간 및 비율 자료의 통계분석에 이용된다. 상관계수는 분산된 점들에서 얻어지는 회귀선의 적합도를 측정한다. 그 수치는 ±1.0에서 0.0까지 나타난다. ±1.0의 수치는 모든 점들이 한 직선상에 위치하고 있다는 것을 나타내고; -1.0은 부의 상관관계를 나타낸다. 보통 r로 표시되고 있으며, 이 계수의 제곱, 즉 r^2은 종속변수 Y의 변량이 독립변수 X에 의해서 설명될 수 있는 정도를 나타낸다. 다중회귀방정식에서의 상관계수는 R로 나타낸다. RJJ

상부구조 superstructure

하부구조와 상부구조간의 구분은 마르크스의 『정치경제학 비판(A contribution to the critique of political economy, 1859)』의 서문에 가장 명시적으로 진술되어 있다(하부구조 참조). 여기서 마르크스는 사회에서 '자연과학의 정확성에 의해 결정될 수 있는 생산의 경제적 조건들'과 그리고 '거대한 상부구조 전체'를 형성하는 '법적·정치적·종교적·미적 또는 철학적, 요컨대 이데올로기적 형태들'을 구분한다.

하부구조와 상부구조는 밀접하게 관련되어 있다. 하부구조에서의 갈등과 변화는 상부구조에 반영되어 '사람들은 이 갈등을 의식하게 되고 이를 제거하기 위해 투쟁한다.' 달리 말해서 상부구조는 사회생활―의식이 개발되고 투쟁이 발생하는 장소―의 통합적 일부이다. 이 점으로부터 상부구조는 자유롭게 부유하는 사고의 집합이 아니라 실천의 집합이라는 사실을 알 수 있다. 이러한 의미에서 상부구조는 그람시(Gramsci, 1971)로부터 도출되고 최근 어리(John Urry, 1981)에 의해 개발된 시민사회의 개념과 유사하게 된다. 그러나 시민사회라는 사고는 상부구조라는 고전적 개념보다도 더 만족스럽다고 할 수 있다. 왜냐하면 어리가 주장하는 바와 같이, 시민사회는 경제와 국가의 통합적 일부이기 때문이다. 이는 자본의 순환에 의해 경제와 연계되며 법에 의해 국가와 연계된다. 시민사회는 투쟁을 위한 입지들을 제공할 뿐만 아니라 노동의 생산과 재생산을 위한 입지를 제공한다. 시민사회는 그 자체적으로 국가계획을 위한 주요 초점이며(도시 및 지역계획 참조), 이러한 계획은 사회적 갈등의 역동성에 대응하고자 하며 공장문이나 사무실문 밖에 있는 생산환경을 합리화시키고자 한다(Cooke, 1983). RL

상속체계 inheritance systems

재산의 세습적 상속을 조절하는 절차. 재산이 소유자의 사후에 정당한 상속자에게 법적으로 양도되는 수단이며 유언, 증여, 구입 등의 방법이 아니라, 상속에 의하여 재산을 획득하는 수단이다. 법적으로 또는 관습적으로 인정된 상속체계는 재산이 한 세대로부터 다음 세대로 인계되는 조절기제이다. 상속체계에는 두 가지 주요한 형태가 있다: (a) 장자상속. 재산이 맏아들(또는 어떤 경우에는 맏자식)에게 상속된다; (b) 균분상속. 일반적으로 중세 영국의 켄트지방에서 통용된 남자균분상속토지보유[gavelkind]로 알려져 있다. 사망자의 재산이 그의 아들들에게 (아들이 없는 경우에는 딸들에게) 균등하게 분할된다.

절대적이라 할만한 상속체계는 존재하지 않는다: 같은 시대에도 지방에 따라(중세 영국에도 부친의 재산을 막내아들이 상속받는 말자상속제가 있었다), 그리고 같은 국가내에서도 시기에 따라 다양하였다. 역사적으로 대부분의 상속제도들은 여자에 우선하여 남자에게 재산권을 허용하였다. 광범위하게 보면 영국의 장자상속법은 유럽의 대륙국가들에서 실행된 균분상속과 현저한 대조를 나타내었다. 장자상속은 재산의 통합을 유지하려는 경향이 있는 반면에 균분상속은 재산이 분할되는 경향이 있다. 그러나 실제로는 상속체계의 잠재적 효과가 역으로 나타날 수 있다: 사망 전에 증여나 판매에 의해 또는 사망시 유언에 의해 재산을 처분할 수 있도록 소유권을 주는 유증의 권리에 의해 상속권이 무시될 수 있는 것이다. 따라서 가족의 부의 사회적 그리고 지리적 집중이나 또는 분산에 대한 상속체계의 정확한 영향력은 복잡하다.

지리학자들은 상속체계를 경지체계 및 토지소유관계와 관련시켜 가장 면밀하게 연구해왔다. ARHB

상업모형 mercantilist model

지배적인 영향력을 행사하고 있는 중심지이론을 반박하기 위하여 반스(J. E. Vance)가 고안한 도시체계 연구에 대한 접근법. 이 모형에서 핵심적인 도시기능은 도매업이며, 도시체계는 장거리교역의 접합점에서 발전한다. 이 접근은 특히 종주도시 혹은 관문도시의 연구에 유용하지만 광범위하게 응용될 수 있다. RJJ

상징적 상호작용론 symbolic interactionism

사회세계는 그 의미들이 사회적 상호작용 안에서 그리고 이를 통해서 구성되는 사회적 산물이라고 간주하는 사회이론의 한 혼합적 전통. 크레이브(Craib, 1984)의 주장에 따르면, 상징적 상호작용론은 사회생활을 대화로 파악한다: "사회세계는 우리가 대화를 통해서 경험하는 것과 똑같은 성질의 흐름, 발전, 창의성과 변화를 보여주며 … [그리고] 그 세계는 내적 및 외적 대화로 구성된다." 그러나 다른 유추들도 마찬가지로 중요하다. 기어츠(Geertz, 1983)는 게임, 드라마, 또는 텍스트 등으로 다양하게 파악되는 사회생활의 해석을 둘러싼 '사회적 사고의 재구성'에 관해 논한다. 상징적 상호작용론을 명확히 규정짓는 데 따른 난점이 무엇이든간에—로크(Rock, 1979)는 '신중하게 구성된 모호성'에 관해 말한다—대부분의 논평가들은 그 기원이 1920년대 시카고학파 사회학이라는 데 동의한다

상징적 상호작용론

(실용주의 참조). 주류 도시지리학에서의 관례적 생각과는 달리, 시카고학파는 조잡한 다윈(Darwin)식의 경쟁에 토대한 인간생태학의 개발에만 관심을 가진 것은 아니었다. 파크(Park)와 토마스(Thomas)는 특히 의사소통을 '사회가 존재하는 데 근본적인 것'으로 취급했다(Jackson and Smith, 1984). 그러나 이들이 세운 기초도 중요하지만, 상징적 상호작용론의 실질적 창시자는 미드(G. H. Mead)라고 흔히 보고 있다. 미드의 『마음, 자아 및 사회(Mind, Self and Society)』는 그가 죽은 후 학생들의 강의노트를 모아서 구성된 것으로, 1934년에 발행되었다. 이 책은 특히 제자들 중 한 사람인 블루머(Blumer)에 의해—미드 자신은 언제나 '사회심리학'이라고 언급했지만, 블루머는 '상징적 상호작용론'이라는 신조어를 만들었다—그 내용들을 정형화하는 데 사용되었다. 크레이브(1984; 또한 Blumer, 1969 참조)에 따르면, 이들은;

ⅰ) 인간은 사물들이 자신에게 지니는 의미들에 근거하여 사물들에 대해 행동한다;
ⅱ) 이 의미들은 인간사회에서의 사회적 상호작용의 산물이다.
ⅲ) 이 의미들은 각 개인들이 마주치는 기호들을 다루면서 사용하는 해석과정을 통하여 수정되고 조정된다.

크레이브에 따르면 이러한 3가지 정리는 『마음, 자아 및 사회』의 세 부문들과 대체로 일치하지만, 이렇게 요약하면 미드 저술의 통합성을 상당히 망가뜨리게 된다는 것이 이제 명백하다. 조어스(Joas, 1985)는 다음과 같이 신중하게 경고한다:

[상징적 상호작용론]은 미드의 사상에 대한 권위있는 해석이라고 볼 수 없다. 왜냐하면, 사회조직과 인간욕구에 관한 이 이론의 이해 행동, 개념의 상호작용 개념으로의 환원, 의미 개념의 언어학적 회석, 그리고 진보와 역사에 관한 고찰의 결여 등은 미드

의 입장에서 크게 벗어난 것이며, 더욱이 미드의 저작을 극도로 편파적으로 수용함으로써 성립된 것이다. 미드의 사상 가운데 상징적 상호작용론에서 완전히 무시된 측면들만이 이 전통의 '주관주의적' 양상들을 올바르게 수정할 수 있도록 할 것이다.

인문지리학내에서 상호작용론적 관점은 세 가지 (점차적으로 광범위해지는) 탐구의 대로를 열었다. 첫째, 많은 저자들이 특수한 환경의 사회적 구성에 대한 강력한 해설들을 제시하기 위해 시카고학파의 민속지전통을 계속 이어받았다 (그 개관은 Jackson, 1985 참조; 민속지 참조). 둘째, 장소의 사회적 구성에 관한 보다 형식적 주제화가 제안되었다. 따라서 예를 들어 레이(Ley, 1981)는 인간주의 지리학의 주요초점은 '경관과 정체성간의 관계'를 재발견하는 것이라고 파악하였다. 레이는 부분적으로 미드를 따르는데, 그의 중심적 주장은 다음과 같다: "장소란 협의된 실재로서, 의도를 지닌 일련의 행동자들에 의한 사회적 구성이다. 그러나 그 관계는 쌍방적인데, 왜냐하면 장소는 역으로 이(장소)를 요구하는 사회집단의 정체성을 발전시키고 강화시킨다." 셋째로는 (이런 종류의 전제로부터 나선상으로 움직이면서 벗어나고 있는 것으로) 사회의 구성에 관한 일련의 보다 포괄적인 정리이다. 상호작용론의 요소들은 가장 일반적인 형태로 슈츠(Schutz)의 구성적 현상학과 기덴스(Giddens)의 구조화이론에서도 찾아볼 수 있다. 이들은 모두 탈실증주의 인문지리학의 발전에 지대한 영향을 미쳤다. 그러나 가장 포괄적이고 가장 집중적인 형태로 인문지리학과 상호작용론이 만나게 된 것은 버거(Berger)와 루크만(Luckman)의 『실재의 사회적 구성(The social construction of reality, 1967)』을 통해서였다. 던칸(Duncan, 1978)은 다른 곳에서(1980 참조) '초유기체'라고 지칭한 것에 대해 예리하게 비판하면서 다음을 주목하였다:

상호작용론은 … 개인과 사회간의 구분을

전제로 하지 않는다 ; 개인들 스스로가 사회적으로 구성된다. 자아는 대체로 타인의 견해와 행위의 산물이며, 이것들은 발전중인 자아와의 상호작용에서 표출된다.… 상호작용론에는…사회와 개인을 매개하기 위해… 문화 [또는] 사회에 관한 추상적 사고와 같은 선험적 대상이 그다지 필요없다(또한 Ley, 1982 참조 ; 그 비판은 Gregory, 1982 참조).

던칸은 계속해서, 이들 사회적 구성은 <u>당연적 세계</u>를 구성하며, 적어도 부분적으로는 "우리들과 장소와의 관계 그리고 그 장소와 관련된 사람들과의 관계에 의존한다"고 서술한다. 비록 버거와 루크만은 그런 관계에 대해서 전혀 언급한 바 없지만, 던칸은 어떻게 '이방인'이나 '국외자'에 대한 그러한 특정 장소와 결부된 관점이 그가 '비실재의 사회적 구성'이라고 부른 것을 인정하게 하는지를 보여준다(강조 추가). 그러나 버거와 루크만이 인정하는 것은 사회생활의 지속성에 대해서 습관화되고 반복적인 사회적 행위가 갖는 중요성이다 : "일상생활의 실재는 상례들로 구현됨으로써 그 자신을 유지하며, 이는 제도화의 핵심을 이룬다. 그러나 이를 넘어서 일상생활의 실재는 개인이 타인들과 상호작용 속에서 계속 재확신된다." 이 점은 헤거스트란트(Hägerstrand)의 <u>시간지리학</u>에 소급될 수 있는 시공간경로를 이들의 정식화에 통합시키도록 재구성할 수 있게 한다. 버거와 루크만이 일상생활의 '공간구조'를 '자신들의 고찰에 지엽적인' 것으로 간주하는 반면에, 프레드(Pred, 1981)는 이를 심각한 실책이라고 본다 :

버거와 루크만의 정식화에서 필요한 것은 무엇보다도 특정한 시간과 장소에서의 개인의 생활사와 제도적 활동들간의 일상적 상호접촉이 특정한 시간과 장소에서의 과거 상호접촉에 뿌리박게끔 해주는, 그리고 동시에 특정개인과 제도적 활동들간 미래의 상호접촉에서 뿌리 역할을 하는, 세부적인 수단들에 대한 자세한 설명이다.

프레드는 시간지리학을 이러한 방식으로 사용하여 '사회가 움직이는 모습'들을 밝혀낼 수 있다고 주장한다(또한 <u>실용주의</u> 참조). DG

상호보완성 complementarity

A지역과 B지역 사이의 보완성이란 B지역에서 어느 상품이 부족(또는 잠재적으로 부족)할 때, A지역에서 그 상품을 생산하는(또는 생산잠재력을 가지는) 것을 의미한다. 이 말은 울만(E. L. Ullman)이 <u>공간적 상호작용</u>의 기초를 설명하기 위하여 사용한 것으로, 자원의 유무 또는 사회문화적 체계에 있어서의 <u>지역분화</u>와 <u>규모의 경제</u>가 작용함으로써 일어난다고 주장하였다. 보다 광의로 사용되는 상호보완성의 의미는 각 지역이 그들간에 교환될 수 있는 서로 다른 종류의 상품을 생산함을 의미한다. 또한 이것은 <u>비교우위</u>의 개념과 관련된다. AMH

상호의존성 interdependence

상호의존적 관계. 상호의존성이 생태학적 조건(<u>생태계</u> 참조)에서 사실로 나타나는 한 이 개념은 자명한 이치이다. 그러나 인류발달에 상호의존성을 적용할 때 그 주요관심은 상호의존적 관계의 형성 및 범위 그리고 상호의존성의 인간조건에 대한 단인과적(單因果的)·단선적 설명에 집중된다.

오늘날의 세계경제는 종종 하나의 상호의존적 총체로 제시된다(<u>세계체제분석</u> 참조). 그러나 이러한 개념화의 위험성은, 목적의 생태적 통일성이라는 가정하에서는 상호의존성의 사회적 기초로부터 야기된 갈등 및 모순이 간과된다는 것이다. 세계경제는 세계적 차원에서 인간활동을 가능하게 하는 사회적 관계가 발전함에 따라 등장하게 된 것이다. <u>자본주의</u>, <u>사회주의</u> 또는 <u>공산주의</u>의 사회적 관계는 그러한 토대를 제공하고 있다. 결국 사회적 관계는 시장의 일반화 그

상호주관성

리고 국가계획, 커뮤니케이션, 에너지 전달체계, 무역과 자본의 흐름의 지리 및 구조 그리고 생산의 조직규모 등의 조직화를 발전시키는 원인이 되었고 이들에 의해 사회적 관계는 더욱 발전하였다. 간단히 말해서 생산의 사회적 관계란 그것을 통해서 상호의존성이 실현될 수 있는 언어이다. 전자본주의사회에서는 지주엘리트들의 사치성 소비재 수요를 공급하기 위하여 소규모의 국제무역이 이루어지고는 있었으나 상호의존은 그 범위에서 매우 국지화되었고 제한되었다. 그러나 오늘날의 자본주의 및 사회주의 국가사회에서 상호의존성의 범위는 세계적인 것이 되었다.

이러한 상황에 대한 정치적 관련성은 명백하다: 즉 인간의 생존은 지구상에서 상호의존적 관계에 의존한다. 대도시 경제는 소위 주변사회가 이에 의존하는 것과 마찬가지로 주변사회에 의존하고 있다. 실제로 주변사회의 생산의 사회적 관계가 착취이기보다는 호혜적인 것이고 자연의 생산적 이용이 착취적이 아닌 협력적인 특성을 가지는 한, 자급자족과 독립성을 위한 능력은 커질 것이다. 그러나 세계적 규모에서 조직된 경제와 사회에서 발전은 오직 상호의존성을 수용함으로써만 가능할 것이다.

이것은 상호의존적 발전의 문제를 유물론적 입장보다는 관념론적 입장에서 제시한 것이다. 모든 사회는 그 사회의 자원과 사회적 재생산을 보장하기 위하여 잉여를 창출하고 전용할 수 있는 능력이 필요하다. 자본주의의 확대 및 자본주의와 비자본주의 세계 내에서 또는 이들 세계의 영향 사이에서 나타나는 전략적 지배를 위한 투쟁은 모두 물질적 필요에 의한 결과이다. 지배를 위한 투쟁에는 과거의 독립된 사회구성체의 정복 및 합병 등이 있다. 이러한 비생산적인 투쟁은 저개발의 중요한 원인이 된다. 더욱이 지배를 위한 투쟁은 지배로부터 벗어나려는 대항적 투쟁을 야기시킨다. 따라서 생태학적 상호의존성이 존재하지만, 그것이 전세계적인 경제적·정치적·이념적 갈등을 야기시키는 수탈적 생산양식의 파괴―사회적·물질적―에 잘 견디

낼 것인가 하는 문제가 있다. 아마도 그것은 핵(核)을 기반으로 하여 상호의존성이 나타나는 힘의 국제적 균형을 말하는 것이 더욱 현실적이다(입지의 상호의존성 참조). RL

상호주관성 intersubjectivity

일상생활에서 경험의 공유된 기반. 이 개념은 슈츠(Alfred Schutz)의 사회학적 현상학으로부터 파생되었고 개개인이 서로서로에 대해 갖고 있는 이해와 그들의 세계에 대한 유사한 지각 및 파악을 중요시한다. 그것은 사회적 의사소통과 상호작용의 기반이며, 그 속에서 많은 사회적 연구의 결과가 확인될 수 있는데, 다시 말해서 사람들은 그들과 비슷한 사람들과 같이 살며 교류를 맺기 원한다는 것이다. 도시와 같은 다문화적 지역에서는 여러 개의 상호주관성과 합의가 존재하게 되는데, 결과적으로 가깝지만 분리된 사회적 세계가 형성된다. JE

생명표 life table

일정지역과 시점에 조사된 연령별 사망률에 따라 어느 연령에서 특정연령까지 생존해 있을 확률을 나타낸 표. 예를 들어 같은 날에 출생한 10만 명 어린이들의 동시발생집단이 있다고 가정할 때, 이 집단이 전부 사망할 때까지의 과정을 요약한 것이 생명표이다. 이 생명표는 보험회사에서 생명보험료를 결정하기 위해 각 연령층의 사망가능성, 사망자수, 생존자수, 생존자의 평균 기대수명을 계산할 목적으로 만들어진 것이 시초이다. 이 생명표는 인구성장(안정인구 참조)과 예측(인구예측 참조)을 위한 구조적 모델로, 상이한 지역간에 나타나는 사망력의 차이를 분석하는 데 사용되기도 한다. PEO

생산관계 relations of production

생산과정에 참여하는 사람들이 상호간에 관련되는 방법으로, 때로 생산의 사회적 관계라고도

불린다. 마르크스경제학에서, 생산관계는 생산력 발전의 일정단계에 조응한다. 노예의 사회적 관계는 노동자를 소유하는 생산자를 포괄하며, 봉건제에서는 토지소유자들이 타인 생산의 일부를 전유할 수 있는 권리를 가진다. 이러한 배열들은 새로운 자본주의적 사회관계들—이것에 의해 노동자들이 개방된 시장에서 자신의 노동을 자유롭게 판매하게 됨—에 의해 조장된 생산력의 발전을 방해한다. 마르크스주의자들은 생산력과 생산관계간의 긴장과 모순이 생산양식의 변화에 반응하는 역사의 주요추동력이라고 주장한다(계급 참조). DMS

생산력 productive forces
한 사회의 생산능력이 발생하는, 생산수단과 노동력의 상호작용. 생산수단에는 노동의 대상들과 수단 또는 도구들이 포괄된다. 노동의 대상들이란 인간노동이 적용되는 모든 사물들을 말한다. 이들은 자연에서 발견되든지(천연자원, 원시림 등의 형태로 있는 자연자원들), 또는 노동이 이미 적용된 대상들(재배된 또는 수확된 곡물 등의 성분들)이다. 토지와 그 속성들은 노동대상의 근본적 원천이다. 노동수단은 사람들이 노동대상들을 변형시키기 위해 사용하는 사물들이다. 이것은 사과나무에서 사과를 따기 위해 사용되는 막대기에서부터 철광석에서 선철을 생산하기 위한 복잡한 기계에 이르기까지 다양하다. 노동과정 및 보다 많은 양의 산물을 창출할 수 있는 능력의 발달은 노동수단의 기술적 진보에 결정적으로 의존한다. 따라서 인간노동에 의해 창조된 생산수단(예를 들면 기계)은 노동의 자연적 대상들에 비해서 점점 더 중요해진다.

생산수단은 노동이 작용하지 않으면 그 자체적으로는 아무것도 생산할 수 없다. 즉 노동과 생산수단의 상호작용은 생산이 이루어지는 데 필수적인 조건이다. 생산력에서 노동이 차지하는 특정한 지위는 생산수단을 활성화시키고 또한 이를 생산하는 그 능력으로 표현된다. 노동기술과 생산성의 향상은 생산력의 발달에 주요한 역할을 한다.

생산력의 발달수준은 자연을 이용할 수 있는 사회의 능력을 표시한다. 천연자원들이 부여된 영토는 다른 인간노동의 생산력과 그가 활용할 수 있는 도구들이 이용가능한 한도내에서 사람들에게 유용한 사물들을 창출할 수 있다. 어떤 특정 시간과 장소에 천연자원들이 제한되어 있을 경우, 생산력의 추가적 발전은 노동수단 또는 노동력 그 자체의 향상—이러한 향상은 그 자체적으로 새로운 자원이용의 가능성을 열어놓지만—에 주요하게 좌우된다. 이 점은 생산력들간의 상호의존성의 중요성을 강조한다(또한 하부구조, 생산양식 참조). DMS

생산성 productivity
생산과정을 운영하는 데 필요한 투입을 가지고 생산 또는 산출을 측정하는 것. 전통적인 회계에 의하면 투입—노동, 자본, 원료—을 재화와 용역의 생산비용으로 간주한다. 이러한 형태의 회계는 생산성을 측정하는 데 널리 사용되지만 그것은 오해를 가져올 수 있다. 예를 들면 전통적인 접근은 제조과정의 소산인 사회적 비용 및 환경적 비용을 고려하지 못할 수도 있다. 슈마허(E. F. Schmacher)는 더 나아가 전통적인 생산성평가는 투입되는 원료들 특히 연료들을, 유한자원의 형태 속에서 세계자본을 소비하는 비용으로 취급하지 못하는 심각한 잘못이 있다고 주장하였다.

지구자원에 대한 사회의 역사적 관계는 생산성의 관점에서 조망해볼 수 있다. 인간집단이 농업을 채택하였을 때 수렵이나 채집집단과 비교하면 생산성이 저하했다고 많은 저자들이 지적하였다. 일반적으로 이동식 농경자가족은 수렵과 채집집단의 가족보다 더 많은 시간을 생계수단경작에 투여한다. 영구적인 경지농업이 개발되었을 때 이동식농업하의 경우에서보다도 훨씬 더 많은 식량이 일정한 토지면적에서 생산되었다. 그러나 생산성은 감소되었다. 그것은 경작자들이 한 단위의 생산을 얻기 위하여 이동식 농업에서보다도 많은 에너지를 소비하였기 때문이다. 혁명 이전의 중국의 일부 지역에서와 같은 일부 전통적인 농업체계에서는 노동력투입이 막대하여 추가투입이 단지 한계적인 방식으로 생산을 증가시키게 되는 지점에 도달하기도 하였다.

산업화란 화석연료로부터 추출된 에너지로 추진되는 기계들이 인간의 활동을 보완하여 생산성을 급속하게 증가시키는 과정이었다. 이러한 증가된 생산성에 기초하여 북아메리카, 서부유럽, 일본 그리고 세계의 기타 지역들이 높은 생활수준을 즐기고 있다. 그러나 지난 20년 동안 우리의 측정절차가 정말로 산업화에 따른 환경적 비용을 완전히 고려하였는가의 여부에 대한 중요한 의문이 제기되어왔다. BWB

생산양식 mode of production

인간사회들이 그들의 생산활동들을 조직하고 이에 따라 그들의 사회생활을 재생산하는 방식. 마르크스(Marx)는 이 개념을 특히 『요강(Grundrisse)』과 『자본(Capital)』과 같은 그의 후기 저작들에서 대단히 효과적으로 사용한다. 이 개념은 마르크스적 분석의 중심을 이룬다(마르크스경제학 참조). 상이한 생산양식의 이론적 역사적 규명은 어렵고 논란이 있지만, 일반적으로 네 가지 특정한 생산양식들―원시공산주의, 노예제, 봉건주의, 자본주의―이 확인된다. 이들은 그 사회적 생산관계에 따라 구분된다. 어떤 학자들은 '아시아적' 생산양식을, 또 다른 학자들은 '아프리카적' 생산양식, '서아프리카적' 생산양식 등이 마치 쉽게 구분될 수 있는 것처럼 첨부하고자 한다. 특히 아시아적 생산양식의 개념은 매우 주요한 논쟁의 초점이 되고 있다(이 논쟁에 관해, Wittfogel, 1957 또는 Draper, 1977의 비판을 참조).

원시공산적 생산양식에서 생산요소들(토지, 원료, 생산도구)은 공동으로 소유되었으며, 노동의 부담과 생산물 양자는 호혜적으로 배분되었다. 노예제 생산양식 아래에서 노동자는 노예의 주인이 (다른 생산수단들과 마찬가지로) 팔고 사고 소유하는 생산수단이 되었다. 봉건제에서 농노계급은 생산수단의 일부를 보유할 수 있었지만, 토지와 생산물의 일부는 봉건영주의 재산이었으며, 농노는 법적으로 토지에 속박되어 있었다. 자본주의에서, 임금노동자는 모든 생산수단으로부터 자유로워졌으며, 또한 임금을 위해 노동력을 자유롭게 판매할 수 있게―사실 생존하기 위해 그렇게 해야만 하는―되었다. 노동계급은 사회의 노동을 수행하며, 반면 자본계급은 노동을 수행하지 않으면서 생산수단(일반적으로 토지가 아님)과 생산물을 소유한다.

사회적 생산관계는 생산양식에서 하나의 성분에 불과하다. 물리적 생산도구들(기계, 공장 또는 운송수단)과 직접 노동과정을 조직하는 수단들을 내포하는 생산력이 있고, 사회가 원활하게 작동하기 위하여, 생산관계와 생산력은 조응해야 한다. 실제 이들간 관계는 변증법적이다. 따라서 자본주의에서는 노동의 분업이 잘 발달하며, 이는 숙련노동력의 특화가 고도화됨을 의미한다. 이러한 노동의 분업은 세련된 기계의 발달과 매우 복잡한 노동과정의 엄격한 조직과 상응한다. 생산관계와 생산력은 직접적 생산과정과 관련되며, 직접적으로 생산양식을 결정한다. 그러나 생산이 이루어지기 위해서는 다른 여러 가지 기능들이 수행되어야만 한다. 정치적 국가는 다른 사회들과의 외적 관계를 처리하고, 또한 계급들간 및 한 계급내 개인들간 또는 집단들 간의 내적 관계를 규제하기 위해 발달한다. 따라서 국가는 입법적・사법적・군사적・정치적 기능들을 수행한다(국가장치 참조). (또한) 지배적 이데올로기와 미래의 사회적 역할을 충족시키기 위한 기술로 젊은이들을 고취시킴으로써 새로운 세대를 준비하고 사회화시킬 목적으로 종교적・문화적・교육적 및 다른 제도들이 발달한다.

마르크스주의적 분석에 따르면, 서로 다른 생산양식은 다른 방법으로 발달한다. 어떤 양식들은 거의 우연적으로 발전하지만, 자본주의는 자본의 축적—경제적 성장—이 자동적 필수성을 가진 첫번째 생산양식이다. 축적의 필수성은 그 생산양식의 다양한 측면들에 주기적 긴장을 가져온다. 즉 자본주의는 팽창을 위하여 노동계급을 점점 더 착취해야 하지만, 이는 자유와 평등의 이데올로기와 직접적 모순 속에 놓인다. 만약 팽창이 기술적 쇄신(즉 생산력의 발전)에 의해 이루어진다면, 이는 또한 대규모 실업을 유도할 것이며, (이에 따라) 실직을 하게 된 사람들에게 사회가 직업을 보장해줄 수는 없으며 따라서 그들에게 필수적인 생존수단을 보장해줄 수 없음을 보여줄 것이다. 생산양식의 구조에서 잠재적 모순은 위기(위기 참조)로 표면에 나타난다. 이러한 위기들이 충분히 일반화되고 심화될 때, 이들은 한 생산양식에서 다른 생산양식으로 전환하는 길을 열어놓게 된다. 이 점에서 모든 생산양식의 정치적 기반은 명시화된다.

각 계급들이 그 반대계급들은 사회에 필수적 존립수단을 제공할 수 없다고 주장하면서 그 사회의 생산수단에 대한 통제를 획득하고자 함에 따라, 각 계급들간에 벌어지는 주기적 투쟁은 강화된다. 따라서 역사는 누가 무엇을 언제 했다는 이야기로서 이해되는 것이 아니라, 연속적인 생산양식들의 발전에 관한 설명으로서 이해되어야 한다(마르크스주의 지리학 참조).   DH

생산요소 factors of production

생산과정에 필수적인 요소, 즉 생산이 시작되기 전에 한 장소에 갖추어져야만 하는 요소들. 전통적으로 세 가지 기본요소란 토지, 자본, 노동을 말한다. 간혹 제4의 요소로 '기업'이 추가되는데 이는 '기업가' 즉, 위험부담자의 기여와 생산과정에서 이 특수한 참여자에게 특별한 대가가 주어지는 사실의 합법성을 인식하는 것이다. 그러나 현재의 복잡한 경제조직에서 기업을 일반적 경영기능과 구분하기는 힘들며 따라서 이 요소는 노동에 포함시키는 것이 더 적절하다. 생산요소의 조합은 고려대상 활동에 적용된 기술상태, 즉 이것이 자본집약적인가 노동집약적인가의 여부를 반영한다.

토지는 농업, 광업, 제조업 혹은 서비스업이든간에 어떤 생산활동에도 꼭 필요하다. 토지는 광업에서와 같이 직접적인 원료원이 될 수도 있다. 또 작물경작을 위해서도 필요하고 제조업 활동의 물리적 공장을 위해서도 필요하다. 근대산업은 공장부지로서 또 저장, 도로, 주차장 등과 같은 연관된 용도로 보다 많은 양의 토지가 필요하다. 어떤 상황, 예를 들면 평탄지나 수차에 의한 동력 즉 수력발전을 할 수 있는 장소 등에서는 토지의 물리적 특성이 중요할 수도 있다.

노동에 대한 필요성은 활동의 질에 따라 다르다. 어떤 활동은 많은 비숙련노동자들이 필요한 반면, 어떤 활동은 기술수준이 높은 직공, 기술자, 사무직원 등이 필요하다. 특정형의 노동력의 가용성은 경제활동의 입지와 중요한 관련을 가질 수 있다. 근대산업의 자본집약도가 높아짐에도 불구하고 값싼 노동력의 안정적인 확보는 여전히 자본주의 기업에 유인이 되고 있다. 사회주의에서는, 안정적이고 효율적인 노동력을 유지시킬 수 있는 생활수준을 제공하는 것이 경제계획의 주요한 요소이다.

자본에는 생산을 목적으로 인간에 의해 의도적으로 창출된 모든 것이 포함된다. 자본에는 물리적 공장, 건물, 기계 즉 고정자본도 포함되며, 또 원료, 부품, 반제품 등의 형태로 나타나는 유동자본도 포함된다. 자본과 토지의 사유는 자본주의적 생산양식의 특징적 현상으로 소득과 부의 분배에 중요한 함축적 의미를 지닌다(신고전경제학, 마르크스 경제학 참조).

토지, 노동 및 자본(과 기업)의 전통적 범주는 자본주의 생산에 대한 다양한 기여자들에 대한 차별적 급부를 합법화하는 데에서 이념적인 역할을 수행한다. 사회주의 경제학에서는 생산력의 개념을 더 선호한다. 여하튼, 실제적 목적을 위해 이러한 포괄적 범주가 특정 생산활동에서 실제로 필요한 개별투입으로 세분되는 경향이 있다.   DMS

생애주기

생애주기 life cycle

인간이 겪는 성장기, 장년기, 노년기의 과정으로, 각 단계에 따라 사회적·경제적·정치적 행동이 달리 나타난다. 생애주기의 각 단계에 대한 이러한 아이디어는 도시지역의 요인생태학에 많이 이용되고 있다. 생애주기의 중요한 단계로는 결혼초기, 무자녀시기, 자녀의 탄생 및 육아시기, 자녀성장 후기 그리고 마지막으로 한쪽 배우자가 사망하여 가족이 해체되는 시기 등이 있다. 이러한 단계들은 이동성, 수입, 주택수요, 여가활동 등에 영향을 준다. 또 생애주기는 특정지역의 연령 및 성별인구구조에 반영된다.

PEO

생태계 ecosystem

미국의 생태학자 오덤(E. P. Odum, 1969)은 "일정지역에서 물리환경과 상호작용하는 유기체를 포함하는 하나의 단위로, 그 상호작용의 결과 에너지의 흐름은 체계내 생물과 무생물 부문 사이의 물질교환으로 이어지는데, 이것이 바로 생태계이다"라고 정의했다. 이 정의는 1935년 생태계라는 신조어를 만들어낸 탠슬리(A.G. Tansley)의 초창기 정의를 확대한 것으로 하나의 집합적 계층 속에서 생태계의 개념을 확인했다. 개체가 모여 개체군이 되고 개체군이 모여 군집이 되며, 자신의 물리적 환경과 결합된 공동체가 바로 생태계를 구성한다. 여러 측면에서 이 개념은 규모와는 무관한데 몇몇 미생물이 포함된 한 방울의 물, 혹은 지구전체에 대해서도 이 개념이 유용하기 때문이다. 하지만 통상적으로 이 용어는 지구의 대분류 단위인 대륙규모 이하에서 사용된다.

생태계가 총체적이라는 의미에서, 다시 말해 자신의 생물 및 물리적 요소들의 목록에 의해 특정지워질 수 있지만, 생태계의 근본적 특성은: (a) 종의 분포와 같은 고착된 모자이크를 넘어서서, 요소들간의 기능적, 역동적 관계를 의미한다; (b) 그리고 전체는 구성요소에 관한 우리의 지식으로 예측될 수 없는 창발적 특성을 지니고 있다는 사실로 미루어, 생태계는 총체적 속성을 지니고 있다(총체론 참조). 생태계내 기능적 관계에 대한 연구는 보통 정확히 측정될 수 있고 체계내 생물, 무생물 부분 모두에게 일반적인 현상에 중점을 둔다. 에너지, 물 그리고 광물성 영양분이 그 흔한 예이다. 에너지는 체계내 다양한 영양단계 사이를 흐르며, 에너지가 열로 소실되는 현상은 생태계 그 자체가 자신의 변화를 위해 어떻게 에너지를 분배하는지, 그리고 얼마만큼 효율적으로 에너지가 한 단계에서 다음 단계로 전달되는지를 이해하는 데 이용될 수 있다(비록 최근 영양단계가 생태계의 실질적인 구조적 요소인가에 대해 의구심을 갖고 있으나, 이로부터 이어지는 개념들은 보통 단순하다). 마찬가지로 영양분에 관한 연구는, 대개 생태계에서 영양분을 '고정'시키는 구조를 밝힌다. 자연상태에서는 생태계내 영양분의 극히 일부만이 유수나 동물의 이동으로 유실된다.

생태계의 일시적 국면들도 연구대상이 될 수 있다. 예를 들면 시간에 따른 개체수의 변화이다. 대부분의 종에 대해 각 생태계는 부양력이 있는데, 이는 특정개체군의 최적수준을 의미하며, 일정한 수인 경우도 있으나 여러가지 유형의 변동에 좌우되기도 한다. 다시 말해 빙하가 남기고 간 나지에서 자생력이 있는 안정된 삼림으로 천이하는 과정에서, 시간이 흐름에 따라 종의 구성 및 생태계 특성이 변화하는 과정이 연구될 수 있다. 스스로 지탱할 수 있으며 자연상태에서 다른 유형으로 변화하지 않는 특정유형의 삼림으로 천이가 분명히 종식되었다면, 이를 우리는 성숙된 혹은 극상생태계라 부른다.

생산성이라는 관점에서 이 개념의 응용적 측면을 살펴볼 수 있다. 이는 한 생태계가 가지는 단위시간당 단위지역에서의 유기물질의 생산율을 의미하며, 자연생태계와 인간의 영향을 받은 생태계, 나아가 완전히 인위적인 생태계를 비교하는 데 이용된다. 안정의 개념은 인간-생물·물의 접촉이라는 측면에서 중요한데, 이 개념은 한 생태계의 혼돈으로부터의 회복력과 관련이 있기 때문이다. 만약 특별한 환경조작이 있다면, 과연 생태계는 이전의 상태(영향이 없는 상태)로 회복될까, 아니면 예를 들어 불규칙하게 변화할까?

이러한 혼돈이 인간에 의해 생겨날 수 있다는 사실 때문에 생태계식의 사고와 작업이 지리학에 도입되었다. 생태학은 인간생태학으로서의 지리학의 사고와 연계되어 있으며, 또한 생태학은 지리적 연구를 일반체계이론 및 체계분석과 같은 포괄적인 사고체계와, 그리고 환경영향평가와 같은 운영체계와 연계시켜준다. 따라서 특히 지리학자들은 농업(농업생태학이라는 용어로 사용되기도 한다), 유목, 어업, 심지어 에너지와 물질의 유입 및 유출에 관한 연구들이 계량화된 도시와 같은, 인간에 의해 야기되거나 통제를 받은 부분에 대해 연구하여왔다. 이러한 연구에서는 중요성에 있어 자연 혹은 기술의 힘과 동일하게 다루어질 수 있는 문화적 힘을 계산하지 않은 채, 흐름을 정량화하려는 환원주의적 경향이 나타난다는 문제점을 지적할 수 있다.   IGS

생태적 오류 ecological fallacy
모집단에 관한 총체적 자료로부터 개인의 특성을 추출해내는 과정에 제기되는 문제점. 지리적 연구에서는 센서스와 같은 자료가 자주 사용되기 때문에 생태적 오류는 통계적 분석으로 결과를 해석하는 데 중대한 문제가 되기도 한다.

이 문제는 로빈슨(W.S. Robinson, 1950)의 논문에서 제기되었다. 1930년 그는 미국 센서스의 자료를 이용해서 각 주(州)의 흑인인구비율과 문맹자비율간에는 높은 상관관계(0.773)가 있음을 발견하였다. 이러한 상관관계로부터 흑인은 흑인이 아닌 집단보다 문맹일 확률이 높다는 사실을 추론할 수 있다. 그러나 동일한 센서스에서 개인에 관한 자료를 이용한 결과 인종과 문맹률간의 상관관계는 단지 0.203임을 발견하였다. 흑인집단은 문맹률이 높으나 주 단위 분석에서 나타난 것보다는 훨씬 낮다는 것을 알 수 있다. 로빈슨의 분석결과는 다음과 같은 의미를 지닌다. 즉, 문맹률이 높은 지역은 흑인인구비율 또한 높으나 이것이 반드시 흑인이 문맹자일 확률이 높다는 것을 의미하지는 않는다.

로빈슨의 연구는 다른 사람이 분석하기도 했는데 그 중 앨커(Alker, 1969)는 총체적 자료의 사용에서 나타날 수 있는 5개의 다른 오류를 확인하였다 :

(a) 개체주의적(individualistic) 오류는 전체는 그 부분의 합계 이상이 아니라는 가정이다 (총체론 참조). 그러나 사회란 대부분의 경우 단순한 개인의 총합 이상이며, 따라서 개인의 특성이 반드시 전체사회의 특성으로 나타나지는 않는다 ;

(b) 단면적(cross-level) 오류는 자료의 특정 형태의 합계로부터 관측된 유형이 다른 형태로 된 합계에서도 나타날 것이라고 가정하는 것이다. 오펜쇼(Openshaw)의 연구는 이것이 타당하지 않음을 보여주고 있다(임의적 지역구획 참조) ;

(c) 보편성의(universal) 오류는 표본에서 관측된 유형이 전체를 대표한다고 가정하는 것이다. 연구에 사용된 자료는 그 결과가 일반화되는 모집단에서 적절히 수집된 무작위표본이 아닌 경우가 자주 나타난다 ;

(d) 선택적(selective) 오류는 (특정 목적에 맞게) 주의깊게 선정된 사례로부터 수집된 자료가 일반적 논리를 '증명'하는 데 사용되는 것이다 ;

(e) 횡단면적(cross-sectional) 오류는 연구 대상이 된 시점이 모든 기간에서의 무작위 표본이기 때문에, 특정시점에서 관측된 현상이 다른 시기에도 나타날 것이라고 가정하는 것이다.

위와 같은 오류들은 총체적 자료를 분석하는 데에서 언제나 나타날 수 있다. 따라서 이러한 분석에서는 세심한 주의가 필요하다. 단순히 두 변수—예를 들면 농업종사자와 SDP에 투표하는 비율—가 일련의 공간적 단위에서 상호연관되어 있다고 하여 두 변수 사이에 인과관계의 연관이 있다거나 두 변수가 일치하는, 즉, 농업종사자가 SDP에 투표하는 것을 의미하지는 않는다. 따라서 가설은 총체적 자료를 사용하는 경우에는 결코 완전하게 검증될 수 없으며, 분석의 결과가 가설과 일치할 수 있으나(예를 들면 맥락적 효과), 결코 그 이상을 의미하지는 않는다. RJJ

생태학 ecology
동식물 상호간의 관계 및 이들의 무생물 환경과의 관계를 연구하는 학문의 한 갈래. 따라서 개념상 생태학은 인식론적으로 전체주의적 속성을 띠지만, 실제적으로는 관련된 체계(생태계)의 복잡성 때문에 환원주의가 지배적이다. 생태과학과 관련하여 인간의 위치에 대해서는 아무런 의견일치도 보지 못한 상태이다. 말하자면 인간은, 보통 지배자의 입장(이 경우 '인간생태학'이라는 용어가 사용될 수 있다)임에도 불구하고 한 지역생태계내에서 하나의 구성원인가? 아니면 어떻든 인간이란 자연도태의 산물인 생태적 관계에 대해 완전히 다른 차원에서 영향을 미치는 외부인인가?

오늘날 생태학으로 대표되는 세계(그리고 실제로는 우주)에 관한 사고방식은 서구사회에서는 오랜 전통을 지니고 있으며, 글래큰(Glacken, 1976)은 희랍의 목적론에서 19세기까지의 연계성 그리고 하나의 과학으로 구체화되는 과정을 추적하였다. 한편 불교나 도교와 같은 철학-종교적 체계들은 인간과 자연이라는 서구의 이원론을 거부했는데, 이들은 인간과 자연이 동등한 지위에 있으며 둘 모두가 함께 변화되길 기대한다. 오늘날 생태학이라는 말은 일반적으로 1866년 헤켈(Ernest Haeckel)에 의해 'Oecologie'라는 독일식 신조어에서 유래되었으며 영어의 'ecology'라는 현대식 철자는 1893년 국제식물학회에서 비롯되었다. 20세기 들어 생태학 연구는 생물학을 근간으로 하는 교육 및 연구기관에서 널리 행해져왔는데, 지리학에 미친 영향도 지대하다. 개략적으로는 동식물 군락을 지도화하고 분류하며 개개 동식물 종의 생태적 관계에 관한 연구('개체생태학')와 관련된 생태학적 연구경향이 있었던 것같다. 후에 학자들은 일단의 개략적인 군집이 어떻게 움직이느냐에 관한 연구('군집생태학')에서, 한 생태체계내 각 요소간의 기능적 관련성을 엄밀히 조사했다. 그리하여 천이, 개체군 역학, 그리고 생물학적 생산성 등의 주제는 생태계내 에너지와 물질의 이동 결과를 결합시켜주면서 생태학의 중요한 연구대상이 되어왔다.

사회-환경의 관계에 대한 생태학 연구의 중요성은, 물론 예를 들어 정책수준에서 이것의 영향은 경제학에 비해 아주 제한되어 있으나, 지적으로는 충분히 인식되고 있다. 그러나 우리는 이미 현상의 상호연계성, 그리고 특정유형의 변화, 특히 생물집단이나 그들의 서식지에 인간의 영향이 미칠 경우 나타나는 변화의 비예측성(관련된 체계의 복잡성 때문에)에 대해 익히 알고 있다. 따라서 보통 컴퓨터를 이용하여 일련의 방정식으로 설명되는 확률과정으로 이루어진 생태적 모형화에 많은 노력이 기울여지고 있다. 그 결과, 19세기 과학에서 인식했던 것과 같이 생태권은 당구대라기보다는, 한 부분을 약간만 건드려도 전체가 재적응하는 모빌과 같다는 사실을 인식하게 되었다. 또 하나 매우 중요한 생태적 사고의 하나는 부양력에 관한 것인데, 이를 통해 한 종의 개체수는 다른 생물, 에너지, 영양공급(피드백 참조)과 상호작용한 결과, 일정 한계내에서 유지된다는 사실을 알게 되었다. 따라서 식량과 다른 자원을 공급받을 수 있는 사람의 수라는 의미에서 지구 역시 인간에 대한 부양력이 있다는 확신이 서게 된다. 이 개념은 간혹 작은 규모에서도 역시 적용된다. 또 다른 요인으로는 호모사피엔스는 심리적 부양력에도 제한을 받는데, 왜냐하면 인간의 행태는 어떤 영역적 속성을 지니고 있기 때문이다(영역성 참조).

그러나 생태학 파장은 과학의 그것을 넘어선다. 모든 생명체의 상호의존성을 인식해야 한다는 문제는, 과연 생태학이 원칙적으로 하나의 과학이 될 수 있는 것인지, 아니면 초과학적인 무엇(혹은 심지어 한때 지리학에 유보되었던 자리를 차지하면서, 통합이라는 고차원의 영역에 속하는)인지, 혹은 상호관련성의 철학인지에 관한 철학적 (그리고 정치적) 사색을 유도하게 된다. 따라서 최근 생태학에는 학문 자체의 독자성이라는 문제가 대두되고 있다. 다시 말하자면 한편으로 생태과학자(이들은 간혹 생화학자나 세포생물학자들이 자신들을 '소프트한' 학자로 간주하기 때문에 수세에 몰린다)로서, 혹은 다른 한편으로 녹색당, 녹색평화당, 그리고 유럽 녹색당연합에서처럼 사회적·정치적 주장과 관련된 '생태운동'(환경결정론, 범지구적 미래 참조)의 주체로 활동한다. 최근 지리학에 있어 생태학의 중요역할은 인간과 물질세계와의 본질적인 상호연계성을 강조하는 지리학의 유기체적 견해를 활성화시키는 것이었다. IGS

생활공간 Lebensraum

문자 그대로 '생활하는 공간' 또는 '살아있는 유기체가 성장하는 지리적 영역'(인류지리학 참조). 라첼(Ratzel)은 그의 정치지리학에서 국가를 살아있는 유기체와 동일하게 보았고 정치적인 투쟁은 국가들간의 영토에 대한 경쟁을 포함한다고 주장했다. 이 개념은 1920년대와 1930년대 독일지정학(Geopolitik)파에 의해 이용되었고 나찌의 영토확장계획을 정당화하는 데 사용되었다(지정학 참조). RJJ

생활세계 lifeworld

"문화적으로 규정된 일상생활의 시공간적 배경 또는 지평"(Buttimer, 1976). 즉 개인이 전형적으로 머무는 지리적 세계와 개인의 일차적 관련의 총합(행태환경, 장소 참조).

생활세계(Lebenswelt)의 개념은 독일의 현상학에서 나온 것으로, 훗설(Husserl)의 실증과학 비판에서 철학적 핵심을 이룬다. 여기서 현상학의 핵심적 중요성은 현상의 맥락적 의미를 구성하고 개인의 의도성에 형태를 부여하는 능력에 놓여진다. 따라서 이는 직관적 이해와 비과학적 추론의 경험적 토대가 된다.

훗설에 따르면, 현상을 이해하는 데 있어(인식 참조) 실증주의의 무능력은 진정한 기원으로 돌아감으로써, 즉 생활세계에 관한 명백한 사소한 진실에 관한 관심을 집중시킴으로써만이 회복될 수 있다. 나는 몸을 지니고 있다, 나는 사람들의 공동체 안에서 산다, 세계는 존재한다—실증과학이 암암리에 가정하고 있으나 분석에서는 건드리지도 않고 검토하지도 않고 내버려두는 명제들—는 사실 등이다. 심지어 보다 원대한 과학적 '객관성'을 향한 일반적 추동조차 이들 단순한 진실의 의미를 흐리게 하는 결과를 가져온다고 훗설은 주장한다. 따라서 생활세계의 모습은 흔히 간과·망각되거나, 또는 부정확성과 불완정성의 원천으로 간주된다. 즉 보다 완벽하게 될수록 보다 더 가치있는 것을 무시하게 된다. 이것의 궁극적인 귀결은 과학은 현상과 그 역사적 배경을 연결시키는 진정한 인식적 연결을 무시하는 경향을 지니게 된다는 것이다. 따라서 과학의 의미에 관한 혼란은 바로 이같은 과학과 인간주의적 맥락—비과학적 명제들의 담지자이고 이해 그 자체를 위한 열쇠인 생활세계—간의 분리에서 기인한다.

지리학 안에서, 생활세계는 이처럼 강한 현상학적 함의를 자극시킬 것이 확실하다. 그런 점에서 이 개념은 '존재방식'과 '인식방식'을 동등한 비중으로 결합시키려는 시도와 동의어가 되었다. 버티머(1976)는 훗설을 인용하면서 다음과 같이 서술한다 :

현상학자에게 세계란 이 안에서 의식이 드러나게 되는 맥락이다. 세계란 '단순한 사실과 사건의 세계가 아니라 … 가치의 세계, 선의 세계, 실천적 세계'이다. 세계는 과거에 근거를 두고, 미래를 지향한다. 비록 각 개인은 독특하게 개인적인 방식으로 이를 해석하겠지만 세계는 공유된 지평이다. 일단 개인적 경험에서 생활세계를 의식하게 되면, 이제 개인은 다른 사람들과 사회 전체의 공유된 세계지평을 파악하고자 겨냥해야만 한다. 일반적으로, 생활세계란 '우리의 개인적 삶과 집단적 삶의 모든 것을 포

생활양식

용하는 지평'으로 규정될 수 있다(당연적 세계 참조).　　　　　　　　　DG

생활양식 genre de vie
통일적이고 기능적으로 조직된 생활유형으로서 특정한 문화나 생계집단의 특성이다. 유목적 생활양식, 농업적 생활양식 등으로 표현되는 생계집단내에서는 생계가 핵심으로 간주되며 이를 둘러싸고 전체적인 자연적·사회적·심리적 유대관계가 발달한다.
환경, 교통과 함께 생활양식은 프랑스의 비달학파의 지리학(Vidalian geography, Vidal de la Blache, 1911；가능론 참조)의 주축이 되는 개념이다. 또한 인간의 지역점유에 관한 연구 및 독특한 문화경관의 발달에 관한 연구에서 연구를 조직하는 중심적인 주제로서 프랑스의 지역에 관한 논문에서 활발하게 이용되었다. 생활양식의 명백한 지표로는 다음의 내용들이 포함된다: 특징적인 생산물；농업/비농업 활동의 혼합；식생활유형；교통수단의 변화(문화의 요람지, 지역 참조).　　　　　　　MDB

선거구설정기법 districting algorithm
선거구역의 경계를 정하기 위한 절차로 일반적으로 컴퓨터와 연관된다. 이러한 연산법은 미국 대법원에서 입법부에 대한 의원 정족수가 불균형임을 불법으로 선언한 이후 미국에서는 널리 보급되었다. 그들은 정치인들이 경계선을 변경하거나 선거구를 자기당에 유리하도록 고치는 것을 부정하는 한편 선거구역에 대한 규모 제한에 순응하게 한다. 그러나 정치인들이 그 결과물이 정치적으로 중립적이지 않는 한 '객관적' 절차로 권력을 양보하기를 원치 않기 때문에 아무도 사용한 적이 없다.　　　　　　RJJ

선거지리학 electoral geography
선거의 조직, 행태 및 결과의 지리적 측면을 연구하는 분야.
선거지리학에 관한 논문들은 21세기초부터 프랑스를 중심으로 발표되기 시작하였으나, 그 양은 많지 않았으며, 연구논문의 대부분이 최근에 발표된 것들이다. 지리학자 가운데 자신을 선거지리학자로 구분하려는 인문지리학자는 많지 않으며, 선거지리학과 정치지리학 사이에는 긴밀한 접촉이 이루어지지 않고 있다.
선거지리학에는 다섯 개의 주요 연구분야가 있다：
(a) 선거구 설정 등과 관련된 선거의 공간조직；
(b) 투표패턴의 공간적 변화 및 투표패턴과 인구특성, 특히 사회계층 등의 사회경제적 특성과의 관계분석；
(c) 투표의사결정에 영향을 미치는 환경적·공간적 요인；
(d) 투표가 의회 및 유사한 단체의 의석으로 전환되는 과정에서 나타나는 대표성의 공간적 패턴；
(e) 대표성의 패턴을 반영하는 권력과 정책수행에서의 공간적 변화.
이 가운데 두번째 및 세번째 분야는 1960년대에 이르러 실증주의 지리학 방법론을 채택하면서 발전하였다(실증주의 참조). 투표결과의 공간적 다양성을 분석하려면 방대한 양의 자료를 분석해야 하며, 따라서 실증주의 패러다임내에서 가능하다. 특히 투표행태와 다른 사회적 특성 사이의 관계를 총체적 수준에서 규명하는 데에는 상관분석이 행해진다. 기대되는 일반적 관계로부터 벗어나는 것들은 맥락적 효과의 가능한 예로 해석된다: 이러한 효과의 모형들이 개발되었는데, 이것은 정보의 확산에 대한 공간적 구성요소와 다른 선거 단서들을 포함한다(연고효과 참조).
투표의 의회의석으로의 전환은 공간적으로 설정된 선거구의 이용을 내포한다. 선거구경계의 조작은 비례대표제의 규칙과 거리가 있는 선거편기현상을 낳을 수 있다(비례대표제 아래에서는 한 정당의 의회의석의 비율과 득표비율이 일치한다). 비록 선거편기현상이 모든 선거구에 기초한 체계에서 유사하게 나타난다고 하더라도, 그러한 조작은 자칫 부적합할당과 게리맨더 전략을 포함할 수 있다(입방체법칙 참조).

선거지리학에 대한 대부분의 연구는 선거행태와 투표패턴의 여러 측면을 기술한 것이었다. 선거지리학과 정치지리학의 여러 분야와 관련을 맺게 하려는 노력은 상대적으로 거의 이루어지지 않았다. 이런 가운데 테일러(Taylor, 1978)는 선거의 기능은 권력을 다음과 같이 재배치시키는 것이라고 지적하는데, 다시 말해서 투입(투표의 유형)과 과정(투표의 의석으로의 전환)이 명백한 공간적 요소를 지닌다면 마땅히 그 결과도 그래야 한다는 것이다. 이러한 견해에 입각하여 존스톤(Johnston, 1980a)은 미국 연방예산지출에 관한 연구를 실시하여 선거지리학(정치보조금 참조)과 관련된 공공정책의 지리적 내용을 검증한 바 있다(Johnston, 1980b).

최근에 이르러 선거에 관한 연구가 보다 광범위한 맥락에서 진행되고 있는데, 다양한 선거행태 시행지역연구(Johnston, 1984)나, 정당에 의해 조성되는 정당 지지행태와 권력에 관한 지리적 연구(Taylor, 1984, 1985b) 등이 그 예이다. 여기에서의 연구의 주안점은 선거에 대한 의사일정결정자 및 조정자로서의 정당과 선거활동가의 역할을 규명하는 것이다. 신고전경제학에서 '소비자 우선주의'를 중시하는 것처럼, 전통적으로 선거지리학자는 '선거인'을 중시하고 있다. RJJ

선벨트/스노우벨트 sunbelt/snowbelt

최근에 공업활동과 인구의 상대적인 감소가 나타나는 미국 북동부의 구산업지역이 스노우벨트(또는 frostbelt)이며, 성장이 진행되는 남서부지역이 선벨트이다.

이러한 변화가 이루어진 것은 대체로 다음의 세 가지로 설명할 수 있다: (a) 선벨트에서는 비교우위의 측면들, 즉 농업과 에너지자원, 상대적으로 싸고 노동조합으로 조직화 되지 않은 노동력, 매력적인 환경 등이 증가하고 있다; (b) 전통산업의 퇴조와 저생산성문제에 대처하기 위해 노동의 새로운 공간적 분업을 창출하는 일환으로 지역적 재구조화의 과정이 진행되고 있다; (c) 선벨트에 상당한 규모로 연방정부의 투자가 이루어졌는데, 그 중 일부는 정치보조금 정책의 결과이다. 선벨트의 주요산업은 항공산업과 마이크로프로세서 등 이른바 '떠오르는 산업'들이다. 이 두 개념은 미국 이외 지역에서도 사용되고 있는데, 런던의 M4 서부지역 연변의 산업회랑이 영국의 선벨트로 알려져 있다. RJJ

선형계획법 linear programming

할당문제의 최적해를 구하기 위한 수학적 기법. 선형계획법은 주어진 제약조건하에서 최대 또는 최소화를 추구하는 목적함수의 최적형태를 식별해내는 것이다. 해결기법은, 간단한 경우를 제외하고는 초기해에서 일련의 적응과정을 거쳐서 최적해로 수렴해나가는 반복적 절차를 사용한다.

선형계획법 연구의 제1단계는 목적함수를 설정하는 것이다. 경제문제의 연구에서 목적함수는 통상 이윤의 최대화 또는 비용의 최소화와 같은 화폐단위로 표시되며 이와 유사한 수리적 해법이 다른 최소화의 연구, 예를 들면 총통학거리의 최소화, 시내 각 지점에서 소방서까지의 평균거리의 최소화, 농업노동력 투입의 최소화, 그리고 식량생산의 최대화 등에 사용될 수 있다.

제2단계는 주어진 체계의 제약조건을 설정하는 것이다. 이러한 제약조건은 항등식 또는 부등식으로 표시될 수 있다. 항등식은 예를 들면 각 학군에서 학생의 수는 학교의 수와 동일하여야 한다와 같은 것이고 부등식은 각 학군의 수는 학교의 수보다 적거나 같아야 된다와 같은 것이다. 이와 같은 조건에서 요구되는 것은 생산함수가 직선형이어야 한다는 것이다. 즉 학생의 총통학거리는 거리와 학생수간에 단순 선형함수로 표시될 수 있어야 한다.

선형계획법

단순한 형태의 선형계획법 문제는 그래프를 이용해서 풀 수 있다. 예를 들면, 주어진 토지와 노동력의 제약조건하에서 두 작물의 재배로써 현금수익을 최대화하려는 목적함수를 가진 농부의 문제는 두 작물의 가능한 결합관계를 그림과 같이 그래프로 표시하여 구할 수 있다. 첫번째 그래프는 두 작물의 재배에 할당되는 토지의 비율을 나타낸 것으로 토지 전체가 작물 A에 할당되거나 작물 B에 할당되거나 직선을 따라 양자간에 일정한 비율로 할당될 수 있다. 가용한 총토지라는 제약조건은 이 그림에서 직선의 우상부는 해가 불가능한 부분이며, 반면 직선의 좌하부는 가용한 모든 토지가 사용되지 않는 부분임을 의미한다. 두번째 그래프는 두 작물의 재배에 할당되는 노동의 비율을 나타낸 것이다. 여기서도 해가 불가능한 부분과 가용한 모든 노동력이 투입하지 못하는 부분이 구별된다. 두 그래프를 겹친 것과 같은 세번째 그래프에서는, 노동제약조건으로 인해 해가 불가능한 부분과 토지의 제약조건으로 인해 그러한 부분, 그리고 양자에 의해 그러한 부분이 표시된다. 가능한 최대의 현금투입은 작물 A는 X_A만큼을 작물 B는 X_B만큼을 생산하는 X점에서 달성된다. 선 AXB'는 볼록포(convex hull)라 불리며 그 아래 부분의 면적은 볼록집합(convex set)이라고 불린다. 이 문제에서는 2개의 제약조건이 있기 때문에 볼록포는 오직 2개 면(AX, XB')을 가지며 2개 작물에 관한 것이기 때문에 볼록포와 볼록집합은 2차원 공간에 놓이게 된다. 좀더 복잡한 문제에서는 볼록포가 더 많은 면을 가지며 다차원 공간에 놓이게 된다. 때문에 대부분의 선형계획법의 해는 보다 일반적인 심플렉스 알고리즘을 사용하거나 운송문제로 풀이되고 있다.

위의 농부의 문제에서의 해는 잠재가격의 개념을 설명하는 데 도움이 된다(운송문제 참조). 일단 해가 결정되고 난 후 농부가 (최적화가 아닌 다른 이유로 인하여) 작물 A의 생산량을 줄이게 될 경우에는 기회비용을 지불해야 한다. 선형계획법의 대부분의 해는 준최적행위의 기회비용을 찾아내며, 이것은 경제지대가 기회비용

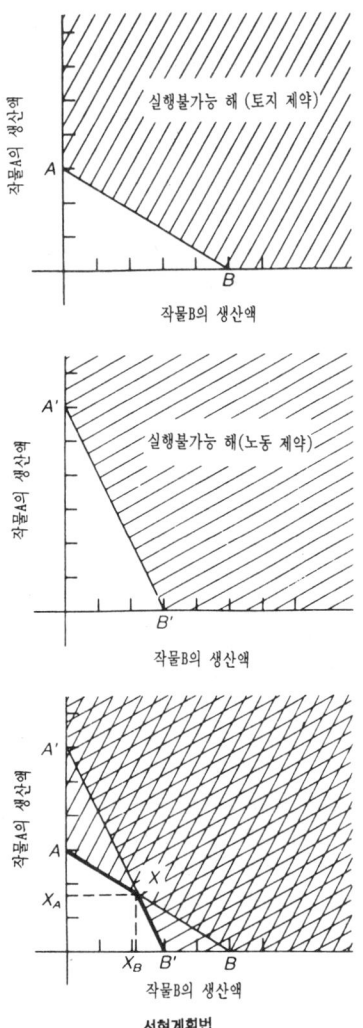

선형계획법

이라는 개념과 밀접히 연관되어 있음을 시사한다(물론 문제가 화폐가 아닌 다른 단위로 계산된다면 잠재가격은 그 단위에 포함되어 있다). 마지막으로, 모든 선형계획법의 문제는 다른 방법으로 진술될 수 있다. 예를 들면 주요관심이 최대화인 경우 수학적 표현으로는 최소화하는 쌍대문제가 있다. 쌍대문제는 두 가지 면에서 중요한데, 첫째는 주문제형식으로는 해결하기

어려운 많은 문제들이 쌍대형식으로는 해결가능하다는 점이고, 둘째는 쌍대문제의 해는 종종 지리학자가 관심을 가지는 물리적 해석을 가능하게 한다는 점이다. 예를 들면 튀넨의 농업입지 문제(튀넨모형 참조)에서 최소교통비의 해는 입지지대 극대화의 해와 동일하다.

선형계획법은 비록 처음에는 경영문제에 응용하기 위해 고안되었지만 선형성이라는 조건이 충족되는 한 농업계획, 공업계획, 공장 및 창고의 입지문제, 학군설정, 또는 선거구의 설정 등과 같은 다양한 문제에 적용될 수 있다. 이런 맥락에서 이 기법은 또한 응용지리학에서 실제의 행태를 설명하기 위한 설명적 모델로 사용되거나 지리적 패턴의 효율성을 검증하기 위한 규범적 모델로서 사용되었다. 그러나 그 결과는 현실에 부적합하거나 모델이 비현실적인 것으로 판명되었다(이러한 경우에는 목적함수나 제약조건이 적절하게 설정되었는가, 또는 범시스템 차원에서 최적인 것이 실제의 구체적 의사결정상황에서도 적절한가의 의문이 제기된다).

선형계획법의 단점으로 인하여 다른 형태의 수학적 계획기법(비선형계획법, 순환계획법 등)이 개발되었으나 지리학에서는 아직 널리 사용되고 있지 않다. AMH

선형모형 sectoral model
임대료와 주택자료를 사용하여 호이트(H. Hoyt, 1939)가 개발한 도시내부의 토지이용형태에 관한 모형. 중심업무지역으로부터 상이한 매력도를 지닌 주택지역이 부채모양으로 펼쳐진다. 가장 부유한 사람들이 가장 바람직한 지역을 점유하고 다른 등급들도 상류층지역을 중심으로 배열된다. 가장 바람직하지 않은 지역들은 보통 공업지역에 인접해 있다. 핵심이 되는 요소는 상류층지역인데, 이 지역은 교통·통신로와 나란히 확장되며 뚜렷한 경로를 따른다. 다른 토지이용은 이 지역으로 끌리게 되거나 혹은 이 지역으로부터 축출되는데, 이렇게 하여 하나의 방향성이라는 요소가 주거적 토지이용의 차이를 특징짓는다(시카고학파, 동심원모형 참조). JE

선형원리 sector principle
북극이나 남극의 육지와 바다에 대한 주장을 제시하기 위하여 여러 국가가 고안한 원리. 이것은 기본선을 규정하고—현존하는 국토의 한계 혹은 남극의 일부분에서 전에 주장되지 않았던 해안선을 아주 자의적으로 연장—그리고 극점과 연관된 삼각형 지역 전체에 대한 관할권을 주장하는 것을 포함한다. 북극해에서 이 원칙은 일반적으로 인정된다. 그러나 남극에서는—쟁점이 되는 곳은 바다보다 육지이다—합의에 도달하기가 더욱 어렵다. 칠레와 아르헨티나 그리고 영국의 주장이 겹쳐 있다. 1959년 모든 이해 당사국들이 남극조약을 체결하였는데, 여기서 현존 주장을 30년간 동결하고 그 이후에 모든 문제를 다시 생각하기로 하였다. MB

설계, 프로젝트 project
프레드(Pred, 1980)에 따르면, "어떤 의도고취적 또는 목표지향적 행태의 완결에 필요한 전체 작업과정." 행동이론에 관한 연구와 슈츠(Alfred Schutz; Schutz and Luckermann, 1973; 현상학 참조)의 상호주관적 시간성으로부터 도출된 이 용어는 시간지리학에 관한 저술들에 확고히 도입되었다. 여기서 프로젝트들의 형성(그들의 기간, 연속 구조 및 빈도)은 행동자의 시-공간화에서 근본적인 조직원리로 이해된다. 따라서 "어떤 한 프로젝트에서 논리적으로 연속적인 성분작업들 각각은 활동 묶음들의 형성 또는 경로들의 시간 및 공간상 수렴과 동의적이며, 이러한 경로들은 둘 이상 또는 하나 이상의 사람들과 하나 이상의 물리적으로 유형적인 투입물들 또는 자원들을 예로 건물들, 도구들 또는 원료들간에서 추적될 수 있다"(Thrift and Pred, 1981). 프로젝트(과제들을 실현시키는 물리적 과정)는 특히 '시나리오'(행동의 수동적 청사진)와는 구분된다. MDB

설문지

설문지 questionaire

조사분석의 자료수집 부분에서 이용되는 도구. 설문지는 주의깊게 조직된 일련의 질문들로 구성되어 있으며 모호함이나 편견 없이 필요한 정보를 획득하도록 계획되어 있다. 모든 응답자들은 같은 방법과 같은 차례로 표현되어 있는 동일한 질문들에 대답한다. 이렇게 함으로써(면담과 같은: 면담 참조) 보다 개방된 절차에서 말로 해서, 또 질문의 순서와 표현상의 미묘한 차이를 통해 도입될 수도 있는 어떠한 편견도 피할 수 있다. 설문지는 응답자 스스로 시행할 수도 있으며 또는 개인적으로나 전화를 통해 처리할 수도 있다.

설문지는 다양한 자료를 획득하도록 고안될 수 있다. 가장 간단한 것으로는 연령, 출생지 등과 같은 정보를 확인하는 즉 인구조사와 같은 조사에서 필요로 하는 사실적 자료를 수집하는 설문지이다. 이러한 사실적 자료들은 응답자 스스로 시행한 설문지(그리고 방문, 전화, 독촉편지와 같은 추가기법들이 적절한 응답과 편견에 치우치지 않는 표본을 확실히 얻기 위하여 필요하게 될 수도 있다)들을 통해 쉽게 수집된다. 두번째 형태는 사람들의 태도와 행태간의 관계를 조사하도록 설계된 질문들로 구성된 태도적(attitudianl) 자료를 포괄하는 것이다. 이러한 작업에는 질문의 표현과 야외상태에서의 검증에 대단히 주의깊은 준비가 필요하다. 사회심리학자들 및 기타 사람들이 특정유형의 태도들(인성, 정치적 이데올로기 등)을 측정하기 위한 일반적으로 적용가능한 척도도구의 개발에 많은 작업을 행하였다. 그러나 많은 연구들이 그 연구 고유의 질문과 척도를 필요로 한다(정보방안분석 참조).

설문지의 제작은 솔직해야 하므로 비교적 기사도적인 방법으로 흔히 행해진다. 그러나 가장 단순한 사실적인 자료를 제외한 모든 것을 수집하는 데에는 일체의 모호함이 없도록 하고, 모든 응답자들이 질문들을 똑같은 방식으로 해석하도록 확실히 하기 위해서 질문들을 진술하는 데 대단한 주의가 필요하다(만약 응답자들이 면담자에게 어떤 질문이 무엇을 의미하는지를 묻게 된다면 질문을 하지 않은 다른 응답자들에게도 선입견이 즉각 도입되어 면담자의 대답과는 다르게 질문을 해석할 가능성이 있는 것이다). 이러한 문제들은 특히 비교연구에서 날카롭게 대두된다 ; 질문들의 사소한 차이가 시간에 따른 비교나 인구집단들 사이의 비교를 근본적으로 무용지물로 만들 수 있다. RJJ

성(性)과 지리학 gender and geography

성의 차이에 관한 연구. 예를 들면, 여성과 남성의 태도 사이의 차이, 행태에서의 차이, 사회적으로 형성되어 있는 여자다움과 남자다움에 관한 관점에 따라 좌우되는 기회에서의 차이 등이 있다. 사회적인 차이보다는 양성 사이의 해부적인 차이에만 제한되어 사용되는 용어인 sex 보다 gender라는 용어가 더 선호되고 있다(여성지리학 참조). LMcD

성장극 growth pole

발전추진력이 있는 선도산업(주도산업)을 중심으로 조직된 동적이고 고도로 통합된 일련의 산업들. 성장극은 급속히 성장할 수 있고 이러한 성장을 확산 또는 승수효과를 통해 전체경제에 전파시킬 수 있다.

페로(François Perroux, 1955)가 주장한 이 개념은 보드빌(J. R. Boudeville, 1966)에 의해 공간적인 개념으로 전환되었다. 보드빌은 외부경제와 집적경제의 개념에 기초하여 성장극을 형성하는 일련의 산업들은 공간적으로 집적되고 기존의 도시지역과 연계될 것이라고 주장하였다. 특히 그는 지역적 차별성장은 그러한 공간전략의 결과라고 주장하였다. '성장극'의 개념은 경제활동의 (계획된) 공간집적을 나타내는 광범위한 의미로 종종 사용되었기 때문에 용어의 정확한 의미를 규정하는 데는 어려움이 있다.

성장극은 개념의 간단함, 총체적 성장형태, 그리고 부문성장 및 계획의 문제들을 지역내·

지역간 문제 및 물리적 계획과 결합시킬 수 있는 능력 때문에 쉽게 수용되고 지역 및 국토계획에 널리 이용되었다. 그러나 성장극의 개념 및 이의 실행에는 여러가지 어려움이 있다. 이들 어려움은 크게 셋으로 구분할 수 있는데, 첫째는 기술적인 문제이다. 이 문제에는 (a) 도시 또는 지역적 기업체계내에서 성장극의 적절한 입지, 최소요구치, 산업부문구성을 위한 상호의존적 결정 ; (b) 통합된 사회적·물리적 계획이 필요한 계획된 성장극과 자생적 성장극간의 구별 ; (c) 성장의 지역간·산업부문간 전환의 특성 ; (d) 국가지원 서비스 및 하부구조와 성장극의 성공간의 보조적 관계 ; (e) 성장극과 불균등하게 성장된 기존의 도시분포간의 관계 ; (f) 비경제를 피하기 위한 관리 및 조정에 대한 필요 등이 해당된다. 둘째, 성장극의 정책이 성공이냐 실패냐를 판정하는 데 적절한 기간인 15~25년은 집권한 정부가 정책의 긍정적 결과를 선거주기(일반적으로 4년 미만인) 동안에 확실하게 하기를 원하기 때문에 정치적 기간으로는 너무 길다는 점이다. 셋째, 성장극의 성공여부는 그것이 위치한 사회의 생산적·재생산적 수요에 따르는 범위에 의존할 것이라는 점이다. 생산과정은 반드시 기존의 경관내에서 발생하고 창조된다. 생산 자체가 변화함에 따라 기존의 경관으로는 충당할 수 없는 새로운 요구가 나타나게 되고 따라서 경관은 변화하여야 한다. 성장극이란 이렇게 끊임없이 변화하는 경관에 대한 하나의 계획된 개입이다. 그러므로 성장극은 생산의 확대 또는 재편성을 위한 적절한 입지를 제공할 뿐만 아니라 이미 그 지역에 있는 물리적·기능적인 것과 반드시 결합되어야 한다.

결국 성장극은—생산을 위한 다른 어떤 계획된 공간전략과 같이—기초가 되는 생산활동과 결코 독립해서 존재할 수는 없다. 결과적으로 성장극은 불균등발전과 관련된 많은 문제들을 발생시킬 수 있다(극화 참조). 성장극은 성장극이 불가분의 일부를 이루고 있는 보다 광범위한 사회의 구조와 역동성에 국가가 미치는 영향을 보여주는 분명하고 직접적인 예이다. RL

성장단계 stages of growth

미국의 경제사학자 로스토우(Walt W. Rostow, 1971)에 의해 제안된 경제적·사회적 발전의 단계설. 특히 그는 모든 사회의 발전은 5단계를 거친다고 주장하였다. 성장단계설은 '근대사의 발전'을 일반화하기 위하여 시도된 모델이다. 그의 저서는 경제적 행태와 비경제적 행태간의 관계에 대한 마르크스(Marx)의 견해와는 정반대의 입장에서 쓰여진 '반공산주의 선언서'이다 (사적유물론, 마르크스경제학 참조). 성장단계로부터 연역된 경제발달모델은 매우 목적론적이고 기계론적이다. 이 설은 첫 단계에서 이미 마지막 단계(제5단계)가 알려져 있다는 의미에서 목적론적이고, 이 단계는 동태적 생산이론에 근거한 내부적 논리를 가지고 있다고 주장함에도 불구하고 변화의 근본원인을 설명하지 못한다는 점에서 기계론적이다. 결과적으로 이러한 단계는 단지 분류체계에 불과할 뿐이다.

5단계의 첫번째 단계(전통사회)는 합리적인 준거보다는 인습 및 관습에 의해 규정되는 행태, 계층적 사회구조(정확한 양상은 기술되지 않았지만), 원시적 기술의 특징을 가지고 있다. 이러한 특징이 결합되어 생산가능성의 한계가 결정된다. 변화에 대한 외부의 자극(예를 들어 자본주의의 팽창과 식민주의를 포함한)은 점이적인 제2단계(도약준비단계)에서 발생하였다. 이 단계에서는 생산투자율의 상승, 사회경제적 하부구조에 대한 설비의 시작, 새로운 경제적 엘리트와 효과적인 중앙집권화된 국가 등이 나타난다. 제2단계에서도 사회관계에 관해서는 상세하게 언급되지 않았다. 그러나 이윤을 추구할 수 있는 투자를 위한 기회가 도약을 위한 준비단계에서 나타났고, 지속적인 성장을 위한 도약단계인 제3단계로의 진전을 가능케 하였다. 제3단계는 로스토우에 의해 '현대사회의 생활양식에서 커다란 분수령'으로 설명되었다. 제3단계는 대략 10~30년의 기간으로 성장이 사회를 지배하는 동안 경제와 정치적 활동, 특히 제조업의 선도부문에서 투자가 증가한다. 자립성장은 모든 생산부문이 성장하고, 수입이 감소하며 생

성장의 한계

산적 투자가 국민소득의 10~20%를 차지하는 다양한 특징을 가진 '성숙단계'로 끝난다. 소비재와 서비스의 중요성이 증대되고 복지국가가 등장하는 것은 '고도의 대중소비시대'라는 마지막 단계에 도달하였다는 것을 의미한다(후기산업사회 참조).

광범위한 역사적·사회적 맥락에서 성장을 제시하고, 발전의 불균등 속성을 반영하는 개별적인 접근방법에 기초한 성장단계 모델은 추상적이고 형식적인 경제성장이론에 비해 상당히 진보된 것이다. 그러나 동시에 이들 특성은 사회적으로 보편적이며 비역사적인 특징을 나타내고 있다. 성장단계설은 중국이나 브라질, 소련, 미국 등 지역과 시기와 관계없이 적용할 수 있다는 점에서 비현실적이다. 그러나 전략적인 의미는 분명히 있다. 즉 로스토우의 논리에 따르면, 자본주의 사회는 발전의 필연적인 결과라는 것이다(자본주의 참조). 오늘날 자본주의가 아닌 모든 사회는 로스토우의 성장단계에 따라 변할 것이고, 거기에는 선택의 여지가 없다. 국가 사회주의 사회는 단순히 자본주의로 획기적으로 진전하기 위한 정지단계에 불과하다. 그러나 이러한 논리는 명확하게 진술된 것은 아니다. 각 단계에서 특수한 생산의 사회적 관계―특히 제1·2단계에서―를 은폐함으로써 자본주의 사회는 보편적인 성장과정을 옹호하는 중립적 정책에 의하여 재생되고 확대될 것이다. 이것이 로스토우의 부제(附題)에 대한 정확한 의미이다. 만약 로스토우의 저서가 '자본주의 정당성에 관한 선언서'로 읽힌다면, 그 이데올로기적 목표 (이데올로기 참조)가 노출되고 그 성취는 제한적이거나 또는 배척될 것이다. RL

성장의 한계 limits to growth
1972년 로마클럽의 첫번째 보고서가 출간된 후에 널리 통용된 용어. 메도우스(Donella and Denis Meadows)와 동료들에 의해 작성된 이 보고서는, 현재의 경제적·인구학적 및 자원 이용 경향이 미래에도 지속될 경우 어떤 일이 일어날 것인가를 제시하기 위해 동태적 체계접근법을 사용하였다. 이들은 포레스터(J. W. Forrester)가 개발한 컴퓨터모형을 이용하였고, 1900년부터 1970년까지의 자료를 입력하였다.

이 보고서의 저자들은 3가지 주요한 결론에 도달했다. 첫째, 만약 현재의 경향이 지속된다면 경제성장은 '향후 100년내에' 한계에 이르러 산업과 인구구성원의 몰락을 초래하게 된다. 둘째, '범지구적 평형상태'를 만들기 위한 정책이 고안되어야만 한다. 셋째, 범지구적 평형정책의 추구가 빨리 시작될수록 한계로의 폭락을 피할 기회가 많아진다는 것이 제안되었다.

이와 같은 로마클럽의 첫번째 보고서는 상당한 관심을 불러일으켰다. 그러나 이 책은 적어도 두 세기 동안 서방세계에서 진행되어왔던 장기간에 걸친 논쟁의 단지 한 부분에 불과하다 (범지구적 미래 참조). 이 성장의 한계사상은 인간은 한정된 자원을 지닌 지구 위에 살며 따라서 알려진 자원기반내에서 생활하는 법을 터득해야 된다는 유한론적인 사상을 지닌 학파에 대한 하나의 중요한 추가이다. 유한론적 자원학파의 연대가들은 보통 출발점을 맬더스(T. Malthus, 1766~1834)에게서 찾는데, 물론 그 이전에도 프랭클린(Benjamin Franklin, 1706~1760) 같은 많은 공헌가들이 있다. 프랭클린의 저서에는 인구성장과 관련된 맬더스모형의 기본가설들이 포함되어 있다. 맬더스의 사상은 환경으로부터 식량을 생산할 능력과 상충되려는 인구증가라는 견지에서 해석될 수 있다. 이 사상은 아직도 제3세계에 적용될 수 있으며 유사한 현상은 산업화된 지역의 여건에도 적용될 수 있다. 인간에게는 자원기반에 비해 항상 과도한 수요를 갖는 경향이 있다. 이런 식으로 논리를 전개하는 사람들을 종종 신맬더스주의자라 칭한다.

짐머만(Zimmerman, 1951) 계열의 학자들은 신맬더스주의 견해에 대하여 또는 성장의 한계 견해에 대하여 반박한다. 짐머만은 "자원은 있는 것이 아니고: 형성되는 것이다"라고 말한다. 짐머만의 견해로는, 기술이 향상되고 새로운 필요와 열망이 개발됨에 따라 자원은 창출되는 것이다. 다른 저자들은 더 나아가 역사적으로 결핍은 기술적 변화를 창출해내었다고 주장한다. 인류학 및 선사시대에 관한 문헌은 인구성장이 농업의 초기형태를 유발시킨 강압적 메커니즘이었다는 사상을 포함하는 여러 이론들을 내포하고 있다. 보스럽(Boserup, 1965)은 이동식경작으로부터 단기간의 휴경농업을 거쳐 연작 및 다작으로의 발전은 바로 인구성장에 의해 야기되었다고 주장했다(보스럽명제 참조). 성장의 한계개념은 인간이 문화적 진화능력을 지니고 지표상에서 얻을 수 있는 자원과의 관계를 변화시킬 수 있는 한 계속될 논쟁의 한 부분이다. BWB

세계체제분석 world-systems analysis
월러스타인(Immanuel Wallerstein, 1974, 1979, 1980, 1983, 1984a)에 의해 개발된 사회변화 연구에 대한 유물론적 접근방법. 이 방법은 종속에 대한 연구, 아날학파, 마르크스주의 이론과 실천(사적유물론 참조) 등의 세 가지 전통적인 연구 위에서 이루어졌다. 생산은 전체적인 역사적 사회과학의 입장에서 정치·경제·사회적 측면과 역사를 결합시키는 통합학문적(unidisciplinary)인 사회연구이다.
월러스타인은 사회는 생산과 재생산을 유지하기 위해 조직되었으며 이것을 생산양식이라 하는데, 역사적으로는 세 가지 기본적 양식이 있다고 주장했다. 호혜적-혈연적(reciprocal-lineage)양식은 생산은 주로 연령과 성에 의해 분화되고 교환은 단순히 호혜적인 사회에서의 식이다. 재분배적-공납(redistributive-tributary)양식은 지배계급에게 공물을 바치는 대다수 농민들에 의해 생산이 이루어지는, 계급에 토대를 둔 사회에서 나타난다. 자본주의 생산양식(capitalist-mode of production)은 계급에 토대를 두지만, 구별되는 특징은 시장의 원리를 통해서 끊임없이 자본을 축적한다는 것이다. 어떤 사회에서 어느 양식이 지배적인가를 이해하기 위해서는 생산에서의 노동분업에 의해 나타나는 것과 같이 그 사회의 실제 토대를 먼저 규정해야 한다. 그러므로 여기에는 세 가지 유형의 사회가 있는데 즉, 호혜적-부족양식을 둘러싸고 있는 소체제, 재분배적-공납양식에 의해 규정된 세계제국, 그리고 자본주의 생산양식에 의한 세계경제로 구분된다(경제통합형태, 규모 참조). 나중의 두 가지 유형은 노동분업이 어떤 한 지역집단보다 더 크며, 따라서 '세계체제'로 명명되었다. 인류역사의 발전에서 헤아릴 수 없이 많은 소체제가 있었으며 신석기혁명 이래 수많은 세계제국이 있었지만, 1450년 이후 유럽에서 발생한 자본팽창적 세계경제만이 유일하게 성공하여 1900년경까지 전세계로 확대되었다. 그래서 오늘날의 상황에서 세계체제분석은 우리의 세계를 단일한 실체, 즉 자본주의 세계경제로 취급하고 있다. 그러므로 사회변화에 대한 의미있는 연구는 개별국가를 다루는 것이 아니라 전세계체제를 통합해야 한다는 것이 이 접근방법의 주요내용이다. 그렇지 않으면 근본적인 발전주의의 오류(error of developmentalism)를 범하게 된다(Taylor, 1986). 월러스타인은 단계적으로 진보하는 개별국가를 다루는, 정통 마르크스주의적 분석과 발전에 대한 자유주의적 연구 양자 모두에서 이러한 오류가 지배적으로 나타났다고 주장하였다.
자본주의 세계경제는 세 가지의 기본적인 구조형태를 갖고 있다. 첫째, 그 논리가 체제를 통해 경제적 결정에 영향을 미치는 단일 세계시장이다. 둘째, 하나의 국가가 전적으로 지배할 수 없는 다국가체제이다. 이러한 정치적 경쟁으로 인해 경제정책 결정자는 단일 세계제국에서는 가용하지 않던 경제적 조치를 선택할 수 있다. 마지막으로 중간집단의 존재에 의해 양극화를 방지하는 체제를 유지하는 세 가지의 층이 존재하는 층화구조이다. 이러한 층화구조에 대한 설명은 월러스타인의 세계경제의 공간적 조직에서 볼 수 있는데, 그는 일반적으로 인식되는 '중심부'와 '주변부' 사이에 '반주변부'라는 범주를 추가하였다. 반주변부는 경제적·지리적 양극단을 안정시키는 세력으로서 그 본질상 정치적인 것이다. 특히 세계경제가 재편되는 시

211

세대

기에는 가장 활발한 계급투쟁이 반주변부에서 일어나기 때문에, 반주변부는 세계경제의 동태에 중요한 역할을 한다. 월러스타인의 체계에서 중심부와 주변부는 지리적으로 정태적인 것이 아니라, 연속적으로 변화하는 것으로 반주변부를 통해서 일부 국가들이 선별적으로 진입하거나 탈락하게 된다. 게다가 이러한 변화과정은 일정한 비율로 발생하지는 않는다. 월러스타인은 끊임없는 자본축적의 목표가 연속적인 침체와 성장의 주기를 가져온다고 인식하였다. 그리고 장기파동(콘드라티에프 파동 참조)은 세계체제의 기본적 주기를 설명하며 특히 침체는 모든 반주변부를 포함하여 세계경제를 재편하기 위한 필요조건을 제공하는 것으로 해석된다(Wallerstein, 1984b).

월러스타인(1979)은 세계경제가 침체를 겪지 않으려면, 비록 정통 마르크스주의는 아니더라도, 마르크스의 정신을 따라야 한다고 주장하였다. 그래서 그의 주장과 정통 마르크스주의의 차이를 확인하는 것이 중요하다. 발전주의의 오류와 다른 두 가지 중요한 차이점이 있다. 첫째, 생산양식의 측면에서 월러스타인은 '자유노동'의 존재에 의존하지 않는 자본주의를 확인함으로써 보다 광의의 정의를 사용하였다. 따라서 제3세계의 일부지역에서 나타나는 '봉건제와 유사한' 사회관계와 제2세계에서 나타나는 '사회주의와 유사한' 사회관계는 모두 자본주의 세계체제에서 나타난 단일한 노동분업의 일부분이라고 하였다. 둘째, 월러스타인은 보다 소수의 생산양식에 대한 그의 확인과 관계가 있는 대안적인 '메타 역사'를 제안하였다. 정통 마르크스주의자들은 자유주의자와 동일한 역사의 진보이론을 가지고 있으며, 따라서, 예를 들면 봉건주의로부터 자본주의로의 이행은 '전통적인' 봉건적 힘에 대한 '발전된' 부르주아지의 승리로 설명되었다. 월러스타인은, 자본주의는 유럽의 봉건적 지배계급이 그들의 세계체제—봉건적 유럽—의 위기를 해결하려 하는 것이었다는 점에서 이 이행을 회귀로 인식한다. 지배계급은 새로운 착취수단을 제공하는 변화된 생산양식에서도 대부분 남았다. 이런 설명은 오늘날의 상황을 이해하는 데 중요하다. 체제의 리듬은 한 세기를 주기로 하는 경향을 따르고 이 과정이 진행되면서 세계경제는 위기국면으로 진입한다. 다음 단계로 이행은 사회주의라고 할 수 있는 보다 평등주의 체제로 향하거나 또는 불평등을 다시 영속화시키게 될 새로운 생산양식으로 나타난다. 세계체제의 분석은 보다 평등한 체제를 만드는 데 기여하겠지만, 미래는 주어지는 것이 아니고 획득하는 것이다. PJT

세대 generation
동일한 연도나 일정시기에 태어나 그들의 생애 동안 인구학적 및 기타의 행태가 추적되는 개인들의 집단. 세대를 이용한 분석은 동시발생집단 분석의 한 형태이며, 인구학자들은 다음 세대와 출산력과 사망력을 비교하는 유용한 방법으로 사용하고 있다. PEO

센서스 census
일정시점, 일정지역의 모든 개인들에 대한 인구학적·경제적·사회적 자료를 수집, 정리, 발행하는 일련의 전체과정. 따라서 센서스는 한 국가의 인구에 대한 1차적인 정보이며, 이에 대한 정부의 지원, 법적인 지위, 운영의 범위와 규모, 투입된 자원의 면에서 볼 때, 다른 방법으로 수집된 자료와는 비교가 안될 정도로 충실한 내용의 심도있는 분석을 가능하게 한다.

인구에 대한 조사는 고대부터 행해졌으나 현대적 의미의 센서스는 18세기에 스칸디나비아 제국과 독일, 이탈리아 등의 유럽국가에서 실시되었다. 즉 1703년에 아이슬랜드, 1748년에 스웨덴, 1760년에 노르웨이, 1769년에 덴마크에서 이루어졌고 미국에서는 일부 주에서 주단위로 이루어지다가 1790년에 국가적인 차원에서 실시되었다. 영국과 프랑스에서는 1801년에 시행되었고 19세기에 들면서 유럽의 각 국가들은 주기적인 인구조사를 실시하였다. 20세기 들어 특히

1945년 이후에 세계 각국들이 센서스를 실시하였으나 그 빈도와 신뢰도는 국가에 따라 차이가 있다.

센서스가 갖추어야 할 두 가지 조건이 특히 중요한데 바로 주기성과 보편성이다. 즉 센서스는 정기적으로 일정지역에 사는 모든 개인들에 대하여 실시되어야 한다. 예로써 영국은 10년 간격으로 정기적인 센서스를 실시한다. 표본조사는 전체 센서스에서 특정정보를 수집하고자 할 때나 혹은 센서스를 대체하기 위하여 실시된다. 센서스의 방법은 크게 영국에서의 현주주의 (現住主義: de facto)와 미국에서 행해지는 상주주의(常住主義: de jure)로 구분된다. 전자는 센서스의 실시 시점에 개인이 위치하는 지역에서 조사가 이루어지며, 후자는 개인의 통상적인 거주지역에서 행해지는 방법이다.

수집되는 자료의 종류는 국가마다 매우 다르다. UN에서는 국가간을 비교하기 위하여 반드시 수록될 항목으로 총인구수; 성, 연령, 혼인상태; 출생지, 국적; 모국어, 문맹률; 학력; 경제적 지위; 도시나 농촌의 가구수; 가구 및 가족구성; 출산력 등을 제시하고 있다. PEO

센서스 표준구역 census tract

센서스자료를 보고하는 데 이용되는 작은 지리적 단위지역. 최초의 단위지역은 근린(neighbourhood)혹은 자연지역(natural areas)에 근접할 수 있도록 1920년대에 미국 조사통계국에 의해 정의되었으며, 이는 도시에서의 구역(districts)을 분석하는 데 유용한 자료를 제공하여 왔다. 많은 조사통계국은 표준구역(tracts)이나 영국의 조사집계구역(enumeration districts)과 같은 단위로 자료를 발표하며, 대부분의 경우 조사원들에 의해 수집되는 센서스자료와 관련되어 합리적인 기준에 의해 설정된다. 이 센서스 표준구역의 자료는 도시의 사회지역분석에 자주 사용된다. RJJ

소농 peasant

가족이 생산단위이자 사회조직의 기초를 이루는 농업시스템과 경제조직의 구성원. '소농'및 '소농계급'은 '자본주의'나, '사회주의'나 하는 범주와 마찬가지로 넓은 의미로 인간조직 시스템의 집단을 말한다.

소농영농의 골자는 가족단위의 우월성이다(Chayanov, 1966). 모든 노동은 가족노동이며, 생산은 가족내의 개인보다는 하나의 단위로서의 가족의 이익을 위한 것이다. 또한 소비의 기본단위가 가족집단이다. 소농영농의 또다른 경제적 특징은 토지보유 규모가 작은 점으로, 가족의 지배적인 목적은 자신들의 생계를 해결하는 일이며 잉여생산이 있을 때는 공개시장에서 처리한다. 소농체계는 순수한 자급농업의 예는 아니고, 상당한 정도로 시장지향성이 있다. 현금판매는 자기소유인 경우보다 지주로부터 임대한 경우나 임차의 조건이 임차료를 지불하는 것일 때 특히 더욱 중요하다(토지소유관계 참조). 그럼에도 불구하고 소농영농에서의 생산의 높은 비율을 생산자가 소비하는 경향이 있다.

만약 소농이 토지를 소유하고 있다면 그것은 개인보다는 가족집단에 귀속되어 있는 것이고 집단적 가족소유의 붕괴는 소농체계의 몰락을 알려주는 지표가 된다(Macfarlane, 1978). 토지를 지주에게서 빌리게 되면 소작은 개인적이라기보다는 집단적인 것이 된다. 개인소유 개념이 회박하여 현재의 세대가 미래의 세대를 위하여 자산을 신탁관리하고 있다고 간주한다.

그렇다고 소농이 어떤 시기나 장소에서의 인간조직의 전체시스템을 형성하지는 않는다. 소농은 잉여생산물을 처분할 수 있고 잉여를 생산할 수 있도록 고무하는 시장에 의존하며, 그러한 시장의 존재가 정치적 안정과 소농경제에 대한 통제를 함축하고 있다(Redfield, 1973).

소농계급의 기본적 특징은 다음과 같이 요약된다: (a) 가족단위의 중요성; (b) 소규모 농업활동; (c) 자급경제와 시장판매의 병존; (d) 소농들을 정치적으로 지배하기 위한 형태로서 비소농 소비부문의 출현. 이들 소농경제와 사회는

시간과 공간상으로 다양하게 존재한다(봉건주의, 포스탄논제 참조). PEW

소산체계 dissipative systems

갈래치기의 본질적 특성—하나의 함수가 여러 개의 값을 지닐 수 있는 가능성—을 함의한 일련의 비선형방정식으로 표현되는 물리적·생물학적·인간적 체계. 이는 물리화학에서 프리고진(Ilya Prigogine)의 연구에서 비롯한다. 이 연구는 방정식의 특정 파라미터의 임계값에 도달했을 때, 형태가 갑자기 변화되는 가능성을 지닌 체계를 표현하기 위한 것이다. 지리학에서는 중심지의 지역체계들 및 도시성장과 변화의 역동성을 모형화하기 위해 사용되었다. PG

소외 alienation

문자상의 의미는 '~으로부터의 분리'를 의미한다. 이 개념은 사회과학적으로 쓰이는데 보통 소외된 노동에 관한 마르크스(Marx)의 저술에서 유래한다. 자본주의에 고유한 소외는 인간노동의 산물이 그들에게서 박탈되어서 생산자에게 소외된 형태로 나타나는 과정에 관한 것이다. 그래서 첫째, 소외는 우리들의 행동이 의지의 통제로부터 분리되는 것을 의미한다. 이것은 무력감과 자신의 통제 밖에 있는 힘에 복종하는 형태로 나타난다. 자신에서부터 활동이 분리된다는 점에서, 소외는 또한 노동과정 그 자체나, 동료노동자, 그리고 궁극적으로 우리들 자신(인간)으로부터의 분리를 의미한다고 이해될 수 있다. 자본주의는 잉여가치 추구를 위해(마르크스 경제학 참조) 노동분업을 증대시키는 경향으로 점점 더 노동자를 소외시킨다. 노동과정에서 점차 노동자들은 기계의 부속물이 되며 과정 그 자체도 기계에 의하여 유도된다. 노동자들은 그들의 생활과 일이 궁극적으로 인간적으로 기원한 과정이 아니라 사물에 의하여 통제된다는 것을 느끼게 된다. 노동의 수행은 그 자체로 대상화되며, 마르크스 자신이 말한 것처럼, "이 수행은 노동자의 희생으로 나타나며, 손실로서 대상화되고 대상에의 예속으로 그리고 소외로서 전용되어…나타난다"(Nisbet, 1966). 노동생산물은 상품이 되고 인간과 대상의 관계를 전도시켜 노동자를 소외시킨다. 주체적 관계는 객체적인 것이 되며 인간활동과 관계는 자연적 대상으로 나타난다. 사람들은 대상이 되고 대상은 인간적 속성을 부여받는다. 이 상품물신주의는 그들의 생산으로부터 분리되지 않고, 결국은 소외의 기초가 된다. 나아가 물신주의는 이데올로기적 효과를 가진다(이데올로기 참조). 이 가운데 소외된 노동자들은 대상과 상품추구 그 자체를 목적으로 간주하도록 관점과 목표를 바꾸어야 하는 고통을 겪는다. 대상화된 존재는, 상품소비에 기초하고 광고와 다른 형태의 사회적 커뮤니케이션에 의해 지탱되는데, 그러한 소외상태에 묵종하고 사실상 그 속에서 자란다.

마르크스의 저작에서 유래한 소외의 폭넓은 개념은 축소되었을지 모른다. 마르크스주의자이건 아니건간에 소외는 근대사회의 존재의 일반적 양식을 기술하기 위한 강력한 개념으로 사용되었다. 사실, 자본주의에서의 노동상태의 발전에 소외를 관련시키지 않고서는, 특히 마르크스주의자가 그러하지만, 이 용어를 생각할 수 없다. 이 용어는 무력함, 목적상실, 그리고 자신의 집단이나 제도로부터 이간된 느낌을 표현하는 데 사용될 수 있다. 그것은 근대제도에 의해 창조된 비인간화 상황 속에서 그들 생활의 통제를 상실하고 따라서 의미를 잃어버린 사람들의 곤경을 표현한다. 그러나 그것은 비록 개인적 차원에서 나타날지라도, 체제나 사회적 속성이다. 아론(Aron, 1968)이 주목한 것처럼, 그것은 "사회학적 과정이다. 이에 의하여 인간이나 사회는 그들이 잃게 되는 집합적 조직을 구성한다." 이러한 견해는 소외와 같은 체제적 속성은 인간행동에 의하여 구성된다는 것을 나타낸다. 그것은 또한 다른 사회사상가들에 의하여 제기된 소외에 대한 설명도 통찰과 효용을 가진다는 사실을 지적한다. 니스베트(Nisbet, 1966)는 사회학적 전통의 기본개념으로서 소외에 관한 토론에서, 마르크스뿐만 아니라 토크빌(Tocqueville), 베버(Weber), 뒤르켕(Durkheim), 그리고 짐멜(Simmel)의 중요성을 특별히 지적하였다. 토크빌에 의하면, 개인의 가능성은 그를 자유롭게 하는 것을 의미하는 정치체제에 의하여 축소되는 것으로 보인다. 민주주의에서, 개인은 교훈상으로는 찬양되지만 실제로는 격하되고 개인주의는 평등주의와 대중의 원자화의 중압에 눌려 사라진다. 베버의 소외는 모든 가치, 문화 그리고 거석화되고 속화된 공리주의적 관료에 의하여 실행되는 것으로 축소된 인간관계와 함께, 역전된 합리주의로부터 흘러나온다. 뒤르켕에 의하면 근대의 개인들은 절망과 지탱할 수 없는 고립: 불안, 우울과 아노미의 상태 속에서 자신을 발견한다. 이 사상가들은 모두 전통적 사회나 공동체의 상실로 인한 효과와 개인을 사회적 질서에로 맺어주는 유대를 이완시키는 영향에 관심을 가진다. 그들이 소외의 출현이라고 보는 것은 이러한 압도적인 개인주의와 집단적 필요에 대한 근대의 제도적 대응 속에 있다. 그리고 그들의 저작이 마르크스의 그것보다 설득력이 적은 이유는 지나간 전통주의에 대한 분명한 아쉬움에서 발견할 수 있다.

그러나 인문지리학에 바로 적용될 수 있는 소외의 개념은 짐멜의 저작에서 발견할 수 있다. 그것은 메트로폴리스에 관한 그의 관점에서 발견된다. "근대적 삶의 가장 심각한 문제는 사회-기술적 체제 속에 흡수되고 평준화된 개인들의 저항으로부터 흘러나온다"(Simmel, 1950). 도시는 개인들이 전체감(a sense of wholeness)과 정체성(an identity of self)을 보존할 수 없도록 한다. 왜냐하면, 도시는 단순화되고 분절된 역할과 남과 그리고나서 자신의 인식까지도 무디게 하는 점진적인 개인적 분해를 허용하기 때문이다. 개인의 고립화는 대상화가 따른다:

그는 단순한 톱니가 되어간다. 이와 대조적으로 진보, 정신성, 그리고 가치와 연관된 모든 것을 그의 손으로부터 점차 박탈해 가는 물질과 힘의 거대하고 압도적인 조직이 있다. 이 힘의 작용은 개인을 주체적인 형태에서부터 순수히 객관적인 존재의 하나로 전환시키는 결과를 가져온다. 모든 개인적 요소가 쓸모없게 되어버리는 이러한 유형의 문화에 적합한 무대가 메트로폴리스라는 것만은 분명히 지적되어야 한다(Simmel, 1950).

짐멜은 도시사회생활의 문제를 비인격성, 고립, 그리고 소외로 정의했다. 그의 저술은 워스(Wirth, 1938)에서 나온 도시주의의 연구에 직접적인 영향을 미쳤으며 워스에 대한 비판에도 함축적인 영향을 미쳤다(Gans, 1962 참조). 또한 그의 저술은 도시사회에서의 생활의 질을 평가하기 위하여 활용되었다(Eyles and Woods, 1983). 그러나 짐멜은 소외를 반드시 해롭게만 보지는 않았다. 즉 소외의 시대에 인간의 발명과 창의성이 가장 예리할 수도 있다는 것이다. 라반(Raban, 1975)은 따라서 도시를 '생활양식의 대규모 집결지'로 보고, 시는 관련된 개인들을 스스로 그렇게 되도록 한다고 보았다. 짐멜은 소외를 고정적이고 변하지 않는 상태로 보지 않는다. 근대세계에서 그것을 극복하려 함에도 불구하고, 객관적(혹은 공공적) 영역―일, 권위―과 주관적(혹은 사적) 세계―정체가 창조되고 유지되는 장소―와의 분열이 있다. '메트로폴리스'는 따라서 토크빌, 베버, 뒤르켕, 그리고 마르크스에 의하여 인식된 소외의 차원을 포함하며 인간의 본성 그 자체와 대립한다. 짐멜을 따라서 니스베트는 공동체와 소외는 '인간이 가진 궁극적 정체의 두 개의 지주'일 뿐이라고 결론짓는다. JE

쇄신 innovation
어떤 새로운 현상의 도입 또는 새로운 현상 그 자체. 지리학 연구에서, 대부분의 관심은 다음에 집중되었다: (a) 쇄신의 기원―그들은 다른 장소보다 몇몇 장소에서 더 발생하기 쉬운가; (b) 그들의 근원지로부터 확산에 의한 쇄신의

전파(문화의 요람지 참조). RJJ

쇠퇴지역 declining region

경제적으로 쇠퇴하고 있는 지역. 경제적 쇠퇴가 한 지역에서 불균등하게 나타나는 경우에는 쇠퇴지역내에서 노동의 이출, 자본의 유출 그리고 생산단위의 휴·폐업 등의 현상이 나타난다(투자의 층 참조). 그리고 이러한 지역적 특징들은 사회간접자본의 이전 및 퇴행과 역승수효과를 조장하기도 한다. 특히 역승수효과가 지역내에서 심화되어 지역의 쇠퇴가 강화되는 경우에는 역승수효과가 그 지역 이외에서도 나타나게 될 것이다(지역정책, 도시 및 지역계획 참조). RL

수리사회 hydraulic society

전형적으로 관개체계와 같은 대규모 수리건설작업에 기초한 농업사회. 비트포겔(K. Wittfogel, 1957)은 다음과 같이 말한다: "이러한 작업의 효과적인 경영은 전체국민 혹은 적어도 국민의 동적인 핵심부분을 포괄하는 거미줄 같은 조직망을 포함한다. 따라서 이 조직망을 통제하는 사람들은 유일하게 절대적인 정치권력을 장악할 준비가 된 것이다."

그 결과 국가는 "비할 데 없이 정비된 통솔력과 조직적인 지배력을 장악한다"고 비트포겔은 주장하였다. 국가는 시민을 부역노동(계절적 조건 때문에 일시적이지만 정기적으로 되풀이하여 모집하는 강제노동)에 동원하고 신민에 대하여 엄청나게 강력한 지배를 강요하는 사실상 '사회보다 강력한 국가'였다. 국가는 폭력수단의 독점, 국가와 신의 지위를 동일시하는 신권정치를 통한 정당화, 수리관료제의 형태를 취한 국가장치에 의존하였다. 비트포겔은 베버(Max Weber)로부터 수리관료제라는 용어를 받아들였다. 그러나 베버는 국지적인 경향을 모든 전(前) 자본주의적 관료제 속에 스며 있는 것으로 간주했지만 비트포겔은 반대로 '동양적 전제주의' 라고 명명한 과도한 중앙집권을 주장하였다(Hindess and Hirst, 1975 참조; 아시아적 생산양식 참조). 그렇다 하더라도 조사된 많은 '수리사회들'은 최소한 이 점에서, 베버의 모형에 훨씬 더 근접하였다(예를 들면, Eberhard, 1970; Leach, 1959 참조). 또한 비록 비트포겔의 논제가 집중과 집적의 논리적 근거를 제공한다고 생각되었기 때문에 도시의 기원을 정확히 설명하는 데 사용되어왔으나 휘틀리(Wheatley, 1971)는 그와 같은 맥락에서 '구조적 부적합성'에 관한 강력한 요점을 제시하였다.

이러한 농업사회에 관한 현대의 논의들은 그 사회의 생태학적인 사회제도들(예를 들면 Butzer, 1976 참조)을 보다 상세하게 복원하며 그들의 권력구조에 관해 보다 예리하게 검토한다 (예를 들면 Mann, 1986). DG

수송가능성 transferability

울만(E. L. Ullman)에 의해 확정된 공간상호작용의 이론적 기초 중의 하나로 (a) 상품과 교통체계의 특성을 반영해주는 교통비와 ; (b) 교통비를 견디어낼 수 있는 상품의 능력을 포함한다. 예를 들어 귀금속은 다루기 쉬우며 그 가치에 비해 교통비가 적기 때문에 수송가능성이 높지만 두꺼운 판유리는 다루기 어렵고 상대적으로 가치가 낮기 때문에 수송가능성이 낮다. 수송가능성의 일반적 의미는 울만의 개념에 대한 명확한 언급없이 종종 다른 저자들에 의하여 사용된다. AMH

수요곡선 demand curve

어떤 생산품에 대한 수요량과 가격과의 관계를 수평축에 수요, 수직축에 가격으로 표시한 곡선. 수요곡선은 일반적으로 오른쪽 아래 방향으로 기울어지는데 이는 인간은 가격이 상승하면 생산품의 소비를 줄이는 경향을 나타낸다. 어떤 한 점에서의 수요곡선의 경사도는 수요의 탄력성, 즉 가격변화에 대한 수요수준의 변화정도를 나타낸다. 수요곡선이 수직선으로 나타나는 것

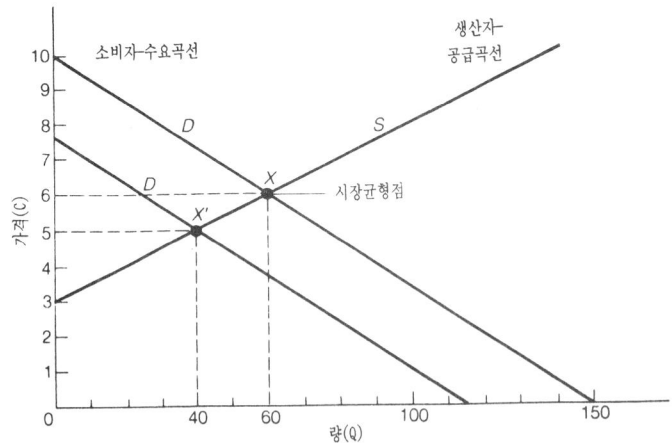

수요곡선 수요 및 공급곡선에 의한 시장균형점의 결정(Smith, 1977).

은 완전한 탄력적인 수요, 즉 모든 생산품이 가격에 무관하게 판매됨을 의미한다. 반대로 수요곡선이 수평선으로 나타나는 것은 상품이 판매될 수 있는 가격이 단 하나임을 의미한다. 수요곡선에 가격을 곱하면 수입곡선이 된다. 전통적인 경제이론에서는 시장가격이 수요곡선과 공급곡선의 교차지점에서 결정된다(균형 참조).

DMS

수입면 revenue surface

일정량의 산출을 판매하여 얻어지는 수입의 공간적 변이로 두 수평축에 거리, 수직축에 화폐단위의 수입을 나타낸 3차원적 면으로 표시된다. 수입면은 경험적으로 확인하기가 아주 힘들며, 그 가치는 실제적이라기보다는 보다 개념적이다. 여러 대안적 입지에서 얻을 가능성이 있는 수입은 보통 시장잠재력모형이나 시장지역분석을 이용해서 보다 간접적인 방식으로 추정된다(비용면, 공간한계, 가변수입분석도 참조).

DMS

수직적 주제 vertical theme

한 사회와 그 사회의 경관에서 작동되는 과정을 시간의 경과에 따라 추적하는 것. '수직적 주제'는 특히 전통적인 역사지리학내에서 통시적인 연구(통시적 분석 참조)의 특징이다. 또한 이의 대부분은 형태발생론(변화하는 경관 형태)과 주로 관련되어 있다. 이러한 전통에서 다비(H. C. Darby, 1951)의 영국 경관의 변천에 관한 설명은 전형적인 모형이 되는데 그는 다음과 같은 여섯 개의 주제를 확인하였다: 삼림의 개척, 습지의 배수, 히이드숲의 개간, 경지의 변화, 조원(造園), 도시-공업의 성장. 십여 년 후 다비는 특정한 역사서술의 관점에서 그의 신념을 재차 확인하였다(Darby, 1962; 그러나 또한 Hobsbawm, 1980; Stone, 1979 참조). 많은 그의 제자와 다른 학자들도 그의 도식을 채택하였다. 한 예로 윌리암스(M. Williams, 1974)는 그의 연구를 삼림의 개척, 습지의 배수, 건조지의 관개, 토양의 변화, 타운쉽(township)의 건설 등을 중심으로 수행하였다.

DG

수출단지 export platform

수출품생산을 1차적 목적으로 하는 산업활동 장소. 이 용어는 대개 값싼 노동력을 얻을 수 있고, 산업활동이 지방경제의 다른 요소와 밀접한 관련을 갖지 않는 장소를 일컫는다. 수출단지는

순위규모법칙

저개발국가에서 전형적으로 볼 수 있는데 여기서는 낮은 생활수준 때문에, 혹은 열악한 노동조건을 묵인하고 노조활동을 억제하는 정부 때문에 노동비가 낮다. 이러한 장소는 노동비가 보다 비싼 서유럽 같은 장소로부터 생산을 분산시키고자 하는 다국적기업을 유인할 수 있다. 관련 활동의 외부지향성 때문에 수출단지가 지방적 승수효과를 통한 당사국의 발전에는 거의 기여하지 못할 수도 있으나 부분적으로는 고용을 제공하고 또 투자국으로 전환되지 않은 이윤에 대한 과세기회를 제공하기도 한다.   DMS

순위규모법칙 rank-size rule

한 나라 또는 한 지역의 도시규모분포에 관한 경험적 설명. 일반적 형태로 보면 만일 임의지역의 도시인구규모가 제1위 도시로부터 제n위 도시에 이르기까지 순위로 되어 있다면, k순위의 도시인구 P_k는 수위도시인구 P_1을 순위 k로 나눈 값, 곧 $P_k = P_1/k$의 공식에 의해 구할 수 있다. 이러한 분포를 좌표로 그리면 역J자형으로 나타나며, 순위와 인구규모의 양변을 상용대수로 대치한 양대수방안지에서는 직선으로 표현된다(변수의 변형 참조).

경험적 연구에서, 이 법칙은 일반적으로 회귀분석을 이용한 형태, 즉 $\log P_k = \log P_1 - b\log k$의 방정식으로 표현된다. 이때 b값이 커질수록 기울기는 더욱더 경사지며, 제1위의 도시인구규모 P_1은 다른 도시에 비해 더욱더 커지는 것을 의미한다.

이제까지 순위규모법칙에 대해 빈번하게 논의되었음에도 불구하고 더이상의 설득력 있는 설명은 이루어지지 않고 있다. 그리고 기울기 b의 규모나 순위규모법칙이 적용되지 않는 지역에 대한 충분한 설명도 이루어지지 않고 있다(종주도시 참조).   RJJ

스펙트럼 분석 spectral analysis

시계열의 편차를 다른 정기성이나 '빈도대'에 의해 만들어진 상대적 기여정도로 나누거나 분해하는 기술. 이 방법은 푸리에 급수분석의 연장이지만 이와는 달리 정확한 파장을(예 12개월, 2.5년) 사용하지 않고 특정한 넓이의 빈도대(11~13개월 혹은 2.25~2.75년)를 사용한다. 이것은 정확하게 정기적이지 않은 사회경제적 파동에 더욱 더 적합하다. 인문지리학에서 주요한 적용은 지역주기와 시차모형 등에 있었다. 상호-스펙트럼 분석은 이 방법을 각 빈도대에 대해서 다른 상관과 회귀상관계수의 계산을 허용하는 2개 이상의 계열들 사이의 관계로 확장한 것이다. 스펙트럼 분석의 예는 인문지리학에서는 드물지만 공간이나 2차원 패턴을 횡단하는 데에도 적용될 수 있다.   LWH

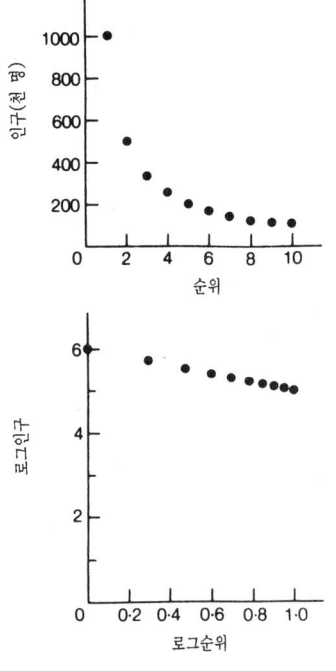

순위규모법칙

스프롤 sprawl

(대체적으로 회화적 의미로 쓰이지만) 저인구밀도의 도시적 용도지역이 농업지역에 무계획적으로 퍼져나가는 것을 뜻하는 용어. 스프롤은 토지구획(보통 주거지용)에 대해 거의 규제받지 않은 상태를 의미하고, 따라서 이심과 분지적 발달이 종종 뛰어넘기식으로 전개되어 고립된 농지가 생겨나기도 한다. 이것은 농민들에게 부정적 외부효과를 주게 된다. 계획정책의 주요목표는 스프롤을 억제하고 궁극적으로 농지를 보호하는 데 있다(개발제한구역 참조). RJJ

슬럼 slum

과밀인구의 노후한 주택지역으로, 딴 지역에 거주할 능력이 없는 사람들이 사는 곳이다. 슬럼은 빈곤을 의미하지만 반드시 소수집단적 지위를 암시하는 것은 아니다—물론 많은 도시에서 그와 같은 사례가 있기는 하다. 슬럼은 열악한 위생시설, 열악한 학교, 화재, 정가보다 비싼 가격이 붙은 물건을 파는 상점들로 특징지워진다. 사회적으로는 약물남용, 알콜중독, 범죄, 파괴행위와 이것들과 연관되는 가치—도피주의, 무관심 및 사회적 고립—가 존재하지만 그렇다고 해서 이러한 총체적 성격이 모든 주민에게서 다 나타나는 것은 아니다. JE

승수 multipliers

광산의 개발 또는 공장의 건설과 같은 새로운 1차 또는 2차의 기반경제활동이 어느 지역에 입지하면 고용자와 그 가족 또는 새로운 산업에 서비스를 제공하는 3차산업과 같은 추가적인 경제활동을 해당지역에 유발시키게 되는데 이러한 효과를 승수효과라 한다. 승수효과에서 승수의 크기는 해당지역에서의 새로운 투자가 직·간접으로 유발하는 추가적인 경제활동의 규모를 나타내므로 지역경제에서 매우 중요한 의미를 갖는다. 특정산업의 승수가 크다는 것은 이러한 산업에 대한 투자가 지역경제를 보다 크게 성장시킴을 의미한다.

승수의 크기를 계산하는 방법은 연구의 이론적 배경과 자료의 가용성에 따라 달라진다. 가장 간단한 방법은 경제기반이론을 이용하는 것이며 투입-산출분석을 이용하는 방법도 있다. 승수의 종류는 두 가지 개념에 따라 분류할 수 있다. 첫째는 승수를 고용(employment)승수와 소득(income)승수로 분류하는 것이며, 둘째는 평균(aggregate)승수와 한계(incremental)승수로 분류하는 것이다. 고용승수는 추가적인 경제효과를 고용인원으로 측정한 것이며 소득승수는 이를 화폐개념으로 측정한 것이다. 평균승수란 어느 지역에서의 경제기반활동(X)에 대한 총경제활동(Y)의 비를 말한다:

$$K = \frac{Y}{X}$$

한계승수란 X의 변화량(ΔX)에 의해 나타난 Y의 변화량(ΔY)의 비를 말한다:

$$K = \frac{\Delta Y}{\Delta X}$$

총승수는 측정하기 쉬운 장점이 있고 한계승수는 실제 측정하기는 어려우나 이론적으로 타당한 장점이 있다.

승수효과의 연구는 승수가 지니는 여러가지 장점에도 불구하고 몇가지 문제점를 내포하고 있다. 첫째는 승수의 크기가 시간에 따라 달라지며 특히 한계승수의 경우는 그 크기가 경제활동이 증가하는 경우와 감소하는 경우에 각각 다르다는 점이다. 둘째는 승수의 크기가 연구지역의 크기(및 형태)에 따라 달라진다는 점이다. 지리적 크기가 큰 지역은 단순히 그 지역내에 더 많은 서비스 활동이 입지한다는 사실 때문에 규모가 작은 지역보다 승수의 크기가 크게 나타난다. 미국에서의 연구에 의하면 인구 15만 명의 소규모지역에서 승수는 1.5~2.0인 반면 신시내티나 덴버와 같은 도시에서는 2 이상이고

승수효과

뉴욕에서는 3 이상으로 나타난다. 셋째는 경제기반이론과 같은 승수효과 연구는 본질적으로 단기효과의 예측을 위한 연구라는 점이다. AMH

승수효과 multiplier effects

어떤 활동의 의도된 결과 및 의도되지 않은 결과까지를 포함한 모든 결과. 경제지리학 분야에서 가장 보편적으로 사용되는 승수효과의 개념은 특정기업의 신설, 확장, 축소 또는 폐쇄에 따라 나타나는 효과를 가리킨다. 공장이 신설 또는 확장되면 그 공장 자체가 고용을 창출할 뿐만 아니라 이에 재화를 공급하는 다른 공장의 확장이나 신설이 고용을 추가로 창출한다(연계 참조). 이처럼 추가적으로 창출된 고용은 물품 구매를 위한 소비지출에 의해 또다른 추가고용을 창출하게 된다(투입-산출 참조). 반대로, 고용의 감소나 공장의 폐쇄는 구매력을 감소시켜 실업을 유발하는 효과를 나타낸다. 승수효과는 공장이 입지한 해당지역에만 국한될 수도 있고 다른 지역에도 나타날 수도 있다. RJJ

시 city

특정한 기능을 지니고 있는 도시적 취락(urban settlement)—유럽에서는 보통 주교의 소재지와 대성당이 위치한 곳. 현재는 규모가 큰 도시적 취락을 시라 정의하고 있고, 시와 소도회(smaller town)를 엄밀하게 구분하는 정의는 없다. 일부 국가에서는 특정공무원을 선출하거나 지명할 수 있는 권리를 지닌 행정계층내의 특수한 지위를 의미하기도 한다(분산형도시, 도시기능분류, 전원도시, 관문도시, 적정도시규모, 종주도시 참조)(역자주 : 일반적으로 city는 행정시 또는 법정시를, urban은 지리적 시 또는 공간적 시를 의미한다. 행정시는 법으로 정한 고정된 경계선을 가지며 지역단위의 실체가 된다. 지리적 시는 행정시 내외에 있는 연담적 시가지의 범위에 의해 정해진다. 행정시와 지리적 시의 경계선이 같을 경우를 적정경계도시, 전자가 큰 경우를 과대경계도시, 작을 경우를 과소경계도시라 부른다.) RJJ

시간지리학 l time-geography

스웨덴의 지리학자, 헤거스트란트(Torsten Hägerstrand)와 룬트(Lund)대학에 있는 그의 동료들('룬트학파')에 의해 개발된 인문지리학 또는 보다 일반적으로는 과학내 맥락적 이론의 접근방법. 이 접근법은 시간과 공간을 '방계적(collateral) 과정들'을 위한 '방(room, rum)'의 제공자들로 간주한다. 즉 구성적 이론과는 달리, 시간지리학은 헤거스트란트가 주장하는 것처럼 시간과 공간상에 제약된 '상황들'에서 필수적으로 이루어지고 이에 따라 그들의 산물들이 그들의 공통적 국지화에 의해 상호수정되는 사건들의 연속에서 그 지속성과 연계화의 중요성을 강조한다(Hägerstrand, 1976, 1984). 인문지리학에서 이러한 관점은—다른 측면들에서 시간지리학은 칸트(Kant)의 본래 견해와는 매우 다르지만—역사와 지리학을 '논리적'이라기보다 '물리적' 분류들의 구성물로 본 칸트의 견해에서 유추된다(칸트주의 참조). 이 점은 또한 19세기와 20세기를 통해 추적될 수 있는 견해이다(Gregory, 근간 참조). 그러나 헤거스트란트의 저작들은 이전의 때로는 혼란스러운 정식화들을 능가하는 주요한 발전을 보였다. 이것은 그의 저작들이 이론적일 뿐만 아니라 방법론적 함의를 유추할 수 있는 표시법을 제시하기 때문이다.

시간지리학에 대한 최초의 공식적 논의들은 비록 1960년대에 나타났지만, 그 기원은 헤거스트란트가 중남부 스웨덴에 있는 아스비의 '인구고고학'이라고 명명한 것에 관한 고찰에서 찾아볼 수 있다. 그 당시 그는 개인의 전기들이 시간과 공간상의 경로들로써 묘사될 수 있다고 생각했다. 그러나 그는 시-공간 경로들로 이루어진 '숲'의 뒤엉킴을 기술할 수 있는 표기법을 고안할 수 없었으며, 대신 그는 훨씬 더 일반화된 사회적 관계망들에 관한 연구로 방향을 바꾸

시간지리학l

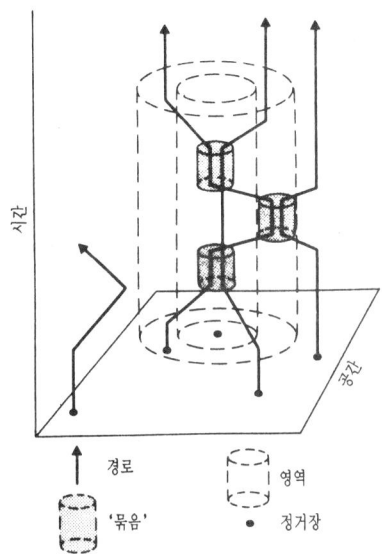

경로 영역
'묶음' 정거장

시간지리학 l 헤거스트란트의 망(web) 모형

었다. 바로 이 연구는 그의 공간확산 모형, 특히 평균정보장 개념에서 정점을 이루었다(Gregory, 1985). 그러나 헤거스트란트는 곧 그의 최초 문제로 방향을 다시 바꾸었으며, 결국 인구학에서 사용되는 표준 렉시스-베커(Lexis-Becker)도식에서 초보적 시-공간 표기법을 개발했다. 그의 기본틀은 4가지 기본명제들로 짜여진 망(web)모형으로 나타낼 수 있다(그림 참조):

(a) 공간과 시간은 개인들이 특정한 설계(프로젝트)들을 실현시키기 위해 끌어내어야 할 자원들이다 ;

(b) 모든 설계의 실현은 세 가지 제약들에 좌우된다(Hägerstrand, 1979, 1973 참조) ;

(i) 능력 제약들. 이들은 개인 자신의 물리적 능력들과/이나 그들이 통제할 수 있는 시설들을 통해 그들의 활동을 한정짓는다. 이러한 제약들은 대체로 개인의 생애위상으로부터 도출된다(Hägerstrand, 1978, 그리고 Hoppe and Langton, 근간 참조). 그리고 이들은 정거장들(예로 농장들, 공장들, 학교들, 가게들)의 무리를 통해 진행되는 일단의 가용한 시-공간경로들을 제약하는 개인들의 프리즘(prism)을 결정한다.

(ii) 결합 제약들. 이들은 한 개인이 타인들, 도구들 또는 자원들을 생산, 교환 또는 소비하기 위해 이들과 어디서 언제 얼마나 오랫동안 만나는가를 규정한다. 결합제약들은 시-공간적 묶음들을 한정짓는다.

(iii) 권위적 또는 '조정적(steering)' 제약들. 이들은 특정 시-공간적 영역들에의 접근조건들과 이들내에서의 수행양식들을 부여한다.

(c) 이러한 제약들은 병렬적이라기보다 상호작용적이며, 이들은 함께 특정 프로젝트들을 충족시키기 위해 개인들의 이용가능한 경로들을 설정하는 일련의 가능성의 경계들을 윤곽지운다. 이 경계들은 기본적이며 포괄적인 '논리'나 '구조'에 상응하며(Caristein, 1982), 이의 해부는 상당한 개념적 정밀성을 가진 시-공간적 용어들에서 권력을 다루는 어떤 방법을 요구한다(Hägerstrand, 1975) ;

(d) 이러한 구조적 틀내에서 '자유 경로들'을 위한 프로젝트들과 '개방적 시-공간들'간의 경쟁은 '분석의 중심문제'이며 (Hägerstrand, 1973), 근본적 시-공간 결속을 유지하고자 하는 특정 제도들에 의해 매개된다(Hägerstrand, 1975).

이러한 주장들은 여러 다른 방법들로 해석될 수 있다. 헤거스트란트를 포함한 여러 학자들은 심원한 자연주의를 시간지리학에 부여하였다. 분명, 인간은 중심성분적 분자로 고려될 수 있으며, 따라서 인문지리학은 "물리학자의 원자구조 모형처럼 일련의 경관 속에서 일어나는 사건들의 통일된 시-공간적 기록"으로 재구조될 수 있다는 헤거스트란트의 믿음(1973)은 논리실증주의와 밀접하게 연계된 사려있는 물리주의를 노정시킨다(비엔나학파 참조)(Hägerstrand, 1973). 그리고 생물과학들로부터의 그의 영향은 인문지리학과 사회지리학내 "어떤 근본적인 생물적·생태적 명제들을 편입시키고자 하는 상황적 생태학"으로 시간지리학을 기술한 점에서 나타난다(인간생태학 참조). 다른 학자들은 구조주의의 변형으로 시간지리학을 표현했다. 가능한 시-공간경로들의 레퍼토리와 이러한 구조적 틀들내에서 실현된 패턴들의 구체적 배열간의 구분은 소쉬르(Saussure)의 랑그(langue)와 파롤(parole)간 구분과 형식적으로 동일하다고 가정된다(Carlstein, 1982). 분명 구조주의는 그 추상적 정식화들로부터 인간주체를 배제하고자 하며, 헤거스트란트의 모형에 대한 가장 지속적인 비평들 중의 하나는 광의적 의미에서 <u>인간행동</u>을 무시했다는 점이다. 헤거스트란트는 강력한 독창성으로 프로젝트들의 실현을 서술했지만, 그는 지혜롭고 능숙한 인간행동자들에 의한 이들의 구성이나 성취에 대해 거의 언급하지 않았다(Buttimer, 1976 ; Gregory, 1982 참조). 이러한 방법에서 인간주체의 무시는 "사회생활을, 그 속에서 주체들이 그 자신과 그리고 타인들을 객체들로 간주하는 사르트르(Sartre)의 연속성(seriality) 형태로 환원시키게 된다"(Gregory, 1985). 그의 가장 최근 저술에서, 헤거스트란트는 이러한 반대들에 대한 침묵을 인정했다.

시간지리학적 표기법에서 인간경로가 이 동상의 한 점 이외의 어떠한 것도 나타낼 수 없는 것처럼 보이는 사실은 우리들로 하여금 다음과 같은 점을 잊도록 해서는 안된다. 즉 지속적인 출현의 정상에는—실제 그러한 것처럼—기억과 감정, 지식, 상상과 목표들—달리 말해서, 생각할 수 있는 모든 류의 상징적 재현을 위해 극히 풍부한, 그러나 경로들의 방향에 결정적인 능력들—을 가진 생동적 인간주체가 서 있다(Hägerstrand, 1982).

그리고 여러 다른 학자들과 마찬가지로, 헤거스트란트는 주관주의에 빠지지 아니하고 인간주체의 회복을 정진시키고자 한다는 점에서 시간지리학과 기덴스(Giddens)의 구조화이론간의 내재적 수렴을 언급했다. 시간지리학은 <u>구조화이론</u>에서 '절대적 중심'이 된다고 가정된다. 왜냐하면, 지리적 재현은 우리들로 하여금 구조화의 '물질적 논리'—즉 프레드(Pred, 1981)가 개인들과 제도들을 응집적 행렬로 묶어주는 '시멘트(cement)'라고 부른 것—를 이해할 수 있도록 해주기 때문이다(Carlstein, 1981). 그러나 기덴스의 견해에 의하면 구조화이론에 대한 시간지리학의 주요한 기여는 우선적으로 방법론적 측면이다. 그는 헤거스트란트의 정식화를 '개념적으로 매우 원시적'이지만—그리고 그는 <u>인간행동</u>, 제도적 구성과 전환 그리고 권력에 관한 헤거스트란트의 개념화에 대해 상당히 유보적이다—'방법론적으로 매우 정밀한' 것으로 간주했다(Giddens, 1984 ; Gregory, 1984).

사실 시간지리학에 대한 가장 공통된 주장들 중 하나는 그 방법론적 능력이다. 그러나 호퍼와 랑톤(Hoppe and Langton, 근간)이 지적하는 것처럼, 그 후원 아래 수행된 경험적 연구의 대부분은 예시적이었으며, 소규모 단기간이고 본질적으로 개인적 차원에 국한되어 있었다. 게다가, 많은 시간지리학적 연구들은 개별적 경로들과 제도적 설계들의 시-공간적 상호교차들에 초점을 두었으며, 이를 가능하게 하는 **구조적 형판들과 정거장 배열들의 변화**에 관해서는 거의 관심을 두지 않았다(Gregory, 1985). 물론 이러한 제한들이 필수적이지는 않다. 그러나 "정거장들이 평면상의 점들 이상으로 이해되지 아니하고 또한 상이한 사람들의 상이한 유형의 형태를 제한하고 용인하는 사회적 규칙들(과 자원들)이 분석적 틀 속에 완전히 명시적으로 도입되지 아니하고는" 프레드(Pred, 1977)가 언젠가 명명한 '존재의 안무법(choreography)'은 이해될 수 없다(Hoppe and Langton, 근간). 이 점은 시간지리학이 구조화이론과의 통합뿐만 아니라 역사에 민감한 입지론과의 통합을 요청한다(또한 <u>시간지리학 II</u> 참조). DG

시간지리학 II chronogeography

"사회배경들 속에서 (인간), 공간 및 활동의 연구와 관련된 시간의 측면들"에 관한 연구(Parkes and Thrift, 1980). 초기 논술에서 트리프

		공간	시간	입지적	경험적
c. 1965	입지분석	√		√	
c. 1970	행태지리학	√			√
c. 1975	시간지리학 I	√	√	√	
c. 1980	시간지리학 II	√	√	√	√

시간지리학 II: 인문지리학 연구의 전개(출처:Parkes and Thrift, 1980, p. 9).

트(Thrift, 1977)는 지리학적 모형들과 이론에서는 시간이 무시되었으며, 시간지리학 I(time-geography)의 발달은 단지 부분적 해결책임을 지적했다. 시간지리학 I 은 '단지 시계와 달력의 친숙한 시간에만 관심을 가지고' 이에 따라서 시간을 단일차원으로 보통 처리하는 반면, 파크스(Parkes)와 트리프트는 버티머(Buttimer, 1976)와 함께 동일하게 중요한 시간의 또 다른 국면들의 존재—그들은 이를 원시간들(paratimes)이라고 명명했다—를 인식했다. 이들은 '생물적' '심리적' 그리고 '사회적' 시간들을 포함한다. 이에 따라 파크스와 트리프트는 특정 인문지리적 상황의 시간적 그리고 원시간적 구성인자들을 결정하고자 하는 시도를 내포한 접근법을 '시간지리학적(chronogeographical)'이라고 서술했다. 그들 주장의 또 다른 중요한 부분은 이러한 접근법이 시간과 공간을 개인의 '외부'로부터 인식하는 '입지적' 관점과 그리고 시간과 공간을 그 '내부'로부터 고려하는 '경험적' 관점을 결합시켜야 한다는 점을 포함한다는 것이다. 이러한 기반에서 그들은 인문지리학에서의 연구들은 간략한 발전과정으로 배열될 수 있다고 제시했다(표 참조). DG

시-공간적 거리화 time-space distanciation

"시-공간상 사회체계들의 뻗침"(Giddens, 1984). '거리화'의 개념은 기록이 그 형성의 즉각적 상황들로부터 언술(discourse)을 '거리지우게' 하는 일련의 전환들에 관한 리꾀에(Ricoeur)의 서술로부터 도출된다(그 요약을 위해 Thompson, 1984a 참조). 기덴스(Giddens)는 이 개념을 보다 광의적인 일련의 사회전환들을 서술하기 위해, 그가 체계적 통합이라고 부른 것, 즉 시간 또는 공간상 부재한 사람들간의 상호행동—이는 역사적으로 시-공간적 수렴 또는 '공간상 상호행동의 확대와 시간상 그 축소'를 함의한다—과 관련시켜서 사용했다(Giddens, 1981). 시-공간적 거리화는 구조화이론에서 제시된 사회구성에 관한 설명에서 근본적인 중요성을 가진다. 여기서 이 개념은 : (a) 일반적 ; 그리고 (b) 특수한 목적을 동시에 가진다.

(a) 구조화이론의 주안점들 중 하나는 "공간과 시간상 사회들의 확대와 '폐쇄'를 문제성이 있는 것으로 인식하는 것"이라고 기덴스는 주장한다(Giddens, 1984). 인문지리학과 같은 관례적 사회이론은 사회들이 실체들로서 쉽게 정의됨을 가정하는 기능주의, 그리고 사회들의 기본 구조적 차원들이 어떤 의미에서 그들에 내재적임을 전제로 하는 사회변화의 '내생적' 모형들—기덴스가 이렇게 명명했다—로부터 강한 영향을 받았다. 이러한 소위 '연금술적(hermetic)' 개념화들을 부정하고, 또한 한 사회가 다른 사회들과 가지게 되는 관계들—정치적, 경제적 또는 군사적—의 배경은 그 사회의 속성과 그리고 사실 '사회들'이 무엇으로 인식되어야 하는가라는 점과 결합되어 있음을 주장하면서(Giddens, 1981), 기덴스는 다음과 같이 강변했다. 즉 "시-공간적 거리화에 관한 의문들은 사회총체들의 성격에 관한 전통적 논제들을 부분적으로 대체한다. 우리는 '사회들'이 용이하게 규정되거나 또는 분명히 그려진 경계들을 가진다고 가정하지 않고, 사회체계들이 시간과 공간상에 어떻게 걸쳐 있는가에 대해 물을 수 있다"(Gregory, 19

84). 달리 말해서 "시-공간적 관계들이 사회들을 구성한다고 인정이 된다면 … 관례적 사회이론과 사적유물론에서 '총체화시키고자 하는' 야심들 대부분은 무너지게 된다"(Gregory, 근간; Jay, 1984 참조);

(b) 보다 특정하게, 기덴스는 "사회체계에서 시-공간관계들의 접합은 권력의 생성과 결부시켜, 즉 지배구조들의 재생산 속에서 그리고 이를 통해 고찰되어야 한다"고 제안한다. 기덴스는 〈그림 1〉에서 제시된 도해 속에 '사회들'을 위치지웠다. 이 도해의 구성은 비교적 간단하다. 지배구조들은 사회세계(권위적 자원들)나 물질세계(할당적 자원들)에 대한 통제를 유지하는 자원들을 통해 구성된다고 가정된다. 이러한 자원들은 일정한 것이 아니라 "서로 다른 유형의 사회들에서 서로 다른 방법들로 연관된다"고 기덴스는 인식한다. 이 점은 현대 마르크스주의의 여러 주장들과 별로 다르지 않지만(Wright, 1983 참조), 권력에 관해 이렇게 주장함에 있어 기덴스는 권력의 행사가 사회생활의 만성적 양상임을 보이고자 했다. 권력은 필수적으로 해악적이거나 부정적인 것이 아니며 인간행동의 전환적 역량들과 결부된다. 그리고 실천적 개입, 즉 '차이를 만들 수 있는' 역량이라는 의미에서의 전환은 매개—즉 "공간과 시간상에서 상호행동이 이루어질 수 있는(또는 시-공간상의 '간극들'을 극복할 수 있는) 다양한 방법"들—와 직접 연결된다. 왜냐하면, 기덴스가 논하는 바와 같이, "시간과 공간상 사회체계들의 모든 조직들은 이러한 두 가지 유형의 자원들의 일정한 결합을 내포하기" 때문이다. 따라서 권위화와 할당은 또한 시-공간적 거리화의 '매체'가 된다. 이 주장은 '전환'과 '매개'를 교차시켜, 기덴스가 부족사회들, 계급분할사회들 그리고 계급사회들이라고 명명한 것들간의 분석적 구분을 정립할 수 있도록 한다. 예를 들면, '권위화'는 계급분할사회(봉건제와 같은)들의 근원이지만, 공간과 시간상 규제된 상호행동의 정도는 '할당화'가 그 구성의 관건이 되는 계급사회들(자본주의와 같은)에 비해 훨씬 낮다(보다 자세한 논의는 Giddens 1981, 1984; Gregory, 근간 참조).

〈그림 1〉에서 역시 제시된 것처럼, 기덴스는 이와 같은 다양한 유형의 사회들의 역사적 전환, 특히

    기록→감시,
    화폐화→상품화

에 구조적으로 함의되고, 또한 상호행동을 점진적으로 '열어나가며' 이로 해서 사회체계들을 시-공간상에 뻗치게 하는 여러가지 시-공간적 에피소드들을 확인했다. 여기서 또한, 상호행동의 이러한 대규모 체계들의 구성은 보다 광범위한 간사회적 체계들(intersocietal systems)을 일반적으로 내포한다는 사실이 도출된다(그림 2; 세계체제분석 참조). 이 점은 기덴스로 하여금 '사회의 다양한 구조적 유형들' 간 교류와 연결의 형태들을 나타내고, 또한 내재적 사회전환의 축들이 된다고 가정되는 여러가지 시-공간적 변들(edges)을 확인할 수 있도록 했다.

비록 기덴스의 정식화는 매우 세밀한 비판적 고찰의 초점이 되었지만, 시-공간적 거리화라는 개념 그 자체에 대한 논의는 거의 없었다. 그러나 다음과 같은 몇가지 예외적 논의들을 찾아 볼 수 있다:

(a) 허스트(Hirst, 1982)는 "'거리화'로 계측되는 모형은 … 직접적이고 심오한 어떤 사고와 우리의 운동을 그들로부터 제거시켜버리는 … 극히 서구화된 것이다"라고 반대했다. 따라서 그는 "만약 우리가 비서구적 사회들의 범주들을 심각하게 고려한다면" 이러한 모형은 '신화'라고 주장한다. 분명 발전에 관하여 관례적 종속이론의 많은 강조점(종속 참조)들을 반복하고 있는 기덴스의 보다 일반적 논의는 매우 유럽중심적이다(Gregory, 근간; Wolf, 1982 참조);

(b) 게다가, 칼리니코스(Callinicos, 1985)는 기덴스의 설명이 이론적으로 지지될 수 없다고 주장한다. 시-공간적 거리화—"사회생활에 있어 '출현'과 '부재'의 상호혼합"—에 관한 기덴스의 논의는 분명히 하이데거(Heidegger)와 데

시-공간적 거리화

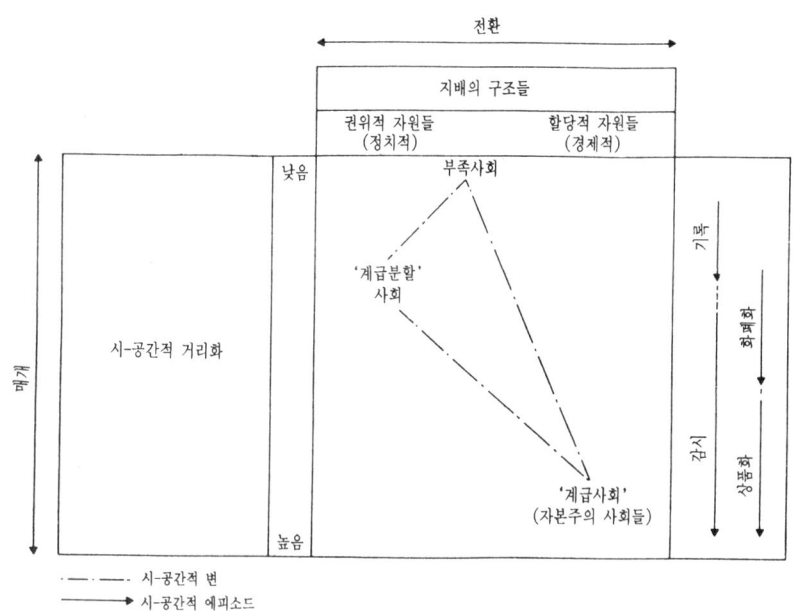

시-공간적 거리화 1: 시-공간적 거리화와 사회의 유형들(출처: Giddens, 1981, 1984; Gregory, 근간)

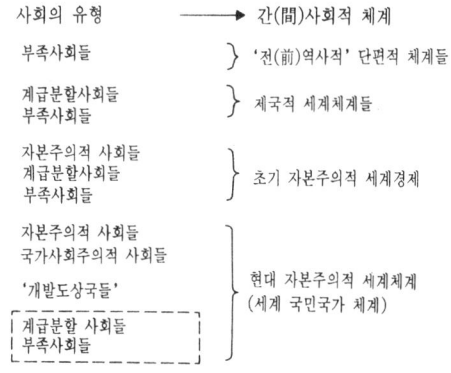

시-공간적 거리화 2: 간(間)사회체계들(출처: Giddens, 1981)
(주: 현재까지, Giddens는 그림 1과 상응하는 '국가사회주의적 사회들'에 관해 거의 언급하지 않았으며, 또한 '개발도상국'의 특성도 전혀 제시하지 않았다).

리다(Derrida)의 영향을 받았지만, 그가 (부족)사회들에 부여하고자 하는 높은 '출현가능성(p-resence-availability)'은 비록 가장 '초보적' 사회들에서조차 그들이 인식했던 '출현'에 관한 의미에서는 불가능하다고 주장된다 ; (c) 또한 기든스가 모든 유형의 진화론적 사

225

시-공간적 수렴

회이론을 기각하고자 하지만, 시-공간적 거리화에 관한 그의 모형의 전체기반은 근본적으로 진화론적이라고 배걸리(Bagguley, 1984)와 라이트(Wright, 1983)는 서술했다. 그리고 라이트를 포함한 여러 논평가들은 모든 진화론적 이론들에 대한 기덴스의 기각에 대해 신뢰하지 않으었으며, 그의 설명과 사적유물론의 보다 정통적 견해들간의 어떤 (인지되지 아니한) 병존가능성들에 대해 주의를 주었다(예로 Thompson, 1984b 참조). 즉 "공간과 시간의 뻗침은 생산력의 발전으로부터 독립적인 어떤 과정이 결코 아니다" (Callinicos, 1985 ; 생산양식 참조).

(d) 끝으로, 그레고리(Gregory, 근간)는 기덴스가 시-공간적 거리화의 이론화에서 지배에 부여한 중요도는 그렇지 않을 경우 동일한 중요성을 두어 취급할 수 있었던 정당화와 유의화를 희생시켰다고 주장한다. 결과적으로, 기덴스는 (ⅰ) 시-공간적 거리화의 '반영'일 뿐만 아니라 이의 '매체'인 동태적 **공간의 개념화**, 그리고 (ⅱ) 서로 다른 유형의 사회들에서 지혜로운 행동자들로서 다양한 인간주체의 **구성**에 관해 만족스러운 설명을 제시하는 데 실패했다.　DG

시-공간적 수렴 time-space convergence

장소들간 거리마찰의 감소(또한 거리조락 참조). 이 개념은 자넬(D. Janelle, 1968)에 의해 처음 정립되었다. 그는 두 장소들간 **수렴률**을 이들간 여행에 필요한 시간이 시대적으로 감소하는 평균율로 결정했다. 그 측도는 "물리학자들이 정의하는 속도에 수학적으로 유추되는" 것으로 가정되었다. 시-공간적 수렴은 기술의 변화에 기인한다. 즉 "교통이 쇄신된 결과, 장소들은 시-공간상에서 서로 접근하게 된다"(Janelle, 1969).

자넬은 시-공간적 수렴이 일반적으로 시간상

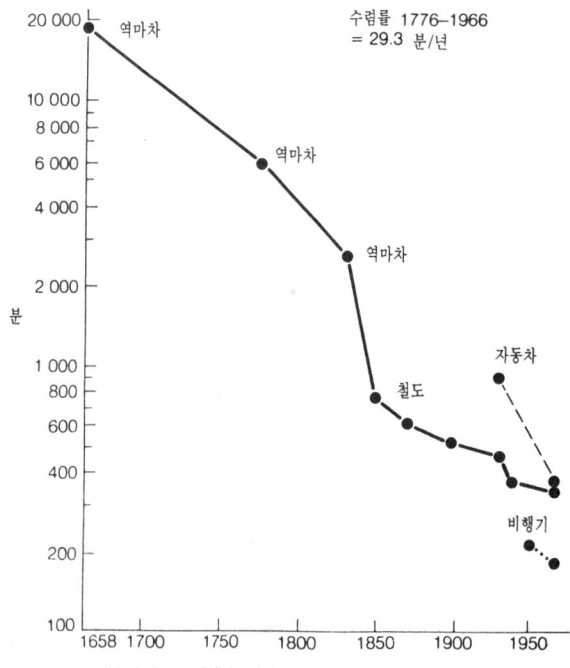

시-공간적 수렴 1: 에딘버르에서 런던간, 1658-1966(출처: Janelle, 1968).

시-공간적 수렴

불연속적이며—따라서 〈그림 1〉의 수렴곡선은 부드럽지 않고 들쑥날쑥하다—공간상 불균등하다는 것을 보였다. 즉 "교통개선은 이것이 연결된 최상위계층의 중심지에 가장 유리하도록 되는 경향이 있을 것이다"(Janelle, 1968). 그 역도 역시 사실이며—즉 시-공간적 수렴은 중심지 구조의 기능에 부분적으로 좌우되며—, 자넬(1969)의 '공간재조직' 모형은 "장소들이 공간들을 규정하고" 공간들은 다시 점진적으로 장소들을 '재규정'하는 '순환적 인과성'을 나타낸다고 포러(Forer, 1974)는 지적했다.

이 개념은 애블러(Abler, 1971)에 의해 확대되었으며, 그는 자넬의 본래 거리-수렴과 이와 동일하게 중요한 비용-수렴을 구분했다. 동시에 고려해보면, 이들은 '인간의 공간행태의 두 가지 기본적 결정자들'로 간주된다. 비록 시-공간적 확산이 이론적으로 가능하다고 할지라도(그림 2 참조), 애블러는 최소한 현대세계에서 거리마찰이 감소함을 확인했다. 그리고 또 거리마찰은 관례적 입지론, 중심지론, 그리고 확산이론에 있어 근본적인 명제이기 때문에—즉 거리의 마찰은 규칙적 유형의 확인을 가능하게 한다—시-공간적 수렴은 이러한 표준적 공간모형들을 '혼란시키고 와해시킨다'(또한 Falk and Abler, 1980 참조). 따라서 시-공간적 수렴은 성형적 공간(plastic space), 즉 시간 또는 비용이라는 점에서의 분리에 의해 정의되는 공간으로서, 기술의 진보와 퇴보가 지속적 변화를 만들어내는 공간이라는 개념과 관련된다(Forer, 1978).

포러(1978)는 또한 '자넬의 사고들에 대한 반응이 없었음'을 지적했으며, 이는 그 사고들이 '광범위한 경제사와 사회의 장기적 발전'과 관련되어 있기 때문이라고 했다. 그러나 포러가 지적한 이래, 바로 이러한 관련들은 시-공간적 거리화의 보다 광의적인 개념적 고리들로 정립될 수 있었다. 이에 따라 "공간상 상호행동의 확대와 시간상 이의 축소간의 관계들의 성격변화는 분명 '시-공간적 수렴'의 본질이며, 현대 사회세계의 발달에서 탁월하게 나타난다"

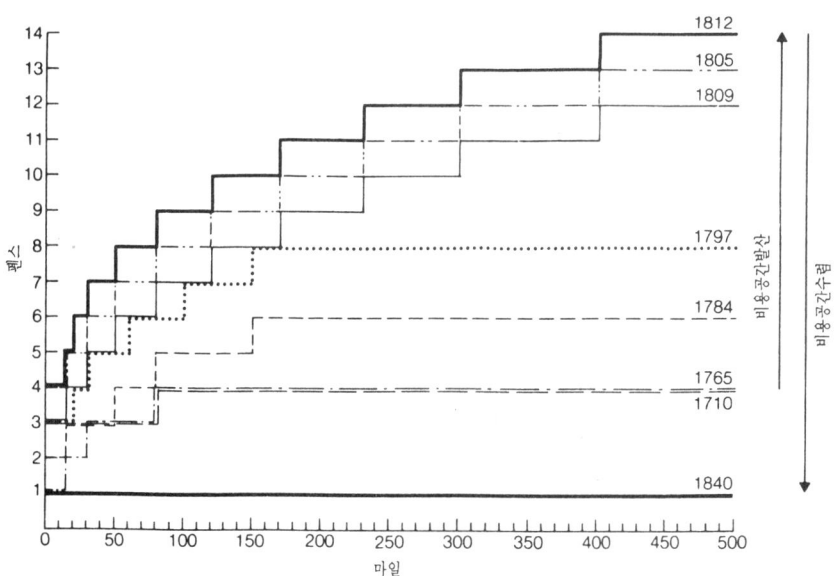

시-공간적 수렴 2: 비용공간 발산: 영국의 우송비율, 1710-1840

(Giddens, 1981 ; 또한 접근성, 교통지리학 참조). DG

시-공예측모형 space-time forecasting models

시간과 공간을 따라 발전하는 (지역의 집합) 변수들을 예측하기 위한 통계적 모형. 이 모형들은 일반적인 회귀식형태이며 한 관측대상의 변수값을 (a) 그 자신의 과거치 ; (b) 시차공간 확산효과 ; (c) 시차외생 혹은 설명변수에 의하여 예측한다. 가장 단순한 형태인 (a)는, 지역 j에서 t시기에 한 변수(인구와 같은)가 그 자체의 선행치들에 대해서 회귀와 무작위충격의 영향, e_{jt}, e_{jt-1}, e_{jt-2}에 대한 지연된 반응(이동평균 상관계수 b_1과 b_2)에 의해서 설명된다:

$$P_{jt} = a_1 P_{jt-1} + a_2 P_{jt-2} + e_{jt} + b_1 e_{jt-1} + b_2 e_{jt-2}$$

이것이 잘 알려진 시계열 자기상관적 이동평균(혹은 ARMA)모형이다. 이것은 인구변화를 인과적으로 설명하지 않고 통계적으로 모형화하고 설명하는 '블랙박스'모형이다. 이 모형들은 종종 단기예측에 아주 잘 맞는다.

시-공예측모형은 P_{jt}가 이 단일지역 ARMA모형에 또한 인근지역들의 인구변화에 종속되고 그래서 인구변화에 있어 경향이 지도를 가로질러 분산되도록 지역간 공간확산인(b)를 결합하도록 확장한다. t시기에 지역 j에 인접한 지역들에 대한 인구의 평균을 LP_{jt}로 정의하면 시-공 ARMA모형(STARMA)은 다음과 같이 (단 한 시차만을 이용하여) 쓰일 수 있다:

$$P_{jt} = a_1 P_{jt-1} + c_1 LP_{jt-1} + e_{jt} + b_1 e_{jt-1} + d_1 Le_{jt-1}$$

마지막 부분은 무작위충격이 지역들 사이에 흘러드는 것을 허용한다. 이 모형들의 시-공차 구조를 정확하게 구체화하는 절차는 마틴과 오펜(R. L. Martin and J. E. Oeppen, 1975)에 의해 설명되었다. STARMA모형은 여전히 블랙박스 모형이어서 (고용기회 EMP같은) 시차외생 설명변수(c)의 소개가 인과모형에 본질적이다:

$$P_{jt} = a_1 P_{jt-1} + c_1 LP_{jt-1} + f_1 EMP_{jt-1} + g_1 LEMP_{jt-1} + \cdots$$

EMP 변수는 인구가 한 시기 이상 앞서 예측될 수 있기 전에 설명되어야 하기 (STARMA 에 의해서 가능) 때문에 예측을 위한 사용은 제한된다.
LWH

시장교환 market exchange

가격결정시장을 통해 조직된 교환체계. 시장교환은 폴라니(Karl Polanyi)에 의해 규명된 세 가지 경제통합형태들 중의 하나이다. 그가 전체 경제(한 경제내 부분들이라기보다)를 규정하기 위해 이 개념을 사용했을 때 시장경제를 다음과 같이 논술했다. "시장에 의해서만 통제되고 규제되며 지배되는 경제체제로서, 재화의 생산과 분배 질서는 이러한 자기규제적 메카니즘에 위임되며 …(그리고) 가격에 의해서만 보장된다" (Polanyi, 1957). 시장교환의 세 가지 양상들이 특히 중요하다 :

(a) 시장교환은 시간과 공간상의 가격신호의 전환과 시장의 상호의존성을 내포한 특징적 공간구조에 좌우된다. "가격설정시장들은 단지 이들이 가격의 효과가 다른 직접적 효과들보다도 더 시장에 확산되는 경향을 가진 체계 속에서 연계될 때만 통합적이다"(Polanyi, in Dalton, 1968). 주류 입지론의 대부분은 이러한 점들을 가정하거나 때로 이 점들을 논술했다. 그러나 크리스탈러(Christaller)의 중심지이론에서처럼 관심은 주로 시장들의 유형에 초점이 모아졌으며, 가격신호의 확산에 대해서는 상대적으로 거의 주어지지 않았다. 주목할 만한 경험적 예외들은 '상품가격의 유동에 있어 공간적 상이성'에 관한 뢰쉬(Lösch, 1954)의 제안적 서술과 그리고 1790년에서 1840년 사이 미국도시들의 체계를 통한 정보(유통가격 포함) 순환에 관한

프레드(Pred, 1973)의 재구성 등을 포함한다. 그러나 대부분의 이론적 정형화들은 신고전경제학에 의존했으며, 이는 시장교환의 보편성과 균형상태를 지향하는 경향을 가정한다. 폴라니는 이러한 가정들을 각각 (b)와 (c)에서처럼 논박했다;

(b) 시장교환은 역사적으로 특정적이다. 폴라니의 주장에 의하면, 산업혁명 이전 "경제체계는 일반 사회관계들내에 잠재되어 있었다. 시장은 사회적 권위에 의해 통제되고 규제되는 제도적 집합 중에서 단지 부수적 양상에 지나지 않았다." 따라서 전(前)산업사회들에서 "자기규제적 시장은 알려지지 않았다." 자기규제라는 사고의 등장은 발전경향의 완전한 역전이라고 믿었기 때문에, 폴라니는 산업혁명에 관한 그의 뛰어난 설명에 『위대한 전환(The great transformation, 1957)』이라는 제목을 붙였다. 지리학에서, 시장교환의 역사적 특정성은 '자본주의 생산양식의 특징으로 가격결정시장에 의한 통합'을 인식하는 마르크스경제학으로부터 도출된 접근법들에 의해 매우 강력히 강조되었다(Harvey, 1973; 자본주의 참조). 비록 그렇다고 할지라도, 하비(Harvey)는 마르크스와 밀접한 만큼 폴라니와도 밀접한 용어들로 산업혁명을 서술했다:

> 영국에서 산업혁명이 점진적으로 형성되면서, 시장교환은 토지 및 노동에 침투하고 생산(무역 및 상업과는 상이한 것으로서)에도 점진적으로 침투했다. 산업혁명이 성숙됨에 따라, 활동의 보다 많은 부문들이 시장교환에 의해 통합되었으며, 분배와 서비스활동들도 역시 그러했다. 자본주의적 형태의 잉여가치 순환은 마침내 순위사회(rank society)의 잔여적 영향으로부터 벗어나서 사회의 모든 주요부문들을 지배하게 되었고, 경제적 통합의 시장적 양식이 사회를 하나의 일관된 경제체계로 묶어주는 매체가 되었다(Harvey, 1973).

마르크스와 폴라니간의 이러한 접합은 문제가 있다. 폴라니는 마르크스주의자가 아니었으며, 그의 정형화와 사적유물론의 정형화간에는 주요한 차이점들이 있다. 그러나 하비만이 이들을 연계시키고자 한 것은 아니다. 보다 최근 자본주의 세계경제에 관한 월러스타인(Wallerstein)의 논의와 그가 명명한 '역사적 자본주의'라는 것은 유사한 연계들에 의존하고 있으며, (불균등) 교환체계에 특히 우선을 두고 있다(Brenner, 1977; Skocpal, 1977). 이 점은 물론 지적 충실주의(fideism)를 주장하는 것은 아니다. 마르크스의 정형화는 폴라니의 정형화에 대해 필수적으로 우선되는 것은 아니며, 사실 어떤 논평가는 월러스타인의 도해가 폴라니의 연구에 너무 적은 관심을 두었기 때문에 결함이 있다고 주장했다(Dadgshon, 1977). 그러나 이러한 세계체제 분석의 등장은 폴라니 저술들의 지속적 유의성을 확인해주며, 시장교환의 역사적 특수성을 강조했다;

(c) 시장교환은 갈등관계를 함의한다. 폴라니에 의하면, "변동하는 가격에서의 교환은…상대자들간 조절할 수 없는 특정 대립관계를 내포하는 태도에 의해 얻어질 수 있는 이익을 목적으로 한다"(Polanyi in Dalton, 1968). 이에 따라 그의 첫번째 정형화에서 하비(1973)는 시장교환을 계층화된 사회들과 동일시하지만, 곧 이 점은 주요한 의문을 야기시킴을 인정했다. 기덴스(Giddens, 1981)는 마르크스와 베버(Weber) 양자 모두에 있어서 "시장은 본연적으로 권력의 구조이며", 이들의 정형화에 토대를 둔 설명에 있어 "문제는 자본주의적 시장 그 자체에 의해 창출된 관계 및 갈등의 다양성을 인식하는 것이 아니라, 이러한 관계와 갈등으로부터 구조화된 형태들로서의 계급의 규명으로 이론적 전환을 추구하는 것이다." 그후 논문에서 하비(1974)는 계급구조와 주거분화간의 연계에 관한 간략한 논술을 제시하기 위해 기덴스의 저술들을 끌어들였다. 비록 이 논술은 "마르크스에 대한 이해에서 우선적으로" 도출되었지만, 또한 베버로부터 상당히 도움을 얻어 분화적 '시장능력들'에

시장잠재력 모형

특히 우선을 두었다(계급 참조). 지난 10여년간 이러한 노선을 따라 많은 발전이 있었으며(예, Cox, 1978 참조), 특히 오늘날 주택시장과 노동시장간의 관계에 관한 연구가 관심을 끌고 있다 (예, Hamnett, 1984; Harvey, 1978; Thorns, 1982; Saunders, 1984 등 참조). DG

시장잠재력 모형 market potential model

여러 대안적 공장입지에서 얻을 수 있는 가능판매량을 추정하는 도구로서, 중력모형의 기초가 되는 일반적 인구잠재력 개념을 적용한 것이다. 이 모형은 수요상황에 관한 아주 특수한 몇가지 전제에 바탕을 두고 있다: 어떤 시장에서의 판매수준은 그곳의 초기 지방적 크기에 비례하고 판매수준은 공급원으로부터의 거리가 증대함에 따라 감소할 것이다. 따라서 이 모형에는 수요곡선이 아래로 경사진다는 것과 본선인도가격(운송비를 소비자가 지불: 가격정책 참조)이라는 전제가 함축되어 있다.

어떤 공장입지 i에서 얻을 수 있는 시장잠재력 또는 추정판매량(M)은 다음과 같다:

$$M_i = \sum_{j=1}^{n} \frac{Q_j}{T_{ij}}$$

Q는 j지점 지방시장 규모의 크기의 척도이며 T는 i에서 j로의 운송비의 척도 또는 공장으로부터의 거리증대에 따른 배달가격의 증대분이다. Q의 크기는, 고려대상 상품의 시장규모를 추정하기 위한 정확한 근거가 없기 때문에 보통 지방인구의 규모나 1인당소득 혹은 소매업판매량으로 측정한다. T는 현재의 운송비로 측정할 수도 있으나 단순히 생산지점과 시장간의 직선거리를 취하는 경우가 더 많다.

일련의 가능한 공장입지들에 대해 M을 계산하면, 최대의 시장잠재력을 가진 것이 확인될 수 있다. 여러 대안적 입지들의 시장잠재력으로 시장잠재력면을 만들 수 있다. 수입이 판매량에 비례한다고 가정하면, 또 이것이 실제로 시장잠재력 공식화에 의해 확인되면, 시장잠재력면을 수입면으로 이용할 수도 있다.

시장잠재력 개념을 실제로 적용하는 것은 가능판매량을 예측하는 전제의 엄격성 때문에 극도로 제한된다. 이러한 전제는 실제 상황에서는 거의 존재하지 않는다. 경제지리학에서는 시장잠재력 개념이 상당히 무차별적으로 사용되어왔는데, 간혹 경험적 상황에 적절하지 않은 경우에도 사용되어왔다(인구잠재력 참조). DMS

시장지역분석 market area analysis

기업의 시장지역(상권)이 어떤 조건에서 결정되는가를 검증하는 것. 이러한 형의 분석은 산업입지와 서비스의 제공 양쪽 모두에 중요하다. 산업조직의 면에서, 판매권에 대한 통제는 입지선택 및 공장의 생존력과 어느 정도 관련을 가진다. 시장지역분석의 또다른 측면은 호텔링모형과 가변수입분석 항목에서 논의되고 있다.

단일공장의 시장지역 결정이 그림에 설명되고 있다. 하나의 공장이 수평축으로 표시된(1차원적) 공간상의 A에 위치한다. 한 단위 혹은 일정

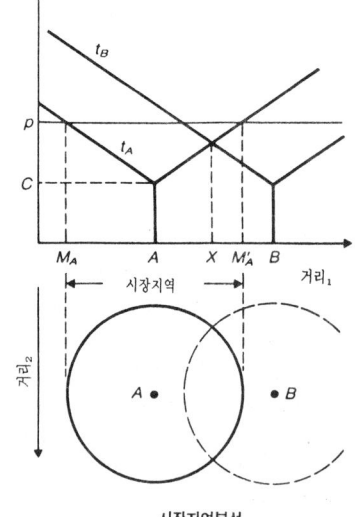

시장지역분석

량의 산출을 생산하는 데 드는 비용은 C로 표시

된다. 상품은 거리축을 따라 분포하는 소비자들에게 생산비와 운송비(t_A로 표시)를 포함하는 가격으로 판매된다. 가격 P는 소비자들이 상품에 대해 지불하고자 하는 최대 한도로서 공간상에서 고정적이라고 전제된다. 이러한 단순한 조건에서 A에 위치한 기업의 시장지역은 M_A와 M'_A 지점에 의해 경계가 결정되는데, 이 두 지점은 배달가격이 소비자가 지불하고자 하는 최대치와 일치하는 점이다. 제2차적 거리차원을 도입하여 A를 중심으로 시장선의 가장자리를 회전시키면 원형시장지역이 만들어진다.

고립된 단일기업이라는 전제를 완화하여 B에 제2공장이 입지하면, 그림은 시장경쟁에 대한 입지의 상호의존성의 효과를 보여준다. B기업은 A의 시장지역 중 M'_A에서 X에 이르는 범위에서 A보다 더 낮은 배달가격(t_B)으로 상품을 제공할 수 있다. 소비자들은 가장 값싼 공급원에서 구매를 한다는 전제에 따라 이 지역은 B기업의 시장지역으로 전환될 것이다. 다른 기업들이 그 산업에 참여하여 공간은 서서히 채워지게 되며 시장지역은 크리스탈러(Walter Christaller)와 뢰쉬(August Lösch)의 중심지이론에서 이야기되는 바와 같이 경쟁과정을 통해 이윤이 생기는 운영과 일치하는 최소규모로 축소된다.

실제로는 소비자 선호, 행태, 가격정책, 경쟁관행 등의 실제적 성질 때문에 시장지역은 이러한 단순한 모형보다는 형태나 결정과정이 더 복잡할 것이다. DMS

시장지향 market orientation

경제활동이 시장 가까이에 입지하려는 경향. 소비자에게 생산품을 운반하는 비용이 총비용에서 비교적 높은 비율을 차지하는 경우나, 재화나 서비스가 가지는 매력뿐 아니라 소비자들이 공급원에 접근하는 데 단지 짧은 거리만 이동하려고 하는 경우에 해당된다. 역사적으로 볼 때, 시장지향의 작용은 인구분포와 생산과정의 성질에 따라 변화해왔다. 전에는 시장지향이 소규모 지방시장에 공급하는 소규모 생산자가 있는 국지적 수준에 주로 적용되었다. 반면 오늘날은 시장의 흡인은 오히려 주요 대도시지역에 경제활동이 집적되는 요인의 하나가 되고 있다(원료지향참조). DMS

시차모형 lead-lag models

도시체계나 지역을 통해 변화가 전이되어가는 데에서 시간주기의 차를 판별하기 위한 통계적 모형. 이러한 모형들은 경제적 부흥과 침체의 상대적 시간화 혹은 역병(홍역과 같은)의 공간적 확산 등에서 지역적 순환주기 등에 이용된다. 변수(예를 들면 각 지역의 실업률 등)에 대한 자세한 시계열 자료가 핵심적으로 필요하다 : (a) 지역간의 상호작용과 확산이나 ; (b) 국가적 순환에 대한 지역적 반응도와 시간상의 선도-후진구조는 시차상관, 시차회귀, 혹은 스펙트럼 분석을 사용하여 규명한다. 두 지역 X와 Y의 취업순환 사이의 선도-후진을 규명하기 위해서는 지역 X에 대한 계열이 그 상관계수 r을 만들어내기 위해서 Y에 대한 그것에 상관되어 있으면 이것이 반복된다. 그러나 한 시간 주기후진된 Y계열과는(예를 들면 X_t가 Y_{t-1}에 관련되어 있을 때) t=2, 3, ..., T에 대해서 r_{-1} 등을 만들어내기 위해서 이러한 작업이 여러 후진시기에 대해서도 행해지고, 그리고나서 여러 기간에 의해 지체된 X에 관련된 YN에 대하여 r_{+1}, r_{+2}, r_{+3} 등을 주도록 이러한 작업이 행해진다. 그러면 r_{-k}에 대한 시차상관 r_{+k}의 집합이 가장 높은 상관을 찾기 위하여 검증되고, 그래서 그 선도-후진을 규명하게 된다. 국가적 순환에 대한 지역의 반응의 양과 시간을 규명하기 위해서 시차회귀가 이용된다. 국가적 계열 Z_t를 규명하는 다음 형태의 회귀식은 :

$$y_t = bz_{t-k} + e_t$$

여러 k값에 대해 추정되고 다시 가장 잘 맞는 회귀식과 반응성 b가 규정된다. 시차상관과 시차회귀는 모두 최적의 선도나 후진이 정확하게 규명된 계열에 대한 앞선 점검을 요구하는 것이 일반적이다. 스펙트럼 분석은 X와 Y의 관계식을 다른 빈도의 대역으로 분할하고 각기 분리된 대역에 대한 지역들간의 선도-후진을 결정한다(예를 들면 계절적 대역(帶域), 업무순환대역).

이상의 시차모형은 일반적으로 계열 사이에 뚜렷이 구별되는 선도와 후진이 있다는 것을 가정한다. 그러나 그러한 선도나 후진이 그 회귀식은:

$$y_t = \sum_{k=-m}^{+m} b_k z_{t-k} + e_t$$

지역적 반응의 전체시간 궤도를 추적하도록 분포되어 있는 상관계수 b_k의 집합을 갖도록 분포되어 있다는 것이 점차 인식되고 있다. LWH

시카고학파 Chicago School

대체로 인간생태학 개념에 입각해서 도시연구를 수행했던 시카고대학 사회학과의 구성원들. 그들의 도시연구는 주로 1·2차 대전 사이에 이루어졌으며 그후의 연구에 많은 영향을 주었다. 인간생태학의 주요탐구자는 파크(R. E. Park), 버제스(E. W. Burgess)와 멕켄지(R. D. McKenzie)였는데, 그들은 20세기 초반의 시카고—편견과 착취가 성행했던 잘 정착된 민족공동체의 도시—를 생태학적 이론과 사회조사방법을 이용하여 파악하려고 시도했다. 파악한다는 것은 슬럼에서 작용하는 사회경제적 힘과 그곳에 살고 있는 사람들의 사회적·인간적 조직에 대해 그 힘이 미치는 영향을 이해하고 과학적으로 해석하려는 것이다. 다양한 현상(청소년 범죄, 공중 무도장 등)의 분포를 지도로 만들고 특정인구집단(폭력단, 부랑자 등)을 관찰하고 조사함으로써 도시의 물리적 형태를 연구했다.

그러한 연구는 서술적이며 아울러 이론적인 고려에도 영향을 받았다. 인간생태학적 이론은 인간들간의 강한 관계 및 인간과 환경간의 강한 관계를 강조했는데, 이 관계들은 모두 생물세계의 일반적 법칙에 따른다. 멕켄지는 인간생태학을 환경의 선별적·배분적, 그리고 적응하도록 하는 힘에 영향을 받는 인간들의 공간적·시간적 관계를 연구하는 것으로 간주하였는데, 이것은 사람들이 자연지역으로 나뉜다는 것을 암시한다. 이러한 비인격적·합리적인 힘은 동식물 세계에서와 같이 인간의 생존욕구를 지배한다. 그러나 파크가 인식한 대로 인간은 또 다른 욕망을 갖는다. 따라서 그는 인간행동을 두 가지 차원으로 규명했다: 생물학적(공동체) 차원과 문화적(사회) 차원. 롭슨(Robson, 1969)에 의하면:

생물학적인 것은 공동체를 형성케 하고 경쟁이라는 하위사회적 힘에 기초한다. 이 차원에서 인간은 '개체'로 간주되는데, 개체로서의 인간은 분명히 사회적 속성을 갖지 못하고 따라서 생존경쟁과 살기에 가장 유리한 환경을 획득하는 투쟁에서 동식물과 같이 힘과 충동에 따르게 된다. 한편 문화적 차원은 사회를 형성케 하며 의사소통과 합의라는 엄격한 사회적 과정에 기초하는데 이 속에서 사람은 사회적 속성을 지닌 '인격인'이 된다. …사회는…그러므로 보다 원초적이며 경쟁적인 공동체의 차원 위에 놓여진 상부구조로 간주된다.

생물학적 차원에서, 동식물에 작용하는 과정이 인간적 용어로 전환될 수 있다. 가장 중요한 것은 경쟁인데, 이는 제한된 서식공간에서 거주와 기업을 위해 가장 바람직한 입지를 이용하려고 벌이는 경쟁이다. 경쟁능력에 따라서 유사한 개체는 유사한 장소에 모이기 때문에, 분리형태가 나타나고 이것은 차례로 생태적 공간의 기본단위, 즉 자연지역을 형성시킨다. 또 다른 중요한 과정은 지배의 과정 즉 우점종에 의한 환경조건의 통제인데 이 조건은 다른 종을 장려할 수도 있고 억제할 수도 있다. 그러므로 중심업무지역이 전체 도시지역내에서 지배적 요소가 되는데, 이 접근성이 높은 입지에 장소를 얻기 위한 상업적 기업 사이의 경쟁은 도시중심으로 갈수록 지가가 높아지게 하고 이것은 다시 도시지역내 다른 요소의 입지에 영향을 준다. 상업적·사업적 관심에 의한 주거지의 침입이나 저소득집단에 의한 상류주거지의 침입 등에서와 같이, 지배는 침입과 천이에 관련되어 있다.

그러나 파크는 특히 사회를 일련의 이원주의로 보고 문화적 차원을 사람들이 그 자신의 삶을 영위하는 하나의 장소로 간주한다. 도시생활의 다양하고 미묘한 특성 및 문화는 사회를 의사소통 또는 상호작용으로 다룰 것을 요구했고, 여기에 현재 인간주의 지리학과 연관되어 있는 민속지적, 감정이입적 방법이 활용된다(Jackson and Smith, 1984 ; Turner, 1967 참조). 개체는 자연지역으로 나뉘는데 여기에 그들은 뚜렷한 사회적 특성을 부여한다. 이 민속지적 접근은 조르버그(Zorbaugh, 1976)의 North Side 하부에 관한 연구, 앤더슨(Anderson, 1961)의 부랑자 생활에 관한 조사 그리고 워스(Wirth, 1956)의 유태인 게토 생활에 대한 분석과 같이, 특정한 사회생활에 관한 연구에서 가장 잘 나타난다.

상호작용적이며 인간주의적인 접근(실용주의 참조)은 인문지리학에서 커다란 영향력을 발휘하지 못했는데, 일찍이 시카고를 중심으로 한 전체적 공동체에 관한 연구가 있었음에도 불구하고(Mckenzie, 1921~2 참조) 인문지리학은 그 출발점으로 시카고학파의 도시생활연구보다는 도시구조연구를 택했다. 실제로, 인간생태학은 도시지역이 구조화되고 기능하는 방법에 대해 총체적인 견해를 제시했다. 도시구조의 전체적인 형상이 버제스가 제창한 도시성장의 동심원모형에서 제시되었다: 지배, 분리, 침입과 천이 원칙이 논리적으로 공간에 표현된 것. 그 모형의 다섯 지대—중심업무지대, 점이지대, 노동자주택지대, 양호한 주택지대 그리고 통근자지대—가 비록 개념적인 것이었지만 데이비(M. R. Davie, 1938)와 호이트(Homer Hoyt, 1939)는 동심원모형의 효용성을 의심했는데, 이 모형은 의사소통의 방향과 공업입지를 충분히 고려하지 않았다는 것이다. 호이트는 도시구조의 선형모형이 인식될 수 있다고 제안했다. 그러나 후에 이 두 가지 모형은 일반적 형태를 한 세트의 변수에 관련시킴으로써, 예를 들어 동심원식 지대는 가족생애주기에, 선형지대는 사회경제적 지위에 관련시켜 도시를 지나치게 단순화시킨다는 지적을 받았다. 호이트의 견해가 생태학적 개념의 유일한 경험적 비판은 아니다. 해트(P. Hatt)는 예를 들어 자연지역을 기존의 이론적 틀에 현실을 억지로 끼워맞추는 시도로 보았고, 파이어리(W. Firey)는 가치와 감상이 도시에서 집단의 입지와 활동을 결정하는 데 커다란 역할을 한다고 주장했다. 이러한 시카고학파에 대한 현시대의 비판은 파크의 상호작용론의 '재발견'이라는 견지에서 볼 때 재평가를 필요로 할 수도 있다. 지리학자들은 시카고학파의 연구결과를 이용하는 데 너무 선별적이었던 것 같다. 즉 도시모형뿐만 아니라, 예를 들어 쇼와 멕케이(Shaw and Mckay, 1969)의 청소년범죄 연구와 패리스와 던햄(Faris and Dunham, 1967)의 정신적 장애에 관한 연구와 같이, 사회적 과정보다는 지리적 형태를 확립해주는 연구들을 강조했다.

그러나 어떠한 재평가도 여전히 파크의 연구에 나타나는 생태적이며 결정론적인 요소—그렇기 때문에 그의 '연구는 조화될 수 없는 이원론을 내포하고 있는지도 모르는데'—를 인정해야만 한다. 여하튼 도시에 대한 흥미, 사회문제에 대한 개념 및 관심을 통해, 시카고학파는 계속해서 도시사회분석과 복지지리학에 중요한 기초와 통찰력을 제공할 것이다(민속지, 실용주의 참조). JE

시험적 자료분석 exploratory data analysis
데이타 세트의 주요형태를 묘사하고 아이디어와 가설들을 만들어내기 위해 고안된 일련의 절차들의 통계분석의 대부분이 과학적 추론의 법칙을 따르면서 검증을 하는 데 반하여 시험적 자료분석은 기대되는 결과에 대한 선개념으로부터 착수된다. 시험적 자료분석은 두 가지 이유 때

식민주의

문에 지리학에서 특별한 가치를 갖는다. 첫째, 지리학 연구에 방향을 제시해온 많은 이론들이 약하고 그 경험적 기대들이 결과적으로 정확하지 못하다. 둘째로, 거의 대부분의 지리적 데이타 세트들이 실험적 상황에서 가설을 검증키 위해 명백히 수집되지 못한다. 따라서 조사자는 가능한 자료의 성격에 대한 상세한 지식이 거의 없었을 것이다. 시험적 자료분석은 연구자들에게 그들의 데이타 세트를 간파하고 그들의 한계에 의해서 강요되지 않는 결론을 끌어낼 수 있도록 한다(확정적 자료분석 참조). RJJ

식민주의 colonialism

외국 인민에 대한 주권적 지배의 수립과 유지. 식민주의의 과정은, 부분적 원인과 결과로, 식민주의자들간의 불균등 경제발전에 의하여 유지되어왔다. 따라서 식민주의는 일련의 유럽국가들(대표적으로는 포르투갈, 스페인, 네델란드, 영국과 프랑스)이 민족적으로 발전함에 따라 시작되었으며, 식민지 팽창으로 확대되었다.

19세기 초반 경제력의 중심이었던 영국의 지배력이 증대하고 이와 연관하여 국제적 경제관계에서 자유방임주의가 대두함으로써 아메리카, 카리브해, 아프리카, 인도와 동인도제도 등에 대한 침투를 뒷받침해온 상업적 식민주의는 더 이상 필요하지 않게 되었다. 그러나 이 시기에 중국은 식민지적 침투의 대상이 되긴 했지만 직접 지배당한 것은 아니었다. 불균등하게 산업화된 유럽 자본주의국가들의 경쟁증대는 자유경쟁을 붕괴시키고 그 유명한 아프리카 쟁탈과 동남아시아 분할에 열을 올리게 하였다. 이 식민주의 기간은 원료와 신시장 그리고 투자기회를 찾거나 혹은 보다 큰 생산과 자본순환의 무대를 만들기 위하여 한정적인 대도시경제로부터의 독점자본의 현상타개로 다양하게 해석된다. 레닌(Lenin)에 따르면 식민주의는 제국주의 전쟁을 일으키고 식민주의 국가에서 사회혁명을 자극하며 주변지역에서는 원료에 대한 통제권을 장악할 필요성을 유발한다. 그러나 이 관련성은 역사에서 단지 부분적으로만 확인되었다. 식민세력은 식민지의 수출무역을 지배하였다. 그러나 식민지는 영국과의 무역에서 부분적 예외가 있지만, 식민지세력의 수출무역에서 단지 한정된 중요성을 가지는 정도이다. 러시아 혁명, 2차대전중 일본에 의한 식민지세력의 청산, 그리고 식민지에서 증대된 독립을 위한 민족주의운동 등이 1차대전 이래 탈식민지화 과정을 가속시켰다. 그러나 식민주의는 신식민주의로 대체되었으며 여기에는 자본주의, 사회주의 양쪽이 함께 참여할 수 있다고 주장된다.

식민주의는 불균등한 경제발전과 밀접하게 관련된다. 그것은 지지 이데올로기를 확산시키고 종속적 사회(종속 참조)에 대한 안정적이고 권위주의적인 지배를 오래 유지시킴으로써 자본주의의 팽창을 촉진시켰다. 동시에 그것은 반식민 민족주의와 역설적으로 서구에서 유입된 해방 이데올로기가 혼합된 결과, 그 자신의 붕괴를 촉진하였다. 식민주의의 영향은 전에 식민지였던 많은 국가들이 채택한 정부체제의 형태에, 그리고 현대 세계 강대블럭들이 벌이는 과거 식민지로부터 충성을 얻기 위한 이데올로기적·전략적 그리고 경제적 투쟁에 남아 있다. RL

신고전경제학 neoclassical economics

경제학은 생계비를 획득하는 사람들에 관한 연구이며, 보다 전문적으로는 대안적 목적들간의 희소한 수단들을 할당하는 것에 관한 연구로 정의된다. 달리 말해서, 경제학은 모든 사람들이 자신이 원하는 모든 것을 가질 수 없는 자원들의 제한된 세계에서 인간적 필요와 욕구가 어떻게 충족되는가를 연구한다. 신고전경제학은 자본주의사회에서 관례적으로 경제적 활동이 기능하는 방법에 관한 견해의 기초를 이룬다. 이 경제학은 하나의 학술적 학문으로 형성적 또는 고전적 단계의 경제학으로부터 세련되고 확장된 사고를 대표한다.

경제학의 고전적 시대는 일반적으로 1776년 아담 스미스(Adam Smith)의 『국부론(Wealth of

신고전경제학

nations)』과 1848년 밀(John Stuart Mill)의 『정치경제학 원리(Principles of political economy)』의 출판으로 정의된다. 이 시대는 노동비용이 지배적 역할을 담당하는 생산비용에 바탕을 둔 상대가격론을 개발한 리카도(David Ricardo)의 저작에 의해 지배되었다(신리카도 경제학 참조). 노동가치론은 마르크스(Karl Marx)에 의해 채택되었으며, 마르크스경제학의 중심이 되었다. 고전경제학자들은 아담 스미스에 의해 인식된 시장경쟁의 '보이지 않는 손'에 의해 사회전체를 이롭게 할 수 있는 방법으로 자기이해의 갈등을 해결할 수 있는 '자유방임'의 능력을 크게 강조했다. 신고전적 견해를 특징지우는 것은 노동가치론이 아니라 고전경제학자들의 자유주의이다. 인간활동에서 개인주의, 자유방임, 시장체제의 존중 등을 강조하는 견해는 생산된 모든 가치를 노동의 소모에 귀결시키는 어떤 윤리보다는 자본주의의 지배적 윤리에 더 조용했다(시장교환 참조).

고전적 개념에서 경제는 어떤 한 기업도 시장가격이나 판매되는 재화의 총량에 유의한 영향을 미칠 수 없는 다수의 소기업들로 구성되며, 이 기업들은 소비자의 취향과 소비자 지출을 추구하는 수많은 다른 소기업들의 경쟁에 의해 지배된다. 벤담(Jeremy Bentham)의 공리주의는 소비자 만족이 표현될 수 있는 개념을 제공했다. 이 개념들이 수학으로 정식화됨에 따라, 신고전 경제학자들의 새로운 학파가 고전적 자유주의의 전통으로부터 생겨났다.

신고전경제학의 등장은 1870년대초 출판된 세 저서들—제본스(William Stanley Jevons)의 『정치경제론(The theory of political economy)』, 멩거(Karl Menger)의 『국민경제학의 기초(Grundsätze der Volkswirtschaftslehre)』, 그리고 왈라스(Léon Walras)의 『정치경제학 요론(Éléments d'économie politique)』—과 밀접하게 관련된다. 이 분석들간에는 차이점들이 있지만, 그 기본접근법과 내용은 유사하다. 여기서 수립된 기본틀은 오늘날의 경제학과 경제지리학에 여전히 많은 영향을 미치고 있다.

신고전적 이론은 시장의 작동에 유의한 영향을 미칠 힘이 없는 수많은 소생산자와 소비자들로 구성된 경제를 가정한다. 기업들은 생산요소들(토지, 노동, 자본)을 구입하거나 임대하여, 이윤을 극대화할 수 있는 방법으로 생산과정에 이들을 유용한다. 요소들과 판매될 완제품들의 가격은 기업의 통제 밖에 주어진 것으로 간주된다. 기업은 채택될 생산과정(요소들의 배합)과 생산물의 량(또는 규모) 등을 결정할 수 있으며, 기업의 입지는 고려되지 않는다. 가계들은 그들이 소유하는 생산요소들(그들이 가지고 있는 토지와 자본, 그렇지 않으면 단지 노동)을 판매한다. 그들은 주어진 시장가격을 수락하고, 결과적인 소득으로 개인의 만족이나 효용을 극대화시키도록 선택된 양의 재화와 서비스를 구입한다. 전체체계는 시장가격에서의 공급과 수요의 상호작용에 의해 통제되며, 이는 재화와 생산요소들의 가격결정을 통해 자원을 할당하고 소득을 분배하는 역할을 한다.

이상은 관례적 경제학 교과서들이 자본주의적 자유기업체계의 작동을 이해하는 기본적 방법이다. 예를 들면, 사무엘슨(Paul Samuelson)의

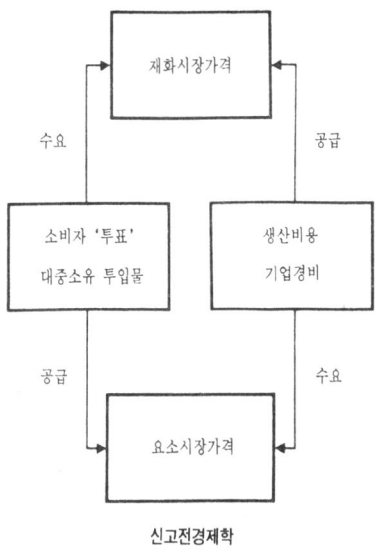

신고전경제학

신고전경제학

『경제학(Economics, 1976)』은 그림에서 요약된 것과 같이, 무엇을 어떻게 누구를 위하여 생산하는가라는 기본적 경제문제를 해결하는 경쟁적 가격체계를 가정한다. 경제에의 두 참여집단들, 즉 '대중'과 '기업'이 고찰된다. 재화와 생산요소들의 시장은 물건이 교환되는 가격을 정한다. 대중집단은 기업들에 판매할 노동, 토지, 자본재 등을 제공하고, 요소시장에서 공급과 수요의 상호작용은 임금, 지대, 이자로 지불될 그 가격들을 결정한다. 즉 이는 소득분배를 결정한다. 대중집단은 그 소득을 취하여 소비재 시장에서 사용하게 되며, 이는 사무엘슨이 '달러투표'라고 간주한 형태에서 그 선호들이 나타난다(선거과정의 암묵적 유추는 자유시장 메커니즘을 지지하는 민주주의의 원리를 고무한다 ; 다원주의 참조). 소비자수요는 기업이 재화를 공급하고 그 가격을 결정할 수 있는 수준에서의 비용과 상호작용한다.

그림에서 제시된 경제의 모든 요소들은 서로 관련되며, 따라서 한 요소에서의 변화는 다른 요소들에서의 반향을 일으키게 된다. 즉 그들의 서비스를 제공하는 자본소유자나 노동자의 호응에 있어서 어떤 변화는 요소시장에서의 가격에 영향을 미칠 것이며, 이는 다시 생산비용, 재화의 가격, 그리고 그것을 소비하는 대중집단의 수락의 변화에 영향을 미칠 것이다. 시장은 공급과 수요간 균형을 이루는 가격에서 평형상태의 회복을 지향하도록 이러한 변화들을 자동적으로 조정한다고 가정된다. 바로 이러한 자기규제적 속성은 대안적 사용들 간 요소들의 할당과 생산과정에의 다양한 참여자들간 수확의 분배수단으로서 그 매력을 자유시장 메커니즘에 부여한다.

경제에서 소비와 생산의 측면들은 그 자체로서 세련되고 정교한 이론의 주제이며, (흔히) 대수학이나 단순 기하학 모형들을 이용하여 정식화된다. 효용이라는 개념은 소비자 행태이론에서 주요하다. 소비자들은 그의 취향과 선호를 조합하는 **효용함수**를 가진다고 주장된다. 그들은 무엇이 자신들에게 최적인가를 알고 있다.

이는 '소비자주권'의 원리이다. 소비자들은 소득에서 주어진 '예산제약'과 주어진 일단의 가격들하에서 효용을 극대화시킬 수 있도록 대안적 '재화들의 묶음'들간 그들의 지출을 배분한다. 오랫동안 효용은 최소한 순차적 간격으로 측정할 수 있다고 가정되었다. 그러나 소비자행태가 경험적 준거틀 없이 분석될 수 있도록 실제로부터의 추상수준이 높아짐에 따라 심지어 이 점(즉 순차적 측정가능성)조차 불필요한 것으로 밝혀졌다. 신고전학파 경제학자들은 그들 이론의 윤리적 내용을 최소화시키고자 지대한 노력을 했으며, 이는 효용함수의 실제적 특성에 대한 어떠한 관련성도 피하고자 함을 의미한다. 그들의 목적은 특정조합에 의한 소비로부터 도출될 수 있는 효용의 실제적 양과 그리고 함의된 실제적 재화와 무관하게, 효용의 극대화를 위한 일반적 필요충분조건 등을 파악하는 것이었다. 소비된 마지막(또는 한계)단위로부터 도출된 효용—그 상품의 가격에 대한 비율로서 표시됨—이 모든 상품들에 동일한 비율이 될 때, 소비자는 효용을 극대화시키게 된다. 달리 말해서, 지출단위 당 한계효용은 소비된 모든 재화들이나 서비스들에 동일해야 하며, 그렇지 않을 경우 낮은 한계효용을 제공하는 것들로부터 보다 높은 한계효용을 제공하는 것들로 지출을 재할당함으로써 얻어질 수 있는 부가적 효용이 있게 된다(효용이론 참조).

이러한 분석은 전체상품의 집합적 소비로 확대된다. 개인의 효용함수들은 다양한 재화들이나 서비스들에 대한 지역사회적 선호들을 표현하는 사회복지함수로 총합된다. 가용자원들과 기술은 어떤 생산가능성(예산제약에 상응한 지역사회)을 창출하며, 이는 실제 소비를 가능하게 하는 수준의 한계를 결정한다. 지역사회복지는 개별 효용함수들의 극대화를 통해 극대화된다. 신고전경제학(복지경제학)에서 이와 같이 간단한 복지이론의 표현은 지리학적 확대를 포함하여 많은 발전과 논쟁의 주제가 되었다(파레토최적성, 복지지리학 참조).

그림에서 경영측면에서 기업의 활동에 관한

신고전경제학

신고전적 분석은 소비자 행태에 관한 신고전적 분석에서 유추된다. 이윤을 극대화시키기 위해, 기업은 그 자원들을 최고수준의 효율성에 따라 이용하며, 이에 따라 가능한 최저비용에서 생산하게 된다. 기업은 각 요소의 마지막(한계)단위의 생산에 대한 기여(요소가격에 대한 비율로 표시됨)가 모든 요소들에 동일한 비율이 될 때까지 생산요소들을 구입한다. 이에 따라 각 요소들에의 지출의 마지막단위는 생산에 있어 동일한 증가를 가져와야 하며, 그렇지 않을 경우 요소들이나 투입물들간 비용들의 재할당에 의해 달성될 수 있는 부가적 산물이 있게 된다(소비자가 효용을 극대화하고자 하는 시도와 마찬가지로). 생산과 소비가 함께 고려될 때, 자원들은 전체경제의 총생산가치 또는 이로부터 도출된 전체효용이나 복지의 감소 없이는 재할당이 불가능한 방법으로 대안적 재화들과 서비스들간에 배분된다. 소득은 탁월한 한계주의적 원리들에 따라 분배되며, 각 요소는 그 한계생산성에 따라 지불된다.

신고전경제학은 비록 전통적으로 지리적 공간을 무시하지만, 지역경제학을 통해 이러한 분명한 오류를 극복하려는 시도들이 이루어졌다(<u>지역과학</u> 참조). 이의 대부분은 관례적 신고전적 정형화들의 반복이다. 예를 들면, 한계주의적 원리들에 따라 배분되는 생산요소들에 관한 사고들의 엄격한 해석은 공간적 재배분에 의해 부가적 산물이 이루어지지 않을 때까지 노동이나 자본이 부족장소에서 잉여장소로 이동하기를 요청한다. 이 점은 시장력이 요소들의 수입과 이에 의한 소득을 균등하게 하는 경향이 있을 것이라는 예측을 가능하게 한다. 스웨덴의 경제학자 올린(Bertil Ohlin)은 1933년 『지역간·국가간 무역(Interregional and international trade)』을 출판했는데, 이 책은 그가 인정한 것처럼 현실적으로는 필수적으로 충족되지 아니하는 어떤 가정들하에서 (지역적) 전문화와 무역이 지역적 균등성을 어떻게 유도하는지를 보이고 있다. 주요한 사실은 요소들의 불완전 이동성이 시장에 의해 달성될 것이라고 가정되는 즉각적 조정을 방해한다는 점이다. 거리마찰이 요소 이동성에 주요한 저항이 된다는 사실은 신고전적 관점이 <u>공간경제</u>가 실제 어떻게 기능하는가에 관한 일반이론으로서는 특히 부적절함을 의미한다. 그러나 지역경제학의 등장은 지리학과 관례적 경제학에 상당한 이점을 가져다주었으며, 특히 공간이 경제적 과정에서 비실재적이지 않을 뿐만 아니라 중립적이지 않음을 인식하도록 했다.

신고전적 전통에서 지역성장이론은 공간경제적 계획에 지대한 영향을 미쳤다. 허쉬만(Albert Hirschman)은 『경제개발 전략(The Strategy of economic development, 1958)』에서 경제의 특정부분들의 선택적 개발은 성장의 지역간 전파를 촉진하는 가장 효과적인 방법임을 주장했다. 이 점은 성장극-투자를 위해 선택된 <u>성장점</u> 또는 입지라는 개념으로 지리학적으로 번역된 개념—으로서 추동적 산업의 자극에 관한 페로(François Perroux, 1950)의 주장과 유사하다. 선택적 공간개발전략은 성장이 얼마나 효과적으로 한 장소에서 다른 장소로 파급되는가, 또는 허쉬만이 명명한 '적하'효과(trickle down effect)에 좌우된다.

베리(Brian Berry, 1970)와 여러 학자들은 쇄신의 <u>확산</u>처럼 도시계층을 따라 전파하는 '성장충격'에 관한 견해를 설정했다. 균등화경향은 성장이 시발된 곳에 유지되는 효율성의 이점들로부터 발생하는 '극화'효과로 인해 좌절될 수 있다. 뮈르달(Gunnar Myrdal, 1957)의 순환누적적 인과관계 개념은 '전파'효과가 '역류'효과에 의해 상쇄되어 불균형발전이나 지역불균등을 만연시킬 수 있음을 제시했다. 특히 중요한 것은 <u>집적과 집중</u> 과정으로, 이는 외부효과가 형성되고 주변부에서 창출된 자본이 중심부의 투자가들에게 회수되어 이전됨에 따라, 주변부의 희생에 의해 중심지역이나 거대도시가 계속 성장함을 의미한다. 그 반대에 관한 이론적 주장이나 많은 경험적 증거에도 불구하고, 거대도시지역(의 성장에 관한 이론)은 신고전적 이론에서 정립된 지역간 경제체제의 균등화 속성에 관한 맹

신고전경제학

신에 여전히 기반을 두고 있다.

신고전적 경제이론은 명백한 매력을 가지고 있다. 이 이론은 경제활동의 모든 측면들이 사회복지의 극대화를 위한 필요충분조건들을 정의하는 일단의 진술들에서 함께 동원될 수 있다는 의미에서 우아한 일반이론을 제공한다. 이러한 것 모두와 시장에 의해 규제되는 자유기업체계와의 결합은 자본주의체계를 객관적이고 과학적으로 지지하는 어떤 것을 제공한다. 무엇이 생산되며, 어떻게 그리고 누구를 위해 생산하는가는 사람들이 시장에서 그들의 화폐투표지를 소모하는 것처럼 사람들의 '민주적' 제재에 궁극적으로 의존하는 어떤 것으로 간주된다. 따라서 소비구조가 아무리 왜곡된 것처럼 보이고, 또한 대가의 배분이 아무리 불균등한 것처럼 보인다고 할지라도, 이들은 시장훈련하에서 형성된 일반적 선호의 자유로운 표현과 기업의 반응에 논리적으로 소급될 수 있다. 정부개입은 만약 그대로 두면 변화에 적용하여 일반적 이해상의 모든 갈등을 해결하게 될 과정들의 작동을 단지 저해할 것이다.

신고전적 이론은 분명 몇가지 주요한 측면들에서 실제와 편차가 있다. 몇가지 결점들은 연속된 수정들에서 언급되었다. 예를 들면, 판매자들과 구매자들은 가격에 영향을 미칠 정도로 크며, 따라서 경쟁이 완전할 수 없음이 인정되고 있다. 관례적으로 고려된 독점화과정에 덧붙여, 공간적 독점은 시장불완전성의 근원이 된다. 또 다른 수정부분은 시장조건하에서 공급되지 아니하며 비록 자본주의라고 할지라도 사회가 집합적 책임감을 일반적으로 가지는 공공재들(예로, 안보, 사회적 서비스, 그리고 하부구조 등)의 도입에 관한 것이다. 사회적 비용과 외부성(비가격적 이익들과 부담들)은 또한 자유시장양식의 주요왜곡으로 간주된다.

최근 신고전적 이론에 대한 비판이 증가함에 따라, 보다 근본적인 결함들이 밝혀지고 있다. 생산요소의 소유와 기존의 소득분배 유형이 주어진 것으로 간주되고, 그 정당성은 의심을 받지 않았었다. 토지와 자본의 사적 소유와 같이

자본주의의 특징적 사회제도들은 사물들의 자연질서로서 간주된다. 사실 사적 소유는 사회체계의 가정된 복지극대화 속성들을 달성하는 데 적절하지 않으며, 이러한 속성들은 생산수단의 공공적 소유로 이루어진 중앙집권적 계획하에서 보다 용이하게 달성될 수 있는 것처럼 보인다. 소비자행태에 관한 분석은 개인적 선호 및 예산제약의 근원에 관한 고찰을 무시한 채 선택의 자유만을 강조하는 극히 개인주의적 접근에 기반을 두고 있다. 신고전적 이론의 형식적 세련화 때문에, 그 분석장치들은 기술적 문제에 봉착했으며, 자본주의의 계급들간의 관계와 같은 사회적 관계를 무시하고 있다.

신고전적 이론의 주요비판은 주류경제학 그 자체에서 제시되었다. 그라프(J. de V. Graaff)의 『이론적 복지경제학(Theoretical welfare economics, 1957)』은 최적적으로 효율적이며 이에 의해 보장되는 복지극대화 산출을 실현하기 위해 경쟁적 자유시장의 자본주의경제에서 필요한 가정들을 상세하고 단언적으로 열거했다. 갈브레이스(J. K. Galbraith)는 기업조직과 통제의 성격변화에 근거를 두고 지속적 비판을 제시했으며, 미샨(E. J. Mishan)은 경제성장의 부(negative)의 외부효과들과 같은 것에 관한 고려에서 도출되는 복지경제학의 문제들을 지적했다.

다른 방향에서의 비판은 급진적 마르크스주의 경제학자들로부터 제시되었다. 신고전적 이론의 이데올로기적 내용이 돕(M. Dobb)과 다른 학자들에 의해 폭로되었으며, 이들은 복지극대화 속성을 가진 자기규제적 자유시장모형이 그 명백한 논리적 결함과 현실과의 불일치에도 불구하고 자본주의체제를 지지하는 그 역할에 부분적으로 기인하여 지속되고 있음을 이해한다. 마르크스주의적 관점에서 주장되는 것과 같이, 순전히 기술적 관련성들에 초점을 맞춘 것은 자본주의의 착취적 성격으로부터 관심을 돌리기 위한 것이다. 침체, 인플레이션, 산업적 불안 등의 반복적 위기들은 수혜적이며 자기규제적 메커니즘으로서의 자본주의체제에 대한 신뢰, 또는 이

체제를 이해한다고 주장하는 (그리고 신고전적 전통 속에서 훈련받은) 전문적 경제학자들의 통제능력에 대한 신뢰 어느 것도 거의 개선시키지 못했다.

그러나 신고전적 이론의 현대적 비판은 지나친 경향이 있다. 자본주의(또는 사실 어떠한 경제체계)가 실제 어떻게 작동하는가를 해명하는 이론으로서 이 이론은 분명 결함을 가진다. 그러나 사회복지의 극대화 추구에 있어 자원배분의 최적성을 나타내기 위해 사용된 분석적 장치들은 특히 중앙집권적 계획에서 어느 정도 실제적 응용성을 가질 수 있다. DMS

신국제 노동분업
new international division of labour(NIDL)

급성장하는 많은 신흥공업국가들(NICs)의 산업화의 확대 및 생산의 국제화와 관련된 세계적인 노동분업의 새로운 형태.

이 용어는 프뢰벨(Fröbel) 등(1980)이 범세계적 규모인 다국적기업이 그들의 생산구조를 재조직하고 따라서 신흥공업국(NICs)이나 기타 국가에서 산업생산력의 성장을 자극함에 따라 투자의 해외이출과 관련된 과거 공업화된 국가에서의 탈산업화를 설명하는데 사용되었다. 특히 중요한 것은 유치국가에서 그 결과로 나타나는 공업화과정의 양상이 매우 제한적이라는 점이다.

개발도상국에는 적절한 복합적인 공업단지가 조성되지 않는다. 그리고 이와 같은 부분적인 공업화단지가 형성된 일부의 개발도상국에서 자본과 다른 재화의 수입에서 그리고 공업시설의 유지를 위한 수입에서 선진공업국의 종속으로부터 탈피할 수 있는 광범위한 공업단지를 조성한 사례는 거의 찾아볼 수 없다. 반면에, 공업생산은 매우 저렴한 노동의 이용 및 약간의 국지적 요소 투입을 제외하고는 국지적 경제와는 관계가 없으며 세계시장을 대상으로 하는 공장들에서 고도로 전문화된 제조과정으로 제한된다 (Fröbel, 1980).

이러한 설명의 중요한 특징은 구체화된 세계경제를 형성함에 있어서 특히 생산의 확대나 재입지에 있어서 다국적 자본의 역할을 강조한 것이다. 이러한 재입지의 한 형태는 선진공업국에서 특정의 제조업을 폐쇄하고 동일계열회사의 외국 자회사에서 이러한 생산과정의 일부분을 설립하는 식으로 나타난다(Fröbel et al., 1980). 이러한 점에서 NIDL은 생산의 다국적 재구조화의 결과이다. NICs의 이익은 개도국에서 통합된 복합산업구조의 설립과 거의 일치하지 않는다. 따라서 이들 국가는 수동적이고 종속적인 상태로 남게 된다(종속 참조).

이러한 NIDL의 종속인 견해보다는 덜 비판적인 견해가 확산이론가에 의해 설명되는 이론이다(Chisholm, 1982 참조). 확산이론가들은 개도국 경제내에서 국제적 환경에 의해 나타난 개발기회를 이용함으로써 비교이익의 유형을 강화시키고, 가용자원을 동원하는 경제의 선도력을 중시하였다. 이 설명에서는 다국적자본의 주도권이 개발자원을 호혜적인 방법으로 중심국가군에서 주변국가군으로 전환시키는 민족국가의 주도권으로 대체되었다. NIDL의 출현에 대한 결정론적 설명을 피하고, 국가는 반드시 수동적일 필요가 없다는 점에서 이 설명은 옳으나, 이러한 과정을 세계경제의 구조와 역동성의 관점에서 파악하고(Johnston, 1985) 국제적 개발의 지배력에 대항하기 위한 국가적 잠재력 및 국내정치에 대한 연구조사도 필요하다. 이러한 맥락에서 발전과정이 이루어지는 장소에 따른 지리적 변화의 중요성을 주장한 치솜의 주장은(꼭 그런 것은 아니지만) 적절한 것이 될 것이다.

신국제적 노동분업을 구체화시키는 국제적 자본의 결정적인 중요성은 컴퓨터를 이용한 생산이 노동과정의 자본집약도를 증가시킴에 따라 투자가 선진경제로 회귀할 것이라는 설명에서 확실해진다. 그러한 상황에서는, 단순히 저렴한 노동력의 추구에 의해 유도되는 것이 아니라 유리한 재생산을 위한 적절한 환경의 결합에 의해

유도되는 다국적기업의 생산변화 및 세계적 입지전략의 요구사항 또한 변화할 것이다. HL

신도시 New Town

과밀하여 넘쳐흐르는 연담도시의 인구와 고용기능을 1차적으로 수용하여 균형된 비율을 이루도록 계획된, 자립적·자족적이며 사회적으로 균형잡힌 도시중심지. 신도시는 전세계적으로 크게 각광을 받고 있는데, 오스본과 위티크(Osborn and Whittick, 1977)는 67개 국가에서 신도시형의 도시개발을 하고 있다고 지적하였다. 그러나 신도시는 본질적으로 도시성장의 문제에 대한 영국식 해결방식이며, 이는 하워드(Ebenezer Howard)의 전원도시 개념이 자연적으로 연장된 것이라고 할 수 있다. 1944년 애버크롬비(Abercrombie)는 런던의 과밀인구 수용지역으로 런던의 개발제한구역 외곽에 10개의 신도시를 건설하자는 대런던계획(Greater London Plan)을 제안하였다. 레이스위원회(Reith Committee)의 호의적인 검토가 있은 후, 1946년에 신도시법(New Towns Act)이 제정되어 행정적·재정적 뒷받침이 마련되었으며, 1947년에서 1950년까지 14개의 신도시가 계획되었다. 그 이후 7개의 신도시가 또 다시 계획되었다. 몇개의 도시는 근본적으로 기존의 취락에 기초한 것이고(예: 바실돈, 노쓰햄턴, 피터보러), 몇개의 도시는 완전히 새로 건설한 것이었다(예: 피터리, 뉴톤 에이크리프). 신도시를 개발하는 데 일반적인 원칙은 신도시가 최소한의 통근의존성을 제외하고, 실제적으로 모연담도시지역으로부터 완전히 독립적이어야 하며, 균형잡힌 사회집단이 있어야 한다는 것이다.

영국의 신도시들은 1946년 이후 그 형태에 있어 구체적인 변화를 겪었다. 1946~1950년에 지정된 할로우, 큠브란, 이스트 킬브라이드 등의 제1차 신도시는 처음에 2만5천~8만 명의 규모로 계획되었으나, 그후 인구규모가 증가되었다. 계획 당시에는 그 당시 평균 도시인구밀도보다 훨씬 낮게 인구밀도를 설정하였으며, 도시구조상에서 근린거주단위의 원칙을 강조했었다. 1955~1967년에 계획된 제2차 신도시(컴버놀드, 레딧취, 런콘 등)는 신도시 내에서의 편익시설의 집중, 중심도시와 교외지역의 공공 및 개인 통신망의 효율적 연계, 보다 높은 인구밀도 등의 측면이 강조되었다. 1968년 이후 최근까지 건설이 진행되고 있는 밀턴 케인즈, 센트랄 렝카셔 등의 제3차 신도시는 훨씬 큰 규모이고 (50만 명에 육박하는) 기존의 몇개의 공동체를 포함하고 있다. 물론 보다 사적인 개발도 계획 속에 통합되어 있다.

다른 나라의 신도시 경험은 영국과 다르다. 미국에는 140개 이상의 신도시가 있으며, 이 중 4분의 1 정도가 캘리포니아에 있다. 2차대전 이전인 1928년에 지정된 레드번 등과 같이 오래된 신도시도 있으나, 정치적 관심을 끌지 못해 대부분은 아직 계획단계에 있다(계획 참조).

미국은 영국에 비해 민간차원의 개발을 더 중요시하고 있고(버지니아 주의 레스턴); 독립적인 입지가 보편적이지 않으며(도시내의 도시개발형태로 쌍자도시인 미네아폴리스/세인트 폴의 중심가를 재개발하여 씨다/리버사이드 조성), 사회적 균형도 신성불가침의 원칙으로 지켜지지 않는다. 노스캐롤라이나 주의 미래지향적인 쏘울 씨티는 가난한 흑인을 위해 계획되었다.

신도시개발의 전반적인 성공과 해외에서의 모방에도 불구하고, 영국에서 신도시의 미래역할은 불투명하다. 왜냐하면 출생률이 감소하고 있으며, 도시재개발에 대한 성향변화와 더불어 내부도시의 인구감소에 대한 관심이 높아져가고 있기 때문이다. AGH

신리카도경제학 neo-Ricardian economics

영국 경제학자 리카도(David Ricardo, 1772~1823)의 사상에 기반을 두고 신고전경제학과 마르크스경제학을 비판하고 이의 대안을 제시한 캠브리지 대학의 경제학 학파. 신리카도경제학의 역사적 선조는 러시아의 경제학자 드미트리프(V. Dmitriev)와 프러시아의 통계학자 보르트

신리카도 경제학

키비츠(L. von Bortkiewicz)의 저작들(이 양자는 금세기의 전환시점에 쓰여졌다)을 포함하지만, 이 학파를 실제적으로 형성한 것은 1960년 출간된 스라파(Piero Sraffa)의 『상품에 의한 상품생산(Production of commodities by means of commodities)』이다.

스라파가 제시하는 경제모형에는 두 가지 차원이 있다(그림 참조):

(a) 경제의 중심은 생산이며, 투입-산출의 선형 생산방정식들로 표현된다(이는 수요조건들이 상대적 가격에 영향을 미치지 않음을 의미한다). 고전경제학의 전통에 따라, 생산은 한 시기 생산에서의 산출이 다음 시기 생산의 투입이 되는 순환적 상호의존과정으로 인식된다. 스라파의 분석에서 특이한 점은 가치를 결정하는 어떠한 주요변수도 없다는 점이다. 리카도와 그후 마르크스도 생산에 관해 이와 유사한 견해를 가졌지만, 양자 모두 그들의 분석을 <u>노동가치론</u>의 어떤 형태에 근거를 두었다. 대조적으로 스라파에 의하면, 한 부문에서 재화의 가격은 그 이전 생산기간 동안 다른 모든 부문들에서 생산된 재화들의 가격에 의해 결정되며, 이들의 가격은 연속적으로 그 이전 생산에서 재화들의 가격에 의해 결정된다. 따라서 모든 단계에서, 상품들의 생산은 다른 상품들에 의해 생산되며, 그 결과 가격들은 노동가치와 같은 어떤 근본적 실체에 근거를 두고 있는 것이 아니다;

(b) 산출이 투입을 초과할 경우, 소위 '잉여'가 존재하게 된다. 이 잉여는 각 사회계급이 국가적 소득에서 각자의 몫을 취하게 되는 '저장소'를 형성한다. 생산에 관해 순환적 견해를 취하는 다른 학자들과 마찬가지로, 스라파는 결정적 가격체계를 구하기 위해 소득 몫들 중 최소

한 하나는 생산체계의 외부로부터 주어져야 한다고 주장한다. 따라서 요소소득들을 교환체계 내에서 전적으로 도출하는 신고전경제학과는 달리, 신리카도주의는 순수하게 경제적인 관계의 외부에 놓여 있는 사회계급이나 제도들을 준거로 한다. 그 효과는 일반적으로 소득분배를 담지하는 사회·정치·문화적 제도 등의 광범위한 배열을 포함하는 것으로 간주되도록 경제학의 경계를 재편성하는 것이었다. 게다가 배분될 잉여의 한정된 양에 따라, 사회계급들간의 관계는 항상 적대적이다. 한 계급이 얻게 되면, 다른 계급은 잃게 된다.

이러한 기본모형으로, 스라파는 소득배분의 변화에도 불구하고 변하지 않는 '절대가치'를 정의하는 문제 등과 같이 리카도경제학에서 풀리지 아니한 수많은 문제 등을 규명할 수 있었다. 또한 스라파의 작업은 신고전 경제이론과 마르크스적 경제이론 양자에 대한 비판의 토대를 암묵적으로 마련했다. 이 비판은 처음 분배에 관한 신고전적 한계생산성이론이 공격되는 <u>자본논쟁</u>에서 제기되었으며, 그후 마르크스적 노동가치론이 비판되는 가치논쟁에서 이루어졌다.

자본논쟁은 1960년대에 진행되었다. 이 논쟁은 신고전적 총생산함수에서 자본이 가지는 의미에 관한 로빈슨(Joan Robinson)의 질문으로 시작되었지만(자본은 화폐의 흐름[flow]인가 자본시설의 축적[stock]인가?), '재전환(reswitching)'으로 알려진 현상에 관한 스라파의 설명으로 신고전경제학에 대한 결정적 타격이 이루어졌다. 신고전이론에 의하면, 각 생산요소에 주어지는 소득은 그 한계생산물, 즉 고용된 요소의 마지막단위의 산물과 동일하다. 한 요소가

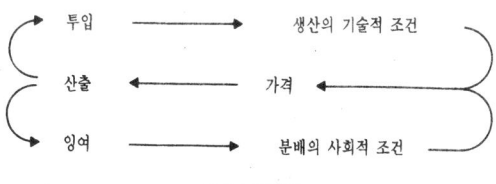

신리카도경제학

보다 많이 사용될수록 한계생산성은 떨어진다고 가정되기 때문에, 이윤율(자본의 한계생산)과 경제에 사용된 생산기술의 자본집약도간에는 부(negative)의 관계가 있다. 즉, 이윤율에 따른 자본의 한계생산은 회소성에 관한 일종의 지표로 작용한다. 예를 들어 만약 자본이 풍부하다면, 그 한계생산과 이윤율은 낮아진다. 이는 다시 자본가로 하여금 가장 저렴한 요소를 보다 많이 사용하도록 자본집약적 생산기술을 택하게 하며, 상대적으로 비싼 요소인 노동을 절약하도록 한다. 이러한 신고전적 견해와는 대조적으로, 재전환의 개념은 예를 들어 이윤이 낮을 때(자본이 풍부할 때) 자본집약적 기술은 가장 이윤적이며, 보다 높은 이윤수준에서(자본이 덜 풍부할 때) 노동집약적 기술은 가장 이윤적인 반면, 비록 보다 높은 이윤율이 유지되더라도(자본이 가장 회소할 때) 첫번째 (즉 자본집약적) 기술로 재전환할 수 있음을 보이고 있다. 이러한 발견은 신고전경제학에서 제시된 이윤율과 자본의 회소성간 관계를 단절시키며, 이로 해서 한계생산성이론을 와해시켰다. 광의적 의미에서 재전환은 자본과 노동간에 가정된 대칭성—여기에서 각 요소는 생산에 기여한 만큼의 대가를 받게 됨—을 부정하고, 이에 따라 이윤에 관한 새로운 해석의 길을 열어놓았다.

가치논쟁은 1970년대 중반에 시작되었다. 스티드만(Ian Steedman, 1977)의 연구와 특히 관련하여, 마르크스의 노동가치론에 관한 논쟁은 소위 '전형(transformation)문제', 즉 노동가치가 가격으로 전환하는 구체적 절차를 찾아내는 문제를 둘러싸고 제기되었다. 스티드만은 여러 가지 이유에서 전형문제에 관한 마르크스의 본래 해결방법은 틀렸다고 주장한다. 그러나 이 실패는 마르크스의 입장에서 수학적 착오에 단순히 기인하는 것은 아니다. 문제의 요점은 노동가치를 우선적으로 택했다는 점이다. 스라파에 따르면, 가격은 노동가치와는 완전히 독립적으로 결정될 수 있다. 노동가치는 마르크스주의적 가격분석에서 분석되지 않고 남아 있다는 주장에 덧붙여, 스티드만은 또한 이것이 분명 오류를 범할 수 있다고 제시했다. 예를 들면, 공동생산의 경우, 가격은 비록 정(positive)이라 할지라도, 노동가치는 부(negative)가 될 수 있다. 물론 스티드만의 비판은 마르크스주의적 경제학 전체의 일괄적 폐기를 의미하는 것은 아니다. 오히려 신리카도주의자들은 마르크스 경제학내 형이상학적 요소들이 제거될 때 자본주의 발전에 관한 체계적 이론이 정립될 수 있다고 믿는다.

신리카도주의는 신고전경제학자들과 마르크스주의적 경제학자들의 공격을 받았다. 그 비평은 다음과 같은 주장들을 포함한다: 즉 신리카도주의는 이데올로기적 편견(이데올로기 참조)을 가진 공허한 형식주의이다. 이것은 역사 또는 변화에 관한 이론을 담지 못하고 있다. 이 주의는 사회계급의 분석에 있어 베버(Weber)의 이념형적인 믿을 수 없는 범주들에 의존하고 있다. 이 주의는 노동과정에 관한 논의를 제시하지 못하며, 생산관계를 무시하고 시장관계만을 강조한다. 이 주의는 사회계급들간 관계를 결정하는 권력에 관하여 적절한 이론을 제공하지 못한다. 끝으로, 이 주의의 경제에 관한 견해는 상품물신성에 바탕을 두고 있다. 물론 이러한 점은 대부분 옳지만, 나폴레오니(C. Napoleoni, 1978)는 이들이 실제 스라파 연구의 요점을 놓치고 있다고 주장한다. 스라파는 경제·사회·역사를 설명하기 위한 거대이론을 정립하려고 한 것이 아니라, 이러한 광범위한 의문들에 관한 언급없이 단지 정치경제학내 몇가지 정확하게 정의된 이슈들에 그의 분석을 한정시켰다.

경제지리학자들의 신리카도경제학에 대한 관심은 점증되고 있지만, 아직까지 그렇게 많이 이용되지는 않고 있다. 기존연구는 스라파의 생산모형과 토지지대에 관한 튀넨모형을 연결시킨 스코트(Scott, 1976)의 선구적 논문에서 시작된다. 아주 최근에 경제지리학내 신리카도적 관점에서 고찰된 다른 주제들은 도시내 입지(Scott, 1982), 지역성장이론(Sheppard, 1983, 1984) 그리고 지역간 교역이론(Barnes, 1985) 등을 포함한다. 여태까지의 기여는 스라파의 연구를 긍정적인 방법과 부정적인 방법 모두에서 이용했다. 예를 들면, 스코트(1980, 1982)의 최근 연구는 첫번째 유형으로서, 상품생산의 사회적·기술적 조건들로 시작하여 자본주의적 도시들의 공간적 성격과 역동성을 설명하고자 했다. 다른 한편으로, 바네스와 쉐퍼드(Barnes and Sheppard, 1984, 1986)는 지역과학에서 상식적으로 받아들이는 어떤 전제들을 기각하기 위해 비판적 방법으로 스라파의 연구를 이용했다. 이들은 다음과 같은 점들을 보이고 있다 : 즉, (a) 산출을 극대화시키기 위해, 생산자와 소비자간 거리(또는 교통비용)의 극소화가 필수적인 것은 아니다 ; (b) '거리의 마찰'이 커짐에 따라, 교통투입을 극소화시키는 생산방법으로 전환하는 것이 필수적으로 더 이윤적인 것은 아니다 ; (c) 일단 공간적 상호의존성이 아이자드(Isard) 나 다른 학자들의 공간적 일반 균형모형에 도입되면, 공간적 균형은 본연적으로 불안정하게 된다 ; (d) 공간적 균형이 이루어진다고 할지라도, 이것이 집단적 또는 개인적 복지를 필수적으로 극대화시키는 것은 아니다(사실, 이들간에는 갈등이 있을 수 있다) ; (e) 지역간 무역에서 자본가들을 '올바른' 전문화로 유도하는 단순 비교우위법칙은 존재하지 않는다 ; (f) 자본논쟁에 따라, 토지희소성과 토지지대의 수준간에 필수적인 연계가 있는 것은 아니다. TJB

신식민주의 neocolonialism

개발도상국(발전, 저발전 참조)의 경제와 사회에 대하여 경제가 발전된 강력한 국가(대표적으로 미국, 소련, 일본 그리고 집합적으로 EEC 회원국)를 통하여 접합한 경제적·정치적 통제의 한 수단. 지배를 받던 국가들은 외견상 독립한다—형식적·직접적 지배는 없다(식민주의 참조). 그리고 그들은 독립의 모든 치장들을 외면적으로 과시한다. 그러나 사실 그들의 경제적·정치적 체제는 외부의 통제를 받는다.

이 통제는 다양한 방법으로 행해질 수 있다. 외국산업과 금융자본(Radice, 1975)은 신식민지 사회의 외부 경제관계에 영향을 줄 뿐 아니라 그들의 계급관계를 재구성하는 데 봉사하고 매판부르주아를 유지함으로써 외국의 지배를 행사한다(신국제노동분업 참조). 특별한 상업적 관계에 참여하는 것은 프랑스와 서부 아프리카의 의존관계 그리고 스털링지역에서의 관계 등과 같은, 무역과 투자를 이용한 저개발과 개발경제의 연결일 뿐만 아니라 저개발경제의 정책에 내면적인 경제적 규율을 강요한다. EEC와 60여 아프리카, 카리브해·태평양 연안국간에 타결된 로메(Lomé)회의는 원조, 무역 그리고 투자합의를 통한 신식민주의 기법을 발전시켰다(Kirkpatick, 1979). 보다 광범위한 다자간규모로 국제통화기금은 도움을 청하는 저개발국에게 자본주의 규칙의 한 형태를 강요했다. 정치적 통제는 내면적으로 미국 중앙정보국과 같은 기관에 의해서나(Agee, 1975), 혹은 드러내놓고, 소련에 의해서 그리고 그 위성국간에서, 보다 직접적으로 조작되고 수행될 수도 있다.

신식민주의의 목적은 지배받는 사회를 보다 넓은 영향권내에 계속 확보해두는 것이다. 세계경제의 상호의존이 증대하면서—생산과 원료에 대한 접근의 국제화에 기초한— 이 안전을 유지하려는 시도는 강화될 것이다. 결과로 신식민주의는, 그에 관련된 비생산적이고 높은 유지비용과 함께, 또 그에 부수하는 갈등의 내재적 잠재력과 함께 성장하고 확대될 것으로 보인다. 신식민주의는 그래서 직간접적으로 저발전의 발전에 공헌할 것이다. RL

실용주의 pragmatism

인간의 실천적 행위를 통한 의미의 구성에 중점적으로 관심을 갖는 철학적 입장. 실용주의는 19세기말과 20세기초에 북미에서 시작되었으며, 피어스(Charles Peirce, 1839~1914), 듀이(John Dewey, 1859~1952)와 제임스(William James, 1842~1910)의 다양한 저술들(때로는 전혀 판이한 입장이지만)을 통해서 파악된다. 이들간의 차이로 인해 실용주의를 엄밀히 규정짓기는 힘

들다: 그리고 사실 고정된 형식적 틀에 대한 불신은 실용주의의 특징의 하나이다. 실용주의적 관점에서 보면, 지식이란 본질적으로 유동적이고 오류의 가능성을 지닌 '자기교정적 탐구'과정이라고 할 수 있다.

> 지식이란 추상적인 용어로 경합중인 탐구의 산물들에 대한 이름이다. … 특정의 탐구에 의한 특정한 상황의 '확정'은 그렇게 확정된 결론이 언제나 확정된 상태로 남아 있을 것이라고 보장하는 것이 아니다. 확정된 믿음의 달성은 점진적인 문제다; 더 이상 탐구될 필요가 없을 만큼 확정된 믿음이란 존재하지 않는다(Dewey, 1938).

어떤 논평가들은 포퍼(Popper)의 비판적 합리주의나 심지어는 하버마스(Habermas)의 비판이론에도 이 견해와 유사한 부분이 있다고 지적한다. 그러나 실용주의의 철학적 함의는 이 둘 어느 것보다도 훨씬 더 근본적이다. 왜냐하면 실용주의는 '근본적 학문'으로서 철학의 가능성 자체를 의심하기 때문에, 그리고 "철학이 그 '구조'를 전개시킬 수 있는, 항구적이고 중립적인 개념틀이 존재한다는 생각"을 거부하기 때문이다(Rorty, 1980, 1982 참조). 이 점에서 로티(Rorty)는 실용주의란 인식론과는 거리가 멀 뿐만 아니라 이를 거부하는 것이라고 주장한다. 이는 현상학—적어도 훗설(Husserl)이 생각하는—이나 실증주의, 실재론의 비판이다. 번스타인(Bernstein, 1972)은 다음과 같이 주장한다:

> 패러다임을 근본으로 한 관심지향으로부터 지속적 자기교정과정으로서의 탐구를 근본으로 한 관심지향으로의 이행은 우리로 하여금 철학의 근본문제들을 거의 모두 다시 생각해보도록 한다.… 탐구자로서의 [인간], 탐구공동체의 일원으로서의 인간은 더 이상 방관자로서가 아니라, 능동적인 참여자이자 실험자로 간주된다. 행동주체로서의 [인간]은 여기서 전면에 나타나게 된다. 왜냐하면 행동주체로서의 인간은 인간의 탐구와 지식을 포함하여 인간생활의 모든 영역을 이해하는 열쇠가 되기 때문이다.

그러나 실용주의가 자유주의적 사회이론 특히 시카고학파와 상징적 상호작용론에 대해 큰 영향을 미치게 된 것은 이처럼 (철학에 관한 어떠한 광범위한 논의보다도) 인간행동에 초점을 맞추기 때문이다(Lewis and Smith, 1980 참조). 왜냐하면 "실천적 범주의 우월성, 즉 인간을 이해하고, 인간이 공동체에서 기능하는 방식들을 이해하기 위한 사회적 범주에 대한 강조, 심지어 [인간의] 실천적 활동의 관점에서 [인간의] 인식활동의 이해는 실용주의자들의 분석에서 지배적이다"(Bernstein, 1972).

비록 인문지리학에서는 "실용주의의 장점이 아직 제대로 검토되지 않았지만", 잭슨(Jackson)과 스미스(Smith, 1984)의 주장에 따르면, 실용주의는 민속지와 진정한 인간주의 지리학의 구축을 위한 다른 '참여적 연구형태'의 중요성을 강조하는 데 적용될 수 있다. 확실히 실용주의는 도덕적인 측면에 깊은 관심을 가지며, 이로 인해 단순한 도구주의와 구분된다. 푸코(Foucault)의 표현을 빌리면, 실용주의는 '권력의 그물망에서 미세한 그물눈에서 투쟁하고 있는' 사람들에게 유용한 성찰을 제공한다"(Rorty, 1982).

DG

실재론 realism
특정(개연적) 조건하에서 구현되는 특정한 구조의 (필연적) 인과력(casual power)과 경향성(liability)들을 규명하는 추상적 개념의 사용에 기초한 과학철학. 만약 우리가 이 문장을 '꺼냄(unpack)' 경우—'꺼낸다'는 개념은 실재론의 개념적인 어휘에 포괄되어 있는 한 부분이다—우리는 다음의 근본적인 구분에서 시작해야 한다:

(a) 전형적으로 '내포적인(intensive)' 연구의 관심대상인 인과 메커니즘들의 규명: 여기에

서의 주된 질문은 '어떤 것이 어떻게 발생하는가'이다 ;

(b) 전형적으로 '외연적인(extensive)' 연구의 관심대상인 경험적 규칙성들의 규명: 여기에서의 주된 질문은 '어떤 것이 어떻게 펼쳐지는가'이다.

양자는 구별되어야 한다. 왜냐하면 아주 간단히 (말해서) "어떤 것을 발생하게 하는 원인이 되는 것은 그것이 발생하는 횟수와는 무관하기" 때문이다(Sayer 1985a). 바로 이러한 구별은 경험주의와 실증주의에서 배제되어 있으며, 이를 회복하고자 함에 있어, 실재론은 단순히 비실증주의적일 뿐만 아니라 반실증주의적이다(Stockmann, 1983). 예를 들면, 계량혁명 시기에 인문지리학의 주류는, 경험적 규칙성들의 규명 즉 "실증주의에 의해 제시된 노선들"을 암묵적으로 따르는 '질서'와 '유형'에 대한 연구에만 몰두하였고, 이러한 전통은 시-공간예측모형들에 의한 경험적 규칙성들의 예측으로 계속된다. 그러나 츄이나드 등(Chouinard et al, 1984)이 강조한 바와 같이, 이러한 규칙성들이 실증주의가 요구하는 과학적 법칙들—때로 '흄적(Humean) 법칙' 또는 항상적 접속(constant conjunction)의 법칙이라고 불리는 보편적 진술들—의 지위에 도달하기 위해서는 법칙을 창출할 수 있는 메카니즘과 이것이 그렇게 되는 조건들의 구성, 양자는 사실 항상적이어야 한다. 그래서 이러한 류의 연구전략은 어떤 폐쇄체계에서 경험적이거나 실험적인 존재에 의존한다. 그러나 인문지리학과 다른 사회과학(그리고 자연과학의 많은 부분들까지)이 중심적으로 관심을 가지는 사례들 모두는 개방체계들이다. 이러한 토론에서 세 가지 주요한 관점이 도출된다 :

(a) 세이어(Sayer, 1984a)가 지적하였듯이, "'제반과학'들에 걸쳐 (경험적인 규칙성들의 규명과) 예측의 균일치 않은 성공은 제반과학의 연구대상의 속성과 깊은 관계를 가지며, 제반과학의 성숙정도와는 거의 무관하다." 사실 이런 방식으로 고찰해보면, 인문 및 사회과학은 예측적이라기보다 전적으로 설명적이라고 윌리암스(Williams, 1981)는 결론을 내렸으며, 이러한 주장은 실증주의(그리고 비판적 합리주의)에서 가정되는 설명과 예측간의 대칭성을 단절시키는 것이다 ;

(b) 실재론은 개방체계의 속성에 관해 특정한 견해를 제시한다. 그 존재론은 경험주의와 실증주의 모두를 특징지우는 '원자론'과는 현저히 다른, 바스카(Bhaskar, 1975, 1979)가 명명한 '실재의 중층적 개념'에 대한 기초를 제공한다. 이것이 뜻하는 바를 간단히 요약하면, 경험주의와 실증주의는 세계가 사건들로 구성되어 있다고 전형적으로 가정한다. 이러한 사건들은 과학의 '경험적 특수(particulars)'이며, 이의 관찰은 보통 과학적 발견을 선도하는 길로서 어떤 특별한 특권이 부여된다. 그러나 실재론은 세계를 분화되고 계층화된 것으로 간주하고, 사건들 뿐만 아니라 메카니즘들과 구조들로 이루어진 것으로 파악한다. 이들 메카니즘과 구조의 연계는 직접적이다. '구조'들은 특징적인 행위방식, 즉 '인과력과 경향성'을 가지는 일단의 내적관계들로 이해되며, 이러한 내적관계는 구조의 존재에 기인한 특징적 행동양식을 보유하고, 따라서 '필연적'이며, '메카니즘'에 의해 실현되는 '인과력과 경향성'을 가진다. 그러면 실재론적 과학의 과제는 특정사건들을 보다 '심층적인' 메카니즘들과 구조들내에 위치지우는 인과고리들을 다루는 것이 된다. 이 절차에 대한 기술적 용어는 존재론적 심층의 재발견이며, 따라서 경험주의는 세계를 사건들의 시-공간적 발생에 의해 흔적지워진 단일평면으로 인식하는 반면, 실재론은 상이한 차원의 영역들간 연계적 조직들을 발견하고자 한다. 그렇게 하는 과정에서, 실재론은 실증주의와 비판적 합리주의를 상징하는 논리적 필연성의 관계가 아니라 자연적 필연성의 관계를 설정한다 ;

(c) 그러나 메카니즘과 구조의 규명은 직접적인 것이 결코 아니다. 왜냐하면, 이들은 우리가 일상생활에서 도출하는 당연적 범주들, 즉 '상식적' 언술에서 즉각적으로 확인되는 것이 아니기 때문이다. 따라서 이들의 해부는 이론적 범

245

실재론

주들이 경험적 자료에 정보를 제공하고 (그리고 역으로 정보를 제공받는) 어떤 연구전략을 요청한다. 이러한 이유에서 추상화는 때로 '초월적' 또는 '이론적' 실재론이라고 확대되어 명명된다. 헤세(Hesse, 1974)는 이러한 전략을 그 근본에 있어 해석학적 순환(hermeneutic circle), 즉 점진적이고 반성적인 연구과정을 서술하는 과학적 탐구의 '네트웍 모형'으로 정식화했다 (해석학 참조 ; Gregory, 1987, 이 점은 다시 비판이론의 어떤 변형에서 실재론과 해석학의 접합을 허용한다).

이러한 세 가지 점은 대체로 자연과학과 인문사회과학 양자 모두를 뒷받침하는 데 이용될 수 있다. 인문사회과학내에서 실재론적 관점들은 역사학(예 : Mclennan, 1981), 사회학(예 : Keat and Urry, 1981) 그리고 인문지리학(예 : Chouinard et al 1984 ; Sayer 1982, 1985a ; Williams, 1981) 등에서 도입되었다. 그러나 특히 지적할 점은 여기서 인용된 모든 사례에서 실재론이 사적유물론과 밀접하게 관련되었다는 점이며, 이러한 관계—결코 배타적 관계는 아니지만, 즉 모든 마르크스주의자들이 실재론자인 것은 아니며, 모든 실재론자들이 마르크스주의자인 것은 아니지만—는 실재론에 관해 두 가지 가장 영향력있는 철학적 문헌들(위의 사례 대부분은 다소간에 이 문헌들에서 도출되었다), 즉 바스카(R. Bhaskar)의 『실재론적 과학이론(A realist theory of science, 1975)』과 『자연주의의 가능성 (The possibility of naturalism, 1979)』에서 확인될 수 있다. 바스카의 논제들은 실재론의 내부, 외부에서 반대에 부딪히고 있다. 이는 부분적으로 그 논제들이 '불필요하게 제한된 자연과학 개념'으로 유지되고 있기 때문이며(Benton, 1985), 또한 부분적으로 '특정한 사회적 존재론'은 바스카의 초월적 실재론에 의해 상정되는 보다 일반적 존재론에 직접적으로 따르지 않기 때문이다(Keat and Uny, 1981). 그러나 이러한 두 가지 정성화로, 우리는 인문사회과학내에서 실재론의 근원인 '메카니즘'들이 일반적으로 사회적 실천의 체계들—윌리암스(Williams, 1981)는 근본적 의미에서 실천의 개념이 실재론적 설명의 핵심에 놓여 있다고 주장한다—과 관련됨을 지적할 수 있다. 이러한 사회적 실천의 체계들은 "지혜롭고 능력있는 인간주체(비록 그 체계들을 인간주체에 환원시킬 수는 없지만)에 의존하며", 그 효과는 이들이 발생하는 배경의 개연적 양상에 의해 매우 중요하게 결정된다고 우리는 말할 수 있다(Gregory, 1985). 여기서 (다음과 같은) 두 가지 점들이 도출된다 ;

(d) '지혜롭고 능력있는 인간주체'—가장 광의의 인간행동—에의 호소는 실재론을 '본질주의'(essentialism : 표면적 현상 '이면'에 본질적인 실체가 있으며, 이것이 보다 '실재적'이라는 믿음)와 구조주의(이는 인간주체를 완전히 배제시켰다)로부터 구분하기 위해 의도된 것이다. 만약 우리가 이러한 호소를 심각하게 고려해본다면, 인문사회과학들에 있어 연구는 위의 (c)에서 서술한 단일적 해석학이 아니라, 기덴스(Giddens, 1976)가 명명한 이중적 해석학을 의미하게 됨을 우리는 알아야 한다. 자연과학과는 달리 인문사회과학은 선(先)해석적 세계의 이해를 추구하며, 이러한 사전적 해석은 모든 설명적 서술에 매우 기본적인 중요성을 가진다. 그러나 키트와 어리(Keat and Urry, 1981)가 인식하는 바와 같이, "(인문)사회과학에 있어 해석적 이해에 대한 필요의 인정"은 이론적·실재론적 자연주의의 가능성을 훼손시키는 것같다. 왜냐하면, 사실 우리 대부분은 대부분의 시간에 실재론에서 요구되는 명료하고 실제적인 추상화를 통해 세계를 이해하는 것이 아니기 때문이다. 그러나 우리의 '일상적' 구성은 실재론에 의해 제시된 '과학적' 설명들로부터 단절되어서는 안된다. 세이어(Sayer, 1985b)가 진술한 바와 같이:

> 실재생활에서, 우리는 그 경계가 모호한 정황들 속에서 살고 있다. 이 정황들은 우연하게 구조들과 인과적 관계에 걸쳐 있으며, 우리는 이들의 이해에 상당한 심혈을 기울이지 않을 경우에는 단지 일상적 작업

들을 필적할 수 있을 정도로 그러한 정황을 해석할 수 있을 뿐이다. 그러나 이론가로서 우리는 통일된 대상, 즉 구조 또는 집합을 추출하는 합리적 추상화를 통해 세계를 이해하고자 하며, 우리는 이러한 추상화로부터 시작하여 구체적 연구를 수행하고자 한다.

또 다른 곳에서 세이어(1984b)는 그가 각각 '표현적'인 것 그리고 '대상적'인 것이라고 명명한 두 가지 측면의 분리가 사회과학과 사회정책에 중요한 결과를 가져온다고 주장한다. 따라서, 실재론은 "상이한 존재론적 영역간의 관계"를 규명하고 "또한 동시에 그들의 통합성을 사회적 실체의 분화된 양상으로 인식할 수 있도록" 본질적인 사회이론을 갖출 필요가 있다(Layder 1981). 바로 이러한 이유에서, 실재론은 흔히 <u>구조화이론</u>을 동반하게 된다(Gregory, 1982 참조);

(e) 사회적 실천이 일어나는 '배경'의 '개연적 양상'에 대한 호소는 실재론을 완고한 결정론으로부터 분리시키기 위한 것이다. 실증주의와는 대조적으로, 실재론은 과학적 '법칙'을 보편성이 아니라 필연성에 관한 진술들로 간주한다. 그러나 세이어가 말하는 것처럼, 화약을 고려해보자. 화약은 폭발할 수 있는 (필연적) 인과력을 가지고 있다. 그렇지만, 이는 아무 곳에서나 또는 모든 곳에서 폭발하는 것은 아니다. 이의 폭발 여부는 "올바른 조건들—불꽃 등의 존재—속에 있음에 달려 있다. 따라서 인과력은 이를 보유하는 객체의 속성에 의해 필연적으로 존재하지만, 이들이 활성화되는가 또는 수행되는가의 여부는 개연적이다." 나아가, 이들의 효과는 "개연적으로 관련된 어떤 조건의 존재에 좌우된다." 이것이 의미하는 바는 '구체적 연구'에서—인과력의 수행과 효과에 관한 고찰에서—공간(또는 보다 정확히 말해, 공간적 배열)은 '차별성을 만들어'낸다는 점이라고 세이어는 결론내린다.

폐쇄체계에 관한…과학에서, 공간형태의 개연성들은 항상적인 것을 묘사하든지, 또는 인과적으로는 상호작용하지 않는 객체들 간의 공간적 관계에 관한 무차별성과 관련된다.… 사회체계에서 우리는 지속적으로 변화하는 공간적 관계의 혼잡에 당면하지만, 이 관계들 모두가 인과적으로 서로 무차별적인 객체를 내포하는 것은 아니다. 따라서 비록 구체적 연구는 공간적 형태 그 자체에 관심을 가지지는 않지만, 구체적인 것의 개연성과 이들이 만들어내는 차별성이 이해되기 위해서는 공간적 형태가 설명되어야 한다(Sayer, 1984a ; 또한 Sayer, 1985b).

이 결론은 의심할 바 없이 매우 중요하지만—왜냐하면, 인문지리학뿐만 아니라 인문사회과학 전반을 위해서 이 결론은 어떠한 비공간적 과학의 가능성도 와해시키기 때문이다—몇몇 논평가들은 궁극적으로 이러한 결론을 매우 '강력한' 논제에 관한 '허약한' 견해로 간주할 것이다. 이 점은 공간적 배열들이 구체적 연구뿐만 아니라 '추상적 연구'를 위해서도 중요하다고 주장할 것이다. 세이어 자신의 예를 사용해보자. 화약은 화약으로서 구성되며, 따라서 그 요소들 간에 존재하는 시-공간관계로 인해 특정한 인과력을 보유한다. 이 구성은 그 시-공간관계만으로나(<u>공간분석</u>의 고전적 오류) 또는 요소들만으로(<u>구성적 이론</u>의 고전적 오류) 설명될 수 없다. 이들 양자가 함께 고려되어야 한다. 따라서 맥락적 이론에서처럼 사회체계들의 시-공간 구성을 인식하는 것이 가능해진다(Giddens, 1981, 1984). 즉 사회구조는 공간적 구조를 가지며, 이들은 분리될 수 없다. 이에 따라 어리(1985)가 결론내리는 바와 같이, "사회체계는 인과력을 가지는 시-공간적 실체들로 구성되는 것으로 이해되어야 하며, 이러한 인과력은 (이들 간의) 공간적/시간적 상호의존성의 유형에 따라 실현되든지 또는 실현되지 않게 된다." 세이어(1985b)는 그후 부분적으로 이러한 주장의 설득력에 동의했지만, 그는 여전히 시-공간 관계에 관

한 추상적 전제들을 매우 일반화된 것으로 간주한다:

> 추상적 이론이 공간의 존재를 인식하는 것은 중요하지만, 공간에 관해 제시될 수 있는 주장들은 기덴스(Anthony Giddens)의 시-공간적 거리화와 '시공간적 변'(이라는 개념들)처럼 불가피하게 무차별적인 것이 된다. … 거리화와 같은 개념들은 어떤 유용한 이론적 또는 초(meta)이론적 역할을 하지만, 그러나 이들은 구체적 공간형태들에 대해 많은 것은 말해줄 것이라고 기대되지 아니하며 기대해서도 안된다.

따라서 이 점이 지적하는 것은 '추상적' 연구와 '구체적' 연구간을 엄격히 구분하는 선이 아니라, 시-공간관계가 보다 철저하게 규정될 수 있는 개념들의 계층에 관한 주의깊은 도해가 필요하다는 점이다. DG

실존주의 existentialism

세계에서의 인간주체의 실존적 '존재'—하이데거(Heidegger)는 이를 현존재(Dasein)라고 명명한다—에 집중적으로 관심을 갖는 철학. 실존주의는, 모든 개인들은 자신들의 본질적 창조성으로부터 전형적으로 소외되어 있으며, 대신 개인들에게 외재화된 '사물들'로서만 존재하는 객체들의 세계에서 살고 있다고 단정한다. 투안(Tuan, 1971, 1972)은 이같은 수동적 태도를 환경론이라고 부른다. 그리고 세계에 대한 능동적 '개방성'을 통하여 진정한 인간조건을 실현하고자 하는 모든 시도는 불가피하게 소외와 맞선 자유로운 투쟁을 포함한다고 단정한다. 사무엘스(M. Samuels, 1978)는 부분적으로 부버(Buber), 하이데거, 사르트르(Sartre)의 견해에 동조하면서, 이러한 투쟁은 본질적으로 공간적 존재론(spatial ontology)을 수반한다고 주장한다. 이는 의미있는, 말하자면 '저작된(authored)' 장소(장소 참조)를 만들어냄으로써, "괴리(detachment)를 극복하거나 제거하려는, 즉 거리감을 제거하려는 인간노력의 역사"이다. 그러나 초기에 실존주의 접근방법을 모색해온 인문지리학자는 대개가 공간존재론을 정립시키는 데 관심갖기보다는, 지리학의 '기계적' 공간관(지리학을 소위 '과학주의'로 전락시키는 실증주의와 대개 밀접히 관련맺고 있는데)에 대해서 보다 일반적 공세를 펼치는 데 관심을 가졌다. 버티머(Buttimer, 1971)에 따르면, 실존적으로 각성한 지리학자에게 인간이란:

> 외부에 존재하고 관찰되고 분석되고 모형화되는 대상, 문화적이고 '합리적인' 또는 역동적으로 임무가 부과되는 의사결정자 이상의 존재이다: 그[녀]는 과거, 현재, 미래의 살아있는 경험의 '주체'이다. 따라서 실존적으로 각성한 지리학자는 사전에 개념화된 분석적 모형을 통해서 사람들에 대한 지적 통제를 완수하는 데 관심을 갖는 것이 아니라, …사람과 상황의 만남에 대해 개방적, 상호주관적인 방식으로 관심을 갖는다 (또한 베버학파의 대안에 대해서는 Gibson, 1978 참조).

버티머의 글에서 보듯이, 실존주의는 합리주의와 관념론을 모두 비판하는데, 이는 확실히 베버(Weber)의 해석적 사회학을 확장시켰다고 말할 수 있다. 왜냐하면 실존주의는 (말 그대로) 존재(existence)를 원초적인 것으로 간주하기 때문이다. 반면에 실존주의는 특히 사르트르의 공헌을 통해서(Poster, 1975 참조) 현상학이나 사적유물론과도 중요한 관계를 맺고 있지만, 이는 버티머가 '일상세계에서의 인간 삶의 의미와 질적 가치'라고 부른 것에 근본적인 관심을 갖는다는 점에서 현상학과 사적유물론과는 구별될 수 있다. 따라서 버티머는 하이데거가 주인지식(Herrschaftwissen: '의미와 지휘의 지식')과 형성지식(Bildungswissen: '의미와 창조의 지식')을 구분한 것을 환기시키며, '지식과 행위에 대해 더욱 관심을 갖고 보살피려는 접근방법'에 대한 자신의 호소를 뒷받침한다. 이 접근 방법은 기계적 통제에 대한 합리주의적 충동과 이로 인해 생겨나는 소외에 대해 저항할 수 있고 궁극적으로는 극복할 수 있으며, 그리하여 진정한 인간 존재를 구현할 수 있게 한다(Buttimer, 1979 a, b ; 비판이론 참조). 이러한 종류의 비판이 인문지리학과 계획이론간의 관계에 대해 강하게 적용되어왔음은 놀라운 일이 아니다(Cullen and Knox, 1982 참조). 그러나 명백히 이 비판은 보다 널리 적용되도록 의도된 것이다.

보다 최근, 인문지리학에 대한 광의적으로 실존주의적인 기여는 특정한 공간존재론을 정립하는 데로 돌아서고 있다. 실제 렐프(Relph, 1981)는 자신이 인간주의 지리학의 '존재론적 사소함'이라고 부르는 것에 대처하기 위해, 공간과학의 범위를 훨씬 넘어서 지리학내에서 실존주의적 비판을 확장시키고 있다. 그의 견해에서도 역시, 하이데거의 저술들은 진정한 인문지리학을 위한 필수불가결의 원천이다. 그러나 '하이데거의 철학은 일종의 명상'인 반면에, 렐프가 강화시키고자 관심갖는 '환경론적 겸손'은 '존재에 대한 개방성'뿐만 아니라— "사물들로 하여금 있는 그대로 드러나게 하는" 동시에, "우리 자신들을 존재에 의해 주장되도록 하는" —'장소와 경관의 개별성의 명시적 보호'를 포함해야만 한다. 사무엘스(1979, 1981)도 비슷한 생각에서 자신이 이름붙인 '경관의 전기(biography of landscape)'의 해명을 지향하는 실존주의 지리학을 탐색해왔다. 이 생각을 가장 엄밀하게 발전시킨 사람은 피클스(Pickles, 1985)로서, 그는 일반적으로 인문과학, 특수하게는 인문지리학에 있어 '실존적 분석'이 갖는 중요성을 포착하기 위해 하이데거를 끌어왔다. 그는 이 과업을 위해 자신이 하이데거에 따라 명명한 인간 공간성의 '지역적 존재론(regional ontology)'의 근본적 중요성을 명료하게 하고자 애썼다.

이러한 논의들 모두에서 명시적으로 제시되는 것은 '존재에 대한 개방성'이라는 생각이다. 굴드(Gould, 1981)는 주목할 가치가 있는 논문에서 앞으로 나올 내용까지 연결시키는 방식으로 이론(theoria)이란 단어의 근본의미를 회복하기 위해 현존재분석(Daseinanalysis)으로 연구했다. 그는 theoria는 개방성과 '현상에 대한 경의적 관심' 모두를 포함한다고 제안한다. 우리가 이런 관점에서 관례적 '이론형성'을 본다면, '과학적 지리학에 대한 우리의 깊고도 당연한 관심'은 방향을 상실하게 되리라고 굴드는 믿는다 :

생명이나 의식이 없는 물리적 및 생물적 세계에 의문을 제기하는 사람들에 의해 만들어진 과학의 형태들에 인문현상들의 서술을 조응시키려는 시도에서, 우리는 '세계 속의 존재(being-in-the-world)'를 객관화시키고 배제하고 '재단해'버린다. [그러나] 수식어 '인문'이 진정하게 의미를 가지게 되는 어떠한 [인문]지리학에서도, 우리는 '세계 속의 존재'에 매우 깊은 관심을 가져야만 한다. 오늘날 일상생활연구와 인문과학적 의문들에는 '경건한 관심표명'이 거의 없는 것처럼 보인다. 그리고 theoria의 옛 의미는 방법론적, 그리고 때로 기계론적 탐구절차를 통해서는 빛을 볼 것같지 않다.

그러므로 굴드는 '재단하고자 함(contemplation)'에 반대한다. 왜냐하면 이는 분할과 폐쇄—재단(template)의 작성—를 내포하기 때문이다. 대신에 그는 인간의 공간성에 보다 적절한 (보다 개방된) 서술적 언어를 탐색하기를 선호한다. 특히 "오늘날 우리 삶의 복잡성을 특징지우는 것처럼 보이는 다차원적 성격을 지리학적 지도의 전통적 공간"에 투영시키지 않는 언어를 탐색하고자 한다(또한 큐-분석 참조). DG

실증주의 positivism
1820~1830년대 콩트(Auguste Comte)에 의해 제시된 철학. 이것은 생시몽(Saint-simon)의 초기

실증주의

사상에서 유래되었으며, 그 주요목적은 과학을 형이상학과 종교로부터 구분하는 데 있었다. 실증주의에는 다양한 분파들이 있으며, 철학과 자연 및 사회과학에서의 역사는 복잡하다(Bryant, 1985 ; Kolakowski, 1972 참조). 그러나 가장 일반적 의미로서 실증주의는 다음과 같은 입장에서 그 진술들의 과학적 위상을 결정한다 :

(a) 직접적, 즉각적, 경험적으로 접근가능한 세계의 경험(현상주의)에 근거를 둔다. 이는 이론적 진술들보다는 관찰적 진술들에 특권을 부여하며(즉 경험주의), 또한 이들의 일반성을 (다음과 같은 방법을 통해) 보장한다 ;

(b) 과학적 공동체 전체에 의해 채택되고 반복적으로 도출되는 획일적인 과학적 방법. 이는 다음에 의존한다 ;

(c) 경험적으로 검증가능한 이론들의 형식적 구성. 이들의 성공적 증명은 (다음과 같은 기능을 가지는) 보편적 법칙들을 규명하는 데 기여한다 ;

(d) 엄격하게 기술적인 기능. 이 기능 속에서 법칙들은 사건들의 특정한 상황들(소위 항상적 접속에 대한 흄적 법칙들)의 효과성 또는 필연성을 나타낸다. 이에 따라 가치판단과 윤리적 주장들은 과학적 영역에서 배제된다. 왜냐하면 이들은 경험적으로 검증될 수 없기 때문이다. 이 영역에 남게 되는 진술들은 다음과 같이 통합될 수 있다 ;

(e) 단일적, 비논박적 체계로서의 과학적 법칙들의 점진적 통일 ;

이러한 다섯 가지 주장들의 누적적 효과는 즉각적인 것으로부터 획일적인 것을 통해 보편적인 것으로 이행하는 것—즉, 현재에 대한 특정 견해를 중심으로 (진술)체계를 폐쇄시키고, 세계 속에서 존재하고 행동하는 대안적 방법들의 허용을 배제하는 것—이었다.

이러한 대안들은 사실 지리학에서 아주 중요했다. 지리학의 창시자들은 흔히 실증주의에 의해 부정된 과학관을 받아들이고 이를 주장했다. 예를 들면, 칸트(Kant)와 훔볼트(Von Humboldt)는 콩트의 체계가 근거를 두었던 무이성적 경험주의를 거부했으며, 그 대신 정교한 철학적 체계를 수립했다(Bowen, 1970, 1979 참조 ; 그러나 경험주의와 콩트와의 관계에 관한 보다 복잡한 설명으로 Bryant, 1985 참조). 그러나 역설적으로 그후 지리학 역사의 대부분은 이러한 가정들의 일부 또는 전부를—분명 규명되지 아니한 채—흔히 채택했으며(이에 대한 논평으로 Gregory, 1978), 이로 인해 이들이 1950년대와 1960년대의 계량혁명을 통해 종국적으로 정식화되었을 때, 이에 바탕을 둔 소위 '신지리학'은 많은 지리학자들에 의해 이미 일반적으로 채택된 사고들의 논리적 확장 이상의 급진적 전환은 아니었다(Guelke, 1978). 이들이 어떤 의미에서 철학적으로 새로운 점은 논리실증주의의 규정으로부터 그 기원이 도출된다는 점이다.

접두사인 '논리'의 도입은 고전 콩트적 모형으로부터 분리됨을 의미했다. 논리실증주의는 철학자들과 자연과학자들 및 수학자들로 구성된 비엔나학파에 의해 1930년대 형성되었다. 이들은 (콩트와는 달리) 어떤 진술들이 경험으로 환원되지 않더라도 검증될 수 있음을 인정했다. 이러한 점에서, 논리실증주의는 다음과 같은 두 진술들간의 구분에 기반을 두고 있다 :

(a) 분석적 진술들, 그 진(truth)이 내적 정의들, 즉 동의반복어들에 의해 보장되는 선험적 명제들. 이들은 '형식과학', 논리학 및 수학의 영역을 구성하며, 종합적 진술체계들의 일관성을 유지하는 데 분명 주요하다 ;

(b) 종합적 진술들, 즉 그 진이 여전히 관례적 가설검증을 통해 경험적으로 입증되어야만 하는 명제들. '검증원리'는 '사실과학'들의 보증서로 간주된다. 물론 이 원리는 그후 포퍼(Karl Popper)의 '반증원리'의 도전을 받는다. 그에 의하면, 어떤 가설을 증명하기 위한 모든 노력들 대신, 과학자의 역할은 이를 반증하는 것이다. 만약, 이것이 반증되지 않을 경우, 그 가설은 당분간 채택될 수 있다(비판적 합리주의 참조) ;

이러한 수정안들은 콩트적 모형보다도 더 확실한 기반을 가진 경험적 연구를 제시했으며,

'신지리학'은 이러한 기본틀 속에 쉽게 적용될 수 있었다(Harvey, 1969). 아마 여기서 주요하게 빠진 점은 연역적-법칙추구적 설명의 발달과 그리고 가설검증의 작업에 있어 포퍼의 제안의 중요성 등이다. 분명 '신지리학'의 많은 부분은 기본적으로 연역적-수학적 방법들보다는 귀납적-통계적 방법들에 의존했다(Wilson, 1972). 그러나 공간조직에 관한 일반 정리들의 도출, 검증, 통합에 관한 지나친 관심은 분명히 실증주의적 접근이었다. 예외주의에 관한 논쟁은 지리학의 법칙정립적 견해의 정당성을 형성했으며, 공간구조모형들의 추구는 곧 실증주의에 기반을 둔 다른 과학들로부터 도출된 이론들, 예로 고전적 공학과 신고전경제학 등과의 통합을 통해 확장되었다. 게다가, 이에 동반된 계량적 기법들의 응용에의 규정은 지리학에 있어 확실하게 '정책적으로 적실한' 의미들로서 구사될 수 있는 명백한 기술적 역할을 증진시켰다(Berry, 1972; Coppock, 1974 참조). 끝으로 체계분석의 등장은 일단의 기본적 공간개념들로 접합된 포괄적 공간과학을 제안했다.

이러한 절차들은 일련의 이론적 및 경험적 향상을 가져왔으며(특히 입지론과 지역과학 참조), 이는 지리학의 공간형태에 초점을 둔 예외주의적 입장을 과정에 관심을 두도록 전환시켰다. 이 전환의 대부분은 실증주의적 전통에 포괄될 수 있었다(예: 행태지리학, 체계이론). 그러나 이는 궁극적으로 그 한계들을 뛰어넘어 일련의 대항적 철학체계들과 대치하게 되었다. 이에 따른 실증주의에 대한 비판은 맹렬했으며, 결정적이었다. "규정된 방법의 거의 모든 측면들은 의문에 봉착했음을 보일 수 있다"(Bowen, 1979). 이 점은 실증주의 철학의 3가지 주요전선들에서의 공격으로 전개되었다:

(a) 경험론: 이론적 언어들과 관찰적 진술들 간의 관련성은 실증주의가 인식한 것보다도 훨씬 더 문제성이 있음을 보여주었다. 이에 따라, 통계적 추론의 대안적 양식들은 다양한 이론적 상호결정의 정도(예, 베이지안[Bayesian] 이론)를 허용하도록 요청되었으며, 새로운 철학적 이론체계들은 사회생활의 구조에 대한 보다 적나라한 노출을 제시하도록 고안되었다(실재론과 구조주의 참조);

(b) 배타성: 자연과학의 방법들이 자족적이고 획일적인 연구체계를 제공하기 위해 사회과학들(그리고 심지어 인문과학들)의 영역으로 확장될 수 있다는 가정은 도전을 받았으며, 기본적으로 '해석적' 또는 정성적 방법들의 응용은 사회생활에 있어 행동의 어떠한 고찰에도 이해적·주관적 구성과 사전적 해석(pre-interpretation)들의 중요성을 보여주었다(해석학, 현상학 참조);

(c) 자율성: 이론 및 관찰들의 체계들과 그들의 구성적 사회형성간의 관계는 이데올로기의 고찰을 통해 규명될 수 있었으며, 여하튼 '중립적' '가치자유적' 그리고 '객관적'이라고 (주장되는) 과학적 언술들은 광범위하게 포기되었다(비판이론 참조).

이러한 철학적 반대주장들이 함의하는 것은 사회적 기반의 재진술과 과학의 책임성, 즉 역사성과 개연성이다. 이들의 계속된 탐구는 인문지리학 전반에 걸쳐 일련의 새로운 이론적·경험적 향상을 가져왔으며(인간주의 지리학, 마르크스주의 지리학, 급진지리학, 복지지리학 참조), 여태까지 비반성적 실증주의에 의해 지배되었던 수많은 영역들을 다시 활기있게 했다(예: 확산이론, 입지론). 그러나 이들은 아마 불가피하게 자연지리학에는 거의 영향을 미치지 못했다. 이는 단순히 자연지리학이 맺고 있는 자연과학들과의 제휴가 사회과학으로부터의 비판을 보다 잘 견뎌내도록 했기 때문만은 아니다. 사실, 현대 자연과학들 중 극소수만이 실증주의적 인식론내에 위치지워진다. 철학과 방법론들 간의 중첩 때문에 어떤 혼동이 일어났다. 이들 간에는 주요한 연계가 있지만(Hindess, 1977), 지리학에 있어 논리실증주의와 그리고 학문을 통한 수학적·통계학적 기법들의 향상간의 접합은 역사적으로 특수한 것이다. 하나가 다른 하나를 필수적으로 속박하는 것은 결코 아니다. 따라서 하나를 공격하는 것이 다른 하나를 공격하는 것을 의미하지 않는다. 이는 계량적 방법

실체정립

들의 필요성을 주장함으로써 실증주의를 그 비판으로부터 '구하려고' 하는 시도(Chisholm, 1978)는 최소한 잘못된 것임을 의미한다. 이러한 (또는 어떠한 다른) 관점들로서도, 실증주의의 구제는 불가능하다(실증주의에 대한 비판의 포괄적 함의에 대해 상당히 긍정적이지만, 이러한 구분의 중요성을 인식하고 있는 논의로서, Bennett, 1981 참조). 보다 지적인 논평가들은 도그마적 실증주의의 함정들을 피할 수 있는 적정하고 보다 광범위한 철학적 기본틀내에서 계량적 방법들을 전개할 수 있는 재구성된 지리학을 주장했다(특히 Hay, 1979 참조). DG

실체정립 entitation

한 체계를 다른 것과 구별되면서도 생명력을 지닌 실체로 규정하는 과정(추상화 참조). 실체정립은 체계분석의 출발점이다:

> 중요한 체계의 질적인 확인은—나는 이를 실체정립이라고 부르는 것이 유익함을 깨달았는데—그 측정보다 훨씬 더 중요하다. 실체정립은 계량화에 선행되어야 한다 ; 측정할 것들을 올바로 찾았을 때에만, 측정은 가치있다(Gerard in Langton, 1972).

랭톤(Langton)의 결론에 의하면, 실제 "만약 체계접근방법의 채택이 지리적 실체정립의 문제를 심사숙고하도록 강요하는 것 이상의 효과를 거의 가지지 않는다면, 이는 비범한 기여를 할 것이다. 왜냐하면 이는 [지리학의] 관습적으로 연구단위들로 규정짓는 실체들의 분석적 중요성을 주의깊게 음미하도록 요구하기 때문이다."

실체정립의 준거는 대개 '기능적 총체성' 내지 '구조적 상호의존성'이다(Chapman, 1977). 인문지리학에서 '공간적 한정성(spatial closure)'에 관한 의문들은 역사적으로 변함없이 중요하였다(지역 참조). 그러나 일단 시-공간적 거리화의 현대적 유의성이 인정된다면, 그러한 요구는 특히 문제가 된다. 특히 '도시의 특이성'—자본주의의 등장과 더불어 어떤 특정적 [다른 것과 구분되는] 형태로서의 도시의 소멸 (Saunders, 1985)—에 대한 논쟁과 그리고 하나의 '근대적 세계체계'에 의한 특정적 사회체계 집괴들의 전환에 대한(Taylor, 1985 ; 세계체제 분석 참조) 논쟁은 여기서 '공간적 한정성' 이 제기하는 난점에 대한 강력한 증거이다. DG

심상지도 mental map

장소에 대하여 공간적으로 조직된 선호 또는 왜곡된 자기중심적 이미지로서, 개인별로 마음 속에 저장되고, 만족적 행위자로서 개인이 바람직한 공간을 해석하고 공간적인 일상과정을 조직하고 의사결정처리를 이끌어내는 원천이 된다. 심상지도는 하나의 행위자가 장소에 관하여 알고 있는 지식은 물론 그가 그들에 대하여 어떻게 느끼고 있는가를 반영해주는 정보 및 그에 대한 해석의 혼합물이다(장소애 참조).

심상지도를 구성하는 이미지— "개인이 가진 정치적, 사회적, 문화적, 경제적 가치가 그를 둘러싸고 있는 공간에 관한 총체적인 이미지로 혼합된 것이며, 그 구성요소들이 그에게만 고유한 또는 많은 사람들에 의해 공유되는 이미지" (Gould, 1973)—들은 여러가지 목적에 이바지하고, 수많은 형태를 취하며, 서로 다른 많은 지역에서 그러한 이미지의 의미를 제공하게 된다. 장소 또는 설계의 바람직함에 대한 이미지로서, 심상지도들은 개인에게 지각된 편의, 쾌적성, 매력이나 효율성(의사결정자가 받아들인 환경정보의 조직화와 합리화)의 면(surface)으로 제시되는 순위화된 선호로 작용한다. 심상지도는 공간적인 조직/통합의 지각으로서, 개인들이 어떻게 자기중심적으로 공간을 분석하고 조직하는가, 어떻게 공간이 개인에게 친숙하거나 의미있는 장소로 구성되는가, 그리고 다음에는 어떻게 이들이 공간적인 과제나 여행을 달성하는 데 방향을 정하고 항해하는가를 보여준다.

그러한 현상적 환경에 대한 심상적 이해들은 환경지각(지적으로 걸러지고 여과된 정보)을 통하여 획득되며, 지각면(가치의 등치선)을 이용하여 지도학적으로 또는 종종 보다 흥미있게, 통계지도나 기형(anamorphic)지도—예를 들면 불완전한 지식 또는 왜곡된 공간이해에 기초한 친숙한 통로를 취하여 만든 도시의 왜곡된 가로망 계획—들을 통하여 표출된다.

심상지도가 가장 보편적으로, 경험적으로 이용되는 곳은 응답자의 현재 거주위치의 관점으로부터 바람직한 거주지의 이미지를 검출하는 것이다. 예를 들면 영국 북부지방 사람들의 남부에 대한 이미지 및 그 반대의 경우 등이다. 그리고 이러한 연구들에 의하여 세부적으로 '정확한' 환경지각 또는 정보수집이 극도로 국지적인 것임이 밝혀졌다. 이것은 끝이 뾰족한 둥근 지붕모양으로 지방적인 효과로, 그리고 정보가 급격히 떨어지는 지점을 넘어서면 일반화되면서 점차 모호한 면이 증가하며, 인지자의 자기중심적 공간으로부터 거리가 증가하면서 평가의 '정확성'이 감소하는 결과로 나타난다.

심상지도는 (정신적인 구조화의 본유의 무의식적인 요소로서 함축된 것이든 또는 지도표현으로 명시적으로 표출된 것이든) 개인의 공간선호지역을 검토하는 수단으로뿐만 아니라, 개인의 의사가 결정되고 기회가 인지되어 목표가 결정되며 만족되는 과정을 통찰하는 수단으로 지리학자들에게는 중요하다. MDB

심장지역 heartland

유라시아의 풍부한 내륙저지를 둘러싼 지역. 이 용어는 영국 지리학자 매킨더(H. J. Mackinder)가 1919년 1차 세계대전 직후 고안하였으며, 역사의 지리학적 추축이라는 그의 초기개념 위에 구축되었다. 그는 궁극적 세계지배의 잠재력은 해양세력보다는 대륙세력에 있다고 믿었다. 그는 세계인구의 다수가 유라시아와 아프리카 대륙에 집중되어 있음을 지적하고 이곳에 대한 통제를 장악할 수 있는 자는 누구라도 전세계를 지배하기 위한 거의 난공불락의 위치에 있게 될 것이라고 하였다. 그는 나아가 이 세계적 섬(World Island)을 통솔하는 관건은 심장지역에 있으며 이 지역에 대한 지배는 자족과 그리고 자연적 장애 덕분에 서방을 제외하고는 외부로부터의 공격에 대한 자연적 보호를 보증받는다고 믿었다. 매킨더의 견해에 의하면, 전세계체제의 비밀은 따라서 그 심장지역으로 가는 현관에 있으며, 따라서 그는 동유럽의 지배에 탁월한 중요성을 부여하였다(지정학 참조). MB

심플렉스 알고리즘 simplex algorithm

주어진 제약조건하에서 선형함수의 최대 또는 최소치를 구하는 단계적 절차에 관한 것. 통상 디지탈컴퓨터의 프로그램으로 사용되는 심플렉스 알고리즘은 모든 선형계획법의 기초가 된다.
PG

ㅇ

아날학파 Annales School

블로크(Marc Bloch)와 페브르(Lucien Febvre)가 1929년에 창간한 프랑스의 역사학 잡지인 『사회경제사연보(Annales d'histoire économique et sociale)』와 관련된 '새로운 역사학'(Burke, 1973). 블로크와 페브르는 블로크가 1944년 나치의 비밀경찰인 게슈타포에 의해 처형당할 때까지 계속 공동 편집자로서 활동하였다. 페브르는 그의 임종 직전인 1956년까지 편집장으로 활동했으며 1968년 파리에 편집국이 설립될 때까지 브로델(Fernand Braudel)이 그 뒤를 계승하였다. 약 40년 동안 아날은 생각이 비슷했던 세 사람(블로크, 페브르, 브로델)에 의해 시종일관 지도되었다. 더구나 1947년 페브르가 지휘하여 파리 고등연구원 제6부(Sixième Section of the École Pratique des Hautes Études)가 창설됨으로써 아날정신은 제도화되었는데, 이의 초점은 사회과학자들과 주도적인 역할을 하는 역사학자들과의 협동에 있었다. 1929년에 아날이 기존의 역사학체제에 도전하기 위하여 설립된 것이라고 한다면, 1947년경에는 아날학파의 학자들 스스로가 새로운 체제가 되었다(Baker, 1984).

아날을 패러다임으로 부르는 것은 오해이다 (Stoianovich, 1976). 이 학파는 결코 하나의 통일체이었던 적이 없으며 그와 비슷하게 되고자 노력한 적도 없기 때문이다. 분명히 설립자들의 의도가 한계가 뚜렷한 학문영역들 사이에 장벽을 세우자는 것이 아니었다는 것을 인정하면서도, 역사학적 연구의 목적과 실천에 관한 몇몇 관점들이 널리 유지됨으로써 아날학파는 역사학자들의 광대한 공동체로 간주되고 있다. 블로크와 페브르는 전체사 연구를 촉진하였는데, 이는 학제적 분석, 그리고 정신과 물질 양측면에서의 역사적 유형, 과정, 구조의 해석에 기반을 두고 종합을 추구하는 것이다. 그들이 아날을 창설한 목적은 역사학자들 사이에 그리고 역사학자와 다른 분야의 학자들 사이에 토론을 촉진시키고 전문가들의 고립을 억제하는 데 있었다. 아날은 역사학을 사회 속에 존재하는 인간에 관한 과학으로 봄으로써 다른 사회과학에 대한 지적인 헤게모니를 행사할 수 있었다. 역사학의 종합하는 역할이 역사학을 다른 분석적 학문분야에 대해 우월한 것으로 간주하도록 하였기 때문이다. 블로크와 페브르에 의해 발전된 새로운 역사학인 아날은 인식론적으로는 비달(Vidal de la Blache)이 주창한 새로운 지역지리학과 관련된다: 양자 모두 총체화(totalizing)의 개념을 강조하였는데, 전자는 시간에 후자는 장소에 초점을 두었다.

역사연구의 법칙정립적 전통과 해석학적 전통 사이에 중간적인 입장을 점유하면서 아날학자들은 양연구의 특징인 상상력에 의한 생략과 세부적인 사항에 대한 세심한 주의, 즉 설명과 이해를 결합시킨다. 아날학파의 중요성은 프랑스 역사학의 영역을 넘어서, 특히 프랑스에서 실행되었듯이 같은 계열의 학문분야로, 그리고 세계의 다른 지역에서의 역사연구의 수행으로 확장되었다(Iggers, 1979). 이 학파의 공헌은 광범위하

게 인정받게 되었으며, 비록 보편적으로 승인된 것은 아니지만 이 학파의 모형은 널리 채택되었다. ARHB

아노미 anomie

일반적으로 뒤르켕(Durkheim)의 개념인데 종종 소외와 결부되어 개개인이 자신의 행동기준이 없거나 또는 혼란되어 있다고 느끼는 무규범상태를 의미한다. 이러한 상태는 결과적으로 사회질서의 각 부분이 충분히 결합되지 못하는 억제의 결핍을 생겨나게 한다. 개인적 삶의 혼돈, 고립 및 무의미는 대립적인 경제력, 정치적 변화 또는 사상적 분열 등과 같은 위기에서 연유된다. 따라서 아노미는 범죄, 폭력 및 자살과 같은 개인행위로 표현되는 사회적인 속성이다. 몇몇 사회, 특히 동년배 사이의 무제한적 경쟁으로부터의 성공을 높이 평가하는 사회는 이러한 아노미적 상황을 유발시키는데, 목표(성공)와 수단(정당한 방법) 사이의 갈등 및 사회적인 신화와 그 신화를 실현할 기회 사이의 갈등에서 특히 그러하다. JE

아시아적 생산양식
Asiatic mode of production

마르크스(Marx)와 엥겔스(Engels)가 아시아적 사회의 특성으로 믿었던 '공동체적 전유'의 형태를 포함하는 생산양식. 그들은 아시아적 생산양식에 관한 일관되고 체계적인 설명을 하지는 않았으나, 그들의 저작에서 약술된 가능한 모든 생산양식 가운데 가장 논쟁거리가 된 것 중 하나였다(Hindess and Hirst, 1975). 가장 일반적으로 이 용어는 흔히 아시아적 사회가 결여하고 있다고 생각되는 3가지 구성요소로 기술된다. 이것은 다음과 같다 :
 (a) 사유재산(특히 토지, 이것은 국가가 소유하였다) ;
 (b) 부르주아지 : 이들의 역할은 국가장치로 대체되었다. 국가장치는 공동체적인 자족사회가 의존하는 대규모 관개(수력사회 참조)에 대한 중앙집권적이며 흔히 '전제적'인 통제를 이용하여, 직접생산자로부터 지대와 세금의 형태로 잉여를 수취하였다 ;
 (c) 도시 : 직접생산자들은 내부적으로 노동의 사회적 분업이 발달되지 않은 '자급적'이고 '밀집된 통일체'인 촌락공동체 속에 거주한다. 이때 존재하는 도시는 본질적으로 '기생적이며', 생산에 직접 관련이 없는 국가의 창조물이다.

이와 같이 전체적으로 부정적인 일련의 정의를 하였던 목적은 유럽에서 자본주의가 발생하였음을 설명하기 위한 것이었다. 만약 이러한 결여가 동양에서의 비자본주의 사회의 '불변성'을 설명할 수 있다면, 마르크스와 엥겔스가 믿었듯이, 이런 것들의 존재는 서양의 자본주의 사회의 역동성을 설명할 것이다.

아시아적 생산양식의 가상적 정체상태에서 핵심은 국가와 지방공동체간의 관계이다.

'하부'의 자기재생산적 촌락과 '상부'의 비대한 국가간에 중간적 힘이 존재하지 않는다. 그 아래의 촌락 모자이크에 대한 국가의 영향은 순수히 외부적이고 조공적이다 ; 국가의 통합이나 붕괴는 마찬가지로 촌락사회를 건드리지 않고 남겨둔다(Anderson, 1974).

따라서 마르크스가 쓴 것처럼, "사회의 경제적 요소의 구조는 정치적 폭풍에 손상되지 않고 남는다." 그러나 이론적으로 주요한 문제는 이것이 국가에 부여한 구체적인 위치이다. 왜냐하면 그것은 '이미 존재하는 국가와 지금까지 국가 없는 인민에 대한 국가통치의 강요'를 추정은 하지만 설명은 하지 않았기 때문이다(Hindess and Hirst, 1975). 그러나 마르크스는 그의 후기 저작에서 '상부'에서 '아래' 즉 국가에서 지방공동체로 강조점을 전환하였다. 그렇게 함으로써 아시아적 생산양식의 개념을 아시아를 넘어서 확대하고자 했다(Anderson, 1974). 그러나 경험적으로 그 적용은 모든 면에서 당초의

아파르테이트(인종분리정책)

형편만큼이나 의문스럽다.

"계급 없는 데서 계급사회로, 야만에서 문명으로의 끊임없는 전환 속에서 수천년간 정체된 아시아의 이미지는 동양과 신세계에서의 고고학과 역사의 발견에 맞서 견딜 수 없었다"(Godelier, 1978).

마르크스가 비서구사회의 특성을 강조한 것과 따라서 몇 비평자가 그의 저작에서 발견한 것처럼 사회진화가 어떤 면에 있어서 비선형적이라고 여긴 것은 의심할 바 없이 옳다. 그럼에도 불구하고 그의 아시아적 생산양식의 다양한 해석은 너무나 분명히 유럽중심적이었기 때문에 계속 중요한 비판을 받고 있다(Giddens, 1981).

DG

아파르테이트(인종분리정책) apartheid

남아프리카공화국의 국민당이 1948년에 정치통제를 취한 후 남아프리카에서 실시된 것과 같은 인종간 공간분리정책. 남아프리카 국민은 4개의 인종집단인 흑인(인구 2,100만명), 백인(470만명), 유색인종(270만명), 아시아인(90만명)으로 분류된다. 거주지 선택, 취업기회, 임금, 교육, 기타에서 인종집단간의 차별로 생활수준에서 현저한 차이가 나타나는데 백인은 모든 부분에서 최고수준을 향유하고, 흑인은 가장 나쁜 조건을, 그리고 아시아인은 일반적으로 유색인종보다 더 나은 대우를 받는다.

인종분리정책은 개인적, 도시내 그리고 국가적 규모 등 세 수준에서 나타난다. 공원, 극장, 교통수단, 화장실과 같은 공공시설물의 이용에 대한 개인적 차별은 일반적으로 '사소한 인종분리정책'에 속하며 이 형태는 최근에 감소되고 있다. 도시수준에서 인종분리정책은 각각의 거주지공간을 단일 인종집단의 주거지역으로 할당

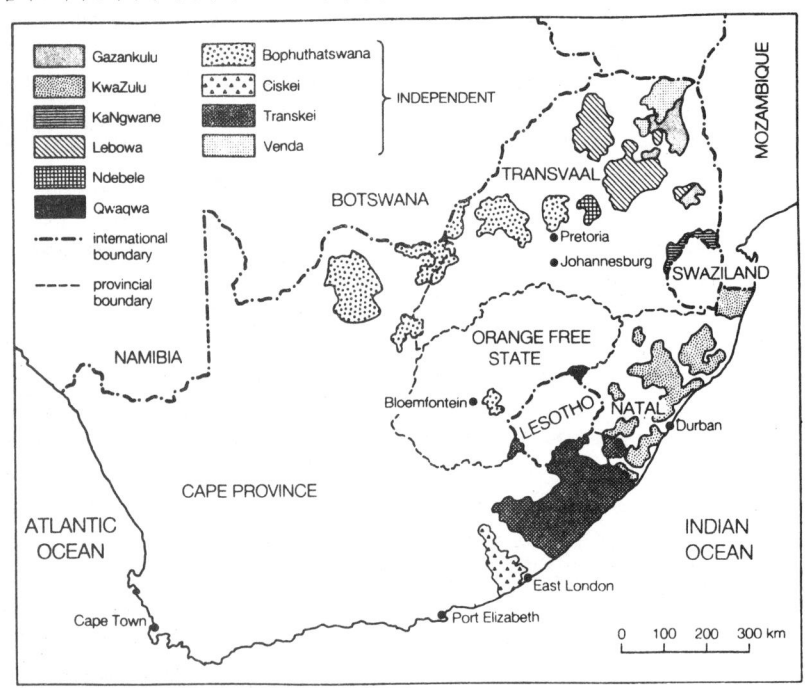

아파르테이트 1975년 남아프리카공화국의 인종격리정책에 의한 흑인 및 아프리카인의 정착지 분포.

하는 집단지구법령(Group Areas Act)에 의해 실시된다. 이러한 정책은 인종에 의한 거의 완전한 주거지 분화를 영속화시킨다.

인종차별의 가장 중요한 특징은 소위 '정착지'('반투족')라 불리는 10개 지역을 주요 흑인종족집단의 점유공간으로 명시한 국가적 수준에서 나타난다(그림 참조). 이 지역들은 모두 궁극적으로 독립국가처럼 되어 있다. 즉 바퓨타츄아나(Bophuthatswana), 시스키(Ciskei), 트란스키(Transkei), 벤다(Venda) 등의 국가들은 비록 UN이나 남아프리카 외의 어느 국가로부터도 인정받지 못하고 있지만, 이미 '독립성'을 부여받았다. 비록 모든 흑인의 절반 가까이가 계속해서 '백인' 남아프리카에 살고 있지만 모든 흑인들은 그들 각각의 종족정착지에서 자신들의 '정치적 권리'를 행사할 수 있도록 되어 있다.

남아프리카 정부는 인종차별('분리된 발전' 또는 '다민족주의')은 이질적이고 다원적인 사회(다원사회, 다원주의 참조)에서 모든 집단의 권리를 보호하고 인종적 조화를 이루는 궁극적인 정책이라고 항변하고 있다. 정착지는 백인들의 지배로부터 흑인들의 독립을 유지하고, 백인들이 백인의 공화국에서 누리는 것과 같은 똑같은 권리를 흑인에게 부여하기 위하여 만든 것이다. 그러나 인종분리정책이란 백인들이 그들의 문화적 동질성과 정치권력을 유지하고 흑인노동력을 착취하기 위한 정책이라는 설명이 보다 그럴 듯하다. 공간적 분리는 인종을 독립적으로 분리시켜 정치적 지배를 원활히 하기 위한 것이다. 즉 정착지에서는 흑인들이 자유로이 거주할 수 있는 특권을 누리고, 반면 남아프리카의 대부분을 차지하는 백인통치지역은 위협을 받지 않게 된다. 정착지는 또한 저렴한 흑인노동력의 보유지 구실을 한다. 그들의 '독립'은 수백만의 흑인노동자들을 이주자 및 통근자로서 백인남아프리카로 이동하게 함으로써 흑인 노동자들은 그들의 생산 및 재생산비용을 정착지에서 필연적으로 해결해야 한다. 그 결과 백인 남아프리카는 그 비용을 부담하지 않게 되어 실제적으로 백인 남아프리카를 도와주고 있다. 그러므로 인종차별은 정치적·경제적 목적 모두를 성취하기 위한 독특한 공간계획전략이다. DMS

안정인구 stable population

연령에 따른 출산력과 사망력이 고정되어 있고 인구의 이출입이 나타나지 않는 인구상태. 이 개념은 로트카(Alfred Lotka)에 의해 처음 고안되어 지금은 인구분석에 많이 사용되고 있다. 그는 어떻게 한 인구가 고정된 연령분포와 고정된 증가비율을 갖게 되는가를 보여주었다. 정지인구(stationary population)는 안정인구의 한 종류로 사망률과 출산율이 같고 연령분포가 생명표 분포와 일치하는 것을 말한다. PEO

알고리즘 algorithm

흔히 형식수학적 증명에 의하여 지지되는 단계적 과정으로, 바람직한 해답을 이끌어내는 과정이다. 하나의 예로 선형계획법에서의 심플렉스기법을 들 수 있다. 발견적 알고리즘 중에는 형식증명에 의해 지지받지 못하는 것도 많으나, 현실적으로는 대단히 적합한 해답을 이끌어내는 경우가 있다. 그리하여 이것은 교통망체계에서 다양한 입지, 가장 빠른 통로를 찾아내는 데 이용되고 있다. 이 단어는 6세기 아랍의 저명한 지리-수학자인 알고리즈메(Al-Ghorizmeh)의 이름에서 유래된 것이다(선거구설정기법 참조).
PG

알론소 모형 Alonso model

튀넨(von Thünen)의 농업적 토지이용에 관한 연구(튀넨모형 참조)와 대조가 되는 모델로, 도시내부에서 지가, 토지이용, 토지이용집약도의 변화를 설명한 모델로서, 미국의 지역과학자 윌리암 알론소(William Alonso, 1964)가 개발하였다.

이 모델의 핵심은 접근성과 운송비에 대한 접근성의 관계들이다. 이 모델의 가장 단순한 형태에서는, 모든 직장은 도시중심지에 있고 그 중심지로부터 거주지가 멀어질수록 통근에 대한

알론소 모형

운송비는 더 많이 지불되어야 한다고 가정하고 있다. 따라서 다른 조건들이 동일하다면 중심지로부터 거주지역이 멀리 떨어질수록 부동산(토지와 주택)에 지불할 수 있는 능력은 감소한다. 일정한 소득수준에서, 도시중심지로부터 거리가 멀어짐에 따라 부동산에 지불할 수 있는 화폐의 양을 나타내는 것에는 입찰지대곡선이 있다(그림 참조).

통근과 부동산비용에 대한 상대적 선호를 나타내는 개별적 무차별곡선에 따라 개별가구는 입찰지대곡선상에서 그들이 거주할 장소를 선택하게 된다. 상대적으로 통근비용을 절약하려는 사람은 도시내부입지를 선택하게 될 것이고 많은 비용을 지불하려는 사람은 도시주변부 가까운 곳에 거주할 것이다. 비슷한 소득을 가진 사람은 비슷한 무차별곡선을 가질 것이고, 부동산가격이 상대적으로 저렴하고 저밀도인 교외에서 거주하기를 선호할 것이다. 그들은 소득이 높기 때문에, 저소득 집단보다 더 비싼 값을 지불할 수 있을 것이다(후자의 무차별곡선과 상관없이).

그 결과, 가장 가난한 사람들의 입지는 그들의 생활환경의 조건과 밀도에 의해 내부도시의 가장 비싼 토지로 거주지가 제한되는 매우 역설적인 결과가 나타난다.

상업 및 공업적 토지이용자들 역시 접근성을 중요시한다. 다른 조건들이 동일할 때 공급자 및 고객들과 가까우면 가까울수록 운송비는 적게 들고, 매상고와 이윤은 더 높아질 것이다. 일반적으로 그들은 주택소유자보다 접근성에 의해 더 많은 이익을 보기 때문에 그들의 입찰지대곡선은 경사가 급하고 도시중심지에서 더 높은 지가를 나타낸다(그림 참조). 이들은 중심지역에서 주거용 토지이용을 밀어내어 도시내부에 동심원적 토지이용패턴을 형성한다.

하나의 중심지가 존재하고 접근성면에서 방향적 편이가 없다는 것과 같이 모델의 여러 가정이 완화되면, 토지이용지구, 지가, 토지이용밀도 및 가구소득의 다핵심패턴이 나타날 수 있다. 그러나 무차별곡선의 특성이 변한다면(특정 고소득집단을 위한 도시내부지역의 선호성 증가와

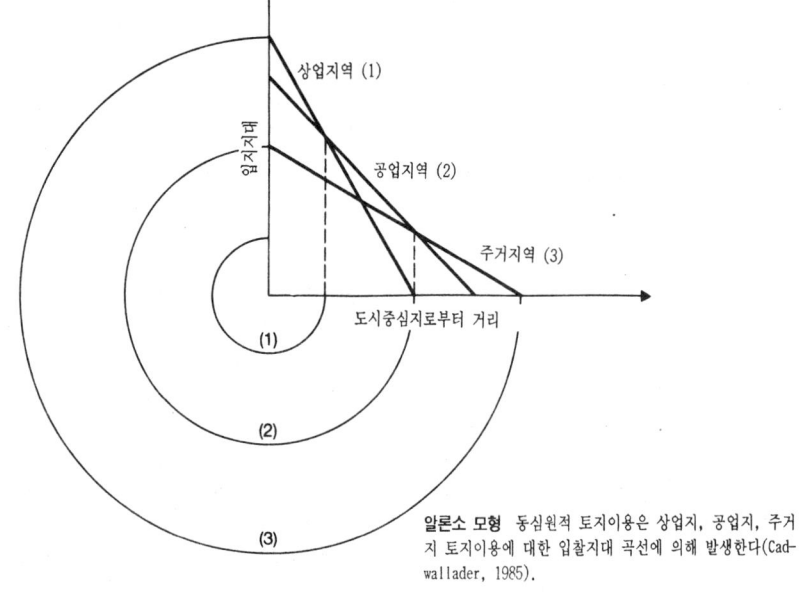

알론소 모형 동심원적 토지이용은 상업지, 공업지, 주거지 토지이용에 대한 입찰지대 곡선에 의해 발생한다(Cadwallader, 1985).

재활성화같은 것에 의해), 대상의 배열구조는 사라지게 될 것이다. RJJ

애로우의 정리 Arrow's theorem

개인적 선호에서 사회적 선호에 관한 진술을 끌어낼 가능성에 관한 주장. 신고전경제학에서는 재화와 서비스에 대한 개인적 선호가 사회적 혹은 공동체의 선호를 표현하는 사회복지함수로 통합될 수 있다고 생각한다(복지지리학 참조). 1951년 애로우(K. J. Arrow)는 『사회적 선택과 개인적 가치(Social choice and individual values)』라는 책을 출간했는데 여기에서 그는 집합론을 사용하여 실제로는 개인적 선호를 사회적 선호로 전환시키는 것이 매우 어렵다고 이야기하였다.

애로우는 사회적 선호의 구조가 최소한이라도 수용되기 위해서 충족시켜야만 하는 다섯 가지 공리를 이야기하였다:

(a) 사회적 선호는 '적어도 사회적으로 좋아진 만큼의' 관계에 의해 완전하게 질서가 잡혀야 하며 따라서 완전성, 반사성, 이행성의 조건을 만족시켜야만 한다;

(b) 사회적 선호는 개인적 선호에 반응하여야만 한다;

(c) 사회적 선호는 개인적 선호와 무관하게 (독립적으로) 강요되어서는 안된다;

(d) 사회적 선호는 독재적, 즉 한 개인의 선호를 전적으로 반영하는 것이어서는 안된다;

(e) 일련의 여러 대안들 중에서 가장 선호된 상태는 다른 대안들의 존재와 무관(독립적)해야만 한다. 이러한 공리들은 가치판단을 반영하기는 하나 일반적으로 합리적이라고 간주되었다;

애로우의 '불가능성 정리'에 의하면 일반적으로 다섯 가지 공리 전부를 만족시키는 사회적 선호를 구성하는 것은 불가능하다. 이것의 수학적 증명은 복잡하며 여기서 제기된 문제는 경제학뿐 아니라 수학자들간에도 한 단계 더 나아간 작업을 촉진시켜왔다. 애로우의 정리의 중요성은 시장에서 혹은 일종의 투표절차에서 드러나는 개인적 선호로부터 끌어낼 수 있는 여러 대안들, 예를 들어 재화와 용역의 수집에 대한 일종의 사회적 평가의 의미를 가지는 사회복지함수 개념의 타당성에 대해 의문을 제기하였다는 점이다. DMS

야생지 wilderness

'야생동물의'라는 의미를 지닌 고대 영어 wildeoren에서 유래된 용어. 역사적으로 야생지는 두려움과 개척의 대상이었다. 서유럽 역사는 경작지를 만들기 위해 삼림, 습지, 소택지를 제거하는 과정으로 이루어져왔다. 식민지시대의 미국에서 개척자들은 스스로를 야생지로부터 문명을 개척하는 사람이라 여겼다(변경논제 참조). 물론 서구문화만이 야생지의 개념을 가진 것은 아니다. 황량한 지역을 대하는 중국인의 태도는 더 자비로운데, 이것은 단지 이미 이전에 야생지가 개척되었기 때문이다. 시베리아라는 거대하고도 광활한 땅은 러시아인의 야생지에 해당한다.

'지구를 정복한' 후, 서구국가들은 야생지의 잔재들을 보존하는 데 약간의 관심을 보였다. 특히 미국이 그러한데, 19세기에 이미 날카로운 안목을 지닌 관찰자들에게는 '황량한 서부'의 대부분이 사라지게 될 것이 자명했었다. 화가이며 민속학자인 카틀린(George Catlin, 1796~1872)은 서부를 방문하고 토착원주민의 생활상을 기록한 후 이의 보존을 주장하였다. 야생지와의 접촉이 인간을 생기있게 만든다는 식으로 글을 쓴 뉴잉글랜드 출신 소로(Thoreau, 1817~1862)의 작품은 이러한 사고에 크게 영향을 끼쳤다. 가장 잘 알려진 소로의 작품은 『왈덴 호수(Walden, 1854)』이다. 소로의 책이 발간된 후, 미국에서는 일련의 대규모 탐험 및 비어스타트(Albert Bierstadt, 1830~1902)나 모란(Thomas Moran, 1837~1926)과 같은 풍경화가 덕분에 관심이 더욱 고조되었다.

1870년 돈-와쉬번(Doane-Washburn) 탐험대의 일원들은 와이오밍 주 옐로우스톤 주변의 야생

양식업

지역을 보존하기 위해 국립공원 설치를 제안하였다. 이 국립공원은 1872년에 설립되었다. 그 후 다른 야생지들도 '국립공원'이 되었다. 그 이후 자연풍치지역과 야생지를 보존해야 한다는 개념은 미국의 예를 따라 다른 나라에서도 실행되었다. 1964년 미국은 국립야생지보존체계를 설정하였다(자연 참조). BWB

양식업 aquaculture

수확할 유기물질의 생산을 늘이기 위하여 물 속의 환경을 조절하는 것. 다양한 수생식물이 인공 수중환경 속에서 양식된다. 연못 속에서 물고기를 기르는 일은 수천년 동안의 관습이지만, 물고기를 양식하게 된 것은 겨우 18세기에 들어서이다. 이제 인공사료기술을 이용해 부화장내에서 송어를 키우게 되었으며, 새우도 조절탱크에서 길러 수확을 거둔다. 해안을 성공적으로 '경작해' 동물성 단백질 생산을 늘릴 수 있게 되었으며, 바다를 경작하는 것을 해양농업이라고 한다. BWB

언어의 지리학
language and dialect, geography of

언어 또는 그 구성요소들의 분포 및 사회적 관용에 관한 연구. '언어들의 지리적 권역'의 시-공간에 걸친 변화와 관련된 '언어의 지리학(the geography of language ; Delgado de Carvalho, 1962)'과 언어현상의 지리적 범위와 언어지역에서의 지방적인 분화를 검토하는 '방언지리학(dialect geography)' 또는 '언어지리학(linguistic geography ; Pei, 1966 ; Trudgill, 1974, 1975, 1983)'은 구별된다. 일부 연구자들은 시간의 경과에 따른 언어현상과 그들의 지리적 분포의 검토('언어지리학')와 공간상에서의 언어변화의 평가('언어 또는 방언지리학')를 더욱 분명히 구별하였다(Iordan and Orr, 1970). 이러한 정교한 구별은 일반적으로는 사용되지 않는다. 최근에 '지언어학(geolinguistics)'이라는 용어가 제시되었다: 이의 주요 관심분야는—'접촉하고 있는 언어들의 분포유형과 공간구조를 분석하는 것'(Williams, 1980)이다—변화하고 있는 언어지역의 지리학에 대한 초기연구에 그 기원이 있었으나, 언어사용의 유형을 언어변화의 사회적 과정과 관련시켜 설명하는 연구로 더욱 확대되고 있다.

언어 및 방언지리학의 많은 연구에서는 변화하는 언어사용 패턴—'언어접촉'(Weinrich, 1974)—을 문화접촉의 반영으로 간주했으며, 특정주민—특정 문화지역의 거주자—의 언어나 언어형태는 마치 언어집단들이 다른 언어를 희생시키면서 그들의 유효한 영역적 지배를 확대시키듯이(문화의 요람지 참조) 시간과 공간에 걸쳐 접촉을 하고 있다. 그러한 확장의 결과는 하나의 언어가 다른 언어로 완전히 대치되기보다는 보통 이전에 존재하던 언어나 언어권 위에 하나 또는 그 이상의 언어들이 중복되어왔다. 언어 또는 방언지리학자들의 흥미를 끈 것은 고대의 언어형태나 발음 혹은 그 변이가 특정한 방언형태의 국지적 수준으로 잔존, 분포되어 있다는 점이었다. 트러질(Trudgill, 1975)은 그것을 다음과 같이 지적하였다 : "전통적으로 언어지리학은 언어현상의 공간적 분포와 관련된 점에서만 단지 지리학적이었다"(또한 McDavid, 1961 참조). 단어나 발음의 분포에서의 변이는 등어선(isoglosses)—유사한 그리고 유사하지 않은 방언형태를 구별하는 선들—이나 등음선(isophones)—유사한 발음의 권역—에 의해 제시된다. 언어지리학내에서는 언어변화 유형을 기술하는 것보다는 설명이 보다 강조되었는데(Trudgill, 1983), 이는 문화적·경제적 변화를 일으킨 동인과 관련시켜 언어권의 범위를 설명하려는 관심에 의해 지리학과 언어연구 양쪽에서 병행되었다(Withers, 1984). 이러한 연구분야들은 언어의 사용이나 특정한 사회적 상황—'영역'—속에서의 언어에, 언어사용에서의 변이에, 사회계급이나 점유집단과 관련된 언어들내에서 방언의 변이에 관심을 가져왔다(Giglioli, 1972).

대부분의 언어지리학 연구는 지리학자들보다

는 언어학자들이 수행하였다(Trudgill, 1983). 이러한 지적은 지리적 사고의 보다 나은 이해와 적용이 다음 두 개 분야를 구분하는 데 도움이 되는 언어의 지리학에 대한 연구의 경우 사실에 가깝지 않다. 하나는 언어요소에 대한 관심이며, 바로 그러한 관심에서 비롯되는 다른 하나는 비록 언어권의 범위를 변화시키는 과정에 대한 조사와는 상반되지만 이는 요소의 지리적 혹은 사회적 변이에 관한 관심이다.

어떤 이미지를 불러일으키거나 혹은 특정한 목적에 언어가 사용될 수 있다는 몇몇 연구들이 지리학자에 의하여 행하여졌다. 투안(Yi-Fu Tuan)은 19세기 후반의 여러 미국 지질학자들의 서술적인 산문양식과 그들이 미국 경관의 구조와 특성을 묘사하는 데 사용한 직유와 은유를 지적하였다(Tuan, 1957). 시만스키(Symanski, 1976)와 빌린지(Billinge, 1983)는 몇몇 지리학자들에 의한 '평상언어(ordinary language)'의 조작을 비판하였다. 이 두 사람의 글과 버릴(Burrill, 1968)의 글은 지리학과 지리학자들의 언어가 그 언어의 성공을 위해 효과적이고 명백한 의사소통에 의존하는 방식을 고려하였다: 한 검토자가 관찰하였듯이 최근의 일부 지리학문헌에서 두드러지게 결여된 질과 목적(Billinge, 1983). 시만스키는 다음과 같이 주장했다:

"현대의 지리학자들 중에 오로지 올손(Gunnar Olsson)만이 언어(단지 자연적 그리고 인위적인 언어뿐만 아니라 회화와 조각같은 표현양식들을 포함하는 것으로 포괄적 의미에서 해석되는)가 어떻게 우리 자신의 집 속에 우리를 죄수로 가두는지, 그리고 그러한 것이 반드시 의도되지 않았을 때에 어떻게 언어가 우리로 하여금 현상태를 이루고 규범적 진술을 하도록 하는가에 대한 광범위하고 중요한 문제들을 진지하게 표현하려 하였다"(Olsson, 1980 ; Harvey, 1969 비교할 것 ; 또한 관념론 참조).

이러한 관심으로부터 유래하였으나 부분적으로 다른 기반에서 파생된 것으로, 브릭스(Briggs, 1967)는 18세기 후반 이래 계급의 언어가 변화해온 방식을 검토하고 어떻게 그러한 용어들이 종종 무시되는 특정한 역사성과 맥락적 적실성(contextual relevance)을 가지는가를 고려하였다. 같은 방식으로 윌리암스(Williams, 1976)는 역사적 관련 속에서 중요한 의미를 지니는 '중심어(keywords)'를 개발했는데, 현대적 용법에서 그 의미는 사라졌거나 아주 흔히 잘못 사용되고 있다. 지리학 문헌 속에서는 이에 접근하는 연구들이 발견되지 않는다. CWJW

에너지 energy

일을 하기 위한 역량. 엄격히 정의하면, 행해진 일은 힘과 힘의 방향으로 움직인 거리의 곱이다. 따라서 무엇을 들어올리는 데 행해진 일은 힘(이는 물체의 중량에 비례한다)에 이동한 수직거리를 곱한 값으로 주어진다. 예를 들면 이 일은 식품의 화학적 에너지에서 제공된 것으로 사람의 근육이 방출하거나 또는 기중기를 작동시키는 데 사용된 엔진의 연료로부터 발생된 것이다.

대부분의 에너지는 태양으로부터 나온다. 사람의 신체로 하여금 일을 수행하게 하는 식품은 식물(혹은 동물을 매개로 육류로 소비하기도 한다)에서 나온 것으로, 식물은 태양의 복사 혹은 탄소동화작용에 의해 유지된다. 엔진의 연료는 과거의 식물사체로부터 만들어진 것이다. 한편 태양에너지는 지붕에 노출된 판 사이를 흐르는 물을 데움으로써 직접적인 형태로 사용될 수 있다. 물 역시 중요한 에너지원인데, 수차에 연결된 기계를 돌리기 위해 물은 수백년 동안 이용되어왔으며, 오늘날 수력발전에 이용되고 있다. 이 밖의 에너지원으로는 풍력을 이용하는 것에서 핵분열에 이르기까지 다양하다.

물질적인 측면에서 인류의 발달은 에너지를 이용하는 보다 발달된 수단의 개발과 밀접한 관계가 있다. 인간근육의 힘에서 원시적인 풍력, 수력의 이용을 거쳐 증기기관의 광범위한 이용은 대규모 산업화를 가능케 한 생산력의 향상에 중요한 요인이 되었다. 최근 들어 에너지 기술의 발달은 대체연료와 발전시설과 관련된다.

인류가 에너지에 더욱 더 의존하게 되고 또한 대량으로 사용하게 됨에 따라 다양한 문제가 생겨났다. 이제 '에너지 위기'나 에너지 보존의 중요성에 관한 이야기는 상식이 되어버렸다. 에너지에 대한 수요가 그렇게 많지 않고 '화석연료(석탄과 석유)'를 쉽게 이용할 수 있었던 때에는, 미래에 대한 염려없이 에너지 집약적 활동이 발달할 수 있었다. 그러나 화석연료는 재생불가능한 연료이며, 에너지 소비가 현재 수준에서 계속된다면 대안들—즉 핵에너지, 태양에너지, 수력발전의 잠재력 개발에 대한 관심—이 강구되어야만 한다.

오늘날 '위기'의 또다른 측면은, 화석연료의 소비로 생겨나는 그리고 극단적 형태이긴 하나 핵에너지 생산과 그 폐기물의 처리에 관련된 위험으로 설명되는 환경오염이다. 생활수준의 유지뿐만 아니라 인간의 생존마저도 이제 환경적으로 안전한 에너지원을 유지할 수 있는 기술력에 달려 있다. 이것은 근본적으로 중요한 의미를 지니는데, 왜냐하면 에너지의 효율적 관리를 위해서는 이에 공감하는 정치 및 사회제도가 요구되기 때문이다. DMS

엑스크레이브 exclave

본 영토와 분리되어 있거나 이웃나라에 둘러싸여 있는 국가의 작은 부분. 피레네 산맥의 프랑스 쪽에 있는 리비아(Llivia) 주위의 스페인 지역이 그 예이다. 이것의 기본형태에는 몇가지 변형이 있다. 침투(pene) 엑스크레이브는 물리적으로 분리되어 있지는 않지만 다른 나라를 경유해야 편리하게 도달할 수 있는 국가의 일부이다. 의사(quasi) 엑스크레이브는 순전히 실용적 목적 때문에 엑스크레이브로 취급되지 않게 된 지역이다. 사실상(virtual)의 엑스크레이브는 법적 자격 없이 엑스크레이브의 지위를 누리는 반대의 경우이다. 마지막으로 일시적(temporary) 엑스크레이브는 휴전 끝에 이루어진 미확정적 영토협정의 결과로 나타난다(엔크레이브 참조).
MB

엔크레이브 enclave

한 국가 안에 있지만 그 나라의 관할에 속하지 않는 영역의 작은 부분. 유럽에 많이 있으며 이는 유럽대륙의 혼란한 정치사를 증명한다. 이탈리아에 있는 산마리노, 바티칸시티, 스페인의 안도라가 고전적 예이다. 다른 경우로 동독이나 소비에트 블럭의 동맹국의 관점에서 보면 서베를린은 하나의 엔크레이브이다. 그러나 다른 국가들 특히 서독은 서베를린을 자신의 영토에서 고립된 연장지역인 엑스크레이브로 파악한다.
MB

엔트로피 entropy

확률분포에서나 제약조건하의 체계에서 보이는 불확실성의 정도에 대한 척도. 이 용어는 열역학에서 유래하였지만 다양한 맥락에서 특히, 정보이론에서 그리고 공간적 상호작용의 엔트로피 극대화 모형을 위한 토대로 쓰여왔다.

'거시상태(macrostate)'와 '미시상태(microstate)'의 개념은 엔트로피 분석에서 중심을 이룬다(혹자는 거시상태 대신에 '중위상태[mesostate]'라는 용어를 사용하기도 한다). 1백 명의 사람이 10군데 지역에 분포하는 경우를 생각해보자. 미시상태란 특수한, 개인적 수준에서 사람들을 지역에 할당하는 상태이다 : 개인 B는 지역 6에, 개인 K는 지역 4에 등등. 거시상태란 지역별 사람들의 총계적 빈도분포이다. 여러개의 상이한 미시상태들은 동일한 거시상태에 상응하거나 또는 이를 만들어낼 수 있다: 즉 각 개인들이 서로 다른 지역에 할당되더라도, 빈도분포는 동일할 수 있다. 엔트로피는 하나의 거시상태와 이에 상응하는 가능한 미시상태들간의 관계를 측정한다. 극단적인 경우, 하나의 거시상태는 하나의 미시상태만을 포함하는 반면(한 지역에 1백 명이 있는 경우), 각 지역마다 10명씩 있게 되는 거시상태는 아주 많은 미시상태들을 포함한다. 하나의 거시상태에 속하는 미시상태의 수는 여기서 W로 표시되며, 이 엔트로피 값을 찾는 것은 조합을 계산하면 된다. 즉:

$$W = \frac{N!}{\prod_i n_i!}$$

개인들의 총계 N의 계승(factorial)을 각 지역별 사람수 n_i 각각에 대한 계승의 곱으로 나눈 것이다.

또 다른 엔트로피 측정은 정보이론에서 쓰이는 것으로, 다음의 통계량이다:

$$H = -\sum p_i \log \frac{1}{p_i}$$

여기서 p_i는 주어진 한 지역에서의 확률(내지 비율)이다. H는 log W와 완벽하게 관련되어 있다. 엔트로피 통계량 W와 H는 미시상태와 관련시켜 거시상태의 불확실성을 측정한다. 최소 엔트로피(H=0)는 하나의 p_i가 1이고, 나머지는 0일 때 일어난다: 단지 하나의 미시상태밖에 없기 때문에 완전한 확실성이다. H는 모든 p_i가 동일할 때 최대가 된다(모든 미시상태들이 똑같이 출현가능하기 때문에 최대의 불확실성이 나타난다). W와 H는 분포와 할당의 엔트로피 기대치나 경험적 유형의 실제 엔트로피를 분석하는 데 모두 쓰일 수 있다.

지리학에서 정보이론식 접근방법은 취락(분포)유형이나 인구분포 경향의 엔트로피 수준을 분석하고 비교하는 데 H를 사용해왔다. 엔트로피 극대화 접근은 특정한 제약조건 아래에 있는 체계에서 가장 확률이 높은 거시상태를 찾기 위한 토대로서 엔트로피를 사용한다. LWH

엔트로피 극대화모형
entropy-maximizing models

제약조건에서 한 체계에서 '가장 일어남직한' 공간적 할당유형을 파악하기 위한 통계적 모형. 이 접근방법은 1967년 윌슨(A.G. Wilson)에 의해 중력모형을 보다 엄격히 해석하기 위한 토대로서 지리모형론에 도입되었으며, 그 이후 지역간 화물유통의 모형화, 도시지역의 공간적 상호작용모형화를 위해 널리 사용되어왔다. 이는 확률분포에서 불확실성이나 '가능성'의 척도인 엔트로피의 개념을 토대로 한다.

출퇴근통행모형의 예를 들어 이 방법을 알아보자. k개의 구역으로 나누어진 도시에서, 개인의 이동에 관한 상세한 정보 없이 구역간 통근흐름 T_{ij}의 최적추정치를 산출하기를 원한다고 하자. N명의 총통근자가 있다고 가정한다. '거시상태(엔트로피 참조)'로서 알려진 특정통행분포 유형 T_{ij}는 개별 통근흐름의 여러 상이한 집합, 혹은 '미시상태들'로부터 야기된다. 엔트로피는 특정 거시상태가 나타나게끔 하는 상이한 미시상태들의 수를 측정한다:

$$W(\{T_{ij}\}) = \frac{N!}{\sum_i^k \sum_j T_{ij}!}$$

우리는 상세한 미시상태 자료들이 없을 때, 미시상태들이 모두 동일한 확률을 지닌다고 가정할 수 있다. 그러면 최대 엔트로피 값을 지닌 거시상태 $\{T_{ij}\}$는 가장 확률이 높거나 또는 가장 가능성이 있는 전반적 유형일 것이다.

추가되는 정보는 통상적으로 이용가능한 것으로, 특히 각 구역마다 출발하는 통근자의 총수 O_i와 각 구역마다 수용가능한 직장의 총수 D_j, 그리고 한 도시의 교통비 총계 C이다. 그러면 엔트로피 극대화 방법은 다음을 극대화하는 것이다:

$$\sum_j T_{ij} = O_i$$

$$\sum_i T_{ij} = D_j$$

$$\sum_i \sum_j T_{ij} c_{ij} = C$$

여기서 C_{ij}는 구역 i에서 구역 j까지의 교통비이다. 이 극대화는 비선형극대화 문제로서, 최대값을 찾을 때까지 일단의 상이한 값들을 체계적으로 산출해가는 반복 탐색기법으로 풀어야만 한다.

엔트로피 극대화모형은 경험적인 통행분포에 잘 맞아떨어질 뿐 아니라, 새로운 거주지나 직장(O_i와 D_j를 변화시키는)들의 효과를 쉽게 계산하도록 해준다. 따라서 보다 일반적인 도시모형(라우리모형 참조)에도 널리 적용되어왔다. 관련된 인구들은 세분될 수 있는데, 예를 들어 교통수단과 통행유형에 따라서 공간행동을 세분한다든지, O_i와 D_j를 사회계급과 직업에 따라서 세분하는 것 등이다.

총비용이 일정할 때, 엔트로피 극대화(가장 일어나기 쉬운) 통행분포는 운송문제를 풀어서 나오는 최적최소 비용분포와 관련될 수 있다.

LWH

여가의 지리학 leisure, geography of

비노동시간에 이루어지는 인간의 활동유형에 관해 시-공간적으로 연구하는 것. 여가는 일과 기타 다른 의무로부터 해방된 모든 시간을 포괄하는 일반적 용어이다; 이 시간의 많은 부분은 레크레이션으로 채워지는데, 레크레이션에는 스포츠에 적극적으로 참여하는 것부터 TV를 시청하거나 또는 사교주를 마시는 것까지 어떤 것이든 포함될 수 있다. 최근에 선진 산업사회에 살고 있는 대부분의 사람들에게 활용될 수 있는 여가시간이 현저히 증가되었는데, 이는 사회경제 활동유형에 중요한 변화를 가져오고 있다.

대다수 인구가 즐기는 여가시간의 양적인 증가는 여러 요인들의 복합적인 결과로 나타난다. 20세기초에 이르러 대부분의 산업국가에서는 주당 노동시간이 현저하게 단축되었다. 현재 영국은 평균 44시간인데, 이는 일상적인 활동 아닌 다른 일에 종사할 수 있는 상당한 시간을 제공해준다. 지난 20년 동안 더욱 중요한 것은 고용시간의 절대적 감소보다는 오히려 노동시간의 재편성이었다. 현재 직업을 갖고 있는 거의 모든 영국인들은 매년 적어도 3주일의 유급휴가와 주 5일 근무를 기대할 수 있는데, 이는 새로운 활동을 위한 규칙적인 시간구획을 제공해준다. 많은 국가에서 인구의 노령화는 이미 은퇴는 했지만 아직도 활동적인, 따라서 새로 발견한 여가를 채우기 위한 활동을 찾으려 노력하는 사람들을 증가시켰다. 인구학적 범주의 다른 극단에서는, 학교를 졸업하는 연령이 점차 높아짐에 따라 보다 많은 청소년들이 노동인구층에 들어가는 것이 연기되고 있다. 대다수의 경우에 증가된 여가시간은 실질적으로 보다 큰 풍요에 의해 동반되었기 때문에 위락적인 일에 참여하는 데 따르는 재정적인 장애는 제거되어왔다. 기술도 또한 한 역할을 수행했다: 교통수단의 발달, 특히 자가용의 확대는 개개인의 이동력을 극적으로 증진시켰고, 가정에서는 세탁기와 같은 쇄신들로 사람들은 집안의 많은 고된 허드렛일에서 벗어나 자유롭게 다른 일에 종사하게 되었다.

여가시간의 증가와 그것이 만들어낸 새로운 활동들은 경제활동에 있어 하나의 전반적으로 새로운 분야를 만들어냈다. 마틴과 메이슨(Martin and Mason, 1980)은 다양한 종류의 출판자료에 의거하여 영국에서의 여가용 지출형태의 일반적 상황을 밝혀냈는데, 1977년에 230억 파운드 이상, 즉 소비자 지출의 거의 27%가 여가에 충당되었다고 결론지었다. 여가지출에 대한 그들의 정의가 아주 광범위한 것은 틀림없지만, 국내여행과 의복에 드는 비용을 제외한다 해도 그 숫자는 아직도 172억 5천만 파운드, 즉 소비자 총지출의 20%에 달한다.

몇몇의 연구가 50년 이상 동안 이 분야에서 진행되고 있지만, 여가에 대한 지리학적인 연구는 항상 숫자적으로 비교적 적은 편이었다. 길버트(E. W. Gilbert, 1939)는 영국의 해변과 온천도시에 대한 다수의 연구를 행하였고, 코니쉬(V. Cornish)는 영국 시골의 관광자원적인 가치를 인식한 최초의 지리학자 중의 한 사람이었다 (Goudie, 1972 참조). 1960년대와 70년대 초반에 농촌적인 레크레이션의 증가와 레크레이션 여행의 동기유발에 관한 상당한 수의 연구가 지리학자들에 의해 완성되었다. 주목할 만한 것은 로저스(Rodgers, 1967)와 패트모어(Patmore, 1983)의 연구 그리고 에딘버러 대학의 관광 및 레크레이션 연구단에서의 코포크와 더필드(Coppock and Duffield, 1975)의 연구이다(레크레이션과 관광 참조). 최근에는 여가행위의 유형보다는 그 행위 뒤에 숨겨져 있는 동기를 이해하려는 방향으로 다소 그 주안점이 이동해가고 있다. 그 결과 여가연구의 주요쟁점은 지리학으로부터 다른 사회과학 분야로 이동해가는 경향을 보인다(Glyptis, 1981).　　　　　　　　MB

여성지리학 feminist geography

(또한 성과 지리학 참조). 성(性)의 불평등에 관한 문제와 삶의 모든 영역에서 실제로 여성들이 받는 억압을 강조하는 지리학의 접근분야. 여성지리학은 아직 유아기에 있지만, 1960년대 여성운동의 부활과 그 이후 사회과학에서의 여성이론의 개발에서 그 추진력을 끌어내었다. 지리학에서는 기존의 사고방식에 대한 비판들이 여성지리학의 전제가 되었으며 어떤 의미에서는 그 토대가 되었다. 급진지리학, 마르크스주의 지리학, 복지지리학의 발달이 사회적 불평등의 구조 및 사회적 과정과 공간구조간의 관계에 관한 논의를 열어놓았다. 그러나 위의 두 접근은 계급의 불평등에 초점을 두었으나, 여성과 남성 사이에 존재하는 불평등구조와 공간형태가 이러한 불평등의 본질을 반영하며 또한 그에 영향을 주는 점은 무시하였다. 한 사회가 가정에서, 노동시장에서, 그리고 다른 사회적 제도들에서 성의 구분에 기초하고 있다면, 그 지리학은 그 특정한 사회조직을 보호하고 촉진하는 것이 될 것이다. 공간, 장소, 환경, 경관과 이들에 함축된 내용들은 우리들이 일상생활을 영위하는 맥락이다. 여성해방론자들의 연구는 이 공간들이 어떻게 생성되며, 어떻게 여성의 '올바른' 위치에 관한 지배적인 이념적 가정(관념론 참조)을 강요하는가를 보여준다.

서로 맞물린 세 가지 관찰이 경험적 연구를 자극해왔다. 첫째, 공간의 형태와 배치는 생성된다는 인식이다. 공간의 설계와 이용은 부분적으로는 성간의 역할과 관계에 의해 결정된다. 예를 들면 공적인 것과 사적인 것, '노동'과 가정, 도시와 교외의 연관된 이분법 및 후자의 여성과의 관련 등이다(Davidoff et al.,1976 ; McDowell, 1973 ; Matrix, 1985). 두번째의 그리고 서로 연관된 관찰은 공간관계가 성의 행태에 관한 특정한 견해를 문화적 · 역사적으로 형성하고 유지하는 것을 돕는다는 것이다. 예를 들면 교외환경은 여성에게 낮은 공공서비스 시설과 제한된 고용기회를 제공하고 그들을 길들여진 환경으로 고립시키는 '올가미'가 된다. 연구의 영역은 일정한 범위의 상품과 설비에 대한 여성의 접근이 그들의 위치와 이와 결합된 성별역할에 의해 어떻게 제한되는가를 보여주었다(IBG, 1984 ; Tivers, 1978). 셋째로, 공간과 경관에 대한 지각, 해석에 관한 연구에서는 어떻게 성별이 환경에 대한 개인의 관계에 영향을 미치는 해석렌즈(interpretative lenses)의 하나가 되는가를 보여주었다. 예를 들어 안전하거나 불안전한 환경에 대한 여성의 지각은 남성의 지각과 현저하게 다르다. 또한 경관을 보는 관점에서도 상당한 성별차이가 존재한다(Lloyd et al., 1980).

성별지리학(gendered geography)이 있다는 견해는 아직도 상대적으로 급진적이며 어떤 측면에서는 거부되고 있다. 따라서 지리학에서 여성을 부각시키는 것이 하나의 초기국면이 될 수 있다. 이제는 많은 개설교재들이 나왔다. 메이지(Mazey)와 리(Lee)의 『그녀의 공간, 그녀의 장소(Her space, her place, 1983)』는 가장 짤막하게 '여성의 지리학'을 안내하는 책이다. 이 책은 전통적인 지리학적 방법을 사용하여 여성의 권리, 임신중절법의 상황, 여성의 임금노동에의 참여, 교육과 소득에 대한 여성의 차별적 접근, 건강 서비스와 보건에 대한 여성의 접근, 매일의 여행유형과 대규모 이주 등과 같은 일들을 지도화하였다. 젤린스키 등(Zelinsky et al, 1982)도 여성지리학에 대한 미국과 영국의 많은 문헌들에 관해 가치있는 평가를 하였다. 그러나 여성지리학은 단지 인습적인 분석에 여성을 추가시키는 것 이상의 목적을 지니고 있다. 여성지리학은 지리학 내부의 기존 이론과 실천에 대한 도전이기도 하다. 이 분야에 있는 소수의 여성해방론자들은 학문적 분위기 속에서 최근에 싹트고 있는 여성해방론 및 성별에 기초한 이론을 개발하기 위한 여성운동에 대한 관심을 지리학 내에 건설하기 시작하고 있다(특히 IBG, 1984 참조). 그 한 예로 산업의 재구조화와 변화하고 있는 임금노동의 위치에 관한 현재의 지리적 변화를 이해하는 데 부권(patriarchy), 여자다움과 남자다움의 사회적 구성과 같은 개념들이 도움을 줄 뿐만 아니라 그 자체가 공간적 구조물이라고 주장되고 있다. 여성과 남성의 사회적 관계는 시간과 공간에 따라 변화하며 이러한 변화는 성별관계에 있어서의 다음의 각각의 변화를 설명하는 데 도움을 준다. 예를 들면 영국 북동부에서는 이전의 성간의 분업은 가정과 노동시장에서 여성과 남성의 거의 완전한 분리에 기초를 두고 있었으나, 1970년대에 여성의 임금노동을 확대키 위한 조건이 마련되었다(McDowell and Massey, 1984 참조). 이러한 통찰은 또한 지리학내의 전통적인 학제적 구분, 특히 경제지리학과 사회지리학 사이의 구분을 위협한다. 여성해방론자들의 이론은 가정과 '노동' 사이에, 재생산과 생산 사이에는 상호관계가 있다는 것을 보여주며, 선진 자본주의국가들의 경제구조에서 일어나는 최근의 변화를 이해하는 데 도움을 준다(Lewis, 1984 ; Massey, 1984). 이전에 조사되지 않았던 생산조직과 가족조직 사이의 관계들이 이제는 중요한 것으로 인식되었으며, 여성해방론자들은 연구과정과 이용범주내의 경제적·사회적·이데올로기적 침투를 지리학내의 다른 급진적 비판론보다도 더욱 분명하게 제시하기 시작하고 있다. 예를 들어 기능의 개념이 단순히 '경제적'인 것이 아니라 여자다움과 남자다움의 이데올로기적인 구성 및 각 성에 적합하다고 인식하는 임무와 관련된다는 것이다.

마지막으로 여성해방론과 여성(해방)지리학은 학문내에서 현재 실천되고 있는 교수활동에 대해서도 도전하고 있다. 오로지 남성만을 포함하는 개념과 분류에 기초한 연구—예를 들면 사회계층과 이동성에 관한 연구들 또는 거주입지이론과 같은 가족행태의 특정한 관점에 입각한 연구들—가 부적합하다는 사실이 명백해지고 있다. 여성해방론자들은 또한 서로 영향을 주는 사회연구의 방법 속에 연구자의 성이 그 결과에 영향을 미치며, 따라서 지리학적 연구에서 '객관성'의 추구에 대한 비판에 연구자의 성이 추가되어야 한다고 주장한다(계량적 방법 참조). 교수에서도 성의 자각이 중요하다. 교수진과 학생들 사이에서의 그리고 학생집단내에서의 개인적인 상호작용의 범위내에서 성의 속성에 관한 가정들이 학생들 스스로에 대한 인식과 그들의 행태에 영향을 미치는데, 이는 종종 여성의 기회를 제한하는 방식으로 된다. 여성지리학은 비록 매우 최근에 발달하고 있고 많은 학과에서 교과과정의 일부로 확정된 경우가 아직도 드물지만, 지리학에서 통용되고 있는 이론과 실천에 급진적인 도전을 하고 있다. LMcD

역도시화 counterurbanization

인구의 이심화 과정(도시화 참조). 역도시화 과정은 1970년대초 미국에서 처음으로 널리 인지되었다. 이때 미국의 인구통계자료에서는 대도시에서 비대도시지역으로의 인구 순이동에 의해 대도시지역 특히 대규모의 대도시지역에서 인구가 감소하는 현상이 확인되었다. 현재 많은 대규모의 대도시지역은 인구와 일자리의 절대적 감소를 경험하고 있다. 사람과 일터는 : (a) 교외지역을 넘어서 대도시노동지역에 해당하는 보다 작은 취락과 촌락지역으로 옮겨지거나 ; (b) 또는 선벨트 지역으로 규모는 적으나 급속히 성장하고 있는 남부 및 서부의 대도시지역으로 옮겨지고 있다. 현재 다른 나라에서도 역도시화가 진행되고 있다는 사실이 제시되고 있다(Vinning and Kontuly, 1978). 역도시화가 이루어지는 원인으로는, 대도시에서의 생활비가 증가하고 있고(적정도시규모 참조), 개인의 기동성이 증대되면서 소규모 도시에 사는 것을 선호하는 사람들이 많아지며, 자본주의 산업들이 경제위기 때 싼 노동력을 필요로 했기 때문이라는 설명이 시도되고 있다. RJJ

역사지리학 historical geograhphy
과거의 지리학. 전후(戰後)의 영미 역사지리학의 발달을 3단계로 구분할 수 있는데 이러한 구분은 단지 편의상의 문제라는 것을 잊지 말아야 한다.
 제1단계는 역사지리학이 지리학의 중심으로 간주되었던 시기이다. 역사지리학이 지리학의 중심이라는 관점은 다비(H. C. Darby)의 신념, 즉 역사지리학은 지형학과 더불어 지리학의 가장 중요한 '토대'라는 신념에 잘 나타나 있다(Darby, 1953). 두 분야 즉 역사지리학과 지형학은 그 연구분야를 경관연구에서 찾았다. 다비에 의하여 확립된 정통설에서는 경관(대개 촌락경관)변화를 표시하기 위하여 연속된 횡단면(법)의 조합에 초점을 맞춤으로써 역사지리학을 다른 역사학문과 구별하였다(예 : Darby, 1951). 그러나 그 종결은 완전할 수 없었고, 사실 결코 완전하지도 못했다. 다비 자신은 "한계란 정밀한 방법론상의 논쟁이나 또는 요술적인 단어와 정의에 의하여 정해지는 것이 아니라, 우리가 풀려고 하는 어떤 특정한 문제의 성격에 의하여 또는 우리가 기술하려고 하는 어떤 특정한 경관의 성격에 의하여 설정된다"고 주장하였다. 사우어(Sauer)도 이와 유사하게 '방법론상의 논쟁'을 경멸하였다(Williams, 1983; Sauer, 1941). 그러므로 보다 분명하였던 것은, 적어도 영국에서 개개의 역사적 자료를 지도를 통해 나타내는 것을 선호하였다는 것이다. 그 중에 다비 자신이 연속적으로 발표하였던 『잉글랜드의 둠즈데이 지리(Domesday geographies of England)』가 가장 좋은 예이다. 그러나 이것조차도 회화적이라고 하겠다. 왜냐하면 역사적 자료를 보다 폭넓게 조사해보면, 비록 그것이 지리적 조사일지라도, 대서양 양안에서 인식되었던 같은 기원의 학문들의 성과에 대하여 폭 넓게 인식할 수 있기를 요구했다: 그래서, 클라크(A. H. Clark in Baker, 1972)가 지적하였던 바와 같이, 역사지리학자는 "대개 분류적으로 정의된 학문 중의 하나 또는 그 이상에 대한 능력을 가지고 있어야 한다"는 것이었다. 이러한 요구는 지역지리학에서 역사적 연구가 시도될 때보다 더 필수적이었다(마치 Clark 자신의 『Three centuries and the island』, 1959와 그의 『Acadia』, 1968과 같이). 그러나 이런 지적 수용성은 대개 경험적인 것이었다. 이 당시에 그리고 이러한 견지에서 역사지리학에서 가장 파급효과가 큰 연구들은 아마도 북미의 버클리학파가 이룩한 문화경관의 연구들, 에반스(Estyn Evans)의 역사적 인류지리학에 대한 열정적인 옹호, 그리고 영국에서 수행된 경지체계 분석들이었다. 그런데 에반스의 역사적 인류지리학은 부분적으로 인류학영역에 파고들면서 유지되었고, 다른 한편으로 '영웅·사건·운동의 기록으로서의 역사'보다는 오히려 아날학파의 역사연구에 보다 동정적인 역사연구의 개념에 의하여 유지되었던 것이다(Evans, 1973 참조). 그 대부분의 연구들은 절대 경험주의로 특성지어지는데 절대경험주의내에서는 "어떤 주어진 주제에 대한 역사지리학의 접근법은 주로 이용가능한 자료로 결정된다"는 것이다(Baker, 1972). 이러한 사실은 특히 북미에서 답사의 중요성에 대한 언급에 의하여 강화되었는데, 즉 "역사지리학자는 답사에서 발굴한 각종의 증거를 기록화된 문헌과 꾸준히 대조해보면서 과거의 기록을 읽을 줄 알아야 한다"고 강조되었다(Clark, 1954).
 그 특유의 자료원에 대한 한계가 고전적 역사지리학의 특징으로서 밝혀진 것은 분명히 계량혁명 동안에 지리학을 주도한 공간조직의 일반이론들을 발견하려는 시도들에 대한 동조에서 비롯되었다. 이 새로운 연구 중에 많은 연구들은 경험적 자료를 되새김질하였을 뿐 아니라,

역사지리학

대신에 추상적 공간기하학의 보편적 지시에 의하여 형성된 이상적인 경관을 그려내기를 선호하기도 하고, 또한 많은 연구가 기능주의에 의하여 채워지고 기능주의에 입각하여 정보를 얻었다. 그 기능주의는 처음에는 공공연히 역사적 형식의 설명에 대하여 반기를 들었다. 그러므로 제2기에 들어서 역사지리학은 태풍의 눈을 통해 예외주의 위에 던져져 결국 지리학의 변두리에 정착했고, 그래서 그 본질적 관심이 현재와 미래에 있었던 모델의 검증장소로서 기껏해야 부수적 역할을 하게 되었다. 많은 역사지리학자들은 자연적으로 그들의 과제가 가지는 한계를 받아들이기를 부정하였고, 역사지리학에서 기존에 다루던 바를 단호히 추구하였다. 그래서 유산적 경관을 학문적으로 평가하고 현존하는 문헌을 차근차근 검토하였다(예를 들어 Baker et al., 1970년 참조). 그럼에도 불구하고 다른 많은 역사지리학자들은 근래 주목을 끌고 있는 공간과학의 개념과 기법으로 열린 가능성을 기꺼이 탐구해보려는 자세를 취했다. 이러한 연구들 중에 수많은 연구들은 기하학적 용어로 표현되는 공간구조의 분석에 대하여 명백하고도 주된 관심을 가졌다. 일부 역사지리학자들에게 이것은 분명히 고전적 개념의 역사지리학에 대한 부정이었고, 역사지리학의 풍부함과 복잡성을 평면과 점의 패턴의 이차원적 사고로 축소시키는 것이었다.

그러나 공간구조에 대한 그 새로운 관심이 영국 역사지리학자들에게는 덜 혐오적이었다. 그들은 그들의 데이타를 지도화해서 분석하는 데 보다 더 익숙해 있었다. 따라서 가장 맹렬한 공격이 북미에서 나왔다는 사실은 놀라운 일이 아니다. 북미의 지리학자 해리스(R. C. Harris)는 (역사)지리학은 '공간관계의 과학'이 아니고 지역의 종합에 대한 시도로 이해되어야 한다고 주장하였다(지역의 개성을 부추겼던 Estyn Evans의 주장과 똑같음). 이 과제는 하트손(Hartshorne)식 정설의 터전과는 아주 다른 영역에서 공격받을 수 있었다(지역분화 참조). 사실 다수의 역사지리학자들은 이미 스미스(C. T. Smith, 1965)의 주장을 받아들였는데, 그는 "기능적 연구와 발생적 연구의 대립은, 비록 서로 대치된 논박이긴 하지만, 실제보다도 겉으로 나타날 뿐이고 해리스가 방어하려고 하였던 종합은 체계분석을 이용하여 달성할 수 있다"고 주장한 바 있다. 예컨대 프레드(A. Pred)는 미국 도시성장의 일반모델을 요약하였고(1966; 또한 Pred, 1973 참조), 그리고 리글리(E. A. Wrigley)는 초기 근대 잉글랜드의 공간경제 변화에서 런던이 차지하는 중요성에 대한 일반모델을 스케치하였다(1967). 보다 더 일반적 관점에서 랭톤(Langton, 1972)은 지리적 변화의 분석에 통제된 피드백모형들을 적용할 수 있는가 하는 문제점과 가능성을 요약하였다. 그러나 이러한 공헌들 중에 어느 것도 해리스의 중요요점, 즉 '과학적 문화와 인간주의적 문화의 대결'을 해결할 수 없었다. 왜냐하면 이러한 공헌들은 너무도 명백하게 이러한 전통의 첫번째 것, 즉 과학적 문화의 전통하에서 이루어졌으며, 역사지리학자들이 어떻게 자신들의 객관적 구조 밑으로 가서 의미와 의도성의 주관적 영역에 들어가는지에 대해 아무런 이야기도 할 수 없었기 때문이다. 간단히 말해서 해리스의 비평은 역사지리학에서 관념론의 확인이었고 전통적 공간과학의 부정이었다(또한 Guelke, 1982를 참조). 이러한 반대에 대한 부분적 타협의 시도들은, 이미 지리학의 다른 분야에서 표면화되기 시작하였는데, 다음의 두 프램그램 조사에서 만들어졌다. 미국에서 제이클(J.A. Jakle, 1971)은 "만약 지리학자들이 과거 공간변화의 모형들을 정교하게 해야 한다면, 역사적 전후관계 특히 행태적 환경의 역사적 전후관계가 충분히 이해되어야 한다"고 하였다. 한편 영국에서, 프린스(H. C. Prince, 1971)는 서로 연결되고 서로 동등한 문제의 세 영역, 즉 '과거에 대한 실재 세계, 상상의 세계, 그리고 추상적 세계'를 확인했다. 그러나 이들은 관점의 통합이라기보다는 경쟁적 설명양식의 공동전개에 대한 일시적 제창에 불과하였다.

역사지리학은 이러한 개념적 시대구분에서 제

역사지리학

3단계 발전에 가서야 비로소 통합이 이루어졌다고 말하고 싶다. 그 제3단계를 베이커(A.R. Baker, 1979)는 역사지리학의 '새로운 출발'이라고 했으나, 이렇게 통합이 이루어졌다고 얘기하는 것은 시기상조이며, 아직도 한순간의 일에 지나지 않는 업적을 두고 과대평가하는 분위기를 자아낸다. 아마도 베이커에게는 역사지리학이 역사에 정통한 새로운 지역지리학의 점진적 부활을 목격하고 있으리라는 사실은 의미가 있을 것이다(예컨대 Langton and Hoppe, 1983을 참조). 그 새로운 지역지리학은 공간-시간 자료 행렬 분석에 대한 계량적 방법의 공헌을 받아들이는 한편, 동시에 그 지리학은 두 단계 전의 지도와 모델을 '인간화'시키기 위하여 평면감옥으로부터 뚫고 나오고 있다(Baker, 1985 참조). 어떤 논평가들은 이것을 '역사적 정신'의 본질적 공헌으로 간주하고 있으며(Harris, 1978), 역사지리학과 인간주의 지리학의 접합을 인문과학내의 지리학의 전통적 위치에 대한 확고한 재확인으로 보고 있다(Daniels, 1985; Meinig, 1983). 이러한 맥락에서 수행된 많은 연구는 사실 문화경관에 대한 역사지리학의 오래 지속된 특별한 관심을 재등장시켰다. 그러나 그러한 관심들이 서로 동일한 것은 아니다. 그들의 선학들과 같이 그들이 어떤 이론적 도구를 되씹는 경우, 그들이 발굴해낸 것은 강자와 현자에 의하여 만들어진 공허한 경관이 아니고, '일상의 경관'인데, 이에 대한 세속적 도상학에서는 이 경관에 다층적 의미가 특히 풍부하다고 밝혔다(Meinig, 1979 참조). 그리고 권력이 특히─실제로 고의적으로─두드러진 보다 더 형식적인 '상징경관'을 그들이 발굴하는 경우, 그들은 그들이 관련되어 있는 보다 넓은 사회적 관계를 울타리를 쳐 막지 않고 반면에 심층적 설명에 도달하기 위해 문화유물론의 이론적 구성에 호소한다(Cosgrove, 1984). 사실 코스그로브(Cosgrove)는 "경관과 그 경관에 의하여 제기된 논제는 사회이론과 역사이론의 핵심부를 향하고 있다"고 생각한다. 즉 개별적이고 집합적인 행위의 논제, 객관적이고 주관적인 지식의 논제,

관념론적이고 유물론적인 설명의 논제를 향하고 있다는 것이다. 이러한 동종의 논제들은 경관보다는 장소와 공간에 명목상 관심을 갖는 역사지리학에서 재등장한다. 명목상이라고 하는 이유는 그런 연구들이 의심할 여지없이 지리학적 상상력 대신에 사회학적 상상력을 행사하였기 때문이다. 그러나 여기서도 인간행동의 복잡성에 민감한 이론적 구성이 강조되었다. 그 출처는 다시 문화유물론(예: Billinge, 1984)과 구조화이론(예: Gregory, 1982)을 포함한다. 구조화이론 자체는 사적유물론과의 비평적 조우를 통하여 형성되었던 것이다. 이런 연구의 중심점은 '진실된 사회역사지리학'을 구성하는 사회이론의 창조적 전개이다. 그 사회역사지리학의 내용은 앞선 세대의 역사지리학자들에 의하여 묻혀버렸던 의식과 갈등을 재발견할 수 있게 해준다(Baker, 1984; Charlesworth, 1983 참조).

인문과학과 사회과학을 향한 운동들의 결과 중에 중요한 것은 인문지리학이라는 전체내에 역사성─역사적 특수성과 역사적 변형성─의 새로운 인식에 대한 그 운동들의 공헌이었다(Clark, 1962 참조: "아마도 역사지리학이 별개의 한 분야라는 개념은 우리의 심원한 분류적 신화 중의 하나일지 모른다"). 예컨대 콘첸(Conzen, 1983)은 "오늘날 도시지리학에서의 역사적 관점은 10년 또는 15년 전에 생각하지도 못했던 부흥을 즐기고 있다"고 주목하였다(또한 Carter, 1983 참조). 분명히 워드(Ward, 1975; 또한 1980 참조)에 의하여 불붙었던 캐너딘(Cannadine, 1977, 1982)에 의하여 가열되었고, 그리고 데니스(Dennis)의 영국 산업도시에 대한 권위적 연구들에 의하여 고무된 그 논쟁은 소멸해가는 거주지유형의 재구성에 활기를 불어넣어주는 데 많은 기여를 했다. 왜냐하면 그것은 거주지유형의 보다 폭넓은 사회적 그리고 사회역사적 의미에 주목하였기 때문이다(또한 Pooley, 1984 참조). 다른 중요한 분야에서도 그것은 마찬가지이다. 농업지리학에서 농업혁명에 대한 오버톤(Overton)의 연구들은 표준적 공간확산모형보다도 농업변화의 조건과 결과에 대하여 훨씬 더

269

역행적 접근

사회적으로 예리한 관점을 제공한다. 왜냐하면 그의 연구들은 초기 현대영국에서 다른 '계급집단'간의 복잡한 관련성을 강조하기 때문이다. 공업지리학에서도 역시, 현공간경제를 전통적으로 연구하는 것과는 대조적으로, 그레고리(Gregory, 1984)와 랭톤(Langton, 1984)에 의한 산업혁명에 관한 토론이 여태까지 독특한 경제적 과정이라고 알려졌던 것에 문화적·사회적·정치적으로 접근하였다(Pawson, 1979 ; Perry, 1975). 인구지리학도 그 '중대사건'들의 사회적 틀을 강조하기 위하여 역사적 인구학과의 관련성을 강조해왔다.

이러한 발전의 어느 것도 역사지리학만의 산물은 아니었다. 역사적 접근에 대한 지각의 증대는 마르크스주의 지리학의 출현과 시간지리학의 발전에 의하여 고무되었다. 마르크스주의 지리학에서 하비(Harvey, 1985)는 "자본주의에 대한 역사지리학은 우리의 의문의 방식, 즉 역사적-지리적 유물론을 이론화하는 목적이 되어야 한다"고 주장한다. 시간지리학에서 헤거스트란트(Hägerstrand, 1983)는 '정적인 유형을 보여주는 평면지도로부터 벗어나 움직이는 세계의 관점에서 사고할 필요성'을 촉구한다. 따라서 이들 모든 공헌들은 사실 과거 전통에 매달리는 일단의 역사지리학자들이 추구해온 별개의 영역을 보호하기보다는 인문지리학에 대한 회고적 접근—인문지리학의 당대의 지적 심지어 정치적 중요성의 인식—의 길을 열었다. 그러므로 데니스(1984)는 '최근의 역사지리학자 세대 중에서' 역사지리학의 어떤 운동을 발견하였는데, "그런 역사지리학은 형태지향적, 토지이용지향적인 역사지리학보다는 내면상 현대 공간경제의 연구에 더욱 가깝다." DG

역행적 접근 retrogressive approach

현재를 검토함으로써 과거를 이해하는 연구방법(회고적 접근 참조). 이 용어는 메이틀랜드(F. W. Maitland)의 『둠즈데이북을 넘어서(Domesday Book and beyond, 1897)』에서부터 통용되기 시작하여 블로크(Marc Bloch)의 연구를 통해 널리 퍼지게 되었다. 블로크는 과거의 경관을 분석하기 위해서는 먼저 현재의 경관을 분석하는 것이 필요한데 "현재의 경관분석은 포괄적인 조망을 제공한다. 이것 없이는 시작조차 불가능하기 때문이다"라고 주장하였다. 역사를 영화에 비유하면서 블로크는 "최후의 장면만이 가장 선명하게 남게 되므로" "희미하게 사라져버린 나머지 모습들을 재구성하기 위해서는" "영화를 찍는 방향과는 반대방향으로 필름을 돌리는 것"이 제일 먼저 필요하다고 주장하였다. DG

연결도 connectivity

네트워크내에서의 상호연결도. 이 용어는 주로 그래프이론에서 결절간(結節間)의 상호연결도를 설명할 때 사용되고 있다. AMH

연계 linkages

두 개체 사이에 이루어지는 정보나 물자의 접촉과 유통. 이 용어는 경제지리학, 특히 산업지리학에서 공장들간의 상호의존과 입지선택에서의 그 영향 등을 지적하기 위하여 가장 널리 사용되어왔다. 어떤 한 공장에 대한 연계는 : (a) 그 공장에 재화와 용역을 제공하는 다른 공장들을 의미하는 후방연계 ; (b) 그 공장의 소비자들을 의미하는 전방연계로 구분된다. 같은 생산공정에 관련되어 있는 공장들간의 정보의 흐름을 나타내는 횡적 연계 역시 확인될 수 있다(입지의 상호의존성, 시장지역분석 참조). RJJ

연고효과 friends-and-neighbours effect

선거지리학에서 논의되는 특별한 형태의 맥락적 효과로서, 투표자들이 그 지역출신의 입후보자를 더 선호한다는 개념. 때로는 연고효과의 결과로 유권자들이 전통적으로 지지해왔던 정당선호경향을 버리는 경우도 있다. 연고효과의 모형 가운데, 후보자에 대한 정보가 후보자들의 출신지로부터 멀어지면서 다르게 나타나는 공간확산과 결부시켜 설명하는 경우가 있다. 따라서 선거결과를 보면 후보자가 출신지로부터 멀어질수록 지지율이 점차로 감소하는 지지도 조락현상을 보인다는 것이다. RJJ

연담도시 conurbation
한때 분리되어 있던 취락이 분지적 발달을 필두로 하여 하나의 연속적인 시가지로 합쳐지는 현상. 이 개념은 기스(Patrick Geddes)가 만들었다. 영국에서는 몇몇 주요 연담도시가 확인되었고, 이것이 1961년 센서스에서 인지된 바 있다. 대체로 연담도시의 개념은 대도시지역과 대도시 노동지역 등의 다른 개념으로 대체되고 있다.
RJJ

연령 및 성별 인구구조 age and sex structure
성 혹은 연령에 따른 인구구성. 인구에서 이러한 일반적인 특징은 출산력, 사망력, 인구이동 등의 인구학적 과정을 이해하는 데 필수적이다. 성비는 일반적으로 여성 100명당 남성의 수로 표현되며, 연령구성은 연령층 그룹으로—예로써 0~15, 15~64, 65세 이상—설명된다. 연령과 성에 대한 구체적인 내용은 인구피라미드로 표현된다. PEO

연방주의 federalism
두 개가 결합된 정부형태로 서로 다른 정부기관 간에는 명확하고 헌법상으로 합의된 권력구분을 가진다. 또한 각자는 그 자신 특수한 책임의 범위 안에서 독립국이다(주권 참조). 보통 중앙정부는 외교, 국방, 외국무역과 같은 국가 전체에 영향을 미치는 문제를 책임지고 주정부(하위수준)는 주택, 교육과 같은 보다 지방적 문제를 책임진다. 연방모델은 세계적 관심사에서 협동의 이점을 취하면서도 지역적 다양성을 보존하기 위해 고안되었다. 연방헌법은 보통 인구가 희박한 국가에서 넓게 분산되고 발전이 빈약한 사회를 연결하기 위한 장치로 고안되었다.

캐나다, 미국, 호주 그리고 소련은 세계무대에서 전체가 부분들의 합보다 클 것이라는 믿음에서 만들어진 연방이다. 실제로 연방들은 서로 크게 다르다. 소련과 같은 국가는 큰 지역적 다양성을 나타내므로 헌법을 효율적으로 우회하고 강력한 중앙권력을 강요함으로써 연방단위를 유지한다. 미국과 같은 다른 나라들은 이제는 비교적 동질적이므로 유타 주의 몰몬과 같은 소수가 고유한 문화전통을 유지하는 것을 기술적으로 가능케 했던 연방헌법의 여러 특징들이 사라져버렸다.

19세기와 20세기초에 번성했던 진정한 연방주의의 시대는 이제 끝났다는 신념에는 충분한 이유가 있다. 분명히 1960년대초의 중앙아프리카 연방, 서인도 연방과 같은 실험들은 단명하고 불행했다. 최근에는 유럽공동체에서 존재하는 것과 같은 '연합'을 지향하는 경향이 있다. 유럽공동체는 모든 회원국가 위에 있는 중앙정부이지만, 회원국가는 궁극적으로 개별 민족정부의 통제에 종속된다. MB

연속적 점유 sequent occupance
지리학을 인간점유 단계들의 하나의 천이로 보는 견해. 이렇게 하여 각 단계의 유전적 특성을 그 선행단계에 비추어 확인한다(Whittlesey, 1929; 취락의 연속성 참조). 휘틀지(Whittlesey)의 도식은 인간생태학에 많은 근거를 두고 있다. 그는 비록 "지역지에서의 연속적 점유와 식물학에서의 식물천이 사이의 유사성은 모두에게 명백하다"는 사실을 알고 있었지만, 자신의 개념은 보다 '복잡하다'고 주장한다. 다른 생물학적 현상과 마찬가지로 인간의 지역점유는 그 자체 내에 이미 변형의 씨앗을 소지하지만(변증법 참조), 그와 같이 방해받지 않는 또는 '정상적인' 진보는 '희귀'하며, 아마도 이상에 불과'할 것이다. "왜냐하면 외부적인 힘이 정상코스에 개입하여, 그 코스의 방향이나 비율 또는 둘다를 변형시키고" "연속적 점유의 끈을 단절시키거나 얽히게 할 수 있기 때문이다." 이와 같이 세분된 제약은 생동적인 것이었으나, 다른 유사한 거부자들과 함께 휘틀지 또한 진화론적 체계인 '침식윤회설'로부터는 거리를 두도록 예정되어 있었다. 물론 그의 뒤를 추종했던 사람들 중에 휘틀지만큼 주의와 세밀함을 보여준 사람은 거의 없었다(Mikesell, 1975 참조). 이 개념의 가장 성공적인 적용(특히 Broek, 1932 참조)은 사실 휘틀지가 겨냥하였던 일련의 안정된 횡단면법을 벗어나, 이들을 의도적으로 역동적인 수직적 주제에 연계시켰으며, 따라서 '여태까지 존재했던 비교적 적은 수의 연속형태'를 체계화해 보려던 그의 계획은 결코 실현되지 못하였다.

DG

연쇄인구이동 chain migration

인구가 친족이나 기타 경로를 통해 계속 이동하는 과정. 집에서 가장 먼저 이동한 쇄신자들의 초기흐름은 정보가 그들의 목적지에서 출발지로 다시 흐름에 따라 다른 사람들의 흐름을 유발한다. 예로써 한 촌락이 이 과정을 통해 도시내의 특정 거주지역에 연계되기도 한다. 따라서 이주자의 초기집단은 좋은 직장을 구하거나 혹은 생활수준을 높이기 위해 젊은 성인남자들에 의해 주로 구성되나, 2차적인 집단은 그들의 부양가족―처, 자식, 부모―과 함께 그들의 고향인 지역공동체의 이웃들로 구성된다. 북미도시에서 나타나는 이탈리아계, 중국계인들의 인종집단 거주지역은 이러한 과정을 거쳐 형성된 것이다. 이 연쇄이동은 이주기회에 대한 유용한 정보가 주로 기존의 이주자들에 의해서만 얻어질 수 있는 국가간 이동 등의 장거리이동에서 뚜렷이 나타난다(인구이동 참조).

PEO

연합정부체제 consociationalism

레이파트(Arend Lijphart)에 의하여 대중화된 용어. 언어, 계급, 지역 혹은 종교에 의해 분열된 정치문화를 가진 민주주의를 정치적으로 안정되고 효율적인 민주주의로 전환시키기 위하여 고안된 것으로 엘리트연합에 의한 정부를 일컫는다. 사회-영역적 통제의 형태로서 그것은 벨기에, 캐나다, 그리고 스위스와 밀접히 관련된다. 성공을 위하여 정치적 엘리트는 다양한 이해를 조절하고 가장 뚜렷한 문화적 분할을 초월할 수 있는 능력을 가져야 하며, 국가적 응집력을 약속하고 다양한 공동체의 각 부문으로부터 지지를 반영할 수 있어야 한다. 그러나 최근의 민족영토적 그리고 언어적 분할의 정치화는 연합주의적 해결이 갖는 실효성에 대하여 분명한 의문을 제기하였다(다원주의 참조).

GES

영국지리교육학회 Geographical Association

교육제도의 모든 단계에서 지리학의 역할을 강화하기 위해 1893년에 영국에서 설립된 학회. 이 학회는 『지리학(Geography)』(이전에는 The Geography Teacher라 불렸으며 1901년에 발간됨)과 『지리교수법(Teaching Geography)』(1975년에 처음 발간됨)이라는 2개의 잡지를 발간하고 있다. 다른 자료들도 모두 교사―특히 중등학교 교사―들을 보조하기 위해 만들어진다. 본부는 셰필드에 있다.

RJJ

영국지리학회
Institute of British Geographers(IBG)

영국에 있는 지리학자들의 학술단체. 이 학회는 1933년 영국지리협회가 학문으로서의 지리학에, 특히 인문지리학에 별로 관심을 가지지 않는다고 느낀 소수 대학교수들에 의해 설립되었는데 출판물의 제공이 주요목적이었다. 제2차 세계대전 직후까지 비교적 작은 규모였으나 1950년 이후 영국의 대학에서 지리학이 급속히 확장되고 또 영연방(the British Commonwealth)의 학계가 성장하면서―영연방에서 대부분의 지리학과는 초기에는 영국인 졸업생들에 의해서 운영되었다―발전하였다. 회원수는 현재 1,700명 가량에 달하며, 매년초에 개최되는 연 1회의 회의에는 매년 약 600~800명 정도의 회원이 참가하고 있다. 이 학회에는 각기 다른 분야에 관련된 여러 개의 연구회가 있다. 이 연구회들은 개별적인 회의를 개최하며(대부분의 연구회는 연 2회 개최한다) 또한 매년 열리는 정기회의를 통해 각자의 회의들을 운영하고 있다. 이들은 연구와 출판사업도 후원해주고 있다.

주요한 출판활동은 『회지(Transactions)』와 『지역(Area)』이라는 두 잡지를 연 4회 발행하는 것이다. 전자는 대단한 국제적 명성을 가진 학술잡지이고, 후자는 단기 연구기록과 정보를 위한 배출구일 뿐만 아니라 토론장의 역할을 한다. 이 학회는 특별 출판물시리즈―단행본과 논문 모음집으로 구성된―를 발행하고 유럽과 인디아, 멕시코에서 온 지리학자들과의 일련의 세미나를 후원하고 있다. 본부는 런던에 있는 <u>영국지리협회</u> 건물내에 위치하고 있다.　　RJJ

영국지리협회
Royal Geographical Society(RGS)

영국 최고의 지리협회. 이 협회는 런던지리학회(Geographical Society of London)라는 이름으로 1830년 창설되었고 지리학적 탐구와 발견의 심화를 그 목적으로 한다. 초창기부터 『영국지리협회지(Journal of the Royal Geographical Society)』라는 잡지를 발행하였고 『회보(Proceedings)』라는 시리즈를 또한 발행한다. 이 시리즈의 주요 정기간행물인 『지리학논집(the Geographical Journal)』은 1893년에 처음 발행되었다.

영국지리협회는 단순한 학술단체가 아니며, '지리학의 진보'라고 협회의 헌장에 명시되어 있는 이 협회의 목적을 증진시키고자 하는 누구에게나 개방되어 있다. 이 협회의 초기활동의 대부분은 비교적 미개발된 지역으로부터 새로운 자료를 수집하는 데 있었다. 영국지리협회는 많은 중요한 답사(탐험)를 후원했을 뿐 아니라 다른 탐험들도 지원하였다. 아직도 이 협회는 소규모의 답사를 조직하고 운영하는 문제를 다루기 위해 매년 심포지움을 열고 있으며 1938년까지 『여행자의 주의사항(Hints to travellers)』이라는 소책자를 발행하였다.

오늘날 미지의 세계에 대해 더 많은 정보를 수집한다는 초기의 목적이 거의 달성되었기 때문에, 이 협회에서 주관하는 답사는 보다 과학적인 연구(탐구)와 관련된다. 예를 들어 1980년 150주년 기념으로 협회는 지질학(geology), 지형학(geomorphology), 빙하학(glaciology)에 대한 계획을 포함한 카라코람(Karakoram)으로의 대규모 탐험을 후원하였다.

영국지리협회는 오랫동안 지리교육을 촉진하는 활동을 해왔고 옥스포드와 캠브리지 대학의 지리학 강좌 설립에 커다란 공헌을 하였다. 그러나 1920년대와 1930년대에 영국지리협회와 학술적 지리학자들(특히 영국지리협회가 그들의 임무에 충실치 않고 잡지를 발간할 준비가 되어 있지 않다고 느낀 인문지리학자들) 사이에는 갈등이 있었다. 이러한 갈등으로 말미암아 <u>영국지리학회</u>가 형성되었다. 그후 몇십년 동안, 영국지리협회는 다소 시대에 뒤떨어진 지리학 견해를 표방하는 보수적인 조직으로 간주되었다. 아주 최근에는 학계와 영국지리협회 사이의 관계가 상당히 호전되었다. 본부는 런던 켄싱톤가(1, Kensington Gore, London SW7 2AR)에 있으며 그 곳에는 주요한 지도수집품관과 도서관이 있다.　　RJJ

영역　territory

국가나 다른 정치적 실체들이 어떤 형태의 통제를 행사하기를 주장하는 육지나 바다를 기술하기 위하여 사용하는 일반적 용어(통치효력권 참조). 이것은 흔히 호주 북부 영토와 캐나다 북서 영토와 같은 최소한의 정치적 조직은 있으나 지방자치가 없는 국가의 부분들을 확인하는 데 사용된다.　　MB

영역성　territoriality

한 개인이나 집단이, 영역의 경계를 설정하는 사람들이나 주민들이 구분짓고 적어도 부분적으로는 독점적인 것으로 생각하는 분명하게 구획된 영역에 대한 통제권을 확립하거나 영향을 미치기 위한 시도. 대부분의 저술에서 영역성은, 재생산과 안전을 위한 독점적 보존의 욕구와 같은 동물적 행동과 인간적 욕구 사이의 의사유추가 인류학 문헌에 나타남에도 불구하고, 정체의식, 방어 그리고 자극에 기초한 기본적인 인간의 욕구로서 강조된다. 따라서 인간의 영역성을 사회와 시대에 따른 구조와 기능 속에서 달라지고, 사회적 활동의 범위와 일치되는 문화적 규범과 가치에 의하여(문화 참조) 우선적으로 규정되는 것으로 고찰하는 것이 중요하다. 가장 저차원의 그리고 가장 개인화된 수준에서 보면 각 개인을 직접 둘러싸고 있는 비현실적 개인공간이 있는데 각자는 여러 문화적 맥락에서 이 공간을 불가침의 것으로 간주한다. 사회적 수준에서 영역성은 도시 폭력배와 경마장의 수준에서부터 영역적 지역주의의 패턴을 거쳐서, 그리고 국가체계로의 세계분할에까지 사회적 상호작용을 규제하는 수단이 되고 집단구성원 의식과 정체의식을 위한 초점과 상징이 된다. 비교적 비정통적 맥락에서 색(Sack, 1983)은, 영역성을 영역에 대한 통제강화를 주장하고 시도함으로써 행동, 상호작용 혹은 접근에 작용하고 영향을 주며 통제하기 위한 시도로 생각했다. 수많은 전략이 사용될 수 있는데 그 중에는 영역을, 예를 들어 우리 것과 너의 공간으로 구분하는 분류의 형태로서, 커뮤니케이션의 수단으로서(여기서 표식과 경계가 의미를 가진다), 통제강화를 위한 전략으로서, 권력을 구체화하는 수단으로서, 사건의 공간적 속성에 대한 그릇 혹은 주형으로서 간주하는 것 등이 있다(현장 참조).

GES

영해 territorial seas
국가주권의 해안 수역으로의 연장. 이 구역 안에서는 모든 국내법이 적용되고 모든 의도와 목적에까지 국가 그 자신의 완벽한 일부가 된다. 유일한 예외는 평화시에 외국선박이 순수하게 통과하는 권한이다. 그렇지만 그 선박은 국가기관에 의해서 언제든지 도전받을 수 있다.

거의 3세기 동안 3해리가 영해의 적당한 범위라고 일반적으로 받아들여져왔다. 이것은 해안으로부터의 함포사격에 대해 효과적으로 방어할 수 있는 범위라는 데 기초한 것이었으나, 최근 30년 동안 이 비공식적 국제합의는 거의 무너지고 점점 더 많은 국가들이 3마일 한계를 훨씬 넘는 바다에 대한 권리를 주장하고 있다. 미국이 1백여 년 전에 12해리를 채택하고 거의 대부분의 해안국가가 이제는, 비록 경계의 세부적 범위는 다양하지만, 이에 따른다. 영해의 범위를 확대하는 주요이유는 영역의 방어와는 거의 무관하고 연해의 어로와 대륙붕의 광물자원 때문에 영해에 대한 중요성이 증대한 데에 있다. 대규모 어선단을 보유한 많은 국가들이 그 영해의 한계를 훨씬 넘어 독점적 어로구역을 주장하였다. 1972년 아이슬랜드가 일방적으로 외국어선의 금지수역을 50마일 구역으로 선언한 이래, 영국을 비롯한 많은 다른 국가들이 잇따라 비슷한 조치를 취하였다. 이러한 무정부적 상태를 중단시키고자 '유엔 해양법회의'는 해저와 바다 자체 자원을 포함하기 위하여는 322킬로미터(200마일)가 독점 경제수역이 되어야 한다고 제안하였다. 1977년 이것이 명목상으로는 채택되었음에도 불구하고 커다란 상치점과 모호함이 남아 있다. 주된 문제는 분쟁이 심한 대부분 지역에서 200마일 한계는 전체적으로 부적합하였다는 데 있다. 왜냐하면 풍부한 어류와 유전을 가진 서유럽 주위의 복잡한 바다에서 인접국을 분리하는 거리가 대부분 이에 필요한 644킬로미터(400마일)보다 훨씬 짧기 때문이다. 대부분의 경우에 관계국 해안기준선의 가장 가까운 점에서 같은 거리인 중앙선으로 합의하여 해결하게 된다. 그러나 그러한 단순한 해결이 항상 받아들여지지는 않는다.

영해의 한계를 설정하는 문제는 외곽한계에만 한정되지 않는다. 육지 쪽의 기준선이 가끔 매우 곤란을 겪는다. 허드슨만의 내수는 보통 육지의 일부로 계산된다. 해안선이 매우 만곡이 심한 노르웨이같은 국가는 주요 갑(岬)과 합치하는 기준선을 가지는 것으로 취급된다: 인도네시아와 필리핀 같은 도서국가의 경우 열도 전체를 둘러싸는 직선이 가끔 채택된다. 이런 문제를 포괄적으로 해결하려는 시도가 해양법에 관한 3차 '유엔 해양법회의'에서 제안되었다. MB

예상 forecast
산정식을 구성하는 데 포함되지 않은 관측단위에 대해 기대값 즉, 추정치를 찾는 것. 예상은 알려진 관측단위들로부터 알려지지 않은 것을 추정하려는 예측보다 덜 확실하다는 점에서 그것과 구별된다. RJJ

예외주의 exceptionalism
지리학과 역사학은 독특하고 특별한 사상의 연구에 관심을 가지기 때문에 방법론적으로 다른 과학과 다르다고 보는 이념체계. 이러한 사상은 칸트학파와 밀접한 관계가 있으나 지리학에서의 용어는 쉐퍼(F. K. Schaefer, 1953)가 자신의 유고에서 하트숀(Hartshorne)의 『지리학의 본질(The nature of geography, 1939)』에 나타난 개성기술적 전통을 비판한 데서 출발한다. 쉐퍼는 공간유형에 관한 형태적 법칙을 추구하는 법칙정립적 지리학을 주장하며 예외주의를 배격하였다. 하트숀의 견해는 쉐퍼가 이해하는 것보다 좀 더 미묘한데, 하트숀은 개성기술적 방법과 법칙정립적 방법 모두가 과학의 모든 분야에 존재하기 때문에 구태여 둘을 분명하게 구별하지 않았을 뿐이다. 오히려 하트숀은 지리학에서 사용되는 일반적인 개념들은 구체적 지역을 분석하는 데 초점이 모아져야 하며, 그 본질적 임무는 (쉐퍼가 주장하는) 이러한 지역적 형상을 가져오게 한 입지법칙을 밝히기보다는 지역분화를 연구하는 것이라고 주장하였다. DG

예측 prediciton
산정식을 구성하는데 포함된 관찰단위에 대해 기대값 즉, 추정치를 찾는 것. 예측값은 모든 관찰단위에 관해 알고 있는 것을 근거로 추정된다(예상 참조). RJJ

오염 pollution
지나친 양의 물질이나 물리적 과정이 부적절한 장소에 투입되는 과정. 적절한 장소에 올바른 양이 투입된다면 이로울 수도 있다. 비료는 농경지에 이로우나 호수에는 해롭고, 소금은 바다에는 해가 없으나 사막의 관개지역에는 치명적이다.

여기서 '부적절한'이라는 말은 다양한 의미를 내포하고 있다. 첫번째는 심미적 의미인데, 예를 들어 공원에 떨어져 있는 빈 맥주깡통은 경치를 손상시킨다. 두번째로는 장소가 '부적절한' 경우인데, 왜냐하면 물질이 존재하면(혹은 소음이나 복사의 경우 그 과정 자체의 존재) 그곳에 있는 인간의 건강에 해롭기 때문이다. 세번째 역시 장소가 '부적절한' 경우인데, 왜냐하면 야생동물이 사멸할 수도 있기 때문이다.

오염물질은 집적성 및 비집적성으로 구분된다. 전자는 환경에 투입되었을 때, 근본적인 특성이 변화하지 않은 채 남아 있는 물질이다. 예를 들어, DDT와 같은 살충제는 물에 들어가도 분해되지 않고 집적된다. 후자의 물질은 생물학적 분해과정을 통해 일정시간이 흐르면 환경에서 사라진다.

마찬가지로 오염원은 그 기원에 따라 대개 비집적성인 기생충, 바이러스, 배설물, 오염균, 포자 등의 생물학적 물질 ; 산성 광산폐수, 비료로부터 비롯된 질산염과 황산염, 그리고 석유부유물, 살충제, 황산배기가스 등의 화학적 물질 ; 혹은 하천 부유물, 대기중의 먼지, 쓰레기, 발전소의 열오염, 소음 및 방사능 등 물리적 오염으로 구분된다.

농업은 오염의 가장 근본적인 원인의 하나이다. 경작과 과목에 의한 토양침식은 혼탁한 강물의 첫째 원인이며 ; 가축사육지는 간혹 질산염으로 국지적 오염을 만들어내고 ; 비료는 이들이 모이는 담수에 부영양화를 일으킨다(Royal Society Study Group, 1983); 그리고 살충제는 생물학적 농축현상이 먹이사슬에 따라 일어날 때 특히 수많은 생물의 수를 감소시킨다.

 범지구적 규모에서 몇몇 오염물질은 대기의 질을 오염시킨다는 면에서 특히 중요하게 대두되고 있다. 북반구 전역에 걸쳐, 산업시설에서 배출된 황산염 때문에 강수가 산성화(산성비)되었다(Hornbeck, 1981). 화석연료의 연소 및 삼림의 파괴는 전세계 대기내 CO_2의 농도를 증가시켰고(Clark, 1982), 또 산업시설로부터의 분진배출 그리고 경작지로부터 침식된 물질은 대기의 혼탁도를 증가시켰다. 이들 모두는 기후에 영향을 미칠 수 있다. 보다 국지적 규모로는 안개(대부분 스모그)와 차량배기가스로부터 비롯된 물질이 태양빛의 작용으로 변화되어 생기는 광화학성 스모그는 심각한 문제를 야기시킨다.

 오염물질의 영향을 줄일 가능성은 도처에 있다. 억제조치란 도시에서 스모그를 일으키는 석탄사용의 규제 등과 같은 조치를, 처리조치란 부유물의 침전과 여과와 같은 조치를 의미한다. 확산조치에는 물질을 바다와 같은 지역으로 보내는 일 등이 포함되는데, 바다는 폐기물을 받아들일 막대한 수용력을 지니고 있다. 마지막으로 회복 및 재순환조치는 고철의 재사용의 경우처럼 효과적일 수도 있다. ASG

완충국 buffer state

아주 강력하며 경쟁관계에 있는 이웃나라들 사이에 끼어 있는 국가. 이 국가 때문에 이웃들간의 잠재적 마찰이 완화되고 팽창정책이 억제된다. 그 경계에서 팽창과 합병의 유혹을 이기지 못하는 강력한 이웃 때문에, 이 국가들의 지위는 매우 취약하고 그 역사는 간략한 편이며 약간 혼란스럽다. 20세기 중반에 완전히 사라진 중요한 현대 완충지대로는 중앙아프리카와 북부아프리카의 흑인민족주 국가들을 백인이 지배하는 남아공화국으로부터 구분해주던 일련의 식민지 보호령들이 있다. MB

왜곡도 skewness

최빈치를 중심으로 비대칭의 빈도분포를 가진 특성을 말한다(정규분포 참조). RJJ

외국인노동자 Gastarbeiter

외국에서 유입된 노동자를 일컫는 독일의 용어로 지금은 유럽도시에서 일시적으로 거주하는 이주노동자를 일컬을 때 사용된다. RJJ

외부경제 external economies

개별 산업조직의 외부로부터 얻어지는 비용절감. 이는 숙련된 노동력, 관련산업에 익숙한 노동자, 적절한 훈련기회를 제공하는 기술대학, 연구시설, 그리고 원료, 부품, 기계 혹은 전문화된 서비스를 제공하는 부속산업의 존재 등이 국지적으로 가용함과 관련해서 발생하는 운영비용의 절감을 말한다. 외부경제는 특정활동이 국지적으로 집중된 곳에서 전형적으로 전개된다. 이러한 시설을 외부에서 얻을 수 없을 경우에는, 내부에서 즉 개별조직에 의해 제공되어야 하는데 이에는 비용과 일정수준의 규모와 자원이 필요하다. 따라서 외부경제는 소기업에 특히 중요하다. DMS

외부효과 externalities

한 개인(혹은 제도)의 행위가 다른 개인(혹은 다른 제도)에 미치는 효과(보통 비의도적이다). 다른 개인(혹은 제도)은 이에 대해 직접적 통제를 하지 못하며 일정한 값을 가지는 것도 아니다. 외부효과는 긍정적(효과를 받는 쪽에 이익을 줌)일 수도 있고 부정적(비용창출)일 수도 있다. 이웃의 환경에서 좋은 예를 찾아볼 수 있다; 잘 가꾸어진 정원과 가정은 많은 사람들에게 긍정적 외부효과를 줄 수 있다(가정생활의 쾌적한 배경). 반면 공기를 오염시키는 공장은 그 지방 인근주민에게 비용을 부담시킬 것이다. 전자는—주택의 가격체제를 통해—간접적으로 얻을 수도 있으나 어떤 개인도 자신의 외부효과를 제공할 수는 없다. 위의 예에서도 볼 수 있듯이, 많은 외부효과는 공간적 요소를 가진다 ; 예를 들면, 공해에는 밀도경사가 있어서, 공해원에서 멀리 떨어져 사는 사람일수록 그 영향은 작아질 것이다. 따라서 사람들은 외부효과에 대해 경쟁을 하여, 긍정적으로 인식된 것에는 보다 가까이 하려 하고 부정적으로 생각되는 것으로부터는 보다 멀어지려고 한다 ; 또 새로운 부정적 외부효과가 그 지역으로 들어오는 것을 막으려고 한다. 외부효과에 대한 갈등이 주택시장에서 분리를 발생시키는 핵심적 요소가 된다(산업 및 상업적 토지이용에서도 외부경제에 대한 경쟁이 이와 유사하게 발생한다).   RJJ

요베르그모형 Sjoberg model

1960년 요베르그(Gideon Sjoberg)가 처음 제안한 전(pre)산업도시에 관한 서술. 이 서술에서, 도시의 사회적 그리고 이에 따른 공간적 질서는 전시대의 권력의 활성적 근원들의 광범위한 이용의 기술(technology)로부터 궁극적으로 도출된다고 주장된다. 이 모형의 중심은 요베르그가 '봉건'사회(봉건제 참조)는 대규모 생산적 비엘리트(다양한 사회적으로 버림받은 집단들과 함께 '하위계급들'을 구성하는)에 의해 물적으로 뒷받침되는 소수 비생산적(지배) 엘리트에 의해 구성된다고 특징지웠다는 점이다. 일반적 의미에서 폴라니(Polanyi, 1944 ; 경제통합형태 참조)로부터 중요한 도움을 받은 이러한 단순이분법 속에는 사회 그 자체와 마찬가지로 도시도 비경제적, 즉 종교적·정치적·문화적·행정적 활동들에 의해 기능적으로 지배되었으며, 이의 통제는 엘리트에게 그 특정한 권력과 지속성을 보장했다는 주장이 함의되어 있다. 따라서 경제적 활동들은 필수적으로 존재하지만 재분배체계를 기능적으로 지지하는 부차적 중요성을 가진 것으로 고려되며, 이러한 체계는 경제적 가치들보다 이데올로기적 가치들에 의해 보다 주요하게 형성된다고 인식된다. 심지어 도시의 경제를 이끌어나가는 상인들도 엘리트보다 낮은 지위에 있었으며, 이에 따라 그 순위에서 배제되었다. 왜냐하면 상인들의 화폐추구(교환가치를 통해)는 그들의 비자본주의적 동시대인들의 생활과 교리들에 위배되었기 때문이다(시장교환 참조).

공간적으로 엘리트와 사회의 다른 집단들간에는 특이한 분리, 즉 부유하고 배타적인 중심과 그 주변의 훨씬 넓은 지역—여기서 지위는 외곽의 상인에서부터 성 아래 또는 그 외부에서 빈곤한 생활을 하는 공인에 이르기까지 저하된다—을 형성한다(그림 참조). 개념적으로, 배타적 중심의 창출은 교환과 시장의 성격 또는 이들 중 어느 것에 대한 접근과는 관련이 적으며, 오히려 교육, 예식, 행정 그리고 여가생활과 결부된 비물질적 효용들을 즐기고자 하는 엘리트의 욕망과 더 관련된다고 믿어진다. 이러한 효용들의 전통적 제도들과 상징들은 중심부 입지들에서 나타난다. 이에 연유한 고위층 중심지는 엘리트 선호의 특이성과 물리적 속성 및 기술의 일반성(즉 초보적 교통, 비중심적 지역들의 빈약한 물질적 질과 과잉혼잡된 조건들, 도시간 여행보다는 주거에의 접근을 더 감안한 도로체계, 그리고 혈연과 결혼관계가 개인적 및 영토적 유대들을 강화시킨 엘리트사회의 치밀하게 짜인 속성 등)에 의해 더욱 고무되고 확대되었다. 도시의 그외 부분에서도 지위의 분화가 분명 있었겠지만, 기본적인 내부-외부도시의 분리와 비교하면 훨씬 덜 엄격했으며 공간적으로도 일관성이 적었다. 외국인과 소수인종 집단들은 직업적 지구에 분리되어 있었으며, 이는 상당수 존재했던 수공업자와 소상인들, 그리고 직업이나 사회적 조건으로 인해 섬세한 감수성에 불쾌감을 주는 사람들과의 접촉을 최소화시키고자 하는 엘리트의 열망에 의해 도시성곽 외부에 버려진 최하위 집단들과의 공간적 연계로부터 도출된 외적 경제에 기반을 두고 있었다.

요베르그모형

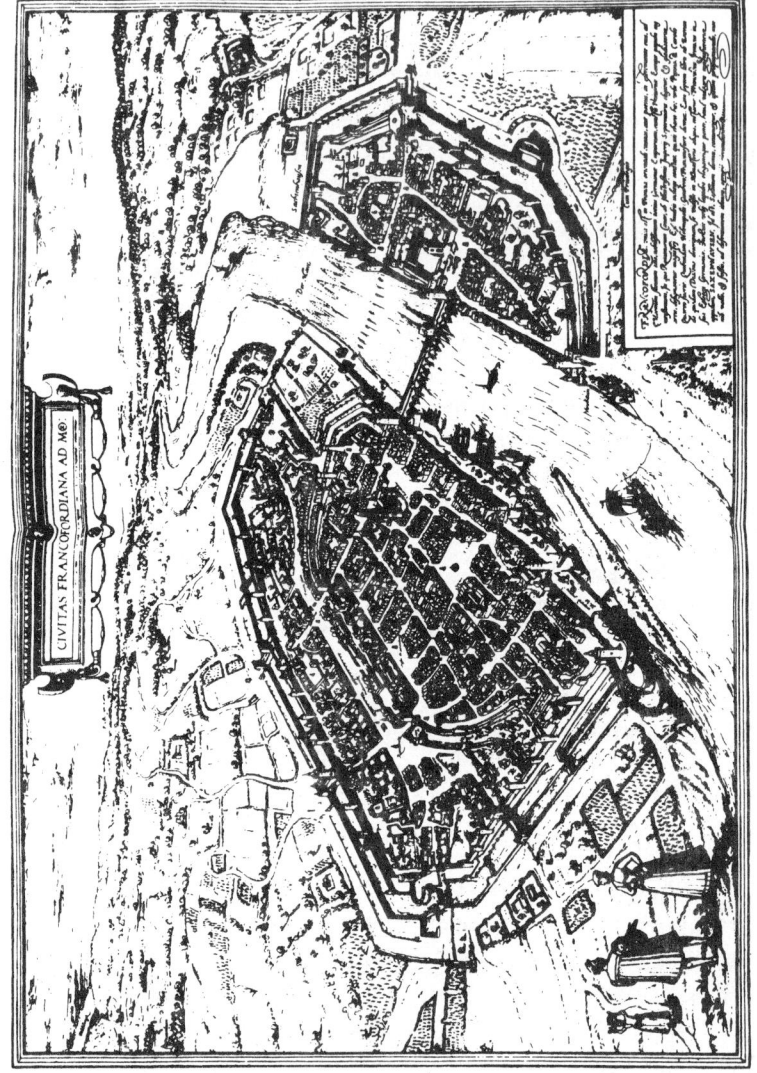

요베르그모형 1552년 마인강가의 프랑크푸르트시(Carter, 1983).

요베르그의 모형에 대한 비판들이 없었던 것은 아니며, 봉건사회의 속성에 관한 가정들과 이 가정들을 반영하는 전산업적이며 동심원적으로 유형화된 도시에 관한 해석은 전자본주의적(전산업적이라기보다) 도시에 관하여 또다른 사회학과 또다른 지리학을 제시한 반스(Vance, 1971)의 모형에 의해 가장 주요하게 도전받았다.

MDB

요인분석 factor analysis

주성분 분석과는 달리 각 변수의 고유한 부분은 어떤 다른 변수와 상관되지 않는다는 것을 무시하기 때문에 본래의 행렬에 나타난 만큼 많은 수의 새 변수들을 추출하지 않는다. 요인분석의 첫단계는 각 변수의 고유한 요소들을 배제하는 것이다. 이 작업을 하는 방법에는 몇가지가 있다. 그 이후에는 가능한 한 본래 변수 모두에 보다 근접하는 인자들을 추측해내는 것으로 주성분분석과 같은 절차로 진행된다. 결과는—아이젠 값과 요인하중 및 요인점수의 행렬—주성분분석과 유사하며 같은 방법으로 해석된다.

요인분석은 변수들간의 상호관계성에 초점을 둔다 ; 이것은 관측결과들의 공통된 분산을 갖는 변수집단을 알아내기 위하여 귀납적으로 이용되기도 하고 그러한 집단들의 존재성에 대한 가설을 검증키 위하여 연역적으로 이용되기도 한다. 이러한 집단을 보다 잘 인식하기 위하여 각 변수들을 한 요인에의 근접을 극대화도록 회전하기도 한다. 여러가지 회전절차들이 가능하지만 대체로 다음의 두 유형 중의 하나가 된다 : (a) 수직회전(varimax) : 요인들의 모든 쌍에 대하여 전혀 상관이 없도록 유지하는 것 ; (b) 사각회전 : 요인들이 상관관계를 갖는 것을 용인하여 연관된 변수집단을 규명하도록 하는 것.

요인분석을 위한 팩키지 프로그램은 상당히 많다. 요인분석은 주성분분석보다 훨씬 더 많은 사전 의사결정을 요구하며 지리학에서는 가설검증을 위해서는 거의 사용되지 않는다. RJJ

요인생태학 factorial ecology

도시지역에서 범위가 적은 구역을 대상으로 하여 인구, 사회경제 및 주택자료에 요인분석을 적용시키는 것으로, 근린특성에서의 차이가 보다 적은 수의 기본성분으로 설명될 수 있다는 견해에 기초를 두고 있다. 사회지역분석은 요인생태학에 방법론적인 기반을 제공하는데, 이것은 선험적인 기본성분에 맞추기 위해 자료를 구성하기보다는, 이용가능한 자료로부터 기저에 깔린 기본성분이 나타날 수 있도록 하는 것이다. 본질적으로 요인생태학은 공간에서의 도시사회구조에 대한 정교하면서도 기술적으로 세분된 묘사이며, 입력자료는 보통 센서스에 의존한다.

JE

용량제약교통망 capacitated network

결절(結節)들을 연결하거나 통과하는 데 처리가 능한 최대용량의 교통망. 이러한 최대용량은 수송문제의 연구나 기타 선형계획연구에서 제약요소로 이용된다. AMH

우범지역 skid row

도시에서 황폐되고 경계가 분명치 않은 구역으로 경제적으로 자립할 능력이 없는 중년의 남성낙오자들의 사회활동—대표적으로 음주와 구걸—이 입지하는 곳. 특히 미국과 캐나다의 특정도시에서 발달했는데, 종종 건설이나 벌목에 고용된 독신자들의 숙박수요를 해결하기 위해서 이루어지기도 했다. 도심이나 철도역 부근에 위치한 창고가 쉽게 간이숙박소로 전환되었다. 외관상으로 우범지대에는 카페, 알콜 소매점, 싸구려 옷가게, 주점, 이발소 등이 많이 나타난다. 그러나 우범지역의 주민은 반드시 고정되어 있지 않으며, 아울러 도심지역이 우범지역으로 차차 침입해 들어가서, 이전의 부랑자들의 것과 유사한 접촉망이 그 구역들을 연결해준다. JE

운송문제 transportation problem

N개의 시점과 M개의 종점들 사이에 상품을 최소비용으로 공급하는 문제를 다루는 선형계획문제의 한 특수한 경우이다. 만일 N개의 시점에서 가능한 공급량과 M개의 종점에서 필요로 하는 양, 시점과 종점 사이의 수송비를 안다면 그 시점과 종점들간에 최소비용(여기서 비용은 수송노력, 즉 톤-킬로수, 수송용량 즉 요구되는 차량수, 혹은 현금가로 나타낼 수 있다)의 상품유통을 결정할 수 있다.

문제의 해를 찾는 방법은 하나의 가능해에서 출발하여 최적해로 수렴될 때까지 반복된다(만일 하나 이상의 최적해가 있을 경우에는 하나의 최적해로 수렴한다). 이 방법은 시점과 종점에서의 상대적 가격을 설치하는 것을 포함한다. 즉 상품이 한쌍의 지점과 종점에 배분될 때마다 시점과 종점 사이의 가격차는 정확히 이들간의 교통비와 같다. 이것은 그림자가격을 의미한다. 반복과정이 진행되면서 이 그림자가격도 또한 가격의 최적집합으로 수렴한다. 그러므로 교통문제는 다음의 두 방법으로 다루어질 수 있다. (a) 제1의 문제(primal problem) : 비용을 최소화하는 상품유통유형을 구축하는 것과 ; (b) 이원 문제(dual problem) : 교통에서 부가되는 가치를 최대화하는 가격유형을 구축하는 것.

이런 교통문제는 (다음과 같이) 좀 더 복잡한 상황들에도 적용될 수 있다 : 특정한 연결로에 최대수송량을 제한하는 용량제한 네트워크, 혹은 생산능력이 수요를 초과하는 모조지역(그 제1의 문제는 생산과 교통의 결합비용을 최소화할 것이다). 이 문제를 풀기 위해 이용될 수 있는 경우, 교통요소를 지니지 않은 문제들도 이 방법으로 접근할 수 있다 : 그 한 예는 N개의 유형의 농업용지를 최소의 노동지출로 정해진 양의 M작물을 산출하도록 배분하는 것이다.

지리문제에 운송문제의 해를 적용하는 것은 두 가지 형태를 취할 수 있다. 그 하나는 흐름의 유형을 설명하려는 시도이다. 그러나 최적해에서 실제에서보다 훨씬 더 많은 시-종점 연결선이 사용되지 않으므로 잘맞는 답을 제공하기 힘들다. 둘째는 현실의 상대적 효율성을 측정하려는 시도이다. 그러나 학문적 연습이 실제 의사결정자가 당면하는 모든 제약조건을 내포한다고 확신하기는 어렵다. 두 경우에 운송문제는 전반적 최적으로 정의된다. 반면에 실세계의 체계는 많은 국지적 최적을 정의하려는 시도를 보다 자주 보인다. AMH

운임(률) freight rates

상품이 육로나 수로 또는 항공로로 이동될 때 부과되는 금액. 운임은 다루기의 용이함과 같은 특성과 가치에 따라서 상품들 사이에 차이가 있다. 운임은 일반적으로 거리가 멀어질수록 적어지며(즉, 거리당·톤당 운임은 거리가 멀어지면 떨어진다), 단계적인 형태를 갖는다. 모든 종점의 거리마다 각기 다른 운임을 부여하는 것보다는 거리대별로 운임을 부여하는 것이 운영자에게 더욱 편리하다. 운임의 형성은 경쟁적 압력이 주도하지만 종종 독점이나 협정과정에서도 결정된다. AMH

원격탐사 remote sensing

지상, 공중 또는 인공위성 궤도상의 운반체에 탑재된 장치를 이용하여 물체의 상을 얻는 것. 이러한 장비는 가시 및 비가시광선, 전자기파, 음성, 중력 또는 방사능을 감지할 수 있다(자세한 것은 Colwell, 1983 참조).

인문지리학자는 종종 기존의 지도로부터의 보삽이나 조사기법으로 수집된 자료에 의존하나, 이러한 방법으로 수집된 정보는 시간이 지난 자료일 경우가 많다. 예를 들면, 지형도는 갑자기 수정되어야 할 경우가 있고, 토지이용, 공업생산량 등과 같은 자료를 다루는 주제도는 자료수집에 오랜 시간이 걸리기 때문에 지도화된 자료가 공간적·시간적으로 부적절한 경우가 있다.

최근에는 원격탐사기법을 이용함으로써 재래식 방법으로 만들어진 자료보다 공간적·시간적으로 자세한 영상을 얻을 수 있게 되었다. 지리학자들은 오랫동안 불완전한 자료를 이용하여 공간을 기술하여왔으나(예를 들면 등치선, 표본추출, 면) 원격탐사영상을 이용함으로써 불완전한 자료에 의거 '보관'하는 과거의 방식에서 벗어나 방대한 자료를 저장, 유지 및 처리하는 수준으로 발전하게 되었다. 더욱이 이러한 자료들이 추출·분석되기 전에 컴퓨터를 이용하여 보다 선명한 상을 만들 수도 있다(유형 참조).

과거의 원격탐사의 이용에서는 지상해상능력이 중요한 제한요소로서, 랜드셔(Landsat) C에서 영상의 화상요소(pixel)가 나타내는 지표해상능력은 80m×50m였으나 현재의 랜드셔 '시매틱 매퍼(Thematic Mapper)'에서의 지표해상능력은 30m×30m로 향상되었고 또한 동일지역을 18일마다 반복 촬영하고 있다.

원격탐사의 단점은 인문지리학에서 중요하게 취급되는 인구라든가 정치적 또는 행정적 경계 등의 비가시적 요소가 나타나지 않는다는 점이다. 그러나 앞으로는 지상해상능력의 향상, 다중 스펙트럼영역의 확장으로 처리하는 자료의 질은 급격히 향상될 것이다.

원격탐사의 응용은 자원분석, 홍수통제, 오염탐지, 지역계획 그리고 토지이용의 지도화 등에 이용될 수 있다. 특히 현저한 발전을 이룩하고 있는 분야는 원격탐사로부터의 새로운 레스터(pixel)영상과 전통적인 지도로부터 얻어지는 재래의 벡타(line)식 방법을 통합하는 분야이다(지리정보체계 참조).

원격탐사는 지리학 연구에서 중요하게 사용되는 영상을 제공한다. 지리학에서는 주기적으로 반복되는 영상을 얻음으로써 인문경관의 변화상태를 분석할 수 있게 되었고 넓은 지역을 짧은 시간에 신속하게 촬영함으로써 전통적인 지도화작업으로는 불가능한 등시간대의 지도를 얻을 수 있게 되었다. MJB

원료지향 material orientation

경제활동이 원료원 가까이에 입지하려는 경향. 이것은 고려대상 원료(들)의 비용이 총비용에서 많은 부분을 차지하거나 혹은 원료비의 성질이 공간적 변이를 보일 때 나타나기 쉽다. 역사적으로 볼 때, 산업입지에서 원료지향의 중요성은 부피가 큰 원료를 사용하는 공업의 비율이 줄어들면서, 또 운송기술의 진보로 운송비가 줄어들면서 감소해왔다. 아직도 원료지향이 지배적인 산업은 주로 1차금속제조업과 농산품가공업에 한정된다(시장지향과 비교). DMS

원산업화 protoindustrialization

"시장지향적이지만 전통적으로 조직되었고 기본적으로 농업적인 산업의 급속한 성장"을 통해 자본주의적 공간경제의 산업화를 "선도하고 준비했던" 초기단계를 서술하기 위해, 멘델(F. Mendels)이 만든 용어(Mendels, 1972). 농촌에서 산업의 등장은 유럽의 역사지리학에서 상식적이었지만, 멘델이 논쟁을 재개한 이래 그 과정은 전(pre)산업경제와 산업경제간의 현저한 ('혁명적인') 불연속성에 관한 관례적 가정들에 의문을 제기하고 전환의 지역적 특수성을 예시하고자 하는 여러 방법들로 정형화되었다. 두 가지 주요모형들이 제시되었는데, 이들의 실질적 연계가 일련의 상호보완을 촉진시켰음에도 불구하고 이들은 두 가지 상이한 이론적 전통 속에 위치지워질 수 있다.

(a) 생태적 기능주의적 모형들. 이 모형들은 농업경제에서 노동은 본연적으로 계절적이며, 따라서 "소농들의 산업에의 취업이 증가하는 것은 이전에는 일년 중 얼마 동안 미고용상태였거나 불완전고용되었던 노동이 보다 지속적인 기반 위에서 작업할 수 있게 되었음을 의미한다"는 사실을 지적한다(Mendels, 1972). 이러한 논리에 따르면 물론 경작가능지역에 원산업화가 이루어졌다고 할 수 있겠지만, 반면 서스크(Thirsk, 1961)는 '농촌에서의 산업들'에 관한 그녀의 고전적 논문에서 목초지역의 중요성에 관심을 기울였다. 그러나 그녀의 주장은 계절적 '시간예산'이 아니라 일일적 시간예산에 기반을 두고 있었으며, 따라서 다른 어떤 우월한 논리

를 제시하면서 원산업화와 농업경제간의 어떤 단순 관련성을 예상하도록 하는 요인이 거의 없는 것처럼 보인다. 비록 그렇다고 할지라도, 많은 학자들은 곡물재배 가능지역과 의류제작초목지역간의 노동분업을 강조하며, '비교우위'라는 점에서 이의 발생을 설명했다(Jones, 1968). 이러한 노동의 분업은 도시의 상인들에 의해 수행되는 조정기능을 통해 달성되었으며, 이로 해서 그들은 자본축적의 초점이 되었다 ;
  (b) 경제구조적 모형들. 이 모형들은 원산업화의 속도와 유형은 두 가지 기본순환들간의 관계에 의해 결정되었다고 제안한다.
  (i) 소상품생산: 미시적 수준에서 장인가계는 생산과 소비간의 불확실한 균형을 유지하고자 노력하며, 따라서 그 노동작업은 사용가치를 지향했다. 이에 따라 가격이 하락할 경우, 그 체계는 특이하게 손상을 받게 된다. 왜냐하면 생산은 수입부족을 메우기 위해 촉진되며, 따라서 경기침체는 더 심화되고 넓어진다.
  (ii) 상업자본주의: 거시적 수준에서, 가내노동과정의 생산물들은 교환가치를 지향하는 상인들에 의해 원거리(때로 해외)시장에 출하된다. 이에 따라 가격이 상승할 경우, 그 체계는 특이하게 손상을 받게 된다. 왜냐하면 장인가계는 그들의 즉각적 필요를 쉽게 만족시킬 수 있게 되고, 생산은—상인이윤이 최고조에 달하는 바로 그 시점에서—둔화된다.
  (i)과 (ii)간의 모순은 상인이 생산을 장악하고 노동과정의 기계화와 공장제체제의 형성으로 첫걸음을 내디디면서 아마 해결되었을 것이다 (Kriedte et al., 1981).
  두 모형들의 가장 심각한 약점들 중 하나는 자본주의의 초월적 논리에 암묵적으로 의존하고 있다는 점이다. 따라서 :

  지역적 특화에 관한 비교우위모형의 주요 약점은 그 모형이 다양한 농업지역들에서 개인적 및 사회적 합리성을 가정하며, 생산은 항상 장기적으로 비교우위에 의해 조정된다는 것을 함의한다는 점에 있다. 실제적으로 지역특화는 경제행위자들의 동기와 실행 그리고 다양한 제도적 환경들 속에 구현된 관습과 전통의 영향을 받는다(Berg et al., 1983).

'관습'과 '전통'의 중요성은 메딕(Medick)과 그의 공동연구자들에 의해 인식되었지만, 이는 이윤의 추구가 '도덕적 경제'의 인지에 좌우되는 장인가계에 일반적으로 한정된다(Thompson, 1974 참조). 상인은 회계실과 의상실에 갇힌 합리적 경제인의 지위 또는 자본주의 합리성의 내재적 논리의 '담지자'로 환원된다. 여러 사례들에서, 공장제의 도입에 상인들이 저항하도록 촉진한 복잡한 사회정치적 제휴의 여지는 거의 없다(Du Plessis and Howell, 1982 ; Gregory, 1982: Wilson, 1971).
  두 모형들은 또한 원산업화의 인구적 결과에 관한 강조와 특히 잉여노동경제의 창출을 공통적 기반으로 하고 있다(Levine, 1977 ; 또한 농업정체 참조). 그러나 이 점에서 역시 상황의 복잡성은 제시된 대부분 설명들의 단순성을 어그러지게 한다. 즉 잉여노동 경제가 노동절약 기술변화를 '준비하는' 방법들(안을 알기 위해), 원산업화가 발생한 지역적 배경의 개연적 양상들에 관한 세심한 규명이 요청된다(Hudson, 1981, 1983 참조 ; 또한 산업혁명 참조).   DG

원심력과 구심력
centrifugal and centripetal forces
도시지역의 토지이용 변화에 따라 생겨난 반대 방향의 두 힘을 의미하며, 콜비(C. C. Colby)가 물리학에서 따온 용어이다. 원심력은 주택과 사업시설을 과밀하고 불결하며 고가인 도시내부지역으로부터 교외로 분산시키는 힘으로, 분산과 스프롤을 촉진시킨다. 구심력은 근접의 이익 때문에 중심지를 향하여 시설을 유인하는 힘이다. 이 둘 사이의 균형은 도시형태의 발전을 좌우하게 된다(스케일이 다른 유사한 것으로서 중심-주변지역모델이 있다).   RJJ

원조 aid

선진경제로부터 저개발경제로 자원이 제한적·조건적으로 흐르는 것. 원조에는 두 국가간의 직접적인 흐름으로 나타나는 쌍무협정이 있다. 자원(자본, 기술, 전문지식), 수출신용장, 교육 및 훈련장학금, 정부간 차관 등이 이 방법에 의한 것이다. 반면 3개국 이상이 참여하는 다국협정기구들은 원조를 위하여 많은 나라들로부터 자원을 모으고, 여러 기준에 따라 그것들을 재분배한다. 그러한 기구들에는 유엔식량농업기구(FAO), 유엔교육과학문화기구(UNESCO), 국제노동기구(ILO) 등과 같은 준공식기구와 미주개발은행, 아프리카개발은행, 아시아개발은행 등과 같은 상업기구, 그리고 세계은행(World Bank), 국제통화기금(IMF) 등과 같이 세계적으로 경제를 조정하고 통제하는 기구들이 포함된다. 특정 지역을 대상으로 하는 원조 프로그램에는 유럽경제공동체(EEC)의 로메협정(Lomé Coventions)과 같은 특수한 상업협정이 있다. 또한 전쟁구호 및 기아원조와 같은 독립적인 자선단체 역시 원조금을 모금하고 재분배한다.

이러한 단체들의 수는 많지만 원조의 총량은 매우 적다. 현재 경제협력개발기구의 개발원조위원회(대부분의 세계 부유한 국가를 포함하는)에 속해 있는 국가들이 원조를 위하여 기부한 금액은 그들 국가 GNP의 0.5%도 못되는 실정이다. 1977년에 사회주의 국가를 포함한 세계의 선진공업국들은 원조에 할당한 금액의 약 17배에 해당하는 금액을 국방비로 지출하였다. 게다가 원조는 무상이거나 무조건적인 것이 결코 아니다. 일반적으로 원조는 경제발전을 증진시킨다고 본다. 그러나 원조에는 직·간접적인 희생이 따른다. 그래서 원조는 이자지불이나 분할상환 비용의 형태 등으로 채무국으로부터 채권국으로 자원의 직접적인 반환흐름을 발생시킨다. 간접적으로, 원조는 채권국의 세계경제적·전략적 영향력의 확대를 촉진시키거나 정치체제 또는 경제정책에 동정을 받을 수 있다. 반대로 원조는 채권국에 대한 경제적 종속관계를 더욱 심화시키기도 한다. 한편, 원조의 흐름은 매우 선택적이다. 원조는 소위 말하는 제4세계 또는 제5세계의 열악한 경제보다는 주로 중진국이나 제3세계로 많이 향하고 있다. 원조는 세계경제에서 정치력 및 경제력의 현재의 관계를 유지하고 강화하는 수단임을 부인하기는 어렵다. 원조는 원조를 받는 국가들의 대외관계를 제한하는 동시에 그 국가의 내적 계급구조를 변형시키는 직접적 수단이 되고 있다.   RL

위기 crisis

경제적 또는 사회적 체제, 생산양식 또는 사회구성체의 재생산의 중단. 위기에 관해 가장 발전된 이론들은 사회변화를 사회조직의 대립적 원리들의 작동('모순')으로 설명하는 사적유물론에 의해 제안된다(변증법 참조). 많은 마르크스주의적 역사가들은 이러한 점들에서(비록 다른 방법이라 할지라도) 봉건제의 위기를 언급했지만, 대부분의 논의는 자본주의에서의 위기에 집중되었다. 사실 관례적 마르크스경제학에서, 위기는 자본축적의 객관적 중단을 의미한다. 그러나 마르크스(Marx)의 저술들에서 위기에 관한 단일 이론은 없다(간단한 경우는 제외하고). 『자본의 한계(The limits to capital, 1982)』)에서 하비(D. Harvey)는 마르크스를 능가하여, 다음과 같이 구분한다:

(a) 위기의 '일차적 국면' 이론. 여기서 하비가 주장하는 것처럼, 마르크스는 자본주의적 생산의 불안정성에 대한 '주요이유'를 해부하고자 한다. 이 점은 일반적으로 이윤율 하락, 특히 자본의 잉여('과잉축적')와 노동력의 잉여('가치절하'의 전략적 계기)를 만들어내는 자본주의의 만성적 경향에 의해 예시된다;

(b) 위기의 '이차적 국면' 이론. 이는 '시간적 대체' 즉 자본과 노동력의 이러한 잉여들이 새로운 유통형태, 특히 그 자체적으로 금융적·화폐적 위기들에 구조적으로 함의된 금융적·화폐적 배열을 통해 흡수될 수 있는 방법들에 초점을 둔다. 이 '이차적' 위기이론은 하비로 하여금 (다음을) 분리시킬 수 있도록 했다:

주기적 충돌들과…그리고 우선 신용체계의 행위자를 통해, 그리고 궁극적으로 국가부분에서 사회적으로 필수적인 개입들을 통해, 자본 자체의 사회화 증대에 의해 강력하게 영향을 받는…장기적 문제들간(은 구분되어야 한다)(Harvey, 1982).

분석에 국가를 도입하는 것은 매우 중요하다. 왜냐하면 하비가 주장하는 바와 같이, 일단 "우리가 폐쇄체계에 관한 가정을 포기하고 위기형성의 국제적 측면들을 고려한다면" 다음이 분명해지기 때문이다:

인플레이션, 실업, 유휴생산시설, 재고상품 등을 수출하기 위한 노력은 국가정책의 중추가 된다. 위기들의 비용은 경쟁적 국가들의 금융적·경제적·정치적·군사적 힘에 따라 다르게 확산된다(Harvey, 1982).

이는 직접적으로 다음을 유도한다;
(c) 위기의 '삼차적 국면' 이론. 이는 '시간적 역동성'뿐만 아니라 '공간적 해결(spatial fix)'의 가능성, 달리 말해서 자본주의의 역사지리, 특히 자본과 노동력의 잉여들이 건조환경에 각인되고 보다 중요하게 "타 지역들과의 외적 관계들 속에 편입됨으로써 처분되고 보상되는" 방법들에 초점을 둔다. 이 점은 하비의 중심적 통찰들 중 하나이다. 그의 견해에 의하면, 마르크스의 정형화들은 "시간의 측면에서 강하지만 공간의 측면에서는 약하다." 따라서 마르크스의 정치적 전망은 "그의 사고 속에 체계적이며 특정적으로 지리적이고 공간적인 차원을 구축하는 데 있어서의 실패로 인해 손상된다"(Harvey, 1985a ; 또한 마르크스주의 지리학 참조). 따라서 하비는 첫째 불균등발전의 지리학을 위기이론에 통합시키고 있으며(Harvey, 1982, 1985b), 둘째 자본주의의 지정학을 통해 국가를 위기이론에 편입시키고자 했다(Harvey, 1985a).

이러한 논의들과 그리고 다른 많은 학자들에 의한 논의들(예로 Castells, 1980 ; Wright, 1978 참조)을 통해, 자본주의는 위기담지적일 뿐만 아니라 위기의존적이라고 주장된다. 그러나 이 점이 위기란 전형적으로 재구조화를 통한 '자동조절'체제임을 의미한다면, 이러한 정식화의 일부에는 명시적 기능주의의 위험이 분명 내재되어 있다. 이 점에서 반대하는 힘을 무산시키기 위해 오코너(J. O. O'Conner, 1981, 또한 1984 참조)는 위기들이 체계통합에만 제한되는 것이 아니라 사회적 통합도 위협한다고 주장한다. 이러한 주장은 분명 경제적 위기뿐만 아니라 '합리성 위기'와 '정당화 위기'를 다루는 하버마스(J. Habermas)의 비판이론에 주요하게 의존하고 있다(Habermas, 1976 ; 또한 Offe, 1984 참조). 그러나 오코너는 하버마스가 고전적 마르크스주의와 충분히 결별하지 않았다고 주장한다. 그의 견해에 의하면, 위기들은 "인간의 해방적 실천들에서 기원하며", "위기의 핵심은 사회적 해체가 아니라 사회적 투쟁이다."

물론 이러한 투쟁들은 그 윤곽이 경제적 위기의 지도로부터 독해될 수 없는 그 자신의 지리들을 가진다(Gregory, 1984). 사회적 투쟁들은 정치적 형태들로 항상 자동적으로 전환되지는 않는다. 왜냐하면 모간(Morgan, 1983)이 강조하는 바와 같이 "강력한 통합체제들은 억제된 사회적 위기라고 불릴 수 있는 것을 (만들기 위해) 가장 급진적인 재구조화 과정내에 탁월(할 수 있기)" 때문이다. 그리고 모간이 제시하는 바와 같이 투쟁들이 억제될 수 있는 가장 강력한 방법들 중의 하나는 이들의 파편화와 국지화이다(Massey, 1984 참조). DG

유기지리학 ontography

지리학의 절반, 즉 유기적 부분을 다루는 지리학을 나타내기 위하여 데이비스(W. M. Davis, 1902)가 만들어낸 용어. 주로 리터(Ritter, 인류지리학 참조)로부터 유도해낸 개념으로서 무기적 자연지리학(physiography, Chorley et al., 1973)과 대비되어 유래하였다. 데이비스(Davis,

1903)에 의하면, "지리학은 현대적 단계에서, 본질적으로 두 부분으로 갈라지는 항목들의 합리적 상관관계에 관심을 갖는다. 그 두 부분이라 함은 한편으로 살아있는 것들의 자연환경을 구성하는 무기적(無機的) 조건들의 항목이고, 다른 한편으로는 그 환경에 대하여 살아있는 것들에 의하여 만들어진 유기적(有機的) 반응의 항목들이다.···이렇게 이해될 때 지리학은 무기적 자연지리학과 유기지리학의 조합, 즉 무기적 환경과 유기적 반응 사이의 상관관계에 관심을 갖는다"(또한 환경결정론 참조). DG

유목 nomadism

정착농경에 거의 의존하지 않고 이동하면서 생활하는 관행. 유목에서는 대개 생계를 유지하거나 기후, 생태적 혹은 정치적 압박에 대응하기 위하여 동물과 사람이 이동하게 된다. 유목에는 두 가지 독특한 유형이 구분된다. 소위 순수유목(예를 들어 사하라의 낙타유목민)은 가옥을 짓지 않으며 농업관행도 없다. 반유목(예를 들어 동아프리카의 마사이족)은 건기에는 이동을 하고 우기에는 정착농경을 한다(목축, 이동식농업, 이목 참조). MDB

유의도검증 significance test

우연히 발생될 결과의 확률성을 지시해주기 위해 이루어지는 평가절차. 카이자승이나 상관(관계)와 같은 대부분의 통계학은 발생할 수 있는 값의 범위를 지시해주는 표본·분포를 가지고 있다. 예를 들어 행과 열의 합이 주어져 있는 경우의 카이자승에서는 각 칸의 값은 무수히 달라질 수 있으며 이들의 각각은 다른 카이자승 통계를 만들어낸다. 그와 같은 카이자승 값들의 분포에 대한 모수는 알려져 있는데, 따라서 어떤 하나의 값(또 그 값보다 큰 값)을 얻을 확률은 표준통계표로부터 획득될 수 있다.
유의도검증은 두 가지 방법으로 이용된다. 확정적 자료분석에서 유의도검증은 모집단의 적절한 표본으로부터 그 모집단의 특성에 대한 가설을 검증하는 데 사용된다. 예를 들어 두 집단이 연령구조에서 차이가 없다는 가설이 있고, 분석가는 표본에서 관찰된 분포의 유사성이 그 표본이 추출된 모집단에서 나타나는지 알고자 한다. 따라서 통계는 표본분포와 관련된다. 만약 그 값, 또는 더 적은 값이 매우 자주 발생한다면 (보통 20번 시도할 때 한 번 이상 나타난다든지, 또는 95%나 0.05 수준에서), 그 두 집단은 모집단에 차이가 없다고 결론지어진다. 만약 검증통계치가 두 집단의 구성요소가 완전히 무작위적으로 할당되었을 경우에만 나타나는 그러한 낮은 발생확률이라면 유의차를 추론할 수 있다.
시험적 자료분석에서, 통계적 검증은 모집단에 대해 어떤 추론을 하기 위해 사용되는 것이 아니며 대신에 관찰된 결과의 중요성을 제시하기 위해 사용된다. 다시 완전히 무작위적일 경우와 비교하는 것이다. 만약 통계치가 표본분포의 꼬리부분에 떨어진다면(도수분포 참조) 그와 같은 값은 완전히 우연히 나타나는 희귀한 사례이기 때문에, 이 분석은 이 데이터세트의 중요한 특성을 밝혀내었다고 결론지을 수도 있을 것이다. RJJ

유추이론 analogue theory

모형정립에 관한 형식적 이론. 경험적 영역으로부터 요소들을 선택적으로 추상화시키고, 이들이 단순화·구조화되어 제시되는 특정한 체계로 전환되도록 해준다. 이 이론은 실증주의와 중요한 연관을 맺고 있다. 여기서 모형은 가설의 유의성과 일반이론의 확장을 허용하도록 의도된 검증에서 사용된다. 유추이론은 1950년대와 1960년대의 계량혁명과, 개성기술적 지리학에서 법칙정립적 지리학으로의 전환을 뒷받침하는 데 결정적 역할을 하였다. 보다 비형식적이며 그리고 보다 최근에, 실증주의 전통 밖의 일부 지리학자들은 분리된 개별적 영역들과 새로운 관계를 맺기 위하여 메타포와 유추의 창조적 사용을 주창하였다. 이 제안들은 분명히 어떠한 엄밀한 인식론에도 의존하지 않는 반면에, 이러한 종류의 비교와 전환이 제공한다고 가정되는 지적 자극에 대한 믿음을 공유한다. DG

유형 pattern

공간단위의 배열에 의해 뚜렷하게 나타나는 조직. 지도학에는 유형을 나타나게 하는 과정을 규명하기 위해서 지도제작, 해석 및 지도에 나타난 유형의 이용에 이르는 각 단계에서 고려해야 할 4가지의 기본요소가 있다 :

첫째, 지도의 상(image)을 표현하면서 지도학자가 유형을 사용한다는 점이다 (지도이미지 참조). 로빈슨 등(Robinson, et.al., 1985)에 의하면, 지도를 통해 공간정보를 전달하는 데 영향을 미치는 4가지 요소는 조직, (선 및 그 굵기의) 배열, 상에 나타난 사상의 방향성(대각선, 수평 등), 흑백 또는 색의 강도에 의해 측정되는 시각적 강도의 차이이다.

둘째, 지도사용자는 지도의 시각적 형태에 의해 표현되는 공간적 유형을 찾으려 한다는 점이다. 만약 적절한 일반화과정을 거친다면 지도에 나타난 유형은 점유형(격자분석 및 최근린분석), 분산(중심성측정법) 및 공간단위의 크기와 형태를 기술하는 방법(형상지수 참조) 등에 의해 그 규칙성을 통계적으로 검증할 수 있다.

셋째, 이와 같이 유형의 기술에 관련된 기법을 이용함으로써 유형의 구조가 경관형성에 관여된 과정을 규명하는 수단으로 사용될 수 있다는 점이다. 부츠와 게티스(Boots and Getis, 1977)는 기술적 접근방법과 분석적 접근방법을 구별하고 관찰된 지도의 유형을 창조하는 공간적 과정을 식별하는 데 '과정모형'을 사용하였다.

넷째, 원격탐사에서 사용되는 '유형분석'이다. '영상분석(image analysis)'의 컴퓨터기법이 인공위성 영상으로부터의 자료를 분류하고 분석하기 위해 개발되고 있다.

기술적 및 분석적 접근방법 모두에 공통으로 나타나는 제약은 자료의 양상 및 공간단위에 의해 나타나는 제한점이다. 예를 들면, 축척과 과정은 다양한 (공간)수준에서 상호연결되어 있으므로(임의적 지역구획 참조) 모형을 다양한 수준의 공간단위에서 검증한다면 어느 축척에서 어느 과정이 우세한가를 밝힐 수 있다. 더욱이 어떤 접근방법이 사용되든 결과의 해석은 이와는 별개의 문제가 되며, 특히 유형의 기술 자체를 최종목적으로 하는 것이 아니라 유형의 분석을 차후의 설명을 위한 수단으로 삼는 과정모델에서는 이러한 문제가 특히 중요한 쟁점이 된다. AMH

윤리 ethics

도덕적 판단과 관련된 도덕철학. 도덕적 판단이란 옳고 그름, 선과 악에 관한 문제인 가치평가를 말한다. 그것은 또한 도덕적으로 옳은 것은 반드시 행해야 한다(실제로 반드시 행해지지는 않을지라도)는 점에서 일관적이고 확실한 것이라 생각되었다. 모든 가치판단이 도덕적 판단은 아니며, 윤리적 관심사도 아니다. 즉, 예를 들면 완두콩을 먹기 위해 칼을 사용하는 것은 적절한 행동은 아니지만 그렇다고 비도덕적인 것이라고 할 수도 없다. 반면에 사람을 죽이기 위해 칼을 사용하는 것은 도덕적 관점에서 나쁘다라고 판단하며, 그것이 위법행위가 아니라 할지라도 일부 사람들은 여전히 비도덕적이라고 생각하고 있다. 도덕적·윤리적 논쟁은 풀리지 않는 철학적 문제이다.

윤리는 직업행위와 관련하여서는 보다 협의적 의미를 지닌다. 예를 들면 '의료윤리'란 해야 할 것과 금해야 할 것을 규정하는 의사들의 행위를 규제하는 일련의 규범들을 말한다. 의사와 환자와의 관계에서 비밀유지의 불이행은 안락사처럼 비윤리적인 것이다. 그러한 행위의 기준은 보편적인 것은 아닐지라도 대부분 잘 지켜지고 있고 존중받아야 한다. 즉, 동일한 행위규범은 같은 문화, 가치 그리고 도덕률을 공유하고 있는 사회에서 우세하게 나타날 것으로 기대되는 것이다. 동물이나 태아로 실험을 하거나 어린 소녀에게 피임약을 처방하는 것과 같이 의학과 건강에서의 풀리지 않는 많은 윤리적 문제는 심한 대중적 논쟁을 불러일으킬 수 있다.

이러한 윤리적 논쟁은 학술연구에서도 제기되며 연구주제가 인간일 경우에는 더욱 그러하다. 일부의 행위는 명확한 규범성을 가지고 있다. 즉 다른 사람의 연구를 자료를 조작하고 결과를 수정하여 자신의 것처럼 위장하는 행위는 비윤리적인 것이다. 그러나 그러한 행위는 기술적 의미에서 잘못된 연구를 하는 것과는 다르다. 예를 들어, 서열자료를 가지고 상관관계를 계산하는 것은 틀린 것이지만, 그 결과가 의도성을 갖지 않는 이상, 비윤리적인 것은 아니다.

더욱 어려운 윤리적 문제는 특히 계량방법을 이용하는 특정 조사연구에서 제기된다. 예를 들어, 피조사자가 연구조사자의 실제 신원과 연구목적을 알게 되면 질문에 편견을 갖고 대답하게 되는 경우에 조사자의 신원과 연구목적을 사실대로 알려주어야 하는가? 인터뷰가 피조사자의 이해나 허락없이 녹음될 수 있는가? 거기에는 또한 도시빈민과 같은 사람을 주제로 연구하는 것이 옳은가 하는 심각한 문제가 있다. 즉 그들에게 불리하게 작용할 연구를 위하여 이들을 연구대상으로 선정해야 하는가 하는 문제가 그것이다. 흑인 노동력을 착취하는 데 이용될 수 있는 남아프리카에 관한 연구가 윤리적인 것인가 하는 문제 역시 마찬가지이다. DMS

응용지리학 applied geography

경제 및 사회적 문제를 해결하기 위한 지리학적 지식 및 기술의 응용. 자본주의 국가에서 대부분의 응용지리학은 공공부분 특히 계획부분에 적용되어왔다. 이것은 공공기관에서 자문역으로 활동하는 지리학자들과 이 기관에 고용된 지리학을 전공한 지리학도들에 의하여 이루어졌다.

특정문제에 대해 실용적인 접근방법의 특징을 지닌(Berry, 1973) 응용지리학은 중요한 학문분야 내지 이론적 핵심으로 발전하지는 못하였다. 그러나 응용지리학은 특정시대의 문제와 관련된 것들을 해결하는 방안을 제시하였다. 응용연구는 지리학의 각 하위분야에서의 기존의 기술과 정보를 이용하기도 한다. 일반적으로, 일부 연구자들에 의해 행해진 응용지리학은 국가 및 지방계획에 대한 연구이다.

응용지리학 분야에서 가장 중요한 주장은 스탬프(L.D. Stamp)의 『응용지리학(Applied geography)』에서 처음 제시되었는데, 그는 "인간과 환경간의 관계를 그에 관련된 문제와 함께 전체론적 접근방법으로 보는 것"이 '지리학자의 독특한 공헌'이라고 주장하였다. 즉 인간과 환경과의 관계는 "야외에서 조사하고 체계적이고 객관적으로 사실을 수집함으로써" 인식할 수 있으며, 조사와 분석의 두 가지 목표는 "오직 지도학적으로 연구되었을 때 완전히 달성된다"는 것이다. 스탬프에게 있어서 이러한 조사와 분석의 절차는 직면한 세계문제—공간상의 인구압, 경제발전, 생활조건의 개선—에 매우 효과적이었다. 그는 주로 토지의 이용과 오용에 관심을 가졌으며, 최초의 영국토지이용조사라는 조직(Stamp, 1946)은 그를 도시 및 지역계획법의 수립에 참여하게 하였다. 그러한 연구는 계속되었으며, 제2차 토지이용조사는 영국내에서 토지이용과 계획에 관한 끊임없는 비판을 야기시켰다(Coleman, 1976).

스탬프는 연구와 저서에서 지리학자의 역할을 계획목표가 설정되는 정치적 과정과는 무관한 정보의 수집자와 통합자에 두었다. 이러한 견해는 널리 받아들여졌으며, 제2차 세계대전 이후 영국에서 국가 및 지역 계획국의 증가는 많은 지리학자들이 계획수립에 필요한 기초조사작업을 수행하기 위해 고용되었다는 것을 의미한다.

계량혁명으로 불려진 지리철학과 방법론의 발전은 도시 및 국가계획에 대한 지리학적 공헌을 확대시켰다. 계량적으로 설명된 모델들은 교통계획에서 예측수단으로 이용되었으며, 이러한 연구의 초기단계에서 중력모형은 서로 다른 장소의 다양한 토지이용에 의하여 발생되는 유통에 관한 가설하에서 미래의 교통흐름을 예측하는 데 이용되었다. 윌슨(A. G. Wilson)과 배티(M. Batty)는 엔트로피 극대화모형을 사용하여 더욱 정교한 예측모델을 만들었으며, 이러한 모델은 다양한 규모로 전개된 취락유형의 진화에 관한 예측과 통합된 모델을 제공하기 위하여 입지-배분모형과 도시경제 성장의 모형(경제기반이론과 같은)과 결합되었다(고전적인 라우리모형은 이 분야의 선도적 연구이다). 그러한 노력은 지리학과 지역과학을 통합시키는 결과를 가져왔다.

지리학자들은 특정시기 동안 여러 방면에서 정부의 용역에 참여하였다. 예를 들어 제2차 세계대전 동안에 정보의 취득(원격탐사와 같은 새로운 방법의 사용 포함)과 군사첩보조사에 참여한 것이 그 대표적인 경우이다. 영국에서는 『해군수첩(Admiralty handbooks)』으로 알려진 세계의 여러 지역에 관한 일련의 기획물을 발간하였다. 그리고 그러한 정보수집활동은 지리학자들에 의해 계속되었는데, 상당수의 지리학자들이 미국 CIA에 고용된 것이 그 대표적인 예이다.

사회와 토지에 관한 지리학적 연구는 여러 측면에서 요구되었다. 미국의 경우, 지리학자들은 1930년대 이후 농업을 부흥시키기 위한 다양한 활동에 참여하였다(Kollmorgen, 1979). 그리고 최근에 지리학자들은 세계은행과 같은 국제기구에 참여하여 제3세계 국가의 발전전략에 관해 도움을 제공하였으며, 자연재해에 관한 연구는 실제로 많은 자연재해를 방지하는 데 이용되었다(Burton 등 1978, 참조).

공공부문 이외에 대부분의 응용지리학은 입지분석과 관련을 맺고 있다. 입지분석에 관한 초기의 연구는 마케팅 지리학(Davies, 1977)에서 행해졌으며, 특히 미국의 지리학자들은 소매상점에 대한 입지정책을 결정하는 데 다수가 참여하였다. 최근 몇년 동안에 지리학자가 참여한 연구의 범위는—지리학자들은 주로 자문역으로 활동—확대되었다. 예를 들면, 영국 중부지방 벨보아의 베일에 있는 석탄저장소의 개발에 관한 연구나 런던 제3공항의 입지에 관한 연구 등 많은 연구에 지리학자가 참여하였다.

일부 지리학자들은 그들의 전문지식이 공공부문에서 그리고 다른 사회과학자들보다도 상대적으로 불충분하게 이용된다고 생각하였다. 1970년대초 '지리학과 공공정책'이란 주제가 미국지리학회(Ginsburg, 1972; White, 1972) 및 영국지리학회(Coppock, 1974)에 의하여 채택되었으며, 이러한 노력은 공공정책의 입안에 지리학의 참여를 보다 확고하게 하였다. 더욱이 1970년대의 극심한 경기침체는 지리학에 대한 교육을 '응용부문'으로 전환하게 하였고, 연구자금은 주로 '정책과 관련'된 분야에 지급되었다.

이와 같이 응용지리학적 연구의 필요성이 증대되면서 오늘날에는 응용지리학적 연구의 목적 및 방법론에 관해 많은 비판이 제기되기 시작하였다. 대부분의 비판은 가혹했으며—미국지리학회장(Zelinsky, 1975)이 말한 것처럼—지리학자들은(젤린스키[Zelinsky]에 따르면 모든 사회과학자를 포함하여) 세계의 생활조건을 개선하는 데 실질적인 공헌을 하지 못하였고(특히 대다수의 불우한 삶을 위해서는 더욱 그러하며), 현재 그들이 이용하고 있는 방법론 역시 인간의 생활조건을 개선하는 데는 부적절하다는 비판을 제기하였다. 하비(David Harvey, 1973)를 중심으로 한 일단의 지리학자들은 정치적 입장에서 이와 유사한 견해를 가지고 있었다. 하비의 논문 「어떤 공공정책을 위해서는 어떤 분야의 지리학이어야 하는가?」는 거의 모든 응용지리학에 기초가 되는 가치판단을 제시하였다. 하비를 중심으로 활발한 연구를 수행하는 일단의 지리학자들에게 응용지리학은—공공부문에 적용되든 사적 부분에 이용되든—현존하는 사회구성체의 현상을 유지시키고, 자본주의 사회에 필연적인 불공평과 불평등을 개선할 수 있다는 희망을 주지 못하였으며, 자본주의 사회를 옹호하는 연구였다. 이러한 관점은 '누구를 위한 참여인가'라는 문제에 대해 활발한 논쟁을 불러일으켰다(Johnston, 1983). 이러한 논쟁은 현재에도 계속되고 있다.

많은 지리학자들은 응용지리학이 오늘날의 다양한 문제를 해결할 수 있기 때문에 이 연구에 관심을 가지게 되었다. 그러나 일부의 다른 학자들은 응용지리학의 목적이 순수할지라도 한 지역에서의 문제해결은 다른 지역에서 다시 재현될 수 있기 때문에 치료방법의 탐구를 지연시키거나 필요한 인적 자원을 비생산적인 것에 전화시키게 된다고 주장하였다(Johnston, 1981). 일부 학자에게 이러한 논의는 아마도 실용주의자와 이상주의자 사이의 논쟁으로 보일 것이며 보다 덜 관대한 일부 학자에게는 현실주의자와 환상주의자간의 논쟁으로 인식되고 있는 실정이다.

한편 응용지리학적 연구의 필요성에 관한 외부압력은 많은 지리학자들로 하여금 응용지리학적 연구를 수행하고 그들의 실제적 가치를 증명케 하고 있다(참여자의 수에 관해서는 Briggs, 1981 참조). 실질적인 면에서 이 압력은 경제성장을 촉진하기 위하여 도입된 공공지출의 삭감정책과 세계적인 경기침체의 결과이다. 이러한 변화로 교육 및 '순수'연구에 관한 연구비 지출이 삭감됨에 따라, 응용지리학자들은 그들의 위치를 확보하고 생존하기 위하여, 외부자금원을 찾으려고 노력하였다. 이러한 노력은 민간부문의 연구요구에 부응하게 되었고, 연구문제는 주로 단기적인 문제와 관련되었다. 그러한 경쟁적 시장에서 연구비를 지급받기 위하여 지리학자들은 지도학, 특히 컴퓨터지도학, 원격탐사, 지리정보체계 같은 기술적인 기법과 수학적 모형화, 특히 환경체계의 수리적 모형화 및 통계분석 등에 관심을 갖게 되었다. 그래서 대학의 지리학과에서는 이러한 기법을 강의할 수 있는 연구자가 모자라는 실정이다.

지리학적 연구의 내용과 학부교육과정은 이러한 방법으로 제1세계 국가들에서 (자본주의) 생산양식의 경제적 건전성(健全性)을 증진시키는 방향으로 지도되고 있다. 일부 나라에서 인문지리학 분야는 경제적·사회적·공간적 계획의 실시와 오랫동안 밀접한 관련을 맺어왔지만(네덜란드는 이러한 사례를 제공하고 있음. van Paassen, 1984 참조), 이러한 응용지리적 연구에 대한 관심은 경기침체의 결과임을 시사하고 있다(Taylor, 1985 참조). 동부유럽의 여러 나라에서 이러한 연구방법의 전환은 1940년대 사회주의혁명 이후이며 지리학은 국가시책에 공헌할 수 있는 실질적인 연구를 행했다(Enyedi and Kertesz, 1984). RJJ

의도성 intentionality

학습되고 문화적으로 결정되고 체험된 직관 또는 선험적 가정으로서 인간 행동자들이 행태적 환경 속에서 의식의 대상물들에 부여하는 것. 이러한 인지의 체험적 측면들은 훗설(Edmund Husserl)의 현상학의 주요부분을 형성하며 정신진단학(psychognosy: 현상의미의 심미학적 이해)에 관한 브렌타노(Frnaz Brentano)의 저작으로부터 부분적으로 도출된 것이다.

비록 인간의도가 단지 신중한 태도나 행동과 동일한 것으로 간주되어서는 안되지만 의도성은 모든 의식이 무엇에 관한 의식이며 무엇과 관련된 의식—"나는 무엇과 관련시키지 않고 행동하거나 생각할 수 없다"(Husserl, 1976)—임을 의미한다. 이는 사람과 세계간에 존재하면서 이들 양자에게 의미를 부여하는 관련성으로서 이해되어야 한다. 따라서 의도성은 "세계의 객체들과 양상들은 '그들의 의미'에서 경험되며 이러한 의미들로 분리될 수 없는데, 왜냐하면 이들은 우리가 객체에 대해 가지는 바로 그 의식에 의해 확인되기 때문"임을 의미한다(Relph, 1976). MDB

의료지리학 medical geography

건강과 의료관리에서의 지리적 측면을 연구하는 것. 건강과 자연적 환경과의 명백한 관련성 때문에 의학적인 문제에 대한 지리학적인 관심은 많은 다른 '사회적' 주제에 대한 관심보다 더 오래되었다. 따라서 교육과 범죄와 같이 현재 사회적으로 중요한 다른 문제들에 대한 관심에 비해서 의료지리학은 인문지리학의 한 분과로서 좀 더 인정을 받았고 더 나은 지위를 획득했다. 의술의 직업적인 활용과 보건행정간의 연관성에도 불구하고, 이 분야 종사자들간의 활발한 협

의료지리학

동은 의료지리학에서 뚜렷이 나타나지 않았었다. 의료지리학 자체내에서, 건강상태에 대한 연구와 의료서비스의 제공 사이의 구분은 그들을 분리해서 고려할 만큼 뚜렷하다.

건강에 관한 가장 뚜렷한 지리학적 관점은 다양한 원인을 지닌 발병률과 사망률의 공간적 분포를 기술하는 것이다. 호위(G. M. Howe)가 이 분야에 주된 공헌을 하였는데, 특히 1963년에 처음 출판된 '영국의 질병사망률에 대한 전국지도'를 만드는 데 공헌했다(Howe, 1970 참조). 한 전염병의 전파는 그 자체가 지리학적으로 다루기 적합하고, 쇄신의 공간적 확산과 어느 정도 유사성을 지닌다.

발병률과 사망률의 지도화는 질병과 사망의 원인을 이해하는 데 기여할 수 있다. 가장 잘 알려진 사례 중의 하나가 1853~1854년 콜레라 전염병의 경우인데, 의사인 스노우(John Snow)는 소호에서 사망의 빈도를 지도화하고 그것이 하수구 누출의 영향을 받은 특정한 물펌프주변에 집중되어 있음을 관찰함으로써 콜레라의 원인이 수질오염이었음을 밝혀낼 수 있었다. 특정한 원인의 질병이나 사망이 국지적으로 특히 높게 나타나면 그 병의 발원과 관련이 있을지도 모르는 환경조건을 지적하는 데 도움이 될 수 있다.

지리학이 전통적으로 전염병학과 질병 또는 사망의 병인학과 관련을 맺은 것은 자연환경과의 관련성 때문이다. 기후조건과 동물계의 특성으로 어떤 환경은 건강재해를 유발시킨다. 말라리아와 다른 '열대'질병들이 이 경우 그 보기가 될 수 있다. 인간의 활동도 또한 건강을 해치는 환경적 재해를 유발시키는데, 예를 들어 공장의 매연방출은 대기를 오염시키고, 이는 호흡기질환의 국지적으로 높은 발생률의 원인이 될 수 있다. 자동차 배기가스는 자동차교차로 같이 자동차가 많이 집중되는 장소근처에 납중독을 야기시킬 수 있다. 비위생적인 주택도 나쁜 건강의 잘 알려진 또다른 원천인데, 높은 영아사망률과 결핵의 조건이 될 수 있다. 그러나 좋지 않은 건강에 대해 환경적 원인을 너무 강조하는 것은 위험성이 있는데, 이러한 해석은 특정한 사람들을 열악한 주택이나 다른 취약한 장소에 살게끔 유도한 경제적·사회적 또는 정치적 힘을 쉽게 간과할 수 있기 때문이다.

의료의 조직은 장소에 따라 다양하고, 또한 어떤 사회서비스의 조직에도 공간적인 요소가 있기 때문에 의료의 조직은 지리학적으로 흥미있는 분야이다. 의료서비스의 제공을 국제적으로 비교해보면, 예를 들어 미국에서 가장 대표적으로 나타나는 자유기업적인, 의료수가를 지불하는 서비스와 최소한의 훈련을 받은 '맨발의 의사'에 역점을 둔 중국의 체제 사이에는 큰 차이가 있음을 알 수 있다. 이와 같은 대안적인 체제의 효율성과 비효율성은 유아 및 산모사망률의 수준과 같은 성취기준과 결정적인 순간에 치료를 쉽게 받을 수 있는 기타 조건들에 의해 판단될 수 있다. 그러나 경제발전의 일반적인 정도가 사망률과 발병률에 공헌한다는 것을 간과해서는 안된다.

의료조직의 공간적인 측면은 그 체제의 일반적인 효율성과 관련을 가지고 있고 또한 누가, 어디서 의료서비스를 받는가에 영향을 줄 수 있다. 이상적으로 볼 때, 모든 사람은 아주 손쉽게 접근할 수 있는 곳에 의료시설을 확보하고 있어야 한다—적어도 필요할 경우에. 매우 유동적인 서비스가 고안되지 않는 한, 이것은 공공의료진 및 시설의 고도의 공간적 분산을 의미한다. 그러나 규모의 경제와 고도로 전문화된 서비스를 특정장소(일반적으로 주요도시 병원)에 국한시킬 필요성은 공간적 집중을 유도한다. 서비스가 집중되면 될수록, 몇몇 장소에 있는 몇몇 사람은 접근성과 따라서 이용이라는 측면에서 점점 더 불이익을 받게 된다. 경제적 능률성의 관점에서 본 집중과 형평에 유리한 분산 사이의 갈등, 또는 의료서비스 이용의 평등화는 진보된 자본주의세계의 국가적 의료서비스에서나 소련과 같이 발달된 사회주의체제에서나 똑같이 문제가 되고 있다. 의료시설이용의 극단적인 불평등은 저개발국가에서 나타나는데 이곳에서(대부분 도시) 엘리트들은 정밀한 서비스를 받을 수 있지만, 무산계급과 농촌사람들은 거의 받을 수 없거나 서비스가 전무한 상태이다. 이 용의 평등을 위해서는 시설과 인력이 분산되어 있어야 하는데, 이것은 비용이 드는 특권적인 수술을 하기 전에 미리 예방과 가벼운 병의 치료를 하는 그러한 의료개념과 관련되어 있다. 심장이식은 기술적인 업적으로는 인상적일지 모르지만, 그것은 극소수의 나라만이 감당할 수 있는 사치이며, 아직도 기초 의료시설조차(문자 그대로) 많은 사람들이 이용할 수 없는 제한된 자원을 지닌 세계에서 윤리적인 점에서 봐도 문제점이 많다.

환경적인 조건들이 작용하고 조직적인 구조가 창출되는 좀 더 광범위한 맥락을 분석과정에서 항상 염두에 둔다면, 의료지리학은 현실세계의 문제를 밝히는 데 전통적 지리학의 방법론을 적용시킬 기회를 제공한다. DMS

의미척도법 semantic differential

설문지를 통해 응답자의 태도, 견해 및 가치 등을 유도하기 위해 사용되는 방법. 응답자에게 일련의 자극, 예를 들어 장소 등이 주어지고 이를 평가하도록 요청된다. 그 방법에 있어 두 가지의 형용사, 예를 들어 멋진/메스꺼운 ; 더러운/깨끗한 등을 양 극단에 두고 그 사이에 여러 등급을 제시하여 하나를 택하도록 하는 것이다. 의미척도법은 정보방안분석과는 다르다. 전자는 분석하는 사람에 의해 등급이 제시되는 데 반해, 후자는 응답자에 의해 등급이 선택된다. RJJ

의사결정 decision making

여러 대안적 행동방향을 평가하고 결정을 내리는 과정. 의사결정 관점은 행태주의 조류의 한 부분으로 1960년대에 지리학에 도입된 이래 많은 관심을 끌어온 주제이다(행태지리학 참조). 이 관점은 실제 인간행동을 보다 실상에 가깝게 함으로써 전통적 관점의 폭을 넓혀왔다. 산업입지론이 그 좋은 예이다.

의사결정 관점의 핵심은 실세계의 입지결정이, 이윤을 극대화하거나 사용되는 자원을 극소화한다는 면에서 볼 때, 최적의 결정인 경우는 드물다는 사실에 대한 인식에 있다. 마찬가지로 소비자행태도 전통적인 경제적 설명에서 가정하는 효용의 합리적 계산과는 반드시 부합하기는 힘들다. 신고전경제학에서 이야기하는 전지전능한 경제인은 실제의 인간과 극히 일부분에서만 유사할 뿐이다.

준최적입지 의사결정은 이윤의 공간한계의 개념을 사용함으로써 전통적 입지론과 합해질 수 있다. 이윤의 공간한계내에서는 어디서나 어느 정도 이윤이 가능하고 기업은 일정비용이 추가되면서 최적(이윤극대화)입지에서 벗어난 곳에 자유롭게 입지할 수 있다. 그러나 이것으로도 경제적으로 결정된 제약내에서 실제의 입지선택이 어떻게 이루어지는가에 대해 전혀 알 수가 없다.

프레드(Allen Pred)는 행태행렬의 개념을 이용하여 이를 한 단계 더 발전시켰다. 이에 따르면, 의사결정자들은 한 축에 가용정보, 다른 축에 정보사용능력을 가진 행렬상에 위치한다. 가용정보가 많고 정보사용능력이 클수록 공간한계 내에서 '좋은' 입지 즉 비용/수입의 면에서 최적입지에 가까운 입지를 선택할 확률이 높아진다. 아주 제한된 능력과 정보를 가진 의사결정자는 한계를 벗어난 입지를 선택함으로써 실패할 가능성이 더욱 크지만 우연히 좋은 입지를 선택할 수도 있다.

프레드는 경제인에서 비롯된 비실제적인 최적화능력에 대한 대안으로서 시몬(H. A. Simon)의 만족적 행태개념의 영향을 크게 받았다. 사이먼에 의하면 의사결정자는 단지 제한된 수의 대안들만을 고려하여 최적이라기보다는 대체적으로 만족스러운 것을 선택한다고 간주된다. 입지의사결정에 관한 보다 실제적인 관점도입은 산업조직의 보다 넓은 맥락내에서 이루어지는 일반적인 기업행태에 관한 연구에서 볼 수 있는 유사한 움직임과 일치한다.

입지분석에서의 의사결정 관점은 경험적 · 이

의존지역

론적 방향으로 진행되었다. 모험과 불확실성의 조건에서 입지행태에 관한 연구를 위한 이론적 틀에 대한 탐구는 지리학자와 지역과학자들을 게임이론과 조직이론 같은 분야로 이끌었다. 그러나 실질적 의사결정에 대한 관심은 아주 제한적이었다.

경험적 접근은 개인적 실행을 아주 강조하는 분야에서 보다 성공적이다. 행태주의 조류가 들어오기 훨씬 이전에도 산업입지연구에는 조사분석의 전통이 있었다. 이러한 연구는 때로 '순전히 개인적인' 요인의 중요성을 강조하였다. 보다 최근의 경험적 연구는 일련의 기업들을 취하여 실질적 의사결정과정을 검증하는 경향이 있다. 어떤 문제점(시설부족 같은)을 느끼게 되면 그 자리에서 확장할 것인가, 분공장을 건설할 것인가, 기존공장을 인수할 것인가로 시작되는 일련의 결정이 시작된다. 이 과정은 입지를 찾는 과정, 여러 대안들에 대한 평가, 최종결정, 얻어진 경험을 성질이 비슷한 다음 결정에 피드백하는 것에 이르기까지 계속된다. 이러한 경험적 접근을 통해 입지의사결정과 관련조직의 성질과의 관계에 관한 일반화의 전망이 마련된다.

산업입지 의사결정에 관해서 20년 가까이 행태주의적 연구가 진행되었음에도 알려진 결과는 상당히 제한적인 것 같다. 일부 비평가들은 행태주의적 의사결정 접근방법이 실제할 수 있는 것보다 과장되어왔다고 이야기하고 있다. 매시(Doreen Massey)는 보다 근본적인 비판을 제기하였는데, 그는 인식론적 바탕(인식론 참조)에서, 이상형의 구조물('경제인'이든 '만족자' 이든)을 수용한다든가 이상형에 따르는 행태와 다른 요인에서 비롯된 행태를 구분하는 것 등에 대해 이의를 제기하였다. 매시는 개인적 의사결정에 대한 강조 때문에, 경제의 구조적 현상으로부터 기업의 반응으로 관심이 분산되었으며 또 기업이 공장의 신설 및 폐쇄와 관련하여 실제로 무엇을 하는가는 보다 넓은 정치경제학의 맥락에서 가장 잘 이해할 수 있다고 주장하였다.

의사결정 관점이 중요하다고 생각해왔던 인문지리학의 또 다른 측면은 거주선택, 구매행태 및 인구이동결정 등이다. 여기서도 장소의 효용성 개념이 소비자행태에 관한 이론의 지리적 확장이라는 것이 명백하다는 점에서 처음에는 신고전경제학의 영향이 컸다. 사람들이 평가하는 것으로서의 장소의 질이 입지선택이나 이동과 같은 결정에 영향을 미치는 것도 사실이지만 우연하면서도 비합리적으로 보이는 성질을 가진 또 다른 많은 고려사항도 있다. 사실상 지리학자들은 의사결정을 하면서 공간적 요소를 쉽게 과장할 수 있다.

정성적 방법을 포함해서 현재의 연구는 사람들이 생활의 다양한 측면에 어떻게 의미를 부여하는가 또 이로부터 결정이 어떻게 이루어지는가에 대한 보다 민감한 이해를 추구하고 있다. 예를 들면, 먼 거리에도 불구하고 의료시설을 찾을 것인가에 대한 결정은 병의 의미에 대한 문화적으로 특수한 개념화, 아픈 것에 대한 개인적 및 공유된 경험, 의사의 충고로부터 얻을 수 있을 이익에 대한 과거의 접촉에 근거한 평가, 치료 혹은 회복의 필요성을 얼마나 느끼는가 등에 의해 영향을 받는다. 이러한 작업은 의사결정의 공간적 측면을 고려하고 폭을 넓히는데 도움이 된다. DMS

의존지역 zone of dependence
도시의 핵심지역에서 서비스 의존인구를 뒷받침해주기 위한 서비스 의존집단과 시설의 공간적 응집 혹은 '게토화', 또한 게토의 서비스 의존적 인구집단에 관한 것이다. 게토화를 일으키는 가장 큰 힘은 정신박약자와 신체불구자와 같은 많은 무능력자들이 제도에 기초한 보호로부터 공동체내에서의 보호로 유출되는 탈제도화의 경향에 있다. 과거 정신질환자였던 사람들의 탈제도화는 많은 서비스 의존집단의 경험에서 전형적이다. 면제가 따르는 그들의 게토화는 복합적 과정의 결과이다. 예를 들면, 내부도시는 개인적 그리고 그들의 서비스시설과 관련된 지역사회시설로 전환가능한 대규모 자산, 값싼 임대설비의 확립된 보급, 그리고 확립된 지원망이 있는 곳이다. 환자경력자들은 주거기회를 찾아 핵심지대를 향하여 몰려든다. 이러한 여과는 가끔 이촌향도 이동을 포함하여 장거리에 걸쳐 일어난다. 환자경력자들은 역시 전문가들에 의하여 핵심지대주택과 서비스기회에 위탁되어왔다. 공급과 수요의 시장작용은 두 가지 다른 요인에 의하여 복합화되었다. 첫째, 폭넓은 지역사회의 반대가 있는데 이는 환자경력자들을 많은 거주지역 특히 교외근린으로부터 제외시킨다. 둘째, 계획가들은 지역사회에 기초한 시설이 논란거리가 되지 않는 입지를 찾아냄으로써, 입지결정에 관한 지역사회의 갈등을 피하려고 전형적으로 시도하였다. 이것들이 도시내부에서 전형적으로 발견된다.

정신질환 경력자들은 많은 무리의 다른 탈제도화된 인구—의존적 노인들, 정신박약자, 신체불구자, 전과자, 알콜·약물중독자를 포함—들과 서비스 의존적 게토에서 합류된다. 지난 20년 동안 도시내부 의존지대에서 이들 인구의 유례 없는 집중이 목격되었다.

도시현상으로서 서비스 의존적 게토는 도시내부 형태의 의미 있는 새로운 발전을 대표한다. 사회적 복지현상으로서 게토는 잠재적 고객의 저장고로서 그리고 면제된 개인에 대한 허용지역으로서 역할을 해왔다. 그들에게 도시내부는 대처할 수 있는 기제가 되었다. 점점 더 많은 탈제도화된 개인이 게토에 집중됨에 따라 그들을 돌보기 위한 보다 많은 서비스가 필요해진다. 새로운 서비스 그 자체가 보다 많은 고객을 끌기 위한 계기로 작용하고 그래서 게토화의 자기강화주기가 확립된다. MJD

이념(이데올로기) ideology

이데올로기(idéologie)라는 용어는 "종교적이고 형이상학적인 편견들을 극복하고 새로운 공공적 교육의 바탕으로서 기여할 수 있는" 새롭고 엄격한 "사고들의 과학"을 기술하기 (그리고 추천하기) 위하여 1796년 계몽주의 철학자 트라시(Destutt de Tracy)에 의해 처음 사용되었다. 따라서 이 용어는 매우 '긍정적'이었으며, 단지 19세기에 와서 어떤 부정적이고 사실 경멸적인 의미를 가정했었다. 그리고 이러한 후자의 의미에서 마르크스(Marx)는 유효하다. "마르크스와 더불어, 이데올로기의 개념은 그의 시대를 맞게 되었다"(Larrain, 1979). 그러나 그 이후, 이 개념은 여러가지 의미들을 가지게 되었고, 단일한 정의를 제시하기 어렵게 되었다. 가장 일반적으로는 대부분의 학자들은 '이데올로기'라는 용어를 두 가지 관례적 의미들 중 하나로 사용하며, 이는 각각 18, 19세기에 그 기원의 흔적을 담고 있다. 톰슨(Thompson)은 이를 다음과 같이 구분했다:

(a) "사회질서를 유지하고, 한 시대의 집단적 의식을 구성하는 사고들의 교직", 즉 사고들의 일반화된 체계;

(b) "어떤 식으로 '허위'이고, 인간존재의 실재적 조건들을 포착하지 못한 의식", 즉 사고들의 왜곡된 체계.

톰슨의 견해에 의하면, 이들 양자 모두 만족스럽지 못하다. 그는 첫째 정의가 "너무 포괄적이기 때문, 즉 이데올로기를 바로 의식의 속성에 근저를 두게 함으로써 이데올로기적 현상의 특수성을 무시하고, 이러한 현상을 능가할 수 없는 것으로 만들기 때문"에 이러한 정의에 반대한다. 그리고 그는 두번째 정의가 "너무 협의적이기 때문에, 즉 이데올로기를 과학과 반대되는 것으로 정의함으로써 과학 그 자체가 이데올로기적으로 될 수 있는 가능성을 배제하기 때문"에 이러한 정의에 반대한다(Thompson, 1981, 강조 첨부; Harvey, 1974 참조; "과학적 방법의 사용은 이데올로기에 필수적으로 근거를 두고 있으며, 그리고 … 이데올로기로부터 자유롭다는 어떠한 주장도 필수적으로 이데올로기적인 주장이다"). 톰슨은 이데올로기를 특정 "이해추구를 유용하게" 하고 특정 "지배관계들"을 유지하는 "유의화의 체계"로서 다루고자 한다(Thompson, 1981, 1984).

이러한 정식화는 기덴스(Giddens)의 **구조화이**

이념형

론과 하버마스(Habermas)의 비판이론 양자로부터 (비판적으로) 도출되었다. 이에 따라, 예를 들면, 기덴스는 "상징적 질서들의 이데올로기적 측면들을 분석하는 것"은 "유의화의 구조들이" 특정 "지배의 구조들" 속에서 "어떻게 헤게모니 집단들의 분파적 이해를 정당화시키기 위해 동원되는가를 고찰하는 것"이라고 주장한다(헤게모니 참조; Gregory, 1980 참조). 그러나 톰슨은 하버마스와 마찬가지로 언어의 특이한 중요성을 강조한다. "단지 최근에 와서" 이데올로기에 관한 이론은 "언어에 대한 성질을 통해 풍부해졌고 세련되었다"고 그는 지적한다:

> 사고들은 여름하늘의 구름처럼 사회세계를 배회하면서 때로 천둥번개를 동반하여 그 내용물을 노출시키는 것이 아니라는 점이 점진적으로 인식되었기 때문이다. 오히려 이들은 구어적 또는 문어적 언술로서, 표현으로서, 단어들로서 순환한다. 따라서 이데올로기를 연구하는 것은 어떤 부분에서 그리고 어떤 방법으로 사회세계의 언어를 연구하는 것이다. 이 연구는 언어가 친구들 간 또는 가족 구성원들간 가장 일상적 만남에서부터 가장 특권적인 정치적 논쟁의 형태들에 이르기까지 일반적 사회생활에서 사용되는 방법들에 관한 연구이다(Thompson, 1984).

현대 사회이론에서 '언어적 성향'은 다면적이지만, 지리학에서 이는 '고찰되지 않은 언술'로서의 이데올로기에 대한 비판을 주장한 그레고리(Gregory, 1978)와 그리고 특히 언어와 '사고-행동'이라고 그가 명명한 것간의 연계적 규정성에 관한 올손(Olsson, 1980)의 연구에 반영되었다(Philo, 1984). 이러한 연구들이 지적한 점은—이는 중요하다—이데올로기가 단지 '환상'은 아니다라는 점이다:

> 이데올로기는 언어를 통해 작동하며 언어는 사회행동의 매개물이라는 점을 우리가

일단 인식하면, 우리는 또한 이데올로기가 부분적으로 우리 사회에서 '실재적'인 것을 구성한다는 것을 인정해야 한다. 이데올로기는 사회세계에 관한 희미한 이미지가 아니라 세계의 일부로서 우리 사회생활들의 창조적·구성적 요소이다(Thompson, 1984).

나아가 이것이 의미하는 점은 '지리학의 이데올로기'—그리고 이러한 지형에 관한 비판적 문헌은 이제 광범위하다—에 관해서뿐만 아니라 이데올로기의 지리학에 관해서도 또한 연구가 필요하다는 것이다. 만약 우리가 현대사회의 "일관성, 통합, 그리고 안정"을 지나치게 강조하는 '헤게모니'와 '지배이데올로기 논제'에 관한 그러한 변용들을 피하고(Abercrombie et al., 1980; 기능주의 참조), 대신 다양한 사회적 투쟁들을 알리고 또한 이에 의해 고무되는 이질적 이데올로기들을 발견하려면(Eyles, 1981), 우리는 분명 트리프트(Thrift, 1985)가 '지식의 지리학'이라고 명명한 것과 그리고 또한 언어의 지리학에 관한 포괄적 설명이 필요하다(언어의 지리학 참조).　　　　　　　　　　　DG

이념형 ideal type

사회학자 베버(Max Weber)가 사회적 행위의 복잡성과 다양성을 이해하기 위한 절차로 사용한 이론적 구성. 이념형은 사례연구를 통해서든지 가설적 규범을 만들어서든지간에 일반화를 나타내며, 이와 대비하여 비교할 수 있고 이를 통하여 개별적 사건들의 의미가 파악된다. 그러므로 쓸모있으려면 이념형은 합리적 추상화(추상화 참조)여야 하며, 혼돈적 개념화여서는 안된다.

현상학의 어떤 견해에 따르면, 이념형은 개인들이 당연적 세계를 만들어내면서 쓰는 사고구성틀(constructs)로서, 이 세계 안에서 행위하기 위해서 현실을 단순화시키는 도구이다. RJJ

이동 mobility

인구이동을 포함하여 모든 형태의 영역적 이동을 포함하는 용어. 엄밀하게 공간적 혹은 지리적 이동과 사회경제적 지위의 변화를 의미하는 사회적 이동과는 구별되어야 한다. 공간적 이동을 모두 인구이동이라 볼 수 없다. 인구이동은 거주지의 영구적 혹은 반영구적 변화를 의미하며, 따라서 통근, 휴가중의 이동, 학생들의 통학 등은 제외된다. 이 후자의 이동행태는 '순환(circulation)'으로 표현된다. 이는 "단기간의 반복적·순환적 특징을 지니며 또한 영구적·반영구적인 거주지 변화의 의사를 가지고 있지 않은 것"이 공통점이다(Zelinsky, 1971). PEO

이동식농업 shifting cultivation

작물의 윤작보다는 경지의 순환에 의하여 토양의 비옥도가 유지되는 열대우림지역의 특색 있는 농업형태. 보통 토양이 고갈될 때까지 혹은 잡초가 넘칠 때까지 한 뼘의 토지가 계속 경작되지는 않는다. 토지가 자연적으로 재생될 때까지 그대로 두고 다른 곳에서 경작하게 된다. 새로운 경지는 보통 불을 질러서(벌목과 화입) 개간한다. 이동식 농업시스템을 기술하기 위해 수많은 명칭이 사용된다. 대부분 불명확하지만 대개는 다음과 같이 구분한다: (a) 유목부족의 진정한 이동식농업 ; (b) 영구적인 중심촌락에 거주하는 사람들이 행하는 총림지-휴경(bush-fallowing)의 규칙적 시스템 ; (c) 어떤 수준 이하로 작물생산량이 감소할 때 토지를 버리는 이동식농업으로 환금작물과 결합되어 있는 형태이다. 그리그(Grigg, 1974)는 나아가 가축사육이 없고 쟁기가 사용되지 않는다는 특징으로 이동식농업을 구별하였다. 이동식농업은 그 지역의 환경에 생태적으로 잘 적응하는 것이지만, 이 농업이 성공적으로 실행되기 위해서는 영토가 넓어야 하는데, 다른 농업시스템의 팽창 때문에 끊임없는 위협을 받고 있다. MDB

이론 theory

설명과정에서 사용되는 일련의 연결된 언명. 이론의 양상과 지위는 사회과학에서의 철학(인식론 참조)에 따라 달라진다.

예를 들어 실증주의에 따르면, 이론이란 일련의 가설과 경험적으로 타당하여 불변의 법칙으로서의 지위를 갖는 제한조건들로 구성된다. 이 경우 이론은 경험세계의 지식을 일련의 상호연결된 법칙으로 구조화시킨 것이다. 이렇게 연관되고 연결된 언명은 연구의 자극제가 될 수 있다. 기지의 것(이론)으로부터 미지의 것(가설)으로의 연역과 사고는 새로운 지식을 산출하는 인도 역할을 하곤 한다. 따라서 이론의 적용은 보편적이다. 반면 관념론의 철학에 따르면, 보편적 이론이란 없고 단지 개별이론이 개인의 마음 속에 있을 뿐이다. 따라서 인간의 행동이란 외부이론이 아닌 개인의 이론(personal theory)에 의해 결정된다. 실재론에서의 이론이란 사실을 이해할 수 있는 뼈대를 개념화하는 수단이다. 행위자에게 이론을 검증하는 것은 (실증주의자의 검증에서와 같이) 이론의 경험적 적절성이라기보다는 일관성과 실제적 적절성의 문제이다. 이러한 검증은 그것이 사회과학자에게와 마찬가지로 개인에게도 관련된다. 개인에게 이론이 한 사회에서의 변화를 포함한 생활에 만족할 만한 기초를 제공한다면 그 이론은 적절한 것이다. 마찬가지로 사회과학자에게 이론은 사회를 이해하는 데 만족할 만한 기초를 제공하는 것이라야 한다. RJJ

이목 transhumance

기후가 다른 두 지역 사이를 계절에 따라 또는 정기적으로 가축의 무리를 이동시키는 목축 농부들의 관행. 겨울에는 산에서 계곡으로, 여름에는 다시 산으로 가축을 몰고 돌아가는 산간지역에서 특히 특징적이다. 이동에는 항상 목자가 동행하며, 종종 유목민과 구분되는 산지 및 계곡의 영구거주자 중에서 상당한 비율의 주민이 이를 수행한다(유목, 목축 참조). MDB

이심

이심 decentralization
원심력에 의해 이루어지는 공간변화과정(원심력과 구심력 참조). 최근에 이르러 넓은 공간에 대한 요구, 도시의 혼잡과 공해, 그리고 중심업무지구의 고지가 등으로부터 탈출하고 싶은 욕구 등의 요인이 교외지역으로 사람과 도시활동을 이끌어냄으로써, 교외지역에는 주문에 의해 건설된 공업단지, 사무단지, 대규모의 쇼핑센터 등이 괄목할 정도로 증가하고 있다. 보다 거시적으로 보면 대도시의 부정적 외부효과로 인해 각종 산업시설이 보다 소규모 지역으로 이전한다고 볼 수 있는데, 이러한 과정을 때로는 분산(deconcentration)이라고 한다(적정규모도시 참조). RJJ

이윤면 profit surface
재화나 서비스의 판매로 얻어지는 이윤의 공간적 변이로서 두 개의 수평축을 따라 거리를, 수직축에 화폐단위로 이윤을 나타내는 3차원적 면에서 표시된다. 이윤면은 적절한 비용면과 수입면의 상호작용으로 생성된다. 이윤면을 경험적으로 확인하기 위해 필요한 기술적 전제와 필요한 자료의 질은 이것을 본질적으로 불가능하게 하는 것과 마찬가지다. 그럼에도 불구하고 이윤면의 개념은 산업입지에 대한 이론적 접근에 도움을 준다(가변비용분석 참조). DMS

이주노동자 migrant labour
직업을 구하기 위해 이주를 한 노동자. 이 이동은 일시적, 혹은 영구적일 수도 있으며 단거리, 혹은 장거리일 수도 있다. 때로는 국가간의 국경을 넘을 수도 있다. 이러한 이주노동자는 많은 부분을 이주노동자에게 의존하는 현대경제체제에서 볼 수 있다. 이주노동자가 다른 인구이동과 구별되어 이해되기 위해서는 다음 두 측면이 중요하다. 첫째, 개인적으로는 가장 중요한 동기가, 보다 나은 임금과 안정적인 직장을 얻기 위한 경제적인 것이어야 한다. 많은 이주노동자들의 흐름은 가끔 젊은 개인들의 일시적인 이동을 포함하지만 대부분의 흐름은 그들과 그들 가족의 영구적인 정착을 유발한다. 따라서 이주노동자들은 정착지에서 영구적으로 노동력의 일부분이 되어 본토인들과 구별이 안되거나, 혹은 문화적으로 차이가 나는 국가간 이주자들은 인종집단을 구성하기도 한다. 둘째, 이주노동자들은 자본주의가 발달되어 있는 경제구조에서 종종 나타난다. 따라서 자본주의의 발달이 시-공간적으로 불균등하게 이루어졌기 때문에 노동력의 이동은 19세기의 영국과 같은 국가에서는 산업화에 필수적이었으며, 이와 유사하게 2차대전 이후에는 북서유럽에서 이주노동자가 경제성장과 도시 및 산업의 집적과 집중에 필수적이었다. 따라서 영국, 프랑스, 서독과 같은 국가들은 노동력을 남부유럽이나 제3세계에 의존했다. 영국은 서부인도, 남부아시아, 프랑스는 이탈리아, 스페인, 포르투칼, 북부아프리카, 독일은 그리스, 터어키에 의존했다(외국인노동자 참조). 이주노동자는 세계 곳곳에서 나타나고 있으며 상황이 변함에 따라 서부아프리카 같은 곳에서는 계절적·주기적인 이주자들이 농업 및 공업에서 직장을 구하기도 하였다. 아파르트헤이트의 남아공화국의 경제에서 이주노동자들은 중요한 특징을 이룬다. 흑인들은 수년간의 계약을 체결하고 그들의 고향에서 백인들의 거주지역으로 유입된다. 이 이주노동체계의 유리한 점은 다른 경우와 마찬가지로 노동력이 유입되는 지역은 노동력을 생산하거나 재생산하는 비용을 절약할 수 있고 반면에 이러한 비용은 결국 그들의 가족이 거주하는 출신지역에서 부담하게 된다(예: 외국인노동자). PEO

이중경제 dual economy
서로 다른 독특한 역사와 동역성을 가진 두 부분으로 구성된 경제. 20세기초 보케(Boeke, 1953; Furnivall, 1939 참조)는 인도네시아 사회를 서로 다른 두 문화―서양문화와 동양문화―로 구분할 수 있다고 주장했다. 이 문화들은 구

296

조적·형태적으로 매우 다르기 때문에, 서구의 사회분석 원리로는 동양문화나 이중적인 전체문화를 이해하는 것이 부적절하다고 주장하였다. 서구문화는 합리적 생산수단(이익을 위한 생산)에 의한 물질적 목적의 실현이 용이하도록 고도로 조직된 반면에, 동양문화는 엉성하게 조직되었고, 숙명적·수동적이며 사용을 위한 생산과 관련되어 있기 때문에, 이중경제에서 발전의 중심문제는 이 두 문화간의 관계가 된다.

발전을 강조하는 것은 비서구적 문화를 이해하는 데 서구적 해석을 강요하는 것이며 세계를 단순히 이중적 관계로 구분하도록 조장하는 것이다. 어떤 사회구성체든 다양한 생산양식으로 구성되어 있다. 둘 또는 그 이상의 생산양식이 존재할 수도 있으며, 신중히 사회를 조사하면 다양한 사회적 단절들을 파악할 수 있다. 그러나 두 개를 찾으면 두 개만 발견되듯이 그러한 방식으로 분류하면 이분법적 형태를 띠게 된다. 그럼에도 불구하고, 브룩필드(Harold Brookfield)는 "대부분의 개발도상국의 경제가 두 부분으로 구성되었다는 것은 단순한 관찰의 문제이다.… 이중구조라는 현상이 존재한다는 것이 명백하다"고 주장하였다. 문제는 '단순한 관찰'만으로 그러한 주장을 할 수 있는가 하는 점이다. 저개발세계가 가지는 계급구조의 복잡성과 새로움 그리고 불완전성에 대한 증거를 통해 (Roxborough, 1979) 해답을 찾을 수 있는데, 그 해답은 '아니다'라는 것이다.

산토스(Milton Santos, 1979)가 저서에서 명확하게 밝힌 이원론의 대안적 개념은 생산과 교환의 두 가지 순환의 필연적 출현에 관련된 개념이다. 무토지·무직 노동자들이 상부순환에 생산적으로 참여하여 높은 보수를 받는 사람들과 공존함에 따라 소득분포는 점차 양극화되고 개인은 소득에 의해 상부순환에의 접근이 제한된다. 반면에 가난한 사람들도 자신들의 생활조건을 형성하여야 하며 이는 하부순환에 참여함으로써 형성된다(바자경제, 비공식부문 참조). 상부순환은 현대의 자본집약적 산업, 확대된 무역, 복합적인 상업유통 등으로 특징되는 반면에, 하부순환은 노동집약적 제조업, 국지적인 서비스, 한정된 무역 등과 관련된다. 상부순환의 지배력은 본래 자기확대라는 본질적 과정에 의해 재생되고(자본주의 참조), 하부순환은 끊임없이 적응해야 하는 상황뿐만 아니라 그것이 존재할 여러 원인을 제공한다.

이중구조의 개념은 중요한 이데올로기(이데올로기 참조)적인 목적을 제공한다. 한편으로는 루이스(W. A. Lewis, 1954)의 연구의 영향을 받아 경제학자들은 이중구조의 존재를 가정하고 발전이론을 구체화하려고 노력하였다. 특히 경제학자들은 전통부문에서 풍부한 실업노동력의 존재와 같은 다양한 가정하에서 경제의 두 부문, 부문간의 상호관계 그리고 경제 전반의 변화에 대한 경제성장 및 구조변화의 의미를 규명하려고 하였다. 결국 우세한 부문이 상대적으로 더 낮은 부문을 지배하게 되고, 하위부문은 분절되어서 지배적인 부문의 유형으로 변형된다(종속 참조). 이중구조가 경제를 잘 설명하느냐 하는 문제는 차치하더라도 문제는 두 부문의 특성에 관한 것이다. 문제의 해결은 어느 정도 관찰된 특징과 일치하는 이상적 유형을 만드는 것이다. 그러나 그러한 문제들은 다소 비현실적인 이상적 유형들이 서로 상호관계를 가질 때 심화된다. 그러므로 두 부분에 대한 상세한 사회적 설명없이는—어떤 경우이든 단순한 의미의 이중구조를 해체시킬 수 있는—조작적인 모델을 만들기는 어렵다. 한편 이러한 이중구조적 이데올로기는 변화와 관련된 모든 것은 진보하고, 현상유지와 관련된 모든 것은 정체한다라는 바탕에서 근대화(정확하게는 특정 생산양식의 발달을 조장하는)를 강조하는 학자들의 연구에 도움을 주었다. 그리고 이중구조에서는 저개발이란 변화에 대한 저항의 결과라고 간주하였다. 그것은 저개발은 외부세계와의 관계에 의한 것이 아니라 오히려 저개발사회내에서의 발전저항적 조건에 의해 야기된다는 것을 제시하였다(부의 노동공급곡선으로 나타나는 것과 같이). 산토스(Santos, 1979)에 의하면, 발전의 목표는 기술과 생산성의 향상을 위하여 하부순환에 있는 사람들이 상부순환에 참여하도록 이를 개방하는 것이다. 이것은 고전적 이중구조 사고이며, '이분된 또는 단편적인 도시경제'를 의미한다.

이중구조는 설득력 있는 개념으로 발전이론과 실행의 상당한 부분을 차지하였고, 발전의 불균등성과 발전에 대한 장애물을 강조하는 한 유용한 개념이 될 것이다. 그러나 이중구조는 세계를 발전조장적 부문과 발전제한적 부문의 두 부문으로 단순하게, 잘못되게 그리고 목적론적으로 미리 규정하여 버리고 양자간의 인과관계에 대해서는 강조하지 않았다. 그래서 이중구조를 주장하는 일부 학자들에 의해, 이 두 부분은 발달과정에서 파생된 외부적 준거에 의해 정의되었다. 이 점에서 이중구조는 통합된 사회의 완전한 구조와 생명력을 부정하는 데 도움이 되는 지적 및 실용적 제국주의의 한 종류로 간주되었다.　　　　　　　　　　　　　　　　RL

이항분포 binomial distribution
모집단의 특징이 알려져 있을 때, 표본집단에서 어느 결과의 출현가능성을 나타내는 이론적인 도수분포. 예를 들어 만약 구매자의 절반이 여성이라고 한다면, 하나의 표본이 여성일 확률은 0.5, 두개의 표본이 둘 다 여성일 확률은 0.25 (0.5^2)이다. 표본의 크기가 클 때, 이항분포는 정규분포로 나타난다. 이것은 또한 표본이 무작위 추출된 것인지 아닌지에 대한 표본의 특성을 검증할 수 있게 한다(부의 이항분포 참조).RJJ

인간생태학 human ecology
생태학적인 개념들을 인간과 그들의 물리적·사회적 환경과의 관계연구에 적용시키는 것 ; "인간보다 열등한 생물의 집단생활연구에서 개발된 사고체계와 조사기법을 인간의 연구에 논리적으로 확대적용시키는 것"(Hawley, 1950). '생태학'이라는 새로운 학문의 공식적인 발전과 더불어 인간행위의 기본요소들을 생물학적인 용어로 재서술해보려는 몇몇 시도가 있었고, "대략 1910년부터 '인간생태학'이 인간과 환경의 연구에 사용되었는데, 결정론적인 의미에서가 아니라 '삶의 얽힘' 또는 '자연의 경제' 속에서의 인간의 위치를 파악하기 위해 사용되었다"(Stoddart, 1966). 그렇기 때문에 인간생태학은 시카고학파에게는 "신용이 떨어진 인문지리학에 대한 일종의 과학적인 대용물"로 여겨졌던 것이다 (Stoddart, 1967). 이 사실은 배로우스(H. H. Barrows)의 1923년 미국지리학자연합의 회장취임연설에 명시되었는데, 그는 여기서 "지리학은 인간생태학의 과학이며" 지리학의 핵심이 "특정한 지역에서의 인간생태학을 연구하는 것"인 한에서 지역지리학은 "일련의 독창적인 기저원칙들을 개발할 기회를 갖는다"고 선언했다(Barrows, 1923). 그러나 그는 거의 지지를 받지 못했다 ; 생태학적인 접근에 가장 동조적이었던 버클리학파조차도 배로우스의 제안에 내포된 법칙정립적인 프로그램을 완강히 거부했고, 사실 파크(Robert Park)는 지리학이라는 개성기술적이며 '구체적인' 과학을 생태학이라는 법칙정립적이며 '추상적인' 과학과 구별하는 데 이미 같은 식의 논법을 사용하였다. 그들의 본질적인 관심은 유사할지 몰라도, "그들의 '이론적인 논점'은 구별된다"(Entrikin, 1980). 그리고 사실상 보다 완벽하게 분절된 '틀'이 시카고학파에 의해 제공되었는데, 시카고학파는 인간과 그들의 비자연적인 환경과의 관계에 더욱 관심을 가졌다(Robson, 1969). 이와 같이 증대해가는 '공간적인' 관심은 원래의 '생태학적인' 관점과는 점차 멀어져가는 것이었다.

1960년대 중반에 인간생태학은 위와 같이 다른 전통을 지닌 각 분야에서 거의 동시에 부활되었다. 에어(S. R. Eyre)와 존스(G. Jones, 1966)는 계량혁명에 대한 신중한 비판을 가하기 위해—아마도 왜곡해서—배로우스의 제목을 사용했다 ; "인간행위와 자연환경 사이의 상호작용은 … 지리학적 연구에서 도전해볼 만한 너무 많은 것을 함축하고 있다." 그리고 이 생태적인 관점은 '신지리학'에 '대립적인' 것이다 ; 그러나 이것은 스토다트가 인간생태학을 체계분석으로 권위있게 해석함으로써 즉각적으로 역습을 당했다(1967). 그리고 가장 최근의 연구를 특징 짓는 것은 바로 이와 같이 보다 광범위한 생태계내에서의 인간의 입지를 강조하는 것이다. 그러므로 촐리(R. J. Chorley, 1973)는 "인문지리학은 단순히 생물지리학의 연장이 아니기 때문에" 신낭만주의적 환경론을 통해 잠시 부활했던 전통적 생태학의 모형은 부적합하다고 주장했고, 실제로 보다 엄격한 체계분석의 형식적 전개는 일련의 전통적 인간생태학 개념들을 전체적으로 재정립·확대시켰는데, 이 개념들은 인문체계와 자연체계 사이의 복잡한 연관성과 결정적인 차이를 다같이 고려한다(시사점을 주는 논문을 보고 싶으면 잡지『인간생태학(Human Ecology)』참조).

그러나 비록 인문지리학이 단순한 생물지리학의 연장이 아니라는 촐리의 주장이 의심할 여지없이 옳다하더라도, 지리학에서 생물지리학적인 사고의 오랜 전통이 확인될 수 있고(인류지리학 참조), 이것은 헤거스트란트(Hägerstrand)의 시간지리학에 이르러 절정에 달한 것 같다. 헤거스트란트는 실제로 그의 이론적 체계를 '공간-시간 생태학'이라고까지 묘사했다. 그는 그의 소위 시간-공간 상호작용의 '거미집 모형'은 "원칙적으로 식물에서 동물 그리고 [인간]에 이르기까지 모든 생물부문에 적용될 수 있다"고 믿는다. 그 모형의 핵심목표는 사실 인문지리학내에 "어떤 본질적인 생물학적·생태적인 속성을 결합시켜 생물생태학과 인간생태학 사이의 간격을 메우자는 것이다." 이 관점에서 보면, 공간과 시간은 제한된 '수용능력'을 지닌 '자원'으로 간주된다; 쇄신은 현존의 공간-시간 이용형태를 재구성시킬 위험성이 있는 침입이 되는데, 이 형태내에서 그들은 활동범위(niches)를 확보해야만 한다; 그리고 영역(domains)은 "인간에 의해 만들어진 동물의 영토에 해당하는 것"이다(Gregory, 1985 참조). DG

인간주의(적) 지리학 humanist(ic) geography

인간의 지각과 인간행동, 인간의식, 인간의 창조성 등에 주요한 능동적 역할을 부여한다는 점에서 구분되는 인문지리학의 한 접근방법. 또한 "의미, 가치, 체험적 사건들의 인간적 중요성을 이해하고자"하는 시도이며(Buttimer, 1979), "인간이 무엇이며 무엇을 할 수 있는가에 관한 포괄적 견해"(Tuan, 1976). 지리학에서 인간주의는 보통 프랑스의 '인문지리학파(la géographie humaine)'에까지 소급되지만(가능론 참조), 이러한 계보학은 문제가 있다. 비달(Vidal de la Blache)의 저작들은 많은 인간주의적 지리학자들이 분명 반박하고자 하는 뒤르켕(Durkheim)의 기능주의와 던칸(Duncan, 1980)이 명명한 '초유기적(super-organic)'인 것의 여러 내용들을 담고 있으며, 비달 자신은 인문지리학을 자연과학으로 간주했다. '인문지리학'과 인간주의적 지리학간에는 의심할 바 없이 유사점들이 있다(예로, 그림 참조). 그러나 이러한 유사점들은 조심스럽게 의미지어져야 하고, 주의깊게 재구성되어야 한다(Andrews, 1984 ; Grogory, 근간 ; Rhein, 1982). 보다 최근에, 프랑스 지리학과 어느 정도 강한 관계를 가지든지간에, 인간주의적 지리학(특히 상징적 상호작용주의에서 도출된 견해들)은 또한 신칸트주의(칸트주의 참조) 및 파크(Robert Park)와 시카고학파의 실용주의의 유산이라고 주장된다(실용주의 참조). "파크의 실용적 관심은 분명 즉각적인 현대적 적실성을 가지며, 최근 사회지리학에서 만연한 다양한 인간주의적 철학들을 뒷받침해줄 수 있는 긴요한 방법론적 무장의 기반을 제공한다"(Jackson and Smith, 1984 ; Vidal de la Blache의 입장 역시 신칸트적이라고 주장하는 Berdoulay, 1978 참조).

그러나 이러한 두 계보를 주의깊게 고찰해보면, 1970년대 지리학에서 인간주의의 부활은 계량혁명 동안 발달한 보다 기계론적인 모형들에 대한 깊은 불만에서 연유됨이 분명하다. 따라서 그 초기단계들은 행태지리학과 병행되었다(Gold and Goodey, 1984). 그러나 이 양자는 곧 분리

인간주의(적) 지리학

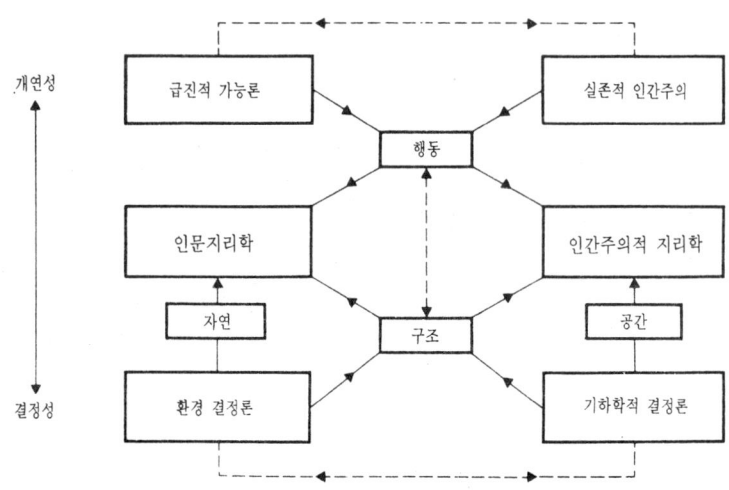

인간주의(적) 지리학 인문지리학(La géographie humaine)과 인간주의적 지리학(출처: Gregory, 1981).

되어, 인간주의 지리학은 행태주의의 형식적 구조들로부터 (흔히 현격히) 탈피된 방법으로 연구자와 연구대상자 모두의 근본적 주관성을 인정하게 되었다. 사실 인간주의 지리학은 객관성에 관한 실증주의의 주장에 대해 보다 일반적인 비판들을 공유하며, 따라서 "지리학에 있어, '탈행태주의적 혁명'을 위한 일관성있고 탄탄한 어떤 방법론"이라기보다 "지리학자들이 그들의 방법들과 연구들의 여러 은폐된 가정들과 함의들을 스스로 지각하고 인식할 수" 있도록 하는 "비평의 한 형태"로서 제시되었다(Entrikin, 1976). 그러나 인간주의의 의도는 단순히 어떤 비판적 철학 이상이었다. 인간주의는 인간이 보편적 공간구조들과 추상적 공간논리의 지배에 자동적으로 반응하도록 만들어져 있다고 보는 '기하학적 결정론'에 반대하는 한편, 또한 동시에 인간이 그 바로 중심에 있는 지리학, "인간 전체의 향상에 기여한다는 의미에서 실질적 인간에 관한 그리고 인간을 위한 '인간의 지리학'" 즉 인간과 사회의 공간적 제약보다는 공간의 인간적·사회적 구성에 관심을 가진다는 인간의 지리학을 위한 주장이었다(Smith, 1977).

사실 지난 10여 년간 인간주의 지리학은 엔트리킨(Entrikin)에 의해 묘사된 입장에서 매우 많이 변했다. 인간주의는 실증주의에 대한 초기 비판에서 구조주의에 대한 공격으로 발전했으며 (Duncan and Ley, 1982), 또한 동시에 경험적 고찰을 위해 보다 예리한 방법론을 개발했다. 연구의 주요동향은 두 가지로 구분된다:

(a) 첫번째는 "인간의 경험과 인간의 표현에 대한, 이 땅의 인간이라는 것이 뜻하는 바에 대한, 일단의 지식, 사색, 인간본질과 연관된 자의식적 추동력", 즉 인간성으로 특징지워진다 (Meinig, 1983). 그 방법론들은 기본적으로 문학비평, 미학, 예술사, 그리고 해석학에 근거를 둔다(대표적인 예로, Cosgrove, 1979; Meinig, 1979; Pocock, 1981a, b; Tuan, 1979 참조). 장소와 경관의 도상학의 회복에 관한 관심은 흔히 역사지리학과 관련된다(또한 Daniels, 1985; Harris, 1978 참조). 그러나 특이성(particularity)과 특수성(specificity)—소위 개성기술적인 것—에 대한 고려는 흔히 사적유물론내 근대 문화적 전통들로부터 도출된 이론적 고안물들의 민감하고 상상력있는 이용을 배제하지 않는다 (예로 Barrell, 1982; Cosgrove, 1984; Silk, 1984; Thrift, 1983a 참조; 또한 문화지리학 참

조);

(b) 두번째 동향은 아마 보다 의도적으로 이론적이며, 사실 그 중심적 관심들 중의 하나는 '이론적 태도' 그 자체를 해명하는 것이다(Christensen, 1982 참조). 이는 인문사회과학, 가장 일반적으로 실존주의, 현상학 그리고 민속방법론과 상징적 상호작용론에서 도출된 다양한 고안물들에 의존한다. 그 방법론들은 전형적으로 (가장 광의적으로 인식된) 해석학, 민속지(특히 참여관찰), 그리고 논리적 추론(엄격한 통계적 추론이 아니라) 등이다(예로 Jackson, 1985 ; Rowles, 1978 ; Smith, 1984). 공간의 사회적 구성(공간성 참조), 생활세계의 다원적 지리, 그리고 사회적 행동과 상호행동의 지리에 관한 그 관심은 이것이 사회지리학과 가장 가깝게 관련되어 있음을 의미한다(대표적 연구로, Jackson, 1980 ; Ley, 1978 ; Western, 1981). 이러한 동향에 있어 초기연구의 일부는 지나치게 자발론적이라고—즉 인간의 의도와 행동에 대한 구조적 제약들의 중요성을 인식하는 데 실패했다고—비판을 받았으며, 또한 초보적 관념론으로 규정지워졌다(예 : Smith, 1979). 그러나 이러한 동향에서도 역시 사적유물론의 근대 비판적 전통들과 상징적 상호작용론과 구조화이론(이들은 자체적으로 그 전통의 영향을 받았다)으로의 다양한 확장은 이러한 비판들의 힘을 둔화시키는 데 도움이 된다(Gregory, 1981, 근간 ; Thrift, 1983b)(또한 실용주의 참조). DG

인간행동 human agency

인간의 능력들. 인간행동은 특히 인간주의(적) 지리학, 그리고 보다 일반적으로 사회과학에 있어 '인간주의'의 중심된 관심이다(Gregory, 1981 참조). 인간행동에 관한 개념들은 다음에 관한 논쟁들을 포함하여 여러가지 주요 논의들을 야기시켰다.

(a) 행동인(agents)과 인간행동인(human agents)간의 관계. 예를 들어, 커틀러 등(Cutler et al., 1977)에 의하면, "행동인은 사회적 관계에서 의사결정의 범위내에 위치를 점할 수 있는 실체이며" 다른 잠재적 행동인들이나 법 또는 관습에 의해 그렇게 인식된다. 이들은 "행동인이 된다는 것은 주체가 되는 것이며 (그리고) '경험'능력으로 부여된 의지나 의식의 기능에 따라 행동한다"는 견해를 명확히 부정한다. 그리고 이들은 "행동인들이 인간주체들로 개념화되어야 한다는 점을 유지해주는 어떠한 근거도 있을 수 없음"을 주장한다. 사실, '인간 개인들 외의 행동인들'의 예로 회사, 조합, 국가 등이 있을 것이다. 그러나 기덴스(Giddens, 1979)는 이러한 견해들을 다음과 같이 일축한다:

[이러한 견해들은] 완전히 비계몽적이다. 이들은 행동인의 철학적 문제를 전혀 언급하지 못한다. 조합이 법적으로 행동인이 될 수 있다는 점은 완벽한 사실이다. 그러나 법은 해석되어야 하고 응용되어야 한다. 법은 인간 행동인들을 우선 규정할 뿐만 아니라 그들로 하여금 그렇게 행동하도록 한다. ⋯ 인간주체들의 의지와 의식을 무시하는 어떠한 접근법도 사회이론에서 그렇게 많이 유용한 것같지 않다.

(b) 의도와 행동간의 관계. 예를 들어, 기덴스(1984)에 의하면, 비록 "인간행동은 단지 의도라는 점에서 규정될 수 있다고 흔히 가정되지만", 행동은 사람들이 "무엇을 하면서 가지는 의도들과 관련되는 것이 아니라 그것들을 하는 그들의 역량과 우선 관련된다." 이러한 역량들은 권력과 논리적으로 결부되어 있다고 그는 주장한다. 즉 "행동인은 그가 '차별성을 만들어내는' 즉 어떤 류의 권력을 행사하는 역량을 상실할 경우, 더 이상 행동인이 될 수 없다"(그러나 Thompson, 1984 참조). 기덴스는 이러한 실천적 개입들이 '행동하는 자아에 관한 보다 광의적 이론과 분리되어 고찰될 수 없음'을 인식하고, 그가 행동의 충위화모형(stratification model)이라고 부른 것을 정립했다(그림 참조).

따라서 모든 행동이 일정한 의도들에 의해 지

인구감소

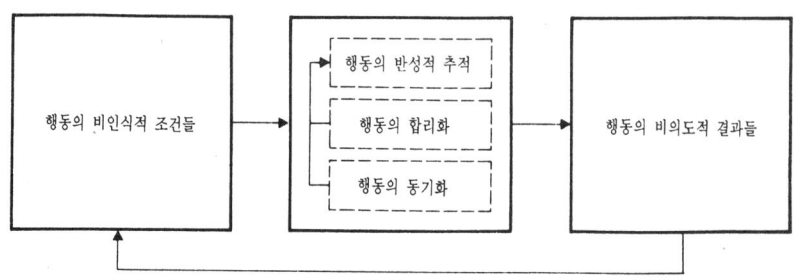

인간행동 행동의 층위화 모형(출처: Giddens, 1984).

향된다는 의미에서 합목적적(purposive)인 것은 아니지만, 행동자들에 의해 '반성적으로 추적된다'는 의미에서 목적성을 띤다고(purposeful) 할 수 있다. 비록 그렇다 할지라도, 기덴스는 때로 행동(력)(agency)을 행동(action)으로 환원시킴으로써 올손(Olsson, 1980)에 의해 고찰된 '사고-행동'의 통합성을 모호하게 한다고 필로(Philo, 1984)는 주장한다. "따라서 (기덴스의) 표현에서 모호한 점은 의도적 활동과 반작용적 행태의 극단을 능가한다는 행동의 위상에 관한 주장이다"(Dallmayr, 1982) ;

(c) 행동과 구조간의 관계. 예를 들면, 구조기능주의와 구조주의에서, 체계들, 하부체계들, 요소들 그리고 구조들이 마치 사람들인 것처럼 책지면들을 활보하고 있다고 톰슨(E. P. Thompson, 1978)은 불평했다. 즉 인간행동은 "초월적인 구조적 결정들의 '담지자들' 또는 벡터(vector)들로 간주되며 역사로부터 배제된다"(또한 Duncan and Ley, 1982 참조). 그러나 이러한 주장에 반하여, 앤더슨(Anderson, 1980)은, "(톰슨의) 용어들에서 행동이 지나치게 지배적이기 때문에 그는 자발주의(voluntarism)의 가장자리에서 맴돌고 있다"고 지적했다. 앤더슨은 '자기결정의 영역'이라는 용어가 행동이라는 용어보다 훨씬 정확한 것으로 간주한다. 그리고 이 영역은 지난 150년간 확장되어왔지만, 그 반대영역에 비해 여전히 훨씬 작다고 앤더슨은 주장한다. 여기서 중요한 점은 단순히 구조화이론에서 극복하고자 하는 '행동'과 '구조'간에 깊이 파

인 이원론이 아니라, 순수한 공리적 접근법에 반대되는 역사적 접근법의 개발이다. 이러한 접근법은 시간과 공간상 인간행동의 동적 '곡선'을 추적하게 될 것이다(또한 Thrift, 1983 참조).

이러한 논쟁들은 모두 인간주체의 시-공간적 구성 그리고 이것이 인문사회과학들 내에서 개념화되어야 하는 방법들에 관한 보다 포괄적 논의들과 맞물려 있다(예로, Hirst and Wooley, 1982 ; Shotter, 1984 ; Taylor, 1985 참조 ; 또한 실용주의 참조). DG

인구감소 depopulation

어떤 구역에서 전체 거주자의 수가 감소하는 것. 보통 촌락지역에만 적용된다. 인구감소는 보통 직접적이건 간접적이건 순인구이동의 감소로 나타난다. 인구이동의 감소효과는 연령의 선택성을 강하게 나타내 젊은 성인이 많이 이동해 나감으로 해서 인구의 노령화와 출산력에 비해 높은 사망력을 낳게 된다. 인구이동이 이루어지지 않는 상태에서 사망력이 높아서 인구감소가 이루어지는 경우는 드물다. 모든 인구가 이출해버리면 촌락의 폐기가 이루어진다. PEW

인구계정 population accounts

지역간의 인구이동이나 출산력, 사망력을 설명하는 데 유용하게 사용되는 인구학의 공간적인

분석방법 중 발전된 기법이다. 과거의 인구분석이나 인구예측은 다른 지역과의 순인구이동과 관련하여 한 지역에 대해 분석이 이루어졌지만 인구계정 방법으로는 여러 지역간의 체계성을 밝혀 총인구이동이 명료하게 설명될 수 있는 인구모델을 만들 수 있다. 사람들의 생활사가 다양한 인구학적 상태의 변천에 대한 기술을 통해 고려된다. 인구계정은 공간분석과 인구학을 종합하는 데 매우 유용하다. 따라서 이는 도시, 지역체계에 대한 모델을 세우는 데 중요한 역할을 할 뿐 아니라, 인구예측의 도구로 모든 종류의 시설에 대한 수요를 측정하는 데 바탕이 된다. PEO

인구동태신고 registration
출생, 사망, 결혼 등 인구의 변화가 발생한 즉시 이루어지는 계속적인 기록. 이 동태신고는 센서스에서 이루어지는 조사나 주기적 통계조사와는 그 성격이 다르다. 교구대장에 의한 동태신고는 유럽 각국에서 여러 세기 전부터 이루어져왔으나 일반시민들에 대한 지속적인 신고는 프랑스에서는 1806년에, 잉글랜드와 웨일즈에서는 1837년에야 이루어졌다. 이 동태신고에 의한 인구자료를 통해 특히 사망에서 연령, 성, 직업, 사망원인에 대한 자료 등 인구에 대한 다양한 자료를 추출할 수 있다. 그러나 동태신고의 효율성은 국가마다 매우 다르다. PEO

인구밀도 population density
일정한 공간을 점유한 인구수. 가장 단순한 지표인 조인구밀도(粗人口密度: crude density of population)는 km^2 혹은 기타 단위지역당 거주하는 인구수로, 내부적으로 지리적인 환경이 다양한 국가나 대륙보다는 작은 지역인 군(郡)이나 구(區)에서 유용한 지표이다. 이 단점을 보완하기 위해 경지면적, 경작가능면적, 혹은 국가총생산 등의 경제적인 지표 등과 관련지어 산출하기도 한다. 도시지역에서는 주택수, 방수당 인구수를 사용하기도 한다. PEO

인구변천 demographic transition
시간의 흐름에 따라 출산력과 사망력 수준의 변화과정을 나타낸 모델. 이는 산업화, 도시화과정을 겪은 선진국들의 인구학적 경험과 관련되어 고안되었으나 지금은 하나의 일반적인 모델로서 비판을 받고 있다. 이 모델은 그 변천과정에서 정형화된 4단계를 제시하고 있다(그림 참조). 제1단계는 고위정지단계로 출생력과 사망력이 모두 높은 단계이다. 기아, 질병, 전쟁 등

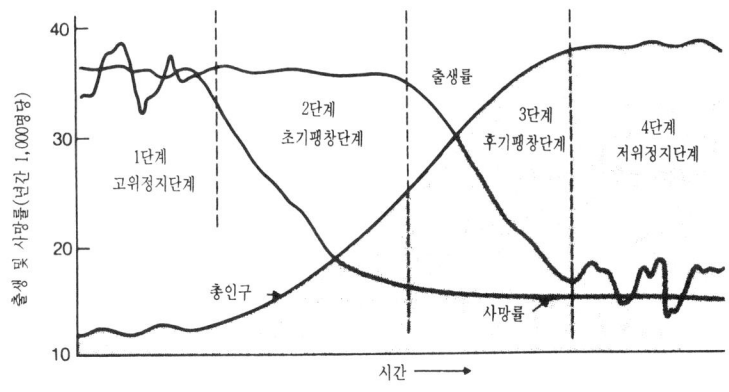

인구변천 (Haggett, 1975).

의 영향을 받는 사망은 인구성장에 가장 중요한 영향을 미치며, 이때의 인구성장률은 낮은 수준을 유지한다. 제2단계는 초기확장단계로 출생률은 낮아지지 않으나 사망률은 급속히 낮아지며 따라서 인구는 증가하기 시작한다. 사망률의 감소는 영양섭취의 증가, 위생시설의 보급, 의학기술의 발달 등에 그 원인이 있다. 제3단계, 후기확장단계로 사망률이 계속 낮고 출생률이 낮아짐에 따라 인구성장률이 완화된다. 출생률의 감소는 도시·산업사회로의 이행에 기인한다. 제4단계, 저위정지단계로 출생률과 사망률이 모두 낮은 수준을 유지하며 따라서 인구증가는 매우 완만해지고 출생률의 변동률은 사망률보다 높다. 오늘날 각 국가들은 변천모델에서 서로 다른 단계에 속하고 있다. 예를 들면 서부유럽, 미국, 캐나다, 오스트레일리아 등의 국가는 제4단계에 속하는 반면 라틴아메리카, 아프리카, 남부아시아 등의 지역은 제2단계에 속한다. 이는 기술 및 물질문명의 발달수준과 매우 밀접하게 관련되고 있다. 그러나 이 모델을 각 국가에 개별적으로 적용시킬 때는 세심한 주의가 필요하다. 예로써 저개발국가가 반드시 이 모델을 따르리라는 보장도 없으며, 1945년 이후 선진국에서 나타나는 출생률의 변동은 이 모델이 지나치게 단순화되어 있음을 보여준다.   PEO

인구이동 migration

개인이나 집단의 영구적 혹은 반영구적인 거주지 이동. 지리학자들은 인구와 관련되는 다른 학문부문보다 인구이동에 대하여 훨씬 더 많은 연구를 해왔다. 인구이동에 대한 자료는 일정한 종류의 경계를 필요로 하며, 경계를 넘어 새로운 거주지에서 보낸 일정기간 동안의 거주기간에 대한 기준이 필요하다.

인구이동은 출산력, 사망력과 함께 한 지역의 인구성장과 구조를 결정하는 기본요소이다. 총인구이동은 흐름의 전체량이며, 순인구이동은 지역내에서의 전출과 전입의 차이를 의미한다. 이동은 인구이동보다는 좀 더 포괄적인 의미를 가지는데 거리, 기간, 영구성 등을 고려하지 않는 총체적인 지리적 이동을 의미한다. 인구이동은 때로는 순환적 이동과 구분되기도 하는데 후자는 단기간에 이루어지는 반복적이거나 주기적인 이동을 의미한다. 역사적으로 이동의 총체적 과정을 고찰해볼 때 젤린스키(W. Zelinsky)는 인구변천과 연관지어 이동변천의 개념을 발전시켰다. 이동변천의 개념은 시-공간상으로 도시화, 산업화 및 근대화의 총체적인 과정과 이동유형과의 관련성을 가설화한 것이다.

인구이동을 구분하는 데에는 지리적 차원이 중요한 지표로 이용되며, 국가간, 지역간, 도시간, 도촌간, 도시내 인구이동으로 분류하는 방법이 있다. 다른 지표로는 시간(일시적/영구적) ; 거리(단거리/장거리) ; 의사결정과정(자발적/강제적) ; 이동주체(개인/집단) ; 사회조직(가족/친족/개인) ; 정치조직적(정책적/자발적) ; 이동원인(경제적/사회적) ; 이동목적(보수적/쇄신적) 등이 이용되기도 한다. 이동의 흐름에서 또 다른 측면으로 구분이 가능하여 지역계층을 따라 순차적으로 이동하는 단계적 이동, 도촌간에 도시의 친족을 따라 이동하는 연쇄적 이동 등이 있다.

인구이동은 모든 지리적 차원에서 문화적·사회적인 변화를 낳는다. 이에 대한 연구는 인구이동의 원인과 결과에 대한 사회적·경제적 측면에 초점을 맞추어 이루어져, 연령, 성별, 혼인상태, 학력, 직업, 생애주기단계 등에 의한 선별성, 흐름과 거리간의 공간적 유형과 인구이동의 모델, 이동의 의사결정에 대한 행태적인 측면 등이 주로 연구된다. 인구이동을 경제·사회이론, 공간분석, 행태론 등의 이론에 맞추어 설명하고자 하는 시도가 꾸준히 이루어지고 있으나 종합적인 이론화는 아직 이루어지지 못하고 있다. 19세기 후반 레이븐스타인(E.G. Ravenstein)이 소위 '인구이동법칙'을 제시하면서 이에 기초한 많은 연구가 이루어졌다(Grigg 참조). 그 법칙은 다음과 같다:

1. 대부분의 이주자들은 단거리 이동의 경향이 있다.

2. 이동은 단계적으로 이루어진다.
3. 장거리이동은 상공업중심지를 선호한다.
4. 인구이동의 흐름은 보상적 의미를 지니는 역흐름을 낳는다.
5. 도시의 원주자들은 농촌의 원주자들에 비해 이동성이 낮다.
6. 국내에서는 남자보다 여자의 이동성이 높으나, 국가간은 남자가 모험적으로 이동하는 경향이 높다.
7. 대부분의 이주자는 성인이며 가구전체가 출생국 밖으로 이동하는 경향은 거의 없다.
8. 대도시일수록 자연증가보다는 인구이동에 의한 사회적 증가가 높다.
9. 인구이동량은 공업과 산업의 진척과 교통의 발달에 따라 증가한다.
10. 인구이동의 주 방향은 농업지역에서 상공업지역 지향적이다.
11. 인구이동의 가장 중요한 요인은 경제적 요인이다.

이 법칙은 후에 여러 학자들에 의하여 수정되었으나 근본적인 골격은 계속 유지되고 있다. 지리학자들은 인구이동과 거리조락과의 관계에 특별한 관심을 가지고 있다. 인구이동은 거리에 반비례한다고 대부분의 연구결과에 나타나 있으며, 특히 헤거스트란트(Hägerstrand) 등의 학자들이 평균정보장의 개념을 바탕으로 이들간의 관련성을 회귀분석을 통해 설명하고 있다. 지프(G. K. Zipf)는 그의 중력모델에서 인구의 크기, 거리와 인구이동량간의 상호관련성을 밝혔다. 스토퍼(S. A. Stouffer)는 이를 좀더 수정, 보완하여 인구이동은 전출지와 전입지의 이동기회와 두 지역간의 개입기회에 의해 결정된다고 보았다. 이외에 많은 학자들도 거리와 여러 요인들을 관련시켜 정교한 다변량적인 모델을 발전시키고 있다.　　　　　　　　　　PEO

인구잠재력 population potential
인구집단이 어느 한 지점으로 향하는 인접도 혹은 접근성의 정도. 이 용어는 사회물리학에서 나왔으며, 그 개념은 질량(인구수)과 거리와의 함수관계를 나타내는 중력모델과 매우 유사하다. 그러나 중력모델이 두 지점간의 상호관련성을 다루는 반면에 인구잠재력은 모든 지점에서 특정한 지점에로의 영향력을 산출하는 것으로 V_i지점에서 나타나는 잠재력은 :

$$V_i = \sum_{j=1}^{k} \frac{P_j}{d_{ij}} \quad j \neq i$$

P_j : j지점에서의 인구수
d_{ij} : i지점과 j지점간의 거리

잠재력의 정도는 P_i를 함께 계산하며 i=j인 때 D_{ij}는 추정치로 산출한다.

따라서 i지점에서의 인구잠재력은 모든 지점에서의 인구수와 i지점에로의 거리의 함수값의 합이 된다(d_{ij}는 거리마찰을 고려하여 몇제곱을 구할 수도 있다 ; 거리조락 참조). 인구잠재력의 등치선도는 일반적인 접근성의 공간적인 변이성을 나타내기 위해 다양한 축도로 그려질 수 있다. 인구수는 다른 지표로 대치될 수도 있는데, 예로 i지점에서 소비자로의 접근성인 시장잠재력을 구하기 위해 P_j값을 구매력(PP_j)으로 대치하기도 한다.　　　　　　　　　　PEO

인구지리학 population geography
인구의 분포, 구성, 인구이동, 증가에서의 공간적 변이를 장소의 성격과 연관시켜 설명하고자 하는 연구분야. 지리학자들의 공간적 변이성에 대한 관심은 인구문제 연구에 두드러지게 기여한 부문이며, 따라서 인구학자들이 인구이동의 영향과 공간적 변이에 대해 관심이 거의 없으면서 출생, 사망, 혼인 등의 패턴에 주로 관심을 지니는 것과 차이점이 있다. 그러나 경제학, 사회학, 역사학, 심리학, 생물학, 인구학 등의 인구문제에 관심을 가지는 학문분야와 지리학과의 구분이 점차 모호해지기 시작하면서 인구지리학도 단순한 분포 이외의 문제를 다루기 시작하였다. 즉 출생률과 사망률의 지역간·국가간의 차이, 질병확산의 공간유형, 지역간 인구성장의 모델 등에 대한 연구가 이루어지기 시작하였다. 그러나 아직도 인구지리학에서는 인구이동과 공간적 변이에 대한 연구가 주된 부문을 이루고 있다. 지리학의 여러 부문에서 인구문제는 매우 중요하게 다루어져왔으며 대부분의 대학에서 인구지리학은 독립된 과목으로 설치되고 있다. 물론 많은 연구와 강의는 도시지리학, 사회지리학, 혹은 역사지리학과 깊은 관계를 지니고 있다.

출생률, 사망률, 인구이동은 인구성장과 구조에 바탕이 되는 기본개념이다. 어느 지역에서:

$$P^{t+n} = P^t + B^{t, t+n} - D^{t, t+n} + NM^{t, t+n}$$

시점 t에서 일정시기가 지난 t+n 시점의 인구는(P^{t+n}), t시점의 인구수와 출생으로 인한 증가($B^{t, t+n}$), 사망으로 인한 감소($D^{t, t+n}$) 및 순인구이동의 결과에 기인한 사회적 증가 혹은 감소($NM^{t, t+n}$)에 의해 결정된다.

지리학에서의 총체적인 인구성장에 대한 연구는 대상지역의 크기를 달리하면서 행해지고 있는데 세계전체의 인구성장과정, 혹은 선진국과 개발도상국가간의 비교연구, 단일국가에 대한 연구가 있는가 하면 국지적인 지역을 대상으로 하는 연구도 있다. 시-공간적 차원에서의 인구성장의 유형은(인구변천 참조) 도시화, 산업화 및 자원의 문제를 이해하는 데 기본적인 개념이다. 인구지리학의 여러 부문 가운데 가장 관심을 끌고 있는 부문은 인구이동으로, 총체적인 측면에서 흐름의 양, 방향과 이동거리, 지역간 흐름의 모델화, 인구이동의 사회경제적인 요인과 결과 등이 주된 관심사이다. 인구이동에 대한 연구는 국가간 이동, 도촌간 이동, 도시간·도시내 이동과 계절적 및 주기적 이동 등의 여러 측면에서 이루어진다. 인구이동은 도시에 대한 사회지리학의 연구에서 절대 필요한 부문으로 인식되고 있다(도시지리학 참조). 인구이동에 대한 이론화가 여러 학자들에 의해 시도되는 가운데 주로 거리인자에 의한 것이 이루어지고 있으며 최근의 연구로는 인구계정에 의한 이론화가 행해지고 있다. 연구자료로는 방대한 통계자료가 이용되고 있으며 최근과 현재의 인구상태를 연구하는 데는 국가에서 실시하는 센서스의 자료를 바탕으로 정교한 분석방법을 이용한 연구가 행해진다.

한편 출산력과 사망력에 의한 인구증감을 다른 시각에서 연구하는 경향도 꾸준히 이루어지고 있다(의료지리학 참조). 지리학자들은 순수한 인구학적인 방법을 충분히 사용하지도 않았고 또한 그 방법에 중대한 기여를 하지 않았다고 할 수 있다. 지리학자들은 사망과 질병의 인구에서처럼(Howe, 1976 참조) 주로 공간적인 유형과 자연, 인문환경과 연관지어 설명하고자 하였다. 최근에 또한 역사인구학에 관심을 가지면서 출생률, 사망률 변화에 대한 새로운 유형화를 추구하고 있으며, 가구재구성 등의 기법을 이용하여 가구, 가족의 형성과정 등에 대한 연구가 이루어지고 있다.

인구분포 및 밀도에 대한 결과적인 유형은 지리학자들에게 중요한 관심사가 되어왔다. 밀도는 일반적인 자연환경에 의해서만이 설명될 뿐 아니라, 농업 및 경제적 잠재력에 의해 설명되고 있다. 예를 들면 거시적으로 제3세계의 인구성장, 분포, 자원에 대한 관심과 이들 요소들의 관계성의 변화의 예측에 대한 관심이 있다. 인구지리학에서는 인구구성과 구조에 대한 연구도 활발하여 인구학적·경제적인 의미를 지니는 연령 및 성별 구조에 대한 연구뿐 아니라 혼인상태, 직업, 교육, 종교 등 다양한 지표가 이용된다(적정인구, 안정인구 참조). PEO

인구추계 population projection

과거의 인구경향을 바탕으로 외삽법을 통해 미래의 인구수나 그 구성을 추정하는 것. 추계와 예상과는 차이점이 있다. 예상은 인구학적 변수들이 보다 일반적인 사회경제적 변수들로 구성되었을 때 사용되는 용어이다. 인구추계의 가장 단순한 형태는 과거 총인구의 성장을 바탕으로

예측하는 것이나 오늘날에서의 추계는 출생률, 사망률, 인구이동 등을 고려하여 이루어지고 있다. PEO

인구피라미드 population pyramid
인구의 연령, 성별 구조를 도표화한 것(그림 참조). 일반적으로 수직축은 연령집단, 수평축은 성별 인구수 혹은 인구비율분포이다. 인구피라미드는 인구경향의 과거와 현재를 보여준다. 예를 들면 피라미드의 밑이 넓고 위로 갈수록 급격히 좁아지는 형태는 젊고 출산력이 높은 인구를 나타낸다.

프랑스의 인구피라미드는 전형적인 선진국 형태를 보여준다. 그림에서 보듯이 남성의 낮은 기대수명으로 70세 이상에서는 여성의 수가 월등히 많아지면서 인구의 노령화현상을 잘 보여준다. 출생률의 최근의 감소는 10세 이하에서의 감소에서 잘 나타난다. 전쟁으로 인한 인구학적인 결과도 피라미드에 잘 나타나는데 1차대전중의 낮은 출생률은 현재 65~70세 연령의 인구가 현격하게 적다는 사실로 나타난다. PEO

인류지리학 anthropogeography
인문지리학에서의 한 독일학파: 현대의 일부학자는 이 용어를 사회지리학(Sozialgeographie)과 동의어로 사용하기도 하나, 통상적으로는 라첼(Friedrich Ratzel)이 그의 저서 『인류지리학(Anthropogeographie, 1882 and 1891)』에서 발전시킨 인문지리학의 개념으로 받아들여진다.

그의 두 권의 저서는 강조하는 바가 약간 다르다. 하트숀(Hartshorne, 1939)에 따르면 "라첼은 그의 첫번째 저서에서는 '대부분을 지표의 자연조건이라는 관점에서 저술하고 이를 인간문화와 관련시켰으며' 따라서 리터(Karl Ritter)의 개념을 재해석한 것이나, 두번째 저서에서는 '라첼 스스로가 그 관점을 바꾸었다.' 디킨슨(Dickinson, 1969)에 따르면, 첫번째 저서는 '지리를 역사에 적용한, 본질으로 동적인' 것이고 두번째 저서는 '인간의 지리적 분포'를 다루는 정적인 것이다.

그 뉘앙스가 어쨌든간에 라첼의 생각은 몇몇 학자들이 주장했던 것과 같이 환경결정론이 아니었다는 것은 분명하며, 사회와 자연간의 관계를 명확한 개념체계로서 과학적으로 연구할 수

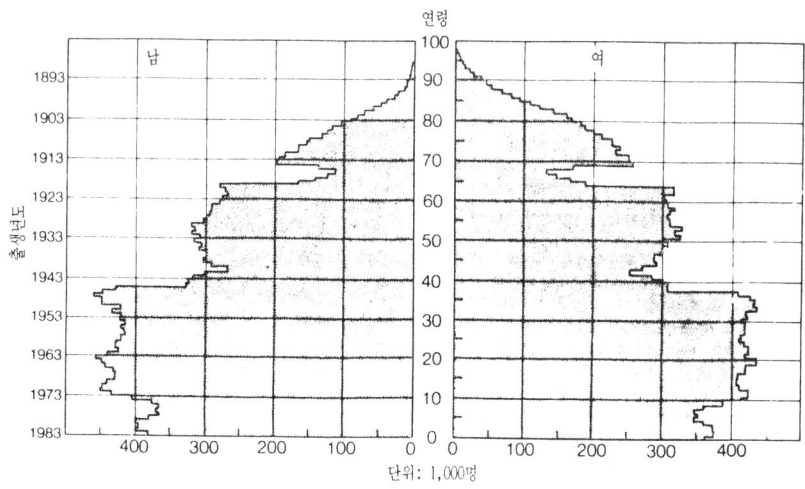

인구피라미드 (1984년 1월 프랑스)

있다는 가능성을 제시한 것은 우수한 연구임이 틀림없다. 이러한 라첼의 생각은 그의 『정치지리학(Politische Geographie, 1897)』에서 절정을 이루고 있다. 라첼은 국가를, "지구의 일부분으로 확산되고 유사하게 확산된 다른 국가와 구별되는 살아있는 생명체"로 표현하였다. 라첼은 확산이나 팽창의 목적을 공간의 획득과정으로 보았는데, 후에 '그 속에서 생명체가 발전하는 지리적 공간'이라는 '생활권'의 개념에서 정형화된 것이 바로 이 개념이다. 그는 유기체의 위험성에 대해서 잘 알고 있음에도 불구하고 다음과 같은 주장을 하였다. 즉 "동식물의 생존경쟁이 항상 공간문제에 집중되는 것과 같이, 국가간의 갈등도 공간에 대한 투쟁이 대다수이다"(독일지정학, 국가, 영역성 참조). 윈클린(Wanklyn, 1961)은 생활권을 '기본적인 생물지리학적 개념'으로 보았고, 라첼의 논문들이 생물학적인 내용과 영역을 고려했다는 것을 지적하였다. 이것은 인문지리학에서의 생태지리학적 사고의 뚜렷한 전통이며, 이런 의미에서 라첼의 '생활권(Lebensraum)'과, 비달(Vidal de la Blache)의 '생활양식(genre de vie)' 그리고 최근의 헤거스트란트(Hägerstrand)의 시간지리학에서 발전된 '장소(rum, room)'의 개념들 사이에는 매우 중요한 연속성이 있다. DG

인문지리학 human geography

지리학 연구의 내부논리에는 연구분야를 '자연지리학'과 인간에 의하여 만들어진 것들을 다루는 지리학 즉 '인문지리학'으로 나누는 경향이 있다(인문지리학의 정의는 지리학 자체를 정의하는 문제와 결코 분리될 수 없다).

불행히도 자연지리학과 인문지리학이란 단순한 구분은 항상 따라다니지 않았다. 인문지리학 개념의 사용은 관습적으로 보다 제한적이었으며 시대에 따라 그 사용이 변화되었다. 이 문제는 영향력 있는 『사회과학 백과사전(Encyclopedia of social sciences)』의 2개판에 실린 지리학의 항목들을 비교함으로써 예증될 수 있다.

1932년 출판된 제1판에는 프랑스 지리학자인 볼로(Camille Vallaux)가 인문지리학 항목을 기고하였다. 그는 인문지리학을 "인간사회와 지표면의 관련성에 관한 종합적 연구"로 정의함으로써 당시 이 용어에 관한 좁은 의미의 사용을 반영하였다(반세기 전인 1882년과 1891년 라첼[Ratzel]의 『Anthropogeographie』에서 이 용어의 형태적 기원을 추적하면서 ; 인류지리학 참조). 프랑스 지리학자 비달 드 라 블라쉬(Vidal de la Blache)는 그의 고전 『인문지리학 원리(Principles de géographie humaine)』(그의 사후 1922년 파리에서 출판되고 1926년 영역, 1948년 한국어로 번역됨 : 역자주)가 인문지리학과 연관됨에도 불구하고 이 용어의 사용에 관한 주요한 유보적 견해를 나타내고 있다. 이런 것은 부분적으로는 비달 드 라 블라쉬의 지리학에 대한 보다 총체적인 관점에 기인한 것이지만 또한 부분적으로는 인문지리학을 인간 대 환경의 관련성 연구로 제한하기 때문이다(환경결정론, 가능론 참조). 이 용어에 관한 유보는 계속되었다. 1968년 백과사전이 수정되었을 때, 지리학 항목은 4배로 길어졌으나 독립된 인문지리학 항목은 사라졌다. 의미 있는 것은 1930년 판의 다른 2개 용어 즉 문화지리학과 경제지리학은 확충되었고 몇몇 새로운 항목 예컨대 정치지리학, 사회지리학, 그리고 통계지리학이 추가된 것이다.

1980년대에는 이미 '인문지리학'은 자연환경이나 혹은 지도학과 같은 지리학의 분과에서 다루는 기술적 문제에만 연관된 것이 아닌 지리학의 모든 부분을 기술하는 총괄적 개념으로 확대되었다. 광의의 인문지리학 주제는 이 사전에서 표제로 다루는 문화지리학, 경제지리학, 역사지리학, 정치지리학, 지역지리학, 사회지리학, 그리고 도시지리학을 포괄해서 다룬다. 이들 부분은 보다 세부적 기술에 관한 것이다. 총체로서의 지리학과 나란히, 인문지리학은 밀접히 관련된 3가지 요소: 인구집단의 공간분석 곧 지표상에 퍼져 있는 그 수, 성격, 활동 ; 그렇게 규정된 인구집단과 그 환경, 곧 인간-생물학 ; 지표면의 지역분화에서 첫째번 두 주제를 결합하는 지역적 종합(지리학 참조)으로 이루어진다. 3가지 주제 모두가 거시수준(지구 그 자체와 주요 세계지역)에서 미시수준(개인과 집단 그리고 그들에 인접된 국지적 환경)에 이르는 다양한 축척에서 추구된다.

많은 나라들에서 지구과학으로부터 지리학이 대두했으며 인문지리학이 자연지리학과 관련을 유지하고 있다는 사실은 인문지리학자들에게 철학적 지향성에 관한 첨예한 문제를 불러일으켰다. 어떤 지리학자들은 지리학이 이해될 수 있으려면 먼저 인간과 사회에 관한 훨씬 구체화된 모델이 필요하다고 주장한다. 그러한 접근은 사회과학과 연결된 인문지리학의 보다 분리된 유형을 지향한다. 이러한 관점에서 인문지리학은 공간과 장소에 관련하여 인간을 연구하는 사회과학의 하나로 일관되게 정의될 수 있다. 인문지리학은 현재 몇가지 철학적 접근, 예를 들어 인간주의(인간주의 지리학 참조), 실체주의, 사실주의, 그리고 구조주의 등에 의하여 지배되고 있는데 이들은 각각 독립된 지리학적 연구와 저술의 길로 이끌어준다.

한편 인문지리학에 특별한 성격을 부여하고 성격상 종국적 분석에서는 복합학문적 혹은 초학문적인 문제에 기여하도록 하는 것은 바로 자연환경과의 연계 그리고 다른 지리학자들과 공유하는 분석적 방법의 연관이라고 주장하는 지리학자들도 있다. 인문지리학의 성격에 관한 논쟁은 아직도 지속되고 있다. 대체적으로 보면 1960년대에는 자연환경과의 연관을 강조하면서 복합학문적 인문지리학을 주장하는 설이 주류를 이루었고, 1980년대에는 사회과학적 성격을 강조하면서 분리독립된 인문지리학을 주장하는 설이 주류를 이루었다.

전환은 부분적으로 분석수준의 변화와 관련된다. 자연지리학과 인문지리학 양분야 모두 지난 25년 동안 프로세스와 그리고 높은 해결수준을 소규모 지리적 지역에서 추구하는 집중적인 연구에로 관심이 전환되었다. 그러한 연구는 인문지리학에 있어서 환경재해의 지각, 투표행태, 그리고 인구이동 유형에 관한 연구에서 전형적으로 나타났다. 이들은 거대규모에서 관찰되는 행태에 관한 폭넓은 견해와는 다른 분석형을 요구한다. 인문지리학과 경제학간에는 몇가지 동시대적 유사점이 있다(경제학은 미시경제학의 모델과 거시경제학의 모델을 연결시키는 문제를 해결하지 못하고 있다). 자연지리학의 일부에서 (특히 기후학에서) 세계적 수준의 거대구조에서부터 중간구조 그리고 미소구조에까지 통하는 분석을 가능케 하는 일련의 모델을 개발한 것은 고무적이다. 인문지리학은 아직도 이러한 다양한 규모의 연계를 가능케 하는 개념적 혹은 기술적 기초를 가지지 못하고 있다. 인문지리학은 아마도 경제지리학, 정치지리학 등처럼 느슨하게 연결된 분야들의 집합으로 구조화되는 상태가 계속될 것이다(공간 참조). PH

인상서(人相書) prosopography
원래 그리이스어의 prosopos('얼굴' 또는 '인성')에서 유래된 용어로서 '인성에 관한 연구'라는 뜻으로 제한되어 사용되기도 한다 ; 보다 현대에는 그리고 일반적으로는 "역사 속의 일단(一團)의 행위자들의 공통적인 배경상의 특징을 조사"하는 의미로 사용된다(Stone, 1971). 인간 주체를 구성하는 집단내에서 과거의 태도를 복원하는 데 종종 사용되며, 이의 주요목적은 관념론의 심리적인 기울어짐이나 전기의 개인적 목적에 빠짐이 없이 인간의 행동을 인간행위에 영향을 미치는 조건들과 그리고 그것이 실행된 전반적인 맥락과 결합시키는 것이다. "지성사와 문화사에서의 자극적인 발전을 아래로 사회적·경제적·정치적 기반과 결합시키려는"(Stone, 1971), 이러한 희망은 사회학의 다경력궤도(multiple career-line) 분석방법의 그것과 크게 다르지 않다. 그러한 결합은 사회학적으로 잘 기술된 다음과 같은 현상을 통하여 동인, 사상, 행위를 이끌어내는 합리적인 추론을 허용한다 : 동류집단의식 ; 지도력 개발 ; 승진과 지위 ; 특별한 그리고 영향력있는 이상을 진전시키기 위한 자원의 총체적 활용과 후원. MDB

인식 cognition

현상작용을 진정으로 이해하거나 정확히 통찰하는 상태로서, 인간주의 지리학 연구의 특징이며 현상학의 교의로부터 파생된 것이다. 이는 실증주의에서의 '설명(explanation)'의 개념과 종종 대조를 이룬다.

인식은 베버(M. Weber)의 사회학(이해[Verstehen]의 개념) 및 훗설(Husserl)의 의도성의 대상과의 완전한 감정이입을 달성하는 것에 대한 기본적인 확신에서 중심적인 개념이다. 현상학에서 인식은 두 단계(실증주의에서 직접적인 것과 대조적으로)의 환원작용, 즉 형상적 판단중지(eidetic epoché : 그 속에서 선명한, 직관적인, 전제조건 없는 인식이 달성된다)와 또는 현상학적 판단중지(phenomenological epoché : 여기에서 의식대상과의 완전한 감정이입적 결합이 마침내 허용된다)를 통하여 성취된다. 이러한 총체적이며 의식적으로 순수한 과정 속에서 대상은 추상적으로 벗겨지거나, 해부되거나, 측정되거나, '설명되기'보다는 맥락적으로 이해된다(행태적 환경, 행태지리학, 현상적 환경 참조).

MDB

인식론 epistemology

'지식에 관한 연구 또는 신념의 정당화'(Dancy, 1985). 힌데스(Hindess, 1977)에 따르면, 인식론은 개념이나 명제와 같은 지식의 영역과 경험이나 사물과 같은 객체의 영역, 경험들이나 사물들간의 대응관계를 결정하고자 하는 이론이다. 힌데스는 이 이론이 본연적으로 순환적이라고 주장한다: "왜냐하면 지식과 세계간의 구분이 아무리 인정된다고 할지라도, 지식에 관한 이론은 논리적으로 지식이 창출되는 조건들에 관한 지식을 전제가정하기 때문이다." 그러나 이에 반해, 톰슨(Thompson, 1984)은 인식론이란 '표현으로서의 지식'이라는 특정견해를 방어하는 것이 아니라 "앎에 대한 주장들(claims to know)에서 전제된 것을 해명하려는 시도"라고 주장한다. 이러한 주장들은 언어나 사회행동의 구조들에 내포되어 있으며—하버마스(Habermas)의 비판이론에서 중심이 되는 통찰력—또한 그들의 해명은 "일반적으로 사회이론에서 그리고 특히 이데올로기에 관한 분석에서 중요하다"고 톰슨은 주장한다. 현대 인문지리학에서 '인식론'은 일반적 의미와 보다 특정한 의미 양자 모두에서 사용되었다. 일반적 의미에서 인식론은 "과학적이든 그렇지 않든지간에 모든 지리적 지식을 고찰하기 위해, 즉 그 지식이 어떻게 획득·전파·변경되며 그리고 개념적 체계들 속에 통합되는가를" 고찰하기 위해 사용된다(Lowenthal, 1961)(직관념론 참조). 보다 특정한 의미에서 인식론은 실증주의와 다른 비실증주의적 철학에서 형성된 '앎에 대한 주장들'을 의문시하기 위해 사용되었다(Gregory, 1978 ; 또한 실용주의 참조).

DG

인접수역 contiguous zone

한 국가가 독점적 권리를 주장하는 국제적 수역. 최근까지 영해는 해안으로부터 3해리가 인정되었다. 그러나 1960년대 후반부터 개별 국가의 독립적 주장과 해양법에 관한 UN해양법회의(UNCLOS) 토의가 결합된 결과로 322km(200마일) 독점 경제수역이 제안되었다. 새로운 정의는 해안수역에서의 광물, 어업자원의 경제적 가치가 증대함에 따라 필요하게 되었다. 어업의 경우 영해의 확장은 때때로 다른 나라의 전통적 활동을 간섭했고 잠재적으로 심각한 갈등을 일으켰다. 가장 주목할 만한 예로 1972-73년에 있었던 아이슬랜드와 영국간의 대구전쟁(Cod War)을 들 수 있다. 3차 UN해양법회의의 제안은 영해의 한계를 넘어서 12해리로 확장된 인접수역을 정할 것이다(해양법 참조).

MB

인종 race

동종(同種)인 호모사피엔스(Homo sapiens)의 구성원을 제2의 특성에 따라 분류하는 용어. 인종적 차이는 피부색 같은 외부적 특색이 다른 점으로부터 혈액형 같은 내부적 특색이 다른 점까지 다양하다. 그러나 인종형을 분명히 밝힐 수 있는가 또는 이러한 인종구분의 기초는 무엇이어야 하는가에 대하여 결코 보편적으로 일치되는 의견은 없다. 그래서 마일즈(Miles, 1982)의 연구와 같은 최근의 연구에 의하면 단순한 인종구분, 예컨대 호모사피엔스는 백색인종, 황색인종 그리고 흑색인종으로 구분될 수 있다고 널리 알려져 있는데 그러한 인종구분은 잘못되었다는 것이다. 단순한 인종구분을 반대하는 중요한 이유는 어떤 형태의 인종구분도 사회적·정치적 의미를 내포한다는 것이다. 그러므로 그러한 인종구분은 우수한 인간의 성격과 능력을 암시할 수도 있고, 가정된 인종적 차별에 근거를 두고 인간집단의 서열을 암시할 수도 있으며, 인종차별을 고무할 수도 있다는 것이다. 단순한 인종구분을 반대하는 다른 이유는 인종간 혼혈에 의하여 인종구분의 경계가 애매하다는 것이고 또한 많은 사회가, 종종 인간의 이주과정을 통하여, 다양한 인종형으로 구성되어 있다는 것이다.

인종에 관한 언급은 대개 두 가지 다른 종류의 지식을 포함하는데, 하나는 속성에 관한 것이고 다른 하나는 관련성에 관한 것이다. 그래서 인종을 둘러싼 문제들은 근래의 생물과학사와 사회과학사에서 가장 논쟁이 많은 부분이다. 과학적 논쟁에 더하여, 인종이라는 용어는 현재에는 보다 막연히 국적의 차이나 문화의 차이를 암시하기 위하여 이용되었고, 그러므로 때때로 광의의 민족집단이라는 용어와 부분적으로 일치되었다. 어떻게 정의가 되든 인종집단간의 관련성은 20세기 동안에 학문적 관심의 특별한 초점이 되었다. 예를 들면, 많은 사회학적 연구들은 인종차별의 성격과 원인에 그리고 인종관계의 성격에 집중해왔다.

지리학자들의 인종에 대한 관심은 분명한 공간적 격리 또는 공간적 혼합에 의하여 자극받았다. 그래서 미국이나 영국의 도시지리학을 검토하면서 사회적·공간적 인종차별의 과정을 거쳐서 게토가 형성되는 것을 결정하는 데에서 인종이 가지는 의미에 대하여 주목해왔다. 보다 넓게 모든 사회들은 근본적으로 인종에 대한 지각과 관계될 것이다. 예컨대, 남아프리카에서 아파르테이트체계는 인종적으로 다른 집단의 분리적 발전을 제도화하고, 인종적 우월성에 대한 지각은 정치·경제체계가 세워지는 주춧돌이 되었는데, 그 정치·경제체계는 다분히 지리적 차원을 갖고 있다. PEO

일반체계이론 general systems theory

다양한 유형의 체계들이 가지는 공통속성에 관해 이론적 진술을 제공하고자 하는 관점(von Bertalanffy, 1968). 즉 '과학적 언술의 일반적 메타언어'(Laszlo, 1972)를 통해서 체계들간의 형태적 동질성을 파악하는 것이다. 일반체계이론에 관한 기본적 개념들의 대부분은 오랜 역사를 지니고 있으나 지리학에서 그러한 '메타언어'를 형식적으로 통합시키게 된 것은 1960년대였다. 이러한 통합은 계량혁명에서의 절차와 연결지을 수 있는 일련의 인정가능한 '과학적' 절차를 포함하였고, 또한 인문 및 자연지리학을 이론적으로 통합할 수 있는 전망을 제공하는 일련의 개념들도 포함하였다. 치솜(Chisholm)이 일반체계이론을 '부적합한 혼란'(Chisholm, 1967)이라고 거부했음에도 불구하고, 많은 연구에서 서로 다른 유형의 지리체계들간의 형태적 동질성을 파악하기 위해 일반체계이론의 절차와 개념들이 사용되었다. 이들 원리 중 가장 중요한 것은 다음과 같다:

(i) 이형동질적 성장: 하위체계의 성장률은 전체체계의 성장률에 비례한다(예로, Nordbeck, 1965 ; Ray et al., 1974 참조).

(ii) 체계의 엔트로피 상태(엔트로피 참조).

(iii) 공간메움과정의 계층구조(예로, Woldenberg and Berry, 1967 참조).

이 세 개념들은 밀접히 연관되며 조직이나 구조에 관한 근본적 관심을 둘러싸고 전개된다. 그러나 지리학에 일반체계이론을 최초로 도입한 사람 중 하나인 촐리(R. J. Chorley, 1963)는 그러한 정리를 통해서 밝혀낼 수 있는 공간구조

일반화

에서의 대응규칙은 명백히 지리학을 풍부하게 하였지만, "기법과 심지어는 극히 복잡한 모형의 공유"는 우리가 정말 "필요로 하는 자연지리학과 인문지리학의 통합"을 성사시킬 수 없다고 주장한다. 차라리 지리학은 일반체계이론 대신에 체계분석에 토대해야만 하며, 특정한 체계들을 파악하고 그들간의 특정한 공유영역을 파악해야 한다(Chorley, 1971)는 것이다. 이들간의 대조는 자명한 것처럼 보이고, 확실히 1960년대의 일반화된 모형작성 시도로부터 후퇴했다고 할 수 있다 ; 그러나 실제로는 이 둘간의 경계는 분명한 것이 아님이 드러났다. 실제로 베네트(Bennett)와 출리의 『환경체계: 철학, 분석 및 통제(Environmental Systems: Philosophy, analysis and control, 1978)』는 분명히 버탈란피(Bertalanffy, 1968)의 저서를 흉내낸 것이다. 반면에 채프만(G.P.Chapman, 1977)은 다음을 인정하면서 체계분석에 대한 검토를 결론지었다:

나는 일반체계이론이 추구하는 것의 가치에 대해 수긍해본 적이 없다. 그러나 이제야 나도 모르는 사이에 수긍해온 것을 깨달았다. 왜냐하면 그게 바로 내가 해온 것이기 때문이다. 따라서 이 책은 어떤 특정한 체계에 관한 논의라기보다, 그들의 주제가 어디에서 연유된 것이든지, 체계들을 바라보는 방식 그리고 체계들을 사고하는 방식이 점점 되어버렸다.

일반체계이론에 관한 가장 명시적인 인정은 거시지리학으로부터 나왔으며, 여기서 원츠(Warntz)의 주장은, 정확히 이해했다면, 지리학은 '공간적 일반체계이론'이라는 것이다.

그러나 이 동향에 대한 비판이 없지는 않다. 케네디(B. A. Kennedy, 1979)는 체계접근은 '과학'이라기보다는 '기술'라고 말하였으며, 체계접근의 메타과학적 지위를 주장하는 데 대해 반박하였다. 반면에 그레고리(D. Gregory, 1980)는 과학과 기술을 융합하려는 체계접근은 일련의 이론적 명제들보다는 오히려 이데올로기를 제공한다고 주장하였다.　　　　　　　　　DG

일반화 generalization

지도에 표현할 사상을 선정하는 데 이용되는 기준과 절차를 말한다. 로빈슨 등(Robinson et al., 1985)에 의하면, 현대적 의미에서의 일반화는 분류(급간 참조), 기호화, 귀납적 또는 행태적 과정, 그리고 단순화의 4가지 요소로 구성된다. 일반화를 시도하는 목적은 지도를 통하여 의사소통 능력을 향상시키는 데 있다.

컴퓨터지도학에서의 일반화는 지도의 축척이 감소함에 따라 불필요한 부분을 삭제하고 필요한 정보만을 나타내는 과정이라고 할 수 있다. 예를 들면 축척 1:50,000의 지도에서 얻어진 정보(수치화 참조)를 축척 1:100,000의 지도에 옮길 때(이러한 과정의 반대가 정밀화이다) 표현될 정보를 선택하는 것과 같은 것이다. 더글라스와 포커(Douglas and Peucker, 1973)는 일반화에 유용한 기법을 개발하였으며 파블리디스(Pavlidis, 1982)은 이에 관련된 여러가지 알고리즘을, 젠크(Jenks, 1981)는 컴퓨터를 이용한 일반화에 대하여 연구하였다 (계량지도분석 참조). 지리정보시스템에서는 일반화가 지도학적 자료의 분석에서 매우 중요하게 이용된다(Monmonier, 1983 참조).　　　　　　　MJB

일상도시생활권 daily urban system

(통근에서와 같이) 상당한 규모의 일상적인 교통의 흐름이 이루어지는 중심도시 주변지역(대도시노동지역 참조).　　　　　　　　　　RJJ

임의적 지역구획 modifiable areal units

지리학적 분석은 그 정의가 자의적이며 변경될 수 있는 지역, 구역, 지구, 장소 등과 같은 공간단위로부터 수집된 자료를 분석하는 것이다. 공간이란 연속적이기 때문에 공간의 특정구역에서 집합적으로 수집된 자료를 분석해 나온 값은 공간을 구분하는 데 이용된 구역의 정의에 따라 달라진다. 이러한 자료에 나타난 유형은 집합적으로 수집된 자료와 수집에 이용된 구역간의 상호작용의 결과이다. 많은 경우 구역의 정의는 지리적 목적과 전적으로 무관하며 분석자가 결과로 나타나는 총체적 효과를 통제할 수 없다는 점에서 우연적이다.

임의적 지역구획의 문제에서 가장 쉽게 인식되는 효과는 구역단위의 축척을 변화시킴으로써 결과가 달라지는 것이다. 예를 들면, 상관관계의 계수가 구역의 크기가 커짐에 따라 증가할 수 있다. 그러나 이러한 축척에 의한 문제는 총체적 효과에 비해 가변성이 매우 작기 때문에 크게 문제되지 않는다. 일정 공간에서의 자료는 (크기가) 서로 다른 단위구역에 의해 만들어지는 무수히 많은 형태의 자료군으로 나타날 수 있다. 서로 다른 결과가 나타나는 범위를 측정하기 위해 발견적 탐색절차가 사용된다면 지역단위체계를 적절히 조작함으로써 사실상 어떤 결과든지 얻을 수 있다.

지리적 자료가 갖는 이러한 자의성과 가변성 때문에 연구에 이용된 자료의 구조가 고정되어 있다거나 그 결과가 연구에 이용된 특정구역단위와 무관하다고 볼 수 없게 된다. 이러한 문제점을 줄이는 방안에는 세 가지가 있다 : (a) 이러한 문제를 무시하거나 그 효과는 표본오차와 같다고 간주한다 ; (b) 지리학적으로 의미있고 목적에 맞는 구역을 단위로 선정한다 ; (c) 컴퓨터를 이용하여 구역체계와 모형의 지수를 상호 관련된 미지의 변수로 보고 그 값을 동시적으로 추정할 수 있는 소위 AZP와 같은 접근방법을 개발하는 것이다. 임의적 지역구획의 문제를 단순히 잘못된 문제점으로 파악하는 것은 오류일지도 모른다. 왜냐하면 구역의 크기에 따라 달라지는 유형의 내재적 의미를 추구할 수 있다면 이것은 동시에 새롭고 보다 강력한 지리적 분석도구의 기초가 될지도 모르기 때문이다.   SO

입방체법칙 cube law

영국이나 미국에서와 같은 소선거구제도에서 발생될 수 있는 선거편기현상에 대한 법칙. 양대 정당이 획득한 의석수의 비율(S_1/S_2)은 양대 정당에 대한 투표자비율의 3승$(V_1/V_2)^3$이 된다는 법칙(이 법칙은 2개 정당간의 경쟁에서만 적용된다). 따라서 게리멘더링이나 부적합할당 등의 선거악용의 요소 없이도 $V_1>50$일 때 $S_1>V_1$이라는 선거편기현상을 창출할 수 있다. 최근에는 보다 신축성 있는 입방체법칙으로 $S_1/S_2=(V_1/V_2)^b$의 공식이 제시되고 있는데, 이때 b의 크기는 두 정당 지지자들의 분리의 정도를 반영해준다.   RJJ

입지-배분모형 location-allocation models

이동비용이나 다른 비용들을 최소화하기 위해서 중심시설들(병원, 사무실, 창고 등)의 최적입지를 결정하는 데 사용된 모형. 공공부문의 한 예로는 어떤 도시에 2개의 새로운 병원입지를 결정하는 문제가 있다 ; 그 목적은 환자들의 총교통비를 최소화하고 그 병원들에 환자들을 최적배분하는 것이다. 사적 부분의 한 예로는 총배분비용을 최소화하도록 공장과 시장 사이에 창고시설들을 입지시키는 것이 있다.

모든 입지들이 고정되어 있어서 선형계획에 의해서 흐름의 최적할당이 결정될 수 있는 운송문제와는 달리 입지-배분모형에서는 중심시설들의 위치와 최소비용흐름의 할당이 동시에 결정되어야 한다. 입지의 선택(어떤 주어진 입지에 병원이 건설될 것인가 아닌가)이 입지-배분모형의 해를 구하기 어렵게 하며, 많은 적용에서 발견적 절차나 혹은 시행착오의 절차(이러한 방법들은 실질적인 최적해를 찾아 나가지만 찾을 수 있다고 보장할 수는 없다)를 이용한다. 그 난이정도는 변수의 수에 함수이다. 즉 고정된 병원수용능력을 갖는 2개의 병원문제가 각기 다른 규모를 갖는 5개의 병원입지문제보다 훨씬 쉽다.

입지-배분모형은 중요한 두 부류로 구분된다:

입지계수

연속면상에서의 입지와 네트워크상의 입지. 연속면 형태는 이론적 분석이나 공공부문모형에 널리 사용되었으나 점차 그 한계가 인식되었다. 직선거리는 흔히 실질 교통비에 대한 대표치로 충분하지 않으며 잠재입지들이 항상 제한된다. 최근 연구는 잠재입지들이 결정점으로 정의되어 있고 실질적인 교통비를 갖는 도로망에 의해서 자원출처들(창고의 경우에는 도착지)에 연결되는 네트워크의 형태로 점차 변환되어왔다. LWH

입지계수 location quotient

한 지역의 어떤 성질을 특정기준과 비교하는 계수. 이는 i지역에 있는 실리콘칩 제조업의 고용 비율을 그곳의 국가 총고용 비율에 대한 것으로 나타낸다. 이때 i지역의 입지계수(LQ_i)는 다음과 같다.

$$LQ_i = S_i / T_i$$

만약 LQ_i가 1.0보다 크면, 실리콘칩 제조업의 고용이 i지역 전체 제조업의 비율과 비교할 때 i지역에 집중되어 있다; LQ_i가 1.0보다 작으면, 그곳에 실리콘칩 제조업이 상대적으로 덜 집중되어 있는 것이다. MJB

입지론 location theory

경제활동의 입지를 설명하고자 하는 이론. 입지의 정치경제학에 대한 관심은 17, 18세기까지 거슬러올라갈 수 있는데, 당시 몇몇 사람들이 농업적 토지이용의 유형을 설명하려고 시도했고 (Dockès, 1969 ; Scott, 1976 참조), 이러한 노력은 고전적 튀넨모형(1826)에서 최고조에 달했다고 간주된다. 그러나 이와 병행한 리카도(Ricardo)의 정치경제학의 성장, 특히 경제성장의 일차적 동기로서의 '기계문제'의 성립은 이러한 전통적 관심사를 효과적으로 바꾸어놓았다 ; 농업의 배제는 공간의 동시적 은폐를 가져왔다. 그것의 남겨진, 본질적으로 파생적인 지위는 그 후 19세기에 마샬(A. Marshall)의 『경제학의 원리(Principles of economics, 1890』(Marshall, 1952 참조)에 의해 확인되었는데, 여기서는 시간이 공간보다 '더 근본적'이라고 판단하였다. 아이자드(W. Isard, 1956)에 의하면, 이때 이후 "우리들의 최선의 (경제적) 이론적 구조의 설계자들은 (그의) 편견을 강화시켜왔다." 그러나 아이자드가 지적했듯이, 독일의 입지론학파는 주요한 예외가 된다. 그들의 업적은 —그들의 차이점에도 불구하고—앞선 세대의 업적을 다시 이용하고 되살려냈다. 그리고 아이자드 자신의 목표인 공간경제에 관한 일반이론의 많은 부분을 예시하였다: 여기서 특히 중요한 것은 베버(Alfred Weber, 1909), 크리스탈러(Walter Christaller, 1933) 및 뢰쉬(August Lösch, 1944) 의 업적이다(역사적 요약을 위해, Isard, 1956 ; Smith, 1981참조 ; 지역과학도 참조).

지리학에서 독일학파의 중요성은 하트숀(R. Hartshorne)이 인식하였다. 그의 『지리학의 본질(The nature of geography, 1939)』은 일차적으로 독일의 지적 전통의 해석에 기반을 두고 있다. 그는 "생산단위들의 입지를 지배하는 원리를 결정하는 데는 … 지리학보다 경제학에서의 훈련이 더 필요하다"고 믿었지만 그럼에도 이것을 틀림없는 '지리적 문제'로 받아들였다. 그러나 그의 명백한 망설임은 대부분의 그의 동료들에게도 나타났으며 일부 중요한 예외—특히 스미스(W. Smith, 1949)와 로스트론(E. M. Rawstron, 1958)—를 제외하면 영미의 경제지리학은 철저하게 경험적인 것으로 남아 있어서 이러한 이론적 탐구는 무시하였다. 프리드리히(Friedrich)가 번역한 베버의 공업입지론을 논평한 사람이 예견했듯이, '대다수의 지리학자들'은 이것을 '너무 이론적'이라고 생각하였다. 입지론은 1960년대 초반까지는 인문지리학의 발전영역에는 공식적으로 참여하지 못했는데, 미국에서는 주로 개리슨(W. L. Garrison)과 워싱턴학파의 노력을 통해, 유럽에서는 하게트(P. Haggett)의 『인문지리학에서의 입지분석(Locational analysis in human geography, 1965)』을 통해 이루어졌다. 하게트는 '인문지리학내에서의 입지개념의 근본적 역할'에 대한 관심을 촉구하였고 그것의 '기하학적 전통'의 재확인을 요구하였다 ; 그러나 하트손이 이미 인식했듯이, 입지론이 기하학에만, 또 순전히 공간적 개념들에만 의존할 수 없음은 명백하며, 입지론은 형성기에 그 이론적 힘을 신고전경제학에서 많이 받아들였다.

특히 일반균형이론을 이용해서 가변비용분석과 가변수입분석을 통합할 수 있는 공업입지론을 제시하려는 시도가 이루어졌으며(Smith, 1981 참조), 중심지이론의 틀내에서 공간선호구조를 재구성하기 위해서 효용이론을 사용하였다(Rushton, 1969 참조). 그러나 입지론은 이러한 계통적 설명을 공간적 차원으로 변형시키는 데에서 엄청난 문제에 직면하였는데, 이는 "신고전주의자들이 분석의 출발점으로 사용하는 작업가정들과 추상적 요건들이 시간뿐 아니라 공간의 존재를 인식하는 현실세계에서 결코 정당화될 수 없기 때문이다"(Richardson, 1973 참조). 이러한 특별한 우려는 신고전경제학에 대한 보다 일반적인 비판에 관한 인식이 확대됨에 따라 더욱 강화되었고, 동시에 이러한 반대입장은 입지론으로부터 일련의 대응을 강요하였다. 중요한 발전을 세 가지로 구분해볼 수 있는데, 다만 이들간에는 상호관련성도 있고 내부적으로 차이도 있다는 점을 상기해야만 한다 :

(a) 행태주의 지리학의 출현으로 입지론에 보다 사실적인 행태주의적 전제들, 예를 들면 스태포드(H. Stafford, 1972)가 '제조업의 지리학'이라기보다는 '제조업자의 지리학'이라고 이야기했던 연구결과를 결합시킬 수 있게 되면서 합리적 경제인의 공간행태에 관한 오랜 관심이 대체되었다. 대체적인 연대순으로 봤을 때 이러한 다양한 연구의 전형적인 것들에는 만족적 행태의 탐구, 프레드(A. Pred)의 행태행렬의 공식화, 집합적 의사결정에 관한 모든 모형 등이 있다. 비록 하비(D. Harvery, 1969)가 생명력있는 '인지적-행태주의적 입지론'의 가능성에 대해

회의적이었고, '만족적' 개념들의 분석적 엄밀함에 대해 특히 혹평했다 하더라도, 1970년대 초반에 이르러서는 몇몇 교과서와 연구논문집이 출판될 정도로 상당한 발전이 있었다(예를 들면 Eliot Hurst, 1974 ; Toyne, 1974). 행태주의에 대한 비판이 다시 제기되었음에도 '해석적' 사회과학에 바탕을 둔 입지론에 대한 탐구는 중단되지 않았으며(Cullen, 1976 참조). 『인문지리학에서의 입지분석』제2판(1977)에서 하게트(P. Haggett), 클리프(A. D. Cliff)와 프레이(A. Frey)는 입지론의 주류가 계속 몰두하고 있는 '총합적 모형정립의 어느 정도 공식적인 영역'을 '풍부하게' 할 가능성이 있는 '인문 미시지리학에서의 주요한 발전'(환경지각, 현상학 및 시간지리학을 포함하여)에 관하여 낙관론을 펴고 있는데 이러한 지속성은 부분적으로 하비가 전에 확인했던 문제들이 영속되는 탓이기도 하며, 그의 두 가지 대안적 방안들—규범이론의 발달(예를 들면 Chisholm, 1971)과 확률과정의 결합(예를 들면 Webber, 1972)—도 분명히 활기차게 추구되어왔다 ;

(b) 단일공장, 단일품목 생산기업이 공업입지론의 일차적 대상에서 대체되었으며, 집합적 행태의 구조적 맥락이 점차 보다 명확하게 정의됨에 따라 산업의 집적과 입지의 상호의존성에 관한 초기연구들이 확장되었다. 이것은 부분적으로 위에서(a의 경우) 이룩한 의사결정모형의 정교화—사실 마틴(Martin, 1981)은 아직도 "행태이론이 공업지리학의 새로운 연구에 지배적인 것으로 남아 있다"고 주장한다—를 통해서 달성되었으나, 소위 '기업의 지리학'이라는 접근을 통해 더 큰 성과가 있었다. 이것은 '(경제적) 환경변화의 맥락 속에서 기업조직, 발전 및 공간행태간의 상호관련성'에 대해 관심을 가진다는 점에 특색이 있다. 이를 지지하는 사람들은 이것이 경험적 중요성 외에도 '베버이론과 신고전주의 이론을 대체할 수 있는 이론적 틀로서 가능성 있는 중요성'을 가진다고 믿는다(Keeble, 1979 ; 『지역연구(Regional Studies)』특집호, 1978 ; Hayter and Watts, 1983 ; McDermott and

입지론

Taylor, 1982 참조);

(c) 입지론의 비역사적 양상은 자본주의 공간경제의 역사적 특수성에 대한 보다 사려깊은 인식을 통해 도전을 받았다. 이것은 사실상 베버에 의해 요약된 형태로 다루어졌고(Gregory, 1981 참조) 앞의 두 가지 접근 모두에도 잠재되어 있다. 그러나 이것을 다루는 접근방법에서 뚜렷한 것은 입지론을 위한 어떠한 자율성도 공동으로 거부했다는 점이다: "공간발전은 전반적인 자본주의 발전의 한 부분으로서만 간주될 수 있다"(Massey, 1977)(Cooke, 1983; Harvey, 1978, 1982; Scott, 1980 참조; 자본주의에 대한 제약은 신중하다: 전자본주의 혹은 비자본주의적 생산양식하에서의 입지에 대한 이론적 설명은 극소수였다). 이러한 논의의 대부분은 마르크스 경제학과 정치경제학에 의존하며, 또 대부분이 농업지리학보다는 공업지리학내에서 이루어졌다 (그러나 튀넨모형의 신리카도 경제학으로의 전환에 대해서는 Scott, 1979; Scott의 보다 일반적 연구과제에 대한 비판에 관해서는 Bandyopadhyay, 1982를 참조). 실제로 테일러(Taylor, 1984)는 "공업지리학에서 이론적 사고를 고무한 것은 대부분 마르크스주의 접근이었다"고 생각하였다. 그러나 사적유물론은 다수의 서로 다른 관점을 포함하고 있기 때문에, 모든 마르크스주의 접근이 그렇다고 이야기하는 것은 어느 정도 오류가 있을 수 있다: 그리고 하비(Harvery, 1982)의 『자본의 한계(The limits to capital)』가 보여주는 것처럼 그들 모두가 극도로 경제학자적인 것은 결코 아니다. 그럼에도 고전적 마르크스주의에 대한 하비의 해석—화폐, 신용 및 재정자본에 대한 그의 대부분의 처리—과 입지론의 많은 전통적 관심사를 표명할 수 있는 자본주의위기에 관한 그의 소위 '제3의 단절(third-cut)' 이론의 개발은 본질적 기준을 제공한다(특별히 철저한 리뷰를 위해서 Clark, 1983, Wolff, 1984 참조).

가장 대담한 공헌 중의 일부(비록 마르크스주의 전통으로 인식할 수 있다 하더라도, 결코 믿을 만하지는 않다: 하비가 이야기했듯이, 마르크스의 원래의 계통적 설명은 '시간에 관해서는 강력하나 공간에 관해서는 약하다')는 아주 포괄적으로 말하면 불균등발전과 공간적 분업의 변화에 대한 이론화이다(일반적 설명으로는 Browett, 1984; Clark, 1980 참조). 여기서 특별히 관심을 끄는 것은 서로 다른 투자의 층의 서로 다른 지리적 환경에 대한 이론화(예를 들면, Massey, 1978, 1983 참조), 노동과정을 변형시키고 계급과 성 양자의 지리적 환경에 영향을 주는 산업재구조화 전략에 관한 이론화(예를 들면, Massey, 1984; Storper and Walker, 1983; Walker and Storper, 1981 참조), 노동시장의 분할과 분화 및 이들이 공간발전이론에 대해서 가지는 함축적 의미에 관한 이론화(예를 들면, Cooke, 1983b 참조) 등이다. 이러한 연구조류는 연구목록에서 대충 알 수 있는 것보다는 훨씬 더 폭이 넓고 깊이도 있다. 그러나 자본주의의 역동성과 시간과 공간에 걸친 경제적 및 사회적 관계의 구조성에 대한 초점은 세 가지 근본적 현상을 포함한다:

(a) 자본주의 발전의 서로 다른 단계의 역사적 특수성: 따라서 '장파'(콘트라티에프 파동 참조)와 '준생산양식'의 분화(예로는, Gibson and Horvarth, 1983 참조)에 관심을 가진다;

(b) 자본주의 발전의 서로 다른 단계의 지구적 맥락: 따라서 신국제노동분업, 다국적기업, '가치의 지리적 전환'과 불평등교환에 관한 이론들에 관심을 가진다(예를 들면 Bradbury, 1985; Foot and Webber, 1983; Hadjimichalis, 1984; Harvey, 1985a 참조; 세계체계분석도 참조);

(c) 상품생산, 사회적 재생산 및 공간경제의 도시화간의 구조적 상호의존성: (예를 들면 Cooke, 1983a; Harvey 1978, 1985b; Scott, 1982, 1985 참조; 집합적 소비 참조).

따라서, 일반적으로 이야기해서, 1970년대 초반 이래 공간경제의 기하학이 고도로 도식적으로 표현됨에 따라, 시간과 공간상에서 많은 양의 경제활동을 생산하고 또 재생산하는 과정(과정을 참조)에 대해 보다 확고한 명세가 만들어졌음이 명백하다. 요컨대 제1세대적인 개념인 거리에 제한되는(distance-bound) 개념이 (a) 행태주의 과학; (b) 조직이론; (c) 정치경제학으로부터 (각각) 도출되었다. 세심한 구체화와 개념화(추상화 참조)의 중요성에 대한 주장은 비마르크스주의(Sayer, 1982a, b)와 마르크스주의(Sayer, 1985) 조류 양자 모두에서 이론적 작업과 경험적 작업간의 관계에 대한 건설적 비판의 근거를 제공하는데, 이는 입지론이 다시 한 번 인문지리학의 내용 중 높은 위치를 차지하며 입지론의 재구성이 하나 이상의 방식으로 새로운 리얼리즘에 의해 특징지워질 것이라고 지적하는 것처럼 보이는 방식으로 이루어진다(중심지이론, 확산 참조). DG

입지분석 locational analysis

어떤 현상의 지표면상의 공간적 배열에 관심을 갖는 인문지리학의 한 접근방법. 이 방법은 종종 공간과학으로 불리며, 공간배열의 모형과 법칙을 강조하는 실증주의 철학에 기반을 두고 있고, 계량혁명과도 밀접한 관계가 있다.

입지분석의 연구는 그 역사가 깊으며(중심지이론, 입지론, 튀넨모형 참조), 1950년대 후반 미국의 여러 지리학자들에 의해 행해졌다(Johnston, 1983). 그러한 예로 번지(Bunge, 1966)는 지리학은 '입지과학'이고 '지리학에서의 핵심문제는 근접성이다'라는 전제 위에서 「이론지리학(Theoretical geopraphy)」이라는 논문을 발표하였다. 그러나 영국의 지리학자 피터 하게트(Peter Haggett)는 이제는 고전이라 할 수 있는, 『인문지리학에서의 입지분석(Locational analysis in human geography, 1965)』이라는 책에서 최초로 입지분석의 전 분야를 요약·체계화하였다. 하게트와 다른 학자들은 입지분석의 기하학적 관심을 공간과학으로서의 지리학에 대한 전통을 확립시킨 초기의 그리스 지도학자들의 연구와 연결시켰다. 번지(1966)는 "수학의 고전적 세 분야 중에서 기하학이 지리학에서 가장 중요한 것 중의 하나가 될 것이다"라고 주장하였고, 기하학을 "예측적 패턴의 발견"(나의 주장)이라고 주장하였다. 하비(Harvey, 1969)는 공간형태의 언어로서 기하학을 이용한 연구를 발표하였다.

하게트의 책은 지리학에서 기하학의 전통은 불행하게도 무시되었으며, '전통적으로 인문지리학에서 연구하는 현상에 나타난 질서 또는 입지적 질서에 놓여 있는 문제'를 강조하는 접근방법에서 기하학은 활기를 띠게 될 것이라는 믿음에 근거를 두고 있다. 책의 마지막 부분에서 그는: (a) 공간의 패턴 및 연계성에 중점을 두는 체계 접근방법을 채택하고; (b) 이해를 쉽게 하기 위하여 모형을 이용하였으며 (Chorley and Haggett, 1967 참조); (c) 입지적 질서를 정확히 진술(일반화)하기 위한 수단으로서 계량방법을 이용해야 한다고 강조하였다(거시지리학 참조). 그래서 그의 책(Haggett, 1977)은 두 부분으로 구성되어 전반부에서는 모형을 다루고, 후반부에서는 연구방법을 다루었다.

하게트의 중요한 혁신적인 공헌은 입지모델을 5가지 유형으로 분류하고 이들 각각을 입지(지역)시스템의 요소와 관련시킨 것이다. 5가지 유형(그림 참조)은 흐름, 망, 결절, 계층, 지역이다(그의 1977년 저서에서 나타난 6번째 요소는 확산이다). 그의 책에서 이 요소들은 관련된 모형과 연구결과를 다루는 각각의 장으로 나누어졌다. 다섯(여섯)가지 요소는 오늘날 지역과학(Isard, 1956 참조) 연구의 특징인 요소들간의 복잡한 상호관계는 무시하고 단순히 논리적 결과만을 설명한 하게트(1956)의 책에 제시되었다. 즉 하게트는 공간시스템을 각각의 요소로 분류만 하고, 그것들을 다시 지역전체로 통합하지는 않았다.

하게트의 연구방법을 보면, 두 권의 저서간에는 연구방법에서 커다란 변화가 있다. 제1권에서 그는 표준통계방법이 입지분석에 응용될 수 있다는 전통적인 견해를 수용하였다. 공간적 자기상관에 관한 많은 연구가 그와 그의 동료(예를 들어 Cliff and Ord, 1973)에 의해 계속된 10년 후에 하게트는 그러한 방법이 '피상적이고

입지분석

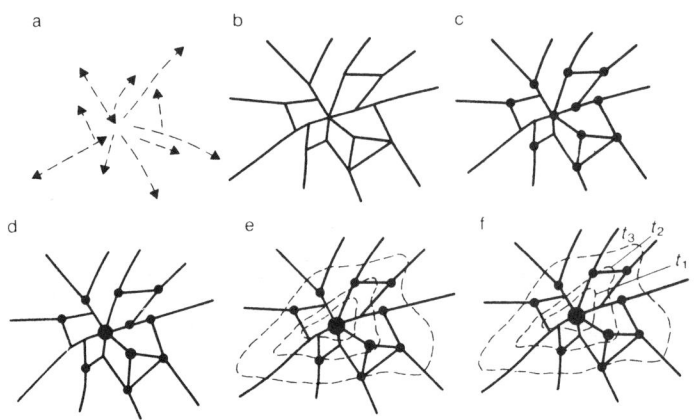

입지분석 결절지역체계의 분석에서 단계 (a)상호작용; (b)망; (c)결절;(d)계층; (e)면; (f)확산
(Haggett, 1977).

보기보다는 상당히 어려워'(Haggett, 1977)일반적인 회귀방법을 생략해버렸다고 주장하였다. 다른 학자, 대표적으로 윌슨(Wilson) 같은 학자는 공간체계의 수학적 모델화에 많은 관심을 가졌다(계량방법 참조).

특히 하게트는 초기의 개요에 관한 연구 이후 더 상세하게 여러 요소들을 개발하였고, 그 첫번째 업적이 인문지리학과 자연지리학을 결합한 연결망에 관한 저서이다(Haggett and Chorley, 1969). 그러나 대부분의 그의 연구는 확산을 모델화하는 데 중점을 두었다(Cliff, 1975, 1981). 입지분석의 발달에 대한 하게트의 지금까지의 중요한 공헌은 종합과 연구에의 자극이라고 할 수 있다. 공간체계에 관한 그의 관심으로 다양한 입지연구가 계량적 방법을 이용하고 공간적 질서에 관한 일반화의 개발에 관심을 갖는 인문지리학에 일관된 방법을 제공할 수 있게 되었다.

다른 많은 연구자들은 공간구조로 알려진 하게트의 접근방법을 따랐다. 예를 들어, 모릴(Morrill, 1970)은 자신이 명명한 '인접원리'에 근거하여 『사회의 공간조직(The spatial organization of society)』이라는 책을 저술하였다. 이 책에 따르면, 인간은 최소의 투입으로 장소의 순효율성을 최대화하려고 하고 최소의 비용으로 공간적 상호작용을 최대화하려 하며, 서로 관련된 활동들을 가능한 한 가깝게 두려고 한다 그 결과를 모릴은 '예측할 수 있고 조직된 패턴의 입지와 상호관계 때문에 인간사회가 놀랍게도 장소마다 유사하다'고 주장하였다. 그의 책은 공간구조의 여러 측면을 분리 또는 종합한 여러 장(章)으로 구성되어 있다. 그리고 그의 책은 애블러(Abler), 아담스(Adams) 그리고 굴드(Gould)가 공동으로 쓴 『공간조직(Spatial organization, 1971)』과는 대조적으로 실질적인 요소에 중점을 두어, 그 책의 처음 1/3은 과학의 본질과 지역분석에 이용된 방법들에 관하여 다루었고, 나머지 부분은 공간체계의 여러 요소에 관해 설명하고 있다.

지리학자들에게 매우 주요한 문제는 지리학 연구를 입지분석으로 전환한 이론적 근거 및 시기에 관한 것이다. 즉 지리학에서 입지분석으로의 패러다임 전환은 하게트와 같은 소수 선도자들의 능력이었는가 ; 풀러(Pooler, 1977)가 주장한 것처럼, 다른 학문 분야에서 발전된 공간모형이 공간적이고 지리적이기 때문에 지리학이 원용하여, 다른 학문에서는 그렇게 하지 않은, 지리학 연구주제의 중심으로 삼았는가 ; 또는 지리학자들이 오늘날의 세계를 연구하는 데 여러 측면에서 입지분석이 전통적인 지역지리학보다 더 유용한 방법이라고 생각하여서 입지분석으로의 연구전환을 시도했는가 하는 많은 문제들이 제기될 수 있다. 콕스(Cox, 1976)는 19세기까지 사회는 대부분 지방중심적이었으며 인간생활에 지방의 환경이 많은 영향을 미쳤기 때문에 사회-자연의 관계가 지리학의 중심주제가 되었다고 주장하였다.

그러나 20세기에 들어와서 사회는 세계경제체제로 통합되었고 공간적 상호의존성이 매우 중요하게 되어, 지역적으로 경험했던 환경의존성에 대한 주장은 그 준거를 상실하게 되었다. 즉 인간은 그들이 의존하고 있는 자연과의 관계는 점점 더 약화되고 보다 넓은 지역에 걸쳐 사회적으로 형성된 지리적 유형과는 더욱 깊은 관계를 맺게 되었다는 점이다.

입지분석은 1960년대와 1970년대에 걸쳐 시간이 경과함에 따라 방법론적으로 점점 정교해지면서 미국과 영국의 인문지리학에서 중요한 연구분야였다. 당시의 입지분석은 지리학을 공간조직의 패턴에 일반화를 제공하고, 계획 가능한 미래의 공간유형에 관한 모델과 방법을 제공하는 실증주의 사회과학으로 설명하였다. 이러한 많은 연구는 입지론과 밀접한 관련을 맺고 있다. 입지론의 연구결과 "공간경제의 개념이 더 명확하게 규정되었고, 공간경제의 조직화, 경쟁위기에 대응하는 방법, 그리고 한 지역이 다른 지역에 결합되어 있는 방법에 관해 알게 되었다. 그리고 불확실하고 불완전하지만 비공간적인 순수경제로부터 공간적으로 보다 분리된 현실세계로 이어지는 이론적 연계가 나타나게 되었다"고 하게트(1978)는 주장하였다.

1970년대초 이래 많이 나타난 입지분석에 대한 비판(Johnston, 1985 참조)은 서로 연관된 몇가지에 초점을 두고 있다. 초기의 입지분석에 대한 비판은 규범적 이론의 측면에 집중되었는데, 그 이유는 입지분석이 실제적인 의사결정 과정에 근거하지 않았으며 따라서 공간배열의 예측에서 가치가 없다는 점이었다. 그 결과는 보다 귀납적 성향이 강한 행태지리학의 발달을 가져왔다. 그럼에도 불구하고 공간행동에 관한 일반법칙이 적용되는 것으로 보아 현실사회에 공간조직이 존재한다고 생각되었던 것 또한 사실이다(Rushton, 1969). 일부 학자는 이런 인간 의사결정의 표현은, 개인의 자유의지가 없기 때문에 불가능하며 단지 주어진 자극에 대한 계획된 자동반응이라고 주장한다. 이러한 점 때문에 인간주의 지리학에서는 개개인의 지향성에 기초한 대안적 모델이 제시되고 인간의 행태는 단지 일련의 통계적 법칙으로는 환원될 수 없다고 주장하였다(Van der Laan and Piersma, 1982).

또다른 비판은 입지분석의 실증주의적 인식론, 특히 설명의 정의에 초점을 맞추고 있다. 하나의 사건이나 유형은 시·공간에서 보편적인 적용가능성을 가진 일반적인 법칙의 하나의 실례로 설명될 수 있다. 그러나 실재론에서는 보편적인 적용가능성을 가정할 수 없기 때문에 모든 설명은 우연적이다. 입지분석에서는 의사결정의 전후관계가 시·공간상에서 반복된다고 가정하기 때문에 일관된 반응에 대한 근거를 제공하게 된다. 그러나 실재론자들은 기억하고 학습하며 변화를 조장할 수 있는 능력을 가진 개인들로 구성된 역동적 사회에서 이러한 추론은 부적절한 설명이라고 주장하였다.

입지분석에 대해 몇가지 문제 및 비판이 제기되기는 하였지만, 인문지리학에서 공간배열, 모형, 계량화를 강조하는 입지분석의 영향은 실제로 아주 큰 것이었다(Mikesell, 1984). 그리고 입지분석은 공간유형 및 과정에 관한 정교한 분석과 단순화된 일반모델에 의해 지리학의 중요한 연구분야가 되었다. 그러므로 입지분석의 결정적인 공헌은 지리학에 기하학적 전통(절대적 위치보다 상대적 위치를 강조하는 것)을 부활시킨 것과 정교한 기술적 방법에서의 연구가 가능하게 한 점이라 할 수 있다. RJJ

입지삼각형 locational triangle

공업입지분석을 위해 베버(Alfred Weber)가 고안한 간단한 도해모형. 입지론에 관한 베버의 고전적 책은 1909년 『공업의 입지에 관하여(U-ber den Standort der Industrien)』란 제목으로 출판되었으며, 20년 후 영어로 번역되어 출판되었다. 이것은 어떤 다른 단일 연구보다도 공업입지론에 더 큰 영향을 미쳤다. 베버의 도해분석은 독일의 경제학자 라운하르트(Wilhelm Launhardt)의 연구에 기초를 두고 있다.

'순수한' 입지법칙을 도출하기 위한 베버의 시도는 다수의 단순화를 위한 전제를 포함하였다. 고정된 원료, 시장 및 값싼 노동력의 입지가 있고 단위거리당 같은 비용으로 어떤 방향으로도든 이동이 가능하다. 이러한 이상적인 세계에서 베버는 두 개의 원료산지(M_1과 M_2)와 하나의 시장(C)을 가정하고 이 삼각형내에서 어떤 지점이 최소생산비 입지(P)인가에 대한 문제를 제기하였다(그림 참조). M_1에서 M_2, C로 운반되는 물품의 무게가 주어지고, 단위거리당 운송비가 주어진다면 이 문제는 추와 도르레를 사용하는 바리그논(Varignon)의 틀로 알려진 물리적 아날로그 모형으로 해결할 수 있다. 또 이러한 최소운송비 지점, 즉 최소 '총이동'지점을 될 수 있으면 가깝게 추정하기 위해 고안된 많은 컴퓨터 알고리즘도 있다.

두 가지 원료의 비용과 시장으로의 생산품이동의 비용에 관한 정보를 가지고 각 대안적 입지들의 총운송비를 계산할 수 있다. 이를 통해 등추가운송비선(등총운송비선)을 그릴 수 있다. 베버는 이러한 등총운송비선을 이용하여, 집적의 경제나 값싼 노동력 입지에 의해 최적입지가 최소운송비 입지(P)에서 벗어날 수 있는 상황을 설명하였다. 그림에는 값싼 노동력의 경우가 도시되어 있다. L_1의 값싼 노동력은 (단위산출당) 3달러의 비용절감을 가져올 수 있다. 베버에 의하면, 그림에서 볼 수 있는 것처럼 '임계등총운송비선' 즉 노동비의 절감(3달러)과 같은 값의 등총운송비선내에 있는 L_1에서 전체적 생산비를 절감할 수 있다. 따라서 이러한 값싼 노동력이 제공되는 곳이 최적입지가 된다. 제2의 값싼 노동력 지점 L_2는 임계등총운송비선을 벗어나 있으며 따라서 공장이 P에서부터 이동할 수 없다.

DMS

입지의 상호의존성
locational interdependence

다른 사람이 선택한 입지에 입지선택이 의존하는 것. 실제로, 입지선택이 고려대상 활동이나 관련활동에 참여하고 있는 다른 사람의 입지에 대해 전적으로 독립적이라고 간주되는 경우는 아주 드물다. 예를 들면, 한 공장의 입지는 어느 정도까지는 공급자나 소비자의 입지에 좌우될 것이다. 그러나 입지의 상호의존성은 일반적으로 입지의 선택이 경쟁자의 입지에 의존하는 경우를 의미한다. 따라서 입지의 상호의존성에 대한 분석은 경쟁자의 입지가 관련된 고려사항인 경우에, 어느 정도의 공간독점이 부여된 판매지역의 확보를 추구하기 위한 전략과 관련된다.

공업입지론에서 입지의 상호의존성 접근방법은 시장경쟁의 불완전성이 지리적 공간에도 필연적으로 도입되는 불완전경쟁이론과 밀접한 관계를 가진다(호텔링모형, 시장지역분석, 가변수입분석 참조).

DMS

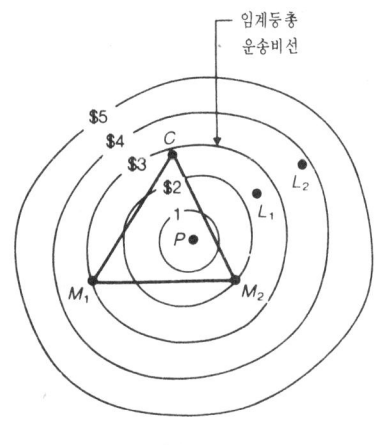

입지삼각형

입지자유산업 footloose industry

총비용구조에서 운송이 차지하는 비중이 아주 작기 때문에, 입지가 강력한 시장지향이나 원료지향을 필요로 하지 않는 산업.　　　　　　RJJ

입찰지대곡선 bid-rent curve

일반적으로 도시중심지로 간주되는 특정지점으로부터 거리에 따라 지불되는 지대의 도표. 입찰지대는 지가가 가장 높은 도시 또는 도시중심지와의 거리가 증가함에 따라 감소된다. 지대곡선은 수직축에 지대, 수평축에 거리를 표시하며, 경사지게 나타난다. 이 곡선은 일정한 거리의 증가에 의해 도시중심지로부터 단거리에서는 지대의 급격한 감소를 원거리에서는 완만한 감소를 나타내기 때문에 원래의 그래프에 비해 볼록한 형태를 나타내기도 한다. 입찰지대곡선은 도시적 토지이용을 설명하는 알론소모형이나 농업적 토지이용인 튀넨모형에서 중요한 개념이다.　　　　　　DMS

ㅈ

자급농업 subsistence agriculture
최종생산품의 많은 비율을 생산자가 소비하는 농업형태. 생산단위의 규모는 단일농가에서 대가족집단 혹은 취락전체에 이르기까지 다양하다. 순수한 자급농업은 환금 및 교환을 하는 생산품이 일체 없는 경우이나, 그렇게 흔하지는 않다. 대부분의 현대 자급체제는 약간의 환금작물을 생산하며 판매용 가축을 기르지만, 해가 갈수록 자급과 환금생산의 비율이 변하여간다. 자급농업은 일반적으로는 이동식농업처럼 작물재배에 의존한다. 보통 가축사육을 하지만 작물재배보다 상대적으로 크게 중요하지 않다(소농 참조).

PEW

자본 capital
잉여가치의 생산, 전유, 축적에 내포된 사회적 관계(마르크스경제학, 신고전경제학 참조). 그 자체적으로, 이는 자본의 회전에 따라 항상적으로 운동하며, 회전의 각 단계에서 그 형태를 변화시킨다. 화폐자본은 생산적 활동을 지원하기 위해 선불된 금융자본의 형태를 취하며, 이자불의 형태로 잉여가치를 획득한다. 생산자본은 생산과정에 직접적으로 관련된 자본이며, 상업자본은 싸게 사서 비싸게 파는 상품매매에 대한 반응을 내포한다.

자본의 상이한 분파들간에 이러한 분업은 자본주의적 경제의 재생산에 어려움들을 유발할 수 있다. 생산자본은 생산과정에서의 가치증식을 책임지며, 잉여가치의 생산에 관하여 금융자본—이 유형의 자본은 신속한 대가를 얻을 수 있는 사업들로 자본을 전환시킴—보다도 더 긴 시간적 고려를 필요로 할 것이다. 마찬가지로 자본들, 즉 자본의 확인가능한 단위들(예를 들면 상이한 생산부문들에 있는 기업들)은 상호모순적 관계에 있을 수 있다. 따라서, 생산자본은 그 노동력을 위해 저렴한 주택—이는 이윤을 극대화시키고자 하는 건설자본의 요구와 갈등을 일으킬 수 있는 대상이다—의 가용성이 보장되기를 바랄 것이다.

따라서 자본을 미분화된 범주로 간주하는 것은 잘못이다. 예로, 노동조합의 조직에 관한 대자본의 이해는 동일한 산업에서 활동하는 소자본의 이해와 아주 다를 수 있다. 전자는 자본-노동관계의 예측가능성과 형식화를 선호할 것이며, 반면 후자는 이 조직이 그 행동의 자유를 지나치게 제약하고, 소규모 자본의 가장 큰 이점들 중의 하나인 시장조건 변화에 대한 반응의 유연성을 제한한다고 생각할 것이다. 개별자본들, 부문들, 자본의 분파들간에 벌어지는 이러한 이해의 갈등은 자본주의 사회에서 전체축적의 유지에 필수적인 조건들을 보장하는 국가의 역할을 정의하는 데 도움을 준다(자본주의 참조).

RL

자본의 회전 circuit of capital
자본의 지속적·순환적 전형. 자본주의에서 노동과 자본의 분리 및 상호 자유는 이들간 상호

자본주의

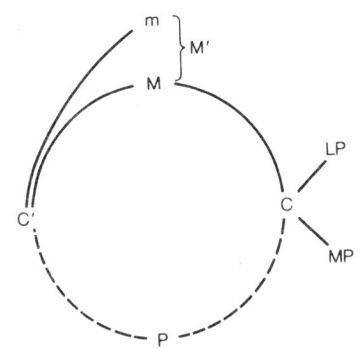

자본의 회전 C = 생산으로부터 초과가치를 구현하는 상품; LP = 노동력; M = 화폐자본; M´ = 잉여가치의 축적 이후 확대된 화폐자본량; m = 화폐형태로 실현된 잉여가치; MP = 생산수단; P = 생산.

작용의 회전을 필요로 한다. 자본가는 상품으로서의 노동력과 생산수단 및 대상을 구입하기 위해 화폐자본을 선대해야 하며, 이에 따라 자본을 생산적 상품들의 물적 형태로 전화시킨다. 이들은 생산과정 속에서 결합되어 작업하게 되며, 이 과정은 다시 자본을 시장에 판매될 새로운 형태의 상품들로 전화시킨다. 시장에서 잉여가치의 성공적 실현은 양적으로 확대된 규모로 그리고 때로 질적으로 전환된 방법으로 진행되는 순환과 생산의 두번째 회전을 가능하게 한다(마르크스경제학, 재구조화 참조). 자본의 회전은 자본주의적 생산과 순환의 상호의존성을 요약하면서, 또한 그 인문지리의 창출에 내포된 과정들과 요소들에 관한 요약을 제공한다(Lee 1979, 1986).   RL

자본주의 capitalism

역사적으로 특정한 사회경제조직의 한 형태로서, 이 형태에서;

 (a) 직접생산자는 생산수단의 소유권과 노동과정의 생산물로부터 분리되며 ;

 (b) 이러한 분리는 가격신호로 규제되는 노동시장에서 판매되는 노동력이 상품으로 전환됨에 따라 이루어진다.

신고전경제학에서 이러한 교환은 모든 상품시장들에서 그리고 시장들간에 발생하는 가격거래들과 동일한 것으로 즉 '등가물들의 교환'으로 다루어지며, 이에 따라 상품교환의 일반구조는 전체경제를 성격지우기에 충분한 것으로 간주된다. 따라서, 18~19세기 동안 서구와 북미에서 상품교환의 일반화는 "경제적 통합의 시장양식이 점진적으로 사회를 하나의 일관된 경제체계로 확고히 결속시켰다"(Harvey, 1973 ; 또한 시장교환 참조). 물론 신고전경제학은 경제에 국한된다. 그 사회정치적 상관부분은 '시장의 제도적 토대들'에 관한 베버(Max Weber)의 서술에 의해 제시된다(Collins, 1980 ; 또한 Clarke, 1982 참조). 베버는 자본주의가 발전할 기회를 제공하도록 국민국가에 의해 수립된 법적·정치적 기본틀의 중요성을 강조했으며, 또한 자본주의 경제내 수많은 실질적 목표들로 지향될 수 있는 행동의 계산가능성, 즉 그가 형식적 합리성이라고 명명한 것의 중요성에 관심을 기울였다. 사실, 합리성은 베버 연구의 중심개념이었다. 그의 견해에 있어, 형식적 합리성의 일반화, 즉 서구에서 일상생활의 모든 측면들로의 이의 침투는 그 정점으로 총체적 산업사회를 구성했으며, 이 사회는 "대규모 산업생산, 물질적 재화의 냉혹한 힘, 관료적 행정 그리고 만연한 '계산적 태도' 등으로 특징지워진다"(Bottomore, 1985). 그러나 신고전경제학이 형식적 합리성과 '자유시장경제'의 옹호, 심지어 예찬으로 읽혀질 수 있는 데 반해, 베버의 저술들은 훨씬 더 양면적이다 :

 베버에 의하면, 인간생활의 모든 영역에서 합리화는 극히 모호하게 인간복지를 향상시켰다. 예를 들면, 경제적 생산의 합리화는 자본주의의 '철조롱', 즉 '저항할 수 없는 힘으로' 그들의 삶을 결정하면서 개인들을 제약하는 '무시무시한 세계'를 창출했다(Brubaker, 1984).

자본주의

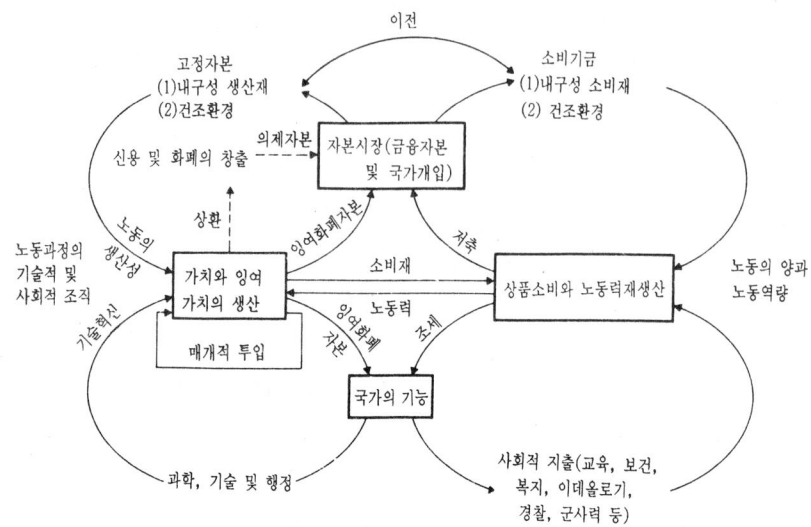

자본주의 1: 자본흐름의 경로(Harvey, 1982).

베버는 형식적 합리성과 **실질적 합리성**간에 괴리가 있었다고 믿었다. 즉 "자본주의는 경제적 행동의 계산성을 향상시킨다는 점에서 합리적이지만, 그 합리성은 이것이 증진시키고자 하는 (실질적) 목표, 또는 이것이 부여하는 생활의 (실질적) 조건들이라는 점에서 매우 문제성이 있다"(Bottomore, 1985). 베버의 견해는 매우 비관적이었다:

> 다른 형태들의 생활을 소멸시키고 대체시키면서, 부르주아적 합리화과정들은 그 자체적으로 목적이 되었다. 이들의 독점적 행사하에서 현대 자본주의적 사회들은 그 자신을 스스로 구속하는 속박의 '철조롱' 속에 짜넣었다. 일상생활의 모든 영역들은 훈련된 위계질서, 합리적 전문화, 그리고 추상적-일반적 법칙들의 비인격적 체계들의 지속적 전개에 만성적으로 의존하게 되었다. 관료적 지배는 현재의 운명이며, 미래는 더욱 그러할 것이다. '음침한 어둠과 곤경의 극야(pola night)'는 현대세계에 출현하는 유령이다(Keane, 1984).

'총체적으로 관리된 사회'의 이러한 영역은 자본주의뿐만 아니라 사회주의도 마찬가지로 당면한 것으로, 후기-베버적 **비판이론**이 진압하고자 했던 유령과 동일한 것이다. 그러나 그 시발점은 베버가 아니라 마르크스(Marx)이다.

마르크스는 자본주의가 일반화된 상품교환체계 이상의 어떤 것임을 인식했다. 즉 이는 또한 일반화된 **상품생산체계**이다. 이 통찰력은 마르크스경제학(그리고 보다 일반적으로 사적유물론)에 의해 제공된 자본주의의 특성화를 위한 지렛대 역할을 한다. 이러한 관점으로부터, 자본주의는 "일상생활의 재생산이 직접적이고 사회적으로 채택된 목표로서 이윤추구 순환체계를 통해 창출된 상품생산에 의존하는" 어떤 **생산양식**으로 이해된다(Harvey, 1985). 하비(Harvey)는 자본흐름의 경로들에 관한 요약적 설명을 제공했다(그림 1). 그는 이렇게 "매우 분화된 순환 형태들"은 "자본주의로 하여금 축적의 명령에 따라 그 역사지리를 규정할" 뿐만 아니라 "이들은 또한 공황형성의 가능성을 극도로 증가시킨다." 따라서 신고전경제학에서 제시된 일반 균형상태 유지와는 전혀 다르게, 자본순환의

자본주의

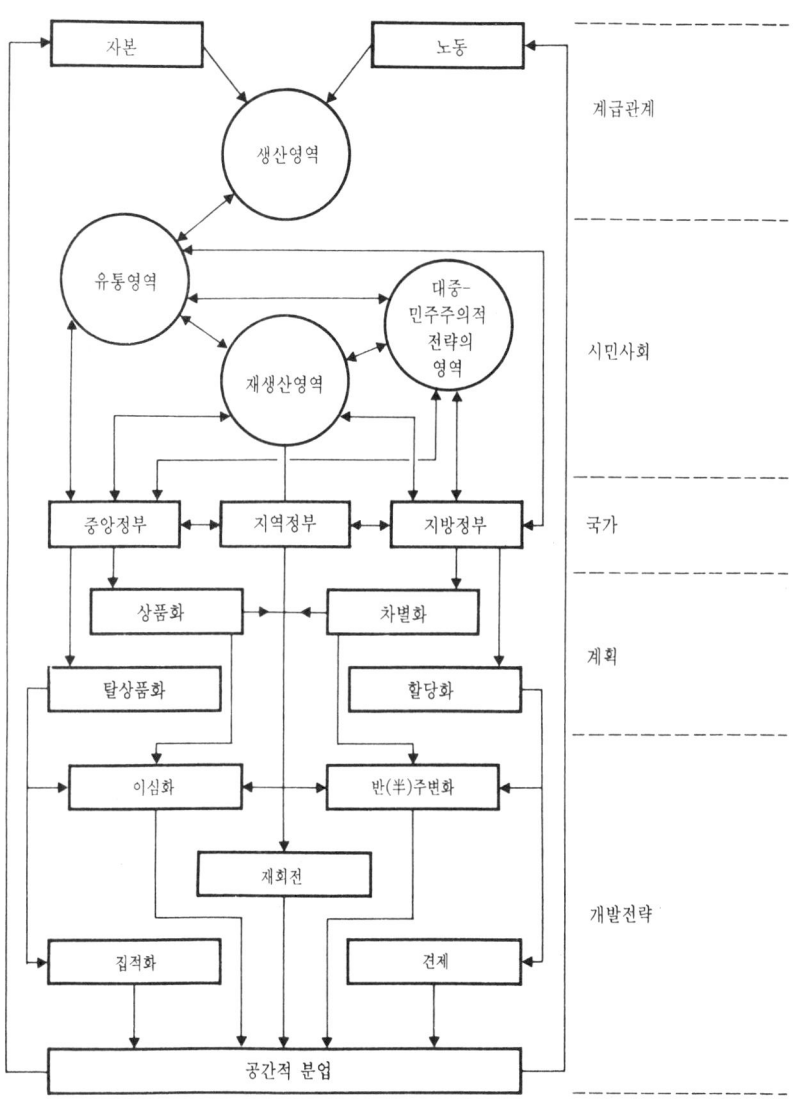

자본주의 2: 자본주의하의 계획과 공간발전(Cooke, 1983).

역동성은 시간적으로는 '장기파동'(콘드라티에프 파동 참조) 그리고 공간적으로는 불균등발전의 위기담지적 역사지리를 창출한다(Harvey, 1982)(또한 노동분업, 투자의 층, 입지론, 재구조화 참조).

그러나 하비가 또한 인식한 바와 같이, 자본의 순환은 계급관계―가장 주요하게, 이윤을 얻기 위해 노동력을 사는 사람들('자본가들')과

325

생존하기 위해 노동력을 파는 사람들('노동자들')간-에 입각하며, 이는 만성적 계급투쟁뿐만 아니라 때로 노출된 계급갈등을 유발한다. '위기'와 '갈등'간의 관계는 복잡하고 개연적이며(예: Gregory, 1984, 참조), 이 중 하나가 다른 하나의 자동적 표현으로 환원될 수 없다. 왜냐하면, 어리(Urry, 1981)가 강조한 바와 같이, 자본순환의 경로와 구조는 그 존재조건으로서 자본주의 경제내 행동자들간 사회적 관계뿐만 아니라 시민사회내 주체들간 사회적 상호행동들을 전제로 하기 때문이다. 그는 인간존재란 인간주체들로서 구성되어야 하며, 이렇게 되는 가장 중요한 방법들 중 두 가지는 성(gender)을 통한 통합방법과 공간-시간적 입지를 통한 방법이라고 주장한다. 따라서 이 점은 '시민사회의 공간적 구조화'에 관한 언급과 그리고 계급이 의식적 · 집단적 행동을 위한 기반이 될 수 있는 역사-지리적 조건들에 관한 해명을 가능하게 한다(Urry, 1985 ; 또한 헤게모니 참조).

위기와 갈등 양자는 국가에 의해 어떤 방법으로 매개될 수 (그리고 보통 매개되고) 있다. 국가를 자본의 내적 논리로 환원시키지 않는 것이 중요하며, 많은 학자들이 이를 인정하고 있다. 그리고 현대 정치지리학은 "직접민주주의적 통제로부터의 자율성과 독립성의 내재적 성질들"에 관심을 두는 '사회중심적' 모형에 입각하여 국가의 공간적 구조와 국가장치를 규명하기 시작했다(Clark and Dear, 1984 ; Driver, 1985 참조).

쿠크(Cooke, 1983)는 자본주의하에서의 계획과 '공간적 발전'을 특히 구명하기 위한 총합적 모형에서 앞선 3가지 측면들의 경제적 · 사회적 · 정치적 위상학들을 결합시켰다(그림 2 ; 또한 공간성 참조). 그러나 이런 류의 도해에서 공간구조에 의한 의문들은 경제, 시민사회, 국가에 관한 최초 정형화에 통합되기보다는 이들의 개별적 · '우선적' 논리들로부터 도출되었다라는 인상을 피하기 어렵다(Massey, 1985 ; 또한 실재론 참조). 바로 이러한 이유에서, 하비(1985)는 다른 학자들과 함께, "자본주의의 역사지리는 우리 연구의 방법으로서 역사-지리적 유물론의 이론화 대상이 되어야만 한다"고 주장한다. 마르크스의 저작들에서 공간적 의문들에 대한 침묵에 관한 부가적 강조들이 직접 거론된다. 물론 '시간에 의해 공간을 폐기시키는' 규정력― 몇몇 논평가들은 요즘 이를 시-공간적 수렴이라고 한다―에 대한 준거점들이 있으며, 레닌(Lenin)은 지속적인 자본주의의 팽창을 위한 제국주의의 전략적 유의성을 특히 인식했다(종속, 시-공간적 거리화, 세계체제분석 참조). 그러나 자본순환의 관점에서 볼 때, 이러한 모든 경우들에서 "공간은 우선적으로 단순한 불편, 즉 극복되어야 할 장애인 것처럼 보인다." 그러나 이러한 공간적 장애의 극복은 "단지 고정된 부동적 공간배치들(교통체계 등)을 통해서만 달성될 수 있다"고 하비는 계속 언급하고 있다. 따라서 그 다음 우리는, 공간조직은 공간을 극복하기 위해 필수적이라는 모순에 봉착하게 된다. 이 점에서, "자본주의 맥락에서 공간이론의 과제는 그 모순이 역사-지리적 전환을 통해 어떻게 표현되는가에 관한 역동적 재현을 정립하는 것"이라고 주장된다(Harvey, 1985 ; 또한 마르크스주의 지리학 참조). DG

자생적 정착지 spontaneous settlement
무단점유 정착지와 동의어로 쓰이며 그러한 지역이 무계획적이고, 모르는 사이에 나타나며 통제할 수 없을 정도로 급속히 성장한다는 의미를 내포하고 있다. 이 용어는 점차 유행어가 되어가고 있지만, 이러한 발전의 불법적이며 일반적으로 서비스를 잘 받지 못한다는 성격을 좀더 잘 전달하고 있는 무단점유정착지라는 용어를 사용하는 편이 좋을 것이다. JE

자연 nature
이 용어가 가지는 개념적 복잡성은 이 용어의 반대말을 찾고자 할 때 뚜렷이 드러난다. 이들 중 초자연, 비자연, 예술, 인위적, 인간성 혹은 문화와 같은 개념들이 먼저 머리에 떠오른다. 실제로 러브조이(O. A. Lovejoy, 1935)는 자연 그리고 같은 어원의 '자연적'이라는 말에 대해 66가지의 다른 의미를 구분해내었고 루이스(C. S. Lewis, 1960)가 이를 15가지로 줄일 수 있었다는 사실은 놀라울 바가 없다. 게다가 각기 다른 분야—문학, 종교, 철학, 혹은 과학—에서 다른 의미를 지니고 있다. 그럼에도 불구하고 이 개념은 오랜 시간에 걸쳐 발달해왔는데, 그 중에서 두 가지 의미가 지배적이다: (a) 본질, 즉 어떤 것의 '본성'; (b) 일반적인 세계, 특히 자연세계(Mandelbaum, 1981). 후자의 경우 고대 이래 주로 스피노자(Spinoza)가 사용한 능상적 자연(natura naturans)과 소산적 자연(natura naturata)이라는 용어를 통해 두 가지 상이한 의미가 전해지고 있다. 자연의 힘을 상징하는 전자는 통합된, 그리고 의인화된 힘으로 아주 빈번하게 묘사되었으며, 후자는 자연을 그 힘의 수동적 대상으로 설명했다(Boas, 1973). 윌리엄스(Raymond Williams)에 의하면, 자연(natura)은 근본적으로 추상, 즉 "사물과 삶의 과정이 지닌 진정한 복잡성에 대한 고유한 명칭"이다(Williams, 1972). 그리고 자연은 성직자에서 유일신에 이르기까지(자연신학), 혹은 선택적 양육자(자연도태)에서 자비로운 교사(자연이 말하길…)에 이르기까지 지속적으로 의인화의 대상이 되어온 개념이다.

기독교에서는 신이 지상의 먼지로부터 '인간'을 창조하신 덕분에 자연의 영역에 인간을 포함시키는 것을 정당화시키려 했으나, '자연'과 '인간' 사이의 장벽을 허물어뜨리는 일은 계몽주의적 물질주의에 대한 낭만주의자들의 거부 이래 비로소 세상사람들의 주목을 끌기 시작했다. 낭만주의자들은 인간과 자연에 신이 내재하고 있다는 증거를 보임으로써 이 둘을 통합하는 것을 자신의 일이라 여겼다. 따라서 이러한 생각은 진화론 시대의 도래로 대체되었는데, 이 이론은 인간의 기원과 '본성'을 나머지 유기체의 세계와 끈끈하게 연결시켜놓았다.

이 마지막 문제, 즉 인간과 자연, 자연과 문화, 자연과 사회와의 관계를 이해하는 문제는 오랫동안 지리학자들을 매료시켜온 문제들이다. 현대 초기 지리학의 부흥기 이래, 지리학자들은 이 문제를 다양한 방법으로 연구했다. 인간생활과 문화를 결정하는 데 환경이 가지는 힘을 강조했으며, 혹은 자연의 리듬에 순종의 필요성을 강조했다; 자연보전운동이나 체계공학의 경우 자연세계를 통제하는 인간의 능력을 강조했으며, 또 다른 이들은 양극단을 피하기 위해 통합적 입장을 강조하였다(Glacken, 1956, 1973; Gregory, 1980; Kristof, 1968; Olwig, 1980). 1970년대 초반 촐리(Chorley)는 지리학의 심각한 방법론적 곤궁을 "중세를 지배한 기본적인 철학적 문제의 하나, 다시 말해 어느 정도까지 인간을 자연의 일부 혹은 그것과 분리된 것으로 간주하는 것이 적절한가라는 문제에 매달려 있다"라고 설명했다(Chorley, 1973). 이 질문은 여전히 그 답을 요구하고 있다(환경론 참조). DNL

자연지역 natural area
도시가 성장하면서 자연적으로 형성된 지역으로, 독특한 물리적 특징과 아울러 그곳 주민들의 문화적 특성으로 성격지워진다. 자연지역은 유사한 속성을 지닌 개개인들의 경쟁이라는 생태적 과정과 투쟁하는 능력면에서도 비슷한 위치에 있다는 사실로부터 파생된다. 그 결과 유사한 사람과 활동끼리 모여 다른 것과 분리된 형태는 자연지역의 모자이크이며, 이것을 통해 국지적 사회조직은 도시의 물리적 구조와 연계된다. 많은 비판들이 자연지역의 존재를 반박하는데, 그 이유는 자연지역이 실질적인 도시구조보다는 생태학적 이론과 더 관련이 있다는 것이다. JE

자원 resource
인간의 만족, 부, 건강의 근원을 나타내는 데 사용되는 개념. 노동, 경영기술, 투자자금, 고정자본재, 기술 그리고 각 지역의 문화적·지역적 특성, 이 모두가 한 국가(지역, 기업, 가계)

자원관리[1]

자원 자연자원의 연속성(Ress, 1986, Gregory and Walford, 1986에서).

의 자원이 된다.

자원관리라는 측면에서 이 개념은 물질, 유기체, 자연환경의 특성(천연자원)에 국한된다. 인간은 자신이 이용할 수 있는 지식과 기술을 지닌, 그리고 만족스러운 재화와 용역을 제공하는 것만을 자원으로 간주하면서 자연체계를 평가한다. 이러한 기준에 맞지 않는 천연자원들은 평가받지 못한 채 '중성적 재화'로 취급된다(Zimmerman, 1951). 그러므로 자원은 주관적이고 기능적이며 역동적이다. 인정된 자원 역시 기술, 지식, 사회구조, 경제조건, 정치체제 등의 변화를 반영하면서 시간과 공간에 따라 급격히 변화한다.

광물을 자원으로 정의하는 데서 나타나는 공간적 다양성은 현대 정보체계의 발달과 급속도로 상호의존적으로 변화하고 있는 세계경제 덕분에 줄어들었다. 그러나 몇가지 해석상의 차이점도 있다. 예를 들어 국내 에너지원이 없고 연료 수입비용을 감당할 수 없는 지역에서는 석탄은 중요한 에너지원으로 간주된다. 마찬가지로 소련의 광물자급정책은 어디에서도 자원으로 쓸모가 없는 알루미늄의 비보오크사이트성 명반석까지 자원으로 간주한다.

환경분야에서는 특히 자원의 정의에 대해서 의견의 일치를 보지 못하고 있다. 경관, 동식물, 자연생태계에 대한 문화적 의미는 국가마다 사회집단마다, 개인마다 다르다(환경지각 참조).

천연자원은 일반적으로 다음과 같이 구분된다
: (a) 고정자원(광물과 토지). 수백만년에 걸쳐 형성되었으며 인간의 관점에서 보아 공급이 한정되어 있다 ;

(b) 유동(혹은 재생)자원. 인간의 시간대 내에서 새로운 공급을 위해 자연적으로 재생된다.

그러나 이 구분은 모호하며, 오히려 아래 표에서 제시된 사용-재생산의 연속성에서 고려하는 것이 적절할 것이다. 한쪽 극단은 공급능력이 자연적으로 결정되어 무한정재생이 가능하며 현재의 이용수준과는 무관하다. 또 다른 극단은 이용이 재생을 양적으로 능가하고, 이용될 수 없는 형태의 에너지와 물질을 배출하면서, 이용이 소모적이다. 이 양극단 사이에서 재생가능성은, 인간의 결정, 이용률에 의해 결정되는 미래의 공급가능성, 그리고 인위적 재생에 대한 투자에 의해 결정된다. 생물학적으로 재생되는 모든 자원(생물학적으로 오염원을 분해하는 환경의 능력까지 포함하여)은 '혼란을 받아' 모두 소진될 수 있다 ; 토양의 경우만 관리에 의해 재생될 수 있다. 그리고 모든 원소광물은 사용됨으로써 소모되는 것이 아니기 때문에, 이론적으로는 재활용이 가능하다. 그러나 무한적으로 재활용된다는 것은 엔트로피 법칙 때문에 불가능하다. 　　　　　　　　　　　　　　　　　JAR

자원관리[1] resource management[1]
재생가능한 자원 및 재생불가능한 자원 등 모든 종류의 천연자원의 관리에 관련된 폭넓은 다학문적 연구분야 내지는 연구계획으로, 공공분야 및 사기업 분야 모두를 포함한다. 연구분야로는 ;

(a) 자원의 공급, 채굴, 소비에 관련된(물리적, 사회경제적, 그리고 정치적)과정을 설명하

는 분야;
(b) 시간과 공간에 걸쳐 자원 재화 및 용역의 분포를 평가하는 분야;
(c) 관리체계, 시행, 정책을 평가하는 분야;
(d) 대안적 관리전략 및 평가기법을 개발하는 분야 등이 이에 해당된다.

자원문제에 대한 학문적 연구는 역사가 깊지만, 이 주제에 대한 학위과정 설립(특히 북미에서) 및 특수한 연구분야라는 인식은 대개 1960년대 이후에야 나타난다. 이 분야의 발달은 환경운동, 환경수준의 퇴락, 생태계의 변화, 자원배분의 형평성, 그리고 향후 인구증가와 경제활동의 증가를 지탱할 수 있는 지구의 능력에 대한 대중적 관심의 성장을 반영한다. 자원분야에 대한 효과적인 연구는 한 분야에 국한될 수 없으며, 자연, 사회, 경제, 정치체계 사이에 존재하는 복합적인 상호관련성에 본격적으로 관심을 가져야만 한다.　　　　　　　　　　　JAR

자원관리² resource management²

자원이용 혹은 보전정책, 그리고 그 시행에 대해 제안하고 자원을 시간과 공간에 걸쳐 배분하는 데 있어서의 의사결정과정 혹은 그 체계. 오리오단(O'Riordan)에 의하면, "자원관리는 판단, 선호, 그리고 위임을 내포하는 의식적 결정과정으로 간주되며, 자원관리에 관한 어떤 만족스런 결과는 다양한 관리적·기술적·행정적 대안 사이에서 선택을 통해 인지된 특정자원의 결합으로 얻어진다." 그러나 이것은 단지 자원관리에 관한 합리주의자의 견해일 뿐이다. 오늘날 대부분의 분석가들은 행태적 결정, '비결정', 그리고 경제의 구조적 한계 역시 자원의 착취 및 배분의 실행을 결정하는 데 중요한 역할을 한다고 인식하고 있다(행태지리학, 의사결정, 구조주의 참조).

광물자원 개발 및 배분에 관한 의사결정 연구는 개인부문에 극도로 편향되어왔으며, 경제학이 주도적인 학문적 안목을 제공하였고 경제적 효능성이 관리목표로 여겨졌다(경제지리학, 신고전경제학 참조). 투자결정, 가격정책, 위험의 영향, 그리고 불완전경쟁 및 독점에서의 불확실성 및 결정 등이 분석의 기본주제가 되어왔다. 물론 개인의 결정에 대한 세금의 영향에 관한 몇몇 연구가 있었지만, 1960년대에 들어서서 비로소 공공부문 의사결정에 관심을 보이기 시작했다. 그러나 공공부문 사업의 실행에 대한 '최적의' 법칙을 얻기 위해(파레토최적성 참조) 실물시장경제의 이론모델을 채택하는 경향이 뚜렷했었다. 예를 들어, 한계비용 가격화가 공공기관이 소유한 에너지 혹은 물의 이용에 주창되었다.

비록 이런 류의 이론적인 경제적 평가는 아직까지도 여전히 인정되고 있으나, 이제 보다 많은 관심은 다음에 모아지고 있다:
(a) 광물자원의 개발 및 배분에 영향을 미치는 정부(공간적 규모에 따라—지방·지역·국가 그리고 국제)역할의 평가;
(b) 배분적 형평, 고용창출, 공급안정 그리고 환경의 질의 유지와 같은 대안적(다시 말해 비경제적 효능성) 기준에 따른 (공공 혹은 개인) 부문 성과의 평가(Rees, 1985);
(c) 자본주의적 교환양식 및 공공정책 결정에 내재한 구조적 한계의 의미분석. 특히 중요한 연구분야로는 광물을 수출하는 저개발국가와 선진소비국가 사이의 불평등 무역관계에 관한 것을 들 수 있다(Girvan, 1976).

재생가능한 자원의 관리에 관한 분석은 어쩔 수 없이 공공부문의 의사결정에 보다 많은 관심을 기울여왔다. 수없이 많은 재생자원의 공동소유적 특성 때문에, 남용, 고갈, 악화를 막고 이동을 증가시키고 보전계획에 대해 투자하기 위해 정부가 개입하게 되는 것이다(O'Riordan and Turner, 1983; 공공목장의 비극 참조).

1970년대까지는 재생자원에 관한 관심은 물리적 의미에 국한되었고, 그 해답은 자연체계의 요구에 따르는 경향을 나타냈다. 예를 들어, 생태학자들은 생태적 통합과 유지가 관리의 적정 목표라는 사실을 거의 정확한 것으로 인정했다 (사회경제적 결과는 무시되었다). 한편 수자원

공학자들은 물부족 현상을, 기술적 방법으로 해결되고 자연지역에 근거한 '합리적' 관리단위가 필요한 공급의 문제로 간주하였다. 재생가능한 자원에 대한 계획에 배분적 문제가 내포되어 있고, 그것이 기술적 과정이라기보다는 정치적 과정이라는 인식은 없었던 것이다. 이런 식으로 사고하던 초기에, 자원관리이론에 대한 주도적인 사회과학의 공헌은 경제학에서 비롯되었으며, 예측하건대 효능성이 정책목표로 간주되었다. 자원관리과정은 철저하게 합리적·순차적 '목표-수단'체계로 특징지워지는데, 기존의 특정 목표와 관리업무는 적절한 행정적 구조와 실행전략을 제안한다(Mitchell, 1979).

그러나 관리과정의 이상적·합리적 모델은 정책의 의미, 정책의 공식화 과정, 결정체계의 전체적 본질에 대해 아주 그릇된 모습을 보여주고 있다는 사실을 인식하게 되었다. 관리실행에 관한 연구에는 정책실행과 배분적 결과의 분석이 포함되어야 하며, 표면상의 결정과정 뒤에 숨겨진 비밀결정사항 및 선택에 대한 숨은 영향에 주목하여야 한다(비판이론 참조). 정책실행 연구는 실행단체의 특성, 조직목표, 그리고 내부 결정구조가 공식화된 공공정책을 바꾸어놓을 수 있음을 뚜렷이 밝혀주었다. 더욱이 정책기구의 관습적 인식범위는 실행수준뿐만 아니라 배분적 결과에 대해 심각한 영향을 끼칠 수 있다. 그러나 자원정책은 단지 실행단체에 대한 분석만으로는 이해될 수 없으며, 이들의 움직임을 규정하는 정치적 측면에 대한 고려가 있어야 한다. 중요한 질문은 바로 '누가 실질적인 의사결정권을 가지고 있느냐?'이다(의사결정, 권력 참조). 정책을 이익집단 사이의 다원론적 경쟁의 결과로 간주하는 사람과 엘리트주의, 조합주의 혹은 구조주의적 시각을 지닌 사람 사이에는 엄청난 이념적 괴리가 존재한다(마르크스주의 지리학, 다원주의, 구조주의 참조). JAR

자원평가 resource evaluation
자원의 가치(물리적·경제적·인식적 의미에서 표현된), 혹은 자원관리 전략의 결과 및 적절성을 결정하려는 평가를 의미하는 일반적 용어. 일반적으로 자원평가 분야는 네 가지로 구분된다:

(a) 자원 공급량의 결정 : 일부 연구는, 예를 들어, 토지가용력이나 토지이용조사에서처럼 순전히 물적 의미에서 사용가능성을 평가한다. 또한 이들은 평가라기보다는 정확히 말해 자원항목조사에 해당된다. 또 다른 연구에서는, 주어진 기술, 관리목표, 그리고 행정적 전략을 가정하고 인간의 관점에서 공급을 산정한다(부양력 참조). 따라서 이는 주관적·상대적 평가에 해당된다;

(b) 사회-복지의 의미에서 자원의 가치결정: 가치의 절대평가란 있을 수 없으며, 따라서 대안적 평가기준으로 시장가격, 기회비용, 노동가치, 에너지소비, 사회지표(복지지리학 참조), 그리고 지각적 평가(환경지각 참조)를 이용한다. 자원재나 용역이 시장교환체계에 통합된 경우, 일반적으로 시장가격은 가치평가로 받아들이나, 가격과 가치 사이의 일치는 (i) 소비자가 현명하고, 생산자의 조작에 영향을 받지 않으며; (ii) 시장이 자유롭고 완전경쟁하에 있으며; (iii) '지불능력'의 문제가 무시될 수 있는 경우에 한정된다(신고전경제학 참조).

자원이 공동재산이며 설정된 시장가격이 없을 경우, 화폐적 평가를 대신할 수 있는 것을 찾아야 한다. 예를 들어 재산가치변화는 보전지역 혹은 비행기 소음의 비쾌적성을 평가하는 데 이용된다(이러한 평가에 대한 자세한 연구에 대해서는 Pearce, 1978 참조). 이들 어떤 것도 문제가 없지 않은데, 모두 주관적이며 배분적 형평의 문제를 야기시킨다. 물리적·대중적 선호라는 관점에서 가치를 나타내는 것 역시 마찬가지의 문제를 야기시킨다(경관평가, 공공정책참여 참조);

(c) 자원계획, 개발계획, 정강, 정책적 변화 등 이들이 시행되기 전에 이들의 가설적 결과의 평가(비용-편익 분석, 환경영향평가 참조).

(d) 자원관리 전략을 시행한 후, 그 적절성의

평가, 즉 사후평가 및 감사: 선택된 평가기준은 결과에 영향을 미치는데, 경제적 효용성에 근거하여 수용될 수 있는 전략은 배분적 형평 혹은 환경적 기준을 만족시킬 수 없는 경우도 있다 (Mitchell, 1979 참조). JAR

자유무역지구 free trade area
비협정국가와의 무역에서는 다른 정책을 적용하지만 협정국가들간의 무역에서는 수입 및 수출관세, 수출보증 및 쿼터제한 같은 모든 인위적인 무역장벽을 폐지하기로 협정한 국가집단. 이러한 협정은 약간의 문제를 일으킬 수도 있다. 그래서 자유무역지구 이외의 국가로부터는 최저의 관세수준으로 상품을 수입할 수 없다는 기본원칙을 지켜야 한다. 자유무역지구에는 라틴아메리카자유무역연합 같은 국가집단도 있으나, 1959년에 창설된 유럽자유무역연합(EFTA)이 최근에 가장 성공적인 자유무역지구 중의 하나이다(공동시장 참조). MB

자유항 free port
자유무역지구로 계획된 항구. 그래서 자유항은 수출관세를 면제받고, 최소한의 관세규정만을 받는다. 오늘날의 대표적인 자유항은 홍콩이며, 또 다른 예는 이탈리아와 유고슬라비아의 영구 자유항으로 협정되기 전인 1945년부터 1954년 사이에 영국과 미국이 관할하고 있었던 트리에스티(Trieste)를 들 수 있다. MB

자치위임 devolution
한 국가의 중앙정부가 그 영역내에 있는 인정된 하위 정치단위에 어느 정도의 정치적 자치를 허락하는 과정. 이는 최근 서구에서 언어적·문화적 소수민족이 독립을 보다 강력히 요구하면서 특히 중요해졌다. 스페인 정부는 바스크, 카탈란, 그리고 안달루시안 족이 상당한 정도의 자치를 행사하도록 하는 정책을 활발히 추구했다.

벨기에에서는 프랑다르(Flanders)와 왈룬(Wallonia)지방이 국가분리를 계속 위협하고 있다. 한편 영국에서는 웨일즈와 스코틀랜드 주민들은 별도의 지역의회 구성을 제안하였으나, 1979년 국민투표로 그 기회가 철회하였다(연방주의 참조). MB

작물결합 crop combinations
농업지역을 구분하기 위하여 사용되는 분석방법. 단일작물만 재배하는 경우는 드물며, 일정지대에서 각기 중요성이 다른 다양한 작물을 키우는 것이 보통이라는 인식이 이 방법의 출발점이다. 토지이용유형을 통계적으로 평가하기 위한 기초로 작물결합 지역을 고안하였다. 위버(J.C.Weaver, 1954)가 최초로 이 방법을 정교하게 다듬었다.

각각의 작물이 재배되는 면적의 비율을 조사하고 이를 제일 많은 비율로부터 차례로 순위를 매긴다(단일작물 경작인 경우 단일작물이 100%; 네 가지 작물결합은 개별 작물당 25%인 것처럼). 특정 작물결합이 이루어지면 나타나는 이론인 비율과 실제 작물면적비율을 비교한다. 실제분포와 이론적 분포의 차이는 여러가지로 가능한 이론분포를 이용해 비교해보게 되며 각각의 비교에서 나온 결과는 다음과 같이 계산한다:

$$\delta^2 = \Sigma \frac{d^2}{n}$$

d는 실제작물의 비율과 적당한 이론비율간의 차이, n은 결합작물의 수이다. δ^2의 최소값은 가장 대표적인 작물결합을 표시한다. 토마스(D. Thomas, 1963)는 n으로 나누는 대신에 d^2을 분석해 전작물을 통합하는 통계식으로 수정하였으며, 위버는 단지 이론적인 결합을 평가하기에 적합한 것으로 순위를 매긴 작물들만 사용하였었다.

이미 산출된 작물결합은 각각의 결합시스템에

잔차

대하여 지도학적으로 무늬를 주어 표현하거나 주작물은 음영으로 나타내고 결합되는 다른 작물은 문자를 겹쳐 나타낸다. 후자의 경우는 유형이 복잡할 때 잘 쓰는 방법이다. 작물결합을 식별하기 위한 기법은 모든 순위화된 비율자료 (percentage data)에까지 확대될 수 있다. 그러나 이를 위하여는, 예를 들면 가축사육을 위한 사료량, 농장기업을 위한 표준화된 노동량 등과 같은 단위의 표준화가 필요하다. 코포크(J. T. Coppock, 1976)는 이러한 방법과 또 다른 방법으로 이 기법을 사용하였다.

분석에 포함될 작물의 선택이나, 결합상으로는 별로 중요하지는 않으나 지역에서는 대단히 중요한 특수작물의 역할에 관하여 문제가 발생한다. 작물결합을 나타낸 지도가 설명적인 역할은 하나 농가수입에서 각 작물이 차지하는 중요성을 알려주지는 못하며, 가축사육과 작물생산 사이의 관계를 규정해줄 수 있는 기술도 없다 (농업유형 참조).   PEW

잔차 residual

실제의 관측값과 회귀방정식에 의한 추정값간의 차이. 관측값이 추정값보다 크면 정(+)의 잔차가, 작으면 부(-)의 잔차가 된다. 잔차의 절대값이 크면 클수록 추정은 불확실한 것이 된다. 대부분의 잔차는 평균이 0, 표준편차가 1이 되는 표준점수로 나타내므로 각각의 관측값에 대한 추정된 방정식의 상대적 정확성을 평가할 수 있다. 따라서 잔차 자체는 추정의 상대적 불확실성을 나타내며, 하게트(Haggett, 1965)에 의하면, 지리학 연구에서 잔차의 지도화는 새로운 독립변수를 찾아내어 (회귀)방정식의 정확성을 높이는 데 기여할 수 있다. 잔차지도는 또한 공간적 자기상관의 존재여부를 검증하는 데도 사용된다.   RJJ

잔차지도 map of residuals

회귀선이나 회귀면에 의해서 표현되는 관계로부터 양적·음적 편차의 공간적 분포를 도해할 수 있도록 이용할 수 있는 지도(회귀, 잔차 참조). 토마스(Thomas, 1968)는 오차의 다양한 형들에 대한 개요를 서술하였다: 기본오차는 상대적 오차로 이전되거나 표준화된 점수로 다른 표준화된 지도와 직접적으로 비교될 수 있는 차원없는 지도를 구축하기 위하여 표준화될 수 있다(정규분포 참조). 그러한 지도들은 비록 오차도가 공간적 자기상관이 존재하기 때문에 그 모형에는 위반되더라도 만일 회귀모형에서 정규성의 가정들이 만족된다면 유용하다.   MJB

장소 place

사람이나 사물에 의하여 점유된 지리적 공간의 일부분. 하이데거(Heidegger, 1958)에 의하면, 장소는 "인간존재의 외부적 연대를 밝혀주고 동시에 인간의 자유와 실체의 깊이를 밝혀주는 방법으로 인간을 배치하는 것"이다. 이는 인간주의 지리학, 특히 투안(Yi-Fu Tuan, 1977)의 연구에서 공통적인 정형화이다. 투안의 연구에서 장소는 '감지된 가치의 중심' 즉 의미의 보고(寶庫) 또는 의도성의 대상을 뜻한다. 루커만(Lukermann, 1964)에 의하면, 장소는 적어도 여섯개의 구성적 요소를 갖는다. 그 요소들은 입지성; '전체'(ensemble: 자연과 문화의 통합); 개별성, 비록 상호관련된 틀내에서일지라도; 국지적인 핵심력; 출현(변화의 역사적·문화적 연속성내에서); 그리고 의미(인간이라는 행위자에 대한) 등이다(또한 지외경심, 심상지도, 공간성, 장소애 참조).   MDB

장소감 sense of place

장소감 개념은 지리학에서 다소 다르나 서로 관련된 두 의미를 갖는다: (a) 대단한 '상징능력'을 가지고 있는, 기념할 만한 또는 특이한 어떤 장소 자체의 성격(Lynch, 1960, 1972). 그래서 뉴욕, 스톤헨지 또는 예루살렘과 같은 특별한 도시들이나 상징적 또는 신성한 입지들은 강한 장소감을, 즉 다수인에게 독특하게 중대한 의미를 갖는다고 말할 수 있다. 비록 노부르크 슐츠(Norburg-Schultz, 1980)와 같은 학자들은 자연적 장소, 즉 '지구의 공간(telluric space)'을 말하는데 이러한 장소들은 문화적으로 특유할지도 모른다. '지구의 공간'은 현상학적으로 주어진 존재의 중심이다(현상학 참조). 그런데 '지구의 공간'에서는 연속적인 인간행위가 존재의 중심을 '세계의 중심'으로 만든다 (Eliade, 1959) ; (b) 개인적이든 또는 서로 동감하는 것이든 장소에 대하여 어떤 특별한 의미를 소유하는 사람들 자신이 그 장소에 대하여 갖는 의식(장소애 참조). 이런 의식 중에서 가장 확실한 의식은 가정과 관련된다. 가정에서는 무엇보다도 모든 사람이 '적소'에 있는 것같이 느낀다. 의미있는 일대기적 사건들이 발생하였던 장소도 역시 강한 장소감을 끌어내며 이것은 공동체나 근린의 경우에는 상호주관적일 수 있다(Eyles, 1984).

위의 (a), (b)에서 언급한 양 감각은 '내면성' 즉 실존적 소유(실존주의 참조)의 관념을 포함하며, '외면성'에 대치된다. 내면성에서는 입지와 인간생활이 융용되어 인간적 의미의 중심이 되는 반면, 외면성에서는 장소에 함축된 의미로부터 개인적 또는 문화적 분리 때문에 또는 '무장소성(placelessness)'(Relph, 1976, 1981), 장소의 익명성 증대, 그리고 대용의 또는 허위의 장소의 인위적 창조 즉, '디즈니화' 때문에 사람이 귀속되지 않는다. 그런데 위에서 말한 장소의 익명성 증대는 지역적으로 그리고 지방적으로 다양한 세계경관들이 현대사회에 경제적·정치적·문화적, 그리고 기술적으로 침투함으로써 발생한다. 장소감은 주로 인간주의 지리학의 연구주제인데 인간주의 지리학에서 장소감은 로렌스(Lawrence), 하디(Hardy), 그리고 푸쉬킨(Pushkin, Pocock, 1982)과 같은 작가들이나, 화가들, 시인들 그리고 지지학자들에 의하여 장소의 감웅성과 환기성을 검토하게끔 하였다.

DEC

장소애 topophilia

인간의 물질적 환경 특히 특정한 장소나 환경에 대한 감정적 결속력. 투안(Yi-Fu Tuan, 1974)에 의하면, 장소애는 '장소에 대한 정서와 연결'된다. 이런 결속력의 정확한 성격은 강도, 미묘성, 그리고 표출방식에서 상당히 다양하다. 그리고 반응 그 자체는 결정에 있어서 주로 미적이고, 촉각적이고, 감정적이고, 향수적이거나 또는 경제적이다. 장소애라는 용어는 『공간의 시학(La poetique de l'espace)』에서 바슐라르(G. Bachelard)에 의하여 처음으로 쓰였으며, 라이트(J. K. Right)의 지관념론과 거의 같은 개념이었다. 장소애의 초점이 환경지각과 문화적 가치 또는 자세에 있으므로, 장소애는 정서적으로 충만된 감정의 전달자로서의 또는 인식된 상징으로서의 장소를 연구하는 데 필연적으로 집중한다. 바슐라르의 용도와 정신적으로 다소 가까우면서도 약간 수정된 용도는 렐프(Edward Relph, 1976)의 저술에서 나타난다. 렐프의 저술에서 장소애는 "집중적으로 개인적이고 대단히 의미심장한 장소와의 만남"을 암시하기 위하여 택하여진다.

MDB

장소의 효용성 place utility

주어진 입지에 대한 개인의 만족도를 측정하는 것으로, 특히 인구이동 연구에서 사용된다. 개인이나 가족은 주변환경의 특성(주택크기, 근린 특성, 금전적 제약)의 영향을 받는다고 간주된다. 주변환경에 의해 현재의 상황에 대하여 만족할 수도 있고 그렇지 않을 수도 있다. 만약 해당가구의 요구 및 필요와 현재환경의 실질적 질 사이에 차이가 있을 때는 불만이 생겨난다. 불만의 정도가 허용정도를 넘어서면 이사를 하겠다는 결정이 이루어진다. 따라서 불만이 일정한 임계치를 넘어서면 대안적인 거주입지를 찾는 탐색행위가 시작된다. 이러한 탐색은 일련의 가능한 입지들에 대한 평가를 포함하는데, 이 입지들의 총체는 가구의 행동공간을 구성한다. 이러한 평가를 토대로, 행동공간내의 모든 입지

재구조화

에 장소의 효용성이 주어진다. 소득과 문화적 제한내에서, 이러한 효용성은 가구를 위한 '최상의' 입지를 선정하는 데 사용되며 이것이 그들이 현재 살고 있는 집이 될 것이다. JE

재구조화 restructuring
경제의 구성부문간 또는 구성부문내에서의 변화. 자본주의 경제에서 이 용어는 자본 또는 자본의 회전에 있어서의 변화를 의미한다. 그러한 변화는 작업장에서 계급투쟁으로 생겨난 자본축적의 조건변화에 대한 반응으로 나타나거나, 자본주의의 본질적 특성인 경쟁적 조건을 통해 변화된다. 이러한 변화에는 자본의 부문간 전환(탈산업화 참조), 지리적 변화(예를 들어 투자의 층, 신국제노동분업, 불균등발전), 자본의 집적과 집중의 결과(마르크스경제학 참조)로 나타난 규모변화 등이 해당된다. 재구조화는 노동과정 또는 노동분업에서의 변화에 대한 함축적 의미를 가지며 동시에 그러한 변화과정을 통해 이루어질 것이다. RL

재분배 redistribution
일반적으로 어떤 한 매개적 제도 또는 일단의 제도들(예: 국가)에 의해 접합되어, 한 집단 또는 장소에서 다른 집단 또는 장소로 이전시키는 체계. 재분배는 복지지리학의 일반적 관심들 중의 하나이다. 그리고 이에 관한 고찰은 사회정의와 공간체계들간의 관련성에 관한 하비(Harvey)의 예비적이며 소위 '자유주의적' 정형화에서 중심적 역할을 했다(Harvey, 1973). 그러나 하비가 연이은 '사회주의적' 재정형화에서 인식한 것처럼, 재분배는 보다 특정적으로 폴라니(Karl Polanyi)에 의해 규명된 세 가지 경제통합형태들 중의 하나이며, 어떤 특징적 공간유형과 결부되어 있다. 따라서 "재분배는 중심지향적 그리고 다시 탈중심적인 전유적 이동들을 지칭한다"(Polanyi, in Dalton, 1968). 이러한 구심적 그리고 원심적 흐름들은 다른 교환형태들,

특히 호혜성과 현저한 대조를 이룬다고 가정되었다. 왜냐하면, 이들은 잉여의 집적을 허용하기 때문이다. 이에 따라 하비는 재분배를 계층적 순위사회들과 동일시했으며, 휘틀리(Wheatley, 1971)에 따라 "호혜성에서 재분배로의 전환을 가능하게 하는 조건들은 도시화의 등장에 주요하며, 이들은 소수의 손에 그리고 소수의 장소에 잉여생산물을 집적시키는 데 유효했다"고 주장한다(Harvey, 1973). 도시의 기원들에 관한 많은 논쟁들은 이러한 전환의 핵심적 주요성을 인정하지만, 그 '조건들'의 속성에 관한 논의는 지속되고 있다. 휘틀리(1971)는 종교의 형식적 유의성을 강조한 반면, 하비는 이를 '상부구조'로 간주하고 대신 경제 그 자체에 있는 고전마르크스적 '토대'에 역점을 두었다(Harvey, 1973, 1972 참조; 또한 하부구조 참조). 그러나 재분배는 먼 과거에 국한되는 것이 아니며, 하비(1973)는 그의 본래 주제인 사회정의로 되돌아와서, 호혜성과 재분배를 "현대 거대도시에서 시장교환을 상쇄시키는 힘"으로 관심을 두었다. DG

재식농업 plantation
면화, 커피, 사탕수수, 고무, 담배 및 차와 같은 열대 혹은 아열대 작물을 생산하는 농업체계. 재식농업은 보통 대규모이며 법인조직이 소유하고(토지소유관계 참조) 대규모의 노동력 투입이 필요하다. 첫단계의 가공은 부속공장에서 이루어진다. 재식농업체계는 파종과 첫수확간의 기간이 긴 나무작물을 생산하는 데 가장 적합한 방법이다. 재식농업은 유럽 식민주의의 일부로 발달하여 순수하게 농업적이라기보다는 실제로는 기업적인 것이 되었다. 미국의 면화지대와 같은 일부지역에서는 재식농업이 소규모로 나누어졌으며, 제3세계 국가들이 독립하면서 이 지역의 일부 재식농업은 국유화되거나 추방되었다. PEW

재정적 위기 fiscal crisis

정부의 지출이 조세나 다른 재원들로부터의 수입보다도 더 빠르게 증가하는 경향. 따라서 어떠한 예산결함도 재정적 위기로 정의될 수 있지만, 오코너(O'Connor, 1973)는 고전적 연구에서 국가의 재정적 위기가 독점자본주의 발전의 논리적 결과라고 주장한다.

오코너(1973) 그리고 하버마스(Habermas)와 오페(Offe)에 따르면, 국가는 자본주의 경제에서 축적의 촉진과 그 정당화의 보장이라는 두 가지 주요기능들을 가진다(또한 비판이론 참조). 전자를 위해, 국가는 자본주의적 기업들의 운영을 뒷받침하는 사회간접시설과 그들이 고용하는 교육받은 노동력 등과 같은 사회적 자본의 제공에 개입한다. 후자를 위해, 국가는 예를 들어 복지서비스를 통해 사회적 조화를 촉진하고, 법과 질서의 유지를 보장한다. 오코너는 독점자본과 더불어 투자비용의 증가된 부분은 축적을 보장하기 위해 국가에 의해 사회화되어야 하며, 반면 독점에 내재된 문제들은 그들의 활동을 정당화시키기 위해 더 많은 지출을 요구한다고 주장한다. 국가는 더 많이 지출해야만 한다. 그러기 위하여, 국가는 더 무거운 조세를 부가해야 하며, 이는 축적을 위한 국가정책들에 역행할 수 있다. 국가에 대한 요구들은 이에 부응할 수 있는 국가의 능력을 벗어나서, 재정적 위기를 촉진하게 된다. 이러한 위기를 막고, 축적을 보장하기 위해 사용되는 국가의 이데올로기적·억압적 장치와 더불어, 복지국가 정책들에 의한 정당화를 위한 지출은 감소된다.

여러 국가들에서, 지방정부의 장치는 심각한 재정적 위기에 직면해 있다. 뉴톤(Newton, 1980)은 이것이 필연적인 결과는 아니라고 주장한다. 지방적 위기의 존재여부는 지방정부에 할당된 기능들과 그리고 지방정부가 접근할 수 있는 수입원들을 반영한다(또한 위기 참조).   RJJ

재정적 이동 fiscal migration

통상적으로, 세금부담을 감소시키기 위해 재정적 이익이 얻어지는 곳으로 이동하는 것을 의미한다. 재정적 이동은 티보모형의 중심요소인데, 토지사용자들은 경쟁관계에 있는 지방자치단체 중에서 그들에게 가장 적합한 세금과 서비스를 제공하는 곳으로 이동한다. 이것은 또 다른 공간적 스케일에서도 일어나고 있는데, 대규모 회사나 부유한 개인에게 주는 과세혜택의 정도가 각 지역마다 다르기 때문에 발생한다. 기업유치지구와 같은 계획적 정책은 재정적 이동을 촉진시킨다.   RJJ

재해(인간에 의한) hazard(human-made)

현대생활에 필요한 하부구조뿐만 아니라 과거와 현재의 산업활동으로 점차 증가하고 있는, 환경오염 및 오탁에서 비롯된 다양한 범위의 잠재적 재해들이 있다. 이는 단순히 독성 화학물질 때문에 나타나는 위험스런 일뿐만 아니라, 예를 들어 원자력발전소의 설치, 초단파 무선망, 지하배선으로부터 나오는 이온화된 혹은 이온화되지 않은 다양한 형태의 복사에너지도 이에 포함되며, 심지어 변전소 등에서 내놓는 전기 및 전자기장 역시 해로울 수 있다. 오염이란 인간이 자신의 환경 속으로, 인간의 건강에 해가 될 수 있고 생물자원에 해로우며 생태계에 피해를 줄 수 있는 물질이나 에너지를 도입하는 것으로 정의될 수 있다. 중요한 사실은 단순히 외부물질이 존재하고 있다는 것만은 아니다. 왜냐하면 이는 단지 오탁일 뿐이기 때문이다 ; 오탁이 일정수준을 넘어 해로운 영향을 끼치기 시작할 때 오염이 된다. 오염과 오탁의 구분은 임의적이며 함유된 물질의 특성에 좌우된다. 물론 오늘 오탁으로 간주되던 것이 내일 오염으로 간주될 수도 있는데, 왜냐하면 물질이 환경에 집적될 뿐만 아니라 독성과 생물체내 집적성에 관한 지식이 보다 풍부해지기 때문이다.

오늘날 납, 수은, 카드뮴과 같은 중금속 오염원에 특별한 관심이 쏟아지고 있는데, 이들 가운데 일부는 광범위하게 퍼져 있고 또한 이들 모두는 체내에 집적되며 소량이라도 위험하다.

재해(인간에 의한)

더욱이 이들 물질은 시간이 지나도 분해되지 않으며, 오히려 역사의 시간단위에서 이들을 점진적으로 재분포시키는 지형학적 혹은 기후학적 과정을 따른다. 지리학자는 이들의 공간밀도분포를 지도화하고 이 과정을 변형시킬 수 있는 지형학적 기술을 적용시킴으로써 아주 유용한 공헌을 할 수 있다. 대중적 관심을 보이고 있는 물질로는 석면제품, 질산염 오염, 살충제, 핵연료 순환과 관련된 방사능 등이 있다. 그 중에서도 마지막의 물질에 특별한 관심을 보이는데, 왜냐하면 이것은 이미 잘 알려진 건강에 대한 위험, 특정 동위원소의 지속성, 그리고 생물체와 환경에 집적되는 경향이 있기 때문이다. 이들 재해 중 몇몇, 특히 핵재해는 다른 여러 활동에 비해 위험에 대한 이론적 수준은 극히 미미할지라도, 허용될 수 없는 굉장한 위험으로 인식되어 있다. 비이온화 복사에너지에 의한 재해에 대해서는 그다지 대중적 관심이 모아지지 않고 있다. 하지만 이들의 영향에 대한 지식이 증가하고 있기 때문에, 앞으로 건강에 대한 중요한 위험으로 등장하게 될 것이다. 또한, 일반적으로 잠복성 물질은 연구하기가 매우 힘들다는 사실이 지적되어야만 한다.

핵문제에 관한 논쟁은 아주 극단적으로 활동하고 있는 두 압력단체들의 고전적인 예이다. 이런 맥락에서 과학적 객관성이라는 개념은 단지 대중관련적 기술의 의미만 지니고 있다. 군부와 기업가로 구성된 강력한 찬핵파는 환경개선(산성비 감소, 폐기물 감소), 경비절감, 연료의 다변화 및 연료공급 안정, 그리고 완전무결한 안정성을 근거로 하여 모두 핵화해야 한다고 주장한다. 반핵집단은 환경과 대기내 방사능 물질의 축적으로 나타나는 지속적인 건강재해(연료교환시 발생하는 방사선량은 100년내 지구적 규모에서 심각한 지경에 이를 것이다), 기존 핵시설 주변의 잠복성 건강재해, 연료교환 및 고농도 폐기물 저장에 관련된 위험, 원자로나 저장시설의 사고 위험, 그리고 플루토늄 경제의 여명기(대개 21세기 중엽으로 추정되고 있다)에 나타나는 개인의 사생활과 자유의 상실에 대해 경고한다. 어떻든 핵에너지는, 다음 몇천년 동안 사회의 요구를 충족시킬 수 있는 우리가 알고 있는 유일한 에너지원이기 때문에 전세계적으로 보아 피할 수 없는 것이다. 하지만 이러한 주장은 매우 복합적이다. 핵에너지와 관련된 문제란, 완전히 안전성이 보장되지 않고 있다는 점이다. 전부 아니면 전무의 딜레마가 위험평가를 더욱 어렵게 만든다. 위험이 극히 미미한 것으로 평가되고 있는데, 왜냐하면 심각한 사고가 일어날 확률이 극히 적기 때문이다; 즉 아직 완전히 설계되지 않은 시즈웰지방에 있는 고압수 원자로가 가지는 심각한 사고위험의 확률은 천만년 혹은 1천억년에 한 번(지구 추정연령의 20배)정도이다. 그러나 인명피해, 암, 대규모지역의 장기간 소개, 재산피해에 의한 막대한 손실 등 심각한 사고의 결과는 상상을 초월한다. 핵산업 경영자들은 중대한 사고가 일어날 수 있다는 사실을 인정하지 않으려 하며, 중요 도시지역 아주 가까이에 핵시설을 위치시킴으로써 그들의 확신을 증명하려 한다. 또한 그들은 현대생활을 특징지우는 다른 모든 활동은 핵에너지에 비해 보다 높은 개별적 위험을 지니고 있고 대부분 사람들은 이러한 위험을 쉽게 받아들인다고 지적하고 있다. 그들이 직면하고 있는 문제는 단지 확률이 의미하는 바를 설명하려는 것이다. 또한 그들은 개인에 대해 산정된 위험과 지역에 관련된 위험의 차이를 무시한다. 전체사회가 원자로의 사고로 파괴될 수 있는 확률은 한 개인이 죽는 확률과 거의 같다; 다른 한편으로, 전체사회가 자동차 사고로 파괴될 수 있다는 사실은 인정될 수 없다. 지리학적 시각에서 핵에너지 확산은 지리학적 분석에 새로운 기회를 제공한다. 방사능 물질은 측정하기 쉽고 핵시설주변 방사능대에 대해 자세히 규정하는 일은 단지 시간문제이다. 인간이 만든 재해의 본질과 강도에 영향을 주는 유형과 과정을 지도화하고, 모델화하는 지리학자의 능력은 점차로 아주 가치 있는 기술이 될 것이다(환경재해, 환경론 참조).

SO

재활성화 gentrification

부유층 또는 그들의 대리인이 구입, 임대계약중단 또는 기존 임차인에게 압력넣기 등을 행사하여, 낙후되고 소규모로 세분된 주택이나 슬럼화된 지역을 허물어버리고 값비싼 단독주택으로 재정비하는 과정. 재활성화는 내부도시에서 이루어지는데, 그것은 부유층들이 도시중심지에 위치한 직장과 위락시설에 근접하며 살기를 원하기 때문이다. 재활성화는 주거여과의 반대개념이라고 할 수 있다. 왜냐하면 일반적인 주거여과에서는 상당한 규모의 낡은 주택들이 보통 사회계층을 따라 하향이동되는데 비해, 재활성화과정에서는 이 주택들이 재점유되면서, 상향이동되기 때문이다. RJJ

재활용 recycling

자원고갈을 막고 환경피해를 최소한으로 줄이기 위한 생산물, 물질 혹은 에너지의 재사용. 수십년 동안 빈병 재사용, 고철 재용해, 폐지의 재활용 등 여러가지 방식으로 재활용이 실천되어 왔다. 재활용은 2차세계대전 기간 및 그 이후 원자재 고가시대에 광범위하게 이용되어왔다. BWB

저개발 underdevelopment

발전의 반대 또는 발전에 대한 장애 그리고 그 결과로 인간이 제한되고 왜곡되며 한계적인 상태로 전락되거나 전락되어가는 과정. 따라서 저개발이란 역동적이고 창조적인 힘이 부족하고 (또는 파괴적 힘이 드러나고) 그 결과로 나타나는 저개발된 사회적 상태 양자 모두를 의미한다. 저개발상태를 설명하는 데 이용되는 지표는 개발을 정의하는 데 사용되는 지표와 같이 많은 비판의 대상이 되고 있다. 그러나 이 지표들이 생활조건과 발전의 상태 등 심한 불균등을 설명하는 데 이용된다면 정치적으로는 매우 유용한 지표가 될 것이다. 그리고 이 지표들은 불균등의 존재와 원인을 해소하기 위한 정치적 합의를 형성하는 데 유용한 것이다.

일반적 저개발과 불균등 저개발간의 특징은 구분이 가능하다. 전자는 자연 전유의 본질적인 물질적 과정 및 잉여의 재사용과 전유의 사회적 과정의 실제적 또는 잠재적인 붕괴를 의미한다. 그러한 붕괴 또는 잠재적 붕괴는 생산방식 자체의 전환 또는 소멸을 가져올지도 모르는 생산양식안에서 내적 모순이 일어난 결과로 나타난다. 이 정의에 따르면, 오늘날의 세계는 사회적 과멸에 대한 잠재력을 가지고 있는 사회 및 자연에서 다양한 모순에 직면한 저개발상태에 놓여 있다. 불균등저개발이란 저개발이 사회적 또는 공간적으로 제한된 상태이거나 과정이다. 불균등저개발(불균등발전 참조) 상태는 일반적으로 저개발상태에서 개발상태로 전환되는 점이단계이다.

오늘날 전세계적 저개발상태에 가장 큰 영향을 미치는 요인은 자본주의와 관련된 일련의 혁명적이고 물질적으로 성공한(불균등하지만) 사회적 관계의 출현과 급속한 전파이다. 자본주의의 계급관계는 생산력의 혁명적인 발전에 기인되며, 세계경제의 출현을 가능케 하였다. 자본주의체제하에서 사회와 자연간 그리고 인간들간의 착취적 관계는 궁극적으로 자멸적이고, 이는 보편적 저개발로 나타나게 될 것이다. 자본주의 사회관계의 물리적인 성공은 불균등하게 발전되었다. 자본주의는 자본에 의한 노동의 착취에 기초를 두고 있다. 이러한 착취는 직간접적으로 행해지며 비자본주의 사회구성체로부터의 가치의 수탈 또는 자본간의 경쟁을 유발시킨다.

이러한 착취가 국제적으로 확대되어 제국주의로 나타났다. 프랭크(A. G. Frank, 1969)는 잉여가치가 주변지역에서 착취되어 중심지역으로 집중됨으로써, 국제적인 중심지에서의 자본주의 발전은 주변지역의 저발전을 야기시킨다고 저발전의 발전을 설명하였다. 그러나 미분화된 사회집단에까지 전세계적인 자본주의의 확산이 이루어지지는 못하였다. 자본주의의 확산은 서로 밀접한 사회관계를 가진 다양한 사회구성체에 따라 다르게 나타났다. 자본주의 확산에 대한 대

적극적 차별

웅 또한 결코 동일하지 않았다.

라틴아메리카의 저발전에 관한 프랭크의 견해는 이 지역의 저발전을 야기시킨 것은(그들의 자본주의와의 접촉에 대한 반응으로서) 기존의 봉건제적 생산관계의 강화였다라는 점에서 많은 비판을 받아왔다. 일반적으로 자본주의 사회관계와 비자본주의간의 접합은 전자에 의한 후자의 대체, 전자에 의한 후자의 붕괴 또는 후자의 강화를 야기시킬 것이라고 주장되었다. 따라서 저발전에 관한 전망은 다양하게 전개될 것이다(종속 참조).

그러한 저발전의 다양성은 발전이 가능한 존재조건을 만들기 위한 투쟁에 비판적인 결과를 가져왔다. 자본주의는 인간의 물질적인 생산성을 전무후무한 수준으로 향상시킬 수 있는 가능성을 확대시켰다는 점에서 발전에 있어서 기능적이다. 자본주의는 확대된 재생산과정에서 잉여를 재순환시키며, 자연을 전유함에 있어서 제약이 되는 기존의 조건을 제거할 수 있을 것이다. 그렇다면, 일반적으로 발전의 가능성을 지닌 후기자본주의 사회로 이행되기 전인 전자본주의 사회에서 자본주의 사회로의 전환과정에서 반드시 민주적 부르주아혁명은 성취되어야 한다. 그러한 전환은 오직 계급투쟁을 통해서만 이루어질 수 있다. 혁명은 하나의 사회적 역동성이며 계획될 수는 없는 것이다. 그러나 민중들이 인간다운 존재조건을 만들어내는 데 성공할 수 없다면 저발전은 전형적인 인간의 조건으로 남아야 한다(세계체제분석 참조).　　　　　RL

적극적 차별 positive discrimination

가장 핍박받는 집단이나 지역에 유리하도록 고안된 차등정책. 예를 들면 저고용률 지역정책, 미국 포드재단의 특정 프로그램정책 및 영국의 교육투자 우선지역정책 등이 있다. 이 정책들은 자원을 집중시켜 공공지출을 감소시킨다는 이점을 지니는데, 그렇지 않고 만약 전국가적으로 개인 또는 가족지향적 체제가 추구된다면 공공지출은 훨씬 높아질 것이다. 물론 그 목표는 높이 살 만하지만, 이러한 제도는 편파적이며 가장 필요한 곳에 자원을 집중시키는 데 종종 실패한다. 지정된 지역의 모든 주민에게 그와 같은 원조가 필요한 것은 아니며, 그것이 정작 필요한 많은 사람들이 지정지역 밖에 있을 수 있다.　　　　　　　　　　　　　　JE

적실성 relevance

지리학이 주요 환경문제들이나 사회문제들의 해결에 실질적으로 기여하는 정도. 지리학이 실질적으로 기여해야 한다는 주장은 1970년대초에 빈번하게 제기되었다. 예를 들어, 프린스(H. C. Prince, 1971)에 의하면:

> 많은 지리학자들은, 그들이 이미 소유한 지식이 참된 용도로 적용되지 않으며, 기아, 질병, 빈곤을 감소시키는 방법들과 수단들에 대해 많이 배웠지만 거의 아무것도 이루어지지 않았으며, 교육받은 사람들은 [월남에서의] 야만적 전쟁을 중단시키는 데 적극적이지 못했으며, 그리고 그들의 대학내에서도 개혁을 추진하는 데 실패했다고 인식하고, 실패감으로 깊은 좌절에 빠져 있었다.

이러한 입장에서 보면, 이 운동에는 그 배경을 제외하면 다른 어떤 새로운 것은 거의 없는 것처럼 보인다. 결국, 응용지리학내에 연구작업의 특정한 전통이 있었으며, 또한 이와 계획과의 결합은 1960년대와 1970년대 초기모형에 기반을 둔 지리학의 '정책적으로 적실한' 기여들에 의해(예를 들면 베리[B. J. Berry, 1972]와 코포크[J. T. Coppock, 1974]에 의해) 훨씬 단단한 날(edge)을 가지고 있었다. 그러나 이들 양자는 (대부분) 과학의 기술적 개념에 엄격히 국한되는 성격을 가졌다. 즉 과학은 이것이 '응용되든지' 또는 '적실해야' 하는 사회적 실천의 외부에서 구성되는 것으로 고려되었으며, 과학의 목적은 (자율적) 과학의 영역의 외부에서 타협된 목적들을 실현시키기 위한 기술적 수단을 제공하는 것이었다. 이에 반해서, 적실성 운동은 전통적 사회공학적 설계를 능가하여, 과학의 사회적 근거를 인식하고, 이에 따라 명시적으로 정치적인 관점에서 사회정의의 개념들을 구축하는 데 이르렀다. 이 점은 다시 그 자체적으로 결코 새로운 것은 아니었다. 이에 대한 예로써 오래 전 크로포트킨(Kropotkin)과 레크뤼(Reclus)의 기여를 지적할 수 있다(Stoddart, 1975). 그러나 현대 인문지리학에 있어 특정한 전환점은 1973년 하비(David Harvey)의 『사회정의와 도시(Social justice and the city)』의 출판으로 이루어졌다. 이 책에서 하비는 기존의 자유주의적 정형화들을 분쇄하고, 대신 사회주의적 급진지리학—궁극적으로 마르크스주의 지리학—을 주장했다. 여기서, 그 적실성은 지적인 정치적 실천에서 도출되며 이에 담지된다. 하비는 모형에 기반을 둔 패러다임의 힘에 대해 프린스보다도 훨씬 덜 낙관적이었다:

　계량혁명은 그 진로를 급속히 나아가서, 이제 한계수확체감을 분명히 나타내고 있다. 우리가 사용하는 정교한 이론적·방법론적 기본틀과 그리고 우리 주변에서 펼쳐지는 사건들에 대해 실제 의미있게 말할 수 있는 우리의 능력간에는 분명 차이가 있다. 우리가 조작하고자 하는 것과 실제 일어나는 것 간에는 너무 많은 변칙들이 있다. 생태적 문제, 도시문제, 국제 무역문제 등이 있지만, 그러나 우리는 이들 중 어떠한 것에 대해서도 심원하거나, 근원적으로 어떤 것을 말할 수 있는 능력이 없는 것 같다.

하비의 견해에 의하면, 참되게 적실한 지리학은 기존의 정리(theorem)들의 응용에 달려 있는 것이 아니라 이들을 포기하는 데에 달려 있으며, 특히 마르크스주의에 대한 진지하고 연구된 관계에 의존하게 된다. 이는 단순히 인문지리학의 재구성—"우리의 기존 분석적 고안물들의 심원하고도 근원적인 비판을 통해 사회지리적 사상을 위한 새로운 패러다임의 자의식적·지각적 구성"이라고 하비는 말했다—뿐만 아니라, 또한 동시에 과학과 사회간 연계의 재평가, 즉 과학적 언술과 실천들이 필연적으로 보다 일반적인 사회적 언술과 실천들에 담지되는 방법의 명시화를 포괄한다. 이러한 두 가지 계획들의 결합은 현대 마르크스주의(Eliot Hurst, 1980)와 비판이론(Gregory, 1978)에 의해 이루어지는 이데올로기 비판의 프로그램을 통해 분명해진다.

요약해서, 적실성운동은 지리학에 있어 실증주의 비판의 발전에 주요한 운동이었음이 입증되었다. 이 운동은 실증주의가 제시한 과학관에 도전했으며(따라서 다른 철학적 체계들의 탐구를 위한 길을 준비했다), 또한 이에 바탕을 둔 이론적 체계들에 도전했다(따라서 다른 이론적 체계들의 탐구를 위한 길을 준비했다)(또한 복지지리학 참조).　　　　　　　　　　　DG

적정도시규모 optimum city size

일정한 도시규모 이하에서 성장이 진행될 경우에는 이윤이 비용보다 많으나, 그 이상에서는 반대현상이 나타날 경우의 일정한 도시규모. 이 개념은 도시화가 계속될 경우, 대도시로 인구가 집중하여 발생하는 이윤이 성장에 의해 부과되는 비용보다 더 적어진다고 생각하는 분석가들에 의해 만들어졌다. 적정도시규모의 설정에 대해서는 찬반논쟁이 제기되고 있다. 적정도시규모 지지자는 각 개인은 공해 등의 예에서처럼, 전체적으로 팽창된 도시규모가 도시인구에 미치는 (부정적) 영향을 과소평가하기 때문에, 한 도시는 적정규모를 초과할 수 있고 따라서 정책당국이 적정규모를 설정해서 그 규모가 깨지지 않도록 조처를 강구해야 한다고 주장한다. 이에 대해 적정도시규모 반대자들은 자유시장 경제력은 (도시규모가) 적정규모에 이르면 자연적으로 이심화를 일으키게 되며, 현재 많은 나라에서 이러한 현상이 나타나고 있다고 주장한다(역도시화 참조).　　　　　　　　　　　RJJ

적정인구 optimum population

경제·군사·사회적 목표와 관련하여 최상의 효과를 나타낼 수 있는 인구수. 인구수의 최적개념은 과잉인구와 맬더스모형과 관련되어 오랫동안 논의되어왔다. 그러나 이에 대해 정확하게 정의를 내리는 것이 어려워 총생산이나 1인당 실질소득 등의 경제적인 관점으로 가끔 표현되고 있으나 다양한 세대의 경제학자들에 의해 그 정의와 유용성이 뜨거운 논쟁의 대상이 되어왔다(적정도시규모 참조). PEO

전미지리협회 National Geographic Society

지리학자들을 위한 전문단체이며, 1888년 창설되어 워싱턴에 본부를 두고 있는 미국학회. 『내셔날 지오그래픽(National Geographic Magazine)』이라는 잡지를 1889년에 처음 발간하였다. 10년 후 재정문제로 인하여 학회의 주된 관심사가 변모하기에 이르러, 특히 환경과 사회에 역점을 둠으로써 지리학회의 대중화 역할을 담당하였다. 위 잡지가 여기에 매체역할을 했고, 초기의 학술논문과 단행본 발간의 일들은 포기되었다. 그러나 이 협회는 연구자금을 지원하고 미국지리학회의 일들을 지원하였다. 1985년에 새로운 잡지인 『지리학연구(National Geographic Research)』를 발간함으로써 전미지리협회는 '자연사'에 관한 좀 더 전문적인 연구를 하게 되었다. RJJ

전산업도시 preindustrial city

전(前)자본주의적 생산양식 단계에 있는 도시. 지리학자들의 주요관심사는 전산업도시의 발달과 내부공간구조 문제에 있다(도시의 기원, 요베르그모형 참조). RJJ

전원도시 Garden City

환경의 질과 공간적 풍요로움을 강조하는 마스터플랜에 따라 개발된, 총체적으로 계획적이며 상대적으로 자족적인 취락. 전원도시는 그러한 취락을 개발해보려는 근대적 시도 중에서 성공한 첫번째 경우이다. 19세기의 일련의 시도들, 특히 자기 생산업체에 종사하는 근로자들을 위해 '이상적인' 거주공동체를 마련해주려는 인도적인 기업가들의 시도를 확대시키고 정교화시킨 것이다(Bell and Bell, 1974). 전원도시는 런던시청의 속기사였던 하워드(Ebenezer Howard, 1850~1928)에 의해 착안되었다. 하워드에 의하면 전원도시에서는 도시생활에서 얻을 수 있는 사회경제적 이점과 촌락환경에서 취할 수 있는 보다 건강한 개인생활의 이점을 결합할 수 있다. 그의 견해는 그가 저술한 『내일의 전원도시(Garden cities of tomorrow, 1902)』(초판은 1898년에 출간되었는데 책 명칭이 다름)에 제시되어 있다. 전원도시는 6천여에이커의 면적에 3만2천여명을 수용할 수 있는 도시로서 동심원적 토지이용패턴으로 계획된다. 개방공간은 전원도시 안에서는 넓은 가로망, 저밀도의 주택지와 공원의 형태로, 도시주변에서는 농경지와 개발제한구역에 의해 제공된다. 전원도시가 감당할 수 있는 계획된 수용한계에 이르면 또다른 지역에 전원도시를 새롭게 건설한다. 그리고 여러 곳에 계획적으로 건설된 각 전원도시는 서로서로 그리고, 모도시와 능률적인 도로 및 철도교통을 통해 연관을 맺게 된다. 하워드는 초판을 출판한 1년 뒤인 1899년에 전원도시협회를 창설하였다(비슷한 단체가 다른 여러 나라에도 세워졌다 ; Osborn and Whittick, 1977 참조). 그의 사상이 결실을 맺어, 1903년에 허트포드셔에 3,918에이커의 땅을 구입하게 되었고, 이곳에 파커와 언윈(Barry Parker and Raymond Unwin)의 설계를 토대로 하여 세계최초의 전원도시인 레취워스(Letchworth)가 건설되었다. 시가지는 전체 도시면적의 3분의 1을 차지하였고, 공지·개발제한구역·농경지가 넓게 자리잡았다. 공간적 풍요로움은 수목과 소규모의 임대경작지가 풍부하게 존재함으로써 한층 고양되었다.

레취워스는 20세기에 이르러 과밀화된 도심지로부터 계획적으로 인구를 이심화시키는 데 성공한 최초의 사례라고 할 수 있다. 또한 레취워스는 영국과 여러 다른 나라에서 도시계획을 논의하는 데 있어서 중요한 소재가 되어왔다. 1920년에 제2의 전원도시인 웰윈이 역시 허트포드셔에 건설되었다. 전원도시운동은 전후 신도시계획에서 선구자 역할을 했으며, 도시계획과 도시과밀 해소라는 전반적으로 유사한 원리를 고수했다. 전원도시협회는 1918년에 창설된 도시 및 촌락계획협회의 전조가 되었고, 아직도 영국의 도시계획정책에 잠재적인 압력단체 구실을 하고 있다. AGH

점기호 point symbol
위치와 크기로 공간자료를 나타내는 기호(기호화 참조). MJB

점이지대 zone in transition
버제스(E. W. Burgess)의 도시성장에 대한 동심원모형에서 두번째 지대에 해당됨. 공업, 상업 및 밀집·분할·노후된 주택이 혼합되어 있는 지역. 도심에의 근접성은 이 지역을 업무 및 상업적 침입에 유인하고, 따라서 거주지로는 부적합해지며 결과적으로 소수인종집단과 같은 빈곤한 집단 및 도박·매춘과 같은 활동이 유입된다. 이 현상은 특히 북미에서 나타나는데 이 지대의 문제는 역동적인 중심업무지구 및 노후한 도시기반시설 때문에 생겨난다. JE

접근성 accessibility
상호작용과 접촉의 상대적 기회. 인문지리학에서 접근성은 통상 순전히 기하학적인 개념으로 다루어져왔다. 나이스첸(J.D. Nystuen)은 '상대적 위치'를 '기초적 공간개념'으로 제안하였고 (Berry and Marble, 1968), 이것은 고전적 및 근대적 입지론 양자 대부분에서 중심개념이 되어왔다. 이 입지분석에서는 상이한 접근성의 유형을 나타내기 위해 그래프이론을 이용하는데,

이 이론에서는 접촉하고 있는 네트워크를 다음의 2단계 환원을 통하여 분석한다 : (a) 이 네트워크는 일련의 위상수학적(位相數學的) 지수들이 도출될 수 있는 단순그래프로 변형되고; (b) 이 그래프는 연속적 지수확장이 고차 네트워크 구조를 만들어내는 연계성행렬로 표시된다(Chorley and Haggett, 1969 참조). 그러나 접근성은 기하학보다 더 많은 것을 포함하며, 몇몇 학자들은 이의 사회경제적 차원의 중요성도 똑같이 강조되어야 한다고 주장하고 있다. 예를 들어, 하비(D. Harvey)는 접근성을 상이한 사람들에게 가용자원을 제한하는 '실질소득'의 전략적 원천으로 보았으며, 이 점에서 [접근성의 개념은] 계급구조가 다시 접근성에 영향을 미치는 여러가지 방법들을 인식함에 있어 중요한 지름길이 된다(Smith, 1977). DG

정규분포 normal distribution
분포형태가 중심성을 나타내는 3개의 지표(평균, 중위점 및 최빈치)를 중심으로 종모양의 대칭을 이루는 이론적 빈도분포를 말한다.
이 분포의 특징은 수평축의 한 점을 기준으로 그 좌우에 분포하는 관측치의 비율을 정확히 계산할 수 있다는 점이다. 이론적 정규분포는 무한히 큰 모집단에서의 막대그래프를 연결한 그래프와 동일하며 다양한 유의도검증의 기초로 이용된다(342쪽 그림 참조). RJJ

정기시장체계 periodic market systems
세계의 많은 지역에서 일부 소매업기능은 특정한 날 또는 특정한 며칠간에 서는 '장(場)'에서 이루어진다. 서부아프리카에서는 정기적으로 이루어지는 장에서 소매업의 모든 기능이 이루어진다. 영국의 도시시장에서는 기존의 상설시장에 덧붙여서 정기시장이 열리기도 한다.
도시지리학자들은 중심지이론을 활용하여 정기시장체계를 유추하고 있다. 상대적으로 재화의 도달범위가 짧고 최소요구치가 큰 소매기

정밀화

그림 1 이론적 정규분포

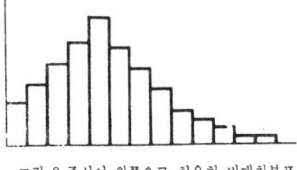

그림 2 중심이 왼쪽으로 치우친 비대칭분포

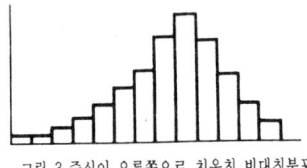

그림 3 중심이 오른쪽으로 치우친 비대칭분포

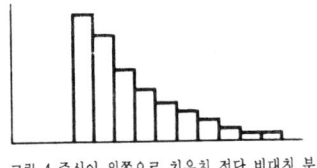

그림 4 중심이 왼쪽으로 치우친 절단 비대칭 분포

정규분포

능이 전개될 때, 정기시장체계를 따라 움직이는 업자들은 한 장소에서의 불충분한 교역을 극복하고 충분한 거래량을 확보할 수 있다. 최근의 연구에서는 정기시장체계를 운용하는 방법면에서, 예를 들어 시간제와 전일제를 신축성 있게 운용하는 등, 상당한 변화가 일어나고 있음을 설명하면서, 이제는 중심지이론의 이론적 유추가 정기시장체계를 완전하게 설명할 수 없게 되었다고 지적하고 있다(시장교환 참조).   RJJ

정밀화 enhancement
지도축적이 증가함에 따른 지도학적 세부의 정

교성. 정밀화의 전통적인 기법은 오직 수동식 지도제작자의 기술에 달려 있으며, 따라서 대체로 직관적이며, 행위적이다. 예를 들어 1:100,000의 지도에 있는 부분이 1:25,000의 축척에서 사용될 때 그 세부가 중요해진다. 단순히 다시 제작된 선들은 매우 조악하게 보이므로 그것이 미적으로 받아들여질 수 있도록 만드는 정밀화가 행해진다. 이것은 컴퓨터지도학과 지리정보시스템에서 축적이 없는 데이타 베이스의 창출에 절대 필요하다. 그러나 이 기법들은 가장 일반화된 '쪽걸이 덮개'곡선('fractal' curve : 짧고 곧은 단선들의 연속으로 이루어진 연속선을 나타냄)과 함께 아직 개발단계에 있다.   MJB

정보방안분석 repertory grid analysis
행태지리학에서 환경의 인지영상 및 그에 대한 태도의 식별을 위해서 사용되는 방법. 심리요법 분야에서 켈리(Kelly, 1955)의 개인적 구성개념 이론의 경험적 요소에 바탕을 두고 발전되었는데, 개인적 구성개념 이론에서는 인간행위자를 현실의 영상을 계속적으로 구성하고 그를 검증하는 초보적 과학자로 여긴다. 이를 적용할 때는 응답자의 응답항목을 미리 정하는 것과 같은 설문지에 의한 연구는 피하고 응답자가 자신의 질문에 답하게 한다. 그러나 이러한 방식의 연구에는 비교의 문제가 대두되며 결과의 분석은 연구자의 해석적 판단에 따라 달라진다.   RJJ

정보이론 information theory
체계의 정보나 조직화 정도를 분석하려고 시도하는 통신과학의 수학적 접근방법의 하나. 이 이론 및 관련방법들은 지리공간에서의 취락이나 인구분포를 기술하기 위해 사용되어왔다. 이론의 수학적 정식화는 통계 열역학에서의 엔트로피 수학, 지리학 및 계획분야에서의 엔트로피 극대화모형과 밀접히 관련됨을 보여준다. 기본 방정식은 샤논(Shannon)에서 비롯되었다.

$$H = \sum_{i=1}^{N} x_i \log \frac{1}{x_i} = \Sigma - x_i \log x_i$$

여기서 $\sum_{i=1}^{N} x_i = 1$ 이며, H 는 정보척도이다.

그러므로 개별 x_i 들은 확률적 실험의 N가지 가능한 결과의 확률이다. N개의 센서스 조사구획에서의 인구의 비율, N개의 지방에서 토지면적의 비율 등, x_i 중 하나가 1에 접근함에 따라 (통계적으로 하나의 결과가 거의 확실성이 됨에 따라) H는 0에 접근한다는 것을 (사례나 수학적 증명에 의해서) 보일 수 있다. 다른 한편으로 모든 x_i 가 거의 동일하게 된다면(1/N로), H 는 log N이 나타내는 최대값에 접근한다.

정보이론에서 이들 결과는 R지수를 나타내기 위해 쓰인다.

$$R = 1 - \frac{H}{H_{max}}$$

이는 용장도(redundancy, Shannon)나 질서(von Foerster)의 척도 등으로 다양하게 불려진다. 지리학에서는 해석의 모호함이 나타날 수 있다. 왜냐하면 극도로 집중된 공간유형(H=0, R=1)과 균등한 공간유형($H=H_{max}$, R=0)이 비록 아주 다른 종류이긴 하지만, 모두 질서를 나타내기 때문이다. 이는 다음 예에서 볼 수 있다.

지역	A	B	C	D
분포 1	0.25	0.30	0.20	0.25
분포 2	0.80	0.19	0.01	0.00

$H_{max} = 0.602 : H_1 = 0.598 : H_2 = 0.235$

마르샹(Marchand, 1972)에 따르면, 각 등급간 간격이 지도의 지역구분 단위와 거의 동일한 비율을 가진다면, 지도학적으로 단계구분도는 가장 많은 정보를 전달할 것이다. 즉 H가 최대화된다. 또 그는 이 지도 위에서 가능한 최대정보는 자료수집에 얼마나 많은 원자료가 사용되든 지간에, 지도화 단위 및 등급간의 수에 의해 좌우됨을 보여주었다. 유사한 접근방법이 집단내 정보와 집단간 정보를 구별하기 위한 분류에서 H통계량을 사용한다. AMH

정상성 stationarity

시-공예측모형(space-time forecasting models)의 이용에 중추적인 통계적 개념. 한 모형이 경험적으로 측정된다면 그 모형의 적용은 확인된 관계식이 공간적·시간적으로도 변화하지 않는다는 것. 즉 정상이 있음을 가정한다. RJJ

정성적 방법 qualitative methods

행위자의 정의나 행태에 중요성을 두면서 사회세계를 조사하는 방법. 정성적 방법이라는 용어는 현지연구, 민족지, 답사, 그리고 해석적 연구 등과 동일개념으로 쓰이는 등 다양한 접근방법들을 포함한다. 상이한 방법은 세부적 사항과 개념적 유래 및 방법의 배경에서는 서로 다르나, 이 여러 방법들은 사람들이 어떻게 행위하고 그들 생활에 어떻게 의미를 부여하느냐를 해석적이고 감정이입적 이해를 통해서 사회세계의 성격을 규명하는 것이 연구의 과제라는 관점을 공유한다. 연구자는 토마스(Thomas, 1928)가 행위자의 '상황정의'라고 부르는 것, 즉 행위자의 현실에 대한 지각과 해석을 찾아낼 필요가 있고 또한 이런 지각과 해석이 어떻게 행태와 관련되는가를 연구할 필요가 있다. 현실에 대한 이러한 관점은 상호주관적인 것(상호주관성 참조)으로서, 다른 사람들과의 상호작용과 공유된 의미에 의존한다. 상황에 대한 이런 정의를 이해하기 위하여 연구자는 비록 불완전한 방법일지라도 세상을 행위자의 관점에서 볼 수 있어야 한

정성적 방법

다. 그러므로 참여관찰은 흔히 이용되는 정성적 방법이다.

해석적 이해의 개념은 베버(Max Weber)로부터 유래하는데, 이해(Versteben)라는 용어는 그로부터 시작된 것이다. 이해란 재생 또는 재활과정을 거쳐서 감정이입적 이해를 달성하는 것을 하나의 목적으로 삼는 사회분석의 한 형태이다. 베버에 있어서, 사회행위를 인과적으로 설명하는 것은 부차적인 것이다. 그러나 이는 해석학이나 여러 해석적 사회학 분야에서 제일의 과제로 선택되었으며 특히 슈츠(Alfred Schutz)의 사회학적 또는 구성적 현상학, 상징적 상호작용론과 민속방법론에서 중요하다. 이들 여러 방법론은 강조하는 바가 다르지만 모두 상호주관성을 강조하며 사회생활이 어떻게 구성되어 있는지에 대한 여러 측면들을 취급하려고 시도하고 있다. 이러한 연구과정에서 서로 다른 방법론이 지향하는 바가 발전되어왔다. 슈츠의 사회학적 현상학은 참여관찰에 몹시 의존되어 있으면서도 이념형(ideal type)의 구성, 사회적 상호작용과정에서 사회적 자아구성을 위한 상징적 상호작용론, 그리고 소규모 사회세계에서의 개인들의 연출과 설명을 표출시키기 위한 민속방법론에 연결되어 있다. 최근에 레이(Ley, 1981)는 이념형—현실을 보다 잘 이해하기 위해 현실의 어떤 현상이나 여러 측면들의 지배적 요소들을 강조하는 것—이 인간주의지리학에서 분석을 촉진시키기 위하여 유용한 도구일 수 있다고 제시하였다. 한편 장소감에 대한 이념형은 에일즈(Eyles, 1985)에 의해 구성되었다.

상징적 상호작용론과 민속방법론의 접근방법에 대해서 인문지리학은 거의 관심을 나타내지 않았다. 사실 상징적 상호작용론은 참여관찰의 두 가지 변형, 즉 탐험과 조사의 관점을 제외하고는 방법에 관한 자세한 설명이 거의 없었다(Blumer, 1969). 반면 민속방법론은 대화적 분석(Turner, 1972)의 형식을 주로 발전시켰다. 비록 인문지리학자들은 실증주의 비평에 있어서 그 주요논제들 중의 하나—이론과 관찰의 관련성—에 직면했지만 블루머(Blumer)의 개념과 이론에 주로 근거를 둔 정성적 방법을 공식화하려는 시도를 거의 이용하지 않았다. 글라저와 스트라우스((Glaser and Strauss)는, 이론은 연구과정의 중심분야라고 강조하고 이론은 자료로부터 발견될 수 있다고 주장한다. 물론 연구자는 선입견을 갖게 되지만 이 선입견들은 연구자에게 방향을 제시하고 초기문제에 대한 근거의 구실을 하는 '감각개념'으로 사용되어야 한다. 선입견은 확고한 연구지침이 아니다. 그것은 자료를 해석하는 것을 도와주고 관찰한 것을 선택하고 분석하고 비교하게끔, 즉 이론적인 표본추출을 할 수 있게끔 기초를 마련해준다. 이론적인 표본추출이란 분석가가 이론을 만들기 위해서 자료를 수집하는 과정이다. 이 과정에 의하여 분석가는 자료를 수집하고 해석하고 분석하며 이론을 발전시키기 위해서 다음에 수집할 자료를 결정하고 그 자료를 찾아낼 장소를 결정한다(Glaser and Strauss, 1967). 따라서 이 '기초적인 이론' 접근방법에서는 자료수집·관찰·해석·분류·이론적 전개가 자료를 선택·분류하는 기술적 분류(아마도 이상적 유형)와 다소 동시적으로 진전된다는 것을 인정한다. 연구자들은, 분류체계에 있어서 예외적이고 모순적인 것을 찾게 되면 그 분류체계를 명확히 하거나 기각할 수 있는 것들을 찾아야 한다.

그러나 이론과 관찰 사이에 보편적 관계란 없다. 인문지리학에 있어서 가장 흔한 유형은 원래의 이론을 입증 또는 기각하기 위해서 연역적인 것을 경험적으로 검증하는 것이다(가설-연역적 방법). 또한 다른 유형은 회귀적 관계(retroductive relationship)를 들 수 있는데, 이는 연구자가 관찰한 것을 설명하기 위하여 이론을 개발하려는 것이다(Sayer, 1979에서 마르크스의 방법론 참조). 정성적 방법론에서 가장 일반적인 것은 분석적 귀납인데, 이에 의하면 사례연구에서 제시된 자료에 대한 정교화·추상화·일반화 등에 의하여 일반법칙이 얻어진다. 원래 즈나니키(Znaniecki, 1934)에 의하여 발전된 기법인 분석적 귀납은 연구자가 수집된 자료에 충실해지고 자료에 대한 기존의 분류체계에 얽

매이지 않을 수 있도록 하는데, 이는 평범한 행위자가 세상을 보는 것과 같이 연구자가 세상을 보기를 원하는 해석적 사회학에서는 매우 중요한 사항이다.

개인들의 생활세계와 그 생활세계에 대한 개인들의 묘사를 강조하는 것은 기술적이거나 해석적인 입증이나 타당성에 대하여 통계적 과정을 거치지 않음을 말한다. 해석은 대화의 객체들에게 본질적인 것이고 특수한 것이므로(Hirst, 1979) 그럴듯한 설명의 관점에서 이론적인 일치감이 있어야 한다. 해석이란 다른 사람들이 그들의 행위를 구성한 것을 연구자가 (재)구성하는 데 꼭 필요한 것이다. 이 '이중해석'(Giddens, 1976)은 연구자들과 연구대상자들에 대한 연구자들의 가치와 관련성이 매우 중요하다는 것을 의미한다. 더구나 하나의 연구방법에 의해서 발견된 것들을 다른 것에 의한 것과 비교해보기 위해서 하나 이상의 방법을 이용해봄으로써 검증을 유도할 수 있다. 몇 개의 '복수전략'을 이용할 수 있는데, 그것에는 연구팀을 이용하는 것(Stacey et al., 1970), 복수자료집합(Becker et al., 1961)—종종 자료삼각측량(Denzin, 1970)이라고 칭함—을 이용하는 것, 그리고 복수이론(Westie, 1957)을 이용하는 것 등이 있다.

사회행위, 상호작용과 의미를 발견하기 위하여 다양한 방법들을 이용해야 할 필요성은 또한 사회인류학자들에게서도 나타난다. 그래서 말리노프스키(Malinowski, 1922)는 통계적 기록화(부족의 조직을 위해서), 상세한 관찰(생활과 행태유형을 위해서), 그리고 진술과 언급(기질의 감각을 위해서)이 요구된다는 것을 인식하였다. 이러한 다양한 방법들은 시카고학파의 몇몇 민속학자에 의하여 이용되었으나 그들의 해석적이고 정성적인 접근방법들은 인문지리학자들에게 별로 영향을 미치지 못하였다. 그러나 다양한 접근방법이 필요하다고 해서 정성적 방법이 계량적 방법에 대한 대안은 아니다. 정성적 방법은 각기 특징적 장단점을 가진 여러 방법의 특수한 집합이다. 정성적 방법은 이론적 발전을 허용하고, 사회생활과 연구과정의 상호주관적이고 회상적인 성격을 인식하고 이론-관찰과 연구자-연구행위 관계를 강조한다. 정성적 분석은 대표적인 사례를 반드시 다루는 것도 아니고 대표적이 아닌 사례만을 다루는 것도 아니다. 정성적 분석에서는 설명보다는 측정과 기술이 위주이다. 그러나 정성적 방법은 실증주의에 대한 철학적 비평에서 방법론상 유사한 계량방법에 대하여 교정적이고 부가적이다. 그러므로 이들은 인문지리학의 경험적 발전을 위하여 필요한 요소이다(실용주의 참조). JE

정책대응양식:도피, 주장, 지지
exit, voice and loyalty

소비자가 재화공급의 질에 미치는 영향에 관한 이론으로 공공재의 공급이라는 관점에서 허쉬만(Hirschman, 1970)이 발전시켰다. 만약 하나의 상품을 한 공급자가 독점하여 제공할 경우, 상품의 질은 많은 공급자가 경쟁하는 경우에 비해 훨씬 낮을 것이다. 이런 경우에 소비자들은 아래와 같은 선택권 중 하나를 취함으로써 쓸모없고 비효율적인 공급자에 대응할 수 있다:(a) 도피(exit). 다른 공급자에게로 이동하려는 행위; b) 주장(voice). 공급된 재화의 질에 관해 불평하고, 만약 그 상품의 질이 개선되지 않으면 도피하려는 행위; (c) 지지(loyalty). 원래의 공급자에게 계속 의존하는 행위. 위의 선택권에서 도피의 비용이 비싸면 비쌀수록 소비자들이 취하는 주장의 영향은 더욱 더 줄어드는데, 이는 공급자가 약간만 개선하여도 지지를 얻을 수 있기 때문이다. 그러나 만약에 다른 대안이 없어 도피가 불가능하면, 소비자의 주장은 별로 영향을 미치지 못하고 지지는 확실해진다.

여러 결과가 이러한 주장으로부터 추론될 수 있다. 그 중 하나는 공공독점은 비효율적이기 때문에 개인공급자간의 경쟁으로 대체되어야 한다는 견해이다. 이 경우에 해당되는 것으로는 1980년대초 여러 정부에 의해 취해진 의료 및 교통서비스의 사유화를 들 수 있다. 다른 하나

정치경제학

는 개인적인 주장은 별로 영향을 미치지 못하지만 강력한 압력단체들은 선거시 지지의 철회와 같은 집단적인 정치적 도피를 조장할 수 있기 때문에 집단적 주장이 매우 효율적일 것이라는 추론이다. 이에 반대하는 입장으로는, 조직을 구성할 권력을 가지지 못한 사람은 가용한 즉각적 도피수단을 가지지 못한다는 점을 강조한다. 대부분의 사회에서 부유한 사람은 의료 및 교통 서비스와 같은 사적 서비스에 접근하기가 더 용이하다.

허쉬만의 모델은 근린지역의 변화에 대한 국지적인 정치적 갈등을 이해하는 것과 같은 다양한 상황에 적용되었다(Orbell and Uno, 1972).

RJJ

정치경제학 political economy

일반적으로 최소한 네 가지 유형의 의미들이 사용된다. 때로 경제학과 교체하여 사용할 수 있다고 인식되는 이 용어는 역사적으로 특수한 기원을 가지며, 잉여의 생산, 분배, 축적(마르크스경제학 참조), 임금, 가격, 고용의 결정, 그리고 정치적 배려들의 효율성 등에 관한 연구와 관련된다. 현대 신고전경제학에서 나타나는 것처럼 경제활동에 관한 사회적으로 취약한 견해와는 달리, 그 고전적 의미로서의 정치경제학은 경제의 사회적 측면들, 특히 경제적·사회적으로 정의된 계급들이 경제활동에 미치는 영향들에 우선적으로 관련되었다. 이러한 전통과 결부된 학자들에는 스미스(Adam Smith), 리카도(David Ricardo), 맬더스(Thomas Malthus) 그리고 밀즈(Mills) 등이 포함된다.

이 용어의 보다 최근 용례는 시장에 기반을 둔 경제와 민주적으로 기초된 정치간의 관련성/유사성들에 관한 연구와 관련되며, 정치지리학에서 나오는 공공선택의 이론 등을 포함한다. 특징적으로 이 접근법은 사회·경제생활의 개연성을 강조함으로써, 정치경제학의 고전적 해석의 주요원리들을 배제시켜버린다. 이 용어가 또 다르게 일반적으로 사용되는 사례는 급진적 경제학이라고 지칭되는 것에서 찾아볼 수 있지만, 조야한 해석에 머문다.

현대 지리학적 연구에서 사용되는 것처럼, 정치경제학이라는 용어는 마르크스주의와 이의 최근 발전들에서 도출된 분석들과 일반적으로 관련된다. 이와 같은 연구들에서는 자본주의사회의 사회적 특성들과 축적의 규정력 등이 강조된다. 자본주의적 생산에 부여된 조건들과 이의 사회·정치적 함의들 속에서 사회적 현상들의 근본(root)원인들을 밝히고자 한다는 점에서, 이 접근법은 급진적(radical)이라고 할 수 있다. 그리고 자본주의의 특징적 성격들과 모순들—이는 노동력이 생산과정 속에서 잉여가치를 생산하기 위해 사용되는 방법에서 주로 도출된다—은 마르크스에게 주요한 점이었다. 이러한 특정 주장은 마르크스 정치경제학에 역사적 특수성과 동태성을 부여할 뿐만 아니라, 사물들이 이루어지는 대안적 방법들 즉 자본주의처럼, 의식적 인간행동들에 의해 사회적으로 구성되어야 하는 대안적 방법을 제시한다.

RL

정치보조금 pork barrel

피선된 정치가가 자신의 선거구에 (보통은 공공보조금의 형태로) 이익이 돌아가게끔 하는 행위를 표현하는 미국식 용어. 미국에서는 정치보조금에 의한 활동이 특별히 보편화되어 있는데, 이것은 각 선거구에서 개별적 유세가 행해지며, 특히 현직정치인이 자기가 속한 정당의 업적보다 자기자신의 업적에 의존하여 재선되는 것을 추구하기 때문이다. 좀 더 일반적으로 설명하면, 이 용어는 자원배분면에서 정부에 의해 이루어지는 일종의 공간적 선호주의를 의미한다고 할 수 있다.

RJJ

정치지리학 political geography

인문지리학의 주제를 각각 경제적·정치적 그리고 사회적 사건을 다루는 3개의 분과로 구분하는 것은 관례가 되어왔다. 이러한 구분은 결코 본래적인 것이 아니며 단지 근대 사회과학을 경

정치지리학

제학, 정치학, 사회학으로 구분하는 것을 모방한 것에 지나지 않는다. 따라서 우리는 정치지리학이라는 이름으로 최근 행해지는 것을 간단히 "지리학자가 공간적 관점과 연관된 기법과 사고를 활용하여 수행한 정치학적 연구"로 정의할 수 있다(Burnett and Taylor, 1981). 그런 까닭에 근대 정치지리학은 '공간적 사회과학'으로서 인문지리학에 대한 대중적 설명에 적절하다. 그러나 정치지리학의 역사는 이 '논리적' 결과가 제시하는 것보다 훨씬 문제거리가 된다.

정치지리학은 최근에 인문지리학 3개 분야 가운데 가장 취약하다고 생각되었지만, 사실상 경제지리학, 사회지리학보다 앞서며, 전통적으로 가장 탁월한 지리학자들이 이 주제에 매력을 느껴왔다. 근대지리학이 일반적으로 수용되는 학과목으로 등장하기 전에 정치지리학이란 용어는 지리학의 '인문적' 측면에 일반적으로 적용되었다: 자연지리학은 지질학에 부속되었으며, 정치지리학도 마찬가지로 역사학에 부속되었다(Mackinder, 1887 참조). 대학에서 지리학이 설립되면서 지리학의 인문적 부문에 분과가 만들어지고 새로운 이름이 주어졌다. 이런 방식으로 '새로운' 정치지리학은 식민지리학, 상업지리학과 함께 만들어졌다. 이 인문지리학적 지식의 특수한 3부작은 '신'지리학이 발전하게 되는 19세기 후반의 사회적 관심을 반영한다. 정치지리학은 1897년 라첼(Ratzel)의 『정치지리학(Politische Geographie)』이 출판되면서 분과학문으로 성립되었다. 라첼은 오늘날 국가유기체 이론과 활력적인 사회가 공간적으로 팽창한다는 생활공간(Lebensraum) 이론의 주창자로 기억된다. 그러나 라첼의 정치지리학은 이것 이상의 것이다. 그가 살던 시대의 지리학과 보조를 맞추어, 라첼은 현재 유행하는 협의의 '정치학적 연구'와는 매우 다른, 정치지리학에 대해 폭넓은 환경론적 접근을 하였다(인류지리학 참조).

정치지리학의 성립은 매킨더(Halford Mackinder) 경의 '역사의 지리적 추축'(1904)—나중에 심장지역 이론으로 발전—을 언급하지 않고서는 논의될 수 없다. 이것은 정치지리학에서 전략지리학적 전통을 주도하였고 그것은 또한 미-소간의 냉전단계에서 전략적 사고의 기본틀을 제공하였다. 매킨더가 그의 사상을 적용시킨 최초의 기회는 1차세계대전과 그 전후였다. 매킨더와 많은 다른 지리학자들은 지리학과 그들에게 공적 안목을 가져다준 유럽지도를 재구획하는 과업을 수행한 베르사이유에서 정부의 자문가였다. 이것은 미국정부 수석 지리학 자문가였던 바우만(I. Bowman)에 의해서 1921년 출판된 『새로운 세계: 정치지리학의 문제들(The new world: polblems in political geography)』에서 요약된 것처럼 학문에서나 실천에서나 정치지리학의 전성기를 기록했다.

이제 우리는 정치지리학에서 매우 논쟁적인 부문 곧 게오폴리틱(Geopolitik), 혹은 독일의 지정학을 다룬다. 라첼과 매킨더 등의 사상을 이용하여 하우스호퍼(Karl Haushofer)는 독일국가를 위한 정책수단으로서 특별한 종류의 정치지리학 발전을 시도하였다. 그의 나치 지도층과의 연계는 2차대전중 그를 악명높게 했다. 몇몇 당대의 저술가들은 하우스호퍼의 저작 속에서 독일의 정복을 위한 청사진을 보았다. 그리고 동료 지리학자들은 그들의 벽장 속에 있는 이 곤혹스러운 잔해를 비난하는 데 매우 강경하다. 그러나 지금와서는 하우스호퍼가 당대의 적들의 생각처럼 그런 큰 영향을 미쳤는가는 증명하기 어려운 것으로 보인다: 그는 사실 편리하고 화려한 악귀였다. 그럼에도 불구하고 기억은 오래 남고 지정학의 여파는 뜨겁게 논쟁되어왔다. 그것은 분명히 정치지리학의 이미지에 부정적 요인이었으며, 그런 만큼 가끔 그 이후 분과학문의 쇠퇴에 대한 비난이 되어왔다. 다시 한번 정치지리학의 지위는 바뀌고 있다. 그래서 정치지리학의 행운은 그 역사상 어느 특정 한 부문이 아닌 보다 폭넓은 규준에 근거하고 있는 것으로 보인다(Claval, 1984).

2차대전 직후에 정치지리학은 개별국가 차원에 대한 안전한 연구영역으로 물러났다. 비록 보다 웅장한 전략지리학적 연구에 의해 공공연히 빛을 잃었지만, 국가규모 분석은 정치지리학

정치지리학

의 주요 구성요소였다. 이 분야에서 2차대전 전의 가장 주목할 만한 예는 휘틀지(D. Whittlesey)의 『지구와 국가(The earth and the state, 1939)』이다. 1950년대초에는 정치지리학에서 얼마간의 환경론적 부담을 벗어버리고, 분야를 성격상 보다 세밀하게 계통적인 것으로 만드는 경향이 빨라짐을 알 수 있다. 이 시기에 4가지 중요한 논문(Gottmann, 1951, 1952;Hartshorne, 1950;Jones, 1954)이 특히 정치분야와 근대국가의 지리를 분석하기 위한 새롭고 면밀한 기본틀을 제공하고자 시도하였다. 기본적으로 이것들은 원심력과 구심력간의 균형으로서 국가들의 지리학적 통합의 이론을 삼고자 하였다. 이러한 상태는 가끔 인용되는 베리(B. Berry, 1969)의 진술, 즉 정치지리학이 그 길을 잃고 있는 듯한 것을 '빈사상태의 정체'라고 언급한 직후인 대략 1970년대초까지 계속되었다. 인문지리학의 '논리적' 구분으로서의 정치지리학은 대학에서는 계속 널리 가르쳤지만, 이 교수를 뒷받침할 연구가 부족했다. 전체 인문지리학이 보통 계량혁명으로 일컫는 주요하고도 자극적 팽창을 경험하고 있는 동안, 정치지리학은 최근의 '신'지리학자들의 몫을 유인해내는 데 실패하고 있었다. 그것은 많은 사람들에게 재미없고 구식인 것처럼 보였다. 교과서는 경계, 수도, 영역, 행정지역, 선거, 전략지 등 조각난 서로 다른 정치지리학으로 구성되어 있었으나, 이들 부분간에 특별한 연관이 없었다. 그의 환경론적 기초가 벗겨지면서, 전통적 정치지리학은 그 응집을 상실한 것 같았다. 그리고 그것이 전후 정치지리학이 소멸한 진짜 이유이다(Claval, 1984).

정치지리학이 1960년대에 침체 속에 있었지만 이것은 분명히 그와 관련된 사회과학, 정치과학에서는 사실이 아니었다. 따라서 정치지리학의 문제에 대한 가장 분명한 해결책은 인문지리학의 다른 분과의 예를 따르거나 관련 사회과학의 이론을 깊이 빌리는 길인 것처럼 보인다. 이 접근은 그 시대 가장 의욕적인 교과서 속에서 채택되었지만(Jackson, 1964;Kasperson and Minghi, 1969) 성공은 기대할 수 없었다. 아주 간단히 말해서 정치학은 경제학과 사회학에서 유용한 것과 대등한 어떤 입지론을 제고할 수 없었다. 더욱이 정치지리학의 국가적 규모에 대한 계속된 강조는 신인문지리학의 국내적이고 대부분 도시적인 관심과는 보조가 맞지 않았다(Claval, 1984). 따라서 정치지리학에 대한 체계이론의 가장 정교한 적용(Cohen and Rosenthal, 1971)조차, 그 영향력에도 불구하고 이 분과의 핸디캡을 극복할 수 없었다. 체계이론은 널리 주장되었지만 건설적인 방식으로 적용된 것은 드물었다(Burnett and Taylor, 1981). 결국 이 분과학문은 정치지리학자 자신의 노력보다는 외부적 영향으로 인하여 소생되었다.

1960년대 후반 유럽과 미국의 정치적 사건들은 모든 사회과학에 심대한 영향을 주었다. 그것은 정치적 차원을 인문지리학의 전면에 가져다 놓았다. 이것은 3가지 특징적 방법으로 표현되었다. 첫째 경제지리학과 사회지리학이 그들의 분석과 설명 가운데 정치적 변수를 포함하였다. 둘째 지리학이 보다 정치화함에 따라 급진지리학이 만들어지고 마르크스주의 지리학을 확고히 수립하였다. 셋째로 정치지리학의 재생이 있었다. 앞서의 두 경향은 근대 정치지리학을 이해하는 데 중요하다. 왜냐하면 아주 흔히 '정치지리학자'나 '정치적 지리학자'인 것처럼, 그들은 정치지리학 자체에서 생산하는 것을 다루는 주제를 포함하기 때문이다. 인문지리학의 분과간의 구분은 지리학에서 실증주의에 대한 비판이 일어남에 따라 매우 흐려지게 되었다.

초기의 두 가지 주요 연구분야가 1970년대 정치지리학의 성장을 지배하게 된다. 첫째 도시갈등이 인문지리학에서 일반적으로 매우 공통적인 주제가 되었으며, 정치지리학에서 외부성과 관련된 '좋고' '나쁜' 입지가 새로운 도시지리학의 중요한 부분이 되었다(Cox, 1973;Cox et al., 1974). 이것은 정치지리학에서 복지지리학 접근으로 발전하였다(Cox, 1979). 두번째의 성장은 계량혁명의 기법을 마침내 정치지리학에 포괄적으로 응용한 선거지리학이다. 3가지 관심분야가 드러나는데, 투표의 지리학, 투표에 있어서 지리적 영향(인접성 효과), 그리고 대표의 지리학(상승의 법칙, 게리맨더, 부적합 할당; Taylor and Johnston, 1979) 등이다. 그러나 이러한 연구의 성과는 정치지리학의 조화되지 못한 성격을 극복하지 못했다; 오히려 응집력 부족을 증대시킨 편이었다. 일반적 반응은 교수와 연구를 위해 정치지리학적 정보를 3가지 분리된 규모로 정리하는 것이었다: 세계적 혹은 지구적, 국가적, 그리고 내국적 혹은 도시적 규모. 이 기본틀은 모든 파의 정치지리학자간에 거의 공통적인 것이 되었다.

정치지리학은 대부분의 비평가들이 주목할 만한 재기를 선언하였듯이 1980년대에 계속 번영하고 있고 3개의 정치지리학자 집단을 확인할 수 있다(Taylor, 1983). 현상집단은 대부분 현존 제도와 사회를 인정하고 전통적 정치지리학 주제의 다수를 계속 연구한다. 그들의 궁극적 관심은 정치적 질서와 안정을 위한 것이다. 이 관점은 최근 고트만(Gottmann, 1982)이 주장하였다. 개량주의 집단은 현존제도와 사회에 만족하지 않고 제한적 변화를 주장한다. 즉 질서로부터 복지로 나아가며 사회개선의 공통적 수단은 사회적 선택이론이라고 주장한다(Archer, 1981; Hall, 1982; Reynolds, 1981). 마지막으로 기존 사회적·정치적 질서의 개량을 수용도 회망도 하지 않는 정치지리학자들 속에서 정치지리학과 급진지리학간의 일부 통합이 있었다. 제국주의, 국가와 지방정부에 대한 마르크스주의 이론이 3가지 규모의 기본틀 속에 적용된다(Short, 1982). 대안적으로, 세계체제분석이 이 3가지 규모의 편리한 존재를 설명하고 그들간의 상관관계를 이해하기 위하여 정치지리학에 채택되었다. 왜냐하면 지리학적 규모는 그 자체가 정치적이기 때문이다(축척 참조; Taylor, 1982, 1984, 1985). PJT

제3세계 Third World

제1세계(선진자본주의) 및 제2세계(국가사회주의)와 대별되는 국가집단. '제3세계'란 일반적으로 저개발된 국가, 특히, 아프리카나 아시아의 저개발된 국가들을 말한다. 대부분의 제3세계 국가들은 라틴아메리카, 아프리카, 아시아에 분포되어 있고 전세계 인구의 약 70% 이상을 차지하고 있다. 따라서 이들 국가들은 각각 다양한 특징들을 가지고 있는데(Auty, 1979 참조), 극단적으로는 OPEC 국가들처럼 부유한 국가가 있는가 하면, 캄푸치아·방글라데시·라오스·부탄·이디오피아 등과 같이 최악의 빈곤국가들도 있다.

유엔의 보고서는 가장 빈곤한 25개국을 별도 그룹으로 하였으며, 이들 국가군은 오늘날 '제4세계'로, 만약 OPEC 국가군이 별도로 취급된다면 '제5세계'로 불리고 있다. 이 보고서는 특히 12개국을 신흥공업국으로 분류하였다(신국제노동분업 참조). 세계은행은 저소득국가, 중소득국가, 공업국, 산유국, 중앙계획 경제국가들로 구분하였는데, 저소득국가의 1인당 평균소득은 공업국보다 약 40배가 낮았다.

세계군의 개념은 국가들간의 분리의 정도를 의미하나 상호의존성, 제국주의, 신식민주의의 세계적인 조건하에서 그러한 분리는 실제로는 존재하기 어렵기 때문에 잘못된 개념이다(Crush and Riddell, 1980)(종속, 세계체제분석 참조). RL

제국주의 imperialism

흔히 지배와 종속에 기초한 국가간의 불평등한 영역적 관련성. 그러한 관련성이 반드시 식민주의를 함의하지는 않는다. 왜냐하면 종속적인 영역의 경제적·정치적 활동에 대한 제국주의적 지배는 군사적 개입이나 식민정권을 수립하지 않고서도 가능하다. 제국주의에 대한 수많은 경제이론이 있는데, 그 중 가장 영향력 있는 것은 영국의 자유주의 경제학자 홉슨(J. A. Hobson)이 제안하고 나중에 러시아 마르크스주의자 레닌(Lenin)이 다듬은 것이다. 1915년 논제에서 레닌은 제1차 세계대전의 원인과 자본주의 존속이 다음 5가지 제국주의 특징과 관련된다고 주

349

제로인구성장

장하였다:

(a) 제국주의 단계에서 생산과 자본은 독점을 발생시키는 수준으로 집중된다. 독점은 자본주의 사회의 경제적 생명에 결정적인 역할을 한다;

(b) 독점은행자본은 금융자본, 금융과두체제를 형성하면서 독점산업자본과 융합한다;

(c) 자본수출이, 상품수출과는 별개로, 특별한 중요성을 가진다;

(d) 독점화의 과정은 세계를 경제적으로 분할하는 국제적 독점을 형성시킨다;

(e) 소수의 거대 자본주의국가들간의 세계영토 분할이 완성된다(레닌에 의하면, 이것이 자본주의의 최종단계를 예고한다. 왜냐하면 제국주의의 경쟁은 결국 혁명과 자본주의의 궁극적 파괴를 가져오는 전쟁으로 이끌어가기 때문이다).

그러나 제국주의의 성격은 1915년 이래 극적으로 변화해왔다. 2차대전 이후 제3세계 식민지의 해방은 수많은 주권국가를 설립케 하였는데 그 대부분은 경제적으로 선진국에 종속된 채로 남아 있었다. 최근 수십년 동안 또한 다국적기업의 화려한 등장이 있었는데, 그들의 세계적 영향력은 세계적 규모의 금융자산 취득과 금융 통제력의 행사뿐만 아니라 자본주의의 공간적 논리를 따르는 생산과정으로 특징지워진다. 자본주의의 공간논리는 다시 국제적인 공간적 노동분업에 기여하였다. 만델(Mandel, 1975)에 의하면, 자본의 국제화에 조응하는 3가지 가능한 모델이 있다:

(a) 초(super)제국주의: 단일한 선진자본주의 국가의 지배, 이것은 단일국가의 자본가계급이 국제적 자본에서 차지하는 몫이 증대하는 현상에 조응한다;

(b) 극상(ultra)제국주의: 다국적자본에 조응하는 초국가적 제국주의 '세계국가'의 대두;

(c) 제국주의간의 경쟁: 충분히 국제적 기반을 가진 것은 아니나 대륙적 규모에서의 다국적 기업에 조응하는 주요 서방블럭(미국, 서구, 일본)간의 경쟁.

현대 제국주의를 순수하게 경제적인 것으로만 생각해서는 안된다. 자본의 작용영역의 확대는 자본이 연계된 국가의 정치적 영향력의 팽창과 연결되는 경우가 흔하기 때문이다. 게다가 특히 미국과 소련 같은 초강대국과 연결된 제국주의의 정치적 형태도 있다. 그 속에서 세계는 경제적 이해뿐만 아니라 지정학적인 것에 기초한 영향권으로 지역화된다(지정학 참조). GES

제로인구성장 zero population growth(ZPG)

인구증가가 정지되는 경향(안정인구 참조). 제로인구성장의 가능성과 유리한 점, 불리한 점 등은 많은 선진국에서 출산력이 감소되고 개발도상국의 장기적인 목표로 논의되면서 연구되어 왔다. 제로인구성장은 단기적으로는 연령구성이나 경제적·사회적인 정책에 직접적으로 함축적인 의미를 지니지만 장기적으로는 특히 경제성장과 관련지어볼 때는 많은 문제점을 내포하게 된다. PEO

제염 desalination

염수를 담수로 변환시키는 과정. 기술적으로 이 과정은 근본적으로 간단히 이룰 수 있다. 그러나 적은 비용으로는 지극히 힘든 일이다. 제염하기 위해 이용되는 기술에는 증류법(핵연료, 화석연료, 혹은 태양열을 이용하는), 역삼투법, 동결 비광화법, 그리고 전기분해법이 있다. 이 기술들에는 에너지가 필요하기 때문에 이 과정에 의한 물생산단가는 높으며, 따라서 가정용, 산업용을 제외하고는 비경제적이다. ASG

조경 landscape architecture

옥외환경의 이용에 관한 설계와 경영. 경관은 자연적인 서식지 속에서 인간의 행동에 의해 창조되는데, 조경의 목적은 그러한 경관을 기능적으로 그리고 미학적으로 만족할 만한 단위들로 창조하려고 계획하는 데에 있다. 조경가는 새로운 식물지구의 설치와 같은 방법을 통한 거주지의 직접적인 수정뿐만 아니라 기존 환경에 대한 인간이용의 통제 등의 일을 한다. PEW

조방적 농업 extensive agriculture
노동력을 적게 투입하려는 의도로 토지를 경영하는 농업체계. 총생산량 중 큰 비율은 인간행위보다는 본래의 토지가용력에서 기인하며(집약적 농업 참조), 가장 중요한 변수는 생산품을 시장에 운반하는 데 드는 비용이다. 낮은 투입으로 말미암아 조방적 농업은 집약적 농업보다 단위면적당 생산량이 낮아져, 결과적으로는 조방적 농업에서의 생산품 운송비가 집약적 농업에서의 운송비보다 적지 않다면 비슷한 순이윤을 보장하기 위하여 농가규모가 커져야만 한다. 그러므로 조방적 농업은 인구밀도가 낮은 촌락과 결합되거나 시장으로부터 거리가 상대적으로 먼 곳에서 이루어지는 경향이 있다(튀넨모형 참조). PEW

조사 surveying
선택된 지역의 범위와 특징에 관해 정돈된 자료를 모으는 과정. 최근까지 지리학자들은 자료를 모으는 데 기본선, 측선, 삼각측량기를 사용하는 측쇄, 평판, 측량조사 등에 완전히 의존했다. 그러나 현재의 조사는 지표에서의 이러한 조사방법에서 한 걸음 더 나아가 항공사진과 원격탐사로부터 정밀한 영상자료를 얻고 있다. MJB

조사분석 survey analysis
개개인으로부터의 자료수집(일반적으로 설문지에 의함)과 그 분석에 포함되는 다양한 연구절차를 총괄하는 용어. 조사는 기존의 다른 자료들로부터는 얻을 수 없는 자료를 얻기 위해서 행해진다; 개인수준에서 이러한 자료의 수집은 생태적 오류의 위험을 피할 수 있다. 조사에는 여러 단계가 있다. 첫째는 알아내고자 하는 의문점과 검증되어야 할 가설들과 연구문제의 정의를 포함한다. 이 다음의 두번째 단계는 조사되어야 할 개체의 모집단을 정의하고 그 가설들을 검증하기 위하여 필요한 자료를 결정하는 것이다 ; 이 단계에서 검증의 성격이 또한 자료의 형태를 제약할 수 있다. 다음단계는 전체 모집단이 조사될 것인가 아니면 표본만이 조사될 것인가를 결정하는 과정으로 (표본만을 조사할 경우에는) 표본을 정하는 절차가 고안되어야만 한다.

조사의 초점은 선택된 개개인에게 공급되는 설문지이며 설문지의 구상이 다음 단계가 된다. '질문자를 통해 응답자에게 제공할 것인가' 혹은 '그 설문지 자체를 제시할 것인가'와 같은 문제를 포함하여 몇개의 연결된 결정들이 이루어져야 한다. 그 대답은 부분적으로 문구들의 어법을 제약할 것이다. 그 설문들은 모호하지 않은가 하는 것과 필요한 반응을 유도해낼 수 있는가를 확인하기 위하여 예비조사를 통해 검증된다. 그러면 (설문지의) 제시단계가 따르는데 여기서 표본이 정해지고 (만일 필요하다면) 그 설문지가 제시된다.

자료가 수집되면 분석을 위해 준비를 한다. 많은 조사에서, 특히 큰조사에서, 자료는 컴퓨터분석을 위해 먼저 코드가 주어진다. 그러면 설문과 기대되는 응답과의 일치성이 검사되며 그 얻어진 정보를 표로 작성하고 가설들을 검증하기 위하여 분석들이 가해진다. 결과의 점검은 더 많은 가설과 재분석을 이끌 것이다 (확정적 자료분석, 시험적 자료분석 참조). RJJ

존재론 ontology
"(지식)이 가능하도록, 세계는 어떠해야만 하는가에 관한 의문"에 답을 추구하는 이론들(때로 초[meta]이론이라고 불린다) (Bhaskar, 1978 ; 인식론 참조). 바스카(Bhaskar)는 "과학의 모든 설명은 존재론을 전제로 한다"고 주장하고, 과학철학에 있어 존재론에 관한 세 가지 포괄적 전통들을 구분한다:

존재론

(a) 고전적 경험주의. 이에 의하면, "지식의 궁극적 대상들은 원자적 사건들이다." 이 견해에 따르면, "지식과 세계는 유질동상적(isomorphic)으로 상응하는, 또는 현상주의의 경우 실제 융합된 점들의 표면들로 간주된다"고 바스카는 주장한다(또한 실증주의 참조);

(b) 초월적 관념론. 이에 의하면, 지식의 궁극적 대상들은 세계 위에 부여된 인위적 구성물들—모형과 관념화—이다. 이 견해에 따르면, "지식은 표면이라기보다는 심층적 구조로 이해"되지만, 이 구조는 사유하는 주체에 의해 구성된다(또한 칸트주의 참조);

(c) 초월적 실재론. 이에 의하면, 지식의 궁극적 대상들은 "현상들을 창출하는 구조들과 메커니즘들"이다. 이 견해는 이러한 대상들이 이들의 규명과는 무관하게 존재하고 행동한다는 점에서 비변이적(intransitive)이다.

바스카 자신은 (c)를 추인하고, 존재론적 심층—'실재의 중층적 계층화'—이라는 개념이 자연과학, 사회과학, 인문과학 모두에 절대 필요하다고 주장한다(Bhaskar, 1979). 그림은 이 개념의 골격을 나타낸 것이다.

키트와 어리(Keat and Urry, 1981)는 사회과학이 실재론적 견해를 받아들인다고 해서 "기성적 사회존재론이나 사회세계에 대한 일단의 실제 이론적 명제들을 제공받는 것은 아니다"라고 강조한다. 비록 그렇다고 할지라도, 바스카는 "과학의 성격이 세계상에 일정한 유형이나 질서를 부여하는 것이 아니라, 세계의 질서가 어떤 일정한 조건들에서 우리가 '과학'이라고 부르는 활동들을 가능하게 한다"고 주장한다(Bhaskar, 1978; 또한 Bhaskar, 1986 참조). 비록 바스카는 인문과학과 사회과학내 자연주의의 가능성을 고찰하고자 하며, 이러한 점에서 훗설(Husserl)이나 그의 추종자들과 전혀 다른 방향으로 나아가고 있지만, 동일한 원칙에 기반을 둔 '존재에의 개방(openness to being)'—존재론의 근본적이고 기반적인 역할에 관한 유사한 인식—은 현상학의 출발점이 된다. 인문지리학에서 피클스(Pickles, 1985)는 경험과학의 기반을 위한 지역존재론(regional ontology)의 중요성을 지적하기 위해 훗설의 저작들을 해석하고자 한다. 그는 특히 "고찰하고자 하는 현상들의 영역들에 관해 서술적 현상학을 통한 사려깊고 필수적인 사전적(prior) 해명없이, 현상들에 고안물들을 부여하고자 하는" 연구프로그램들에

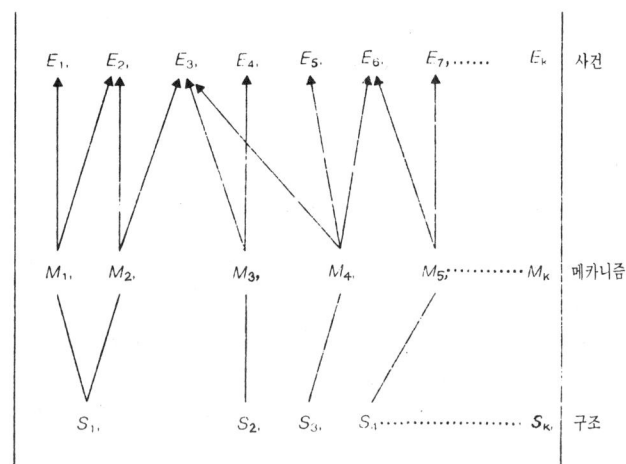

존재론 실체주의적 존재론: 구조, 메카니즘, 사건(출처: Sayer, 1984).

반론을 제시하고자 한다. 인문지리학이라는 특정 경우에서도, "지리학자들은 물리적 속성의 존재론을 지리학적 언술과 연구의 근본적·기반적 논리로서 무반성적으로 받아들여왔다"고 그는 주장한다. 이는 뉴튼적 공간과 매우 밀접하게 관련되어 있는 칸트주의로부터 도출되었으며, 따라서 이는 "인간의 공간성을 물리적 세계에 적절한 공간성과 같은 것, 또는 변형(또는 왜곡)된 것"으로 받아들인다. 피클스(Pickles)는 "만약 기하학적으로 인식된 공간조직과 상호행동이 근본적이라면, 그리고 만약 물질적 속성의 존재론과 그리고 이들이 근거를 두고 있는 뉴튼적 공간이 의문시되지 않는다면, 이러한 공간 등의 모형화는 사회물리학에서의 한 과제"(커리[Curry]가 계속해서 주장하는 점)라고 받아들인다 (또한 거시지리학, 공간구조 참조). 그러나 "만약 이러한 함의가 부정된다면, 단지 방법론뿐만 아니라 또한 존재론을 재고찰해보는 것, 즉 지리학적 인문과학을 위한 인문적 공간성의 장소중심적 지역존재론을 정립하는 것이 필요하게 된다"고 피클스는 주장한다. DG

종교의 지리학 religion, geography of

조직화된 종교와 그에 연관된 의식의 공간적 분포와 시간적 발달에 관한 체계적 연구, 또는 상이한 종교적 신념(보다 일반적으로 우주론)이 인문지리와 자연지리에 미친 영향에 관한 맥락적 분석. 이전에는 영역이 다소 좁았으나 최근에는 절충적 분과가 증가하여 비록 지금까지 나타난 바는 드물지만, 지리학 외부의 종교학자들에게 전통적이었던 관심들과 관련된 많은 내용들을 포함하는 것으로 확대되었다; 조사기술의 변화·발달도 내용의 변화에 뒤지지 않는다. 그리하여 예를 들면 서독에서는 정통 신학자들의 시각뿐만 아니라 종교학자(Religionswissenschaftler)들의 시각을 통합하려는 움직임이 보다 종합적이고 통찰력있는 종교지리학의 가능성을 제공한다(Büttner, 1974). 다른 곳에서도 그리고 동시에 다수의 지리학자들이, 특히 라이트(J. K. Wright)가 확립한 넓은 개념적 전통—예를 들면 처음으로 지관념론과 지외경심을 통하여 개척한 영토적 친화력의 개념—속에서 연구하는 인간주의 지리학자들에 의하여 이미 부분적으로 개발된 주제들을 통합함으로써 학문의 하위분야의 영역확장을 추구하고 있다. 그리하여 1960년대 아이삭(Isaac)의 개척자적인 경험적 연구 이후, 개념적 범위는 물론 방법론적 정교화도 현저하게 개선되어, 이 '분야'는 이제 특정한 의제에 대한 뚜렷한 동의에 의해서보다는 보편성과 다양성에 의해서 특징지워진다. 실제로 많은 저자들이 종교와 관련이 있는 한정된 세부분야가 존재하는가에 대하여 의문을 가지고 있다. 소퍼(Sopher, 1981)는 한걸음 더 나아가 "인지할 수 있는 분야의 발생에 기여할 응집성, 연속성, 공통적인 목적이 거의 존재하지 않는다"고 제시하였다. 마찬가지로 투안(Tuan, 1976)도 지리학에서의 종교적인 연구는 기껏해야 '혼란스러운 분야'일 뿐이라고 간주하였다. 그러한 혼란의 기원은 어렵지 않게 추적된다. 적어도 부분적으로는 '종교' 자체와 관련된 정의의 문제에서 유래하며—종교의 공식적·비공식적 속성과 관련된 상이한 주장들, 그리고 신학보다 전반적인 철학적 논쟁의 윤곽과의 관계를 나타내려 시도할 때 아직도 명백하게 나타나는 부정확성—그리고 종교적인 의식뿐만 아니라 비종교적인 의식에 대한 종교 및 종교적인 신념의 영향을 '측정'할 수 있는 받아들일 만한 틀의 확립에 관한 문제로부터 유래한다. 지리학내에서 종교적인 연구의 범위를 확정하는 것이 특히 어렵긴 하나, 그럼에도 불구하고 그러한 불완전한 한계가 포함하는 연구들의 내용에 관해서는 여러 일반화를 제공할 수 있다.

분류학적으로 종교학분야는 여러가지 다른 방법으로 구분되어왔다. 아마도 가장 유용한 단일 구분은 종교의 내용(content)에 관해 일반화를 추구하는 학자들과, 사회적·경제적 그리고 문화적 이슈들에 관하여 서로 다른 신학이 제공하는 독특한 태도를 통해 표현되는 종교의 지리학적 영향(impact)을 고찰하는 데 더 관심을 가진

학자들간의 구분일 것이다. 그러나 덜 명백히 문제가 되는 전자의 내용에 관한 연구분야 내부에서조차도, 종교의 영역에 관하여 생산적 불일치가 광범위하게 존재한다. 이에 많은 저자들이 (특히 Büttner, 1974, 독일의 전통 속에서) 이 용어의 사용을 세계 주요종교와 더불어 그들의 보다 국지적인 구성요소적인 부분들, 예를 들면 기독교와 또다른 비국교도들의 대립적인 신념으로 표명되는 교조적인 변이의 공식적 표현에만 제한시킨다(Gay, 1971). 보다 자유로운 형식화를 이끌어내려는 다른 사람들은 보다 넓은 개념을 포함시키기를 선호하며 '종교'내에 합리적으로 체계화된 이념이나 우주론, 주의, 의식(practice), 그리고 '경관의 설계에 영향을 미치거나 (특히 성스러운) 공간에 대한 인간의 평가에 영향을 주는 상징들 모두를 포함시킨다(Graber, 1976; Tuan, 1968, 1978). 사료편찬(historiography)에 대안적으로, 그리고 동일한 사료편찬의 전통 속에서, 많은 학자들이 성스러운 경험의 영향, 공간선호의 유형, 그리고 지상공간에 관한 신학적 해석의 발달이나 수정에서의 공간질서에 대한 체계화된 개념들에 관련된 논쟁들에 참가하였다.

형식성과 비형식성간의 구분은 또한 종교의 지리적 영향에 집중을 한 연구들을 분류하는 데도 적용될 수 있다. 물론 이를 능가하여, 신학적 율법들이 아주 날카롭게 느껴지는 논쟁들과 관련하여 주요한 해석적 차이가 저자들간에 존재한다. 가장 일반적으로 연구되는 문제들은 다음과 같다:

(a) 종교적 신념의 공간적 유형과 지역적 특징: 이 연구들을 구성하는 것은 주로 종교의 확산단면(예를 들면 Louder, 1979)으로부터 상호작용하는 장(field)들의 문제, 종교적인 친화력과 공간적으로 표현되는, 또는 공간적으로 의미 있는 현상들과의 상호관련의 문제에 이르기까지 (Pillsbury, 1971; Zelinsky, 1961), 그리고 특정한 '순례여행'의 통로 및 숭배의 국지적 유형을 둘러싼 문제들에 이르기까지(Isaac, 1973; Shair and Karan, 1979) 다양한 공간적 차원에 서 광범위한 주제들을 포함한다. 이러한 일반적인 영역 속에서 몇몇 연구들은 공간에 대한 인간행태에 관하여 폭이 좁은 경제적·유물론적 해석을 피하려는 욕구의 영향을 받았지만, 대부분의 연구는 방법론적 주류인 실증주의와 예측적인 공간의 모형화라는 흐름 속에서 진행되어 왔다. 사실상 일부저자들에게는, 모형화를 하기 위한 전문적 방법들이 (그리고 특히 비록 자료의 배치에 따르는 것이긴 하지만 비정통적인 것에 대한 기술적 모형의 검증이) 모형화된 신념들의 의미를 이해하는 것만큼 중요하게 나타난다. 그리하여 내용과 영향 사이의 차이가 특히 잘 유지된 반면, 분석의 도구들이 자주 승리자로 그리고 종종 종교 자체의 해석을 희생시키면서 출현하였다(Rowley and El-Hamdan, 1978; Shortridge, 1977);

(b) 사회적·경제적 관습에 대한 종교의 영향: (위에서 제시된 연구와 대조적으로) 특정한 장소와 환경에서의 종교를 이해하는, 그리고 일정한 교의를 상세하게 검토하는 특징을 지닌다. 대체로 이러한 연구는 공간적인 형태의 일반화를 추구하는 연구보다 종합적이며, 소규모의 구체적이고 맥락적인 연구이다. 필연적으로 이것은 신학적 해석과 사회적 감수성 사이에 친밀한 인식관계에 의해서도 특징지워지는데, 그리하여 풍자적으로 묘사함 없이도 추상적인 윤리가 합법적으로 사회·문화적 의식으로 전환될 수 있다. 이러한 종류의 정태적인 조화에 관한 분석은 종교적인(성스러운) 가치체계와 비종교적인 (세속적인) 가치체계 사이의 상호작용 속에 함축된 역동성을 모형화하려는 시도에 의해 보충되며, 두 종류의 뚜렷한 연구가 출현하였다: 종교적인 신념을 사회적·문화적 발달의 지표로 이용하려는 것과 관련된 연구로서, 여기에서는 세속화 자체가 주요한 변수이며 주제이다(Doeppers, 1977; Jones, 1976); 그리고 종교를 변화하는 태도의 지표로써가 아니라, 오히려 사회의 전진을 허용하는 조절장치로써 사회의 전진을 위한 적극적인 원동력으로써 종교를 이용하기를 추구하는 연구들이 있다(English, 1967).

또한 최근 통합적이지만 상이한 연구동향이 분명해지고 있다. 이 동향은 본래 신인간주의 속에서 양성된 경향으로서 종교의 문화적 맥락을 보다 구체적으로 검토하기를 추구하며, 지리적 이해의 전반적인 문제들 속에서 종교를 하나의 요인으로서 보다 널리 통합하기 위한 기초로 둘 뿐만 아니라 동시에 연결의 경로를 구체화하기 위한 시도에도 참여한다(Samuels, 1978 ; Wallace, 1978). 이러한 의미 속에서 (그러나 특히 전자에게서), 그러한 연구들은 문화지리학에서 계속적으로 신봉해온 많은 가치들을 이끌어냄과 동시에 휘틀리(Paul Wheatley, 1971)의 선구적인 해석학 연구에서 발견되는 영감 등도 이끌어 낸다(도시의 기원 참조);

(c) 경관에 대한 종교의 영향. 근대적인 그리고 독자적인 문화경관 개념의 발달에 따라 작지만 매우 중요한 이 분야에서의 연구는 종교를 경관의 이상형을 결정하는 근본으로서 그리고 서로 다른(자주 '이질적인') 사회집단의 존재에 관한 문화적 지표로서 포용하였다. 연구의 규모도 특징적인 경관 속에 있는 특정한 '형태(type)'의 종교적 관습에 관한 연구로부터(Francaviglia, 1979 ; Hayden, 1975) 사회-종교적인 문화특성과 그들의 세계관으로의 유형화에 관한 보다 일반화된 전언(message)에 이르기까지 다양하다(R. H. Jackson, 1978 ; J. B. Jackson, 1979 ; Johnson, 1976). 또한 보다 전반적으로 경관 '학파'의 관심사와 강한 유대가 존재하는데, 비물질적인 것에 대한 계속적인 강조에서뿐만 아니라 보다 최근에는 학자들이 대부분 강한 종교적, 신비적인 혹은 우주론적인 구성요소와 의미를 지니는 상징경관(symbolic landscapes ; Cosgrove, 1982 ; Senda, 1982)의 개념을 확인하고 개발하기 위하여 종교적 경관의 범위를 (투안[Tuan] 등을 좇아서) 확장하였다 ;

(d) 종교의 경제적 영향. 마지막으로 그 연원이 사회학자인 막스 베버(Max Weber)와 역사학자인 토니(R. H. Tawney)에게로 소급되는 (역사적인 그리고 현대의) 많은 연구들이 상이한 경제적 태도를 유지하는 데 있어서 종교가 가진 잠재적인 중요성을 인식하고(Robertson, 1974), 상이한 종교적 명령과 세속적 경제활동 사이의 관계를—특히 중요한 분야인데, 예를 들어 일정한 환경 속에서 상반되는 종교들이 만나는 경우(Landing, 1972)—고찰하기 시작하였다(Pieper, 1977 ; 또한 문화접촉, 도상학 참조). MDB

종속 dependence

둘 또는 그 이상 사회들간의 의존적 관계. 종속이란 그 사회를 생존시키고 재생산시키려는 한 사회의 능력이 다른 지배적인 제국주의 사회와의 연계로부터 시작된다는 것을 의미한다. 그러한 연계성(예를 들면, 가치, 원조, 정치적 영향 및 통제의 흐름에서 명백한)이 없다면, 종속사회는 그 사회의 생존을 계속 유지할 수 없다. 그러한 자율성의 축소는 종속사회의 한 결과이다. 그러나 종속사회의 사회적 특성은 미리 정해져 있는 것이 아니라 내적 계급구조와 제국주의 사회의 팽창이 접합하는 방식에 의해 발생된다(제국주의 참조).

종속관계로 발전되기 전에 사회간에는 통신수단이 반드시 있어야 한다. 종속은 본원적 조건이 아니며, 통신수단의 발달과 깊은 관련이 있다. 그리핀(Keith Griffin, 1969)에 의하면, 종속의 기원은 유럽인의 영향력 확대에 근거한다. 특히 그는 종속의 발전과 저발전의 발전간의 공생적 관계를 강조하였다:

> 즉, 오늘날 저개발지역의 거의 모든 사람들은 지역사회의 경제적 필요를 충족시킬 수 있는 독립가능한 사회의 일원이다. 하지만 이러한 사회는 팽창하는 유럽제국들과 접촉하였을 때 붕괴되어버렸다. 유럽은 저개발된 국가들을 '발견'한 것이 아니라 오히려 이들을 창조한 것이다. 실제로 많은 경우에, 유럽과 접촉한 사회들은 문명화되고 세련되었으며 부유하게 되었다.

이러한 관점에 따르면, 종속의 관계는 강력한

종주도시(의 법칙)

외부사회의 영향과 접촉하면서 독립가능한 사회가 붕괴되어 만들어진 것이다. 그러므로 그리핀이 자신의 연구에서 언급한 "발전의 본질은 제도적 개혁이다"라는 주장은 놀라운 것이 아니다.

종속의 본질에는 위에서 설명한 것과는 다른 독특한 측면이 있다. 프랭크(A. G. Frank, 1969)는 종속이란 자본주의 사회의 축적과정과 밀접한 관계를 맺고 있다고 주장하였다(자본주의 참조). 자본주의는 자본에 의한 잉여가치의 수탈과 독점 그리고 노동력을 생산현장으로 투입하여 잉여가치를 생산하려고 한다(마르크스경제학 참조). 프랭크에 의하면, 이러한 과정의 지리학이란 외부자본에 종속된 국지적·주변적 생산자들로부터 지역적·국가적·세계적(대도시) 집적 중심지로의 잉여가치의 흐름을 의미한다. 결과적으로 주변지역의 경제적·사회적 변화과정은 역동적인 제국적 중심지에 의한 종속에 의해 조종되고 통제되며 지배된다(신국제분업 참조).

후진사회와 마찬가지로 선진사회도 자원 및 자본집약적 기술에 의존하며 또한 그 자체의 계속적 발전을 위해 후진사회의 노동, 자원 및 시장에 의존하게 된다. 더욱이 종속관계의 결과로 나타난 종속사회의 내적 변화는 자원과 자본에 더 종속되는 경향이 있다. 그러한 상황에서 누가 누구에게 종속되는가 하는 것을 구별하기란 대단히 어렵다(Brookfield, 1971). 그럼에도 불구하고, 자본주의사회에서 자본에 의한 생산수단의 소유와 통제의 유지 그리고 국가-사회주의 사회에서 생산력과 생산관계에 대한 계층적·중앙집권적 통제는, 서로 모순된 특징이 있지만, 사회적 조건에서 종속의 관계를 구조화하는 데 결정적인 영향을 미친다. 종속은 물질적 관계인 만큼 또한 사회적 관계이며, 순수한 상호의존성은 비수탈적 생산관계의 창조와 실현을 필연적으로 포함할 것이다(발전, 세계체계분석 참조).

RL

종주도시(의 법칙)
primate city(the law of the)

미국의 지리학자 제퍼슨(Mark Jefferson)에 의해 정립된 도시순위의 경험적 규칙성. 제퍼슨은 많은 나라에서 3개의 최대도시 인구규모비율이 100:30:20의 순서, 곧 제3위의 도시인구규모가 제1위 도시인구규모의 5분의 1임을 인지하였다(순위규모법칙 참조). 그는 이것을 경제·사회·정치적 상황에서 나타나는 최대도시들의 돌출성과 관련지어 설명했다. 지금은 도시인구순위의 특별한 비율이 거의 잊혀지고 말았지만, 종주도시와 종주성이라는 용어는 널리 사용되고 있다. 그러한 종주성을 설명하는 경우, 흔히 종주성을 나타내는 국가가 규모가 작고, 수출지향형이며, 최근에 식민지로서의 역사적 경험이 있다는 면이 강조되곤 한다(도시규모분포, 상업모형 참조).

RJJ

종획 enclosure

배타적인 소유권을 나타내는 경계를 그음으로써 토지소유를 구분하는 과정. 영국에서는 보통 (a) 분산된 토지를 통합하거나; (b) 공유지 사용권을 폐지하고; (c) 토지에 담이나 울타리, 또는 벽, 호를 만드는 일이 일어났다. 그리고 이는 비공식적인 동의를 얻거나 사적인 약정 및 국가행위에 의하여 이루어졌다. 종획의 오랜 시간에 걸친 확산, 개방 및 공유 경지체계의 복합적인 병렬 및 이와 지역농업체계 속에서 일어나는 경제사회적 변동과의 관계 등은 역사지리학자들로부터 상당한 관심을 끌었다. 원칙적으로는 근대와 오늘날의 토지식민지화 과정 예를 들면 미국의 서부개척과 같은 경지개척과정이나 프랑스의 르망브르망(remembrement) 프로그램 등에 이러한 개념이 확대될 수도 있다(농지분할, 토지소유관계 참조).

ARHB

죄수의 선택 prisoner's dilemma

게임이론의 응용으로, 특정상황에서 상호협력행

위의 이익을 나타내는 데 이용된다.

고전적인 예로는, 차량절도와 무장강도죄로 체포된 두 죄수의 협력관계에 관한 것이 있다. 두 사람의 첫번째 죄(차량절도)는 쉽게 입증되었으나 두번째 죄는 한 사람이 자백하지 않는 한 입증되지 않는 것이다. 두 범인은 그들이 자백하지 않는 한 첫째 죄명으로 단지 1년형을 받을 뿐이나 둘 다 자백하면 각각 8년형을 받는다는 것을 알고 있다. 그러나 범인들이 따로 심문을 받으면서, 한 사람이 죄를 자백하고 그로 인해 공범이 유죄로 입증된다면 자백한 범인은 무죄로 석방되고 공범은 10년형을 받게 된다는 제안을 받게 될 경우, 공범이 자백하는 것을 두려워하여 결국은 두 사람 모두 죄를 자백하게 되고 각각 8년형을 받게 된다. 두 사람 모두 자백을 하지 않으면 단지 1년형을 받고 석방되나 다른 사람의 행동을 믿을 수 없기 때문에 협동하면 가능한 최적전략을 둘 다 포기하게 되는 것이다. 이러한 딜레머는 이기적 행위가 결국에는 개인의 이익이 되지 않으며 이타적 행위를 하려는 것은 다른 모든 사람이 그렇게 하지 않는 한 개인의 이익이 안된다는 것을 설명한다(공공목장의 비극 참조). 모든 사람의 이타적 행위는 외부적 권위에 의해 강요될 때만 보장될 수 있으므로 죄수의 선택은 국가의 존재를 정당화시키는 예가 되기도 한다. RJJ

주거여과 filtering

노후된 주택들이 다른 사회집단에 의해 점유되어가는 과정. 주거여과의 일반적 형태는 퇴화된 주택들이 사회적 계층을 따라 하향적으로 교체되는 것이다. 이러한 교체가 일어나려면 상위소득집단이 반드시 그들의 집을 떠나 새집을 지어가야만 한다. 이러한 이동의 원인으로는 다음과 같은 것이 포함된다 : 기술적 퇴화(내부구조 및 시설의 노후 또는 '구식화') ; 건축퇴화 및 설계 퇴화 ; 감가상각(보다 많은 유지비가 필요) ; 위치퇴화(원하지 않는 집단이나 토지이용이 바로 이웃에 침투) ; 그리고 입지적 퇴화(지위라는 견지에서 볼 때 그 지역이 점차 바람직하지 못하게 됨). 이러한 점에서 볼 때 주거여과는 침입과 천이의 특수한 경우이다. 최초에 한두 집씩 그 동네를 떠나다가 나중에는 대대적인 이동이 나타난다 ; 결과적으로 하위소득집단의 주택요구를 충족시키는 하나의 방식이 된다. 특히 1920년대에, 슬럼 거주자들은 부자들이 비워놓은 집에 재이주할 수 있고 이러한 식으로 주택이 하향교체됨에 따라 사회집단들은 지위상승될 것이라고 여겨졌다. 이러한 이동이 개선으로 간주될 수 있는지는 의문스러운데, 그 이유는 집이 받아들일 수 있는 수준 이하로 낙후되어 있는 경우도 있으며 또한 새 건물과 주거여과의 비율이 수요를 충족시키기에 불충분할 수도 있기 때문이다.

주거여과는 주택의 형태와 인구의 유형을 관련시켜보려는 개념이다. 그러나 이것은 단지 부자만이 자신을 위한 주택을 지을 수 있다는 견해를 포함하여 몇가지의 증명되지 않은 가정에 기초를 두고 있다. 공영주택이 보여주듯이 위의 견해는 반드시 타당하지 않다. 주거여과는 또한 경제적으로 힘있는 사람들이 아래로부터 압력을 받을 경우 단지 이동으로만 반응한다고 가정하는데, 그러나 그들은 그들의 재정적·사회적 힘을 침입과 천이에 대항하는 데 사용할 수도 있다 ; 재활성화가 시사하듯이, 그들이 원한다면 그들은 더 나아가 좋은 위치에 있는 노후된 주택으로 침투해들어갈 수도 있다. JE

주거잠식행위 blockbusting

흑인에게 인근 백인지역의 집을 팔아서 결과적으로 한 도시의 흑인거주지역이 확대되게끔 하는 부동산중개업자나 투기자의 행위. 이 행위는 흑인가정에의 판매뿐만이 아니라 백인들로 하여금 가능한 한 그들의 집을 팔고 떠나게끔 하는 압력도 포함한다. 특정 소수민족집단 근처에 살기를 꺼려하는 백인소유자나 지주들의 인종차별적인 사고방식 때문에 이러한 압력은 성공한다. 이것은 또한 흑인측에서 보면 주택기회를 제한

주권

하고 따라서 주택수요를 증가시켰던 백인들의 저항을 없애는 역할을 한다. 몇몇 부동산중개업자는 백인들의 집을 싸게 사서 이주해오는 집단에게 이익을 남기고 팔기 위해, '팔려고 내논 집' '매각된 집' 등의 눈에 띄는 표지판을 걸어 놓아 백인들의 불안을 유발시킨다. 이 행위는 인종적 변천이 일어나고 있는 근린지역이나 가격이 상승되고 있는 주택시장의 조건에서 가장 잘 성공할 수 있다. 이것은 많은 북미도시에서 발견되는 현상이며, 비도덕적인 행동임에도 불구하고, 흑인들이 이용할 수 있는 주택을 증가시켜준다. 그러나 포만(Forman, 1971)이 지적한 대로, 이 주거잠식행위는 "흑인들에게 추가적인 주택을 제공해주는 필요한 임무를 수행하지만 현존하는 인종제한적인 거주지분리의 체제하에서, 이 작업은 국지적인 사회적 안정, 심리적 긴장 및 인종간 매우 증가되는 적대감 등의 대가를 치루고 수행되는 것이다." JE

주권 sovereignty
국가정부가 그 영토와 국민에게 행사하는 반발할 수 없는 궁극적 권위. 그것은 국가 영토의 전체에 미치며, 정확하게 정의되거나 국제적으로 인정받는 것은 아니더라도 국경에 의하여 제한받는다(국경, 영해 참조). 주권에 관한 국가간의 분쟁은 결코 영토에 대한 권리다툼에 한정되지 않는다. 가장 흔한 것은 한 국가의 활동이 다른 국가의 활동의 자유를 침해하지 않도록 상대국에 제한을 강요하는 것이다. 멕시코와 미국간에 벌어진, 콜로라도강의 물에 대한 후자의 이용을 제한하려는 오랜 논쟁이 적절한 예가 될 수 있다. 미국이 콜로라도강의 많은 물을 관개와 기타 용수로 사용한 결과 멕시코에 도달하는 물의 양이 많이 줄어들 뿐 아니라 염류성이 많아져서 관개에 소용이 거의 없게 되었다. 이 분쟁은 1975년 결국 타결되었는데, 미국은 끌어들이는 물의 수준을 제한함으로써 보장된 최소한의 유량을 유지할 것에 합의하였다. 수자원에 관한 것뿐만 아니라 많은 다른 유사한 예가 있다. 이것은 국가들이 그들의 주권에 대한 제약을 서로 합의하는 것이다.

개별국가 내부에서 주권 그 자체의 본질은 폭넓게 변화한다. 그것은 아마도 17, 18세기 동안 유럽 민족국가의 군주들 가운데서 가장 순수한 형태로 나타났을 것이다. 이때 절대권력은 단 한 사람, 지배군주에게 부여된다. 오늘날 그러한 단순성은 드물고 주권은 여러 권위들에로 흔히 분산된다. 예를 들면, 영국에서 군주, 의회, 그리고 법원이 모두 제한된 특정분야에서 주권자이다. 1976년과 1979년에, 비록 의회가 그 결과의 제약을 받으려 하지 않았지만, 국민투표를 통하여 보다 직접적으로 일반국민을 포함시키려는 시도가 있었다.

대부분의 국가에서 주권은 외부권위에 의하여 어느 정도까지 타협된다. 이것의 대표적 현존사례가 유럽에서의 로마가톨릭 교회이다. 스페인이나 아일랜드와 같은 나라에서 로마가톨릭 교회는 비록 간접적일지라도 국민과 정부에 대하여 대단한 권위를 행사한다. 보다 최근에 국가들은 시민들이 불공평한 취급을 당한다고 느끼는 경우 국가법원을 넘어 유럽재판소에 항고하는 '인권에 관한 유럽협약' 같은 것에 합의서명하게 됨에 따라 그들의 주권의 한도를 자발적으로 제한하기 시작했다.

주권의 세계적 패턴은 정태적이지 않다. 그것은 국경의 변동에 따라 요동한다. 부르카르트(A. F. Burghardt)는 주권이 법적으로 확대될 수 있는 4가지 방법을 확인하였다: 점유. 전에는 주장되지 않았던 영토로 통합이 확립되는 것 ; 시효적 취득. 주권이 확장되는 것으로 취급되는 지역에 대하여 한정된 기간 동안 통합권을 행사하는 것 ; 할양. 여기서는 조약에 의해 토지가 한 국가에서 다른 국가로 이전되는 것 ; 그리고 마지막으로 자연확대가 있는데 이는 1963년 아이슬랜드 해안에서 떨어진 서트시(Surtsey)의 화산도 출현과 같은 자연의 활동에 의해 영토가 확대되는 과정을 말한다. 그러나 사실상 국가가 성장하는 가장 일반적인 방법은 정복이다. 비록 국제법상으로는 불법이지만 1950년 티베트에서 중국이 행사한 주권은 유효하다.
 주권의 본질의 국가간 차이를 분명히 보여주는 예들은 한 국가가 독립하거나 국경의 변동에 의해서 한 지역에 대한 권위의 다양성이 생긴 경우에 일어난다. 이것이 일어나는 대부분의 경우 3가지 과정이 관찰된다. 첫째, 먼저번 권위의 증거를 없애고 그 자신의 것을 경관에 각인시키기 위한 새로운 체제의 단호한 노력이 있다. 둘째, 그러한 적극적 수단에 추가하여 새로운 권위의 상이한 우선순위와 사회적 질서는 불가피하게 국민이 새로운 법, 새로운 시장 등에 적응하여야 한다는 것을 의미한다. 셋째, 거의 확실하게 인구이동이 일어난다: 어떤 사람들은 그들의 원래 국가의 관할에 남아 있기를 원하여 그곳을 떠나고, 다른 사람들은 여러 곳에서부터 새로운 나라에서 터를 잡기 위하여 들어온다.
 일반적으로 주권은 세계공동체를 통하여 가장 범세계적으로 존중되는 국가권리이며, 어떠한 위반도 항상 널리 비난받았다. 그럼에도 불구하고 주요 자연재해가 일어나 국제적 공동체의 구조활동이 전개되는 경우와 같은 어떤 조건에서, 그것은 부분적으로 취소될 수 있다. 그러나 이러한 극단적 환경조건 속에서도 국가가 매우 고집스러운 경우 외부간섭이나 도움(한쪽의 관점에 의하면)에 충분히 저항할 수 있다. 1976년, 호북성에서 70만이나 되는 생명을 앗아간 거대한 지진을 수습하는 데 외국의 도움을 중국이 거절한 것이 그 예이다(영역성 참조). MB

주도적 집단 charter group
이주민과 토착민 사이의 사회적 거리의 정도를 정하는 주인사회의 일부분. 그러므로 한 사회에서 사고와 행동의 '올바르고' '자연스러운' 방법을 제시해주는 '집단'을 말한다. 다양한 특징을 지닌 이민의 유입과 다문화사회의 정착이라는 인상에도 불구하고, 미국과 호주와 같은 사회에서 이 주도적 집단은 백인, 앵글로-색슨계 그리고 신교도이다. JE

주변지대 fringe belt
기성시가지 주변에서 혼합된 토지이용양상을 보여주는 지역. 주변지대의 이질적 특성에는 원심력에 의해서 기성시가지로부터 주변지대로 밀려난 다양한 형태의 토지이용양상이 반영되어 있다(원심력과 구심력 참조). 주변지대에 대한 연구는 콘첸(Conzen, 1960)의 도시계획 분석방법론의 중심주제가 되고 있다. 도시계획분석에서는—가로와 가로체계, 합쳐져서 가로, 블록을 형성하는 각 필지 건물의 블록별 계획 등—도시경관의 형태적 요소를 중시하고 있다(점이지대 참조). RJJ

주산물 staple
한 사회에서 주로 소비되고 생산되는 무역 또는 소비의 산물. 한 사회에서 주산물의 범위는 그 사회의 발전수준과 매우 밀접한 관련을 맺고 있다. 예를 들어 1840년대 감자흉작으로 농촌인구의 감소 및 이출, 기아 등의 현상이 나타나기 전에 아일랜드의 주산물은 감자였다. 아일랜드의 감자처럼, 쌀은 동남아시아의 많은 나라에서 중요한 식량원이라는 관점에서 주산물이다.
 무역에서 주산물에 대한 의존성이 높은 나라일수록 경제적으로 저개발국가인 경우가 많다. 대표적인 예로서 마우리티우스의 설탕을 들 수 있다. 마우리티우스의 경우, 전 수출량의 70% 이상(1965년에는 94%)을 설탕이 차지하고 있다. 그러나 매우 다양화되고 공업화된 경제에서도 불균등발전의 과정은 경제전반에 걸쳐 지속적 성장에 중요한 주산물의 출현을 야기시킬 수 있다. 19세기에서 20세기 초반의 영국 면제품도 이러한 예에 해당되며, 영국경제에서 면직물 생산은 1830년 영국 총수출의 50% 이상(1870년에는 36%)을 차지하였다. 따라서 오늘날 영국경제가 직면한 많은 어려움들은 면직물 상품 및 그것에 의해 야기된 부문적·공간적 불균등과 밀접한 관계가 있다고 주장되기도 한다. RJJ

주성분 분석

주성분 분석 principal components analysis
하나의 자료행렬(관측치 대 변수)을 변형시켜서 새로운 행렬에서는 각 변수가 독립적이게 하는 기법. 요인분석과는 달리 새로운 행렬에는 성분이라 불리는 원래 행렬에서와 같은 수의 변수가 있을 수 있다.

각 성분은 반복적 평균화 절차에 의해서 추출된다. 첫째 단계는 모든 다른 변수들에 가능한 한 근접하게 놓이는 주성분이 추출된다. 다음으로 이 주성분은 원래의 자료행렬에서 제외되며 나머지 정보량에서 중심적 위치, 즉 가중평균의 위치를 차지하는 제2의 성분이 추출된다. 이러한 절차가 모든 성분이 추출될 때까지 반복되는데, 이러한 절차를 거쳐서 산출된 정보 중에서 특히 중요한 것은 다음 3가지이다:

(a) 고유치(eigenvalues): 고유치는 각 성분의 상대적 중요성을 나타내는 측정치이다. 따라서 주성분이 모든 최초 변수들에 근접하면 할수록 주성분의 고유치 값은 커지고 전체 자료행렬에 대한 주성분의 대표성은 커지게 된다;

(b) 성분부하(loading): 부하는 원래의 변수와 새로운 변수(즉, 성분)간의 상관관계를 나타낸다. 특정변수의 부하 값이 크면 클수록 해당 변수와 성분과의 관계는 밀접하다;

(c) 성분점수(score): 점수는 새로운 변수에 대해서 나타나는 관측치값을 나타낸다.

SPSS나 BMD와 같은 대부분의 통계범용프로그램은 단시간에 자료행렬의 성분을 추출할 수 있는 프로그램을 내장하고 있다.

지리학에서 주성분 분석은 다음과 같은 연구에 사용된다:

(a) 유사한 분포를 나타내는 일련의 지도에서 공통의 유형을 찾는 귀납적 방법의 일부로서 상호관련된 변수군을 식별하는 데 사용된다;

(b) 고유치가 큰 주요성분을 추출하고 중복을 피하기 위해 변수의 수를 줄이는 데 사용된다;

(c) 앞으로의 연구를 위해 자료를 재구성하는데 사용되며, 그 예로는 다중회귀분석에서 공선성(collinearity)의 효과를 제거하기 위한 것이 있다. RJJ

주제도 thematic map
공간상에 있는 추상적 객체들의 통계적 편차를 묘사하는 지도(기호화 참조). MJB

주택계층 housing class
특정한 주택유형에의 접근성에 따라 특징지워지는 사람들의 집단(보통 소유관계에 따라 구별된다). 이 개념은 영국에서 렉스(J. Rex, 1968)에 의해 발전되었는데, 그는 주택에의 접근방식을 세 가지로 규명했다. 자본이나 신용대부를 취득함에 의해서; 공영주택에의 임차권을 취득함에 의해서; 민간부문에서의 임차권을 취득함에 의해서. 7개의 개별적인 주택계층이 확인되었다:

(a) 쾌적한 지역에 큰 집을 현찰지불로 소유한 자;

(b) 쾌적한 지역에 저당권을 설정하고 집을 구입한 자;

(c) 특정목적을 위해 설립된 공영주택의 임차인;

(d) 해체예정인 공영슬럼주택에서의 임차인;

(e) 개인소유로 된 주택전체를 임차하여 거주하는 자—이들의 대부분은 내부도시에 있다;

(f) 대부금환불을 위해서 방의 일부를 임대해야 하는 주택소유자—이들의 대부분은 외국이민들로 이들은 단기환불 고이자율로 돈을 빌린다;

(g) 세입자.

다양한 계층에의 접근은 도시관리자 및 수문장에 의해 고안되고 운영되는 적격자 선정법칙에 의해 결정되는데 이들은 누가 어떤 형태의 주택에 살 것인가에 대한 통제권을 갖는다.

주택계층의 개념은 거주희망에 대한 공통의 가치체계 및 척도(위에서 제시된 7계층을 따라서)를 전제로 한다. 이러한 전제와 더불어 계층을 자원의 소유권이 아닌 자원의 처분에 의해 정의했기 때문에 주택계층의 개념은 비판을 받는다. JE

주택연구 housing studies

주택의 생산, 할당 및 분배, 주택의 공간적 입지, 국가간섭의 증가와 효과, 그리고 주택정책의 관념적이고 물질적인 기반에 대한 연구. 이는 광범위하고 학제적인 분야이며, 부분적으로 이 주제의 복잡한 성격이 반영된다. 주택은 이질적이고 지속적·부동적이며 필수적인 소비재이다. 주택은 또한 소비지간의 사회적 지위 및 소득차이를 반영하는 지표인데, 그들의 거주지에 따라 소비자들의 바로 인접한 주변에서의 재화나 서비스에 대한 접근성 여부도 결정된다; 주택은 권력의 원천이며 그 생산자에게는 수익의 원천이 되고, 소비자에게는 계급 및 지위-집단투쟁의 원천이 된다. 주택투자는 또한 모든 국가 재정정책의 핵심요소이고 많은 선진산업사회에서의 복지실시의 중요한 부분이 된다. 지리학자들은 이 복합적인 체계의 특정부분을 분석하기 위해 일련의 경쟁적인 사회이론들을 끌어들인다.

도시주택시장의 공간적 형태에 대한 관심은 상당히 오래되었지만, 지리학에서 독자적인 한 분야로서의 주택연구는 비교적 최근에 발전되었다. 그 기원은 1920년대 시카고대학을 중심으로 한 북미도시의 거주지분화에 대한 연구에서 비롯되었다(시카고학파 참조). 그때 이후로, 주택체계의 특정부분을 분석하기 위해 많은 대안적·이론적 관점들이 개발되었다. 이것들 중에는 신고전경제학, 베버적 이론과 도시관리론의 변형들 그리고 주택생산에 대한 구조주의적 또는 정치경제적 분석이 포함된다. 신고전파 입지론은 알론소(Alonso, 1960)에 의해 발전되었는데, 이는 주택수요에 대한 단순화된 경제적 모형에 기초하고 이 모형은 결과적으로 도시주변의 가장 새로운 주택은 가장 풍요한 가구에 의해 점유된다는 이상화된 공간형태를 낳게 된다(알론소모형 참조). 1960년대 후반에 렉스와 무어(Rex and Moore, 1967)에 의해 대체적인 접근방법이 개발되었는데, 이것은 현재 영국의 도시에서 주택이 분배되는 방법에 대한 좀 더 현실적인 분석에 초점을 맞추었다(또한 주택계층 참

조). 막연히 베버적 이론에 기초한 여러 종류의 경험적 연구는 2부분적으로 도시관리자 및 수문장의 원칙에 의해 결정되는 주택에의 접근가능성이 선진자본주의 도시의 도시주택공급량내에서 어떤 특정한 사회적·공간적 형태를 창출하는지 보여준다. 1970년대 도시관리자의 제한된 독립성에 대한 마르크스주의적이며 구조주의적인 비판은 자본주의경제에서의 사회적 관계 구조에 주목하게 하였고 주택조달과 주택정책을 자본주의사회내에서의 좀 더 광범위한 사회구성체와 계급투쟁에 관련시키려고 시도했다(Ball, 1981 ; Boddy, 1976 ; Gough, 1979). 이것은 한편으로는 손더스(Saunders, 1981, 1984)와 던리비(Dunleavy, 1980)같은 정치사회학자와 정치학자들, 또 한편으로는 마르크스주의적 분석자(Harloe, 1984 ; Harris, 1984 참조)들간의 흥미있는 논쟁으로 발전했는데, 그 내용은 가구들의 주택체계내에서의 서로 다른 위치가 어느 정도 현 서구사회내의 계급구분을 초월 또는 강화할 수 있는가에 관한 것이다.

특별히 도시주택시장의 지리학적 측면, 예를 들어 주택의 다양한 유형과 소유관계의 공간적 입지, 다양한 가구유형에 의한 주택의 점유, 뚜렷한 도시적 이웃의 창출 등을 분석해왔던 여러 대안적인 방법들이 바세트와 쇼트(Bassett and Short, 1980)의 저서에 훌륭하게 요약되어 있다. 그러나 지리학자들은 주택의 특정한 측면을 소홀히 해온 경향이 있다. 이것에는 주택공급의 구조와 국가주택정책의 변화하는 관념적·물질적 기반 등이 포함된다. 도시경제학자 볼(Ball, 1983)의 주택생산의 사회적 관계에 관한 논문은 지리학자로 하여금 앞에서 언급한 분야를 개발하게끔 하는 귀중한 자극인데, 이 분야에서 역시 경제학자인 메레트(Merrett)는 영국의 정책에 관한 두 권의 자료서를 집필했고(1979, 1982), 지리학자인 쇼트(Short)는 전후 영국의 주택정책에 대한 개론적인 연구저서를 집필했다. 많은 지리학자들의 자기분야 중심적인 편향성을 상쇄시키는 데 도움이 될 상당수의 흥미있는 주택정책 비교연구들도 있다(Duclaud-Williams,

1978; Harloe, 1985). 마지막으로, 지리학자들은 오랫동안 가정내에서의 사회적 관계를 조사하거나 또는 가구단위를 세분시키는 것을 꺼려했는데, 이것은 집안에서의 노동분화 및 가구내에서의 권력계층에 관한 여성학적 분석에 의해 타파되고 있다(여성지리학 참조). 이러한 방법으로, 주택연구분야내에서 사회적 과정과 공간구조 사이의 상호작용에 대한 보다 종합적인 이해가 지리학자들에 의해 추구되기 시작하고 있다(도시지리학도 참조).   LMcD

중력모형 gravity model

인문지리학에서 아주 다양한 흐름의 유형들(인구이동, 전화통화, 여객이동, 화물유통 등)을 설명하기 위해 사용해온 모형. 최초의 모형은 19세기에 사회물리학의 지지자들에 의해 제안되었으며, 20세기 중반에 부활되었다. 이는 다음과 같은 뉴튼(Newton)의 중력방정식의 단순한 유추에 토대를 둔다:

$$G_{ij} = g \frac{M_i M_j}{d_{ij}^2}$$

이 식은 두 질량(M_i, M_j)간의 중력(G_{ij})은 중력상수(g)와, 질량의 곱($M_i M_j$)에 비례하며, 질량간의 거리(d_{ij})의 제곱에 반비례한다고 해석된다.

예를 들어 인구이동과의 유추는 다음과 같다:

$$F_{ij} = g \frac{P_i P_j}{d_{ij}^2}$$

여기서 i에서 j로의 인구이동 흐름은 두 장소의 인구의 곱($P_i P_j$)에 비례한다. 이런 모형에서 상수 g는 단순한 산술적 방법을 사용해 경험적으로 결정된다. 그 후 단계에서 모형은 로그형태로 회귀분석방법에 의해 정치화된다:

$$\log\left(\frac{F_{ij}}{P_i P_j}\right) = \log g + b \log d_{ij}$$

여기서 g와 거리지수 b는 모수추정법에 의해 경험적으로 결정된다. 실제 계획에 응용해본 결과, 이 단순한 형태는 실제자료들과 잘 들어맞지 않는 것으로 나타났다. 따라서 모형형태에 대해 임시적인 교정을 하게 되었다. 혹자는 거리간의 관계에 초점을 맞추어, 예를 들어 지수모형에 들어맞도록 아래와 같이 교정했다:

$$F_{ij} = g P_i P_j e^{-bd_{ij}}$$

(여기서 e는 네이피어 로그의 밑). 다른 수정안은 P_i와 P_j 가운데 하나 또는 모두에 대해 만들어졌다. 출발점으로부터의 흐름에 대해서 실제와 예측치가 같아지도록 수정하는 경우 출발제약(origin constrained)이라고 하며, 도착지로의 흐름에 대해서 수정하는 경우 도착제약(destination constrained)이라고 부른다. 이 모두를 시도할 경우 2중제약(doubly constrained)이라고 부른다. 그 결과 모형의 공통형태는 다음 중 하나가 된다:

$$F_{ij} = A_i P_i B_j P_j d_{ij}^b$$

또는

$$F_{ij} = A_i P_i B_j P_j e^{-bd_{ij}}$$

여기서 새로운 기호 A와 B는 반복해법, 즉 단계식 절차에 의해 경험적으로 결정되어야 하는 모수추정법 상수이다. 그러나 이런 형태는 원래의 유추로부터 너무 많이 멀어지게 되어서 새로운 이론적 정당화가 요구된다. 최대가능도, 최대효용, 최대엔트로피(Wilson, 1974 참조)에 의해 정당화시키려는 서로 아주 비슷한 몇몇 시도가 있었으며, 최대엔트로피(모형)이 널리 채택되어 왔다. 이들 형태의 수학적 분석은 또한 한편으로는 개입기회모형과 운송문제와 밀접한 수학적 관계가 있음을 보여주었다. 이들 문제에도 불구하고, 중력모형은 교통계획에서 널리 쓰여왔다 (라우리모형 참조). 이 모형의 매우 다양한 형태들은, 모형과 근사치를 들어맞게 하는 것이 거의 언제나 가능하며, 그러면 이 모형은 미래예측에 사용될 수 있음을 의미한다. 이 모형의 이론적 내용이 약하다고 믿는 사람들은 위처럼 사용된다면 진정한 예측도구가 될 수 없다고 염려한다. 반면에 다른 사람들은 중력모형을 계획에 사용하는 것은 어느 경우든지 현상상태의 존속을 유도하거나 심지어는 더 불균등한 복지배분을 유도할 수도 있다고 주장한다(또한 거리조락, 거리마찰 참조). AMH

중립지대 neutral zone
강요된 제한의 하나로서, 자발적으로 혹은 외부힘에 의하여 그 영토의 전부 혹은 일부에 대한 외교정책의 문제에서 국가활동의 자유를 제한하는 것이다. 스웨덴이나 스위스 같은 나라는 중립정책을 채택하고 자신의 주권이 위협받는 경우를 제외하고 어떠한 조건에서도 다른 나라와 적대적인 전쟁에 임하지 않는다는 법을 정하였다. 많은 국가들이 비록 일반적 정책의 문제에서는 아니지만 특정한 갈등에서 중립을 취하였다. 그 한 예로 2차대전중의 아일랜드를 들 수 있다. 다른 예에서는 그들의 계속된 존립의 조건으로 중립을 요구받았다. 오스트리아와 핀란드가 현재 나토와 바르샤바 조약국간의 경쟁적인 군사이해 사이의 중개적 위치의 결과로 그러한 제한대상이 된다. 흔히 중립지대는 국가일부의 비무장지역이며 적대적 이웃간의 완충지대이다. 이러한 성격으로 인하여 비무장지대는 1919년에서 1936년 사이의 라인란트와 같이 일시적으로 형성되는 경향이 있으며, 지금은 많은 곳이 유엔 경찰하에 있다. 이스라엘의 유동하는 경계를 따라 레바논, 시리아, 요르단, 그리고 이집트를 포함하는 지역에 중립지대가 때때로 존재해왔다. 마지막으로 두 국가가 그들의 영역을 합의할 수 없는 경우 나타나는 중립지대의 특별한 유형이 있다. 사우디아라비아는 여러가지로 그러한 국경문제에 관련되었으며 아직도 쿠웨이트와 공동관리하는 지역이 있다. MB

중심-주변모형 core-periphery model
경제와 사회에서 권력의 불균등한 분포에 기초한 인간활동의 공간조직 모델. 중심지(이것 역시 다른 외부세계로부터 지배를 받겠지만)는 지배적이고, 반면 주변부는 의존적이다. 이러한 종속은 중심지와 주변지역간에 교환관계를 통하여 구조화된다(생산양식 참조).
중심지에서의 불균등교환(무역 참조), 경쟁력의 집중, 기술진보와 생산활동, 중심지로부터 생산적 혁신의 확산은 중심지로부터 주변지역으로 잉여가치(마르크스경제학 참조)의 흐름을 유지하도록 해준다. 예를 들면, 중심지에서 생산성의 증가는 효율적인 노동이동에 의해 임금을 더욱 상승시킬 것이며, 동시에 주변지역에서의 비조직화된 풍부한 노동력의 공급은 임금을 낮추는 압력으로 작용하게 될 것이다. 만약 임금수준이 중심지와 주변지역간에 교환된 생산물의 상대적 가치에 반영된다면, 중심지의 높은 임금의 결과는 주변지역에서 지급위기의 균형을 일으키거나, 증가된 수입의 비용을 충당하기 위하여 주변지역으로부터 수출증가를 강요하게 될 것이다. 어느 경우이든, 주변부에서의 자발적인 개발은 더욱 어려워지고 마침내는 망하게 될 것이다. 이러한 불균등한 관계는 주변지역을 희생시키고 중심지를 선호하는 경제·산업정책의 시행으로 계속되며(식민주의, 신식민주의 참조), 주변지역으로부터 중심지로의 자본의 흐름과 인구이동에 의해 강화된다. 프리드만(John Friedmann)이 주장한 중심-주변관계는 공간경제 발달의 4단계 중에서 제2단계와 밀접한 관련이 있다. 프리드만에 의해 요약된 단계는: (a) 국지화된 경제를 가진 전산업사회; (b) 중심-주변단계; (c) 적은 범위의 주변지역으로 경제활동이 분산되고 통제가 나타나는 단계; (d) 어느 정도 완전히 발전된 공간경제의 부분이 실제로 상호의존적인 관계를 갖는 공간통합의 출현단계(상호

중심업무지구

의존성 참조)이다.

이 모델은 균형상태보다는 지역간 갈등을 설명하고, 눌균등 경제발전의 특징을 강조하였지만, 모델에서 권력의 추상성과 교환관계에 의존함으로써 나타나는 약간의 결함들을 가지고 있다. 그러므로 권력의 사회적 집중이 필연적으로 공간적 집중을 야기시키고, 권력의 재분배가 발전 및 통합된 공간경제의 출현과 관계가 있다고 가정하는 것은 오류이다. 경제력은 생산수단을 통한 통제에서 생기고 이 통제의 특성에서 독특한 역사적인 특성이 유도된다. 특정시점에서 자본주의 경제의 공간배치와 변환은, 무엇보다도, 기존의 축적순환에 의해 만들어진 축적의 현재적 필요와 경관의 역사적 유산을 반영하는 것이다. 그러므로 생산활동의 공간적 재배치와 생산과정에 대한 의사결정의 탈중심화는 자본으로부터 노동으로의 생산수단을 통제하는 권력의 이동 없이도 고도로 통합된 형태의 공간조직을 창출할 수 있다. 또한 이것은 생산수단을 통제하는 공간적 입지가 탈중심화되었다는 것을 의미하는 것은 아니다. 실제로 통제의 집중은 그 경제가 공간적 의미에서 고도로 통합되고 이의 지리적 발전이 개발계획과 일치하게됨에 따라 축소되기보다는 더 강화된다. 그러므로 프리드만모델의 두·세번째 단계 및 이들과 관련된 지역개발 정책(성장극 참조)은 중심지와 주변부간의 보다 균등한 교환을 유도하게 될 것이다. 그러나 이것들은 더 정확히 말하면, 발전의 확산수단으로서가 아니라 경제전체에서 잉여가 창출되는 수단으로 보아야 한다. 개발의 보다 순수한 재배치는 필수적으로 생산방식을 통제하는 관계들의 근본적인 전환을 포함해야 한다(불균등발전 참조). RL

중심업무지구 central business district(CBD)

소매상점, 사무실, 일부 도매상점 등 상업적 토지이용의 주요한 집중형태가 나타나는 도시의 핵심지구. 이러한 집중은 (원인과 결과 공히) 중심업무지구가 도시내에서 가장 접근성이 높고, 최고지가를 나타낸다는 점을 의미한다(알론소모형 참조). 중심업무지구에는 도시에서 가장 조밀한 토지이용이 이루어지고, 가장 높은 건물이 입지한다. 중심업무지구라는 제한된 지역에서도 종종 외부경제를 추구하는 토지이용의 분리, 즉 개별적 토지이용양상으로 나타나는 지역적 분화가 나타나기도 한다. 중심업무지구의 주변지역에는 일반적으로 특정산업(대개 소규모 공장) 및 도매업기능 등을 포함한 다소 덜 집약적인 토지이용형태가 형성된다. 최근에 이르러 도시가 팽창하고 이와 관련하여 이심화가 진전되면서, 대부분의 중심업무지구는 쇠퇴하는 경향이 있다. RJJ

중심지이론 central place theory

도시체계내에서의 취락의 규모와 분포를 설명해주는 도시지리학의 주요이론. 중심지이론에서는 기업가(상점소유자)와 소비자가 모두 그들의 효용성을 극대화하기 위한 결정을 내린다는 점이 전제되어 있다. 따라서 중심지이론은 일정한 조건 아래에서의 취락유형을 제시하는 일종의 규범적 모형이라고 할 수 있다.

중심지이론에는 두 가지 접근방법이 있는데, 두 가지 모두 독일의 경제지리학자에 의해 개발되었다. 크리스탈러(Walter Christaller)는 도시를 단지 재화와 용역을 공급해주는 중심지로 설정하였다. 그는 도달범위와 최소요구치의 개념을 사용하여, 각기 다른 재화와 용역의 공급기능은 각각의 도달범위와 최소요구치에 따라 변화한다고 설명하였다. 여기에서 재화와 용역의 도달범위는 소비자가 재화와 용역을 구입하기 위해 움직일 수 있는 최대한의 거리를 의미한다. 그리고 최소요구치는 중심지가 경제적으로 존립하는 데 필요한 최소한의 사업규모(흔히 최소인구규모)를 나타낸다. 중심지기능은 유사한 특성을 지닌 상점끼리 순위나 유형으로 그룹화된다.

어떤 순위가 어디에 입지하는가를 지리학적으로 도출해내는 과정에서 크리스탈러는, 기업가는 운송비를 최소화하고 상점에서의 소비를 극대화하기 위해 가능한 소비자에게 가깝게 접근하여 기업을 입지시키려 한다고 주장한다. 인구분포가 동질적이면, 중심지는 배후지역내에서 육각형의 네트워크로 구조화된다. 육각형은 중복되지 않도록 가장 효율적으로 공간을 분할배치하는 형태이다. 가장 작은 도달범위와 최소요구치를 지닌 최하위계층의 중심지는 조밀한 육각형을 이루며, 차상위계층의 중심지는 보다 덜 조밀한 육각형을 이루는 식으로 진행된다. 크리스탈러는 일곱 개의 중심지 계층이 있다고 설명하면서, 각 계층의 중심지는 모든 유형의 차하위계층 재화와 용역을 포함하여 결국은 하나의 포섭된 배후지집단을 소유하게 된다.

아래 그림은 세 계층의 취락으로 구성된 크리스탈러 모형의 일부를 보여준다. 이것들은 공간적인 계층을 형성한다. 즉 공간계층의 차수가 높아질수록 중심지의 갯수는 적어지며, 최근린 중심지와의 거리는 멀어진다. 최고계층의 중심지는 1개가 존재하며, 차하위의 중심지수는 k=3의 원리에 의해 1, 2, 6, 18, 54, 162, 486으로 증가한다. 도시의 인구규모가 상점의 사업규모에 비례한다면, 결과적으로 도시규모분포의 단계적 계층형태가 나타난다.

크리스탈러는 또한 중심지이론의 다른 두 가지 변형도 설명했다. 하나는 k=4의 원리로서, 중심지 사이를 최단거리로 연결시켜주는 교통로에 관한 원리이다. 다른 하나는 k=7의 원리로서, 각 중심지가 차상위의 중심지에 의해 내타적으로 완전히 포섭되어 가장 효율적인 행정지역을 창출한다.

중심지이론에 관한 또 다른 접근은 뢰쉬(August Lösch)에 의해 이루어졌다. 뢰쉬는 소매업 기능과 제조업기능을 포함시킨 도시체계모형을 만들었다. 상점들을 한꺼번에 어떤 차수에 포함시키기보다는 뢰쉬는 각 상점형태에 따라 개별적인 도달범위, 최소요구치, 육각형의 배후지가 형성될 수 있다고 주장하였다. 가능한 경우에 이것들은 일치하기도 하지만 뢰쉬의 도시체계에서는 차상위계층의 중심지가 반드시 차하위계층의 중심지의 모든 기능을 갖는 것은 아니다. 도시규모분포는 반드시 단계적으로 나타나지는 않으며 순위규모법칙에서와 같이 연속적으로 나타난다.

이상의 두 가지 중심지이론은 1950년대와 1960년대의 '신'계량도시지리학의 중심주제였다. 특히 크리스탈러모형은 육각형의 취락유형과 쇼핑행태 및 도시규모분포의 계층유형을 연구하는데 집중적으로 응용되었다. 예상되는 유형과 맞지 않는 부분은 환경적 차이에 의해 설명되어왔다. 그러나 중심지이론을 확대시켜보려는, 특히 동적인 요소의 결핍이라는 점과 결부시켜 확대시켜보려는 노력은 상대적으로 적었다. 중심지이론은 도시지역내의 쇼핑센터 연구에도 적용되는데, 여기서는 중심업무지구를 중심으로 한 계층관계를 밝히려 한다. RJJ

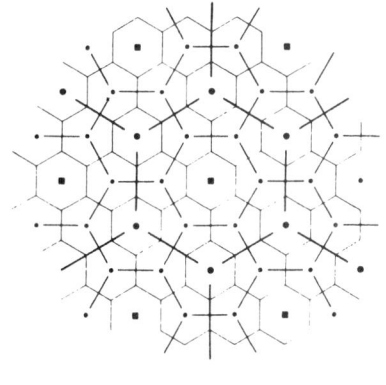

중심지이론

중심측정법 centrography

공간상에 나타나는 점분포패턴의 중심성―예로서 인구분포의 평균중심점―이나 분산정도를 측정하는 기술적인 통계방법. 1920년대 레닌그라드의 멘델레예프 중심성연구소(Mendeleev Centrographic Laboratory)에서 처음 시도되었다. 그러나 그들이 이를 잘못 사용함으로써 이 기법에 대한 평판이 좋지 않았으나 바치(Bachi, 1968)가 표준거리, 인구잠재력, 평균중앙점, 최빈

중앙점 등 측정치의 유용성을 밝히면서 다시 주목을 끌기 시작하였다.　　　　　MJB

중앙계획 central planning

특히 사회주의 경제와 연계된 계획으로, 강력한 중앙집권적 지시에 의해 이루어지는 국가개발계획. 생산요소의 국가소유를 전제로 한 중앙계획은 경제와 사회계획이라는 한 쌍의 목표 가운데 하나를 의미한다. 효율적 이행을 위하여, 전체 경제를 관장하는 중앙계획의 지시내용이 종종 부문별·지역별로 분리되기 때문에, 공간적 계획과 비공간적 계획이 혼재하게 된다.

이론상으로는 전체 국가경제목표에 상응해서 발전할 수 있는 가능성이 중앙계획체제 아래에서 크게 증대될 수 있을 것 같으나, 이러한 규모의 중앙계획에 의해 제기되는 실질적인 문제는 매우 심각하다. 특히 투자를 유도할 수 있는 공개된 시장가격과 이윤지표가 마련되어 있지 않을 경우, 중앙계획과제의 방대한 규모와 복잡성을 해결하기 위해서는 엄청난 양의 자료를 분석해야만 한다. 또한 중앙계획은 경직된 중앙통제로 인해 유연성이 결여되기 쉽다.　　　AGH

지관념론 geosophy

지리적 지식에 대한 연구(라이트[J. K. Wright]에 의한 신조어).

지관념론의 지리학에 대한 관계는 사료편집의 역사학에 대한 관계와 같다. 왜냐하면 지관념론은 과거와 현재의 그리고 과학적이고 직관적인 지리적 지식의 본질과 표현을 다루기 때문이다. 다시 말해 휘틀지(Derwent Whittlesey, 1945)가 "지표공간에 대한 인간의 감정"이라고 말한 바를 다루기 때문이다. 이런 의미에서 지관념론은 전문적이고 체계적인 지리적 지식의 핵심을 포함할 뿐더러 현상적 환경에 대한 이해까지를 모두 포함한다. 그리고 지관념론은 땅에 대한 인간의 의도성, 즉 인간의 욕망·동기·편견을 설명하는 모든 방식의 지리적 사고를 연구한다(지

외경심, 장소애 참조).　　　　　MDB

지구제 zoning

지리적 공간을 특정목적, 특히 공공적 토지이용 정책의 수행을 위하여 분할하는 일반적 과정. 가장 보편적인 형태는 개별구역, 지구 등이 특정의 (토지이용) 계획목적을 가진 토지할당체계로 구조화되는 것이다. 영국에서는 이러한 형태의 정책이 개발계획의 수립에서 분명히 나타나며(구조계획 참조), 지구제의 전략은 차후의 (토지이용) 계획의 적용을 판단하는 기준으로 사용된다(개발통제 참조).

지구제는 여러 국가에서 세부 도시계획의 중심을 이루고 있다. 미국도시에서 지구제의 구역은 특정의 토지이용의 형태와 질(예를 들면 소매업, 저밀도주택 등)이 지정된 구역이다. 따라서 미국에서는, 영국에서와 같이 개별사안의 성격에 따라 개발통제절차가 적용되는 것이 아니라, 적용되는 지구제의 범주에 적합하면 개발이 허용된다.

미국 지구제의 기원은 건물의 용도와 입지에 관해 규정한 뉴욕시의 1916년 법령이다. 지구제는 1926년의 미국대법원 판례가 나오기 전까지는 합헌적이 아니라는 경향이 강하였으나 그 후에는 지구제의 규제가 도시건물의 높이, 용도, 계획, 크기 및 밀도의 기준에까지 확대적용되었다. 지구제의 규제조항 자체만으로는 영국에서의 개발통제에 의해 포괄되는 토지이용규제의 모든 부분을 규제할 수는 없으나 공해규제조항, 보건규제조항, 건물코드 등과 더불어 포괄적인 계획규제장치의 일부를 형성하고 있다. 일부 '자치'도시를 제외하면 미국도시의 지구제에 대한 규제는 주법률에 근거하고 있으며, 주당국은 지구제의 조항들이 미국헌법 및 주법률과 일치하도록 조정한다. 미국 지구제체계는 지방주민이 주체가 된, 지방주민을 위한 민주적 계획으로 일컬어진다. 반면 이러한 성격으로 인하여 지구제는 '바람직하지 못한' 집단(저소득층, 혹인, 공해산업)이 지구내에 입지하는 것을 배제

함으로써 기존의 용도와 재산가치를 유지하려는 현상유지적인 장치이기도 하다. 그러한 '배타적 지구제'는 지역의 개혁집단이나 법정에서 도전을 받고 있다. 한편 일부 미국도시, 대표적으로 휴스턴과 같은 도시는 지구제를 전혀 실시하지 않고 있다. AGH

지도이미지 map image and map

지도이미지는 저장매체 위에 놓이면 하나의 지도가 되는 것으로 선정된 공간정보의 조직된 지도학적 표현이다(지도학 참조).

지도제작자의 암호화된 실세계의 개념은 그 자체가 일반화, 기호화 등과 같은 과정의 결과인 지도이미지를 통해서 지도독해자에게 전달된다. 지도이미지가 과학적 지도학의 공식지침에 따라 구조되었든 아니든간에 그것은 한 지도독해자가 그것을 해석할 수 있도록 저장되어야만 한다.

역사적으로 이전과 저장은 지도이미지의 크기와 상세함을 제한하는 요인들이 되어왔다. 예를 들면 기원전 5세기와 30세기의 바빌론과 메소포타미아의 지도들은 사용되던 진흙판이 너무 크게 하면 금이 가고 그 표면은 조야한 선작업만이 가능하였으므로 단순하고 작았다. 동사기상에서 제작된 초기의 지도들은 너무 크게 만들면 휘어지는 경향이 있는 나무토막에 의해서 그들에 올려놓을 수 있는 최대크기가 정해졌다. 더군다나 그러한 지도들을 갱신하는 것은 어려웠으므로 지도이미지는 상당히 조야한 선작업을 보였으며 종종 상당히 시대에 뒤떨어지기도 했다. 또는 어떤 매체들은 그 이미지가 유지될 수 있는 수명기간이 매우 짧았다. 따라서 모래나 자작나무껍질 위에 그려진 원시지도들은 비영구적이었다. 지도의 가장 짧은 수명은 실제로 사람들이 다른 사람들에게 안내를 하기 위해서 공중에 지도를 그리는 순간이 될 것이다.

초기의 지도이미지들은 가능한 기술에 의해 제한되었다. 그와 대조적으로 현재의 지도학은 처리수단이 풍부하다. 레이저 구도기, 플라스틱 필름, 또 마이크로 필름에 의해서 상세도가 좋으며, 홀로그래피는 색조를 띤 3차원의 이미지를 허용하고, 장님을 위해서 감지할 수 있는 지도제작이 개발되었다. 저장을 위한 컴퓨터의 사용은 전통적인 저장매체가 갖는 이전의 많은 제약조건들을 제거하였다.

생산이 용이해짐에 따라 보다 더 새로운 기술로 가능한 이전도구와 저장수단에 대한 의존이 약화되었다. 현재는 지도학의 공식적인 원리들이 공간통신의 목적에 잘 부합하게 그 최종산물을 재단할 수 있도록 이미지 그 자체에 관심이 모아지고 있다. MJB

지도투영법 projection

지도학에서 구의 3차원을 2차원으로 체계적으로 전환시키는 방법. 보편적 의미에서의 투영이란 지구, 달 또는 위성과 같은 구가 가지는 3차원을 평면(즉, 2차원)에 정확히 나타내는 것이며, 전통적으로 지도투영법에서는 구의 다음과 같은 특성 중 하나 또는 그 이상을 수리적 또는 기하학적 방법을 이용하여 정확히 나타내려 한다:

(a) 면적: 투영된 면적이 원래 구에서의 면적과 일정한 비율로 축소된 것(等積);

(b) 거리: 두 지점간의 거리가 정확히 유지되는 것(等距);

(c) 방향: 구 표면의 최단거리인 대권이 지도에서 직선으로 나타나는 것(正方位);

(d) 형태: 투영된 부분의 형태가 정확히 나타나는 것(정형)으로 이는 지도상의 각 지점간의 각관계(角關系)를 고찰하는 지도에 유용하다.

지도투영법을 달리 분류하면:(a) 람버트(Lambert)도법 및 항해와 항법에 유용한 메르카토르(Mercator)도법에 해당되는 원통도법; (b) 원추도법; (c) 평면도법으로 나눌 수 있다. 대부분의 지도투영법은 구의 형태가 단열되지 않은 상태로 작성되지만, 다른 한편으로는 구드(Goode)의 세계지도 투영법과 같이 단열투영법을 사용하는 경우도 있다.

지도의 투영은 어떠한 형태로든 오차를 유발

지도학

하므로 투영법은 사용될 지도의 목적에 적합하고 의사전달과정에서 오류를 일으키는 왜곡을 가능한 한 줄일 수 있는 것을 선택하여야 한다 (지도학 참조). 과거의 지도제작은 투영법을 고려하지 않았기 때문에 매우 어려운 작업이었으며 간혹 투영법을 선택하여도 그것은 의사전달에 적합해서가 아니라 지도작성이 용이하기 때문인 경우가 많았다. 그러나 로빈슨 등(Robinson et.al., 1985)이 지적하는 바와 같이 컴퓨터지도학의 발달로 컴퓨터와 제도기가 다양해짐에 따라 지도제작의 목적에 적합한 투영법을 선택하기가 매우 쉬워지고 따라서 지도학에 커다란 변화가 이루어졌다. 더욱이 최신기술의 발달로 방대한 양의 지도자료를 저장하는 문제가 해결되었으며 컴퓨터를 이용함으로써 투영법의 계산 및 작도문제가 훨씬 용이하게 되었다. 따라서 인문지리학자에게는 여러가지 지도투영법의 분류보다는 어떠한 지도에서 구의 어떠한 특성이 유지되어야 하는가를 선택할 수 있는 것이 보다 중요하게 되었다. 때로는 투영의 엄격한 법칙을 벗어나서 통계지도를 이용하여 위상을 적절히 왜곡시키기도 한다. MJB

지도학 cartography

공간정보의 의사소통을 위한 형식적 체계. 1960년대 중반부터 공간에 관한 학문 사이에서 지도학의 역할과 기능이 재조명되어왔다. 다수의 선도적인 지도학자들이 지도학에서 과학적 이론의 발달을 제안하였고 지도학을 그 자체의 관점에서 체계적인 학문으로 정당화하였다. 예를 들면 최근의 영국지리학은 지도학을 기술적 서비스로 여기고 있고, 소련권 국가에서는 지리학 연구의 일부분이자 동시에 이데올로기의 도구로써 생각하고 있다. 대조적으로 북미에서는 새로운 관심과 연구를 조명받고 있으며, 이러한 경향은 미국의 경우는 올손(Olsson, 1984)이 잘 설명하고 있다.

광의로 평가하면, 지도학의 연구는 몇 갈래로 나뉘어 발달하여왔다. 이의 한쪽 극단에는 전체적 구조에 대한 연구를 하는 이론가가 있고, 중간에는 지도학적 실행을 평가하고 발달시키려는 사람이 있고, 다른쪽 극단에는 지도학의 최종산물에 관심을 가지는 기술자집단이 있다. 이러한 구분간에는 물론 상호작용도 있고 상호이동도 있으나 이들 세 부류가 현재의 학문구조를 나타내고 있다.

지도학의 전통주의자적 관점은 1950년대말까지 우세하였고, 대표적인 사람은 레이즈(E. J. Raisz, 1962)이다. 그의 관점은 단계별 접근방법으로서, 처음에는 측량기사가(조사 참조) 토지를 측량하고, 다음으로 지도학자가 측량결과를 수집하여 '이들을 지표의 형태가 일목요연하게 나타나는 축척으로 표현하고', 그리고 지리학자는 이러한 패턴과 사회와의 관계를 분석하고 그 의미를 이론화하는 분석과정을 행한다. 이러한 해석은 지도학이 자료수집을 위해서 다른 전문가에게 의존해야 하고 그 최종결과의 사용도 다른 집단에 의존해야만 된다는 의미를 내포하고 있다. 더욱이 지도학의 기술은 예술적이고(예를 들면 제도기술) 미학적이어야만 한다. 후자에 관해서는 레이즈가, "일반화를 위한 법칙은 없으며 기호화의 법칙은 기호를 단순하고 특징있고 작고 그리기 쉽게 하는 것이다. 좋은 기호란 범례가 없이도 인식될 수 있어야 되는 것이다"고 한 주장에 잘 나타난다(점 기호, 독도법 참조). 이러한 모호한 기준으로 인하여 지도학의 정의는 대부분 개인의 해석에 따라 달라지게 되었으며 지도이미지의 디자인에 있어서 다양한 형태가 나오게 되고 결국은 최종산물에 혼란이나 갈등을 초래하였다.

수작업의 강조는 지도학자의 예술적 기법의 강조로 이어지고 방법이나 실제의 실행을 평가하는 기법에는 소홀하게 되었다. 일부 재능있는 예술가에게는 문제가 없었으나 기술이 대부분 개인차원의 것이기 때문에 전수되기가 어려웠다. 이러한 상황으로 인하여 영국의 지리교육에서는 교과목에서 지도학의 비중이 현저히 감소하였다.

지도학에 대한 현재의 재평가는 다음과 같은 일련의 요소에 바탕을 두고 있다. 첫째, 지도제작에서 수작업의 중요성은 연판인쇄의 가용과 컴퓨터지도학 및 지리정보체계의 성장으로 점차 감소하게 되었다. 둘째, 지도학이 지도이미지의 제작에 관련된 모든 부분을 포괄한다는 견해가 현재는 받아들여지고 있다. 제작과정은 자료의 수집(예를 들면 원격탐사), 지도의 정확한 기초설정(투영법 참조), 지도화할 대상의 선정(일반화) 및 이를 표현할 기호의 선정(기호화) 등을 포함한다. 이 과정에서는 최종적으로 지도이용자들이 해석하게 되는 최종적인 지도이미지를 만들어낸다. 전통주의자적 접근방법에서와 마찬가지로 지도는 지도학의 중심이나 이미지의 제작과정은 수집된 자료를 단순히 공간적으로 표시만 하는 것은 아니다. 지도학자들은 지도학을 의사소통체계로 간주한다.

가장 전형적인 연구는 보드(C. Board)의 '모형으로서의 지도'(1967)이다. 비록 지도이미지와 이의 역할에 관한 연구이지만, 그에 의하면 전체적인 지도학의 목적은 "인간이 실세계의 현상을 다른 사람에게 전달하려는 것"이다. 그는 그의 지도에서 의사소통을 예상하였으며 지도이미지를 얻는 데는 대체적으로 그 단계가 있다고 하였다. 첫째는 현실세계를 모형의 형태, 즉 지도로 압축하는 단계이며, 둘째는 이 모형을 현실에 대하여 검증하여 오류나 편차를 수정하고 모형의 정확도를 높이는 것이다. 따라서 '위와 같은 과정이 현실세계에 대한 관점이 달라짐에 따라 반복적으로 실시된다는 것은 자명한 것이다.' 이와 같은 과정은 의사소통체계의 피드백과 마찬가지이며, 지도학에서는 지도이미지의 질을 향상시킬 수 있다. 이리하여 궁극적으로는 지도이미지와 그것이 표현하는 현실세계가 일치되며 지도학적 작업은 끝나게 되는 것이다. 실제에서 피드백 과정은 지도학의 과정을 평가하고 향상시키기 위한 것이며, 최적의 지도이미지를 만들어내기 위한 두 가지의 접근방법이 있다.

첫째는, 지도학은 지리학적 연습의 일부이며, 지도의 평가는 지리학자에게 맡겨져야 하고, 이에 의한 의견에 따라 지도가 수정되며, 이러한 과정이 반복되어(시간, 자원, 목적의 제한내에서) 최상의 지도가 만들어져야 한다는 것이다. 이 접근방법에서는 지도학자와 지도사용자가 밀접한 관계를 유지하여야 하고 지도사용자는 이미지의 과학적 및 객관적 평가를 고려하여야 한다. 이러한 것은 아주 이상주의적 접근이며 소련 지도학자들에 의해 강력히 제기되었으나, 향상된 디자인 기술과 신속한 제작과정으로 컴퓨터에 의한 주제도가 점차 가능한 대안이 되고 있다.

둘째는 각각의 지도를 모두 그 독자에게 검토시키는 반복적 수고를 덜 지도학의 과학적이고 근본적인 규칙을 결정하자는 접근방법이다. 근본적인 규칙이란 지도사용자의 관념과 지도이미지의 해석으로부터 유추된, 지도의 한정된 규칙을 규정한 것이다. 어떤 관점에서 출발하였든 근본규칙은 분명히 식별되는 지도학적 운영에 근거를 두어야 한다. 로빈슨과 페트체니크(Robinson and Petchenik, 1976)는 커뮤니케이션이론을 지도학에 도입하면서 이러한 단계를 정형화하였다. 그러나 순수한 커뮤니케이션이론을 직접 적용하기보다는 지도이미지의 독특한 성질에 맞게끔 적절히 변형되어야 한다고 주장하였으며, 이에 따라 다음과 같은 일반화된 의사소통체계를:

근원지—암호화—전달자—잡음—수신자—
해독자—목적지

아래와 같은 지도학적 의사소통체계로 변환시켰다:

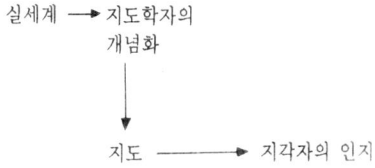

위의 두 체계를 비교하면, 근원지는 실제세계에 대비되고, 암호화와 전달자는 지도학자의 개

념화에 통합되어 있다. 물리적 제조물로서의 지도는 커뮤니케이션이론에서 메시지가 하는 것 이상의 역할을 한다. 수신자와 해독자는 지도이용자에 대비되며 현실에 대한 이들의 개념화가 해석에 반영된다. 의사소통의 연구에서 잡음의 전달과는 달리 지도학에서 오류는 매단계마다 중요하다. 적절한 지도이미지란 투영법, 변형(통계지도 참조), 자료의 급간, 기호화, 일반화 또는 디자인에서 발생하는 혼동이나 오해인 '잡음'이 최소가 되는 것이다.

'잡음'의 대부분은 지도작성에 이용되는 표준화된 언어에 대한 지도이용자의 개념과 지도학자의 개념의 차이에서 나타난다. 모리슨(Morrison, 1976)은 지도학적 의사소통과정을 지도를 의사소통의 수단으로 하여 지도제작자와 지도이용자의 인지영역간의 상호작용으로 파악하여 이 문제에 접근하였다. 성공적인 전달이란 잡음이 없고 지도에 포함된 내용이 전부 이해되는 것이다. 실제로는 오류가 없다는 것을 전적으로 기대하기는 어려우므로 두 인지영역간의 매개체로서의 지도이미지는 기호, 선, 글자, 채색 등의 지도학적 언어에 바탕을 두고 전문적으로 제작되어야 한다. 이에는 한편으로는 훌륭한 제도기술을 필요로 하나(때로는 도해성이라 불린다) 제도 자체는 나타내고자하는 지도학적 기호에 불과하다. 정보전달을 극대화하기 위해서 모리슨은 지도학적 부호와 용어를 국제적으로 표준화할 필요가 있다고 역설하였고 이는 테일러(Taylor, 1983)와 보드(Board, 1984)의 연구에서 잘 나타나 있다.

표준화를 위해서는 단순히 특정목적을 위해 특정의 지도기호를 사용하는 차원에서 벗어나서 지도이용자들이 유사한 기호에도 서로 다르게 반응하는 이유라든가 특정기호에 대해서 지도학자가 예측하지 못한 반응을 보이는 이유 등에 대해서도 연구를 하여야 한다. 따라서 국제적 기준은 해석에서의 문화적 차이를 설명하지 못할 수도 있다. 지도에 대한 반응을 분석하는 중요한 방법의 하나는 정신생리학적 실험방법을 이용하는 것이다.

정보가 지도학적 의사소통체계로 되돌아오는 분야에 관해서 라타지스키(Ratajski, 1972)는 이를 '지도제작술(Cartology)'이라 명명하고, "지도학적 생산물의 질을 증진시키고 기능의 최적화를 가져오는 이론적 원칙과 추정에 관한 과학적 연구에 관련된 활동"이라고 정의하였다. 이러한 과정이 전적으로 지도학자에 의해 수행되어야 하느냐 아니면 지리학자와 연계되어 추진되어야 하느냐는 논쟁의 여지가 있다. 프룰로프(Frulov, 1978)는, 소련의 견해에서는 지도학이란 아직도 지리학에 포함된 부분이라는 것을 강조하고 "현대의 과학적 지도학의 목적은 지도학적 모형화에 의해 복잡한 공간체계를 표현하는 것"이라는 살리치체프(Salichtchev, 1973)의 견해를 지지하였다. 살리치체프는 이러한 모형화는 변증법적 유물론의 마르크스주의적 철학전통에 기초하기 때문에 이념적 편향을 띤다고 하였다.

일반적으로 지도학자와 지도사용자는 항상 동일한 분야에 있는 것도 아니고 공통의 개념적 틀을 가지고 있지도 않다. 지리학자가 유일한 지도사용자는 아니며, 지도학자는 가능한 모든 곳에서 지도학에 대한 의견을 수렴하고 보다 많은 사용자와 의사소통을 하여야 한다. 토의와 평가를 거친 후에야 새로운 형태적 기준이 지도학적 의사소통체계의 형식적 구조로 자리잡게 되는 것이다.

요컨대, 지도학이란 특수한 의사전달체계를 과학적으로 세밀화, 정교화 그리고 개정하는 분야이다. 이 체계의 각 요소는 알려졌으나 이들 요소간의 정확한 구조적 관계는 의문으로 남아 있다. 지도학에서의 현재 연구는 현실세계가 상대적으로 조그마한 크기인 지도에 이미지로 표현될 때 나타나는 오류를 최소화하기 위해 정확한 개념과 실행에 집중되어 있다. MJB

지리교육 schools, geography in

지리학습은 그 범위나 특성에 있어서 국가간에 차이는 있으나 거의 모든 나라의 교육체계에 있

지리교육

는 교과목이다. IGU 지리교육분과에는 현재 네덜란드, 브라질, 프랑스, 소련, 서독, 영국, 호주, 인도, 우간다 등이 가입해 있다.

19세기에 초등교육이 보다 널리 보급되면서, 탐험이나 식민지 개척이 활발했던 국가들이 지리과목을 초기에 창설하였다. 당시에는 지명이나 명칭 등의 광범위한 사실적 학습을 다채롭게 하기 위해, 신빙성 없는 인류학적 이론이나 '여행담'이 삽입되는 경우도 있었다. 여행기회의 증대와 세계지리의 요소들에 관한 관심증대간에는 분명히 상관관계가 존재하였다.

켈티(J. Scott Keltie)는 1885년 영국지리협회(RGS)에 제출한 보고서에서, 지리는 영국보다 유럽대륙 쪽에서 더 잘 가르치고, 보다 광범위하게 연구되고 있다고 지적하였다. 이는 RGS의 도움으로 옥스퍼드와 캠브리지에 교수자리가 설치되는 데 자극제가 되었다. 당시에 이미 프랑스와 독일은 상당한 수준의 지리학 연구가 진행되고 있었다.

대부분의 유럽국가와 소련, 중국, 일본에서는, 몇가지 개념적 발전을 제외하고는, 지리교육이 직접적인 기술적(記述的) 수준에 머물러 있었다. 자기나라에 대한 이해가 교육의 초점이며 다른 나라에 대한 교육은 선택적으로 행해졌다. 학습자료는 지도와 시각자료가 보조적으로 사용되기도 하나 대부분 한 권의 교과서로 충당되었다. 학급당 학생수는 많았으며, 교수방법으로는 대면적 방법이 지배적이었다.

미국에서 초등지리는 사회과학 프로그램과 지구과학 프로그램 둘로 나뉘어 있다. 인문지리학은 전자의 맥락하에서는 역사, 일반사회, 정치학보다 덜 중요시되어왔으며, 몇몇 주에서는 심지어 고등학교의 필수과목으로 지리를 1년도 이수시키지 않는 경우도 있다. 미국지리교육학회는 연합단체인 미국사회과교육학회보다 훨씬 작다. 미국의 학교들에서 지리과목의 낮은 지명도와 지위는 '미국 고등학교 지리과 발전계획(AHSGP: 1961~1970)'의 관심거리였으며, 초창기에는 헬번(Nicholas Helburn)이 지휘하였고, 미국지리학회에서 후원하였다. 교육수준을 향상시키는 데 관심이 환기되면서, 정부로부터 후하게 자금지원을 받은 이 계획은 학생들의 교재를 개발하는 데 대학의 최고수준의 지리학자들의 재능을 이용하고자 애썼다. 계통지리학에 관해 혁신적이고 잘 구조화된 교육과정 단원이 만들어졌는데, 이는 가설검증, 게임시행, 계량기법에 의한 주요사고들을 탐색하는 것이었다. 그러나 AHSGP는 초기의 사전시행에서 성공을 거두었음에도 불구하고, 미국보다는 오히려 다른 나라에 훨씬 더 큰 영향을 끼쳤다. 최근에는 미국의 세계에 대한 책임이 증가되면서 '범지구적 교육' 운동이 상승하는 데 자극을 주었다. 소지역연구와 자연지리학은 비교적 낮은 지위에 머물러 있다.

영국(그리고 영어를 사용하고 영국의 교육전통에 따라 학제를 편성한 영연방 국가들도)에서의 지리교육은 전통적으로 11세~14세 학생들에게는 필수과목의 하나로 인식되고 있으며, 14세 이후에는 선택이지만 많은 학생들이 채택하는 과목의 하나였다. 대학에서 지리학과의 강력함(하나의 단일주제 학위로 인정되는 경우도 있다)과 지리학회의 강력함은 지리교사들로 하여금 강력한 동질감을 갖게 하였다. '사회연구'나 '환경연구'처럼 통합 교육과정으로 개발되는 경향은 지금까지는 그다지 우세하지 못하였다. 교과목 축소압력과 교육과정 결정과정에의 중앙정부의 간섭증가는 이러한 지리교육이 미래에도 지속될 수 있는지에 대해 의문을 가지도록 한다. 영국의 경험은 다른 나라에 (직·간접으로) 많은 영향을 끼쳐왔기 때문에, 이하에서는 보다 상세히 고찰될 것이다.

옥스퍼드 지리학과의 최초의 리더였던 매킨더(H. J. Mackinder)는 공립학교 교사집단과 함께 모든 수준에서의 지리연구와 교수를 증진시키기 위해 1893년에 영국지리학회를 만들었다. 20세기가 시작될 무렵 런던 스쿨 오브 에코노믹스(London School of Economics; 매킨더는 후에 소장이 되었다)과 런던 유니버시티 칼리지(University College, London)에서 지리학은 주요한 연구영역의 하나가 되었다. 1920년대 중반까지

371

다른 대학들에서도 지리학과를 많이 설치하게 되었다. 1차대전의 여파에 대한 관심은 지리학과 창설의 주요한 자극으로서 간주하는 경우가 많다.

이처럼 지리학 연구의 성장은 초등교육(1870년 법으로 보통교육이 실시되었다)과 중등교육에서도 역시 병행되었다. 다만 보다 전통적인 시립학교 몇군데에서는 지리학은 초보적 수준 이상으로 뿌리를 내리지 못했지만, 이같은 누락은 1945년 이후에 마침내 수정되었다. 20세기 전반까지 초등학교에서는 프뢰벨, 페스탈로찌, 듀이가 가장 영향력을 미치게 되었으며, '발견에 의한 학습'을 장려하였다. 이 점은 12세 이하 어린이의 교육에서 과목별수업을 약화시키는 영향을 미쳤으나, 지방환경에서 실제적 작업을 할 소망과 기회를 증가시켰다. 지리는 점차 이 수준에서 일반적 '프로젝트 작업'이나 '환경연구'에 포함되어갔다(최근의 정부보고서는 영국에서 보다 특정한 과목수업으로 되돌아가기를 희망한다고 제시했다). 영국에서 중등교육이 확장되어가면서, 지리적 접근은 학교 수업안을 지배하게 되었다. 여러 나라와 대륙들에 관한 정보를 포괄적으로 종합한 교재들(예로, Stamp, 1933)이 이러한 작업을 위한 백과사전식 초점을 제시했다. 그후의 시리즈(예로, Honeybone, 1956)들은 사례연구의 표본이나 학생들의 상상력을 동원하는 작업에 보다 큰 강조점을 두게 되었다.

1960년대 대학에서 실증주의적 연구의 영향이 확산되기 전까지, 전세계를 포괄하도록 시도한 수업안이 중등학교 지리를 지배하였다. 이는 지리교사들의 모임과 하게트와 촐리(Haggett and Chorley)가 편집한 『지리교육의 신개척지(Frontiers in Geographical Teaching, 1965)』, 『지리학에서의 모형(Models in Geography, 1967)』을 통해서 빈틈없이 수행되었다. 이 움직임은 영국에서 학생수의 팽창과 의무교육 종료연령이 높아짐(16세로)과 동시에 일어났다. 선택적인 3개의 교육조직—공립(grammer)중학교, 일반(secondary modern)중학교, 기술(technical)학교—은 새롭게 확대되고 포괄적인 학교들로 대체되어갔다. 이런 맥락에서 새로운 사고가 학교에로 유입될 좋은 기회가 생겼으며, '신지리학'은 1970년대 학교에 큰 영향을 미치게 되었다(예, Rolfe et al., 1975). 왕립지리학조사단(Her Majesty's Inspectors of geography)에서 발행한 지리교사를 위한 공식 교사용 지도에서는 이러한 변화가 단적으로 나타난다. 1960년대 판(『지리교육(Geography in Education)』)에는 표지에 1490년에 로마에서 발행된 프톨레미의 지도를 실었으나, 그후(『학교지리에서의 신사고(New Thinking in School Geography, 1972)』)에는 육각형, 네트웍, 동심원으로 장식된 현대 영국지도를 실었다.

그러나 이들 사고를 학교에서 받아들이는 과정은 전문적 지리학으로부터 단순히 확산하는 과정이라고 말할 수는 없다. 미국 교육학자 브루너(Jerone Bruner ; 잠시 동안 옥스포드에서 심리학 교수로 있었다)의 저술은 1960년대와 70년대에 교육과정에 관한 사고들을 압도적으로 지배하였다. 그의 영향하에서 일부 지리교사들은 지리학의 핵심개념들을 포착하여 여기에 초점을 맞춘 나선형 교육과정을 짜고자 애썼다. 몇몇 나라에서는 분명히 이같은 접근방식을 지지하였으며, 여기서 지리는 확고한 교과목이었지만, 수업안에서 사실적 정보가 과도하게 증가하는 데 따른 부담을 느끼고 있었다. AHSGP의 모형 이후, 3가지 교육과정 계획안이 영국에서 1970년대의 혁신의 선봉역할을 하였으며, 국경을 넘어서 영향을 미쳤다.

(1) 14-16세용 지리교육과정(Geography for the Young School Leaver)은 14세~16세 사이에 있는 평균학생들이나 그보다 못한 학생들을 위한 교재를 제작하는 데 관심을 쏟았다. 지리학적 토대로부터 직접적으로 관련되는 보다 광범위한 학제적 주제('인간, 대지 및 여가활동', '도시와 사람들', '사람, 장소, 직장')로 확장시켜 작업해나갔다. 이 프로젝트는 정부에서 기금을 후원해준 교육과정 개발안 가운데 가장 성공적인 것으로 간주된다.

(2) 14-18세용 지리교육과정(Geography 14-18)은 유사한 프로젝트로서 평균 내지 그 이상의 학생들을 위해 계획된 것이다. 학교에서의 새로운 'O 수준'(16세 이상)의 시험을 달성하는 데 관심을 집중하고 있다. 서술식 시험지는 지도첩 사용을 허용하며, 자료응답에 토대한 많은 문제들을 포함하고 있다. 평가의 핵심적 부분은 학교에서의 교육내용에 기초하며 경험적 조사와 가설의 검증에 토대한 '개인별 연구'도 포함된다.

(3) 16-19세용 지리교육과정은 '14-16세용 지리교육과정'에 연이어 수행된다. 이는 새로운 'A수준' 시험을 고안하고, 기타 16세 이상 교육과정을 위한 작업의 규범을 고안하는 것이다. 이 계획안은 인문지리학과 자연지리학의 통합에 대한 관심의 부활과 탐구학습이나 참여적 학습전략을 증진시키고자 하는 소망으로부터 영향을 받았다.

영국내에서의 논쟁은 공리주의와 직업교육이 결여된 교육과정에 대한 관심을 촉구한 1976년 캘러한(James Callaghan) 수상의 연설로 중단되었다. 이러한 관점에 비추어볼 때 지리는 의심할 바 없이 보편적이지만 중등학교에서 '필수 교육과정'의 핵심부분으로 볼 수 없다는 것이 분명해졌다. 이로 인해 많은 지리교사들의 관심은 제도적 변화, 과목통합전략, 심지어는 지리과의 존재여부 문제로 쏠렸다.

또한 학부모, 정부관료 및 지역사회에 대한 학교의 책임성에 관한 대중적 관심이 증가하였다. 이는 '주류'지리에로의 복귀를 간접적으로 고무하였다. 독도능력의 습득과 세계에 대한 직접적인 사실적 지식의 습득이 핵심으로서 다시 강조되었다. 그러나 물리적 환경의 질에 대한 관심과 복수문화사회에 대한 이해에 대한 관심은 이제 지리교사를 위한 두드러진 사회적 정당화를 제공하며, 원래의 제국주의적 자극을 대체하였다. 실증주의의 물결이 지리학계에서 물러나면서, 인간주의 지리학이 일부 국가에서 지리교육에 영향을 미치기 시작하였다(예, Beddis, 1982). 지각, 태도, 가치에 대한 탐색에 대한 관심이 등장하기 시작하였으며(탁월한 호주 지리교육가들에 의해), 사회정의라는 문제와 '복지'적 접근이 이제 교실에서 다루어지게 되었다. 최적 경제입지에 관한 연구가 60년대와 70년대의 특징적인 주제였지만, 1980년대에는 입지결정의 외적·사회적 의미에 대한 고찰이 아마도 덧붙여질 것이다. 소형컴퓨터와 인공위성사진의 사용가능성이 증대하면서 역시 지리교사들에게 새로운 지평을 열어주었다. 그러나 변화의 분위기와 잠재가능성은 1960년대보다 결코 양호하지는 않다.   RW

지리적 조사 geographical expedition

과거에는 군인들, 탐험가들 또는 상인들이 '색다른' 지역을 탐험하였는데, 그러한 탐험을 지리적 조사라고 하였다. 그런데 1960년대 후반 이후에는 번지(W. Bunge)에 의해 유도된 바와 같은 비개척적인 참여형태의 답사가 시행되었다. 그러한 조사는 탐사된 지역의 자원에 기여하기 위한 목적으로 시행된다. 지역주민들은 학생이자 교사로서 주민들과 지역에 큰 헌신을 보여주는 '전문적인 지리학자'의 일원이 된다. 이러한 헌신은 그 지역의 사람이 됨으로써 그 지역사람들의 지리적인 요구를 전문적으로 알게 되는 과정에서 나타난다.   JE

지리정보시스템
geographic information systems(GIS)

계수화된 공간정보의 저장, 관리, 분석, 모형화와 지도화를 결합한 컴퓨터범용프로그램. 지리정보시스템은 각각 별개로 수행될 수 있는 지리적 컴퓨터분석의 구성요소 모두를 하나의 범용프로그램에 내포하고 있다. 일반적으로 자료준비(계수화 참조)와 편집은 컴퓨터 사용을 위한 자료의 점검, 구성과는 구분된다. 또한 특수한 체제의 자료가 요구되는 통계범용프로그램과도 구분된다. 출력자료는 지도화의 과정을 거치기도 한다(컴퓨터지도학 참조). 또한 컴퓨터에 의한 지도화를 위한 많은 범용프로그램은 공간자료를 단순한 지도로 작성하기 위하여 관련 자료기반 관리체계(Relational Data Base Management System ; DBMS)를 이용하여 어떤 모형화나 보다 발전된 분석 등이 행해질 필요가 있다. 일반적으로 이처럼 각기 다른 범용프로그램들을 연결하는 것은 각 사용자의 책임으로 여겨졌으며 따라서 컴퓨터에 상당히 능숙해야 했다. (그러나) 지리정보시스템은 사용자가 프로그램을 짜거나 자료목록을 다른 형태로 만드는 일 등에 신경쓸 필요가 없는 단일하면서도 통합적인 접근법이다. 하나의 수행명령어 역시 사용자의 작업을 용이하게 한다.

지리정보시스템은 또한 통합된 하나의 구성체계 속에서 광범위한 소재를 갖는 자료들로부터 계수적 자료로의 결합을 가능케 한다. 최근까지 대부분의 계수지도학적 적용들은 자체에 내장되어왔다. 예를 들면 선화일(line file)은 단일지도 축척으로 계수화되었으며 다른 어떤 계수지도와 복합되지 않도록 했다. 각기 다른 축척의 계수지도들이 복합될 때, 해결되어야 하는 많은 오류들이 발생하게 된다. 첫째, 두 사람이 동일선상에 계수화되지 않는다는 사실이다. 작은 편차나 혹은 일반화되어 없어져야 하는 조각난 선들이 있을 것이다(일반화와 정밀화 참조). 둘째, 선들이나 다각형들이 다른 축척의 지도로부터 동일한 지역에 계수화된다면 거기에도 또한 차이가 있게 될 것이다. 셋째, 개개 지도들의 가장자리를 맞추는 문제이다. 종이지도들이 가장자리가 완전히 맞도록 만들어지지 않았기 때문에 국가의 계수된 지도기반을 만드는 데 가장 큰 장애요소가 되고 있다. 넷째, 원격탐사로 얻어진 주사선형태의 자료와 일반지도로부터 얻어지는 방향자료들을 결합하는 데 부차적인 문제들이 나타난다. 지리정보시스템은 조각난 선이나 다각형들을 제거하는 선과 다각형을 중첩시키는 시설들을 제공함으로써, 일관성있고 깨끗한 계수화지도의 기반을 만든다. 이러한 기반 위에서 넓은 범주의 축척과 집합으로 가능한 통계적·지도학적·기술적 자료를 첨가할 수 있고

분석과 지도화가 잇달아 행해질 수 있다.

지리정보시스템은 환경분석의 여러 부문에서 성공적으로 사용되어왔다.(Jackson et al., 1983 ; Marble et al., 1984 참조). 현재까지, 이 부문들의 시설 대부분은 수학적으로 구조화되는 경향이 있었다. 이는 다각형 중첩은 지역특성을 사용하여 수행되며, 이 지역 특성보다도 적은 조각난 다각형들은 일반화되어 없어지게 된다. 이러한 기본기법은 다각형이 나타내는 형태와 특정 공간적 양상을 무시한다. 어떤 중요한 토지이용은 매우 작은 지역규모를 가진다. 이러한 문제들을 극복하는 가능한 방법은 '전문가'시스템('Expert' system)의 개발에 놓여 있다. 이것은 사용자의 적용으로부터 배울 수 있도록 구조화되어 있고 연속된 시간상에서 이러한 학습을 수행할 수 있는 발전된 컴퓨터프로그램이다. 이는 전통적인 기법과 계수화기법 사이의 간격에 다리를 놓아주는 도구를 제공해줌으로써 지도사의 상당한 지적 능력을 허용할 것이다.   MJB

지리학 geography

인류집단이 거주하는 공간으로서의 지표면에 관한 연구. 이 말은 그리스어에서 왔는데 geo는 땅이며 graphein은 기록을 의미한다. 지리학분야에 관하여 가장 잘 알려진 공식적 정의는, 아마도 미국의 지리학자 하트숀(R. Hartshorne)이 『지리학의 본질에 관한 전망(Perspective on the nature of geography, 1959)』에서 밝힌, "지리학은 지표면의 다양한 성격에 관한 정확하고 정연하며 합리적인 기술과 설명을 제공하는 데 관심이 있다"라는 것이다. 이 정의에서 두 용어에 대해서 약간의 음미가 필요하다. '다양한 성격'을 통하여, 지리학자는 한 입지와 다른 입지간 지표면의 성격차이에서 나타나는 공간적 다양성을 나타낸다. 이 다양성은 모든 지도 축척수준에서 나타날 수 있다. 지구 자체로부터 곧 대륙과 대륙간에, 아래로는 매우 국지적 수준, 곧 도시지역의 한 구역과 다른 한 구역 사이에 이 다양성이 나타날 수 있다. 지표면

은 두께가 지구 반경의 1천분의 1에 지나지 않는 얇은 것으로, 인간집단이 생존하는 서식처나 환경을 형성하는 지구표면을 의미한다.

위에서 정의한 것처럼, 지리학은 전통적 지식의 조직 속에서 애매한 위치에 있다. 지리학은 순수한 자연과학이 아니며 순수한 사회과학도 아니다. 뚜렷한 연구분야로서 지리학의 지적 기원은 어떤 분리를 예정하고 있는데, 고대 그리스시대로 돌아가보면 인간은 그 당시 자연과 통합된 부분으로 보였다. 이 시대의 모든 지방의 지리학은 거기에서 발견되는 생물과 무생물 양쪽에 관한 기술을 포함하여 쓰여졌을 것이다. 개별학자나 소집단 학자들이 그 뒤로도 계속 세계의 다양한 부분들에 관하여 기술하였지만, 그리고 19세기초부터 지리학회들이 번창했지만, 지리학이 그 자신을 대학의 학과목으로 성립시킨 것은 오히려 나중이다(독립된 지리학과는 1870년대 독일어 사용국에서 나타났다. 그러나 미국과 영국에서는 20세기가 되도록 일반화되지 못했다 ; Taylor, 1985). 이때에 이미 학문연구는, 한쪽은 자연과학 다른 한쪽은 인문사회과학으로 구분되어 형식적 학부조직에 구체화되어 있었다. 그래서 지리학은 얼마간 어색함에도 불구하고 기존의 학문적 질서로 편입되어야 했다. 때로는 지리학이 자연과학 학부에 들기도 하고 때로는 인문사회과학 학부에 있기도 했으며 또는 둘로 나뉘기도 했다. 따라서 지리학을 차라리 두 부문으로 분리하자는 강력한 외부적 힘(내부적 논리뿐 아니라)도 있었다. 즉 자연세계에 대한 지리학은 '자연지리학'으로 부르고, 인간이 창조한 세계에 대한 지리학은 인문지리학으로 부르자는 것이다. 이 압력은 스칸디나비아 몇몇 대학과 네덜란드의 모든 대학에서처럼 상호연관이 약한 자연지리학과 인문지리학을 별개의 과로 만들기까지 하였다.

이 분리는 단기적으로 지형학과 지질학처럼 인접과학과 지리학의 한 부분의 통합이라는 점에서 이점이 있지만, 일부 지리학자들은 그러한 움직임을 걱정스럽게 보아왔다. 그들은 자연현상과 인간에 의해 만들어진 것과를 구별하는 것이 도움이 되지 못한다고 생각해왔다. 왜냐하면 그것은 지리학적 연구의 핵심적 성격을 흐리게 하고 따라서 대학 교과목으로서 장기적인 존립근거를 훼손한다고 보기 때문이다.

그러면 이러한 핵심적인 지리학적 성격은 무엇이고 왜 그것이 그렇게 중요하다고 생각되는가? 최소한 3가지가 곧 확인될 수 있다:

(a) 첫번째 성격은 입지에 대한 강조이다. 지리학은 지표면의 자연 그리고 인문현상 양자 모두의 입지적 혹은 공간적 다양성에 관심을 가진다. 지리학은 입지를 정확하게 설정하고 입지들을 효율적이며 경제적으로 표현하기 위하여(지도학 참조), 또한 특정 공간유형을 이끌어내는 요인을 찾아내기 위하여 노력한다. 인문지리학에서는 보다 평등하고(복지지리학 참조), 보다 효율적인(경제지리학 참조) 대안적 공간유형을 제안할 수 있다. 이러한 공간적 다양성을 연구하기 위하여 지리학에서 개발된 기법의 많은 부분이 성격상 일반적인 것이며 자연 혹은 인문지리학의 어느 한쪽에서만 연구되는 현상에 특수한 것이 아니라는 것이 중요하다.

(b) 두번째 성격은 사회와 토지의 관련성에 관한 지리학의 생태학적 강조이다(생태학 참조). 여기서 강조점은 현상간의 상호관련성, 특정지역의 자연환경적 측면과 그것을 점유하거나 개변하는 인간집단의 연관이다. 이 분석유형에서 지리학자들의 강조점은 지역간의 공간적 변이(이것은 수평적 연관으로 생각될 수 있다)로부터 경계지워진 지리학적 지역내의 수직적 연관으로 전환된다. 이 연관은 쌍방적(인간에 대한 토지의 영향뿐 아니라 토지에 대한 인간의 영향)이 될 것이며 경계지워진 지역은 지구 그 자체에서부터 매우 작은 지방까지 될 수 있다는 점을 주목할 필요가 있다.

(c) 지리학의 세번째 성격은 (a)와 (b)가 융합된 공간적이며 생태학적 접근으로 기술된 지역분석이다. 지역으로 개념지워진 지표면의 적절한 공간적 분절들이 확인되고 그것들의 내부적(지역내적) 형태학과 생태학적 연계들이 추적된다. 그리고 그들의 외부적(지역간) 연관이 수

지리학

립된다.

어떤 지리학자에게는 지역형성의 과정이 때로는 지표면의 <u>지역분화</u>로 규정되어 연구분야의 핵심을 대표한다. 다른 사람들에게는 가장 의미있는 진보가 흔히 인접학문과의 협력 속에서 보다 체계적 연구로부터 나오는 것으로 보인다. 지리학에 대한 지역적 그리고 체계적 접근의 상대적 중요성이 방법론적 논쟁의 두번째 영역을 형성한다. 지리학적 주제물이 논리적으로는 나누어질 수 없음에도 불구하고, 지표면 연구는 취급가능하도록 적절하게 구획되어 나누어져야 한다. 이 연구를 행하는 데는 전통적으로 두 가지 방법이 있다. 우리는 지표면 각 부분들을 지역별로 고려하거나 의미 있는 주제와 요소를 고려하여 그것을 지표면 전체에 걸쳐 체계적으로 추적해볼 수 있다. 첫번째 접근이 지역지리학으로 불리고 두번째가 계통지리학으로 불린다.

<u>지역지리학</u>에서의 연구는 성격상 광범한 부문에 걸쳐 행해지며 그 지역의 환경뿐만 아니라 인구에 관한 고려도 포함한다: 인구학적 특성, 직업구조, 즉 1, 2, 3, 4차 직업집단 그리고 사회적·정치적 행태, 즉 인구이동과 투표유형, 각 요소의 공간적 범위가 강조되며 특정지역의 환경과 인구특성의 국지적 연관 등이 전체지역 내에서 뚜렷한 소지역을 발생시킨다는 것이 고려된다. 증거가 있는 범위내에서는, 기술되는 것이 안정적이냐 혹은 변화를 겪고 있느냐를 강조하기 위하여 시간경과에 따른 지역구조의 안정성 혹은 불안정성에 관한 것에 중점이 두어진다. 지리학에서 이러한 지역연구의 특성은 한 지역내에 있는 수많은 현상을 통합하기 위해 노력하고 현상간 연계의 결합적인 복합배열이 가능토록 하는 데 있다. <u>체계분석</u>은 이 복합성을 보다 쉽게 이해하고 모형으로 구축될 수 있는 보다 간단한 건축학적 형태로 환원하고자 하는 시도에 방법을 제공한다.

지리학에서 계통적 연구는 인간환경이나 인간집단에 관해 몇가지 관점을 취하고 기왕에 정의된 지리학적 공간에서의 그것들의 다양한 전개를 연구한다. 이러한 연구는 보통 관계되는 현상이나 그것과 동일시될 수 있는 자연 혹은 사회과학의 소분야와 관련지워 분류된다. 따라서 투표행태의 공간적 연구는 <u>선거지리학</u>(첫번째 분류명) 혹은 <u>정치지리학</u>(두번째 분류명)으로 명명될 수 있다. 이 두번째 유형의 명칭은 도서관에서 분류될 때 지리학분야로 단일하게 모아지기보다는 오히려 그 계통학문 쪽으로 분류되어 각각 다른 선반에 놓아지게 되는 곤란을 일으킨다.

계통과학 분야와 지리학 사이에는 보통 3가지 유형의 중복이 흔히 일어난다. 여기서는 지리학과 정치학간의 중복을 예로 들어보기로 한다. 첫번째 유형은 지도학적 혹은 입지적 방법이 정치적 현상의 지표면상에서의 분포를 연구하기 위하여 지도화 혹은 배분적 과정으로 사용될 수 있다. 둘째는 지리학자가 정치적 현상을 보다 광범위한 지리학적 연구의 원인요소로 이용할 수 있다. 따라서 지역내에서 토지이용과 도시활동의 대조적 분포에 관한 연구가 국경의 입지와 그것이 지가와 교육에 미치는 영향에 결정적으로 연관될 수 있다. 세번째로 정치학자들은 지리학적 현상들을 정치적 연구의 원인요소의 하나로서 이용할 수 있다. 따라서 국경의 안정성에 관한 연구는 국경선이 통과하는 지역의 환경과 상대적 입지를 잘 강조할 수 있다. 속기용어로 풍자하자면, 이 세 가지 접근은 '정치적 현상의 지리학', '지리학 뒤의 정치학', 그리고 '정치학 뒤의 지리학'으로 부를 수 있다. 우리는 이 지역에서 나타날 수 있는 문헌의 다양성과 범위를 이해하기 위해서는, 위에서 말한 속기식의 정치학 대신에 자연과학, 사회과학, 인문학, 구체적 예로는 수문학, 인구학 등으로 대치해야 한다. 예를 들면, 지역적 세부사항, 언어, 지도학적 분석 등은 지리학적 핵심부분으로부터 다른 학문의 핵심으로 이행하는 것으로 지리학적 관심과는 연속체를 이루고 있다.

지리학은 오늘날 학과목내에서 연구와 학문이 잘 확립된 전통을 대표한다. 지리학은 과거사상의 유산을 강하게 지니고 있으면서도 현대적 사고가 여전히 작동하는 학문이다. 어떤 의미에서 그것은 서로 다른 연령과 활력의 구역을 가진 도시에 비견된다. 거기에는 건설된 지 1세기 이상을 거슬러올라가는 구역이 있어 때로는 수리가 필요하다 ; 한때 번창했지만 이제는 번창이 끝난 구역이 있는가 하면, 다른 곳은 부흥중에 있다. 다른 구역은 최근에 급속히 확장되었으며 ; 일부는 잘 지어졌고 허울만 번듯한 것도 있다. 만약 도시에 비유한다면, 지리학은 다른 주제와 연담도시를 형성하기 위하여 중세적 장벽을 넘어 팽창해왔다. 따라서 지리학에 대한 사전적 정의는 진화과정에 있는 특정 역사적 단계에서 진보하는 분야의 부분적 견해만을 대표해야 하는 것이 될 것이다. PH

지리학적 상상력 geographical imagination
장소와 공간에 대한 감수성.

이는 개인(들)로 하여금 그(들) 자신의 전기(들)(biographies)에서 공간과 장소의 역할을 인식하도록 하며, 그들 주변에서 자신들이 볼 수 있는 공간들과 관련시키도록 하며, 개인들과 조직들간의 교호작용이 이들을 분리시키는 공간에 의해 어떻게 영향을 받는가에 대해 인식하도록 하며, 다른 장소들에서의 사건들의 적실성을 판단하도록 하며, 공간을 창조적으로 설계하고 이용하도록 하며, 그리고 타인들에 의해 만들어진 공간적 형태들의 의미를 이해하도록 한다(Harvey ; 1973, Prince, 1961-2 참조).

하비(Harvey)는 '지리학적 상상력'이 밀즈(Wright Mills, 1959)가 "우리들로 하여금 역사와 전기, 그리고 사회 속에서 이들간의 관계를 파악할 수 있도록 해주는" '사회학적 상상력'이라고 명명한 것과 대조·대비되도록 이 용어를 사용했다. 하비는 "우리의 사고 속에서 두 가지 특이하고 비화합적인 분석양식들로 보이는 것들 간의 분열을 치유하는 것이 최근 수년 동안 나의 근본적 관심이었다"고 기술했다. 사실 그는 그의 토대적 연구『사회정의와 도시(Social justice and the city)』를 (부분적으로) "사회학적 상상력과 지리학적 상상력간의 간극을 연결하기 위한 연구"로서 제시했다. 이와 동일한 관심이 약 10년 후 그의 '사적 유물론적 선언'에서도 드러난다.

공간, 장소, 현장(locale), 환경(milieu) 등의 사회이론에의 편입은 그 이론의 중심적 전제들을 마비시키는 효과를 가진다. 마르크스(Marx), 마샬(Mashall), 베버(Weber), 뒤르켐(Durkheim) 모두 공통적으로 이러한 효과를 가졌다. 그들은 공간에 대해 시간을 우선시했으며, 그들이 공간을 다룰 경우에도 문제시하지 않고 이를 역사적 행동의 위치 또는 맥락으로 보는 경향이 있었다. 어떠한 류의 사회이론가들도 지리학적 범주들의 의미를 적극적으로 고려할 경우에도, 그들의 이론을 임시방편적으로 조정함으로써, 일관성 없게 처리하든지 또는 순수기하학으로부터 도출된 어떤 언어를 선호하여 그들의 이론을 포기하도록 강요당한다. 공간적 개념들의 사회이론에의 편입은 아직 성공적으로 완수되지 못했다. 그렇지만, 실제 지리적 배열, 관계, 과정 등의 물질성을 무시하는 사회이론은 그 유의성을 결하고 있다 (Harvey, 1984).

많은 지리학자들은, 예를 들어 맥락적 이론을 설정하고(마르크스주의 지리학, 구조화이론, 그리고 시간지리학의 상상력 있는 상호연계를 통해), 그리고 공간성과 공간구조의 개념들을 규명하기 위한 그들의 다양한 노력을 통해, 이러한 견해들을 추인하고 있다(사회지리학 참조).
DG

지리학회 및 정기간행물
geographical societies and periodicals
대부분의 국가들은 지리학자들을 위한 중요한 토론의 장을 제공하는 전국지리학회를 가지고 있다. 그 학회들의 활동들 중에 가장 주된 것은 회합의 조직과 잡지의 발행이다. 최초의 학회는 1821년 파리에서 설립되었고, 1828년 베를린에서, 또 1830년에는 '영국지리협회(Royal Geographical Society)'가 설립되었다. 또한 에딘버러와 맨체스터에서 1884년에 설립된 학회와 같이 지역적인 학회도 많이 있다. 전국적으로 운영되는 학회는 20세기에 들어서 더욱 특징적인데 특히 '미국지리학회(Association of American Geographers)'와 '영국지리학회(The institute of British Geographers)'와 같은 학회가 그러하였다.

세계의 주요한 지리학 정기간행물들의 대부분은 이러한 학회들에 의해 간행되었다. 예를 들면 스코틀랜드 지리학회(Royal Scottish Geographical Society)는 『Scottish Geographical Magazine』을 간행하고, 캐나다지리학회(Canadian Association of Geographers)는 『The Canadian Geographer』를 간행하며, 아일랜드지리학회(Irish Geographical Association)은 『Irish Geography』를 간행하였다. 그러나 몇몇 주요 정기간행물들은 학회와는 관련이 없는데, 특징적인 예로서 피터만(A.H. Petermann)에 의해 고타에서 만들어진 『Petermann's Geographische Mitteilungen(1854)』와 비달 드 라 블라쉬(P. Vidal de la Blache)과 드브와(M. Dubois)에 의해 1891년에 만들어진 큰 영향력을 지닌 잡지 『Annales de Geographie』가 있다. 지리학의 정기간행물들의 수는 최근 몇십년 동안 급격히 증가하였고, 이것은 지리학자들의 수적인 증가와 학문적 발전을 반영해준다. 『도시지리(Urban Geography)』, 『인문지리학 동향(Progress in Human geography)』 그리고 『계간 정치지리학(Political Geography Quarterly)』과 같은 특별한 영역에 관심을 둔 잡지들은 학회와 관계없는 상업적 출판업자들에 의해 간행되었다. 또한 지리학자들은 그들의 연구를 학제적 잡지들에 쉽게 게재할 수 있게 되었다. 이러한 잡지에는 '지역과학회(Regional Science Association)'에서 발간되는 잡지들, 『지역과학회지(Journal of Regional Science)』, 『국제지역과학평론(International Regional Science Review)』, 『지역과학회 논총(Papers of the Regional Science Association)』 등과 그리고 '지역연구학회(Regional Studies Association)'의 『지역연구(Regional Studies)』, 또한 상업적으로 발간되어 4가지 유형의 잡지를 포괄한 『환경과 계획(Environment and Planning)』 등이 포함된다. RJJ

지명 place-names

주로 문헌자료에 기초를 둔 언어학 분야의 연구 대상으로서, 가능한 한 현대의 지명을 가지고 초기의 철자들을 확인한다(Cameron, 1976 ; Gelling, 1978). 각 항목별 철자들의 연쇄성은 구어 이름(spoken name)에서 발음의 발달을 설명하는 방법으로 제시되며, 이를 가지고 언어학자들은 기원적 형태와 의미에 관해 결론을 내리게 된다. 역사지리학자, 역사학자, 고고학자들은 문헌자료가 광범위하게 잔존하기 이전 시대에 있었던 취락의 연대학과 취락의 특성을 확립하는 데 지명증거를 광범위하게 이용하였다. 예를 들면 영국에서 이 분야의 제1세대 전문가들은 -ingas와 -ingahām 어미가 인명에 붙었거나 레딩(Reading)과 워킹검(Wokingham)처럼 지명에 붙은 단어가 영어에서 가장 초기의 이름이라고 생각하였다(Stenton, 1939 ; Reaney, 1943). '레드(Reād)의 추종자들'과 '워카(Wocca)의 추종자들의 농가'를 의미하는 이 복합어들은 다음과 같은 내용을 반영한다고 가정되었다. 즉 -ingas의 경우는 앵글로-색슨인 이주집단의 첫번째 토지취득을 명명한 것이며, -ingahām의 경우는 곧이어 이루어진 취락의 두번째 단계를 명명하였다는 것이다. 이것은 매우 널리 알려진 지명연구의 광범위한 분야에서 정립된 극소수의 일반화 가운데 하나이다. 그러나 이 해석에 대해서는 다음과 같은 반론이 제기된다. 즉 잉글랜드의 같은 남부 및 동부의 일부지역에서 이러한 지명들이 충분하게 발견된다는 사실을 고려한다면, -ingas와 -ingahām 지명이 초기 앵글로-색슨인의 고고학적 유물과 거의 일치하지 않는다는 점이다(Dodgson, 1966).

지명연구에 있어 엄격한 언어학적 기초의 필요성을 가장 잘 보여주는 예는 최초의 영국취락을 알려주는 길잡이로서 hām 지명을 사용하는 경우이다. 촌락을 의미하는 hām과 비복합어로서 '강의 만곡부에 있는 땅, 습지 속에 융기한 건조한 땅'의 의미를 지니는 또다른 지명요소인 hamm을 구별하는 것은 매우 어렵다. 그러므로 지형적인 의미와 거주지적인 의미가 쉽게 그리고 잘못 뒤바뀔 가능성이 매우 높다(Dodgson, 1973).

그렇지만 지명의 어원 연구자들은 특정한 배경에서는 일반적으로 보다 역사지리학과 연관된 기술들을 응용함으로써 많은 유익한 도움을 받았다. 예를 들면 스칸디나비아인들의 취락의 시대에 잉글랜드인들에 의해 이미 잘 개발된 데인법(Dane law ; 9~10세기경 영국에 침입한 북유럽인 데인인이 점령하였던 잉글랜드 동북지방에서 시행되었던 법률 ; 역자주)이 시행되던 지역에서 스칸디나비아 지명과 잉글리쉬 지명의 분포조사 연구를 들 수 있다. 이들 연구들은 데인식의 이름을 가진 마을들이 지질학적·농업적 관점에서 볼 때 가장 바람직하지 못한 위치에 있었으며, 따라서 승리한 데인인들이 기존의 잉글랜드 취락들을 명백히 접수하지 않았던 경향을 나타낸다고 지적하였다(Campbell et al., 1983 ; Fellows Jensen, 1975). RMS

지방정부 local state

국가의 차하위 수준에서 사회적 관계의 유지와 보호의 책임을 맡고 있는 일련의 제도. 이러한 형태에는 지방정부, 지방사법부, 면허국 등이 있다. 이 용어는 주(예를 들어 아이오와 주)의 정부, 도·시의 행정부와 같이 실제세계의 다양한 수준의 지방정부를 지칭하는 데 이용되었다.

지방정부는 국가장치의 일부분이며 이의 존재는 지역적 수준에서 지역문제를 해결하기 위한 필요에 근거를 두고 있다. 지방정부는 공간적으로 광범위하고 사회적으로 이질적인 영역을 통제하기 위하여 필요하다. 지방정부는 또한 선거와 같은 정치적 방법을 통하여 중앙정부의 행위를 합법화시키는 중요한 정치적 기능을 가지고 있다. 지방선거와 지방정치는 지방자치권을 강조하는 민주주의 이데올로기에 의하여 유지되었다.

정부의 활동을 공공재 및 서비스의 지원이라고 단순하게 생각하는 보수적 및 자유주의적 학자들은 지방행정부의 활동에서 능률성과 통제에 주로 관심을 갖는다. 다른 사회이론가들은 분리된 지방정부의 존재이유에 관심을 갖고 있다. 이 사회이론가들에 따르면, 그들의 주요한 이론적 문제는 지방정부가 중앙정부로부터 자치권을 어느 정도 갖고 있는가 하는 중앙정부와 지방정부간의 권력관계이다. 그들은 지방정부를 국가의 '아킬레스 힐' 또는 중앙정부의 '예속자'로 간주하였다. 전자의 경우에 지방정부는 중앙정부의 통제가 효율적으로 미치지 못하는 행정단위인 반면, 후자의 경우에 지방정부는 단순히 중앙기관의 꼭두각시이다. 이 문제는 또한 이탈리아의 공산당과 런던 시의회의 갈등에서처럼 많은 압력단체들이 지방정부를 장악하려고 하기 때문에 중요한 정치적 의미를 가진다. 지방정부의 자치에 대한 문제의 해결은 오직 실제의 경험적 사례에서 이루어질 수 있으며, 도시행정가처럼 중요한 대리인의 역할과 권한을 조사함으로써 지방정부를 장악하려는 정치인들의 행위를 판단할 수 있다(국가, 국가장치 참조). MJD

지역 region

고전적으로 "지표공간의 분화된 단편"(Whittlesey, D. in James and Jones, 1954). 이러한 정의가 의미하는 것처럼, 지역연구는 지역분화에 관한 연구 또는 지역지로서의 지리학의 정의와 오랫동안 동일시되어왔다. 1960년대 지역연구가 비판을 받게 됨에 따라, 지역지리학의 전통적 개념들은 지리학의 중심으로부터 배제되었다.

그러나 18세기 지역개념에 대한 지적 거부에도 불구하고, 그리고 지역(pays)의 근본적 통일성이 산업혁명에 의해 파괴되었다는 주장(Wrigley, 1965)에도 불구하고—이 두 명제들을 함께 고려하면, 이들은 지역의 고전적 유럽 개념을 1세기 정도로 국한시킨다—지역개념들은 현대 지리학에서 여전히 기본적 중요성을 가지고 있다. 사실 랭톤(Langton, 1984)은 계속해서 다음과 같이 주장했다:

> 탐구할 가치가 있는 지역지리가 산업혁명 중에도 그리고 그후에도 실제 존재했다는 점, 그리고 이에 대한 인식은 우리들로 하여금 그 시기의 역사이해에 중요하며 이로부터 연유된 모든 것들을 발견할 수 있도록 했다는 점은 분명 사실이다.… 아마 (지역개념)은 전(前)산업사회뿐만 아니라 산업사회들의 경험적 연구에서 중요한 문제들이 표현될 수 있는 유일한 용어들을 제공한다 (강조 추가, 지역주의 참조).

심지어 지리학을 공간과학으로 이해했고 따라서 전통적 지역지리학으로부터 거리가 먼 학자들조차도 지역을 "지리학적 정보를 조직하는 데 있어 가장 논리적이고 만족스러운 방법들 중의 하나"로 간주했다(Haggett et al., 1977). 이러한 류의 주장들은 두 가지 관련된 (개념적) 발전들로부터 도출되었으며, 또한 이들로 환원되었다:

(a) 지역 설정의 합목적적 성격에 관한 새로운 인식. 이 점은 지역에 관한 헤트너(Hettner)와 하트손(Hartshorne)의 논의에 기술되어 있으며, 헤트너는 "모든 현상들을 정당화시키는 보편적으로 유효한 (지역)구분은 없다는 점을 분명히 했다"(Hartshorne, 1939). 그러나 그 형식적 결과는 그리그(Grigg, 1965)의 다음과 같은 주장에 의해 개발되었다. 즉 "지역화는 분류화와 유사하며", 어떤 특정 지역체계는 "세계를 살펴볼 수 있는 한 방법에 불과하다." 사실 지역분류법의 논의에 관한 그리그의 설명은 형식적 지역설정의 전체 알고리즘을 위한 기반을 제공했으며, 여기서 지역은 (특히) 조합적 할당과 지구화(districting)의 문제들로서 처리된다 (Haggett et al., 1977; 또한 분류와 지역화 참조);

(b) 기능지역의 실제적 중요성에 관한 새로운 인식. 지역지리학의 초기연구들 중 많은 부분은 특정하게 구분될 수 있는 양상들의 유무에 바탕을 두고 확인된 '형태적(formal)' 지역에 관한 것이었다. 하트손(1939)은 기능지역이라는 대안적 개념의 유의성을 제안했지만, 이들간의 연계는 제2차 세계대전 전까지는 거의 고찰되지 않았다. 그후 『도시지역과 지역주의(City region and regionalism, 1947)』에서 디킨슨(R. E. Dickinson)은 형태적 지역의 확인을 뒷받침해주는 '지역적 동질성'의 힘을 인정했다. 그러나 그는 지역적 동질성의 '완전한 측정'은 "(지역적 연관들)의 성격, 강도, 범위, 상호관계 그리고 이들이 공간상에서 상호연결되어 있든지 또는 분리되어 있는 방법들에 관한 분석을 통해서만" 발견될 수 있다고 주장했다. 이 점은 분명 하트손적 정통성에 소급되지만, 디킨슨의 이론에서 새로운 점은 이 이론이 자연지리와 자연환경으로부터 분리되었으며(이 점은 비록 인간생태학에 기여하고자 의도된 것이긴 하지만), 그리고 이에 따라 "사회의 공간적 구조 이면에 놓여 있는 어떤 핵심적 지역화 원리"를 제시했다는 점이다. 이것이 바로 도시지역, 즉 "교통로를 매개로 하여 도심들로 연결되는, 상호관련된 활동, 유사한 관심, 공통조직의 지역"이다. 공간의 인문적 조직에 관한 그의 주된 관심은 10년 후 필브릭(Philbrick, 1957)에 의해 강화되었다. 그에 의하면, 지적으로 적극적인 인문지리학의 과제는 "지역내 인간점유의 기능적 조직"의 해명을 통해 "자연환경과는 독립적인 인간점유의 지역적 구조를 분석하는"(강조 첨부) 것이다. 그리고 그는 지리학적 연구의 새로운 틀을 제시할 것이라고 가정된 일단의 이론적 고안물들—집중화, 국지화, 상호연계, 공간적 불연속—을 설정하였다. 디킨슨과 필브릭 양자는

크리스탈러(Christaller)의 중심지이론에서 많은 감명을 받았으며, 이 세 사람은 기능지역(의 개념)이 공간체계(의 개념)으로 궁극적으로 전환하는 데 발판이 되었다(Berry, 1964 ; 그러나 Chapman 1977, 1-2장의 주의사항 참조).

이러한 두 가지 개념적 발전은 계획에 있어서 이들의 중요성, 특히 지역정책의 입안, 수행, 평가와 지역발전의 서술과 설명에 있어서의 이들의 역할을 통해 공통된 기반을 조성했다.

이러한 조성의 대부분은 기능주의와 밀접하게 관계되어 있었다. 그러나 비기능주의적이라고 공인된 여러 이론들의 등장은 1980년대 지역과 그리고 '이론적으로 정립된 지역지리학의 재구성'에 관한 새로운 관심을 불러일으켰다. 예를 들면, 시간지리학에서 시간과 공간상에 처해진 '상황들'에서 필수적으로 전개되고 또 그 결과 등이 그들의 공통된 '국지화'를 통해 상호적으로 변화하는 사건들의 연속에 관한 헤거스트란트(Hägerstrand, 1984)의 강조는 분명 지리학적 연구를 위한 특수한 그리고 특히 지역적 기반으로서 칸트(Kant)의 '물리적 분류'에로의 회귀를 예시한다(칸트주의 참조). 헤거스트란트의 이론에 바탕을 둔 트리프트(Thrift, 1983)는 지역을 "인간행동과 사회구조가 만나는 장소"로 서술한다. 그에 의하면, 한 지역은 "상이하지만 서로 연계된 수많은 상호작용의 배경들"—특히 상이한 현장(locale)들의 특정한 상호교차—로 이루어지며, 이들은 "상호작용의 복합성, 특정 시간과 공간의 특이성, 만남으로서의 삶의 의미" 등을 구조화하는 데 이바지한다. 트리프트의 설명은 또한 기덴스(Giddens)의 구조화이론에 의존하고 있으며, 기덴스 자신은 다음과 같이 주장하고 있다:

지역화라는 사고는 사회이론에서 주요역할을 하는 것으로 이해되어야 한다. 이는 전적으로 공간적 개념으로 이해되기보다는 시-공간상의 맥락(context)들의 집괴화를 표현하는 것으로 이해될 수 있다. 지역화는 그 자체로서 이론적 수준과 경험적 수준 양자 모두에서 (사회이론)에 매우 결정적인 유의성을 가지는 현상이다. 어떠한 단일 개념도 '미시사회학적' 분석과 '거시사회학적' 분석간의 잘못된 구분을 시정하는 데 더 큰 도움을 줄 수 없다. 또한 어떠한 개념도 '사회'가 정확히 정해진 경계를 가지는 선명한 통일체라는 가정을 뒷받침하는 데 더 큰 도움을 줄 수 없다(Giddens, 1984).

프레드(Pred, 1984)는 과정으로서의 지역에 관해 유사한 도해적 모형을 제시했다. 그러나 지역적 배열의 개연성에 관한 그의 관심은 또한 노동분업, 투자의 층, 불균등발전의 지역지리학에 관한 마르크스주의 지리학의 기본논제들과, 그리고 사회적 실천들이 (문자 그대로) 자리를 잡는 '배경들'의 '개연적 양상들'의 중요성을 강조하는 실재론(realism)의 이론적 주제들과도 비교된다. 이러한 의미에서 세이어(Sayer, 1985)에 의하면, "실재론적 지리학은 개성기술적이라고 불릴 수 있지만, 그러나 전통적 지역지리학과는 달리 (이는) 이론적이며 설명적이라고 주장할 수 있는 모든 근거를 가지고 있어야 한다." 따라서 광범위하고 급속하게 진전되는 (지리학 발전)을 통해, 지역은 참된 맥락적 이론의 —유일한 축은 아니라 할지라도—어떤 필수불가결한 초점이며, 또한 "사회발전의 국지적 과정과 비국지적 과정의 상호작용의 결과로서 변해가는 형태 속에서 항상적으로 구성되고, 와해되고, 재구성되는" 것으로 인식되고 있다(Lee, 1985).

DG

지역과학 regional science
경제학, 지리학 및 계획론 그리고 지역경제와 지역문제를 이론적으로 또는 계량적으로 분석하는 분야를 연계시킨 학문분야를 말한다. 지역과학은 1950년대 미국의 경제학자 아이자드(Walter Isard) 한 사람에 의해 시작되었다고 볼 수 있다. 그 당시 지역경제학은 경제학의 한 분야였으나 기술적이고 이론이 없는 상태였다. 당시

지역구분(분류와 지역화)

경제학의 주류나 수리경제학은 비공간적이고, 아이자드의 말을 빌리면 '무차원의 이상한 분야'였다. 당시의 입지론은 아직 이론적 체계가 수립되지 못하였으며 인문지리학은 상당히 반(反)이론적이었다. 아이자드는 각 분야의 이러한 단점을 극복하고 지역이론을 수립하기 위하여 지역과학분야를 창립하였다. 지역과학회(Regional Science Association)가 1954년 12월에 창립되었으며 학회지인『지역과학회지(Journal of Regional Science)』와『지역과학회보(Papers and Proceedings)』는 1950년대 이래 이론적 지역과학 연구의 중심이 되었다. 아이자드는 1958년에 미국 펜실베니아대학에 지역과학과를 창설하였으며 그보다 2년 전인 1956년에는 이미 이 대학에 박사학위과정을 시작하였고 후에는 코넬대학에서도 시작하였다. 미국 이외의 지역에서는 지역과학과라는 독립적인 학과로서의 발전은 그리 많지 않으나 지역과학 및 지역과학회는 공간 내지는 지역의 모형수립에 관계된 학제간 연구의 중심역할을 하였다. 지역과학회의 유럽회의가 1961년 헤이그에서 처음 개최되었고 영국지부가 역시 1960년대에 설립되었으며, 매년 회의 결과는 1969년 이래『런던 지역과학회지(London papers in regional science, London, Pion)』에 발표되고 있다.

지역과학의 범위는 경험적 계량모형으로부터 입지 및 지역경제의 순수이론적 분석에 이르기까지 매우 다양하다. 경험적 모형으로는 지역투입-산출모형, 공업단지분석, 공간적 상호작용을 다루는 중력모형, 중심지이론의 통계적 연구 등이 있다. 지역과학이론의 발달은 현대 경제학이론의 영향을 강하게 받게 되며, 대표적 예로는 일반균형모형을 포함한 신고전경제학의 경쟁균형모형이나 선형계획법과 같은 최적화모형 등이다. 이들은 지역과학에서 지역간 선형계획법, 지역간 일반균형론, 게임이론, 신고전파의 토지이용, 지대 및 생산모형에 영향을 미쳤다(알론소모형 참조).

지역과학의 발달은 그 모체과학에도 영향을 주어, 지역경제은 매우 활동적이고 분석적인 학문이 되었으며 인문지리학에서는 지리학자들이 계량혁명을 일으키는 기초를 제공하였다. 베리(B. J. L. Berry), 데이시(M. Dacey), 모릴(R. Morrill), 토블러(W. Tobler) 및 원츠(W. Warntz)와 같은 지리학자들은 지역과학회에서 매우 활동적이었으며 계량지리학에 관한 다수의 고전적 논문을 지역과학관계 논문집에 발표하였다. 지역과학은 미국 필라델피아의 지역간 투입-산출모형 및 푸에르토리코의 공업단지 분석과 같은 정책대안적 연구물과 1960년대의 도시 및 지역계획 모형의 발달을 가져왔다.

1970년대초 이래 계량 및 실증주의적 지리학에 대한 비평과 급진지리학의 성장 및 마르크스 경제학의 영향으로 지역과학은 그 이론화에 응용된 신고전파 및 균형론적 가정과 지나친 수리화가 비판을 받게 되었다(Holland, 1976, 참조). 그러나 이러한 비판에도 불구하고 지역과학은 1970년대 들어 과거의 신고전파 가정을 넘어서 새로운 연구분야가 성장함으로써 재등장하고 있다. 새로운 분야들이란 동적인 지역성장, 다목적 최적화(Nijkamp, 1979), 지역 및 도시체게의 계량경제학적 모형(Glickman, 1977), 환경영향모델(예를 들면 환경영향평가) 그리고 공간분석의 새로운 기법(Paelinck and Klaassen, 1979) 등이다. 이러한 새로운 연구들은 지역과학분야의 다수의 단행본 논문집 시리즈 및『환경과 계획(Environment and Planning)』,『국제지역과학리뷰(International Regional Science Review)』그리고『지역과학과 도시경제학(Regional Science and Urban Economics)』과 같은 지역과학관계 논문집에 발표되고 있다. 최근의 이러한 일련의 발달에서 두드러진 현상은 유럽 과학자, 특히 클라센(L. Klaassen), 네이캄프(P. Nijkamp) 및 팰링크(J. Paelinck)와 같은 화란 계열의 학자가 주로 활동하고 있다는 점이다.

LWH

지역구분(분류와 지역화)
classification and regionalization

분류는 미리 정해진 지표를 사용해서 모집단을

상호배타적인 범주로 분할하는 것을 의미한다. 분류의 과정에서는 전체 모집단을 계급으로 분류하거나, 또는 개체들을 합쳐서 계급으로 분류하기도 한다 ; 양자의 경우 모두에서, 많은 분류 절차들은 계급의 계층을 나누고 있다. (계급이 선험적이 아니고 실제자료들에 의해 정의될 경우) 귀납적 분류에서 중요한 점은 어떤 계급의 각 구성요소가 다른 계급의 구성요소에 비해 자기가 속한 계급의 다른 구성요소와 보다 유사해야 한다는 점이다. 지역화(지역 참조)는 모집단을 구성하는 개체가 장소 또는 지역으로 되어 있는 것을 말하며, 이때 분류된 지역(계급)은 연속적 단위를 이루어야 한다(토지분류, 토지이용분류 참조). RJJ

지역단위정책 area-based policies

다른 지역에 비해 상대적으로 우대하거나 차별하는 공공정책. 이 정책의 공간적 범위는 도시재개발에서 보는 바와 같이 도시내부지역과 같은 작은 지역에서부터 국가적인 지역간 계획정책에 이르기까지 매우 다양하다. 유럽경제공동체(EEC)의 지역정책에서 보면, 이러한 지역에는 아일랜드 같이 나라 전체가 해당되기도 한다. 이 정책은, 영국에서 교사채용 및 학교시설에서 특별보조를 받는 도시빈민지역의 교육우선지구와 같은 특수한 프로그램으로서, 전통적인 공간계획의 범주로 해석될 수 있다. 특정 지리적 지역을 지원하는 적극적 차별은 생활이 어려운 개인을 지원하는 차별정책보다 행정적으로 훨씬 간단하다. 오늘날 많은 비판을 받고 있지만, 이러한 정책의 기본적인 철학적 배경은 지역의 지원을 통해 개인을 지원할 수 있다는 점이다.

AGH

지역동맹 regional alliance

집단적 안보체제에 동의하는 인접국가들간의 조약. 이에 따르면 구성원 중의 하나에 대한 외부 침입자의 공격은 구성원 모두에 대한 공격으로 간주된다. 이러한 동맹은 거의 대부분 현재의 정치상태를 유지하는 데 목표를 둔 방어지향적 성격을 갖는다. 최근의 대표적 예는 '나토(NATO)'인데 이는 2차세계대전 이후 서유럽에서 안정을 다시 확립하기 위해 설립된 것으로 구성원 간에 널리 인식되고 있다. MB

지역분화 areal differentiation

"지표의 서로 다른 지역들간의 상이성". 이 정의는 하트손(Hartshorne, R.)의 『지리학의 본질(The nature of geography, 1939)』에서 인용되었는데, 여기서 지리학적 연구의 근본대상이라고 주장되고 있다. 하트손의 견해에 의하면, 이 용어는 3가지 기본개념들을 함의한다 : 즉 (a) 지표와 직접적으로 또는 간접적으로 결부된 여러 종류의 현상들간의 상호관계; (b) 지표의 서로 다른 지역들에 있어서 이러한 현상들과 이들이 형성하는 복합체들의 상이한 성격; (c) 현상들이나 복합체들의 지역적 표현. 이러한 3가지 개념들은 원칙적으로 공간과학으로서의 지리학을 위한 것임이 분명하다(Guelke, 1978 참조). 그러나 사실 이 개념들은 지역지, 특히 전통적 지역지리학이라는 지리학의 특정견해를 고양시키는 데 사용되었다. 따라서 20년 후 『지리학의 본질에 관한 전망(Perspective on the nature of geography, 1959)』에서 하트손은 지리학이란 "인간세계로서의 지구의 여러 장소들이 가지는 다양한 성격을 서술하고 해석하는 것"을 목적으로 한다고 말했다. 그리고 예외주의에 관한 논쟁에서 지적된 바와 같이, "지역분화(라는 개념)은 지역통합(이라는 개념)을 희생시키고 지리학을 지배하게 되었다"(Haggett, 1965). 하게트(Haggett)는 지역통합(이라는 개념)을 고대희랍의 지리학 개념에까지 소급시켰다. 비록 많은 지리학자들이 개성기술적 전통에 대한 집착을 포기하려 하지 않았지만, 계량혁명은 분명 이 두(개념들)간의 균형 또는 심지어 역전을 시도했다.

그러나 보다 최근 투자의 층 또는 불균등발전의 지리학에 관한 분석들은 지역분화를 현대 인문지리학의 중심과제로 재논의하고 있다. 이들의 관심은 하트손적 정통성과는 아주 달리, 이론적이며 또한 비판적인 것이다. 매시(Massey, 1984)는 다음과 같이 주장한다:

> 상이성은 예측된 것으로부터의 변이로 이해되어서는 안되며, 또한 특이성은 (이론적으로 정립된 인문지리학에 있어서) 어떤 문제로 이해되어서도 안된다. '일반적 과정'들은 순수형태 속에서 그들 자신을 작동시키는 것이 결코 아니다. 항상 특정한 상황, 특정한 역사, 특정한 장소나 입지들이 있다. 중요한 점은 … 상이한 국지성(locality)들에서 질적으로 상이한 산물들을 만들어내기 위하여 일반적인 것을 국지적인 것(특정한 것)과 접합시키는 것이다.

이와 유사하게 하비(Harvey, 1984)는 "현대의 사회적·경제적·정치적 생활을 재구성하는 세계적 과정과 그리고 일정시점의 특정장소에서 개인들, 집단들, 계급들 그리고 지역사회들에 발생하는 특정한 것들을 동시에 포착"할 수 있는 '이론적 준거틀'의 정립을 주장했다. 하비는 계속해서, 이론적 작업을 포기하고 "장소와 시점의 가정된 특수성으로" 후퇴하는 것은 "미래 지리 건설에의 의식적·창조적 개입을 위한 도전으로부터" 후퇴하는 것이라고 주장한다. 존스톤(Johnston, 1985)도 유사하게, "만약 자본주의 생산양식에서 일반적 생산력과 사회적 관계 해명이 세계지리 이해의 기반이라면, 국지적 상이성의 해명도 기반이 된다"고 주장한다. 상이한 '배경들'이나 상이한 현장(locale)들의 중요성에 관한 인식은 맥락적 이론에의 여러 접근방법들의 특성이다. 그러나 이러한 접근방법들 모두가 정치경제학에서 도출된 것은 아니다. 특히 구조화이론의 개발과 그리고 인간주의 지리학에서 제시된 장소감—사람들과 장소간의 애착의 특이성—에 대한 기본관심은 지역분화의 모자이크에 관한 또 다른 설명들을 제시한다. DG

지역생산단지
territorial production complex(TPC)

거시공간적인 규모에서 공업개발계획에 적용했던 소비에트 개념. 지역생산단지의 개념과 대규모 공업계획의 실시는 소련에서 역사가 깊다. 지역생산단지의 정확한 양상에 대해서는 소련학계에서 활발한 논쟁이 일고 있지만, 그것은 앵글로 아메리카 지역과학자들이 많이 사용하는 공업단지 개념을 확장시킨 것으로 이해될 수 있다. 자본주의 세계에서 지역개발문제를 해결하기 위한 방법으로서 계획된 공업단지건설의 가능한 이점이 보다 분명해짐에 따라, 지역생산단지에 대한 소비에트 개념에 대한 관심이 증대되고 있다.

공간경제계획의 단위로서 지역생산단지는 중앙계획경제(중앙계획 참조)의 계층구조에서 다른 생산단위와 특수한 관계에 있다. 지역생산단지에는 중요한 경제지역이 있으며, 최종적으로는 국가경제가 존재한다. 지역생산단지내에는 특별 산업중심지가 있다. 일반적으로 지역의 부존자원이 국가적 생산에 계획된 공헌을 하게 될 특화된 산업을 제시하게 됨으로써, 국가적 노동분업 차원에서 그 위치가 결정될 것이다. 특화된 공업에는 보조적 활동이나 지원활동 그리고 철도, 발전소, 전기 같은 하부구조적 요소들이 필요하다. 수학적 모델이 공업단지의 최적 생산구조를 결정하고, 다양한 생산활동들을 특정입지에 배치하는 데 이용되었다. 이때 최적의 기준은 일정한 생산을 위해 필요한 노동의 최소치이다. 또한 지역생산단지의 계획은 정주체계로 확대되고 일정한 생활수준에서 사람들이 생활하는 데 필요한 재화나 서비스를 공급하는 것으로까지 확대되었다.

소련에서 공업개발의 거시적 공간계획은 1930년대 우랄-쿠즈네츠 단지로부터 시작되었으며, 지역생산단지의 개념이 오늘날의 개념으로 발전된 것은 시베리아 일부에 대한 공업화계획과 밀접한 관계가 있다. 지역생산단지의 모델화를 연구하는 주요센터로는 노보시비르스크의 소련과학원 경제연구소(시베리아 분소)가 있다. 지역생산단지는, 엄격히 말하면, 계획개념으로서 자본주의하에서 발달한 자발적인 공업의 집적에 적용할 수는 없다(공업단지분석 참조).　　DMS

지역정책 regional policy
지역적 불균등발전의 문제에 관심을 갖는 정책. 지역정책의 본질에 관한 정의는 명확하여 EEC의 공동농업정책과 같이 지역적 효과를 나타내는 정책과는 구별이 가능하지만 지역문제와 관련된 지역정책을 규정하기란 매우 힘들다. '지역문제'는 다음과 같은 요인에 의해 발생한다 ; 즉 생산조건 또는 분포의 지리적 불균등성 ; 지역적으로 불균등한 변화과정에 대한 지역의 자각 ; 국가차원에서 나타나는 변화의 잠재적·정치적 효과가 특정지역에 미치는 영향에 관한 광범한 인식 등에 의해 발생한다. 직접적인 분배에의 개입은 국가적 수준에서 정상적으로 행해지고 지역적 효과를 가지지만, 지역정책은 지역복지에 관심을 두고 있다. 지역정책은 하부구조 및 사회간접자본에 대한 투자를 통해서, 또는 영국의 북동부지역에 건설된 신도시의 경우와 같이 노동력의 지리적 집중을 유도하여 공간적 재구성을 통하여 지역의 생산조건을 증진시키는 데 중점을 두고 있다. 지역정책은 특정지역에 세제혜택, 인·허가, 지원금, 특정목적을 위한 공장건설, 지역고용이익 등등의 형태로 투자를 장려함으로써 기업의 입지결정에 영향을 주려는 시도이다. 때로는 메조지오노(Mezzogiorno)를 개발하는 데에서 나타난 이탈리아의 정책과 같이 국가는 종종 투자의 입지적 흐름을 조정하기도 한다.
전체경제의 입장에서 보면, 지역문제는 자본축적에 있어서 실제적인 장애물로 간주된다. 따라서 지역정책이란 효율적인 생산을 위하여 효과적인 지역패턴을 창출하는 입지전환을 유도함으로써 경제의 생산기반을 근대화하고 재구조화하려는 시도이다. 1944년「바로우 보고서(Barlow Report)」에서 발전시킨 지역정책에 관한 이론적 설명은 다음과 같다. 예를 들어 런던의 내부나 주변지역에 경제의 지리적 집중을 유도하는 것은 전략적으로 위험하고 입지적으로도 비효율적이다. 그러므로 대안적인 지역정책은 재구조화의 지역적 효과의 균형을 유지하려는 (또는 균형이 나타나는) 방법으로 입안되어야 한다.
지역문제는 많은 특징을 가지고 있기 때문에, 지역정책은 결정요인, 형식적인 내용, 상대적인 중요성과 목적 등에 의해 시-공간적으로 다양하게 변화되었다. 또한 지역정책은 단순히 축적을 조장하는 방법과 같은 순수한 경제적 목적 또는 지역의 정치적 불만을 해소하기 위한 방법인 순수한 정치적 목적에 의해서만 정의되지는 않는다.
녹스(Paul Knox, 1984)에 의해 설명된, 서구유럽에서 지역정책의 일반적인 전개과정은 정책구성에 따라 다음과 같은 세 시기로 구분된다: 1945년부터 1950년대말까지의 시범적인 개발 ; 1970년대초까지의 혁신적이고 활발한 정책구성 ; 그리고 오늘날의 침묵의 단계. 그러나 이러한 접근방법은 단순히 정책의 공식적인 내용에 근거하여 분류한 것이다. 이와는 대조적으로 매시(Doreen Massey, 1984)는 영국에서 지역정책의 내용 및 실체뿐만 아니라 '성공'의 측정수단과 목표, 그것의 결정요인 등의 전개과정에서 이데올로기의 지리학, 축적, 계급 및 정치 사이의 복잡한 연계성을 연구하였다. 모든 지역정책은 정책수립과 실행의 개별적인 '지리적' 영역으로 환원될 수 없다. 지리학 자체와 같이, 지역정책은 가변성이 있지만 사회적 재생산과정의 본질적인 부분을 이룬다.　　RL

지역주기 regional cycles
특정지역의 경제활동의 단기파동을 의미하며, 일반적으로 지역의 실업률 또는 산업생산력으로 측정된다. 이러한 단기파동은 노동수요의 계절적 변화 또는 성장과 침체가 계속 반복되는 국가경제활동의 지역적 영향을 반영한다. 여러 지역을 대상으로 지역주기의 평균진폭 및 최상승점의 시기를 비교·측정하는 단순한 기술적인 연구는 초기의 지역과학(Isard, 1960)에서 행해졌고, 주로 1970년대에 많은 연구가 발표되었다.

지역주기에 관한 연구에는 크게 두 가지 접근방법이 있는데, 첫번째 접근방법은 주로 경제학자들에 의해 행해지는 것으로, 지역수준에서 한 지역의 생산, 고용, 지출 등의 거시적 변수의 관계를 보는 것으로, 이는 국가적 차원에서 발전된 케인즈 계량경제모델과 유사하며, 또한 이러한 지역적 변수를 국가차원의 변수와의 관계를 보기 위한 지역계량경제모델을 설정하려는 방법이다. 이러한 모델은 미국 대부분의 주와 캐나다, 서독, 영국(북부 아일랜드) 그리고 다른 여러 나라에서 지역의 경제주기를 분석하는 데 이용되고 있다. 두번째 접근방법은 주로 지리학자들이 많이 원용하는 방법으로, 주로 실업률을 이용하여 지역주기의 크기와 공간적 확산을 통계적으로 모형화하고 여러 도시와 지역의 지역주기의 폭 및 시기를 비교하는 것이다. 이것은 전자의 방법인 계량경제모델화에 비해 국부적인 지역수준의 경제활동을 설명하는 데 매우 적합하다. 지역 및 도시 시간주기는 서로 관련되어 있으므로 시차모형의 회귀분석방법을 이용하여 국가적 주기에 반응하는 지역주기와 서로 다른 지역주기들간의 상호관계를 분석할 수 있다. 스펙트럼분석은 계절적 주기와 경기순환 같은 상이한 경기변동에 대한 관계를 각각 분석하는 데 이용된다. 그러므로 경기변동에 대한 지역반응의 크기와 시기는 지역주기의 계층과 공간적 확산 그리고 지역산업구조와 관련시켜 설명할 수 있다(콘드라티에프 파동 참조). LWH

지역주의 regionalism

그 지역의 이익을 보호하거나 확대하기 위한 목적으로 지역의 영역적 범주의 정치화를 추구하는 운동. 국가가 지역적 구획 즉 행정적 그리고 계획적 지역에 책임을 지는 기능적 지역주의와 집합적 정체의식이 공식적으로 규정된 지역에 뿌리를 둔 것이 아니라 민초들의 정체의식으로부터 도출되는—비록 그 정치화가 공식적 지역 구분에 의해서 가끔 강화되는 경우가 있지만—지역운동은 중요하게 구분되어야 한다. 지역주의는 또한 민족지역(민족주의 참조)을 포함할 수 있다. 왜냐하면 모든 지역주의는 공통적으로 반(反)문화, 자치목표, 지방적 권력, 그리고 점차 멀리 있으면서도 간섭적인 국가에 대한 깊은 불신에 바탕을 둔 정치적 수사(rhetoric)와 자기중심성을 가지고 있기 때문이다. 비록 비민족적인 지역적 정체가 고도로 유연한 것으로 증명되었다고 하더라도, 오늘날 많은 산업국가에서 지역에 기반을 둔 정체를 압도하는 전국적 범위의 사회경제적 분열 때문에 지역주의는 정치적 안건 중에 낮은 수준에 머물러 있다. GES

지역지 chorology 또는 chorography

지표의 지역분화에 관한 연구. 지역지는 지리학의 고전적 형성기에 의견이 일치되지 않았던 초점이었다. 기원전 8년부터 기원후 18년까지에 쓰여진 『지리학(Geography)』에서 스트라보(Strabo)는 지리학자란 "지구의 일부분을 기술하려는 사람(chorographein)"이라고 주장하였으므로 지리학과 지역지는 하나였다. 그러나 후에 프톨레미(Ptolemy)는 『지리학(Geography)』 1권에서 "지리학의 목적은 '머리 전체의 그림처럼 총체적인 시각'을 제공하는 것이며, 반면에 지역지는 귀 또는 눈만을 그리는 것처럼 부분들을 기술하는 것이 목적이다"고 주장하였다(Bowen, 1981). 보웬이 지적하였듯이 프톨레미의 구별은 일반지리학과 특수지리학의 형성에 강한 영향을 미쳤다. 근대의 경우 '지지과학'으로서의 지리학을 가장 강력하게 주장한 학자는 하트숀(R. Hartshorne)이다. 그는 『지리학의 본질(The nature of geography, 1939)』에서 지리학에 관한 그와 같은 정의가 역사적으로 도출되었던 방식을 결정적으로 복원하였다. 하트숀의 견해에 의하면, 지역지는 지역지리학과 동의어로서 '지역의 과학'이라고 간주할 수 있다는 것이다. 이어서 벌어진 예외주의에 대한 논쟁 이후로—그리고 하트손이 지역지에 부여하였던 뉘앙스와 자격에도 불구하고—지역지는 공간분석에 대립되는 입장으로 논쟁에 광범위하게 사용되어, 지역지는 '특수한' 또는 개성기술적이라고 가정되었으며 공간분석은 '일반적' 또는 법칙정립적이라고 가정되었다. 그러나 이것은 중대한 오해이다: 하트숀이 인식하고 있었듯이 양자 사이에는 근본적인 연결이 존재한다(Sack, 1974 참조). 최근에는 '지역지'라는 용어의 사용이 일부 시간지리학 학자들에 의해 부활되었다. 이것은 연대학과 지역지와의 관계를 결합시키기 위한 것이었는데, 개발중인 이러한 전통은 분명히 지리학내에서 일반과 특수의 분리를 쉽게 허용하지 않는다. DG

지역지리학 regional geography

전통적으로 지역지를 통해 이루어지는 지역에 관한 지리학적 연구. "특정한 장소에서의 독특한 상황을 해명하는 것에 연구의 목적이 있는" 지역분화에 관한 분석(Paterson, 1974; 지역 참조). 최근에는 지역지리학이 혼합된 의미를 지녀왔다: 일부학자들은 지역지리학을 무시되었거나 죽었다고 보고 "최근까지 지리학의 필수불가결한 분야로 널리 간주되었던 지리학의 전통적인 구성요소의 상실"을 애도하기도 한다(Guelke, 1977); 한편 다른 학자들은 "지역의 개념이 인간주의 지리학의 출현과 더불어 재평가되는 경험을 하고 있다"고 주장한다(Mead, 1980). 그리고 특정한 장소와 그 속에서 생활하고 있는 사람들에 대한 지리학의 전통적인 애착이 회복됨을 환영한다(Gregory, 1978; 인간주의 지리학 참조)고 밝히고 있다. 이러한 견해의 불일치는 부분적으로는 "지역지리(지지)를 쓰는 사람과 지역지리학에 관하여 쓰는 사람이 일치하지 않기" 때문일 것이다(Paterson, 1974). 그리고 그레고리(D. Gregory, 1978)가 분명하게 주장하였듯이 "지역지리학을 전혀 알지 못하는 사람들이 가장 열렬하게" 지역지리학이 죽었다고 선언하였다; 그러나 이러한 다른 견해는 전체적으로는 학문내에 존재하고 있는 진정한 차이들을 시사하는 것이다.

지역지리학의 중요성은 하트숀(Richard Hartshorne)의 『지리학의 본질(The nature of geography, 1939)』에 의해 그 자격을 취득하였다; 그러나 그가 독일의 지적 전통의 주석에 상당히 의존한 반면, 지역적 패러다임 속에서 획득될 수 있었던 가장 믿을 만한 실질적인 예시들은 이미 프랑스학파의 지역논문들에서 나왔다. 프랑스 학자들은 독특한 지역단위인 빠이(pays) 속에서 지역화된 생활양식의 인문적 영역과 자연적 영역 사이의 상호작용을 기술하였다(가능론 참조). 이들의 방법은 특히 야외답사에의 참여 속에서 강력한 교육적 적용력을 지녔으나, 지역지리학이 편협한 지방주의로 둘러싸였다고 주장되던 1950년대에 벌어진 예외주의에 관한 논쟁에서 공격을 받았다. 킴블(G. Kimble in Stamp and Wooldridge, 1951)은 "지역은 18세기의 개념"이며 현대세계에서 "지역은 경관상의 특징이 단절되기보다는 경관상으로 연결된다"라고 주장하였다. 쉐퍼(F. K. Schaefer)는 한걸음 더 나아가 '고유성(uniqueness)'을 기대하는 것에 대하여 이의를 제기하였으나, 굴케(L. Guelke, 1977)와 그레고리(D. Gregory, 1978)는 공간상에서 '현상의 기능적인 통합'을 드러내기 위하여 지도의 비교를 전개하는 '상호관련적인 분야'로 간주했던 하트숀의 견해 속에 사실상 쉐퍼가 제안한 형태적 공간과학 발달로의 길이 준비되어 있었다고 주장하였다. 그렇지만 이러한 방법론적인 연속은 목적의 변화로 가려졌으며, 1950년대와 1960년대에는 전통적인 지역지리학의 본질적으로 개성기술적인 지향들이 새로운 공간과학과 지역과학에서의 법칙추구적 열망에 의하여 더욱더 고쳐 쓰여졌다. 번지(W. Bunge, 1966)는 "지역지리학자들의 실수는 위치의 고유성이라는 사고"라고 주장하였다. 그러나 또 다른 차원의 비판이 있었는데, 이것은 (하트숀의 연구가 함축하고 있듯이) 많은 지역지리들이 프랑스학파의 환경가능론의 테두리 밖에서 쓰였으며, 문화경관의 묘사에서 연유하는 지역지리의 특징적인 궤적 속에서 은밀하게 환경결정론

지외경심

을 복구시켰기 때문이다 ; 사실은 그렇지 않은 경우조차도, 전제되어 있는 이러한 생태적인 결합의 친밀성은 "산업혁명 이전의 유럽의 역사지리에 감탄할 정도로 적합하지만" "오래되고, 지방적이며, 촌락적이고 주로 자급자족적인 생활방식의 마지막 소멸과 더불어 지리학에 대한 지역적 연구의 중심성은 영구적으로 영향을 받게 되었다"고 리글리(E. A. Wrigley, 1965)는 주장하였다(그러나 Gregory의 근간 ; Langton, 1984 와 비교). 이것은 자연지리학의 역할과 관계에 대해 반향을 불러일으켰으며(Chorley, 1984), 이러한 두 갈래 공격은 가장 즉각적으로 다음과 같은 널리 퍼진 견해를 초래하였다 : 즉 "지역지리학자들은 실패한 지역과학자이다"라는 것과 "두 연구자들 사이의 관계는 대략 방직공장에서 쫓겨나 경질된 베틀짜기 직공과 같다" 는 것이다(Paterson, 1974).

그러나 장기적으로는, 이 두 가지 반대는 다음을 통하여 극복되었다: (a) 체계분석의 발달 ; 통일적이고 분명하게 '과학적'인 틀 속에서 수평적(개인-개인) 관계와 수직적(사회-국가) 관계를 모두 전달할 수 있어야 함을 주장한다 ;

(b) 마르크스주의 지리학의 출현 ; 분업, 연속적인 투자의 층, 불균등발전의 차별적 지리학과 관련되어 있으며, 근본적으로 사회와 자연 사이에 유물론적 변증법에 입각하고 있다;

(c) 맥락이론에 대한 관심의 부활 ; 하트손의 기본명제의 심장부에 있었던 칸트학파가 소생할 수 있는 토대를 마련하였다. 그러나 새롭고, 비판적인, 그리고 이론적으로 충분한 형태였다(Gregory, 1985 ; Lee, 1985 참조). 이 세 동향은 트리프트(Thrift, 1983)가 명명한 '지역지리학의 재건'을 지지하기 위하여 여러가지 방법으로 상호작용한다. 그럼에도 불구하고 파머(B. H. Parmer, 1973)가 강조하였듯이:

> 부활된 지역지리학은 단지 지역지리학이라는 옛날 술병에다가 현대적인 이론과 기술이라는 진한 술을 담는 것으로부터 출발해서는 안된다. 지역지리학은 자신들이 기록하는 지역에 몸을 바치는 진정한 학자들의 정신 속에서 튼튼히 강화되어야 한다.

이런 의미에서 클라크(A. H. Clark, 1962)가 어떤 지역의 껍질 속에 들어 있는 느낌에 대한 거대한 만족에 관하여 이야기할 때 그다지도 훌륭하게 불러일으켰던 것, 그것이 지역지리학의 진정한 그리고 영속적인 증명서인 것이다. DG

지외경심(地畏敬心) geopiety

라이트(J. K. Wright)가 신조한 토지관에 관련된 많은 용어 중의 하나로서 지표공간에 대한 사람들의 인식으로부터 발생하는 외경심─땅에 대한 천부의 숭배심. 지외경심은 장소애와 많은 점에서 공통되는데, 특히 지외경심은 인간과 자연 사이에(소외에 상대되는 제한된 의미로) 그리고 (보다 특별하게) 인간과 고향 사이에 설정된 정서적인 유대로 이해된다. 지외경심은 공간적으로 국지적인 영역성과 가장 밀접히 연관된다. 지외경심은 라이트가 말한 지종교(georeligion : 일반적으로 지구에 대한 느낌)의 하부개념에 속한다. 지외경심에서 말하는 정서적 유대는 연민·동정·애정·존경·사랑 등 다양한 내용을 의미한다(또한 행태적 환경, 환경지각 참조). MDB

지적조사 cadaster

토지소유 및 전문화된 지형도에서 표시되는 사항들에 대한 조사. MJB

지전략적 지역 geostrategic regions

공동의 정치적 혹은 경제적 철학을 지니는 국가들의 집단으로 구성된 대규모 국가군. 코헨(S. B. Cohen)은 그러한 세계지역체계를 고안한 것으로 가장 유명한데, 그는 세계를 기본적으로 2겹으로 구분할 것을 제안하였다. '무역의존적 해양세계'는 서부유럽, 미주, 아프리카와 호주

대부분으로 구성되며, 복합적 해양무역 연계를 통하여 단결된다. '유라시아 대륙세력'은 소련과 중국 주위에 건설되어 있으며 무역보다는 이데올로기를 주된 단결력으로 하는 육지에 기초한 집단이다. 코헨의 모델은 부분적으로 20세기 초에 인기 있었던 심장지역이론에 대한 후속이론을 제공하려는 시도이다.   MB

지정학 geopolitics

국제관계를 이해하는 데 공간을 주요하게 생각하는 지리학적 연구의 오래된 한 분야. 그러나 그 현대적 용법은 국가행동을 정당화하기 위하여 외교분야에 보급된 환경결정론의 조야한 형태인 독일지정학과 혼동되어서는 안될 것이다.

지정학은 20세기초 영국의 지리학자 매킨더 (Halford Mackinder)의 저작에 그 뿌리를 둔다. 그는 영국의 팽창과 해외이익의 시대에 해양력을 능가하는 육지의 전략지리적 이점에 주목하였다. 매킨더에 의하면, 유라시아 육괴 속에서 심장부의 중추적 위치는 심장부를 장악하는 자는 누구든지 세계정치에 지배적 영향력을 행사할 수 있게 한다는 것을 의미했다. 심장부에 대한 통제를 획득하고 보존하기 위한 투쟁의 기록으로서 유럽사를 해설함으로써, 매킨더는 입지와 자연환경이 세계적 권력구조의 주요한 결정요소라고 주장하였다. 그러나 매킨더의 지정학적 질서개념이 지리학적 설명 중에 가장 널리 읽히고 영향력 있는 것으로 남아 있지만, 마한(Mahan)과 스파이크만(Spykman)과 같은 동시대인과 함께 그의 지정학적 질서개념은 규범이고 자민족중심적이며, 쇠퇴하는 주제였다. 이 심장지역 논제는 라첼(F. Ratzel)의 국가에 대한 유기체이론과 더불어 독일지정학에 형성적 영향을 미쳤다. 유기체이론은 국가의 모든 구성요소들은 나름대로의 '생명'을 가진 생명체로서 함께 '성장'해간다고 주장한다. 독일 지리학자 라첼은, 모든 국가는 하나의 유기체적 '단일성'으로 정신적으로 묶여 있는 것 속에서 그리고 그것을 통하여 초월적인 정신적 단합에 기초한 공동체로서 국가라는 특히 헤겔적 개념에 분명히 영향받았다. 국가의 자연에 대한 생물학적 유추는 몰(O. Maull)과 크첼렌(R. Kjellen)에 의하여 더 받아들여지고 그후 양대전간 독일에게 민족주의적 과대망상, 영역적 주장, 그리고 정치지리적 목적을 위한 허구적인 지적 정당화를 제공하는 데 사용되었다. 정치적 목적에 봉사하기 위하여 정치지리학적 사상을 이렇게 이용하는 것은 지정학과 독일지정학 모두를 전쟁의 희생물로 만들었다. 왜냐하면 심지어 개념적으로 후자와 닮은 모든 것이 정치적으로 민감하게 되었기 때문이다.

지정학은 의심할 바 없이 냉전의 가열로부터 자극받으면서 최근에야 회생되고 있다. 세계질서에 대한 지정학적 설명을 추구하는 데 있어서 세 가지의 보완적 접근이 근본적으로 경험적인 수많은 연구 속에서 추출될 수 있다:

(a) 권력관계의 관점은 바람직한 방향으로 다른 사람의 행태에 영향을 주거나 변화시키는 정치능력을 조사함으로써, 세계질서 속에서의 국가들의 지역화와 계층적 특색에 초점을 둔다. 정치학자들은 1940년대의 양극화모델, 1950년대와 1960년대의 완화된 양극모델, 1970년대와 1980년대의 다극화세계로서 전후 국제관계를 정형화함으로써 세계적 균형이라는 점에서 세력관계를 생각한 지 오래이다. 최근 등장한 3개의 세계적인 세력(일본, 중국 그리고 서구)이 주요 제3세계지역 세력의 성장과 함께 미국과 소련의 세력에 부가적으로 대두한 것은 코헨(1982)으로 하여금 세계체제를 이전의 통합적 단계로부터 펼쳐진 계층적 통합으로 이동하는 것으로 보도록 하였다. 제2차세력이나 지역적 세력이 정연한 질서를 가진 세계적 계층—그 안에서 입지와 세력의 범위와 영향이 결정되는—으로 이행한다고 가정될 수는 없지만, 코헨은 이것을 미국의 해외정책의 입장에서 바람직한 것으로 보고 있다. 세력균형이 과연 세계적 파국을 막았는가 하는 곤란한 문제를 제쳐놓으면, 지정학적 균형은 약소국의 희생을 대가로 강대국의 서열을 보존해왔던 것으로 보인다. 이들 쟁점과는 달리

코헨의 지역적 완충지대 개념은 유용하다. 문화권에 관한 지리학의 전통적 관심에 기초하여 동남아시아나 중동 같은 지역은 그 전략지리적 중요성과 그 지역적 특성 때문에 본래 불안정하다고 생각된다;

(b) 두번째 접근은 국가의 정당화 이데올로기 혹은 다른 말로 하여 국내적·세계적으로 그 위에 국가가 설립되고 조직되며 그리고 그를 통하여 국가의 영역적 활동을 정당화시키는 기반을 조사한다. 이 철학적이고 도덕적인 국가의 운명과 임무에 관한 개념은 양대 초강국의 내적 발전으로 소급될 수 있다. 미국의 팽창하는 변경은 황무지를 정복하고 문명화하는 운명을 타고난 민주적 개척자사회의 대륙적 운명에 기반한다(변경 논제 참조). 비슷한 주장이 서반구에서 19세기 미국의 팽창주의와 영향을 정당화하기 위해 사용되었다. 미국이 초강세력으로 등장하면서 지정학적·경제적 이해는 독립과 자유의 지도자로서, 그리고 공산주의에 대한 억제자로서의 도덕적 사명과 분리될 수 없었다. 이 고유한 의미는 또 제정러시아의 대륙적 확장을 러시아 정교신앙을 전파할 사명을 지닌다는 평계로 정당화했다. 1917년 러시아혁명의 성공으로 이 사명은 변화하였으나, 그 자체를 미래의 새사회에 대한 원형으로 본다면 특유한 의미는 남아있다. 소비에트 사회주의의 성공은 마르크스-레닌주의의 진리 위에서, 역사의 힘과 함께 사회의 진보에 대한 믿음 속에 전제되어 있다. 제3세계에 대한 개입을 정당화하는 것 외에도 소련의 그 자신에 대한 견해는 전후 사회주의진영의 맏형으로서 사회주의가 위협받는 것이 보일 때는 언제나 군사적 개입을 정당화할 수 있다는 것을 의미한다.

(c) 정치경제학 접근은 누가 무엇을 언제 어떻게 얻는지에 초점을 둔다(복지지리학참조). 여기서 기본적 가정은 지정학은 동-서 혹은 남-북 관계의 관점에서 세계경제의 역동성을 고려하지 않고서는 충분히 이해될 수 없다는 것이다. 월러스타인(Wallerstein, 1984)은 자본주의가 국가의 성격과 계층적 형태를 결정하는 단일하면서 상호의존적 세계체제의 부분으로서 자본축적의 과정, 자원경쟁 그리고 해외정책간의 관련을 고려함으로써, 이 전제를 발전적으로 수용했다(세계체제분석 참조). 그러한 세계체제는 특히 추축적·전략지리적 그리고 경제적 역할을 미국에 맡기는 한편, 소련은 훨씬 한정된 경제적 능력 때문에 세계문제에 적은 영향을 행사한다. 그러나 국제적 규모에 초점을 둠으로써 그리고 국가간의 결정적 관계로서 경제력을 택함으로써, 사실 경제력이 국제관계의 본질에 영향을 미치는 데 있어서 중요하고 독립적 부분으로 역할할 수 있을 때, 국가적 수준에서 정치적 그리고 문화적 과정을 경제력에 인과적으로 관련되는 것으로 전락시키는 경향이 있다. GES

지주자본과 임차자본
landlord capital and tenant capital

토지임차체계에서 지주와 임차인에 의해 각각 제공된 농업적 자산들(토지소유관계 참조). 지주자본은 토지, 도로, 관개로, 건물 등 고정자산으로 구성되며, 임차자본은 농장을 경영하는 데 필요한 이동가능한 장비, 기계, 가축, 종자 및 준비금 등을 포괄한다. 여러가지 이유들로, 지주자본과 임차자본간의 구분은 항상 분명한 것만은 아니다. 어떤 현물소작체계는 자산소유권의 복잡한 유형을 가진다. 최근 선진세계의 대부분에서, 지주자본의 몫(농지임차료를 통해)은 임차자본의 몫에 비해 상당히 적기 때문에, 임차농들은 고정자산의 금융적 개선을 흔히 추구한다. PEW

지형도, 위상도 topographic map

묘사되는 물체들에 수평·수직 위치를 줌으로써 지구표면의 형태를 표현하는 지도 (기호화 참조). MJB

집적과 집중

집단농장 collective
(러시아말로는 콜호즈[kolkhoz])
비록 그 기원이 실험적 이상공동체로 소급되기는 하지만 소련에서 대규모로 발생한 농장조직체의 한 유형(Hardy, 1979).

집단농장은 오늘날 소비에트 블럭과 여타 사회주의국가에서 볼 수 있다. 토지는 국가소유이나, 대집단을 이루고 있는 주주 농장근로자들에게 영구히 임대되어 있다. 흔히 수백명씩으로 이루어진 농장근로자들은 하나의 단위가 되어 농장을 경영하고, 생산에 참여한 모두에게 이윤을 분배한다. 많은 경우 농장근로자들에게 각자 사용할 수 있는 소규모 토지가 또한 허용된다. 이론상으로 각각의 집단농장은 완전자치이지만 실제로는 생산쿼터를 때때로 정부에서 결정하기도 한다. 집단농장은 전적으로 정부에서 경영하고 노동자들은 단순한 고용자에 불과한 국영농장과는 다르다(토지소유관계 참조). PEW

집약적 농업 intensive agriculture
특히 노동력이나 비료 등을 생산에 많이 투입함으로써 단위면적당 높은 총생산과 비교적 높은 순생산을 보상받는 농업체계. (노동력, 비료, 농기구 등의) 투입요소를 토지로 이동시키거나 생산품을 시장으로 운반할 때 드는 비용이 농업의 집약도를 결정한다. 이러한 비용이 높다면 적게 투입하여 얻을 수 있는 것보다 순생산은 감소하게 된다(조방적 농업 참조). 그 결과 집약적 농경은 시장이나 농장이 가까운 곳에서 이루어지게 되지만 이러한 법칙에 많은 예외가 있을 수 있다. 사람의 손길이 아주 많이 드는 청과나 낙농제품을 제외하고는, 많은 농산품이 집약적인 경작시스템이나 조방적 시스템 아래 어느 쪽에서도 생산될 수 있다(튀넨모형 참조). PEW

집적 agglomeration
특화된 주요 공업지역이나 대도시에서 서로 연관된 생산활동의 결합. 특히 집적은 교통기반시설, 통신시설 및 다른 서비스시설의 공동사용과 관련된 외부경제를 대표적으로 유발한다. 역사적으로 외부 비용이익을 부여하는 거대 도시지역과 결합된 대규모 시장에서는 경제적 활동이 강력한 응집을 이루면서 집중하려는 경향이 있다. 그리고 집적은 자본, 상품, 노동력의 급속한 순환을 촉진한다(집적과 집중 참조). DMS

집적과 집중 concentration and centralization
비교적 소수의 도시중심지나 주변에 경제활동이 국지화되는 경향. 이러한 상태를 극화현상 또는 집적이라고 한다. 이러한 현상은 시장, 정보원, 관리 및 의사결정의 기초, 상호활동의 연계성, 그리고 다른 외부경제 등의 공간적 집중에 의해 발생한다.

집적과 집중의 경향은 자본주의세계(선진경제 및 저개발경제를 포함한)뿐만 아니라 사회주의에서도 나타난다. 집적과 집중은 주변입지의 불이익을 증대시키며, 일반적으로 중심지로부터 먼 거리에서 나타나는 경제적·사회적 낙후의 원인이 되기도 한다(중심-주변모형 참조).

공간적 집적과 집중은 경제활동이 증가하는 규모의 단위로 그리고 계층적 조직구조로 조직화되는 경향과 관계가 있다. 자본주의 경제활동에 대한 소유권의 집중이 나타나기 시작한 것은 현대의 다국적기업 또는 초국가적 기업이 출현하기 전인 19세기였다. 오늘날의 거대한 자본주의 기업은 국외의 여러 나라에 생산시설과 판매시장을 가지고 있지만, 소유권과 관리는 유럽과 북미의 주요 금융중심지에 위치한 본사에 있다. 비공간적 관점에서 소수의 소유주에게 자본이 집중되는 것은 선진자본주의의 대표적인 특징이며, 국가권력을 능가하는 경제력뿐만 아니라 정치적 권력집중의 원인이 된다. 특정 경제활동과 관련된 지리적 집중은 이윤을 창출하기 위한 자본의 순환과 여러 다른 목적으로 자본의 흐름을 용이하게 한다.

사회주의에서 생산활동을 통제하는 행정기관의 공간조직 역시 자본주의의 다공장기업의 조

집합적 소비

직과 약간의 유사성을 가지고 있다. 생산활동은 분산되지만 통제는 상위계층에 집중되며, 이러한 특징에 의해 공간적으로 집중된다. 상위계층으로의 정보순환능력과 지방자치활동에 관한 유사한 문제는 자본주의에서와 같이 이러한 국가관료조직의 형태에서도 나타난다. 중요한 문제는 양체제 모두에서 가능한 지방업무에 대한 지방통제의 정도에 있다. 따라서 대안적 방법은 무정부주의 신봉자에 의해 제시된 것처럼 중앙통제 없이 국지적으로 분산된 생산시스템을 갖는 것이다.   DMS

집합적 소비 collective consumption

프랑스 도시사회학 학파, 특히 카스텔(Manuel Castells)과 로쉬킨(Jean Lojkine)의 저술들과 관련된 개념(Pickvance, 1976 참조). 집합적 소비는 "시장을 통해서가 아니라 국가장치를 통해 이루어진다"(Castells, 1977). 이는 그 생산이 "평균이윤율보다 낮기" 때문에 자본에 의해 보장되지 않지만 그럼에도 "노동력의 재생산/또는 사회적 관계들의 재생산에 필수적인" 상품들을 소비하는 집합적 수단 제공을 함의한다(Castells, 1979). 집합적 소비수단은 "오늘날 의료, 체육, 교육, 문화 및 공공교통시설 등의 총괄과 관련된다"(Lojkine, 1976). 이러한 항목들에서 주목할 만하게 빠진 것은 공공주택으로, 로쉬킨에 의하면 주택은 집합적으로 소비되지 않기 때문에 집합적 소비수단이 아니다. 주로 국가에 의한 집합적 제공에 관심을 가진 카스텔에게 있어, 이러한 기준은 그다지 의미가 없다. 집합적 소비는 전형적으로 집합적 기반 위에서 생산되고 관리되며 비시장적 선택의 토대에서 배분되는 서비스들의 소비를 포함한 사회적 과정이다 (Dunleavy, 1980 ; Pinch, 1985 참조).

로쉬킨에 의하면, 집합적 소비수단의 제공에 내포된 사회적 지출들은 이윤율을 저하시키는 효과를 가진다. 반대로 카스텔에 의하면, 국가에 의해 수행되는 비이윤적 투자는 이를 통해 사회적 자본 전체에 부여된 이윤율의 비례적 상승을 촉진시킴으로, 집합적 소비수단의 생산은 이윤율 하락의 경향에 대한 자본의 투쟁에 있어 근본적 역할을 담당한다(Castells, 1977). 사실 양 효과는 동시에 발생할 것이며, 이윤율에 대한 그 순효과는 특정여건들에 영향을 받는 경험적 문제이다. 두 설명은 모두 매우 기능주의적이며(기능주의 참조), 국가의 활동은 단순히 자본의 요구에 의해 결정된다는 어떤 이론의 채택을 내포한다.

집합적 소비개념은 도시분석에서 주요한 여러 가지 이슈들을 제기한다. 이 개념은 국가, 특히 지방정부의 지출을 분류하고자 하는 많은 시도들을 유발했다. 국가지출의 이론적 범주들(사회적 투자, 사회적 소비, 사회적 지출 등)을 국가지출의 구체적 범주들에 정확하게 맞추는 것은 실제로 매우 어렵다는 사실이 입증되었다. 그럼에도 불구하고, 이러한 시도는 국가의 역할과 그 활동의 경향에 관한 유효한 통찰력을 만들어 냈다(예, Dunleavy, 1984 ; Saunders, 1980).

개념적 수준에서, 집합적 소비의 과정은 도시의 개념을 정의하는 데 이용되었다. 카스텔(1976)에 의하면, '도시'는 통근유형에 따라 규정될 수 있는 "일단의 노동력의 일상조직과 다소 상응하는 집합적 소비의 단위로 정의되는…노동력의 주거단위"이다. 의미론을 제외하고라도, 도시에 관한 이 견해는 분명 도시연구에 가치있는 관점을 제공하지만, 생산과 소비를 분리시키고, 공간을 단지 용기(container)로 다룸으로써 실제 분리될 수 없는 것을 분리시키며, 실제세계에 합리주의적 개념들을 부가하는 경향이 있다. 이 점은 또한 예를 들어 "도시정치경제론(자본축적을 위한 공간의 유의성에 관한 분석), 공간사회학(사회적 관련성들의 공간적 집중이 갖는 유의성에 관한 분석), 그리고 '도시'사회학(국가, 사적 부문, 그리고 소비자주민들간의 관계 속에서 사회적 제공에 관한 분석)"간의 구분을 유도한다(Saunders, 1981).

끝으로, 집합적 소비의 개념은 카스텔의 정형화에 있어 도시문제에 중심되는 여러가지 정치적 문제들을 야기시킨다. 국가가 집합적 소비수단을 제공함에 있어 점점 더 책임감을 가진다고 가정됨에 따라, 이의 제공에 영향을 미치는 합리성의 위기와 재정의 위기는 점증적으로 정치화되며, 이에 따라 노동자계급을 훨씬 능가하는 주민집단들을 포괄하게 된다(비판이론 참조). 따라서 국가의 제공의 위기는 광범위하게 기반을 가진 도시투쟁들을 창출하고, 여기에서 자본주의의 사회관계들과 또는 기존 정치질서의 정당성에 도전하는 도시사회운동이 유발된다.

이러한 설명에서 두 가지 문제들, 즉 모순과 위기에서 투쟁으로의 전환, 그리고 투쟁의 도시사회운동으로의 전환에 관한 의문이 즉각적으로 나타난다. 집합적으로 제공된 서비스들의 개인적 소비는 사회적 위기의식의 발전을 제어할 것이다. 반면, 국가와 사적 자본 양자에 의해 제공되는 서비스들, 예로 주거, 교육, 보건의료 등에 관한 집합적 관심의 분리는 계급관심을 통합시키기보다 분할시키는 경향이 있을 것이다. 이러한 주장은 소위 이원론적 국가이론에 의존한다(예, Saunders, 1981, 1984). 게다가 집합적 소비수단의 중요성 증대에 따른 잠재적 갈등영역의 확대는 개인들, 집단들 그리고 정치적 행동간의 관련성을 복잡하게 한다. 공식적 정치활동은 점점 더 유의해지고, 보다 급진적인 정치적 도전들을 와해시킬 수도 있을 것이다(예, Pickvance, 1976, 1977).

비록 집합적 소비라는 개념과 관련된 심각한 이론적·현실적 문제들이 있지만, 이 문제들은 개념 그 자체에서 나온 것이라기보다는 그 주창자들과 그후 여러 학파들에 의해 사용되어온 방법에서 나온 것이며, 이 개념은 도시의 정치적 분석에서 지속적으로 그러나 수정된 사용을 통한 검증에 의해 도전을 받는 한편, 또한 유용한 것으로 남아 있다(예로, Castells, 1983: Dunleavy, 1984: Pinch, 1985 참조). RL

는 개인의 모든 통행을 집합적으로 추정하는 데 사용되며, 흔히 산업입지에 응용된다.

또한 이 모형은 여러 가정하에서 어떠한 입지가 보다 유리한가를 비교하고 있다는 점에서 시장잠재력모형과도 관계된다. 이 집합적 통행모형은, 여러 장소에 다양한 크기의 시장이 존재하나, 이 시장은 생산지로부터의 거리나 수송가격에는 민감하지 않다고 가정하고, 상품의 최소 도달거리지점을 구한다:

$$A_i = \sum_{j=1}^{n} Q_j T_{ij}$$

A_i: i지점의 공장입지에서 시장을 서비스하기 위한 총통행거리
Q_j: j시장의 예상 매상고
T_{ij}: i와 j간의 거리 또는 운송비

시장의 크기 Q_j는, 시장잠재력모형에서와 같이, 개인소득이나 소매업 매상고 등에 비례한다고 가정할 수 있다. 또한 T_{ij}는 직선거리, 실제비용 또는 기존의 운임률에서 나타나는 실제의 거리-비용관계를 반영하도록 거리의 지수로 나타낸 거리로 표현될 수 있다(거리조락, 교통비 참조).

이 집합적 통행모형은 대안적 입지의 상대적 이익을 나타내준다. 그리하여 Q가 매상고를 나타내고, 실제운송비로 주어지면, 시장까지의 전체운송비 A가 계산된다. 시장잠재력의 개념과 마찬가지로, 집합적 통행량은 면으로 지도화할 수 있다(비용면 참조). 동일한 자료를 사용한 시장잠재력모형과 비교해보면, 시장과 관련된 이익의 공간적 유형이 다르게 나타나게 되는데, 그것은 수요상황의 가정이 다른 데 원인이 있다. DMS

집합적 통행모형 aggregate travel model
시장에 상품을 공급하는 전체 도달거리를 추정하기 위한 방안. 이 모형은, 특정활동에 참여하

ㅊ

참여관찰 participant observation
연구자가 관찰하려고 하는 사람들의 생활에 참여함으로써 그 사회생활을 관찰하는 방법. 답사자가 택할 수 있는 역할에는 네 가지가 있는데, 완전참여자, 관찰참여자, 참여관찰자, 그리고 복합관찰자가 그것이다. 그러나 보다 의미 있는 것은 연구자가 관찰하려는 사람들과 관계를 설정하는 것이다. 이 관계설정에서는, 연구의 목적 즉 관찰자의 역할에 대하여 어느 정도 공개해야 하는가 하는 윤리성의 문제가 제기된다. 참여관찰을 통하여 연구자는 관찰하려는 사람들과 활동을 같이할 수 있고, 그 사람들의 의미와 행위를 이해할 수 있고, 그들의 논리와 그들의 행태의 전후관계를 인식할 수 있다. 참여관찰은 전형적인 일반화를 제공하는 것이 아니며, 또한 지나치게 깊이 몰입됨으로써 비(非)관찰적 참여 상태에 이를 수가 있다. JE

천연자원 natural resources
인간의 만족, 부, 건강의 원천으로서 자연환경 내 물질, 유기체, 이들의 특성을 지칭함(자원 참조). DMS

첨도 kurtosis
평균값 부근의 값들의 응집량을 참조하는 빈도분포의 한 속성. 매우 집중된 분포(뾰족한 분포)는 렙토컬틱(leptokurtic)이라 하고, 반면에 넓은(평평한) 분포는 플래티컬틱(platykurtic)이라고 한다. RJJ

체계 system
'체계'는 우선 '연구대상', 따라서 '관심을 갖는 체계'라는 말로써 중립적으로 규정되는 것이 유용하다. 그러면 체계는 이들(실체들)간의 관계와 이들과 환경간의 관계에 의해 파악되는 실체들(실체정립 참조)의 집합으로 구성된다. 어떤 주어진 맥락하에서도 체계규정의 방법은 상대적으로 통일성을 지니고, 환경과 잘 규정된 관계를 지닌 연구대상을 형성하는 실체들의 집합을 구성하는 것이다(추상화, 혼돈적 개념화 참조). 또한 체계를 구성하는 실체의 집합을 하위체계들로 묶는 것이 때로는 유익하다. 어떤 경우든지 체계규정은 또한 해상수준(규모 참조)에도 의존하며(한 기업이 기업환경에서 또는 총 기업체계에서 얼마나 부분적인지 또는 얼마나 포괄적인지), 사용되는 공간적 재현의 형태에도 의존한다(실체가 정확한 주소에 위치하든지, 또는 불연속적인 지구체계[zone system]로 그 위치가 표시되든지). 따라서 흥미를 가진 어느 체계를 규정하는 것은, 명백히 연구대상을 반영하는 것이기 때문에, 이는 분석자에 의해 구성되는 것이며, 따라서 동일 연구대상에 대해서도 상이한 체계규정이 사람들에 의해 상이한 목적에서 만들어질 수 있을 것이다.

이처럼 일반적 방식으로 '체계'개념이 유용하

게 사용될 수 있는 반면에, 이는 많은 경우에 훨씬 더 좁은 의미를 지닌다. 체계는 대개 많은 수의 실체를 포함하며, 그들간의 관계는 높은 수준의 상호의존성을 암시한다. 그러므로 체계의 연구는 가끔 복합성의 연구와 연관될 수 있다(복합성은 체계가 나타내보일 수 있는 상태들의 수로 형식적으로 측정된다. 이는 체계의 다양성으로 알려져 있다). 따라서 이 점은 또한 생태학적 접근(생태학, 생태계 참조) 및 구조기능주의의 현대적 변형 몇가지와 관련된다.

체계의 속성을 기술하는 많은 개념들이 도입되었는데 예를 들어, 체계의 실체들과 그리고 체계의 구조를 형성하는 관계들간을 구분짓는 것이 유용하며, 그 특성이 고정적이든가 완만히 변화하는 것으로부터 특성이 급히 변화될 수 있는 것을 구분짓는 것이 유용하다. 이들 변화는 체계의 움직임을 구성한다(이 구분은 카타스트로피 이론에서 패러미터와 상태변수간의 구분을 반영한다). 체계와 그 환경간의 관계는 가끔 투입과 산출(투입산출분석 참조)을 통해서 범주화된다. 환경과 흐름(또는 어떤 정의에서는 에너지 흐름만)을 주고 받는 것이 없는 체계는 폐쇄체계라고 한다. 실제로는 그렇지 않은 경우가 가장 보편적인데 이 체계는 개방체계라고 한다.

체계의 실체들간의 관계, 체계와 그 환경간의 관계는 피드백으로 흔히 가끔 특징지을 수 있다. 변화의 방향이 부(否)이든 정(正)이든 강화되는 것일 때는 정적 피드백이 발생하고, 변화의 방향이 억제될 때 부적 피드백이 발생한다. 후자는 전형적으로 보다 중요하다. 왜냐하면 그러한 영향은 평형상태의 토대이기 때문이다. 체계가 평형상태로부터 교란될 때 그것이 평형으로 복귀된다면, 안정적이라고 말한다. 평형상태로 복귀하는 데 걸리는 전형적 시간을 이완시간(relaxation time)이라고 한다.

체계의 유형을 나누는 것이 때로는 유익하다. 예를 들어, 위버(Weaver, 1958)는 비교적 적은 수의 실체(또는 변수)를 포함하는 단순체계와 복잡체계를 구분했다. 나아가 그는 관계가 상대적으로 약한 비조직적 복잡성의 체계와 관계가 보다 강한 조직적 복잡성의 체계를 구분한다. 전통적 과학은 대개 단순체계에 관심가져왔다. 그러나 예를 들어 엔트로피 극대화 방법은 비조직적 복잡성의 체계에 적용될 수 있으며, 갈래치기와 카타스트로피 이론의 개념과 방법은 조직적 복잡성의 체계에 적용될 수 있다. 후자의 범주는 동태체계이론이라는 표제 아래 보다 광범위한 일련의 접근의 일부이다.

촐리(Chorley)와 케네디(Kennedy, 1971)는 한편으로 구조와 구조내 흐름과 관련하여 체계를 특징지웠다. 이들은 형태학적(morphological)체계, 일방적(cascading) 체계, 과정반응(process-response)체계, 통제(control)체계를 구분했다. 이 개념들, 특히 마지막 개념은 베네트(Bennett)와 촐리에 의해 확장되었다. 위의 두 예는 상이한 목적을 위해 체계의 유형을 규정하는 방식이 다양하며 앞으로도 그럴 것임을 보여주고 있다.

앞으로 [체계이론]의 발전을 위해, 가설들을 첨부하고, 규정된 체계들에 관한 이론들을 개발할 필요가 있으며, 이 과정은 정의를 정교화하도록 이끌 것이다. 이 단계들은 체계분석과 동태체계이론과 관련하여 논의된다. 이 이론 안에서는 각 특정사례마다 이론(혹은 모형)을 발전시키는 적합한 방법을 모으고자 하는 시도가 있다. 또한 원칙적으로 어떠한 체계에도 적용가능한 방식으로 이러한 시도를 행하는 것이 가능하다는 주장도 있으며, 이는 일반체계이론의 연구주제를 구성한다('체계' 개념은 가끔 특정한 이론화 유형, 예로 실증주의나 기능주의와 연관되는 반면에, 그래야 할 필요는 없다는 것을 강조하는 것은 가치있다). 예를 들어 윌리암스(Raymond Williams, 1983)는 체계개념과 구조주의간의 관계에 주목하였다. AGW

체계분석 systems analysis
체계의 구조와 기능을 연구하기 위한 방법론적 기본틀. 하비(D. Harvey, 1969)는 체계분석이 '순수하고 단순한 방법론'이기 때문에 '일반체

체계분석

계이론에 기반을 둔 형이상학'과는 구분되어야 한다고 주장했다. 그러나 실제 체계이론(이것이 어떻게 인식되더라도)에 의해 이용가능한 개념들과 그리고 체계분석의 방법들로서 이용가능한 개념들의 변용간에 상호관계가 있음이 틀림없다. 하비 자신이 인정한 것처럼, 체계분석은 "지리학적 문제들을 고찰하기 위한 어떤 편의적 방안"을 제공하며, 특히 이러한 문제들이 흔히 다변수적 속성이기 때문에 그러하다. 그러나 그 사용은 "그 방안의 해석을 찾아낼 수 있도록 해 주는 개념들"로부터 독립될 수 없다.

체계분석의 대부분 전략들은 유질동상(isomorphism)의 개념임이 밝혀졌다. 즉 "두 체계들 (S_1과 S_2)은 만약 S_1에 있는 원소들이 S_2의 원소들에 일괄적으로 부하되고 그 역이 성립할 경우, 그리고 만약 S_1의 모든 관련성(r_{ij})과 정확하게 닮은 관련성이 S_2에 있으며 그 역이 성립할 경우, 유질동상적이다. 두 체계들간의 유질동상적 관계는 대칭적, 투영적, 전환적이다"(Harvey, 1969). 유질동상적 모형들은 "한 유형의 체계(예, 전기회로)는 다른 유형의 체계(예, 물공급체계)보다 훨씬 쉽게 구성될 수 있는 경우가 흔히 있기 때문에" 특히 유용하다고 하비는 주장한다. 그러나 그는 극히 소수의 물리적 유추(유추이론 참조)만이 완결될 수 있음을 인정했다. 이러한 이유에서, 대부분의 체계모형들은 필수적으로 동형이질적(homomorphic)이다. 즉 S_1과 S_2간의 관계는 비대칭적, 비투영적, 비전환적이며, 따라서 (예를 들면) "우리는 지도를 시골의 모형으로 간주할 수 있지만, 시골을 지도의 모형으로 간주할 수는 없다"(Harvey). 동형이질적인 체계모형들에서 가장 중요한 유형은 수학적 모형인데, 하비에 따르면 이는 "체계분석이 실제보다는 오히려 추상화와 관련됨"을 의미한다. 이에 따라 두 가지 주요형태들이 구분될 수 있다. 첫째 형태는 통제공학으로부터 주로 도출되며, 두번째 형태는 열역학이나 통신공학으로부터 도출된다:

(a) 랜톤(J. Lanton, 1972)은 피드백 체계들의 단순 다변수모형들에 관한 논의를 제시했다.

이러한 모형들은 보다 일반적인 (그리고 훨씬 더 복잡한) 시-공간예측모형들로 확대되었다. 이들의 구조는 베네트(Bennett)와 촐리(Chorley, 1978)에 의해 요약되었다. 이 모형들은 전형적으로 체계에의 투입(X_t)을 전환함수(S)를 통해 체계로부터의 산출(Y_t)에 관련시킨다. 즉, 보다 형식적으로 표현하면, $Y_t = SX_t$이다. 어떤 경우들에서, 전환함수의 구조를 명시화하기는 불가능하다. 그리고 전환함수는 "주어진 산출들을 생산하기 위해 투입들을 조정하는 체계의 작동에 의해 유도된 과정이나 변화들을 완전히 기술한다는 점에서 체계"이기 때문에, 그 체계는 블랙박스(black box)로서 모형화되어야 한다. 그 내적 구조는 불투명하다. 또 다른 경우, 전환함수의 구조는 체계작동자들에 의해 유도된 조절의 양이나 형태를 결정하는 수많은 매개변수들이 상수들로 분해될 수 있다. 매개변수들은 체계의 형태를 지배하는 상수들과 지수들이다"(통시적 분석 참조). 투입과 산출이 연속변수들로서 측정되는 연속체계에서, 이 구조는 일단의 미분방정식(이는 산출의 순간변화율을 투입의 변화율과 관련시키는 '미분자들'로 체계를 묘사한다)으로 특징지워질 수 있다. 그리고 투입과 산출이 단지 불연속점들로 정의되는 불연속체계들에서, 그 구조는 일단의 차동방정식(이는 시간에 따른 산출의 변화를 투입의 변화와 관련시키는 '시차연산자(lag-operator)'들로 체계를 묘사한다)으로 특징지워질 수 있다. 대부분의 전환함수들은 비교적 소규모의 모형들로 환원될 수 있으며, 이들은 체계의 '순위'를 정하는 데 사용될 수 있음이 밝혀졌다(Bennett and Chorley, 1978; 또한 Bennett, 1979 참조; 또한 카타스트로피 이론 참조);

(b) 유질동상의 개념은 서로 다른 체계들이나 서로 다른 재현영역들간보다는 한 체계의 상이한 상태들간의 비교를 통해 상당히 심화될 수 있다. 따라서 채프만(Chapman, 1977)의 주장에 의하면, "단순히 존재하는 것을 이론화하는 것은 그렇게 유용하지 못하다. 만약 우리가 우리 자신을 그러한 것에만 국한시킬 경우 모든 설명

은 단지 역사적 우연에 불과할 것이다. 모든 단계들에 있어 그외 무엇이 가능했던가에 대한 고려를 포함시키는 것이 중요하다"(반사실적 설명 참조). 한 체계의 실현된 상태(그의 모양)와 가능한 상태들의 범위(그의 복합체)간의 이러한 비교는 보통 정보이론과 이에서 파생된 엔트로피극대화 모형을 통해 수행된다. DG

촌락 rural

화트인 시골풍, 조방적 토지이용 및 낮은 인구밀도가 지배적인 지역. 실제로 촌락의 특징을 정확히 정의하기란 불가능하다: 대신에 '촌락'은 흔히 '도시'와 대비되는 것으로 생각한다(도촌연속론 참조). 촌락과 도시를 양극으로 놓는 것은 보통 사회적 특성을 기초로 한 것이었다. 그러나 최근에, 특히 영국에서는 분류기법을 사용, 대규모의 국가자료를 분석하여 촌락성을 나타내는 지표로 이름붙일 수 있는 특징적인 요소들을 찾아내었다: 여기에는 가구의 쾌적성의 정도, 인구구조, 직업유형 및 통근유형 등의 변수가 포함된다. 그러나 가장 중요한 지표는 촌락성이 고립과 상관관계가 있는 것으로 보아 대규모 도시중심지에서의 거리를 꼽는다. PEW

촌락계획 rural planning

촌락환경내에서 일정한 목표를 성취하기 위한 계획을 의도적으로 고안하여 경영하는 일. 다양한 규모상에서 그러한 목표를 규정하게 되며 촌락활동의 여러가지 면 때문에 많은 목표들이 설정된다. 목표들은 대부분 정치적인 결정을 통하여 결정되며, 레크레이션 설비와 자연보존이 동시에 요구되는 경우처럼 목표가 갈등을 빚기도 한다(촌락계획가는 지대를 나누는(zoning) 정책을 사용하여 경쟁적인 목표들을 충족시키려고 시도한다).

어떤 지방에서의 촌락계획의 역사적 배경은 개발제한구역 정책과 같은 보존과 제한이라는 의도이거나 산업화, 고용창출 등의 촌락개발이라는 목적에 있다. 오늘날 촌락계획의 가장 일반적인 면은 인구, 취락과 쾌적성을 계획하는 것이다. 촌락경관을 경영하며 보전하는 일도 포함된다. 대부분의 국가에서의 농업계획은 완전히 분리된 활동으로서 촌락계획의 다른 측면들과 거의 연결되어 있지 않다.

인구와 취락계획은 외만 지방에서의 촌락의 생활수준을 유지하거나 더욱 향상시키고 도시 주변지역에서의 물리적 도시화를 관리하고 제어하는 것을 목적으로 한다(분산도시 참조). 직장, 사회적 쾌적성, 상점, 복지 및 교육시설에의 접근성이 가장 중요하다(예를 들어 Moseley 1979). 또한 전세계의 많은 지역에서 촌락계획가들은 촌락에 보다 경제적인 서비스를 제공하는 수단으로서 핵심촌락 개념을 채택해왔다.

촌락에서의 여가활동 계획은, 다목적토지이용을 목표로 하는 정책을 이끌며, 가능하다면 지구별 계획을 적용하여 지역 혹은 시골 공원을 기획하는 것을 그 예로 삼을 수 있다.

경관관리와 보전은 경관의 아름다움을 유지하는 것을 포함하며(경관평가 참조), 생태적·과학적 흥미가 있는 지방을 보존하게 된다.

대부분의 국가계획시스템 내에서 촌락계획의 책임은 여러 개의 다른 조직에 나누어져 있다. 통합적인 촌락계획을 위한 프로젝트는 제한되어 있다(예를 들어 이탈리아의 Cassa per il Mezzogiorno와 스코틀랜드의 산지와 도서개발위원회 정도이다). PEW

촌락공동체 rural community

촌락에 살면서 인구집단을 구성하는 개인들이 사회적으로 상호작용을 주고 받는 집단. 촌락공동체와 도시의 근린이란 개념간에는 어떤 유사성이 있다. 그러나 일반적으로 촌락공동체란 구성원들이 일상적으로 필요로 하는 사회적인 욕구를 자급하는 최소의 사회집단인 반면, 도시의 이웃은 그렇게 정의할 수는 없다.

'공동체'란 용어는 해석이 광범위하다. 힐러리(G. A. Hillery, 1955)는 94개의 정의가 있으며 그후 더욱 많아지게 된 것을 알았다. 힐러리는 공동체가 "지리적 범위내에서 사회적 상호작용을 하며 하나 이상의 공동유대를 가지는 개인들로 구성된다"는 기본적 일치가 있다고 결론지었다. 스타시(M. Stacey, 1969)는 '지역사회체계'라는 용어를 채택하자고 주장하면서 그러한 체계를 낳게 하는 데 필요한 조건들을 제시하였다.

촌락공동체를 사회적으로 기술하게 되면 도촌연속론이란 개념의 극단적 기초를 이루게 된다. 고전적인 통합된 촌락공동체는 촌락의 격리성이 감소되고 인구의 이동이 늘어나 개인의 사회적 관계가 그 전보다는 장소, 근접성, 전통의 지배를 덜 받기 때문에 세계의 많은 부분에서 이제 역사적인 현상에 불과하다. 기계화와 같은 농업조직과 관습의 변화는 공동활동을 감소시켰으며 공동체생활의 기초 중 하나를 붕괴시켰다. 통근자의 확대는 사회적 통합과 많은 촌락의 동질성을 파괴시켜 기숙사라는 기능을 촌락에 가져다 주었다. (이에) 따라서 전통적 촌락공동체는 아주 외딴지역이나 그 주변지역에서만 발견할 수 있게 되었다.

엄격하지 않은 의미로 '촌락공동체'란 말을 사용하게 될 때에 계획가나 기타 사람들은 전체 인구나 사회적·공공적 쾌적성을 갖춘 취락의 규모를 고려한다. 그런 연구에서는 '공동체'란 말의 사회적 의미가 무시되고 '취락' 혹은 '인구'와 동의어로 간주된다. PEW

촌락지리학 rural geography

비도시지역에서의 인간조직과 활동의 지리학적 측면을 연구하는 분야. 촌락지리연구에 포함되는 것에 관한 일반적인 견해 일치는 없고, 심지어 일정한 제목을 붙이는 일까지도 그러하다: 이러한 면에서 촌락지리학은 결코 촌락사회학과 같이 잘 정의되어 있지 못하다. 인문지리학자들은 자신을 촌락지리학자라고 부르지는 않으나 많은 이가 촌락지리학 분야를 다루는 주제에 흥미를 가진다. 촌락지리학은 계통적 연구가 아니라, 촌락환경내에서의 경제적, 사회적, 인구학적, 문화적 자원이용의 문제들을 고려하는 것이다.

촌락지리학의 초기연구는 비달 드 라 블라쉬(Paul Vidal de la Blache)와 드망종(Albert Demangeon)과 같은 프랑스 지리학자의 저작에서 예를 찾을 수 있지만, 그러한 접근방법은 대체로 역사적이며 특히 촌락의 취락유형의 진화와 농업체계와의 관계에 관심을 가졌다. 촌락의 진화에 관한 연구는 아직도 촌락지리학의 주요한 지류를 형성하고 있으나, 최근에는 오늘날의 문제와 취락에서의 촌락계획의 효과에 중점을 두고 있다.

촌락지리학은 선진국에서만 하위분야로서 다루기 때문에 선진국과 개발도상국간에 차이가 있다. 선진국에서의 농업지리학은 전통적으로 농업생산의 경제적 측면에 관심을 기울인다. 또한 농업과 촌락생활의 다른 모든 측면과의 관계는 촌락지리학이라고 분리하여 다룬다. 이러한 구분은 선진국에서 오늘날 촌락생활의 변화가 농업발전보다는 도시의 압력(예를 들어, 통근이나 오락 또는 별장)의 결과라는 사실을 강조하게끔 하는 것이다(도시, 도시화 참조). 개발도상국에서는 농업지리학이 보다 광범위하게 농업공동체의 사회적·인구학적 측면을 강조하며 도시의 영향이 적어서 촌락지리학은 별로 없다.

선진국에서 촌락지리학 연구의 주요문제는 다음과 같다:

(a) 인구감소, 그 원인과 결과;
(b) 촌락에서 별장 및 침상촌락과 같은 도시와 관계된 인구들이 미친 영향의 확대;
(c) 촌락환경에서의 레크레이션과 관광의 유형;
(d) 농업의 구조적 변화와 그것의 사회·인구학적 의미;
(e) 촌락계획. PEW

총체론 holism

전체(보통 총체적인 유기체)는 부분들의 단순한

총합 이상이라는 생각. 생물학에서는 개별적인 구성요소들이 가진 기능이 아닌 유기체의 특성이 존재함을 의미한다. 그러므로 부분들의 법칙들뿐만 아니라 총체들의 법칙들(합성법칙)이 존재한다(지리학에서는 지역연구의 몇몇 접근들이 총체론적 관점에서 유기체적 유추관계[organic analogy]를 채택하여 사용하였다 ; 또한 생태계, 생활양식 참조).   RJJ

최근린분석 nearest neighbour analysis

관측된 점패턴(패턴, 격자분석 참조)과 이론적으로 유도된 무작위패턴을 비교하는 통계검정기법이다. 각 점과 그로부터 가장 가까운 점간의 거리의 평균값을, 기대되는 무작위분포에서의 값으로 나눈 값이 검정통계량 R_n으로 표시된다. R_n의 값은 0(집적분포)에서 1(무작위분포), 2(동일한 격자형분포), 그리고 2.149(정삼각형분포)까지의 값을 갖는다. 그러나 0에서 2.149까지의 값이 직선형으로 변하는 것이 아니므로 통계량의 해석은 용이하지 않다. 이 기법은 점패턴을 설명하기보다는 기술하는 데 주로 사용된다. 아프린(Aprin, 1983)은 분포간격, 면적의 형태 및 크기, 그리고 분석대상 구역의 경계가 최근린분석의 결과에 영향을 미침을 지적하였다.
MJB

최대최소기준 maximin criterion

게임이론의 명제에 따라 모험의 상황에서 행하는 합리적 의사결정 전략. 어떤 선택의 범위에 당면했을 때 의사결정자는 최소한의 배상이 최대화되는 것을 선택한다. 그러므로 어느 한 해에 농부는 가능한 가장 나쁜 기후와 시장조건하에서 최상의 수확을 거둘 수 있는 작물이나, 혹은 굴드(Gould, 1963)가 보여주었듯이 최소의 수확을 최대화하는 작물들의 조합을 선택할 것이다(죄수의 선택, 불확실성도 참조).   RJJ

최적화모형 optimization models

문제상황에 대해 최적의 해답을 찾고자 하는 모형으로, 종종 수학과 경영연구(operation research)로부터 채택된다. 이것들은 종종 공간구조에 대한 규범적 이론과 관련된다.

이 모형들에서 공통적인 것은 최대화 또는 최소화될 수 있는 수량이다: 이 수량은 종종 목표함수라 명명된다. 예를 들어 농업체계로부터 식량생산을 최대화한다든가 또는 산업입지 문제에서 총운송비를 최소화하는 것이 목표가 된다. 그리고 대부분의 최적화문제는 한계, 즉 모순을 갖는데, 받아들여질 수 있는 해답은 반드시 그 한계내에 놓여야 하는 것이다. 예를 들어 농업생산은 일정한 노동력 공급과 비료투입 한계내에서 최대화될 수 있다; 마찬가지로 산업입지문제는 교통망에 대한 용량한계를 내포하고 있다. 개인에 대한 최적(구매자, 가게주인, 기업가 등)과 그 체계에 대한 전체적인 최적을 구분하는 것도 중요하다. 개개인에 대한 최적의 합이 전체적인 최적을 가져오리라는 보장은 없다.

일부 최적화모형은, 작용하고 있는 환경이 예측가능하다는 것을 전제로 하나 게임이론에 기초한 또 하나의 주요한 집단은 그 체계의 일부 요소는 그 자체로서는 불확실하다는 것을 가정한다. 그와 같은 경우에 목표함수는 특별하게 정의되어야 하는데, 예를 들어 한 농업체계는 가장 불리한 기후조건이 발생할 경우 나타나는 최소생산량을 최대화하게끔 토지를 할당할 것이다.

최적화문제를 모형화하고 해결하는 방법은 매우 다양하다. 네트워크 이론과 공업입지 이론(입지삼각형)에서 제기되는 몇몇 문제에는 직접적으로 도표 또는 지도학적 해답이 필요하다: 수학적 함수가 가능한 경우에 목표함수는 미분으로 직접 해결될 수 있다. 그러나 많은 문제들은 반복을 통해서만 해결될 수 있다—최적의 해답에 수렴되어가는 단계적인 방법(선형계획 참조). 많은 경우에 어떤 문제를 수학적으로 풀 수 있는 형태로 명시할 경우 그 문제상황이나 한계를 결과적으로 지나치게 단순화시키게 된다.

추론

이와 같은 모형들의 범위는 매우 다양하여 공업입지, 농업입지(튀넨모형), 소매업입지, 교통망발달, 교통의 흐름(운송문제), 정치지리학(선거구 설정기법) 및 지역개발을 포함한다. 또 이 모형은 세 가지 유형으로 이용될 수 있다: 설명적, 규범적-비판적 그리고 처방적 유형. 몇몇 경우에 최적화모형은 작동중인 인과관계를 표현하므로 설명적 이론을 모형화하는 데 이용될 수 있다는 주장이 가능하다. 보다 일반적으로, 최적화모형은 현 해결방식의 비효율성을 입증하기 위해 비판적으로 사용될 수 있다. 마지막으로, 응용 및 계획연구에서 최적화모형은 입지문제의 해답을 처방해주기 위해 이용될 수 있다—만약 이 모형이 체계내의 목표와 한계들을 진실로 대표할 수 있다면. AMH

추론 inference

특히 표본화에 기초를 둔 통계분석에서 불완전한 증거로부터 결론을 유도해내는 것. 추론적 통계학으로 알려진 절차는 단지 모집단의 한 표본만이 연구되었을 때 하나의 진술이 모집단에 대해 만들어질 수 있는 확실도에 접근하기 위해 개발되었다. 확실도는 확률적 용어로 표현된다. 예를 들면 임의표본으로 관측된 인구밀도와 도심으로부터의 거리 사이의 관계가 그 도시전체에 대하여 유지되는 것이 95%의 확률이 있다고 보고되는 것이다(확정적 자료분석과 비교).RJJ

추상화 abstraction

대상의 (일부 측면의) 개념적 추출(isolation). 실증주의를 따르는 지리학자들에게 있어, 추상화는 관례적 모형설정의 출발점이 된다. 촐리(Chorley, 1964)는 이러한 추상화의 기본적 중요성과 특이한 난해성을 강조했다. 즉, "어떤 주어진 대상체계, 또는 실질세계의 일부에 관하여 단순하지만 적절한 모형의 개발에 있어 … 수많은 가용정보들이 폐기되며 … 따라서 많은 예외들이 잠재적으로 인정된다. 결론적으로 지리학에 있어 추상화에 의한 모형설정의 시도들 대부분은 최소한의 성공을 가져올 수 있다"고 촐리는 믿었다. 가장 훌륭한 모형들은 '지나친 단순화'를 피하고 '근본적 대칭성과 관련성'들을 찾아내는 것이었다. 그러나 그는 모형설정자의 '창조적 능력과 견해'에 호소할 뿐, 모형구성을 위한 정확한 안내서를 제시하지는 못했다 (유추이론, 실체정립 참조).

다양한 형태의 관념론을 따르는 지리학들, 특히 베버(Max Weber)의 해석적 사회학으로부터 그 절차들을 도출하고자 하는 학자들에게 있어, 추상화는 일반적으로 소위 이념형들의 구성—특정 관점에서 고찰된 실체의 '일방적' 관념화—을 함의한다. 이런 류의 선별적 구조화는 우리가 항상 행하는 것이기 때문에, 이들에 관해 특히 '과학적인' 것은 없다고 베버는 주장했다. 그러나 개인의 관점에 따라 동일한 현상에 관해 아주 상이한 이념형들의 구성이 가능하기 때문에, 그 이념형을 '경험적 실체'와 비교하게 되면 문제가 생긴다. 비록 그렇다고 할지라도, 논평가들은 이러한 비교가 이루어지는 방법과 그들이 무엇을 나타낼 수 있는 방법간을 구분한다 (Parkin, 1982).

그러나 실재론을 따르는 지리학들에 있어, 추상화에 관한 이러한 두 견해들은 '존재론에 대한 인위적 태도'에 기반을 두고 있다고 가정되기 때문에 대단히 부적절하다고 주장한다(Sayer, 1984). 세이어(Sayer)에 따르면, 추상화는 대상들의 근본적 특성들을 파악해야 하며, 단순히 '형태상의' 유사성의 관계들이 아니라 '본질적' 연관관계들과 관련되어야 한다. 특히 구조들의 구성에 필수적으로 내재된 내적 관계들을 파악하는 것이 매우 중요하다(이에 따라 세이어는 '합리적 추상화', 즉, "어떤 통일성과 자율적 힘을 가진 세계의 유의한 성분을 추출하는 추상화"와, 마르크스가 '혼돈적 개념화'라고 명명한 것, 즉 그 정의가 유사성의 관계에 좌우되기 때문에 다소간에 인위적인 개념화간을 구분했다). 이에 관한 사례로서, 알렌(Allen, 1983)은 주택시장내 지주들에 관한 세심한 유형들을 제시했는데, 여기서 그 유형분류는 "어떤 집단화를 위해 일관성의 정도, 즉 공간적·시간적 상황들에 따라 (특정한) 방법들로 … 그들을 행동할 수 있도록 하는 구조를 부여했다." 이러한 관점에서, 상이한 추상화 수준들이 있음을 인식하는 것이 또한 중요하다. 이를 위해 일반적인 것으로부터 역사적으로 특수한 것으로 이행하고 있는 마르크스 자신의 저술들이 흔히 인용되고 있으며(Johnson, 1982 참조), 수많은 학자들은 추상화 수준들간의 관련성을 해명하고 세련시키고자 했다(Gibson and Horvath, 1983 참조).

DG

추정치 estimate
한 관측대상에 대한 기대치. 지리학 연구에서 대부분의 추정치들은 회귀식의 적용을 통하여 산출된다.

RJJ

축적 accumulation
자본의 본질적 재생산 조건이며 최우선적 목표. 마르크스(Marx, 1976)는 축적을 "잉여가치를 자본으로 사용하거나 혹은 자본 속에 재전환시키는 것"이라고 정의했다(마르크스경제학 참조). 이 간결한 정의는, 축적이야말로 자본가들이 끊임없이 행하는 과정이라고 강조한다. 그들은 단순히 자본축적의 능력을 유지하기 위하여 노동에 의하여 생산되는 잉여가치의 추구 속에서 지속적으로 자본을 증대시켜야 한다. 자본주의 사회의 사회적 관계는 본질적으로 경쟁적이며, 따라서 개별자본가들에게 사업을 계속하기 위해 (최소한) 그들 자본의 가치를 유지해야만 하도록 해야 한다. 그러나 만약 자본가로서 활동을 계속하고자 한다면, 경쟁력을 유지하기 위해 자본의 팽창은 필수적이다. 이런 방법으로 축적은 자본주의 사회의 견인력이 된다. 축적의 목적은 축적이 되며, 자본주의 생산의 목적은 추가적 생산이다.

그러나 이 축적의 필요는 자본주의 사회의 사회관계를 전제로 한다(사회관계로서 자본의 존재). 돈과 상품은 그 자체로 생산과 생존의 수단이 아닌 것과 마찬가지로 자본도 그러하다. 그것들은 자본으로 전환되어야 한다. 이 전환은 돈의 소유자, 생산수단과 생존수단, 그리고 자유노동자간의 접촉점에서만 일어날 수 있다. 노동자는 돈의 소유자로부터 독립되고 생산수단에 대해 아무런 권리도 가지지 않았다는 점에서 '자유'이다. 따라서 자본관계가 창조하는 과정은 노동자를 그들 자신의 노동조건의 소유로부터 분리시키는 과정일 뿐이다. 이 착취의 과정을 시원적 축적이라고 한다(자본주의도 참조).

축척, 규모 scale
실재의 재현 수준. 때로 해상(resolution)수준이라고도 불린다. 지도학에서, 축척은 지도영상에서의 거리와 실재에서 상응하는 거리간의 관련성으로 정의되며, 관례적으로 재현적 분수로 표현된다. 따라서 1:50,000은 1cm가 5만cm(0.5 km)를 나타냄을 의미한다. 인문지리학에서 하게트(P. Haggett, 1965)와 하비(D. Harvey, 1969)는 3가지 기본적 의문을 규명했다 :

(a) 축척의 적용범위: 모든 적절한 축척들에서 세계에 대한 규칙적이고 포괄적인 추적을 보장하기는 분명 어려우며, 이들은 특정영역들의 탐구, 재조사 또는 지속적인 투영과 탐사, 그리고 표본절차의 이용을 통해 부분적으로 극복된다 ;

(b) 축척의 표준화: 동일한 표본화의 틀로—특히 비교연구의 경우—자료를 구하기가 어려우며, 이 문제는 부분적으로 여러가지 집합연산방법과 지역적 가중절차들을 통해 해결된다 ;

(c) 축척연계: 축척수준들간 3가지 연계들, 즉 i) 동일수준—비교적 관계, ii) 고수준에서 저수준—맥락적 관계, iii) 저수준에서 고수준—집괴적 관계 등이 있다. 후자의 두 경우에서 추정적 문제들이 발생된다. 왜냐하면, 한 수준에서 유형과 과정들에 관한 일반화는 다른 수준에 적용되지 않기 때문이다(Olsson, 1981 참조). 사실 자연과학과 사회과학 양자에서 체계에 관

축척, 규모

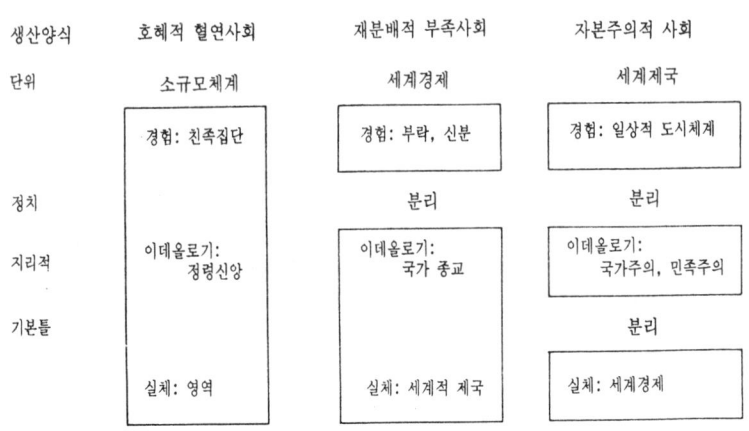

축척, 규모 사회체계들의 규모 성분들(출처: Taylor, 1982).

한 사고들에 내재된 '발생(emergence)'이라는 개념—전체는 그 부분들의 합보다 더 크다—은 이를 매우 어렵게 한다. 자연지리학자들은 이러한 문제들에 특히 민감하며, 케네디(B. A. Kennedy, 1977)는 만약 "이러한 문제들이 보다 분명히 이해될 수 있다면, 상이한 시간적·공간적 축척들상의 사건들과 형태들을 연계시키는 법칙들을 구성해줄 수 있는 학문의 근본적 틀로 지향될 수 있다"고 주장했다(또한 가변적 지역단위 참조).

'축척의 문제'에 대한 보다 창조적인 대응에의 요청(Watson, 1978)은 클리프(A. D. Cliff)와 오드(J. K. Ord, 1981)에 의해 처음으로 답해졌다. 이들은 '공간과정들'의 특징적 축척들에 접근하기 위해 공간적 상관도해들(correlograms)을 이용했다. 그러나 이들의 도해들은 인과적 메커니즘이라기보다 서술적 연속으로서 과정을 인식하는 경험주의의 한 방안이었다. 완전히 상이한 접근이 테일러(Taylor, 1981, 1982)에 의해 제시되었다. 그는 정치경제학의 정리(theorem)들로부터 직접 도출된 특성들을 가진 '축척의 정치경제학'을 개발하고자 했다. 테일러의 견해에 의하면, 자본주의는 3가지 주요 규모들로 특징지워진다:

실체의 규모 → 자본주의적 세계경제
이데올로기의 규모 → 국민국가
경험의 규모 → 도시

중간층, 즉 국민국가는 "지구적 규모에서의 축척 실체로부터 도시생활에서의 우리의 일상적 경험을 '분리시킨다'." '테일러 연구의 정신 속에서' 스미스(Smith, 1984)는 그의 모형과 비교될 수 있는 '자본의 공간적 규모들'—도시공간, 국민국가의 규모, 지구적 공간—에 관한 모형을 제시한다. 그러나 그는 그의 모형이 보다 직접적으로 유물론적 관점에 입각한다고 주장한다. 즉 "사회적 활동의 특정규모들로서 절대적 공간들의 분화는 자본의 내적 필수성이며", 따라서 "각 규모의 기원, 결정 그리고 내적 결속은 자본의 구조에 이미 내포되어 있다." 테일러의 정형화에 대한 스미스의 명백한 불만—이는 키비(Kirby, 1985)에 의해 공유됨—은 월러스타인(I. Wallerstein)의 세계체제분석에 대한 테일러의 신뢰에서 연유된다. 그러나 테일러는 월러스타인에 따라 이러한 세 가지 층위들이 현대 자본주의에만 국한되는 것이 아니라 전(pre)자본주의적 '사회체계들'에서도 확인될 수 있다고 주장한다(그림 참조; 또한 경제통합형태, 시-공간적 거리화 참조). "각 경우, 실체는 전반적 노동분업의 범위라는 점에서 유물론적으로 정의되며, 이데올로기는 사고의 주요체계와 이것이 작동하는 규모로 특정화되며, 경험은 주민 대중의 '일상적' 규모에 머문다"고 테일러는 주장한다 (Taylor, 1982). 그러나 그의 『정치지리학(Political geography, 1985)』에서 테일러는 자본주의에 대한 그의 초기 관심으로 되돌아가서, 자본축적과정이 어떻게 국지적으로 경험되며, 국가적으로 정당화되고, 그리고 지구적으로 조직되는가를 나타내기 위하여 세계경제, 국민국가, 국지성으로 규명된 동일한 기본구분을 이용했다. 물론 하비(Harvey, 1969)는 한때 지리학의 영역은 "지역적 분해수준에서 정의된다"고 제안했지만, 지역과 지역지리학에 대한 관심의 부활이 이와 같은 사고들과 병행될 수 없는 것은 아니다. 반대로 지역지리학은 만약 이것이 엄격한 맥락적 이론에서 도출되어 이로 되돌아간다면, 이런 류의 상호교차적 기본틀을 요청할 것이다. DG

출산력 fertility
1명의 여성이 출산하는 신생아의 수. 출산력은 한 여성이 임신할 수 있는 능력을 의미하는 생물학적 용어인 가임력(fecundity)과는 구별된다. 출산력은 사망력, 인구이동과 함께 한 지역의 인구크기를 결정하는 중요한 요인이다. 지리학자들은 출산력의 공간적인 변이가 갖는 중요성은 인식하면서도 이 분야에 대해 기여한 바는 매우 적다. 반면에 인구학자들은 출산력을 측정하는 정교한 기법을 발전시켰고 개발도상국 및 선진국들에서 나타나는 출산력의 경향을 이론화하고 설명하는 데 큰 연구성과를 보이고 있다. 그러나 출산행태는 아직도 완전히 설명되지 못하고 있으며 그 예측방법은 여전히 중요한 문제로 남아 있다.
출산력의 지표는 간단한 것부터 복잡한 것까지 매우 다양하다. 그 기본적 방법은 일정기간의 출산력(period ferility)과 동시발생집단의 출산력(cohort fertility)의 방법으로 구분된다.

전자는 비교적 간단한 지표로 재생산이 가능한 모든 여성의 수에서 출산수의 비율, 즉 일정시점, 혹은 단기간에 특정연령집단의 여성들에 대한 비율로 나타내는 것이며, 후자는 동시에 출생하거나 결혼한 여성집단들의 재생산 경험을 추적하는 데 사용된다. 후자의 지표를 이용하여 가족이 형성되는 과정을 밝힐 수 있으며 가족크기의 변화와 출산간격의 측정이 가능하다. 그러나 이러한 동시발생집단에 대한 분석은 동태에 대한 장기간의 정확한 통계를 필요로 하기 때문에 20세기에 들어서 선진국의 인구조사에 주로 이용된다.
일반적으로 단순하면서도 가장 많이 사용되는 지표는 조출생률이다. 이는 일정기간의 평균 총인구에서(연앙인구) 인구 1천 명당 출산된 신생아의 비율로, 그 값은 1천 명당 최하 10명에서 생물학적 최대치로 추정되는 55명 사이에 분포한다. 이 지표는 계산하기 쉬운 장점이 있으며 일정지역에서의 출생, 사망, 이동으로 생기는 인구변화를 설명하는 데 가장 많이 사용된다. 그러나 여기에서는 모집단인구의 연령구조의 상이성으로 인해 출산력에 대한 설명에 오류가 발생될 가능성이 높다. 이를 해결하기 위하여 사용되는 지표로 비교적 단순한 것이 일반출산율로서 가임연령(일반적으로 15~49, 15~44세의 여성)에 속해 있는 여성 1천 명당 출생수의 비이다. 반면에 유배우자 출산력(marital fertility rate)은 기혼여성 1천 명당 출생수이다. 이들 비율은 출생을 담당하는 인구집단을 통해 출생수를 설명하는 데 매우 유용하다. 좀 더 정교한 지표로는 연령층별 출산력으로서 일정연령층에 속한 여성 1천 명당 출생수를 나타내며, 이 여성의 연령집단은 대개 5세 간격으로 구분한다. 이 지표는 출산경험에 대해 더욱 세밀한 분석과 비교를 가능하게 한다. 총출산율은 가임능력기간 동안 여성 1천 명당 총출생아수이다. 선진국에서는 2.1명이 인구의 세대간 완전대체를 위해 필요한 출생아수이다(대체율 참조). 인구대체는 총재생산율로도 측정되는데 이는 재생산 가능기간중 여성이 출산하는 여아의 평균수이다. 이에 대해 순재생산율은 사망률이 고려된 수치이다. 이 값이 1.0명이면 안정인구이다. 동시발생집단의 출산력지표로서 완성된 가족크기가 가장 유용한 지표로 이용되는데, 이는 45세 혹은 그 이상 연령의 여성에게서 태어난 평균출산아수를 뜻한다.

출산력에 영향을 미치는 요인에 대해서는 많은 논란이 있다. 선진국과 개발도상국의 최근의 출산행태에 있어서 인구변천의 모델은 부분적으로만 수용되고 있다. 선진국의 지난 200년 동안의 장기적인 출생률의 감소에 대한 설명이 시도되고 있으며 현재 출산력의 유형은 문화적인 차이와 연관지어 설명되고 있다. 출산력은 인구행태의 여러 측면과 연계관계를 가지며, 사망률과 결혼패턴, 예를 들어 결혼연령, 혼인율과 깊은 관계가 있다. 18세기 후반 프랑스에서부터 시작된 출산력의 감소는 도시화, 산업화, 근대화와 깊은 관련을 맺는데 이는 교육, 종교 등에 의한 산아제한, 결혼, 가족구성에 대한 가치관 등의 변화에 기인한다.

오늘날 국가내에서도 출산력의 차이가 존재하며 이것 역시 사회내에서의 사회적 지위, 직업, 도시, 농촌거주, 교육, 종교, 여성의 역할의 변화 등에 기인한다. 특히 제3세계의 출산력 경향은 주목할 필요가 있으나 자료의 부족으로 최근의 경향을 파악하기는 어렵다. 또한 선진국에서 나타난 일련의 관련성들이 제3세계의 과거를 설명하고 미래를 예측할 수 있다는 보장은 없다. 확실히 출산력과 그들의 지리적인 변이는 인구문제의 연구에 매우 중요한 분야임은 틀림없다.

PEO

방법으로는 공간확산모형(Bylund, 1960) 혹은 새로운 토지에의 식민화과정(Hudson, 1969)을 통해 다루어져왔다(형태발생론, 취락의 연속성 참조). 그러한 진화론적 접근에서 많은 비율의 취락이 지역농업체계와 직접적인 관계를 가지는 것으로 간주되고, 일정지역의 취락의 분산, 혹은 집중정도를 설명하기 위해서는 농업구조를 분석해야 한다고 본다. 취락의 집중은 농지가 분할된 지역, 집단농업 혹은 공동농업(종획시스템 이전 시기와 같이)이 이루어지는 지역에서 특징적이다. 집중의 극단적인 예가 시실리의 농업도시에서 나타난다. 취락의 분산은 통합된 농장경관에서 뚜렷하다. 종획과 경지의 통합은 보통 분산을 촉진시킨다(예를 들어 Gleave, 1962). 독일의 취락지리학이나 다소 덜하지만 프랑스 지리학에서 기여한 촌락의 내적 형태유형에 관한 조사와 역사가 특별한 관심을 끌어왔다.

기존의 취락유형분석은 모형정립이나 계량적인 선에서 발전되고 이러한 접근방법은 도시뿐만 아니라 촌락분포에서도 사용되었다. 최근린 분석법을 사용하여 취락유형의 규칙성의 존재 여부를 측정하는 일에 관심을 두어왔으며, 이를 통하여 무작위, 규칙, 집중 등의 취락분포를 확인하였다(King, 1962 ; 격자분석 참조). 이론적 원리에 기초를 둔 취락유형의 분석은 중심지이론으로 발전하여, 취락의 공간성뿐만 아니라 규모, 기능적 속성까지도 제시하였다. 중심지이론은 전세계의 많은 곳에서 촌락의 실제유형을 조사하는 작업에 사용되었다(예를 들어 Brush and Bracey, 1955).

PEW

취락유형 settlement pattern

다양한 규모의 인구집단 분포. 취락분포 연구는 여러가지 스케일이나 여러 다른 접근방법을 통해 탐구해온 폭넓은 주제이다.

주요한 접근방법은 시간에 따른 취락유형의 진화를 연구하는 것이다. 이러한 역사적 차원은 경험적으로(Roberts, 1976 참조) 보다 일반적인

취락의 연속성 settlement continuity

주요한 사회적 변형기간을 경과하면서 (전형적으로 농촌) 취락의 위치, 취락체계, 그리고 지역적 구조가 유지되는 현상(연속적 점유 참조). 영국에서는 로마의 점령이 붕괴되고 앵글로-색슨인의 식민화가 시작되는 동안(A.D 400~1110) 촌락구조의 연속성에 관한 근본적인 의문이 일어났다. 핀버그(H. P. R. Finberg)는 '연속인가

격변인가?'(1964)와 '혁명인가 진화인가?' (1972)의 두 가지 주장을 제출하였다. 영국의 역사지리학 내에서는 이들 양 극단이 인습적으로 주장되어왔다: 다비(H. C. Darby)는 일찍이 이렇게 기술하였다. "영국역사에서 새로운 시작이 있었다면, 앵글인(Angles), 색슨인(Saxons), 쥬트인(Jutes)의 도래가 그러한 시작이었다"(Darby, 1964). 그리고 비록 "앵글로-색슨인이 빈 땅에 들어온 것은 아니었지만, 그리고…색슨 이전의 시대부터 잉글랜드의 형성에 많은 공헌들이 있었다." 그럼에도 불구하고 "앵글로-색슨인의 도래와 함께 취락과 토지이용의 역사에는 새로운 장이 시작되었다"(Darby, 1973) ; 이에 대하여 존스(G. R. J. Jones)는 "색슨인 취락의 뿌리는 영국이 아직 로마제국의 일부분이었던 때에 심어졌다"고 주장하였다(Jones, 1978). 존스는 그의 명제를 요약하기 위해 다중토지모형(multiple estate model)을 제안하였다. 다중토지란 "토지의 차지인이 지주의 재판권에 종속되며 그 토지에 대한 대가로 화폐나 현물로 지대를 납부하며, 지주를 위하여 여러가지 근로봉사를 수행했던 토지구획군집이다"(봉건제 참조). "의무의 그물망은 가장 멀리 떨어져 있는 촌락조차도 지주의 각 토지에 연결되어 있었다"(Jones, 1971). 다중토지들이 노덤브리아(Northumbria), 웨일즈(Wales), 잉글랜드 남동부 등지에서 확인되었으며, 그래서 존스는 이들의 기원이 공통적으로 색슨 이전 시기라고 주장하였다. 그는 또한 이들 고대 토지들의 다중구조가 취락의 연속적인 진화의 요건을 이루었던 것으로 보았다. 이들 중 일부는 촌락으로 또한 시장도시(market town)로까지 성장함에 따라 다중구조가 와해되거나 재분류되었다. 존스는 다음과 같이 결론지었다(1976):

"영국의 식민화를 타당하게 이해하려면 일원적인 취락(unitary settlement)을 넘어서 바라보는 것이 요체이다. 오히려 '다중토지'를 모형으로 채택하는 것이 필요불가결하다 ; 그 이유는 식민지화 과정에 연루된 사회, 경제, 그리고 거주지들 사이의 복잡한 상호관계를 해명하기 위한 모든 틀 가운데에서 가장 의미있는 것을 제공하기 때문이다."

존스의 독특한 명제가 옳건 그르건간에(Gregson, 1985의 논평과 존스의 응답 참조) 상황의 복잡성을 강조한 것에 대하여 대부분의 학자들이 찬성하였다—로버츠(Roberts, 1979)는 위에서 언급하였던 핀버그의 질문들에 대한 대답이 "단지 양 극단 사이에서만이 아니라 이 조그마한 섬나라내에서 복잡하고 미묘한 경관의 다양성이 교차되면서 공간적으로 변화하는 가운데에서 발견된다"고 선언하였다—그리고 아마도 이는 격변보다는 연속을 지지하는 편이 될 것이다 (Fowler, 1976). 존스가 지적한 것처럼 "색슨인의 통치로 고통을 받은 주요한 사람들은… 고대 브리튼의 왕과 귀족들"이었다. 테일러(Taylor, 1983)는 이 문제를 다음과 같이 설명하였다 :

"색슨족은 새롭고 비교적 손이 닿지 않은 지방에 들어왔던 것이 아니라 매우 오래된 지방, 대부분의 '가장 좋은' 장소들은 이미 한 번 정도가 아니라 여러 차례 점유되었던, 그러한 지방에 들어왔다.… 이러한 모든 활동은 분명하게 경계가 그어진 영토 또는 토지내에서 발생하였으며, 흔히 대지주의 통제하에 같이 집단화되었다."

로마제국이 붕괴되기 시작하자 제국군대의 보호가 제거되었으며 정교한 중앙정부체제가 사라졌다. 그러나 막대한 수의 국민은 그 자리에 머물러 있었으며, 그들의 가정과 토지 위에서 그들은 사회적으로, 그리고 경제적으로 점차 어려운 시기에 직면하지 않을 수 없었던 것이다.

DG

측정 measurement
통계분석에서 자료유형의 구분. 일반적으로 네 가지 유형의 측정이 알려져 있다. 가장 단순한 유형은 명목적인 것으로 각 개인은(모집단이나 표본의 구성원) 둘, 혹은 보다 배타적인 범주 중의 하나에 할당된다. 그 다음은 순서를 나타내는 것으로 여기서 범주들은(단지 한 개인만을 포함하는) 가장 큰 것으로부터 가장 작은 것까

405

침상도시

지와 같이 어떤 방법으로 순위가 정해질 수 있다. 세번째 유형인 간격적인 것은 먼저 결정된 축적(°C와 같은)을 따라 두 지점간의 차의 정량적인 평가를 포함한다. 마지막으로 비율측정은 나타난 차이의 상대적 정량평가를 가능케 한다. 따라서 명목상 측정은 9백만 인구를 런던에, 3백만을 버밍햄에 할당하며 ; 간격적 측정은 런던에는 버밍햄보다 거주자가 6백만명 더 있다고 서술하고 ; 비율측정은 런던의 인구는 버밍햄의 3배라고 서술한다.   RJJ

침상도시 dormitory villages

그 안에 거주하는 경제활동인구가 타지역에 근무지를 갖고 있는 촌락. 가장 자주 사용되는 침상도시의 개념은 도시에 입지한 직장에 다니는 통근자들이 이주해와서 살고 있는 마을을 뜻한다. 대체로 침상도시에는 신흥주택지역이 조성됨으로써 인구가 증가한다. 엄밀한 의미의 침상도시 지역에서는 보다 부유한 도시적 직업종사자 집단이 주택시장 경쟁에서 위세를 발휘하기 때문에, 그 지방에 위치한 직장에 종사하는 사람들은 침상도시에서 밀려나는 경우가 많다(분산형도시 참조).   PEW

침입과 천이 invasion and succession

변화가 순환적인 형태로 나타나는 생태적 과정. 도시지리학에서 침입은 집단 또는 토지이용의 환치과정으로 간주되는데, 이는 도시의 초기 자연지역이 정착된 후에 나타나는 이동으로부터 초래된다. 따라서 점이지대는 종종 상업적 이해에 의해 침범되고, 불량주택지역은 새로운 이주자집단에 의해 점거된다. 천이는 침입에 의한 최종결과를 지칭하는데, 어떤 지역에서 처음 단계와 마지막 단계간에 인구의 토지이용형태에서 완전한 변화가 나타난다.   JE

침체지역 depressed region

경제적으로 침체된 상태의 지역. 경제적 침체란 장기간에 걸쳐 자본이 외부로 유출되고, 노동과 생산수단이 이용되지 못하는 경제적 상태를 의미한다.

침체의 원인을 규명하기란 매우 어렵고 복잡하며 다양한 측면이 있지만, 근본적인 원인은 집적조건의 중대한 변화와 깊은 관련이 있다. 생산성의 변동, 수익성의 위기, 생산수단에 대한 투자의 주기적 변동(콘드라티에프 파동 또한 마르크스 경제학 참조)은 승수과정에 의해 수요와 수입의 감소로 경제전반에 걸쳐 확대된다.

오늘날 고도의 경제적 통합으로 침체의 발생범위는 지리적으로 크게 다양하지 않을지라도 경제적 침체의 발생범위는 역시 지리적으로 불균등하게 나타난다. 실제로 세계경제가 점차 대규모의 집중된 자본(주로 다국적기업)에 의해 지배됨에 따라 침체에 대한 지리적 대응은 간접적인 것이 되고 대부분은 기업의 대응수단의 영향을 받는다. 이러한 특징이 있음에도 불구하고 경제적 침체의 시기와 영향이 나타나는 선도지역과 지각지역이 존재한다는 몇가지 사례가 있다(시차모형 참조). 영국의 경우, 런던 및 중부, 남동부 지역은 발전의 선도지역인 반면, 스코틀랜드, 북부 및 북서부지역은 발전의 지각지역으로 나타났다(Brechling, 1967). 미국의 경우 (King et al., 1972), 역시 중서부의 도시들이 국가전체의 경기변동을 주도하고 있다. 그러나 보다 국지적인 수준에서 살펴보면, 영국 이스트 앵글리아(East Anglia)의 경우(Sant, 1973), 도시계층의 연계보다 지역간 경제구조의 유사성이 경기변동의 지리적 영향을 통제하는 데 훨씬 더 효과적인 것으로 나타났고, 영국 남서지역의 경우, 경기변동의 공간적 효과는 계절 및 휴일적 고용변동의 영향으로 나타나지 않았다는 사례연구가 있다(Bassett and Haggett, 1971 ; Haggett, 1971).

자본축적에 의해 야기된 지역적 불균등발전의 과정은 침체지역을 유발시킨다. 특정산업 및 지역으로부터 자본의 비투자 또는 특정산업부문내에서 자본의 재편은 중요한 경제적 의미를 갖는다. 1920년대말부터 1930년대 사이 영국에서 사양산업이 입지한 북부 및 북서부 지역과 남동부 지역의 경제적 성장간에는 커다란 차이가 있었다. 그리고 1970년대와 1980년대의 경제적 위기는 보다 침체된 지역과 보다 발전한 도시지역으로 나타났다(Massey, 1979 ; Massey and Meegan, 1979). 특히 대도시의 내부지역들은 자본의 공간적·구조적 재편으로 매우 열악한 상태가 되었는데, 이는 오늘날 영국 대도시의 내부지역들이 역사적으로 과거에 경험한 국가 전체의 실업보다도 4배나 높은 실업을 초래하게 하였다. 이러한 자본의 재편은 원유가의 상승으로 인해 선진경제에 영향을 미친 전세계적인 경제침체의 결과이다. 그리하여 석유산유국과 정치적으로 안정되어 있으며 값싸고 풍부한 노동력을 보유하고 있는 경제로 자본이 분산된다. 후자의 경우로는 사회주의 국가들이 있는데, 그 결과로 이러한 국가들은 세계경제체제로 보다 강하게 통합되었고 자본주의 경제에서 발생하는 경기침체의 영향을 보다 쉽게 받게 되었다. RL

ㅋ

카이 자승 chi square (X^2)
비모수통계학의 하나로 이론적 도수분포는 명목자료나 수치자료에 대한 유의성의 근거로써 널리 이용되고 있다. 카이 자승 검증은 다음 두 방식 중 하나의 방식으로 이용될 수 있다:

(a) 각기 7계층의 상점를 가지고 있는 두 쇼핑센터의 상점수를 비교하는 경우와 같이, 두 경험적 빈도분포를 비교하는 데 이용된다(이 검증에서는 두 개의 경험적 분포가 모집단으로부터 무작위 추출되었는지 어떤지를 나타낸다);

(b) 다섯 도시로의 이주자의 분포와 그 도시의 인구를 비교하는 경우와 같이, 경험적 빈도분포와 이론적 분포를 비교하는 데 이용된다(이 검증에서는 전자의 분포가 후자의 분포와 크게 다른지 어떠한지를 보여준다. 예를 들어 인구의 유동에 있어서 공간적 편기가 있는가를 알려준다).   RJJ

카타스트로피 이론 catastrophe theory
체계의 특정한 종류의 상태들간에 나타나는 불연속적 변화에 관심을 갖는 수학의 한 분야. 이 생각은 소위 경사체계들에 적용될 수 있으며, 이 체계의 평형상태는 최적화모형으로부터 도출될 수 있다. 이런 체계들은 상태변수라고 불리는 일련의 종속변수와 일련의 매개변수로 특징지을 수 있다(체계와 관련된 '움직임'과 '구조' 비교). 프랑스 수학자 르네 통(René Thom, 1975)은 매개변수와 상태변수의 갯수가 하나인지 둘인지의 여부에만 관련되어서 발생할 수 있는 특이성 (또는 불연속성)의 유형을 특징지웠다. 따라서 1-매개변수 모형은 대개 굽은 카타스트로피로 나타나며; 2-매개변수 모형은 굽은, 또는 뾰족한 것으로 나타난다.

x를 상태변수라 하면, 카타스트로피 움직임의 전형적인 도면은 다음 그림과 같다: (a)는 하나의 매개변수 α와 그에 따라 변화하는 x를 표시한 접쳐진(fold) 카타스트로피이다. (b)는 두 개의 매개변수 α와 β와 이에 따라 변화되는 x를 표시한 뾰족한(cusp) 카타스트로피이다. 점선은 궤적으로서 매개변수값이 변화됨에 따라 x값의 변화를 나타낸다. 접쳐진 카타스트로피의 경우, $\alpha > \beta$이면, x는 다른 값으로 건너뛰어야만 한다. 뾰족한 카타스트로피의 경우, 세 가지 궤적이 서로 다른 종류의 움직임의 가능성을 제시한다: (1)은 완만한 변화이고; (2)는 발산으로서 매개변수값이 조금만 변화해도 x는 상단면 또는 하단면으로 변화될 수 있다; (3)은 건너뜀과 더불어 궤적이력(履歷, hysteresis)을 보여준다 — (3a)는 상단면으로부터 하단면까지 건너뜀을 포함하며, 복귀궤적 (3b)는 다른 매개변수값으로 다시 건너뛰는 것이다.

통에 따르면, 최고로 7개의 기본 카타스트로피들이 있으며, 저마다 독특한 위상기하학적 형태를 지닌다. 통의 정리를 직접적으로 적용하기는 힘들다. 왜냐하면 표준적인 평형면들은 이 모형의 기본형태와 관련되기 때문이다; 그리고 실재 지리모형을 이런 형태로 변환시키는 데는

칸트학파 Kantianism

칸트(Immanuel Kant, 1724~1804)에 의해 발전된 철학. 칸트의 전통은 상호관련된 두 경로를 통하여 현대의 인문지리학에 유입되었다:

(a) 지리학의 본질에 대한 개념화와, 지리학이 전체과학에서 차지하는 위치에 관한 칸트의 견해는 일련의 논쟁을 불러일으키는 계기가 되었다(May, 1970 참조). 칸트는 지식이란 논리적·물리적인 두 가지 방법으로 구분될 수 있다고 보았다. 논리적 구분이란, 각각 서로 다른 계층에 있는 개별지식을 형태적 특징의 유사성 정도에 따라 분류하는 것이다. 이것은 마치 "지나간 문서철을 분류"하는 것과 같으며 "자연적 체계"를 형성하게 된다(Büttner and Hoheisel, 1980). 칸트는 말하기를 하나의 "자연적 체계" 내에서 "각 사물은 비록 서로 다른, 그리고 멀리 떨어진 장소에 존재하여도 각각의 '적절한' 계층에 놓이게 된다"는 것이다. 반대로 물리적 구분은 동일한 시간과 동일한 공간에 속하는 개별존재를 '동일한' 대상으로 구분하는 것이다. 이러한 의미에서 칸트는 다음과 같이 말했다:

"역사와 지리가 다른 것은 그 고려요소가 각각 시간과 공간이라는 점이다. 전자는 시간적 순서에 따라 현상을 기술하는 것이며, 후자는 공간적으로 인접해 있는 현상을 기술하는 것이다. 역사는 설명(narrative)이며 지리는 기술(description)이다. 지리와 역사로 우리 관념의 모든 부분이 충족된다. 지리란 공간적 관념에 대한 것이며, 역사란 시간적 관념에 대한 것이다"(Hartshorne, 1939).

지리학에 대한 칸트의 관점이 훔볼트(von Humboldt)나 헤트너(Hettner)의 관점과 매우 유사할지라도 '지리학의 본질을' 확인하는 이외의 다른 직접적인 영향은 없었다(Hartshorne, 1958: Buttner and Hoheisel, 1980 참조). 지리적 관점은 하트숀(Hartshorne)의 『지리학의 본질(The Nature of Geography, 1939)』에 가서야 지리학의 영역에 대한 중요한 실용적 명제로서 자리잡게 되고, 지리학의 기본임무는 본질적으로 칸트주의적이어야 한다고 받아들여지게 되었

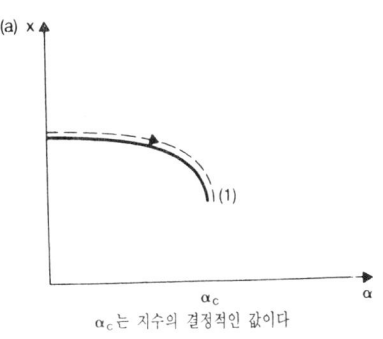

α_c는 지수의 결정적인 값이다

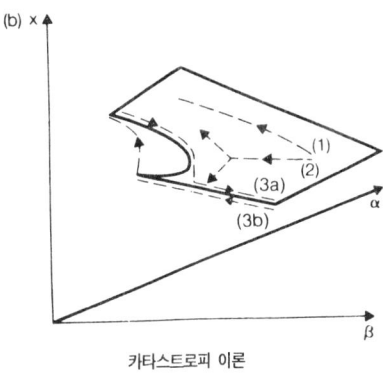

카타스트로피 이론

흔히 상당한 어려움이 따른다. 비록 이 변화들이 통의 정리에 따르기보다는 직접 파악되어져야만 하는 것이지만, 이 이론은 지리학자들로 하여금 불연속적 변화를 모형화할 수 있는 가능성에 관심을 갖도록 해주고 있다.

지리학에서는 암슨(Amson, 1974)이 도시발전에 이 생각을 처음 적용시켰다. 다른 종류로는 포스턴과 윌슨(Poston and Wilson, 1977)이 쇼핑센터 발전에 적용한 것이 있다. 실제로 이 이론의 적용은 변수가 적은 체계에 대개 국한된다 (단순체계 참조); 그러나 불연속적 변화는 갈래치기 이론의 사고를 적용하여 보다 복잡한 체계에 대해서까지 모형화할 수 있다. 위의 두 가지 사고는 비선형모형과 동태체계이론에 대한 최근 관심의 일부이다.　　　　　　　　　　AGW

칸트학파

다. 즉 :
 "지리와 역사는 모두 세계의 연구에 관련된 학문을 통합하려 한다는 점에서 유사하다. 따라서 비록 지리는 지구의 표면을, 역사는 시간의 주기를 다룬다는 점에서 그 통합의 기초가 한편으로는 대치되는 면이 있을지라도 양자간에는 보편적이고 상호적인 관계가 존재한다"(Hartshorne, 1939).
 이러한 견해에 대해 회의적인 사람도 있다. 블라우트(Blaut, 1961)는 다음과 같이 주장한다 : "(칸트에 있어서) 물체의 공간적 위치에 대한 지식은 그 물체의 본성과 그를 지배하는 자연적 법칙에 대한 지식과는 판이하게 다르다. 후자와 같은 종류의 지식은 영원하고 보편적이며, 진실로 과학적이다.… 반면 공간적 또는 시간적 위치는 독립적이며, 오히려 물체의 제2차적 속성이다. … 그리고 물체의 공간적·시간적 배열은 과학의 문제가 아니다."
 쉐퍼(Schaefer, 1953)와 마찬가지로 블라우트도 칸트를 지리학이 공간과학으로 성립되기 위해 필요한 '설명'과 '일반화'에 역행하는 예외주의의 창시자로 여기고 있다. 그러나 최근에는 칸트의 기본적 구분이 헤거스트란트(Hägerstrand)에 의해 새로운 조명을 받고 있다. 비록 그의 시간지리학이 '역사학'과 '지리학', '시간'과 '공간'간의 구분을 분명히 거부하는 의미를 내포한다고 할지라도 그가 행한 구성적 이론과 맥락적 이론간의 대조는 그 근본에 있어서는 '논리적' 분류와 '물리적' 분류간의 대조와 거의 일치한다(Parkes and Taylor, 1975 참조) ;
 (b) 대부분의 앞의 비평은 칸트의 (자연)지리학에 관한 초기 강연에 바탕을 둔 것인데 이에 반해 일부 학자는 칸트의 『순수이성비판(Critique of Pure Reason, 1781)』과 '사고주체의 구조화행위'를 강조한 것에 관심을 가지고 있다 :
 "공간이란 객관적이고 실체적인 것이 아니며 더욱이 물체나 사건 또는 관계도 아니다. 공간이란 주관적이며 관념적인 것이고 외부로 지각된 모든 물체를 서로 통합하는 구조로서 불변의 법칙에 의해 마음으로부터 나타나는 것이다"(Kant, in Richards, 1974 ; 강조 첨가).
 세계를 인간행위에 의하여 인식론적으로 구조화시키려는 것은 칸트학파의 본질이며, 주관론적 경향을 지닌 지리학자가 주관-객관 관계에서 내재하는 이중성을 극복하기 위하여 추구하였던 인간주의의 다양한 철학에 나타나는 공통의 논제이다(Livingstone and Harrison, 1981 ; 행태지리학, 인간주의 지리학 참조).
 이러한 노력의 상당한 부분은 19세기말 독일에서 형성된 신칸트학파(Neo-Kantianism)로 분류될 수 있다. 칸트는 외부적으로 고정되어 있고 영원히 불변하는 선험적인 것―리차드(Richard)의 인용에서 "불변의 법칙"―을 가정하였으나, 신칸트주의에서는 이러한 논제의 결과로 나타나는 과학적 방법의 일원성을 부정하고 문화 및 역사학과 자연과학의 두 분야를 다음과 같이 구분하였다 :
 (a) 문화 및 역사학이란, 이해되어야만 하는 비감각적 경험의 지식세계를 다루며 따라서 개성기술적인 것에 관심을 가진다. 이것이 빈델반트(Windelband)와 리커트(Rickert)를 포함하는 '바덴학파(Baden school)'의 핵심적 논제이다 ;
 (b) 자연과학이란 설명될 수 있는 과학의 경험세계를 다루며 따라서 법칙정립적인 것에 관심을 가진다. 이것이 카시러(Casirer)를 포함하는 '마르버그 학파(Marburg school)'의 핵심 논제이다.
 인문지리학 전반에서 볼 경우, 신칸트학파는 인문지리학에서는 불란서학파의 가능론으로(Berdoulay, 1976), 사회학에서는 시카고학파의 프로그램으로(Park는 박사학위 논문을 Windelband의 지도하에 완성하였다: Entrikin, 1980 참조), 그리고 보다 일반적으로는 현대의 인간주의 지리학으로 나타났다(Jackson and Smith, 1984 참조). 보다 근본적인 측면에서, 엔트리킨(Entrikin, 1981)은 하트손(Hartshorne)의 지리학의 본질에 대한 견해는 묵시적으로 신칸트학파의 주장을 통합한 것이며 카시러의 저작은 공간에 대한 지리학의 이질적 견해를 표출하게 하는 수

단을 제공하였다고 주장하였다(Entrikin, 1977 참조).　　　　　　　　　　　　　　DG

컴퓨터 지도학 computer-assisted cartography
컴퓨터의 하드웨어 및 소프트웨어를 이용하는 지도학의 응용방법. 이 방법은 지도학적 방법과 기술을 자동화하고, 그 결과를 신속히 보여주며, 지도학의 향상에 도움을 준다.

컴퓨터 지도학은 석판인쇄의 도입보다도 더 혁신적인 생산혁명이라고 할 수 있다. 이로써 지도학자들은 저장매체로부터 독립하여 지도이미지의 시각적・통계학적 측면의 연구에 집중할 수 있게 되었다(지도이미지 참조). 린드(Rhind, 1977)는 지도학이 컴퓨터의 도움을 받게 됨으로써, 인문지리학에서는 다음의 네 가지 이득이 있다고 하였다 :

(a) 시대에 뒤떨어진 지도를 자료원으로 의존하는 것이 최소화된다. 전통적인 조사방법은 시간이 많이 걸리고, 새 지도의 작성 또한 그 이상의 시간이 걸린다. 그러나 대조적으로, 원격탐사기법은 지금까지 구할 수 없었던 최신의 시-공간적 자료를 제공한다. 이 대부분의 자료는 직접 계수형태로 코드화된다. 영상자료는 계수화기법 및 형태탐지기법에 의해 포착된다. 최근까지 지도를 제공하지 못했던 공간적 데이타베이스가 컴퓨터 지도학의 문제영역이었다. 현재는 지도학적 자료를 조작하여 기존의 위상학 및 지형학적 관계를 유지하는 기법이 널리 응용되고 있다(Peucker and Chrisman, 1975). 최근에는 지리정보시스템(GIS)에서 자료관리, 분석, 화면표시, 인쇄과정을 통합하는 발달이 이루어졌다 ;

(b) 그래픽 화면표시장치를 통하여 지도이미지에 대하여 다양하게 도면 및 통계처리를 시도할 수 있게 되었다. 또한 맹인을 위한 점자지도의 개발과 같이, 지도에 의한 의사소통의 효율성을 높여주었다(Wiedel, 1983). 라인프린터에 의해 지도가 작성된 것은 하버드 대학에서 시맵(SYMAP)시스템을 이용하게 된 것이 그 시초를 이룬다. 이후 라인프린터는 현재 일반적으로 사용되고 있는 세 형태의 화면표시장치로 대치되었다. 향상된 화면표시장치는 스케치북과 같이 화면의 일부분을 선택적으로 지울 수 있도록 하는 등 고도의 작업을 가능케 해주었다. 저장장치도 저렴하게 되었고, 보다 상세히 이용할 수 있게 되었다. 그리고 보다 발전된 레스터 화면 표시장치(Raster Displays)는 저렴하면서도 양질의 칼라화면을 제공해주게 되었다. 또한 컴퓨터 용량의 계속적인 증가 및 출력장치의 개선, 그리고 공간적 계수자료가 증가함으로써 이 분야는 지도학의 발전에서 매우 역동적인 분야가 되었다 ;

(c) 지도학의 형식적인 법칙들의 응용이 용이해졌다. 컴퓨터를 이용함으로써, 지도학자들은 정교한 기술을 익히지 않아도 도구가 자동화되어 있으므로 설명서대로 수행하면 가능하게 되었다 ;

(d) 보편적으로 이용할 수 있는 지도학의 도구가 가용해지고, 시간을 단축할 수 있게 되고, 복잡할 통계학적인 일반화 및 정밀화와 같은 문제를 극복할 수 있게 됨에 따라 지금까지 어려웠던 새로운 지도이미지의 창안도 가능하게 되었고, 투시법을 이용하여 3차원의 표현도 가능하게 되었다(Davis and McCullagh, 1975). 그리고, 다양한 도구의 개발, 편집기술의 발달, 마이크로필름과 같은 보존매체의 개발 등으로 인하여 보다 빠르고 보다 정확한 다양한 지도이미지가 가능하게 되었고 또한 일반적인 지도학적 요소를 재고하게 되었다.　　　　　　MJB

콘드라티에프 파동 Kondratieff cycles
약 40～60년을 주기로 하는 경제성장의 장기파동. 경제활동 수준에서 보다 짧은 단기파동은 그러한 장기파동 위에 겹쳐질 것이다. 그러나 장기파동은 단순한 양적 변화가 아니라 경제체제의 근본적 변화를 의미한다.

콘드라티에프 파동은 1920년대에 경제활동의 장기파동에 관해 연구한 소련의 경제학자 콘드

큐 분석

라티에프(N. D. Kondratieff)에 의해 명명되었다. 장기파동의 존재에 대한 경험적 사례는 많은 비판을 받았듯이(Maddison, 1982, 참조) 주요관심은 장기파동의 이론화에 의해서 형성되는 자본주의 발달의 역동성에 관한 가설에 있다.

예를 들어, 만델(Ernest Mandel, 1980)은 장기파동의 존재를 강하게 지지하였다. 특히 그는 장기파동은, 명확한 특성을 갖는 자본주의 생산양식(자본주의 참조)의 전체역사의 부분 및 역사적 실상을 나타낸다고 주장하였다 ; (a) 1789~1848. 산업혁명과 부르주아 혁명, 나폴레옹 전쟁과 공산품을 위한 세계시장의 형성 ; (b) 1848~1893. 자유경쟁 ; (c) 1893~1940. 제국주의, 금융자본의 등장과 그 결과로 인한 제국주의 전쟁, (d) 1940~?. 후기자본주의. 만델에 의하면, 자본주의가 오늘날의 경제적 쇠퇴를 극복하는 데는 심각한 기술적·경제적 어려움이 있다. 그리고 오늘날의 쇠퇴는 1960년대 후반에 시작되었고, 장기간의 전후붐 후에 계속 이어졌으며 더욱 심각한 사회적·정치적 문제를 겪고 있는 실정이다.

매디슨(Maddison)은 "성장요소에서 중요한 변화들이 1820년 이후 나타났다"고 믿었다. 이들 변화는 '성장단계'를 야기시켰고, 성장단계에 의한 설명은 "체계적인 장기파동에서 만들어진 것이 아니고, 특정한 혼란 속에서 만들어졌다"고 매디슨은 주장하였다. 매디슨이 주장한 각각의 단계(1890~1914. 자유단계 ; 1920~1938. 보호주의 단계 ; 1950~1973. 황금시대 ; 1973~?. 불확실한 객관적 시대)는 정성적·정량적 특성에 의해 구분되며, 맨 마지막 단계는 그 시작이 장기파동 이론가들에 의해 제시된 오늘날의 위기와 일치한다. 장기파동의 분석을 자본주의 발달의 역동성과 통합하여, 고든(Gordon ; 1982, 1983) 등은 파동의 정확한 시기를 명확하게 추정하기는 힘들지만 파동과 같은 변동은 '축적의 사회적 구조'라 불리는 복잡하고 다원적인 사회제도의 변형과 깊은 관계가 있다고 주장하였다. 자본주의의 불균등 발전에 대한 이러한 접근방법은 거시적으로 볼 때, 장기파동에 관한 설명으로 노동과정의 결정적인 변화를 지적한 던포드 및 페론(Dunford and Perrons, 1983)의 주장과 유사하나 그 범주는 훨씬 넓다.

새로운 기술에의 투자 및 전파간의 관계에 기초한 대안적 접근방법이 슘페터(Joseph Schumpeter)의 연구를 발전시키고 체계화시킨 프리만(Freeman) 등에 의해 제시되었다. 생산기술의 잠재력에 기초한 이 접근방법은 만델에 의해 변화의 기술적 문제에 한정되었다고 지적을 받았지만, 실업과 불균등발전에 관한 중요한 문제를 제시하였고, 일부 학자들(Hall, 1985 참조)에 의해 제기된 숙명적인 미래를 극복할 수 있는 대안적 전략을 제시하고 있다(세계체제분석 참조).

RL

큐 분석 Q-analyisis

구조를 분석하고 기술할 목적으로 수학자 애트킨(R. H. Atkin)이 고안한 대수위상학적 언어. 구조라는 개념은 자연과학과 인문과학 모두에서 보편적으로 사용되는 개념이나, 직관적으로 타당한 관념을 정의하고 조작화시키는 데는 어려움이 따른다. 큐-분석은 하나의 단일기법이라기 보다는 일련의 방법론적 관점을 대표하는 것이며, 수학적 언어라는 관점에서 종래의 다변량 및 수리적 분류의 접근방법이 가지는 한계와 지나치게 제한적인 가정에 초점을 맞춘 것이다(분류 참조).

큐-분석의 기초는 집합을 주의깊게 정의하고 집합간의 관계를 정확히 설정하는 것으로서, 전통적인 의미의 함수(function: 함수에서는 한 집합의 원소가 다른 집합의 원소와 일 대 일, 또는 다수 대 일의 관계를 가진다), 그 보다 덜 제약적인 사상(mapping: 일 대 다수, 또는 다수 대 다수의 관계), 그리고 관계(relation: 여기서는 일부 원소가 할당되지 않을 수도 있다)를 분명하게 구별한다. 또한 사물을 나타내는 기술적(記述的) 단어도 그 의미가 일반성의 정도에 따라 달라지므로 명확히 구별한다. 기술적 용어는 계층적 구조를 가지며 상위계층에 있는, 보다 일반적인 단어가 하위계층 단어의 배경집합을 형성한다. 배경집합이란 하위계층의 집합을 '포함'하는, 보다 일반적인 의미를 가진 계층의 용어를 말한다. 예를 들면 계층 N에서 민들레의 집합은 계층 N+1에서의 배경집합인 꽃, 종자 및 채소에 관련된다. 큐-분석에서 사용되는 언어는 논리적 불일치를 피하기 위해 적절한 계층으로 주의깊게 분류되어야 한다.

집합간의 관계는 발생행렬로 기술될 수도 있고 기하학적으로 나타낼 수도 있다. 한 집합에서의 각 원소는 그 꼭지점이 다른 집합의 원소가 되는 다차원 다면체로 생각될 수 있다. 즉 이런 다면체를 심플렉스(simplex)라고 하고 이러한 물체의 집합을 콤플렉스(complex)라고 하며, 심플리컬 콤플렉스(simplical complex)가 된다. 큐-분석은 다양한 차원의 계층에서 정의된 구조, 그들의 연결정도 및 개별 심플렉스의 이심률에 관심을 가지며, 또한 구조의 전반적 특성 뿐만 아니라 연결의 부분적 특성에도 관심을 갖는다.

큐-분석에서는 다차원공간의 바탕이 되는 기하학적 구조인 배경막(backcloth)과 충분한 지원구조가 있어야만 존재하는 흐름(traffic)이 구별된다. 예를 들면, 농업에서는 토지, 용수, 노동, 농기구, 융자회사, 시장판매 등의 지원구조가 가축, 곡물과 같은 흐름을 지원하기 위한 배경막으로 필요하다. 하나의 도시는 구매자, 학생, 노동자, 여행자 등의 흐름을 지원하기 위해 경제, 여가, 행정, 교육 등의 구조가 필요하다. 흐름으로서의 국제무역은 외교나 상업적 관계와 같은 배경막 구조가 존재하여야 한다.

큐-분석은 세심하고도 자세한 분석을 추구하는 17세기 전통의 연구방법이다. 비록 복잡한 문제의 해결에는 컴퓨터 알고리즘을 필요로 하지만 주안점은 잘 정의된 원래의 자료에 근거하여 매우 엄밀한 탐구를 하는 데에 있다. 큐-분석은 자연 및 인문과학의 여러 분야에 사용되고 있다. PG

크리스탈러 모형 Christaller model
서비스 중심지로서의 도시지역의 공간적 배열을 예측하는 모형으로, 취락과 시장지역을 포섭하는 계층으로 구성된다(중심지이론 참조). DMS

키부츠 kibbutz(plural kibbutzim)
집단농장과 유사한 이스라엘식의 촌락형태. 키부츠는 원래 토지를 공동으로 소유하며 모든 경제·사회조직을 집단적으로 관리하는 농업취락에서 출발하였다. 완전히 집단적인 생활이란, 가족의 일차적인 사회적 역할이나 자기중심주의적, 혹은 계급적 이해를 격하시키는 사회적인 의미를 지니며, 키부츠운동은 이러한 공동체생활을 지향하는 구성원들의 이상주의로 특징지워져 있다. 최근에 키부츠의 수가 늘어나 농업생산뿐만 아니라 공업부문에도 성공적으로 적용되었다. 이스라엘 촌락의 또 다른 독특한 유형은 모샤브(moshav)이다. 이는 집단적이기보다는 협동조합인데, 가족이 기본적인 사회·경제적 단위가 된다. PEW

ㅌ

탈산업화 deindustrialization
산업생산력의 점진적인 파괴를 포함한 산업활동(특히 제조업)이 지속적으로 쇠퇴하는 것(마르크스 경제학 참조). 산업활동의 쇠퇴가 얼마나 오랫동안 계속되어야 탈산업화이며, 침체와는 상반된 탈산업화를 규정하는 데는 무엇이 효과적인가 하는 문제와 생산·고용·수용능력·투자·무역균형의 측면에서, 그리고 절대적·상대적 측면에서 탈산업화의 정확한 개념을 규정하는 데에는 어려움이 있다. 따라서 탈산업화의 원인을 규명하기란 매우 어렵다. 탈산업화에는 세계적·국가적·지역적 수준에서의 재구조화; 국가에 의한 자원의 소유; 경쟁력의 감소 등이 포함될 수 있다. 자본주의 경제에서 이윤율과 이윤율의 결정인자는 탈산업화를 설명하는 데 주요한 요인이 된다(침체지역 참조). RL

탈숙련화 deskilling
작업에서 창의성과 숙련성을 제거하며, 기계로 작업을 통제하고 속도를 조절하는 직업의 분화(노동과정 참조). 탈숙련화는 전문적인 숙련의 소유에 의해 생겨나는 협상력을 축소시키며, 비숙련 노동력의 이용폭을 넓힌다(마르크스 경제학 참조). 작업의 구성부분에서 노동과정의 와해는 보다 면밀한 규제를 가능하게 하지만, 계획 및 감독기능을 필연적으로 증가시켜 관리직의 수요를 증가시킨다. 컴퓨터 및 로보트를 이용하는 제조업은 최저수준의 생산공정에서 탈숙련화뿐만 아니라 그 생산공정이 컴퓨터 제어 정보체계로 연결될 때 경영 및 경영보조기능의 탈숙련화를 유도한다. RL

탐색행위 search behaviour
개개인이 일련의 대안 중에서 어떤 행동코스를 택할 것인가를 결정하는 과정. 이주를 결정하는 과정에서 개개인은 환경을 탐색하며 여기에서 하나의 행동공간을 창출한다. 탐색행위는 특정한 필요와 관련해서 정보를 수집하고 처리하는 개개인의 능력에 의존된다. 탐색과 행동공간은 오류를 범할 수 있다—정보수집은 편파적일 수 있고 정보의 해석이 틀릴 수도 있다. JE

텃세정치 turf politics
새로운 변화를 거부하는 근린집단거주자들에 의해 이루어지는 정치행태.
이러한 정치활동은 대부분 국지적으로 나타나는데, 예를 들면 새로운 도로 등의 건조환경이나 지역의 사회경제적 특성을 변화시키려 할 때 여기에 대응하는 양상으로 표현된다(침입과 천이, 도시사회운동 참조). RJJ

텍스트 text
행위 자체나 그 동기들이 추론되는 행위의 구체적 표현. 이 용어는 대개 딜타이(Wilhelm Dil-

they)가 저자의 주관적 의도에 대한 연구로서 해석학을 제시한 것과 관련된다(의도성 참조). 해석학의 목표는 "텍스트의 기록, 기호, 인공물, 삶의 표현 등을 통해서 이러한 주관적 의도를 재발견"하는 것이다(Rose, 1981). 해석자가 의도하고자 하는 일관된 서술을 만들어내기—이는 그 자체로서 일반적으로 새로운 텍스트가 된다—위하여 텍스트와 상호작용한다. 해석은 해석자 자신의 맥락과 텍스트 저자의 맥락의 재구성 등을 모두 반영한다. 로즈(Rose)에 따르면, 인문지리학에 있어 텍스트는 경관의 요소들을 포함한다(상징해석론 참조)   RJJ

토지가용력 land capability

농업과 임업용 토지의 유용성을 단지 자연환경 요인에 따라 평가하는 것. 일반적으로 토양조사 결과에 크게 의존하지만 기온, 강수량, 방위 및 용수이용 등의 자료를 고려한다. 현재의 농업생산성이나 실질적 토지이용은 무시한다. 오스트레일리아에서 연방과학산업연구원(CSIRO)이 고안한 평가시스템이 광범위하게 이용된다. 토지가용력은 보통 경사유형이나 잠재적인 농업생산성을 평가하며, 지도상에 표현한다. 레크레이션 토지이용을 위하여 토지가용력을 평가하는 제한된 시도도 있다. 토지가용력은 토지분류의 한 양상이다.   PEW

토지분류 land classification

특정목적을 위해 토지의 질에 따라 토지를 분류하는 것. 토지분류는 대개 농업용이지만 때로는 일개 기업을 위해서 이루어지기도 한다. 그 결과는 보통 지도로 표현되며, 농토를 다른 용도로 전용하기 위해 적용하는 계획을 결정하는 데 기초를 이룬다.

토지분류는 두 가지 뚜렷한 면이 있다. (a) 토지의 자연적인 질과 농업적 잠재력을 평가하거나(토지가용력); (b) 농장구조, 노동과 자본 투여의 상대적 비용, 가격안정 등 사회·경제적 환경하에서의 토지의 질을 평가하는 것 등이다. 토지가용력은 단기적으로 불변한다고 간주할 수 있지만 생산에 대한 경제·사회적 조절은 보다 가변적이다. 이상적으로 토지의 농업적 잠재력을 평가하기 위해서는 자연적 자원과 우세한 경영유형을 둘 다 고려해야만 하는 것이다. 문제는 이들 변수들의 두 세트에서 파생하는 지표나 규모에 달려 있다. 스탬프(L. D. Stamp, 1948)는 실제 행해지고 있는 농업활동이 토지자원을 가능한 한 가장 잘 이용하기 위하여 적응된 것이라는 가정을 주장하는 토지이용조사에 토대를 둔 토지분류체계를 발전시켰다. 이러한 가정은 비판을 피할 수 없다. 최근의 분류는 생산량에 관한 자료 혹은 척도로서 노동력 투입을 고려하는 생산의 집약도에 관한 정보를 사용한다: 이러한 경우 쉽게 얻을 수 있는 경제적 자료는 자세한 야외조사 없이는 측정할 수 없는 토지가용력의 기초유형을 추론할 때 사용된다.

비록 전체적인 토지의 질과 잠재력에 따라 토지를 분류하는 개념이 단순하다고 할지라도 그 개념을 적용할 때는 보다 복잡해진다: 기존의 토지분류체계는 실제와는 다른 잠재적 생산성에 관한 정보를 제공하지 못하는 생산자료를 지도화하거나 토지가용력을 평가하는 것에 많이 의존한다.   PEW

토지소유관계 land tenure

일반적으로 농업에서의 토지 소유권과 이용권에 관한 체계. 토지소유권은 비교적 단순하지만 사용권은 복잡하고 다양하다. 여기에는 안전성, 적법성 및 사용자와 소유자간의 관계, 특히 지불 등 다양한 면이 포함된다.

토지소유의 중요한 유형에는 다음과 같은 것이 있다:

(a) 자작: 자신들의 노동과 함께 임금노동을 이용하는 현대적인 대규모 농장, 가족농, 소농 체계 등이 포함된다. 소농의 경우에는 토지소유와 사용이 개인보다는 가족집단에 귀속된다. 자작의 지속은 농지분할을 초래하는 분할상속에

영향을 받는다. 이러한 문제는 임차농 아래에서는 잘 나타나지 않는다;
　(b) 임차: 대단히 광범위한 조건을 포괄하는 가장 복잡한 토지소유관계유형. 임차를 하면 지주에게 토지를 사용한 대가로 소작료를 다양한 방법으로 지불해야 한다. 가장 빈번하게 나타나는 지불방법에는 세 가지가 있다: (i) 소유자의 토지에서 일을 해서 노동력을 공급하거나; (ii) 현금으로 지불하거나(농지임차료); (iii) 현물소작제를 하는 방법이다. 종종 토지를 빌려준 대가를 지주에게 지불하는 데 이들 세 가지 방법이 혼합되기도 한다;
　(c) 사용권: 이는 장기간의 토지소유는 문제가 되지 않으며 개인이나 공동체 집단이 토지를 사용함으로써 토지에 대한 권리를 확보하게 되는 경우이다;
　(d) 제도적으로 임금노동을 고용하는 것: 이러한 소유형태 아래에서 토지는, 개인회사와 같은 기관에 소유되고, 농업생산은 고용계약시스템 아래에서 이루어지게 된다. 재식농업이 이러한 소유형태 아래에서 나타나는 가장 일반적인 예이다;
　(e) 집단농장주의자: 이러한 소유관계 형태도 복잡하다. 토지는 국가나 전체 촌락(예를 들어 탄자니아의 우자마촌; 키부츠 참조)과 같은 집단농장주의자가 소유하며, 개인은 공동의 농장 프로그램에 참여한다. 그들은 판매수익금이나 생산품을 나눈다. 사회주의국가의 국영농장(러시아의 소포즈)은 '집단농장주의'적인 것과 '임금노동을 고용하는 기관'이란 소유시스템간의 중간단계이며, 여기서 토지는 국가소유(집단농장주의처럼)이나 농장노동자는 농업생산의 참여자라기보다는 임금노동자이다(집단농장 참조).
　어떤 소유형태에는 자작과 임차를 복합되는데, 대토지 지주는 일부를 경작하고 나머지는 대여한다. 이러한 체계 아래에 있는 라티푼디아(latifundia) 혹은 하시엔다(hacienda)와 같은 대규모의 농장은 흔히 일용노동자로 일하면서 지주로서 농장의 일부를 유지하는 매우 작은 규모의 토지임차를 포함한다.

　토지개혁이란 토지소유의 본질을 변화시키며 이를 다양하게 작용하도록 하는 것이다. 가장 일반적으로 개혁은, 대토지를 분할하여 소규모 농부들에게 소유권을 넘기는 토지분배를 말한다. 농업의 집단농장주의 과정이 또한 토지개혁으로 해석될 수도 있다. '토지소유개혁'이라고 하는 더욱 특이한 변형은 임차조건을 개혁하거나 토지분할과 맞서 토지의 통합을 가져오게 하는 데 적용되는 말이다. 일반적으로 모든 토지개혁에는 농업부분 밖으로부터 개입이 있게 되는데, 정부의 압력, 입법화나 보상을 하든 안하든 토지몰수 등의 형태로 나타난다.
　'농업개혁'이란 말은 토지(소유)개혁보다 더 광범위한 의미를 지니고 있어서 농업문화(취락유형, 자본이용도, 교육, 환경의 하부구조 등)의 제도적 측면에서의 변화와 더불어 소유변화를 수반하게 된다. 그러한 규모에서의 촌락변화는 정부기구의 활동을 통해서만 가능하다. PEW

토지이용분류 land-use classification
이용에 따른 토지의 분류. 토지이용분류는 토지이용조사의 근본적인 일면이다. 토지이용연구는 보통 촌락에서 더 많이 이루어지지만 도시적 토지이용도 완전히 무시되지 않는다.
　촌락지역에서의 작업에는 다양한 분류체계가 여러 목적을 위하여 채택된다. 가장 단순한 것은 영국의 제1차 토지이용조사(The First Land Utilization Survey of Britain)를 위해 고안된 6중체계이다. 여기에서 토지는 경작지, 히이드 및 거친 초지, 과수원, 목야지, 임야와 삼림, 도시 등으로 분류되었다. 최근에 영국에서 이루어진 제2차 조사에서는 세분된 13개 집단으로 분류하여 70여 개의 토지이용형을 채택하였다. 국제지리학연합의 목표는 전세계적으로 사용할 수 있는 단일한 분류체계를 세우는 것이지만, 아주 세부적인 것을 희생하지 않는 한 그러한 체계는 아주 까다로운 일이 될 뿐이다.
　토지이용을 분류하는 데 주요한 문제는 정태적인 기술보다도 특정한 것을 목적으로 하는 토지이용의 중요성과 관련된 것이다. 특정작물을 재배하는 토지의 비율은 노동력투입이나 이윤이란 점에서 가장 중요한 기업영농의 지표가 되기에는 불충분하다. 하비(D. Harvey, 1963)는 켄트 주 홉농장에서 경지의 15%만 홉을 재배하고, 나머지는 의심할 여지 없이 주된 기업을 이루게 되는 홉 생산에 필요한 비료나 거름을 생산하는 공장으로 활용하는 것을 보았다. 두 기법은 토지이용분류에 내재하는 어떤 문제, 즉 <u>농업유형</u>을 조사하거나 <u>작물결합</u>을 분석하기 위한 문제들을 극복하기 위하여 고안된 것이다.   PEW

토지이용조사 land-use survey
농업적 토지이용을 조사하여 지도에 표현하는 일. 영국에서는 스탬프(L. D. Stamp)가 1930년에 토지이용조사를 처음으로 행하였다 ; 국민학생들이 이에 필요한 정보를 수집하였으며 2차조사는 1960년에 시작되었다. 광범위한 야외조사를 포함한 자세한 조사가 몇몇 나라에서 진행되었다. 현재는 <u>원격탐사</u>가 자주 사용된다. 토지이용조사의 가치는 대개 기술적이어서, 채택되는 분류체계에 달려 있다(<u>토지이용분류</u> 참조).
  PEW

통계지도 cartogram
통계적 요인들에 따라서 지표공간을 변형시키는 특수한 형태의 지도 <u>투영법</u>(Kidron and Segal, 1984). 예를 들면, 인구밀도와 센서스 구역을 비례시키듯이, 통계치가 크면 지도에서의 면적은 넓어진다. 각 단위의 위상학적 관계는 매우 왜곡되므로 통계지도는 다음사항에 유의한다.
  (a) 공간적인 접근성이 깨지지 않도록 단위간의 인접성을 유지한다 ;
  (b) 지도를 읽는 사람이 쉽게 형태를 알 수 있도록 각 단위의 정확한 형태를 유지한다 ;
  (c) 다른 투영법과 마찬가지로 상당한 계산작업이 필요하므로 구성의 복잡성을 줄인다(이것은 대개의 경우 컴퓨터 지도학을 이용한다).
  예시된 지도는 전형적인 지역 대 수치값의 통계지도로서, 세계의 각 나라들의 면적은 1981년 식량생산 능력에 상당하는 것이다(418-419쪽 그림 참조).   MJB

통근 commuting
직장으로 오고가는 여정을 지칭하는 도시지리학의 기술적 용어. 통근은 교통흐름의 동력원이다. 도로망과 신산업 및 거주지역의 입지계획에 도움을 주기 위하여 통근흐름에 대한 여러 모형(<u>라우리모형</u> 참조)이 개발되었다.   RJJ

통시적 분석 diachronic analysis
체계를 구성하는 하나의 성분에서 일어난 변화들이 체계내의 다른 구성요소에게로 전달되고 분배되는 기제에 관한 연구(<u>피드백</u> 참조). 인습적인 서술사(narrative history)와 전통적인 <u>역사지리학</u>내에서 <u>수직적 주제</u>의 복원은 지리학적 연구 속에 변화의 과정과 변형을 통합한 가장 전통적인 방법이다. 그러나 보다 형식적인 분석절차는 <u>체계분석</u>의 동태적 방법의 개발을 통하여 획득될 수 있었다. 마틴(Martin et al.,)들에 의하면 이들은 전형적으로:
"사상(事象)들의 역사적 연속성 속에 존재하는 어떤 규칙성, 필연적인 연속과정의 요소들을 밝히는 것이 목적이다. 시간이 지남에 따라 도시체계 및 지역체계의 시간-궤도가 완만해질 것이라든가 또는 일단계 변화에 대한 반응이 부드러워지고 수렴되며, 단계적인 외부적 변화에 대한 반응도 단계적일 것이라는 가정도 존재하지 않는다. 오히려 공간체계는 본래 불안정하고 진동하기 쉬우며, 행태와 구조 속에서 불연속적으로 이동하기 쉬우며, 내부로부터 적응과 진화로 나아가기 쉽다고 추정된다."
(또한 <u>카타스트로피 이론</u>, <u>시-공예측모형</u> 참조). 이는 분명히 공시적 분석에 대해서는 진전된 것이지만 몇몇 주석가들은 충분하지 않다고 주장한다: 특히 <u>시간지리학</u>의 연구자들은 전시대적(holochronic) 연구를 요구하였다. 전시대적 연구는 "역사적 그리고 동태적 모형의 거시-

통역

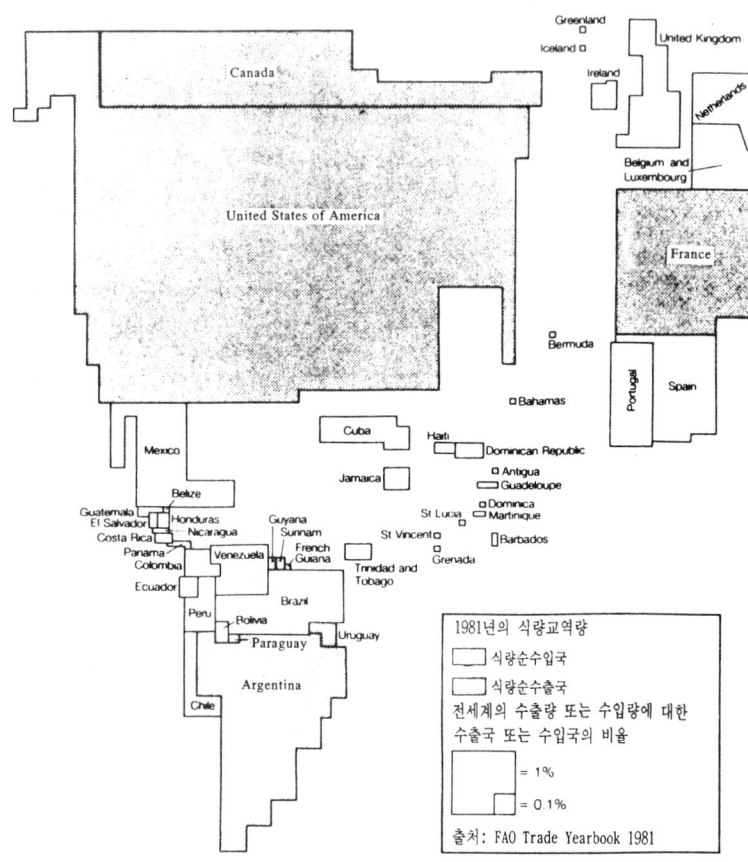

연대적(macro-chronology) 특징뿐만 아니라 시간의 모든 국면들"을 통합하고자 하는 것이다 (Carlstein et al., 1978 ; 시간지리학 참조). "변화의 가능성이 사회적 재생산의 모든 환경에 내재하는 것으로 인식되는" 구조화개념을 통해 공시적 분석과 통시적 분석 사이의 대립을 모두 극복하기 위한 보다 더 급진적인 연구도 시도되었다(Giddens, 1979). DG

통역 compage
인간의 지표점유와 기능적으로 연관된 자연적·생물적 그리고 사회적 환경의 모든 현상. 통역이라는 용어는 '사물의 결합 또는 연결방식'을 의미하는 고대의 단어가 부활된 것으로서 지역지리학의 여러 국면에 보다 정확성을 부여하기 위하여 휘틀지(Derwent Whittlesey)가 지리학에 도입하였다. 요소들의 단일한 복합체에 상당한 다양성이 내포되어 있음을 의미한다. MDB

통합(경제적)

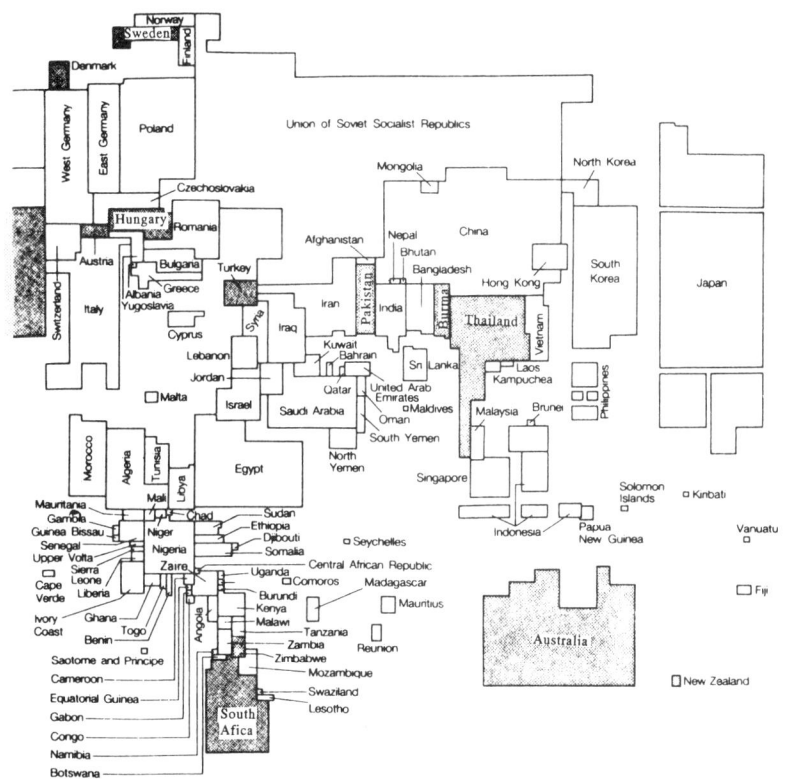

통계지도 국가의 면적이 식량생산성에 비례하여 표시된
세계지도 (출처: Kidron and Segal, 1984).

통치효력권 effective state area

한 국가의 정부가 효율적인 정치적 지배력을 행사하는 범위. 보통 이것은 어떤 국가의 경계로 둘러싸인 범위와 일치하지만 때로는 정부의 권위가 내외적으로 도전을 받는다. 이러한 현상은 식민지배에서 독립통치로 이행하는 시기에 전형적으로 나타나며 앙골라의 경우 MPLA 정부의 통치권이 UNITA 지배구역에서는 행하여지지 않는다. MB

통합(경제적) integration(economic)

전통적으로 경제적 통합이란, 국가간 교역의 장벽을 제거하거나(수동적 통합), 적극적으로 교역을 촉진하기 위하여(능동적 통합) 제정된 국가경제간의 제도적 장치를 의미한다. 자유무역지구와 공동시장은 전자의 예이고, 경제와 금융의 연합은 후자의 예이다.

경제적 통합이란 생산양식내에서 경제와 사회의 결함이라고 규정할 수 있다. 제도적 통합이 생산양식의 확대재생산을 조장하는 반면, 자본순환의 지리적 확대는 그러한 통합을 발생시킨다. 개별적 생산단위의 규모에서 수평적 통합은

통합(사회적)

같은 생산단계에서 생산단위의 집적을 의미하며 수직적 통합은 서로 다른 생산단계에 있는 생산단위들간의 결합을 의미한다. 수평적·수직적 경제통합은 모든 생산양식에 적용될 수 있는 보편적인 용어이다. RL

통합(사회적) integration(social)

한 사회내의 부분집단이 그들의 개별적 일체성과 문화적 분리를 유지하면서 완전히 그 사회에 참여하는 과정. 보다 빈번히 나타나는 과정인 동화와 통합과는 구분해야 하는데, 동화는 문화적 차이가 점차 사라지는 것을 의미한다. PEO

통합장이론 unified field theory

정치지리학의 전 분야를 연결시키는 일련의 개념들이 있다는 것을 가정하는 이론으로 존스(S. B. Jones)가 고안하였다. '정치적 사상'은 그것이 수용되는 '결정'으로, 나아가고 이는 다시 국민들의 '운동'을 자극하며, 물리적 하부구조의 형태로 '장'을 창조하는데, 궁극적으로 국가와 같은 '정치적 지역'이 된다. 이 연속은 역으로도 성립할 수 있는데, 형식적 정치단위의 창조가 새로운 정치적 사상의 형성을 이끌 수 있다는 것이다. MB

투입-산출 input-output

경제기술에 대한 분석적이고 수학적인 접근으로, 부문간 관련을 분명하게 참작한다. 이것은 한 부문의 산출(생산품과 서비스)이, 다른 부문의 투입(필요한 것)이 될 수 있음을 의미한다. 예를 들면, 농업부문은 식량과 섬유작물을 생산하기 위해 화학(비료), 자동차(트랙터와 기타 농기계) 및 농업부문 자체(종자, 퇴비 등)를 포함해서 많은 다른 부문으로부터의 투입이 필요하다. 또 이 부문의 산출이 식품가공, 직물, 가죽 등과 같은 타부문의 투입이 된다.

기초적 기술은 보통 투입-산출표로 표시되는데 이 표는 행과 열에 경제부문이 표시되는 행렬이다: 각 요소 또는 계수는 부문들간의 연계를 나타낸다. 이것은 일련의 연립방정식으로 나타낼 수 있다. 최종수요(아마도 일년간에 필요한 것)가 얼마인가가 결정되면, 각 부문이 생산해야 하는 양을 계산할 수 있고, 따라서 어떠한 부문의 확장에 의해 생성되는 전체 성장가치를 예견할 수 있다. 경제가 보통 수백 가지의 부문으로 나뉘기 때문에 이것은 항상 대형컴퓨터로 계산된다.

투입-산출분석은 소련의 유명한 경제학자 칸토로비치(R. H. Kantorovitch)가 창안하였으며 그의 미국인 제자 레온티에프(W. Leontief)가 더욱 발전시켰다. 이 접근은 지방적·국가적·국제적 규모로 이용될 수 있으며, 기본주제에 근거한 많은 변형이 있다. 예를 들면, 지역간 투입-산출모형은 지역경제간 재화와 원료를 운송하는 데 필요한 운임비용을 고려함으로써 부문과 지역간의 연계를 기술한다. 이것은 세계의 많은 국가에서 경제계획의 기초로 이용된다. PG

투자의 층 layers of investment

매시(Doreen Massey, 1978)가 공업지리학과 지역개발에 도입한 개념. 투자는 입지론자들이 애용하는 것처럼 등질평야상에서 이루어지는 것이 결코 아니다. 대신, 투자결정은 이미 설정된, 그리고 전개되고 있는 공간적 분업에서 이루어진다. 과거의 투자에 의해 생성된 조건은 수정된 형태로라도 지속되며, 현재의 결정을 할 때 이러한 조건을 염두에 두어야만 한다. 예를 들면, 특정지방(현장 참조)내에서의 선행투자에 의해 생성된 값싼 여성노동력의 가용성은 현재의 투자결정을 위한 선택을 제시할 수 있다. 지방에의 추가투자는 이미 복잡한 지리적 환경(그 자체가 선행투자시 그 지방의 포함여부의 산물)에 또 다른 경제활동의 층을 부가할 것이며, 따라서 그 지리적 환경을 수정하고 미래의 투자를 위한 새로운 종류의 잠재적 대안을 제시한다.

이리하여 한 지방의 경제구조는 경제활동의

층들이 구조내에 순차적으로 병합된 산물로 간주될 수 있으며, 그 존재여부는 과거와 현재의 투자결정에 의해 구조화된, 보다 폭넓은 공간적 분업에서의 그 지방의 역할을 반영할 것이다. 각각의 새로운 활동의 층은 그 지방 전체를 균등하게 포함할 수도 있고 그렇지 않을 수도 있는데 기존형태를 훼손하거나 강화하는, 잠재적으로 새로운 형태의 경제조직을 가져온다. 어떤 지역에 유입되는 침입적인 '분공장'과 보다 조화된 혹은 확산적인 형태의 신규투자간의 구분 (예를 들면, Hudson, 1983)이 이런 종류의 차별효과의 한 예를 보여준다.

그러나, 핵심적인 사실은 공간적, 또는 지리적 구조나 경관이 투자결정의 구성부분이라는 점이다. 이들은 대안적 선택을 암시함으로써, 또 특정지방에서의 효과를 형성하는 결정의 산물에 영향을 미침으로써 결정에 도움을 준다. 이리하여 한 단계의 투자는 지방의 기존투자의 층과의 필수적 조합의 결과로서, 특정지역에서 아주 독특한 결과를 가져올 수 있다. 그리고 경관은 단순한 경제적 측면에서는 측정되지 않을 수도 있다. 사회의 경제적 요소와 비경제적 요소간의 관계가 어떠하든(하부구조, 상부구조 참조) 사회적·문화적·정치적 조건은 의심할 여지없이 투자결정과 그 결과에 영향을 미칠 것이다. 산업입지와 지역변화에 성(gender)과 지방정치가 미치는 효과(Women and Geography Study Group of IBG, 1984)가 이러한 복잡한 관련성을 명백히 보여준다. RL

튀넨 모형 von Thünen model

프러시아의 지주인 튀넨(Johann Heinrich von Thünen)이 연구하여 1826년에 출간한(von Thünen, 1966) 저작에 바탕을 둔 농업입지분석 모형. 튀넨의 저작 중 첫번째 권은 농업생산품의 가격과 그러한 가격이 농업생산지점을 결정하는 방식을 설명하는 데 목적이 있었다(Barnbrock, 1974; Harvey, 1981). 그는 조사되는 많은 변수를 줄이기 위하여 단순화시킨 가정과 농경지로 둘러싸인 하나의 시장을 그려놓고 설명하였다. 튀넨은 그가 살았던 시대가 처한 농업환경 속에서 기대되는 토지이용유형을 진술하였다. 유사한 토지이용유형이 도처에서 다양한 시기에 발견되고 있기는 하나(R. J. Horvath, 1969, 아디스 아바바 주변 지역), 그의 진술이 일반적으로 적용되지는 않는다. 보다 중요한 것은 튀넨이 사용한 방법이며, 이는 토지이용변화를 규범적으로 설명할 수 있도록 해주는 기초로서 큰 적실성이 있음이 알려졌다. 튀넨의 모형은 경제지대의 개념을 발전시켜 모든 농부들이 최고의 지대와 자신에게 최대의 순이윤을 가져다줄 수 있는 작물을 생산하는 것을 전제로 한다.

이러한 순이윤은 '토지지대'(L)이라고 이름 붙이며, 이는 농업생산품의 단위당 생산비 (a), 단위 생산품의 시장가격 (p), 각 생산품의 단위거리당 운송률 (f), 단위면적당 생산량 (E), 생산지와 시장중심지간의 거리 (k)에 의하여 결정된다는 것이다(Dunn, 1954). 이들의 일반적 관계는 다음 식으로 표시된다:

$$L = E(p-a) - Efk$$

토지지대는 기회비용을 고려하지 않는다는 점에서 경제지대와는 다르다. 즉 순이윤은 대안적인 체계에서 벌어들이는 수입을 고려하지 않으며 모든 생산체계에서 다루어진다. 그럼에도 불구하고, 두 개념은 토지이용을 위한 작물들간의 경쟁이라는 상태에 적용될 때는 유사하게 된다.

가장 단순화시켜 운송비가 유일한 변수라면, 부피가 나가는 목재나 상하기 쉬운 낙농품인 경우에 단위거리당 운송비율이 높아지고 곡물 등은 낮아진다. 상품의 토지지대는 시장으로부터 거리가 멀어질수록 감소하며 감소비율은 운송비에 따라 각 생산품마다 다양해져 시장가격이 최대의 토지지대를 결정할 수 있게 되는 것이다. 거리에 따른 지대변화의 결과적 유형을 세 종류의 작물을 단순화시켜 나타낸 그림에서 볼 수 있다. 그림은 한 지점에서의 지대를 토지이용지대 유형으로 전환한 것이다.

티보 모형

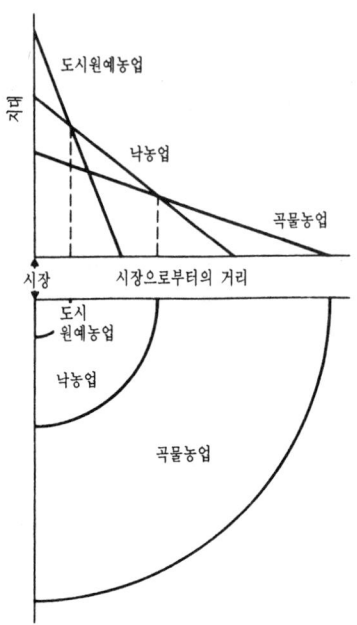

튀넨 모형 지대에 따른 토지이용의 변화

농업적 토지이용을 분석한 튀넨의 모형은, 독립변수로서의 거리를 가지고 주로 논의하지만 상술한 다른 변인들도 변화될 수 있다. 생산비를 변화시키기 위하여 집약적 농업이나 조방적 농업시스템과 같은 경우가 있을 수 있게 되며, 집약적 시스템은 시장에서 가까운 곳에, 조방적 시스템은 보다 먼 곳에 형성된다는(불가피하지는 않으나) 가설이 그럴듯해 보이게 되고, 이 가설이 오스트레일리아의 경우처럼(Scott, 1968) 현실과 일치되기도 한다.

수요변화에 따른 가격상승을 결부시킬 수도 있다. 또한 튀넨 자신은 생산비에 영향을 주는 상이한 토지비옥도를 고려해 모든 방향으로 운송비가 균일하다는 가정을 변형시키기도 했다. 던(E.S. Dunn, 1954)은 운송률의 감소로 말미암은 거리에 따른 지대의 감소는 직선적이기보다는 곡선형태로 나타난다는 점을 밝혔다.

튀넨식 접근방법에 의한 농업적 토지이용의 분석은 대륙적 스케일(Peet, 1969)에서부터 개별농장 혹은 촌락에 이르기까지 다양한 축척에서 잘 설명된다(Chisholm, 1979);

그러나, 고전적 튀넨의 접근방법에는 다음과 같은 문제들이 제기되고 있다:

(a) 개별 변수들간의 상호관계가 완전히 규정되지 않았으며, 시간에 따른 변화를 고려하는 것이 어려운 부분적·정적 모형이다;

(b) 생산의 결정에 영향을 주는 비경제적 요인이 무시되었다;

(c) 생산이나 판매에서 각각 규모의 경제를 창출할 수도 있는 농가규모나 시장규모의 다양성을 고려하지 않았으며 그 결과 토지이용지대의 규칙적 유형을 왜곡시켰다;

이 모형은 <u>신리카도 경제학</u>(Scott, 1979)의 체계내에서 재구성되어왔다.   PEW

티보 모형 Tiebout model

공공서비스를 제공하는 다수의 소규모 지방자치단체에 관한 논의. 티보(Tiebout, 1956)에 의하면, 대규모 지방자치단체는 다양한 공공서비스 요구에 대응하기 어렵기 때문에 비능률적이고, 따라서 대규모 자치단체의 분화가 보다 능률적이라고 한다. 각 분화된 자치단체는 특별수요에 알맞는 수지균형의 서비스를 구상할 수 있으며, 수요자는 그들의 이상에 가장 잘 맞는 서비스를 제공하는 지방자치단체를 선택할 수 있기 때문이다. 선호의 다양성은, 경쟁하고 있는 자치단체의 서비스에 접근하는 소비자의 유동성과 관련된다(재정적 이동 참조).

이 모형은 지방민주주의의 정당성을 제공해주지만, 수요자의 정보 및 유동성에 크게 기초하고 있다. 이 정당성에 대해서는 문제가 있고(Whiteman, 1983), 미국에서의 분화된 지방자치단체의 운영도 이 모형의 예측에 따라 이루어지고 있지 않다.   RJJ

티센 다각형 Thiessen polygon

점들 사이에 세워진 뼈대로 종종 쿼드래트분석의 대안으로 이용됨. 그 다각형은 각 점과 인접한 점들 사이에 직선을 그리고 이들을 90도 각도에서 새로운 선들로 양분함으로써 형성된다. 그 후자는 다각형을 이루도록 교차한다. 최근 컴퓨터 연산의 도움을 받고는 있지만 작도는 시간이 걸린다(Brassel and Reif, 1979 참조). 이 기법은 각 점이 그 다각형에 의해서 정의된 면적을 좌우하는 것으로 가정하지만 종종 상대적 입지에 대해 중요한 세부사항을 버리게 된다.

MJB

ㅍ

파레토 최적성 Pareto optimality

어떤 사람이 다른 사람에게 손해를 끼치지 않으면서 이익을 얻는 것이 불가능한 상황. '경제적 효율성'에 관한 이 지표는 경제학자이자 사회학자인 파레토(V. F. D. Pareto)가 고안하였으며, 신고전경제학에서 중요한 요소 중의 하나이다. 파레토 지표는 자원배분의 효율성, 즉 다른 사람의 만족을 줄이지 않으면서 어떤 사람의 만족이 늘어나는 산출을 얻기 위한 자원의 재배분이 불가능할 때 달성되는 최적성에 적용할 수 있다. 분배문제에 대한 보다 직접적인 적용은 다른 개인 혹은 집단으로부터 일부를 빼앗지 않으면서 한 개인 혹은 집단에 유리하도록 변화될 수 없는 소득분배를 파레토 최적적인 것으로 인식하는 것이다.

파레토 최적성이 달성되는 것이 그림에 나타나 있다.

A와 B—이들은 개인, 인간집단 혹은 서로 다른 두 영역의 주민일 수도 있다—사이에 분배되는 일정 양의 소득을 발생시킬 수 있는 자원이 있다고 하자. AB선은 최대 총가용소득의 가능한 분배를 표시하는데, 이것은 소득이 A에 전부 분배되어 B에는 전혀 분배되지 않는 경우(A지점)에서부터 전부 B에 분배되는 경우(B지점)에 이르는 범위를 가진다. X지점은 (선을 따라) A나 B 어느 방향으로든지 재분배는 어느 한쪽에 손해를 끼치는 파레토 최적성상의 한 위치이다. 실제로, 생산가능성의 한계를 표시하는 선상의 어떤 위치도 파레토 최적이다. A의 몫을 X에서 Z로 증가시키는 것(따라서 B를 동일한 위치에 두면서)은 이것이 자원압박과 배치되므로 불가능하다. 그러나 삼각형 ABO 내부의 Y지점은 파레토 지표에 의하면 준최적이다. 왜냐하면 가용자원이 충분히 이용되지 않았으며, 예를 들면 B로부터 아무것도 빼앗지 않으면서 A의 소득을 X로 증대시키는 것이 가능하기 때문이다. 이러한 움직임이 '파레토 개선'이다.

파레토 지표는 후생경제학에서 두드러지게 사용하는데, 여기서는 파레토 최적성을 배분의 효율성이나 분배의 형평에 대한 규칙(척도)으로 채택하는 것이 최소한도의 윤리적 만족을 수반하는 것이라고 주장한다. 그러나 파레토 지표의 채택은 현상유지를 강화하는 경향이 있다는 중요한 함축적 의미를 지닌다. 사회가 한 번 생산

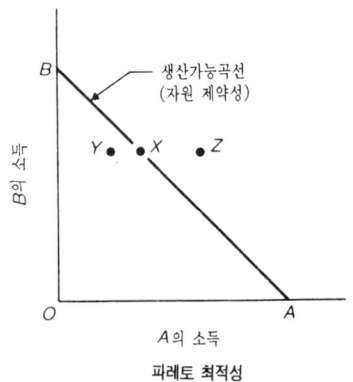

파레토 최적성

가능성의 한계에 도달하면, 즉 더 이상의 성장이 없게 되면 파레토 지표와의 갈등 없이는 빈민에서 더 나은 상태가 될 수 없다. 왜냐하면 이러한 움직임은 다른 사람(부자)의 희생 위에서만 가능하기 때문이다. 따라서 빈민은 아무리 나쁜 상태에 있다 하더라도 보다 많은 소득이 (무엇이든지) 생산되었을 때에만 그들의 상태가 나아질 수 있다. 실제로 성장이 정지된 경제에 파레토 기준을 적용하면 기존의 분배가 아무리 불평등하다 하더라도 빈민을 위한 방향으로의 재분배가 방해를 받게 될 것이다. DMS

패러다임 paradigm

일단의 학자들에 의해 일상적으로 채택된 활성적 가정들, 절차들 그리고 발견들. 이들은 함께 과학적 활동의 안정된 어떤 유형을 정의하며, 이 유형은 다시 이를 공유하는 공동체를 정의한다(문제성 참조). 이 용어는 쿤(T.S.Kuhn, 1962, 1970)으로부터 나왔다. 그의 주장에 의하면 '정상과학(normal science)'은 이것이 기존의 기본틀내에서 설명 또는 처리될 수 없는 일군의 '비정상들'에 의해 와해되기 시작하기 전까지, 이론적 체계들이나 경험적 자료들의 누적적 증가를 통해 분열없이 진행된다. 와해압력은 쿤이 '비일반적 연구'라고 명명한 것에 의해 일시적으로 적응되지만, 이러한 연구가 성공적일 경우 종국적으로 새로운 학문행렬의 등장을 가져오는 '혁명' 즉 '패러다임 이행'을 창출하게 된다.

이 개념에 대한 비평은 두 가지 수준에서 제시되었다. 첫째, 가장 일반적으로, 쿤의 최초 정식화가 의문시된다. 비록 그는 (그의 저서) 첫판과 둘째판간에 견해들을 수정했지만, 이 개념의 사용들은 불명료하다(예로, M. Mastermann은 그의 저서에서 '패러다임'이라는 용어가 21가지 다른 의미로 사용됨을 열거했다[Lakatos and Musgrave, 1970]). 그리고 이 개념은 지나치게 대담하다. 즉 어떠한 한 과학내에서도 완전하고 안정된 합의란 거의 없으며, 개념체계들 간의 타협은 특정학문이나 언술의 관계내에서 전적으로 수행되는 자율적 활동이라고 볼 수 없다(Mulkay, 1979 참조). 사실 포퍼(Karl Popper)—그의 『과학적 발견의 논리(The logic of sci-entific discovery, 1959)』는 쿤을 포함한 많은 철학자들과 과학사학자들에게 정형적인 영향을 미쳤다—에 의하면, 우리는 쿤의 (의미로서의) '정상'과학자들에게 유감을 표명해야 한다. 왜냐하면, 경험적 사실로서, 진정한 과학자라면 '초정상적(extraordinary)' 연구에 필수적으로 종사해야 하기 때문이다. 짧게 말해서, 정상과학은 정상적인 것이 아니다. 패러다임론을 '개념들의 신화'로 보는 그의 반대(비판적 합리주의 참조)는 라카토스(Imre Lakatos)에 의해 확대 재연되었다(Lakatos and Musgrave, 1970). 그는 사실 과학은 점진적 '문제이행'을 통해 진보한다(그리고 규범적으로 진보해야만 한다)라고 주장하고 있다. 만약 "새로운 각 이론이 그에 앞선 이론들보다도 어떤 탁월한 경험적 내용을 가진다면, 즉 그 이론이 여태까지 예기하지 못했던 어떤 새로운 사실을 예측한다면, 일련의 명제들은 "이론적으로 진보적이라고" 판단된다. 그리고, 만약 "이러한 경험적 내용이 또한 확증된다면" 즉 새로운 각 이론이 우리들로 하여금 어떤 새로운 사실을 발견하도록 유도한다면, 일련의 명제들은 "경험적으로 진보적이라고" 판단된다(또한 Chouinard et al, 1984; Wheeler, 1982 참조). 그러나 이러한 여러가지 반대들에 대하여, 쿤 자신은 그가 "많은 독자들에게 불필요한 어려움들을 야기시켰음"을 인정했다. 그의 회상에 의하면, 『과학혁명의 구조(The structure of scientific revolution)』에서:

패러다임들은 대체로 그 앞서 합의된 담화를 대신하면서, 그들 자신의 생명을 가지게 된다. 패러다임들은 단순히 사례적 문제 해결들로 시작해서, 처음에는 이러한 채택된 사례들이 본래 제시되었던 고전적 시적을, 그리고 궁극적으로 특정한 과학적 공동체의 구성원들에 의해 공유된 규약들의 광의적 전체집합을 그들의 영역 속에 포함하도록 확대된다. 용어의 보다 광의적인 사용은 그 책의 독자들 대부분이 인식한 것에 국한되며, 불가피한 결과로서 혼동이 야기되었다. 패러다임들에 관해 그 책에서 언급된 많은 내용들은 그 용어의 본래 의미에만 적용된다. 양 의미들은 나에게 중요하지만, 이들은 구분되어야 하며, '패러다임'이라는 단어는 그 첫번째 의미에만 적절하다(1977).

따라서 패러다임의 '보다 근본적인' (협의적) 의미는 쿤이 이제 범례(exemplar)라고 하는 것과 관련된다. 패러다임의 다른 (광의적) 의미는 쿤이 이제 학문적 행렬(disciplinary matrix)이라고 부르는 것이다. 그는 과학적 공동체의 경험적 확인과 그 공동체의 구성원들이 공유하는 학문적 행렬의 정밀한 조사에 상당한 중요성을 부여한다. 그 이유는 그것이 집단의 인식적 활동에 중심적이기 때문이다(강조 첨부). 달리 말해서, 쿤의 모델은 서술적이지 규정적인 것은 아니다. 이 점은 쿤에 대한 비평가들이 대부분 빠뜨린 핵심이다(Barnes, 1982).

둘째로 보다 특징적으로, 패러다임이라는 개념(어떤 의미에서든지)을 지리학에 원용할 때 야기되는 반대이다. 쿤은 자신의 설명을 자연과학에 국한시켰다. 사실 그가 '패러다임'이라는 사고를 정식화한 이유들 중 하나는 자연과학이 아니라 사회과학을 성격지우는 것처럼 보이는 기본명제들에 대한 뿌리깊은 불신—전환의 어떤 국면들을 제외하고—에 대한 인식에 있다. 때문에, 쿤을 인문지리학의 역사에 원용하려는 시도는 그렇게 성공적이지 못하다는 점은 그리 놀라운 일이 아니다(Johnston, 1983). 그러나 쿤의 초기 원용들의 대부분은 서술적이라기보다 규정적이었다. 예를 들면, 촐리(R. J. Chorley)와 하게트(P. Haggett ; 그들의 『지리학 모형들[Models in geography, 1967]』에 있어)는 계량혁명이 지리학을 위해 '모형내 기반을 둔 패러다임'의 수립을 나타내였음을 주장하기 위해 쿤을 끌어들였다. 그러나 그들의 용례는 기껏해야 논쟁적이었다(Stoddart, 1981 ; 그러나 Stoddart, 1967 참조). 분명, 그들은 전통적 지역지리학의 기본틀내에서 쿤의 의미로서의 '비정상들'을 인정하지 않았으며, 따라서 지역지리학의 '패러다임'을 와해시키고 이들 ('혁명적으로') 모형에 기반을 둔 공간과학으로 대체시키려고 시도한 점에서, 쿤의 원용은 대부분의 비평가들처럼 규정적이었다. 더우이 과학에 관한 쿤의 전체사고는 확연히 비실증주의적이며(Marshall, 1982 참조), 따라서 대체로 실증주의적 지리학의 등장을 정당화시키기 위해 그의 저술들을 이용하는 것은 잘못된 것이다(실증주의 참조 ; Billinge, et. al, 1984). 쿤의 견해는 해석학과 훨씬 더 많은 공통점을 가진다(Bernstein, 1983). 또한 특정 '공동체들'의 구성원들간의 의사소통(예, Gatrell, 1984)과 그리고 인문지리학사에 관한 보다 최근의 연구들은 이러한 의사소통이 이루어지는 보다 포괄적이고 근본적인 사회적 맥락들(예, Barnes and Curry, 1983)에 초점을 두고, 해석학적 전통의 정신을 재주장하는 데 훨씬 더 근접하게 되었다. DG

평균정보장 mean information field
특히 확산과 인구이동의 모의실험 모형화에 사용되는 하나의 거리조락 형태의 표현. 평균정보장(m.i.f.)은 보통 5×5 자승 행렬로 제시된다. 중앙에 위치한 칸이 발원지(예컨대 이동의)가 되고 다른 칸에 적힌 수치는 그곳이 목적지가 될 확률을 표시한다. 평균정보장을 위한 수치는 선험적 이론을 기반으로 또는 경험적인 분석으로부터, 임의적으로 결정될 수 있다. 거의 모든 평균정보장에서, 접촉의 확률은 기원지로부터 모든 방향으로의 거리에 비례해서 감소한다.
RJJ

평등 equality
산술적 관점에서 같다는 것을 말한다. 모든 사람들이 같은 기간에 같은 양의 돈을 번다면 개인소득은 평등하다. 지리학적 맥락에서 평등은 좀 더 어려운 개념인데, 이는 영역적 통합의 본질과 수준에 따라 달라지기 때문이다. 예를 들면, 일련의 지역들이 똑같은 개인소득을 가짐으로써 평등을 실현하더라도 보다 작은 지역수준, 즉 지방적 차원에서는 개인소득간에 차이(불평등)가 있을 수도 있다. 더군다나 공간적 규모에서 통합된 인구들간의 평등이 개인간, 집단간 (소수인종 같은)의 불평등을 명확하지 못하게 할 수도 있다. DMS

포스탄 논제 Postan thesis

1939~1965년에 캠브리지대학의 경제사 교수이었던 포스탄(Michael Moissey Postan, 1973a)이 제안한, 중세 영국의 경제적·사회적 변화에 관한 영향력 있는 이론적 설명. '야만적 원시성'으로부터 현대경제로 발전했다는 진보의 관점으로 표현되는 선형의, 진화론적인 경제성장 모형에 대한 반발로 포스탄은 다음과 같이 주장하였다 : "가족과 주로 자급자족적 토지보유농(소농 참조)이 농업생산의 기본단위인 사회에서는 변화의 주요한 인자는 시장이 아니라 인구와 토지 사이의 비율의 변화라는 것"이다. 포스탄 논제에서는 12세기와 13세기를 경과하면서 영국의 인구와 경작지 면적 양쪽에서 현저한 팽창이 일어나 과잉인구의 위기점이 1300년 경에 도래하였다고 제시하였다. 목초지 및 동물들이 제공하는 거름이 점차 부족해져 곡물 수확량이 눈에 띄게 줄어들었다. 게다가 너무 많은 사람들이 소규모의 보유지 또는 소유지에 자신과 가족들의 생계를 의존하였는데, 이러한 경작은 대단히 위험하였다. 그것은 토지의 위치가 곡물경작에는 대단히 한계적이었기 때문이다. 농업기술은 기본적으로 정태적으로 묘사되어, 노동력 투입의 증가에 비례한 수입의 감소는 불가피하게 기근, 유행병 그리고 장기적으로 토양의 비옥도의 고갈을 초래한다고 간주되었다. 포스탄에 의하면, 이러한 모든 작용들이 침체기를 형성하여 16세기초의 회복이 확인될 때까지 지속되었다는 것이다. 포스탄의 논의에서 주목할 만한 것은 쇠퇴의 시작이 14세기초에 두어진 점이다. 이 시점은 포스탄의 주장의 적합성에 있어 기본적인 중요성을 갖는다. 만약 이 주장이 옳다면 인구수와 경제활동의 총체적인 수준에서의 하락추세를 1349년 이후에만 작용을 했던 전염병의 탓으로만 돌릴 수 없다. 그는 '맬더스의 존재수준에서 인구의 고유한 경향'과 관련된 지속적인 사실들을 발견하였다(1973b). 그것은 맬더스주의라고 날인되었으나(맬더스모형 참조), 비관적인 초기 맬더스의 견해에 더 근접한 것으로 간주되어야 한다. 그 견해에서는 인구와 그들의 생활수준 사이의 관계에 평형을 유지시키는 힘으로서 '적극적' 억제가 고려되었다(Wrigley, 1984).

유럽의 역사학자들은 포스탄의 사고에 매료되어 역사의 변화는 순환적이고 반복적이라고 간주하고 그 개념을 전(pre)산업시대 전체를 설명하기 위한 모형으로 확장시켰다. 그리하여 라두리(Le Roy Ladurie, 1966, 1981)는 주로 14세기부터 18세기까지의 프랑스 랑게독 지방에 대한 연구를 기초로 하여 '유기체의 호흡'이 정기적으로 인구학적 한계에 도달한다는 것을 제시하였다. 이 상한은 프랑스와 영국의 경우는 각각 2천만과 5백만이며, 1300년과 17세기에 도달했던 것으로 확인되었다.

이 논제는 다른 방면으로부터 상당한 비판을 받았다. 역사학자들의 가장 효과적인 비판노선은 특히 사회적 차원을 강조하는 것이다. 즉 13세기 후반의 기술적 정체와 만연된 곤궁의 원인으로는 인구압력, 그 자체가 아니라 봉건적 소유관계에 의해 실행이 용인되었던 기생적인 귀족의 착취가 미친 영향이 고려되어야만 한다는 것이다(Brenner, 1976; Bois, 1978, 1984; 봉건제 참조). 실제로 최근 매우 다른 접근들이 몇몇 역사지리학자들에 의해 이루어졌다. 주로 보스럽명제(1965, 1981)와 같은 양식으로 이루어졌는데, 보스럽명제에서는 인구증가가 경지체계의 조정을 통하여(Baker and Butlin, 1973), 그리고 수확이 높은 품종과 경작의 노동집약적 체계의 도입을 통하여(Campell, 1983a, b) 기술적 변화를 진척시킨다고 제시하였다. 후자의 비판과 연결된 견해로서 포스탄의 원모형이 기원상 지나치게 특정한 지역에 한정되어 있으며, 중부-남부 영국에 있는, 수확이 낮고 보수적으로 경영되던 윈체스터 주교의 토지들에서 편중된 영향을 받았다는 관점도 있다. 또한 14세기와 15세기의 경제불황에 관한 포스탄의 묘사에 대해서도 의문이 제기되었는데, 이는 도시와 산업의 번영이 가져다준 생활수준의 향상과 그에 부수적으로 발생한 부의 지리적 분포에서의 변화 등을 주목함으로써 이루어졌다(Bridbury, 1975 ; Schofield, 1965). RMS

포아송 분포 Poisson distribution
사상의 분포가 양으로 편기되고 절삭된 이론적 빈도분포(정규분포 참조). 포아송 분포의 특징은 평균이 분산과 동일하다는 것이다.

포아송 분포는 사상의 발생확률이 매우 낮은 무작위 추출과정에서 나타날 수 있다. 지리학에서는 취락의 유형과 같은 일련의 점들이 무작위 분포로부터 얼마나 편기되어 있는가를 검증하기 위한 지도의 격자분석에 이러한 분포가 사용된다. RJJ

표본추출 sampling
조사연구(조사분석에서와 같은)에 필요한 정보를 마련하기 위하여 한정된 개체들의 모집단(보통 대규모)의 부분집합을 선택하는 절차. 표본추출은 모든 개체들을 완전히 열거하기에 모집단의 규모가 너무 클 때 사용된다(모집단이 무한히 크거나 모집단의 규모를 알 수 없을 때 표본추출은 필수적이다).

표본추출이론은 통계학자들이 단지 선택된 개체들로부터, 추출된 모집단의 특성에 관한 결론을 한정된 한계내에서 도출하기 위하여 개발되어왔다. 선정절차는 모집단의 모든 구성원(또는 아래에서 논의되는 것과 같은 일부 구조에서는 부분 모집단)에게 표본으로 선택될 수 있는 동일한 기회를 주어야 한다. 만약 이 필요조건이 지켜지지 않으면 그 표본은 모집단내에서 보다 큰 선택기회를 가진 쪽으로 편향될 가능성이 있다. 일반적으로 표본이 크면 클수록(모집단의 규모에 대한 상대적 측면에서가 아니라 절대적인 측면에서) 그 표본은 더욱 정확하게 모집단의 특성을 반영한다.

가장 통상적으로는 무작위추출법(random sampling)이 사용된다. 모집단의 수를 확인하고, 표본의 수를 결정하게 되면 보통 무작위수자표(a table of random number)를 사용한다. 노력을 줄이고, 모집단의 수를 모르는 경우에 대처하기 위하여는 체계표본법(systematic sample)이 사용된다. 예를 들면 쇼핑센터 입장객 중 매 열번째 사람을 선택하는 방법과 같은 것이다. 조사자는 이러한 방법이 모집단에 있는 어떤 규칙성 때문에(만약 매열번째 쇼핑객이 남자일 수 있는 것처럼) 일정한 경향이 생기지 않도록 확실히 해야 한다. 층위표본추출법(stratified sampling)은 조사자가 모집단내에 있는 둘 또는 그 이상의 각 집단에서 대표를 선정하고자 할 때 사용된다. 예를 들면 쇼핑객의 20%가 남자라는 사실을 알고 있을 경우, 동수의 남자응답자와 여자응답자를 확보하기 위하여 매4번째 남자와 매16번째 여자에게 질문하는 방법이다.

지리학적 연구에서는 특별한 공간적 문제에 대응하기 위하여 표준절차가 수정될 수 있다. 예를 들면 지도좌표를 이용한 무작위·체계·층위표본추출법이 설계되며 단면을 통한 표본추출이 고안된다.

표본자료의 분석은 표본이 추출된 모집단과 관련을 가지고, 추론통계학(추론 참고)의 절차를 사용한다. 이때 동일한 표본추출절차가 적용될 때 인정되는 비율을 고려한 참(모집단)값을 포함하는 일정한 범위의 유효값을 허용한다. 예를 들면 표본평균을 둘러싼 오차가 4%가 될 수 있으며, 따라서 그 결론은 '설탕을 구입하는 쇼핑객의 관측률은 23%이다. 그러므로 모집단 값은 아마도 19~27% 사이에 있을 것이다(그 범위 내의 확률은 계산될 수 있다).' 관측값을 둘러

싼 가능한 참값의 범위는 표본의 절대규모와 관계가 있다. RJJ

푸리에 급수분석 Fourier series analysis
사인-코사인 곡선의 적용집합에 의해서 한 시계열내의 일반적 주기성을 산출하는 방법. 코사인 계열은 마루에서 마루까지 특정길이를 갖는 하나의 일반적 파동을 따라 그린다. 예를 들면, $\cos(2\pi K_1 t)$는, t=1, 2, …, T, 파장 $1/k$의 계열을 이룬다. 예로 k=1/12이면 12개월이고 k=1/30이면 2.5년이다. 따라서 그 시계열은 다음의 코사인 곡선식으로 다시 쓰여질 수 있다:

$$Y_t = b_1\cos(2\pi K_1 t) + b_2 \cos(2\pi K_2 t)$$
$$K_1 = 1/12, \quad K_2 = 1/30,$$

b_1과 b_2는 y 계열 내에서 12개월과 2.5년 주기의 진폭을 관측한다. 코사인 모형이 가정하는 것처럼 y계열은 한 마루의 정상에서 시작하지 않을 수도 있으며 단순히 코사인곡선의 위상제거나 이동인 코사인곡선들 초기의 '위상추이(phase-shift)'에 뒤따라 첨가된다.

전체 푸리에 급수모형은 다음과 같다:

$$Y_t = \sum_{j=0}^{m} (a_j \cos(2\pi jt/T) + b_j \sin(2\pi jt/T)$$

인문지리학에서의 변동은 정확히 주기적인 것이 드물다. 따라서 푸리에 급수분석은 종종 스펙트럼 분석으로 연장된다. LWH

프랑크푸르트 학파 Frankfurt School
1923년 독일 프랑크푸르트에 설립된 사회연구소(The Institute of Social Research)와 관련된 급진적 학자들의 집단. 그들의 저술들은 비판이론을 볼세비키혁명에 뒤이어 등장한 '서구 마르크스주의'의 광범위한 전통내에서 중심적 조류가 되도록 했다. 그러나 그 명칭은 잘못된 것이다. 왜냐하면, '프랑크푸르트 학파'는 1933년 나치에 의해 모체였던 연구소가 폐쇄되고 그 구성원들이 독일을 떠나도록 강요된 이후와 관련되기 때문이다. 그들의 추방은 1950년까지 계속되었지만, 이는 집단전체를 위해 지적으로 가장 생산적 기간이었다고 주장될 수 있다. 그 이후, 실증주의에 대한 그들의 비판은 매우 강력하게 전개되었으며, 이론과 실천간의 관계와 물질문화와 정신문화간의 관계를 강조하는 지배비판과 결합되었다. 그러나 집단의 가장 탁월한 구성원들—호르크하이머(M. Horkheimer), 아도르노(T. Adorno), 마르쿠제(H. Marcuse), 로웬탈(L. Lowenthal) 그리고 폴로크(F. Pollock)—의 기여는 집단적 연구의 결과적 산물이라기보다, 세심하게 분화된 분석을 요구하기에 충분할 만큼 독특하다.

어떤 비평가들은 그들의 연구가 정통 마르크스주의의 구체적인 역사적·경제적 강조들로부터 급격히 분리되는 만큼, 추상적 철학과 미학적 이론에 사로잡혀 있는 것으로 간주했다. 코너턴(Connerton, 1980)은 '추상화에의 지나친 열중'을 언급했으며, 보토머(Bottomore, 1984)는 그들 관심의 범위가 '극히 제한되어' 있음을 지적했다. 대조적으로, 다른 논평가들은 '명확히 상이한 연구영역들간에 이루어진 연계방법'이 프랑크푸르트 학파를 '현대 사회 및 정치사상을 위한 주요근원'으로 만드는 특징들 중의 하나가 된다고 생각한다(Held, 1980). 분명, 1960년대와 1970년대 하버마스(J. Habermas), 오페(C. Offe), 그리고 쉬미트(A. Schmidt) 등에 의한 이의 부활과 확대는 모든 사회과학 연구에 중요한 자극을 주었으며, 지리학내에서 교육과 연구의 적실성과 같은 일반적 논의들과 그리고 사회운동, 자본주의적 국가에 관한 분석과 같은 특정한 분석들에 영향을 미쳤다. DG

피드백

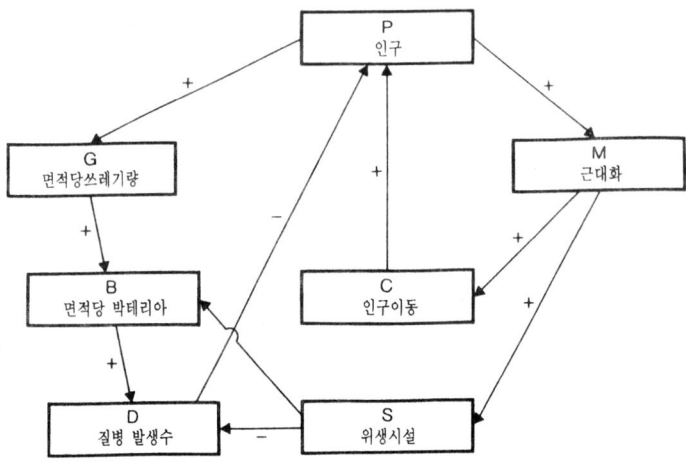

피드백 도시인구변화(자료: Langton, 1972)

피드백 feedback

한 변수(A)의 변화가 다른 변수(B)에 영향을 미치고 다시 본래의 변수(A)에 영향을 미치는 한 체계내에서의 상호효과. 그 영향은 긍정적일 수도 있고 부정적일 수도 있다. 부정적인 피드백으로 생태계 같은 체계의 평형이 유지된다. 예를 들면 한 종(A)의 증가 가능성이 감소하게 되면, 따라서 그 약탈자의 수도 감소하게 되어 그 체계는 원래의 상태로 돌아가게 될 것이다. 이러한 체계는 형태상 정체라 불리며 동적 평형상태에 있다고 한다. 반대로 긍정적 피드백에 의하면 투입-산출모형의 승수과정에서와 같이 (A)의 증가가 (B)의 성장을 자극하게 되고 다시 (A)의 더 큰 증가를 조장한다. 이러한 체계는 형태상 발생이라 불리며, 그 예로는 한 도시의 인구(A)가 성장하고 있으면 보다 많은 서비스산업(B)에 대한 수요가 생기고 그래서 다시 더 큰 인구성장(A)이 조장되는 것이다.

대부분의 체계들은 많은 요소들과 연결되어 구성되므로 부정적 피드백과 긍정적 피드백 고리를 모두 포함한다. 예를 들면 그림에서 보는 것처럼 왼쪽고리(P - G - B - D - P)는 형태상 정체이다: 인구의 성장은 질병을 유도하고 그것은 다시 인구성장을 감소시킨다. 이에 반하여 오른쪽 고리(P - M - C - P)는 형태상 발생이다: 성장하고 있는 한 도시는 현대화되어 이주자를 유혹하고 그래서 더욱 성장하게 된다(형태발생론 참조). 이 두 고리는 변수 (S)를 통해서 연결되어 있다: 현대화가 진행되면 질병의 통제가 더 많이 이루어질 수 있어 성장에 대한 부정적 억제가 감소된다. RJJ

필립스 곡선 Phillips curve

임금변화율과 실업수준간의 관련성. 1958년 경제학자 필립스(A. W. H. Phillips)는 이 두 변수 사이에 실업수준이 낮을수록 임금변화율이 높아지는 중요한 관계가 있다는 견해를 지지하는 경험적 증거를 제시하였다(그림 참조). 임금상승률이 물가상승률에 영향을 미치기 때문에, 필립스 곡선은 실업수준이 낮을수록 물가상승률이 높아진다는 것을 암시한다. 이것은 낮은 실업과 낮은 물가상승률이라는 두 가지 목표가 서로 대치된다는 함축적 의미를 가진다. 영국에서 1970년대 낮은 실업과 높은 물가상승률의 상황에서 1980년대 높은 실업과 물가상승률의 진정

필립스 곡선

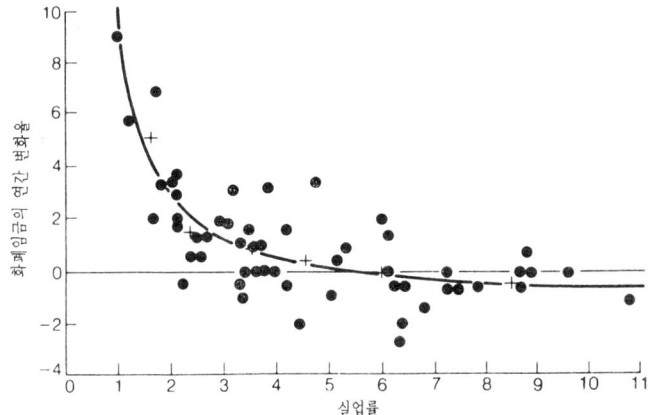

필립스 곡선 실업률과 임금률의 관계: 영국, 1861-1963(Phillips, 1958).

이라는 상황으로의 변화는 정부정책변화에서 발생한 필립스 곡선을 따른 변이의 대표적인 것이다. DMS

ㅎ

하부구조¹ infrastructure¹

공업, 농업 및 여타 경제개발을 촉진하기 위해 필요한 서비스와 쾌적성을 뒷받침하는 구조. 그러므로 하부구조는 교통, 통신, 전력공급, 물 등의 설비를 포함한다. 하부구조가 경제발전에 충분조건 혹은 필요전제조건이냐 아니냐에 대해서는 상당한 논란이 있다. AMH

하부구조² infrastructure²

(상부구조도 참조) 역사의 원동력으로서 '관념'에 관한 헤겔적 사고에 상응하는 것으로, 마르크스는 관념을 유발하고 이를 형성하는 유물적 실천과 물질생활의 생산구조를 강조했다. 인간 노동과 사고간의 관련성에 대한 이와 같은 변증법적인 관심(변증법 참조)은 하부구조와 상부구조간의 구분을 만들어냈다.

하부구조에 관하여 1859년에 출간된 마르크스 자신의 관련적 정의보다 훌륭한 정의를 내리기는 어렵다:

> 그들 생활의 사회적 생산에서, 사람들은 그들의 의지와 불가결한 (그러나) 독립적인 일정한 사회적 관계, 즉 물질 생산력 발전의 특정단계에 조응하는 생산관계에 들어간다. 이러한 생산관계들의 총합은 사회의 경제구조, 즉 그 위에서 법적·정치적 상부구조가 발생하고, 사회적 의식의 특정형태들이 조응하는 실질적 기반을 구성한다.

이 문장은 특히 토대 또는 하부구조(실질적 기반)와 상부구조간의 이분법과 전자에 의한 후자의 결정에 관한 많은 논쟁의 대상이 되었다. 현재는 이러한 이분법은 거의 받아들여지지 않고 있으며, 마르크스가 이렇게 단순한 해석을 의도했는지에 관해 의문이 제기되고 있다. 마르크스에 의해 강조된 근본적인 점은, 사회적 행동은 사회적 실체로부터만 출발하지, 추상적 범주들, 지적 고안물들 또는 자기시발적이며 비문제적인 관념들로부터 출발하지는 않는다는 사실이다. 분석적 문제는 그렇지 않을 경우 분리된 것처럼 보이는 것들, 즉 개념적으로 부적절한 사회생활의 영역들간의 상호연계와 개별성에 관해 보다 만족스러운 이론화를 제공해야 한다는 점이다(또한 사적유물론 참조). RL

해석학 hermeneutics

의미의 해석과 명료화에 관한 이론. 기원적 형태의 해석학은 논란이 많은 신학텍스트를 해명하고 판단하기 위해서 개발되었다. 따라서 의심스러운 문서들의 진실성을 입증하기 위해 본질적으로 문헌학적(philological) 방법에 의존하였다. 이러한 바탕으로부터, 해석학은 사료들을 보다 일반적으로 해석하기 위해 곧 역사학에 도입되었다. 18세기말경 해석학은 텍스트를 넘어서서 저자의 의도를 밝히고 의문을 제기하고자 했으며, 이 과정에서 당시 대두하던 '사회에 대한 자연과학적 연구'(Bauman, 1978 참조)에 단호히 도전하게 되었다. 이는 독일 정신과학(Geisteswissenschaften) 곧 '인문과학'전통 안에서 발생하였으며(특히 딜타이[Wilhelm Dilthey]의 연구를 통하여), 독자(내지 해석자)들까지도 포용할 정도로 발전되었다. 요약하면, 독자들의 선입견이 억제되어야만 하는 편견이나, 독자와 저자 사이에서 융해되어야만 하는 장애물로 간주하는 것이 아니라(현상학과 실증주의의 일파와 비교), 차라리 이들을 진실한 이해를 위한 필요조건으로서 지니게 되는 정당한 가정으로서 파악하는 것이다. 그후 근대 해석학은 더욱 확장되어, 사회과학을 거쳐 자연과학에로, 드디어는 사회생활 자체에 관심을 갖게 되어, "언어놀이(language games)의 보편적 매개" (Giddens, 1976)"라고 여기는 것을 고찰하기에 이르렀다. 이 과제가 가능하려면 상이한 준거의 틀간에 적어도 어느 정도는 '공통의 토대'—딜타이가 '공통분모성(commensurability)'이라고 하는—가 명백히 있어야 한다. 이때 서로가 상대방을 '호혜작용'의 변증법 안에서 진실하게 인도할 수 있게 된다. 이렇게 볼 때, 이해는 창조적이고 진보적이며 계속 확장중인 과정이 되고, 대개 '해석학적 순환(hermeneutic circle)' 이라는 운동으로서 파악된다. 이 방법을 형식화시키고, 보다 일반적인 해석학적 인식론으로 명문화시키는 과정에서 가다머(Hans-Georg Gadamer)의 공이 크다(Bernstein, 1983 참조). 그리고 하버마스(Jurgen Habermas)가 비판이론을 정교화시키는 과정에서도 해석학은 그만큼 비중을 차지하고 중심적인 역할을 하게 되었다.

지리학에서 해석학은 실증주의 인식론에 대항하고 공간과학의 배타적 주장을 거부하기 위해 비슷한 일반적 양상으로 형식적으로 전개되었다. 따라서, 예를 들어, 비티머(A. Buttimer)는 인문지리학에서 '대화식 접근방법'을 주장하였다. 이는 "현지인과 외지인이 자신들이 이해하는 '지리'를 극화(dramatization)시키는 대화에서, 자기들 주위에 전개되는 상황에 대해 '내부인 입장'과 '외부인 입장'으로 대화를 주고 받는 것이다"(Buttimer, 1974). 이 점은 헤거스트란트(Hägerstrand)와 공동으로 책임을 맡았던 어떤 연구과제에 통합되었는데, 이 연구과제는 지리학을 포함하여 많은 학문들의 역사를 원로학자들과의 자서전적 만남을 통해 대화적으로 재구성하는 것을 목적으로 했다(Buttimer, 1983; Buttimer and Hägerstrand, 1980 참조). "세계를 아는 것은 스스로를 아는 것이므로"(Tuan, 1971), 이 연구과제는 자신이 호소하는 방법처럼 본질적으로 성찰적이다. 여기서 역사적 이해의 역할에 대해서 명백히 암시하고 있다. 따라서 역사지리학은 이제 "역사적 행위자가 일상적으로 이끌어내며 이들이 죽은 후에도 오래 남아 있는 사고구성의 틀에 대한 비판, 그리고 역사가가 과거에 대해 품고 있는 사고구성의 틀에 대한 비판도 함께" 요구하는 것으로 이해된다 (Gregory, 1978). 해석학이 수반하는 이같은 비판적 충격은 사회과학으로 등장중인 인문지리학에 방향을 제시할 수 있는 '전가정적(presuppositional) 접근'이라는 주장을 통하여 일반화된다(Harrison and Livingstone, 1980). 또한 해석학을 지역지리학을 재구성하는 하나의 수단으로 추천하는 견해도 있다:

해석학은 지역지리학에서 큰 몫을 한다. 우선 지역에 대한 자성적, 역사적, 지리학적 연구에 대해 인식론을 제공해줄 수 있다. 다른 한편으로는 지구, 공간과 장소, 문화, 특히 언어의 특성에 관해 특별한 공헌을 한다(Mügerauer, 1981). DG

해양법 law of the sea
1958년 이전까지 해양에 관한 법의 대부분은 관습법에서 나왔지만, 그 이후 3차에 걸친 UN해양법회의(UNCLOS)의 노력이 관례를 표준화하는 성과를 어느 정도 거두었다. 가장 최근에 열린 3차 UN해양법회의는 1983년 12월 117개국의 비준을 받았다. 불행히도 서독, 이탈리아, 일본, 영국, 그리고 미국을 포함한 22개국은 공해의 해저자원을 규제하는 조건제안에 불만을 가지고

433

핵심지

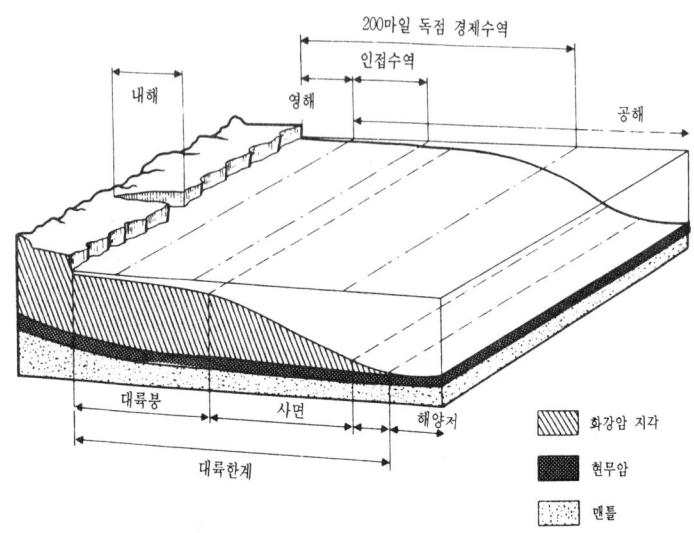

해양법 해양구분의 3차원(출처: A. Couper, Geography and law of the sea. London: Macmillan, 1978에 따름).

서명을 거부하였다. 그럼에도 불구하고 해양관리를 위한 포괄적인 틀을 마련함으로써 결국 모든 당사국의 비준을 받게 될 것이다.

7가지 해양관할 지대가 제안됐다(그림 참조):

(a) 내해: 하천, 호수, 만, 항구, 저조수선의 육지쪽 수면과 같이 영해를 측정하는 기준선 이내의 육지쪽 모든 수면 ;

(b) 영해: 순수한 통과권을 제외한 모든 주권을 국가가 행사하는 이 바다에 대한 주장은 현재 3~20해리까지도 다양하다. 3차 UN해양법회의에서는 12해리 주장이 보편적 권리로 될 것이다 ;

(c) 인접수역: 현재 이 범위는 보통 영해의 한계를 넘어 12해리이다. 그리고 국가는 이 안에서 관례와 다른 규정을 적용할 수 있다. 인접수역은 영해의 한계를 넘어 24해리까지 확장하자고 제안하고 있다 ;

(d) 대륙붕: 대륙붕은 영해 기준선으로부터 200마일 이상 나아가지만, 대부분의 국가는 이미 그들의 해안을 둘러싼 대륙붕 전체의 해저자원에 대한 권리를 요구하고 있다. 새로운 협약은 이 관행을 공식화시킬 것을 제안하고 있다 ;

(e) 독점어로수역(Exclusive fishing zone): 대부분의 국가들이 이제 그들 해안으로부터 200마일까지의 독점어로수역을 요구한다 ;

(f) 독점경제수역(Exclusive Economic Zone): 이것은 영해 기준선으로부터 200마일 이상의 해저자원에 대한 권리를 해당국가에 부여할 것이다 ;

(g) 공해(The high seas): 이것은 다른 모든 바다를 포함하며 현재로서는 전적으로 이동의 자유가 있다. 그러나 많은 국가의 말썽많은 제안 때문에 해저자원의 개발은 유엔이 통제하게 될 것이다.

마지막으로 모든 거주가능한 섬들은 해안국가로서 동일한 규정을 적용받아야 하겠지만, 작고 거주가 불가능한 암석 주위에 독점적 경제수역을 주장하는 것은 인정되지 않는다. MB

핵심지 core area

한 국가내에서 후속적 성장을 위한 주된 원천으로 작용하는 어떤 중심지역을 말할 때 자주 사용되는 포괄적 용어. 많은 국가가, 특히 유럽에

행동공간

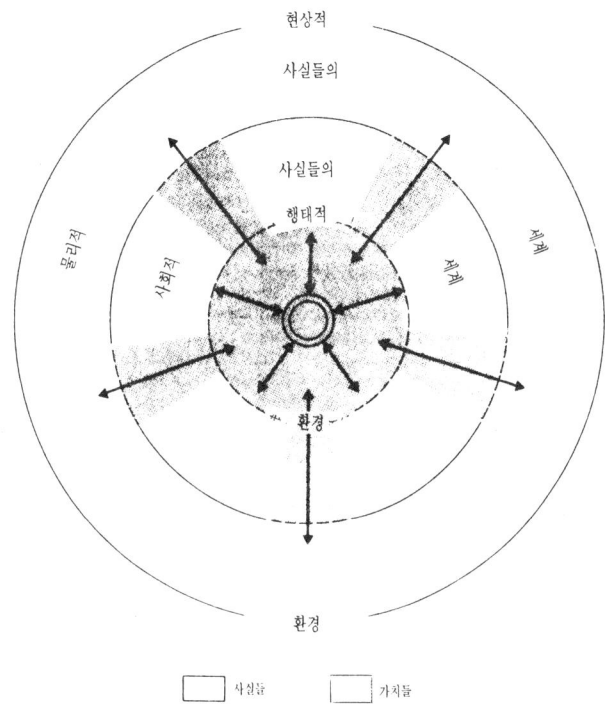

행태적 환경 행태적 환경과 현상적 환경(Gregory, 1978).

서 이 방식으로 성장하였다. 한 국가의 지속적 활력은 핵심이 중핵적 초점으로 효율적으로 기능하는가 여부에 달려 있다고 주장하고 있는 사람도 있다. 다른 사람들은 특히 아프리카와 남미의 많은 예를 지적하면서 이에 반대한다. 이들 국가들은 핵심지와 관련없이 수립되었으며, 뒤에 사회·경제적 기반시설의 창조를 통하여 응집력 있게 조직되었다는 것이다(경계, 변경 참조).   MB

핵심촌락 key settlement

촌락계획 정책상 촌락서비스 중심지로 선정된 마을. 이런 마을을 선정하는 기본원리는 제한된 재정재원을 모든 촌락에 적게 분산 투자하기보다는 적은 수의 중심지에 투자를 집중시켜 효율성을 높이는 것이다. 따라서 핵심촌락정책에 선정되지 않은 마을은 서비스의 준비가 빈곤하다는 필연적인 현상이 내포된다. 핵심촌락정책은 흔히 주거나 산업개발을 위하여 촌락을 지정할 때 포함시킬 정도로 적용이 확대되었다. 이상적으로는 핵심촌락을 지정할 때에는 지역취락유형(중심지이론 참조)내에서의 접근성이나 인구 최소요구치란 문제를 관련시켜야 한다.   PEW

행동공간 action space

개인이 거주 또는 구매장소 등을 결정하는 데 기초가 되는 지역. 도시입지들의 집합으로 이루어지는데, 이 입지들은 서로 관련되어 평가되며 아울러 장소의 효용성이 할당되는 정도와 관련지어 평가한다. 행동공간은 지역적으로 치우쳐기 쉬운데, 그 이유는 교외거주자들이 그들의 집과 도시중심의 직장 사이의 지역을 가장 잘 알고 따라서 재입지의 결정을 이 지역에 편중해서 하기 때문이다. JE

행태적 환경 behavioural environment

행태적인 반응을 이끌어내거나 또는 행동을 조종하는 지각된 환경(perceptual environment, 환경지각 참조)의 일부분으로서, 현상적 환경을 의식적으로 활용하거나 변형시킨다. 이 개념은 특히 심리학의 게슈탈트(Gestalt)학파의 연구들에서 발전하였는데, 이들의 생각은 다음과 같다: 우리가 세상에서 바라보는 대상들은 각 부분들보다 총화로서 보았을 때 상이한 의미를 가지며 ; 그리고 지각, 그 자체는 무질서하고 우연하거나 학습된 것이 아니라 오히려 직관적이고, 질서정연하며 이상적으로 단순화되었다는 것이다. 이 개념은 레빈(K. Lewin)의 '심리적 공간'(Lewin, 1951 참조), 즉 어떤 순간에 한 개인의 행태를 결정하는 사실의 총체와 밀접한 관련이 있다(만족적 행태 참조).

지리학에서는 커크(William Kirk)가 이 용어를 도입하였다. 그는 행태적 환경을 다음과 같이 정의하였다. "현상적 사실들이 유형(Gestalten)으로 정렬되는 … 그리고 문화적 맥락 속에서 가치를 획득하는 심리적·물리적 장으로서 그것은 그 속에서 합리적인 인간행태가 시작되고 의사결정이 이루어지는 환경이며, 현상적 환경 속에서 공개적인 행위로 전환될 수도 있고 전환되지 않을 수도 있는 환경이다"(Kirk, 1963 ; 그림 참조 ; 의사결정 참조).

그리하여 커크가 제시하였듯이, 첫번째 수준에서 사람들은 현상적 환경과 직접 접촉하게 되고, 그 결과 물리적인 행동이 그 관계의 양측면에 변화를 야기시키게 된다. 그러나 두번째, 똑같이 중요한 다음수준에서는 현상적 환경의 사실들이 사람들의 행태적 환경 속으로 들어와 그들의 행동을 통제한다. 그러나 그러한 침투는 단지 현상적 사실들이 그들의 사회적·문화적 환경에서 이끌어진 동기, 선호, 사고방식, 전통들과 관련될 때에만 발생한다(지향성 참조). 그러므로 동일한 경험적인 자료가 서로 다른 문화를 가진 사람들에게는 매우 다른 의미를 갖는다. 커크는 본질적으로 사람은 의식적이고, 합리적이며 목적적(그들은 합리적인 평가에 기초하여 그들의 의사결정을 행한다)이지만, 경제인과 동등한 의미는 아니라고 제시하였다 ; 오히려 행태적 환경은 '현실'과 문화적 가치의 상호작용의 산물이기 때문에, 인간의 행동은 '존재하는 그대로의' 외부환경에 의해서 단순히 인도되는 것이 아니라 그것의 왜곡된 심리적 표상에 의해서 좌우된다는 것이다(435쪽 그림 참조). MDB

행태지리학 behavioural geography

인문지리학, 특히 인간의 공간적 행태에 조응하는 과정들에 대한 접근방법. 이는 행태론(behaviourism) 또는 행태주의(behaviouralism)에서 도출된다. 행태론은 "특정 반응이 주어진 이전의 조건들과 결부되며, 인식적 과정들, 즉 의식 그 자체는 거의 역할을 하지 않는 자극-반응관계라는 점으로" 인간형태를 고찰하는 심리학의 환원주의적 학파이다. 형태주의는 대조적으로 "인간형태의 진정한 복합성들"을 인정하고, "행동은 인식적 과정들에 의해 매개된다"는 가정을 따른다(Gold and Goodey, 1984). 주류 형태지리학은 보통 "인지를 인간의 공간적 행태를 이해하는 관건"으로 이해하는 후자의 관점과 결부된다(Couclelis and Golledge, 1983).

비록, 촐리(R. J. Chorley)가 언젠가 관례적 공간과학에 대한 '행태론적 반동'을 언급했지만, 행태지리학은 실제 계량혁명내에 함의된 실증주의에의 규정으로부터 도출된 '논리적 성숙'이다(Bunting and Guelke, 1979). 이는 "지리적 게임의 결과에 대한 초기강조가 게임판에 거주하는 행동자들의 이동을 지배하는 규칙들에 관한 분석에 대한 선호로 인해 위축되게 하는"(Olsson, 1969) '과정(지향적)-지리학'을 향한 전환점이었다. 물론, 행태적 전통의 등장을 예견한 앞선 논술들이 있다. 가장 잘 알려진 것은 커크(W. Kirk)의 행태적 환경과 현상적 환경간의 계획적 구분으로, 이는 1951년 처음 제시되었지만 1960년대 행태지리학이 표면화되기 전까지는 재현되지 않았다. 또한 환경지각에 관해 오래 전부터 (만약 잘못 정의된 것이 아니라면) 관심이 있었다. 이는 사우어(Carl Sauer)와 그 이전으로 소급될 수 있으며, 이 또한 자연재해들에 관한 연구를 통해 1960년대 그 초점이 예리해지게 되었다(예, Kates, 1962). 그러나, 행태적 개념들의 체계에 관한 정식화와 사례화는 헤거스트란트(T. Hägerstrand)의 확산분석으로부터 가장 직접적인 추진력을 받았다. 이 분석은 쇄신채택의 공간적 유형들에 관한 설명에 있어 정보의 순환과 평가를 주요한 요소로 간주했다(Golledge et al., 1972). 이는 합리적 경제인이라는 개념에 대한 월퍼트(J.Wolpert, 1964)의 비판과 "최적해를 찾아내고 미래사건들의 결과를 예측하기 위해 정보를 습득하고 저장하는 인간의 유한한 능력"의 중요성에 관한 그의 강조에 의해 재강화되었다. 따라서, 1960년대와 70년대초, 지리학에 있어서 행태적 연구들은 정보가 심상지도내에 선별적으로 추상화되고 구조되어 저장되는 방법들, 또는 개인이나 기업들이 반복적 학습과정 중에 합리적 행태행렬에 의해 대각선적 이동을 함에 따라 정보가 의사결정 체계들을 통해 공급되고 유통되는 방법들, 그리고 정보가 현시된 공간선호와 개인적 행동공간의 재구성을 통해서 공간적 형태의 유형들 속에서 노출되는 방법들을 전형적으로 고찰했다.

이러한 연구들의 대부분은 '지적 역류(backwater)'라고 비판받은 행태적 가정들의 공동저장고로부터 도출된다. 즉 이러한 연구에서 "우선되는 지향점은 개인의 동기화된 행태가 아니라, 공간적·사회적 구조에 대한 개인의 '기계적' 반응이다"(Cullen, 1976). 쿨렌(Cullen)의 해결책은 "동기와 의도를, 그리고 해당 행동자들에 독특한 상황들의 주관적 구성이라는 점에서" 설명을 추구해 나가는 것이다(관념론, 현상학, 상징적 상호작용론 참조). 그러나 또 다른 학자들은 이 해결책 역시 결점을 가진다고 주장했다. 왜냐하면, 이에 함의된 주관적 자발주의(voluntarism)는 그 반대극단으로 나아가서, 사회적 구조의 객관적인 틀에 대해 부적절한 개념을 제시하기 때문이다(Sayer and Duncan, 1977 ; 또한 Cullen, 1977의 반응 및 Cullen, 1984 참조). 그외 다른 학자들은 이러한 결함들은 매우 쉽게 고쳐질 수 있으며, 쿨렌의 근본적인 반대는 사실 좀 더 강화되어야 한다고 주장했다. 즉 행태지리학은 주체-객체간 분리의 속박으로부터 벗어나는 데 실패했으며, 이에 따라 그 개념들은 '표상들의 세계'에 기반을 두고 있기 때문에 '순전히 이데올로기적'이다(Cox, 1981 ; 이데올로기 참조). 콕스에 의하면, 보다 포괄적이고 급진적인 개념화는 마르크스에 관한 현상학적 독해로부터 찾아낼 수 있다고 제시했다.

이러한 점들과 그외 비판들에 대한 일련의 대응들에서, 골리지(R. Golledge)는 이러한 점들이 완전히 대체되었다고 주장한다. 행태지리학을 실증주의적이라고 비판하는 자들은 시대에 동떨어진 사람들이다:

지리학에 있어 행태적 연구의 근본적 부분이 입지이론과 공간분석의 극히 실증주의적 전통에서 태어난 것은 역사적 사실이다.… 그러나 과거 10여 년간 행태적 연구의 주류가 본래의 실증주의적 가정들을 얼마나 극복했으며, 그리고 인간의 공간행태에 관한 주제에 관해 세련되고 일관성 있는 견해를 축적했는가를 이해하는 것이 중요하다 (Couclelis and Golledge, 1983).

행태지리학은 심지어 그 본래형태로서도 쿨렌의 도전에 논박할 수 있었다. "사실 행태적 연구의 주요공헌들 중의 하나는 지리학자들의 고전적 모형들이 공간적 및 사회적 상황들과 구조들에 대한 개인들의 이중적, 기계적 또는 습관적 반응들을 가정하고 있다는 점을 그들에게 알려 주었다는 점이다"(Golledge, 1981). 사실 인지에 관한 관심은 주체와 객체, 사실과 가치,

원인과 효과간의 분리들이 지지될 수 없으며, 또한 "행태지리학의 중심가정은 우리가 인간의 식으로 이해할 수 있는 것의 대부분을 포괄하기에 충분할 만큼 광범위한 인지의 개념을 상술해야 한다"는 점을 이미 오래 전부터 자명한 것으로 만들었다. 행태지리학이 인지가 이루어지는 사회적·문화적 배경의 중요성을 인식하게 됨에 따라, 이는 "신칸트적 철학자들이나 심리학자들에 의해 제안된 구성주의적 또는 초월적 인식론"에 매우 근접하게 된다(칸트주의 참조). 골리지는 심지어 행태지리학이 이제는 "현상학적 견해와 마르크스주의적 견해, 양자에 공통적으로 주요한 점들"을 가지고 있다고 주장하고 있다 (Couclelis and Golledge, 1983; 또한 Thrift, 1981 참조). DG

행태행렬 behavioural matrix

프레드(Allan Pred, 1967, 1969)가 입지의사결정을 분석할 수 있는 틀을 마련하기 위해 개발한 발견장치. 의사결정은 두 벡터의 함수로 나타낸다: 한편은 조작적 환경에서 획득할 수 있는 인지된 정보의 양과 질이며, 다른 한편은 그러한 정보를 이용할 수 있는 개인, 또는 집단의 능력이다. 이 두 변수들이 행렬의 양축을 이루는데, 환경체계가 정보의 획득가능성과 정보의 효용성에 관한 지각을 지배하므로 행렬 자체가 환경체계의 함수이며 이 환경체계 속에서 행렬이 작동하게 된다.

시간이 지남에 따라 의사결정자들은 더 많은 (그리고 더 좋은) 정보를 축적하게 되며 그 정보를 활용하는 것이 더욱 능숙해진다. 그 결과, 그들은 행렬에서 (정확한 의사결정을 나타내는 Bnn항[cell]을 향해) 아래쪽으로 그리고 오른쪽으로 이동한다.

환경체계내에서 발생하는 변화는 의사결정자들의 많은 정보를 쓸모없게 만들며, 활용능력을 무용하게 하여, 의사결정자들을 행렬의 제일 상단 왼쪽 구석으로 되돌려놓는다(행태적 환경, 경제인 참조). MDB

헤게모니 hegemony

전통적으로, 한 국가의 다른 국가들에 대한 '정치적 통치' 또는 '지배'—이에 의해 지배국가의 정치적 이상이나 또는 정치적 의지는 약소국가들의 생활과 국민들에게 냉혹하게 부여된다—를 기술하기 위하여 국제관계 분야에서 사용되는 용어. 이러한 의미에서, 헤게모니는 권력관계의 문제, 그리고 보다 특정적으로는 제국주의, '소비에트 블럭'과 같은 '세력 블럭', '위성'국가 또는 '예속'국가와 '민족적 종속' 등과 같은 개념들, 또는 반대로 민족주의와 혁명적 또는 여타 '민족해방'과 같은 개념들과 본질적으로 결부된다.

보다 최근, 특히 마르크스주의적 저술에서 이 용어는 단일국가내 계급들간의 관계들, 심지어 지배계급 그 자체의 정의를 포괄하는 것으로까지 확대되었다(계급 참조). 여기서 헤게모니는 사회적으로 집단화된 지배를 만들어내는 힘들의 복합체로서 이해되며, 이는 자신의 대안적 가치체계를 수립하고자 하는 의사를 가지고 물리적 및 이데올로기적 지배구조를 타파하고자 하는 주체, 즉 비헤게모니 집단들에 의해 촉발되는, 자연적이고 능동적인 반대의 대상으로 일반적으로 이해된다. 이러한 집단들은 다시 헤게모니적일 수 있으며, 그들이 억압하고자 하는 자연적·정치적 의식을 가진 자들의 반대주장들과 불가피하게—이러한 류의 반대를 예견하고 이에

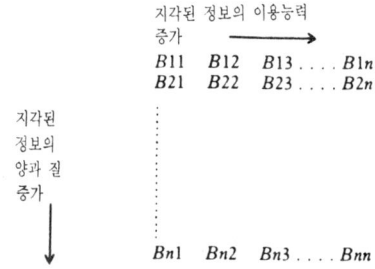

따라 기선을 제압하는 지배집단들의 능력은 그들 자신의 보장과 헤게모니적 통제의 주요측도가 되겠지만—직면하게 될 것이다.

보다 기술적 의미에서, 그리고 이데올로기와 계급투쟁과의 이러한 포괄적 관련성을 능가하여, 헤게모니(의 개념)는 2차 세계대전 이전 그람시(Antonio Gramsci)의 연구를 통해 보다 의미있게 세련되었다. 그는 분석적으로 의미있고 이제 널리 재인식되고 있는 구분으로 '지배'와 '헤게모니' 그 자체를 구분한다. '지배'는 정치적 형태들 속에서, 그리고 위기의 시기에는 직접적 또는 효과적 강제로 표현된다. 이러한 지배는 즉각적이고 임계적 양상에 제한되고 '가시적'이며, 이를 경험하는 자들 중 이것이 무엇인가—즉 지배집단들에 의한 권위(여기서 지배는 정당한 헌법적 과정에 의해 지지된다) 또는 권력(여기서 지배는 그렇게 지지되지 않는다)의 국가적 기관과 이의 행사—를 인식하지 못할 사람들은 거의 없다. 그러나 '지배'의 명시적 속성은 시간의 경과에 따라 이에 반생산적이게 되며(이는 반대의 초점이 될 것이다), 어떠한 경우에서나 이는 지배나 제약의 최고가용한, 또는 가장 빈번하게 고무된 형태가 되지 못할 것이다. 그람시(1973)에 따르면, 특히 민주주의적 과정에서 보다 정상적 상황은 매우 침투적이고 상호 맞물린 통제들(문화적, 사회적, 정치적)의 복합—이는 일단의 사고들과 가치들로 가장 잘 인식되며, 다수에 의한 이의 채택은 이러한 사고들의 수혜자들에게 사회적·정치적 체계를 형성할 수 있는 권력을 부여한다—에 의한 규제이다. 근본적으로 파괴적이긴 하지만, 이러한 통제들은 전통적 의미에서 제약으로 거의 인식될 수 없으며, 따라서 체계적으로, 그리고 불리하게 그들의 삶을 구조화하는 자들에 의한 도전과 반론에 덜 개방적이다. '상식'의 '자연적' 형태들과 더불어, 사고들, 관례들, 규범적 가치들, 보고 행하는 행태적 방법들 모두는 이러한 방식에서 지배엘리트의 형식적·할당적 그리고 사회적으로 규정적인 이상들에 일반시민들을 종속시키기 위한 도구적 근원들이 된다. 그리고 이와 같이 보다

미묘하고 대체로 비인식적 권력들과 제약들을 서술하기 위하여, 헤게모니라는 용어가 적절하게 사용된다.

다른 많은 의미들에서 그러한 것처럼, 이러한 의미에서 헤게모니는 이데올로기를 능가하여, 사회의 사회적·정치적 그리고 **문화적 과정** 전반에 대하여 이데올로기가 합리화시키는 사고들의 **활성적 함의**가 된다. 최근 윌리암스(Raymond Williams, 1977)는 헤게모니의 문화적 차원을 보다 폭넓게 연구하고, 문화는 그 자체적으로 '체험된' 헤게모니이며, 이에 함의된 지배와 종속관계는 그 문화적 수단을 통해서 영향을 받고, 그 결과로서 ;

생활과정 전체에의 침투—단지 정치적·경제적 활동에의 침투나, 사회적 활동에서 드러난 것뿐만 아니라 체험된 정체성과 관련성의 전반적 본질에의 침투—가 이루어져, 종국적으로 특정하게 경제적·정치적·문화적 체계들로 이해될 수 있는 것들에 의한 억압들과 제한들이 우리들 대부분에게 단지 경험과 상식에 의한 억압과 제한인 것처럼 보인다.

(또한 식민주의, 마르크스주의 지리학 참조).

MB

현물소작 sharecropping
지주에게 현금이나 농지임차료보다는 생산물을 지대로 지불하는 임차농경체계. 현물소작의 다양한 체계가 세계적으로 나타난다. 가장 일반적으로는 지주가 필수적인 고정 및 유동자본을 제공하고(지주자본과 임차자본 참조) 현물소작인이 노동력을 제공한다. 프랑스와 이탈리아와 같이 때로는 생산물의 미리 결정된 비율만큼을 지주가 받도록 법으로 정해져 있다. 현물소작에서는 단기간의 대여가 공통적이어서 장기적인 토지경영을 방해한다. 이러한 체계는 프랑스말로 메타야쥬(metayage: 분익소작제도)로 잘 알려져 있다.

PEW

현상적 환경

현상적 환경 phenomenal environment
환경에 대한 통상적인 개념을 자연환경뿐만 아니라 인간활동의 표현도 포함하는 것으로 확장시킨 것이다. 그러므로 현상적 환경은 자연 및 생물환경과 함께 인간의 노력에 의해 변경되고 창조된 현상들로 구성된다. 무엇보다도 이 개념은 자연환경을 역동적인 비평형구조(non-equilibrating framework)로 위치지우는데, 이 속에서 자원의 자연적 영역과 생태계가 무자비한 개발을 당하고 있다고 본다(통역 참조).

이 개념의 보다 진전된 설명은 (암묵적이든 명시적이든) 버클리학파의 문화경관의 개념을 통하여 발전되어온 오래된 지리학적 주제인 변화의 동인으로서의 인간의 역할에 초점을 두었다(예를 들면 Marsh, 1965[초판, 1864]. 그러나 체계의 성질에서의 보다 기술적인(technical) 연구에 의해 새로운 측면이 주어지고 있다.

현상적 환경으로부터 주어진 사실들은 고도로 선택된 일련의 문화적 여과장치들을 뚫고 침투한 이후에만 의사결정자의 행태적 환경의 일부분을 구성하게 된다. MDB

현상주의 phenomenalism
현상적으로 나타난 것이 지식의 유일한 원천이라고 주장하는 철학의 한 접근방법(경험주의, 실증주의 참조). RJJ

현상학 phenomenology
"과학적 탐구에 앞서 있는 그대로, 즉 과학에 의해 주어지고 가정되기 이전의 세계를 드러내고자"(Pickles, 1985) 시도하는 철학. 따라서 현상학은 실증주의에 대해 강력한 비판을 제시한다. 실증주의는 그같은 성찰은 어느 것이든지 무의미한 형이상학이라 하여 거부하며, 경험론과 결부되었기 때문에 실증주의의 다양한 대상화가 불가피하게 의존하는 전(前)개념화(preconception)에 대해서는 아무것도 말할 필요가 없다고 가정한다. 이에 반대하여 현상학은 '관찰'과 '대상화'는 관례적 형태의 과학이 가정하듯이 단순한 실행이 결코 아니라고 주장한다(추상화 참조). 실제 현상학은 주체(관찰자)와 대상(피관찰자)을 구분하는 어떤 가정도 거부하며, 대신에 다음과 같이 주장한다: "우리는 외부적인, '실재하는' 물리적 세계의 대상을 다루는 주체로서 원초적으로 존재하는 것이 아니라, 세계 안에, 세계와 더불어, 세계를 향해서 존재한다"(Pickles, 1985; 실존주의 참조). 물론 이는 우리의 상식견해들―근대 현상학의 아버지 훗설(Edmund Husserl)이 명명한 당연적 태도, 즉 인식 가능성이 단순하게 당연시되는 일단의 견해―에 위배된다. 훗설에게는 진정으로 엄밀한, 그리고 근본적인 철학의 과제는 "과학이 세계내 사물들을 어떤 관점에서 보는가, 그리고 개별 학문의 대상은 어떻게 구성되는가"(Pickles, 1985)를 보여주기 위해 당연적 태도에 의문을 제기하는 것이다. 훗설의 주장은 이같이 본질적으로 비판적인 검토는 '판단중지(epoche)' 또는 '현상학적 환원'이라고 불리는 순수한 철학적 성찰의 행위를 통해서 성취될 수 있다는 것이다(Johnson, 1983 참조). 이 방법은―빌린지(Billinge, 1977) 같은 이들의 생각과는 반대로, 현상학은 사실 어떤 방법이다―다음을 포함한다:

(a) 사람들이 당연시하는 전가정을 유보시키는 것;

(b) "우리가 지각하는 대상들에 대해서가 아니라, 대상을 원래 지각하는 방식에 대해서 … 우리가 대응하는 경험들을 파악하는 방식에 대해서" 성찰하는 것(Pickles, 1985): 훗설은 이 경험들을 현상(phenomena) 이라고 부른다.

(c) 현상의 본질(eidé)을 벗기는 것;

이 절차들은 해석학이나 구조주의의 절차들과 연결될 수도 있고, 대조될 수도 있다(Gregory, 1978). 이렇게 보면 현상학은 본질과학(eidetic science)―실증주의에 대한 하나의 비판(Entrikin, 1976)일 뿐 아니라, 그에 대한 대안―이 된다. 그 목적은 '본질'의 노출을 통해서, 훗설이 영역존재론(regional ontology)이라고 부른 것을 수립하는 것이다(존재론 참조). 즉 현상학은 경험적 영역을 구성하는 대상 및 개념이 진정으로 본질적인 속성을 드러냄으로써, 다양한 경험과학의 주제틀의 '근거를 만들어야만' 한다 (실용주의와 비교) :

> 영역존재론의 목적은 과학에 적합한 실체의 영역을 서술하는 것이다. 이 목적은 과학이 경첩적 작업에 관여할 때 전제로 하는 선험적인 이론틀을 존재론적으로 서술함으로써 성취된다. 그러한 서술은 과학이 사실을 수립할 수 있고, 가설을 개발할 수 있거나 이론을 만들 수 있기 전에 가정되는 특정한 틀의 개념, 원리 및 방법의 기원, 의미 및 기능을 정확하게 제시한다(Christensen, 1982).

따라서 다음처럼 구별하는 것이 필수적이라고 할 수 있다.
(a) 서술적 현상학: 이는 다양한 경험과학의 사실들을 뒷받침하고 지배하는 '본질적 구조', 즉 '특정한 경험과학이 채택하는 선험적 의미의 틀'을 다룬다 ;
(b) 선험적 현상학: <u>의도성</u> 자체의 '본질적 구조', 즉 일차적으로 과학적 성찰의 가능성을 유발하는 영역을 다룬다(Pickles, 1985).

그러나 인문지리학에서 (a)와 (b)간의 구분은 흔히 무시되어왔다. 훗설에 관한 해석은 흔히 그의 선험적 현상학 주변에 치중되었으며, 훨씬 더 심각하게는 공간과학에 대한 명백히 '주관주의적인' 비판에 서명하는 것으로 잘못 표현되었다. 서술적 현상학을 복권시키는 것은 '소박하게 주어진 세계'에 대한 주관적 구성에 도달하는 것이 아니라:

> 우리는 우체통에 간다든지 하는 일상적 행위에 대한 '현상학적 서술'에 도달하려는 것이 아니다(Seamon, 1979 참조). 서술적 현상학은 우리들에게 본질환원을 정연하게 의식적으로 수행할 수 있도록 함으로써 형식적이고 추상적인 보편적 구조를 제공한다(Pickles, 1985).

그러면 분명, 경험과학으로서의 인문지리학은 서술적 현상학에 의한 의문, 즉 "그 경험적 영역내 어떤 실체의 속성을 성격지우는 요소들과 사고들"에 관한 체계적 성찰을 통해 렐프(Relph, 1970)가 명명한 '지리학의 현상학적 기반'의 명료화에 민감하게 된다. 피클스(1985)가 "생기 넘치는 지리학의 영역존재론을 위해서 지리적 관심의 양대 기본개념—장소와 공간—을 회복시키고자" 시도한 것은 이같은 절차를 통해서였다. [그에 의하면] "이러한 영역존재론에 근거하면 세계에 대한 인문과학으로서의 지리학적 탐구가 뚜렷하게 기초될 수 있다"(공간성 참조).

그러나, 이들 '일상행동'(무엇에 대한)이 대체 어떻다는 것인가? 크리스텐센(1982)은 다음과 같이 주장한다 :

> 주어진 인문과학의 서술적 요소는 경험적 요소에 담겨 있는 의미의 이론틀이 생활화된 세계에 적절하고 적실함을 보증할 수 없다. 이는 행동주체에 의해 자신이 생활하는 세계에서 유지될 수 있는 의미를 비판적으로 설명해주는 과학의 해석적 요소에 의해서만 보증될 수 있다(강조 첨부).

실제 훗설 자신이 언젠가, 과학자는 "자신의 명백히 주관적인 사유행위의 항구적 기초는 환경을 이루는 생활세계라는 점을 스스로에게 명백히 하지 않는다"고 불평했다. "이 후자는 근본적 작업영역으로서 계속해서 미리 전제되며, 여기서는 그의 질문과 방법론만이 의미있게 된다." 다시 말하면 "과학은 당연시되는 대로의 생활세계에 의지한다. 자신의 특정한 목적을 위해서 필수적인 것으로 된다면, 생활세계 안의 어떤 것이든지 사용한다는 점에서 그렇다. 그러나 생활세계를 이런 방식으로 사용한다는 것은 그 본래의 존재방식으로 생활세계를 과학적으로 아는 것이 아니다"(Husserl, 1954). 그러나 피클스(1985)에 따르면, "현상학의 임무는 생활세계의 보편적·일반적 구조—훗설은 생활세계의 선험적인 보편성이라고 부른다—를 명료하게 하는 것이지, 지리학적 현상학의 주장과는 정반대로, 삶 그대로의 일상의 생활세계를 포착하는 것"이 아니다. 다른 이들은 이 목표에 찬성하지 않으며(그들에게는 제한된 목표이다), 크리스텐센(1982)이 '해석적 요소'라고 파악한 것의 중요성을 주장한다. 그녀는 해석적 요소를 무엇보다도 슈츠(Alfred Schutz)의 저작과 연결시켰다. 슈츠의 생각은 "훗설의 전통보다는 하이데거(Heidegger)의 전통과 훨씬 쉽게 연결되며" (또한 Hirst, 1977 참조), 또한 베버의 해석적 사회학(Gorman, 1977)에도 의존하고 있다. 이 점은 다음과 같은 구분을 요구한다:

(c) 구성적 현상학: 이는 생활세계에 구현된 '다중적 실재들'을 구성하는 사회적 의미의 구조들—즉 준거의 틀과 전형화(typification)체계들—을 다룬다.

'세계의 다원성'에 대해 언급하는 것은 바로 이런 맥락에서만 의미있게 된다(Relph, 1970; 또한 Tuan, 1971 참조). "상이한 준거틀의 다중성"을 보증하는 것은 확실히 훗설의 의도가 아니었다. "반대로 판단중지의 목적은 세계가 '유사한 성찰적 절차를 통해서 각 개인들에게 동일하게 재구성될' 수 있음을 확실히 하는 것이라고(Gregory, 1978; Mercer and Powell, 1972) 그는 분명히 밝혔다. 훗설에 의해 가정된 '개인에 대한 선입관'이 슈츠의 근본적으로 사회적인 초점과 대조되는 한에 있어서는, 구성적 현상학은 인간주의 지리학의 일부 연구들을 인도해—피클스(1985)는 잘못 인도했다고 말할 테지만—왔다. 렐프(1981)의 주목에 의하면, 그런 "현상학적 연구는 경험을 강조하기보다는 지리적인 생활세계의 현상을 강조할 수 있다." 훗설은 '경험'과 '현상'을 이런 방식으로 이해하지 않는다(윗글 참조). 그리고 렐프가 자신의 『장소와 비장소성(Place and Placelessness, 1976)』과 투안(Tuan Yi-Fu)의 『공간과 장소(Space and Place, 1977)』를 사례로 인용할 때, 이들 어느 저서도 훗설을 전혀 인용하지 않고 있음에 주목해야만 한다. 다른 연구들은 생활세계의 역동성과(Buttimer, 1976) 당연적 세계(Ley, 1977)의 구성을 상징적 상호작용론과, 훨씬 더 아주 흡사한 방식으로 탐구하기 위해서, '글자 그대로의 현상학적 규칙'을 넘어서서 더욱 앞으로 진전해가고 있다(또한 관념론 참조). DG

현시선호분석
revealed preference analysis

개인에 의한 일련의 실제의 선택적 결정—예를 들면 시장의 선택—으로부터 서로 다른 대안간의 집합적 선호도를 유추하는 데 사용되는 통계적 기법으로, 종종 다차원척도법에 기초를 둔 절차를 이용한다. 가용한 대안 중에서 선택된 어느 특정의 대안은 공간상에서의 행위(behaviour in space)라 불리며, 무제한적인 선택의 일반적 규칙은 공간행위(spatial behaviour)의 규칙이라 불린다. RJJ

현장 locale

사회적 상호행동의 '배경'. 현장이라는 개념은 구조화이론에서 특히 중요하다. 여기서 이 개념은 상호행동의 배경의 일부로 내포된 물리적 지역으로서, 상호행동을 여러가지 방법으로 집중시키는 데 도움이 되는 일정한 경계를 가지는 것으로 정의된다(Giddens, 1984). 기덴스(Giddens)는 장소보다는 현장이라는 용어의 사용을 선호한다. 왜냐하면 그의 주장에 의하면, 현장은 그 물리적 속성들—이들이 자연세계와 결부되든지 또는 건조환경과 관련되든지간에—이라는 점에서뿐만 아니라 인간활동에 있어 그 유용화의 양식들에 의해 특징지워지는 일련의 다른 속성들과 관련지어 기술되어야 하기 때문이다. 요약하면, 기덴스는 "배경들의 속성들이 공간과 시간상 만남들의 (물리적 그리고 의미 있는) 구성에 있어 행동자에 의해 어떤 만성적 방법으로 채택된다는 것을 함의하다 한다"(또한 맥락적 이론, 상징적 상호작용론 참조). 현장들은 어떤 집의 방에서부터 거리의 모퉁이, 공장의 작업장, 도시들, 영토적으로 경계지워져 국민국가들에 의해 점거된 지역들에 이르기까지 다양하다. 따라서 "어떤 한 현장은 국지적이어야 할 필요가 없으며"(Thrift, 1983) 국지성과 대조적으로 구분되지만(Urry, 1981 참조), 이들은 모두 보통 내적으로 지역화된다. 이들내의 지역들은 "상호행동의 맥락들을 구성한다는 점에서 특히 중요하다"고 기덴스는 주장한다. 왜냐하면 이들은 "일상화된 사회적 실천들과의 관계에서 시-공간의 지구화(zoning)"를 함의하기 때문이다(Giddens, 1984).

기덴스는 시-공간적 거리화의 과정에 따라 구분된 상이한 유형들의 사회구성과 밀접하게 연관되고, 이에 의해 소위 '권력저장소들'을 구성하는 일련의 탁월한 현장들을 확인할 수 있다고 주장한다(Hägerstrand의 시간지리학에 나오는 영역의 개념과 비교하라).

다음 표는 기덴스의 범주화를 나타낸다. 여기서 기덴스는 '계급사회들'을 논할 때 '창조된 환경'이라는 용어를 매우 제한되게 사용한다는 점이 지적되어야 한다. 그럼에도 불구하고 그는 보다 일반적 주장에서 어떤 헛점을 보이고 있다. 왜냐하면, 그는 항상 현장들을 그 속성들이 행동자들에 의해 도출되며 그들의 실질적으로 주어진 성격을 나타내는 배경으로 간주하고 있기 때문이다. 이 점은 포괄적인 '공간생산'에 관한 의미—즉 이러한 '현장조직들'이 모두 일정 정도 창조되는 방법들—를 함의하는 데 실패했다(공간성 참조). DG

협동조합 co-operative

생산, 판매 혹은 둘 다에서 상호이익을 보려는 농부들의 조직체. 농부들이 농사에 필요한 투입요소를 대규모로 구매하거나 판매하기 위하여 집단을 형성한다. 그 목적은 대량독립성을 유지하면서 대량교역에서 재정적 이익을 얻을 수 있도록 하는 데에 있다. 협동조합을 설립하는 데 국가가 지원을 하기도 하지만, 판매협동조합들은 정부가 통제하는 시장거래위원회와 대안적 위치에 있다. 일부 협동조합은 가공설비, 예를 들면 포도주 제조 및 병에 담기, 계란포장기 등을 소유하며 어떤 조합은 개별 농부들이 사용하거나 빌릴 수 있도록 기계를 구매한다. PEW

형상지수 shape index

지리적 현상의 밀집도를 정의하는 공식. 국가의 형상은 국가를 분류할 때 전통적으로 주요한 기준의 하나였으며, 블레이(de Blij, 1973)가 사용한 기술적 용어는 점차 객관적 지수로 대체되는 경향이 있다. 촐리와 하게트(Chorley and Haggett)는 밀집도를 정의하기 위한 측정공식을 다음과 같이 제안하였다:

$$\text{형상지수} = \frac{(1.27\ A)}{L}$$

여기서 A는 평방미터로 측정된 형상의 면적이며, L은 장축의 길이이다. 형상지수가 1이면 원이며 0에 가까울수록 점점 길쭉해진다. 이 지수는 광범위한 지리적 현상에 적용된다. MB

사회의 유형	탁월한 현장조직	권력저장소
부족사회들	무리집단들 또는 취락들	취락들 (?)
계급분할사회들	도시와 시골의 공생	도시들
계급사회들	'창조된 환경'	국민국가들

현장 탁월한 현장들과 시·공간적 거리화(Giddens, 1981).

형태발생론 morphogenesis

형태의 점진적 또는 혁명적 변화. 인문지리학의 형태발생론 응용에는 주요한 두 영역이 있다.

(a) 경관의 변형. 사우어(Sauer)는 그의 에세이『경관의 형태학(The morphology of landscape, 1925)』에서 이런 관심을 역사지리학의 초점으로 확립하였다. 그는 "우리는 경관의 공간관련성과 시간관련성을 제외하고는 경관을 생각할 수 없다"고 강조하였다. 이 접근법은 미국과 유럽의 촌락경관 연구에서 특히 두드러진 접근법이었다(예, Helmfrid, 1961 참조). 그러나 이 접근법은 도시경관에 대한 고전적인 연구들에서도 응용되었는데(특히 Conzen, 1960에서), 그 연구들은 변화하는 도시형태에 관한 현대적 그리고 보다 이론적 연구들을 촉진하였다(Whitehand, 1977; 또한 연속적 점유, 수직적 주제 참조);

(b) 체계의 변형. 생물학은 이런 전통내에서 많은 형태발생적 연구의 특히 중요한 착상의 근원지였다. 생물학은 비형태적인 것으로 지구 자체, 지구내 지역 및 지구내 국가를 유기체에 비유할 수 있게 해주었고(Stoddart, 1967 참조), 그리고 생물학은 1917년 처음 간행된 톰슨(W. D'Arcy Thompson)의『성장과 형태에 대하여(On growth and form)』에서 주로 시작된 보다 형태적 방법과 모델도 제공하였다(Tobler, 1963 참조). 그래서 번지(Bunge)의『이론지리학(Theoretical geography, 1962)』은 톰슨(Thompson)의 작품을 가장 시사적이라 찬양하였고, 하게트(Haggett)의『인문지리학의 입지분석(Locational analysis in human geography, 1965)』은 '운동과 기하학'에 대한 그것의 초점에서 '공동의 장'을 발견하였다. 방법에서 카타스트로피이론은 이런 전통의 급진적 발전을 여러가지 점에서 반영하고 있다.

(a)와 (b)의 관련성은 하비의 초기 에세이(1967)에서 탐구되었다. 하비의 초기 에세이는 변화하는 형태 자체보다는 형태발생(론)을 떠받치는 그 과정을 밝히는 데 더욱 관심을 기울였다. 그후에 나온 체계분석에 대한 시도들은 마루야마(Maruyama)의 '제일인공두뇌학'과 '제이인공두뇌학'의 구별을 반영하였다. 제일의 인공두뇌학은 형태울혈(morphostasis)—'상호인과적 과정을 방해하는 병리, 즉 네가티브 피드백'—을 연구하였고, 제이의 인공두뇌학은 형태발생(morphogenesis)—'상호인과적 과정을 확대하는 병리, 즉 포지티브 피드백'—을 연구하였다. 그러나 포지티브 피드백과 네가티브 피드백을 구별하는 것은 이것이 암시하는 바보다 더 복잡하고, 불안정이나 안정과는 아무런 연관성을 갖고 있지 않다(예컨대 Bennett and Chorley, 1978 참조).   DG

형태측정 morphometry

형태를 측정하는 것. 형태측정의 기법은 공간형태를 계량적으로 표현하기 위해 지리학에서 널리 사용되고 있다. 대부분의 초기 연구는 지형학에서 시작되었으며 지형도를 가지고 기초적인 분석을 하는 작업이었으나, 계량혁명이 진전되면서 형태를 나타내는 지표를 개발하고 등치면(예를 들면 Chorley, 1972)을 구분하는 기법도 정교해지게 되었다. 기법이 발달함에 따라 이들이 인문지리학의 영역에서도 사용되게 되었으며 "대부분의 형태측정 분석방법은 (전통적으로는 지형학적 연구에 제한되었으나) 모든 등치면에 적용할 수 있게 되었다"(Haggett, et al., 1977; 또한 경향면 분석 참조). 형태측정은 과거 '유물의 집합'에 관심을 가지는 공간고고학과 역사지리학의 연구에 특히 중요하며(Langton, 1972) 그 대표적인 적용은 한네베르크(D. Hanneberg)가 촌락의 가옥과 단위경작지에 대한 역행적 연구(역행적 접근 참조)를 위해 개발한 도량학적 분석체계이다.   DG

형태학 morphology

엄격히 말하면 형태과학을 의미하나 종종 형태 자체와 동의어로 쓰임(그래서 geomorphology는 '지형학'으로도 해석되고 또 '지형'과 동의어로도 쓰인다). 사회과학내에서 형태는 마치 할프박스(Halbwachs)의 **사회형태학**(1960)에서와 같이 구조와 동의어로 때때로 사용되었다. 할프박스의 저작은 사회의 인구구조 및 사회경제구조를 다루고 있다. 할프박스는 뒤르켕(Durkheim)의 저작들에 근거를 두고 있는데, 뒤르켕은 비달 드 라 블라쉬(Paul Vidal de la Blache)의 작품을 통하여 프랑스 지리학에 상당한 영향을 미쳤다. 뒤르켕은 지리학의 적절한 관심사는 사회형태의 연구라고 간주하였다. 뒤르켕에 의하면, "사회생활은 그 범위와 형태에서 확고한 하부층(즉, 사회형태)에 의존하고 있으며 사회생활은 사회를 구성하는 다수의 개인, 지구 위에서 개개인이 처신하는 방법, 그리고 집합관계에 영향을 주는 모든 종류의 물체의 성격과 개성으로 구성된다."

인문지리학에서 형태학이라는 용어는 특히 사우어(Sauer)의 고전적인 『경관형태학(The Morphology of landscape, 1925)』과 관련된다. 사우어는 형태학적 방법이 특별한 형태의 종합, 즉 경관의 주요 구성(형태)요소들을 확인하여 발전적 단계로 그것들을 정리하는 귀납적 절차라고 주장하였다(마치 생물학적 유기체에서처럼 형태발생론 참조). 그는 문화경관을 특히 강조하였다. 자연경관으로부터 창조된 문화경관을 연구하는 데는 세 유형의 지리학이 있다 : (a) 일반지리학, 또는 형태요소 자체에 대한 연구 (오늘날 통상 계통지리학이라고 하는 분야); (b) 지역지리학, 또는 비교형태학; 그리고 (c) 발전적 연속을 연구하는 역사지리학(연속적 점유 참조)(주의: Sauer는 또한 상업지리학을 확인하고 있는데, 그것은 한 지역내에서의 생산의 형태와 분배의 수단을 다룬다). 도시경관의 요소에 대한 연구는 건조환경을 강조하며, 도시형태학 분야로 간주된다(주변지대 참조). RJJ

형평 equity
공정함 혹은 정의, 보통 소득이나 인간생활기회의 여러 측면의 분배에 적용된다. 형평은 평등으로 표현될 수도 있으나 이 둘이 반드시 동의어는 아니다. 불평등분배가 공정, 즉 정당할 수도 있다. 예를 들면, 자본주의뿐 아니라 사회주의를 포함한 대부분의 사회에서, 결과에 따른 지불 혹은 서로 다른 수준의 기술과 책임에 대해서는 서로 다른 비율로 지불하는 것이 공정하다는 것이 널리 인정되고 있다. 사회적 서비스는 욕구에 따라 분배되는 것이 정당하다고 보편적으로 인정된다; 따라서 서로 다른 욕구수준에 따라 불평등하게 처리되는 것은 정당화될 수 있다. 지리학적 맥락에서는 어떤 차이 또는 즉 평등에서 벗어난 정도가 욕구와 같은 인정된 항목의 차이에 비례할 때 지역간 분배의 형평이 달성된다. DMS

호텔링 모형 Hotelling model
시장 상권을 놓고 경쟁하는 두 기업의 입지전략에 관한 분석. 호텔링(Hotelling)은 경쟁하는 기업들의 공간적 배열문제를 생각한 최초의 경제학자 중의 한 사람으로, 그의 분석은 많은 예증적 부연연구의 출발점이 되었다. 호텔링은 선형시장을 따라 고르게 분포하는 소비자들에게 동일한 상품을 공급하기 위해 두 생산자가 경쟁하는 극히 단순한 상황을 가정하였다. 교과서에 보통 등장하는 예(호텔링이 처음 제시한 것은 아니라 하더라도)는 해변에 고르게 분포하는 사람들에게 아이스크림을 공급하기 위해 경쟁하는 두 아이스크림장수인데 이것이 보통 호텔링 모형으로 간주되는 상황이다. 이러한 상황에서 호텔링은 두 장수가 결국 해변 한가운데서 등을 맞대고 서서 시장을 양분하게 된다는 일견 있음직하지 않은 결론을 이끌어내었다(게임이론 참조). 그후 이것은 일정수요 조건하에서 공업집적에 관한 일반화로 확장되었다. 따라서 호텔링의 모형은 공간경제분석에서 연역적 일반화의 유용한 실례가 된다.

호텔링의 주장과 두 기업간의 경쟁에 관해 이것이 가지는 일부 함축적 의미는 그림으로 표시될 수 있다(그림 참조). 두 생산자가 수평축으

호혜성

로 표시되는 선형시장(해변)을 급양하기 위해 경쟁하고 있다. 생산비(c)는 모든 입지에서 동일하며 생산품은 소비자에게로의 운송비(아이스크림의 경우 이것은 판매자쪽으로 걸어가는 소비자의 노력이다)를 반영하는 가격(p)으로 판매된다. 〈그림 1〉에서, A기업은 시장의 중앙에 위치하고 B는 오른쪽으로 조금 떨어져서 위치한다. 각각의 판매권은 두 공급자로부터의 배달가격이 동일한 X지점에서 분할된다(시장지역분석 참조). 그러나 모든 소비자가 가격(혹은 얻기위한 노력)에 관계없이 한 단위의 시간에 한 단위의 생산품을 사고자 하는 무한히 비탄력적인 수요조건에서는, 〈그림 2〉에서와 같이 B기업이 왼쪽으로 옮겨가서 A의 판매권을 일부 차지하더라도 아무런 손해가 없다. 물론 이렇게 되면 오른쪽에 있는 소비자에게는 배달가격이 상승된다. 결국 양기업이 입지를 이동해도 판매량을 증가시킬 수 없는 시장의 중앙부에서 B와 A가 만난다는 결론이 나온다. 이 결론은 무한히 비탄력적인 수요가 존재하는 한, 생산자의 최초입지와 관계없이 유지된다. 가격에 따른 수요수준의 변화를 도입하면 원거리고객에 대한 판매가 제한되며 따라서 판매량의 극대화를 추구하는 생산자는 〈그림 3〉에서와 같이 소위 '4분'지점으로 서로 이동하게 될 것이다. 따라서 수요의 탄력성이 산업의 분산을 촉진할 것이라는 것이 일반적인 추론이다. 호텔링의 모형은 공공선택이론에서와 같이 다른 경쟁적 상황에서도 적용되어 왔다.   DMS

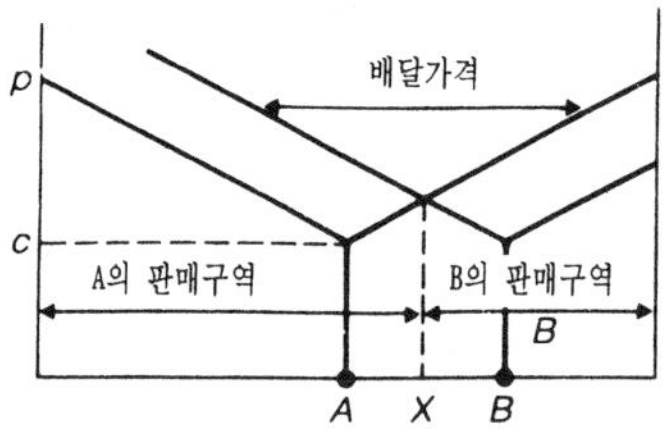

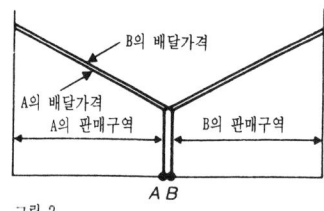

그림 1

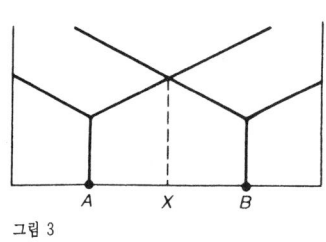

그림 2

그림 3

호텔링 모형

호혜성 reciprocity
상호교환의 체계. 호혜성의 가장 일반적 형태는 (구조)기능주의 (특히 체계에 관한 개념들)와 밀접하게 관련된다(Gouldner, 1975 참조). 그러나 보다 특정하게, 호혜성은 폴라니(Karl Polanyi)에 의해 규명된 3가지 경제통합형태들 중 하나이며, 특징적 공간유형과 결부되어 있다. 즉 "호혜성은 대칭적 집단화의 상호관련점들간의 이동을 지칭한다"(Polanyi, in Dalton, 1968). 대칭성에 관한 이러한 강조는 호혜성을 다른 교환형태들, 특히 재분배와 구분하기 위해 의도된 것이다. 이러한 강조는 도시화가 등장하는 데 필요한 잉여의 집적을 유지할 수 없는 이탈적 사회들과 호혜성을 동일시한 하비(Harvey, 1973)에 의해 반복되었다. 그러나 교환이론에 관한 보다 최근의 견해들은 호혜성이 합의를 함의할 필요가 없음을 강조하며(Lebra, 1975 참조), 사실 교환이론—그 최근 발전은 주로 블로(Blau, 1964)와 호만스(Homans, 1961)에 기인한다—은 폴라니의 처음 설명들보다도 훨씬 정교한 거래관계의 유형학을 제공하고 있다. 따라서 예를 들면, 살린스(Sahlins, 1974)는 일반화된 호혜성, 균형된 호혜성, 부정적 호혜성 등을 구분하고, '원시적' 교환체계에서 이러한 다양한

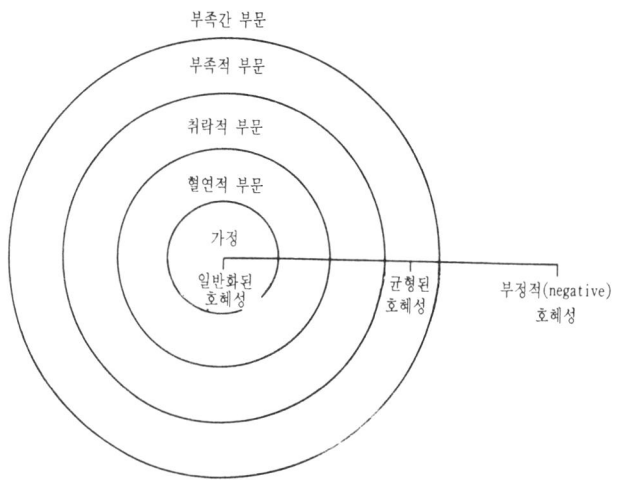

호혜성 호혜성과 친족주거부문들(Sahlins, 1974).

형태들은 혈연거리와 순위 양자 모두와 관련됨을 보이고 있다(그림 참조; 또한 Smith, 1979 참조). DG

혼돈적 개념화 chaotic conception

인위적 전체로부터의 추상화. 과학적 분석의 거의 대부분은 주로 체계의 어떤 성분들에만 초점을 두어야 한다. 만약 이러한 성분들이 어떤 통일성과 존립의 자율성을 가진다면, 연구를 위한 이들의 개념적 추출은 합리적 추상화이다. 그러나 만약 추상화가 하나 또는 그 이상의 전체들을 인위적으로 나누거나 혹은 비관련적 요소들을 혼합시키면, 이는 그 연구가 거의 가치없는 혼돈적 개념화이다. 세이어(Sayer, 1984)는 인문지리학에서 연구되는 많은 성분들, 예로 서로 매우 다른 활동들을 광범위하게 포괄하는 '서비스 산업'이라는 산만한 개념은 혼돈적 개념화라고 주장한다. RJJ

혼인율 nuptiality

인구가 혼인을 하는 정도. 혼인은 인구학적 행태, 특히 출산력을 결정하는 가장 중요한 요소이다. 혼인율을 가장 단순하게 나타내는 측정지표는 인구 1천 명당 측정연도에 생존하는 평균 인구수에서 혼인을 한 인구수 또는 혼인건수로 표현된다. 혼인의 유형에서는 두 가지 측면이 고려되어야 한다. 즉 일정시점에서 특정연령층의 독신인구 비율인 혼인의 정도와, 남성에서 초혼하는 연령인 결혼연령이 그것이다. PEO

혼합경제 mixed economy

민간생산활동과 국영생산활동이 결합된 경제에 종종 적용되는 용어. 모든 자본주의경제가 국가활동을 일부 소유하고 있고, 중앙집권적 계획경제를 지닌 모든 국가에도 민간활동이 있기 때문에, 혼합경제는 유용한 용어라고 할 수 없다. 만약 이 용어가 완전한 자본주의 경제체제와 사회주의 경제체제의 중간형태를 설명하기 위해 사용된다면 실제로 오해의 소지가 있다; 예를 들어 영국은 본질적인 국가부문 때문에 종종 혼합경제로 묘사되지만 현재 지배적인 생산양식은 엄연히 자본주의이다. DMS

혼합농업 mixed farming

개별농장에서 작물을 재배하면서 가축을 기르는 농업체계. 작물이 재배되고 가축이 사육되기 시작한 이후 혼합농업은 주된 농업체계가 되어왔다. 원래 가축은 휴경지를 유지하거나 사료를 마련하기 위해 사육되는데 이러한 형태는 아직까지도 전세계의 많은 곳에서 시행되고 있다. 선진국에서는 뿌리와 목초를 가축사료로 전문적으로 재배한다. 경작 혹은 가축농업의 전문화가 선진국에서는 일반화되고 있지만 제3세계에서는 아직 혼합농업이 소농의 기초가 되고 있다.

PEW

홍수재해 flood hazard

유수나 해수에 의해 육지가 침수되는 현상. 헤위트(Hewitt)와 버턴(Burton, 1971)은 홍수재해가 다음과 같은 다양한 요소로 이루어져 있다고 정의했다:

(a) 홍수파나 유수의 기계적 작용으로 생겨난 퇴적이나 침식에 의한 피해;

(b) 침수;

(c) 통신시설의 두절;

(d) 식품 및 식수의 오염, 그리고 재화의 손실;

(e) 가옥 유실;

(f) 사회적·경제적 활동의 혼돈;

(g) 수상운송의 중단 및 경작지의 매몰.

홍수가 빚어내는 이러한 결과 때문에 홍수를 사회가 직면하고 있는 모든 자연재해 중에서 가장 심각한 것의 하나로 간주하는 데는 이의가 없다. 1947년부터 1967년까지 지구상에서 자연재난으로 사망한 총인원의 거의 40%가 홍수재해에서 비롯되었다.

홍수에 관한 수많은 연구들이, 홍수의 크기와 빈도, 기후변동, 그리고 유역분지 조작에 의한 강수와 홍수와의 관계변화 등에 관심을 갖는 수문학자, 자연지리학자들에 의해 시도되어왔다. 그러나 홍수재해 연구는, 환경지각에 관한 연구 및 인간의 적응에 관심이 있는 인문지리학자들의 주요 연구대상이 되어왔다. 화이트(White, 1974)가 언급한 것처럼, "홍수는 인간이 범람원을 이용하지 않으려 한다면 재해가 될 수 없다." 그는 홍수재해의 주요 연구분야를 다음과 같이 규정하였다: (a) 대규모 홍수에 피해를 입기 쉬운 지역 중 인간이 점유하고 있는 범위를 측정하고; (b) 사회집단들이 대규모 홍수에 적응할 수 있는 범위를 결정하고; (c) 사람들이 홍수와 이에 따른 재해를 어떻게 지각하는지를 검토하고; (d) 피해를 줄이는 적응방식을 사람들이 선택하는 과정에 대해 검토하고; (e) 마지막으로 다양한 공공정책이 이러한 일단의 인간대응에 어떻게 영향을 미치는가를 조사하는 것이다.

홍수재해가 인문지리학의 연구주제로서 매력적인 이유들 중의 하나는, 야누스와 같이 선과 악의 양면성을 지닌 재해가 홍수 이외에는 거의 없기 때문이다. 즉, 사람들은 평탄한 지세와 풍부한 물이라는 특성 때문에 홍수가 쉽게 날 수 있는 지역에 살려고 하는데, 이런 특징들은 오히려 피해의 규모를 가중시키는 역할을 하게 된다. 게다가 사람들은 토지이용을 변화시켜 유역분지의 홍수특성을 바꾸어놓는다. 투수성의 초지를 불투수성 타르막으로 포장하고, 오수관이나 배수관을 설치함으로써, 도시화는 첨두홍수량을 증가시키고 이 첨두유량에 도달하는 시간을 감소시킨다. 농업배수와 삼림벌목 역시 이와 유사한 변화를 일으킨다.

ASG

확률과정 stochastic process

확률적 의미에서 일련의 시도들로부터 나타나는 결과들의 연속을 기술하는 수학적·통계적 모형. 어떤 저자들은 개개의 시도들의 결과가 예측되는 확률모형(probabilistic model)과 결과의 전체계열의 개발이 모형화되는 확률(추계)모형(stochastic model)을 구별한다. 그러므로 추계모형은 어떤 특정한 시도의 한 결과의 확률이 앞선 시도의 결과에 의해서 결정되는 상황을 포함할 것이다. 똑같은 과정이 다른 현실화의 한 무한수(예, 한 주사위를 50번 연속해서 던졌을 때 1에서 6까지 수의 많은 다른 연속을 만들 수 있다)를 만들 수 있다는 것은 이러한 정의의 결과다. 그러므로 이것은 투입의 한 집합이 단지 특수한 현실화만을 만들어낼 수 있는 결정적 모형과는 상당히 차이가 있다.

이 개념을 적용하는 데 있어 지리학자들은 시간적 연속을 고려할 뿐 아니라(예, 작물의 산출, 상품의 가격) 1차 이상의 차원에서 공간적 연속도 조사한다. 이것의 사용에 있어 가장 최근의 단계는 시간적-공간적 계열(예, 공간과 시간에서 실업률의 연구)을 기술하는 모형을 확인하는 것이다; 그 기초가 되는 시간규모는 분리되거나 연속적일 수 있다. 이 모형에 존재하는 추계적(혹은 확률적) 요소는 그 과정이 어떤 순수한 무작위적 요소를 갖는 것에 뿌리를 둔다고 생각되거나, 혹은 그 무작위 요소가 순수한 효과가 결과의 유사-무작위 교환인 다수의 인과적 영향을 포괄하려 하기 때문에 포함되는 것일 것이다.

지리학에서 이러한 아이디어의 일반적인 적용은 점패턴(예, 거주지, 공장)이 주어진 크기의 각 지리적 단위가 한 점을 받는 데 있어 같은 기회를 갖는 무작위과정으로부터 결과가 나타날 것이라는 아이디어이다. 이것은 포아송 확률과정(포아송 분포 참조)에 의해서 모형화되었다. 그러나 만일 한 개별점의 수령이 더 많은 점을 받아들이는 확률을 변화시킨다면 그 과정은 추계적이며 그것에 따라서 모형화되어야만 한다 (예, 음의 이항분포에 의해서).

시계열 연구에 있어서의 관심은 추계모형의 두 개의 주요유형에 집중된다; 자기상관모형과 이동평균모형. 자기상관 모형에서 시간 t의 계열값은 시간 t-1, t-2 등의 값에 높게 상관되지만 무작위 부분을 내포한다. 이동평균모형은 현재 무작위 값과 과거 무작위 값의 선형으로 가중된 힘을 사용한다. 세번째 유형의 추계과정은 마르코프 과정이다.

추계과정의 이러한 모든 경우에 만일 그 과정이 천천히 진전되면(예를 들어 거주지의 경우에서처럼) 두 가지 문제가 나타난다. 첫째로 단일 상호-부문적 패턴, 혹은 최선으로 시간축척상의 몇몇 점으로부터 가장 잘 맞추는 과정을 추론하는 것이 불가피하다. 둘째로, 대부분의 모형들은 정상성―그 가정들이 시간(시간적 정상성)과 공간(공간적 정상성)에 따라 일정한―을 가정한다. 이러한 가정들이 합치되지 않을 경우 자료를 여과하여 거르는 것은 가능하지만 그러한 것이 가능하지 않으면 그 모형은 가치가 없는 것으로 증명될 것이다. AMH

확률론 probabilism

비록 자연환경이 유일하게 인간의 행위를 결정하지는 않지만, 다른 것들보다도 어떤 반응을 불러일으키는 듯하다고 보는 관점. 확률론이라는 용어는 엄격한 환경결정론과 철저한 가능론의 중간영역을 지칭하기 위해 제안되었다. 인간의 행위는 "전부 또는 전무의 선택 또는 강요의 문제가 아니라 확률의 균형의 문제"라는 것이었다(Spate, 1957). 사실 이 관점은 원초의 비달(Vidal)식 개념과 완전히 양립할 수 있었다(Lukermann, 1964 참조). 그러나 지리학자들은 '확률론의 철학적 의미에 의존할 뿐 아니라 곧 확률산법을 이용하려고' 하였다. 확률이론은 '경관의 과학적 연구'를 위한 '공통의 대화양식'을 제공하므로, 지리적 분석에 필수적인 요소로서 간주되었다(L. Curry, in House, 1966). DG

확률지도 probability map

특정의 통계적 분포에 따라 표준화된 자료에 기초한 지도로서, 중요한 것으로는 정규분포의 표준점수를 사용하는 것이 있다. 관측값이 지도화되면 관측된 결과와 기대되는 결과간의 차이를 분석할 수 있다. 예를 들면, 정규분포를 가진 자료는 평균으로부터 나온 표준점수가 ±1.96을 넘는 값은 5%에 불과하다는 기대를 할 수 있다. 하게트 등(Haggett et al., 1977)은 발생확률이 낮은 사상의 연구에 포아송 확률(포아송 분포 참조)을 적용하였으며 리글리(Wrigley, 1977)는 범주적 자료에 적합한 일종의 경향면 모형인 확

449

률면 지도화의 개념을 제시하였다.　　MJB

확산 diffusion
어떤 현상이 시간이 경과함에 따라 공간에서 퍼져나가는 것. 문화지리학에는 오래되고도 뚜렷한 확산연구의 전통이 있다. 사우어(C. Sauer, 1941)에 따르면, 라첼(F. Ratzel)이 "문화특성들의 확산연구에 대한 토대를 마련했는데, 이것은 거의 잊혀진 그의 『인류지리학(Anthropogeographie)』(인류지리학 참조)의 제2권에서 제시되었다"고 한다. 사우어의 견해에 따르면, 확산—'지구의 공간을 채우는 것'—은 '사회과학의 전반적인 문제'였다: 즉 "하나의 새로운 작물, 도구 또는 기술이 한 문화지역에 도입된다. 그것은 활발하게 전파 또는 확산될 것인가? 아니면 그 수용은 저항에 부딪힐 것인가?" 사우어에 의하면 지리학의 특별한 공헌은 확산경로를 재현하고 (자연적) 장애물의 영향을 평가하는 것이었다(Sauer, 1952 참조; 좀 더 일반적으로는 Wagner and Mikesell, 1962). 이 두 과제는 버클리학파에 속한 다양한 학자들에 의해 정력적으로 추구되었지만, 그것은 전혀 다른 모습으로 헤거스트란트(T. Hägerstrand)의 훨씬 더 형식적인 쇄신 확산연구에 다시 나타났다. 사실, 원래 스웨덴어로 쓰인 헤거스트란트의 논문은 사우어의 동료였던 레일리(J. Leighly, 1954)의 단보를 통해 영미지리학에 소개되었다. "앞으로 문화요소의 분포를 확산의 과정으로 해석해 보려는 어떤 사람도 헤거스트란트의 방법과 결론을 무시할 수 없을 것이다"라고 레일리는 선언했고, 특히 헤거스트란트가 '기회'의 중요성에 대해 강조한 것에 주목하였다(확률과정 참조). 그렇다 해도, 그것은 헤거스트란트의 영어 번역판『공간적 과정으로서의 쇄신확산(Innovation diffusion as a spatial process, 1968)』이 나오기 대략 14년 전이었다. 물론 그 사이에 그의 기본적인 사상들은 이미 잘 알려져 있었다 (Duncan, 1974 참조).

헤거스트란트 모형이 근거하고 있는 이론적 구조는 다음 그림과 같이 요약된다:

상호작용행렬은 일반화된 또는 평균정보장의 윤곽을 제시해주는데 이 평균정보장은 지역체계를 따라 정보가 순환되는 경로의 기본골격을 형성한다; 이러한 흐름은 자연적 장애물과 개개인의 저항으로 변조되는데, 이들은 서로 함께 정보가 쇄신으로 전환되는 것을 저지하고 그렇게 함으로써 채택면에서 중단되는 잇따른 확산파동의 형태를 만든다(Gregory, 1985; 또한 Haggett et al., 1977 참조). 대부분의 논의가 헤거스트란트 모형의 이론적 기반보다는(그러나 아래를 참조), 그 모형의 조작에—즉 몬테카를로 모의실험 방법의 헤거스트란트식의 이용, 채택의 '관찰된' 유형과 '예측된' 유형의 비교, 그리고 근린효과의 탐색에—집중되었다. 헤거스트란트에 의해 시작된 모형화의 전통 속에서 가장 중요한 발전은 다음과 같다:

(a) 평균정보장의 구조와 확산파동의 형태 및 속도간에 나타나는 수학적 관계의 정립. 이것은 상이한 거리조락 곡선과 고전적인 근린효과와의 연결을 지시해준다(물론 거리제한적인 평균정보장이 대체적으로 전염적인 채택형태를 유발시킨다는 것은 놀라운 일이 아니지만);

(b) 헤거스트란트 모형은 단지 단순한 전염병 모형(epidemic models)의 특별한 경우에 불과하다는 것을 증명하고, 그에 따라 보다 복합적인 전염병 모형을 유도해내는 것—특히 하게트(P. Haggett), 클리프(A.D.Cliff)와 오드(J.K.Ord)의 현저한 공헌을 통해(Haggett et al., 1977) —이러한 전염병 모델들은 일련의 소위 '공간적 과정들'(과정 참조)을 잘 묘사해주고 있음이 확인되었다;

(c) 계층적 확산의 인식. 이는 전형적인 중심지체계(중심지이론 참조)를 따르며 종종 고전적 모형의 거리제한적이며 전염적인 과정과 더불어 진행된다(Hudson, 1969; Pedersen, 1970 참조);

(d) 거부와 후퇴과정을 통합해서 서로 경쟁적인 확산들을 모형화하는 것(Weber, 1972 참조).

이러한 변화는 모의실험 기법으로부터 좀 더 분석적인 방법사용으로의 전환을 가져왔는데 애

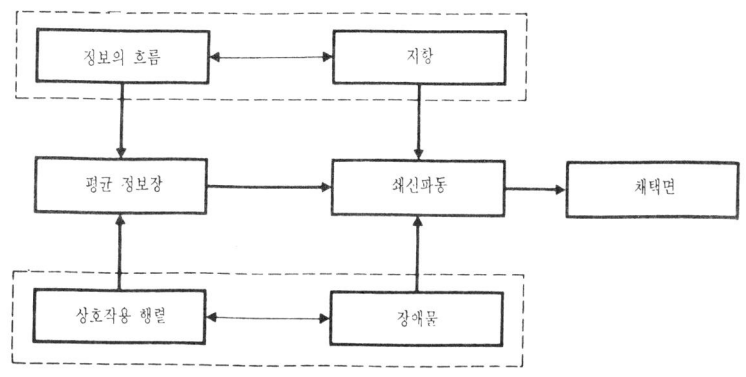

확산' 헤거스트란트의 확산모형의 구조

그뉴(Agnew, 1979)는 이것을 경험주의와 도구주의로부터 실체주의로의 이동으로 보았다. 그러나 입지론 또는 의료지리학의 추상적인 영역을 제외하고서는(여기서 이같은 진보는 상당히 중요한 것이었다;Cliff et al., 1981 참조), 후기 실증주의적인 형식화로의 이동은 전략적으로 불완전했다는 비판을 받는다. 블레이키(P.Blaikie, 1978)는 심지어 확산연구에서의 '위기'라고 말했는데, 그는 그 원인을 '넓은 막다른 골목' —그는 이 말을 공간적 형태와 시-공적 연속성에의 집착이라는 의미로 사용했다—으로부터 되돌아나오기를 꺼려하는 데 있다고 보았다. 그리고 보다 최근에, 그레고리(D. Gregory, 1985)는 확산이론의 '정체'가, 확산과정의 조건과 결과를 규명하기 위한 방법으로서의 사회이론과 사회사를 다루려 하지 않는 데 기인한다고 보았다. 이러한 비판들은 가장 일반적인 용어로 다음과 같이 지적한다. 즉 정보의 공간적 순환은 대부분의 헤거스트란트 모형과 거기서 파생된 것들을 인문지리학에 적용하는 데 있어서 전략상 중요한 요소가 된다는 것이다. 상이한 '선전구조'와 접촉망을 통한 정보의 흐름이 좀 더 상세하게 밝혀져왔지만(예를 들어 Blaikie, 1973, 1975; Brown, 1975), 대부분의 비판들은 이러한 경로의 형태를 우선시하는 것이 다른 두 가지의 좀 더 기본적인 요소를 흐려놓는다고 주장한다 (행태지리학의 비판 참조):

(a) 헤거스트란트 모형은 "잠재적 채택자들의 입지적 속성과 의사소통의 습관에 관련이 된다." 그리고 "잠재적 채택자들을 확인할 수 있는 과정을 해명해주지 못한다"(Yapa and Mayfield, 1978). 대안으로는 치우친 쇄신의 모형이 있는데, 이것은 생산양식의 계급구조를 통해 생산수단에 대한 사회적 접근이 차단될 수 있다는 것을 우선적으로 고려한다. 이러한 관점에서 보면, "비확산은 인지의 부족이나 무관심 때문에 채택을 하지 않게 되는 수동적인 상태와 동일시될 수는 없다. … 그것은 경제적 사회(사회의 경제적 기반)의 구조적인 제도로부터 야기되는 능동적 상태이다"(Yapa, 1977; 또한 Blaikie, 1978와 Gregory, 1985 참조). 야퍼(Yapa)의 논평 속에 암시되어 있는 고전적 마르크스주의의 경제적 환원주의에 반드시 찬동할 필요는 없지만, 이러한 종류의 주장은 확산이론이 좀 더 일반적인 정치·경제내에 입지해야 한다는 요구를 내포하고 있다. 적어도 바로 인종과 성은 계급과 더불어 그 중요성이 인정되어야 한다(Blaikie, 1975 참조).

(b) 헤거스트란트 모형은 '하나의 동질적인 인식지역'을 상정해놓았기 때문에(인식 참조), 선별적인 사회적 과정을 해명하지 못한다. 그런데 이 사회적 과정을 통해야 비로소 정보의 흐름은

사회적으로 의미있고 다양하게 구성된다. 그러므로 블라우트(J. Blaut, 1977)는 문화적 확산의 보다 오래된 전통과 긴밀한 유대관계를 맺어 나갈 것을 촉구했는데, 이렇게 확산이론을 좀 더 일반적인 문화지리학내에 입지시킴으로써 블라우트가 의미하는 대로 확산을 '가장 광범위하고 가장 적절한 의미'로 다룰 수 있다는 것이다. 그러나 그와 같은 시도는 언뜻 보기와는 달리 사우어로 돌아가는 것은 아니다. 왜냐하면 블라우트의 다른 논문들로 미루어볼 때 여기에서도 역시모형은 마르크스이기 때문이다(Blaut, 1980 참조). 이 점에 대해 어떻게 생각하건간에—그리고 사적유물론내에는 확실히 감동적인 문화적 관점이 있다—치우친 쇄신의 어떤 모형도 저항을 무지 또는 불충분한 정보와 동일하게 볼 수는 없다. 다른 생산수단과 마찬가지로 정보에 대한 접근은 실제로 사회적으로 구조지워져 있다. 하지만 저항도 똑같이(그리고, 혹자가 말하듯이, 보통) 지속적인 투쟁의 과정을 암시한다: 얻을 수 있는 정보에 대한 평가를 '잠재적 채택자'와는 뚜렷이 다르게 하는 사람들편에서 볼 때 저항은 충분히 고려된 집단적 행동이다(Gregory, 1985 참조).

헤거스트란트 자신도 이러한 반대의 부분적인 타당성을 인정했다 ; 그러나 그는 현대 마르크스주의 주장을 탐구하는 대신에 그가 그의 확산모형을 구성하기 이전에 다루었던 이런 류의 주제들 중 일부로 되돌아갔고, 확산모형이 지니는 공간적 형식주의의 한계를 넘어서 그것을 <u>시간지리학</u>으로 발전시켰다.   DG

확정적 자료분석
confirmatory data analysis
확률론 및 통계학적 추론을 사용하여 가설을 검증하는 통계학적 과정(<u>시험적 자료분석</u>, <u>유의도 검증</u> 비교).   RJJ

환경결정론 environmental determinism
환경이 '인간행위의 방향을 결정한다'는 관점(Lewthwaite, 1966). 환경이 인간에 미치는 영향에 대한 관심은 고대까지 추적해볼 수 있으며, 서구에서는 르네상스 시기에 부활되었다(Glacken, 1967 참조). 근대에 들어서는 다윈(Darwin)에 의하여 그 관심이 대두되었다고 볼 수 있다. 다윈의 사고는 "지리학자들로 하여금, 다른 과학자들과 더불어, 인간의 다양성을 자연법칙의 작동에서 찾아보게" 하였다(Tatham, 1951) (<u>인간생태학, 다윈주의, 라마르크설</u> 참조). 지리학에서 환경결정론을 체계화한 학자는 라첼(Friedrich Ratzel)로 알려져 있는데, 그의 <u>인류지리학</u>은 생물지리학의 한 분야로 인식되었다. 그러나 라첼도 비달 드 라 블라쉬(Vidal de la Blache)와 마찬가지로 인간의 역할이 '능동적'이기도 하고 '수동적'이기도 함을 인정하였으며(Buttman, 1977), 라첼의 사고는 말 그대로의 환경결정론이라 볼 수 없다(Dickinson, 1969). 그녀의 저서 『지리적 환경의 영향(Influences of geographic environment, 1911)』에서 라첼의 강의를 명확하게 정정 편집하였던 셈플(E.C. Semple ; 그러므로 셈플은 누구보다도 라첼의 사고를 옳게 이해하고 있었다고 기대할 수 있다)은 처음 그녀의 책을 읽을 때 받게 되는 느낌보다는 훨씬 더 적절한 이해를 하고 있었다. 그녀는 인간은 "지표의 산물", "지구의 자식으로 지구티끌의 티끌"이라고 했으며, "지구티끌이 인간의 뼈와 살에, 그리고 인간의 정신과 영혼에 들어와 있다"고 선언했다. 그러나 동시에 그녀는 지리적 요인과 영향에 대하여 언급하면서도, 결정인자라는 단어를 사용하지 않았고, 대단히 주의깊게 지리적 통제에 대하여 언급하였다. 이렇게 환경결정론자임을 부인함에도 불구하고, 그녀의 '수사적 문체'(Lewthwaite, 1966)는 실제로 비평을 받았다. 더구나 그녀가 자신의 학설을 설명하기 위하여 제시한 사례들은 종종 너무나 조잡하여 기본적 가설이라기보다는 '형이상학적 주장'에 지나지 않았다(Martin, 1951). 그러나 몬테피오르와 윌리암스(A. Montefiore

and W. Williams, 1955)는 이런 종류의 비평은 결정론이 경험적 입증이 가능한 보편적 가정이 아니고 과학적이고 신뢰성있는 단어인 필요충분 조건으로 옮겨져야 할 논리적 인과구조임을 인식하지 못한 데서 비롯된다고 논박하였다(Harvey, 1969 참조). 많은 지리학자들이 가능론을 그 대안으로 채택했으나, 사실 다른 지리학자들은 보다 엄격하고 또는 '과학적인' 결정론, 즉 복수의 인과관계와 간접적인 인과관계를 (원리상) 포용하는 결정론을 확립하려고 시도하였다. 그래서 헌팅톤(E. Huntington, 1915)은 기후의 결정적 역할을 중시하였으나, 기후요인은 다른 자연환경요인과 방패의 반대편에 있는 요인, 즉 순수한 인문요인과 더불어 관련시켜 고려하여야 한다고 하였다. 테일러(G. Taylor)는 '중단과 전진(stop-and-go)의 결정론'을 정립하였다. "인간은 한 국가의 발전을 가속시키거나, 지연시키거나, 또는 정지시킬 수 있다. 그러나 인간은, 만약 현명하다면, 자연환경이 지정한 방향에서 벗어나서는 안된다. 인간은 전진속도를 조절할 수 있으나 전진방향을 바꿀 수 없는 대도시 교통통제관과 같다"(Australia, 1951).

테일러의 이론은 분명히 규범이론이다. 테이탐(Tatham, 1951)은 테일러의 이론을 '실용적 가능론'이라 할 수 있다고 생각하였다. 하여튼 환경결정론, 가능론 그리고 확률론은 그렇게 엄격하게 구별되는 것이 아니었다. 그리고 그 논쟁 중에 많은 것은 과학이 수반하는 것에 대한 잘못된 개념 위에서 벌어졌던 의미론적인 것이었다.

소련 지리학에서도 이와 같이 논쟁이 있었다. 마르크스주의 지리학 방법론에서도 지리적 환경의 개념과 그 환경이 인간사회의 발전에 미치는 영향만큼 논쟁과 주목의 대상이 되었던 개념은 없었다(Matley, 1966). 러시아 지리학은 전통적으로 환경론자의 명제에 의하여 작용되었다. 그 환경론자의 명제는 플레카노프(G. Plekhanov)와 바란스키(N. Baranskiy)의 노력을 통하여 중요한 영향을 받았는데, 이 두 학자는 '자연환경→생산력→생산관계'라는 지침표를 확립하고 노력하였다(생산양식 참조). 그러나 환경론자의 명제는 1920년대에 비트포겔(K. Wittfogel)의 비평에서 심한 공격을 받았고, 마침내 1938년 스탈린(Stalin)의 발언에 의하여 유린되었다. 1938년 스탈린은 "비록 환경이 사회발전의 속도를 가속시키거나 지연시킬지 모르나 환경은 결정적 영향을 미치는 것이 아니다"라고 발언하였다. 이 새로운 강령은 공공연히 도전받을 수 없었는데, 1950년말에야 비로소 아누친(V. Anuchin, 1977)이─그때까지도 난공불락의 반대의 견이었음에도 불구하고 그에 맞붙어서─결정론(간접적인 원인관계, 또는 중재의 의미에서)은 '변증법적 사고'의 필수적 측면 중의 하나라고 주장하였다. 아누친은 "비결정론은 인간사회를 자연과 뚜렷하게 분리시켜 대치시킴으로써, 지리학의 과학성을 거부하는 것"이라고 주장하였다. 이러한 논쟁은 과학적 위치 이상을 의미했고 그 정치적 반향은 틀릴 수가 없는 것이었다. 아누친의 신결정론은 현상간의 인과적 관련성과 물질세계의 단일성을 복고시키는 것이라고 비난을 받았다. 그러나 동시에 신결정론은 고전적인 원리를 초월하여야만 하였고, 물질세계의 다양한 범주 사이의 정성적 차이를 이해하여야 하였다. 간단히 말해서 그가 제안하였던 일원론적 지리학은 사회와 자연 사이의 유물론적 변증법을 재확인하여야 하였다(계속되는 논쟁을 위해서는 Matley, 1982 참조).

이것에 대한 인식은 고전적 마르크스주의(Schmidt, 1978)의 가장 중요한 부분으로서 급진주의 지리학의 초기연구에 명백하게 받아들여졌다. 반면, 그 인식은 현대의 구조 마르크스주의에서는 잘 받아들여지지 않았으며, 현대 마르크스주의 지리학과 급진지리학에서는 주변적인 것으로 남아 있었다. 피트(R. Peet, 1977 참조)는 이러한 이론적 기반이 특히 약하고 또한 다루어지지 않고 있음을 주목하였다. 그러나 환경결정론에 대한 논쟁으로 얻은 상처는 마침내 아물기 시작하고 있다. 자연환경은 더이상 인문사회과학으로부터 이탈된 자연지리학의 배타적 영역으로 간주되지 않는데, 물론 이것은 부분적으

환경론[1]

로 환경론과 환경적 논제에 관한 정치적 운동으로부터 기인한다(역으로 이것으로부터 그 정치적 운동이 부분적으로 기인한다). 이것은 또한 한편으로 자연지리학 자체내의 발전, 특히 응용자연지리학의 등장의 산물이고, 다른 한편으로 인문사회과학의 발전의 산물이다. 세이어(R. A. Sayer, 1979)는 '인간과 자연을 어떻게 개념화할 수 있는가'라는 논제를 다시 지리학의 연구과제로 삼아야 한다고 주장한 바 있다. 이제 구조화이론의 출현과 고전적 마르크스주의와 그 마르크스주의의 기본이 되는 유물론의 재발견은 마르크스 자신이 프로세스(process)라고 기술했던 것의 의미를 분명히 했음이 자명하다(Smith, 1984 참조). 그런데 그 구조화이론은 사회-자연 관계의 구성적 성격을 그 관심사의 하나로 갖고 있는 것이다(Giddens, 1979). 그리고 마르크스가 기술한 그 프로세스에 의하여 사람들은 '외적 자연' 위에서 활동하고, 또한 외적 자연을 변화시키며, 동시에 그들 자신의 자연을 변화시킨다(Marx, 1976[1867]; 또한 유기지리학 참조). DG

환경론[1] environmentalism[1]
환경에 대한 관심과 관련된 철학과 관행. 환경론은 지리학 내부와 외부에서 그 역사가 깊다 (Glacken, 1967; Pepper, 1984 참조). 그러나 현대지리학을 인간생태학으로 간주하는 초기 환경론자들의 관점은 사회내의 개인을 "너무 순응적이고 무력한 역할"에 던져버린다고 비평을 받아왔다(Chorley, 1973). 비록 인간의 영향력은 종종 유익한 것이 아니라 해로운 것이었지만, 초기 환경론자들의 인간생태학적 관점은 인간적 요인이 더 큰 영향력을 갖는다는 관점으로 대체되었다. 이런 최근의 접근법 중의 하나는 "인간과 환경―인간이 창조하고 거주하고 조작하고 보존하고 방문하고 또는 상상해내는 환경―사이의 대단히 밀접한 결속"을 찬양하고 탐구하는 것이다(Gold and Burgess, 1981). 이러한 관점은 대개 보다 넓게 인식되는 인간주의 지리학과

관련되기도 하고 때때로 현상학에 대한 이해와 더불어 나타나기도 하지만, 이러한 관련성을 심사숙고에 대한 선호로 보는 것은 잘못이다. 왜냐하면 환경에 대하여 보다 민감하게 지각한다는 것은 환경에 대하여 보다 실용적 행위를 촉진시키는 것과 밀접하게 연결될 수 있기 때문이다. 가장 날카로운 비평 중의 하나인, 다른 접근법은 그 관심이 본질적으로 생태중심적인 것이라기보다는 기술주의적인 것이며, 목적보다는 수단에 관련되어 있다(O'Riordan, 1981). 또는 비판이론의 언어를 사용한다면 실용적인 것이라기보다는 기술적인 것이다(Gregory, 1980). 위에서 언급한 그 접근법은 환경정책의 입안에 몰두하여왔고 생태계의 통제를 향한 체계분석의 설로서 구성되어 있다. 분명하게도, 인문체계와 자연체계의 상호접합에 대한 초기의 연구들은 주로 기술적이었고 환경관리전략과 관련되었다. 그러나 그후에 있었던 '통제체계'에 대한 조사에 의하면 윤리적 논제의 중요성도 인식되었다. 예컨대 베네트(Bennett)와 촐리(Chorley, 1978)의 공동연구에서는 "사회의 가치체계가 보다 더 보전지향적으로 바뀌어야 함을 환경적 절대명제"로 규정하고 있다. 이런 범위에서 베네트와 촐리는 환경론의 주류에 대단히 가깝게 된다. 그 환경론의 주류라는 것은 '바로 더 좋은 존재양식이 가능할 수 있다는 신념, 다시 말해 호모 사피엔스(Homo sapiens)는 그의 딜레마를 인식하여 반응적 행위를 할 수 있다는 신념'에 관한 것이다. 그리고 그 환경론의 주류라는 것은 종종 우리의 마음을 열고 사회조직을 활용하여서 공정성·배분·영속성·겸손 등에 관한 새로운 사고를 받아들이게끔 하는 운동들로 전개된다 (O'Riordan, 1981). 그 운동들 중의 다수는 아주 정치적이라 하겠다. 하지만 정치지리학은 정치의 '녹색화'에 관하여 별로 언급한 바 없다 (그러나 Bahro, 1984; Blowers, 1984; Sandbach, 1980; Stretton, 1976 참조). DG

환경론² environmentalism²
자연실체의 세계를 연구영역으로 하는 과학의 한 개념. 비록 드물기는 하나 실존주의와 대조하기 위하여 이용되는 개념.　　　　　　　　DG

환경론³ environmentalism³
환경결정론과 동의어.　　　　　　　　DG

환경보호법(미국)
National Environmental Policy Act
1969년에 통과된 미국법으로, 연방정부의 모든 자치단체는 인간환경의 질에 영향을 끼치는 모든 활동에 대해서 환경영향평가를 실시해야 한다고 규정하고 있다. 이 법은 미대통령 직속의 환경위원회를 발족시켰다.

1970년 환경보호청(EPA)이 독립단체로서 대통령 행정명령으로 만들어졌다. 그후 EPA는 기존의 여러 규제기능을 인계받게 되었는데, 농업성으로부터 인계받은 살충제 사용규제가 그 한 예이다. 일반적으로 EPA는 환경오염규제를 강화하거나 설치하며, 환경위원회는 광범위한 환경정책 개발에 힘쓴다.

환경보호가 1969년 법령과 함께 시작된 것은 아니다. 수질오염방지법(1948)은 대중의료보험 단체에 오염경감을 요구할 수 있는 권한을 부여했다. 1970년 수질개선법이 통과되었으며 수질오염규제법 수정안(1972)은 보다 엄격한 수질기준을 마련해주었다. 대기오염규제법은 공기정화법 수정안(1970)의 통과로 강화되었는데, 그 결과 자동차 배기가스의 기준이 정해졌다.　　BWB

환경영향평가
environmental impact assessment(EIA)
1969년 환경보호법(미국)에는, 모든 연방자치단체가 개발자에게 인가를 내주기 이전에 모든 중요한 개발계획에 대해 환경영향평가를 하여야 한다고 되어 있다. 결국 각 주들은 주 입법의 근거로 EIA의 개념을 사용하였다. 각 법령에는 다음과 같은 사항들이 광범위하게 고려되어 있다: 계획된 활동의 환경영향, 만약 계획된 일이 실제로 행해졌을 경우 피할 수 없는 악영향, 그 결과 나타나는 비가역적인 환경귀속, 대안, 그리고 환경의 국지적 단기간 이용과 장기간의 생산성 유지 및 향상과의 관계. 이와 비슷한 과정이 다른 나라들, 예를 들어, 뉴질랜드에도 도입되었다.　　　　　　　　　　　　　　ASG

환경재해 environmental hazard
자연환경 속에서 나타나는 인간에 대한 위험(재해[인간에 의한] 참조). 환경재해는 번개와 같이 순간적으로 나타나기도 하고 고층기상에서 나타나는 고농도의 자외선처럼 지속적인 경우도 있다. 폭넓게 인식되고 있는 일반적인 재해―지진, 화산, 혹심한 기후―의 대부분은 환경 속에서 자연발생적으로 생겨난다. 또한 인간의 활동에 의해 생겨나거나 악화된 다른 종류의 재해도 있다. 보통 수질 및 대기오염은 인간이 만들어낸 재해의 범주에 속하며, 대기내 고농도의 일산화탄소와 이산화황, 게다가 많은 산업시설에서 배출되는 분진 역시 이에 포함된다. 그밖에 인간이 만들어낸 재해로는 석유유출, 농부가 지속적으로 사용한 결과 환경내 축적된 살충제, 그리고 잘못된 토지관리정책에 의한 홍수 등을 들 수 있다. 재해로서의 홍수피해는, 범람원에 건축물을 허용한 정책들과 홍수피해를 보상하는 보험제도에 의해 더욱 가중되어왔는데, 실제로 이들 때문에 홍수가 나기 쉬운 환경에 사는 사람들은 홍수의 피해를 과소평가하게 되었다(홍수재해 참조).

개인적으로, 집단적으로 사람들이 환경재해를 어떻게 지각하느냐에 관해 지난 20년간 많은 연구가 시도되었다. 일반적으로 '밝은 면을 보려는' 경향이 지배적이었다. 대평원의 농부들은 "한발의 빈번함을 계속 과소평가한다"(Saarinen, 1969). 해안거주자는 얼마나 자주 피해가 발생하는지를 규칙적으로 기록해두지 않는다.

환경지각

화산지대에 거주하는 농부는 화산이 휴지기에 있다는 희망에 가득 차 있으나, 만약 활동중이라면 분출 전에 소리를 내며 미리 경고해줄 것이라 기대하고 있다. 지진이 자주 일어날 가능성이 있는 단층 위나 부근에 사는 사람들은 지진보다 도로에서 죽을 위험이 더 크다고 말하면서 위험을 무시해버리지만, 이는 교통사고의 위험과 지진의 위험을 모두 안고 있는 환경에 자신들이 살고 있다는 사실을 완전히 무시해버린 꼴이 된다.

캘리포니아가 샌앤드류스단층에 둘러싸여 있다는 주지의 사실에도 불구하고, 대부분의 거주자는, 자신들의 일부 거주지가 지니고 있는 위험한 특성이나 자신들이 안고 있는 위험의 본질을 이해하지 못하고 있다. 부동산중개업자가 살 의향이 있는 구매자에게 사려는 집 근처의 지진 위험에 대해 이야기했다 하더라도, 대부분의 구매자들은 그 점에 대해 심각하게 고려치 않는다. 물론 집터와 자신이 지진을 당할 가능성은 다른 것이지만, 캘리포니아 사람들이 다른 사람들에 비해 환경재해를 더 과소평가한다는 믿을 만한 근거는 아무것도 없다. BWB

환경지각 environmental perception

인간주체를 둘러싸고 있는 현상적 환경에 대한 주관적 평가로서, 현상적 환경에 대한 개인의 의식과 그것을 구성하는 대상을 향한 개인의 지향성을 드러낸다. 이러한 지각은 매일의 일상생활(생활세계 참조)을 향한 태도들을 조건지울 뿐만 아니라 의사결정의 적극적 과정의 기초를 이룬다: 그러므로 지각은 현상적인 경험이며 행동을 지시한다. 이러한 종류의 여과된 정보는 개인적으로 개별화된 심상지도의 형태로 표현되거나 미래활동을 위한 전략으로 설명된다(프로젝트 참조).

많은 학파들이 지각심리학을 개발하였지만, 지리학자들의 이해에 가장 직접적으로 영향력을 미친 학파는 실험심리학의 게슈탈트학파(Gestalt School)이며(행태적 환경 참조) 많은 학자들 가운데에서도 메를로 퐁티(Maurice Merleau Ponty, 현상학 참조)의 현상학적 연구들이 영향을 끼쳤다. 최근의 연구에서는 동인들이 적극적으로 환경을 거침으로써 전체적으로 또는 부분적으로 야기된 5단계 반응모형의 관점으로 가장 잘 이해될 수 있다고 제시한다:

(a) 정적 반응(an affective response) : 본질적으로 환경에 대한 전체적인 반응을 구성하는 장소애(topophilia)의 감정에 가까운 반응으로, 환경과의 그후의 관계에 의해 취해지는 방향을 지배하고 경험추구의 동기적 분위기를 규정한다;

(b) 정위적 반응(an orientative response) : '도주로'나 개척을 위한 표지물을 준비하기 위한 적극적 형태와 소극적 형태의 입장에서의 환경에 대한 최초의 '지도화';

(c) 범주화 반응(a categorizing response) : 환경의 분석과 이해에 사용된다. 외부적 자극보다는 개인적인 경험에 의해 형상화된 특이한 종류의 지각된 자극을 분류하는 것이 더불어 발달한다;

(d) 체계화 반응(a systematizing response) : 이 속에서 사건들을 예측할 수 있는 연속성들이 판정되고, 임의적이거나 고유한 발생과의 구분이 이루어진다. 이것은 궁극적으로는 환경작용의 인과적 이해에 공헌한다;

(e) 조작적 반응(a manipulative response) : 이를 통하여 동인들은 환경의 잠재력을 재배치하고 수정하고 개발하기 위하여 환경과의 적극적인 관련성을 추구한다.

지리학에서 환경지각연구의 하나는 특히 자원평가의 문제에 집중되어, 문화적으로뿐만 아니라 사회적으로 그리고 경제적으로 결정된 서로 다른 집단들의 지각이 서로 다른 문화경관을 설명하는 데 얼마나 중요한가를 증명하고자 하였다(또한 행태지리학, 환경재해, 공간선호 참조). MDB

환경학습 environmental learning

공간적 관계와 환경에 대한 정보를 습득하는 과정. 어떻게 정보가 습득되는가에 대해서는 여러 견해가 있다. 그 중 한 가지 견해는 개개인(특히 어린이)은 어릴 때 세분된 공간학습을 발전시킬 수 있는 선천적인 능력을 가진다고 보며, 이는 사람-환경 상호작용에 대한 자극-반응 모형의 발전으로 귀결된다. 환경은 개개인에 작용하는 일련의 자극으로 간주되는데, 일단 반응이 나타나고 지속적으로 이것에 보상이 이루어지거나 또는 재차 강화되면(이것이 개개인이 원하는 바와 일치하는 한), 학습이 이루어졌다고 말할 수 있다. 이러한 접근은 개개인이 단순히 환경을 습득하는 것이 아니라 그들의 현실을 적극적으로 창조한다는 명제와 그리고 많은 환경학습이 다른 활동을 하면서 단순히 '얻어질 수도' 있다는 명제를 무시하는 경향이 있다.

보다 널리 채택되고 피아제(Piaget)의 발달심리학에서 많은 영향을 받은 또다른 견해는 개개인들은(다시금 특히 어린이들) 그들 자신의 '변형'에 의해 환경을 이해하는 방식을 구축해간다고 간주한다. 이러한 적극적인 구축은 세계와의 접촉을 통해 이루어지는데, 이렇게 하여 환경의 탐구 및 환경과의 교류는 공간인지의 발달로 이 끝어진다. 어린이의 생물학적인 그리고 반사적인 기능이 발달하고 적응력이 강해짐에 따라 점차 단순한 구조가 복잡한 구조로 대치되고 인지가 과거경험의 영향을 받으면서 학습은 증가된다. 그리고 발달과정은 보다 복잡하고 성숙된 형태의 공간적 지식을 이해하는 열쇠를 쥐고 있다고 전제된다.

후자는 널리 채택되고 있긴 하지만 피아제식 이론 자체에 향해지는 비판을 똑같은 이유로 받을 수도 있는데, 그것은 적응에 대한 강조와 심리적 발달에 대한 기계적인 개념화가 논점이 된다. 더욱이 개개인이 보다 넓은 공간에 대해서도 좁은 환경과 똑같은 방법으로 학습할 수 있는지와, 어른도 아이들과 같은 식으로 배우는지에 대한 의문이 해결되지 않은 채로 남아 있다. 그러나 환경학습이 갖고 있는 내재적인 특성은 환경학습을 모형화는커녕 식별하기조차 힘든 어려운 과정으로 만들고 있다: 그러한 학습이 파생되는 인지적 과정 속에서 종종 발생되는 변화에 의해 이러한 어려움은 더욱 가속된다. JE

활동공간 activity space

한 개인활동의 대부분이 수행되는 지역. 이것은 뚜렷한 점들로 구성되는데, 즉 불연속적이며 점형태 또는 시간-공간도식(시간지리학 참조)으로 지도화될 수 있다. 시간-공간도식에서는 어떤 지점으로의 이동과 그 지점에서의 활동의 지속시간이 고려된다. 활동공간의 개념에 대한 가장 중요한 발전은 숑바르 드 로위(Chombart de Lauwe)와 헤거스트란트(Hägerstrand)에 의해 이루어졌는데, 로위는 일련의 계층적으로 배열된 활동공간을 상정했고—가족적 공간, 근린공간, 경제적 공간 그리고 도시구역의 사회적 공간—헤거스트란트는 사람들이 다양한 활동을 위해 모여드는 일련의 결절점들을 제시했다. JE

활동배분모형 activity allocation models

계획지역내에 어떤 활동을 배치할 장소를 결정하는 계획적 모형.

도시 및 지역계획에서 예측은 흔히 단계적으로 실행된다. 첫단계는, 장래의 총인구, 공업, 상업 및 소매업, 주택수요 등을 예측하기 위하여 시간적 외삽법 또는 보다 정교한 방법(경제기반이론, 투입-산출모델, 순수 참조)을 사용하며, 둘째단계는, 이러한 다양한 활동을 지역내의 어디에 위치시킬 것인가 그리고 이런 활동에 배분모형을 이용할 것인가를 결정하는 것이다. 라우리모형과 같이 일부 모형은 예측적이어서, 계획이 이루어지지 않은 미래의 패턴을 예측하려 한다. 그러나 일부 활동배분모형은 규범적이어서(규범이론 참조), 이러한 활동의 입지에 최적모형의 이용을 시도하기도 한다. 또다른 모형은 평가적이다(따라서 일련의 대안적 패턴을 추구한다). 마지막으로 셋째단계는, 체계내의 유

회고적 접근

동(통근, 쇼핑 등)을 모형화한다.
이 활동배분의 가장 용이한 방법은 종종 중력모형이 중요한 역할을 하는 공업, 소매업, 주거입지 등의 개별 하위모형들을 구성하는 것이다. 그러나 이 하위모형들간의 상호작용은 종합적 결과가 일관성을 가지기 위해 반복적 절차를 필요로 하게 된다. 구역별활동의 총계가 제1단계에서의 총예측량과 일치하기는 어려우며, 이것은 지역총계가 각 구역별수준의 합계이며 그 반대과정이 아니기 때문에, 단순한 계산상의 문제가 아니라 예측논리가 가지는 결점에서 나온다.

AMH

회고적 접근 retrospective approach

현재를 밝히기 위하여 과거를 연구하는 방법(역행적 접근 참조). 이 접근법은 역사지리학을 현대의 지리학의 필요조건—또는 다비(H.C.Darby)가 일찍이 주장하였듯이, 본질적인 토대—으로 만들었다. 이 접근법의 가장 명백한 주창자는 디온(Roger Dion)인데, 그는 현재의 경관을 고찰하게 되면 그 기원을 살핌으로써만 해결될 수 있는 문제들이 제기된다고 믿었다. 이 접근법은 분명히 경관에 관한 분석을 넘어서 연장될 수 있으며, '발생적' 또는 '역사적' 설명과 많은 공통점을 지니고 있다(기능주의와 비교). DG

회귀분석 regression

n차원에 분포하는 점들의 산포경향을 직선에 최적화시키는 모수통계기법. 사용되는 자료는 급간 또는 비례 척도에 의한 측정치 모두가 가능하다. 그림에서와 같이 2차원인 경우 그 이해가 용이하다. 직선의 방정식은 $Y = a + bX$이며, 이때 X는 독립변수, Y는 종속변수이고, b는 직선의 기울기, a는 회귀직선이 Y축과 만나는 점을 가리킨다(a, b 모두 음수가 될 수 있다).
다중회귀방정식은 $Y = a + b_1 X_1 + b_2 X_2$ 에서와 같이 다수의 독립변수가 존재하는 경우이며, 이 때 각 b의 값은 다른 X값이 고정되어 있다고 가정할 경우의 Y와 해당 X간의 관계를 나타내는 기울기이다(상관관계 참조).

RJJ

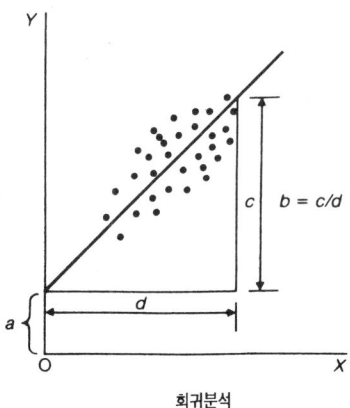

회귀분석

회랑 corridor

한 국가의 바다나 국제수로에의 접근을 가능하게 하는 지역으로 타협에 의한 연장부분. 세계에는 여러가지 회랑이 존재한다. 어떤 것은 잘 되어가지만 다른 것은 되풀이되는 긴장의 원천이 되어왔다. 회랑들 중에서 가장 골치아프고 악명높은 것은 아마도 1차세계대전말에 전쟁해결의 일부로 타결된 폴란드 회랑인데, 그것은 내륙국으로 폐쇄된 폴란드에게 발틱해의 그다니아 단지히 항구로의 접근을 가능케 해주는 것이었다. 불행하게도 그것은 동프러시아를 독일 나머지와 분리시켰고 1939년 독일의 폴란드 침공이 있기 오래 전부터 분명한 인화점이었다. 다른 경우로, 콜럼비아의 레티시아 회랑은 이 나라를 아마존강과 연결하고 궁극으로는 원래 페루였던 곳을 통하여 대서양과 연결하는데 이 계획은 잘 된 것이었다(자유시 참조). MB

횡단면(법) cross-section

특정시점의 사회와 경관에 관하여 기술하는 것이 횡단면법인데, 횡단면은 사실상 평면상의 한

'단면'으로서, 특히 역사지리학(수직적 주제와 비교)에서 공시적 연구(공시적 분석 참조)의 특징이다. 역사지리학에서 연구방법론으로서 횡단면의 사용이 일반화된 것은 다비(H.C. Darby)의 고전적 작품인 『1800년 이전의 영국의 역사지리학(Historical geography of England before A. D 1800, 1936)』에 의해서였다. 이 저술에서 그는 '과거의 지리를 복원'하기 위하여 '연속되는 시기에서의 일련의 단면'을 이용하였는데, 이 방법은 맥콜레이(Macaulay)가 그의 『영국사(The history of England, 1849)』에서 보여준, 유명한 1685년의 영국경관의 기술에서 시사받은 것이다. 당시에 "횡단면법은 본질적으로 역사학적 방법과 대비되는 지리학적 방법으로 간주되어 환영받았으나" 학문들 사이의 경계구분은 곧 잊혀지고 말았다고 다비는 회상하였다. 다비가 인식하였듯이 "'왜 이 경관이 그와 같이 나타나는가?'를 질문하는 순간 단순한 기술이나 단순한 횡단면 복원 이상의 무엇인가에 참여하게 된다" (Darby, in Finberg, 1962 참조). 그러므로 그의 후기 편집물인 『영국의 신역사지리학(A new historical geography of England, 1973)』에서 다비는 불변적인 것과 변형을 포함하고, 기술과 설명을 결합시키기 위하여 횡단면법과 수직적 주제를 혼합하였다(연속적 점유 참조). 그러나 '기술'로부터 '설명'으로의 전환은 '횡단면'과 '수직적 주제'간의 각각의 궤도로 인해 그렇게 쉽게 달성되지 못하였으며, 함의는 몇가지 오해를 불러일으켰다. 첫째, 체계분석의 형식적인 입안을 통한 지리학에서의 기능주의의 진전은 다비의 전통적인 방법론을 뚜렷하게 부활시켰으며, 기술적 관점보다는 설명적 관점에서 원래 주로 실용적이던 절차였던 내용에 이론적 근거를 제공하였다고 주장할 수 있게 되었다. 둘째, 시기구분 문제들이 이전의 논의들이 제시하였던 것보다 현저하게 복잡해졌으며, 사회구성체내에서 프로세스 영역(또는 '시간적 수준')의 위계를 인식함으로써 횡단면을 절단하는 것을 한때 입증되었던 경험적 책략 이상의 것으로 만들었다(예를 들면 Thrift, 1977 참조). DG

효용이론 utility theory

소비자 주권의 원리에 근거한 신고전경제학의 기초이론. 규범적으로나 혹은 경험적으로 유도될 수 있는 이 이론은 선호에 기초하여 소비자의 효용함수를 측정하여, 가용한 예산의 제약하에서의 선택을 예측한다. 효용이론은 교통분담(교통수단의 선택)과 교통로의 선택(개별통행수요모형화, 불연속선택모형 참조)과 같은 통행행태의 대부분의 연구에서 기초가 되고 있다.

RJJ

후기산업도시 post-industrial city

후기산업사회의 특성을 지닌 도시. 벨(Daniel Bell, 1974)에 의하면 후기산업사회는 서비스산업이 두드러지고, 전문직·기술직 계층이 두드러지고, 후기자본주의경제의 선도적 부문으로서 정보기술에 기초한 4차산업이 발달한다. 베리(Brian Berry, 1981)는 후기산업사회가 자유입지산업에 의해 지배받기 때문에, 도시체계내에서 임의지역의 상대적 성장은 물리적·사회문화적 쾌적함을 반영하게 될 것이라고 주장했다. 도니슨(David Donnison, 1980)은 그가 명명한 '좋은 도시'를 규정하였다. 그는 좋은 도시란 "성장하고 번영하는 도시, 취약한 시민들을 가장 친절하게 보호해주며 (시민들에게) 좀 더 공정하게 기회를 부여해주는 도시"라고 설명하였다.

RJJ

후기산업사회 post-industrial society

흔히 제조업이 더이상 경제적 활동을 지배하지 않는 사회를 단순히 지칭한다. 정보기술의 성장은 예를 들어 로보트의 이용을 통해 기존생산과 취업구조를 재구성하며, 값싸고 신속한 정보전달에 바탕을 둔 수정된 사회생활과정을 도입한다. 지리적 결과는 지대하다. 정보기술은 대부분 사회생활의 이심화와 개별화를 가능하게 하는 한편, 이와 동시에 그리고 그 결과로서 중앙조정 및 정치적 통제의 엄청난 증가를 필요로 한다.

후기산업사회

벨(Daniel Bell)의 영향력있는 저서 『후기 산업사회의 도래(The coming of post-industrial society, 1973)』는 전반적 사회변화과정을 함의한다. 그러나 그와 같은 접근은 두 가지 주요한 측면에서 약점을 가진다. 첫째, 이 접근은 자본주의와 계급과 같은 기존 사회구조들의 특정한 역동성이 변화에 부여할 제약에 관해 설명하지 못한다. 그 결과 이 분석은 추상적이고 비역사적인 경향을 남긴다. 둘째, 미래에 대한 구조화의 효과를 부인함으로써 이 설명은 기술적으로 결정론적이다. 더욱이, 후기산업사회의 명시적 도래는 극히 발전된 경제에 한정된다. 따라서 이 점은 진행중인 세계경제의 재구성의 일부로서 보다 적절히 이해될 수 있다(신국제분업, 후기산업도시 참조). RL

참고문헌

참고문헌

ㄱ

가격정책 pricing policies

Suggested Reading
Smith, D.M. 1981: *Industrial location: an economic geographical analysis*, second edition. New York: John Wiley, pp. 54–7.

가구재구성 family reconstitution

Henry, L. 1967: *Manuel de démographie historique*. Geneva: Libraire Droz; Paris: Centre de Recherches d'Histoire et de Philologie de la IVe section de l'École pratique de Hautes Études.

Hollingsworth, T.H. 1969: *Historical demography*. London: Hodder and Stoughton.

Schofield, R.S. 1972: Representativeness and family reconstitution. *Ann. dem. Hist.*, pp. 121–5.

Souden, D.C. 1984: Movers and stayers in family reconstitution populations. *Local Population Studies* 33, pp. 11–27.

Wrigley, E.A. 1966: Family reconstitution. In Wrigley, E.A., ed., *An introduction to English historical demography*. London: Weidenfeld and Nicholson, pp. 96–159.

Wrigley, E.A. and Schofield, R.S. 1981: *The population history of England 1541–1871: a reconstruction*. London: Edward Arnold; Cambridge, Mass.: Harvard University Press.

Wrigley, E.A. and Schofield, R.S. 1983: English population history from family reconstitutions: summary results 1600–1799. *Pop. Stud.* 37, pp. 157–84.

Suggested Reading
Wrigley, E.A. 1966: Family reconstitution. In Wrigley, E.A., ed., *An introduction to English historical demography*. London: Weidenfeld and Nicholson, pp. 96–159.

가능론 possibilism

Berdoulay, V. 1976: French possibilism as a form of neo-Kantian philosophy. *Procs. Ass. Am. Geogr.* 8, pp. 176–9.

Buttimer, A. 1971: *Society and milieu in the French geographic tradition*. Chicago: Rand McNally.

Febvre, L. 1932: *A geographical introduction to history*. London: Kegan Paul Trench Trübner.

Jones, E. 1956: Cause and effect in human geography. *Ann. Ass. Am. Geogr.* 46, pp. 369–77.

Lacoste, Y. 1985: *La géographie, ça sert, d'abord, à faire la guerre*, Paris: La Découverte.

Lukermann, F. 1965: The calcul des probabilités and the Ecole Française de Géographie. *Can. Geogr.* 9, pp. 128–37.

Martin, A.F. 1951: The necessity for determinism. *Trans. Inst. Br. Geogr.* 17, pp. 1–12.

Pred, A. 1984: Place as historically-contingent process: structuration and the time-geography of becoming places. *Ann. Ass. Am. Geogr.* 74, pp. 279–97.

Spate, O.H.K. 1957: How determined is possibilism? *Geogrl. Stud.* 4, pp. 3–12.

Suggested Reading
Buttimer (1971).
Lukermann (1965).
Montefiore, A.G. and Williams, W.M. 1955: Determinism and possibilism: a search for clarification. *Geogr. Stud.* 2, pp. 1–11.

가변비용분석 variable cost analysis

Hoover, E.M. 1948: *The location of economic activity*. New York: McGraw-Hill.

Palander, T. 1935: *Beiträge zur Standortstheorie*. Uppsala: Almqvist and Wiksell.

Weber, A. 1929: *Alfred Weber's theory of the location of industries*, translated by C.J. Friedrich. Chicago: University of Chicago Press. (Reprinted 1971, New York: Russell and Russell; first German edition 1909.)

참고문헌(개성기술적 [방법])

Suggested Reading
Miller, E.W. 1977: *Manufacturing: a study of industrial location*. University Park: Pennsylvania State University Press, pp. 4–19.
Smith, D.M. 1981: *Industrial location: an economic geographical analysis*, second edition. New York: John Wiley.

가변수입분석 variable revenue analysis

Suggested Reading
Miller, E.W. 1977: *Manufacturing: a study of industrial location*. University Park: Pennsylvania State University Press, pp. 20–36.
Smith, D.M. 1981: *Industrial location: an economic geographical analysis*, second edition. New York: John Wiley.

가설 hypothesis

Suggested Reading
Harvey, D. 1969: *Explanation in geography*. London: Edward Arnold, chapters 8–9.
Newman, J.L. 1973: The use of the term 'hypothesis' in geography. *Ann. Ass. Am. Geogr.* 63, pp. 22–7.

가치 values

Suggested Reading
Buttimer, A. 1974: *Values in geography*. Washington DC: Association of American Geographers.

갈등 conflict

Cox, K.R. and Johnston, R.J., eds 1982: *Conflict, politics and the urban scene*. London: Longman; New York: St. Martins.
Gregory, D. 1982: *Regional transformation and industrial revolution: a geography of the Yorkshire woollen industry*. London: Macmillan; Minneapolis: University of Minnesota Press.
Johnston, R.J. 1984: *Residential segregation, the state and constitutional conflict in American urban areas*. London and New York: Academic Press.
Massey, D. 1984: *Spatial divisions of labour: social studies and the geography of production*. London: Macmillan.
Powell, J.M. 1970: *The public lands of Australia Felix*. Melbourne: Oxford University Press.

갈래치기 bifurcation

Clarke, M. and Wilson, A.G. 1983: Dynamics of urban spatial structure: progress and problems. *J. Reg. Sci.* 23, pp. 1–18.
Harris, B. and Wilson, A.G. 1978: Equilibrium values and dynamics of attractiveness terms in production-constrained spatial-interaction models. *Environ. Plann. A* 10, pp. 371–88.

Suggested Reading
Wilson, A.G. 1981: *Catastrophe theory and bifurcation: applications to urban and regional systems*. London: Croom Helm; Berkeley: University of California Press.

개발제한구역 green belt

Thomas, D. 1970: *London's green belt*. London: Faber and Faber.

Suggested Reading
Hall, P.G. 1977: *The world cities*, second edition. London: Weidenfeld and Nicolson; New York: McGraw-Hill.
Hall, P.G. et al. 1973: *The containment of urban England*, two volumes. London: Allen & Unwin; Beverly Hills, Calif.: Sage Publications.
Munton, R.J.C. 1983: *London's green belt: containment in practice*. London and Boston: Allen & Unwin.

개발지역 development areas

Suggested Reading
Keeble, D.E. 1976: *Industrial location and planning in the United Kingdom*. London and New York: Methuen.
Law, C.M. 1980: *British regional development since World War I*. Newton Abbot: David and Charles.
Maclennan, D. and Parr, J.B. 1979: *Regional policy: past experience and new directions*. Oxford: Martin Robertson.
McCrone, G. 1969: *Regional policy in Britain*. London: Allen & Unwin.

개발통제 development control

Suggested Reading
Cullingworth, J.B. 1976: *Town and country planning in Britain*, sixth edition. London: Allen & Unwin, chapter 6. (Third edition, *Town and country planning in England and Wales: an introduction*. Buffalo: University of Toronto Press, 1972.)
Heap, D. 1978: *An outline of planning law*. London: Sweet and Maxwell.

개성기술적 (방법) idiographic

Bunge, W. 1962: *Theoretical geography*. Lund:

참고문헌(개입가격)

C.W.K. Gleerup.
Burton, I. 1963: The quantitative revolution and theoretical geography. *Can. Geogr.* 7, pp. 151–62.
Chorley, R.J. and Haggett, P., eds. 1967: *Models in geography*. London and New York: Methuen.
Guelke, L. 1977: The role of laws in human geography. *Prog. hum. Geogr.* 1, pp. 376–86.
Haggett, P. 1965: *Locational analysis in human geography*. London: Edward Arnold; New York: John Wiley.
Johnston, R.J. 1985: The world is our oyster. In King, R., ed., *Geographical futures*. Sheffield: Geographical Association, pp. 112–28.
Massey, D. 1984: Introduction. In Massey, D. and Allen, J., eds, *Geography matters! A reader*. Cambridge and New York: Cambridge University Press, pp. 1–11.

Suggested Reading
Harvey, D. 1969: *Explanation in geography*. London: Edward Arnold; New York: St Martin's Press, pp. 49–54.
Johnston (1985).

개입가격 intervention prices

Suggested Reading
Anon. 1976: Britain's farming policy: from guarantees to intervention. *Midland Bank Review*, November.
Bowler, I.R. 1979: *Government and agriculture: a spatial perspective*. London and New York: Longman.
Pearce, J. 1981: *The common agricultural policy: prospects for change*. London: Routledge and Kegan Paul.
Tracy, M. 1982: *Agriculture in Western Europe – challenge and response: 1880–1980*. St Albans and New York: Granada.

개입기회 intervening opportunities

Suggested Reading
Clark, C. and Peters, G.H. 1965: The intervening opportunities method of traffic analysis. *Traff. Q.* 19, pp. 101–19.
Stouffer, S.A. 1940: Intervening opportunities: a theory relating mobility to distance. *Am. sociol. Rev.* 5, pp. 845–67.

거래흐름분석 transaction flow analysis

Suggested Reading
MacKay, J.R. 1958: The interactive hypothesis and boundaries in Canada – a preliminary study. *Can. Geogr.* 2, pp. 1–8.

거리조락 distance decay

Berry, B.J.L. and Marble, D.F., eds 1968: *Spatial analysis: a reader in statistical geography*. Englewood Cliffs, NJ and London: Prentice-Hall.
Bunge, W. 1962: *Theoretical geography*. Lund: C.W.K. Gleerup.
Cliff, A., Martin, R.L. and Ord, J.K. 1975 and 1976: Map pattern and friction of distance parameters. *Reg. Stud.* 9, pp. 285–8 and 10, pp. 341–2.
Curry, L. 1972: A spatial analysis of gravity flows. *Reg. Stud.* 6, pp. 131–47.
Olsson, G. 1980: *Birds in eggs/Eggs in bird*. London: Pion; New York: Methuen.
Taylor, P.J. 1971: Distance transformation and distance decay functions. *Geogr. Anal.* 3, pp. 221–38.
Tobler, W. 1970: A computer movie. *Econ. Geogr.*, 46, pp. 234–40.

Suggested Reading
Olsson (1980), chapter 13.

거리화 distancing

Suggested Reading
Johnston, R.J. 1984: *City and society: an outline for urban geography*. London: Hutchinson, chapters 6 and 7.

거시지리학 macrogeography

Neft, D. 1966: *Statistical analysis for areal distributions*. Philadelphia: Regional Science Research Institute.
Stewart, J.Q. and Warntz, W. 1958: Macrogeography and social science. *Geogrl. Rev.* 48, pp. 167–84.
Warntz, W. 1965: *Macrogeography and income fronts*. Philadelphia: Regional Science Research Institute.
Warntz, W. 1973: New geography as general spatial systems theory – old social physics writ large? In Chorley, R.J., ed., *Directions in geography*. London: Methuen.

Suggested Reading
Warntz (1973).
Warntz, W. 1984: Trajectories and coordinates. In Billinge M., Gregory, D. and Martin, R.L., eds, *Recollections of a revolution: geography as spatial science*. London: Macmillan; New York: St Martin's Press, pp. 134–50.

건강과 보건 health and health care

참고문헌(경관)

Suggested Reading
Clarke, M., ed. 1984: *Planning and analysis in health care systems*. London: Pion.
Eyles, J. and Woods, K.J. 1983: *The social geography of medicine and health*. London: Croom Helm; New York: St Martin's Press.

건조농법 dry farming

Suggested Reading
Andreae, B. 1981: *Farming, development and space: a world agricultural geography*. New York: De Gruyter, pp. 174–87.

게리맨더 gerrymander

Suggested Reading
Johnston, R.J. 1979: *Political, electoral and spatial systems: an essay in political geography*. Oxford and New York: Oxford University Press.

게임시행 gaming

Pate, G.S. and Matej, J.A. 1979: Retention; the real power of simulation gaming? *Journal of Experiential Learning and Simulation* 1, pp. 195–202.
Walford, R.A. 1981: Geography games and simulations; learning through experience. *J. Geogr. Higher Educ.* 5, pp. 113–19.

Suggested Reading
Jones, K. 1985: *Designing your own simulations*. London: Methuen.
Simulation and Games A quarterly journal, published by Sage Publications.
Simulation Games for Learning A quarterly journal, published by SAGSET.
Taylor, J.L. and Walford R.A. 1978: *Learning and the simulation game*. Milton Keynes: Open University Press.

게임이론 game theory

Rogers, P. 1969: A game theory approach to the problems of international river basins. *Wat. Resour. Res.* 5, pp. 749–60.

Suggested Reading
Abler, R., Adams, J.S and Gould, P. 1971: *Spatial organization; the geographer's view of the world*. London and Englewood Cliffs, NJ: Prentice-Hall, pp. 478–89 and 510–15.
Paelinck, J.H.P. and Nijkamp, P. 1975: *Operational theory and method in regional economics*. Farnborough: Saxon House; Lexington, Mass.: Lexington Books, pp. 140–6 and 158–62.

게토 ghetto

Boal, F.W. 1976: Ethnic residential segregation. In Herbert, D.T. and Johnston, R.J., eds, *Social areas in cities*. Chichester: John Wiley, pp. 41–79.
Wirth, L. 1928: *The ghetto*. Chicago: Chicago University Press.

Suggested Reading
Ward, D. 1982: The ethnic ghetto in the United States: past and present. *Trans. Inst. Br. Geogr.* ns 7, pp. 257–75.

격자분석 quadrat analysis

Suggested Reading
Thomas, R.W. 1977: *An introduction to quadrat analysis*. Concepts and techniques in modern geography 12. Norwich: Geo Books.

경계 boundary

Hartshorne, R. 1936: Suggestions as to the terminology of political boundaries. *Ann. Ass. Am. Geogr.* 26, pp. 56–7.
Platt, J. 1969: Theorems on boundaries in hierarchical systems. In Whyte, L.L., Wilson, A.G. and Wilson, D., eds, *Hierarchical structures*. New York: Elsevier.

Suggested Reading
Jones, S.B. 1959: Boundary concepts in the setting of place and time. *Ann. Ass. Am. Geogr.* 49, pp. 269–82.
Kristof, L.D. 1959: The nature of frontiers and boundaries. *Ann. Ass. Am. Geogr.* 49, pp. 241–55.
Prescott, J.V.R. 1978: *Boundaries and frontiers*. London: Croom Helm.

경관 Landschaft

Darby, H.C. 1951: The changing English landscape. *Geogrl. J.* 117, pp. 377–98.
Darby, H.C. 1953: On the relations of geography and history. *Trans. Inst. Br. Geogr.* 19, pp. 1–11.
Gregory, D. 1976: Rethinking historical geography. *Area* 8, pp. 245–9.
Hartshorne, R. 1939: *The nature of geography: a critical survey of current thought in the light of the past*. Lancaster, Pa.: Association of American Geographers.
Langton, J. 1972: Potentialities and the problems of adopting a systems approach to the study of change in human geography. *Prog. Geog.* 4, pp. 125–79.
Sauer, C. 1963: The morphology of landscape. In Leighly, J., ed., *Land and life: a selection from the*

참고문헌(경관평가)

writings of Carl Ortwin Sauer. Berkeley: University of California Press, chapter 16.

Suggested Reading
Dickinson, R.E. 1939: Landscape and society. *Scott. geogr. Mag.* 55, pp. 1-14.
Hartshorne (1939), chapter 5.
Sauer (1963).

경관평가 landscape evaluation

Coppock, J.T. and Duffield, B.S. 1975: *Recreation in the countryside: a spatial analysis*. London: Macmillan; New York: St Martin's Press.
Fines, K.D. 1968: Landscape evaluation: a research project in East Sussex. *Reg. Stud.* 2, pp. 41-55.
Linton, D.L. 1968: The assessment of scenery as a natural resource. *Scott. geogr. Mag.* 84, pp. 219-38.

Suggested Reading
Appleton, J. *et al.* 1975: Landscape evaluation. *Trans. Inst. Br. Geogr.* 66, pp. 119-62.

경제기반이론 economic base theory

Suggested Reading
Glickman, N.J. 1977: *Econometric analysis of regional systems: explorations in model building and policy analysis*. New York and London: Academic Press, pp. 15-27.
Haggett, P., Cliff, A.D. and Frey, A.E. 1977: *Locational analysis in human geography*, second edition. London: Edward Arnold; New York: John Wiley.
Wilson, A.G. 1974: *Urban and regional models in geography and planning*. Chichester and New York: John Wiley.

경제인 economic man(sic)

Suggested Reading
Hollis, M. and Nell, E. 1975: *Rational economic man: a philosophical critique of neo-classical economics*. Cambridge and New York: Cambridge University Press.

경제지대 economic rent

Suggested Reading
Barlowe, R. 1978: *Land resource economics*, third edition. Englewood Cliffs, NJ and London: Prentice-Hall.
Chisholm, M. 1979: *Rural settlement and land use: an essay in location*, third edition. London: Hutchinson; Atlantic Highlands, NJ: Humanities Press.

Found, W.C. 1974: *A theoretical approach to rural land-use patterns*. London: Edward Arnold; New York: St Martin's Press.

경제지리학 economic geography

References and Suggested Reading
Berry, B.J.L., Conkling, E.C. and Ray, D.M. 1976: *Geography of economic systems*. Englewood Cliffs, NJ and London: Prentice-Hall.
Brookfield, H. 1975: *Interdependent development*. London: Methuen; Pittsburgh, Pa.: University of Pittsburgh Press.
Buchanan, K.M. 1970: *The transformation of the Chinese earth*. London: Bell; New York: Praeger.
Buchanan, R.O. 1935: *The pastoral industries of New Zealand: a study in economic geography*. Institute of British Geographers publications 2. London: G. Philip.
Chisholm, G.G. 1975: *Chisholm's handbook of commercial geography*, nineteenth edition. London: Longman (first edition 1889).
Chisholm, M. 1966: *Geography and economics*. London: Bell; Boulder, Col.: Westview Press.
Chisholm, M. and Manners, G. 1971: Geographical space: a new dimension of public concern and policy. In Chisholm, M. and Manners, G., eds, *Spatial policy problems of the British economy*. Cambridge: Cambridge University Press, chapter 1.
Coates, B.E., Johnston, R.J. and Knox, P.L. 1977: *Geography and inequality*. Oxford and New York: Oxford University Press.
Coppock, J.T. and Sewell, W.R.D., eds 1976: *Spatial dimensions of public policy*. Oxford and New York: Pergamon.
Dunford, M. 1979: Capital accumulation and regional development in France. *Geoforum* 10, pp. 81-108.
Dunford, M. and Perrons, D. 1983: *The arena of capital*. London and Basingstoke: Macmillan; New York: St Martin's Press.
Franklin, S.H. 1969: *The European peasantry: the final phase*. London: Methuen.
Galbraith, J.K. 1974: *Economics and the public purpose*. London: André Deutsch; Boston: Houghton Mifflin.
Gregory, D. 1985: People, places and practices. In King, pp. 56-76.
Harvey, D. 1973: *Social justice and the city*. London: Edward Arnold; Baltimore: Johns Hopkins University Press.
Harvey, D. 1982: *The limits to capital*. Oxford: Basil Blackwell; Chicago: Chicago University Press.
Hoare, A. 1979: Alternative energies: alternative geographies. *Prog. hum. Geogr.* 4: 3, pp. 506-37.
Hodder, B.W. and Lee, R. 1974: *Economic geo-*

참고문헌(경지체계)

graphy. London: Methuen; New York: St Martin's Press.

Johnston, R.J. 1985: The world is our oyster. In King, pp. 112-28.

Keeble, D.E. 1967: Models of economic development. In Chorley, R.J. and Haggett, P., eds, *Models in geography*. London and New York: Methuen, chapter 8.

King, R. ed. 1985: *Geographical futures*. Sheffield: The Geographical Association.

Lee, R. 1979: The economic basis of social problems in the city. In Herbert, D.T. and Smith, D.M. eds, *Social problems and the city*. Oxford: Oxford University Press, chapter 4.

Lee, R. 1985: The future of the region: regional geography as education for transformation. In King, pp. 79-91.

Lee, R. 1986: Social relations and the geography of social development. In Gregory, D. and Walford, R. eds, *New horizons in human geography*. London: Macmillan.

Lloyd, P.E. and Dicken, P.E. 1977: *Location in space: a theoretical approach to economic geography*, second edition. London and New York: Harper and Row.

Manners, G. 1971: *The changing world market for iron ore 1950-1980: an economic geography*. Baltimore and London: Johns Hopkins University Press.

Massey, D. 1978: Regionalism: some current issues. *Capital and class*. Autumn, pp. 106-25.

Massey, D. 1984: *Spatial divisions of labour*. London: Macmillan.

Paterson, J.H. 1976: *Land, work and resources: an introduction to economic geography*, second edition. London: Edward Arnold; New York: Crane Russak.

Richardson, H.W. 1969: *Regional economics: location theory, urban structure and regional change*. London: Weidenfeld and Nicolson; New York: Praeger.

Sayer, A. 1979: Epistemology and conceptions of people and nature in geography. *Geoforum* 10, pp. 19-43.

Slater, D. 1973 and 1977: Geography and underdevelopment, parts I and II. *Antipode* 5: 3, pp. 21-32; 9: 3, pp. 1-31.

경제통합형태 form of economic integration

Aronowitz, S. 1981: A metatheoretical critique of Immanuel Wallerstein's *The modern world system*. *Theory and Society* 9, pp. 503-20.

Block, F. and Somers, M. 1984: Beyond the economistic fallacy: the holistic social science of Karl Polanyi. In Skocpol, T., ed., *Vision and method in historical sociology*. Cambridge and New York: Cambridge University Press, pp. 47-84.

Dalton, G., ed. 1968, 1971: *Primitive, archaic and modern economies: essays of Karl Polanyi*. Boston: Beacon Press.

Harvey, D. 1973: *Social justice and the city*. London: Edward Arnold; Baltimore: Johns Hopkins University Press.

Harvey, D. 1982: *The limits to capital*. Oxford: Basil Blackwell; Chicago: Chicago University Press.

Humphreys, S.C. 1969: History, economics and anthropology: the work of Karl Polanyi. *Hist. Theor.* 8, pp. 165-212.

North, D.C. 1977: Markets and other allocation systems in history: the challenge of Karl Polanyi. *J. Eur. econ. Hist.* 6, pp. 703-16.

Pearson, H., ed. 1977: *The livelihood of man: essays of Karl Polanyi*. New York: Academic Press.

Wallerstein, I. 1978: *The capitalist world-economy*. Cambridge and New York: Cambridge University Press.

Wallerstein, I. 1984: *The politics of the world-economy*. Cambridge: Cambridge University Press.

Wheatley, P. 1971: *The pivot of the four quarters*. Edinburgh: Edinburgh University Press; Chicago: Aldine.

Wheatley, P. 1973: Satyantra in Suvarnadvipa: from reciprocity to redistribution in ancient South-East Asia. In Sabloff, J.A. and Lamberg-Karlovsky, C., eds, *Ancient civilization and trade*. Albuquerque: University of New Mexico Press, chapter 6.

Suggested Reading
Dalton (1968).
Humphreys (1969).
North (1977).

경지체계 field system

Baker, A.R.H. and Butlin, R.A., eds 1973: *Studies of field systems in the British Isles*. Cambridge: Cambridge University Press.

Dahlman, C. 1980: *The open field system and beyond*. Cambridge and New York: Cambridge University Press.

Dodgshon, R.A. 1979: Observations on the open fields: a reply. *J. hist. Geogr.* 5, pp. 423-6.

Dodgshon, R.A. 1980: *The origins of British field systems: an interpretation*. London: Academic Press.

Gray, H.L. 1915: *English field systems*. Cambridge, Mass: Harvard University Press.

Rowley, T. 1981: *The origins of open-field agriculture*. London: Croom Helm; Totowa, NJ: Barnes

참고문헌(경향면분석)

and Noble.

Thirsk, J. 1964: The common fields. *Past and Present* 29, pp. 3–25.

Thirsk, J. 1966: The origin of the common fields. *Past and Present* 35, pp. 142–7.

Suggested Reading

Baker, A.R.H. 1979: Observations on the open fields: the present position of studies in British field systems. *J. hist. Geogr.* 5, pp. 315–23 (see also replies by Dodgshon, R.A. and McCloskey, D.N., idem, pp. 423–9).

Dodgshon (1980).
Rowley (1981).

경향면분석 trend surface analysis

Suggested Reading

Unwin, D.J. 1975: *An introduction to trend surface analysis.* Concepts and techniques in modern geography 5. Norwich: Geo Books.

경험주의 empiricism

Suggested Reading

Bowen, M.J. 1979: Scientific method – after positivism. *Aust. Geogr. Stud.* 17, pp. 210–16.

계급 class

Ball, M. 1984: *Housing policy and economic power.* London and New York: Methuen.

Suggested Reading

Gerth, H.H. and Mills, C.W., eds 1970: *From Max Weber: essays in sociology.* London: Routledge and Kegan Paul.

Giddens, A. 1973: *The class structure of the advanced societies* (second edition, 1981). London: Hutchinson; New York: Harper and Row.

Marx, K. and Engels, F. 1972: *Selected works,* revised edition. London: Lawrence and Wishart; New York: International Publishers.

Saunders, P. 1980: *Urban politics: a sociological interpretation.* London: Penguin.

계량방법 quantitative methods

Burton, I. 1963: The quantitative revolution and theoretical geography. *Can. Geogr.* 7, pp. 151–62.

Suggested Reading

Billinge, M., Gregory, D. and Martin, R.L. 1984: *Recollections of a revolution: geography as spatial science.* London: Macmillan; New York: St Martin's Press.

Wilson, A.G. 1981: *Geography and the environment: systems analytical methods.* Chichester and New York: John Wiley.

Wilson, A.G. and Bennett, R.J. 1985: *Mathematical methods in human geography and planning.* Chichester and New York: John Wiley.

Wilson, A.G. and Kirkby, M.J. 1980: *Mathematics for geographers and planners,* second edition. Oxford: Clarendon Press; New York: Oxford University Press.

계량지도분석 cartometry

References and Suggested Reading

Blakemore, M.J. 1984: Generalization and error in spatial data bases. *Cartographica* 21: 23, pp. 131–9.

Goodchild, M.F. 1980: Fractals and the accuracy of geographic measures. *J. Int. Ass. Math. Geol.* 12, pp. 85–98.

Kishimoto, H. 1968: *Cartometric measurements.* Zurich: Juris Druck and Verlag.

Maling, D.H. 1977: Cartometry: the neglected discipline. In Kretschmer, I., ed., *Studies in theoretical cartography.* Vienna: Franz Deuticke, pp. 229–46.

계량혁명 quantitative revolution

Burton, I. 1963: The quantitative revolution and theoretical geography. *Can. Geogr.* 7, pp. 151–62.

Chisholm, M. 1975: *Human geography: evolution or revolution?* London and New York: Penguin.

Suggested Reading

Billinge, M., Gregory, D. and Martin, R.L., eds 1984: *Recollections of a revolution: geography as spatial science.* London: Macmillan; New York: St Martin's Press.

Johnston, R.J. 1983: *Geography and geographers: Anglo-American human geography since 1945,* second edition. London: Edward Arnold; New York: Halsted, chapter 3.

Taylor, P.J. 1976: An interpretation of the quantification debate in British geography. *Trans. Inst. Br. Geogr.* ns 1, pp. 129–42.

계수화 digitizing

Suggested Reading

Boyle, A.R. 1980: Developments in equipment and techniques. In Taylor, D.R.F., ed., *The computer in contemporary cartography.* Chichester and New York: John Wiley, pp. 39–57.

Monmonier, M.S. 1982: *Computer-assisted cartography: principles and prospects.* Englewood Cliffs, NJ and London: Prentice-Hall.

참고문헌(공간과학)

고용변화의 구성요소 components of change

Suggested Reading
Mason, C.M. 1980: Industrial change in Greater Manchester 1966-1975: a components of change approach. *Urban Stud.* 17, pp. 173-84.

공간 space

Blaut, J. 1961: Space and process. *Prof. Geogr.* 13, pp. 1-7.
Bunge, W. 1962: *Theoretical geography*. Lund: C.W.K. Gleerup.
Chapman, G.P. 1977: *Human and environmental systems: a geographer's appraisal*. London and New York: Academic Press.
Gould, P. 1970: Is *statistix inferens* the geographical name for a wild goose? *Econ. Geogr.* 46, pp. 439-48.
Harris, R.C. 1971: Theory and synthesis in historical geography. *Can. Geogr.* 15, pp. 157-72.
Hartshorne, R. 1939: *The nature of geography: a critical survey of current thought in the light of the past*. Lancaster, Pa.: Association of American Geographers.
Hartshorne, R. 1958: The concept of geography as a science of space, from Kant and Humboldt to Hettner. *Ann. Ass. Am. Geogr.* 48, pp. 97-108.
Harvey, D. 1973: *Social justice and the city*. London: Edward Arnold; Baltimore: Johns Hopkins University Press.
James, P.E. and Jones, C.F., eds 1954: *American geography: inventory and prospect*. Syracuse, NY: Syracuse University Press.
Johnston, R.J. 1980: On the nature of explanation in human geography. *Trans. Inst. Br. Geogr.* ns 5, pp. 402-12.
Moss, R.P. 1970: Authority and charisma: criteria of validity in geographical method. *S. Afr. geogr. J.* 52, pp. 13-37.
Pooler, J.A. 1977: The origins of the spatial tradition in geography: an interpretation. *Ont. Geogr.* 11, pp. 56-83.
Sack, R.D. 1974: The spatial separatist theme in geography. *Econ. Geogr.* 50, pp. 1-19.
Sack, R.D. 1980: *Conceptions of space in social thought*. London: Macmillan; Minneapolis: University of Minnesota Press.
Schaefer, F.K. 1953: Exceptionalism in geography: a methodological examination. *Ann. Ass. Am. Geogr.* 43, pp. 226-49.
Smith, N. 1984: *Uneven development: nature, capital and the production of space*. Oxford: Basil Blackwell.

Suggested Reading

Abler, R.F., Adams, J.S. and Gould, P.R. 1971: *Spatial organization: the geographer's view of the world*. Englewood Cliffs, NJ and London: Prentice-Hall.
Harvey, D. 1969: *Explanation in geography*. London: Edward Arnold; New York: St Martin's Press, chapter 14.
Harvey (1973), chapter 1 (see also introduction).
Sack (1980).
Smith (1984), chapter 3.

공간경제 space-economy

Isard, W. 1956: *Location and space-economy: a general theory relating to industrial location, market areas, land use, trade and urban structure*. Cambridge, Mass.: MIT Press and New York: John Wiley; London: Chapman and Hall.
Lee, R. and Ogden, P.E., eds 1976: *Economy and society in the European Economic Community: spatial perspectives*. Farnborough: Saxon House; Lexington: Lexington Books.
Lipietz, A. 1977: *Le capital et son espace*. Paris: F. Maspero.
Smith, D.M. 1977: *Human geography: a welfare approach*. London: Edward Arnold; New York: St Martin's Press.
Smith, N. 1979; Geography, science and postpostivist modes of explanation. *Prog. hum. Geogr.* 3, pp. 356-83.

Suggested Reading
Soja, E.W. 1980: The socio-spatial dialectic. *Ann. Ass. Am. Geogr.* 70, pp. 207-25.

공간과학 spatial science

Berry, B.J.L. and Marble, D.F. 1968: Introduction. In Berry, B.J.L. and Marble, D.F., eds, *Spatial analysis: a reader in statistical geography*. Englewood Cliffs, NJ: Prentice-Hall, pp. 1-9.
Nystuen, J.D. 1968: Identification of some fundamental spatial concepts. In Berry, B.J.L. and Marble, D.F., eds, *Spatial analysis: a reader in statistical geography*. Englewood Cliffs, NJ: Prentice-Hall, pp. 35-41. (Reprinted from *Pap. Mich. Acad. Sci.* 1963: 48, pp. 373-84.)
Sack, R.D. 1973: A concept of physical space in geography. *Geogr. Anal.* 5, pp. 16-34.

Suggested Reading
Cox, K.R. 1976: American geography: social science emergent. *Soc. Sci. Q.* 57, pp. 182-207.
Eliot Hurst, M.E. 1980: Geography, social science and society: towards a de-definition. *Aust. geogr. Stud.* 18, pp. 3-21.
Philbrick, A.K. 1957: Principles of areal functional analysis in regional human geography. *Econ. Geogr.* 33, pp. 299-336.

참고문헌(공간구조)

공간구조 spatial structure

Blaut, J. 1961: Space and process. *Prof. Geogr.* 13, pp. 1–7.
Bunge, W. 1962: *Theoretical geography.* Lund: C.W.K. Gleerup.
Giddens, A. 1984: *The constitution of society.* Cambridge: Polity Press.
Gregory, D. and Urry, J. 1985: Introduction. In Gregory, D. and Urry, J., eds, *Social relations and spatial structures.* London: Macmillan; New York: Methuen, pp. 1–8.
Massey, D. 1984: *Spatial divisions of labour: social structures and the geography of production.* London: Macmillan.
Soja, E. 1985: The spatiality of social life: towards a transformative retheorisation. In Gregory, D. and Urry, J., eds, *Social relations and spatial structures.* London: Macmillan, pp. 90–127.
Schaefer, F.K. 1953: Exceptionalism in geography: a methodological examination. *Ann. Ass. Am. Geogr.* 43, pp. 226–49.
Urry, J. 1985: Social relations, space and time. In Gregory, D. and Urry, J., eds, *Social relations and spatial structures.* London: Macmillan, pp. 90–127.

Suggested Reading
Gregory, D. 1982: Solid geometry: notes on the recovery of spatial structure. In Gould, P. and Olsson, G., eds, *A search for common ground.* London: Pion; New York: Methuen, pp. 187–219.
Soja (1985).

공간물신론 spatial fetishism

Suggested Reading
Sack, R.D. 1980: *Conceptions of space in social thought.* London: Macmillan; Minneapolis: University of Minnesota Press.
Sayer, A. 1984: *Method in social science: a realist approach.* London and Dover, NH: Hutchinson.

공간분석 spatial analysis

Unwin, D. 1981: *Introductory spatial analysis.* London and New York, Methuen.

공간사회지표 territorial social indicator

Smith, D.M. 1973: *A geography of social wellbeing in the United States.* New York: McGraw-Hill.

Suggested Reading
Smith (1973).
Smith, D.M. 1979: *Where the grass is greener: living in an unequal world.* London: Penguin; New York: Barnes and Noble (published as *Geographical perspectives on inequality*).

공간선호 spatial preference

Suggested Reading
Gold, J.R. 1980: *An introduction to behavioural geography.* Oxford and New York: Oxford University Press.

공간성 spatiality

Castells, M. 1977: *The urban question.* London: Edward Arnold.
Castells, M. 1983: *The city and the grassroots.* London: Edward Arnold.
Giddens, A. 1984: *The constitution of society.* Cambridge: Polity Press.
Hägerstrand, T. 1984: Presence and absence: a look at conceptual choices and bodily necessities. *Reg. Stud.* 18, pp. 373–80.
Lefebvre, H. 1974: *La production de l'espace.* Paris: Anthropos.
Lipietz, A. 1977: *Le capital et son espace.* Paris: Maspero.
Pickles, J. 1985: *Phenomenology, science and geography: spatiality and the human sciences.* Cambridge: Cambridge University Press.
Smith, N. 1984: *Uneven development: nature, capital and the production of space.* Oxford and New York: Basil Blackwell.
Soja, E. 1980: The socio-spatial dialectic. *Ann. Ass. Am. Geogr.* 70, pp. 207–27.
Soja, E. 1985: The spatiality of social life: towards a transformative retheorisation. In Gregory, D. and Urry, J., eds, *Social relations and spatial structures.* London: Macmillan, pp. 90–122.
Vilar, P. 1973: Histoire marxiste, histoire en construction: essai de dialogue avec Althusser. *Annales ESC* 28, pp. 165–98.

Suggested Reading
Pickles (1985).
Smith (1984).
Soja (1985).

공간적 상호작용 spatial interaction

Morrill, R.L. 1974: *The spatial organization of society.* North Scituate, Mass.: Duxbury Press.
Ullman, E.L. 1954: Geography as spatial interaction. Reprinted in Eliot Hurst M.E., ed. 1974: *Transportation geography: comments and readings.* New York: McGraw Hill, pp. 29–40.

참고문헌(공동체)

공간적 자기상관 spatial autocorrelation
Suggested Reading
Cliff, A.D. and Ord, J.K. 1981: *Spatial processes: models and applications.* London: Pion.
Haggett, P., Cliff, A.D. and Frey, A.E. 1977: *Locational analysis in human geography,* second edition. London: Edward Arnold; New York: John Wiley, pp. 353–67 and 372–7.

공간적 정의 territorial justice
Suggested Reading
Davies, B. 1968: *Social needs and resources in local services.* London: Michael Joseph, chapters 1–3.
Hamnett, C. 1979: Area-based explanations: a critical appraisal. In Herbert, D.T. and Smith, D.M., eds, *Social problems and the city.* Oxford: Oxford University Press, chapter 13.
Harvey, D. 1973: *Social justice and the city.* London: Edward Arnold; Baltimore: Johns Hopkins University Press, chapter 3.
Smith, D.M. 1977: *Human geography: a welfare approach.* London: Edward Arnold; New York: St Martin's Press, chapter 6.

공간한계 spatial margin
Rawstron, E.M. 1958: Three principles of industrial location. *Trans. Inst. Br. Geogr.* 25, pp. 132–42.
Suggested Reading
Smith, D.M. 1981: *Industrial location: an economic geographical analysis,* second edition. New York: John Wiley.

공공목장의 비극 tragedy of the commons
Hardin, G. 1968: The tragedy of the commons. *Sci.* 162, pp. 1243–8.

공공선택이론 public choice theory
Suggested Reading
Archer, J.C. 1981: Public choice paradigms in political geography. In Burnett, A.D. and Taylor, P.J., eds, *Political studies from spatial perspectives.* Chichester and New York: John Wiley, pp. 73–90.

공공재 public goods
Suggested Reading
Bennett, R.J. 1980: *The geography of public finance.* London and New York: Methuen.
Cox, K.R. and Johnston, R.J., eds 1982: *Conflict, politics and the urban scene.* Harlow, Longman; New York: St Martin's.
Kirby, A.M., Knox, P.L. and Pinch, S.P., eds 1984: *Public service provision and urban development.* London: Croom Helm; New York: St Martin's.
Pinch, S.P. 1985: *Cities and services: the geography of collective consumption.* London: Routledge and Kegan Paul.

공공정책과 지리학 public policy, geography and
Harvey, D. 1974: What kind of geography for what kind of public policy? *Trans. Inst. Br Geogr.* 63, pp. 18–24.
Harvey, D. 1984: On the history and present condition of geography: an historical materialist manifesto. *Prof. Geogr.* 36, pp. 1–10.
Johnston, R.J. and Claval, P., eds 1984: *Geography since the Second World War: an international survey.* London: Croom Helm; Totowa, NJ: Barnes and Noble.

공공정책참여 public participation
Hambleton, R. 1978: *Policy planning and local government: learning approaches.* London: Hutchinson; Montclair, NJ: Allanfield, Osmun.
Suggested Reading
Cole, R.L. 1974: *Citizen participation and the urban policy process.* Lexington, Mass.: Lexington Books.
Cullingworth, J.B. 1976: *Town and country planning in Britain,* sixth edition. London: Allen & Unwin, chapter 6.
Fagence, M. 1977: *Citizen participation in planning.* Oxford and New York: Pergamon.
Long, A.R. 1975: Participation and the community. *Progr. Plann.* 5, p. 2.
Sewell, W.R.D. and Coppock, J.T., eds 1977: *Public participation in planning.* Chichester and New York: John Wiley.

공동시장 common market
Suggested Reading
Blacksell, M. 1981: *Post-war Europe: a political geography,* second edition. London: Hutchinson.
Kearns, K.C. 1973: International cooperation for development: the Andean Common Market. *Focus* 24: 3. (American Geographical Society: New York.)

공동체 community
Nisbet, R. 1966: *The sociological tradition.* Heinemann, London.

참고문헌(공산주의)

Stacey, M. 1969: The myth of community studies. *Br. J. Soc.* 20, pp. 134–47.

Suggested Reading

Eyles, J. 1985: *Senses of place.* Warrington: Silverbrook Press.

Lee, D. and Newby, H. 1982: *The problem of sociology.* London: Hutchinson.

Sennett, R. 1977: *The fall of public man.* Cambridge: Cambridge University Press; New York: Knopf.

공산주의 communism

Suggested Reading

Breitbart, M. 1981: Peter Kropotkin, the anarchist geographer. In Stoddart, D.R., ed., *Geography, ideology and social concern.* Oxford: Basil Blackwell; New York: Barnes and Noble, pp. 134–53.

Evans, M. 1975: *Karl Marx.* London: Allen & Unwin; Bloomington: Indiana University Press.

Zinoviev, A. 1984: *The reality of communism.* London: Victor Gollancz.

공시적 분석 synchronic analysis

Godelier, M. 1972: *Rationality and irrationality in economics.* London: New Left Books; New York: Monthly Review Press.

Martin, R.L., Thrift, N.J. and Bennett, R.J., eds 1978: *Towards the dynamic analysis of spatial systems.* London: Pion.

공업단지분석 industrial complex analysis

Suggested Reading

Isard, W., Schooler, E.W. and Vietorisz, T. 1959: *Industrial complex analysis and regional development.* Cambridge, Mass.: MIT Press; London: Chapman and Hall.

공업입지론 industrial location theory

Suggested Reading

Smith, D.M. 1981: *Industrial location: an economic geographical analysis*, second edition. New York: John Wiley.

공업지리학 industrial geography

Greenhut, M.L. 1956: *Plant location in theory and in practice: the economics of space.* Chapel Hill: University of North Carolina Press.

Hoover, E.M. 1948: *The location of economic activity.* New York: McGraw-Hill.

Isard, W. 1956: *Location and space economy: a general theory relating to industrial location, market areas, land use, trade and urban structure.* Cambridge, Mass.: MIT Press; London: Chapman and Hall.

Lösch, A. 1954: *The economics of location*, translated by W.H. Woglom. New Haven: Yale University Press; Oxford: Oxford University Press. (First German edition 1940.)

Palander, T. 1935: *Beiträge zur Standorts-theorie.* Uppsala: Almqvist and Wiksell.

Weber, A. 1929: *Alfred Weber's theory of the location of industries*, translated by C.J.Friedrich. Chicago: University of Chicago Press. (Reprinted 1971, New York: Russell and Russell; first German edition 1909.)

Suggested Reading

Carr, M. 1983: A contribution to the review and critique of behavioural industrial location theory. *Prog. hum. Geogr.* 7, pp. 386–402.

Collins, L. and Walker, D.F., eds 1975: *Locational dynamics of manufacturing activity.* New York and Chichester: John Wiley.

Hamilton, F.E.I., ed. 1974: *Spatial perspectives on industrial organization and decision-making.* Chichester and New York: John Wiley.

Hayter, R. and Watts, H.D. 1983: The geography of enterprise: a reappraisal. *Prog. hum. Geogr.* 7, pp. 157–81.

Karaska, G.J. and Bramhall, D.F., eds 1969: *Locational analysis for manufacturing: a selection of readings.* Cambridge, Mass. and London: MIT Press.

Lloyd, P.E. and Dicken, P. 1977: *Location in space: a theoretical approach to economic geography*, second edition. New York and London: Harper and Row.

Massey, D. 1984: *Spatial divisions of labour: social structures and the geography of reproduction.* London: Macmillan.

Smith, D.M. 1981: *Industrial location: an economic geographical analysis*, second edition. New York: John Wiley.

Walker, R. and Storper, M. 1981: Capital and industrial location. *Prog. hum. Geogr.* 5, pp. 473–509.

과도시화 overurbanization

Suggested Reading

Johnston, R.J. 1984: *City and society: an outline of urban geography.* London: Hutchinson.

Sovani, N.V. 1964: The analysis of overurbanization. *Ec. Dev. cult. Ch.* 12, pp. 113–22.

과소소비 underconsumption

Harvey, D. 1982: *The arena of capital.* Oxford:

Basil Blackwell.

과잉인구 overpopulation

Suggested Reading

Harvey, D. 1974: Population, resources, and the ideology of science. *Econ. Geogr.*, 50, pp. 256–77.

Sauvy, A. 1969: *General theory of population*, translated by C. Campos. London: Weidenfeld and Nicolson; New York: Basic Books, chapter 23.

과정 process

Bennett, R.J. 1978: *Spatial time series: analysis, forecasting and control*. London: Pion.

Blaut, J. 1961: Space and process. *Prof. Geogr.* 13, pp. 1–7.

Cliff, A.D. and Ord, J.K. 1981: *Spatial processes: models and applications*. London: Pion.

Darby, H.C. 1951: The changing English landscape. *Geogrl. J.* 117, pp. 377–94.

Golledge, R. and Amedeo, D. 1968: On laws in geography. *Ann. Ass. Am. Geogr.* 58, pp. 760–74.

Gregory, D. 1985: People, places and practices: the future of human geography. In King, R., ed., *Geographical futures*. Sheffield: Geographical Association, pp. 56–75.

Harvey, D. 1969: *Explanation in geography*. London: Edward Arnold, pp. 419–32.

Harvey, D. 1973: *Social justice and the city*. London: Edward Arnold, pp. 22–49.

Hay, A.M. and Johnston, R.J. 1983: The study of process in quantitative human geography. *L'espace geogr.* 12, pp. 69–76.

Langton, J. 1972: Potentialities and problems of adopting a systems approach to the analysis of change in human geography. *Prog. Geog.* 4, pp. 125–79.

Olsson, G. 1974: The dialectics of spatial analysis. *Antipode* 6, pp. 50–62.

Sayer, A. 1984: *Method in social science: a realist approach*. London: Hutchinson.

Suggested Reading

Cliff and Ord (1981).
Harvey (1973).
Hay and Johnston (1983).

과학기술단지 science park

Suggested Reading

Segal, Quince and Partners 1985: *The Cambridge phenomenon: the growth of high technology industry in a university town*. Cambridge: Segal, Quince and Partners.

Taylor, T. 1985: High-technology industry and the development of science parks. In Hall, P. and Markusen, A.E., eds, *Silicon landscapes*. Boston: George Allen & Unwin, pp. 134–43.

관광 tourism

Christaller, W. 1964: Some considerations of tourism location in Europe. *Pap. Reg. Sci. Assoc.* 12, pp. 95–105.

Suggested Reading

Kadt, E. de, ed. 1980: *Tourism – passport to development?* New York and Oxford: Oxford University Press.

Mathieson, A. and Wall, G. 1982: *Tourism: economic, physical and social impacts* London and New York: Longman.

Pearce, D.G. 1981: *Tourist development*. London and New York: Longman.

관념론 idealism

Chappell, J.E. Jr 1976: Comment in reply. *Ann. Ass. Am. Geogr.* 66, pp. 169–73.

Collingwood, R.G. 1946: *The idea of history*. Oxford: Oxford University Press.

Curry, M. 1982: The idealist dispute in Anglo-American geography. *Can. Geogr.* 27, pp. 35–50 (see also responses, pp. 51–9).

Giddens, A. 1976: *New rules of sociological method*. London: Hutchinson; New York: Basic Books.

Gregory, D. 1978: *Ideology, science and human geography*. London: Hutchinson; New York: St Martin's Press.

Guelke, L. 1971: Problems of scientific explanation in geography. *Can. Geogr.* 15, pp. 38–53.

Guelke, L. 1974: An idealist alternative in human geography. *Ann. Ass. Am. Geogr.* 64, pp. 193–202.

Guelke, L. 1976: The philosophy of idealism. *Ann. Ass. Am. Geogr.* 66, pp. 168–9.

Guelke, L. 1982: *Historical understanding in geography: an idealist approach*. Cambridge: Cambridge University Press.

Harrison, R. and Livingstone, D.N. 1979: There and back again – towards a critique of idealist human geography. *Area* 11, pp. 75–9 (and discussion, pp. 80–2).

Hufferd, J. 1980: Idealism and the participant's world. *Prof. Geogr.* 32, pp. 1–5.

Lowther, G.R. 1959: Idealist history and historical geography. *Can. Geogr.* 14, pp. 31–6.

Outhwaite, W. 1975: *Understanding social life: the method called 'Verstehen'*. London: Allen & Unwin: New York: Holmes and Meier.

Schutz, A. 1962: *Collected Papers*, volume 1, The

참고문헌(관문도시)

Hague: Martinus Nijhoff.
Watts, S.J. and Watts, S.J. 1978: The idealist alternative in geography and history. *Prof. Geogr.* 30, pp. 123–7.

Suggested Reading
Curry (1982).
Guelke (1974).
Harrison and Livingstone (1979).

관문도시 gateway city

Suggested Reading
Burghardt, A.F. 1971: A hypothesis about gateway cities, *Ann. Ass. Am. Geogr.* 61, pp. 269–85.

관세 tariff

Suggested Reading
Hodder, B.W. and Lee, R. 1974: *Economic geography*. London: Methuen; New York: St Martin's Press, chapter 7.

교역조건 terms of trade

Suggested Reading
Girvan, N. 1973: The development of dependency economies in the Caribbean and Latin America: review and comparison. *Social and Economic Studies* 22, pp. 1–33.
Hodder, B.W. and Lee, R. 1974: *Economic geography*. London: Methuen; New York: St Martin's Press, chapter 7.

교외지역 suburb

Suggested Reading
Thorns, D.C. 1973: *Suburbia*. St Albans: Granada.
Walker, R.A. 1981: A theory of suburbanisation: capitalism and the construction of urban space in the United States. In Dear, M.J. and Scott, A.J., eds, *Urbanization and urban planning in capitalist society*. London and New York: Methuen, pp. 383–430.

교육의 지리학 education, geography of

Backler, A.L., 1977: A geography of education in the United States. In Taaffe, R.N. and Odland, J. eds, *Geographic horizons*, pp. 157–73.
Brock, C., 1985: Comparative education and the geographical factor. In Watson, K. and Wilson, R. eds, *Contemporary issues in comparative education*. London: Croom Helm, chapter 10, pp. 148–73.
Gautier, M. 1964: La repartition des effectifs scolaires en France. *Annl Géogr.* 73, pp. 46–62.
Geipel, R. 1968: *Bildungsplanung und Raumordnung*. Frankfurt-am-Main: Diesterweg.
Gould, W.T.S., 1974: Secondary school admissions policies in Eastern Africa. *Comparative education review*, volume 18, no. 3, pp. 374–87.
Hones, G.W. and Ryba, R. 1972: Why not a geography of education? *J. Geogr.* 71, pp. 135–9.
Hoppe, G., 1980: The spatial and social consequences of education. In Gerger, T. and Hoppe, G., *Education and society: the geographer's view*. Stockholm: Almquist and Wiksell.
Marsden, W.E. 1978: *The geographical component in educational history: an annotated bibliography*. Liverpool: Education Library, University of Liverpool.
Meusberger, P., 1974: Landes-schulentwicklungsplan von Vorarlberg. Bildungsplanung in Oesterreich, 3. Vienna.
Philbrick, A. 1949: *The geography of education in the Winnetka and Bridgeport Communities of Metropolitan Chicago*. University of Chicago, Department of Geography, research paper 8.
Rawstron, E.M., 1976: *Location as a factor in educational opportunity: some examples from England and Wales*. Proceedings of the 22nd Congress of the International Geographical Union, Montreal, c. 0513, pp. 1058–60.
Ryba, R.H., 1976: Aspects of territorial inequality in education. *Comparative education*, volume 12, no. 3, pp. 183–97.
Walker, S.R., 1981: *A review of the geography of education in Australia*. Geography of Education Working Party of the International Geographical Union, Bulletin 5.
Yeates, M.H. 1963: Hinterland delimitation; a distance minimizing approach. *Prof. Geogr.* 16, pp. 7–10.

교통분담 modal split

Suggested Reading
Bruton, M.J. 1975: *Introduction to transportation planning*, second edition. London: Hutchinson; New Rochelle, NY: Soccer.
Chisholm, M. and O'Sullivan, P. 1973: *Freight flows and spatial aspects of the British economy*. Cambridge: Cambridge University Press.

교통비 transport costs

Suggested Reading
Lowe, J.C. and Moryadas, S. 1975: *The geography of movement*. Boston and London: Houghton Mifflin, chapter 3.

참고문헌(구조기능주의)

교통지리학 transport geography

Suggested Reading

Eliot Hurst, M.E., ed. 1974: *Transportation geography: comments and readings*. New York: McGraw-Hill.

Hay, A.M. 1973: *Transport for the space economy: a geographical study*. London: Macmillan; Seattle: University of Washington Press.

Lowe, J.C. and Moryadas, S. 1975: *The geography of movement*. Boston and London: Houghton Mifflin.

Taaffe, E.J. and Gauthier, H.L. 1973: *Geography of transportation*. Englewood Cliffs, NJ and London: Prentice-Hall.

교통체증 congestion

Suggested Reading

Altshuler, A.A. 1979: *The urban transportation system: politics and policy innovation*. Cambridge, Mass. and London: MIT Press.

Meyer, J.R., Kain, J.E. and Wohl, M., eds 1965: *The urban transportation problem*. Cambridge, Mass.: Harvard University Press; Oxford: Oxford University Press.

Roth, G.J. 1967: *Paying for roads: the economics of traffic congestion*. London: Penguin.

Thomson, J.M. 1978: *Great cities and their traffic*. London and New York: Penguin.

구성적 이론 compositional theory

Hägerstrand, T. 1974: Tidgeografisk beskrivning – syfte och postulat. *Svensk Geogr. Arsbok*. 50, pp. 86–94.

Kennedy, B.A. 1979: A naughty world. *Trans. Inst. Br. Geogr.* n s 4, pp. 550–8.

Thrift, N.J. 1983: On the determination of social action in space and time. *Environ. Plann. D* 1, pp. 23–58.

구조계획 structure plan

Suggested Reading

Cross, D.T. and Bristow, M.R., eds 1983: *English structure planning: a commentary on procedure and practice in the seventies*. London: Pion.

Cullingworth, J.B. 1976; *Town and country planning in Britain*, sixth edition. London: Allen & Unwin.

Heap, D. 1978: *An outline of planning law*, seventh edition. London: Sweet and Maxwell.

구조기능주의 structural functionalism

Aronowitz, S. 1981: A metatheoretical critique of Immanuel Wallerstein's *The modern world-system*. *Theory and Society* 9, pp. 503–20.

Bauman, Z. 1978: *Hermeneutics and social science: approaches to understanding*. London: Hutchinson; New York: Columbia University Press, chapter 6.

Cooper, F. 1981: Africa and the world economy. *Afric. Stud. R.* 14, pp. 1–86.

Craib, I. 1984: *Modern social theory: from Parsons to Habermas*. Brighton: Wheatsheaf; New York: St Martin's Press, chapter 3.

DiTomaso, N. 1982: 'Sociological reductionism' from Parsons to Althusser: linking action and structure in social theory. *Am. Soc. R.* 47, pp. 14–28.

Duncan, J. and Ley, D. 1982: Structural Marxism and human geography: a critical assessment. *Ann. Ass. Am. Geogr.* 72, pp. 30–59.

Giddens, A. 1977: *Studies in social and political theory*. London: Hutchinson.

Giddens, A. 1984: *The constitution of society*. Cambridge: Polity Press.

Gregory, D. 1980: The ideology of control: systems theory and geography. *Tijdschr. econ. soc. Geogr.* 71, pp. 327–42.

Habermas, J.: *The theory of communicative action*, volume 2, *Lifeworld and system: a critique of functionalist reason*. London: Heinemann; Boston: Beaconprint, forthcoming.

Hamilton, P. 1983: *Talcott Parsons*. London and New York: Tavistock.

Holmwood, J. 1983: Action, system and norm in the action frame of reference: Talcott Parsons and his critics. *Soc. Rev.* 31, pp. 310–36.

Holmwood, J. and Stewart, A. 1983: The role of contradictions in modern theories of social stratification. *Sociology* 17, pp. 234–54.

Luhmann, N. 1979: *Trust and power*. New York: John Wiley.

Luhmann, N. 1981; *The differentiation of society*. New York: Columbia University Press.

Parsons, T. 1937: *The structure of social action*. New York: Free Press.

Parsons, T. 1951: *The social system*. London: Routledge and Kegan Paul.

Parsons, T. 1971: *The system of modern societies*. Englewood Cliffs, NJ: Prentice-Hall.

Parsons, T. and Smelser, N. 1956: *Economy and society*. New York: Free Press.

Ray, L. 1983: Systematic functionalism revisited. *J. Theory soc. Behav.* 13, pp. 231–41.

Smelser, N. 1959: *Social change in the industrial revolution*. London: Routledge and Kegan Paul; Chicago: University of Chicago Press.

Wheatley, P. 1971: Satyantra in Suvarnadvipa: from reciprocity to redistribution in ancient South East Asia. In Sabloff, J.A. and Lamberg-Karlovsky, C., eds, *Ancient civilization and trade*. Albuquerque: University of New Mexico Press,

참고문헌(구조주의)

chapter 6.

Suggested Reading

Black, M., ed. 1961: *The social theories of Talcott Parsons*. Englewood Cliffs, NJ: Prentice-Hall.

Hamilton (1983).

Savage, S. 1981: *The theories of Talcott Parsons*. London: Macmillan.

구조주의 structuralism

Althusser, L. and Balibar, E. 1977: *Reading capital*, second edition. London: New Left Books.

Anderson, P. 1980: *Arguments within English Marxism*. London: New Left Books Verso.

Benton, T. 1984: *The rise and fall of structural Marxism: Althusser and his influence.* London: Macmillan.

Brookfield, H.C. 1975: *Interdependent development*. London: Methuen; Pittsburgh, Pa.: University of Pittsburgh Press.

Castells, M. 1977: *The urban question: a Marxist approach*. London: Edward Arnold; Cambridge, Mass.: MIT Press.

Claval, P. 1981: Epistemology and the history of geographical thought. In Stoddart, D.R., ed., *Geography, ideology and social concern*. Oxford: Basil Blackwell; Totowa, NJ: Barnes and Noble, pp. 227-39.

Chouinard, V. and Fincher, R. 1983: A critique of 'Structural Marxism and human geography'. *Ann. Ass. Am. Geogr.* 73, pp. 137-46.

Dreyfus, H.L. and Rabinow, P. 1982: *Michel Foucault: beyond structuralism and hermeneutics*. Brighton: Harvester; Chicago: University of Chicago Press.

Driver, F. 1985: Power, space and the body: a critical assessment of Foucault's *Discipline and punish*. *Environ. Plann. D* 3, pp. 425-46.

Duncan, J. and Ley, D. 1982: Structural Marxism and human geography. *Ann. Ass. Am. Geogr.* 72, pp. 30-59.

Giddens, A. 1979: *Central problems in social theory: action, structure and contradiction in social analysis.* London: Macmillan; Berkeley: University of California Press.

Gregory, D. 1978a: The discourse of the past: phenomenology, structuralism and historical geography. *J. hist. Geogr.* 4, pp. 161-73.

Gregory, D. 1978b: *Ideology, science and human geography*. London: Hutchinson; New York: St Martin's Press.

Gregory, D. 1981: Human agency and human geography. *Trans. Inst. Br. Geogr.* ns 6, pp. 1-16.

Gregory, D. forthcoming: *The geographical imagination: social theory and human geography*. London: Hutchinson.

Harvey, D. 1973: *Social justice and the city*. London: Edward Arnold; Baltimore: Johns Hopkins University Press.

Holton, B. 1981: History and sociology in the work of E.P. Thompson. *Australian and NZ J. Sociol.* 17, pp. 46-45.

Hirst, P. 1979: The necessity of theory. *Econ. Societ.* 8, pp. 417-45.

Johnston, R. 1978: Edward Thompson, Eugene Genovese and socialist-humanist history. *Hist. Workshop J.* 6, pp. 79-100.

Marchand, B. 1974: Quantitative geography: revolution or counter-revolution? *Geoforum* 17, pp. 15-24.

McLennan, G. 1979: Richard Johnson and his critics: towards a constructive debate. *Hist. Workshop J.* 8, pp. 157-66.

Ryan, M. 1982: *Marxism and deconstruction: a critical articulation*. Baltimore: Johns Hopkins University Press.

Sayer, R.A. 1976: A critique of urban modelling: from regional science to urban and regional political economy. *Progr. Plann.* 6:3.

Thompson, E.P. 1978: *The poverty of theory and other essays*. London: Merlin.

Thrift, N. 1983: On the determination of social action in space and time. *Environ. Plann. D* 1, pp. 23-57.

Tuan, Y-F. 1972: Structuralism, existentialism and environmental perception. *Environment and Behaviour* 3, pp. 319-31.

Warde, A. 1982: E.P. Thompson and 'poor' theory. *Brit. J. Soc.* 33, pp. 224-37.

Suggested Reading

Benton (1984).

Dreyfus and Rabinow (1982).

Glucksmann, M. 1974: *Structuralist analysis in contemporary social thought*. London and Boston: Routledge and Kegan Paul.

Gregory (1978b), chapter 3.

Sturrock, J., ed. 1979: *Structuralism and since: from Lévi-Strauss to Derrida*. Oxford and New York: Oxford University Press.

구조화이론 structuration theory

Abrams, P. 1980; History, sociology, historical sociology. *Past and present* 87, pp. 3-16.

Archer, M. 1982: Morphogenesis versus structuration: on combining structure and action. *Brit. J. Sociol.* 33, pp. 455-83.

Ashley, D. 1982: Historical materialism and social evolutionism. *Theory, Culture and Society* 1, pp. 89-92.

Bertilsson, M. 1984: The theory of structuration: prospects and problems. *Acta Sociol.* 27, pp.

참고문헌(구조화이론)

339-53.
Bhaskar, R. 1979: *The possibility of naturalism: a philosophical critique of the contemporary human sciences*. Brighton: Harvester.
Bourdieu, P. 1977: *Outline of a theory of practice*. Cambridge: Cambridge University Press.
Callinicos, A. 1985: Anthony Giddens: a contemporary critique. *Theory and Society* 14, pp. 133-66.
Clegg, S. 1979: *The theory of power and organization*. London and Boston: Routledge and Kegan Paul.
Dallmayr, F. 1982: The theory of structuration: a critique. In Giddens, A., ed., *Profiles and critiques in social theory*. London: Macmillan, pp. 18-25.
Dawe, A. 1978: Theories of social action. In Bottomore, T. and Nisbet, R., eds, *A history of sociological analysis*. London: Heinemann, pp. 362-417.
Elster, J. 1982: Marxism, functionalism and game theory: the case for methodological individualism. *Theory and Society* 11, pp. 453-82.
Gane, M. 1983: Anthony Giddens and the crisis of social theory. *Econ. Soc.* 12, pp. 368-98.
Giddens, A. 1971: *Capitalism and modern social theory: an analysis of the writings of Marx, Durkheim and Max Weber*. Cambridge: Cambridge University Press.
Giddens, A. 1976: *New rules of sociological method: a positive critique of interpretative sociologies*. London: Hutchinson.
Giddens, A. 1977: *Studies in social and political theory*. London: Hutchinson.
Giddens, A. 1979: *Central problems in social theory: action, structure and contradiction in social analysis*. Basingstoke and London: Macmillan.
Giddens, A. 1981: *A contemporary critique of historical materialism*, volume 1, *Power, property and the state*. Basingstoke and London: Macmillan.
Giddens, A. 1982a: A reply to my critics. *Theory, Culture and Society* 1, pp. 107-113.
Giddens, A. 1982b: Commentary on the debate. *Theory, Culture and Society* 11, pp. 527-39.
Giddens, A. 1984: *The constitution of society: outline of the theory of structuration*. Cambridge: Polity Press; Berkeley and Los Angeles: University of California Press.
Giddens, A. 1985a: *A contemporary critique of historical materialism*, volume 2, *The nation-state and violence*. Cambridge: Polity Press.
Giddens, A. 1985b: Marx's correct views on everything. *Theory and Society* 14, pp. 167-74.
Giddens, A. forthcoming: *A contemporary critique of historical materialism*, volume 3, *Between capitalism and socialism*. Cambridge: Polity Press.
Gregory, D. 1984: Space, time and politics in social theory: an interview with Anthony Giddens. *Environ. Plann. D* 2, pp. 123-32.
Gregory, D. forthcoming; *The geographical imagination: social theory and human geography*. London: Hutchinson.
Harvey, D. 1985: The geopolitics of capitalism. In Gregory, D. and Urry, J., eds, *Social relations and spatial structures*. London: Macmillan, pp. 128-63.
Hirst, P. 1982: The social theory of Anthony Giddens: a new syncretism. *Theory, Culture and Society* 1, pp. 78-82.
Layder, D. 1981: *Structure, interaction and social theory*. London: Routledge and Kegan Paul.
Pred, A. 1981: Social reproduction and the time-geography of everyday life. *Geogr. Annlr.* 63B, pp. 5-22.
Soja, E. 1985: The spatiality of social life: towards a transformative retheorisation. In Gregory, D. and Urry, J., eds, *Social relations and spatial structures*. London: Macmillan, pp. 90-127.
Storper, M. 1985: The spatial and temporal constitution of social action: a critical reading of Giddens. *Environ. Plann. D* 3, pp. 407-24.
Sulkunen, P. 1982: Society made visible: on the cultural sociology of Pierre Bourdieu. *Acta Sociol.* 25, pp. 103-15.
Thompson, J.B. 1984a: The theory of structuration: an assessment of the contribution of Anthony Giddens. In Thompson, J.B., *Studies in the theory of ideology*. Cambridge: Polity Press, pp. 148-72.
Thompson, J.B. 1984b: Rethinking history: for and against Marx. *Phil. Soc. Sci.* 14, pp. 543-51.
Thrift, N. 1983: On the determination of social action in space and time. *Environ. Plann. D* 1, pp. 23-57.
Thrift, N. 1986: Bear and mouse or bear and tree? Anthony Giddens's reconstitution of social theory. *Sociology*.
Touraine, A. 1977: *The self-production of society*. Chicago: Chicago University Press.
Wright, E.O. 1983: Giddens's critique of Marxism. *New Left Review* 138, pp. 11-35.

Suggested Reading
Dickie-Clark, H.F. 1984: Anthony Giddens's theory of structuration. *Canadian Journal of Political Social Theory* 8, pp. 92-110.
Giddens (1981).
Giddens (1984).
Gregory (forthcoming).
Theory, Culture and Society 1982: Symposium on Giddens. 1: 2, pp. 63-113.

참고문헌(국가)

국가 state

Suggested Reading

Clark, G.L. and Dear, M.J. 1984: *State apparatus: structures and language of legitimacy.* London and Boston: Allen & Unwin.

Gellner, E. 1983: *Nations and nationalism.* Oxford: Basil Blackwell; Ithaca: Cornell University Press.

Kasperson, R.E. and Minghi, J.V., eds, 1969: *The structure of political geography.* Chicago: Aldine.

국가군 international region

References and Suggested Reading

Cohen, S.B. 1973: *Geography and politics in a world divided,* second edition. New York and Oxford: Oxford University Press.

Cohen, S.B. 1982: A new map of geopolitical equilibrium. *Pol. Geogr. Q.* 1, pp. 223–41.

Russett, B.M. 1967: *International regions and the international system.* Chicago: Rand McNally.

국가장치 state apparatus

Suggested Reading

Clark, G.L. and Dear, M.J. 1984: *State apparatus: structures and language of legitimacy.* London and Boston: Allen & Unwin, chapter 3.

국내총생산 gross domestic product(GDP)

Suggested Reading

Feinstein, C.H. 1972: *National income, expenditure and output of the United Kingdom 1855-1956.* Cambridge: Cambridge University Press.

United Nations annually: *Yearbook of national accounts statistics.* New York: United Nations.

국립공원 national parks

International Union for the Conservation of Nature and Natural Resources (IUCN) 1975: *World directory of national parks and other protected areas.* Morges, Switzerland: IUCN.

Suggested Reading

MacEwen, A. and MacEwen, M. 1983: National parks: a cosmetic conservation system. In Warren, A. and Goldsmith, F.B. eds, *Conservation in perspective.* Chichester: John Wiley, pp. 391–409.

Sheail, J. 1976: *Nature in trust: the history of nature conservation in Britain.* Glasgow: Blackie.

국제지리학연합 International Geographical Union(IGU)

Commission on the History of Geographical Thought: *Geographers: biobibliographical studies,* ed. T.W. Freeman. London: Mansell. Annual since 1977.

국제지리학회의 International Geographical Congresses

Suggested Reading

Commission on the History of Geographical Thought 1972: *Geography through a century of international congresses.* Caen: International Geographical Union.

권력 power

Coleman, J.S. 1973: *The mathematics of collective action.* London: Heinemann Educational; Chicago: Aldine.

Johnston, R.J. 1985: People, places and parliaments. *Geogr. J.* 151, pp. 327–38.

Johnston, R.J. 1986: Individual freedom in the world-economy. In Johnston, R.J. and Taylor, P.J., eds, *A world in crisis: geographical perspectives.* Oxford and New York: Basil Blackwell, pp. 173–95.

Mann, M. 1984: The autonomous power of the state; its origins, mechanisms and results. *Eur. J. Sociol.* 25, pp. 185–213.

Pred, A.R. 1981: Power, everyday practice and the discipline of human geography. In Pred, A., ed., *Space and time in geography: essays dedicated to Torsten Hagerstrand.* Lund; C.W.K. Gleerup, pp. 30–55.

Sack, R.D. 1983: Human territoriality: a theory. *Ann. Ass. Am. Geogr.* 73, pp. 55–74.

Suggested Reading

Barry, B., ed. 1976: *Power and political theory: some European perspectives.* Chichester and New York: John Wiley.

Claval, P. 1978: *Espace et pouvoir.* Paris: Presses Universitaires de France.

Giddens, A. 1984: *The construction of society.* Cambridge: Polity Press.

Jessop, B. 1982: *The capitalist state.* Oxford: Martin Robertson; New York: New York University Press.

Wrong, D. 1979: *Power: its firms, bases and uses.* Oxford: Basil Blackwell.

규범적 이론 normative theory

Chisholm, M. 1966: *Geography and economics.* London: Bell; Boulder, Co: Westview Press.

Chisholm, M. 1971: In search of a basis for location theory: micro-economics or welfare economics? *Prog. Geog.* 3, pp. 111–34.

Chisholm, M. 1975: *Human geography: evolution or revolution?* London and New York: Penguin.

Chisholm, M. 1978: Theory construction in geography. *S. African Geogr.* 6, pp. 113–122.

Gregory, D. 1978: *Ideology, science and human geography.* London: Hutchinson; New York: St Martin's Press.

Lipsey, R.G. 1966: *An introduction to positive economics*, second edition. London: Weidenfeld and Nicolson.

Lösch, A. 1954: *The economics of location.* New Haven: Yale University Press; Oxford: Oxford University Press. (First German edition 1940.)

Smith, D.M. 1977: *Human geography: a welfare approach.* London: Edward Arnold; New York: St Martin's Press.

균형 equilibrium

Suggested Reading

Gore, C. 1984: *Regions in question: space, development theory and regional policy.* London and New York: Methuen.

균형근린 balanced neighbourhood

Suggested Reading

Sarkissian, W. 1976: The idea of social mix in town planning. *Urban Stud.* 13, pp. 231–46.

그래프이론 graph theory

Suggested Reading

Taaffe, E.J. and Gauthier, H.L. 1973: *Geography of transportation.* Englewood Cliffs, NJ and London: Prentice-Hall.

Tinkler, K.J. 1977: *An introduction to graph theoretical methods in geography.* Concepts and techniques in modern geography 14. Norwich: Geo Books.

Wilson, R.J. 1979: *Introduction to graph theory.* London: Longman; New York: Academic Press.

극화 polarization

Hirschman, A.O. 1958: *The strategy of economic development.* New Haven: Yale University Press. (New edn 1978. New York: W. W. Norton.)

Myrdal, G. 1957: *Economic theory and underdeveloped regions.* London: Duckworth; New York: Harper. (Published as *Rich lands and poor: the road to world prosperity.*)

Richardson, H.W. 1978: *Regional and urban economics.* London and New York: Penguin, chapter 7.

Suggested Reading

Hirschman (1958).

Massey, D. 1978: Regionalism: some current issues. *Capital and Class* Autumn, pp. 106–25.

Myrdal (1957).

Richardson (1978).

근대화 modernization

Brookfield, H. 1975: *Interdependent development.* London: Methuen; Pittsburgh, Pa.: University of Pittsburgh Press.

Suggested Reading

Brookfield (1975), pp. 76–84 110–16.

Gould, P. 1970: Tanzania 1920–63: the spatial impress of the modernization process. *World Politics* 22: 2, pp. 149–70.

Riddell, J.B. 1970: *The spatial dynamics of modernization in Sierra Leone: structure, diffusion and response.* Evanston, Ill.: Northwestern University Press.

Soja, E.W. and Tobin, R.J. 1972: The geography of modernization: paths, patterns and processes of spatial change in developing countries. In Brunner, R. and Brewer, G., eds, *A political approach to the study of political development and change.* Beverly Hills, Calif.: Sage Publications.

Taylor, J.G. 1979: *From modernization to modes of production: a critique of the sociologies of development and underdevelopment.* London: Macmillan; Atlantic Highlands, NJ: Humanities Press.

근린 neighbourhood

Suggested Reading

Jones, E. and Eyles, J. 1977: *An introduction to social geography.* Oxford and New York: Oxford University Press.

Keller, S. 1968: *The urban neighborhood: a sociological perspective.* New York: Random House.

Ley, D. 1983: *A social geography of the city.* New York and London: Harper and Row.

근린거주단위 neighbourhood unit

Suggested Reading

Hall, P.G. 1974: *Urban and regional planning.* London: Penguin; New York: Halstead.

Golany, G. 1976: *New town planning: principles and practice.* Chichester and New York: John Wiley.

Tetlow, J. and Goss, A. 1968: *Homes, towns and traffic.* London: Faber (revised edition); New York: Praeger.

참고문헌(근린효과)

근린효과 neighbourhood effect

Suggested Reading

Johnston, R.J. 1976: Political behaviour and the residential mosaic. In Herbert, D.T. and Johnston, R.J., eds, *Social areas in cities*, volume 2, Chichester and New York: John Wiley, pp. 65-88.

Walmsley, D.J. and Lewis, G.J. 1984: *Human geography: behavioural approaches*. London and New York: Longman.

급간(級間) class interval

Suggested Reading

Evans, I.S. 1977: The selection of class intervals. *Trans. Inst. Br. Geogr.* ns 2, pp. 98-124.

Peterson, M.P. 1979: An evaluation of unclassed crossed-line choropleth mapping. *Am. Cartogr.* 6, pp. 21-37.

급진지리학 radical geography

Peet, R., ed. 1977: *Radical geography: alternative viewpoints on contemporary social issues*. Chicago: Maaroufa; London: Methuen.

Suggested Reading

Johnston, R.J. 1983: *Geography and geographers: Anglo-American human geography since 1945*, second edition. London: Edward Arnold; New York: Halsted.

Peet (1977).

긍정적 차별 positive discrimination

Suggested Reading

Berthoud, R.C., Brown, J.C. and Cooper, S. 1981: *Poverty and the development of anti-poverty policy in the United Kingdom*. London: Heinemann.

Edwards, J. and Batley, R. 1978: *The politics of positive discrimination: an evaluation of the urban programme, 1967-77*. London: Tavistock; New York: Methuen.

Herbert, D.T. and Smith, D.M., eds 1979: *Social problems and the city*. Oxford: Oxford University Press.

기근 famine

Sen, A. 1981: *Poverty and famines*. Oxford: Clarendon Press.

Suggested Reading

Dando, W.A. 1980: *The geography of famine*. New York, John Wiley.

기능주의 functionalism

Bennett, R.J. and Chorley, R.J. 1978: *Environmental systems: philosophy, analysis and control*. London: Methuen; Princeton: Princeton University Press.

Berdoulay, V. 1978: The Vidal-Durkheim debate. In Ley, D. and Samuels, M.S., eds, *Humanistic geography: prospects and problems*. London: Croom Helm, pp. 77-90.

Cohen, G.A. 1978: *Karl Marx's theory of history: a defence*. Oxford: Oxford University Press; Princeton: Princeton University Press.

Cohen, G.A. 1982: Functional explanation, consequence explanation and Marxism. *Inquiry* 25, pp. 27-56.

Deane, P. 1978: *The evolution of economic ideas*. Cambridge and New York: Cambridge University Press.

Driver, F. 1985: Theorising state structures: alternatives to functionalism and reductionism. *Environ. Plann. A* 17, pp. 263-73.

Duncan, J.S. 1980: The superorganic in American cultural geography. *Ann. Ass. Am. Geogr.* 70, pp. 181-98.

Duncan, J.S. and Ley, D. 1982: Structural Marxism and human geography: a critical assessment. *Ann. Ass. Am. Geogr.* 72, pp. 30-59.

Elster, J. 1980: Cohen on Marx's theory of history. *Political Studies* 28, pp. 121-8.

Elster, J. 1982: Marxism, functionalism and game theory: the case for methodological individualism. *Theory and Society* 11, pp. 453-82.

Giddens, A. 1977: *Studies in social and political theory*. London: Hutchinson.

Giddens, A. 1979: *Central problems in social theory: action, structure and contradiction in social analysis*. London: Macmillan.

Giddens, A. 1981: *A contemporary critique of historical materialism*, volume 1, *Power, property and the state*. London: Macmillan.

Giddens, A. 1982: Commentary on the debate. *Theory and Society* 11, pp. 527-39.

Gregory, D. forthcoming: *The geographical imagination: social theory and human geography*. London: Hutchinson.

Harvey, D. 1969: *Explanation in geography*. London: Edward Arnold; New York: St Martin's Press.

Luhmann, N. 1981: *The differentiation of society*. New York: Columbia University Press.

Martins, H. 1974: Time and theory in sociology. In Rex, J., ed., *Approaches to sociology*. London and Boston: Routledge and Kegan Paul.

Ray, L. 1983: Systematic functionalism revisited. *J. TS. Behav.* 13, pp. 231-41.

Stoddart, D.R. 1966: Darwin's impact on geography. *Ann. Ass. Am. Geogr.* 56, pp. 683–98.

Stoddart, D.R. 1967: Organism and ecosystem as geographic models. In Chorley, R.J. and Haggett, P., eds, *Models in geography*. London and New York: Methuen, pp. 511–48.

Thrift, N. 1983: On the determination of social action in space and time. *Environ. Plann. D* 1, pp. 23–57.

Suggested Reading
Elster (1982).
Giddens (1977), chapter 2.
Harvey (1969), chapter 22.

기대수명 life expectancy

Suggested Reading
Woods, R.I. 1979: *Population analysis in geography*. London and New York: Longman, chapter 3.

기업농 agribusiness

Suggested Reading
Bell, C. and Newby, H. 1974: Capitalist farmers in the British class structure. *Sociol. Rur.* 14, pp. 86–107.

Gregor, H. 1982: *Industrialization of US agriculture: an interpretive atlas*. Boulder, Co.: Westview Press.

Newby, H. 1979: *Green and pleasant land?* London: Hutchinson, pp. 115–19.

Wallace, I. 1985: Towards a geography of agribusiness. *Prog. hum. Geogr.* 9, pp. 491–514.

기업유치지구 enterprise zone

Suggested Reading
Hall, P. et al. 1982: Urban enterprise zones: a debate. *Int. J. urban and reg. Res.* 6, pp. 416–46.

기호화 symbolization

References and Suggested Reading
Bertin, J. 1983: *Semiology of graphics: diagrams, networks, maps*. Madison, Wisconsin: University of Wisconsin Press.

Cox, C.W. 1976: Anchor effects and the estimation of graduated circles and squares. *Am. Cartogr.* 3, pp. 65–74.

Monmonier, M.S. 1977: Nonlinear reprojection to reduce the congestion of symbols on thematic maps. *Can. Cartogr.* 14, pp. 35–47.

Morrison, J.L. 1974: A theoretical framework for cartographic generalization with an emphasis on the process of symbolization. *Int. Yearbook Cartogr.* 14, pp. 115–27.

Muehrcke, P.C. 1972: *Thematic cartography*. Commission on College Geography resource paper 19. Washington, DC: Association of American Geographers.

Tufte, E.R. 1983: *The visual display of quantitative information*. Cheshire, Connecticut: Graphics Press.

기회비용 opportunity cost

Suggested Reading
Chisholm, M. 1970: *Geography and economics*, second edition. London: Bell; Boulder, Co.: Westview Press, chapter 3.

ㄴ

내륙국 land-locked state

Suggested Reading
East, W.G. 1960: The geography of land-locked states. *Trans. Inst. Br. Geogr.* 28, pp. 1–22.

내부도시 inner city

Suggested Reading
Hall, P. 1981: *The inner city in context*. London: Heinemann.

Harrison, P. 1985: *Inside the inner city*. London: Penguin.

Herbert, D.T. and Smith, D.M., eds 1979: *Social problems and the city*. Oxford: Oxford University Press.

내적 관계들 internal relations

Bhaskar, R. 1979: *The possibility of naturalism: a philosophical critique of the contemporary human sciences*. Brighton: Harvester; Atlantic Highlands, NJ: Humanities Press.

Gregory, D. forthcoming: *The geographical imagination: social theory and human geography*. London: Hutchinson.

Harvey, D. 1973: *Social justice and the city*. London: Edward Arnold; Baltimore: Johns Hopkins University Press.

Ollman, B. 1971: *Alienation: Marx's conception of man in capitalist society*. Cambridge and New York: Cambridge University Press.

Olsson, G. 1980: *Birds in egg/Eggs in bird*. London: Pion; New York: Methuen.

Philo, G. 1984: Reflections on Gunnar Olsson's contributions to the discourse of contemporary human geography. *Environ. Plann. D* 2, pp. 217–40.

참고문헌(네트워크[연결망])

Sayer, A. 1982: Explanation in economic geography: abstraction versus generalization. *Progr. hum. Geogr.* 6, pp. 68–88.

Sayer, A. 1984: *Method in social science: a realist approach*. London: Hutchinson.

Suggested Reading
Harvey (1973), pp. 286–314.
Olsson (1980).
Sayer (1982).

네트워크(연결망) network

Suggested Reading
Chorley, R.J. and Haggett, P. 1974: *Network analysis in geography*, second edition. London: Edward Arnold; New York: St Martin's Press.

노동가치론 labour theory of value

Suggested Reading
Harvey, D. 1982: *The limits to capital*. Oxford: Basil Blackwell.

노동과정 labour process

Marx, K. 1976: *Capital*, volume 1. Harmondsworth: Penguin, chapter 7.

Massey, D. 1984: *Spatial divisions of labour*. London and Basingstoke: Macmillan.

Suggested Reading
Braverman, H. 1974: *Labour and monopoly capital. The degradation of work in the twentieth century*. New York and London: Monthly Review Press.

Dunford, M. and Perrons, D. 1983: *The arena of capital*. London and Basingstoke: Macmillan; New York: St Martin's Press, part III.

Harvey, D. 1982: *The limits to capital*. Oxford: Basil Blackwell; Chicago: University of Chicago Press, chapter 4.

Marx (1976), chapter 7.

Massey (1984).

Urry, J. 1981: *The anatomy of capitalist societies*. London and Basingstoke: Macmillan; Atlantic Highlands, NJ: Humanities Press, chapter 7.

노동분업 division of labour

Suggested Reading
Marx, K. 1976: *Capital*, volume 1. Harmondsworth: Penguin, in association with *New Left Review*, pp. 470–80.

Massey, D. 1984: *Spatial divisions of labour*. London and Basingstoke: Macmillan.

노동시장 labour market

Suggested Reading
Cooke, P. 1983: *Theories of planning and spatial development*. London: Hutchinson, chapter 9.

Massey, D. 1984: *Spatial divisions of labour*. London and Basingstoke: Macmillan.

Urry, J. 1981: Localities, regions and social class. *Int. J. urban and reg. Res.* 5, pp. 455–74.

노동시장의 분할 segmented labour market

Suggested Reading
Cooke, P. 1983: Labour market discontinuity and spatial development. *Progr. hum. Geogr.* 7, pp. 545–66.

녹색혁명 green revolution

Suggested Reading
Bayliss-Smith, T. and Wanmali, S., eds 1984: *Understanding green revolutions: agrarian change and development planning in South Asia*. Cambridge and New York: Cambridge University Press.

Farmer, B.H., ed. 1977: *Green Revolution? Technology and change in rice-growing areas of Tamil Nadu and Sri Lanka*. London: Macmillan; Boulder, Co.: Westview Press.

King, R. 1973: Geographical perspectives on the green revolution. *Tijdschr. econ. soc. Geogr.* 64, pp. 237–44.

Morgan, W.B. 1978: *Agriculture in the Third World*. London: Bell and Hyman; Boulder, Co.: Westview Press, pp. 110–13.

논리실증주의 logical positivism

Guelke, L. 1978: Geography and logical positivism. In Herbert, D.T. and Johnston, R.J., eds, *Geography and the urban environment*, volume 1. Chichester and New York: John Wiley, pp. 35–61.

Harvey, D. 1969: *Explanation in geography*. London: Edward Arnold; New York: St Martin's Press.

Popper, K. 1976: *Unended quest: an intellectual autobiography*. London: Fontana.

Suppe, F., ed. 1977: *The structure of scientific theories*, second edition. Urbana, Chicago and London: University of Illinois Press.

Suggested Reading
Guelke (1978).

농업답보 agricultural involution

Geertz, C. 1963: *Agricultural involution: the process*

of ecological change in Indonesia. Berkeley and Los Angeles: University of California Press.

White, B. 1982: Population, involution and employment in rural Java. In Harriss, J., ed., *Rural development: theories of peasant economy and agrarian change.* London: Hutchinson University Library for Africa.

Suggested Reading

Geertz (1963).

Harriss, J., ed. 1982: *Rural development: theories of peasant economy and agrarian change.* London: Hutchinson University Library for Africa.

농업도시 agro-town

Suggested Reading

King, R. and Strachan, A.J. 1978: Sicilian agro-towns. *Erdkunde* 32, pp. 110–23.

농업유형 type of farming

Chisholm, M. 1964: Problems in the classification and use of farming-type regions. *Trans. Inst. Br. Geogr.* 35, pp. 91–103.

Coppock, J.T. 1976: *An agricultural atlas of England and Wales,* second edition. London: Faber and Faber.

Ministry of Agriculture, Fisheries and Food 1969: *Type of farming maps of England and Wales.* London: MAFF.

Whittlesey, D. 1936: Major agricultural regions of the earth. *Ann. Ass. Am. Geogr.* 26, pp. 199–240.

Suggested Reading

Tarrant, J.R. 1974: *Agricultural geography.* Newton Abbot: David and Charles; New York: Halsted, pp. 128–45.

Troughton, M.J. 1979: Application of the revised scheme for the typology of world agriculture to Canada. *Geogr. Polon.* 40, pp. 95–111.

농업지리학 agricultural geography

Bowler, I. 1979: *Government and agriculture: a spatial perspective.* London and New York: Longman.

Dalton, G.E., ed. 1975: *Study of agricultural systems.* London: Applied Science Publishers.

Dando, W.A. 1980: *The geography of famine.* London: Edward Arnold; New York: Halsted Press.

Found, W.C. 1974: *A theoretical approach to rural land-use patterns.* London: Edward Arnold; New York: St Martin's Press.

Grigg, D.B. 1985: *The world food problem 1950–1980.* Oxford and New York: Basil Blackwell.

Harvey, D.W. 1966: Theoretical concepts and the analysis of agricultural land-use patterns in geography. *Ann. Ass. Am. Geogr.* 56, pp. 361–74.

Ilbery, B.W. 1978: Agricultural decision-making: a behavioural perspective. *Prog. Hum. Geogr.* 2, pp. 448–66.

Jones, G.E. 1963: The diffusion of agricultural innovations. *J. agric. Econ.* 15, pp. 59–69.

Morgan, W.B. 1978: *Agriculture in the Third World.* London: Bell and Hyman; Boulder, Co.: Westview Press.

Simmons, I.G. 1980: Ecological-functional approaches to agriculture in geographical contexts. *Geogr.* 65, pp. 305–16.

Whittlesey, D. 1936: Major agricultural regions of the earth. *Ann. Ass. Am. Geogr.* 26, pp. 199–240.

Suggested Reading

Andreae, B. 1981: *Farming, development and space.* Berlin and New York: de Gruyter.

Bayliss-Smith, T.P. 1982: *The ecology of agricultural systems.* Cambridge and New York: Cambridge University Press.

Gregor, H.F. 1970: *Geography of agriculture: themes in research.* Englewood Cliffs, NJ: Prentice-Hall.

Grigg, D.B. 1984: *An introduction to agricultural geography.* London and Dover, NH: Hutchinson.

Morgan (1978).

농업혁명 agricultural revolution

Chambers, J.D. and Mingay, G.E. 1966: *The agricultural revolution, 1750–1880.* London: Batsford; New York: Schocken.

Jones, E.L. 1974: *Agriculture and the industrial revolution.* Oxford: Basil Blackwell; New York: Halsted.

Kerridge, E. 1967: *The agricultural revolution.* London: Allen & Unwin.

Overton, M. 1984: Agricultural revolution? Development of the agrarian economy in early modern England. In Baker, A.R.H. and Gregory, D.J., eds, *Explorations in historical geography.* Cambridge: Cambridge University Press, pp. 118–39.

Overton, M. 1985: The diffusion of agricultural innovations in early modern England: turnips and clover in Norfolk and Suffolk, 1580–1740. *Trans. Inst. Br. Geogr.* new series 10, pp. 205–21.

Sturgess, R.W. 1966: The agricultural revolution on the English clays. *Ag. hist. R.* 14, pp. 104–21.

Thompson, F.M.L. 1968: The second agricultural revolution, 1815–1880. *Econ. hist. R.* second series 21, pp. 62–77.

참고문헌(농지분할)

Suggested Reading
Chambers and Mingay (1966).
Overton, .. 1986: *The agricultural revolution in England: the transformation of the rural economy 1500–1830.* Cambridge: Cambridge University Press.
Tribe, K. 1981: *Genealogies of capitalism.* London: Macmillan; Atlantic Highlands, NJ: Humanities Press, chapter 2.

농지분할 farm fragmentation

Chisholm, M. 1979: *Rural settlement and land use: an essay in location*, third edition. London: Hutchinson; Atlantic Highlands, NJ: Humanities Press.

Suggested Reading
Clout, H.D. 1984: *A rural policy for the EEC?* London and New York: Methuen, pp. 102–17.
King, R. and Burton, S. 1982: Land fragmentation: notes on fundamental rural spatial problems. *Progr. hum. Geogr.* 6, pp. 475–94.
Smith, E.G. 1975: Fragmented farms in the United States. *Ann. Ass. Am. Geogr.* 65, pp. 58–70.

농지임차료 farm rent

Grigg, D.B. 1965: An index of regional change in English farming. *Trans. Inst. Br. Geogr.* 36, pp. 55–67.

Suggested Reading
Barlowe, R. 1978: *Land resource economics*, third edition. Englewood Cliffs, NJ and London: Prentice-Hall.
Clark, C. 1973: *The value of agricultural land.* Oxford and New York: Pergamon.

ㄷ

다국적기업 multinational corporation(MNC)

Suggested Reading
Dicken, P. and Lloyd, P.E. 1981: *Modern western society.* London: Harper and Row, chapter 2.
Harvey, D. 1982: *The limits to capital.* Oxford: Basil Blackwell, chapter 5.
Taylor, M.J. and Thrift, N.J. eds 1982: *The geography of multinationals.* London: Croom Helm.

다목적 토지이용 multiple land use

Suggested Reading
Simmons, I.G. 1975: *Rural recreation in the industrial world.* London: Edward Arnold; New York: Halsted, pp. 238–46.

다민족국가 multinational state

Suggested Reading
Muir, R. 1975: *Modern political geography.* London: Macmillan; New York: Halsted, pp. 95–106.

다원사회 plural society

Furnivall, J.S. 1939: *Netherlands India.* Cambridge: Cambridge University Press.
Furnivall, J.S. 1956: *Colonial policy and practice.* New York: New York University Press.

Suggested Reading
Clarke, C., Ley, D. and Peach, C., eds 1984: *Geography and ethnic pluralism.* London: George Allen & Unwin.

다원주의 pluralism

Clarke, C., Ley, D. and Peach, C., eds 1984: *Geography and ethnic pluralism.* London: George Allen & Unwin.
Dahl, R.A. 1961: *Who governs?* New Haven: Yale University Press.
Dunleavy, P. 1980: *Urban political analysis.* London: Macmillan.
Kliot, N. and Waterman, S., eds 1983: *Pluralism and political geography.* London: Croom Helm; New York: St Martin's Press.
Miliband, R. 1969: *The state in capitalist society.* London: Quartet.
Saunders, P. 1979: *Urban politics: a sociological approach.* London: Hutchinson.

다윈주의 Darwinism

Gould, S.J. 1980: *Ever since Darwin. Reflections in natural history.* Harmondsworth: Penguin.

Suggested Reading
Bowler, P.J. 1984: *Evolution. The history of an idea.* Berkeley, Los Angeles and London: University of California Press.
Campbell, J.A. and Livingstone, D.N. 1983: Neo-Lamarckism and the development of geography in the United States and Great Britain. *Trans. Inst. Br. Geogr.* n s 8, pp. 267–94.
Gillespie, N.C. 1979: *Charles Darwin and the problem of creation.* Chicago and London: University of Chicago Press.
Livingstone, D.N. 1984: Natural theology and neo-Lamarckism: the changing context of nine-

teenth-century geography in the United States and Great Britain. *Ann. Ass. Am. Geogr.* 74, pp. 9–28.

Oldroyd, D.R. 1980: *Darwinian impacts. An introduction to the Darwinian revolution.* Milton Keynes: Open University Press; Atlantic Highlands, NJ: Humanities Press.

Ruse, M. 1979: *The Darwinian revolution. Science red in tooth and claw.* Chicago and London: University of Chicago Press.

Stoddart, D.R. 1966: Darwin's impact on geography. *Ann. Ass. Am. Geogr.* 56, pp. 683–98.

Stoddart, D.R. 1981. Darwin's influence on the development of geography in the United States, 1859–1914. In Blouet, B.W., ed., *The origins of academic geography in the United States.* Hamden, Conn.: Archon Books, pp. 265–78.

Young, R.M. 1970: The impact of Darwin on conventional thought. In Symondson, A., ed., *The Victorian crisis of faith.* London: SPCK, pp. 13–35.

Suggested Reading

Gould (1980).
Stoddart (1966).

다차원척도법 multi-dimensional scaling(MDS)

Suggested Reading

Gatrell, A.C. 1983: *Distance and space: a geographical perspective.* Oxford and New York: Oxford University Press.

Golledge, R.G. and Rushton, G. 1972: *Multidimensional scaling: review and geographical applications.* Washington, DC: Association of American Geographers, Commission on College Geography.

다핵심모형 multiple nuclei model

Reference

Harris, C.D. and Ullman, E.L. 1959: The nature of cities. In Mayer, H.M. and Kohn, C.F., eds, *Readings in urban geography.* Chicago: University of Chicago Press; Cambridge: Cambridge University Press, pp. 277–86.

답사 fieldwork

Suggested Reading

Gulick, J. 1977: Village and city field work in Lebanon. In Freilich, M., ed., *Marginal natives at work: anthropologists in the field.* New York: John Wiley, pp. 89–118.

Schatzman, L. and Strauss, A.L. 1973: *Field research: strategies for a natural sociology.* Englewood Cliffs, NJ: Prentice-Hall.

당연적 세계 taken-for-granted world

Ley, D. 1977: Social geography and the taken-for-granted world. *Trans. Inst. Br. Geogr.* ns 2. pp. 498–512.

Pickles, J. 1985: *Phenomenology, science and geography: spatiality and the human sciences.* Cambridge: Cambridge University Press.

Suggested Reading

Ley (1977).
Pickles (1985), pp. 114–20.

대도시 노동지역 metropolitan labour area

Suggested Reading

Berry, B.J.L., Goheen, P.G. and Goldstein, H. 1969: *Metropolitan area definition: a reevaluation of concept and statistical practice.* Washington, DC: US Bureau of the Census.

Coombes, M.G., Dixon, J.S., Goddard, J.B., Openshaw, S. and Taylor, P.J. 1979: Daily urban systems in Britain: from theory to practice. *Environ. Plann. A* 11, pp. 565–74.

Hall, P. and Hay, D. 1980: *Growth centres in the European urban system.* London: Heinemann.

대도시지역 metropolitan area

Suggested Reading

Murphy, R.E. 1974: *The American city: an urban geography*, second edition. New York: McGraw-Hill.

대륙붕 continental shelf

Suggested Reading

Pearcy, G.E. 1961: The continental shelf: physical vs. legal definition. *Can. Geogr.* 5: 3, pp. 26–9.

Prescott, J.R.V. 1975: *The political geography of the oceans.* Newton Abbot: David and Charles; New York: John Wiley.

대수-선형 모형화 log-linear modelling

Suggested Reading

Wrigley, N. 1985: *Categorical data analysis for geographers and environmental scientists.* London and New York: Longman.

대체율 replacement rates

Kuczynski, R.R. 1935: *The measurement of population growth: methods and results.* London: Sidgwick and Jackson; New York: Oxford University Press.

Suggested Reading

Woods, R.I. 1979: *Population analysis in geogra-*

참고문헌(도구주의)

phy. London and New York: Longman, chapter 5.

도구주의 instrumentalism

Harvey, D. 1969: *Explanation in geography*. London: Edward Arnold; New York: St Martin's Press.

Keat, R. and Urry, J. 1975: *Social theory as science*. London: Routledge and Kegan Paul.

Suggested Reading

Gregory, D. 1978: *Ideology, science and human geography*. London: Hutchinson; New York: St Martin's Press, pp. 40–2.

도미노이론 domino theory

Suggested Reading

O'Sullivan, P. and Miller, J.W. 1983: *The geography of warfare*. London: Croom Helm; New York: St Martin's Press.

Wiens, H.J. 1954: *China's march towards the tropics*. Hamden, Conn.: The Shoe String Press.

도상학 iconography

Cosgrove, D. 1984: *Social formation and symbolic landscape*. London: Croom Helm.

Cosgrove, D. 1985: Prospect, perspective and the evolution of the landscape idea. *Trans. Inst. Br. Geogr.* 10, pp. 45–62.

Suggested Reading

Cosgrove, D. 1978: Place, landscape and the dialectics of cultural geography. *Can. Geogr.* 22, pp. 66–72

Cosgrove, D. 1982: The myth and the stones of Venice; an historical geography of a symbolic landscape. *J. hist. Geogr.* 8, pp. 145–69.

Cosgrove (1984).

Meinig, D.W. ed. 1979: *The interpretation of ordinary landscapes*. Oxford and New York: Oxford University Press.

도시 urban

Castells, M. 1977: *The urban question*. London: Edward Arnold; Cambridge, Mass.: MIT Press.

Dunleavy, P. 1982: *The urban perspective*. Course D202, block 1, unit 34. Milton Keynes: The Open University.

Saunders, P. 1981: *Social theory and the urban question*. London: Hutchinson; New York: Holmes and Meier.

Saunders, P. 1985: Space, the city, and urban sociology. In Gregory, D. and Urry, J., eds, *Social relations and spatial structures*. London: Macmillan.

Sayer, A. 1984: *Method in social science: a realist approach*. London: Hutchinson.

Sutcliffe, A. 1983: In search of the urban variable: Britain in the later nineteenth century. In Fraser, D. and Sutcliffe, A., eds, *The study of urban history*. London: Edward Arnold, pp. 234–63.

Wirth, L. 1938: Urbanism as a way of life. *Am. J. Soc.* 44, pp. 1–24.

Suggested Reading

Pahl, R.E. 1983: Concepts in contexts: pursuing the urban of 'urban' sociology. In Fraser, D. and Sutcliffe, A., eds, *The study of urban history*. London: Edward Arnold, pp. 371–87.

Smith, M.P. 1979: *The city and social theory*. Oxford: Basil Blackwell; New York: St Martin's Press.

도시 및 지역계획 urban and regional planning

References and Suggested Reading

Alden, J. and Morgan, R. 1974: *Regional planning: a comprehensive view*. Leighton Buzzard: Leonard Hill; New York: John Wiley.

Cooke, P. 1983: *Theories of planning and spatial development*. London: Hutchinson.

Hall, P. 1974: *Urban and regional planning*. Harmondsworth: Penguin.

Held, D. 1983: Central perspectives on the modern state. In Held, D. et al., eds, *States and societies*. Oxford: Martin Robertson.

Knox, P. 1984: *The geography of western Europe*. London: Croom Helm; Totowa, NJ: Barnes and Noble, chapter 5.

Southall, H. 1983: Long-run trends in unemployment. *Area* 15, pp. 238–42.

Urry, J. 1981: *The anatomy of capitalist societies*. London and Basingstoke: Macmillan; Atlantic Highlands, NJ: Humanities Press, chapter 7.

도시경관 townscape

Suggested Reading

Cullen, G. 1961: *Townscape*. London: Architectural Press; New York: Reinhold.

도시관리자 및 수문장 urban managers and gatekeepers

Suggested Reading

Eyles, J. 1979: Social geography and the study of the capitalist city. *Tijdschr. econ. soc. Geogr.* 69, pp. 296–305.

Pahl, R.E. 1975: *Whose city? and further essays on urban society*, second edition. London and New York: Penguin.

참고문헌(도시재개발)

Williams, P.R. 1982: Restructuring urban managerialism. *Environ. Plann. A* 14, pp. 95-105.

도시규모분포 city-size distribution

Suggested Reading

Johnston, R.J. 1984: *City and society: an outline for urban geography*. London: Hutchinson.
Richardson, H.W. 1973: *The economics of urban size*. Farnborough: Saxon House.

도시기능분류 functional classification of cities

Suggested Reading

Berry, B.J.L., ed. 1972: *City classification handbook: methods and applications*. New York and Chichester: John Wiley.

도시사회운동 urban social movement

Suggested Reading

Castells, M. 1983: *The city and the grassroots*. London: Edward Arnold; Berkeley: University of California Press.
Cox, K.R. 1984: Neighborhood conflict and urban social movement: questions of historicity, class and change. *Urban Geogr.* 5, pp. 343-55.
Lowe, S. 1986: *Urban social movements: the city after Castells*. London: Macmillan.
Saunders, P. 1979: *Urban politics*. London: Hutchinson.

도시생태학 urban ecology

Suggested Reading

Duncan, O.D. 1959: Human ecology and population studies. In Hauser, P.M. and Duncan, O.D., eds, *The study of population*. Chicago: University of Chicago Press; Cambridge: Cambridge University Press, pp. 678-716.
Schnore, L.F. 1965: On the spatial structure of cities in the two Americas. In Hauser, P.M. and Schnore, L.F., eds, *The study of urbanization*. New York and London: John Wiley, pp. 347-98.

도시성 urbanism

Wirth, L. 1938: Urbanism as a way of life. *Am. J. Soc.* 44, pp. 1-24.

Suggested Reading

Smith, M.P. 1979: *The city and social theory*. Oxford: Basil Blackwell; New York: St Martin's Press.

도시의 기원 urban origins

Carter, H. 1983: *An introduction to urban historical geography*. London: Edward Arnold, pp. 1-17.
Giddens, A. 1981: *A contemporary critique of historical materialism*, volume 1, *Power, property and the state*. London: Macmillan.
Giddens, A. 1985: *A contemporary critique of historical materialism*. Volume 2, *The nation-state and violence*. Cambridge: Polity Press.
Harvey, D. 1973; *Social justice and the city*. London: Edward Arnold; Baltimore: Johns Hopkins University Press.
Sack, R.D. 1980: *Conceptions of space in social thought: a geographic perspective*. London: Macmillan; Minneapolis: University of Minnesota Press.
Wheatley, P. 1971: *The pivot of the four quarters: a preliminary inquiry into the origins and character of the ancient Chinese city*. Edinburgh: Edinburgh University Press; Chicago: Aldine.

Suggested Reading

Adams, R. Mc.C. 1966: *The evolution of urban society*. Chicago: Chicago University Press.
Carter, H. 1977: Urban origins: a review. *Progr. hum. Geogr.* 1, pp. 12-32.
Carter (1983).
Wheatley (1971), part two.
Wheatley, P. 1972: Proleptic observations on the origins of urbanism. In Steel, R.W. and Lawton, R., eds, *Liverpool essays in geography*. London: Longman, pp. 315-45.

도시재개발 urban renewal

Berry, B.J.L. and Kasarda, J.D. 1977: *Contemporary urban ecology*. London and New York: Macmillan.

Suggested Reading

Berry and Kasarda (1977).
Cullingworth, J.B. 1976: *Town and country planning in Britain*, sixth edition. London: Allen & Unwin.
Davies, J.C. 1966: *Neighborhood groups and urban renewal*. London and New York: Columbia University Press.
Kaplan, H. 1963: *Urban renewal politics: slum clearance in Newark*. London and New York: Columbia University Press.
Roberts, J.T. 1976: *General improvement areas*. Farnborough: Saxon House; Lexington, Mass.: Lexington Books.
Wilson, J.Q., ed. 1966: *Urban renewal: the record and the controversy*. London and Cambridge, Mass.: MIT Press.

참고문헌(도시지리학)

도시지리학 urban geography

Harvey, D. 1973: *Social justice and the city*. London: Edward Arnold; Baltimore: Johns Hopkins University Press.
Taylor, T.G. 1946; *Urban geography*. New York: E.P. Dutton.

Suggested Reading

Carter, H. 1981: *The study of urban geography*, third edition. London: Edward Arnold; New York: John Wiley.
Hartshorn, T.A. 1980: *Interpreting the city: an urban geography*. New York: John Wiley.
Herbert, D.T. and Johnston, R.J. 1978: Geography and the urban environment. In Herbert, D.T. and Johnston, R.J., eds, *Geography and the urban environment*, volume 1. New York and Chichester: John Wiley, pp. 1–34.
Johnston, R.J. 1984: *City and society: an outline for urban geography*. London and Dover, NH: Hutchinson.
King, L.J. and Golledge, R.G. 1978: *Cities, space and behavior: the elements of urban geography*. Englewood Cliffs, NJ and London: Prentice-Hall.
Taylor (1946).

도시지원계획 urban programme

Suggested Reading

Edwards, J. and Batley, R. 1978: *The politics of positive discrimination*. London: Tavistock; New York: Methuen.
Eyles, J. 1979: Area based policies for the inner city. In Herbert, D.T. and Smith, D.M., eds, *Social problems and the city*. Oxford: Oxford University Press, pp. 225–43.
Thrift, N.J. 1979: Unemployment in the inner city: urban problem or structural imperative? In Herbert, D.T. and Johnston, R.J., eds, *Geography and the urban environment*, volume 2. New York and Chichester: John Wiley, pp. 125–226.

도시체계 urban system

Suggested Reading

Berry, B.J.L. 1964: Cities as systems within systems of cities. *Proc. Reg. Sci. Assoc.* 13, pp. 147–63.
Duncan, O.D., Scott, W.R., Lieberson, S., Duncan, B. and Winsborough, H.H. 1960: *Metropolis and region*. Baltimore: Johns Hopkins University Press; Oxford: Oxford University Press.

도시화 urbanization

Johnston, R.J. 1984: *City and society: an outline for urban geography*. London and New York: Hutchinson.
Taylor, P.J. 1986: The error of developmentalism. In Gregory, D. and Walford, R., eds, *New horizons in geography*. London: Macmillan.

Suggested Reading

Roberts, B.R. 1976: *Cities of peasants*. London: Edward Arnold.

도촌연속론 rural-urban continuum

Connell, J. 1978: *The end of tradition: country life in central Surrey*. London and Boston: Routledge and Kegan Paul.
Frankenberg, R. 1966: *Communities in Britain*. London and New York: Penguin.
Glenn, N.D. and Hill, L. 1977: Rural-urban differences in attitudes and behaviour in the United States. *Ann. Am. Acad. pol. soc. Sci.* 429, pp. 36–50.
Pahl, R.E. 1966: The rural-urban continuum. *Sociol. Rur.* 6, pp. 299–329.
Wirth, L. 1938: Urbanism as a way of life. *Am. J. Sociol.* 44, pp. 46–63.
Young, M. and Willmott, P. 1957: *Family and kinship in East London*. London: Routledge and Kegan Paul; Glencoe, Ill.: Free Press.

Suggested Reading

Duncan, O.D. and Reiss, A.J. 1976: *Social characteristics of urban and rural communities 1950*. New York: Russell and Russell. (Reprinted from 1956 edition.)
Pacione, M. 1984: *Rural geography*. London and New York: Harper and Row, pp. 152–6.
Pahl (1966).

도촌접변지역 rural-urban fringe

Suggested Reading

Bryant, C.R., Russwurm, L. H. and McLellan, A.G. 1982: *The city's countryside: land and its management in the rural-urban fringe*. London and New York: Longman.

도해성 graphicacy

Balchin, W.G.V. 1972: Graphicacy. *Geography* 57, pp. 185–95.

도회촌 urban village

Wirth, L. 1938: Urbanism as a way of life. *Am. J. Sociol.* 44, pp. 1–24.

Suggested Reading

Gans, H.J. 1962: *The urban villagers: group and class in the life of Italian-Americans*. New York:

Free Press of Glencoe.
Wirth (1938).

독도법 map reading

Board, C. 1978: Map reading tasks appropriate in experimental studies in cartographic communication. *Can. Cartogr.* 15, pp. 1-12.

Suggested Reading
Board (1978).
Olson, J.M. 1975: Experience and the improvement of cartographic communication. *Cartogr. J.* 12, pp. 94-108.

독일지정학 Geopolitik

Suggested Reading
Parker, G. 1985: *The development of western geopolitical thought in the twentieth century.* London: Croom Helm.

동시발생집단 cohort

Suggested Reading
Cox, P.R. 1976: *Demography*, fifth edition. Cambridge and New York: Cambridge University Press, chapter 3.

동심원모형 zonal model

Suggested Reading
Johnston, R.J. 1971: *Urban residential patterns: an introductory review.* London: Bell; New York: Praeger.
Park, R.E., Burgess, E.W. and McKenzie, R.D. 1925: *The city.* Chicago: University of Chicago Press.

동화 assimilation

Suggested Reading
Boal, F.W. 1976: Ethnic residential segregation. In Herbert, D.T. and Johnston, R.J., eds, *Social areas in cities*, volume I, *Spatial processes and forms.* Chichester: John Wiley, chapter 2.
Gordon, M.M. 1964: *Assimilation in American life.* New York: Oxford University Press.
Petersen, W. 1975: *Population*, third edition. New York and London: Collier-Macmillan, chapter 4.

등충운송비선 isodapane

Weber, A. 1929: *Alfred Weber's theory of the location of industries*, translated by C.J.Friedrich. Chicago: University of Chicago Press. (Reprinted 1971, New York: Russell and Russell; first German edition 1909.)

등치선 isolines

Lam, N. S-N 1983: Spatial interpolation methods; a review. *Am. Cartogr.* 10:2, pp. 129-49.

Suggested Reading
Robinson, A.H., Sale, R., Morrison, J. and Muerhcke, P.C. 1985: *Elements of cartography*, fifth edition. New York and Chichester: John Wiley.

ㄹ

라마르크설 Lamarck(ian)ism

Campbell, J.A. and Livingstone, D.N. 1983: Neo-Lamarckism and the development of geography in the United States and Great Britain. *Trans. Inst. Br. Geogr.* ns 8, pp. 267-94.
Jones, G. 1980: *Social Darwinism and English thought: the interaction between biological and social theory.* Brighton: Harvester, chapter 5.

Suggested Reading
Campbell and Livingstone (1983).
Livingstone D.N. 1984: Natural theory and Neo-Lamarckism: the changing context of nineteenth-century geography in the United States and Great Britain. *Ann. Ass. Am. Geogr.* 74, pp. 9-28.

라우리모형 Lowry model

Suggested Reading
Batty, M. 1976: *Urban modelling: algorithms, calibrations, predictions.* Cambridge and New York: Cambridge University Press, pp. 49-81.
Webber, M.J. 1984: *Explanation, prediction and planning: the Lowry model.* London: Pion.
Wilson, A.G. 1974: *Urban and regional models in geography and planning.* New York and Chichester: John Wiley.

레일리의 법칙 Reilly's law

Suggested Reading
Reilly, W.J. 1931: *The law of retail gravitation.* New York: Knickerbocker Press.

참고문헌(레크레이션)

레크레이션 recreation

Burton, T.L. 1967: *Outdoor recreation enterprises in problem rural areas*. Ashford: Wye College, School of Rural Economics and Related Studies.

Coppock, J.T. 1966: The recreational use of land and water in rural Britain. *Tijdschr. econ. soc. Geogr.* 57, pp. 81–96.

Coppock, J.T. and Duffield, B.S. 1975: *Recreation in the countryside: a spatial analysis*. London: Macmillan; New York: St Martin's Press.

Lavery, P. 1975: The demand for recreation: a review of studies. *Town Plan. Rev.* 46, pp. 185–200.

Suggested Reading

Coppock and Duffield (1975).

Patmore, J.A. 1983: *Recreation and resources: leisure patterns and leisure places*. Oxford and New York: Basil Blackwell.

Simmons, I.G. 1975: *Rural recreation in the industrial world*. London: Edward Arnold; New York: Halsted.

Smith, S.L.J. 1983: *Recreation geography*. London and New York: Longman.

르쁠레협회 le Play Society

Suggested Reading

Beaver, S.H. 1962: The le Play Society and field work. *Geography* 40, pp. 225–40.

Herbertson, D. 1950: *The life of Frederic le Play*. Ledbury: le Play House Press.

ㅁ

마르코프과정 Markov processes

Suggested Reading

Collins, L., Drewett, R. and Ferguson, R. 1974: Markov models in geography. *Statistician* 23, pp. 179–210.

마르크스경제학 Marxian economics

Samuelson, P.A. 1976: *Economics: an introductory analysis*, tenth edition. New York: McGraw-Hill.

Suggested Reading

Desai, M. 1974: *Marxian economic theory*. Oxford: Basil Blackwell; Totowa, N.J.: Rowman & Littlefield.

Harvey, D. 1982: *The limits to capital*. Oxford: Basil Blackwell.

Kay, G. 1975: *Development and underdevelopment: a Marxist analysis*. London: Macmillan; New York: St Martin's Press (published as *Development, underdevelopment and the law of value: a Marxist analysis*).

Mandel, E. 1968: *Marxist economic theory*, 2 volumes, translated B.Pearce. London: Merlin Press; New York: Monthly Review.

Mandel, E. 1978: *Late capitalism*, translated by J. de Bres, revised edition. London: Verso Editions; New York: Schocken.

Marx, K. 1976 edn: *Capital*, volume 1. London: Penguin; New York: International Publishers.

마르크스주의 지리학 Marxist geography

Anderson, J. 1980: Towards a materialist conception of geography. *Geoforum*, 11, pp. 171–8.

Anderson, P. 1976: *Considerations on Western Marxism*. London: Verso.

Anderson, P. 1983: *In the tracks of historical materialism*. London: Verso.

Castells, M. 1977: *The urban question: a Marxist approach*. London: Edward Arnold.

Chouinard, V. and Fincher, R. 1983: A critique of 'Structural Marxism and human geography'. *Ann. Assoc. Am. Geogr.*, 73, pp. 137–46.

Clark, G. and Dear, M. 1984: *State apparatus: structures of language and legitimacy*. London and Boston: George Allen & Unwin.

Cosgrove, D. 1983: Towards a radical cultural geography: problems of theory. *Antipode*, 15(1), pp. 1–11.

Cosgrove, D. 1984: *Social formation and symbolic landscape*. London: Croom Helm.

Dear, M. and Scott, A.J., eds. 1981: *Urbanization and urban planning in capitalist society*. London and New York: Methuen.

Duncan, J. and Ley, D. 1982: Structural Marxism and human geography: a critical assessment. *Ann. Assoc. Am. Geogr.*, 72, pp. 30–59.

Eliot Hurst, M. 1980: Geography, social science and society: towards a de-definition. *Austral. Geog. Stud.*, 18, pp. 3–21.

Eliot Hurst, M. 1985 Geography has neither existence nor future. In Johnston, R.J., ed., *The Future of Geography*. London: Methuen, pp. 59–91.

Eyles, J. 1981: Why geography cannot be Marxist: towards an understanding of lived experience. *Environ. Plann. A*, 13, pp. 1371–88.

Fincher, R. 1983: The inconsistency of eclecticism. *Environ. Plann. A*, 15, pp. 607–22.

Gibson, K. and Horvarth, R. 1983: Aspects of a theory of transition within the capitalist mode of production. *Environ. Plann. D*, pp. 121–38.

Gouldner, A. 1980: *The two Marxisms: contradictions and anomalies in the development of theory*.

참고문헌(맥락적 이론)

London: Macmillan.
Gregory, D. 1982: *Regional transformation and Industrial Revolution*. London: Macmillan.
Gregory, D. 1984: Contours of crisis? Sketches for a geography of class struggle in the early Industrial Revolution in England. In Baker, A.R.H. and Gregory, D., eds, *Explorations in historical geography: interpretative essays*. Cambridge: Cambridge University Press, pp. 68-117.
Harvey, D. 1973: *Social justice and the city*. London: Edward Arnold.
Harvey, D. 1982: *The limits to capital*. Oxford: Basil Blackwell.
Harvey, D. 1984: On the history and present condition of geography: an historical materialist manifesto. *Prof. Geogr.*, 36, pp.1-11.
Harvey, D. 1985a: The geopolitics of capitalism. In Gregory, D. and Urry, J., eds, *Social relations and spatial structures*. London: Macmillan, pp. 128-63.
Harvey, D. 1985b: *Consciousness and the urban experience: Studies in the history and theory of capitalist urbanization*, 1. Baltimore: Johns Hopkins University Press; Oxford: Basil Blackwell.
Harvey, D. 1985c: *The urbanization of capital: Studies in the history and theory of capitalist urbanization*, 2. Baltimore: Johns Hopkins University Press; Oxford: Basil Blackwell.
Johnston, R.J. 1984: Marxist political economy, the state and political geography. *Prog. hum. Geogr.*, 8, pp. 473-92.
Massey, D. 1983: Contours of victory, dimensions of defeat. *Marxism Today* (July), pp. 16-19.
Massey, D. 1984: *Spatial divisions of labour: social structures and the geography of production*. London: Macmillan.
Massey, D. 1985: Geography and class. In Coates, D., Johnston, G. and Bush, R., eds, *A socialist anatomy of Britain*. Cambridge: Polity Press, pp. 76-96.
Peet, R. 1978: Materialism, social formation and socio-spatial relations: an essay in Marxist geography. *Cahiers de Géographie du Quebec*, 22, pp. 147-57.
Peet, R. 1981: Spatial dialectics and Marxist geography. *Prog. hum. Geogr.*, 5, pp. 105-10.
Quaini, M. 1982: *Geography and Marxism*. Oxford: Basil Blackwell.
Short, J. 1985: Human geography and Marxism. In Baranski, Z. and Short, J., eds, *Developing Contemporary Marxism*. London: Macmillan, pp. 165-95.
Smith, N. 1981: Degeneracy in theory and practice: spatial interactionism and radical eclecticism. *Prog. hum. Geogr.*, 5, pp. 111-18.
Smith, N. 1984: *Uneven development: nature, capital and the production of space*. Oxford: Basil Blackwell.

Soja, E. and Hadjimichalis, C. 1979: Between geographical materialism and spatial fetishism: some observations on the development of Marxist spatial analysis. *Antipode*, 11(3), pp. 3-11.
Soja, E. 1985: The spatiality of social life: towards a transformative retheorisation. In Gregory, D. and Urry, J., eds, *Social relations and spatial structures*. London: Macmillan, pp. 90-127.
Taylor, P. 1985: *Political geography: world-economy, nation-state and locality*. London: Longman.
Thrift, N. 1983: On the determination of social action in space and time. *Environ. Plann. D*, 1, pp. 23-57.
Walker, R. 1978: Two sources of uneven development under advanced capitalism: spatial differentiation and capital mobility. *Rev. Rad. Pol. Econ.* 10, pp. 28-37.
Walker, R. 1985: Class, division of labour and employment in space. In Gregory, D. and Urry, J., eds, *Social relations and spatial structures*. London: Macmillan, pp. 164-89.
Webber, M. 1982; Agglomeration and the regional question. *Antipode*, 14(2), pp. 1-11.

Suggested Reading
Anderson (1980).
Dear and Scott (1981).
Harvey (1985c).
Short (1985).
Smith (1984).

만족적 행태 satisficing behaviour
Cox, K.R. and Golledge, R.G., eds 1981: *Behavioural problems in geography revisited*. London and New York: Methuen.

Suggested Reading
Eliot Hurst, M.E. 1974: *A geography of economic behaviour: an introduction*. North Scituate. Mass.: Duxbury Press; London: Prentice-Hall.

맥락적 이론 contextual theory
Giddens, A. 1984: *The constitution of society*. Cambridge: Polity Press.
Gregory, D. 1984: Space, time and politics in social theory: an interview with Anthony Giddens. *Environ. Plann. D* 2, pp. 123-32.
Gregory, D. 1985: Suspended animation: the status of diffusion theory. In Gregory, D. and Urry, J., eds, *Social relations and spatial structures*. London: Macmillan, pp. 296-336.
Gregory, D. and Urry, J., eds 1985: *Social relations and spatial structures*. London: Macmillan.
Hägerstrand, T. 1973: The domain of human geography. In Chorley, R.J., ed., *Directions in*

참고문헌(맥락적 효과)

geography. London: Methuen; New York: Barnes and Noble, pp. 67–87.

Hägerstrand, T. 1974a: Tidgeografisk beskrivning – syfte och postulat. *Svensk Geogr. Arsbok.* 50, pp. 86–94.

Hägerstrand, T. 1974b: Commentary. In Buttimer, A., ed., *Values in geography*. Resource paper 24. Washington DC: Association of American Geographers, Commission of College Geography, pp. 50–4.

Hägerstrand, T. 1976: Geography and the study of interaction between nature and society. *Geoforum* 7, pp. 329–34.

Hägerstrand, T. 1984: Presences and absences: a look at conceptual choices and bodily necessities. *Reg. Stud.* 18, pp. 373–80.

Kearns, G. 1984: Closed space and political practice: Frederick Jackson Turner and Halford Mackinder. *Environ. Plann. D* 2, pp. 23–34.

Kennedy, B.A. 1979: A naughty world. *Trans. Inst. Br. Geogr.* n s 4, pp. 550–8.

Pred, A. 1983: Structuration and place: on the becoming of sense of place and structure of feeling. *J. T.S. Behav.* 13, pp. 45–68.

Pred, A. 1984: Place as historically contingent process: structuration and the time-geography of becoming places. *Ann. Ass. Am. Geogr.* 74, pp. 279–97.

Soja, E. 1980: The socio-spatial dialectic. *Ann. Ass. Am. Geogr.* 70, pp. 207–25.

Thrift, N.J. 1983: On the determination of social action in space and time. *Environ. Plann. D* 1, pp. 23–57.

Suggested Reading

Gregory and Urry (1985).
Hägerstrand (1976).
Thrift (1983).

맥락적 효과 contextual effect

Cox, K.R. 1969: The voting decision in a spatial context. In Board C. et al., eds, *Progress in geography*, Volume 1. London: Edward Arnold, pp. 81–117.

Suggested Reading

Johnston, R.J. 1986: The neighbourhood effect revisited: spatial science or political regionalism. *Environ. Plann. D* 4, pp. 41–55.

Johnston, R.J., O'Neill, A.B. and Taylor, P.J. 1985: The geography of party support: comparative studies in electoral stability. In Holler, M.J., ed., *The logic of multi-party systems*. Vienna: Springer-Verlag.

맬더스모형 Malthusian model

Suggested Reading

Dupâquier, J., Fauve-Chamoux, A. and Grebenik, E., eds 1983: *Malthus past and present*. London and New York: Academic Press.

James, P. 1979: *Population Malthus: his life and times*. London and Boston: Routledge and Kegan Paul.

Malthus, T. R. 1970 edn: *An essay on the principle of population and a summary view of the principle of population*, ed. A. Flew. London: Pelican.

Petersen, W. 1979: *Malthus*. London: Heinemann; Cambridge, Mass.: Harvard University Press.

메갈로폴리스 megalopolis

Gottmann, J. 1964: *Megalopolis: the urbanized northeastern seaboard of the United States*. Cambridge, Mass.: MIT Press.

메리트재 merit good

Suggested Reading

Bennett, R.J. 1980: *The geography of public finance*. London and New York: Methuen.

면 surface

Monmonier, M.S. 1978: Viewing azimuth and map clarity. *Ann. Ass. Am. Geogr.* 68, pp. 180–95.

Suggested Reading

Hsu, M.L. 1975: Filtering process in surface generalization and isopleth mapping. In Davis, J.C. and McCullagh, M.J., eds, *Display and analysis of spatial data*. Chichester: John Wiley, pp. 115–29.

Monmonier (1978).

Worth, C. 1978: *The construction of computer produced views of three-dimensional data*. London School of Economics and Political Science Graduate Geography School, discussion paper 67.

면담 interviewing

Suggested Reading

Adams, J.N. and Press, J.J., eds 1960: *Human organisation research: field relations and techniques*. Homewood, Ill.: Dorsey Press.

Burgess, R.G., ed. 1982: *Field research: a sourcebook and field manual*. London and Boston: George Allen & Unwin.

Moser, C.A. and Kalton, G. 1971: *Survey methods in social investigation*. London: Heinemann; New York: Basic Books.

명목자료분석 categorical data analysis

Suggested Reading
Wrigley, N. 1985: *Categorical data analysis for geographers and environmental scientists*. London and New York: Longman.

모수추정법 calibration

Suggested Reading
Batty, M. 1976: *Urban modelling: algorithms, calibrations, predictions*. Cambridge and New York: Cambridge University Press.

모의실험 simulation

Suggested Reading
Abler, R., Adams, J.S. and Gould, P. 1971: *Spatial organization: the geographer's view of the world*. Englewood Cliffs, NJ and London: Prentice-Hall.

모형 model

Chorley, R.J. and Haggett, P., eds 1967: *Models in geography*. London and New York: Methuen.
Guelke, L. 1974: An idealist alternative in human geography. *Ann. Ass. Am. Geogr.* 64, pp. 193–202.
Haggett, P., Cliff, A.D. and Frey, A.E. 1977: *Locational analysis in human geography*, second edition. London: Edward Arnold; New York: John Wiley.
Hindess, B. 1977: *Philosophy and methodology in the social sciences*. Brighton: Harvester; Atlantic Highlands, NJ: Humanities Press.
Olsson, G. 1980: *Birds in egg/Eggs in bird*. London: Pion; New York: Methuen.

Suggested Reading
Cliff, A.D. and Ord, J.K. 1975: Model building and the analysis of spatial pattern in human geography. *Journal of the Royal Statistical Society* B 37, pp. 297–348.
Harvey, D. 1969: *Explanation in geography*. London: Edward Arnold; New York: St Martin's Press, chapters 10–11.
Olsson (1980).

목장경영 range management

Suggested Reading
Van Dyne, G.M., ed. 1969: *The ecosystem concept in natural resource management*. New York and London: Academic Press.

목축 pastoralism

Suggested Reading
Grigg, D. 1974: *The agricultural systems of the world: an evolutionary approach*. Cambridge and New York: Cambridge University Press.

무단점유 정착지 squatter settlement

Suggested Reading
Berry, B.J.L. 1973: *The human consequences of urbanisation*. London: Macmillan; New York: St Martin's Press.
Drakakis-Smith, D. 1980: *Urbanization, housing and the development process*. London: Croom Helm.
Dwyer, D.J. 1975: *People and housing in Third World cities*. London and New York: Longman.

무역 trade

Suggested Reading
Harvey, D. 1975: The geography of capitalist accumulation. *Antipode* 2, pp. 9–21.
Hodder, B.W. and Lee, R. 1974: *Economic geography*. London: Methuen; New York: St Martin's Press, chapter 7.
Johnston, R.J. 1976: *The world trade system: some enquiries into its spatial structure*. London: Bell; New York: St Martin's Press.
Thoman, R.S. and Conkling, E.C. 1967: *Geography of international trade*. Englewood Cliffs, NJ and London: Prentice-Hall.
United Nations 1979 and annually: *Yearbook of international trade statistics*. New York: United Nations.

무정부주의 anarchism

Suggested Reading
Dunbar, G.S. 1978: *Élisée Reclus: historian of nature*. Hamden, Conn.: Archon Books.
Galois, B. 1977: Ideology and the idea of nature: the case of Peter Kropotkin. In Peet, R., ed., *Radical geography*. Chicago: Maaroufa; London: Methuen, pp. 66–93.

무차별곡선 indifference curves

Suggested Reading
Smith, D.M. 1977: *Human geography: a welfare approach*. London: Edward Arnold; New York: St. Martin's Press, chapter 3.

문제성 problematic

Hindess, B. 1977: *Philosophy and methodology in the social sciences*. Brighton: Harvester; Atlantic Highlands, NJ: Humanities Press.

참고문헌(문화)

Suggested Reading
Glucksmann, M. 1974: *Structuralist analysis in contemporary social thought*. London and Boston: Routledge and Kegan Paul, pp. 3–10.

문화 culture

Cosgrove, D. 1978: Place, landscape and the dialectics of cultural geography. *Can. Geogr.* 22, pp. 66–72.

Cosgrove, D. 1983: Towards a radical cultural geography, problems of theory. *Antipode* 15: 1, pp. 1–11.

Gold, J. and Burgess, J., eds 1985: *Geography and the media*. London: Allen & Unwin.

Sahlins, M. 1976: *Culture and practical reason*. London: Chicago University Press.

Sauer, C.O. 1941: Foreword to historical geography. In J. Leighly, ed., 1974: *Land and life: selections from the writings of Carl Ortwin Sauer*. Berkeley and Los Angeles: University of California Press, pp. 351–79.

Thrift, N. 1983: Literature, the production of culture and the politics of space. *Antipode* 15: 1, pp. 12–24.

Tuan, Y.F. 1974: *Topophilia: a study of environmental attitudes, perceptions and values*. Englewood Cliffs, NJ: Prentice Hall.

Tuan, Y.F. 1977: *Space and place: the perspective of experience*. Minneapolis: University of Minnesota Press.

Williams, R. 1976: *Keywords: a vocabulary of culture and society*. London: Fontana; New York: Oxford University Press.

Williams, R. 1977: *Marxism and literature*. London: Oxford University Press.

Williams, R. 1981: *Culture*. London: Fontana.

Suggested Reading
Cosgrove (1983).
Williams (1981).

문화경관 cultural landscape

References and Suggested Reading
Sauer, C.O. 1925: *The morphology of landscape*. Berkeley: University of California Press. (Reprinted in Leighly, J., ed., 1974: *Land and life: a selection from the writings of Carl Ortwin Sauer*. Berkeley: University of California Press.)

Wagner, P.L. and Mikesell, M.W., eds 1962: *Readings in cultural geography*. Chicago and London: University of Chicago Press.

문화생태학 cultural ecology

Eyre, S.R. and Jones, G.R.J., eds 1966: *Geography as human ecology: Methodology by example*. London: Edward Arnold.

Sauer, C.O. 1952: *Agriculture origins and dispersals*. New York: American Geographical Society.

Wagner, P.L. 1960: *The human use of the earth*. New York: Free Press.

문화의 요람지 cultural hearth

Sauer, C.O. 1925: *Agricultural origins and dispersals*. New York: American Geographical Society.

Suggested Reading
Sauer, C.O. 1925: *The morphology of landscape*. Berkeley: University of California Press. (Reprinted in Leighly, J., ed., 1974: *Land and life: a selection from the writings of Carl Ortwin Sauer*. Berkeley: University of California Press.)

Sauer, C.O. 1969: *Seeds, spades, hearths and herds: the domestication of animals and foodstuffs*, 2nd edition. Cambridge, Mass.: MIT Press.

Wagner, P.L. and Mikesell, M.W., eds, 1962: *Readings in cultural geography*. Chicago and London: University of Chicago Press.

문화접변 acculturation

Bell, M. 1985: *Contemporary Africa: development, culture and the state*. London: Longman.

Berkhofer, R.F. Jr 1964: Space, time, culture and the new frontier. *Ag. Hist.* 38, pp. 21–30.

Cohen, D.L. and Daniel, J., eds 1981: *Political economy of Africa: selected readings*. London and New York: Longman.

Meinig, D. 1971: *Southwest: three peoples in geographic change*. Oxford: Oxford University Press.

Peach, C., ed. 1975: *Urban social segregation*. London: Longman.

Suggested Reading
Jackson, P. and Smith, S.J., eds 1981: *Social interaction and ethnic segregation*. London: Academic Press.

Ward, D. 1971: *Cities and immigrants*. Oxford: Oxford University Press.

문화접촉 culture contact

Suggested Reading
Barth, F., ed. 1969: *Ethnic groups and boundaries: the social organization of cultural difference*. London: Allen & Unwin; Boston: Little, Brown and Co.

문화지리학 cultural geography

Billinge, M. 1984: Hegemony, class and power in late Georgian and early Victorian England: towards a cultural geography. In Baker, A.R.H. and Gregory, D., eds, *Explorations in historical geography: interpretative essays*. Cambridge: Cambridge University Press.

Cosgrove, D. 1983: Towards a radical cultural geography: problems of theory. *Antipode* 15: 1, pp. 1-11.

Cosgrove, D. 1984: *Social formation and symbolic landscape*. London: Croom Helm.

Darby, H.C. 1951: The changing English landscape. *Geogrl. J.* 117, pp. 377-98.

Duncan, J.S. 1980: The superorganic in American cultural geography. *Ann. Ass. Am. Geogr.* 70, pp. 31-98.

Glacken, C. 1967: *Traces on the Rhodian Shore: nature and culture in western thought from ancient times to the end of the eighteenth century*. Berkeley and Los Angeles: University of California Press.

Meinig, D., ed. 1979: *The interpretation of ordinary landscapes*. Oxford: Oxford University Press.

Pocock, D.C.D., ed. 1982: *Humanistic geography and literature: essays on the experience of place*. London: Croom Helm; Totowa, NJ: Barnes and Noble.

Sauer, C.O. 1926: *The morphology of landscape*. (Reprinted in Leighly, J., ed. 1963: *Land and life: selections from the writings of Carl Ortwin Sauer*. Berkeley and Los Angeles: University of California, pp. 315-50.

Sauer, C.D. 1952a: *Agricultural origins and dispersals*. Bowman memorial lecture series 2. New York: American Geographical Society.

Sauer, C.D. 1952b: Folkways of social science. In Leighly, J., ed. 1963: *Land and life: selections from the writings of Carl Ortwin Sauer*. Berkeley and Los Angeles: University of California Press, pp. 380-8.

Sauer, C.D. 1966: *The early Spanish Main*. Berkeley and Los Angeles: University of California Press.

Thomas, W.L., ed. 1956: *Man's role in changing the face of Earth*. Chicago: University of Chicago Press.

Wagner, P., ed. various dates: Foundations of cultural geography series. Englewood Cliffs, NJ: Prentice Hall.

Suggested Reading
Cosgrove (1983).
Wagner.

문화지역 culture area

Benedict, R. 1935: *Patterns of culture*. London: Routledge and Kegan Paul.

Dickinson, R.E. 1969: *The makers of modern geography*. London: Routledge and Kegan Paul; New York: Praeger.

Kearns, G. 1984: Closed space and political practice: Frederick Jackson Turner and Halford Mackinder. *Environ. Plann. D.* 1, pp. 23-34.

Meinig, D. 1965: The Mormon culture region: strategies and patterns of the American West, 1847-1964. *Ann. Ass. Am. Geogr.* 55, pp. 191-220.

미국지리학회 Association of American Geographers(AAG)

Suggested Reading
James, P.E. and Martin, G.J. 1978: *The Association of American Geographers: the first seventy-five years 1904-1979*. Washington, DC: Association of American Geographers.

미국지리협회 American Geographical Society(AGS)

Suggested Reading
Martin, G.J. 1980: *The life and thought of Isaiah Bowman*. Hamden, Conn.: Archon Books (Shoe String Press).

Wright, J.K. 1952: *Geography in the making: the American Geographical Society, 1851-1951*. New York: American Geographical Society.

미수복지 병합주의 irredentism

Suggested Reading
Blij, H.J. de 1973: *Systematic political geography*, second edition. New York and Chichester: John Wiley, pp. 512-18.

민속방법론 ethnomethodology

Suggested Reading
Bauman, Z. 1973: On the philosophical status of ethnomethodology. *Soc. Rev.* 21, pp. 5-23.

Garfinkel, H. 1967: *Studies in ethnomethodology*. Englewood Cliffs, NJ: Prentice-Hall. (Republished 1984, Cambridge: Polity Press.)

민속지 ethnography

Suggested Reading
Hammersley, M. and Atkinson, P. 1983: *Ethnography: principles in practice*. London and New York: Tavistock.

Jackson, P. 1985: Urban ethnography. *Progr. hum. Geog.* 9, pp. 157-76.

민족 nation

Anderson, B. 1983: *Imagined communities*. London: Verso.

Suggested Reading

참고문헌(민족주의)

Gellner, E. 1983: *Nations and nationalism.* London: Basil Blackwell; Ithaca, NY: Cornell University Press.

Knight, D. 1982: Identity and territory: geographical perspectives on nationalism and regionalism. *Ann. Ass. Am. Geogr.* 72, pp. 514–31.

Seton-Watson, H. 1977: *Nations and states.* London: Methuen; Boulder, Co.: Westview Press.

민족주의 nationalism

Gellner, E. 1964: *Thought and change.* London: Weidenfeld and Nicholson.

Hechter, M. 1975: *Internal colonialism. The Celtic fringe in British national development 1536–1966.* Henley-on-Thames and Boston: Routledge and Kegan Paul.

Mayo, P. 1974: *The roots of identity: three national movements in contemporary European politics.* London: Allen Lane.

Suggested Reading

Agnew, J. 1981; Structural and dialectical theories of political regionalism. In Burnett, A. and Taylor, P., eds, *Political studies from spatial perspectives.* Chichester and New York: John Wiley, pp. 275–89.

Cooke, P. 1984: Recent theories of political regionalism: a critique and an alternative proposal. *Int. J. urban and reg. Res.* 8: 4, pp. 549–71.

Smith, A.D. 1981: *The ethnic revival in the modern world.* Cambridge and New York: Cambridge University Press.

Smith, G.E. 1985: Nationalism, regionalism and the state. *Environ. Plann. C* 3, pp. 3–9.

Smith, G.E. 1985: Ethnic nationalism in the Soviet Union: territory, cleavage and control. *Environ. Plann. C* 3, pp. 49–74.

Williams, C.H., ed. 1982: *National separatism.* Cardiff: University of Wales Press.

민족집단 ethnic group

Suggested Reading

Boal, F.W. 1976: Ethnic residential segregation. In Herbert, D.T. and Johnston, R.J., eds, *Social areas in cities,* volume I, *Spatial processes and forms.* Chichester: John Wiley, chapter 2.

Clarke, C., Ley, D. and Peach, C., eds 1984: *Geography and ethnic pluralism.* London: Allen & Unwin.

Jones, E. and Eyles, J. 1977: *An introduction to social geography.* Oxford and New York: Oxford University Press.

Peach, C., ed. 1975: *Urban social segregation.* London and New York: Longman.

밀도경사 density gradient

Suggested Reading

Rees, P.H. 1970: The urban envelope: patterns and dynamics of population density. In Berry, B.J.L. and Horton, F.E., eds, *Geographic perspectives on urban systems: with integrated readings.* Englewood Cliffs, NJ: Prentice-Hall, pp. 276–305.

ㅂ

바자경제 bazaar economy

Suggested Reading

McGee, T.G. 1967: *The southeast Asian city: a social geography of the primate cities of southeast Asia.* London: Bell; New York: Praeger, chapter 7.

McGee, T.G. 1976: The persistence of the protoproletariat: occupational structures and planning the future of third world cities. *Prog. Geog.* 9, pp. 1–38.

Santos, M. 1979: *The shared space.* London and New York: Methuen.

반사실적 설명 counterfactual explanation

Cohen, M.R. 1953: *Reason and nature: essay on the meaning of scientific method,* second edition. Glencoe, Ill.: Free Press.

Fishlow, A. 1965: *American railroads and the transformation of the antebellum economy.* Cambridge, Mass.: Harvard University Press; Oxford: Oxford University Press.

Fishlow, A. and Fogel, R. 1971: Quantitative economic history: an interim evaluation. *J. econ. Hist.* 21, pp. 15–42.

Fogel, R. 1964: *Railroads and American economic growth: essays in econometric history.* Baltimore: Johns Hopkins University Press.

Gould, J.D. 1969: Hypothetical history. *Econ. Hist. R.* 22, pp. 195–207.

Prince, H.C. 1971: Real, imagined and abstract worlds of the past. *Prog. Geog.* 3, pp. 1–86.

Suggested Reading

Gould (1969).

발전 development

Suggested Reading

Brenner, R. 1977: The origins of capitalist development: a critique of neo-Smithian Marxism. *New Left Rev.* 104, pp. 25–92.

Brookfield, H. 1975: *Interdependent development*. London: Methuen; Pittsburgh. Pa.: University of Pittsburgh Press.

Corbridge, S. 1986: *Capitalist world development*. London: Macmillan.

Harrison, P. 1981: *Inside the third world: an anatomy of poverty*, second edition. London: Penguin.

Hoogvelt, A.M.M. 1982: *The Third World in global development*. London: Macmillan.

International Bank for Reconstruction and Development (The World Bank) annual: *World development report*. Oxford and New York: Oxford University Press.

Keeble, D.E. 1967: Models of economic development. In Chorley, R.J. and Haggett, P., eds, *Models in geography*. London and New York: Methuen, chapter 8.

Organisation for Economic Cooperation and Development 1979. *Facing the future: mastering the probable and managing the unpredictable*. Paris: OECD.

버돈법칙 Verdoorn law

Casetti, E. and Jones, J.P. 1984: Regional shifts in the manufacturing productivity response to output: snowbelt versus sunbelt. *Urban Geogr.* 4, pp. 285–301.

버클리학파 Berkeley School

Leighly, J. and Parsons, J.J. 1979: Berkeley: drifting into geography in the twenties and the later Sauer years. *Ann. Ass. Am. Geogr.* 69, pp. 4–15.

Suggested Reading

Duncan, J.S. 1980: The superorganic in American cultural geography. *Ann. Ass. Am. Geogr.* 70, pp. 181–98.

Gade, D.W. 1976: L'optique culturelle dans la géographie américaine. *Annls. Geogr.* 86, pp. 672–93.

Leighly and Parsons (1979).

Sauer, C.O. 1963: The morphology of landscape. In Leighly, J., ed., *Land and life: a selection from the writings of Carl Ortwin Sauer*. Berkeley: University of California.

범죄의 지리학 crime, geography of

Cohen, J. 1941: The geography of crime. *Ann. Am. Acad. Pol. Soc. Sci.* 217, pp. 29–37.

Ley, D. 1974: *The black inner city as frontier outpost*. Washington, DC: Association of American Geographers.

Lowman, J. 1982: Crime, criminal justice policy and the urban environment. In Herbert, D.T. and Johnston, R.J., eds, *Geography and the urban environment. Progress in research and applications*, volume V. Chichester: John Wiley, pp. 307–41.

Newman, O. 1972: *Defensible space*. New York: Macmillan.

Peet, J.R. 1976: Further comments on the geography of crime. *Prof. Geogr.* 28, pp. 96–100.

Smith, S.J. 1984: Crime and the structure of social relations. *Trans. Inst. Br. Geogr.* n s 9, pp. 427–42.

Suggested Reading

Davidson, R.N. 1981: *Crime and environment*. London: Croom Helm.

Evans, D. 1980: *Geographical perspectives on juvenile delinquency*. Farnborough: Gower.

Georges-Abeyie, D.E. and Harries, K.D., eds 1980: *Crime: a spatial perspective*. New York: Columbia University Press.

Harries, K.D. 1974: *The geography of crime and justice*. New York: McGraw-Hill.

Harries, K.D. 1980: *Crime and the environment*. Springfield, Ill.: Thomas.

Herbert, D. 1982: *The geography of urban crime*. London and New York: Longman.

Smith, S.J. 1986: *Crime, space and society*. Cambridge: Cambridge University Press.

범지구적 미래 global futures

The Brandt Commission 1980: *North-South: a strategy for survival*. London: Pan.

The Brandt Commission 1983: *Common crisis: North-South cooperation for world recovery*. London: Pan; Cambridge, Mass.: MIT Press.

Cook, E. 1982: The consumer as creator: a criticism of faith in limitless ingenuity. *Energy Explor. Exploit.* 1, pp. 189–201.

Hall, P. 1981: The geography of the fifth Kondratieff cycle. *New Soc.* 55, pp. 535–7.

Hughes, B.B. 1985: *World futures: a critical analysis of alternatives*. Baltimore: Johns Hopkins University Press.

Kahn, H. 1982: *The coming boom*. New York: Simon and Schuster.

Kondratieff, N.D. 1935: The long waves in economic life. *Rev. Econ. S.* 16, pp. 105–15.

Meadows, D.H. 1985: Charting the way the world works. *Tech. R.* 88, pp. 54–63.

Meadows, D.H. et al. 1972: *The limits to growth: a report for the Club of Rome's project on the predicament of mankind*. New York: Universe Books; London: Earth Island.

Simon, J.L. 1981: *The ultimate resource*. Princeton, N.J.: Princeton University Press.

Wells, H.G. 1902a: *The discovery of the future; a discourse delivered to the Royal Institution on January-*

참고문헌(법칙)

ary 24, 1902. London: T.F. Unwin.

Wells, H.G. 1902b: *Anticipations of the reaction of mechanical and scientific progress upon human life and thought*. London: T.F. Unwin.

Suggested Reading

The Brandt Commission (1983).

Cole, H.S.D., Freeman, C., Jahoda, M. and Pavitt, K.L.R., eds 1973: *Thinking about the future: a critique of The Limits to Growth*. London: Chatto and Windus (for Sussex University Press).

Council on Environmental Quality 1980: *The global 2000 report to the President*. Washington, DC: Government Printing Office.

Hughes. (1985).

Independent Commission in International Development Issues 1980: *North-South: a programme for survival*. London: Pan; Cambridge, Mass.: MIT Press.

Rostow, W.W. 1978: *The world economy; history and prospect*. London: Macmillan; Austin, Texas: University of Texas Press.

법칙 law

Suggested Reading

Giddens, A. 1979: *Central problems in social theory: action, structure and contradiction in social analysis*. London: Macmillan.

Golledge, R.G. and Amedeo, D.W. 1968: On laws in geography. *Ann. Ass. Am. Geogr.* 58, pp. 760–74.

Harvey, D. 1979: *Explanation in geography*. London: Edward Arnold, chapters 8–9.

Sayer, A. 1984: *Method in a social science: a realist approach*. London: Hutchinson.

법칙정립적 (방법) nomothetic

Golledge, R.G. and Amedeo, D. 1968: On laws in geography. *Ann. Ass. Am. Geogr.* 58, pp. 760–74.

Guelke, L. 1977: The role of laws in human geography. *Prog. hum. Geogr.* 1, pp. 376–86.

Harvey, D. 1969: *Explanation in geography*. London: Edward Arnold; New York: St Martin's Press.

Sack, R. 1974a: Chorology and spatial analysis. *Ann. Ass. Am. Geogr.* 64, pp. 439–52.

Sack, R. 1974b: The spatial separatist theme in geography. *Econ. Geogr.* 50, pp. 1–19.

Suggested Reading

Guelke (1977).

베버모형 Weber model

Gregory, D. 1981: Alfred Weber and location theory. In Stoddart, D.R. ed., *Geography, ideology and social concern*. Oxford: Basil Blackwell, pp. 165–85.

Suggested Reading

Smith, D.M. 1981: *Industrial location: an economic geographical analysis*, second edition. New York: John Wiley.

변경 frontier

Suggested Reading

Mikesell, M.W. 1960: Comparative studies of frontier history. *Ann. Ass. Am. Geogr.* 50, pp. 62–74.

Turner, F.J. 1961: *Frontier and section: selected essays of Frederick Jackson Turner*. Englewood Cliffs, NJ: Prentice-Hall.

변경논제 frontier thesis

Block, R. 1980: Frederick Jackson Turner and American geography. *Ann. Ass. Am. Geogr.* 70, pp. 31–42.

Gulley, J.L.M. 1959: The Turner thesis. *Tijdschr. econ. soc. Geogr.* 50, pp. 65–72 and 81–91.

Kearns, G.P. 1984: Closed space and political practice: Frederick Jackson Turner and Halford Mackinder. *Environ. Plann. D* 2, pp. 23–34.

Leighly, J. ed. 1963: *Land and life: a selection from the writings of Carl Ortwin Sauer*. Berkeley: University of California Press.

Meinig, D.W. 1960: Commentary on W.P.Webb, 'Geographical-historical concepts in American history'. *Ann. Ass. Am. Geogr.* 50, pp. 95–6.

Mikesell, M.W. 1960: Comparative studies in frontier history. *Ann. Ass. Am. Georgr.* 50, pp. 62–74.

Turner, F.J. 1894: *The significance of the frontier in American history*. Annual report of the American Historical Association for 1893, Washington, DC: US Government Printing Office.

Suggested Reading

Block (1980).

Gulley (1959).

Kearns (1984).

변수의 변형 transformation of variables

Johnston, R.J. 1978: *Multivariate statistical analysis in geography: a primer on the general linear model*. London and New York: Longman.

변이-할당 모형 shift-share model

Stilwell, F.J.B. 1969: Regional growth and structural adaptation. *Urban Stud.* 6, pp. 162–78.

Suggested Reading
Armstrong, A. and Taylor, J. 1978: *Regional economic policy and its analysis.* Deddington, Oxford: Philip Allan, pp. 300–8.
Richardson, H.W. 1969: *Regional economics: location theory, urban structure and regional change.* London: Weidenfeld and Nicolson; New York: Praeger, pp. 342–7.

변증법 dialectic

Gregory, D. 1978: *Ideology, science and human geography.* London: Hutchinson; New York: St Martin's Press.
Harvey, D. 1972: On obfuscation in geography: a comment on Gale's heterodoxy. *Geogr. Anal.* 4, pp. 323–30.
Harvey, D. 1973: *Social justice and the city.* London: Edward Arnold; Baltimore; Johns Hopkins University Press.
Marchand, B. 1978: A dialectic approach in geography. *Geogr. Anal.* 10, pp. 105–19.
Olsson, G. 1974: The dialectics of spatial analysis. *Antipode* 6: 3, pp. 50–62.
Olsson, G. 1980: *Birds in eggs/Eggs in bird.* London: Pion; New York: Methuen.

Suggested Reading
Marchand (1978).

별장 second home

Suggested Reading
Pacione, M. 1984: *Rural geography.* London and New York: Harper and Row, chapter 11.

보스럽명제 Boserup thesis

Boserup, E. 1965: *The conditions of agricultural change: the economics of agrarian change under population pressure.* London: Allen & Unwin.
Boserup, E. 1981: *Population and technological change: a study of long-term trends.* Chicago: Chicago University Press.
Wrigley, E.A. 1969: *Population and history.* London: Weidenfeld and Nicolson; New York: McGraw Hill.

Suggested Reading
Boserup (1965).
Grigg, D.B. 1979: Ester Boserup's theory of agrarian change: a critical review. *Progr. hum. Geogr.* 3, pp. 64–84.

보전 conservation

Leopold, A. 1949: *A Sand County almanac.* New York: Oxford University Press.
Marsh, G.P. 1965: Lowenthal, D., ed., *Man and nature: or physical geography as modified by human action.* Oxford: Oxford University Press; Cambridge, Mass.: Harvard University Press. (First published 1864.)
O'Connor, F.B. 1974: The ecological basis for conservation. In Warren, A. and Goldsmith, F.B., eds, *Conservation in practice.* Chichester and New York: John Wiley, pp. 87–98.
Passmore, J. 1974: *Man's responsibility for nature.* London: Duckworth; New York: Scribner.

Suggested Reading
Myers, N. 1979: *The sinking ark.* Oxford: Pergamon.
Passmore (1974).
Thomas, W.L., ed. 1956: *Man's role in changing the face of the earth.* Chicago: University of Chicago Press.
Usher, M.B. 1973: *Biological management and conservation.* New York: Halsted; London: Chapman and Hall.
Warren, A. and Goldsmith, F.B., eds (1983): *Conservation in perspective.* Chichester and New York: John Wiley.

보존 preservation

Suggested Reading
Lowenthal, D. and Binney, M., eds 1981: *Our past before us. Why do we save it?* London: Temple Smith.

복지지리학 welfare geography

Suggested Readings
Herbert, D.T. and Smith, D.M., eds, 1979: *Social problems and the city: geographical perspectives.* Oxford: Oxford University Press.
Knox, P.L. 1975: *Social well-being: a spatial perspective.* Oxford: Oxford University Press.
Smith, D.M. 1973: *A geography of social wellbeing in the United States: an introduction to territorial social indicators.* New York: McGraw-Hill.
Smith, D.M. 1977: *Human geography: a welfare approach.* London: Edward Arnold; New York: St Martin's Press.
Smith, D.M. 1979: *Where the grass is greener; living in an unequal world.* London: Penguin; New York: Barnes and Noble (published as *Geographical perspectives on inequality*).

봉건제 feudalism

Anderson, P. 1974: *Passages from antiquity to feudalism.* London: New Left Books.
Bois, G. 1984: *The crisis of feudalism: economy and*

참고문헌(부실구역 설정)

society in eastern Normandy c. 1300–1550. Cambridge: Cambridge University Press.

Dodgshon, R.A. and Butlin, R.A. 1978: *An historical geography of England and Wales*. London: Academic Press.

Duby, G. 1974: *The early growth of the European economy: warriors and peasants*. London: Weidenfeld and Nicholson.

Harvey, D. 1973: *Social justice and the city*. London: Edward Arnold.

Hilton, R.H. 1973: *Bond men made free: medieval peasant movements and the English rising of 1381*. London: Temple Smith.

Hilton, R.H. 1978: A crisis of feudalism. *Past and Present* 80, pp. 3–19.

Hilton, R.H. 1983: Feudal society. In Bottomore, T., ed., *A dictionary of Marxist thought*. Oxford: Basil Blackwell; Cambridge, Mass., Harvard University Press.

Langton, J. and Hoppe, G. 1983: *Town and country in the development of early modern Western Europe*. Norwich: Geo Books.

Maitland, F.W. 1960: *Domesday Book and beyond: three essays in the early history of England*. London: Fontana.

Merrington, J. 1976: Town and country in the transition to capitalism. In Hilton, R.H., ed., *The transition from feudalism to capitalism*. London: New Left Books.

Round, J.H. 1895: *Feudal England*. London: Sonnenschen.

Stenton, F.M. 1931: *The first century of English feudalism*. Oxford: Oxford University Press.

Sweezy, P. 1976: The debate on the transition: a critique. In Hilton, R.H., ed., *The transition from feudalism to capitalism*. London: New Left Books.

Vinogradoff, P. 1908: *English society in the eleventh century*. Oxford: Oxford University Press.

Suggested Reading

Anderson (1974).

Bloch, M. 1961: *Feudal society*, translated by L.A. Manyon. London: Routledge & Kegan Paul.

Martin, J.E. 1983: *Feudalism to capitalism: peasant and landlord in English agrarian development*. London. Macmillan.

부실구역 설정 redlining

Suggested Reading

Bassett, K. and Short, J.R. 1980: *Housing and residential structure: alternative approaches*. London and Boston: Routledge and Kegan Paul.

Dingemans, D. 1978: Redlining and mortgage lending in Sacramento. *Ann. Ass. Am. Geogr.* 69, pp. 225–39.

부양력 carrying capacity

Brotherton, D.I. 1973: The concept of carrying capacity of countryside recreation areas. *Recr. News Supp.* 9, pp. 6–11.

Suggested Reading

Patmore, J.A. 1983: *Recreation and resources: leisure patterns and leisure places*. Oxford: Basil Blackwell, pp. 222–33.

부양인구비 dependency ratio

Suggested Reading

Clarke, J.I. 1972: *Population geography*, second edition. Oxford and New York: Pergamon.

부의 이항분포 negative binomial distribution

Suggested Reading

Thomas, R.W. 1977: *An introduction to quadrat analysis. Concepts and techniques in modern geography* 12. Norwich: Geo Abstracts.

부재곡물농업 suitcase and sidewalk farming

Suggested Reading

Kollmorgen, W.M. and Jenks, G.F. 1958: Suitcase farming in Sully County, South Dakota; sidewalk farming in Toole County, Montana, and Trail County, North Dakota. *Ann. Ass. Am. Geogr.* 48, pp. 27–40 and 209–31.

부적합할당 malapportionment

Suggested Reading

Taylor, P.J. and Johnston, R.J. 1979: *Geography of elections*. London: Penguin; New York: Holmes and Meier.

부족영역 tribal territory

Suggested Reading

Jones, S.B. 1959: Boundary concepts in the setting of place and time. *Ann. Ass. Am. Geogr.* 49, pp. 241–55.

분리 segregation

Suggested Reading

Boal, F.W. 1976: Ethnic residential segregation. In Herbert, D.T. and Johnston, R.J., eds, *Social areas in cities*, volume 1, *Spatial processes and form*. Chichester: John Wiley, chapter 2.

Peach, C., ed. 1975: *Urban social segregation*. London and New York: Longman.

분리독립 secession

Suggested Reading

Kidron, M. and Segal, R. 1984: *The new state of the world atlas*. London: Heinemann Educational and Pan.

분리지수 indices of segregation

Lancaster Jones, F. 1967: Ethnic concentration and assimilation: an Australian case study. *Social Forces* 45, pp. 412–23.

Suggested Reading

Jones, E. and Eyles, J. 1977: *An introduction to social geography*. Oxford and New York: Oxford University Press.

Peach, C., ed. 1975: *Urban social segregation*. London and New York: Longman.

Peach, C., Robinson, V. and Smith, S., eds 1981: *Ethnic segregation in cities*. London: Croom Helm Athens, Ga.: University of Georgia Press.

분산분석 analysis of variance

Suggested Reading

Johnston, R.J. 1978: *Multivariate statistical analysis in geography*. London and New York: Longman.

분산형도시 dispersed city

Suggested Reading

Dahms, F.A. 1980: The evolving spatial organization of small settlements in the countryside – an Ontario example. *Tijdschr. econ. soc. Geogr.* 71, pp. 295–306.

분파지역 section

Suggested Reading

Archer, J.C. and Taylor, P.J., 1981: *Section and party: a political geography of American Presidential elections, from Andrew Jackson to Ronald Reagan*. London and New York: John Wiley.

분할 cleavage

Lipset, S.M. and Rokkan, S. 1967: Cleavage structures, party systems, and voter alignments: an introduction. In Lipset, S.M. and Rokkan, S., eds, *Party systems and voter alignments*. New York: The Free Press, pp. 1–64.

Suggested Reading

Taylor, P.J. and Johnston, R.J. 1979: *Geography of elections*. London: Penguin; New York: Holmes and Meier, chapter 4.

불균등발전 uneven development

Harvey, D. 1982: *The limits to capital*. Oxford: Basil Blackwell, chapters 12 and 13.

Massey, D. 1984: *Spatial divisions of labour*. London and Basingstoke: Macmillan; New York: Methuen.

Massey, D. and Allen, J., eds 1984: *Geography matters!* Cambridge: Cambridge University Press.

Suggested Reading

Browett, J. 1984: On the necessity and inevitability of uneven spatial development under capitalism. *Int. J. urban and reg. Res.* 8, pp. 155–76.

Harvey (1982).

Massey (1984).

Massey and Allen (1984).

Smith, N. 1984: *Uneven development*. Oxford: Basil Blackwell.

불연속선택모형 discrete choice model

Suggested Reading

Wrigley, N. 1985: *Categorical data analysis for geographers and environmental scientists*. Harlow and New York: Longman.

불확실성 uncertainty

Lösch, A. 1954: *The economics of location*, translated by W.H. Woglom. New Haven: Yale University Press; Oxford: Oxford University Press. (First German edition 1940.)

비공식부문 informal sector

Suggested Reading

Pahl, R.E. 1984: *Divisions of labour*. Oxford and New York: Basil Blackwell.

Santos, M. 1979: *The shared space*. London and New York: Methuen.

Worsley, P. 1984: *The three worlds: culture and world development*. London: Weidenfeld and Nicolson; Chicago: University of Chicago Press, chapter 3.

비교비용분석 comparative cost analysis

Suggested Reading

Miller, E.W. 1977: *Manufacturing: a study of industrial location*. University Park: Pennsylvania State University Press, pp. 150–2.

Smith, D.M. 1981: *Industrial location: an economic geographical analysis*, second edition. New York: John Wiley, chapter 12.

참고문헌(비교우위)

비교우위 comparative advantage

Suggested Reading

Barlowe, R. 1978: *Land resource economics*, third edition. Englewood Cliffs, NJ and London: Prentice-Hall, pp. 267-75.

Berry, B.J.L., Conkling, E.C. and Ray, D.M. 1976: *The geography of economic systems*. Englewood Cliffs, NJ and London: Prentice-Hall, pp. 181-4.

Found, W.C. 1974: *A theoretical approach to rural land-use patterns*. London: Edward Arnold; New York: St Martin's Press, pp. 85-8.

비모수통계기법 non-parametric statistics

Suggested Reading

Siegel, S. 1956: *Nonparametric statistics for the behavioral sciences*. New York and London: McGraw-Hill.

비엔나학파 Vienna Circle(Wiener Kreis)

Bryant, C.G.A. 1985: *Positivism in social theory and research*. London: Macmillan.

Frisby, D., ed. 1976: *The positivist dispute in German sociology*. London: Heinemann.

Kraft, V. 1953: *The Vienna Circle: the origins of neo-positivism*. New York: Philosophical Library.

Neurath, O. 1973: *Empiricism and sociology*. Dordrecht and Boston: Reidel.

Schlick, M. 1959: Positivism and realism. In Ayer, A.J., ed., *Logical positivism*. London: Allen & Unwin, pp. 82-107.

Suggested Reading

Feigl, H. 1969: The origin and spirit of logical positivism. In Achinstein, P. and Barker, S., eds, *The legacy of logical positivism*. Baltimore: Johns Hopkins University Press.

Kraft (1953).

비용-편익분석 cost-benefit analysis

Layard, R., ed. 1972: *Cost benefit analysis*. London: Penguin.

Pearce, D.W. 1970: The Roskill Commission and the location of the Third London Airport. *Three Banks Review* 87, pp. 22-34.

Suggested Reading

Layard (1972).

Mishan, E.J. 1976: *Cost-benefit analysis: an informal introduction*, second edition. London: Allen & Unwin.

비용면 cost surface

Suggested Reading

Smith, D.M. 1981: *Industrial location: an economic geographical analysis*, second edition. New York: John Wiley, chapters 11-13.

비전업농 part-time farming

Suggested Reading

Geojournal, 1982: 6. Theme issue on part-time farming.

비판이론 critical theory

Bernstein, R.J. 1985: Introduction. In Bernstein, R.J., ed., *Habermas and modernity*. Cambridge: Polity Press, pp. 1-32.

Giddens, A. 1982: Labour and interaction. In Thompson, J.B. and Held, D., eds., *Habermas: critical debates*. London: Macmillan, pp. 149-61.

Giddens, A. 1985a: Reason without revolution? Habermas's *Theorie des kommunkativen Handelns*. In Bernstein, R.J., ed., *Habermas and modernity*. Cambridge: Polity Press, pp. 95-121.

Giddens, A. 1985b: Jürgen Habermas. In Skinner, Q., ed., *The return of grand theory in the human sciences*. Cambridge: Cambridge University Press, pp. 121-39.

Gregory, D. 1978: *Ideology, science and human geography*. London: Hutchinson; New York: St Martin's Press.

Gregory, D. 1980: The ideology of control: systems theory and geography. *Tijdschr. econ. soc. Geogr.* 71, pp. 327-42.

Habermas, J. 1972: *Knowledge and human interests*. London: Heinemann; Boston: Beacon Press.

Habermas, J. 1975: *Legitimation crisis*. London: Heinemann; Boston: Beacon Press.

Habermas, J. 1979: *Communication and the evolution of society*. London: Heinemann; Boston: Beacon Press.

Habermas, J. 1984: *The theory of communicative action*, volume 1, *Reason and the rationalization of society*. London: Heinemann; Boston: Beacon Press.

Habermas, J. forthcoming: *The theory of communicative action*, volume 2, *Lifeworld and system: a critique of functionalist reason*.

Held, D. 1980: *Introduction to critical theory: Horkheimer to Habermas*. London: Hutchinson; Berkeley: University of California Press; Toronto: University of Toronto Press.

Lewis, J. and Melville, B. 1978: The politics of epistemology in regional science. In Batey, P., ed., *Theory and method in urban and regional analysis*. London: Pion, pp. 82-100.

McCarthy, T. 1978: *The critical theory of Jürgen Habermas*. London: Hutchinson; Cambridge, Mass.: MIT Press.

Sayer, A. 1981: Defensible values in geography:

can values be science-free? In Herbert, D.T. and Johnston, R.J., eds, *Geography and the urban environment. Progress in research and application*, Chichester: John Wiley, volume 4, pp. 29–56.

Thompson, J.B. 1983: Rationality and social rationalization: an assessment of Habermas's theory of communicative action. *Sociology* 17, pp. 278–94.

Suggested Reading
Giddens, A. 1982: *Profiles and critiques in social theory*. London: Macmillan; Berkeley: University of California Press, chapter 7.
Giddens (1985b).
Thompson, J.B. and Held, D., eds 1982: *Habermas: critical debates*. London: Macmillan; Cambridge, Mass.: MIT Press.

비판적 합리주의 critical rationalism

Barnes, B. 1985: Thomas Kuhn. In Skinner, Q., ed., *The return of grand theory to the human sciences*. Cambridge: Cambridge University Press, pp. 83–100.
Bird, J.H. 1975: Methodological implications for geography from the philosophy of K.R. Popper. *Scott. geogr. Mag.* 91, pp. 153–63.
Burke, T. 1983: *The philosophy of Popper*. Manchester: Manchester University Press.
Haines-Young, R.H. and Petch, J.R. 1980: The challenge of critical rationalism for methodology in physical geography. *Progr. phys. Geogr.* 4, pp. 63–77.
Haines-Young, R.H. and Petch, J.R. 1985: *Method in physical geography*. London: George Allen and Unwin.
Marshall, J. 1982: Geography and critical rationalism. In Wood, J.D., ed., *Rethinking geographical inquiry*. Downsview, Ontario: Department of Geography, Atkinson College, York University, pp. 73–171.
O'Hear, A. 1980: *Karl Popper*. London and Boston: Routledge and Kegan Paul.
Popper, K. 1945: *The open society and its enemies*. London and Boston: Routledge and Kegan Paul.
Popper, K. 1959: *The logic of scientific discovery*. London: Hutchinson; New York: Basic Books.
Popper, K. 1963: *Conjectures and refutations: the growth of scientific knowledge*. London and Boston: Routledge and Kegan Paul.
Popper, K. 1976: Reason or revolution? In Frisby, D., ed., *The positivist dispute in German sociology*. London: Heinemann; New York: Harper and Row, pp. 288–300.
Sayer, A. 1984: *Method in social science: a realist approach*. London: Hutchinson.
Wilson, A.G. 1972: Theoretical geography: some speculations. *Trans. Inst. Br. Geogr.* 57, pp. 31–44.

Suggested Reading
Bird (1975).
Magee, B. 1973: *Popper*. London: Fontana.
Sayer (1984), chapter 8.

빈곤의 악순환 cycle of poverty

Johnston, R.J. 1984: *City and society: an outline of urban geography*. London: Hutchinson.

Suggested Reading
Rutter, M. and Madge, N. 1976: *Cycles of disadvantage*. London: Heinemann.

빈도분포 frequency distribution

Suggested Reading
Gardner, V. and Gardner, G. 1978: *Analysis of frequency distributions. Concepts and techniques in modern geography* 19. Norwich: Geo Books.

사례연구 case study

Suggested Reading
Mitchell, J.C. 1983: Case and situation analysis. *Soc. Rev.* 31, pp. 187–211.

사막화 desertification

Suggested Reading
Rapp, A., Le Houerou, H.N. and Lundholm, B. 1976: Can desert encroachment be stopped? *Ecological Bulletin* 24.
UNESCO 1977: *Desertification – its causes and consequences*. Oxford and New York: Pergamon.
Glantz, M. 1977: *Desertification*. Boulder: Westview Press.

사망력 mortality

Suggested Reading
Howe, G.M. 1976: *Man, environment and disease in Britain; a medical geography of Britain through the ages*. London: Penguin; New York: Barnes and Noble.
Jones, H.R. 1981: *A population geography*. London and New York: Harper and Row.
McKeown, T. 1976: *The modern rise of population*. London: Edward Arnold; New York: Academic Press.

참고문헌(사적유물론)

Petersen, W. 1975: *Population*, third edition. New York and London: Collier-Macmillan.

Woods, R.I. 1979: *Population analysis in geography*. London and New York: Longman.

사적유물론 historical materialism

Marx, K. 1976: *Capital*, volume 1. Harmondsworth: Penguin Books, part 4.

사회 society

Urry, J. 1981: *The anatomy of capitalist societies*. London and Basingstoke: Macmillan; Atlantic Highlands, NJ: Humanities Press.

Suggested Reading

Giddens, A. 1982: *Sociology: a brief but critical introduction*. London and Basingstoke: Macmillan; New York: Harcourt Brace Jovanovich, chapter 1.

Giddens, A. 1984: *The constitution of society*. Cambridge: Polity Press.

Lee, R. 1986: Social relations and the geography of social development. In Gregory, D. and Walford, R., eds, *New horizons in human geography*. London and Basingstoke: Macmillan.

사회공간 social space

Suggested Reading

Buttimer, A. 1969: Social space in interdisciplinary perspective. *Geogrl. Rev.* 59, pp. 417–26.

사회구성체 social formation

Suggested Reading

Hindess, B. and Hirst, P. 1977: *Mode of production and social formation*. London: Macmillan.

Poulantzas, N.A. 1975: *Classes in contemporary capitalism*. London: New Left Books.

사회물리학 social physics

Stewart, J.Q. 1950: The development of social physics. *Am. J. Phys.* 18, pp. 239–53.

Suggested Reading

Abler, R., Adams, J.S. and Gould, P. 1971: *Spatial organization: the geographer's view of the world*. Englewood Cliffs, NJ and London: Prentice-Hall.

Gregory, D. 1978: *Ideology, science and human geography*. London: Hutchinson; New York: St Martin's Press.

Olsson, G. 1965: *Distance and human interaction*. Philadelphia: Regional Science Research Institute bibliography series 2.

사회복지 social well-being

Suggested Reading

Smith, D.M. 1973: *A geography of social wellbeing in the United States*. New York: McGraw-Hill.

사회적 거리 social distance

Suggested Reading

Jackson, P. and Smith, S., eds 1981: *Social interaction and ethnic segregation*. London and New York: Academic Press.

사회적 관계망 social network

Suggested Reading

Ley, D. 1983: *A social geography of the city*. New York and London: Harper and Row.

사회적 다윈주의 social Darwinism

Bannister, R.C. 1979: *Social Darwinism: science and myth in Anglo-American social thought*. Philadelphia: Temple University Press.

Bowler, P.J. 1984: *Evolution. The history of an idea*. Berkeley, Los Angeles and London: University of California Press.

Campbell, J.A. and Livingstone, D.N. 1983: Neo-Lamarckism and the development of geography in the United States and Great Britain. *Trans. Inst. Br. Geogr.* new series 8, pp. 267–94.

Haller, M.H. 1963: *Eugenics: hereditarian attitudes in American thought*. New Brunswick, NJ: Rutgers University Press.

Herbst, J. 1961: Social Darwinism and the history of American geography. *Proc. Amer. Phil. Soc.* 105, pp. 538–44.

Hofstadter, R. 1959: *Social Darwinism in American thought*, revised edition. New York: George Braziller.

Jones, G. 1980: *Social Darwinism and English thought: the interaction between biological and social theory*. London: Harvester Press; Atlantic Highlands, NJ: Humanities Press.

Livingstone, D.N. 1985: Evolution, science and society: historical reflections on the geographical experiment. *Geoforum* 16, pp. 119–30.

Mackenzie, D. 1982: *Statistics in Britain, 1865–1930: the social construction of scientific knowledge*. Edinburgh: Edinburgh University Press; New York: Columbia University Press.

Newson, L. 1976: Cultural evolution: a basic concept for human and historical geography. *J. hist. Geogr.* 2, pp. 239–55.

Stoddart, D.R. 1966: Darwin's impact on geography. *Ann. Ass. Am. Geogr.* 56, pp. 683–98.

Wyllie, I. 1959: Social Darwinism and the businessman. *Proc. Am. Phil. Soc.* 103, pp. 629–35.

Suggested Reading
Bannister (1979).
Jones (1980).
Williams, R. 1973: Social Darwinism. In Benthall, J., ed., *The limits of human nature*. London: Allen Lane; New York: Dutton, pp. 115–30.

사회주의 socialism

Suggested Reading
Harrison, J. 1969: *Robert Owen and the Owenites in Britain and America*. London: Routledge and Kegan Paul.
Lane, D. 1976: *The socialist industrial state*. London: Allen & Unwin; Boulder, Co.: Westview Press.
Pallot, J. and Shaw, D. 1981: *Planning in the Soviet Union*. London: Croom Helm; Athens, Ga.: University of Georgia Press.
Smith, G.E. 1986: Privilege and place in Soviet society. In Gregory, D. and Walford, R. eds, *New horizons in human geography* London: Macmillan.
Szelenyi, I. 1983: *Urban inequalities under state socialism*. Oxford and New York: Oxford University Press.
Zaslavsky, V. 1982: *The neo-stalinist state*. Brighton: Harvester Press; Armonk, NY: M.E. Sharpe.

사회지리학 social geography

Eyles, J. and Smith, D.M. 1978: Social geography. *ABS* 22, pp. 41–58.
Jones, E. 1960: *A social geography of Belfast*. London and New York: Oxford University Press.
Watson, J.W. 1957: The sociological aspects of geography. In Taylor, T.G., ed., *Geography in the twentieth century*, third edition. London: Methuen; New York: Philosophical Library, pp. 463–99.

Suggested Reading
Eyles, J. ed. 1986: *Social geography in international perspective*. London: Croom Helm.
Jackson, P. and Smith, S. 1984: *Exploring social geography*. London: George Allen & Unwin.
Jones, E., ed. 1975: *Readings in social geography*. Oxford: Oxford University Press.
Jones, E. and Eyles, J. 1977: *An introduction to social geography*. Oxford and New York: Oxford University Press.
Ley, D. 1983: *A social geography of the city*. New York and London: Harper and Row.
Peet, R., ed. 1977: *Radical geography: alternative viewpoints on contemporary social issues*. London: Methuen; Chicago: Maaroufa.

사회지역분석 social area analysis

Shevky, E. and Bell, W. 1955: *Social area analysis: theory, illustrative application and computational procedures*. Stanford: Stanford University Press. (New edition 1972, Westport, Conn.: Greenwood Press.)
Timms, D.W.G. 1971: *The urban mosaic: towards a theory of residential differentiation*. Cambridge: Cambridge University Press.

Suggested Reading
Johnston, R.J. 1971: *Urban residential patterns: an introductory review*. London: Bell; New York: Praeger.
Shevky and Bell (1955).

산불생태 fire ecology

Gowlett, J.A.J., Harris, J.W.K., Walton, D. and Wood, B.A. 1981: Early archaeological sites, hominid remains, and traces of fire from Chesowanja, Kenya. *Nature* 294, pp. 125–9.

Suggested Reading
Brown, A.A. and David, K.P. 1973: *Forest fire: control and use*, second edition. New York: McGraw-Hill.
Kozlowski, T.T. and Ahlgren, C.E., eds. 1974: *Fire and ecosystems*. New York and London: Academic Press.

산업입지정책 industrial location policy

Suggested Reading
Hamilton, F.E.I. ed. 1978: *Contemporary industrialization: spatial analysis and regional development*. London and New York: Longman.
Keeble, D.E. 1976: *Industrial location and planning in the United Kingdom*. London and New York: Methuen.
Massey, D. 1984: *Spatial divisions of labour: social structures and the geography of production*. London: Macmillan.
Smith, D.M. 1981: *Industrial location: an economic geographical analysis*, second edition. New York: John Wiley, chapters 15 and 16.

산업조직 industrial organization

Suggested Reading
Hamilton, F.E.I., ed. 1974: *Spatial perspectives on industrial organization and decision-making*. Chichester and New York: John Wiley.
Lloyd, P.E. and Dicken, P. 1977: *Location in*

참고문헌(산업혁명)

space: a theoretical approach to economic geography, second edition. New York and London: Harper and Row.

Smith, D.M. 1981: *Industrial location: an economic geographical analysis*, second editon. New York: John Wiley, chapter 5.

Toyne, P. 1974: *Organization, location and behaviour: decision-making in economic geography*. London: Macmillan; New York: Halsted.

산업혁명 Industrial Revolution

Berg, M. 1985: *The age of manufacturers: industry, innovation and work in Britain 1700–1820*. London: Fontana.

Billinge, M. 1984: Hegemony, class and power in late Georgian and early Victorian England: towards a cultural geography. In Baker, A.R.H., and Gregory, D. eds, *Explorations in historical geography: interpretative essays*. Cambridge: Cambridge University Press, pp. 28–67.

Crafts, N. 1985: *British economic growth during the industrial revolution*. Oxford: Clarendon Press.

Dennis, R. 1984: *English industrial cities of the nineteenth century: a social geography*. Cambridge: Cambridge University Press.

Dobb, M. 1946: *Studies in the development of capitalism*. London: Routledge & Kegan Paul.

Dunford, M. and Perrons, D. 1983: *The arena of capital*. London: Macmillan.

Freeman, M. 1980: Road transport in the English industrial revolution: an interim reassessment. *J. Hist. Geogr.* 6, pp. 17–28.

Freeman, M. 1984: The industrial revolution and the regional geography of England: a comment. *Trans. Inst. Br. Geogr.* ns 9, pp. 502–12.

Gregory, D. 1978: The process of industrial change 1730–1900. In R.A.Dodgshon and R.A.Butlin, eds., *An historical geography of England and Wales*. London: Academic Press, pp. 291–311.

Gregory, D. 1982: *Regional transformation and industrial revolution: a geography of the Yorkshire woollen industry*. London: Macmillan.

Gregory, D. 1984: Contours of crisis? Sketches for a geography of class struggle in early industrial revolution in England. In A.R.H.Baker and D.Gregory, eds., *Explorations in historical geography: interpretative essays*. Cambridge: Cambridge University Press, pp. 68–117.

Hobsbawm, E. 1968: *Industry and empire*. London: Weidenfeld & Nicolson.

Landes, D. 1969: *The unbound Prometheus: technological change and industrial development in Western Europe from 1750 to the present*. Cambridge: Cambridge University Press.

Langton, J. 1978: Industry and towns 1500–1730. In R.A.Dodgshon and R.A.Butlin, eds., *An historical geography of England and Wales*. London:

Academic Press, pp. 173–198.

Langton, J. 1979: *Geographical change and industrial revolution: coal mining in south west Lancashire 1590–1799*. Cambridge: Cambridge University Press.

Langton, J. 1984: The industrial revolution and the regional geography of England. *Trans. Inst. Br. Geogr.* 9, pp. 145–67.

Lee, C. 1981: Regional Growth and Structural Change in Victorian Britain. *Econ. Hist. Rev.* 34, pp. 438–452.

Lee, C. 1984: The service sector, regional specialization and economic growth in the Victorian economy. *J. Hist. Geogr.* 10, pp. 139–155.

Musson, A.E. 1978: *The growth of British industry*. London: Batsford.

Nef, J. 1934–5: The progress of technology and the growth of large-scale industry in Britain, 1540–1640.' *Econ. Hist. Rev.* 5, pp. 3–24.

Pawson, E. 1977: *Transport and economy: the turnpike roads of eighteenth-century Britain*. London: Academic Press.

Perry, P. 1975: *A geography of nineteenth-century Britain*. London: Batsford.

Pooley, C. 1984: Residential differentiation in Victorian cities: a reassessment. *Trans. Inst. Br. Geogr.* ns 9, pp. 131–144.

Rodgers, H.B. 1960: The Lancashire Cotton Industry in 1840. *Trans. Inst. Br. Geogr.* 28, pp. 135–53.

Rubinstein, W. 1977a: The Victorian Middle Classes: wealth, occupation and geography. *Econ. Hist. Rev.* 30, pp. 602–23.

Rubinstein, W. 1977b: Wealth, elites and the class structure of modern Britain. *Past & Present* 76, pp. 99–126.

Samuel, R. 1977: Workshop of the World: steam power and hand technology in mid-Victorian Britain. *History workshop Jnl.* 3, pp. 6–72.

Sheppard, F. 1985: London and the nation in the nineteenth century. *Trans. Roy. Hist. Soc.* 35, pp. 51–74.

Smith, D. 1963: The British Hosiery Industry at the middle of the nineteenth century: an historical study in economic geography. *Trans. Inst. Br. Geogr.* 32, pp. 125–42.

Smith, W. 1949: *An economic geography of Great Britain*. London: Methuen.

Thompson, E.P. 1968: *The making of the English working class*. Harmondsworth: Penguin.

Tribe, K. 1981: *Genealogies of capitalism*. London: Macmillan.

Ward, D. 1980: Environs and neighbours in the 'Two Nations': residential differentiation in mid-nineteenth century Leeds. *J. Hist. Geogr.* 6, pp. 133–62.

Ward, J. 1974: *The finance of canal building in*

eighteenth-century England. Oxford: Oxford University Press.
Warren, K. 1976: *The geography of British heavy industry since 1800*. Oxford: Oxford University Press.
Wrigley, E.A. 1962: The supply of raw materials in the Industrial Revolution. *Ec. Hist. Rev.* 15, pp. 1–16.
Wrigley, E.A. 1967: A simple model of London's importance in changing English society and economy 1650–1750. *Past & Present* 37, pp. 44–70.

Suggested Reading
Gregory (1984).
Langton (1984).
Pawson, E. 1979: *The early industrial revolution: Britain in the eighteenth century*. London: Batsford.
Samuel (1977).
Thompson (1968).

산업화 industrialization

Suggested Reading
Hamilton, F.E.I., ed. 1978: *Contemporary industrialization: spatial analysis and regional development*. London and New York: Longman.
Mountjoy, A.B. 1975: *Industrialization and developing countries*, fourth edition. London: Hutchinson; Atlantic Highlands, N.J.: Humanities Press.

삶의 질 quality of life

Suggested Reading
Smith, D.M. 1977: *Human geography: a welfare approach*. London: Edward Arnold; New York: St Martin's Press.

상관관계 correlation

Suggested Reading
Johnston, R.J. 1978: *Multivariate statistical analysis in geography*. London and New York: Longman.
Taylor, P.J. 1977: *Quantitative methods in geography: an introduction to spatial analysis*. Boston: Houghton Mifflin.

상부구조 superstructure

References and Suggested Reading
Cooke, P. 1983: *Theories of planning and spatial development*. London: Hutchinson.
Cosgrove, D. 1983: Towards a radical cultural geography: problems of theory. *Antipode* 15, pp. 1–11.
Gramsci, A. 1971: *Selections from prison notebooks*. London: Lawrence and Wishart.

Marx, K. 1859: Preface to *A contribution to the critique of political economy*. In Marx, K. and Engels, F. (1968) *Selected works*. London: Lawrence and Wishart.
Urry, J. 1981: *The anatomy of capitalist societies*. London and Basinstoke: Macmillan.
Williams, R. 1973: Base and superstructure in Marxist cultural theory. *New Left Review* 82, pp. 3–16.

상속체계 inheritance systems

Suggested Reading
Baker, A.R.H. and Butlin, R.A. 1973: *Studies of field systems in the British Isles*. Cambridge: Cambridge University Press.
Goody, J., Thirsk, J. and Thompson, E.P. 1976: *Family and inheritance: rural society in Western Europe 1200–1800*. Cambridge and New York: Cambridge University Press.
Warriner, D. 1969: *Land reform in principle and in practice*. Oxford: Oxford University Press.

상업모형 mercantilist model

Suggested Reading
Vance, J.E. Jr 1970: *The merchant's world: the geography of wholesaling*. Englewood Cliffs, NJ and London: Prentice-Hall.

상징적 상호작용론 symbolic interactionism

Berger, P. and Luckmann, T. 1967: *The social construction of reality*. London: Doubleday; Garden City: Anchor Books.
Blumer, H. 1969: *Symbolic interactionism: perspectives and method*. Englewood Cliffs, NJ: Prentice Hall.
Craib, I. 1984: *Modern social theory: from Parsons to Habermas*. Brighton: Wheatsheaf; New York: St Martin's Press.
Duncan, J.S. 1978: The social construction of unreality: an interactionist approach to the tourist's cognition of environment. In Ley, D. and Samuels, M., eds, *Humanistic geography: prospects and problems*. London: Croom Helm; Chicago: Maaroufa, pp. 269–82.
Duncan, J.S. 1980; The superorganic in American cultural geography. *Ann. Ass. Am. Geogr.* 70, pp. 181–98.
Geertz, C. 1983: *Local knowledge: further essays in interpretative anthropology*. New York: Basic Books.
Gregory, D. 1982; A realist construction of the social. *Trans. Inst. Br. Geogr.* 7, pp. 254–6.
Jackson, P. 1985: Urban ethnography. *Progr. hum. Geogr.* 9, pp. 157–76.

참고문헌(상호보완성)

Jackson, P. and Smith, S.J. 1984: *Exploring social geography*. London: Allen & Unwin.

Joas, H. 1985: *G.H. Mead: a contemporary re-examination of his thought*. Cambridge: Polity Press.

Ley, D. 1981: Behavioral geography and the philosophies of meaning. In Cox, K.R. and Golledge, R.G., eds, *Behavioral problems in geography revisited*. London and New York: Methuen, pp. 209-30.

Ley, D. 1982: Rediscovering man's place. *Trans. Inst. Br. Geogr.* ns 7, pp. 248-53.

Mead, G.H. 1934; *Mind, self and society*. Chicago: Chicago University Press.

Pred, A. 1981: Social reproduction and the time-geography of everyday life. *Geogr. Annlr.* 63(B), pp. 5-22.

Rock, P. 1979: *The making of symbolic interactionism*. London: Macmillan; Totowa, NJ: Rowman and Littlefield.

Suggested Reading

Craib (1984), chapter 5.
Duncan (1978).
Jackson and Smith (1984), pp. 79-86.

상호보완성 complementarity

Suggested Reading

Hay, A.M. 1979: The geographical explanation of commodity flow. *Prog. hum. Geogr.* 3, pp. 1-12.

Ullman, E.L. 1956: The role of transportation and the bases for interaction. In Thomas, W.L., ed., *Man's role in changing the face of the earth*. Chicago: University of Chicago Press.

상호의존성 interdependence

Suggested Reading

Brookfield, H. 1975: *Interdependent development*. London: Methuen; Pittsburgh, Pa.: University of Pittsburgh Press.

Thompson, E.P. 1980: *Protest and survive*. London: Campaign for Nuclear Disarmament, Bertrand Russell Peace Foundation.

상호주관성 intersubjectivity

Suggested Reading

Berger, P. and Luckmann, T. 1967: *The social construction of reality*. Harmondsworth: Penguin.

Suttles, G. 1968: *The social order of the slum*. Chicago: Chicago University Press.

생명표 life table

Suggested Reading

Pressat, R. 1972: *Demographic analysis*. London: Edward Arnold; New York: Aldine, chapter 6.

Woods, R.I. 1979: *Population analysis in geography* London and New York: Longman, chapter 3.

생산성 productivity

Suggested Reading

Clark, C.G. 1957: *Conditions of economic progress*, third edition. London: Macmillan; New York, St Martin's Press.

Schumacher, E.F. 1974: *Small is beautiful: a study of economics as if people mattered*. London: Sphere; New York: Harper and Row.

Wilkinson, R.G. 1973: *Poverty and progress: an ecological model of economic development*. London: Methuen; New York: Praeger.

생산양식 mode of production

Draper, H. 1977: *Karl Marx's theory of revolution*, part 1, book II. New York and London: Monthly Review Press.

Marx, K. 1964 edn: *Precapitalist economic formations*, ed. E.J. Hobsbawn. London: Lawrence and Wishart; New York: International Publishers.

Marx, K. 1967 edn: *Capital*, three volumes. New York: International Publishers; London: Lawrence and Wishart.

Marx, K. 1973 edn: *The Grundrisse: foundations of the critique of political economy*, translated by M. Nicolaus. London: Penguin; New York: Random House.

Wittfogel, K.A. 1957: *Oriental despotism*. New Haven: Yale University Press; Oxford: Oxford University Press.

Suggested Reading

Anderson, P. 1980: *Arguments within English Marxism*. London: New Left Books; New York: Schocken.

Cohen, G.A. 1978: *Karl Marx's theory of history: a defence*. Princeton: Princeton University Press; Oxford: Oxford University Press.

Godelier, M. 1972: *Rationality and irrationality in economics*, translated by B. Pearce. London: New Left Books; New York: Monthly Review Press.

Harvey, D. 1982: *The limits to capital*. Oxford: Basil Blackwell.

Sweezy, P.M., ed. 1976: *The transition from feudalism to capitalism*. London: New Left Books; Atlantic Highlands, NJ: Humanities Press.

Thompson, E.P. 1978: *The poverty of theory and other essays*. London: Merlin Press; New York: Monthly Review Press.

생산요소 factors of production

Suggested Reading
Chisholm, M. 1970: *Geography and economics*, second edition. London: Bell; Boulder, Co.: Westview Press.
Lloyd, P.E. and Dicken, P. 1977: *Location in space: a theoretical approach to economic geography*, second edition. New York and London: Harper and Row, chapter 6.
Smith, D.M. 1981: *Industrial location: an economic geographical analysis*, second edition. New York: John Wiley, chapter 3.

생애주기 life cycle

Suggested Reading
Jones, E. and Eyles, J. 1977: *An introduction to social geography*. Oxford and New York: Oxford University Press.

생태계 ecosystem

Odum, E.P. 1969: The strategy of ecosystem development. *Sci.* 164, pp. 262–70.
Tansley, A.G. 1935: The use and abuse of vegetational concepts and terms. *Ecol.* 16, pp. 284–307.

Suggested Reading
Boyden, S., Millar, S., Newcombe, K. and O'Neill, B. 1981: *The ecology of a city and its people: the case of Hong Kong*. Canberra: ANU Press.
Douglas, I. 1983: *The urban environment*. London: Edward Arnold.
Gregory, K.J. 1985: *The nature of physical geography*. London: Edward Arnold.
Stoddart, D.R. 1965: Geography and the ecological approach. The ecosystem as a geographic principle and method. *Geography* 50, pp. 242–51.

생태적 오류 ecological fallacy

Alker, H.S. 1969: A typology of ecological fallacies. In Dogan, M. and Rokkan, S., eds. *Quantitative ecological analysis in the social sciences*. Cambridge, Mass. and London: MIT Press, pp. 69–86.
Robinson, W.S. 1950: Ecological correlations and the behavior of individuals. *Am. soc. R.* 15, pp. 351–7.

Suggested Reading
Duncan, O.D., Cuzzort, R.P. and Duncan, B. 1961: *Statistical geography*. Glencoe, Ill.: The Free Press.

생태학 ecology

Glacken, C. 1967: *Traces on the Rhodian shore*. Berkeley and Los Angeles: University of California Press.

Suggested Reading
Gorz, A. 1980: *Ecology as politics*. Boston: South End Press; London: Pluto Press.
Putman, R.J. and Wratten, S.D. 1984: *Principles of ecology*. London: Croom Helm.
Worster, D. 1985: *Nature's economy. A history of ecological ideas*. Cambridge and New York: Cambridge University Press.

생활공간 Lebensraum

Suggested Reading
Dickinson, R.E. 1943: *The German Lebensraum*. Harmondsworth: Penguin.
Parker, G. 1985: *The development of western geopolitical thought in the twentieth century*. London: Croom Helm.

생활세계 lifeworld

Buttimer, A. 1976: Grasping the dynamism of the lifeworld. *Ann. Ass. Am. Geogr.* 66, pp. 277–92.
Husserl, E. 1976: *Ideas: a general introduction to pure phenomenology*, translated by W.R.Boyce-Gibson. Atlantic Highlands, NJ: Humanities Press. (Reprinted from 1958 edition; first German edition 1913.)

Suggested Reading
Buttimer (1976).
Buttimer, A. and Seamon, D. 1980: *The human experience of space and place*. London: Croom Helm.
Seamon, D. 1979: *A geography of the lifeworld: movement, rest and encounter*. London: Croom Helm; New York: St Martin's Press.

생활양식 genre de vie

Vidal de la Blache, P. 1911: Les genres de la vie dans la géographie humaine. *Annales de Géographie* 20, pp. 193–212.

Suggested Reading
Buttimer, A. 1971: *Society and milieu in the French geographic tradition*. Chicago: Rand McNally.

선거구설정기법 districting algorithm

Suggested Reading
Gudgin, G. and Taylor, P.J. 1979: *Seats, votes and the spatial organization of elections*. London: Pion; New York: Methuen.

참고문헌(선거지리학)

선거지리학 electoral geography

Johnston, R.J. 1980a: Political geography and electoral geography. *Austr. geogr. Stud.* 18, pp. 37-50.

Johnston, R.J. 1980b: *The geography of federal spending in the United States*. Chichester and New York: John Wiley.

Johnston, R.J. 1984: The political geography of electoral geography. In Taylor, P.J. and House, J.W., eds, *Political geography: recent advances and future agenda*. London: Croom Helm; Totowa, NJ: Barnes and Noble, pp. 113-48.

Taylor, P.J. 1978: Political geography. *Progr. hum. Geogr.* 2, pp. 53-62.

Taylor, P.J. 1984: Accumulation, legitimation and the electoral geographies within liberal democracy. In Taylor, P.J. and House, J.W., eds, *Political geography: recent advances and future agenda*. London: Croom Helm; Totowa, NJ: Barnes and Noble, pp. 117-32.

Taylor, P.J. 1985a: *Political geography: world-economy, nation-state and locality*. London and New York: Longman.

Taylor, P.J. 1985b: The geography of elections. In M. Pacione, ed., *Progress in political geography*. Croom Helm: London, pp. 243-72.

Suggested Reading

Johnston, R.J. 1979: *Political, electoral and spatial systems*. Oxford and New York: Oxford University Press.

Taylor, P.J. and Johnston, R.J. 1979: *Geography of elections*. London: Penguin; New York; Holmes and Meier.

선벨트/스노우벨트 sunbelt/snowbelt

Suggested Reading

Sawers, L. and Tabb, W.K., ed. 1984: *Sunbelt/snowbelt: urban development and regional restructuring*. New York and London: Oxford University Press.

선형계획법 linear programming

Suggested Reading

Abler, R., Adams, J.S. and Gould, P. 1971: *Spatial organization; the geographer's view of the world*. Englewood Cliffs, NJ and London: Prentice-Hall, chapter 12.

Killen, James E. 1979: *Linear programming: the simplex method with geographical applications*. Concepts and techniques in modern geography 24. Norwich: Geo Books.

Vajda, S. 1960: *An introduction to linear programming and the theory of games*. London: Methuen; New York: John Wiley.

선형모형 sectoral model

Hoyt, H., ed. 1939: *The structure and growth of residential neighborhoods in American cities*. Washington, DC: Federal Housing Administration. (Reprinted 1972, Saint Clair Shore, Mi: Scholarly Press.)

Suggested Reading

Johnston, R.J. 1971: *Urban residential patterns: an introductory review*. London: Bell; New York: Praeger.

선형원리 sector principle

Suggested Reading

Daniels, P.C. 1970: The Antarctic treaty. *Bull. atom. Scient.* 26: 10, pp. 11-16.

Fox, R. 1985: *Antarctica and the South Atlantic: discovery, development and disputes*. London: BBC.

설계, 프로젝트 project

Pred, A. 1980: Of paths and projects; individual behaviour and its societal context. In Golledge, R. and Cox, K., eds, *Behavioural geography revisited*. London: Methuen, pp. 231-55.

Schutz, A. and Luckermann, T. 1973: *The structures of the lifeworld*. Translated by Zaner, R. and Engelhardt, T. Evanston, Ill.: Northwestern University Press; London: Heinemann.

Thrift, N. and Pred, A. (1981): Time-geography a new beginning. *Progr. hum. geogr.* 5, pp. 277-86.

Suggested Reading

Carlstein, T., Parkes, D.N. and Thrift, N.J., eds 1978: *Timing space and spacing time*, volume 2, *Human activity and time geography*. London: Edward Arnold; New York: Halsted.

Parkes, D.N. and Thrift, N.J. 1980: *Times, spaces and places: a chronogeographic perspective*. Chichester and New York: John Wiley.

Thrift and Pred (1981).

설문지 questionnaire

Suggested Reading

Dixon, C.J. and Leach, B. 1976: *Questionnaires and interviews in geographical research*. CATMOG 18. Norwich: Geo Books.

Dixon, C.J. and Leach, B. 1984: *Survey research in underdeveloped countries*. CATMOG 39. Norwich: Geo Books.

성장극 growth pole

Boudeville, J.R. 1966: *Problems of regional economic planning*. Edinburgh: Edinburgh University Press.

Perroux, F. 1955: Note sur la notion de pôle de croissance. *Économie Appliquée.* 7, pp. 307-20.

Suggested Reading

Darwent, D.F. 1969: Growth poles and growth centres in regional planning: a review. *Environ. Plann.* 1, pp. 5-31.

Holland, S. 1976: Meso-economics, multinational capital and regional inequality. In Lee, R. and Ogden, P.E., eds., *Economy and society in the EEC.* Farnborough: Saxon House.

Lasuén, J.R. 1969: On growth poles. *Urban Stud.* 6, pp. 137-61.

Richardson, H. W. 1978: *Regional and urban economics.* London and New York: Penguin, chapter 7.

성장단계 stages of growth

Rostow, W.W. 1971: *The stages of economic growth: a non-communist manifesto,* second edition. Cambridge: Camibridge University Press.

Suggested Reading

Baran, P.A. and Hobsbawm, E.J. 1961: The stages of economic growth. *Kyklos* 14, pp. 324-42.

Keeble, D.E. 1967: Models of economic development. In Chorley, R.J. and Haggett, P., eds, *Models in geography.* London and New York: Methuen, pp. 248-54.

Rostow (1971).

성장의 한계 limits to growth

Boserup, E. 1965: *The conditions of agricultural growth: the economies of agrarian change under population pressures.* London: Allen & Unwin; Chicago: Aldine.

Zimmerman, E.W. 1951: *World resources and industries: a functional appraisal of the availability of agricultural and industrial materials,* revised edition. New York and London: Harper and Row.

Suggested Reading

Cole, H.S.D., Freeman, C., Jahoda, M. and Pavitt, K.L.R., eds 1973: *Thinking about the future: a critique of the limits to growth.* London: Chatto and Windus (for Sussex University Press).

Forrester, J.W. 1971: *World dynamics.* Cambridge, Mass.: Wright-Allen Press.

Kahn, H., Brown, W. and Martel, L. 1977: *The next 200 years: a scenario for America and the world.* London: Associated Business Programmes; New York: Morrow.

Meadows, D.H. et al. 1972: *The limits to growth: a report for the Club of Rome's project on the predicament of mankind.* New York: Universe Books.

Odell, P.R. 1986: Draining the world of energy. In Johnston, R.J. and Taylor, P.J., eds., *A world in crisis? Geographical perspectives.* Oxford: Basil Blackwell, pp. 68-88.

Rostow, W.W. 1978: *The world economy: history and prospect.* London: Macmillan; Austin, Texas: University of Texas Press.

Zimmerman (1951).

세계체제분석 world-systems analysis

Taylor, P.J. 1986: The error of developmentalism in human geography. In Walford, R. and Gregory, D. eds, *New horizons in human geography.* London: Macmillan.

Wallerstein, I. 1974: *The modern world system. Capitalist agriculture and the origins of the European world-economy in the sixteenth century.* New York: Academic Press.

Wallerstein, I. 1979: *The capitalist world-economy.* Cambridge: Cambridge University Press.

Wallerstein, I. 1980: *The modern world system II. Mercantilism and the consolidation of the European world-economy, 1600-1750.* New York: Academic Press.

Wallerstein, I. 1983: *Historical capitalism.* London: Verso.

Wallerstein, I. 1984a: *The politics of the world-economy.* Cambridge: Cambridge University Press.

Wallerstein, I. 1984b: Long waves as capitalist process. *Review* VII: 4, pp. 559-76.

Suggested Reading

Amin, S., Arrighi, G., Frank, A.G. and Wallerstein, I. 1982: *Dynamics of global crisis.* New York: Monthly Review Press.

Chase-Dunn, C.K., ed. 1982: *Socialist states in the world-system.* Beverly Hills: Sage.

Foster-Carter, A. 1978: The modes of production controversy. *New Left Review* 107, pp. 47-77.

Hopkins, T.K. and Wallerstein, I. 1982: *World-systems analysis.* Beverly Hills: Sage.

Taylor, P.J. 1985: The world-systems project. In Johnson, R.J. and Taylor, P.J. eds, *A world in crisis? geographical perspectives.* Oxford: Basil Blackwell.

Thompson, W.R., ed 1983: *Contending approaches to world system analysis.* Beverly Hills: Sage.

Wallerstein (1979).

Wallerstein (1983).

Wallerstein (1984a).

Wallerstein (1984b).

세대 generation

Suggested Reading

Cox, P.R. 1976: *Demography,* fifth edition, Cam-

참고문헌(센서스)

bridge and New York: Cambridge University Press.

센서스 census

Suggested Reading
Benjamin, B. 1970: *The population census*. London: Heinemann.
Cox, P.R. 1976: *Demography*, fifth edition. Cambridge and New York: Cambridge University Press.
Lawton, R., ed. 1978: *The census and social structure*. London: Frank Cass.
Petersen, W. 1975: *Population*, third edition. New York and London: Collier-Macmillan, chapter 2.
Rhind, D., ed. 1984: *A census-user's handbook*. London: Methuen.

센서스 표준구역 census tract

Suggested Reading
Rhind, D.W., ed. 1984: *A census-user's handbook*. London: Methuen.

소농 peasant

Chayanov, A.V. 1966: *The theory of peasant economy*, ed. D. Thorner, B. Kerblay and R.E.F. Smith and trans. R.E.F. Smith. Homewood: R.D. Irwin for the American Economic Association. (First Russian edition 1912.)
Macfarlane, A. 1978: *The origins of English individualism: family, property and social transition*. Oxford: Basil Blackwell; New York: Cambridge University Press.
Redfield, R. 1973: *Peasant society and culture: an anthropological approach to civilization*, third edition. Chicago: University of Chicago Press.

Suggested Reading
Grigg, D.B. 1982: *The dynamics of agricultural change*. London: Hutchinson, chapter 7.
Redfield (1973).
Shanin, T., ed. 1984: *Peasants and peasant societies*, second edition. London: Penguin.
Wolf, E.R. 1966: *Peasants*. Englewood Cliffs, NJ and London: Prentice-Hall.

소산체계 dissipative systems

Suggested Reading
Allen, P. and Sanglier, M. 1981: Urban evolution, self-organization, and decision-making. *Environ. Plann. A* 13, pp. 167–83.
Prigogine, I. and Stengers, I. 1984: *Order out of chaos*. London and New York: Bantam.

소외 alienation

Aron, R. 1968: *Main currents of sociological thought*, volume 1. Harmondsworth: Penguin; Garden City, NY: Anchor Books.
Eyles, J. and Woods, K. 1983: *The social geography of medicine and health*. London: Croom Helm; New York: St Martin's Press.
Gans, H.J. 1962: Urbanism and suburbanism as ways of life. In Rose, H., ed., *Human behaviour and social processes*. London: Routledge and Kegan Paul; Boston: Houghton.
Nisbet, R. 1966: *The sociological tradition*. London: Heinemann.
Raban, J. 1975: *Soft city*. London: Fontana.
Simmel, G. 1950: The metropolis and mental life. In Woolf, K., ed., *The sociology of Georg Simmel*. Glencoe, Ill.: Free Press.
Wirth, L. 1938: Urbanism as a way of life. *Am. J. Sociol.* 44, pp. 1–24.

Suggested Reading
Nisbet 1966.
Ollman, B. 1976: *Alienation*. Cambridge and New York: Cambridge University Press.
Simmel 1950.

쇄신 innovation

Suggested Reading
Brown, L.A. 1981: *Innovation diffusion: a new perspective*. London and New York: Methuen.

수리사회 hydraulic society

Butzer, K. 1976: *Early civilization in Egypt: a study in cultural ecology*. Chicago: Chicago University Press.
Eberhard, W. 1970: *Conquerors and rulers: social forces in medieval China*. Leiden: Brill.
Hindess, B. and Hirst, P.Q. 1975: *Pre-capitalist modes of production*. London and Boston: Routledge and Kegan Paul.
Leach, E.R. 1959: Hydraulic society in Ceylon. *Past and Present* 15, pp. 2–25.
Mann, M. 1986: *The sources of social power*, volume 1, *A history of power in agrarian societies*. Cambridge: Cambridge University Press.
Wheatley, P. 1971: *The pivot of the four quarters*. Edinburgh: Edinburgh University Press; Chicago: Aldine.
Wittfogel, K. 1957: *Oriental despotism*. New Haven: Yale University Press.

Suggested Reading
Mann (1986).
Wheatley (1971), pp. 289–98.
Wittfogel, K. 1956: The hydraulic civilizations.

참고문헌(시간지리학I)

In Thomas, W.L., ed., *Man's role in changing the face of the earth*. Chicago: Chicago University Press, pp. 152-64.

수송가능성 transferability

Suggested Reading

Ullman, E.L. 1971: The role of transportation and the bases for interaction. In Thomas, W.L., ed., *Man's role in changing the face of the earth*. Chicago: University of Chicago Press. (First published 1956.)

수직적 주제 vertical theme

Darby, H.C. 1951: The changing English landscape. *Geogrl. J.* 117, pp. 377-98.
Darby, H.C. 1962: The problem of geographical description. *Trans. Inst. Br. Geogr.* 30, pp. 1-14.
Hobsbawm, E.J. 1980: The revival of narrative: some comments. *Past and Present* 86, pp. 3-8.
Stone, L. 1979: The revival of narrative: reflections on a new old history. *Past and Present* 85, pp. 3-24.
Williams, M. 1974: *The making of the South Australian landscape: a study in the historical geography of Australia*. London and New York: Academic Press.

순위규모법칙 rank-size rule

Suggested Reading

Berry, B.J.L. and Garrison, W.L. 1958: Alternate explanations of urban rank-size relationships. *Ann. Ass. Am. Geog.* 48, pp. 83-91.
Carroll, G.R. 1982: National city-size distributions: what do we know after 67 years of research? *Progr. hum. Geogr.* 6, pp. 1-4?.
Richardson, H.W. 1973: *The economics of urban size*. Farnborough: Saxon House; Lexington, Mass.: Lexington Books.

스펙트럼 분석 spectral analysis

Suggested Reading

Haggett, P., Cliff, A.D. and Frey, A.E. 1977: *Locational analysis in human geography*, second edition. London: Edward Arnold; New York: John Wiley, pp. 390-413.

슬럼 slum

Suggested Reading

Seeley, J.R. 1959: The slum: its nature, use and users. *J. Am. Inst. Planners* 25, pp. 7-14.
Ward, D. 1976: The Victorian slum: an enduring myth? *Ann. Ass. Am. Geogr.* 66, pp. 323-36.

승수 multipliers

Suggested Reading

Masser, I. 1972: *Analytical models for urban and regional planning*. Newton Abbot: David and Charles; New York: Halsted.
Smith, D.M. 1981: *Industrial location: an economic geographical analysis*, second edition. New York: John Wiley.

승수효과 multiplier effects

Suggested Reading

Pred, A.R. 1977: *City-systems in advanced economies*. London: Hutchinson; New York: John Wiley.

시간지리학I time-geography

Buttimer, A. 1976: Grasping the dynamism of the life-world. *Ann. Ass. Am. Geogr.* 66, pp. 277-92.
Carlstein, T. 1981: The sociology of structuration in time and space: a time-geographic assessment of Giddens's theory. *Swedish Geographical Yearbook*.
Carlstein, T. 1982: *Time resources, society and ecology*, volume 1, *Preindustrial societies*. London and Boston: Allen & Unwin.
Giddens, A. 1984: *The constitution of society*. Cambridge: Polity Press.
Gregory, D. 1982: Solid geometry: notes on the recovery of spatial structure. In Gould, P. and Olsson, G., eds, *The search for common ground*. London: Pion, pp. 187-219.
Gregory, D. 1984: Space, time and politics in social theory: an interview with Anthony Giddens. *Environ. Plann. D* 2, pp. 123-32.
Gregory, D. 1985: Suspended animation: the stasis of diffusion theory. In Gregory, D. and Urry, J., eds, *Social relations and spatial structures*. London: Macmillan, pp. 296-336.
Gregory, D. forthcoming: *The geographical imagination: social theory and human geography*. London: Hutchinson.
Hägerstrand, T. 1970: What about people in regional science? *Pap. reg. Sci. Assoc.* 24, pp. 7-21.
Hägerstrand, T. 1973: The domain of human geography. In Chorley, R.J., ed., *Directions in geography*. London: Methuen; New York: Barnes and Noble, pp. 67-87.
Hägerstrand, T. 1975: Space, time and human conditions. In Karlqvist, A., Lundqvist, L. and Snickars, F., eds, *Dynamic allocation of urban space*. Farnborough: Saxon House, pp. 3-14.
Hägerstrand, T. 1976: Geography and the study of interaction between nature and society. *Geoforum* 7, pp. 329-34.

참고문헌(시간지리학II)

Hägerstrand, T. 1978: Survival and arena: on the life-history of individuals in relation to their geographical environment. In Carlstein, T., Parkes, D. and Thrift, N., eds, *Timing space and spacing time*, volume 2, *Human activity and time-geography*. London: Edward Arnold, pp. 122–45.

Hägerstrand, T. 1982: Diorama, path and project. *Tijdschr. econ. soc. Geogr.* 73, pp. 323–39.

Hägerstrand, T. 1983: In search for the sources of concepts. In Buttimer, A., ed., *The practice of geography*. Harlow: Longman, pp. 238–56.

Hägerstrand, T. 1984: Presence and absence: a look at conceptual choices and bodily necessities. *Reg. Stud.* 18, pp. 373–80.

Hoppe, G. and Langton, J. forthcoming: Time-geography and economic development: the changing structure of livelihood positions on farms in nineteenth-century Sweden. *Geogr. Annlr.*

Pred, A. 1977: The choreography of existence: some comments on Hägerstrand's time-geography and its effectiveness. *Econ. Geogr.* 53, pp. 207–21.

Pred, A. 1981: Social reproduction and the time-geography of everyday life. *Geogr. Annlr* 63B, pp. 5–22.

Suggested Reading
Giddens (1984), chapter 3.
Gregory (1985).
Hägerstrand (1973).
Hägerstrand (1982).
Hoppe and Langton (forthcoming).
Pred, A. 1986: *Place, practice and structure: space and society in Southern Sweden 1750–1850*. Cambridge: Polity Press.

시간지리학II chronogeography

Buttimer, A. 1976: Grasping the dynamism of the life-world. *Ann. Ass. Am. Geogr.* 66, pp. 277–92.

Parkes, D.N. and Thrift, N.J. 1980: *Times, spaces and places: a chronogeographical perspective*. London: John Wiley.

Thrift, N.J. 1977: Time and theory in human geography, Part I. *Prog. Hum. Geogr.* 1, pp. 65–101.

Suggested Reading
Parkes and Thrift (1980).

시-공간적 거리화 time-space distanciation

Bagguley, P. 1984: Giddens and historical materialism. *Radical Philosophy* 38, pp. 18–24.

Callinicos, A. 1985: Anthony Giddens: a contemporary critique. *Theory and Society* 14, pp. 133–66.

Giddens, A. 1981: *A contemporary critique of historical materialism*, volume 1, *Power, property and the state*. London: Macmillan; Berkeley: University of California Press.

Giddens, A. 1984: *The constitution of society*. Cambridge: Polity Press.

Gregory, D. 1984: Space, time and politics in social theory: an interview with Anthony Giddens. *Environ. Plann. D* 2, pp. 123–32.

Gregory, D. forthcoming: *The geographical imagination: social theory and human geography*. London: Hutchinson.

Hirst, P. 1982: The social theory of Anthony Giddens: a new syncretism? *Theory, culture and society* 1: 2, pp. 78–82.

Jay, M. 1984: *Marxism and totality*. Cambridge: Polity Press; Berkeley: University of California Press.

Thompson, J.B. 1984a: *Studies in the theory of ideology*. Cambridge: Polity Press.

Thompson, J.B. 1984b: Rethinking history: for and against Marx. *Phil. Soc. Sci.* 14, pp. 543–51.

Wolf, E. 1982: *Europe and the people without history*. Berkeley: University of California Press.

Wright, E.O. 1983: Giddens's critique of Marxism. *New Left Review* 138, pp. 11–35.

Suggested Reading
Giddens (1981), chapter 4.
Giddens (1984), chapters 4 and 5.
Gregory (forthcoming).
Wright (1983).

시-공간적 수렴 time-space convergence

Alber, R.F. 1971: Distance, intercommunications and geography. *Proc. Ass. Am. Geogr.* 3, pp. 1–4.

Falk, T. and Abler, R. 1980: Intercommunications, distance and geographical theory. *Geogr. Annlr.* 62B, pp. 59–67.

Forer, P. 1974: Space through time. In Cripps, E.L., ed., *Space-time concepts in urban and regional models*. London: Pion, pp. 22–45.

Forer, P. 1978: A place for plastic space? *Progr. hum. Geogr.* 2, pp. 230–67.

Giddens, A. 1981: *A contemporary critique of historical materialism*, volume 1, *Power, property and the state*. London: Macmillan; Berkeley: University of California Press.

Janelle, D.G. 1968: Central place development in a time-space framework. *Prof. Geogr.* 20, pp. 5–10.

Janelle, D.G. 1969: Spatial reorganization: a model and concept. *Ann. Ass. Am. Geogr.* 59, pp. 348–64.

Suggested Reading
Forer (1978).
Janelle (1968).

시-공예측모형 space-time forecasting models

Martin, R.L. and Oeppen, J.E. 1975: The identification of regional forecasting models using space-time correlation functions. *Trans. Inst. Br. Geogr.* 66, pp. 95-118.

Suggested Reading
Bennett, R.J. 1979: *Spatial time series.* London: Pion.
Haggett, P., Cliff, A.D. and Frey, A.E. 1977: *Locational analysis in human geography*, second edition. London: Edward Arnold; New York: John Wiley, pp. 517-40.

시장교환 market exchange

Brenner, R. 1977: The origins of capitalist development: a critique of neo-Smithian Marxism. *New Left Review* 104, pp. 25-92.
Cox, K.R., ed. 1978: *Urbanization and conflict in market societies.* London: Methuen.
Dalton, G., ed. 1968: *Primitive, archaic and modern economies: essays of Karl Polanyi.* Boston: Beacon Press.
Dodgshon, R.A. 1977: Review symposium; *The modern world system* by Immanuel Wallerstein. A spatial perspective. *Peasant Studies* 6, pp. 8-19.
Giddens, A. 1981: *The class structure of the advanced societies*, second edition. London: Hutchinson.
Hamnett, C. 1984: The postwar restructuring of the British housing and labour markets. *Environ. Plann. A* 12, pp. 147-61.
Harvey, D. 1973: *Social justice and the city.* London: Edward Arnold; Baltimore: Johns Hopkins University Press.
Harvey, D. 1974: Class structure in a capitalist society and the theory of residential differentiation. In Peel, R., Chisholm, M. and Haggett, P., eds, *Processes in physical and human geography: Bristol essays.* London; Heinemann, pp. 354-69.
Harvey, D. 1978: Labor, capital and class struggle around the built environment in advanced capitalist societies. In Cox, K.R., ed., *Urbanization and conflict in market societies.* London: Methuen; Chicago: Maaroufa Press, pp. 9-37.
Lösch, A. 1954: *The economics of location.* New Haven: Yale University Press.
Polanyi, K. 1957: *The great transformation: the political and economic origins of our time.* Boston: Beacon Press.
Pred, A. 1973: *Urban growth and the circulation of information: the United States system of cities 1790-1840.* Cambridge, Mass.: Harvard University Press.
Saunders, P. 1984: Beyond housing classes. *Int. J. urban and reg. Res.* 8, pp. 202-25.
Skocpol, T. 1977: Wallerstein's world capitalist system: a theoretical and historical critique. *Am. J. Soc.* 82, pp. 1075-90.
Thorns, D.C. 1982: Industrial restructuring and changes in the labour and property markets in Britain. *Environ. Plann. A* 14, pp. 745-63.

Suggested Reading
Cox (1978).
Harvey (1973), pp. 210-15, 241-5, 261-84.
Polanyi (1957).

시장잠재력 모형 market potential model

Harris, C.D. 1954: The market as a factor in the localization of industry in the United States. *Ann. Ass. Am. Geogr.* 44, pp. 315-48.
Ray, D.M. 1965: *Market potential and economic shadow: a quantitative analysis of industrial location in Southern Ontario.* University of Chicago, Department of Geography, research paper 101.

Suggested Reading
Smith, D.M. 1981: *Industrial location: an economic geographical analysis*, second edition. New York: John Wiley, pp. 275-8.
Lloyd, P.E. and Dicken, P. 1977: *Location in space: a theoretical approach to economic geography*, second edition. New York and London: Harper and Row, pp. 251-60.

시장지역분석 market area analysis

Suggested Reading
Miller, E.W. 1977: *Manufacturing: a study of industrial location.* University Park: Pennsylvania State University Press, pp. 20-36.
Smith, D.M. 1981: *Industrial location: an economic geographical analysis*, second edition. New York: John Wiley, chapters 4 and 9.

시차모형 lead-lag models

Suggested Reading
Bennett, R.J. 1979: *Spatial time series.* London: Pion.
Haggett, P. 1971: Leads and lags in interregional systems: a study of cyclic fluctuations in the South West economy. In Chisholm, M. and Manners, G., eds, *Spatial policy problems of the British economy.* Cambridge: Cambridge University Press, pp. 69-95.

시카고학파 Chicago School

Anderson, N. 1961: *The hobo.* Chicago: Chicago University Press. (First published 1923.)

참고문헌(시험적 자료분석)

Davie, M.R. 1938: The pattern of urban growth. In Murdoch, G.P. ed. *Studies in the science of society*. New Haven: Yale University Press, pp. 131-61.
Hoyt, H. 1939: *The structure and growth of residential neighborhoods in American cities*. Washington, DC: Federal Housing Administration. (Reprinted 1972, Saint Clair Shore, Mi.: Scholarly Press.)
Faris, R.E.L. and Dunham, H.W. 1967: *Mental disorders in urban areas*. Chicago: Chicago University Press. (First published 1939.)
Jackson, P. and Smith, S. 1984: *Exploring social geography*. London: George Allen & Unwin.
McKenzie, R.D. 1921-2: The neighborhood: a study of local life in the city of Columbus, Ohio. *Am. J. Soc.* 27, pp. 145-68, 344-63, 486-508, 588-610, 780-899.
Robson, B.T. 1969: *Urban analysis*. Cambridge: Cambridge University Press.
Shaw, C.R. and McKay H.D. 1969: *Juvenile delinquency and urban areas*, 2nd edition. Chicago: Chicago University Press.
Turner, R.H., ed. 1967: *Robert E. Park on social control and collective behavior*. Chicago: Chicago University Press.
Wirth, L. 1956: *The ghetto*. Chicago: Chicago University Press. (First published 1928.)
Zorbaugh, H.W. 1976: *The Gold Coast and the slum*. Chicago: Chicago University Press. (First published 1929.)

Suggested Reading
Bulmer, M. 1984: *The Chicago School of sociology: institutionalization, diversity and the role of sociological research*. Chicago: Chicago University Press.
Firey, W. 1947: *Land use in central Boston*. Cambridge, Mass.: MIT Press.
Jackson, P. 1984: Social disorganization and moral order in the city. *Trans. Inst. Br. Geogr.* ns9, pp. 168-80.

시험적 자료분석 exploratory data analysis

Suggested Reading
Cox, N.J. and Jones, K. 1981: Exploratory data analysis. In Wrigley, N. and Bennett, R.J., eds, *Quantitative geography*. London and Boston: Routledge and Kegan Paul, pp. 134-43.
Wrigley, N. 1983: Quantitative methods: on data and diagnostics. *Prog. hum. Geogr.* 7, pp. 567-77.

식민주의 colonialism

Suggested Reading
Barratt-Brown, M. 1974: *The economics of imperialism*. London: Penguin, chapters 4-7.
Church, R.J.H. 1948: The case for colonial geography. *Trans. Inst. Br. Geogr.* 14, pp. 15-25.
Crow, B. and Thomas, A. *et al.* 1983: *Third World atlas*. Milton Keynes and Philadelphia: Open University Press, especially section II.
Gilbert, E.W. and Steel, R.W. 1945: Social geography and its place in colonial studies. *Geogrl. J.* 106, pp. 118-31.
Hobsbawm, E.J. 1969: *Industry and empire*. London and Baltimore: Penguin, especially chapter 7.
Marx, K. edn 1950: *On colonialism*. London: Lawrence and Wishart.

신고전경제학 neoclassical economics

Berry, B.J.L. 1970: City size and economic development. In Jacobson, L. and Prakash, V., eds, *Urbanization and national development*. Beverly Hills: Sage Publications, pp. 111-56.
Graaff, J. de V. 1957: *Theoretical welfare economics*. Cambridge: Cambridge University Press.
Hirschman, A.O. 1958: *The strategy of economic development*. New Haven: Yale University Press.
Myrdal, G. 1957: *Economic theory and underdeveloped regions*. London: Duckworth.
Ohlin, B. 1933: *Interregional and international trade*. Cambridge, Mass.: Harvard University Press.
Perroux, F. 1950: Economic space, theory and applications. *Q. J. Econ.* 64, pp. 89-104.
Samuelson, P.A. 1976: *Economics: an introductory analysis*, tenth edition. New York: McGraw-Hill.

Suggested Reading
Dobb, M. 1973: *Theories of value and distribution since Adam Smith: ideology and economic theory*. Cambridge: Cambridge University Press.
Galbraith, J.K. 1975: *Economics and the public purpose*. London: Penguin; New York: New American Library.
Hunt, E.K. and Sherman, H.J. 1978: *Economics: an introduction to traditional and radical views*, third edition. New York and London: Harper and Row.
Mishan, E.J. 1969: *The cost of economic growth*. London: Penguin; New York: Praeger.
Samuelson (1976).
Smith, D.M. 1977: *Human geography: a welfare approach*. London: Edward Arnold; New York: St Martin's Press.

신국제노동분업 new international division of labour(NIDL)

Chisholm, M. 1982: *Modern world development*. London: Hutchinson; Totowa, NJ: Barnes and Noble.
Fröbel, F., Heinrichs, J. and Kreye, O. 1980:

참고문헌(실용주의)

The new international division of labour. Cambridge and New York: Cambridge University Press.
Johnston, R.J. 1985: The world is our oyster. In King, R., ed., *Geographical futures.* Sheffield: Geographical Association, pp. 112-28.

Suggested Reading
Hoogvelt, A.M.M. 1982: *The third world in global development.* London and Basingstoke: Macmillan.
Saunders, C., ed. 1981: *The political economy of the new and old industrialising countries.* London and Boston: Butterworth.

신도시 New Town

Hall, P.G. 1984: *The world cities,* third edition. London: Weidenfeld and Nicolson; New York: McGraw-Hill.
Osborn, F.J. and Whittick, A. 1977: *New Towns,* third edition. London: Leonard Hill; Boston: Routledge and Kegan Paul.

Suggested Reading
Golany, G. 1976: *New town planning: principles and practice.* Chichester and New York: John Wiley.
Golany, G. 1978: *International urban growth policies: New Town contributions.* Chichester and New York: John Wiley.
Hall (1977).
Osborn and Whittick (1977).

신리카도 경제학 neo-Ricardian economics

Barnes, T.J. 1985: Theories of interregional trade and theories of value. *Environ. Plann. A* 17, pp. 729–46.
Barnes, T.J. and Sheppard, E.S. 1984: Technical choice and reswitching in space economies. *Regional science and urban economics* 14, pp. 345–62.
Barnes, T.J. and Sheppard, E.S. 1986: Capital in space: analytical foundations of the geography of production and circulation. *Ann. Ass. Am. Geogr.* 76.
Napoleoni, C. 1978: Sraffa's 'Tabula rasa'. *New Left Review* 112, pp. 75-7.
Scott, A.J. 1976: Land use and commodity production. *Regional science and urban economics* 6, pp. 147–60.
Scott, A.J. 1980: *The urban land nexus and the state.* London: Pion.
Scott, A.J. 1982: Production system dynamics and metropolitan development. *Ann. Ass. Am. Geogr.* 72, pp. 185–200.
Sheppard, E.S. 1983: Pasinetti, Marx and urban accumulation dynamics. In Griffith, D. and Lea, A.C., eds, *Evolving geographical structures.* The Hague: Martinus Nijhoff, pp. 293-322.
Sheppard, E.S. 1984: Value and exploitation in a capitalist space economy. *Int. reg. Sci. Rev.* 9, pp. 97–108.
Sraffa, P. 1960: *Production of commodities by means of commodities.* Cambridge: Cambridge University Press.
Steedman, I. 1977: *Marx and Sraffa.* London: New Left Books.

Suggested Reading
Harcourt, G.C. 1982: The Sraffian contribution: an evaluation. In, Bradley, I. and Howard, M, eds, *Classical and Marxian political economy.* London: Macmillan, pp. 255–75.
Nell, E.J. 1967: Theories of growth and theories of value. *Econ. Devel. cult. Change* 16, pp 15–26.
Rowthorn, R. 1974: Neo-classicism, neo-Ricardianism and Marxism. *New Left Review* 86, pp. 63–87.

신식민주의 neocolonialism

Agee. P. 1975; *Inside the company: C.I.A. diary.* London: Penguin; New York: Bantam Books.
Kirkpatrick, C. 1979: The renegotiation of the Lomé Convention. *National Westminster Bank Quarterly Review.* May, pp. 23–33.
Radice, H., ed. 1975: *International firms and modern imperialism.* London: Penguin.

Suggested Reading
Agee (1975).
Barratt-Brown, M. 1974: *The economics of imperialism.* London: Penguin, chapter 11.
Buchanan, K.M. 1972: *The geography of empire.* Nottingham: Spokesman Books.
Crow, B., Thomas, A. et al. 1983: *Third World atlas.* Milton Keynes and Philadelphia: Open University Press, especially section III.
Frobel, F., Heinrichs, J. and Kreye, O. 1980: *The new international division of labour.* Cambridge and Paris: Cambridge University Press and Editions de la maison des sciences de l'homme.

실용주의 pragmatism

Bernstein, R. 1972: *Praxis and action.* London: Duckworth.
Dewey, J. 1938: *Logic: the theory of inquiry.* New York: Holt.
Jackson, P. and Smith, S. 1984: *Exploring social geography.* London: George Allen & Unwin.
Lewis, J.D. and Smith, R.L. 1980: *American sociology and pragmatism.* Chicago: University of Chicago Press.

참고문헌(실재론)

Rorty, R. 1980: *Philosophy and the Mirror of Nature*. Oxford: Basil Blackwell.

Rorty, R. 1982: *Consequences of pragmatism*. Minneapolis: University of Minnesota Press.

Suggested Reading
Bernstein (1972), part 3.
Jackson and Smith (1984), pp. 71-9.
Rorty (1982), chapter 11.

실재론 realism

Benton, T. 1985: Realism and social science: some comments on Roy Bhaskar's 'The possibility of naturalism'. In Edgley, R. and Osborne, R., eds, *Radical philosophy reader*. London: Verso, pp. 174-92.

Bhaskar, R. 1975: *A realist theory of science*. Leeds: Leeds Books. (Reprinted 1978, Brighton: Harvester.)

Bhaskar, R. 1979: *The possibility of naturalism: a philosophical critique of the contemporary human sciences*. Brighton: Harvester.

Chouinard, V., Fincher, R. and Webber, M. 1984: Empirical research in scientific human geography. *Prog. hum. Geogr.* 8, pp. 347-80.

Giddens, A. 1976: *New rules of sociological method: a positive critique of interpretative sociologies*. London: Hutchinson.

Giddens, A. 1981: *A contemporary critique of historical materialism*, volume 1, *Power, property and the state*. London: Macmillan.

Giddens, A. 1984: *The constitution of society*. Cambridge: Polity Press.

Gregory, D. 1978: *Ideology, science and human geography*. London: Hutchinson.

Gregory, D. 1982: A realist construction of the social. *Trans. Inst. Br. Geogr.* ns 7, pp. 254-6.

Gregory, D. 1985: People, places and practices: the future of human geography. In King, R., ed., *Geographical futures*. Sheffield: Geographical Association, pp. 56-76.

Hesse, M. 1974: *The structure of scientific inference*. London: Macmillan; Berkeley: University of California Press.

Keat, R. and Urry, J. 1981: *Social theory as science*, second edition. London: Routledge and Kegan Paul.

Layder, D. 1981: *Structure, interaction and social theory*. London: Routledge and Kegan Paul.

McLennan, G. 1981: *Marxism and the methodologies of history*. London: Verso; New York: Schocken.

Sayer, A. 1982: Explanation in economic geography: abstraction versus generalization. *Progr. hum. Geogr.* 6, pp. 66-88.

Sayer, A. 1984a: *Method in social science: a realist approach*. London: Hutchinson.

Sayer, A. 1984b: Defining the urban. *GeoJournal* 9, pp. 279-85.

Sayer, A. 1985a: Realism in geography. In Johnston, R.J., ed., *The future of geography*. London and New York: Methuen, pp. 159-73.

Sayer, A. 1985b: The difference that space makes. In Gregory, D. and Urry, J., eds, *Social relations and spatial structures*. London: Macmillan, pp. 49-65.

Stockmann, N. 1983: *Antipositivistic theories of the sciences: critical rationalism, critical theory and scientific realism*. Dordrecht: Reidel.

Urry, J. 1985: Social relations, space and time. In Gregory, D. and Urry, J., eds, *Social relations and spatial structures*. London: Macmillan, pp. 20-48.

Williams, S. 1981: Realism, Marxism and human geography. *Antipode* 13: 2, pp. 31-8.

Suggested Reading
Bhaskar (1979).
Keat and Urry (1981), postscript.
Sayer (1984a).
Urry (1985).

실존주의 existentialism

Buttimer, A. 1974: *Values in geography*. Washington, DC: Association of American Geographers, Commission on College Geography, resource paper 24.

Buttimer, A. 1979a: Erewhon or nowhere land. In Gale, S. and Olsson, G., eds, *Philosophy in geography*. Dordrecht and Boston: D.Reidel, pp. 9-37.

Buttimer, A. 1979b: Reason, rationality and human creativity. *Geogr. Annlr.* 61B, pp. 43-9.

Cullen, J. and Knox, P. 1982: The city, the self and urban society. *Trans. Inst. Br. Geogr.* 7, pp. 276-91.

Gibson, E. 1978: Understanding the subjective meaning of places. In Ley, D. and Samuels, M.S., eds, *Humanistic geography: prospects and problems*. London: Croom Helm, pp. 138-54.

Gould, P. 1981: Letting the data speak for themselves. *Ann. Ass. Am. Geogr.* 71, pp. 166-76.

Pickles, J. 1985: *Phenomenology, science and geography: spatiality and the human sciences*. Cambridge and New York: Cambridge University Press.

Poster, M. 1975: *Existential Marxism: from Sartre to Althusser*. Princeton: Princeton University Press.

Relph, E. 1981: *Rational landscapes and humanistic geography*. London: Croom Helm; Totowa, NJ: Barnes & Noble.

Samuels, M. 1978: Existentialism and human

참고문헌(심상지도)

geography. In Ley, D. and Samuels, M.S., eds, *Humanistic geography: prospects and problems*. London: Croom Helm, pp. 22-40.

Samuels, M. 1979: The biography of landscape: cause and culpability. In Meinig, D., ed., *The interpretation of ordinary landscapes*. Oxford: Oxford University Press, pp. 51-88.

Samuels, M. 1981: An existential geography. In Harvey, M.E. and Holly, B.P., eds, *Themes in geographic thought*. Beckenham: Croom Helm, pp. 115-32.

Tuan, Y-F. 1971: Geography, phenomenology and the study of human nature. *Can. Geogr.* 15, pp. 181-92.

Tuan, Y-F. 1972: Structuralism, existentialism and environmental perception. *Environment and Behavior* 4, pp. 319-42.

Suggested Reading
Gould (1981).
Samuels (1978, 1981).

실증주의 positivism

Bennett, R.J. 1981: Quantitative and theoretical geography in western Europe. In Bennett, R.J., ed., *European progress in spatial analysis*. London: Pion, pp. 1-32.

Berry, B.J.L. 1972: More on relevance and policy analysis. *Area* 4, pp. 77-80.

Bowen, M.J. 1970: Mind and nature: the physical geography of Alexander von Humboldt. *Scott. geogr. Mag.* 86, pp. 222-33.

Bowen, M.J. 1979: Scientific method - after positivism. *Aust. geogr. Stud.* 17, pp. 210-16.

Bryant, C.G.A. 1985: *Positivism in social theory and research*. London: Macmillan.

Chisholm, M. 1978: Theory construction in geography. *S. Afr. Geogr.* 6, pp. 113-22.

Coppock, J.T. 1974: Geography and public policy: challenges, opportunities and implications. *Trans. Inst. Br. Geogr.* 63, pp. 1-16.

Gregory, D. 1978: *Ideology, science and human geography*. London: Hutchinson; New York: St Martin's Press.

Guelke, L. 1978: Geography and logical positivism. In Herbert, D.T. and Johnston, R.J., eds, *Geography and the urban environment*, volume 1. Chichester and New York: John Wiley, pp. 35-61.

Harvey, D. 1969: *Explanation in geography*. London: Edward Arnold; New York: St Martin's Press.

Hay, A. 1979: Positivism in human geography: response to critics. In Herbert, D.T. and Johnston, R.J., eds, *Geography and the urban environment*, volume 2. Chichester and New York: John

Wiley, pp. 1-26.

Hindess, B. 1977: *Philosophy and methodology in the social sciences*. Brighton: Harvester; Atlantic Highlands, NJ: Humanities Press.

Kolakowski, L. 1972: *Positivist philosophy: from Hume to the Vienna Circle*. Harmondsworth: Penguin.

Wilson, A.G. 1972: Theoretical geography: some speculations. *Trans. Inst. Br. Geogr.* 57, pp. 31-44.

Suggested Reading
Bowen (1979).
Giddens, A. 1977: Positivism and its critics. In Giddens, A., ed., *Studies in social and political theory*. London: Hutchinson, pp. 29-89.
Gregory (1978).
Hay (1979).

실체정립 entitation

Chapman, G.P. 1977: *Human and environmental systems: a geographer's appraisal*. London and New York: Academic Press.

Langton, J. 1972: Potentialities and problems of adopting a systems approach to the study of change in human geography. *Prog. Geog.* 4, pp. 125-79.

Saunders, P. 1985; Space, the city and urban sociology. In Gregory, D. and Urry, J., eds, *Social relations and spatial structures*. London: Macmillan, pp. 67-89.

Taylor, P.J. 1985: *Political geography: world-economy, nation-state and community*. London and New York: Longman.

심상지도 mental map

Gould, P. 1973: On mental maps. In Downs, R.M. and Stea, D., eds, *Image and environment: cognitive mapping and spatial behaviour*. Chicago: Aldine; London: Edward Arnold.

Suggested Reading
Downs, R.M. and Stea, D. 1977: *Maps in minds: reflections on cognitive mapping*. New York and London: Harper and Row.
Gould (1973).
Gould, P. and White, R. 1974: *Mental maps*. London: Penguin; revised edn 1986, London: George Allen & Unwin.
Ley, D. and Samuels, M.S., eds 1978: *Humanistic geography: prospects and problems*. Chicago: Maaroufa; London: Croom Helm.
Sack, R.D. 1980: *Conceptions of space in social thought: a geographic perspective*. London: Macmillan; Minneapolis: University of Minnesota Press.

참고문헌(심장지역)

심장지역 heartland

Suggested Reading
Hooson, D.J.M. 1962: A new Soviet heartland? *Geogrl. J.* 128, pp. 19-29.
Mackinder, H.J. 1904: The geographical pivot of history. *Geogrl. J.* 23, pp. 421-37.
Mackinder, H.J. 1919: *Democratic ideals and reality: a study in the politics of reconstruction*. London: Constable.

ㅇ

아날학파 Annales School

Baker, A.R.H. 1984: Reflections on the relations of historical geography and the *Annales* school of history. In Baker, A.R.H. and Gregory, D., eds, *Explorations in historical geography*. Cambridge: Cambridge University Press, pp. 1-27.
Burke, P. 1973: *A new kind of history from the writings of Febvre*. London: Routledge and Kegan Paul.
Iggers, G. 1975: *New directions in European historiography*. Middletown, Conn.
Stoianovich, T. 1976: *French historical method: the Annales paradigm*. Ithaca: Cornell University Press.

Suggested Reading
Aymard, M. 1972: The *Annales* and French historiography (1929-72). *J. Eur. Econ. Hist.* 1, pp. 491-511.
Baker (1984).
Clark, S. 1985: The *Annales* historians. In Skinner, Q., ed., *The return of grand theory in the human sciences*. Cambridge: Cambridge University Press, pp. 177-98.
Forster, R. 1978: Achievements of the *Annales* school. *J. econ. Hist.* 38, pp. 58-76.
Harsgor, M. 1978: Total history: the *Annales* school. *J. contemp. Hist.* 13, pp. 1-13.

아노미 anomie

Suggested Reading
Merton, R.K. 1968: *Social theory and social structure*. New York: Free Press.
Lee, D. and Newby, H. 1983: *The problem of sociology*. London: Hutchinson.

아시아적 생산양식 Asiatic mode of production

Anderson, P. 1974: *Lineages of the absolutist state*. London: New Left Books/Verso, pp. 462-549.
Giddens, A. 1981: *A Contemporary critique of historical materialism*, volume 1, *Power, property and the state*. London: Macmillan, pp. 81-8.
Godelier, M. 1978: The concept of the 'Asiatic mode of production' and Marxist models of social evolution. In Seddon, D., ed., *Relations of production: Marxist approaches to economic anthropology*. London: Frank Cass, pp. 209-57.
Hindess, B. and Hirst, P.Q. 1975: *Pre-capitalist modes of production*. London: Routledge and Kegan Paul, chapter 4.

Suggested Reading
Anderson (1974).
Bailey, A.M. and Llobera, J.R. 1981: *Asiatic mode of production: science and politics*. London: Routledge and Kegan Paul.
Turner, B.S. 1978: *Marx and the end of Orientalism*. London: Allen & Unwin.

아파르테이트(인종분리정책) apartheid

Suggested Reading
Smith, D.M., ed. 1982: *Living under apartheid: aspects of urbanization and social change in South Africa*. London: Allen & Unwin.
Smith, D.M. 1985: *Apartheid in South Africa*. Cambridge, Cambridge University Press. (*Update* 3, Department of Geography and Earth Science, Queen Mary College, University of London.)

안정인구 stable population

Suggested Reading
Woods, R.I. 1979: *Population analysis in geography*. London and New York: Longman, chapter 8.

알론소 모형 Alonso model

Alonso, W. 1964: *Location and land use: toward a general theory of land rent*. Cambridge, Mass.: Harvard University Press.

Suggested Reading
Cadwallader, M.T. 1985: *Analytical urban geography: spatial patterns and theories*. Englewood Cliffs, NJ: Prentice-Hall, chapter 2.
Johnston, R.J. 1984: *City and society: an outline for urban geography*. London and Dover, NH: Hutchinson.

애로우의 정리 Arrow's theorem

Arrow, K.J. 1951: *Social choice and individual*

values. New York: John Wiley.

야생지 wilderness

Thoreau, H.D. 1854: *Walden*. Boston: Tickner and Fields.

Suggested Reading

Appleton, J.H. 1975: *Experience of landscape*. Chichester and New York: John Wiley.

Nash, R. 1973: *Wilderness and the American mind*, second edition. New Haven and London: Yale University Press.

Tuan, Y-F. 1980: *Landscapes of fear*. Oxford: Basil Blackwell; New York: Pantheon.

양식업 aquaculture

Suggested Reading

Iverson, E.S. 1977: *Farming the edge of the sea*, second edition. Farnham: Fishing News Books.

Food and Agriculture Organization 1970: *The fish resources of the world*. FAO technical paper 97.

언어의 지리학 language and dialect, geography of

Billinge, M.D. 1983. The Mandarin dialect: an essay on style in contemporary geographical writing. *Trans. Inst. Br. Geogr.* ns 8:4, pp. 400–20.

Briggs, A. 1967: The language of 'class' in early nineteenth-century England. In Briggs, A. and Saville, J., ed., *Essays in labour history*. London: Macmillan, pp. 43–73.

Burrill, M.F. 1968: The language of geography. *Ann. Ass. Am. Geogr.* 58: 1, pp. 1–11.

Delgado de Carvalho, C.M. 1962: The geography of languages. In Wagner, P.L. and Mikesell, M.W., eds, *Readings in cultural geography*. Chicago and London: University of Chicago Press, pp. 75–93.

Giglioli, P.P., ed. 1972: *Language and social context*. Harmondsworth: Penguin.

Harvey, D.W. 1969: *Explanation in geography*. London: Edward Arnold; New York: St Martin's Press.

Iordan, I. and Orr, J. 1970: *An introduction to romance linguistics*. Oxford: Basil Blackwell; Berkeley: University of California Press.

McDavid, R. 1961: Structural linguistics and linguistic geography. *Orbis* 10:1, pp. 35–46

Olsson, G. 1980: *Birds in egg/Eggs in bird*. London: Pion; New York: Methuen.

Pei, M. 1966: *Glossary of linguistic terminology*. New York: John Wiley.

Symanski, R. 1976: The manipulation of ordinary language. *Ann. Ass. Am. Geogr.* 66:4, pp. 605–14.

Trudgill, P. 1974: Linguistic change and diffusion: description and explanation in sociolinguistic dialect geography. *L. Soc.* 3:2, pp. 215–46.

Trudgill, P. 1975: Linguistic geography and geographical linguistics. *Prog. Geog.* 7, pp. 227–52.

Trudgill, P. 1983: *On dialect: social and geographical perspectives*. Oxford: Basil Blackwell; New York: New York University Press.

Tuan, Y-F. 1957: Use of simile and metaphor in geographical descriptions. *Prof. Geogr.* 9, pp. 8–11.

Weinrich, U. 1974: *Languages in contact*. The Hague: Mouton.

Withers, C.W.J. 1984: *Gaelic in Scotland 1698–1981: the geographical history of a language*. Edinburgh: John Donald; Atlantic Highlands, NJ: Humanities Press.

Williams, C.H. 1980: Language contact and language change in Wales, 1901–1971: a study in historical geolinguistics. *Welsh H. R.* 10, pp. 207–38.

Williams, R. 1976: *Keywords*. London: Fontana and Croom Helm.

엑스크레이브 exclave

Suggested Reading

Robinson, G.W.S. 1959: Exclaves. *Ann. Ass. Am. Geogr.* 49, pp. 283–95.

엔크레이브 enclave

Suggested Reading

Robinson, G.W.S. 1959: Exclaves. *Ann. Ass. Am. Geogr.* 49, pp. 283–95.

엔트로피 entropy

Suggested Reading

Chapman, G.P. 1977: *Human and environmental systems: a geographer's appraisal*. London and New York: Academic Press.

Gould, P.R. 1972: Pedagogic review: entropy in urban and regional modelling. *Ann. Ass. Am. Geogr.* 62, pp. 689–700.

Thomas, R.W. and Huggett, R.J. 1980: *Modelling in geography: a mathematical approach*. London and New York: Harper and Row, pp. 153–66 and 197–200.

Wilson, A.G. and Kirkby, M.J. 1980: *Mathematics for geographers and planners*. Oxford and New York: Oxford University Press.

엔트로피 극대화 모형 entropy-maximizing models

Suggested Reading

Johnston, R.J. 1985: *The geography of English*

참고문헌(여가의 지리학)

politics: the 1983 general election. London and Dover, NH: Croom Helm.

Thomas, R.W. and Huggett, R.J. 1980: *Modelling in geography: a mathematical approach*. London and New York: Harper and Row, pp. 153-66 and 197-200.

Wilson, A.G. 1974: *Urban and regional models in geography and planning*. Chichester and New York: John Wiley.

여가의 지리학 leisure, geography of

Coppock, J.T. and Duffield, B.S. 1975: *Outdoor recreation: a spatial analysis*. London: Macmillan.

Gilbert, E.W. 1939: The growth of inland and seaside health resorts in England. *Scott. geogr. Mag.* 55, pp. 16-35.

Glyptis, S. 1981: Leisure life-styles. *Reg. Stud.* 15, pp. 311-26.

Goudie, A. 1972: Vaughan Cornish: geographer, with a bibliography of his published works. *Trans. Inst. Br. Geogr.* 55, pp. 1-16.

Martin, W.H. and Mason, S. 1980: *Broad patterns of leisure expenditure*. London: Sports Council/SSRC.

Patmore, J.A. 1983: *Recreation and resources. Leisure patterns and leisure places*. Oxford: Basil Blackwell.

Rodgers, H.B. 1967: *British pilot national recreation survey*, report 1. London: British Travel Association/University of Keele.

Suggested Reading

Kirby, A.M. 1985: Leisure as commodity. *Prog. hum. Geog.* 9, pp. 64-84.

Owens, P.L. 1984: Rural leisure and recreation research: a retrospective evaluation. *Prog. hum. Geog.* 8, pp. 157-88.

Patmore (1983).

Roberts, K. 1978: *Contemporary society and the growth of leisure*. London: Longman.

여성지리학 feminist geography

References and Suggested Reading

Davidoff, L., L'Esperance, J. and Newby, H. 1976: Landscape with figures. In Mitchell, J. and Oakley, A., eds, *The rights and wrongs of women*. Harmondsworth: Penguin.

IBG (Women and Geography Study Group) 1984: *Geography and gender: an introduction to feminist geography*. London, Hutchinson.

Lewis, J. 1984: The role of female employment in the industrial restructuring and regional development of the post-war United Kingdom. *Antipode* 6:3, pp. 47-60.

Lloyd, B. *et al.* 1980: Women and traditional landscapes. In Rengart, A. and Monk, J., eds, *Towards a gender-balanced geography*. Washington, DC: Association of American Geographers.

McDowell, L. 1983: Towards an understanding of the gender division of urban space. *Environ. Plann. D* 1, pp. 59-72.

McDowell, L. and Massey, D. 1984: A woman's place. In Massey, D. and Allen, J., eds, *Geography matters!* Cambridge, Cambridge University Press.

Massey, D. 1984: *Spatial divisions of labour*. London: Macmillan.

Matrix, 1984: *Making space: women and the manmade environment*. London, Pluto Books; Dover, NH: Longwood.

Mazey, M. and Lee, D. 1983: *Her space, her place: a geography of women*. Washington, DC: Association of American Geographers.

Tivers, J. 1978: How the other half lives: the geographical study of women. *Area* 10, pp. 302-6.

Zelinsky, W., Hanson, S. and Monk, J. 1982: Women and geography: a review and prospectus. *Progr. hum. Geogr.* 6:3, pp. 317-66.

역도시화 counterurbanization

Vining, D. and Kontuly, T. 1978: Population dispersal from major metropolitan regions: an international comparison. *Int. reg. Sci. Rev.* 3, pp. 49-74.

Suggested Reading

Berry, B.J.L., ed. 1976: *Urbanization and counterurbanization*. Beverly Hills, Ca. and London: Sage Publications.

Lonsdale, R.E. and Seyler, H.L. eds 1979: *Nonmetropolitan industrialization*. New York and Chichester: John Wiley.

역사지리학 historical geography

Baker, A.R.H. 1972: Rethinking historical geography. In Baker, A.R.H., ed., *Progress in historical geography*. Newton Abbot: David and Charles; New York: Wiley Interscience, pp. 11-28.

Baker, A.R.H. 1979: Historical geography: a new beginning? *Progr. hum. Geogr.* 3, pp. 560-70.

Baker, A.R.H. 1984: Reflections on the relations of historical geography and the *Annales* school of history. In Baker, A.R.H. and Gregory, D., eds, *Explorations in historical geography*. Cambridge: Cambridge University Press, pp. 1-27.

Baker, A.R.H. 1985: Maps, models and Marxism: methodological mutation in British historical geography. *L'espace géogr.* 1, pp. 9-15.

Baker, A.R.H., Hamshere, J. and Langton, J.,

eds 1970: *Geographical interpretations of historical sources.* Newton Abbot: David and Charles; New York: Barnes and Noble.

Billinge, M. 1984: Hegemony, class and power in late Georgian and early Victorian England: towards a cultural geography. In Baker, A.R.H. and Gregory, D., eds, *Explorations in historical geography.* Cambridge: Cambridge University Press, pp. 28–67.

Cannadine, D. 1977: Victorian cities: how different? *Social History* 4, pp. 457–82.

Cannadine, D. 1982: Residential differentiation in nineteenth-century towns: from shapes on the ground to shapes in society. In Johnson, J. and Pooley, C.G., eds, *The structure of nineteenth-century cities.* London: Croom Helm; New York: St Martin's Press, pp. 235–51.

Carter, H. 1983: *An introduction to urban historical geography.* London: Edward Arnold.

Charlesworth, A. 1983: The spatial diffusion of rural protest: an historical and comparative perspective of rural riots in nineteenth-century Britain. *Environ. Plann. D* 1, pp. 251–64.

Clarke, A.H. 1954: Historical geography. In James, P.E. and Jones, C.F., eds, *American geography: inventory and prospect.* Syracuse: Syracuse University Press, pp. 70–105.

Clark, A.H. 1959: *Three centuries and the island.* Toronto: University of Toronto Press; Oxford: Oxford University Press.

Clark, A.H. 1962: Praemia Geographiae: the incidental rewards of a geographical career. *Ann. Ass. Am. Geogr.* 55, pp. 229–41

Clark, A.H. 1968: *Acadia.* Madison and London: University of Wisconsin Press.

Conzen, M. 1983: Historical geography: changing spatial structure and social patterns of western cities. *Progr. hum. Geogr.* 7, pp. 88–107

Cosgrove, D. 1984: *Social formation and symbolic landscape.* London: Croom Helm.

Daniels, S. 1975: Arguments for a humanistic geography. In Johnston, R.J. ed. *The future of geography.* London and New York: Methuen, pp. 143–58.

Darby, H.C. 1951: The changing English landscape. *Geogrl. J.* 67, pp. 377–98.

Darby, H.C. 1952–77: *The Domesday geography of England,* seven volumes. Cambridge and New York: Cambridge University Press.

Darby, H.C. 1953: On the relations of geography and history. *Trans. Inst. Br. Geogr.* 19, pp. 1–11.

Dennis, R.J. 1984: *English industrial cities in the nineteenth century: a social geography.* Cambridge and New York: Cambridge University Press.

Evans, E.E. 1973: *The personality of Ireland: habitat, heritage and history.* Cambridge and New York: Cambridge University Press.

Gregory, D. 1982: *Regional transformation and industrial revolution.* London: Macmillan.

Gregory, D. 1984: Contours of crisis? Sketches for a geography of class struggle in the early Industrial Revolution in England. In Baker, A.R.H. and Gregory, D., eds, *Explorations in historical geography.* Cambridge: Cambridge University Press, pp. 68–117.

Guelke, L. 1982: *Historical understanding in geography: an idealist approach.* Cambridge and New York: Cambridge University Press.

Hägerstrand, T. 1983: In search for the sources of concepts. In Buttimer, A., ed., *The practice of geography.* Harlow and New York: Longman, pp. 238–56.

Harris, R.C. 1971: Theory and synthesis in historical geography. *Can. Geogr.* 15, pp. 157–72.

Harris, C. 1978: The historical mind and the practice of geography. In Ley, D. and Samuels, M.S., eds, *Humanistic geography: prospects and problems.* London: Croom Helm, pp. 123–37.

Harvey, D. 1985: The geopolitics of capitalism. In Gregory, D. and Urry, J., eds, *Social relations and spatial structures.* London: Macmillan, pp. 128–63.

Jakle, J.A. 1971: Time, space and the geographic past: a prospectus for historical geography. *Am. hist. Rev.* 76, pp. 1084–103.

Langton, J. 1972: Potentialities and problems of adopting a systems approach to the study of change in human geography. *Prog. Geog.* 4, pp. 125–79.

Langton, J. 1979: *Geographical change and industrial revolution.* Cambridge and New York: Cambridge University Press.

Langton, J. 1984: The industrial revolution and the regional geography of England. *Trans. Inst. Br. Geogr.* ns 9, pp. 145–67.

Langton, J. and Hoppe, G. 1983: *Town and country in the development of early modern western Europe.* Historical geography research series 11. Norwich: Geo Books.

Meinig, D., ed. 1979: *The interpretation of ordinary landscapes.* Oxford: Oxford University Press.

Meinig, D. 1983: Geography as an art. *Trans. Inst. Br. Geogr.* ns 8, pp. 314–28.

Overton, M. 1984: Agricultural revolution? Development of the agrarian economy in early modern England. In Baker, A.R.H. and Gregory, D., eds, *Explorations in historical geography.* Cambridge: Cambridge University Press, pp. 118–39.

Overton, M. 1985: The diffusion of agricultural innovations in early modern England: turnips and clover in Norfolk and Suffolk, 1580–1740. *Trans. Inst. Br. Geogr.* ns 10, pp. 205–21.

Overton, M. 1986: *The agricultural revolution in England: the transformation of the rural economy*

참고문헌(역행적 접근)

1500-1830. Cambridge: Cambridge University Press.
Pawson, E. 1979: *The early Industrial Revolution: Britain in the eighteenth century*. London: Batsford.
Perry, P.J. 1975: *A geography of 19th-century Britain*. London: Batsford.
Pooley, C.G. 1984: Residential differentiation in Victorian cities: a reassessment. *Trans. Inst. Br. Geogr.* ns 9, pp. 131-44.
Pred, A. 1966: *The spatial dynamics of US urban-industrial growth, 1800-1914*. Cambridge, Mass. and London: MIT Press.
Pred, A. 1973: *Urban growth and the circulation of information*. Cambridge, Mass.: Harvard University Press.
Prince, H.C. 1971: Real, imagined and abstract worlds of the past. *Prog. Geog.* 3, pp. 1-86.
Sauer, C.O. 1941: Foreword to historical geography. *Ann. Ass. Am. Geogr.* 31, pp. 1-24.
Smith, C.T. 1965: Historical geography: current trends and prospects. In Chorley, R.J. and Haggett, P., eds, *Frontiers in geographical teaching*. London: Methuen, pp. 118-43.
Smith, C.T., ed., 1985: *Land, kinship and lifecycle*. Cambridge: Cambridge University Press.
Ward, D. 1975: Victorian cities: how modern? *J. hist. Geogr.* 1, pp. 135-51.
Ward, D. 1980: Environs and neighbours in the 'Two Nations': residential differentiation in mid-nineteenth century Leeds. *J. hist. Geogr.* 6, pp. 133-62.
Williams, M. 1983: 'The apple of my eye': Carl Sauer and historical geography. *J. hist. Geogr.* 9, pp. 1-28.
Woods, R. 1985: Social class variations in the decline of marital fertility in late nineteenth-century London. *Geogr. Annlr.* 66B, pp. 29-38.
Wrigley, E.A. 1967: A simple model of London's importance in changing English society and economy 1650-1750. *Past and Present* 37.

Suggested Reading
Baker, A.R.H. and Gregory, D. 1984: *Explorations in historical geography*. Cambridge: Cambridge University Press.
Cosgrove (1984).
Harris (1978).

역행적 접근 retrogressive approach

Maitland, F.W. 1897: *Domesday Book and beyond*. Cambridge: Cambridge University Press.

Suggested Reading
Baker, A.R.H. 1968: A note on the retrogressive and retrospective approaches in historical geography. *Erdkunde* 22, pp. 243-4.

연결도 connectivity

Suggested Reading
Garrison, W.L. 1960: Connectivity of the interstate highway system. *Pap. reg. Sci. Assoc.* 6, pp. 121-37.

연고효과 friends-and-neighbours effect

Suggested Reading
Taylor, P.J. and Johnston, R.J. 1979: *Geography of elections*. London: Penguin; New York: Holmes and Meier.

연담도시 conurbation

Suggested Reading
Freeman, T.W. 1959: *The conurbations of Great Britain*. Manchester: Manchester University Press.

연령 및 성별 인구구조 age and sex structure

Suggested Reading
Petersen, W. 1975: *Population*, third edition. New York and London: Collier-Macmillan, chapter 3.

연방주의 federalism

Suggested Reading
Dikshit, R.D. 1971: Geography and federalism *Ann. Ass. Am. Geogr.* 61, pp. 97-115.

연속적 점유 sequent occupance

Broek, J.O.M. 1932: *The Santa Clara Valley, California: a study in landscape changes*. Utrecht: Oosthock.
Mikesell, M.W. 1975: The rise and decline of sequent occupance. In Lowenthal, D. and Bowden, M., eds, *Geographies of the mind: essays in historical geosophy in honour of John Kirkland Wright*. New York: Oxford University Press.
Whittlesey, D. 1929: Sequent occupance. *Ann. Ass. Am. Geogr.* 19, pp. 162-6.

Suggested Reading
Mikesell (1975).

연쇄인구이동 chain migration

Suggested Reading
Ogden, P.E. 1984: *Migration and geographical change*. Cambridge: Cambridge University Press.
White, P.E. and Woods, R.I., eds 1980: *The geo-*

graphical impact of migration. London: Longman; Seattle: University of Washington Press.

연합정부체제 consociationalism

Suggested Reading

Barry, B. 1975: Political accommodation and consociational democracy. *Brit. J. Pol. Sci.* 5, pp. 477–505.

Lijphart, A. 1977: *Democracy in plural societies*. New Haven: Yale University Press.

Rudolph, J. 1982: Belgium: controlling separatist tendencies in a multinational state. In Williams, C. ed., *National separatism*. Cardiff: University of Wales Press, pp. 263–98.

영국지리학회 Institute of British Geographers(IBG)

Suggested Reading

Buchanan, R.O. 1954: The I.B.G.: retrospect and prospect. *Trans. Inst. Br. Geogr.* 20, pp. 1–14.

Steel, R.W. 1961: A review of I.B.G. publications, 1946–60. *Trans. Inst. Br. Geogr.* 29, pp. 129–47.

Steel, R.W. 1984: *The Institute of British Geographers: the first fifty years*. London: Institute of British Geographers.

Stoddart, D.R. ed. 1983: *The Institute of British Geographers 1933–1983*. Special issue of *Trans. Inst. Br. Geogr.* ns 8:1.

영국지리협회 Royal Geographical Society(RGS)

Suggested Reading

Brown, E.H., ed. 1980: *Geography – yesterday and tomorrow*. Oxford: Oxford University Press.

Cameron, I. 1980: *To the ends of the earth*. London: Macdonald.

Freeman, T.W. 1980: *A history of British geography*. London: Longman.

영역성 territoriality

Sack, R. 1983: Human territoriality: a theory. *Ann. Ass. Am. Geogr.* 73, pp. 55–74.

Suggested Reading

Sack (1983).

Soja, E. 1971: *The political organisation of space*. Washington, DC: Association of American Geographers, Commission on College Geography.

영해 territorial seas

Suggested Reading

Alexander, L.M. 1963: *Offshore geography of Northwestern Europe: the political and economic problems of delimitation and control*. Chicago: Rand McNally.

Blacksell, M. 1979: Frontiers at sea. *Geogrl. Mag.* 51, pp. 522–4.

Wise, M. 1984: *The common fisheries policy of the European Community*. London and New York: Methuen.

예외주의 exceptionalism

Hartshorne, R. 1939: *The nature of geography: a critical survey of current thought in the light of the past*. Lancaster, Pa.: Association of American Geographers.

Schaefer, F.K. 1953: Exceptionalism in geography: a methodological examination. *Ann. Ass. Am. Geogr.* 43, pp. 226–49.

Suggested Reading

Johnston, R.J. 1983: *Geography and geographers: Anglo-American human geography since 1945*. London: Edward Arnold; New York: Halsted, pp. 51–8.

오염 pollution

Clark, W.C., ed. 1982: *Carbon dioxide review, 1982*. Oxford: Clarendon Press.

Hornbeck, J.W. 1981: Acid rain: facts and fallacies. *J. Forest.* 79, pp. 438–43.

Royal Society Study Group 1983: *The nitrogen cycle of the United Kingdom*. London: The Royal Society.

Suggested Reading

Holdgate, M.W. 1979: *A perspective of environmental pollution*. Cambridge and New York: Cambridge University Press.

Mellanby, K. 1970: *Pesticides and pollution*, second edition. London: Collins.

Ministry of Agriculture, Fisheries and Food 1976: *Agriculture and water quality*. London: HMSO.

완충국 buffer state

Suggested Reading

Swann, R. 1960: Laos, pawn in the Cold War. *Geogrl. Mag.* 32, pp. 365–75.

외부효과 externalities

Suggested Reading

Cox, K.R. 1973: *Conflict, power and politics in the city: a geographic view*. New York: McGraw-Hill.

Cox, K.R. 1979: *Location and public problems: a political geography of the contemporary world*. Chi-

참고문헌(요베르그모형)

cago: Maaroufa; Oxford: Basil Blackwell.
Johnston, R.J. 1984: *City and society: an outline for urban geography*. London: Hutchinson.

요베르그모형 Sjoberg model

Sjoberg, G. 1960: *The pre-industrial city, past and present*. New York: Free Press.
Polanyi, K. 1944: *The great transformation*. New York: Farrar.
Vance, J.E. Jr, 1971: Land assignment in pre-capitalist, capitalist and post-capitalist cities. *Econ. Geogr.* 47, pp. 101–20.

Suggested Reading
Carter, H. 1983: *An introduction to urban historical geography*. London: Edward Arnold.
Langton, J. 1975: Residential patterns in pre-industrial cities; some case studies from seventeenth century Britain. *Trans. Inst. Br. Geogr.* 65, pp. 1–27.
Langton, J. and Hoppe, G. 1983: *Town and country in the development of early modern Western Europe*. Historical geography research series 11. Norwich: Geo Books.

요인분석 factor analysis

Suggested Reading
Johnston, R.J. 1978: *Multivariate statistical analysis in geography: a primer on the general linear model*. London and New York: Longman.

요인생태학 factorial ecology

Suggested Reading
Davies, W.K.D. 1984: *Factorial ecology*. Aldershot: Gower.
Timms, D.W.G. 1971: *The urban mosaic: towards a theory of residential differentiation*. Cambridge; Cambridge University Press.

우범지역 skid row

Suggested Reading
Ward, J. 1975: Skid-row as a geographic entity. *Prof. Geogr.* 27, pp. 286–96.

운송문제 transportation problem

Suggested Reading
Hay, A. 1977: *Linear programming: elementary geographical applications of the transportation problem*. Concepts and techniques in modern geography 11. Norwich: Geo Abstracts.
Taaffe, E.J. and Gauthier, H.L. 1973: *Geography of transportation*. Englewood Cliffs, NJ and London: Prentice-Hall, chapter 6.

원격탐사 remote sensing

Colwell, R.N., ed. 1983: *Manuel of remote sensing*, two volumes, second edition. Falls Church, Virginia: American Society of Photogrammetry.

Suggested Reading
Collins-Longman 1983: *Images of the world: an atlas of satellite imagery and maps*. Harlow: Longman.
European Space Agency 1984: *IGARSS '84: remote sensing from research towards operational use*, two volumes. Noordwijk, Netherlands: European Space Agency.
Lindgreen, D.T. 1985: *Land-use planning and remote sensing*. Dordrecht, Netherlands; Boston: Martinus Nijhoff.

원산업화 protoindustrialization

Berg, M., Hudson, P. and Sonenscher, M. 1983: Manufacture in town and country before the factory. In Berg, M., Hudson, P. and Sonenscher, M., eds, *Manufacture in town and country before the factory*. Cambridge and New York: Cambridge University Press, pp. 1–32.
Du Plessis, R. and Howell, M.C. 1982: Reconsidering the early modern urban economy: the cases of Leiden and Lille. *Past and Present* 94, pp. 49–84.
Gregory, D. 1982: *Regional transformation and Industrial Revolution: a geography of the Yorkshire woollen industry*. London: Macmillan; Minneapolis: University of Minnesota Press.
Hudson, P. 1981: Proto-industrialisation: the case of the West Riding textile industry. *Hist. Workshop J.* 12, pp. 34–61.
Hudson, P. 1983: From manor to mill: the West Riding in transition. In Berg, M., Hudson, P. and Sonenscher, M., eds, *Manufacture in town and country before the factory*. Cambridge and New York: Cambridge University Press, pp. 124–44.
Jones, E.L. 1968: The agricultural origins of industry. *Past and Present* 40, pp. 128–42.
Kriedte, P., Medick, H. and Schlumbohm, J. 1981: *Industrialization before industrialization: rural industry in the genesis of capitalism*. Cambridge: Cambridge University Press.
Levine, D. 1977: *Family formation in an age of nascent capitalism*. London and New York: Academic Press.
Mendels, F.F. 1972: Proto-industrialization: the first phase of industrialization. *J. econ. Hist.* 32, pp. 241–61.
Thirsk, J. 1961: Industries in the countryside. In Fisher, F.J., ed., *Essays in the economic and social history of Tudor and Stuart England*. Cambridge: Cambridge University Press, pp. 70–88.
Thompson, E.P. 1974: Patrician society, plebeian

culture. *J. soc. Hist.* 7, pp. 382–405.
Wilson, R.G. 1971: *Gentlemen merchants: the merchant community in Leeds, 1700–1830.* Manchester: Manchester University Press.

Suggested Reading
Houston, R. and Snell, K.D.M. 1984: Proto-industrialization? Cottage industry, social change and industrial revolution. *Hist. J.* 27, pp. 473–92.
Hudson (1981).
Hudson (1983).

원심력과 구심력 centrifugal and centripetal forces

Suggested Reading
Colby, C.C. 1932: Centripetal and centrifugal forces in urban geography. *Ann. Ass. Am. Geogr.* 23, pp. 1–20.

원조 aid

Suggested Reading
Hayter, T. 1971: *Aid as imperialism.* London: Penguin.
Hensman, C.R. 1975: *Rich against poor: the reality of aid.* London and New York: Penguin.
Independent Commission on International Development Issues 1980: *North-South: a programme for survival.* London: Pan; Cambridge, Mass.: MIT Press.
Independent Commission on International Development Issues 1983: *Common crisis: North-South cooperation for world recovery.* London: Pan.
International Bank for Reconstruction and Development (The World Bank) annual: *World development report.* Oxford and New York: Oxford University Press.
Kirkpatrick, C. 1979: The renegotiation of the Lomé convention. *National Westminster Bank Quarterly Review.* May, pp. 23–33.
Socialist International Committee on Economic Policy 1986: *Global challenge: from crisis to cooperation. Breaking the North-South stalemate.* London: Pan.

위기 crisis

Castells, M. 1980: *The economic crisis and American society.* Oxford: Basil Blackwell.
Gregory, D. 1983: Contours of crisis? Sketches for a geography of class struggle in the early Industrial Revolution. In A.R.H. Baker, D. Gregory, eds, *Explorations in historical geography: interpretative essays.* Cambridge: Cambridge University Press, pp. 68–117.
Habermas, J. 1976: *Legitimation crisis.* London: Heinemann.
Harvey, D. 1982: *The limits to capital.* Oxford: Basil Blackwell.
Harvey, D. 1985a: The geopolitics of capitalism. In D. Gregory and J. Urry, eds, *Social relations and spatial structures.* London: Macmillan, pp. 128–163.
Harvey, D. 1985b: *The urbanization of capital.* Oxford: Basil Blackwell.
Massey, D. 1984: *Spatial divisions of labour: social structures and the geography of production.* London: Macmillan.
Morgan, K. 1983: The crises of labour and locality in Britain. *Int. J. urban and reg. Res.* 7, pp. 175–201.
O'Connor, J. 1981: The meaning of crisis. *Int. J. urban and reg. Res.* 5, pp. 301–325.
O'Connor, J. 1984: *Accumulation crisis.* Oxford: Basil Blackwell.
Offe, C. (1984) *Contradictions of the welfare state.* London: Hutchinson.
Wright, E.O. *Class, crisis and state.* London: New Left Books/Verso.

Suggested Reading
Harvey (1985a).
Harvey (1985b).
Johnston, R.J. and Taylor, P.J. eds 1986: *A world in crisis? Geographical perspectives.* Oxford and New York: Basil Blackwell.
O'Connor (1981).

유기지리학 ontography

Chorley, R.J., Beckinsale, R.P. and Dunn, A.J. 1973: *A history of the study of landforms*, volume 2, *The life and work of William Morris Davis.* London: Methuen; New York: Barnes and Noble.
Davis, W.M. 1902: Systematic geography. *Proc. Amer. Phil. Soc.* 41, pp. 235–59.
Davis, W.M. 1903: A scheme of geography. *Geogrl. J.* 22, pp. 413–23.

Suggested Reading
Chorley et al. (1973), pp. 734–44.
Martin, G.J. 1981: Ontography and Davisian physiography. In Blouet, B.W., ed., *The origins of academic geography in the United States.* Hamden, Co.: Archon Books, pp. 279–90.

유목 nomadism

Suggested Reading
Ruthenberg, H. 1976: *Farming systems in the tropics.* Oxford: Oxford University Press.

유의도검증 significance test

Suggested Reading

참고문헌(유추이론)

Hay, A.M. 1985: Statistical tests in the absence of samples: a note. *Prof. Geogr.* 37, pp. 334-8.

유추이론 analogue theory
Suggested Reading
Chorley, R.J. 1964: Geography and analogue theory. *Ann. Ass. Am. Geogr.* 54, pp. 127-37.

Livingstone, D.N. and Harrison, R.T. 1981: Meaning through metaphors: analogy as epistemology. *Ann. Ass. Am. Geogr.* 71, pp. 95-107.

유형 pattern
Boots, B.N. and Getis, A. 1977: Probability model approach to map pattern analysis. *Prog. hum. Geogr.* 1, pp. 264-86.

Robinson, A.H., Sale, R., Morrison, J. and Muerhcke, P.C. 1985: *Elements of cartography*, fifth edition. New York and Chichester: John Wiley.

Suggested Reading
Schowengendt, R.A. 1983: *Techniques for image processing and classification in remote sensing*. New York and London: Academic Press.

Unwin, D.J. 1981: *Introductory spatial analysis*. London and New York: Methuen.

윤리 ethics
Suggested Reading
Mitchell, B. and Draper, D. 1982: *Relevance and ethics in geography*. London and New York: Longman.

응용지리학 applied geography
Batty, M. 1978: Urban models in the planning process. In Herbert, D.T. and Johnston, R.J., eds, *Geography and the urban environment*, volume I. New York and Chichester: John Wiley, pp. 63-134.

Bennett, R.J. and Wrigley, N., eds 1981: *Quantitative geography in Britain - retrospect and prospect*. London: Routledge and Kegan Paul.

Berry, B.J.L. 1973: *The human consequences of urbanization*. London: Macmillan; New York: St Martin's Press.

Briggs, D.J. 1981: The principles and practice of applied geography. *Appl. Geogr.* 1, pp. 1-8.

Burton, I., Kates, R.W. and White, G.F. 1978: *The environment as hazard*. New York: Oxford University Press.

Coleman, A. 1976: Is planning really necessary? *Geogrl. J.* 142, pp. 411-37.

Coppock, J.T. 1974: Geography and public policy: challenges, opportunities and implications. *Trans. Inst. Br. Geogr.* 63, pp. 1-16.

Davies, R.L. 1977: *Marketing geography with special reference to retailing*. London: Methuen.

Enyedi, G. and Kertesz, A. 1984: South-east Europe. In Johnston, R.J. and Claval, P., eds, *Geography since the Second World War: an international survey*. London: Croom Helm; Totowa, NJ: Barren and Noble, pp. 64-78.

Ginsburg, N. 1972: The mission of a scholarly society. *Prof. Geogr.* 24, pp. 1-6.

Harvey, D. 1973: *Social justice and the city*. London: Edward Arnold; Baltimore: Johns Hopkins University Press.

Harvey, D. 1974: What kind of geography for what kind of public policy? *Trans. Inst. Br. Geogr.* 63, pp. 18-24.

Johnston, R.J. 1981: Applied geography, quantitative analysis, and ideology. *Applied Geogr.* 1, pp. 213-19.

Johnston, R.J. 1983: *Geography and geographers: Anglo-American human geography since 1945*. London: Edward Arnold: New York: Halsted.

Kollmorgen, W. 1979: Kollmorgen as a bureaucrat. *Ann. Ass. Am. Geogr.* 69, pp. 77-89.

Stamp, L.D. 1946: *The land of Britain and how it known as marketing geography (Davies, 1977) and, in the USA especially, geographers were employed to determine locational policies for retail firms. The range of tasks undertaken has broadened in recent years - especially for academic geographers acting as consultants - and geographers have been involved in, for example, the investigations into a site for the third London airport and the inquiry into the exploitation of coal reserves in the Vale of Belvoir in the English Midlands.

Some geographers have felt that their expertise has been insufficiently used, especially in the public sector and relative to other social scientists. In the early 1970s, the theme of 'geography and public policy' was taken up by both the Association of American Geographers (Ginsburg, 1972; White, 1972) and the Institute of British Geographers (Coppock, 1974), and attempts were made to secure greater geographical involvement in public policy making. Further, as economic recession deepened during the 1970s, attempts were made to direct the training of geographers towards 'applied aspects' and increasingly research funds were directed towards 'policy-relevant'

의도성 intentionality
Husserl, E. 1976: *Ideas: a general introduction to*

참고문헌(이념[이데올로기])

pure phenomenology, translated by W.R.Boyce-Gibson. Atlantic Highlands, NJ: Humanities Press. (Reprinted from 1958 edition; first German edition 1913.)

Relph, E. 1976: *Place and placelessness*. London: Pion; New York: Methuen.

Suggested Reading

Buttimer, A. and Seamon, D. 1980: *The human experience of space and place*. London: Croom Helm.

Pivčević, E. 1970: *Husserl and phenomenology*. London: Hutchinson.

Seamon, D. 1979: *A geography of the lifeworld: movement, rest and encounter*. London: Croom Helm; New York: St Martin's Press.

의료지리학 medical geography

Howe, G.M. 1970: *National atlas of disease mortality in the United Kingdom*, revised edition. London and New York: Thomas Nelson.

Suggested Reading

Eyles, J. and Woods, K.J. 1983: *The social geography of medicine and health*. Beckenham: Croom Helm; New York: St Martin's Press.

Howe, G.M. 1976: *Man, environment and disease in Britain: a medical geography of Britain through the ages*. London: Penguin; New York: Barnes and Noble.

Learmonth, A. 1978: *Patterns of disease and hunger: a study in medical geography*. Newton Abbot and North Pomfret, Vt.: David and Charles.

Shannon, G.W. and Dever, G.E.A. 1974: *Health care delivery: spatial perspectives*. New York: McGraw-Hill.

Smith, D.M. 1979: *Where the grass is greener: living in an unequal world*. London: Penguin; New York: Barnes and Noble (published as *Geographical perspectives on inequality*), chapter 5.

의사결정 decision making

Massey, D.B. 1979: A critical evaluation of industrial location theory. In Hamilton, F.E.I. and Linge, G.J.R., eds, *Spatial analysis, industry and the industrial environment*, volume I. *Industrial systems*. New York and Chichester: John Wiley, pp. 57–72.

Pred, A. 1967, 1969: *Behavior and location: foundations for a geographic and dynamic location theory*. Parts 1 and 2. Lund studies in geography, series B, 27 and 28. Lund: Gleerup.

Suggested Reading

Hamilton, F.E.I., ed. 1974: *Spatial perspectives on industrial organization and decision making*. Chichester and New York: John Wiley.

Lloyd, P.E. and Dicken, P. 1977: *Location in space: a theoretical approach to economic geography*, second edition. London and New York: Harper and Row.

Smith, D.M. 1981: *Industrial location: an economic geographical analysis*, second edition. New York: John Wiley, chapter 5.

Toyne, P. 1974: *Organization, location and behaviour: decision making in economic geography*. London: Macmillan; New York: Halsted.

의존지역 zone of dependence

Suggested Reading

Dear, M. 1980: The public city. In Clark, W.A.V. and Moore, E.G., eds, *Residential mobility and public policy*. Beverly Hills: Sage, pp. 219–41.

Dear, M. and Wolch, J.R. 1986: *Landscapes of despair*. Cambridge: Polity Press.

이념(이데올로기) ideology

Abercrombie, N., Hill, T. and Turner, B.S. 1980: *The dominant ideology thesis*. London and Boston: George Allen & Unwin.

Eyles, J. 1981: Ideology, contradiction and struggle: an exploratory discussion. *Antipode* 13:2, pp. 39–46.

Giddens, A. 1979: *Central problems in social theory: action, structure and contradiction in social analysis*. London: Macmillan.

Gregory, D. 1978: *Ideology, science and human geography*. London: Hutchinson.

Gregory, D. 1980: The ideology of control: systems theory and geography. *Tijdschr. econ. soc. Geogr.* 71, pp. 327–42.

Harvey, D. 1974: Population, resources and the ideology of science. *Econ. Geogr.* 50, pp. 256–77.

Larrain, J. 1979: *The concept of ideology*. London: Hutchinson.

Olsson, G. 1980: *Birds in egg/Eggs in bird*. London: Pion; New York: Methuen.

Philo, C. 1984: Reflections on Gunnar Olsson's contribution to the discourse of contemporary human geography. *Environ. Plann. D* 2, pp. 217–40.

Thompson, J.B. 1981: *Critical hermeneutics*. Cambridge and New York: Cambridge University Press.

Thompson, J.B. 1984: *Studies in the theory of ideology*. Cambridge: Polity Press; Berkeley: California University Press.

Thrift, N. 1985: Flies and germs: a geography of knowledge. In Gregory, D. and Urry, J., eds, *Social relations and spatial structures*. London:

참고문헌(이념형)

Macmillan, pp. 366-403.

Suggested Reading
Eyles (1981).
Giddens (1979), chapter 5.
Thompson (1984).

이념형 ideal type

Suggested Reading
Jackson, P. and Smith, S.J. 1984: *Exploring social geography*. London and Boston: George Allen & Unwin.

이동 mobility

Zelinksy, W. 1971: The hypothesis of the mobility transition. *Geogrl. Rev.* 61, pp. 219-49.

Suggested Reading
Jones, H. 1981: *A population geography*. London: Harper and Row, chapter 8.
Ogden, P.E. 1984: *Migration and geographical change*. Cambridge: Cambridge University Press, chapter 1.

이동식 농업 shifting cultivation

Suggested Reading
Grigg, D.B. 1974: *The agricultural systems of the world: an evolutionary approach*. Cambridge and New York: Cambridge University Press.

이론 theory

Suggested Reading
Harvey, D. 1969: *Explanation in geography*. London: Edward Arnold, chapters 7-9.
Keat, R. 1981: *The politics of social theory*. Oxford: Basil Blackwell.
Keat, R. and Urry, J.R. 1981: *Social theory as science*, second edition. London and Boston: Routledge and Kegan Paul.
Sayer, A. 1984: *Method in social science; a realist approach*. London: Hutchinson.

이목 transhumance

Grigg, D.B. 1974: *The agricultural systems of the world: an evolutionary approach*. Cambridge and New York: Cambridge University Press.

이주노동자 migrant labour

Suggested Reading
Kritz, M.M., Keely, C.B. and Tomasi, S.M. 1981: *Global trends in migration: theory and research on international population movements*. New York: Center for Migration Studies.
Miles, R. 1982: *Racism and migrant labour*. London and Boston: Routledge and Kegan Paul.

이중경제 dual economy

Boeke, J.H. 1953: *Economics and economic policy of dual societies, as exemplified by Indonesia*. Haarlem: H.D. Tjeenk Willink and Zoon; New York: Institute of Pacific Relations. (Reprinted 1976, New York: AMS Press.)
Brookfield, H. 1975: *Interdependent development*. London: Methuen; Pittsburgh, Pa.: University of Pittsburgh Press, chapter 3.
Furnivall, J.S. 1939: *Netherlands India: a study of plural economy*. Cambridge: Cambridge University Press. (1944 edition reprinted 1977, New York: AMS Press.)
Lewis, W.A. 1954: Economic development with unlimited supplies of labour. *Manchester Sch. Econ. Soc. Stud.* 22, pp. 139-91.
Roxborough, I. 1979: *Theories of underdevelopment*. London: Macmillan; Atlantic Highlands, NJ: Humanities Press.
Santos, M. 1979: *The shared space*. London and New York: Methuen.

Suggested Reading
Barratt-Brown, M. 1974: *The economics of imperialism*. London: Penguin, chapters 10 and 11.
Brookfield (1975).
Roxborough (1979).
Santos (1979).

이항분포 binomial distribution

Suggested Reading
Gregory, S. 1978: *Statistical methods and the geographer*, fourth edition. London and New York: Longman.

인간생태학 human ecology

Barrows, H.H. 1923: Geography as human ecology. *Ann. Ass. Am. Geogr.* 13, pp. 1-14.
Chorley, R.J. 1973: Geography as human ecology. In Chorley, R.J., ed., *Directions in geography* London: Methuen, pp. 155-70.
Entrikin, J.N. 1980: Robert Park's human ecology and human geography. *Ann. Ass. Am. Geogr.* 70, pp. 43-58.
Eyre, S.R. and Jones, G.R.J. eds 1966: *Geography as human ecology*. London: Edward Arnold; New York: St Martin's Press.
Gregory, D. 1985: Suspended animation: the stasis of diffusion theory. In Gregory, D. and Urry,

참고문헌(인간주의[적] 지리학)

J., eds, *Social relations and spatial structures*. London: Macmillan, pp. 296–336.

Hawley, A.H. 1950: *Human ecology*. New York: Ronald Press.

Robson, B.T. 1969: *Urban analysis: a study of city structure with special reference to Sunderland*. Cambridge: Cambridge University Press.

Stoddart, D.R. 1966: Darwin's impact on geography. *Ann. Ass. Am. Geogr*. 56, pp. 683–98.

Stoddart, D.R. 1967: Organism and ecosystem as geographical models. In Chorley, R.J. and Haggett, P., eds, *Models in geography*. London and New York: Methuen, pp. 511–48.

Suggested Reading

Entrikin (1980).

Schnore, L. 1961: Geography and human ecology. *Econ. Geogr*. 37, pp. 207–17.

Stoddart (1967), chapter 13.

인간주의(적) 지리학 humanist(ic) geography

Andrews, H.F. 1984: The Durkheimians and human geography: some contextual problems in the sociology of knowledge. *Trans. Inst. Br. Geogr*. 9, pp. 315–36.

Barrell, J. 1982: Geographies of Hardy's Wessex. *J. hist. Geogr*. 8, pp. 347–61.

Berdoulay, V. 1978: The Vidal-Durkheim debate. In Ley, D. and Samuels, M.S., eds, *Humanistic geography: prospects and problems*. London: Croom Helm, pp. 77–90.

Buttimer, A. 1979: Reason, rationality and human creativity. *Geogr. Annlr*. 61B, pp. 43–9.

Christensen, K. 1982: Geography as a human science: a philosophical critique of the positivist-humanist split. In Gould, P. and Olsson, G., eds, *A search for common ground*. London: Pion, pp. 37–57.

Cosgrove, D. 1979: John Ruskin and the geographical imagination. *Geogrl. Rev*. 69, pp. 43–9.

Cosgrove, D. 1984: *Social formation and symbolic landscape*. Beckenham: Croom Helm; Totowa.

Daniels, S. 1985: Arguments for a humanistic geography. In Johnston, R.J., ed., *The future of geography*. London and New York: Methuen, pp. 143–58.

Duncan, J.S. 1980: The super-organic in American cultural geography. *Ann. Ass. Am. Geogr*. 70, pp. 181–98.

Duncan, J.S. and Ley, D. 1982: Structural Marxism and human geography. *Ann. Ass. Am. Geogr*. 72, pp. 30–59.

Entrikin, J.N. 1976: Contemporary humanism in geography. *Ann. Ass. Am. Geogr*. 66, pp. 615–32.

Gold, J.R. and Goodey, B. 1984: Behavioural and perceptual geography: criticisms and responses. *Progr. hum. Geogr*. 8, pp. 544–50.

Gregory, D. 1981: Human agency and human geography. *Trans. Inst. Br. Geogr*. 6, pp. 1–16.

Gregory, D. forthcoming: *The geographical imagination: social theory and human geography*. London: Hutchinson.

Harris, R.C. 1978: The historical mind and the practice of geography. In Ley, D. and Samuels, M.S., eds, *Humanistic geography: prospects and problems*. London: Croom Helm, pp. 123–37.

Jackson, P. 1980: Ethnic groups and boundaries: 'ordered segmentation' in urban neighbourhoods. Research paper 26. Oxford: University of Oxford, School of Geography.

Jackson, P. 1985: Urban ethnography. *Progr. hum. Geogr*. 9, pp. 157–76.

Jackson, P. and Smith, S.J. 1984: *Exploring social geography*. London and Boston: Allen & Unwin.

Ley, D. 1978: Social geography and social action. In Ley, D. and Samuels, M.S., eds, *Humanistic geography: prospects and problems*. London: Croom Helm, pp. 41–57.

Meinig, D., ed. 1979: *The interpretation of ordinary landscapes*. Oxford and New York: Oxford University Press.

Meinig, D. 1983: Geography as an art. *Trans. Inst. Br. Geogr*. ns 8, pp. 314–28.

Pocock, D. 1981a: Place and the novelist. *Trans. Inst. Br. Geogr*. ns 6, pp. 337–47.

Pocock, D., ed. 1981b: *Humanistic geography and literature: essays on the experience of place*. London: Croom Helm.

Rhein, C. 1982: La géographie, discipline scolaire et/ou science sociale? (1860–1920). *Revue fr. soc*. 23, pp. 223–51.

Rowles, G. 1978: Reflections on experiential field work. In Ley, D. and Samuels, M.S., eds, *Humanistic geography: prospects and problems*. London: Croom Helm, pp. 173–93.

Silk, J. 1984: Beyond geography and literature. *Environ. Plann. D* 2, pp. 151–78.

Smith, D.M. 1977: *Human geography: a welfare approach*. London: Edward Arnold; New York: St Martin's Press.

Smith, N. 1979: Geography, science and post-positivist modes of explanation. *Prog. hum. Geogr*. 3, pp. 356–83.

Smith, S. 1984: Practicing humanistic geography. *Ann. Ass. Am. Geogr*. 74, pp. 353–74.

Thrift, N. 1983a: Literature, the production of culture and the politics of place. *Antipode* 15: 1, pp. 12–24.

Thrift, N. 1983b: On the determination of social

참고문헌(인간행동)

action in space and time. *Environ. Plann. D* 1, pp. 23–57.

Tuan, Y-F. 1976: Humanistic geography. *Ann. Ass. Am. Geogr.* 66, pp. 266–76.

Tuan, Y-F. 1979: *Landscapes of fear*. Oxford: Basil Blackwell; New York: Pantheon Books.

Western, J. 1981: *Outcast Cape Town*. London: Allen & Unwin; Minneapolis: University of Minnesota Press.

Suggested Reading
Cosgrove (1984).
Daniels (1985).
Ley, D. and Samuels, M.S., eds 1978: *Humanistic geography: prospects and problems*. London: Croom Helm.
Relph, E. 1981: *Rational landscapes and humanistic geography*. London: Croom Helm; Totowa, NJ: Barnes and Noble.
Smith (1984).

인간행동 human agency

Anderson, P. 1980: *Arguments within English Marxism*. London: Verso.

Cutler, A., Hindess, B., Hirst, P. and Hussain, A. 1977: *Marx's Capital and capitalism today*. London: Routledge and Kegan Paul.

Dallmayr, F. 1982: The theory of structuration: a critique. In Giddens, A., *Profiles and critiques in social theory*. London: Macmillan pp. 18–25.

Duncan, J. and Ley, D. 1982: Structural Marxism and human geography: a critical assessment. *Ann. Ass. Am. Geogr.* 72, pp. 30–59.

Giddens, A. 1979: *Central problems in social theory: action, structure and contradiction in social analysis*. London: Macmillan.

Giddens, A. 1984: *The constitution of society*. Cambridge: Polity Press.

Gregory, D. 1981: Human agency and human geography. *Trans. Inst. Br. Geogr.* 6, pp. 1–16.

Hirst, P. and Woolley, J. 1982: *Social relations and human attributes*. London: Tavistock; New York: Methuen.

Olsson, G. 1980: *Birds in egg/Eggs in bird*. London: Pion; New York: Methuen.

Philo, C. 1984: Reflections on Gunnar Olsson's contribution to the discourse of contemporary human geography. *Environ. Plann. D.* 2, pp. 217–40.

Shotter, J. 1984: *Social accountability and selfhood*. Oxford and New York: Basil Blackwell.

Taylor, C. 1985: *Human agency and language*. Cambridge: Cambridge University Press.

Thompson, E.P. 1978: *The poverty of theory and other essays*. London: Merlin.

Thompson, J.B. 1984: The theory of structuration: an assessment of the contribution of Anthony Giddens. In Thompson, J.B., *Studies in the theory of ideology*. Cambridge: Polity Press.

Thrift, N. 1983: On the determination of social action in space and time. *Environ. Plann. D.* 1, pp. 23–57.

Suggested Reading
Anderson (1980), chapter 2.
Gregory (1981).
Hirst and Woolley (1982).
Philo (1984).

인구감소 depopulation

Suggested Reading
Clout, H.D. 1984: *A rural policy for the EEC?* London and New York: Methuen, chapter 3.
Phillips, D. and Williams, A. 1984: *Rural Britain: a social geography*. Oxford and New York: Basil Blackwell, pp. 74–82.

인구계정 population accounts

Suggested Reading
Rees, P.H. and Wilson, A.G. 1977: *Spatial population analysis*. London: Edward Arnold; New York: Academic Press.

인구동태신고 registration

Suggested Reading
Cox, P.R. 1976: *Demography*, fifth edition. Cambridge and New York: Cambridge University Press, chapter 4.

인구밀도 population density

Suggested Reading
Clarke, J.I. 1972: *Population geography*, second edition. Oxford and New York: Pergamon, chapter 4.

인구변천 demographic transition

Haggett, P. 1975: *Geography: a modern synthesis*. New York and London: Harper and Row.

Suggested Reading
Jones, H.R. 1981: *A population geography*. London and New York: Harper and Row.
Noin, D. 1983: *La transition démographique dans le monde*. Paris: Presses Universitaires de France.
Petersen, W. 1975: *Population*, third edition. New York and London: Collier-Macmillan.
Woods, R.I. 1979: *Population analysis in geography*. London and New York: Longman, chapter 1.

인구이동 migration

References and Suggested Reading

Brown, A.A. and Neuberger, E. 1977: *Internal migration: a comparative perspective*. London: Academic Press.

Grigg, D.B. 1977: E.G. Ravenstein and the 'laws of migration'. *J. hist. Geog.* 3, pp. 41–54.

Kosiński, L.A. and Prothero, R.M. eds 1975: *People on the move: studies on internal migration*. London: Methuen; New York: Barnes and Noble.

Lewis, G.J. 1982: *Human migration*. London: Croom Helm; New York: St Martin's Press.

McNeill, W.H. and Adams, R.J. 1978: *Human migration: patterns and policies*. Bloomington, Ind. and London: Indiana University Press.

Ogden, P.E. 1984: *Migration and geographical change*. Cambridge: Cambridge University Press.

White, P.E. and Woods, R.I., eds 1980: *The geographical impact of migration*. London: Longman.

Zelinsky, W. 1971: The hypothesis of the mobility transition. *Geogrl. Rev.* 61, pp. 219–49.

인구잠재력 population potential

Suggested Reading

Stewart, J.Q. and Warntz, W. 1968: The physics of population distributions. In Berry, B.J.L. and Marble, D.F., eds, *Spatial analysis: a reader in statistical geography*. Englewood Cliffs, NJ and London: Prentice-Hall, pp. 130–46.

인구지리학 population geography

Suggested Reading

Clarke, J.I. 1972: *Population geography*, second edition. Oxford and New York: Pergamon.

Demko, G.J., Rose, H.M. and Schnell, G.A. 1970: *Population geography: a reader*. New York: McGraw-Hill.

Howe, G.M. 1976: *Man, envionment and disease in Britain: a medical geography of Britain through the ages*. London: Penguin; New York: Barnes and Noble.

Jones, H.R. 1981: *A population geography*. London and New York: Harper and Row.

Woods, R.I. 1979: *Population analysis in geography*. London and New York: Longman.

Woods, R.I. 1982: *Theoretical population geography*. London and New York: Longman.

인구추계 population projection

Suggested Reading

Woods, R.I. 1979: *Population analysis in geography*. London and New York: Longman, chapter 9.

인구피라미드 population pyramid

Suggested Reading

Peterson, W. 1975: *Population*, third edition. London and New York: Collier-Macmillan, chapter 3.

인류지리학 anthropogeography

Dickinson, R. 1969: *The makers of modern geography*. London: Routledge and Kegan Paul; New York: Praeger.

Hartshorne, R. 1939: *The nature of geography: a critical survey of current thought in the light of the past*. Lancaster, Pa.: Association of American Geographers.

Ratzel, F. 1882 and 1891: *Anthropogeographie*, two volumes. Stuttgart: J. Engelhorn.

Ratzel, F. 1897: *Politische Geographie*. Munich and Leipzig: R. Oldenbourg.

Wanklyn, H. 1961: *Friedrich Ratzel: biographical memoir and bibliography*. Cambridge: Cambridge University Press.

Suggested Reading

Dickinson (1969), pp. 64–76.

인문지리학 human geography

Ratzel, F. 1882 and 1891: *Anthropogeographie*, two volumes. Stuttgart: J. Engelhorn.

Seligman, E.R.A. and Johnson, A., eds 1930–5: *Encyclopaedia of the social sciences*, 15 volumes. New York and London: Macmillan. (Revised in 1968 as *International encyclopedia of the social sciences*, 17 volumes., ed. D.L. Sills.)

Vidal de la Blache, P. 1926: *Principles of human geography*, translated by M.T. Bingham. London: Constable; New York: H. Holt. (First French edition 1922.)

Suggested Reading

Gold, J.R. 1980: *An introduction to behavioural geography*. Oxford and New York: Oxford University Press.

Haggett, P., Cliff, A.D. and Frey, A.E. 1977: *Locational analysis in human geography*, second edition. London: Edward Arnold; New York: John Wiley.

Johnston, R.J. 1983: *Philosophy and human geography*. London and New York: Edward Arnold.

Zelinsky, W., ed. 1978: Human geography coming of age. *Am. behav. Sci.* 22 (special issue), pp. 1–167.

참고문헌(인상서)

인상서(人相書) prosopography

Stone, L. 1971: Prosopography. *Daedalus*.

Suggested Reading

Billinge, M.D. 1982: Reconstructing societies in the past: the collective biography of local communities. In Baker, A.R.H. and Billinge, M.D., eds, *Period and place: research methods in historical geography*. Cambridge: Cambridge University Press, pp. 19–32.

Stone (1971).

인식 cognition

Suggested Reading

Pivcević, E. 1970: *Husserl and phenomenology*. London: Hutchinson.

Runciman, W.G. 1972: *A critique of Max Weber's philosophy of social science*. Cambridge: Cambridge University Press.

인식론 epistemology

Dancy, J. 1985: *Introduction to contemporary epistemology*. Oxford and New York: Basil Blackwell.

Gregory, D. 1978: *Ideology, science and human geography*. London: Hutchinson.

Hindess, B. 1977: *Philosophy and methodology in the social sciences*. Brighton: Harvester Press.

Lowenthal, D. 1961: Geography, experience and imagination: towards a geographical epistemology. *Ann. Ass. Am. Geogr.* 51, pp. 241–60.

Thompson, J.B. 1984: *Studies in the theory of ideology*. Cambridge: Polity Press.

Suggested Reading

Dancy (1985).

인종 race

Miles, R. 1982: *Racism and migrant labour*. London: Routledge and Kegan Paul.

Suggested Reading

Braham, P., Rhodes, E. and Pearn, M. 1981: *Discrimination and disadvantage in employment: the experience of black workers*. London: Harper and Row.

Rex, J. 1983: *Race relations in sociological theory*, second edition. London and Boston: Routledge and Kegan Paul.

Rex, J. and Moore, R. 1967: *Race, community and conflict*. London: Oxford University Press for the Institute of Race Relations.

일반체계이론 general systems theory

Bennett, R.J. and Chorley, R.J. 1978: *Environmental systems: philosophy, analysis and control*. London: Methuen; Princeton: Princeton University Press.

Bertalanffy, L. von 1968: *General systems theory: foundation, development, applications*. New York: G. Braziller; London: Allen Lane.

Chapman, G.P. 1977: *Human and environmental systems: a geographer's appraisal*. London and New York: Academic Press.

Chisholm, M. 1967: General systems theory and geography. *Trans. Inst. Br. Geogr.* 42, pp. 45–52.

Chorley, R.J. 1962: *Geomorphology and general systems theory*. Geological survey professional paper 500-B. Washington DC, US Government Printing Office.

Chorley, R.J. 1971: The role and relations of physical geography. *Prog. Geog.* 3, pp. 87–109.

Gregory, D. 1980: The ideology of control: systems theory and geography. *Tijdschr. Econ. Soc. Geogr.* 71, pp. 327–42.

Kennedy, B.A. 1979: A naughty world. *Trans. Inst. Br. Geogr.* 4, pp. 550–8.

Laszlo, E. 1972: *Introduction to systems philosophy: toward a new paradigm of contemporary thought*. London: Gordon and Breach; New York: Harper and Row.

Nordbeck, S. 1965: *The law of allometric growth*. Ann Arbor: Michigan Inter-university Community of Mathematical Geographers, discussion paper 7.

Ray, D.M., Villeneuve, P.Y. and Roberge, R.A. 1974: Functional prerequisites, spatial diffusion and allometric growth. *Econ. Geogr.* 50, pp. 341–51.

Warntz, W. 1973: New geography as general spatial systems theory – old social physics writ large? In Chorley, R.J., ed., *Directions in geography*. London: Methuen pp. 89–126.

Woldenberg, M.J. and Berry, B.J.L. 1967: Rivers and central places: analogous systems? *J. reg. Sci.* 7, pp. 129–40.

Suggested Reading

Bertalanffy (1968).

Lilienfeld, R. 1978: *The rise of systems theory: an ideological analysis*. London and New York: John Wiley.

일반화 generalization

References and Suggested Reading

Douglas, D.H. and Peucker, T.K. 1973: Algorithms for the reduction of the number of points required to represent a digitised line. *Can. Cartogr.* 10, pp. 112–22.

Jenks, G.F. 1981: Lines, computers and human frailties. *Ann. Ass. Am. Geogr.* 71, 1, pp. 1–10.

참고문헌(입지론)

Monmonier, M.S. 1983: Raster-mode area generalization for land-use and land cover maps. *Cartographica* 20, 4, pp. 65-91.

Pavlidis, T. 1982: *Algorithms for graphics and image processing*. Berlin and New York: Springer Verlag.

Robinson, A.H., Sale, R., Morrison, J. and Muehrcke, P.C. 1985: *Elements of cartography*, fifth edition. New York and Chichester: John Wiley, pp. 149-80.

임의적 지역구획 modifiable areal units

Openshaw, S. 1977: A geographical study of scale and aggregation problems in region-building, partitioning, and spatial modelling. *Trans. Inst. Br. Geogr.* 2, pp. 459-72.

Openshaw, S. 1984: *The modifiable areal unit problem*. CATMOG 38. Norwich: Geo Books.

입방체법칙 cube law

Suggested Reading

Gudgin, G. and Taylor, P.J. 1979: *Seats, votes and the spatial organization of elections*. London: Pion; New York: Methuen.

Johnston, R.J. 1979: *Political, electoral and spatial systems: an essay in political geography*. Oxford and New York: Oxford University Press.

입지-배분모형 location-allocation models

Suggested Reading

Scott, A.J. 1971: *Combinatorial programming, spatial analysis and planning*. London: Methuen.

Scott, A.J. 1971: *An introduction to spatial allocation analysis*. Washington, DC: Association of American Geographers, Commission on College Geography, resource paper 9.

입지계수 location quotient

Suggested Reading

Smith, D.M. 1975: *Patterns in human geography: an introduction to numerical methods*. London: Penguin; New York: Crane Russak, pp. 161-71.

입지론 location theory

Bandyopadhyay, P. 1982: Neo-Ricardianism in urban analysis. *Int. J. urban and reg. Res.* 6, pp. 277-82.

Bradbury, J.H. 1985: Regional and industrial restructuring processes in the new international division of labour. *Progr. hum. Geogr.* 9, pp. 38-63.

Browett, J. 1984: On the necessity and inevitability of uneven spatial development under capitalism. *Int. J. urban and reg. Res.* 8, pp. 155-76.

Chisholm, M. 1971: In search of a basis for location theory: micro-economics or welfare economics. *Prog. Geog.* 3, pp. 111-33.

Clark, G. 1980: Capitalism and regional inequality. *Ann. Ass. Am. Geogr.* 70, pp. 226-37.

Clark, G. 1983: Review: David Harvey's *The limits to capital. Ann. Ass. Am. Geogr.* 73, pp. 447-9.

Cooke, P. 1983a: *Theories of planning and spatial development*. London: Hutchinson.

Cooke, P. 1983b Labour market discontinuity and spatial development. *Progr. hum. Geogr.* 7, pp. 543-65.

Cullen, I.G. 1976; Human geography, regional science and the study of individual behaviour. *Environ. Plann. A* 8, pp. 397-410.

Dockès, P. 1969: *L'Espace dans la pensée economique du XVIe au XVIIIe siècle*. Paris: Flammarion.

Eliot Hurst, M.E. 1974: *A geography of economic behavior: an introduction*. North Scituate, Mass.: Duxbury Press; London: Prentice-Hall.

Foot, S. and Webber, M. 1983: Unequal exchange and uneven development. *Environ. Plann. D* 1, pp. 281-304.

Gibson, K. and Horvarth, R. 1983: Aspects of a theory of transition within the capitalist mode of production. *Environ. Plann. D* 1, pp. 121-38.

Gregory, D. 1981: Alfred Weber and location theory. In Stoddart, D.R., ed., *Geography, ideology and social concern*. Oxford: Basil Blackwell; New York: Barnes and Noble.

Hadjimichalis, C. 1984: The geographical transfer of value: notes on the spatiality of capitalism. *Environ. Plann. D* 2, pp. 329-45.

Haggett, p. 1965: *Locational analysis in human geography*. London: Edward Arnold; New York: St Martin's Press.

Haggett, P., Cliff, A.D. and Frey, A.E. 1977; *Locational analysis in human geography*, second edition. London: Edward Arnold; New York: John Wiley.

Hartshorne, R. 1939: *The nature of geography: a critical survey of current thought in the light of the past*. Lancaster, Pa.: Association of American Geographers.

Harvey, D. 1969: Conceptual and measurement problems in the cognitive-behavioural approach to location theory. (Reprinted in Cox, K. and Golledge, R.G., eds, *Behavioral problems in geography revisited*, 1981 edition. London and New York: Methuen, pp. 18-42.)

Harvey, D. 1978: Urbanization under capitalism: a framework for analysis. *Int. J. urban and reg. Res.* 2, pp. 101-31.

Harvey, D. 1982: *The limits to capital*. Oxford: Basil Blackwell; Chicago: Chicago University

참고문헌(입지분석)

Press.
Harvey, D. 1985a: The geopolitics of capitalism. In Gregory, D. and Urry, J., eds, *Social relations and spatial structures*. London: Macmillan, pp. 128-63.
Harvey, D. 1985b) *The urbanization of capital*. Oxford and New York: Basil Blackwell.
Hayter, R. and Watts, H.D. 1983: The geography of enterprise: a reappraisal. *Progr. hum. Geogr.* 7, pp. 157-81.
Isard, W. 1956: *Location and space economy*. Cambridge, Mass.: MIT Press; London: Chapman and Hall.
Johnston, R.J. 1983: *Geography and geographers: Anglo-American human geography since 1945*, second edition. London: Edward Arnold; New York: Halsted.
Keeble, D.E. 1979: Industrial geography. *Progr. hum. Geogr.* 3, pp. 425-33.
Dermott, P. and Taylor, M. 1982: *Industrial organization and location*. Cambridge: Cambridge University Press.
Marshall, A. 1952: *Principles of economics*, eighth edition. London and New York: Macmillan. (First edition 1890.)
Martin, J.E. 1981: Location theory and spatial analysis. *Progr. hum. Geogr.* 5, pp. 258-62.
Massey, D. 1977: Towards a critique of industrial location theory. In Peet, R., ed., *Radical geography: alternative viewpoints on contemporary social issues*. London: Methuen; Chicago: Maaroufa, pp. 181-96.
Massey, D. 1978: Regionalism: some current issues. *Capital and Class* 6, pp. 106-25.
Massey, D. 1983: Industrial restructuring as class restructuring: production decentralization and local uniqueness. *Reg. Stud.* 17, pp. 73-89.
Massey, D. 1984: *Spatial divisions of labour: social structures and the geography of production*. London: Macmillan.
Rawstron, E. 1958: Three principles of industrial location. *Trans. Inst. Br. Geogr.* 25, pp. 135-42.
Richardson, H.W. 1973: *Regional growth theory*. London: Macmillan; New York: John Wiley.
Rushton, G. 1969: Analysis of spatial behavior by revealed space preference. *Ann. Ass. Am. Geogr.* 59, pp. 391-400.
Sayer, R.A. 1982a: Explaining manufacturing shift: a reply to Keeble. *Environ. Plann. A* 14, pp. 119-23.
Sayer, R.A. 1982b: Explanation in economic geography. *Progr. hum. Geogr.* 6, pp. 68-88.
Sayer, R.A. 1985: Industry and space: a sympathetic critique of radical research. *Environ. Plann. D* 3, pp. 3-30.
Scott, A.J. 1976: Land and land rent: an interpretative review of the French literature. *Prog. Geog.* 9, pp. 101-45.
Scott, A.J. 1979: Commodity production and the dynamics of land-use differentiation. *Urban Stud.* 16, pp. 95-104.
Scott, A.J. 1980: *The urban land nexus and the state*. London: Pion.
Scott, A.J. 1985: Location processes, urbanization and territorial development: an exploratory essay. *Environ. Plann. A* 17, pp. 479-501.
Smith, D.M. 1981: *Industrial location: an economic geographical analysis*, second edition. New York: John Wiley.
Smith, W. 1949: *An economic geography of Great Britain*. London: Methuen.
Stafford, H. 1972: The geography of manufacturers. *Prog. Geog.* 4, pp. 181-215.
Storper, M. and Walker, R. 1983: The theory of labour and the theory of location. *Int. J. urban and reg. Res.* 7, pp. 1-41.
Taylor, M. 1984: Industrial geography. *Progr. hum. Geogr.* 8, pp. 263-74.
Toyne, P. 1974: *Organisation, location and behaviour: decision making in economic geography*. London: Macmillan; New York: Halsted.
Walker, R. and Storper, M. 1981: Capital and industrial location. *Progr. hum. Geogr.* 5, pp. 473-509.
Webber, M.J. 1972: *The impact of uncertainty on location*. London and Cambridge, Mass.: MIT Press.
Wolff, R. 1984: Review: David Harvey's *The limits to capital*. *Econ. Geogr.* 60, pp. 81-5.

Suggested Reading

Bradbury (1985).
Cooke (1983a), chapters 6-10.
Harvey (1982), chapters 11-13.
Smith (1981).

입지분석 locational analysis

Abler, R., Adams, J.S. and Gould, P.R. 1971: *Spatial organization: the geographer's view of the world*. Englewood Cliffs, NJ: Prentice-Hall.
Bunge, W. 1966: *Theoretical geography*. Lund: C.W.K. Gleerup.
Chorley, R.J. and Haggett, P., eds 1967: *Models in geography*. London and New York: Methuen.
Cliff, A.D. and Ord, J.K. 1973: *Spatial autocorrelation*. London: Pion.
Cliff, A.D. et al. 1975: *Elements of spatial structure: a quantitative approach*. Cambridge and New York: Cambridge University Press.
Cliff, A.D. et al. 1981: *Spatial diffusion*. Cambridge and New York: Cambridge University Press.
Cox, K.R. 1976: American geography: social

science emergent. *Soc. Sci. Q.* 57, pp. 182–207.

Haggett, P. 1965: *Locational analysis in human geography.* London: Edward Arnold.

Haggett, P. 1978: The spatial economy. *A. B. S.* 22, pp. 151–67.

Haggett, P. and Chorley, R.J. 1969: *Network analysis in geography.* London: Edward Arnold; New York: John Wiley.

Haggett, P., Cliff, A.D. and Frey, A. 1977: *Locational analysis in human geography*, second edition. London: Edward Arnold; New York: John Wiley.

Harvey, D. 1969: *Explanation in geography.* London: Edward Arnold.

Isard, W. 1956: *Location and space economy.* Cambridge, Mass.: MIT Press.

Johnston, R.J. 1983: *Geography and geographers: Anglo-American human geography since 1945*, 2nd edn. London: Edward Arnold; New York: Wiley.

Johnston, R.J. 1985: Spatial analysis in human geography: a twenty-year diversion? *L'espace géogr.* 14, pp. 29–32.

Mikesell, M.W. 1984: North America. In Johnston, R.J. and Claval, P., eds, *Geography since the Second World War: an international survey.* London: Croom Helm; Totowa, NJ: B[+]N Imports, pp. 185–213.

Morrill, R.L. 1970: *The spatial organization of society.* Belmont, Ca.: Wadsworth.

Pooler, J.A. 1977: The origins of the spatial tradition in geography: an interpretation. *Ontario Geography* 11, pp. 56–83.

Rushton, G. 1969: Analysis of spatial behavior by revealed space preferences. *Am. Ass. Am. Geogr.* 59, pp. 391–400.

van der Laan, L. and Piersma, A. 1982: The image of man: paradigmatic cornerstone in human geography. *Ann. Ass. Am. Geogr.* 72, pp. 411–26.

입지삼각형 locational triangle

Launhardt, W. 1885: *Mathematische Begründung der Volkswirthschaftslehre.* Leipzig: W. Englemann.

Weber, A. 1929: *Alfred Weber's theory of the location of industries*, translated by C.J.Friedrich. Chicago: University of Chicago Press. (Reprinted 1971, New York: Russell and Russell; first German edition 1909.)

Suggested Reading

Lloyd, P.E. and Dicken, P. 1977: *Location in space: a theoretical approach to economic geography*, second edition. New York and London: Harper and Row, pp. 120–34.

Smith, D.M. 1981: *Industrial location: an economic geographical analysis*, second edition. New York: John Wiley, pp. 69–75.

입지의 상호의존성 locational interdependence

Suggested Reading

Miller, E.W. 1977: *Manufacturing: a study of industrial location.* University Park: Pennsylvania State University Press, pp. 25–36.

Smith, D.M. 1981: *Industrial location: an economic geographical analysis*, second edition. New York: John Wiley, chapter 4.

자급농업 subsistence agriculture

Suggested Reading

Morgan, W.B. 1978: *Agriculture in the Third World.* London: Bell and Hyman; Boulder, Co.: Westview Press.

Wharton, C.R., ed. 1969: *Subsistence agriculture and economic development.* Chicago: Aldine; London: Frank Cass.

자본 capital

Suggested Reading

Harvey, D. 1982: *The limits to capital.* Oxford: Basil Blackwell; Chicago: Chicago University Press, chapters 8–11.

Ingham, G. 1984: *Capitalism divided? The city and industry in British social development.* London: Macmillan.

Lee, R. 1986: Social relations and the geography of social development. In Gregory, D. and Walford, R., eds, *New horizons in human geography.* London and Basingstoke: Macmillan.

자본의 회전 circuit of capital

Lee, R. 1979: The economic basis of social problems in the city. In Herbert, D.T. and Smith, D.M., eds, *Social problems and the city.* Oxford: Oxford University Press, chapter 4.

Lee, R. 1986: Social relations and the geography of social development. In Gregory, D. and Walford, R., eds, *New horizons in human geography.* London and Basingstoke: Macmillan.

Suggested Reading

Fine, B. and Harris, L. 1979: *Rereading capital.* London and Basingstoke: Macmillan.

자본주의 capitalism

Bottomore, T. 1985: *Theories of modern capitalism.*

참고문헌(자연)

London: Allen & Unwin.

Brubaker, R. 1984: *The limits of rationality*. London and Boston: Allen & Unwin.

Clark, G. and Dear, M. 1984: *State apparatus: structures and language of legitimacy*. London and Boston: Allen & Unwin.

Clarke, S. 1982: *Marx, marginalism and modern sociology*. London: Macmillan.

Collins, R. 1980: Weber's last theory of capitalism: a systematization. *Am. Soc. R.* 45, pp. 925–42.

Cooke, P. 1983: *Theories of planning and spatial development*. London: Hutchinson.

Driver, F. 1985: Theorising state structures: alternatives to functionalism and reductionism. *Environ. Plann. A* 17, pp. 263–73.

Gregory, D. 1984: Contours of crisis? Sketches for a geography of class struggle in the early Industrial Revolution in England. In Baker, A.R.H. and Gregory, D., eds, *Explorations in historical geography: interpretative essays*. Cambridge: Cambridge University Press, pp. 68–117.

Harvey, D. 1973: *Social justice and the city*. London: Edward Arnold; Baltimore: Johns Hopkins University Press.

Harvey, D. 1982: *The limits to capital*. Oxford: Basil Blackwell; Chicago: Chicago University Press.

Harvey, D. 1985: The geopolitics of capitalism. In Gregory, D. and Urry, J., eds, *Social relations and spatial structures*. London: Macmillan, pp. 128–63.

Keane, J. 1984: *Public life and late capitalism*. Cambridge: Cambridge University Press.

Massey, D. 1985: New directions in space. In Gregory, D. and Urry, J., eds, *Social relations and spatial structures*. London: Macmillan, pp. 9–19.

Urry, J. 1981: *The anatomy of capitalist societies*. London: Macmillan.

Urry, J. 1985: Social relations, space and time. In Gregory, D. and Urry, J., eds, *Social relations and spatial structures*. London: Macmillan, pp. 20–48.

Suggested Reading
Bottomore (1985).
Harvey (1985).
Urry (1981).

자연 nature

Boas, G. 1973: Nature. In Wiener, P.P., ed., *Dictionary of the history of ideas. Studies of selected pivotal ideas*, volume 3. New York: Charles Scribner's Sons, pp. 346–51.

Chorley, R.J. 1973. Geography as human ecology. In Chorley, R.J., ed., *Directions in geography*. London: Methuen; New York: Barnes and Noble, pp. 155–69.

Glacken, C.J. 1956: Changing ideas of the habitable world. In Thomas, W.L. Jr, ed., *Man's role in changing the face of the earth*. Chicago: University of Chicago Press, pp. 70–92.

Glacken, C.J. 1973: Environment and culture. In Wiener, P.P., ed., *Dictionary of the history of ideas. Studies of selected pivotal ideas*, volume 2. New York: Charles Scribner's Sons, pp. 127–34.

Gregory, D. 1980; The ideology of control: systems theory and geography. *Tijdschr. econ. soc. Geogr.* 71, pp. 327–42.

Kristof, L.K.D. 1968: On the concept of conquest of nature. *Proceedings of the twenty-first congress of the International Geographical Union*. Delhi: International Geographical Union, pp. 408–13.

Lewis, C.S. 1960: Nature. In *Studies in words*. London: Macmillan; New York: Cambridge University Press, pp. 24–74.

Lovejoy, A.O. 1935: Some meanings of 'Nature'. In Lovejoy, A.O. and Boas, G., *Primitivism and related ideas in antiquity*. Baltimore: Johns Hopkins University Press, pp. 447–56.

Mandelbaum, M. 1981: Nature. In Bynum, W.F., Browne, E.J. and Porter, R., eds, *Dictionary of the history of science*. London: Macmillan; Princeton, NJ: Princeton University Press, pp. 289–92.

Olwig, K.R. 1980: Historical geography and the society/nature 'problematic': the perspective of J.F. Schouw, G.P. Marsh and E. Reclus. *J. hist. Geogr.* 6, pp. 29–45.

Williams, R. 1972: Ideas of nature. In Benthall, J., ed., *Ecology. The shaping enquiry*. London: Longman, pp. 146–64.

Suggested Reading

Collingwood, R.G. 1949; *The idea of history*. Oxford: Clarendon Press.

Glacken, C.J. 1967: *Traces on the Rhodian shore. Nature and culture in western thought from ancient times to the end of the eighteenth century*. Berkeley, Calif.: University of California Press.

Glacken, C.J. 1970: Man's place in nature in recent western thought. In Hamilton, M., ed., *This little planet*. New York: Charles Scribner's Sons, pp. 163–201.

Smith, N. 1984: *Uneven development: nature, capital and the production of space*. Oxford and New York: Basil Blackwell.

Tuan, Y-F. 1971: *Man and nature*. Commission on College Geography resource paper 10. Washington, DC: Association of American Geographers.

Williams (1972).

참고문헌(장소)

자연지역 natural area
Suggested Reading
Theodorson, G.A., ed. 1961: *Studies in human ecology*. New York: Harper and Row.

자원 resource
Rees, J. 1986: Natural resources, economy and society. In Gregory, D. and Walford, R., eds, *New horizons in human geography*. London and Basingstoke: Macmillan.
Zimmerman, E.W. 1951: *World resources and industries*. New York: Harper and Brothers, chapter 1.

자원관리[2] resource management[2]
Girvan, N. 1976: *Corporate imperialism: conflict and expropriation; transnational corporations and economic nationalism in the Third World*. White Plains, New York: M.E. Sharpe.
Mitchell, B. 1979: *Geography and resource analysis*. London and New York: Longman.
O'Riordan, T. 1971: *Perspectives on resource management*. London: Pion.
O'Riordan, T. and Turner, R.K. 1983: *An annotated reader in environmental planning and management*. Oxford and New York: Pergamon Press.
Rees, J.A. 1985: *Natural resources; allocation, economics and policy*. London: Methuen.

자원평가 resource evaluation
Mitchell, B. 1979: *Geography and resource analysis*. London and New York: Longman.
Pearce, D.W. 1978: *Valuation of social cost*. London: Allen & Unwin.

자유무역지구 free trade area
Suggested Reading
Blacksell, M. 1981: *Post-war Europe: a political geography*, second edition. London: Hutchinson.
Dell, S. 1963: *Trade blocs and common markets*. London: Constable.

자치위임 devolution
Suggested Reading
Stephens, M. 1976: *Linguistic minorities in western Europe*. Cardiff: J.D. Lewis (Gomer Press); New York: British Book Centre.

작물결합 crop combinations
Coppock, J.T. 1976: *An agricultural atlas of England and Wales*, second edition. London: Faber and Faber.

Thomas, D. 1963: *Agriculture in Wales during the Napoleonic wars: a study in the geographical interpretation of historical sources*. Cardiff: University of Wales Press.
Weaver, J.C. 1954: Crop combination regions in the Middle West. *Geogrl. Rev.* 44, pp. 175-200.

Suggested Reading
Morgan, W.B. and Munton, R.J.C. 1971: *Agricultural geography*. London: Methuen; New York: St Martin's Press, pp. 120-2.
Tarrant, J.R. 1974: *Agricultural geography*. Newton Abbot: David and Charles; New York: Halsted, pp. 120-8.
Weaver (1954).

잔차 residual
Haggett, P. 1965: *Locational analysis in human geography*. London: Edward Arnold.

Suggested Reading
Thomas, E.N. 1968: Maps of residuals from regression. In Berry, B.J.L. and Marble, D.F., eds, *Spatial analysis: a reader in statistical geography*. Englewood Cliffs, NJ and London: Prentice-Hall, pp. 326-52.

잔차지도 maps of residuals
Thomas, E.N. 1968: Maps of residuals from regression. In Berry, B.J.L. and Marble, D.F., *Spatial analysis: a reader in statistical geography*. Englewood Cliffs, NJ and London: Prentice-Hall, pp. 326-52.

Suggested Reading
Silk, J.A. 1979: *Statistical concepts in geography*. London and Boston: Allen & Unwin.
Thomas (1968).

장소 place
Heidegger, M. 1958: *The question of being*. New Haven: College and University Press; London: Vision Press.
Lukermann, F. 1964: Geography as a formal intellectual discipline and the way in which it contributes to human knowledge. *Can. Geogr.* 8, pp. 167-72.
Tuan, Y-F. 1977: *Space and place: the perspective of experience*. London: Edward Arnold; Minneapolis: University of Minnesota Press.

Suggested Reading
Buttimer, A. and Seamon, D. 1980; *The human experience of space and place*. London: Croom Helm.
Relph, E. 1976: *Place and placelessness*. London:

참고문헌(장소감)

Pion; New York: Methuen.
Sack, R.D. 1980: *Conceptions of space in social thought: a geographic perspective*. London: Macmillan; Minneapolis: University of Minnesota Press.

장소감 sense of place

Eliade, M. 1959: *The sacred and the profane: the nature of religion*. New York: Harcourt Brace and World.
Eyles, J. 1984: *Senses of place*. Warrington: Silverbrook Press.
Lynch, K. 1960: *The image of the city*. Cambridge, Mass.: MIT Press.
Lynch, K. 1972: *What time is this place?* Cambridge, Mass.: MIT Press.
Norburg-Schultz, C. 1980: *Genius loci: towards a phenomenology of architecture*. London: Academy Editions; New York: Rizzoli.
Pocock, D.C.D., ed. 1982: *Humanistic geography and literature: essays on the experience of place*. London: Croom Helm; Totowa, NJ: Barnes and Noble.
Relph, E. 1976: *Place and placelessness*. London: Pion.
Relph, E. 1981: *Rational landscapes and humanistic geography*. London: Croom Helm.

장소애 topophilia

Bachelard, G. 1958: *La poétique de l'espace*. Paris: Presses Universitaires de France. (English translation, *The poetics of space*. Boston: Beacon Press; 1969).
Relph, E. 1976: *Place and placelessness*. London: Pion; New York: Methuen.
Tuan, Yi-Fu 1974: *Topophilia: a study of environmental perception, attitudes and values*. Englewood Cliffs, NJ and London: Prentice-Hall.

Suggested Reading
Buttimer, A. and Seamon, D. 1980: *The human experience of space and place*. London: Croom Helm.
Tuan, Yi-Fu 1977: *Space and place: the perspective of experience*. London: Edward Arnold; Minneapolis: University of Minnesota Press.
Wapner, S., Cohen, S.B. and Kaplan, B., eds 1976: *Experiencing the environment*. New York: Plenum Press.

장소의 효용성 place utility

Suggested Reading
Brown, L.A. and Moore, E.G. 1970: The intra-urban migration process: a perspective. *Geogr. Annlr.* 52 B, pp. 1–13.
Wolpert, J. 1965: Behavioral aspects of the decision to migrate. *Papers of the Regional Science Association* 15, pp. 159–69.

재분배 redistribution

Dalton, G., ed. 1968: *Primitive, archaic and modern economies: essays of Karl Polanyi*. Boston: Beacon Press.
Harvey, D. 1972: Review of Paul Wheatley's *Pivot of the four quarters*. *Ann. Ass. Am. Geogr.* 62, pp. 509–13.
Harvey, D. 1973: *Social justice and the city*. London: Edward Arnold; Baltimore: Johns Hopkins University Press.
Wheatley, P. 1971: *The pivot of the four quarters*. Edinburgh: Edinburgh University Press; Chicago: Aldine.

Suggested Reading
Harvey (1973), chapters 2 and 6.
Wheatley, P. 1975: Satyantra in Suvarnadvipa: from reciprocity to redistribution in ancient S.E. Asia. In Sabloff, J.A. and Lamberg-Karlovsky, C.C., eds, *Ancient civilization and trade*. Albuquerque: University of New Mexico Press, chapter 6.

재식농업 plantation

Suggested Reading
Gregor, H.F. 1965: The changing plantation. *Ann. Ass. Am. Geogr.* 55, pp. 221–38.
Grigg, D.B. 1974: *The agricultural systems of the world: an evolutionary approach*. Cambridge and New York: Cambridge University Press, chapter 11.

재정적 위기 fiscal crisis

Newton, K. 1980: *Balancing the books*. London and Beverly Hills: Sage Publications.
O'Connor, J. 1973: *The fiscal crisis of the state*. New York: St Martin's Press.

Suggested Reading
O'Connor, J. 1984: *Accumulation crisis*. Oxford and New York: Basil Blackwell.

재해(인간에 의한) hazard(human-made)

Suggested Reading
Openshaw, S. 1982: The siting of nuclear power stations and public safety in the UK. *Reg. Stud.* 16, pp. 183–98.
Openshaw, S. 1986: *Nuclear power: siting and safety*. London: Routledge and Kegan Paul.
Royal Commission on Environmental Pollution 1976: *Nuclear power and the environment*, sixth

report. London: HMSO.

Royal Commission on Environmental Pollution 1979: *Agriculture and pollution*, seventh report. London: HMSO.

Royal Commission on Environmental Pollution 1983: *Lead in the environment*, ninth report. London: HMSO.

Royal Commission on Environmental Pollution 1984: *Tackling pollution: experience and prospects*, tenth report. London: HMSO.

재활성화 gentrification

Suggested Reading

Bassett, K. and Short, J. 1980: *Housing and residential structure: alternative approaches*. London and Boston: Routledge and Kegan Paul.

Hamnett, C. and Williams, P.R. 1980: Social change in London: a study of gentrification. *Urban Affairs Quarterly* 15, pp. 469–87.

Logan, W.S. 1982: Gentrification in inner Melbourne. *Austr. geogr. Stud.* 20, pp. 65–95.

재활용 recycling

Suggested Reading

Albert, J.G., Alten, H., and Bernheisel, F. 1974: The economics of resource recovery from municipal solid waste. *Science* 183: no. 4129, pp. 1052–8.

Smith, G.A. 1978: Solid waste and resource recovery. In Hammond, K.A., Macinko, G. and Fairchild, W.B., eds, *Sourcebook on the environment: a guide to the literature*. Chicago and London: University of Chicago Press.

저개발 underdevelopment

Frank, A.G. 1969: *Capitalism and underdevelopment in Latin America*. New York: Monthly Review Press; London: Penguin.

Suggested Reading

Brenner, R. 1977: The origins of capitalist development: a critique of neo-Smithian Marxism. *New Left Review* 104, pp. 25–92.

Brookfield, H. 1975: *Interdependent development*. London: Methuen; Pittsburgh, Pa.: University of Pittsburgh Press.

Frank (1969).

Harrison, P. 1981: *Inside the third world: an anatomy of poverty*. London: Penguin.

Hoogvelt, A.M.M. 1982: *The Third World in global development*. London: Macmillan.

Laclau, E. 1971: Feudalism and capitalism in Latin America, *New Left Review* 67, pp. 19–38.

Slater, D. 1973 and 1977: Geography and underdevelopment I and II. *Antipode* 5: 3, pp. 21–32 and 9: 3, pp. 1–31.

Taylor, J.G. 1979: *From modernisation to modes of production: a critique of the sociologies of development and underdevelopment*. London: Macmillan; Atlantic Highlands, NJ: Humanities Press.

적극적 차별 positive discrimination

Suggested Reading

Berthoud, R.C., Brown, J.C. and Cooper, S. 1981: *Poverty and the development of anti-poverty policy in the United Kingdom*. London: Heinemann.

Edwards, J. and Batley, R. 1978: *The politics of positive discrimination: an evaluation of the urban programme, 1967–77*. London: Tavistock; New York: Methuen.

Herbert, D.T. and Smith, D.M., eds 1979: *Social problems and the city*. Oxford: Oxford University Press.

적실성 relevance

Berry, B.J.L. 1972: More on relevance and policy analysis. *Area* 4, pp. 77–80.

Coppock, J.T. 1974: Geography and public policy: challenges, opportunities and implications. *Trans. Inst. Br. Geogr.* 63, pp. 1–16.

Eliot Hurst, M.E. 1980: Geography, social science and society: towards a de-definition. *Austr. geogr. Stud.* 18, pp. 356–83.

Gregory, D. 1978: *Ideology, science and human geography*. London: Hutchinson; New York: St Martin's Press, chapter 5.

Harvey, D. 1973: *Social justice and the city*. London: Edward Arnold; Baltimore: John Hopkins University Press.

Prince, H.C. 1971: Questions of social relevance. *Area* 3, pp. 150–3.

Stoddart, D.R. 1975: Kropotkin, Reclus and 'relevant' geography. *Area* 7, pp. 188–90.

Suggested Reading

Eliot Hurst (1980).

Gregory (1978).

Harvey, D. 1974: What kind of geography for what kind of public policy? *Trans. Inst. Br. Geogr.* 63, pp. 18–24.

Johnston, R.J. 1979: *Geography and geographers: Anglo-American human geography since 1945*. London: Edward Arnold; New York: Halsted, chapter 6.

적정도시규모 optimum city size

Suggested Reading

Richardson, H.W. 1973: *The economics of urban size*. Farnborough: Saxon House; Lexington,

참고문헌(적정인구)

Mass.: Lexington Books.

적정인구 optimum population

Suggested Reading
Sauvy, A. 1969: *General theory of population,* translated by C. Campos. London: Weidenfeld and Nicolson; New York: Basic Books, chapter 4.

전원도시 Garden City

Bell, C. and Bell, R. 1974: *City fathers: town planning in Britain from Roman times to 1900.* Atlantic Highlands, NJ: Humanities Press; London: Penguin.
Howard, E. 1902: *Garden cities of tomorrow.* London: Swan Sonnenschein. (First published 1898 as *Tomorrow: a peaceful path to social reform.*)
Osborn, F.J. and Whittick, A. 1977: *New towns,* third edition. London: Leonard Hill; Boston: Routledge and Kegan Paul.

Suggested Reading
Bell and Bell (1974).
Hall, P.G. 1974: *Urban and regional planning.* London: Penguin; New York: Halstead.
Osborn and Whittick (1977).

점기호 point symbol

Suggested Reading
Robinson, A.H., Sale, R. and Morrison, J. 1978: *Elements of cartography,* fourth edition. New York and Chichester: John Wiley, pp. 201–16.

점이지대 zone in transition

Suggested Reading
Johnston, R.J. 1971: *Urban residential patterns: an introductory review.* London: Bell; New York: Praeger.
Park, R.E., Burgess, E.W. and McKenzie, R.D. 1925: *The city.* Chicago: University of Chicago Press.

접근성 accessibility

Berry, B.J.L. and Marble, D.F., eds 1968: *Spatial analysis: a reader in statistical geography.* Englewood Cliffs, NJ and London: Prentice-Hall.
Chorley, R.J. and Haggett, P. 1969: *Network analysis in geography.* London: Edward Arnold; New York: St Martin's Press.
Harvey, D. 1973: *Social justice and the city.* London: Edward Arnold; Baltimore: Johns Hopkins University Press.
Smith, D.M. 1977: *Human geography: a welfare approach.* London: Edward Arnold; New York: St Martin's Press.

정규분포 normal distribution

Suggested Reading
Gardner, V. and Gardner, G. 1978: *Analysis of frequency distributions.* Concepts and techniques in modern geography 19. Norwich: Geo Abstracts.

정기시장체계 periodic market systems

Suggested Reading
Bromley, R.J. 1980: Trader mobility in systems of periodic and daily markets. In Herbert, D.T. and Johnston, R.J., eds, *Geography and the urban environment,* volume 3. New York and Chichester: John Wiley, pp. 133–74.

정밀화 enhancement

Suggested Reading
Dutton, G. 1981: Fractal enhancement of cartographic line detail. *Am. Cartogr.* 8: 1, pp. 23–40.
Hill, F.S. and Walker, S.E. 1982: The use of fractals for efficient map generation. In *Proceedings of graphics interface 1982.* Toronto, Canada: National Research Council of Canada, pp. 283–9.

정보방안분석 repertory grid analysis

Kelly, G.A. 1955: *The psychology of personal constructs.* New York: Norton.

Suggested Reading
Hudson, R. 1980: Personal construct theory, the repertory grid method and human geography. *Progr. hum. Geogr.* 4, pp. 346–59.

정보이론 information theory

Suggested Reading
Johnston, R.J. and Semple, R.K. 1983: *Classification using information statistics.* Concepts and techniques in modern geography 37. Norwich: Geo.
Marchand, B. 1972: Information theory and geography. *Geogr. Anal.* 4, 234–57.
Shannon, C.E. and Weaver, W. 1949: *The mathematical theory of communication.* Champaign, Ill.: University of Illinois Press.

정성적 방법 qualitative methods

Becker, H.S., Geer, B., Hughes, E.C. and Strauss, A.K. 1961: *Boys in white: student culture in medical school.* Chicago: Chicago University Press.
Blumer, H. 1969: *Symbolic interactionism.* Englewood Cliffs, NJ: Prentice-Hall.
Denzin, N.K. 1970: *The research act.* Chicago: Aldine.

Eyles, J. 1985: *Senses of place*. Warrington: Silverbrook Press.

Giddens, A. 1976: *New rules of sociological method*. London: Hutchinson.

Glaser, B. and Strauss, A.L. 1967: *The discovery of grounded theory*. Chicago: Aldine.

Hirst, P.Q. 1979: *On law and ideology*. London: Macmillan; Atlantic Highlands, NJ: Humanities Press.

Ley, D. 1981: Behavioural geography and the philosophies of meaning. In Cox, K.R. and Golledge, R.G. eds, *Behavioural problems in geography revisited*. London: Methuen, pp. 209-30.

Malinowski, B. 1922: *Argonauts of the western Pacific*. London: Routledge and Kegan Paul.

Saver, D. 1979: *Marx's method*. Brighton: Harvester Press; Atlantic Highlands, NJ: Humanities Press.

Stacey, M., Dearden, R., Pill, R. and Robinson, D. 1970: *Hospitals, children and their families*. London: Routledge and Kegan Paul.

Thomas, W.I. 1928: *The child in America*. New York: Alfred Knopf.

Turner, R., ed. 1972: *Ethnomethodology*. Harmondsworth and Baltimore: Penguin.

Westie, F.R. 1957: Toward closer relations between theory and research. *Am. Sociol. Rev.* 22, pp. 149-54.

Znaniecki, F. 1934: *The method of sociology*. New York: Farrar & Rinehart.

Suggested Reading

Burgess, R.G., ed. 1982: *Field research: a source book and field manual*. Allen & Unwin: London.

Schwartz, H. and Jacobs, J. 1979: *Qualitative sociology: a method to the madness*. New York: Free Press.

정책대응양식:도피, 주장, 지지 exit, voice and loyalty

Hirschman, A.O. 1970: *Exit, voice and loyalty*. Cambridge, Mass.: Harvard University Press.

Orbell, J.M. and Uno, T. 1972: A theory of neighbourhood problem-solving. *Am. pol. Sc. Rev.* 55, pp. 471-89.

Selected Reading

Laver, M. 1981: *The politics of private desires*. London: Penguin.

정치경제학 political economy

Suggested Reading

Badcock, B. 1984: *Unfairly structured cities*. Oxford and New York: Basil Blackwell, part II.

Harvey, D. 1982: *The limits to capital*. Oxford: Basil Blackwell; Chicago: Chicago University Press.

정치보조금 pork barrel

Suggested Reading

Johnston, R.J. 1979: *Political, electoral and spatial systems: an essay in political geography*. Oxford and New York: Oxford University Press.

정치지리학 political geography

Archer, J.C. 1981: Public choice paradigms in political geography. In Burnett, A.D. and Taylor, P.J. eds, *Political studies from spatial perspectives*. Chichester and New York: John Wiley.

Berry, B.J. 1969: Review of Russett, B.M. International regions and the international system. *Geogrl. Rev.* 59, pp. 450-1.

Bowman, I. 1921: *The new world: problems in political geography*. New York: World Book.

Burnett, A.D. and Taylor, P.J., eds 1981: *Political studies from spatial perspectives*. Chichester: John Wiley.

Claval, P. 1984: The coherence of political geography: perspectives on its past evolution and its future relevance. In Taylor, P.J. and House, J.W., eds, *Political geography: recent advances and future directions*. London: Croom Helm; Totowa, NJ: B+N Imports, pp. 8-24.

Cohen, S.B. and Rosenthal, L.D. 1971: A geographical model for political systems analysis. *Geogr. Rev.* 61, pp. 5-31.

Cox, K.R. 1973: *Conflict, power and politics in the city: a geographic view*. New York: McGraw Hill.

Cox, K.R. 1979: *Location and public problems. A political geography of the contemporary world*. Chicago: Maaroufa; Oxford: Basil Blackwell.

Cox, K.R., Reynolds, D.R. and Rokkan, S., eds 1974: *Locational approaches to power and conflict*. Beverly Hills: Sage.

Gottman, J. 1951: Geography and international relations. *World Pol.* 3, pp. 153-73.

Gottmann, J. 1952: The political partitioning of our world. *World Pol.*, 4, pp. 512-19.

Gottmann, J. 1982: The basic problem of geography: the organization of space and the search for stability. *Tijdschr. econ. soc. Geogr.* 73, pp. 340-9.

Hall, P. 1982: The new political geography - seven years on. *Pol. Geogr. Q.* 1, pp. 65-76.

Hartshorne, R. 1950: The functional approach to political geography. *Ann. Ass. Am. Geogr.* 40, pp. 95-130.

Jackson, W.A.D. 1964: *Politics and geographic relationships*. Englewood Cliffs, NJ: Prentice Hall.

Jones, S.B. 1954: A unified field theory of

참고문헌(제3세계)

political geography. *Ann. Ass. pol. Geogr.* 44, pp. 111-23.

Kasperson, R.E. and Minghi, J.V., eds 1969: *The structure of political geography.* Chicago: Aldine.

Mackinder, H.J. 1887: On the scope and methods of a geography. *Proc. roy. Geogr. Soc.* 3, pp. 141-61.

Mackinder, H.J. 1904: The geographical pivot of history. *Geogr. J.* 23, pp. 421-42.

Ratzel, F. 1897: *Politische Geographie.* Munich: Oldenburg.

Reynolds, D.R. 1981: The geography of social choice. In Burnett, A.D. and Taylor, P.J., eds, *Political studies from spatial perspectives.* Chichester: John Wiley.

Short, J.R. 1982: *An introduction to political geography.* London and Boston: Routledge and Kegan Paul.

Taylor, P.J. 1982: A materialist framework for political geography. *Trans. Inst. Br. Georg.* ns 7, pp. 15-34.

Taylor, P.J. 1983: The question of theory in political geography. In Kliot, N. and Waterman, S. eds, *Pluralism and political geography.* London: Croom Helm; New York: St Martin's Press, pp. 9-18.

Taylor, P.J. 1984: Introduction: geographical scale and political geography. In Taylor, P.J. and House, J.W. eds, *Political geography: recent advances and future directions.* London: Croom Helm, pp. 1-7.

Taylor, P.J. 1985: *Political geography: world-economy, nation-state and locality.* London: Longman.

Taylor, P.J. and Johnston, R.J., eds 1979: *Geography of elections.* London: Penguin.

Whittlesey, D. 1939: *The earth and the state. A study of political geography.* New York: Holt.

Further Reading

Busteed, M. 1983: The developing nature of political geography. In Busteed, M., ed., *Developments in political geography.* London: Academic Press, pp. 1-68.

Claval (1984).

Editorial board 1982: Political geography: research agendas for the nineteen eighties. *Pol. Geogr. Q.* 1, pp. 1-18 and 167-80.

Gottmann (1982).

Johnston, R.J. 1982: *Geography and the state: an essay in political geography.* London: Macmillan; New York: St Martin's Press.

Pacione, M. 1985: *Progress in political geography.* London: Croom Helm.

Short (1982).

Taylor (1983).

Taylor (1985).

제3세계 Third World

Auty, R. 1979: Worlds within the third world. *Area* 11: 3, pp. 232-55.

Crush, J.S. and Riddell, J.B. 1980: Third world misunderstanding? *Area* 12: 3, pp. 204-6.

Suggested Reading

Cole, J.P. 1981: *The development gap.* Chichester and New York: John Wiley.

Crow, B., Thomas, A. *et al.* 1983: *Third World atlas.* Milton Keynes and Philadelphia: Open University Press.

Worsley, P. 1984: *The three worlds: culture and world development.* London: Weidenfeld and Nicolson.

제국주의 imperialism

Mandel, E. 1975: *Late capitalism.* London: Verso.

Suggested Reading

Blaut, J.M. 1975: Imperialism: the Marxist theory and its evolution. *Antipode,* 7: 1, pp. 1-19.

Brown, M.B. 1974: *The economics of imperialism.* Harmondsworth: Penguin.

Elson, D. 1984: Imperialism. In McLennan, G. *et al.,* eds, *The idea of the modern state,* Milton Keynes: Open University Press, pp. 154-82.

Lenin, V.I. 1916: *Imperialism, the highest form of capitalism.* Moscow: Foreign Languages Publishing House.

제로인구성장 zero population growth(ZPG)

Suggested Reading

Spengler, J.J. 1978: *Facing zero population growth: reactions and interpretations, past and present.* Durham, NC: Duke University Press.

조경 landscape architecture

Suggested Reading

Fairbrother, N. 1974: *The nature of landscape design.* London: Architectural Press; New York: Knopf.

Laurie, M. 1975: *An introduction to landscape architecture.* New York and London: Elsevier.

조방적 농업 extensive agriculture

Suggested Reading

Chisholm, M. 1979: *Rural settlement and land use: an essay in location,* third edition. London:

조사 surveying

Suggested Reading

Blachut, T.J., Chrzanowski, A. and Saastamoinen, J.H. 1979: *Urban surveying and mapping.* New York: Springer.

Olliver, J.G. and Clendinning, J. 1978: *Principles of surveying,* fourth edition. New York and London: Van Nostrand Reinhold.

조사분석 survey analysis

Suggested Reading

Dixon, C.J. and Leach, B. 1978: *Questionnaires and interviews in geographical research.* Concepts and techniques in modern geography 18. Norwich: Geo Books.

Shoskin, I.M. 1985: *Survey research for geographers.* Washington, DC: Association of American Geographers.

존재론 ontology

Bhaskar, R. 1978: *A realist theory of science.* Brighton: Harvester; Atlantic Highlands, NJ: Humanities Press.

Bhaskar, R. 1979: *The possibility of naturalism: a philosophical critique of the contemporary human sciences.* Brighton: Harvester.

Bhaskar, R. 1986: *Reason, emancipation and being.* Cambridge: Polity Press.

Keat, R. and Urry, J. 1981: *Social theory as science,* second edition. London: Routledge and Kegan Paul.

Pickles, J. 1985: *Phenomenology, science and geography: spatiality and the human sciences.* Cambridge: Cambridge University Press.

Sayer, A. 1984; *Method in social science: a realist approach.* London: Hutchinson.

Suggested Reading

Bhaskar (1979).
Pickles (1985).

종교의 지리학 religion, geography of

Büttner, M. 1974: Religion and geography: impulses for a new dialogue between *Religionswissenschaft* and geography. *Numen* 21, pp. 165-96.

Cosgrove, D. 1982: Problems of interpreting the symbolism of past landscapes. In Baker, A.R.H. and Billinge, M., eds, *Period and place: research methods in historical geography.* Cambridge: Cambridge University Press, pp. 220-32.

Doeppers, D.F. 1977: Changing patterns of Aglipayan adherence in the Philippines 1918-1970. *Philipp. Stud.* 25, pp. 265-77.

English, P.W. 1967: Nationalism, secularism and the Zoroastrians of Kirman: the impact of modern forces on an ancient Middle Eastern minority. In Dohrs, F.E. and Sommers, L.M., eds, *Cultural geography: selected writings.* New York: Crowell, pp. 272-82.

Francaviglia, R.V. 1979: *The Mormon landscape.* New York: AMS Press.

Gay, J. 1971: *Geography of religion in England.* London: Duckworth.

Graber, L.H. 1976: *Wilderness as sacred space.* Washington, DC: Association of American Geographers.

Hayden, D. 1975: *Seven American utopias: the architecture of communitarian socialism 1790-1975.* Cambridge, Mass.: MIT Press.

Isaac, E. 1965: Religious geography and the geography of religions. In *Man and Earth.* University of Colorado, Studies series in earth sciences 3. Boulder, Co.: University of Colorado Press, pp. 1-14.

Issac, E. 1973: The pilgrimage to Mecca. *Geogr. Rev.* 63, pp. 405-9.

Jackson, J.B. 1979: The order of a landscape: reason and religion in Newtonian America. In Meinig, D.W., ed., *The interpretation of ordinary landscapes: geographical essays.* New York and Oxford: Oxford University Press, pp. 153-63.

Jackson, R.H. 1978: Mormon perception and settlement. *Ann. Ass. Am. Geogr.* 68, pp. 317-34.

Johnson, H.B. 1976: *Order upon the land: the US rectangular land survey and the Upper Mississippi country.* New York: Oxford University Press.

Jones, P.N. 1976: Baptist chapels as an index of cultural transition in the South Wales coalfield before 1914. *J. hist. geogr.* pp. 347-60.

Landing, J. 1972: The Amish, the automobile, and social interactions. *J. Geogr.* 71, pp. 52-7.

Louder, D.R. 1979: A simulation approach to the diffusion of the Mormon Church. *Proc. Ass. Am. Geogr.* 7, pp. 126-30.

Pieper, J. 1977: The monastic settlements of the Yellow Church in Ladakh, central places in a nomadic habitat. *GeoJournal* 1, pp. 41-54.

Pillsbury, R. 1971: The religious geography of Pennsylvania: a factor analytic approach. *Proc. Ass. Am. Geogr.* 3, pp. 130-4.

Rowley, G. and El-Hamdan, S.A. 1978: The pilgrimage to Mecca: an explanatory and predictive model. *Environ. Plann. A* 10, pp. 1053-71.

Samuels, M.S. 1978: Existentialism and human geography. In Ley, D. and Samuels, M.S., eds, *Humanistic geography: prospect and problems.* Chicago: Maaroufa; London: Croom Helm, pp. 22-40.

Senda, M. 1982: Perceived space in ancient

참고문헌(종속)

Japan. In Baker, A.R.H. and Billinge, M., eds, *Period and place: research methods in historical geography*. Cambridge and New York: Cambridge University Press, pp. 212-19.

Shair, I.M. and Karan, P.P. 1979: Geography of the Islamic pilgrimage. *GeoJournal* 3, pp. 599-608.

Shortridge, J.R. 1977: A new regionalization of American religion. *J. sci. St. Re.* 16, pp. 143-53.

Sopher, D.E. 1981: Geography and religions. *Progr. hum. Geogr.* 5, pp. 510-24.

Tuan, Y-F. 1968: *The hydrological cycle and the wisdom of God: a theme in geoteleology*. Toronto: University of Toronto, Department of Geography Research publications 1.

Tuan, Y-F. 1976: Humanistic geography. *Ann. Ass. Am. Geogr.* 66, pp. 266-76.

Tuan, Y-F. 1978: Sacred space: exploration of an idea. In Butzer, K.W., ed., *Dimensions of human geography: essays on some familiar and neglected themes*. Chicago: University of Chicago, Department of Geography research paper 186, pp. 84-99.

Wallace, I. 1978: Towards a humanised conception of economic geography. In Ley, D. and Samuels, M.S., eds, *Humanistic geography: prospects and problems*. Chicago: Maaroufa; London: Croom Helm, pp. 91-108.

Wheatley, P. 1971: *The pivot of the four quarters: a preliminary inquiry into the origins and character of the Chinese city*. Chicago: Aldine; Edinburgh: Edinburgh University Press.

Zelinsky, W. 1961: An approach to the religious geography of the United States: patterns of church membership in 1952. *Ann. Ass. Am. Geogr.* 51, pp. 139-93.

Suggested Reading

Sopher, D.E. 1971: *Geography of religions*. Englewood Cliffs, NJ: Prentice-Hall.

Sopher (1981).

종속 dependence

Brookfield, H. 1975: *Interdependent development*. London: Methuen; Pittsburgh, Pa.: University of Pittsburgh Press.

Corbridge, S. 1986: *Capitalist world development*. London: Macmillan

Frank, A.G. 1969: *Capitalism and underdevelopment in Latin America*. New York: Monthly Review Press; London: Penguin.

Griffin, K. 1969: *Underdevelopment in Spanish America*. London: Allen & Unwin; Cambridge, Mass.: MIT Press.

Suggested Reading

Hoogvelt, A.M.M. 1982: *The Third World in global development*. London: Macmillan.

Independent Commission on International Development Issues 1980: *North-South: a programme for survival*. London: Pan; Cambridge, Mass.: MIT Press.

Independent Commission on International Development Issues 1983: *Common crisis: North-South cooperation for world recovery*. London: Pan.

Socialist International Committee on Economic Policy 1986: *Global Challenge: from crisis to cooperation. Breaking the North-South stalemate*. London: Pan.

Worsley, P. 1984: *The three worlds: culture and world development*. London: Weidenfeld and Nicolson; Chicago: University of Chicago Press.

종주도시(의 법칙) primate city(the law of)

Jefferson, M. 1939: The law of the primate city. *Geogrl. Rev.* 29, pp. 226-32.

종획 enclosure

Suggested Reading

Turner, M. 1980: *English parliamentary enclosure: its historical geography and economic history*. Folkstone: Dawson; Hamden, Conn.: Archon Books.

Yelling, J.A. 1977: *Common field and enclosure in England, 1450-1850*. London: Macmillan.

죄수의 선택 prisoner's dilemma

Suggested Reading

Laver, M. 1981: *The politics of private desires*. London: Penguin.

주거여과 filtering

Suggested Reading

Gray, F. and Boddy, M. 1979: The origins and use of theory in urban geography: household mobility in filtering theory. *Geoforum* 10, pp. 117-27.

Jones, E., ed. 1975: *Readings in social geography*. Oxford: Oxford University Press.

Vance, J.E.Jr 1978: Institutional forces that shape the city. In Herbert, D.T. and Johnston, R.J., eds, *Social areas in cities*. Chichester: John Wiley, pp. 97-125.

주거잠식행위 blockbusting

Forman, R.E. 1971: *Black ghettos, white ghettos, and slums*. Englewood Cliffs, NJ: Prentice-Hall.

Suggested Reading

Forman (1971).
Ley, D. 1983: *A social geography of the city*. New York: Harper & Row.

주권 sovereignty

Burghardt, A.F. 1973: The bases of territorial claims. *Geogrl. Rev.* 63, pp. 225–45.
Deutsch, K.W. 1980: *Politics and government: how people decide their fate*, third edition. Boston: Houghton Mifflin, especially chapters 6 and 7.
House, J.W. 1959: The Franco-Italian boundary in the Alpes Maritimes. *Trans. Inst. Br. Geogr.* 28, pp. 107–31.
Stankiewicz, W.J., ed. 1969: *In defense of sovereignty*. New York and Oxford: Oxford University Press.

주변지대 fringe belt

Conzen, M.R.G. 1960: Alnwick, Northumberland: a study in town-plan analysis. *Trans. Inst. Br. Geogr.* 27, pp. 1–122.
Whitehand, J.W.R. 1967: Fringe belts: a neglected aspect of urban geography. *Trans. Inst. Br. Geogr.* 41, pp. 223–33.

주성분 분석 principal components analysis

Suggested Reading

Johnston, R.J. 1978: *Multivariate statistical analysis in geography: a primer on the general linear model*. London and New York: Longman.
Taylor, P.J. 1977: *Quantitative methods in geography: an introduction to spatial analysis*. Boston: Houghton Miflin.

주제도 thematic map

Suggested Reading

Petchenik, B.B. 1979: From place to space: the psychological achievement of thematic mapping. *Am. Cartogr.* 6, pp. 5–12.
Robinson, A.H. 1981: *Early thematic mapping in the history of cartography*. Chicago: University of Chicago Press.

주택계층 housing class

Rex, J. 1968: The sociology of a zone in transition. In Pahl, R.E., ed., *Readings in urban sociology*. Oxford and New York: Pergamon, pp. 211–31.

Suggested Reading

Bassett, K. and Short, J.R. 1980: *Housing and residential structure; alternative approaches*. London and Boston: Routledge and Kegan Paul.

Saunders, P. 1981: *Social theory and the urban question*. London: Hutchinson.

주택연구 housing studies

References and Suggested Reading

Alonso, W. 1960: A theory of the urban land market. *Pap. reg. Sci. Assoc.* 6, pp. 149–57.
Ball, M. 1981: The development of capitalism in housing provision. *Int. J. urban and reg. Res.* 5, pp. 145–77.
Ball, M. 1983: *Housing policy and economic power: the political economy of owner occupation*. London and New York: Methuen.
Bassett, K. and Short, J. 1980: *Housing and residential structure*. London and Boston: Routledge and Kegan Paul.
Boddy, M. 1976: The structure of mortgage finance: building societies in the British social formation. *Trans. Inst. Br. Geogr.* ns 1, pp. 58–71.
Duclaud-Williams, R. 1978: *The politics of housing in Britain and France*. London: Heinemann.
Dunleavy, P. 1979: *Political economy of the welfare state*. London: Macmillan.
Harloe, M. 1984: Sector and class: a critical comment *Int. J. urban and reg. Res.* 8: 2, pp. 228–37.
Harloe, M. 1985: *Private rented housing in the United States and Europe*. London: Croom Helm.
Harris, R. 1984: Residential segregation and class formation in the capitalist city. *Prog. hum. Geogr.* 8: 1, pp. 26–49.
Merrett, S. 1979: *State housing in Britain*. London: Routledge and Kegan Paul.
Merrett, S. 1982: *Owner occupation in Britain*. London: Routledge and Kegan Paul.
Rex, J. and Moore, R. 1967: *Race, community and conflict*. Oxford and New York: Oxford University Press.
Saunders, P. 1981: *Urban politics: a sociological interpretation*. London: Hutchinson.
Saunders, P. 1984: Beyond housing classes: the sociological significance of private property rights in means of consumption, *Int. J. urban and reg. Res.* 8: 2, pp. 202–27.
Short, J. 1982: *Housing in Britain*. London and New York: Methuen.

중력모형 gravity model

Wilson, A.G. 1974: *Urban and regional models in geography and planning*. Chichester and New York: John Wiley.

Suggested Reading

Senior, M.L. 1979: From gravity modelling to entropy maximising: a pedagogic guide. *Prog. hum. Geogr.* 3, pp. 179–211.
Taylor, P.J. 1975: *Distance decay models in spatial*

참고문헌(중립지대)

interactions. Concepts and techniques in modern geography 2. Norwich: Geo Books.

Tocalis, T.R. 1978: Changing theoretical foundations of the gravity concept of human interaction. In Berry, B.J.L., ed., *The nature of change in geographical ideas*. DeKalb, Ill.: Northern Illinois University Press, pp. 66-124.

중립지대 neutral zone

Suggested Reading

Cohen, S. B. 1973: *Geography and politics in a world divided*, second edition. New York and Oxford: Oxford University Press.

중심-주변모형 core-periphery model

Friedmann, J. 1966: *Regional development policy: a case study of Venezuela*. Cambridge, Mass. and London: MIT Press.

Suggested Reading

Ibbery, B.W. 1984: Core-periphery contrasts in European social well-being. *Geography* 69, pp. 289-302.

Richardson, H.W. 1978: *Regional and urban economics*. London and New York: Penguin, chapter 6.

Seers, D., Schaffer, B. and Kiljunen, M.L., eds 1979: *Underdeveloped Europe: studies in core-periphery relations*. Hassocks, Sussex: Harvester Press.

중심업무지구 central business district (CBD)

Suggested Reading

Murphy, R.E. 1972: *The central business district*. Chicago: Aldine; London: Longman.

Urban core and inner city. Proceedings of the international study week Amsterdam, 11-17 September 1966. Leiden: E.J. Brill, 1967.

중심지이론 central place theory

References and Suggested Reading

Beavon, K.S.O. 1977: *Central place theory: a reinterpretation*. London and New York: Longman.

Berry, B.J.L. 1967: *Geography of market centers and retail distribution*. Englewood Cliffs, NJ and London: Prentice-Hall.

Christaller, W. 1966: *Central places in Southern Germany*, translated by C.W. Baskin. Englewood Cliffs, NJ and London: Prentice-Hall (first German edition 1933).

Dawson, J.A. and Kirby, D.A. 1980: Urban retail provision and consumer behaviour: some examples from western society. In Herbert, D.T. and Johnston, R.J., eds, *Geography and the urban environment*, volume 3. New York and Chichester: John Wiley, pp. 87-132.

Lewis, C.R. 1977: *Central place analysis*. In course D204 Fundamentals of human geography, section II Spatial analysis. Milton Keynes: Open University.

Lösch, A. 1954: *The economics of location*. New Haven: Yale University Press; Oxford: Oxford University Press (first German edition 1940).

Preston, R.E. 1985: Christaller's neglected contribution to the study of the evolution of central places. *Progr. Hum. Geog.* 9, pp. 177-93.

중심측정법 centrography

Bachi, R. 1968: Statistical analysis of geographical series. In Berry, B.J.L. and Marble, D.F., eds, *Spatial analysis: a reader in statistical geography*. Englewood Cliffs, NJ and London: Prentice-Hall, pp. 101-9.

Smith, D.M. 1975: *Patterns in human geography: an introduction to numerical methods*. London: Penguin; New York: Crane Russak.

Suggested Reading

Kellerman, A. 1981: *Centrographic measures in geography*. Concepts and techniques in modern geography 32. Norwich: Geo Abstracts.

Taylor, P.J. 1977: *Quantitative methods in geography: an introduction to spatial analysis*. Boston: Houghton Mifflin, pp. 18-36.

중앙계획 central planning

Suggested Reading

Ellman, M. 1971: *Soviet planning today: proposals for an optimally functioning economic system*. Cambridge: Cambridge University Press.

Gregory, P. and Stuart, R. 1974: *Soviet economic structure and performance*. New York and London: Harper and Row.

Lavigne, M.L. 1974: *The socialist economies of the Soviet Union and Europe*, translated by T.G. Waywell. Oxford: Martin Robertson; White Plains, NY: International Arts and Sciences Press.

Nove, A. 1977: *The Soviet economic system*. London: Allen & Unwin.

Pallott, J. and Shaw, D.J.B. 1981: *Planning in the Soviet Union*. London: Croom Helm.

지관념론 geosophy

Whittlesey, D. 1945: The horizon of geography. *Ann. Ass. Am. Geogr.* 35, pp. 1-36.

Wright, J.K. 1947: Terrae incognitae: the place

참고문헌(지도학)

of imagination in geography. *Ann. Ass. Am. Geogr.* 37, pp. 1-15. Reprinted in Wright, J.K., *Human nature in geography: fourteen papers, 1925-1965*. Cambridge, Mass.: Harvard University Press: Oxford: Oxford University Press.

지구제 zoning

Suggested Reading

Delafons, J. 1969: *Land-use controls in the United States*, second edition. London and Cambridge, Mass.: MIT Press.

Platt, R.H. 1976: *Land use control; interface of law and geography*. Washington, DC: Association of American Geographers, Commission on College Geography, research paper 75-1.

Scott, M. 1969: *American city planning since 1890*. Berkeley: University of California Press.

Williams, N. 1966: *The structure of urban zoning and its dynamics in urban planning and development*. New York: Buttenheim Publishing Corporation.

지도이미지 map image and map

Suggested Reading

Blakemore, M.J. and Harley, J.B. 1981: Concepts in the history of cartography: a review and perspective. *Cartographica* 17: 4.

Harvey, P.D.A. 1980: *The history of topographical maps: symbols, pictures and surveys*. London: Thames and Hudson.

Robinson, A.H. and Petchenik, B.B. 1976: *The nature of maps: essays towards understanding maps and mapping*. Chicago and London: University of Chicago Press, pp. 1-22.

Wallis, H., ed. 1976: *Map making to 1900 – an historical glossary of cartographic innovations and their diffusion: international conference proceedings*. London: Royal Society.

지도투영법 projection

Robinson, A.H., Sale, R., Morrison, J. and Muehrcke, P.C. 1985: *Elements of cartography*, fifth edn. New York and Chichester, John Wiley.

Snyder, J.P. 1982: *Map projections used by the U.S. Ecological Survey*. Ecological Survey Bulletin 1532. Washington, DC: US Department of the Interior.

Suggested Reading

Hilliard, J.A., Basoglu, U. and Muehrcke, P.C. 1978: *A projection handbook*. Cartographic Laboratory, University of Wisconsin-Madison. Paper 2.

Maling, D.H. 1972: *Coordinate systems and map projections*. London: George Philip.

McDonnell, P.W.Jr 1979: *Introduction to nap projections*. New York: Marcel Dekker.

Robinson et al. (1985).

Tobler (1974).

지도학 cartography

Board, C. 1967: Maps as models. In Chorley, R.J. and Haggett, P., eds, *Models in geography*. London and New York: Methuen, pp. 671-725.

Board, C., ed. 1984: New insights into cartographic communication. *Cartographica* 21: 1, pp. 1-38.

Frulov, Y.S. 1978: Theoretical aspects of the cartographic research method. *Soviet Geogr.* 19, pp. 151-60.

Morrison, J.L. 1976: The science of cartography and its essential process. *Int. Yearbook Cartogr.* 16, pp. 84-97.

Morrison, J.L. 1977: Towards a functional definition of the science of cartography with an emphasis on map reading. In Kretschmer, I., ed., *Studies in theoretical cartography*. Vienna: Franz Deuticke, pp. 247-66.

Olson, J.M., ed. 1984: *U.S. National Report to I.C.A.* Falls Church, Va: American Congress on Surveying and Mapping.

Raisz, E.J. 1962: *Principles of cartography*. New York and London: McGraw-Hill.

Ratajski, L. 1972: New opinions and tendencies in Polish cartography. *Geographia Polonica* 22, pp. 137-44.

Ratajski, L. 1978: The main characteristics of cartograpic communication as a part of theoretical cartography. *Int. Yearbook Cartogr.* 18, pp. 21-32.

Robinson, A.H. and Petchenik, B.B. 1976: *The nature of maps: essays towards understanding maps and mapping*. Chicago and London: University of Chicago Press.

Salichtchev, K.A. 1973: Some reflections on the subject and method of cartography after the Sixth International Cartographic Conference. *Can. Cartogr.* 10, pp. 106-11.

Salichtchev, K.A. 1978: Cartographic communication: its place in the theory of science. *Can. Cartogr.* 15, pp. 93-9.

Taylor, D.R.F., ed. 1983: *Graphic communication in contemporary cartography*. New York and Chichester, John Wiley.

Suggested Reading

Blakemore, M.J. and Harley, J.B. 1981: Concepts in the history of cartography: a review and perspective. *Cartographica* 17: 4.

Robinson, A.H. 1979: Geography and cartography then and now. *Ann. Ass. Am. Geogr.* 69, pp.

참고문헌(지리교육)

97-102.
Robinson, A.H., Morrison, J.L. and Muehrcke, P.C. 1977: Cartography 1950-2000. *Trans. Inst. Br. Geogr.* ns 2, pp. 3-18.
Robinson and Petchenik (1976).
Robinson, A.H., Sale, R., Morrison, J. and Muehrcke, P.C. 1985: *Elements of cartography*, fifth edition. New York and Chichester: John Wiley.
Schlichtmann, H. 1979: Codes in map communication. *Can. Cartogr.* 16, pp. 81-97.

지리교육 schools, geography in

Chorley, R.J. and Haggett, P., eds 1965: *Frontiers in geographical teaching*. London: Methuen.
Chorley, R.J. and Haggett, P., eds 1967: *Models in geography*. London: Methuen.
HMI 1960: *Geography in education*. Ministry of Education pamphlet 39. London: HMSO.
HMI 1972: *New thinking in school geography*. Ministry of Education pamphlet 59. London: HMSO.

Suggested Reading
Boardman, D., ed. 1985: *New directions in geographical education*. Brighton: Falmer Press.
Fien, J., Gerber, R. and Wilson, P., eds 1984: *The geography teacher's guide to the classroom*. Australia: Macmillan.
Graves, N.J., ed. 1982: *New UNESCO source book for geography teaching*. Harlow: Longman.
Huckle, J., ed. 1983: *Geographical education: reflection and action*. Oxford: Oxford University Press.
Mills, D., ed. 1981: *Geographical work in primary and middle schools*. Sheffield: The Geographical Association.
Walford, R., ed. 1981: *Signposts for geography teaching*. Harlow: Longman.
Four sample textbook series reflect the changes in geographical education in 60 years:
Stamp, L.D. 1933: *A smaller world geography*. Harlow: Longman.
Honeybone, R.G., ed. 1956: *Geography for schools*. London: Heinemann.
Rolfe, J. et al. 1975: *Oxford geography project*, books 1-3. Oxford: Oxford University Press.
Beddis, R. 1982: *A sense of place*. Oxford: Oxford University Press.

지리적 조사 geographical expedition

Suggested Reading
Bunge W. 1977: The first years of the Detroit Geographical Expedition. In Peet, R., ed., *Radical geography: alternative viewpoints on contemporary social issues*. Chicago: Maaroufa; London: Methuen, pp. 31-9.

지리정보시스템 geographic information systems(GIS)

References and Selected Reading
Drummond, J.E. 1984: Polygon handling at the E.C.U. *Cartogr. J.* 21: 1, pp. 3-12.
Jackson, M.J., Bell, S.B.M. and Diaz, B.M. 1983: Database developments at the E.C.U. *Cartographica* 20: 3, pp. 55-68.
Marble, D.F., Calkins, H.W. and Peuquet, D.J. 1984: *Basic readings in geographic information systems*. Williamsville, New York: Spad Systems.
Rhind, D.W. 1981: Geographic information systems in Britain. In Wrigley, N. and Bennet, R.J., eds, *Quantitative geography: a British view*. London, Boston and Henley: Routledge and Kegan Paul, pp. 17-35.

지리학 geography

Hartshorne, R. 1959: *Perspective on the nature of geography*. Chicago: Rand McNally; London: John Murray.
James, P.E. and Jones, C.F., eds 1954: *American geography: inventory and prospect*. Syracuse: Syracuse University Press.

Suggested Reading
Abler, R., Adams, J.S. and Gould, P. 1971: *Spatial organization: the geographer's view of the world*. Englewood Cliffs, NJ and London: Prentice-Hall.
Brown, E.W., ed. 1980: *Geography - yesterday and tomorrow*. Oxford: Oxford University Press.
Haggett, P. 1983: *Geography: a modern synthesis*, third revised edition. New York and London: Harper and Row.
James, P.E. and Martin, G.J. 1981: *All possible worlds: a history of geographical ideas*, second edition. New York and Chichester: John Wiley.
Johnston, R.J. 1983: *Geography and geographers: Angle-American human geography since 1945*. London: Edward Arnold; New York: Halsted.
Johnston, R.J. 1983: *Philosophy and human geography*. London and New York: Edward Arnold.
Taylor, P.J. 1985: The value of a geographical perspective. In Johnston, R.J. ed. *The future of geography* London: Methuen, pp. 92-108.

지리학적 상상력 geographical imagination

Harvey, D. 1973: *Social justice and the city*. London: Edward Arnold; Cambridge, Mass.: Har-

참고문헌(지역)

vard University Press.
Harvey, D. 1984: On the history and present condition of geography: an historical materialist manifesto. *Prof. Geogr.* 36, pp. 1–11
Prince, H.C. 1961–2: The geographical imagination. *Landscape* 11, pp. 22–5.
Wright Mills, C. 1959: *The sociological imagination.* Oxford and New York: Oxford University Press.

Suggested Reading
Gregory, D. forthcoming: *The geographical imagination: social theory and human geography.* London: Hutchinson.
Harvey (1973), chapter 1.
Harvey (1984).

지리학회 및 정기간행물 geographical societies and periodicals

Suggested Reading
Stoddart, D.R. 1967: Growth and structure of geography. *Trans. Inst. Br. Geogr.* 41, pp. 1–19.
Freeman, T.W. 1961: *A hundred years of geography.* London: Duckworth; Chicago: Aldine.
Harris, C.D. and Fellman, J. D. 1980: *International list of geographical serials*, third edition. Chicago: University of Chicago, Department of Geography, research paper 193.

지명 place-names

Cameron, K. 1976: *The significance of English place-names.* Sir Israel Gollancz memorial lecture, British Academy.
Campbell, J., John, E. and Wormald, P. 1983; *The Anglo-Saxons.* Oxford: Phaidon Press; Ithica, NY: Cornell University Press.
Dodgson, J.M. 1966: The significance of the distribution of English place-names in *-ingas, -inga* in south-east England. *Medieval Archeology* 10, pp. 1–29.
Dodgson, J.M. 1973: Place-names from *h—am* distinguished from *hamm* names, in relation to the settlement of Kent, Surrey and Sussex. *Anglo-Saxon Eng.* 2, pp. 181–206.
Fellows Jensen, G. 1975: The Vikings in England: a review. *Anglo-Saxon England* 4, pp. 181–206.
Gelling, M. 1978: *Signposts to the past: place-names and the history of England.* London: J.M. Dent.
Reaney, P.H. 1943: The place-names of Cambridgeshire and the history of England. *English Place-name Society* 19.
Stenton, F.M. 1939: The historical bearing of place-name studies in England in the sixth century. *Trans. Roy. hist. Soc.* 4th series, 23, pp. 1–24.

Suggested Reading
Gelling (1978).

지방정부 local state

Suggested Reading
Bennett, R.J. 1980: *The geography of public finance.* London: Methuen.
Clark, G.L. and Dear, M.J. 1984: *State apparatus.* Boston and London: George Allen & Unwin.
Johnston, R.J. 1982: *Geography and the state.* London: Macmillan.

지역 region

Berry, B.J.L. 1964: Approaches to regional analysis: a synthesis. *Ann. Ass. Am. Geogr.* 54, pp. 2–11.
Chapman, G.P. 1977: *Human and environmental systems: a geographer's appraisal.* London and New York: Academic Press.
Dickinson, R.E. 1947: *City region and regionalism: a geographical contribution to human ecology.* London: Kegan Paul Trench Trübner.
Giddens, A. 1984: *The constitution of society.* Cambridge: Polity Press.
Grigg, D. B. 1965: The logic of regional systems. *Ann. Ass. Am. Geogr.* 55, pp. 465–91.
Hägerstrand, T. 1984: Presence and absence: a look at conceptual choices and bodily necessities. *Reg. Stud.* 18, pp. 373–80.
Haggett, P., Cliff, A.D. and Frey, A. 1977: *Locational analysis in human geography*, second edition. London: Edward Arnold; New York: John Wiley.
Hartshorne, R. 1939: *The nature of geography: a critical survey of current thought in the light of the past.* Lancaster, Pa.: Association of American Geographers.
James, P.E. and Jones, C.F., eds 1954: *American geography: inventory and prospect.* Syracuse, NY: Syracuse University Press.
Langton, J. 1984: The industrial revolution and the regional geography of England. *Trans. Inst. Br. Geogr.* ns 9, pp. 145–67.
Lee, R. 1985; The future of the region: regional geography as education for transformation. In King, R., ed., *Geographical futures.* Sheffield: Geographical Association, pp. 77–91.
Philbrick, A.K. 1957: Principles of areal functional organization in regional human geography. *Econ. Geogr.* 33, pp. 299–336.
Pred, A. 1984: Place as historically contingent process: structuration and the time-geography of becoming places. *Ann. Ass. Am. Geogr.* 74, pp.

참고문헌(지역과학)

279-97.
Sayer, A. 1985: Realism in geography. In Johnston, R.J., ed., *The future of geography*. London and New York: Methuen, pp. 159-73.
Thrift, N. 1983: On the determination of social action in space and time. *Environ. Plann. D*. 1, pp. 23-57.
Wrigley, E.A. 1965: Changes in the philosophy of geography. In Chorley, R.J. and Haggett, P., eds, *Frontiers in geographical teaching*. London: Methuen, pp. 3-24.

Suggested Reading
Grigg, D. 1967: Regions, models and classes. In Chorley, R.J. and Haggett, P., eds, *Models in geography*. London and New York: Methuen, chapter 12.
Hägerstrand (1984).
Lee (1985).
Thrift (1983).

지역과학 regional science

Glickman, N.J. 1977: *Econometric analysis of regional systems: explorations in model building and policy analysis*. New York and London: Academic Press.
Holland, S. 1976: *Capital versus the regions*. London: Macmillan, pp. 18-34.
Nijkamp, P. 1979: *Multidimensional spatial data and decision analysis*. New York and Chichester: John Wiley.
Paelinck, J.H.P. and Klaassen. L.H. 1979: *Spatial econometrics*. Farnborough: Saxon House.

Suggested Reading
Isard, W. 1960: *Methods of regional analysis: an introduction to regional science*. Cambridge, Mass.: MIT Press.
Isard, W. 1975; *Introduction to regional science*. Englewood Cliffs, NJ and London: Prentice-Hall.
Paelinck, J.H.P. and Nijkamp, P. 1975: *Operational theory and method in regional economics*. Farnborough: Saxon House; Lexington, Mass.: Lexington Books.

지역구분(분류와 지역화) classification and regionalization

Suggested Reading
Johnston, R.J. 1976: *Classification in geography*. Concepts and techniques in modern geography 6. Norwich: Geo Abstracts.

지역단위정책 area-based policies

Suggested Reading
Herbert, D.T. and Smith, D.M., eds 1979: *Social problems and the city*. Oxford: Oxford University Press.
Smith, D.M. 1979: *Where the grass is greener: living in an unequal world*. London: Penguin; New York: Barnes and Noble (published as *Geographical perspectives on inequality*).

지역동맹 regional alliance

Suggested Reading
Blacksell, M. 1981: *Post-war Europe: a political geography*, second edition. London: Hutchinson.

지역분화 areal differentiation

Guelke, L. 1978: Geography and logical positivism. In Herbert, D.T. and Johnston, R.J., eds, *Geography and the urban environment*, volume 1. Chichester and New York: John Wiley, pp. 35-61.
Haggett, P. 1965: *Locational analysis in human geography*. London: Edward Arnold; New York: John Wiley.
Hartshorne, R. 1939: *The nature of geography: a critical survey of current thought in the light of the past*. Lancaster, Pa.: Association of American Geographers.
Hartshorne, R. 1959: *Perspective on the nature of geography*. Chicago: Rand McNally; London: John Murray.
Harvey, D. 1984: On the history and present condition of geography: an historical materialist manifesto. *Prof. Geogr*. 36, pp. 1-11.
Johnston, R.J. 1985: The world is our oyster. In King R., ed., *Geographical futures*. Sheffield: Geographical Association, pp. 112-28.
Massey, D. 1984: Introduction. In Massey, D. and Allen, J., eds, *Geography matters! A reader*. Cambridge: Cambridge University Press, pp. 1-11.

Suggested Reading
Hartshorne (1939).
Johnston (1985).
Massey, D. 1984: *Spatial divisions of labour: social structures and the geography of production*. London: Macmillan, chapters 2-3.

지역생산단지 territorial production complex(TPC)

Suggested Reading
Bandman, M.K. 1978: Industrial location and the optimization of territorial systems. In F.E.I. Hamilton, ed., *Contemporary industrialization: spatial analysis and regional development*. London

and New York: Longman, pp. 25-9.
Smith, D.M. 1981: *Industrial location: an economic geographical analysis*, second edition. New York: John Wiley, pp. 410-22.

지역정책 regional policy

References and Suggested Reading
Knox, P. 1984: *The geography of western Europe*. Beckenham: Croom Helm; Totowa, NJ: Barnes and Noble, chapter 5.
Massey, D. 1984: *Spatial divisions of labour*. London and Basingstoke: Macmillan; New York: Methuen, chapter 6.

지역주기 regional cycles

Isard, W. 1960: *Methods of regional analysis: an introduction to regional science*. Cambridge, Mass.: MIT Press.

Suggested Reading
Cliff, A.D., Haggett, P., Ord, J.K., Bassett, K. and Davies, R. 1975: *Elements of spatial structure: a quantitative approach*. Cambridge and New York: Cambridge University Press, pp. 107-41.
Glickman, N.J. 1977: *Econometric analysis of regional systems: explorations in model building and policy analysis*. London and New York: Academic Press.
Isard (1960), chapter 6.

지역주의 regionalism

Suggested Reading
Bennett, R.J. 1985: Regional movements in Britain: a review of aims and status. *Environ. Plann. C* 3: 1, pp. 75-96.
Kofman, E. 1985: Regional policy and the one and individual French republic. *Environ Plann. C* 3: 1, pp. 11-26.
Rokkan, S. and Urwin, D. 1983: *Economy, territory, identity. Politics of West European peripheries*. London: Sage.
Smith, G.E. 1985: Nationalism, regionalism and the state. *Environ. Plann. C* 3: 1, pp. 3-9.

지역지 chorology 또는 chorography

Bowen, M. 1981: *Empiricism and geographical thought: from Francis Bacon to Alexander von Humboldt*. Cambridge: Cambridge University Press.
Hartshorne, R. 1939: *The nature of geography: a critical survey of current thought in the light of the past*. Lancaster, Pa.: Association of American Geographers.
Sack, R.D. 1974: Chorology and spatial analysis.

Ann. Ass. Am. Geogr. 64, pp. 439-52.

Suggested Reading
Bowen (1981).
Hartshorne (1939).

지역지리학 regional geography

Ass. Am. Geogr. 55, pp. 375-6.
Chorley, R.J. 1971: The role and relations of physical geography. *Prog. Geogr.* 3, pp. 87-109.
Clark, A.H. 1962: *Praemia Geographia*: the incidental rewards of a geographical career. *Ann. Ass. Am. Geogr.* 55, pp. 229-41.
Farmer, B.H. 1973: Geography, area studies and the study of area. *Trans. Inst. Br. Geogr.* 60, pp. 1-16.
Gregory, D. 1978: *Ideology, science and human geography*. London: Hutchinson; New York: St Martin's Press.
Gregory, D. 1985: People, places and practices: the future of human geography. In King, R., ed., *Geographical futures*. Sheffield: Geographical Association, pp. 56-76.
Gregory, D. forthcoming: *The geographical imagination: social theory and human geography*. London: Hutchinson.
Guelke, L. 1977: Regional geography. *Prof. Geogr.* 29, pp. 1-7.
Hartshorne, R. 1939: *The nature of geography; a critical survey of current thought in the light of the past*. Lancaster, Pa.: Association of American Geographers.
Langton, J. 1984: The industrial revolution and the regional geography of England. *Trans. Inst. Br. Geogr.* ns 9, pp. 145-67.
Lee, R. 1985: The future of the region: regional geography as education for transformation. In King, R., ed., *Geographical futures*. Sheffield: Geographical Association, pp. 77-91.
Mead, W.R. 1980: Regional geography. In Brown, E.H., ed., *Geography - yesterday and tomorrow*. Oxford: Oxford University Press, pp. 292-302.
Paterson, J.H. 1974: Writing regional geography: problems and progress in the Anglo-American realm. *Prog. Geog.* 6, pp. 1-26.
Schaefer, F.K. 1953: Exceptionalism in geography: a methodological examination. *Ann. Ass. Am. Geogr.* 43, pp. 226-49.
Stamp, L.D. and Wooldridge, S.W., eds 1951: *London essays in geography*. London and New York: Longmans Green.
Thrift, N.J. 1983: On the determination of social action in space and time. *Environ. Plann. D* 1, pp.

참고문헌(지외경심)

23-57.
Wrigley, E.A. 1965: Changes in the philosophy of geography. In Chorley, R.J. and Haggett, P., eds, *Frontiers in geographical teaching*. London: Methuen, pp. 3–24.

Suggested Reading
Hartshorne (1939).
Lee (1985).
Mead (1980).
Thrift (1983).

지외경심(地畏敬心) geopiety

Suggested Reading
Wright, J.K. 1966: *Human nature in geography: fourteen papers, 1925-1965*. Cambridge, Mass.: Harvard University Press; Oxford: Oxford University Press.

지전략적 지역 geostrategic regions

Suggested Reading
Cohen, S.B. 1973: *Geography and politics in a world divided*, second edition. New York and Oxford: Oxford University Press.
Cohen, S.B. 1982: A new map of global geopolitical equilibrium. *Pol. Geogr. Q.*1, pp. 223–41.

지정학 geopolitics

Cohen, S. 1982: A new map of global geopolitical equilibrium: a developmental approach. *Pol. Geogr. Q.* 1: 3, pp. 223–41.
Wallerstein, I. 1981: *The politics of the world economy*. Cambridge: Cambridge University Press.

Suggested Reading
Agnew, J. 1983: An excess of 'national exceptionalism': towards a new political geography of American foreign policy. *Pol. Geogr. Q.* 2: 2, pp. 151–66.
Gyogy, A. 1944: *Geopolitics: The new German science*. Berkeley: University of California Press.
O'Loughlin, J. 1984: Geographic models of international conflicts. In Taylor, P. and House, J., eds, *Political geography. Recent advances and future directions*. London: Croom Helm.
Papp, D.S. 1984: *Contemporary international relations: frameworks for understanding*. London and New York: Macmillan.

지주자본과 임차자본 landlord capital and tenant capital

Suggested Reading

Barlowe, R. 1978: *Land resource economics*, third edition. Englewood Cliffs, NJ: Prentice-Hall, chapter 14.
Hill, B. 1974: Resources in agriculture: capital. In Edwards, A. and Rogers, A., eds, *Agricultural resources: introduction to the farming industry of the United Kingdom*. London: Faber and Faber, pp. 135–64.

지형도, 위상도 topographic map

Suggested Reading
Harley, J.B. 1975: *Ordnance survey maps: a descriptive manual*. Southampton: Ordnance Survey
Thompson, M.M. 1979: *Maps for America: cartographic products of the US geological survey and others*. Reston, Va.: US Geological Survey.

집단농장 collective

Hardy, D. 1979: *Alternative communities in nineteenth century England*. London and New York: Longman.

Suggested Reading
Stuart, R.C. 1972: *The collective farm in Soviet agriculture*. Lexington, Mass.: Lexington Books.
Symons, L. 1972: *Russian agriculture: a geographic survey*. London: Bell; New York: John Wiley.

집약적 농업 intensive agriculture

Suggested Reading
Chisholm, M. 1979: *Rural settlement and land use: an essay in location*, third edition. London: Hutchinson; Atlantic Highlands, NJ: Humanities Press.

집적 agglomeration

Suggested Reading
Lloyd, P.E. and Dicken, P. 1977: *Location in space: a theoretical approach to economic geography*, second edition. New York and London: Harper and Row, pp. 286–98.
Smith, D.M. 1981: *Industrial location: an economic geographical analysis*, second edition. New York: John Wiley, pp. 60–2.

집적과 집중 concentration and centralization

Suggested Reading
Hymer, S. 1975: The multinational corporation and the law of uneven development. In Radice, H., ed., *International firms and modern imperialism: selected readings*. London: Penguin, pp. 37–62.

참고문헌(체계분석)

Smith, D.M. 1979: *Where the grass is greener: living in an unequal world*. London: Penguin; New York: Barnes and Noble (published as *Geographical perspectives on inequality*), chapter 6.

집합적 소비 collective consumption

References and Suggested Reading
Castells, M. 1976: Theoretical propositions for an experimental study of urban social movements. In Pickvance, C.G., ed., *Urban sociology: critical essays*. London: Methuen, chapter 6.
Castells, M. 1977: *The urban question*. London: Edward Arnold, pp. 437–71.
Castells, M. 1983: *The city and the grassroots*. London: Edward Arnold.
Dunleavy, P. 1980: *Urban political analysis*. London: Macmillan.
Dunleavy, P. 1984: The limits to local government. In Boddy, M. and Fudge, C., eds, *Local socialism?* London and Basingstoke: Macmillan, chapter 3.
Lojkine, J. 1976: Contribution to a Marxist theory of urbanization. In Pickvance, C.G., ed., *Urban sociology: critical essays*. London: Methuen, chapter 5.
Pickvance, C.G., ed. 1976: *Urban sociology: critical essays*. London: Methuen; New York: St Martin's Press, chapters 1 and 8.
Pickvance, C.G. 1977: Marxist approaches to the study of urban politics. *Int. J. urban and reg. Res.* 1, pp. 218–55.
Pinch, S.P. 1985: *Cities and services: the geography of collective consumption*. London: Routledge and Kegan Paul.
Saunders, P. 1980: *Urban politics*. Harmondsworth: Penguin, chapters 3 and 4.
Saunders, P. 1981: *Social theory and the urban question*. London: Hutchinson; New York: Holmes and Meier, chapter 8.
Saunders, P. 1984: Rethinking local politics. In Boddy, M. Fudge, C., eds, *Local socialism?* London and Basingstoke: Macmillan.

집합적 통행모형 aggregate travel model

Suggested Reading
Smith, D.M. 1981: *Industrial location: an economic geographical analysis*, second edition. New York: John Wiley, pp. 272–4.

참여관찰 participant observation
Suggested Reading
McCall, G.J. and Simmons, J.L., eds 1969: *Issues in participant observation*. Reading, Mass.: Addison Wesley.

체계 system

Bennett, R.J. and Chorley, R.J. 1978: *Environmental systems; philosophy, analysis and control*. London: Methuen; Princeton: Princeton University Press.
Chorley, R.J. and Kennedy, B.A. 1971: *Physical geography: a systems approach*. London and Englewood Cliffs, NJ: Prentice Hall.
Weaver, W. 1958: A quarter century in the natural sciences. *Annual Report*. New York: The Rockefeller Foundation.
Williams, R. 1983: *Keywords*. London: Fontana.

Suggested Reading
Chapman, G.T. 1977: *Human and environmental systems*. London and New York: Academic Press.
Huggett, R.J. 1980: *Systems analysis in geography*. Oxford: Clarendon Press; New York: Oxford University Press.
Wilson, A.G. 1981: *Geography and the environment: systems analytical methods*. Chichester and New York: John Wiley.

체계분석 systems analysis

Bennett, R.J. 1979: *Spatial time series: analysis, forecasting, control*. London: Pion.
Bennett, R.J. and Chorley, R.J. 1978: *Environmental systems: philosophy, analysis and control*. London: Methuen; Princeton: Princeton University Press.
Chapman, G.P. 1977: *Human and environmental systems: a geographer's appraisal*. London and New York: Academic Press.
Harvey, D. 1969: *Explanation in geography*. London: Edward Arnold; New York: St Martin's Press.
Langton, J. 1972: Potentialities and problems of adopting a systems approach to the study of change in human geography. *Prog. Geog.* 4, pp. 125–79.

Suggested Reading
Bennett and Chorley (1978).
Chapman (1977).
Gregory, D. 1980: The ideology of control: systems theory and geography. *Tijdschr. econ. soc. Geogr.* 71, pp. 327–42.
Huggett, R.J. 1980: *Systems analysis in geography*. Oxford: Oxford University Press.

555

참고문헌(촌락)

Kennedy, B.A. 1979: A naughty world. *Trans. Inst. Br. Geogr.* new series 4, pp. 550-8.

촌락 rural

Suggested Reading

Cloke, P. 1977: An index of rurality for England and Wales. *Reg. Stud.* 11, pp. 31-46.

촌락계획 rural planning

Moseley, M.J. 1979: *Accessibility: the rural challenge.* London: Methuen.

Suggested Reading

Blacksell, M. and Gilg, A. 1981: *The countryside: planning and change.* London: Allen & Unwin.

Cherry, G.E., ed. 1976: *Rural planning problems.* London: Leonard Hill; New York: Barnes and Noble.

Cloke, P.J. 1983: *An introduction to rural settlement planning.* London and New York: Methuen.

Davidson, J. and Wibberley, G.P. 1977: *Planning and the rural environment.* Oxford and New York: Pergamon.

촌락공동체 rural community

Hillery, G.A. 1955: Definitions of community: areas of agreement. *Rural Sociol.* 20, pp. 111-23.

Stacey, M. 1969: The myth of community studies. *Br. J. Sociol.* 20, pp. 134-47.

Suggested Reading

Jones, G.E. 1973: *Rural life.* London: Longman.

Lewis, G.J. 1979: *Rural communities: a social geography.* Newton Abbot and North Pomfret, Vt.: David and Charles.

촌락지리학 rural geography

Suggested Reading

Pacione, M., ed. 1983: *Progress in rural geography.* London: Croom Helm; Totowa, NJ: Barnes and Noble.

Pacione, M. 1984: *Rural geography.* London and New York: Harper and Row.

Phillips, D. and Williams, A. 1984: *Rural Britain: a social geography.* Oxford: Basil Blackwell.

총체론 holism

Suggested Reading

Simmons, I.G. and Cox, N.J. 1985: Reductionist and holistic approaches to geography. In Johnston, R.J. ed., *The future of geography.* London and New York: Methuen, pp. 43-58.

Stoddart, D.R. 1967: Organism and ecosystem as geographic models. In Chorley, R.J. and Haggett, P. eds, *Models in geography.* London and New York: Methuen, pp. 511-48.

최근린분석 nearest neighbour analysis

Reference and Suggested Reading

Aplin, G. 1983: *Order-neighbour analysis.* Concepts and techniques in modern geography 36. Norwich: Geo Books.

최대최소기준 maximin criterion

Gould, P.R. 1963: Man against his environment: a game theoretic framework. *Ann. Ass. Am. Geogr.* 53, pp. 290-7.

최적화모형 optimization models

Suggested Reading

Lee, C. 1973: *Models in planning: an introduction to the use of quantitative models in planning.* Oxford and New York: Pergamon.

추상화 abstraction

Allen, J. 1983: Property relations and landlordism – a realist approach. *Environ. Plann. D* 1, pp. 191-203.

Chorley, R.J. 1964: Geography and analogue theory. *Ann. Ass. Am. Geogr.* 54, pp. 127-37.

Gibson, K.D. and Horvath, R.J. 1983: Aspects of a theory of transition within the capitalist mode of production. *Environ. Plann. D* 1, pp. 121-38.

Johnson, R. 1982: Reading for the best Marx: history-writing and abstraction. In Centre for Contemporary Cultural Studies, *Making histories: studies in history-writing and politics.* London: Hutchinson, pp. 153-201.

Parkin, M. 1982: *Max Weber.* London: Tavistock.

Sayer, A. 1984: *Method in social science: a realist approach.* London: Hutchinson.

Suggested Reading

Allen (1983).

Sayer (1984), pp. 79-90 and 126-31.

축적 accumulation

Marx, K. 1976: *Capital*, volume 1. Harmondsworth: Penguin, chapters 24-6.

Suggested Reading

Harvey, D. 1982: *The limits to capital.* Oxford: Basil Blackwell.

참고문헌(취락의 연속성)

축적, 규모 scale

Cliff, A.D. and Ord, J.K. 1981: *Spatial processes*. London: Pion.

Haggett, P. 1965: Scale components in geographical problems. In Chorley, R.J. and Haggett, P., eds, *Frontiers in geographical teaching*. London: Methuen, pp. 164–85.

Harvey, D. 1969: *Explanation in geography*. London: Edward Arnold.

Kennedy, B.A. 1977: A question of scale? *Progr. phys. Geogr.* 1, pp. 154–7.

Kirby, A. 1985: Pseudo-random thoughts on space, scale and ideology in political geography. *Pol. Geogr. Q.* 4, pp. 5–18.

Olsson, G. 1981: Inference problems in locational analysis. In Cox, K. and Golledge, R., ed., *Behavioural problems in geography revisited*. London and New York: Methuen, pp. 3–17.

Smith, N. 1984: *Uneven development: nature, capital and the production of space*. Oxford and New York: Basil Blackwell.

Taylor, P.J. 1981: Geographical scales in the world systems approach. *Review* 5, pp. 3–11.

Taylor, P.J. 1982: A materialist framework for political geography. *Trans. Inst. Br. Geogr.* ns 7, pp. 15–34.

Taylor, P.J. 1985: *Political geography: world-economy, nation-state and locality*. Harlow; Longman.

Watson, M.K. 1978: The scale problem in human geography. *Geogr. Annlr.* 60B, pp. 36–47.

Suggested Reading

Taylor (1982).
Watson (1978).

출산력 fertility

Suggested Reading

Andorka, R. 1978: *Determinants of fertility in advanced societies*. London: Methuen; New York: Free Press.

Jones, H.R. 1981: *A population geography*. London and New York: Harper and Row.

Tilly, C. ed. 1978: *Historical studies of changing fertility*. Princeton: Princeton University Press.

Woods, R.I. 1979: *Population analysis in geography*. London and New York: Longman.

취락유형 settlement pattern

Brush, J.E. and Bracey, H.E. 1955: Rural service centers in southwestern Wisconsin and southern England. *Geogrl. Rev.* 45, pp. 559–69.

Bylund, E. 1960: Theoretical considerations regarding the distribution of settlement in inner north Sweden. *Geogr. Annlr* 42, pp. 225–31.

Gleave, M.B. 1962: Dispersed and nucleated settlement in the Yorkshire wolds, 1770–1850. *Trans. Inst. Br. Geogr.* 30, pp. 105–18.

Hudson, J.C. 1969: A location theory for rural settlement. *Ann. Ass. Am. Geogr.* 59, pp. 365–81.

King, L.J. 1962: A quantitative expression of the pattern of urban settlements in selected areas of the United States. *Tijdschr. econ. soc. Geogr.* 53, pp. 1–7.

Roberts, B.K. 1976: *Rural settlement in Britain*. Folkestone: Dawson; Hamden: Shoe String Press.

Suggested Reading

Bunce, M. 1982: *Rural Settlement in an urban world*. London: Croom Helm, pp. 13–98.

Chisholm, M. 1979: *Rural settlement and land use: an essay in location*, third edition. London: Hutchinson; Atlantic Highlands, NJ: Humanities Press.

Haggett, P., Cliff, A.D. and Frey, A.E. 1977: *Locational analysis in human geography*, volume 1, *Locational models*, second edition, London: Edward Arnold; New York: John Wiley, chapter 4.

취락의 연속성 settlement continuity

Darby, H.C. 1964: Historical geography: from the coming of the Anglo-Saxons to the Industrial Revolution. In Wreford Watson, J., ed., *The British Isles: a systematic geography*. London: Nelson, pp. 198–220.

Darby, H.C. 1973: The Anglo-Scandinavian foundations. In Darby, H.C., ed., *A new historical geography of England*. Cambridge and New York: Cambridge University Press, pp. 1–38.

Finberg, H.P.R. 1964: Continuity or cataclysm? In Finberg, H.P.R., ed., *Lucerna: Studies of some problems in the early history of England*. London: pp. 1–20.

Finberg, H.P.R. 1972: Revolution or evolution? In Finberg, H.P.R., ed., *The agrarian history of England and Wales*, volumes I-II. Cambridge: Cambridge University Press, pp. 385–401.

Fowler, P.J. 1976: Agriculture and rural settlement. In Wilson D.M., ed., *The archaeology of Anglo-Saxon England*. London: Methuen, pp. 23–48.

Gregson, N. 1985: The multiple estate model: some critical questions. *J. hist. Geog.* 11, pp. 339–51.

Jones, G.R.J. 1971: The multiple estate as a model framework for tracing early stages in the evolution of rural settlements. In Dussart, F.,

참고문헌(침상도시)

ed., *L'Habitat et les paysages ruraux d'Europe*. Liège: University of Liège, pp. 255–62.

Jones, G.R.J. 1976: Multiple estates and early settlement. In Sawyer, P.H., ed., *Medieval settlement: continuity and change*. London: Edward Arnold, pp. 15–40.

Jones, G.R.J. 1978: Celts, Saxons and Scandinavians. In Dodgshon, R.A. and Butlin, R.A., eds, *An historical geography of England and Wales*. London: Academic Press, pp. 57–79.

Jones, G.R.J. 1985: Multiple estates perceived. *J. hist. Geog.* 11, pp. 352–63.

Roberts, B.K. 1979: *Rural settlement in Britain*. London: Hutchinson.

Taylor, C. 1983: *Village and farmstead: a history of rural settlement in England*. London: George Philip.

Suggested Reading
Finberg (1972).
Gregson (1985).
Jones (1976).

침상도시 dormitory villages

Suggested Reading
Pahl, R.E. 1965: Class and community in English commuter villages. *Sociol. Rur.* 5, pp. 5–23.

침체지역 depressed region

Bassett, K. and Haggett, P. 1971: Towards short-term forecasting for cyclic behaviour in a regional system of cities. In Chisholm, M., Frey, A.E. and Haggett, P., eds, *Regional forecasting*. London: Butterworth; Hamden, Conn.: Archon Books.

Brechling, F. 1967: Trends and cycles in British regional unemployment. *Oxford economic papers*. n s 19, pp. 1–21.

Haggett, P. 1971: Leads and lags in interregional systems: a study of the cyclic fluctuations in the south-west economy. In Chisholm, M. and Manners, G., eds, *Spatial policy problems of the British economy*. Cambridge: Cambridge University Press.

King, L.J., Cassetti, E. and Jeffrey, D. 1972: Cyclical fluctuations in employment levels in US metropolitan areas. *Tijdschr. econ. soc. Geogr.* 53, pp. 345–52.

Massey, D. 1979: In what sense a regional problem? *Reg. Stud.* 13: 2, pp. 233–44.

Massey, D. B. and Meegan, R.A. 1979: The geography of industrial reorganization: the spatial effects of the restructuring of the electrical engineering sector in the Industrial Reorganization Corporation. *Progr. Plann.* 10, pp. 155–237.

Sant, M.E.C. 1973: *The geography of business cycles*. London: London School of Economics and Political Science geographical paper 5.

Suggested Reading
Massey, D. 1984: *Spatial divisions of labour*. London: Macmillan.
Sant (1973).

ㅋ

카이 제곱 chi square(X²)

Suggested Reading
Gregory, S. 1978: *Statistical methods and the geographer*, fourth edition. London and New York: Longman.

카타스트로피 이론 catastrophe theory

Amson, J.C. 1974: Equilibrium and catastrophic modes of urban growth. In Cripps, E.L., ed., *Space-time concepts in urban and regional models*. London: Pion, pp. 108–28.

Poston, T. and Wilson, A.G. 1977: Facility size vs. distance travelled: urban services and the fold catastrophe. *Environ. Plann. A* 9, pp. 681–6.

Thom, R. 1975: *Structural stability and morphogenesis*. Reading, Mass.: W.A. Benjamin.

Suggested Reading
Wilson, A.G. 1981: *Catastrophe theory and bifurcation: applications to urban and regional systems*. London: Croom Helm; Berkeley: University of California Press.

칸트학파 Kantianism

Berdoulay, V. 1976: French possibilism as a form of neo-Kantian philosophy. *Proc. Ass. Am. Geogr.* 8, pp. 176–9.

Blaut, J. 1961: Space and process. *Prof. Geogr.* 13, pp. 1–7.

Büttner, M. and Hoheisel, K. 1980: Immanuel Kant. *Geographers: Biobibliographical Studies* 4, pp. 55–67.

Entrikin, J.N. 1977: Geography's spatial perspective and the philosophy of Ernst Cassirer. *Can. Geogr.* 21, pp. 209–22.

Entrikin, J.N. 1980: Robert Park's human ecology and human geography. *Ann. Ass. Am. Geogr.* 70, pp. 43–58.

Entrikin, J.N. 1981: Philosophical issues in the scientific study of regions. In Herbert, D.T. and Johnston, R.J. eds, *Geography and the urban environment. Progress in research and applications,* volume 4. London: John Wiley, pp. 1-27.

Hartshorne, R. 1939: *The nature of geography: a critical survey of current thought in the light of the past*. Lancaster, Pa.: Association of American Geographers.

Hartshorne, R. 1958: The concept of geography as a science of space, from Kant and Humboldt to Hettner. *Ann. Ass. Am. Geogr.* 48, pp. 97-108.

Jackson, P. and Smith, S.J. 1984: *Exploring social geography*. London and Boston: Allen & Unwin.

Livingstone, D.N. and Harrison, D.T. 1981: Immanuel Kant, subjectivism and human geography: a preliminary investigation. *Trans. Inst. Br. Geogr. ns* 6, pp. 359-74.

May, J.A. 1970: *Kant's conception of geography and its relation to recent geographical thought*. Toronto: University of Toronto, Department of Geography, research publication 4.

Parkes, D. and Taylor, P.J. 1975: A Kantian view of the city: a factorial ecology experiment in space and time. *Environ. Plann. A* 7, pp. 671-88.

Richards, P. 1974: Kant's geography and mental maps. *Trans. Inst. Br. Geogr.* 61, pp. 1-16.

Schaefer, F.K. 1953: Exceptionalism in geography: a methodological examination. *Ann. Ass. Am. Geogr.* 43, pp. 226-49.

Suggested Reading

Büttner and Hoheisel (1980).
Entrikin (1981).
Livingstone and Harrison (1981).
May (1970).

컴퓨터 지도학 computer-assisted cartography

Davis, J.C. and McCullagh, M.J., eds 1975: *Display and analysis of spatial data*. Chichester: John Wiley.

Peucker, T.K. and Chrisman, N. 1975: Cartographic data structures. *Am. Cartogr.* 2, pp. 55-69.

Rhind, D.W. 1977: Computer-aided cartography. *Trans. Inst. Br. Geogr.* n s 2, pp. 71-97.

Wiedel, J.W., ed. 1983: *Proceedings of the First International Symposium on Maps and Graphics for the Visually Handicapped*. Washington, DC: Association of American Geographers.

Suggested Reading

Baxter, R.S. 1976: *Computer and statistical techniques for planners*. London: Methuen.

Douglas, D.H., ed. 1984: *Auto carto six; selected papers. Cartographica* 21: 2/3.

Monmonier, M.S. 1982: *Computer assisted cartography: principles and prospects*. Englewood Cliffs, NJ and London: Prentice Hall.

Taylor, D.R.F., ed. 1980: *The computer in contemporary cartography*. New York and Chichester: John Wiley.

콘드라티에프 파동 Kondratieff cycles

References and Suggested Reading

Dunford, M. and Perrons, D. 1983: *The arena of capital*. London and Basingstoke: Macmillan; New York: St Martin's Press, chapter 9.

Freeman, C., Clark, J. and Soete, L. 1982: *Unemployment and technical innovation: a study of long waves and economic development*. London: Francis Pinter; Westport, Conn.: Greenwood Press.

Gordon, D.M., Edwards, R. and Reich, M. 1982: *Segmented work, divided workers*. Cambridge and New York: Cambridge University Press, chapter 2.

Gordon, D.M., Weisskopf, T.E. and Bowles, S. 1983: Long swings and the non-reproductive cycle. American Economic Association, *Papers and Proceedings* volume 73, no. 2, May, pp. 152-7.

Hall, P. 1985: The geography of the Fifth Kondratieff. In Hall, P. and Markusen, A., eds, *Silicon landscapes*. Winchester, Mass.: Allen & Unwin, chapter 1.

Maddison, A. 1982: *Phases of capitalist development*. Oxford and New York: Oxford University Press, chapter 4.

Mandel, E. 1980: *Long waves of capitalist development. The Marxist interpretation*. Cambridge: Cambridge University Press.

Taylor, P.J. 1985: *Political geography: world-economy, nation-state and locality*. London and New York: Longman.

큐-분석 Q-analyisis

Suggested Reading

Atkin, R.H. 1980: *Multidimensional man*. London: Penguin.

Gould, P. 1980: Q-analysis, or a language of structure: an introduction for social scientists, geographers and planners. *Int. J. Man-M.* 13, pp. 169-99.

키부츠 kibbutz(plural kibbutzim)

Suggested Reading

Weintraub, D., Lissak, M. Azmon, Y. 1969: *Moshava, kibbutz and moshav: patterns of Jewish rural settlement and development in Palestine*. Ithaca: Cornell University Press.

ㅌ

참고문헌(탈산업화)

탈산업화 deindustrialization

Suggested Reading

Cairncross, A. 1979: What is deindustrialization? In Blackaby, F., ed., *Deindustrialization*. London: Heinemann, pp. 5-17.

Goddard, J.B. 1983: Structural change in the British space economy. In Goddard, J.B. and Champion, A.G., eds, *The urban and regional transformation of Britain*. London: Methuen, chapter 1.

Martin, R.L. and Rowthorn, B. eds. 1986: *The geography of deindustrialization*. London: Macmillan

Mounfield, P.R. 1984: The deindustrialization and reindustrialization of Britain. *Geography* 69, pp. 141-6.

탈숙련화 deskilling

Suggested Reading

Braverman, H. 1974: *Labour and monopoly capital. The degradation of work in the twentieth century*. New York and London: Monthly Review Press.

Council for Science and Society 1981: *New technology: society, employment and skill*. London: Council for Science and Society.

텃세정치 turf politics

Suggested Reading

Cox, K.R. and Johnston, R.J., eds 1982: *Conflict, politics and the urban scene*. Harlow: Longman; New York: St. Martin's.

Dear, M.J. and Taylor, S.M. 1982: *Not on our street*. London: Pion.

텍스트 text

Rose, C. 1981: Wilhelm Dilthey's philosophy of historical understanding: a neglected heritage of contemporary humanistic geography. In Stoddart, D.R., ed., *Geography, ideology and social concern*. Oxford: Basil Blackwell; Totowa, NJ: Barnes and Noble, pp. 99-133.

토지가용력 land capability

Suggested Reading

CSIRO, Australia and UNESCO 1968: *Symposium on land evaluation: papers*, ed. G.A. Stewart. Melbourne: Macmillan.

McRae, S.G. and Burnham, C.P. 1981: *Land evaluation*. Oxford and New York: Oxford University Press.

토지분류 land classification

Stamp, L.D. 1948: *The land of Britain: its use and misuse*. London: Longman, Green and Co. and Geographical Publications.

Suggested Reading

Best, R.H. 1981: *Land use and living space*. London and New York: Methuen, chapter 8.

Hilton, N. 1968: *An approach to agricultural land classification in Great Britain*. Special publication of the Institute of British Geographers 1, pp. 127-42.

토지소유관계 land tenure

Suggested Reading

Cullen, M. and Woolery, S., eds 1982: *World congress on land policy, 1980*. Lexington, Mass.: Lexington Books; Aldershot: Gower.

King, R. 1977: *Land reform: a world survey*. London: Bell and Hyman; Boulder, Co.: Westview Press.

Massey, D. and Catalano, A. 1978: *Capital and land: landownership by capital in Great Britain*. London: Edward Arnold.

Morgan, W.B. 1978: *Agriculture in the Third World*. London: Bell and Hyman; Boulder, Co.: Westview Press, pp. 138-46.

Warriner, D. 1969: *Land reform in principle and practice*. Oxford and New York: Oxford University Press.

토지이용분류 land-use classification

Harvey, D. 1963: Locational change in the Kentish hop industry and the analysis of land use patterns. *Trans. Inst. Br. Geogr.* 33, pp. 123-44.

Suggested Reading

Best, R.H. 1981: *Land use and living space*. London and New York: Methuen, chapter 2.

Rhind, D. and Hudson, R. 1980: *Land use*. London and New York: Methuen.

Tarrant, J.R. 1974: *Agricultural geography*. Newton Abbot: David and Charles; New York: Halsted, pp. 82-6.

토지이용조사 land-use survey

Suggested Reading

Campbell, J.B. 1983: *Mapping the land: aerial imagery for land use information*. Washington, DC: Association of American Geographers.

Rhind, D. and Hudson, R. 1980: *Land use*. London and New York: Methuen.

통계지도 cartogram

Kidron, M. and Segal, R. 1984: *The new state of the world atlas*. London: Heinemann Educational.

Suggested Reading

Dent, B.D. 1975: Communication aspects of value-by-area cartograms. *Am. Cartogr.* 2, pp. 154–68.

Sen, A.K. 1976: On a class of map transformations. *Geogr. Anal.* 8, pp. 23–37.

통시적 분석 diachronic analysis

Carlstein, T., Parkes, D. and Thrift, N., eds 1978: *Timing space and spacing time*, volume 2, *Human activity and time geography*. London: Edward Arnold; New York: Halsted.

Giddens, A. 1979: *Central problems in social theory: action, structure and contradictions in social analysis*. London: Macmillan; Berkeley: University of California Press.

Martin, R.L., Thrift, N.J. and Bennett, R.J., eds 1978: *Towards the dynamic analysis of spatial systems*. London: Pion.

Suggested Reading
Langton, J. 1972: Potentialities and problems of adopting a systems approach to the study of change in human geography. *Prog. Geog.* 4, pp. 125–79.

통역 compage

Whittlesey, D. 1956: Southern Rhodesia: an African compage. *Ann. Am. Geogr.* 46, pp. 1–97.

통치효력권 effective state area

Suggested Reading
Burghardt, A.F. 1973: The bases of territorial claims. *Geogrl. Rev.* 63, pp. 225–45.

통합(경제적) integration(economic)

Suggested Reading
Lee, R. 1976: Integration, spatial structure and the capitalist mode of production in the EEC. In Lee, R. and Ogden, P.E., eds, *Economy and society in the EEC*. Farnborough: Saxon House, chapter 2.

통합(사회적) integration(social)

Suggested Reading
Johnston, R.J. 1971: *Urban residential patterns: an introductory review*. London: Bell; New York: Praeger.

통합장이론 unified field theory

Suggested Reading
Jones, S.B. 1954: A unified field theory of political geography. *Ann. Ass. Am. Geogr.* 44, pp. 111–23.

투입-산출 input-output

Suggested Reading
Abler, R., Adams, J.S. and Gould, P. 1971: *Spatial organization: the geographer's view of the world*. Englewood Cliffs, NJ and London: Prentice-Hall.

Leontief, W. 1965: The structure of the US economy. *Scientific American* 212: 4, pp. 25–35.

투자의 층 layers of investment

Hudson, R. 1983: Regional labour reserves and industrialization in the EEC. *Area* 15, pp. 223–30.

Massey, D. 1978: Regionalism: some current issues. *Capital and Class* 6, pp. 106–25.

Women and Geography Study Group of the IBG 1984: *Geography and gender*. London and Dover, NH: Hutchinson, chapter 4.

Suggested Reading
Hudson (1983).
Massey (1978).

Massey, D. 1984: *Spatial divisions of labour*. London and Basingstoke: Macmillan, chapters 3 and 5.

Warde, A. 1985: Spatial change, politics and the division of labour. In Gregory, D. and Urry, J., eds, *Social relations and spatial structures*. London: Macmillan, pp. 190–212.

Women and Geography Study Group of the IBG (1984).

튀넨 모형 von Thünen model

Barnbrock, J. 1974: Prolegomenon to a methodological debate on location theory: the case of von Thünen. *Antipode* 6, pp. 59–66.

Chisholm, M. 1979: *Rural settlement and land use: an essay in location*, third edition. London: Hutchinson; Atlantic Highlands, NJ: Humanities.

Dunn, E.S. 1954: *The location of agricultural production*. Gainsville: University of Florida Press.

Harvey, D. 1981: The spatial fix: Hegel, von Thunen and Marx. *Antipode* 13(2), pp. 1–12.

Horvath, R.J. 1969: von Thünen's Isolated State and the area around Addis Ababa, Ethiopia. *Ann. Ass. Am. Geogr.* 59, pp. 308–23.

Peet, J.R. (1969): The spatial expansion of commercial agriculture in the nineteenth century: a von Thünen explanation. *Econ. Geogr.* 45, pp. 283–301.

Scott, P. (1968): Population and land use in Australia. *Tijdschr. econ. soc. Geogr.* 59, pp. 237–44.

Thünen, J.H. von 1966: *Isolated State: an English edition of Der isolierte Staat*, translated by C.M.

참고문헌(티보 모형)

Wartenberg and edited by P.G. Hall. Oxford and New York: Pergamon. (First German edition 1826.)

Suggested Reading
Chisholm (1979).
Gregor, H.F. 1970: *Geography of agriculture: themes in research*. Englewood Cliffs, NJ: Prentice-Hall.
Grigg, D.B. 1984: *An introduction to agricultural geography*. London: Hutchinson, chapter 4.
Grotewold, A. 1959: Von Thünen in retrospect. *Econ. Geogr.* 35, pp. 346–55.

티보 모형 Tiebout model

Johnston, R.J. 1984: *Residential segregation, the state and constitutional conflict in American urban areas*. London and New York: Academic Press.
Tiebout, C.M. 1956: A pure theory of local expenditures. *Jnl. Polit. Econ.* 64, pp. 416–24.
Whiteman, J. 1983: Deconstructing the Tiebout hypothesis. *Environ. Plann. D* 1, pp. 339–54.

Suggested Reading
Johnston, R.J. 1986: For the greater good of the community. *Planning perspectives* 1.
Zodrow, G.R., ed. 1983 *Local provision of public services: the Tiebout model after twenty-five years*. New York and London: Academic Press.

티센 다각형 Thiessen polygon

Brassel, K.G. and Reif, D. 1979: A procedure to generate Thiessen polygons. *Geogr. Anal.* 11, pp. 289–303.

Suggested Reading
Haggett, P., Cliff, A.D. and Frey, A.E. 1977: *Locational analysis in human geography*, second edition. London: Edward Arnold; New York: John Wiley, pp. 55–62 and 436–9.

ㅍ

파레토 최적성 Pareto optimality

Suggested Reading
Mishan, E.J. 1969: *Welfare economics: an assessment*. Amsterdam: North Holland Publishing Company; Atlantic Highlands, NJ: Humanities Press.
Smith, D.M. 1977: *Human geography: a welfare approach*. London: Edward Arnold; New York: St Martin's Press, chapter 3.
Winch, D.M. 1971: *Analytical welfare economics*. London: Penguin.

패러다임 paradigm

Barnes, B. 1982: *T.S. Kuhn and social science*. London: Macmillan.
Barnes, T. and Curry, M. 1983: Towards a contextualist approach to geographical knowledge. *Trans. Inst. Br. Geogr.*, ns 8, pp. 467–82.
Bernstein, R.J. 1983: *Beyond objectivism and relativism: science, hermeneutics and praxis*. Oxford: Basil Blackwell; Philadelphia: Pennsylvania University Press.
Billinge, M., Gregory, D. and Martin, R.L. 1984: Reconstructions. In Billinge, M. Gregory, D. and Martin, R.L., eds, *Recollections of a revolution: geography as spatial science*. London: Macmillan; New York: St Martin's Press, pp. 1–24.
Chorley, R.J. and Haggett, P., eds 1967: *Models in geography*. London and New York: Methuen.
Chouinard, V., Fincher, R. and Webber, M. 1984: Empirical research in scientific human geography. *Progr. hum. Geogr.* 8, pp. 347–80.
Gatrell, A. 1984: The geometry of a research speciality: spatial diffusion modelling. *Ann. Ass. Am. Geogr.* 74, pp. 437–53.
Johnston, R.J. 1983: *Geography and geographers: Anglo-American human geography since 1945*, second edition. London: Edward Arnold; New York: John Wiley.
Kuhn, T.S. 1962 and 1970: *The structure of scientific revolutions*, first and second editions. Chicago: University of Chicago Press.
Kuhn, T.S. 1977: *The essential tension: selected studies in scientific tradition and change*. Chicago: University of Chicago Press.
Lakatos, I. and Musgrave, A., eds 1970: *Criticism and the growth of knowledge*. Cambridge; Cambridge University Press.
Marshall, J.D. 1982: Geography and critical rationalism. In Wood, J.D., ed., *Rethinking geographical inquiry*. Downsview, Ontario: Department of Geography, Atkinson College, York University, pp. 75–171.
Mulkay, M. 1979: *Science and the sociology of knowledge*. London and Boston: Allen & Unwin.
Popper, K. 1959: *The logic of scientific discovery*. New York: Basic Books.
Stoddart, D.R. 1967: Organism and ecosystem as geographical models. In Chorley, R.J. and Haggett, P., eds, *Models in geography*. London and New York: Methuen, pp. 511–48.
Stoddart, D.R. 1981: The paradigm concept and the history of geography. In Stoddart, D.R., ed., *Geography, ideology and social concern*. Oxford: Basil Blackwell, pp. 70–80.
Wheeler, P.B. 1982; Revolutions, research programmes and human geography. *Area* 14, pp. 1–6.

Suggested Reading
Bernstein (1983), part 2.
Billinge et al. (1984).
Johnston (1983), chapters 1 and 7.
Kuhn (1977), chapter 12.

평균정보장 mean information field
Suggested Reading
Abler, R., Adams, J.S. and Gould, P. 1971: *Spatial organization: the geographer's view of the world*. London and Englewood Cliffs, NJ: Prentice-Hall.
Hägerstrand, T. 1967: *Innovation diffusion as a spatial process*, translated by A.Pred. Chicago and London: University of Chicago Press.

포스탄 논제 Postan thesis
Baker, A.R.H. and Butlin, R.A. 1973: *Studies of field systems in the British Isles*. Cambridge: Cambridge University Press.
Bois, G. 1978: Against the neo-Malthusian orthodoxy. *Past and Present* 79, pp. 60–9.
Bois, G. 1984: *The crisis of feudalism: economy and society in eastern Normandy c. 1300–1550*. Cambridge and New York: Cambridge University Press.
Brenner, R. 1976: Agrarian class structure and economic developments in pre-industrial Europe. *Past and Present* 70, pp. 30–75.
Bridbury, A.R. 1975: *Economic growth: England in the later Middle Ages*. Brighton: Harvester Press; New York: Barnes and Noble.
Boserup, E. 1965: *The conditions of agricultural growth*. London: Allen & Unwin.
Boserup, E. 1981: *Population and technology*. Oxford: Basil Blackwell; Chicago: University of Chicago Press.
Campbell, B.M.S. 1983a: Agricultural progress in medieval England: some evidence from eastern Norfolk. *Econ. Hist. R.* 36, pp. 26–46.
Campbell, B.M.S. 1983b: Arable productivity in medieval England: some evidence from Norfolk. *J. econ. Hist.* 53, pp. 379–404.
Le Roy Ladurie, E. 1966: *Les paysans de Languedoc*, two volumes. Paris. Bibliothèque générale de l'école pratique des hautes études, VIe section.
Le Roy Ladurie, E. 1981: History that stands still. In Le Roy Ladurie, E. *The mind and method of the historian*. Brighton: Harvester Press; Chicago: Chicago University Press.
Postan, M.M. 1973a: The fifteenth century. In Postan, M.M. *Essays on medieval agriculture and general problems of the medieval economy*. Cambridge and New York: Cambridge University Press, pp. 1–27.
Postan, M.M. 1973b: The economic foundations of medieval society. In Postan, M.M. *Essays on medieval agriculture and general problems of the medieval economy*. Cambridge and New York: Cambridge University Press.
Schofield, R.S. 1965: The geographical distribution of wealth in England, 1334–1649. *Econ. Hist. R.* 18, pp. 483–510.
Wrigley, E.A. 1984: Malthus' model of a pre-industrial economy. In Dupâquier, J., Fauve-Chamoux, A. and Grebenik, E. eds. *Malthus past and present*. London and New York: Academic Press, pp. 111–24.

Suggested Reading
Postan, M.M. 1966: Medieval agrarian society in its prime. In Postan, M.M., ed, *Cambridge economic history of Europe 1, The agrarian life of the Middle Ages*, second edition. Cambridge and New York: Cambridge University Press.
Postan, M.M. 1973: *Essays on medieval agriculture and general problems of the medieval economy*. Cambridge: Cambridge University Press.

포아송 분포 poisson distribution
Suggested Reading
Thomas, R.W. 1977: *An introduction to quadrat analysis*. Concepts and techniques in modern geography 12. Norwich: Geo Books.

표본추출 sampling
Suggested Reading
Berry, B.J.L. and Baker, A.M. 1968: Methods of spatial sampling. In Berry, B.J.L. and Marble, D.F., eds, *Spatial analysis: a reader in statistical geography*. Englewood Cliffs, NJ and London: Prentice-Hall, pp. 91–100.
Dixon, C.J. and Leach, B. 1977: *Sampling methods for geographical research*. Concepts and techniques in modern geography 17. Norwich: Geo Books.

푸리에 급수분석 Fourier series analysis
Suggested Reading
Haggett, P., Cliff, A.D. and Frey, A.E. 1977: *Locational analysis in human geography*, second edition. London: Edward Arnold; New York: John Wiley, pp. 390–4.
King, L.J. 1969: *Statistical analysis in geography*. Englewood Cliffs, NJ and London: Prentice-Hall, pp. 222–6.

프랑크푸르트학파 Frankfurt School
Bottomore, T. 1984: *The Frankfurt School*. London and New York: Tavistock.

참고문헌(피드백)

Connerton, P. 1980: *The tragedy of enlightenment: an essay on the Frankfurt School.* Cambridge and New York: Cambridge University Press.

Held, D. 1980; *Introduction to critical theory: Horkheimer to Habermas.* London: Hutchinson.

Suggested Reading

Jay, M. 1973: *The dialectical imagination: a history of the Frankfurt School and the Institute of Social Research 1923-50.* London: Heinemann.

Bottomore (1984).

피드백 feedback

Langton, J. 1972: Potentialities and problems of adopting a systems approach to the study of change in human geography. *Prog. Geog.* 4, pp. 125-79.

Suggested Reading

Bennett, R.J. and Chorley, R.J. 1978: *Environmental systems: philosophy, analysis and control.* London: Methuen; Princeton: Princeton University Press.

Huggett, R.J. 1980: *Systems analysis in geography.* Oxford: Oxford University Press.

필립스 곡선 Phillips curve

Phillips, A.W.H. 1958: The relation between unemployment and rate of change in money wage rate in the UK, 1861-1957. *Economica*, 25, pp. 283-99.

하부구조² infrastructure²

Marx, K. 1968: Preface to *A critique of political economy*. In Marx, K. and Engels, F. *Selected works*. London: Lawrence and Wishart.

Suggested Reading

Godelier, M. 1978: Infrastructures, societies and history. *New Left Review* 112, pp. 84-96.

해석학 hermeneutics

Bauman, Z. 1978: *Hermeneutics and social science.* London: Hutchinson; New York: Columbia University Press.

Bernstein, R.J. 1983: *Beyond objectivism and relativism: science, hermeneutics and praxis.* Oxford: Basil Blackwell; Pennsylvania: Pennsylvania University Press.

Buttimer, A. 1974: *Values in geography.* Washington, DC: Association of American Geographers, Commission on College Geography, resource paper 24.

Buttimer, A., ed. 1983: *The practice of geography.* London: Longman.

Buttimer, A. and Hägerstrand, T. 1980: Invitation to dialogue. *DIA* paper 1, Lund.

Giddens, A. 1976: *New rules of sociological method.* London: Hutchinson; New York: Basic Books.

Gregory, D. 1978: The discourse of the past: phenomenology, structuralism and historical geography. *J. hist. Geogr.* 4, pp. 161-73.

Harrison, R.T. and Livingstone, D.N. 1980: Philosophy and problems in human geography: a presuppositional approach. *Area* 12, pp. 25-31.

Mugerauer, R. 1981: Concerning regional geography as a hermeneutical discipline. *Geogr. Zs.* 69, pp. 57-67.

Tuan, Y-F. 1971: Geography, phenomenology and the study of human nature. *Can. Geogr.* 15, pp. 181-92.

Suggested Reading

Bleicher, J. 1980: *Contemporary hermeneutics: hermeneutics as method, philosophy and critique.* London: Routledge and Kegan Paul.

Gregory, D. 1978: *Ideology, science and human geography.* London: Hutchinson; New York: St Martin's Press, pp. 59-63 and 144-6.

해양법 law of the sea

Suggested Reading

Couper, A. 1983: *The Times atlas of the ocean.* London: Times Books; New York: Van Nostrand Reinhold.

핵심지 core area

Suggested Reading

Pounds, N.J.G. and Ball, S.S. 1964: Core areas and the development of the European state system. *Ann. Ass. Am. Geogr.* 54, pp. 24-40.

핵심촌락 key settlement

Suggested Reading

Cloke, P.J. 1979: *Key settlements in rural areas.* London: Methuen.

행동공간 action space

Suggested Reading

Jakle, J.A., Brunn, S.D. and Roseman, C.C. 1976: *Human spatial behavior.* New York: Duxbury.

행태적 환경 behavioural environment

Gregory, D. 1978: *Ideology, science and human geography*. London: Hutchinson; New York: St Martin's Press.
Kirk, W. 1963: Problems of geography. *Geography* 48, pp. 357–71.
Lewin, K. 1951: *Field theory in social science*. Chicago: University of Chicago Press; London: Tavistock. (Reprinted [ed. D. Cartwright] 1975, Westport, Conn.: Greenwood Press.)

Suggested Reading

Gold, J.R. 1980: *An introduction to behavioural geography*. Oxford and New York: Oxford University Press.
Kirk (1963).
Sack, R.D. 1980: *Conceptions of space in social thought: a geographic perspective*. London: Macmillan; Minneapolis: University of Minnesota Press.
Wood, D. 1978: Introducing the cartography of reality. In Ley, D. and Samuels, M.S., eds, *Humanistic geography*. Chicago: Maaroufa; London: Croom Helm, pp. 207–19.

행태지리학 behavioural geography

Bunting, T.E. and Guelke, L. 1979: Behavioral and perception geography: a critical appraisal. *Ann. Ass. Am. Geogr.* 69, pp. 448–62.
Couclelis, H. and Golledge, R.G. 1983: Analytic research, positivism and behavioral geography. *Ann. Ass. Am. Geogr.* 73, pp. 331–9.
Cox, K. 1981: Bourgeois thought and the behavioral geography debate. In Cox, K. and Golledge, R.G., eds, *Behavioral problems in geography revisited*. London and New York, Methuen, pp. 256–79.
Cullen, I.G. 1976: Human geography, regional science and the study of individual behaviour. *Environ. Plann. A* 8, pp. 397–410.
Cullen, I.G. 1977: The 'new' behavioural geography – some comments. *Environ. Plann. A* 9, pp. 233–34.
Cullen, I.G. 1984: *Applied urban analysis: a critique and synthesis*. London and New York: Methuen.
Gold, J.R. and Goodey, B. 1984: Behavioural and perceptual geography: criticisms and responses. *Progr. hum. Geogr.* 8, pp. 544–50.
Golledge, R.G. 1981: Misconceptions, misinterpretations and misrepresentations of behavioural approaches in human geography. *Environ. Plann. A* 13, pp. 1325–44.
Golledge, R.G., Brown, L.A. and Williamson, F. 1982: Behavioral approaches in geography: an overview. *Austr. Geogr.* 12, pp. 59–79.

Kates, R.W. 1962: Hazard and choice perception in flood plain management. Research paper 78, University of Chicago, Department of Geography.
Olsson, G. 1969: Inference problems in locational analysis. In Cox, K.R. and Golledge, R.G., eds, *Behavioral problems in geography: a symposium*. Evanston, Ill.: Northwestern University Press, pp. 14–34. (Reprinted in Cox and Golledge, eds 1981: *Behavioral problems in geography revisited*. London and New York: Methuen, pp. 3–17.)
Sayer, R.A. and Duncan, S.S. 1977: The 'new' behavioural geography: a reply to Cullen. *Environ. Plann. A* 9, pp. 230–2.
Thrift, N. 1981: Behavioural geography. In Wrigley, N. and Bennett, R.J., eds, *Quantitative geography: a British view*. London: Routledge and Kegan Paul, pp. 352–65.
Wolpert, J. 1964: The decision process in spatial context. *Ann. Ass. Am. Geogr.* 54, pp. 337–58.

Suggested Reading

Couclelis and Golledge (1983).
Cox and Golledge (1981).
Gold, J.R. 1980: *An introduction to behavioural geography*. Oxford and New York: Oxford University Press.

행태행렬 behavioural matrix

Suggested Reading

Pred, A. 1967 and 1969: *Behavior and location: foundations for a geographic and dynamic location theory*, 2 vols. Lund: C.W.K. Gleerup.

헤게모니 hegemony

Gramsci, A. 1973: *Prison notebooks*, translated and edited by Hoare, Q. and Nowell Smith, G. London: Lawrence and Wishart.
Williams, R. 1977: *Marxism and literature*. Oxford: Oxford University Press.

Suggested Reading

Billinge, M. 1984: Hegemony, class and power in late Georgian and early Victorian England: towards a cultural geography. In Baker, A.R.H. and Gregory, D., eds, *Explorations in historical geography: interpretative essays*. Cambridge: Cambridge University Press, pp. 28–67.
Gray, R. 1977: Bourgeois hegemony in Victorian Britain. In The Communist University of London, ed. *Class, hegemony and party*. London: The Communist University, pp. 73–93.
Williams (1977).

참고문헌(현물소작)

현물소작 sharecropping

Suggested Reading
Barlowe, R. 1978: *Land resource economics*, third edition. Englewood Cliffs, NJ and London: Prentice-Hall, chapter 14.
Ransom, R. and Sutch, R. 1977: *One kind of freedom*. Cambridge: Cambridge University Press.

현상적 환경 phenomenal environment

Marsh, G.P. 1965: *Man and nature: or physical geography as modified by human action*, ed. D. Lowenthal. Cambridge, Mass.: Harvard University Press; Oxford: Oxford University Press. (First published 1864.)

Suggested Reading
Bennett, R.J. and Chorley, R.J. 1978: *Environmental systems: philosophy, analysis and control*. London: Methuen; Princeton: Princeton University Press.
Kirk, W. 1963: Problems of geography. *Geography* 48, pp. 357–71.

현상학 phenomenology

Billinge, M. 1977: In search of negativism: phenomenology and historical geography. *J. hist. Geogr.* 3, pp. 55–68.
Buttimer, A. 1976: Grasping the dynamism of the life-world. *Ann. Ass. Am. Geogr.* 66, pp. 277–92.
Christensen, K. 1982: Geography as a human science: a philosophic critique of the positivist-humanist split. In Gould, P. and Olsson, G., eds, *A search for common ground*. London: Pion, pp. 37–57.
Entrikin, J.N. 1976: Contemporary humanism in geography. *Ann. Ass. Am. Geogr.* 66, pp. 615–32.
Gorman, R.A. 1977: *The dual vision: Alfred Schutz and the myth of phenomenological social science*. London: Routledge and Kegan Paul.
Gregory, D. 1978: The discourse of the past: phenomenology, structuralism and historical geography. *J. hist. Geogr.* 4, pp. 161–73.
Hirst, P. 1977: *Philosophy and methodology in the social sciences*. Brighton: Harvester.
Husserl, E. 1954: *The crisis of European sciences and transcendental phenomenology*. Evanston: Northwestern University Press.
Jackson, P. 1981: Phenomenology and social geography. *Area* 13, pp. 299–305.
Johnson, L. 1983: Bracketing lifeworlds: Husserlian phenomenology as goegraphical method. *Aust. geogr. Stud.* 21, pp. 102–8.
Ley, D. 1977: Social geography and the taken-for-granted world. *Trans. Inst. Br. Geogr.* ns 2, pp. 498–512.
Mercer, D. and Powell, J.M. 1972: Phenomenology and related non-positivistic viewpoints in the social sciences. Melbourne: Monash University publications in geography 1.
Pickles, J. 1985: *Phenomenology, science and geography: spatiality and the human sciences*. Cambridge: Cambridge University Press.
Relph, E. 1970: An inquiry into the relations between phenomenology and geography. *Can. Geogr.* 14, pp. 193–201.
Relph, E. 1976: *Place and placelessness*. London: Pion.
Relph, E. 1981: Phenomenology. In Harvey, M.E. and Holly, B.P., eds, *Themes in geographic thought*. London: Croom Helm; New York: St Martin's Press.
Seamon, D. 1979: *A geography of the life-world*. London: Croom Helm; New York: St Martin's Press.
Tuan, Y-F. 1971: Geography, phenomenology and the study of human nature. *Can. Geogr.* 15, pp. 181–92.
Tuan, Y-F. 1977: *Space and place*. London: Edward Arnold; Minneapolis: University of Minnesota Press.

Suggested Reading
Christensen (1982).
Pickles (1985).

현시선호분석 revealed preference analysis

Suggested Reading
Rushton, G. 1969: Analysis of spatial behavior by revealed space preference. *Ann. Ass. Am. Geogr.* 59, pp. 391–400.

현장 locale

Giddens, A. 1981: *A contemporary critique of historical materialism*, volume 1, *Power, property and the state*. London: Macmillan.
Giddens, A. 1984: *The constitution of society*. Cambridge: Polity Press.
Thrift, N. 1983: On the determination of social action in space and time. *Environ. Plann. D* 1, pp. 23–57.
Urry, J. 1981: Localities, regions and social class. *Int. J. urban and reg. Res.* 5, pp. 455–74.

Suggested Reading
Giddens (1984), pp. 118–32, 181–4, 261–2.
Thrift (1983).

협동조합 co-operative

Suggested Reading
Anschel, K.R., Brannon, R.H. and Smith, E.D., eds 1969: *Agricultural cooperatives and markets in developing countries*. New York: Praeger.

형상지수 shape index

Blij, H.J. de 1973: *Systematic political geography*, second edition. New York and Chichester: John Wiley, pp. 42-3.
Chorley, R.J. and Haggett, P. 1974: *Network analysis in geography*, second edition. London: Edward Arnold; New York: St Martin's Press.

형태발생론 morphogenesis

Bennett, R.J. and Chorley, R.J. 1978: *Environmental systems: philosophy, analysis and control*. London: Methuen.
Bunge, W. 1962: *Theoretical geography*. Lund: C.W.K. Gleerup.
Conzen, M. 1960: Alnwick: Northumberland: a study in town plan analysis. *Trans. Inst. Br. Geogr.* 27.
D'Arcy Thompson, W. 1942: *On growth and form*. Cambridge: Cambridge University Press.
Haggett, P. 1965: *Locational analysis in human geography*. London: Edward Arnold.
Harvey, D. 1967: Models of the evolution of spatial patterns in human geography. In Chorley, R.J. and Haggett, P., eds, *Models in geography*. London and New York: Methuen, pp. 549-608.
Helmfrid, S. 1961: Morphogenesis of the agrarian landscape. *Geogr. Ann.* 43, pp. 1-328.
Maruyama, M. 1963: The second cybernetics: deviation-amplifying mutual causal processes. *American Scientist* 51, pp. 164-79.
Sauer, C. 1925: The morphology of landscape. In Leighly, J., ed., *Land and life: a selection from the writings of Carl Ortwin Sauer*. Berkeley, Calif.: University of California. (Reproduced 1963.)
Stoddart, D.R. 1967: Organism and ecosystem as geographical models. In Chorley, R.J. and Haggett, P., eds, *Models in geography*. London and New York: Methuen, pp. 511-48.
Tobler, W. 1963: D'Arcy Thompson and the analysis of growth and form. *Pap. Mich. Acad. Sci.* 48, pp. 385-90.
Whitehand, J.W.R. 1977: The basis for an historico-geographical theory of urban form. *Trans. Inst. Br. Geogr.* 2, pp. 400-16.

Suggested Reading
Helmfrid (1961).
Harvey (1967).

형태측정 morphometry

Chorley, R.J., ed. 1972: *Spatial analysis in geomorphology*. London: Methuen; New York: Harper and Row.
Haggett, P., Clift, A.D. and Frey, A.E. 1977: *Locational analysis in human geography*, second edition. London: Edward Arnold; New York: John Wiley.
Langton, J. 1972: Potentialities and problems of adopting a systems approach to the study of change in human geography. *Progr. Geog.* 4, pp. 125-79.

Suggested Reading
Haggett et al. (1977).

형태학 morphology

Halbwachs, M. 1960: *Morphologie sociale*, Translated by O.D. Duncan and H.W. Pfautz. Glencoe, Ill.: The Free Press.
Sauer, C.O. 1925: *The morphology of landscape*. Berkeley, Calif.: University of California publications in geography 2, pp. 19-54. (Reprinted in Leighly, J., ed. 1963: *Land and life: a selection from the writings of Carl Ortwin Sauer*.) Berkeley and Los Angeles: University of California Press, pp. 315-50.

형평 equity

Suggested Reading
Smith, D.M. 1977: *Human geography: a welfare approach*. London: Edward Arnold; New York: St Martin's Press, chapter 6.

호텔링 모형 Hotelling model

Hotelling, H. 1929: Stability in competition. *Econ. J.* 39, pp. 40-57.

Suggested Reading
Downs, A. 1957: *An economic theory of democracy*. New York: Harper and Row.
Dunleavy, P. and Husbands, C.T. 1985: *British democracy at the crossroads: voting and party competition in the 1980s*. London: Allen & Unwin, chapter 2.
Smith D.M. 1981: *Industrial location: an economic geographical analysis*, second edition. New York: John Wiley, pp. 91-7.

호혜성 reciprocity

Blau, P. 1964: *Exchange and power in social life*. New York: John Wiley.
Dalton, G., ed. 1968: *Primitive, archaic and*

참고문헌(혼돈적 개념화)

modern economies: essays of Karl Polanyi. Boston: Beacon Press.

Gouldner, A. 1975: *For sociology.* Harmondsworth: Penguin.

Harvey, D. 1973: *Social justice and the city.* London: Edward Arnold; Baltimore: Johns Hopkins University Press.

Homans, G. 1961: *Social behaviour: its elementary forms.* London: Routledge and Kegan Paul.

Lebra, T. 1975: An alternative approach to reciprocity. *Am. Anthr.* 77, pp. 550-65.

Sahlins, M. 1974: *Stone age economics.* London: Tavistock; Chicago: Aldine, chapter 5.

Smith, R.M. 1979: Kin and neighbours in a 13th century Suffolk community. *Journal of family history* 4, pp. 219-56.

Suggested Reading

Ekeh, P. 1974: *Social exchange theory: the two traditions.* London: Heinemann.

Sahlins (1974).

Smith (1979).

혼돈적 개념화 chaotic conception

Sayer, A. 1984: *Method in social science: a realist approach.* London and New York: Hutchinson.

혼인율 nuptiality

Suggested Reading

Pressat, R. 1972: *Demographic analysis.* London: Edward Arnold; New York: Aldine, chapter 7.

혼합농업 mixed farming

Suggested Reading

Grigg, D.B. 1974: *The agricultural systems of the world: an evolutionary approach.* Cambridge and New York: Cambridge University Press, chapter 9.

홍수재해 flood hazard

Hewitt, K. and Burton, I. 1971: *The hazardousness of place: a regional ecology of damaging events.* Toronto: University of Toronto Press.

White, G.F. ed. 1974: *Natural hazards: local, national, global.* New York and Oxford: Oxford University Press.

Suggested Reading

Newson, M. 1975: *Flooding and the flood hazard in the United Kingdom.* Oxford: Oxford University Press.

Ward, R.C. 1978: *Floods: a geographical perspective.* London: Macmillan; New York: John Wiley.

Dunne, T. and Leopold, L.B. 1978: *Water in environmental planning.* San Francisco: W.H. Freeman.

확률과정 stochastic process

Suggested Reading

Bennett, R.J. 1979: *Spatial time series.* London: Pion.

Hoel, P.G., Port, S.C. and Stone, C.J. 1972: *Introduction to stochastic processes.* Boston: Houghton Mifflin.

확률론 probabilism

House, J.W., ed. 1966: *Northern geographical essays in honour of G.H.J.Daysh.* Newcastle upon Tyne: University of Newcastle upon Tyne, Department of Geography.

Lukermann, F. 1964: Geography as a formal intellectual discipline and the way in which it contributes to human knowledge. *Can. Geogr.* 8, pp. 167-72.

Spate, O.H.K 1957: How determined is possibilism? *Geogrl. Stud.* 4, pp. 3-12.

Suggested Reading

Spate (1957).

확률지도 probability map

Haggett, P., Cliff, A.D. and Frey, A.E. 1977: *Locational analysis in human geography*, second edition. London: Edward Arnold; New York: John Wiley.

Wrigley, N. 1977: *Probability surface mapping: an introduction with examples and Fortran programs.* Concepts and techniques in modern gregraphy 16. Norwich: Geo Books.

Suggested Reading

Wrigley (1977).

확산 diffusion

Agnew, J.S. 1979: Instrumentalism, realism and research on diffusion of innovation. *Prof. Geogr.* 31, pp. 364-70.

Blaikie, P. 1973: The spatial structure of information networks and innovative behaviour in the Ziz valley, S. Morocco. *Geogr. Annlr. B* 55, pp. 83-105.

Blaikie, P. 1975: *Family planning in India: a sociogeographical approach.* London: Edward Arnold; New York: Holmes and Meier.

Blaikie, P. 1978: The theory of the spatial diffusion of innovations: a spacious cul-de-sac. *Prog. hum. Geogr.* 2, pp. 268-95.

Blaut, J. 1977: Two views of diffusion. *Ann. Ass. Am. Geogr.* 67, pp. 343-9.

Blaut, J. 1980: A radical critique of cultural geography. *Antipode* 12, pp. 25-9.

Brown, L.A. 1975: The market and infrastructure context of adoption: a spatial perspective on the diffusion of innovation. *Econ. Geogr.* 51, pp. 185-216.

Cliff, A.D. 1979: Quantitative methods: spatial diffusion. *Prog. hum. Geogr.* 3, pp. 143-52.

Cliff, A.D., Haggett, P., Ord, J.K. and Versey, G.R. 1981: *Spatial diffusion: an historical geography of epidemics in an island community.* Cambridge and New York: Cambridge University Press.

Duncan, S.S. 1974: The isolation of scientific discovery: indifference and resistance to a new idea. *Sci. Stud.* 4, pp. 109-34.

Gregory, D. 1985: Suspended animation: the stasis of diffusion theory. In Gregory, D. and Urry, J., eds *Social relations and spatial structures.* London: Macmillan, pp. 296-336.

Hägerstrand, T. 1968: *Innovation diffusion as a spatial process,* translated by A. Pred. Chicago and London: University of Chicago Press.

Haggett, P., Cliff, A.D. and Frey, A.E. 1977: *Locational analysis in human geography,* second edition. London: Edward Arnold; New York: John Wiley.

Hudson, J.C. 1969: Diffusion in a central place system. *Geogr. Anal.* 1, pp. 45-58.

Leighly, J. 1954: Innovation and area. *Geogrl. Rev.* 44, pp. 439-41.

Pedersen, P.O. 1970: Innovation diffusion within and between national urban systems. *Geogr. Anal.* 2, pp. 203-54.

Sauer, C. 1941: Foreword to historical geography. *Ann. Ass. Am. Geogr.* 31, pp. 1-24.

Sauer, C. 1952: *Agricultural origins and dispersals.* New York: American Geographical Society.

Wagner, P.L. and Mikesell, M.W., eds 1962: *Readings in cultural geography.* Chicago: University of Chicago Press.

Webber, M.J. 1972: *The impact of uncertainty on location.* Cambridge, Mass. and London: MIT Press.

Yapa, L.S. 1977: The green revolution: a diffusion model. *Ann. Ass. Am. Geogr.* 67, pp. 350-9.

Yapa, L.S. and Mayfield, R.C. 1978: Non-adoption of innovations. *Econ. Geogr.* 54, pp. 145-56.

Suggested Reading
Blaikie (1978).
Cliff et al. (1981).
Gregory (1985).
Wagner and Mikesell (1962), part 3.

환경결정론 environmental determinism

Anuchin, V. 1977: In Fuchs, R.J.and Demko, G.J. eds, *Theoretical problems of geography,* translated by T. Shabad. Columbus: Ohio State University Press.

Buttman, G. 1977: *Friedrich Ratzel.* Stuttgart: Wissenschaftliche Verlagsgesellschaft.

Dickinson, R.E. 1969: *The makers of modern geography.* London: Routledge and Kegan Paul; New York: Praeger.

Giddens, A. 1979: *Central problems in social theory: action, structure and contradictions in social analysis.* London: Macmillan; Berkeley: University of California Press.

Glacken, C.J. 1967: *Traces on the Rhodian shore: nature and culture in western thought from ancient times to the end of the eighteenth century.* Berkeley: University of California Press.

Harvey, D. 1969: *Explanation in geography.* London: Edward Arnold; New York: St Martin's Press.

Huntington, E. 1915: *Civilization and climate.* New Haven: Yale University Press.

Lewthwaite, G.R. 1966: Environmentalism and determinism: a search for clarification. *Ann. Ass. Am. Geogr.* 56, pp. 1-23.

Martin, A.F. 1951: The necessity for determinism. *Trans. Inst. Br. Geogr.* 17, pp. 1-12.

Marx, K. 1976 [1867]: *Capital* volume 1. London: Penguin Books, in association with *New Left Review.*

Matley, I, 1966: The Marxist approach to the geographical environment. *Ann. Ass. Am. Geogr.* 56, pp. 97-111.

Matley, I.M. 1982: Nature and society: the continuing Soviet debate. *Progr. hum. Geogr.,* 6, pp. 367-96.

Montefiore, A. and Williams, W. 1955: Determinism and possibilism. *Geogrl. Stud.* 2, pp. 1-11.

Peet, R., ed. 1977: *Radical geography: alternative viewpoints on contemporary social issues.* Chicago: Maaroufa; London: Methuen.

Sayer, R.A. 1979: Epistemology and conceptions of people and nature in geography. *Geoforum* 10, pp. 19-43.

Schmidt, A. 1978: *The concept of nature in Marx.* London: New Left Books; New York: Schocken.

Semple, E.C. 1911: *Influences of geographic environment or the basis of Ratzel's system of anthropogeography.* New York: H. Holt.

Smith, N. 1980: Symptomatic silence in Althusser: the concept of nature and the unity of science. *Sci. Soc.* 44, pp. 58-8.

Smith, N. 1984: *Uneven development: nature, capital and the production of space.* Oxford and New York: Basil Blackwell.

참고문헌(환경론1)

Tatham, G. 1951: Environmentalism and possibilism. In Taylor, G., ed., *Geography in the twentieth century*. London: Methuen, pp. 128–64.

Taylor, G. 1951: *Australia*, sixth edition. London: Methuen; New York: Dutton.

Suggested Reading
Anuchin (1977).
Lewthwaite (1966).
Peet, R. 1985: The social origins of environmental determinism. *Ann. Ass. Am. Geogr.* 75, 309–333.
Smith (1984), chapters 1–2.
Tatham (1951).

환경론1 environmentalism1

Bahro, R. 1984: *From red to green*. London: New Left Books.

Bennett, R.J. and Chorley, R.J. 1978: *Environmental systems: philosophy, analysis and control*. London: Methuen; Princeton: Princeton University Press.

Blowers, A. 1984: *Something in the air: corporate power and the environment*. London and New York: Harper & Row.

Chorley, R.J. 1973: Geography as human ecology. In Chorley, R.J., ed., *Directions in geography*. London: Methuen; New York: Barnes and Noble, pp. 155–70.

Glacken, C.J. 1967: *Traces on the Rhodian shore: nature and culture in western thought from ancient times to the end of the eighteenth century*. Berkeley: University of California Press.

Gold, J.R. and Burgess, J., eds 1981: *Valued environments*. London and Boston: Allen & Unwin.

Gregory, D. 1980: The ideology of control: systems theory and geography. *Tijdschr. econ. soc. Geogr.* 71, pp. 327–42.

O'Riordan, T. 1981: *Environmentalism*, second edition. London: Pion.

Pepper, D. 1984: *The social roots of modern environmentalism*. Beckenham: Croom Helm.

Sandbach, F. 1980: *Environment, ideology and policy*. Oxford: Basil Blackwell; Montclair, NJ: Allanheld and Osmun.

Stretton, H. 1976: *Capitalism, socialism and the environment*. Cambridge and New York: Cambridge University Press.

Suggested Reading
Blowers (1984).
O'Riordan (1981).
Sandbach (1980).

환경보호법(미국) National Environmental Policy Act

Federal Regulatory Directory 1979–80. Washington, DC: Congressional Quarterly.

Suggested Reading
Hammond, K.A., Macinko, G. and Fairchild, W.B., eds 1978: *Sourcebook on the environment: a guide to the literature*. Chicago and London: University of Chicago Press.

환경영향평가 environmental impact assessment(EIA)

Suggested Reading
Leopold, L.D., Clarke, F.D., Hanshaw, B.B. and Balsley, J.R. 1971: A procedure for evaluating environmental impact. Washington, DC: Department of the Interior, United States Geological Survey, circular 645.

환경재해 environmental hazard

Suggested Reading
Burton, I., Kates, R.W. and White, G.F. 1978: *The environment as hazard*. New York: Oxford University Press.

Kates, R.W. 1978: *Risk assessment of environmental hazards*. Chichester and New York: John Wiley.

Palm, R. 1981: *Real estate agents and special studies zones disclosures: the response of California homebuyers to earthquake hazards information*. Boulder, Co.: Institute of Behavioral Science, University of Colorado.

Saarinen, T.F. 1969: *Perception of environment*. Washington, DC: Association of American Geographers.

White, G.F., ed. 1974: *Natural hazards; local, national, global*. New York and Oxford: Oxford University Press.

환경지각 environmental perception

Suggested Reading
Ittelson, W.H., ed. 1973: *Environment and cognition*. New York: Seminar Press.

Merleau-Ponty, M. 1962: *Phenomenology of perception*. London: Routledge and Kegan Paul; Atlantic Highlands, NJ: Humanities Press.

Seamon, D. 1979: *A geography of the lifeworld: movement, rest and encounter*. London: Croom Helm.

환경학습 environmental learning

Suggested Reading
Golledge, R.G. 1978: Learning about urban environments. In Carlstein, T. *et al.*, eds, *Timing space and spacing time*, volume 1. London:

Edward Arnold.
Moore, G.T. 1976: Theory and research on the development of environmental knowing. In Moore, G.T. and Golledge, R.G. eds, *Environmental knowing*. Stroudsberg, Pa: Dowden, Hutchinson & Ross, pp. 138-64.
Stea, D. 1976: Program notes on a spatial fugue. In Moore, G.T. and Golledge, R.G., eds, *Environmental knowing*. Stroudsberg, Pa.: Dowden, Hutchinson and Ross, 106-20.

활동공간 activity space

Chombart de Lauwe, P.H. 1952: *Paris et l'agglomération parisienne*, two volumes. Paris: Presses Universitaires de France.
Hägerstrand, T. 1969: What about people in regional science? *Papers and Proceedings of the Regional Science Association* 24, pp. 7-24.

Suggested Reading
Jones, E. and Eyles, J. 1977: *An introduction to social geography*. Oxford and New York: Oxford University Press.

활동배분모형 activity allocation models

Suggested Reading
Batty, M. 1970: An activity allocation model for the Nottinghamshire-Derbyshire subregion. *Reg. Stud.* 4, pp. 307-32.

회고적 접근 retrospective approach

Suggested Reading
Gulley, J.L.M. 1961: The retrospective approach in historical geography. *Erdkunde* 15, pp. 306-9.

회귀분석 regression

Suggested Reading
Johnston, R.J. 1978: *Multivariate statistical analysis in geography*. London and New York: Longman.

회랑 corridor

Suggested Reading
Hartshorne, R. 1937: The Polish corridor. *J. Geogr.* 36, pp. 161-76.

횡단면법 cross-section

Darby, H.C., ed. 1936: *Historical geography of England before A.D. 1800*. Cambridge: Cambridge University Press.
Darby, H.C., ed. 1973: *A new historical geography of England*. Cambridge: Cambridge University Press.
Finberg, H.P.R., ed. 1962: *Approaches to history: a symposium*. London: Routledge and Kegan Paul; Toronto: University of Toronto Press.
Macaulay, T.B. 1849: *The history of England from the accession of James II*, volume 1. London: Longman, Green and Co.
Thrift, N. 1977: Time and theory in human geography. *Prog. hum. Geogr.* 1, pp. 65-101.

효용이론 utility theory

Suggested Reading
Wrigley, N. and Longley, P.A. 1984: Discrete choice modelling in urban analysis. In Herbert, D.T. and Johnston, R.J., eds, *Geography and the urban environment: progress in research and applications*, volume 6. Chichester: John Wiley, pp. 45-94.

후기산업도시 post-industrial city

Bell, D. 1974: *The coming of post-industrial society: a venture in social forecasting*. London: Heinemann; New York: Basic Books.
Berry, B.J.L. 1981: *Comparative urbanization: divergent paths in the twentieth century*. New York: St. Martin's Press.
Donnison, D., with Soto, P. 1980: *The good city: a study of urban development and planning in Britain*. London and New York: Heinemann.

Suggested Reading
Ley, D. 1980: Liberal ideology and the post-industrial city. *Ann. Ass. Am. Geogr.* 70, pp. 238-58.

후기산업사회 post-industrial society

Bell, D. 1973: *The coming of post-industrial society: a venture in social forecasting*. London: Heinemann; New York: Basic Books.

Suggested Reading
Bell (1973).
Giddens, A. 1982: *Sociology: a brief but critical introduction*. London and Basingstoke: Macmillan, chapters 2 and 3.

찾아보기

표제어 찾아보기 574
인명 찾아보기 585

표제어 찾아보기

abstraction 추상화 55, 99, 131, 154, 252, 285, 294, 317, 394, 400, 444, 447
accessibility 접근성 54, 73, 131, 228, 257, 341
acculturation 문화접변 111, 138
accumulation 축적 46, 48, 168, 182, 191, 199 282, 322, 324, 334, 335, 346, 385, 401
action space 행동공간 151, 333, 414, 435, 439
activity allocation models 활동배분모형 19, 45, 114, 457
activity space 활동공간 151, 457
age and sex structure 연령 및 성별 인구구조 271
agglomeration 집적 4, 188, 231, 315, 320, 385, 391, 445
aggregate travel model 집합적 통행모형 6, 393
agribusiness 기업농 78
agricultural geography 농업지리학 20, 21, 88, 170, 269, 316, 398
agricultural involution 농업답보 87, 89
agricultural revolution 농업혁명 89, 189
agro-town 농업도시 87, 404
aid 원조 283, 355
algorithm 알고리즘 41, 131, 206, 253, 257, 320, 380, 413
alienation 소외 104, 173, 214, 388
Alonso model 알론소 모형 111, 136, 146, 257, 321, 361, 364, 382

American Geographical Society(AGS) 미국지리협회 143
analogue theory 유추이론 131, 285, 396, 400
analysis of variance 분산분석 166
anarchism 무정부주의 43, 113, 135, 183, 392
Annales School 아날학파 211, 254, 267
anomie 아노미 215, 255
anthropogeography 인류지리학 77, 110, 138, 155, 183, 203, 267, 284, 299, 307, 308, 347, 450, 452
apartheid 아파르테이트(인종분리정책) 15, 86, 93, 256, 296, 311
applied geography 응용지리학 41, 287, 338
aquaculture 양식업 260
area-based policies 지역단위정책 8, 383
areal differentiation 지역분화 10, 29, 155, 195, 268, 275, 376, 379, 383, 386, 387
Areas of Outstanding Natural Beauty(AONB) 경관수려지역 18, 67
Arrow's theorem 애로우의 정리 259
Asiatic mode of production 아시아적 생산양식 198, 216, 255
assimilation 동화 15, 111, 138, 140, 146, 165, 420
Association of American Geographers(AAG) 미국지리학회 142, 371
balanced neighbourhood 균형근린 71, 75
bazaar economy 바자경제 147, 169, 297
behavioural environment 행태적 환경 3, 99, 137, 268, 310, 388, 436, 437, 438, 440, 456
behavioural geography 행태지리학 19, 22, 33, 45, 48, 89, 251, 291, 299, 310, 319, 329, 342, 410, 436, 451, 456
behavioural matrix 행태행렬 19, 125, 291, 315, 437, 438
Berkeley School 버클리학파 17, 99, 137, 138, 140, 141, 149, 159, 267, 298, 440, 450
bid-rent curve 입찰지대곡선 258, 321
bifurcation 갈래치기 7, 29, 111, 214, 395, 409
binomial distribution 이항분포 16, 28, 164, 298, 449
blockbusting 주거잠식행위 357
Boserup thesis 보스럽명제 87, 89, 90, 158, 211, 427
boundary 경계 16, 154, 164, 348, 419, 435
buffer state 완충국 81, 276
cadaster 지적조사 388
calibration 모수추정법 28, 130
capacitated network 용량제약교통망 279
capital 자본 84, 85, 162, 199, 239, 322, 334, 337, 412
capitalism 자본주의 7, 22, 27, 29, 33, 41, 46, 65, 68, 82, 84, 90, 100, 103, 108, 116, 118, 122, 125, 129, 134, 148, 157, 161, 162, 172, 180, 181, 182,

표제어 찾아보기

184, 188, 191, 195, 197, 198, 210, 214, 224, 229, 235, 238, 252, 255, 282, 283, 296, 297, 316, 322, 323, 334, 335, 337, 349, 356, 384, 391, 401, 402, 412, 459
carrying capacity 부양력 46, 114, 132, 164, 202, 330
cartogram 통계지도 253, 368, 370, 417
cartography 지도학 76, 286, 289, 308, 367, 368, 375
cartometry 계량지도분석 29, 312
case study 사례연구 130, 178, 294, 344
catastrophe theory 카타스트로피 이론 111, 395, 396, 408, 417
categorical data analysis 명목자료분석 9, 130
census 센서스 1, 99, 108, 201, 212, 213, 303
census tract 센서스 표준구역 213
central business district(CBD) 중심업무지구 96, 111, 133, 341, 364
central place theory 중심지이론 22, 74, 75, 102, 106, 108, 114, 149, 193, 227, 228, 231, 315, 317, 341, 364, 381, 382, 404, 413, 435, 450
central planning 중앙계획 29, 366, 384
centrifugal and centripetal forces 원심력과 구심력 282, 296, 359
centrography 중심측정법 12, 365
chain migration 연쇄인구이동 272
chaotic conception 혼돈적 개념화 81, 99, 154, 294, 394, 447
charter group 주도적 집단 359
chi square(X^2) 카이 자승 408
Chicago School 시카고학파 102, 106, 111, 150, 186, 193, 207, 232, 244, 298, 299, 345, 361
chorology 또는 chorography 지역지 30, 379, 383, 386, 387
choropleth map 단계구분도 76, 79, 96
Christaller model 크리스탈러 모형 413
chronogeography 시간지리학II 222
circuit of capital 자본의 회전 322
city 시 220
city-size distribution 도시규모분포 102, 218, 356, 365
class interval 급간(級間) 76, 312, 370
class 계급 7, 22, 27, 43, 55, 68, 84, 117, 118, 128, 148, 181, 182, 184, 197, 230, 241, 260, 261, 265, 316, 325, 337, 346, 355, 361, 438, 451
classification and regionalization 지역구분(분류와 지역화) 56, 76, 380, 382
cleavage 분할 128, 167, 272
cognition 인식 203, 310, 440, 451
cohort 동시발생집단 111, 196, 212, 403
collective 집단농장 89, 391, 413, 416
collective consumption 집합적 소비 46, 99, 182, 316, 392
collinearity 공선성 43
colonialism 식민주의 21, 87, 140, 209, 234, 243, 349, 363, 439
command economy 계획경제 29, 447
common market 공동시장 41, 331, 419
communism 공산주의 43, 118, 181, 183, 195, 198, 390
community 공동체 15, 42, 72, 75, 103, 111, 138, 182, 200, 215, 233, 333, 397
commuting 통근 257, 417
compage 통역 418, 440
comparative advantage 비교우위 80, 89, 134, 169, 170, 195, 205
comparative cost analysis 비교비용분석 4, 169
complementarity 상호보완성 38, 195
components of change 고용변화의 구성요소 29
compositional theory 구성적 이론 33, 55, 125, 220, 247, 410
computer-assisted cartography 컴퓨터 지도학 29, 411
concentration and centralization 집적과 집중 70, 71, 108, 237, 296, 391
confirmatory data analysis 확정적 자료분석 156, 234, 285, 400, 452
conflict 갈등 6, 27, 40, 84, 107, 192, 326
congestion 교통체증 55
congregation 결집 12, 16, 71, 165
connectivity 연결도 270
conservation 보전 7, 158, 159, 329, 330
consociationalism 연합정부체제 272
contextual effect 맥락적 효과 76, 128, 204
contextual theory 맥락적 이론 10, 38, 48, 55, 64, 125, 220, 247, 381, 384, 403, 410, 442
contiguous zone 인접수역 310, 434
continental shelf 대륙붕 16, 97, 274, 434
contingency table 교차표 52, 97
conurbation 연담도시 129, 240, 271
co-operative 협동조합 413, 443
core area 핵심지 434
core-periphery model 중심-주변 모형 363, 391
correlation 상관관계 192, 201, 313, 360, 458
corridor 회랑 81, 458
cost-benefit analysis 비용-편익분석 171
cost curve 비용곡선 34, 70, 171
cost structure 비용구조 169, 172
cost surface 비용면 3, 4, 34, 112, 172, 296, 393
counterfactual explanation 반사실적 설명 147, 397
counterurbanization 역도시화 99, 109, 166, 266, 339
crime, geography of 범죄의 지리학 150
crisis 위기 122, 174, 191, 199, 283, 326, 335
critical rationalism 비판적 합리주의 6, 87, 147, 171, 175, 244, 245, 250
critical theory 비판이론 65, 76, 125, 151, 170, 172, 244, 246, 251, 294, 310, 324, 330, 335, 339, 393, 433, 454
crop combinations 작물결합 88,

575

표제어 찾아보기

331, 417
cross-section 횡단면(법) 43, 267, 272, 458
cube law 입방체법칙 13, 205, 313
cultural ecology 문화생태학 138, 141
cultural geography 문화지리학 38, 58, 77, 93, 124, 136, 138, 140, 141, 300, 308, 355, 450
cultural hearth 문화의 요람지 137, 138, 140, 150, 204, 216, 260
cultural landscape 문화경관 16, 91, 99, 107, 100, 140, 150, 204, 267, 355, 387, 440, 445, 456
culture 문화 17, 21, 27, 77, 136, 137, 138, 140, 141, 144, 145, 146, 149, 150, 163, 204, 233, 274, 327
culture area 문화지역 141, 260
culture contact 문화접촉 138, 140, 260, 355
cycle of poverty 빈곤의 악순환 105, 107, 176
daily urban system 일상도시생활권 109, 312
Darwinism 다윈주의 77, 94, 113, 183, 452
decentralization 이심 296, 340
decision making 의사결정 3, 14, 19, 40, 44, 45, 48, 125, 169, 188, 252, 291, 315, 319, 329, 330, 436, 437, 438, 440, 456
declining region 쇠퇴지역 216
deindustrialization 탈산업화 239, 334, 414
demand curve 수요곡선 41, 216, 230
demographic transition 인구변천 179, 303, 306, 404
density gradient 밀도경사 146, 277
dependence 종속 134, 153, 192, 211, 224, 234, 239, 297, 326, 338, 349, 355, 363
dependency ratio 부양인구비 164
depopulation 인구감소 158, 302, 398
depressed region 침체지역 8, 406, 414
desalination 제염 350

desertification 사막화 178
deskilling 탈숙련화 84, 414
development 발전 7, 23, 123, 134, 140, 148, 152, 167, 187, 189, 209, 210, 211, 224, 234, 243, 297, 298, 356, 359, 364
development areas 개발지역 8
development control 개발통제 8, 56, 366
devolution 자치위임 331
diachronic analysis 통시적 분석 43, 217, 396, 417
dialectic 변증법 3, 21, 121, 148, 157, 162, 173, 180, 271, 283, 388, 432, 433, 453
diffusion 확산 31, 74, 75, 89, 108, 128, 138, 150, 181, 204, 215, 228, 237, 271, 290, 306, 317, 318, 354, 356, 386, 404, 426, 437, 450
digitizing 계수화 29, 373, 411
disaggregate travel demand modelling 개별통행수요 모형화 9, 53, 168
discrete choice model 불연속선택모형 168, 459
dispersed city 분산형도시 109, 166, 220, 406
dissipative systems 소산체계 214
distance decay 거리조락 11, 31, 40, 47, 131, 146, 226, 305, 363, 393, 426, 450
distancing 거리화 12, 16, 165
districting algorithm 선거구설정기법 204
division of labour 노동분업 25, 27, 84, 85, 101, 123, 145, 214, 239, 282, 325, 334, 350, 381, 402
domino theory 도미노이론 98
dormitory villages 침상도시 109, 166, 406
dry farming 건조농법 13
dual economy 이중경제 85, 87, 109, 296
duopoly 복점 47, 160
dynamical systems theory 동태체계이론 29, 111, 395, 409
ecological fallacy 생태적 오류 35, 39, 128, 201, 351
ecology 생태학 15, 202, 298, 375,

395
economic base theory 경제기반이론 18, 49, 102, 113, 219, 288, 457
economic geography 경제지리학 20, 31, 44, 48, 58, 70, 77, 150, 235, 266, 308, 314, 329, 347, 348, 375
economic man(sic) 경제인 19, 22, 125, 291, 315, 436, 438
economic rent 경제지대 19, 89, 206, 421
economies of scale 규모의 경제 8, 69, 108, 195
ecosystem 생태계 187, 195, 200, 202, 328, 395, 399, 430, 454
education, geography of 교육의 지리학 51
effective state area 통치효력권 273, 419
electoral geography 선거지리학 128, 204, 270, 348, 376
empiricism 경험주의 17, 26, 31, 50, 58, 70, 151, 185, 245, 250, 267, 352, 440, 451
enclave 엔크레이브 140, 262
enclosure 종획 26, 89, 90, 356
energy 에너지 200, 261, 337
enhancement 정밀화 79, 312, 342, 374, 411
enterprise zone 기업유치지구 79, 133, 335
entitation 실체정립 252, 394, 400
entropy 엔트로피 28, 262, 263, 311, 328, 342, 362, 395
entropy-maximizing models 엔트로피 극대화 모형 29, 53, 54, 114, 131, 181, 262, 263, 287, 342, 397
environmental determinism 환경결정론 3, 95, 105, 113, 115, 137, 140, 183, 185, 203, 285, 307, 308, 387, 389, 449, 452, 455
environmental hazard 환경재해 336, 455, 456
environmental impact assessment (EIA) 환경영향평가 201, 330, 382, 455
environmental learning 환경학습 457
environmental perception 환경지각 252, 315, 328, 330, 333, 388,

표제어 찾아보기

436, 437, 456
environmentalism¹ 환경론¹ 248, 327, 336, 454
environmentalism² 환경론² 455
environmentalism³ 환경론³ 455
epistemology 인식론 6, 23, 26, 69, 132, 153, 157, 172, 244, 251, 286, 292, 295, 310, 319, 351, 433
equality 평등 426, 445
equilibrium 균형 70, 77, 85, 217
equity 형평 290, 445
estimate 추정치 275, 401
ethics 윤리 286, 394
ethnic group 민족집단 138, 144, 146, 311
ethnicity 민족성 144
ethnography 민족지 96, 144, 194, 233, 244, 301
ethnomethodology 민속방법론 60, 143, 301, 344
exceptionalism 예외주의 9, 30, 154, 171, 251, 268, 275, 383, 386, 387, 410
exclave 엑스크레이브 262
existentialism 실존주의 37, 248, 301, 333, 440, 455
exit, voice and loyalty 정책대응양식:도피, 주장, 지지 345
exploratory data analysis 시험적 자료분석 156, 233, 285, 351, 452
export platform 수출단지 217
extensive agriculture 조방적 농업 13, 20, 351, 392
external economies 외부경제 4, 70, 170, 188, 208, 276, 277, 364, 391
externalities 외부효과 6, 8, 12, 55, 276, 296
factor analysis 요인분석 279, 360
factorial ecology 요인생태학 28, 106, 146, 186, 187, 200, 279
factors of production 생산요소 70, 134, 198, 199
falsification 반증 147
family reconstitution 가구재구성 1, 306
famine 기근 76, 179
farm fragmentation 농지분할 88, 90, 356, 415

farm rent 농지임차료 91, 416, 439
federalism 연방주의 271, 331
feedback 피드백 202, 268, 395, 396, 417, 430, 444
feminist geography 여성지리학 208, 265, 362
fertility 출산력 98, 111, 179, 257, 271, 303, 304, 403, 447
feudalism 봉건제 87, 157, 162, 180, 197, 224, 277, 283, 405, 427
field system 경지체계 25, 193, 267, 356, 427
fieldwork 답사 96, 343
filtering 주거여과 337, 357
fire ecology 산불생태 140, 187
fiscal crisis 재정적 위기 335
fiscal migration 재정적이동 335, 422
fixed cost 고정비용 3, 4, 30
flood hazard 홍수재해 448, 455
footloose industry 입지자유산업 321
forecast 예상 275
form of economic integration 경제통합형태 24, 211, 228, 277, 334, 402, 446
Fourier series analysis 푸리에 급수분석 129, 218, 429
Frankfurt School 프랑크푸르트학파 172, 429
free port 자유항 331
free trade area 자유무역지구 42, 331, 419
freight rates 운임(률) 1, 53, 280
frequency distribution 빈도분포 28, 102, 164, 177, 276, 341, 428
friction of distance 거리마찰 11, 181, 226, 363
friends-and-neighbours effect 연고효과 204, 270
fringe belt 주변지대 110, 359, 445
frontier 변경 17, 154, 164, 435
frontier thesis 변경논제 113, 126, 142, 155, 259, 390
functional classification of cities 도시기능분류 102, 108, 220
functionalism 기능주의 31, 43, 58, 60, 62, 77, 124, 132, 223, 284, 294, 299, 302, 381, 392,

395, 446, 458, 459
game theory 게임이론 14, 292, 356, 399, 445
gaming 게임시행 13, 371
Garden City 전원도시 8, 75, 184, 220, 240, 340
Gastarbeiter 외국인노동자 276, 296
gateway city 관문도시 51, 193, 220
gender and geography 성(性)과 지리학 208, 265
general systems theory 일반체계이론 12, 108, 201, 311, 395
generalization 일반화 29, 79, 312, 367, 368, 369, 374, 411
generation 세대 212
genre de vie 생활양식 3, 137, 138, 185, 204, 387, 399
gentrification 재활성화 259, 337, 357
geographic information systems (GIS) 지리정보시스템 312, 342, 373, 411
Geographical Association 영국지리교육학회 272
geographical expedition 지리적 조사 373
geographical imagination 지리학적 상상력 48, 269, 377
geographical societies and periodicals 지리학회 및 정기간행물 377
geography 지리학 308, 309, 317, 374, 386
geopiety 지외경심(地畏敬心) 137, 332, 353, 366, 388
geopolitics 지정학 7, 98, 111, 203, 253, 347, 350, 389
Geopolitik 독일지정학 110, 308, 389
geosophy 지관념론 310, 333, 353, 366
geostrategic regions 지전략적 지역 388
gerrymander 게리맨더 13, 205
ghetto 게토 15, 140, 165, 182, 233, 292, 311
global futures 범지구적 미래 152, 203, 210
graph theory 그래프이론 29, 54,

표제어 찾아보기

72, 83, 148, 341
graphicacy 도해성 110, 370
gravity model 중력모형 11, 28, 38, 54, 114, 181, 230, 263, 287, 362, 382, 458
green belt 개발제한구역 8, 110, 219, 340, 397
green revolution 녹색혁명 86, 89
gross domestic product(GDP) 국내총생산 66, 67
gross national product(GNP) 국민총생산 66, 67
growth pole 성장극 48, 133, 188, 208, 364
hazard(human-made) 재해(인간에 의한) 335, 455
health and health care 건강과 보건 13
heartland 심장지역 140, 155, 253, 347, 389
hegemony 헤게모니 27, 68, 141, 180, 181, 182, 254, 294, 326, 438
hermeneutics 해석학 60, 151, 173, 246, 251, 254, 344, 415, 432, 440
hinterland 배후지 149, 365
historical geography 역사지리학 17, 26, 43, 48, 141, 162, 217, 267, 300, 306, 379, 405, 417, 433, 444, 459
historical materialism 사적유물론 25, 33, 117, 121, 172, 179, 181, 184, 209, 211, 229, 246, 248, 269, 283, 300, 316, 324, 432, 452
holism 총체론 200, 201, 398
homoscedasticity 분산의 동질성 166
Hotelling model 호텔링 모형 6, 14, 230, 320, 445
housing class 주택계층 28, 360, 361
housing studies 주택연구 102, 361
human agency 인간행동 3, 17, 19, 37, 61, 78, 121, 125, 136, 150, 172, 214, 222, 224, 244, 246, 269, 299, 301
human ecology 인간생태학 102, 106, 138, 150, 183, 186, 194, 201, 202, 221, 232, 271, 298,

380, 452, 454
human geography 인문지리학 140, 186, 308, 314, 345, 375
humanist(ic) geography 인간주의(적) 지리학 3, 50, 52, 59, 96, 194, 233, 244, 249, 251, 299, 301, 309, 310, 319, 332, 333, 344, 373, 384, 387, 410, 442, 454
hydraulic society 수리사회 103, 216
hypothesis 가설 6, 28, 153, 156, 170, 250, 295
iconography 도상학 18, 58, 98, 121, 144, 269, 300, 355
ideal type 이념형 50, 132, 294, 344
idealism 관념론 9, 49, 132, 196, 248, 261, 265, 268, 295, 301, 309, 352, 400, 437, 442
ideology 이념(이데올로기) 98, 293
idiographic 개성기술적(방법) 9, 29, 50, 143, 154, 275, 285, 298, 383, 387, 410
imperialism 제국주의 120, 140, 326, 337, 349, 355, 412, 438
incidence matrix 발생행렬 73, 148, 413
indices of segregation 분리지수 165
indifference curve 무차별곡선 136, 258
industrial complex analysis 공업단지분석 188, 382, 385
industrial geography 공업지리학 21, 44, 270, 316, 420
industrial inertia 산업적 관성 188
industrial location policy 산업입지정책 188
industrial location theory 공업입지론 3, 4, 5, 44, 320
industrial organization 산업조직 44, 45, 188
industrial revolution 산업혁명 90, 118, 189, 282, 380
industrialization 산업화 90, 191, 239, 296, 303, 304, 306, 404
inference 추론 156, 233, 400, 428
informal sector 비공식부문 169, 297

information theory 정보이론 262, 342, 397
infrastructure 하부구조 79, 118, 180, 188, 192, 197, 209, 238, 334, 385, 421, 432
inheritance systems 상속체계 26, 193
inner city 내부도시 45, 81, 105, 107, 110, 133, 151, 163, 258, 292
innovation 쇄신 215, 450
input-output 투입-산출 4, 29, 44, 54, 120, 219, 220, 382, 420, 457
Institute of British Geographers (IBG) 영국지리학회 272, 273, 371
instrumentalism 도구주의 98, 154, 176, 244, 451
integration(economic) 통합(경제적) 92, 419
integration(social) 통합(사회적) 420
intensive agriculture 집약적 농업 20, 158, 351, 391
intentionality 의도성 50, 58, 203, 289, 310, 332, 415, 441
interdependence 상호의존성 195, 270, 349, 356, 363
interface 공유영역 45
internal relations 내적 관계들 55, 58, 81, 245, 400
International Geographical Congresses 국제지리학회 67
International Geographical Union (IGU) 국제지리학연합 67, 416
international region 국가군 65
intersubjectivity 상호주관성 196, 343, 344
intervening opportunities 개입기회 11, 38, 54, 305, 362
intervention prices 개입가격 10
interviewing 면담 96, 130, 208
invasion and succession 침입과 천이 72, 233, 357, 406, 414
irredentism 미수복지 병합주의 93, 143, 165
isodapane 등총운송비선 5, 111, 172, 320
isolines 등치선 112, 281
Kantianism 칸트학파 3, 9, 47, 154, 275, 388, 409

표제어 찾아보기

key settlement 핵심촌락 397, 435
kibbutz(plural kibbutzim) 키부츠 184, 413, 416
Kondratieff cycles 콘드라티에프파동 152, 212, 316, 325, 386, 406, 411
kurtosis 첨도 394
labour market 노동시장 85, 86, 316, 323
labour process 노동과정 48, 84, 85, 86, 180, 197, 214, 239, 282, 316, 323, 334, 412, 414
labour theory of value 노동가치론 83, 117, 241
Lamarck(ian)ism 라마르크설 113, 138, 142, 155, 182, 452
land capability 토지가용력 88, 330, 351, 415
land classification 토지분류 88, 383, 415
land tenure 토지소유관계 26, 88, 91, 193, 213, 334, 356, 390, 391, 415
land-locked state 내륙국 81, 458
land-use classification 토지이용분류 88, 383, 416, 417
land-use survey 토지이용조사 88, 330, 415, 416, 417
landlord capital and tenant capital 지주자본과 임차자본 91, 390, 439
landscape architecture 조경 350
landscape evaluation 경관평가 18, 330, 397
Landschaft 경관 17, 458
language and dialect, geography of 언어의 지리학 260, 294
law 법칙 98, 153, 154, 245, 295, 317
law of the sea 해양법 97, 310, 433
layers of investment 투자의 층 44, 85, 86, 101, 123, 216, 316, 325, 334, 381, 383, 388, 420
le Play Society 르플레협회 115
lead-lag models 시차모형 218, 231, 386, 406
league 국가연합 66
Lebensraum 생활공간 203
leisure, geography of 여가의 지리학 115, 264

life cyle 생애주기 200
life expectancy 기대수명 78, 179, 196, 307
life table 생명표 78, 179, 196
lifeworld 생활세계 96, 174, 203, 301, 345, 442, 456
limits to growth 성장의 한계 210
linear programming 선형계획법 131, 205, 257
linkages 연계 157, 220, 270, 341
local state 지방정부 48, 65, 66, 335, 349, 379
locale 현장 64, 100, 127, 274, 381, 384, 420, 442
location-allocation models 입지-배분모형 288, 313
location quotient 입지계수 19, 165, 314
location theory 입지론 22, 30, 31, 44, 53, 70, 121, 131, 154, 157, 222, 227, 228, 251, 314, 317, 319, 325, 341, 348, 382, 451
locational analysis 입지분석 32, 34, 47, 317
locational interdependence 입지의 상호의존성 5, 44, 196, 231, 270, 315, 320
locational triangle 입지삼각형 4, 112, 154, 319, 399
logical positivism 논리실증주의 86, 170, 173, 175, 221, 250
log-linear modelling 대수-선형모형화 52, 97, 168
Lowry model 라우리모형 19, 113, 264, 288, 363, 417, 457
macrogeography 거시지리학 12, 143, 181, 312, 317, 353
malapportionment 부적합할당 164, 205, 313, 349
Malthusian model 맬더스모형 46, 90, 128, 158, 210, 340, 427
map image and map 지도이미지 29, 76, 110, 286, 367, 411
map of residuals 잔차지도 332
map reading 독도법 110, 368
market area analysis 시장지역분석 5, 34, 44, 217, 230, 270, 320, 446
market exchange 시장교환 24, 73, 103, 228, 235, 277, 323, 342

market orientation 시장지향 231, 281, 321
market potential model 시장잠재력모형 6, 217, 230, 393
Markov processes 마르코프과정 116, 449
Marxian economics 마르크스주경제학 23, 32, 46, 58, 76, 83, 84, 85, 116, 123, 132, 134, 153, 161, 163, 180, 184, 197, 198, 199, 209, 214, 229, 235, 240, 283, 316, 322, 323, 324, 334, 346, 356, 363, 382, 401, 406, 414
Marxist geography 마르크스주의 지리학 23, 33, 49, 76, 78, 121, 163, 181, 186, 199, 251, 265, 270, 284, 326, 330, 339, 348, 377, 381, 388, 439, 453
material orientation 원료지향 231, 281, 321
maximin criterion 최대최소기준 399
mean information field 평균정보장 76, 131, 181, 221, 305, 426
measurement 측정 52, 96, 97, 130, 166, 170, 405, 458
medical geography 의료지리학 13, 179, 289, 306, 451
megalopolis 메갈로폴리스 129
mental map 심상지도 9, 35, 58, 151, 252, 332, 437, 456
mercantilist model 상업모형 51, 102, 193, 356
merit good 메리트재 39, 129
metropolitan area 대도시지역 97, 266, 271
metropolitan labour area 대도시노동지역 97, 266, 271, 312
migrant labour 이주노동자 296
migration 인구이동 113, 138, 146, 156, 179, 271, 272, 296, 303, 304, 305, 403, 426
mixed economy 혼합경제 29, 447
mixed farming 혼합농업 448
mobility 이동 295, 304
modal split 교통분담 9, 52, 54, 55, 459
mode of production 생산양식 22, 25, 32, 36, 39, 43, 58, 68, 74, 82, 108, 118, 123, 161, 162, 181, 197, 198, 212, 226, 255,

표제어 찾아보기

283, 297, 324, 340, 363, 419, 447, 451, 453
model 모형 7, 28, 131, 315, 317, 395
modernization 근대화 74, 148, 188, 304, 404
modifiable areal units 임의적 지역구획 201, 286, 312
monopoly 독점 1, 34, 47, 111, 160
morphgenesis 형태발생론 140, 217, 404, 430, 444, 445
morphology 형태학 17, 138, 140, 444
morphometry 형태측정 444
mortality 사망력 2, 129, 179, 257, 271, 303, 304, 403
multi-dimensional scaling(MDS) 다차원척도법 29, 95, 442
multinational corporation(MNC) 다국적기업 92, 120, 134, 189, 218, 239, 316, 391, 406
multinational state 다민족국가 93
multiple land use 다목적 토지이용 92, 110, 114, 397
multiple nuclei model 다핵심모형 96
multiplier effects 승수효과 19, 108, 157, 219, 220
multipliers 승수 219, 406, 430, 457
nation 민족 111, 144
National Council for Geographical Education 미국지리교육학회 142, 371
National Environmental Policy Act 환경보호법(미국) 455
National Geographic Society 전미지리협회 340
national parks 국립공원 18, 66, 260
nationalism 민족주의 64, 93, 144, 165, 386, 438
natural area 자연지역 71, 213, 232, 327, 406
natural resources 천연자원 197, 328, 394
nature 자연 3, 21, 34, 180, 185, 260, 307, 326, 337, 388
nearest neighbour analysis 최근린분석 286, 399, 404
negative binomial distribution 부의 이항분포 16, 164, 298
neighbourhood effect 근린효과 75, 450
neighbourhood unit 근린거주단위 75, 240
neighbourhood 근린 71, 75, 213, 333, 397
neoclassical economics 신고전경제학 19, 21, 25, 31, 40, 70, 73, 77, 84, 116, 132, 136, 158, 161, 163, 168, 199, 205, 229, 234, 240, 251, 259, 291, 315, 322, 323, 329, 330, 348, 361, 382, 424, 459
neocolonialism 신식민주의 134, 234, 243, 349, 363
neo-Ricardian economics 신리카도적 경제학 132, 235, 240, 316, 316, 422
network 네트워크(연결망) 54, 83, 270, 280, 314, 341
neutral zone 중립지대 17, 363
new international division of labour(NIDL) 신국제노동분업 85, 167, 239, 243, 316, 334, 349
New Town 신도시 75, 105, 110, 240, 341, 385
nomadism 유목 132, 285, 295
nomothetic 법칙정립적 (방법) 9, 98, 154, 254, 275, 285, 298, 387, 410
non-parametric statistics 비모수통계기법 29, 52, 170
normal distribution 정규분포 28, 164, 170, 276, 298, 332, 341, 428, 449
normative theory 규범적 이론 19, 70, 399
nuptiality 혼인율 404, 447
oligopoly 과점 1, 46
ontography 유기지리학 284, 454
ontology 존재론 26, 36, 64, 82, 157, 245, 248, 351, 400, 441
opportunity cost 기회비용 79, 206
optimization models 최적화모형 8, 29, 125, 399, 408, 457
optimum city size 적정도시규모 220, 267, 339, 340
optimum population 적정인구 46, 306, 340
overpopulation 과잉인구 46, 340, 427
overurbanization 과도시화 45, 109
paradigm 패러다임 9, 29, 95, 105, 131, 176, 182, 204, 254, 318, 339, 387, 425
Pareto optimality 파레토 최적성 160, 236, 329, 424
participant observation 참여관찰 143, 144, 178, 301, 344, 394
part-time farming 비전업농 172
pastoralism 목축 132, 285, 295
pattern 유형 16, 32, 34, 227, 281, 286
peasant 소농 213, 322, 427, 448
periodic market systems 정기시장체계 341
phenomenal environment 현상적 환경 3, 137, 252, 310, 366, 436, 437, 440, 456
phenomenalism 현상주의 250, 440
phenomenology 현상학 17, 36, 58, 60, 63, 96, 125, 143, 185, 194, 196, 203, 207, 243, 248, 251, 289, 301, 310, 315, 333, 344, 352, 433, 437, 440, 454, 456
Phillips curve 필립스 곡선 430
place 장소 86, 203, 248, 269, 300, 332, 333, 377, 442
place-names 지명 378
place utility 장소의 효용성 292, 333, 435
plantation 재식농업 79, 334, 416
plural society 다원사회 93, 257
pluralism 다원주의 65, 69, 93, 236, 257, 272, 330
point symbol 점기호 79, 341
poisson distribution 포아송 분포 16, 28, 164, 428, 449
polarization 극화 73, 209
political economy 정치경제학 117, 121, 242, 292, 314, 316, 346, 390, 402
political geography 정치지리학 45, 93, 110, 125, 204, 308, 326, 346, 376, 420, 454
pollution 오염 55, 192, 262, 275, 335, 455
population accounts 인구계정 302, 306
population density 인구밀도 303
population geography 인구지리학

표제어 찾아보기

38, 270, 305
population potential 인구잠재력 13, 113, 182, 230, 305, 365
population projection 인구추계 306
population pyramid 인구피라밋 271, 307
pork barrel 정치보조금 205, 346
positive discrimination 적극적 차별 8, 338, 383
Positivism 실증주의 6, 26, 28, 29, 31, 32, 34, 50, 58, 60, 69, 70, 86, 98, 106, 113, 132, 153, 154, 173, 181, 203, 204, 221, 244, 245, 248, 249, 285, 295, 300, 310, 317, 344, 348, 352, 354, 395, 400, 426, 429, 433, 436, 440
possibilism 가능론 2, 77, 185, 204, 299, 308, 387, 410, 449, 453
Postan thesis 포스탄 논제 162, 214, 427
post-industrial city 후기산업도시 459, 460
post-industrial society 후기산업사회 210, 459
power 권력 68, 93, 204, 221, 224, 301, 330, 346, 361, 363, 389
pragmatism 실용주의 176, 194, 195, 233, 243, 299, 301, 302, 310, 345, 441
predicition 예측 275
preindustrial city 전산업도시 340
preservation 보존 7, 159
pricing policies 가격정책 1, 5, 34, 47, 53, 230
primate city(the law of) 종주도시(의 법칙) 51, 102, 108, 193, 218, 220, 356
principal components analysis 주성분 분석 28, 102, 279, 360
prisoner's dilemma 죄수의 선택 15, 40, 356
probabilism 확률론 3, 449, 453
probability map 확률지도 449
problematic 문제성 31, 136, 425
process 과정 31, 32, 47, 251, 286, 316, 381, 444, 450
productive forces 생산력 32, 118, 134, 182, 197, 198, 261, 337

productivity 생산성 197
profit surface 이윤면 296
project 설계, 프로젝트 35, 125, 207, 456
projection 지도투영법 79, 367
proportional representation 비례대표제 170
prosopography 인상서(人相書) 309
protoindstrialization 원산업화 281
public choice theory 공공선택이론 40, 446
public goods 공공재 40, 129, 238, 345, 379
public participation 공공정책참여 41, 56, 330
public policy, geography and 공공정책과 지리학 41
Q-analysis 큐-분석 132, 148, 249, 415
quadrat 격자 15
quadrat analysis 격자분석 16, 164, 286, 399, 404
qualitative method 정성적 방법 50, 96, 144, 251, 292, 343
quality of life 삶의 질 192
quantitative methods 계량방법 28, 287, 318
quantitative revolution 계량혁명 3, 11, 28, 29, 32, 70, 87, 98, 131, 141, 175, 245, 250, 267, 285, 287, 299, 311, 317, 348, 382, 383, 426, 436, 444
questionnaire 설문지 208
race 인종 86, 144, 146, 186, 310
radical geography 급진지리학 76, 135, 160, 185, 251, 265, 339, 348, 382, 453
range management 목장경영 132
rank-size rule 순위규모법칙 102, 108, 182, 218, 356, 365
realism 실재론 10, 26, 33, 48, 55, 59, 64, 98, 124, 153, 173, 175, 176, 244, 251, 295, 319, 326, 352, 381, 400
reciprocity 호혜성 24, 103, 182, 334, 446
recreation 레크레이션 49, 114, 264, 265, 397, 398
recycling 재활용 328, 337
redistribution 재분배 24, 103,

277, 334, 446
redlining 부실구역 설정 168
region 지역 126, 204, 252, 275, 379, 383, 387, 399, 403, 406, 443, 444
regional alliance 지역동맹 383
regional cycles 지역주기 218, 335
regional geography 지역지리학 9, 10, 30, 88, 95, 106, 127, 150, 254, 267, 298, 376, 379, 383, 386, 387, 403, 418, 433
regional policy 지역정책 216, 385
regional science 지역과학 22, 45, 154, 174, 237, 251, 288, 314, 317, 381, 386, 387
regionalism 지역주의 380, 386
registration 인구동태신고 303
regression 회귀분석 19, 26, 43, 97, 218, 458
Reilly's law 레일리의 법칙 114
relations of production 생산관계 32, 118, 182, 196, 198
relevance 적실성 22, 41, 98, 173, 186, 429
religion, geography of 종교의 지리학 353
remote sensing 원격탐사 280
repertory grid analysis 정보방안분석 291, 342
replacement rates 대체율 98
residual 잔차 332
resource 자원 291, 306, 327, 394, 424, 456
resource evaluation 자원평가 330
resource management 자원관리 328, 329
restructuring 재구조화 86, 101, 205, 239, 316, 323, 325, 334, 385, 414
retrogressive approach 역행적 접근 270, 444, 458
retrospective approach 회고적 접근 270, 458
revealed preference analysis 현시선호분석 442
revenue surface 수입면 4, 38, 172, 217, 230, 296
ribbon development 분지적 발달 167
risk 모험 131, 169, 292, 399
Royal Geographical Society(RGS) 영

581

표제어 찾아보기

국지리협회 272, 273, 371
rural 촌락 42, 397
rural community 촌락공동체 43, 109, 397
rural geography 촌락지리학 4, 398
rural planning 촌락계획 397, 398, 435
rural-urban continuum 도촌연속론 99, 103, 109, 397, 398
rural-urban fringe 도촌접변지역 110
sampling 표본추출 281, 428
satisficing behaviour 만족적 행태 10, 35, 195, 215, 430
scale 축척, 규모 46, 48, 168, 182, 199, 282, 322, 324, 335, 346, 385, 401
schools, geography in 지리교육 14, 52, 370
science park 과학기술단지 48
search behaviour 탐색행위 333, 414
secession 분리독립 93, 165
second home 별장 158
section 분파지역 167
sector principle 선형원리 207
sectoral model 선형모형 96, 111, 207
seed bed location 묘상입지 133
segmented labour market 노동시장의 분할 85, 86
segregation 분리 12, 15, 28, 71, 93, 140, 146, 164, 182, 186, 232, 327
semantic differential 의미척도법 291
sense of place 장소감 332, 344, 384
sequent occupance 연속적 점유 95, 271, 404, 444, 445, 459
settlement continuity 취락의 연속성 271, 404
settlement pattern 취락유형 90, 398, 404, 435
shape index 형상지수 286, 443
sharecropping 현물소작 86, 91, 390, 416, 439
shift-share model 변이-할당모형 157
shifting cultivation 이동식 농업 158, 295

significance test 유의도검증 28, 285, 341, 452
simplex algorithm 심플렉스 알고리즘 206, 253, 257
simulation 모의실험 48, 98, 130, 147, 426, 450
Sjoberg model 요베르그모형 277, 340
skewness 왜곡도 276
skid row 우범지역 279
slum 슬럼 133, 219
social Darwinism 사회적 다윈주의 94, 138, 182
social area analysis 사회지역분석 12, 106, 186, 187, 213, 279
social distance 사회적 거리 182
social formation 사회구성체 23, 32, 36, 39, 58, 69, 109, 121, 148, 158, 161, 167, 180, 181, 196, 283, 288, 297, 337, 459
social geography 사회지리학 48, 57, 77, 93, 185, 187, 266, 301, 306, 308, 347, 348, 377
social network 사회적 관계망 83, 182, 220
social physics 사회물리학 11, 12, 181, 305, 353, 362
social reproduction 사회재생산 182
social space 사회공간 181
social well-being 사회복지 35, 182, 192, 236
socialism 사회주의 1, 118, 157, 161, 168, 181, 183, 188, 195, 390, 391
society 사회 3, 6, 22, 58, 121, 162, 180, 307, 327, 454, 458
sovereignty 주권 16, 97, 271, 274, 358
space 공간 30, 32, 34, 140, 150, 168, 181, 269, 309, 314, 377, 389, 410
space cost curve 공간비용곡선 4, 34, 39
space-economy 공간경제 31, 36, 131, 191, 237, 268, 314
space revenue curve 공간수입곡선 38, 39
space-time forecasting models 시-공예측모형 48, 154, 228, 245, 343, 396, 417

spatial analysis 공간분석 13, 34, 47, 247, 292, 303, 308, 387
spatial autocorrelation 공간적 자기상관 38, 317, 332
spatial fetishism 공간물신론 22, 34, 99, 122
spatial interaction 공간적 상호작용 11, 38, 54, 155, 195, 262, 263
spatial margin 공간한계 4, 35, 38, 39, 45, 172, 217, 291
spatial monopoly 공간독점 34, 44, 111, 238, 320
spatial preference 공간선호 35, 253, 315, 437, 456
spatial science 공간과학 3, 30, 32, 36, 47, 98, 132, 154, 268, 317, 380, 387, 433, 436
spatial structure 공간구조 11, 29, 31, 32, 36, 47, 102, 154, 265, 268, 311, 318, 353, 377
spatiality 공간성 31, 32, 33, 36, 59, 99, 128, 168, 249, 326, 332, 377, 441, 443
spectral analysis 스펙트럼 분석 129, 218, 231, 386, 429
spontaneous settlement 자생적 정착지 133, 326
sprawl 스프롤 219
squatter settlement 무단점유 정착지 133, 326
squatting 무단점유 133
stable population 안정인구 196, 257, 306, 350
stages of growth 성장단계 74, 209
staple 주산물 359
state 국가 7, 16, 23, 40, 41, 43, 46, 64, 65, 68, 81, 85, 94, 95, 100, 110, 144, 154, 162, 165, 188, 198, 207, 209, 216, 255, 262, 274, 308, 322, 326, 331, 335, 349, 357, 358, 379, 419, 420, 429, 434, 444, 458
state apparatus 국가장치 7, 66, 69, 198, 216, 255, 379
stationarity 정상성 343, 449
stochastic process 확률과정 48, 131, 202, 315, 448, 450
structural functionalism 구조기능주의 25, 56, 60, 77, 138, 141, 175, 302, 395, 446, 454

표제어 찾아보기

structuralism 구조주의 26, 32, 33, 36, 58, 78, 106, 122, 136, 221, 246, 251, 302, 309, 329, 330, 395, 440
structuration theory 구조화이론 10, 28, 33, 37, 56, 59, 78, 124, 126, 174, 180, 194, 222, 223, 247, 269, 293, 301, 302, 377, 381, 384, 442
structure plan 구조계획 8, 9, 56, 366
subsistence agriculture 자급농업 322
suburb 교외지역 51
suitcase and sidewalk farming 부재 곡물농업 164
sunbelt/snowbelt 선벨트/스노우벨트 205
superstructure 상부구조 101, 118, 162, 180, 182, 192, 421, 432
supply curve 공급곡선 41
surface 면 26, 129, 252, 261
survey analysis 조사분석 130, 208, 351, 428
surveying 조사 45, 351, 368, 388
symbolic interactionism 상징적 상호작용론 59, 193, 244, 301, 344, 437, 442, 443
symbolization 기호화 79, 96, 341, 360, 367, 368, 369, 390
synchronic analysis 공시적 분석 43
systems 체계 8, 24, 28, 43, 45, 56, 89, 147, 262, 285, 311, 317, 394, 401, 408, 417, 440, 444, 446, 447
systems analysis 체계분석 26, 48, 77, 108, 111, 201, 251, 252, 268, 298, 312, 376, 388, 395, 417, 454, 459
taken-for-granted world 당연적 세계 36, 96, 294, 442
tariff 관세 51, 135
teleology 목적론 132, 202
terms of trade 교역조건 51
territorial justice 공간적 정의 39
territorial production complex(TPC) 지역생산단지 45
territorial seas 영해 16, 97, 274, 310, 358, 434
territorial social indicator 공간사회지표 35
territoriality 영역성 64, 75, 151, 164, 202, 273, 308, 359, 388
territory 영역 16, 64, 144, 273, 274
text 텍스트 414
thematic map 주제도 79, 96, 280, 360, 369
theory 이론 6, 295
Thiessen polygon 티센 다각형 423
Third World 제3세계 189, 349
Tiebout model 티보 모형 335, 422
time-geography 시간지리학1 13, 33, 36, 54, 55, 64, 68, 126, 195, 207, 220, 223, 270, 299, 308, 315, 377, 381, 410, 452, 457
time-space convergence 시-공간적 수렴 11, 223, 226, 326
time-space distanciation 시-공간적 거리화 33, 63, 64, 127, 180, 223, 227, 326, 402, 443
topographic map 지형도, 위상도 79, 390
topophilia 장소애 137, 252, 332, 333, 366, 388, 456
tourism 관광 48, 109, 265, 398
town 도회 110
townscape 도시경관 101, 359, 445
trade 무역 22, 51, 92, 133, 359, 363, 414
tragedy of the commons 공공목장의 비극 40, 329
transaction flow analysis 거래흐름 분석 11, 54
transferability 수송가능성 11, 38, 216
transformation of variables 변수의 변형 156
transhumance 이목 295
transport cost 교통비 1, 4, 53, 393
transport geography 교통지리학 21, 38, 53, 228
transprotation problem 운송문제 131, 206, 264, 280, 313, 362, 400
trend surface analysis 경향면분석 26
tribal territory 부족영역 164
turf politics 텃세정치 414
type of farming 농업유형 88
uncertainty 불확실성 84, 131, 168, 262, 263, 292, 399
underconsumption 과소소비 46, 182
underdevelopment 저개발 7, 23, 51, 148, 196, 297, 337
uneven development 불균등발전 32, 33, 71, 73, 85, 101, 120, 123, 167, 189, 316, 325, 334, 337, 359, 364, 381, 383, 385, 388, 406
unified field theory 통합장이론 420
urban 도시 42, 99, 103, 252, 398
urban and regional planning 도시 및 지역계획 100, 193, 216
urban ecology 도시생태학 102
urban geography 도시지리학 94, 99, 187, 194, 269, 306, 362, 365
urban managers and gatekeepers 도시관리자 및 수문장 101, 360, 361
urban origins 도시의 기원 102, 103, 216, 334, 340, 355
urban progamme 도시지원계획 105, 107, 177
urban renewal 도시재개발 41, 105, 133, 240, 383
urban social movement 도시사회운동 43, 393, 414
urban system 도시체계 22, 106, 108, 364, 459
urban village 도회촌 99, 103, 110, 182
urbanism 도시성 99, 102, 103, 108, 110
urbanization 도시화 45, 50, 82, 90, 99, 103, 108, 133, 163, 266, 303, 304, 306, 316, 398, 404
utility theory 효용이론 168, 236, 315, 459
value added 부가가치 163
values 가치 6, 42
variable cost 가변비용 3, 4
variable cost analysis 가변비용분석 3, 5, 33, 44, 296, 315
variable revenue analysis 가변수입분석 3, 5, 38, 44, 217, 230, 315, 320

표제어 찾아보기

Verdoorn law 버돈법칙 149
vertical theme 수직적 주제 48, 217, 272, 417, 444
Vienna Circle, Wiener Kreis 비엔나 학파 86, 170, 175, 221, 250
von Thünen model 튀넨모형 11, 20, 53, 89, 91, 131, 132, 146, 170, 207, 242, 257, 314, 316, 317, 321, 351, 391, 400

Weber model 베버모형 154
welfare geography 복지지리학 23, 35, 39, 148, 160, 186, 233, 236, 251, 259, 265, 330, 334, 339, 348, 375, 390
wilderness 야생지 259
world-systems anlysis 세계체제분석 7, 25, 149, 195, 211, 224, 229, 326, 338, 349, 390, 402, 412

zero population growth(ZPG) 제로 인구성장 350
zonal model 동심원모형 81, 96, 111, 207, 233, 341
zone in transition 점이지대 110, 111, 341, 359
zone of dependence 의존지역 15, 292
zoning 지구제 7, 105, 366

인명 찾아보기

Abercrombie, P. 애버크롬비 240
Abler, R. F. 애블러 227, 318
Adorno, T. 아도르노 429
Alker, H. S. 앨커 201
Alonso, W. 알론소 111, 136, 146, 257, 321, 361, 364, 382
Althusser, L. 알튀세 31, 36, 37, 152, 153, 132
Amedeo, D. 아메데오 47
Anderson, D. 앤더슨 59
Anuchin, V. 아누친 453
Archer, M. 아처 61
Aron, R. 아론 214
Arrow, K. J. 애로우 257
Aschmann, H. 아쉬만 149
Atkin, R. H. 애트킨 412
Bagguley, P. 배걸리 226
Baker, A. R. H. 베이커 269
Balibar, E. 발리바 36
Bannister, R. C. 배니스터 183
Baranskiy, R. C. 바란스키 453
Barnes, T. J. 바네스 243
Barrows, H. H. 배로우스 298
Batty, M. 배티 287
Bell, D. 벨 459
Benedict, R. 베네딕트 141
Bennett, R. J. 베네트 395, 396
Berg, M. 베르그 190
Berger, P. 버거 59
Bergman, G. 버그만 171
Bernstein, R. 번스타인 244
Berry, B. J. L. 베리 32, 97, 105, 108, 237, 338, 348, 373, 459
Bertalanffy, L. 버탈란피 312
Bhaskar, R. 바스카 245, 246, 351, 352

Bierstadt, A. 비어스타트 259
Billinge, M. D. 빌린지 261
Blanqui, A. 블랑키 189
Blau, P. 블로 446
Blaut, J. 블라우트 30, 47, 409, 452
Blij, H. J. 블레이 443
Bloch, M. 블로크 270
Block, R. 블록 155
Blumer, H. 블루머 194, 344
Boal, F. W. 볼 15
Board, C. 보드 369, 370
Bobek, H. 보벡 185
Boots, B. N. 부츠 286
Bortkiewicz, L. 보르트키비츠 240
Boserup, E. 보스럽 158, 211
Bordieu, P. 브르듀 59
Boudesille, J. R. 보드빌 208
Bowman, I. 바우만 143, 347
Braudel, F. 브로델 254
Brentano, F. 브렌타노 289
Briggs, a. 브리즈 261
Brigham, A. P. 브리검 183
Brock, C. 브록 52
Bruner, J. 브루너 372
Brunhes, J. 브륀느 53, 77
Buchanan, K. M. 부캐넌 21, 23, 24
Bunge, W. 번지 373, 389
Burgess, E. W. 버제스 112, 232, 233
Burghardt, A. F. 부르카르트 358
Buttimer, A. 버티머 203, 223, 248, 433
Callinicos, A. 칼리니코스 224
Cannadine, D. 캐너딘 269
Carnap, R. 카르납 171

Casirer, E. 카시러 410
Castells, M. 카스텔 37, 59, 99, 123, 392
Catlin, G. 캐트린 259
Chambers, J. D. 챔버스 90
Chapman, G. P. 채프만 312, 396
Chappell, J. E. 채플 49
Chisholm, M. 치솜 21, 22, 70, 88, 90, 239, 311
Chombart de Lauwe 숑바르 드 로위 457
Chorley, R. J. 촐리 9, 299, 311, 312, 327, 372, 395, 396, 400, 426, 436, 443, 454
Christaller, W. 크리스탈러 11, 49, 106, 131, 228, 231, 314, 264, 365, 381, 413
Christensen, K. 크리스텐센 441, 442
Clark, A. H. 클라크 8, 267, 388
Clegg, S. 클렉 62
Clements, F. E. 클레멘츠 95
Cliff, A. D. 클리프 48, 131, 315, 402, 450
Coates, B. E. 코츠 52
Cohen, S. D. 코헨 65, 388, 389, 390
Collingwood, R.G. 콜링우드 50
Comte, A. 콩트 181
Conzen, M. 콘첸 269
Cook, E. 쿡 152
Cooke, P. N. 쿠크 100
Coppock, J. T. 코포크 88, 338
Cosgrove, D. 코스그로브 124, 269
Cox, K. R. 콕스 319
Craib, I. 크레이브 193, 194

585

인명 찾아보기

Cutler, A. 커틀러 301
Dacey, M. 데이시 382
Dahl, R. A. 달 93, 94
Dahlman, C. 달만 26
Darby, H. C. 다비 48, 141, 217, 267, 405, 458, 459
Darwin, C. 다윈 88, 94, 95, 113, 138, 142, 182, 183, 194, 452
Davis, W. M. 데이비스 284
Demangeon, A. 드망종 398
Dennis, R. J. 데니스 269, 270
Derrida, J. 데리다 59, 224
Dewey, J. 듀이 243
Dickinson, R. E. 디킨슨 307, 380
Dilthey, W. 딜타이 433, 414
Dion, R. 디온 458
Dmitriev, V. 드미트리프 240
Dobb, M. 돕 189, 238
Dodgshon, R. A. 도지손 26
Donnison, D. 도니슨 459
Donovan, W. 도노반 149
Dubois, M. 드브와 378
Duby, G. 더비 163
Duncan, J. S. 던칸 122, 194, 195
Dunford, M. 던포드 23
Dunleavy, P. 던리비 94
Dunn, E. S. 던 422
Durkheim, E. 뒤르켕 2, 56, 60, 77, 99, 215, 299, 377, 445
East, W. G. 이스트 81
Engels, F. 엥겔스 116, 255
Entrikin, J. N. 엔트리킨 300, 410
Evans, E. 에반스 267
Eyles, J. 에일즈 122
Eyre, S. R. 에어 298
Febvre, L. 페브르 254
Finberg, H. P. R. 핀버그 404, 405
Fines, K. D. 파인즈 18
Firey, W. 파이어리 186
Fleure, H. J. 플레어 113, 183
Ford, H. 포드 84
Forer, P. 포러 227
Forrester, J. W. 포레스터 210
Foucault, M. 푸코 59
Frank, A. G. 프랭크 337, 338, 356
Frankenberg, R. 프랑켄베르그 109
Franklin, B. 프랭클린 210
Freeman, C. 프리만 412
Freeman, M. 프리만 190, 191
Frey, A. 프레이 315
Friedman, J. 프리드먼 363, 364

Frobel, F. 프뢰벨 239
Furnival, J. S. 퍼니발 93
Gadamer, H. G. 가다머 433
Galbraith, J. K.갤브레이스 22, 333
Garrison, W. L. 개리슨 53, 72, 314
Geddes, P. 기스 113, 115, 183
Geertz, C. 기어츠 193
Geipel, R. 가이펠 52
Gellner, E. 겔너 144
Genovese, E. 제노비스 124
Getis, A. 게티스 286
Giddens, A. 기덴스 33, 37, 56
Glacken, C. 글라켄 141, 149
Godel, K. 괴델 171
Godelier, M. 고들리어 43
Golledge, R. 골리지 47
Goode, J. R. 구드 367
Gordon, D. M. 고든 412
Gottman, J. 고트만 129, 349
Gould, P. 굴드 249
Gould, W. T. S. 굴드 52
Graaff, J. de V. 그라프 238
Gramsci, A. 그람시 192, 439
Gray, H. L. 그레이 26
Greenhut, M. L. 그린허트 45
Gregory, D. 그레고리 7, 59, 226, 270, 294, 312, 387, 451
Griffin, K. 그리핀 355, 356
Grigg, D. B. 그리그 295, 356
Guelke, L. 굴케 9, 49, 50, 87, 154, 387
Habermas, J. 하버마스 170, 172-175, 244, 284, 285, 310, 335, 429, 433
Haeckel, E. 헤켈 202
Hägerstrand, T. 헤거스트란트 11, 36, 55, 64, 125-127, 195, 220, 221, 222, 270, 305, 307, 381, 410, 414, 424, 433, 437, 450-452, 457
Haggett, P. 하게트 9, 131, 314, 315, 317-319, 332, 372, 383, 401, 426, 443, 444, 449, 450
Halbwachs, M. 할프박스 445
Hall, P. 홀 40
Hanneberg, D. 한네베르크 444
Hardin, G. 하딘 40
Harris, R. C. 해리스 268
Hartshorne, R. 하트숀 9, 16, 30,

87, 149, 154, 268, 275, 307, 314, 315, 384, 380, 383, 384
Harvey, D. 하비 23, 25, 31, 41, 47, 48, 81, 82, 87, 98, 103, 122, 125, 154, 157, 168, 229, 230, 270, 283, 284, 288, 314, 317, 324-326, 334, 339, 341, 377, 384, 395, 396, 401-403, 417, 444, 446
Haushofer, K. 하우스호퍼 110, 347
Hay, A. M. 헤이 48
Hechter, M. 헤히터 145
Hegel, G. W. F. 헤겔 167
Heidegger, M. 하이데거 332
Herbertson, A. J. 허버트슨 95, 113
Herbst, J. 허브스트 183
Hess, R. 헤스 110
Hesse, M. 헤세 246
Hettner, A. 헤트너 53, 380, 409
Hewes, L. 휴즈 149
Hillery, G. A. 힐러리 397, 398
Hilton, R. H. 힐튼 162, 163
Hirschman, A. O. 허쉬만 73, 237, 345
Hirst, P. Q. 허스트 61, 224
Hoare, A. 호어 21
Hobson, J. A. 홉슨 349
Hofstadter 호프스타터 182
Homans, G. 호만스 446
Hones, G. W. 혼즈 52
Hoover, E. M. 후버 44
Hoppe, G. 호퍼 222
Horkheimer, M. 호르크하이머 229
Hotelling, H. 호텔링 445
Howard, Ebenezer 하워드 8, 240, 340
Howe, G. M. 호위 290
Hoyt, H. 호이트 207
Humboldt, A. von 훔볼트 250, 409
Huntington, E. 헌팅톤 95, 113, 183, 453
Hurst, M. E. E. 허스트 122
Husserl, E. 훗설 36, 96, 203, 244, 289, 310, 352, 440, 441-442
Isaac, E. 아이삭 354
Isard, W. 아이자드 31, 44, 243, 314, 381, 382
Jakle, J. A. 제이클 268
James, W. 제임스 243
Janelle, D. G. 자넬 226, 227

인명 찾아보기

Jefferson, M. 제퍼슨 356
Jevons, W. S. 제본스 235
Joas, H. 조어스 194
Johannessen, C. 요한센 149
Johnston, R. J. 존스톤 10, 48, 384
Jones, E. 존스 186
Jones, G. 존스 183, 298, 405
Jones, S. B. 존스 348, 420
Kahn, H. 칸 152
Kant, I. 칸트 225, 409, 410
Kantorovitch, R. H. 칸토로비치 420
Karridge, E. 캐리지 90
Keat, R. 키트 246
Kelly, G. A. 켈리 342
Kennedy, B. A. 케네디 312
Kimble, G. 킴블 387
Kirk, W. 커크 436, 437
Kjellen, R. 크첼렌 110, 389
Klaassen, L. 클라센 382
Kniffen, F. B. 니펜 149
Knox, P. 녹스 385
Kondratieff, N. D. 콘드라티에프 411, 412
Kroeber, A. L. 크로버 140, 141, 150
Kropotkin, P. 크로포트킨 43, 113, 135, 339
Kuczynski, R. R. 쿠친스키 98
Kuhn, T. S. 쿤 29, 131, 176, 425, 426
Ladurie, E. Le Roy 르로이 라두리 427
Lakatos, I. 라카토스 425
Lamarck, J. B. de 라마르크 95, 113, 138, 142, 155, 182, 183, 452
Langton, J. 랭톤 190, 191, 252, 268, 270, 380, 382
Launhard, W. 라운하르트 320
Lefebvre, H. 르페브르 37, 63, 124
Leighly, J. 레일리 149, 150, 450
Lenin, V. I. 레닌 120, 122, 184, 234, 326, 349, 350
Leontief, W. 레온티에프 420
Leopold, A. 레오폴드 159
Levi-Strauss, C. 레비스트로스 58
Lewin, K. 레빈 436
Lewis, C. S. 루이스 327
Ley, D. 레이 96, 122, 151, 194,
344
Linton, D. L. 린톤 18
Lipietz, A. 리피에츠 34, 37
Lojkine, J. 로쉬킨 392
Lösch, A. 뢰쉬 11, 31, 45, 106, 131, 157, 169, 228, 231, 314, 365
Lotka, A. 로트카 257
Lovejoy, A. O. 러브조이 327
Lowenthal, L. 로웬탈 429
Lowry, J. S. 라우리 113
Luckman, T. 루크만 59
Luhmann, N. 루만 78
Lukermann, F. 루커만 332
Luxemburg, R. 룩셈부르크 120
McKenzie, R. D. 멕켄지 232
Mackinder, H. J. 매킨더 142, 253, 347, 371, 389
Maddison, A. 매디슨 412
Mahan, A. 마한 389
Maitland, F. W. 메이틀랜드 270
Malin, J. 말린 155
Malinowski, B. 말리노프스키 345
Malthus 맬더스 46, 90, 94, 128, 129, 158, 210, 340, 346, 427
Mandel, E. 만델 412
Mann, M. 만 69
Marble, D. F. 마블 32, 72
Marcuse, H. 마르쿠제 429
Marsden, W. E. 마스덴 52
Marssh, G. P. 마쉬 159
Marshall, A. 마샬 56, 176, 314, 377
Marx, K. 마르크스 25, 27, 28, 31, 43, 58, 60, 62, 63, 81, 82, 84, 99, 116, 125, 129, 136, 145, 153, 157, 162, 172-175, 180, 184, 189, 192, 198, 209, 211, 214, 215, 229, 235, 241, 242, 255, 256, 283, 284, 293, 316, 324, 326, 346, 377, 400, 402, 432, 437, 452, 454
Massey, D. 매시 7, 10, 22, 292, 384, 385, 420
Masterman, M. 마스터만 425
Maull, O. 몰 389
Mead, G. H. 미드 194
Meadows, D. 메도우스 152, 210
Medick, H. 메딕 282
Meinig, D. W. 메이니그 155
Mendels, F. 멘델 281

Menger, K. 멩거 235
Merleau-Ponty, M. 메를로퐁티 96, 456
Merrett, S. 메레트 361
Mikesell, M. W. 마이크셀 149
Miliband, R. 밀리반트 94
Mill, J. S. 밀 235
Mingay, G. E. 밍게이 90
Mishan, E. J. 미샨 238
Montefiore, A. 몬테피오르 452
Moore, R. 무어 361
Moran, K. 모란 259
Morgan, T. 모간 284
Morrill, R. 모릴 318
Myrdal, G. 뮈르달 73, 237
Napoleoni, C. 나폴레오니 242
Neurath, O. 노이라트 171
Nijkamp, P. 네이캄프 382
Nisbet, R. 니스베트 214
Norburg-schultz, C. 노부르크 슐츠 333
Nystuen, J. D. 나이스첸 11, 32
O'Conner, J. 오코너 284, 335
Odum, E. P. 오덤 200
Ohlin, B. 올린 237
Ollman, R. 올만 81, 82
Olsson, G. 올손 11, 82, 83, 261, 294, 302, 368
Openshaw, S. 오펜쇼 201
Ord, J. K. 오드 402, 450
Owen, R. 오웬 184
Paelinck, J. 팰링크 382
Pahl, R. E. 팔 109
Palander, T. 팔란더 44
Pareto, V. F. D. 파레토 424
Park, R. E. 파크 194, 232, 233, 298, 299
Parker, B. 파커 340
Parsons, J. J. 파슨스 149
Parsons, T. 파슨스 25, 56, 77, 175
Passarge, S. 파사르게 17
Paterson, J. H. 페터슨 20
Peet, R. 피트 76, 121, 453
Perroux, F. 페로 208, 237
Perry, C. 페리 75
Petermann, A. H. 피터만 378
Philbrick, A. K. 필브릭 380
Phillips, A. W. H. 필립스 430
Philo, C. 필로 302
Piaget, J. 피아제 58, 457

587

인명 찾아보기

Pickles, J. 피클스 36, 249, 352, 353, 441, 442
Pierce, C. 피어스 243
Pleckhanov, G. 플레카노프 453
Polanyi, K. 폴라니 24, 25, 56, 103, 228, 229, 277, 334, 446
Popper, K. 포퍼 87, 171, 175, 176, 425
Postan, M. M. 포스탄 427, 428
Pred, A. 프레드 60, 127, 195, 207, 222, 229, 268, 291, 315, 381, 438
Prigogine, I. 프리고진 214
Prince, H. C. 프린스 268, 338, 339
Quaini, M. 퀘이니 122, 124
Raban, J. 라반 215
Raisz, E. J. 레이즈 368
Ratzel, F. 라첼 2, 64, 77, 95, 110, 126, 138, 140, 141, 142, 155, 164, 183, 203, 307, 308, 347, 389, 450, 452
Ravenstein, R. G. 레이븐스타인 304
Rawstron, E. M. 로스트론 45, 52, 314
Reclus, E. 레크뤼 135, 339
Rex, J. 렉스 361
Ricardo, D. 리카도 20, 117, 134, 235, 240-242, 314, 346
Richardson, H. W. 리차드슨 22
Rickert, H. 리커트 9, 410
Ricoeur, P. 리꾀에 223
Ritter, C. 리터 307
Roberts, B. K. 로버츠 405
Robinson, A. H. 로빈슨 286, 368, 369
Robinson, J. 로빈슨 241
Robinson, W. S. 로빈슨 201
Rock, P. 로크 194
Rogers, P. 로저스 15
Rorty, R. 로티 244
Rose, C. 로즈 415
Rostow, W. W. 로스토우 74
Rubinstein, W. 루빈스타인 191
Ryba, R. 리바 52
Sack, R. D. 색 30, 31
Sahlins, M. 살린스 446
Samuel, R. 사무엘 189
Samuels, M. 사무엘스 248, 249
Samuelson, P. 사무엘슨 116, 235, 236

Santos, M. 산토스 297
Santre, J. P. 사르트르 222, 248
Sauer, C. O. 사우어 17, 77, 136, 138, 140, 141, 149, 150, 155, 159, 267, 437, 444, 445, 450, 452
Saunders, P. 손더스 94
Saussure, F. de. 소쉬르 222
Sayer, A. 세이어 82, 83, 175, 176, 245-247, 381, 400, 447, 454
Schaefer, F. K. 쉐퍼 9, 30, 32, 154, 170, 275, 387, 410
Schlick, M. 슐릭 170
Schmidt, A. 쉬미트 429
Schumacher, E. F. 슈마허 197
Schumpeter, E. F. 슘페터 412
Schutz, A. 슈츠 50, 96, 143, 194, 196, 207, 344, 442
Scott, A. J. 스코트 242, 243
Shaler, N. S. 쉐일러 159, 183
Sheppard, E. S. 쉐퍼드 243
Short, J. 쇼트 361
Simmel, G. 짐멜 215
Simon, H. A. 시몬 291
Simon, J. 시몬 152
Simoons, F. J. 시몬스 149
Sjoberg, G. 요베르그 277, 279
Smelser, N. 스멜서 56
Smith, A. 스미스 244, 346
Smith, C. T. 스미스 268
Smith, D. M. 스미스 70
Smith, N. 스미스 121, 402
Smith, W. 스미스 314
Snow, J. 스노우 290
Soja, E. 소야 37, 63, 124, 128
Sopher, D. 소퍼 353
Spykman, N. 스파이크만 389
Sraffa, P. 스라파 241-243
Stacey, M. 스타시 398
Stamp, L. D. 스탬프 287, 415, 417
Stanislawski, 스타니슬라프스키 149
Steedman, L 스티드만 242
Stewart, J. Q. 스튜어트 181
Stouffer, S. A. 스토퍼 11, 305
Strabo 스트라보 386
Sturgess, R. W. 스터제스 90
Suppe, F. 수페 87
Symanski, R. 시만스키 261
Taaffe, E. J. 테이프 53

Tansley, A. G. 탠슬리 200
Tatham, G. 테이탐 453
Tawney, R. H. 토니 355
Taylor, F. W. 테일러 84
Taylor, P. J. 테일러 402, 403
Taylor, T. G. 테일러 405, 453
Thirsk, J. 서스크 26
Thom, R. 통 408
Thomas, E. N. 토마스 332
Thompson, E. P. 톰슨 59, 124, 302
Thompson, F. M. L. 톰슨 90
Thompson, J. B. 톰슨 293
Thompson, W, D, 톰슨 444
Thoreau, H. 소로 259
Thrift, N. J. 트리프트 55, 60, 124, 127, 223, 294, 381, 388
Timms, D. W. G. 팀스 187
Tobler, W. 토블러 11, 382
Tocqueville, A. C. de. 토크빌 215
Touraine, A. 토렌인 59
Trotsky, L. 트로츠키 167
Trudgill, P. 트러질 260
Tuan, Y.-F. 투안 248, 261, 332, 333, 353, 355, 442
Turner, F. J. 터너 113, 126, 142, 155
Ullman, E. L. 울만 38, 54, 96, 195, 216
Unwin, D. 언원 34
Unwin, R. 언원 340
Urry, J. 어리 180, 192
Urry, R. 어리 326
Vallaux, C. 볼로 308
Vance, J. E. Jr. 반스 279, 193
Vidal de la Blache 비달 드 라 블라쉬 2, 185, 308, 378, 445, 452
Von Thünen, J. H. 폰 튀넨 421, 422
Wallace, A. R. 왈라스 94
Wallerstein, I. 월러스타인 25, 57, 211, 212, 229, 390, 402
Walras, L. 왈라스 235
Wanklyn, H. 윈클린 308
Ward, D. 워드 269
Warntz, W. 윈츠 13, 181, 312, 382
Watson, J. W. 왓슨 185
Weaver, J. E. 위버 395
Weber, A. 베버 4, 5, 44, 154, 314, 315, 316, 319, 320
Weber, M. 베버 27, 28, 50, 56, 60, 122, 132, 175, 215, 216, 229, 248, 294, 310, 323, 324,

588

인명 찾아보기

344, 355, 361, 377, 400, 442
Wells, H. G. 웰스 152
Wheatley, P. 휘틀리 25, 104, 216, 334, 355
Whittlesey, D. 휘틀지 34, 88, 95, 271, 272, 348, 366, 418
Williams, C. H. 윌리암스 261
Williams, M. 윌리암스 217
Williams, R. 윌리암스 124, 327, 395, 439

Williams, S. 윌리암스 245, 246
Williams, W. 윌리암스 452
Wilson, A. G. 윌슨 287, 318
Windelband, W. 빈델반트 9, 410
Wirth, L. 워스 15, 99, 102, 103, 109, 110, 215
Wittfogll, K. 비트포겔 198, 216, 453
Wittgenstein, L. 비트겐슈타인 171
Wolpert, J. 월퍼트 437

Wright, E. O. 라이트 226
Wright, J. K. 라이트 333, 353, 366, 388
Wrigley, E. A. 리글리 268
Wrigley, N. 리글리 449
Wyllie. L. 윌리 183
Zelinsky, W. 젤린스키 288
Zimmerman, E. W. 짐머만 210
Zipf, G. K. 지프 315
Znaniccki, F. 즈나니키 344

□ 번역진
권용우(성신여대 지리학과 교수)
권정화(한국교원대 지리교육과 부교수)
김기혁(부산대 지리교육과 교수)
김덕현(경상대 사회교육과 교수)
김두일(육군사관학교 환경학과 교수)
김부성(고려대 지리교육과 교수)
손일(경상대 사회교육과 교수)
양보경(성신여대 지리학과 교수)
옥한석(강원대 지리교육과 교수)
이금숙(성신여대 지리학과 교수)
이재덕(서원대 지리교육과 교수)
이전(경상대 사회교육과 조교수)
이정록(전남대 지리학과 교수)
정환영(공주대 지리학과 교수)
최병두(대구대 지리교육과 교수)

한울아카데미 49
현대인문지리학사전

ⓒ 한국지리연구회, 1992

지은이 | 존스톤·그레고리·스미스
옮긴이 | 한국지리연구회
펴낸이 | 김종수
펴낸곳 | 도서출판 한울

초판 1쇄 발행 | 1992년 3월 30일
초판 7쇄 발행 | 2012년 9월 20일

주소 | 413-756 경기도 파주시 파주출판도시 광인사길 153(문발동 507-14) 한울시소빌딩
전화 | 031-955-0655
팩스 | 031-955-0656
홈페이지 | www.hanulbooks.co.kr
등록번호 | 제406-2003-000051호

Printed in Korea.
ISBN 978-89-460-4071-7 93900

* 책값은 겉표지에 있습니다.